工具钳工实用技术手册

（第二版）

邱言龙　李文菱　谭修炳　主编

中国电力出版社
CHINA ELECTRIC POWER PRESS

内 容 提 要

随着“中国制造”的崛起，对技能型人才的需求增强，技术更新也不断加快。《机械工人实用技术手册》丛书应形势的需求，进行再版，本套丛书与人力资源和社会保障部最新颁布的《国家职业标准》相配套，内容新、资料全、操作讲解详细。

本书共十章，主要内容包括机械传动和液压与气压传动，工具钳工常用工具设备，金属切削刀具，工具钳工常用量具（和量仪）及制造，特殊孔加工、孔的精密加工及光整加工，机床夹具设计与制造，机床电气控制及数据机床，机床的安装调试、验收与改装，机械装配自动化、装配线和装配机，精密加工和超精密加工。

本书可供广大工具钳工和有关技术人员使用，也可供相关专业学生参考。

图书在版编目(CIP)数据

工具钳工实用技术手册/邱言龙，李文菱，谭修炳主编. —2版. —北京：中国电力出版社，2019.1

ISBN 978-7-5198-1881-4

Ⅰ.①工… Ⅱ.①邱… ②李… ③谭… Ⅲ.①钳工—技术手册 Ⅳ.①TG9-62

中国版本图书馆CIP数据核字(2018)第060713号

出版发行：中国电力出版社
地　　址：北京市东城区北京站西街19号(邮政编码100005)
网　　址：http://www.cepp.sgcc.com.cn
责任编辑：马淑范（010-63412397）
责任校对：王开云　闫秀英
装帧设计：王英磊　赵姗姗
责任印制：杨晓东

印　　刷：三河市万龙印装有限公司
版　　次：2011年3月第一版　2019年1月第二版
印　　次：2019年1月北京第二次印刷
开　　本：880毫米×1230毫米　32开本
印　　张：30
字　　数：850千字
印　　数：3001—5000册
定　　价：**98.00**元

《工具钳工实用技术手册(第二版)》

编 委 会

主　编　邱言龙　李文菱　谭修炳

参　编　王秋杰　张　军　胡新华

　　　　汪友英　郭志祥

审　稿　陈雪刚　邱学军　彭燕林

序

随着社会主义市场经济的不断发展，特别是中国加入 WTO 实现了与世界经济的接轨，中国的经济出现了前所未有的持续快速的增长势头，大量中国制造的优质产品出口到国外，并迅速占领大部分国际市场；我国制造业在世界上所占的比重越来越大，成为“世界制造业中心”的进程越来越快。与此同时，我国制造业也随之面临国际市场日益激烈的竞争局面，与国外高新技术的企业相比，我国企业无论是在生产设备能力与先进技术应用领域，还是在人才的技术素质与培养方面，都还普遍存在着差距。要改变这一现状，势必在增添先进设备以及采用先进的制造技术（如 CAD/CAE/CAM、高速切削、快速原型制造与快速制模等）之外，更加需要大力培养能掌握各种材料成形工艺和模具设计、制造技术，且能熟练应用这些高新技术的专业技术人才。因此，我国企业不但要有高素质的管理者，更要有高素质的技术工人。企业有了技术过硬、技艺精湛的操作技能人才，才能确保产品加工质量，才能有效提高劳动生产率，降低物资消耗和节省能源，使企业获得较好的经济效益。

制造业是经济发展与社会发展的物质基础，是一个国家综合国力的具体体现，它对国民经济的增长有着巨大的拉动效应，并给社会带来巨大的财富。据统计：美国 68％的财富来源于制造业，日本国民经济总产值的 49％是由制造业提供的。在我国，制造业在工业总产值中所占的比例为 40％。近十年来我国国民生产总值的 40％、财政收入的 50％、外贸出口的 80％都来自于制造业，制造业还解决了大量人员的就业问题。因此，没有发达的制造业，就不可能有国家真正的繁荣和强大。而机械制造业的发展规模和水平，则是反映国民经济实力和科学技术水平的重要标志之一。提高加工效率、降低生产成本、提高加工质量、快速更新产品，是制造业竞争和发展的基础和制造业先进技术水平的标志。

制造业也是技术密集型的行业，工人的操作技能水平对于保证产品质量，降低制造成本，实现及时交货，提高经济效益，增强市场竞争力，具有决定性的作用。近几年来社会对高技能型人才的需求越来越大，尤其是高级技能人才的严重缺乏已成为制约我国制造业快速发展的瓶颈，高级蓝领出现断层的消息屡屡见诸报端。如深圳 2005 年全市的技能人才需求量为 165 万人，但目前只有技术工人 116 万人，技师和高级技师类的高技能人才只有 1400 多人，因此许多企业用高薪聘请高级技术工人，一些高级蓝领的薪酬与待遇都是相当不错的，有的甚至薪金高于一般的经理和硕士研究生。有资料显示，我国技术工人中高级以上技工只占 3.5%，与发达国家 40%的比例相去甚远。为此，国务院先后召开了“全国职业教育工作会议”和“全国再就业会议”，提出了“三年 50 万新技师的培养计划”，强调各地、各行业、各企业、各职业院校等要大力开展职业技术培训，以培训促就业，全面提高技术工人的素质。

为贯彻“全国职业教育工作会议”和“全国再就业会议”精神，落实国家人才发展战略目标，促进农村劳动力转移培训，全面推进技能振兴计划和高技能人才培养工程，加快培养一大批高素质的技能型人才，我们精心策划组织编写了这套与劳动和社会保障部最新颁布的《国家职业标准》配套的《机械工人实用技术手册系列》，以期为读者提供一套内容新、资料全、操作内容讲解详细的工具书。本套丛书包括《钳工实用技术手册》《车工实用技术手册》《铣工实用技术手册》《磨工实用技术手册》《机修钳工实用技术手册》《工具钳工实用技术手册》《装配钳工实用技术手册》《模具钳工实用技术手册》《焊工实用技术手册》等。

本套丛书是在作者多年从事机械加工技术方面的研究和实践操作的基础上总结撰写而成的。内容紧密结合企业生产和技术工人工作实际，内容写作起点较低，易于进阶式自学和掌握。内容包括技术工人应熟练掌握的基础理论、专业理论和其他相关知识，从一定层次上介绍了设备应用、操作技能、工艺规程、生产技术组织管理和国内、外新技术的发展和应用等内容，并列举了大量的工作实例。此外，本套丛书选材注重实用，编排全面系统，叙述简明扼要，图表数据可靠。全书采用了最新国家标准。

本套丛书的作者有长期从事中等、高等职业教育的理论和培训专家，也有长期工作在生产一线的工程技术人员、技师和高级技师。

尽管我们在编写的过程中力求完美，但是仍难免存在不足之处，诚恳希望广大读者批评指正。

《机械工人实用技术手册系列》编委会

再版前言

随着新一轮科技革命和产业变革的孕育兴起，全球科技创新呈现出新的发展态势和特征。这场变革是信息技术与制造业的深度融合，是以制造业数字化、网络化、智能化为核心，建立在物联网和务（服务）联网基础上，同时叠加新能源、新材料等方面的突破而引发的新一轮变革，给世界范围内的制造业带来了广泛而深刻影响。

十年前，随着我国社会主义经济建设的不断快速发展，为适应我国工业化改革进程的需要，特别是机械工业和汽车工业的蓬勃兴起，对机械工人的技术水平提出越来越高的要求。为满足机械制造行业对技能型人才的需求，为他们提供一套内容起点低、层次结构合理的初、中级机械工人实用技术手册，我们特组织了一批高等职业技术院校、技师学院、高级技工学校有多年丰富理论教学经验和高超的实际操作技能水平的教师，编写了这套《机械工人实用技术手册》系列。首批丛书包括：《车工实用技术手册》《钳工实用技术手册》《铣工实用技术手册》《磨工实用技术手册》《装配钳工实用技术手册》《机修钳工实用技术手册》《模具钳工实用技术手册》《工具钳工实用技术手册》和《焊工实用技术手册》一共九本，后续又增加了《钣金工实用技术手册》《电工实用技术手册》。这套丛书的出版发行，为广大机械工人理论水平的提升和操作技能的提高起到很好的促进作用，受到广大读者的一致好评！

由百余名院士专家着手制定的《中国制造 2025》，为中国制造业未来 10 年设计顶层规划和路线图，通过努力实现中国制造向中国创造、中国速度向中国质量、中国产品向中国品牌三大转变，推动中国到2025年基本实现工业化，迈入制造强国行列。“中国制造2025”的总体目标：2025年前，大力支持对国民经济、国防建设和人民生活休戚相关的数控机床与基础制造装备、航空装备、海洋工程装备与船舶、汽车、节能环保等战略必争产业优先发展；选择与国际先进水平已较为接近的航天装备、通信网络装备、发电与输变电装备、轨道交通装备等优势产业，进行重点突破。

“中国制造2025”提出了我国制造强国建设三个十年的“三步走”战略，是第一个十年的行动纲领。“中国制造2025”应对新一轮科技革命和产业变革，立足我国转变经济发展方式实际需要，围绕创新驱动、智能转型、强化基础、绿色发展、人才为本等关键环节，以及先进制造、高端装备等重点领域，提出了加快制造业转型升级、提升增效的重大战略任务和重大政策举措，力争到2025年从制造大国迈入制造强国行列。

由此看来，技术技能型人才资源已经成为最为重要的战略资源，拥有一大批技艺精湛的专业化技能人才和一支训练有素的技术队伍，已经日益成为影响企业竞争力和综合实力的重要因素之一。机械工人就是这样一支肩负历史使命和时代需求的特殊队伍，他们将为我国从“制造大国”向“制造强国”，从“中国制造”向“中国智造”迈进做出巨大贡献。

在新型工业化道路的进程中，我国机械工业的发展充满了机遇和挑战。面对新的形势，广大机械工人迫切需要知识更新，特别是学习和掌握与新的应用领域有关的新知识和新技能，提高核心竞争力。在这样的大背景下，对《机械工人实用技术手册》系列进行修订。删除第一版中过于陈旧的知识和用处不大实用的理论基础，新增加的知识点、技能点涵盖了当前较为热门的新技术、新设备，更加能够满足广大读者对知识增长和技术更新的要求。

工具钳工是一个传统而新型的工种，更是一个万能的工种，它要求工人具备普通钳工的基本技能，既能操作钳工工具、机床等加工设备，又能进行刃具、量具、模具、夹具、索具、辅具等（统称工具，亦称工艺装备）的零件进行加工和修整、组合装配、调试与修理。还能应用现代高科技手段，计算机和数控技术，适应高速发展的机械加工技术水平的不断提高，开发更多、更好的各种工装夹具，刃磨各种新型、复杂的刀具，修理、装配调整各种结构复杂的模具！工具钳工知识的更新和技能水平的提高显得更为重要！

本书由邱言龙、李文菱、谭修炳任主编，参与编写的人员还有王秋杰、张军、郭志祥、胡新华、汪友英，本书由陈雪刚、邱学军、彭燕林担任审稿工作，陈雪刚任主审，全书由邱言龙统稿。

由于编者水平所限，加之时间仓促，以及收集整理资料方面的局限，知识更新不及时，挂一漏十，书中错误在所难免，望广大读者不吝赐教，以利提高！欢迎读者通过 E-mail：qiuxm6769@sina. com 与作者联系！

编　者

第一版前言

当前和今后一个时期，是我国全面建设小康社会、开创中国特色社会主义事业新局面的重要战略机遇期。建设小康社会需要科技创新，离不开技能人才。国务院组织召开的“全国人才工作会议”“全国职业教育工作会议”都强调要把“提高技术工人素质、培养高技能人才”作为重要任务来抓。当今世界，谁掌握了先进的科学技术并拥有大量技术娴熟、手艺高超的技能人才，谁就能生产出高质量的产品，创出自己的名牌；谁就能在激烈的市场竞争中立于不败之地。我国有近一亿技术工人，他们是社会物质财富的直接创造者。技术工人的劳动，是科技成果转化为生产力的关键环节，是经济发展的重要基础。

高级技术工人应该具备技术全面、一专多能、技艺高超、生产实践经验丰富的优良的技术素质。他们需要担负组织和解决本工种生产过程中出现的关键或疑难技术问题，开展技术革新、技术改造，推广、应用新技术、新工艺、新设备、新材料以及组织、指导初、中级工人技术培训、考核、评定等工作任务。而要想做到这些，就需要不断地学习和提高。

为此，我们编写了本书，以期满足广大工具钳工学习的需要，帮助他们提高相关理论与技能操作水平。本书的主要特点如下：

（1）标准新。本书采用了国家新标准、法定计量单位和最新名词术语。

（2）内容新。本书除了讲解传统工具钳工应掌握的内容之外，还加入了一些新技术、新工艺、新设备、新材料等方面的内容。

（3）注重实用。在内容组织和编排上特别强调实践，书中的大量实例来自生产实际和教学实践。

（4）写作方式易于理解和学习。本书在讲解过程中，多以图和表来讲解，更加直观和生动，易于读者学习和理解。

本书共十章，主要内容包括：机械传动和液压与气压传动；工具钳工常用工具设备；金属切削刀具；工具钳工常用量具（和量仪）及制造；特殊孔加工、孔的精密加工及光整加工；机床夹具设计与制造；机床电气控制及数控机床；机床的安装调试、验收与改装；机械装配自动化、装配线和装配机；精密加工和超精密加工。

本书内容充实，重点突出，实用性强，除了必需的基础知识和专业理论以外，还包括许多典型的加工实例、操作技能及最新技术的应用，兼顾先进性与实用性，尽可能地反映现代加工技术领域内的实用技术和应用经验。

由于编者水平所限，加之时间仓促，书中错误在所难免，望广大读者不吝赐教，以利提高。

编　者

2010 年 9 月

目　录

第一章

机械传动和液压与气压传动

第一节　机械传动

一、常用机构运动简图符号

机器均由各个机构组成，而机构又由各构件组成。构件可能是一个零件，也可能是由多个零件组合而成。用来表示机械各个传动系统的综合简图称为机构运动简图。机构运动简图是用一些简单的符号来表示各个传动零件的。表 1-1 所列的是常用机构运动简图符号。

表 1-1　　常用机构运动简图符号（GB/T 4460—2013）

类别	名　称	基本符号	可用符号
一、多杆机构	1. 铰链四杆机构		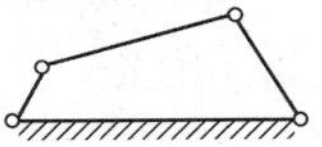
	2. 曲柄滑块机构		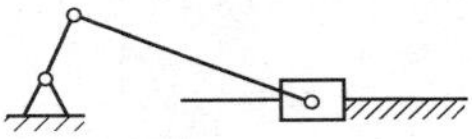
	3. 定块机构		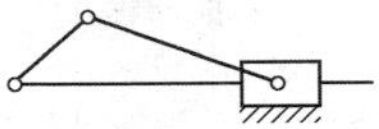
	4. 摇块机构		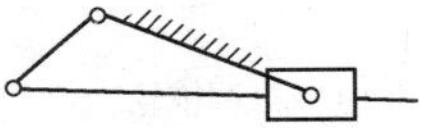
	5. 导杆机构		

续表

类别	名　称	基本符号	可用符号
二、摩擦机构	1. 摩擦轮		
	(1) 圆柱轮	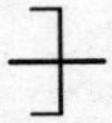	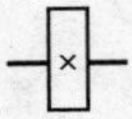
	(2) 圆锥轮	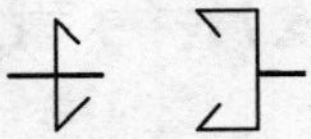	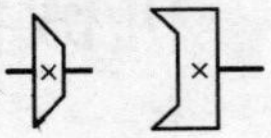
	(3) 曲线轮	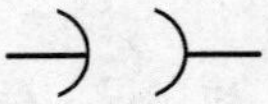	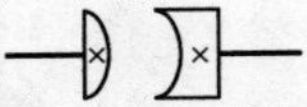
	(4) 冕状轮	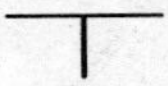	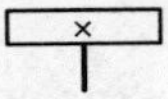
	(5) 挠性轮	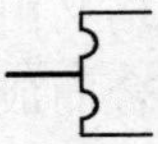	
	2. 摩擦传动		
	(1) 圆柱轮	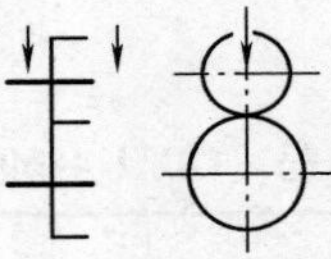	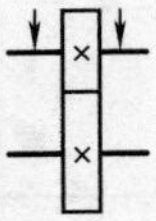
	(2) 圆锥轮	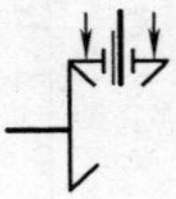	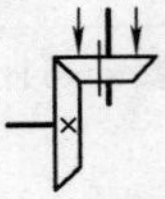
	(3) 双曲面轮	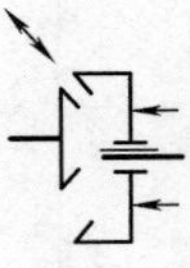	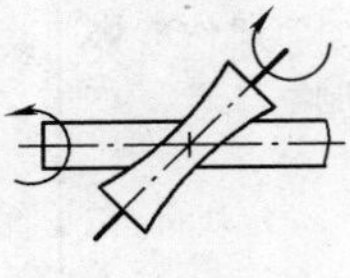
	(4) 可调锥轮		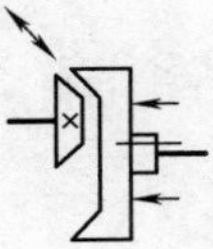
	(5) 可调冕状轮	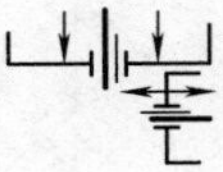	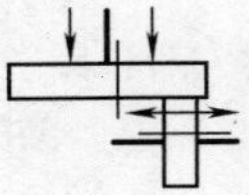

续表

类别	名　称	基本符号	可用符号
三、齿轮机构	1. 齿轮（不指明齿线）		
	（1）圆柱齿轮	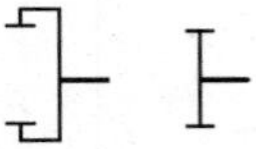	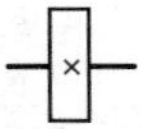
	（2）锥齿轮	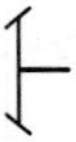	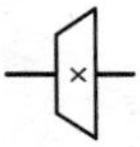
	（3）挠性齿轮	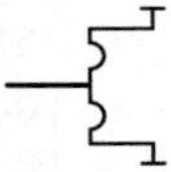	
	2. 齿线符号		
	（1）圆柱齿轮		
	1）直齿	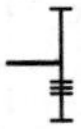	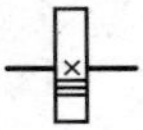
	2）斜齿		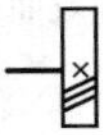
	3）人字齿		
	（2）锥齿轮		
	1）直齿		
	2）斜齿		
	3）弧齿		

续表

类别	名　称	基本符号	可用符号
三、齿轮机构	3. 齿轮传动（不指明齿线）		
	（1）圆柱齿轮	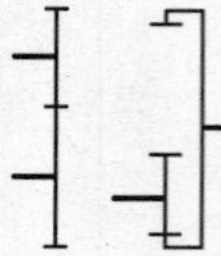	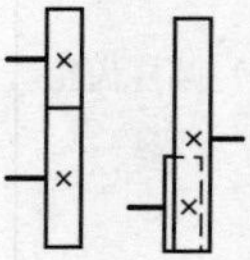
	（2）非圆齿轮	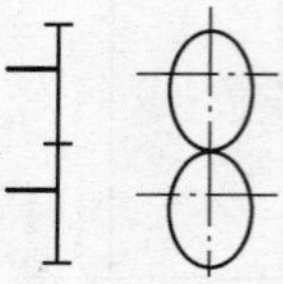	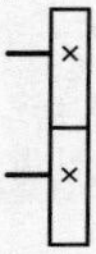
	（3）锥齿轮	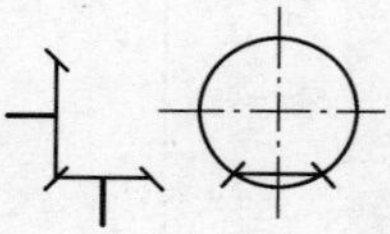	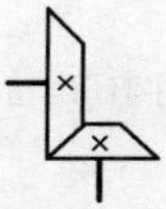
	（4）准双曲面齿轮	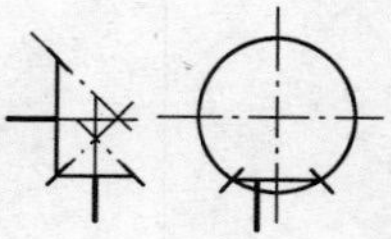	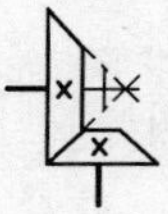
	（5）蜗轮与圆柱蜗杆	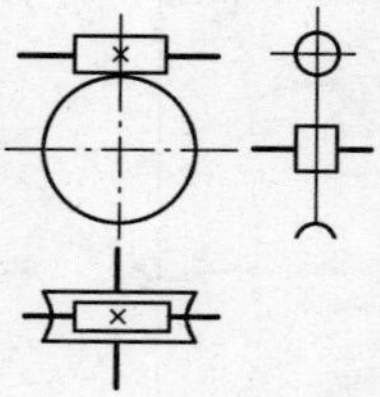	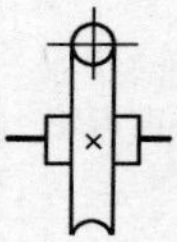
	（6）蜗轮与球面蜗杆	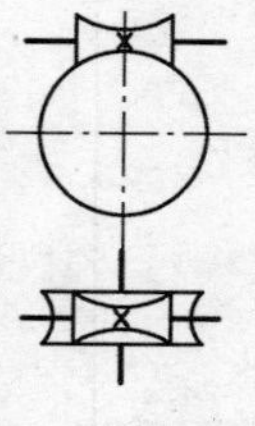	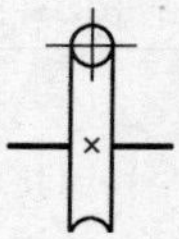

续表

类别	名　称	基本符号	可用符号
三、齿轮机构	（7）螺旋齿轮	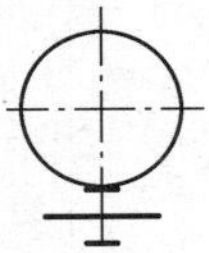	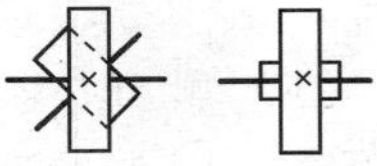
	4. 齿轮齿条		
	(1)一般表示	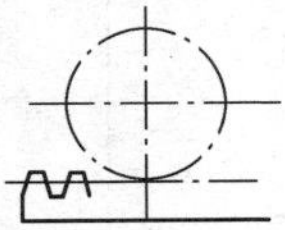	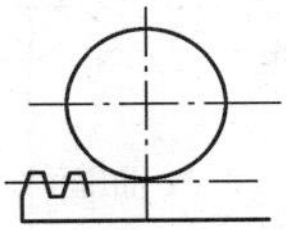
	（2）蜗线齿条与蜗杆		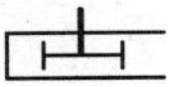
	（3）齿条与蜗杆		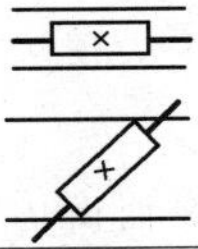
	5. 扇形齿轮传动	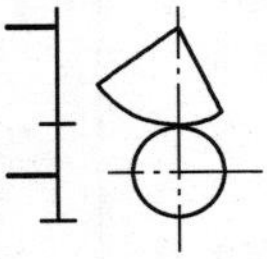	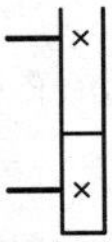
四、凸轮机构	1. 盘形凸轮	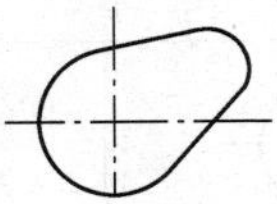	
	2. 移动凸轮	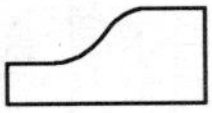	
	3. 与杆固接的凸轮	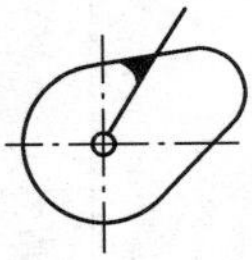	

续表

类别	名　称	基本符号	可用符号
四、凸轮机构	4. 空间凸轮		
	(1) 圆柱凸轮	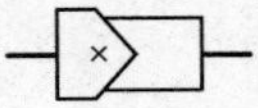	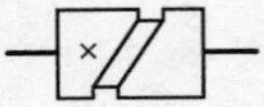
	(2) 圆锥凸轮	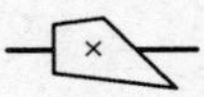	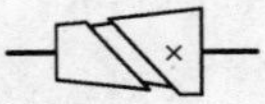
	(3) 双曲面凸轮	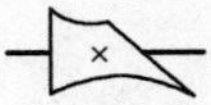	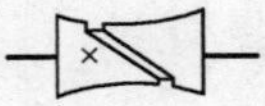
	5. 凸轮从动杆		
	(1) 尖顶从动杆	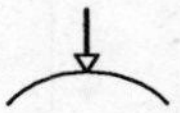	
	(2) 曲面从动杆		
	(3) 滚子从动杆	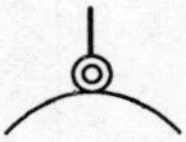	
	(4) 平底从动杆		
五、槽轮机构和棘轮机构	1. 槽轮机构——一般符号	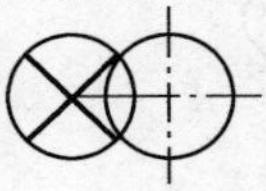	
	(1) 外啮合	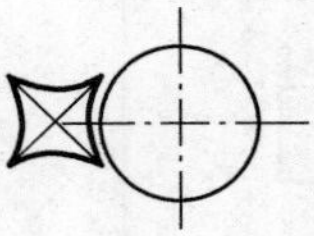	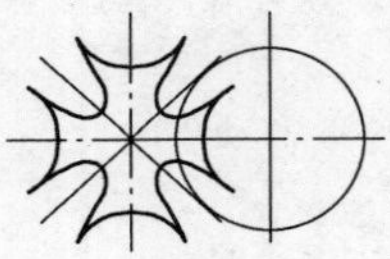
	(2) 内啮合	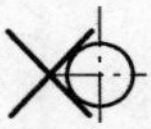	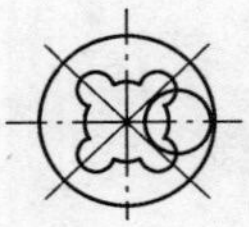

续表

类别	名　称	基本符号	可用符号
五、槽轮机构和棘轮机构	2. 棘轮机构		
	（1）外啮合		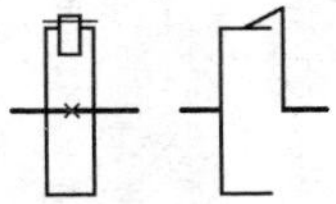
	（2）内啮合		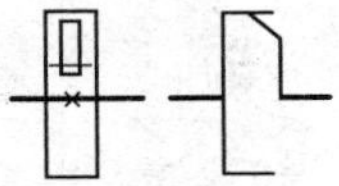
	（3）棘齿条啮合	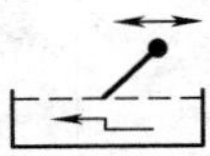	
六、联轴器、离合器及制动器	1. 联轴器——一般符号（不指明类型）	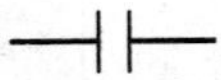	
	（1）固定联轴器	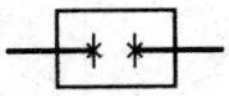	
	（2）可移式联轴器	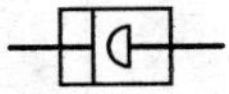	
	（3）弹性联轴器	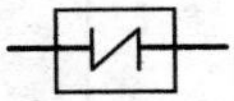	
	2. 可控离合器		
	（1）啮合式离合器	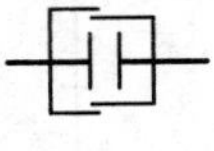	
	1）单向式	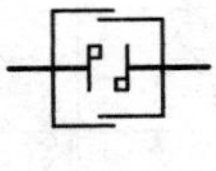	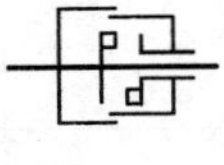
	2）双向式	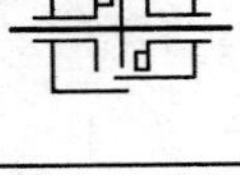	

续表

类别	名　称	基本符号	可用符号
六、联轴器、离合器及制动器	(2) 摩擦离合器		
	1) 单向式	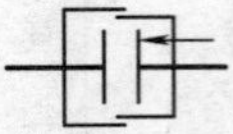	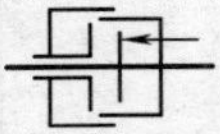
	2) 双向式	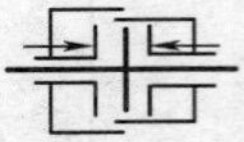	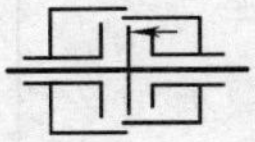
	(3) 液压离合器——一般符号	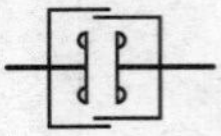	
	(4) 电磁离合器	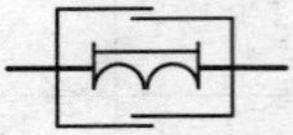	
	3. 自动离合器——一般符号	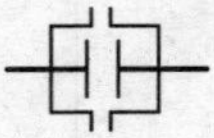	
	(1) 离心摩擦离合器	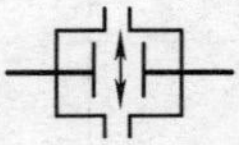	
	(2) 超越离合器	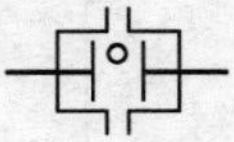	
	(3) 安全离合器		
	1) 带有易损元件	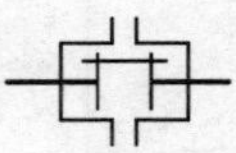	
	2) 无易损元件	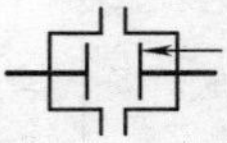	
	4. 制动器一般符号		

续表

类别	名　称	基本符号	可用符号
七、带传动	1. 带传动——一般符号（不指明类型）	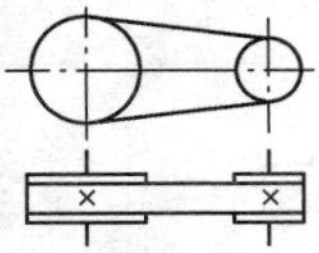	若需指明带类型可采用下列符号： 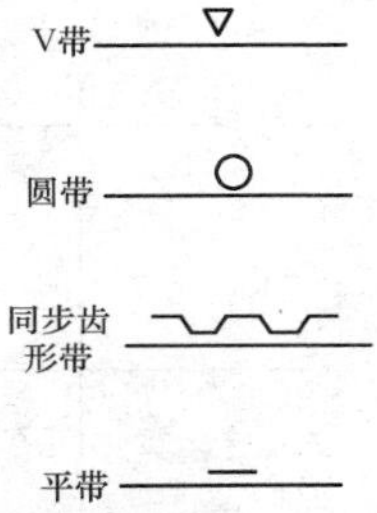 V带 圆带 同步齿形带 平带
	2. 轴上的宝塔轮	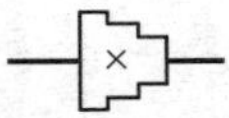	
八、链传动	链传动——一般符号（不指明类型）	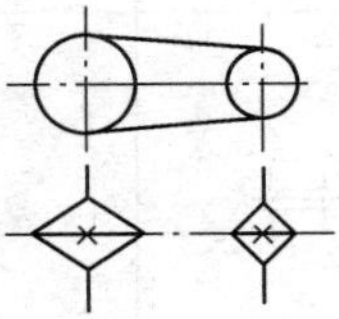	若需指明链条类型可用下列符号：  环形链 滚子链 无声链
九、螺杆传动	1. 整体螺母	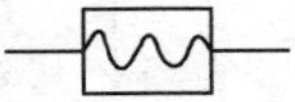	
	2. 开合螺母	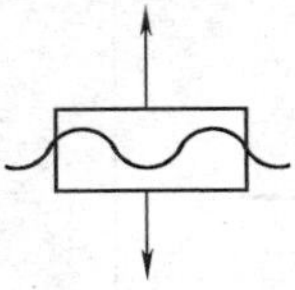	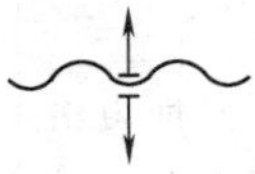

续表

类别	名　称	基本符号	可用符号
九、螺杆传动	3. 滚珠螺母		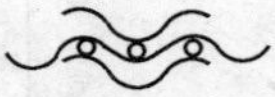
十、挠性轴			
十一、轴上飞轮		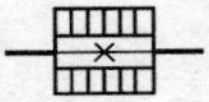	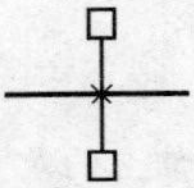
十二、分度头		 n	
十三、轴承	1. 深沟轴承		
	(1) 普通轴承		
	(2) 深沟球轴承	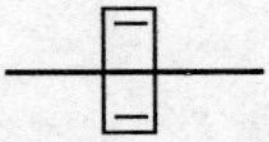	
	2. 推力轴承		
	(1) 单向推力普通轴承	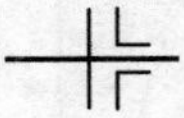	
	(2) 双向推力普通轴承	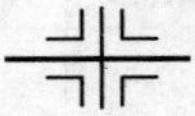	
	(3) 推力滚动轴承	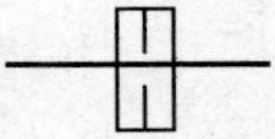	

续表

类别	名　称	基本符号	可用符号
十三、轴承	3. 向心推力轴承		
	（1）单向向心推力普通轴承	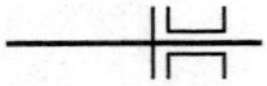	
	（2）双向向心推力普通轴承	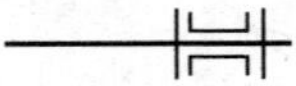	
	（3）向心推力滚动轴承	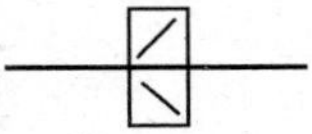	
十四、弹簧	1. 压缩弹簧	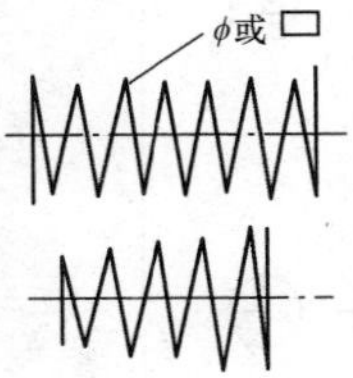 ϕ或 □	
	2. 拉伸弹簧	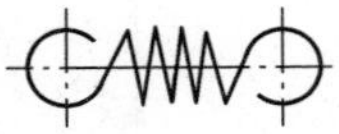	
	3. 扭转弹簧	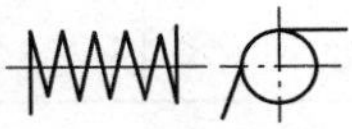	
	4. 碟形弹簧	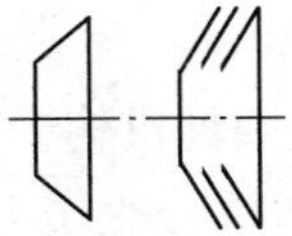	
	5. 截锥涡卷弹簧	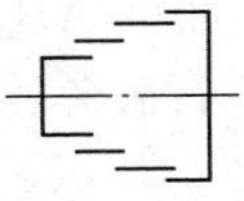	

续表

类别	名　称	基本符号	可用符号
十四、弹簧	6. 涡卷弹簧		
	7. 板状弹簧	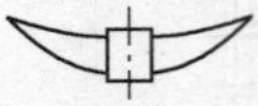	
十五、原动机	1. 通用符号（不指明类型）	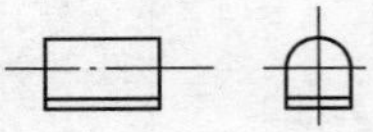	
	2. 电动机——一般符号	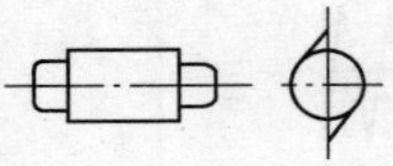	
	3. 装在机架上的电动机	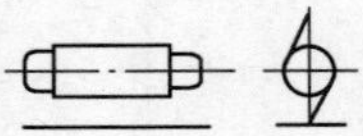	

二、常用机构应用实例

1. 铰链四杆机构

（1）曲柄摇杆机构。在铰链四杆机构中，若有一个连架杆能作整周回转，另一个连架杆只能在某一小于360°的角度内作往复摆动，则称为曲柄摇杆机构。曲柄摇杆机构在生产中应用很广，图1-1所示为一些应用实例。它们在曲柄 AB 连续回转的同时，摇杆 CD 可以往复摆动，完成剪切、矿石破碎、搅拌、雷达天线的俯仰摆动等动作。

（2）双曲柄机构。当铰链四杆机构中的两连架杆均能作整周回

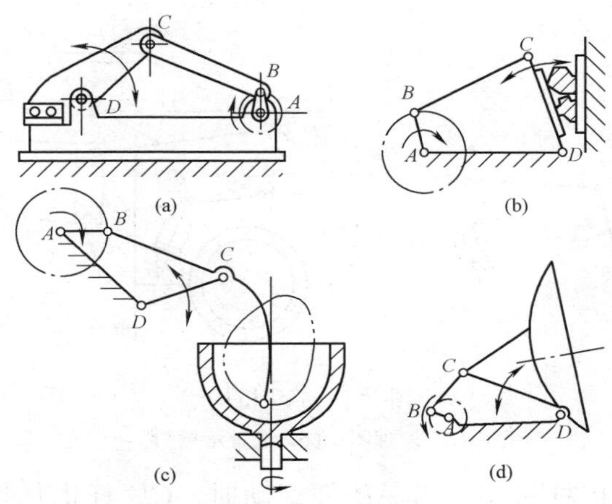

图 1-1　曲柄摇杆机构的应用实例

（a）剪板机；（b）颚式破碎机；（c）搅拌机；（d）雷达俯仰角度摆动装置

转时，则称为双曲柄机构。图 1-2 所示为惯性筛上双曲柄机构的应用，当曲柄 AB 作等角速度转动时，曲柄 DC 作变角速度转动，通过构件 CE 使筛体产生变速直线运动，筛体内的物料由于惯性而来回抖动，从而达到筛选物料的目的。

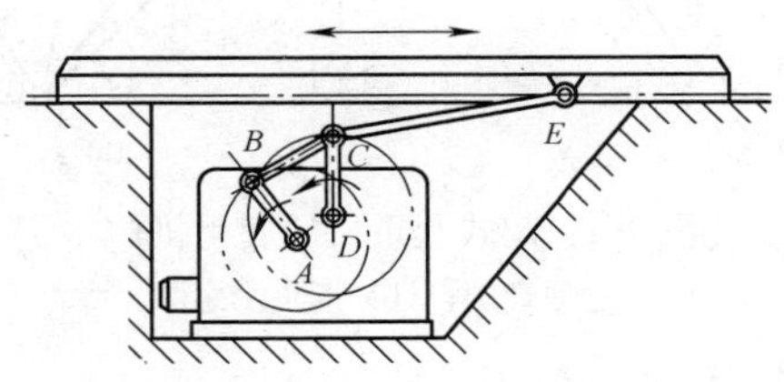

图 1-2　惯性筛

在双曲柄机构中，用得最多的是平行双曲柄机构，这种机构的对边两构件长度相等。如图 1-3 所示的铲土机中的铲斗机构，为保证铲斗作平行移动，防止泥土泼出，所以采用正平行四边形 $ABCD$，并将连杆 BC 作铲斗。

（3）双摇杆机构。当铰链四杆机构中的两连架杆均不能作整周回转时，则称为双摇杆机构。图 1-4 所示为鹤式起重机的起重机

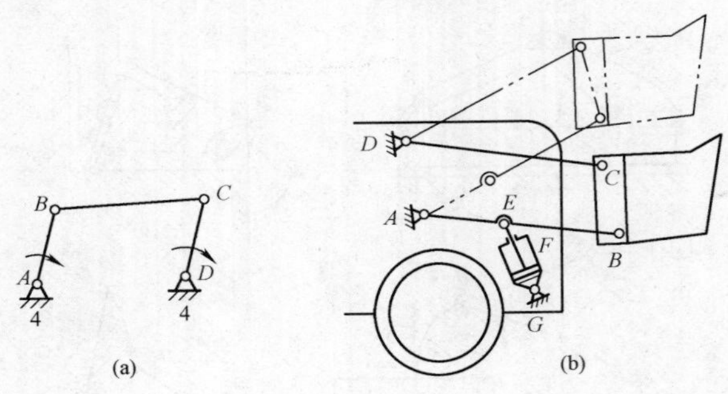

图 1-3　铲斗机构

（a）原理图；（b）起重示意图

构，属于双摇杆机构。当 AB 杆摆动时，CD 杆也作摆动，连杆 CB 上的 E 点作近似于水平直线的运动，使其在起吊重物时避免由于不必要的升降而增加能量的损耗。

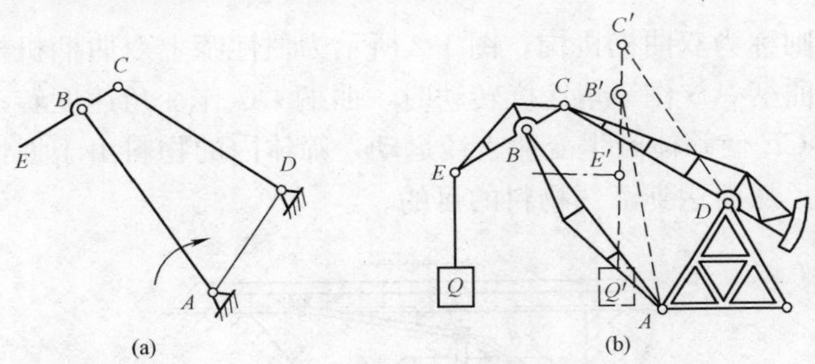

图 1-4　鹤式起重机的起重机构

（a）原理图；（b）起重示意图

2. 滑块机构

（1）曲柄滑块机构。曲柄滑块机构能使曲柄的连续转动转换为滑块的往复直线移动，或作相反的转换。图 1-5 所示为压力机中的曲柄滑块机构。该机构将曲轴（即曲柄）的回转运动转换成重锤（即滑块）的上下往复直线运动，完成对工件的压力加工。图 1-6 所示为内燃机中的曲柄滑块机构，活塞的往复直线运动通过连杆转换成曲轴的连续回转运动。

（2）定块机构。图 1-7 所示的手动泵是定块机构的应用。扳动手柄 1，使导杆 4 连同活塞上下移动，便可抽水或抽油。

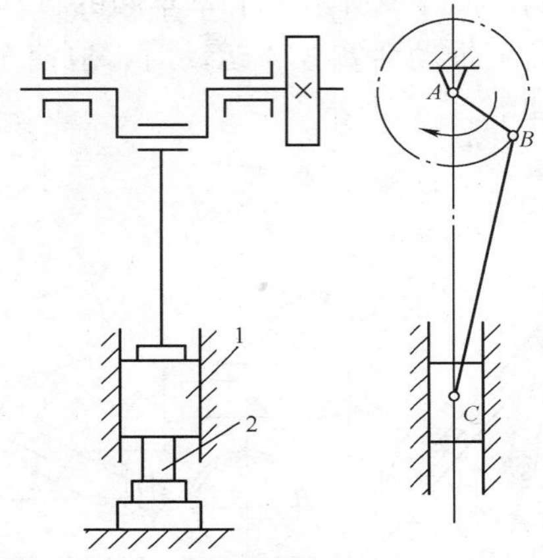

图1-5　曲柄滑块机构在压力机中的应用

1—滑块；2—工件

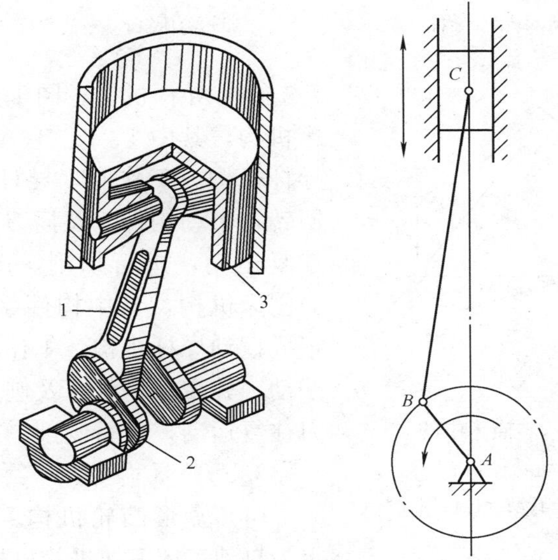

图 1-6　内燃机中的曲柄滑块机构

1—连杆；2—曲轴（曲柄）；3—活塞（滑块）

（3）摇块机构。图 1-8 所示为卡车车厢的自动翻转卸料机构。它利用液压缸中液压推动活塞杆 4 运动时，迫使车厢 1 绕 *B* 点翻转，物料便自动卸下。

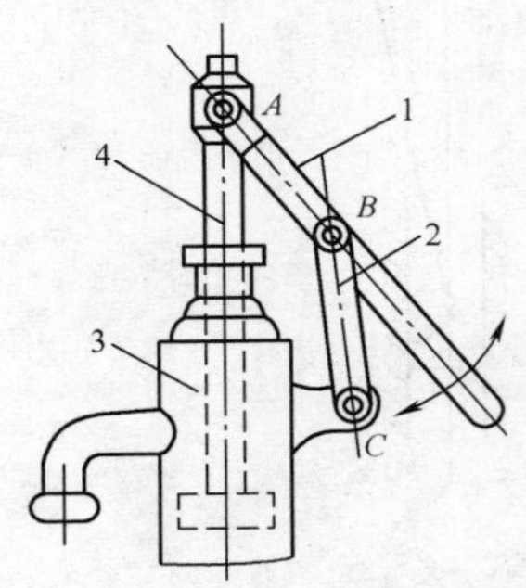

图 1-7　手动泵

1—手柄；2—连杆；

3—活塞；4—导杆

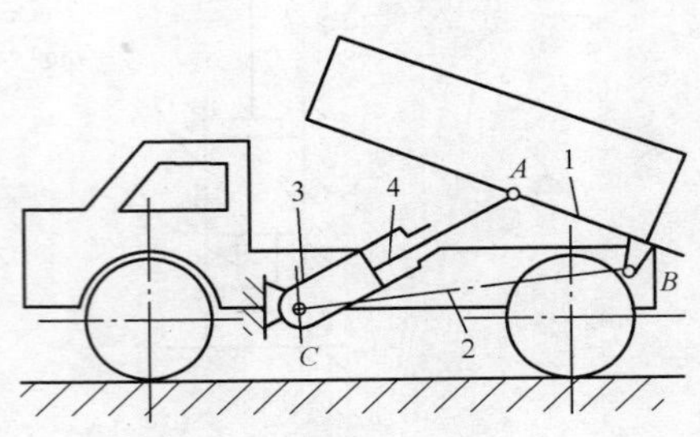

图 1-8　自翻卸料装置中的曲柄摇块机构

1—车厢；2—车架；

3—液压缸；4—活塞杆

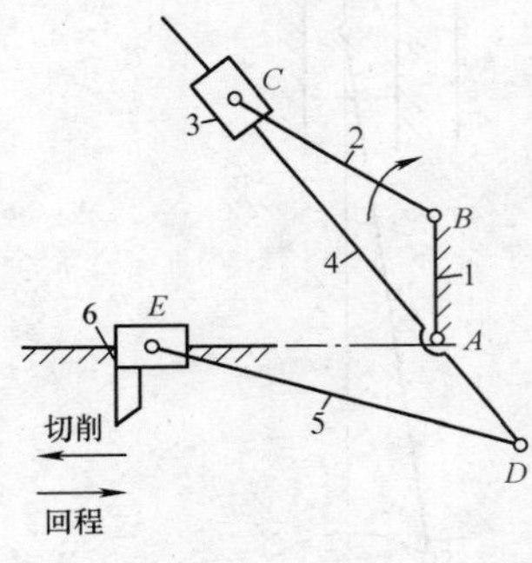

图 1-9　插床中的转动导杆机构

1～4—转动导杆机构；

5—构件；6—插刀

（4）导杆机构。图 1-9 所示为插床机构，其中 1、2、3、4 组成转动导杆机构。工作时，导杆 4 绕 *A* 轴回转，带动构件 5 及插刀 6，使插刀往复运动，进行切削。图 1-10 所示为刨床机构，其中构件 1、2、3、4 组成摆动导杆机构。工作时，导杆 4 摆动，并带动构件 5 及刨刀 6，使刨刀往复运动，进行刨削。

3. 凸轮机构

（1）盘形凸轮机构。图 1-11 所示为自动车床刀架进给机构。当盘形凸轮 4 转动时，其轮廓迫使从动杆 3 往复摆动，通过固定在从动杆上的扇形齿轮 2，带动刀架下部的齿条，使刀架 1 前、后移动，完成所需要的进刀和退刀运动。

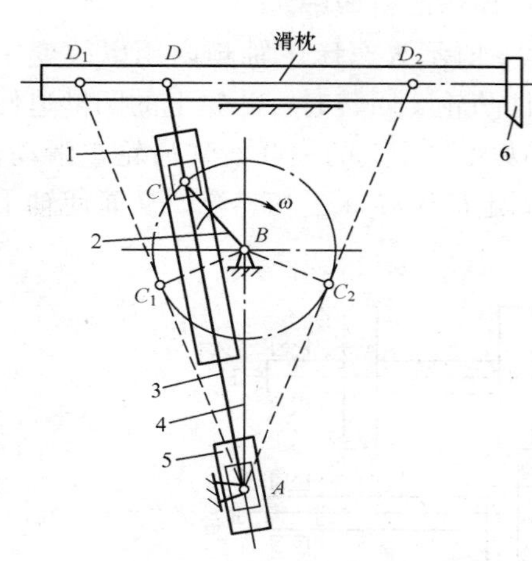

图 1-10　刨床中的摆动导杆机构

1～4—摆动导杆机构；5—构件；6—刨刀

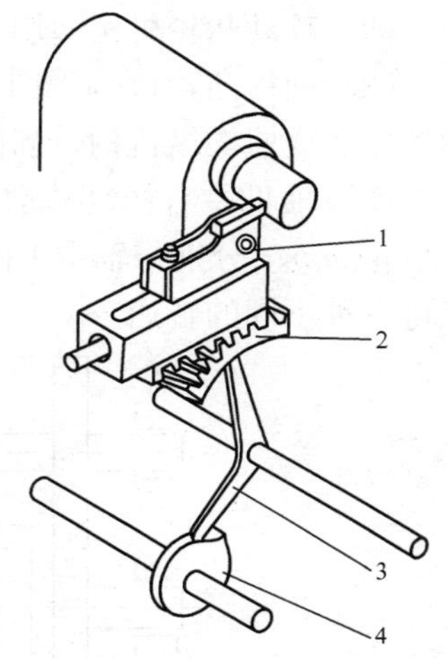

图 1-11　自动车床刀架进给机构

1—刀架；2—扇形齿轮；3—从动杆；4—盘形凸轮

（2）移动凸轮机构。图 1-12 所示的移动凸轮机构采用靠模车削手柄装置。工件 1 回转时，移动凸轮（靠模板）3 和工件一起向右作纵向移动，由于移动凸轮的曲线轮廓的推动，从动件（刀架）2 带着车刀按一定规律作横向移动，从而车削出具有凸轮表面形状

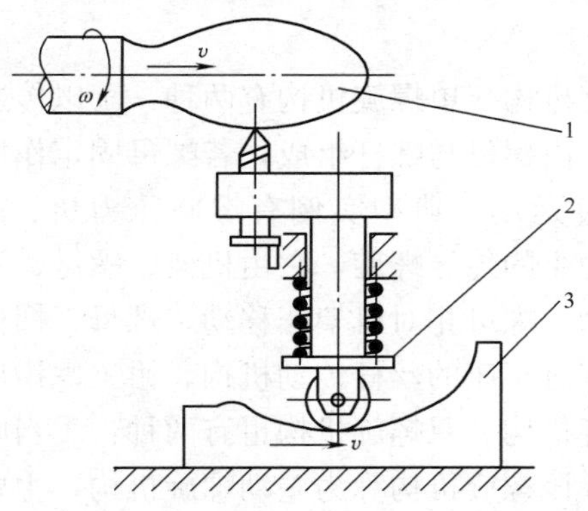

图 1-12　移动凸轮机构

1—工件；2—从动件（刀架）；3—移动凸轮（靠模板）

的手柄。移动凸轮机构多用于靠模仿形机械中。

(3) 圆柱凸轮机构。图 1-13 所示为车床主轴箱内用以改变主轴转速的变速操纵机构。当圆柱凸轮 3 回转时，凸轮上的凹槽迫使拨叉 2 沿轴Ⅲ左右往复移动，拨叉轴Ⅱ上的三联滑移齿轮 1 滑动，使齿轮 a、b、c 分别与轴Ⅰ上的固定齿轮 d、e、f 相啮合，从而使轴Ⅰ获得三种不同的转速。

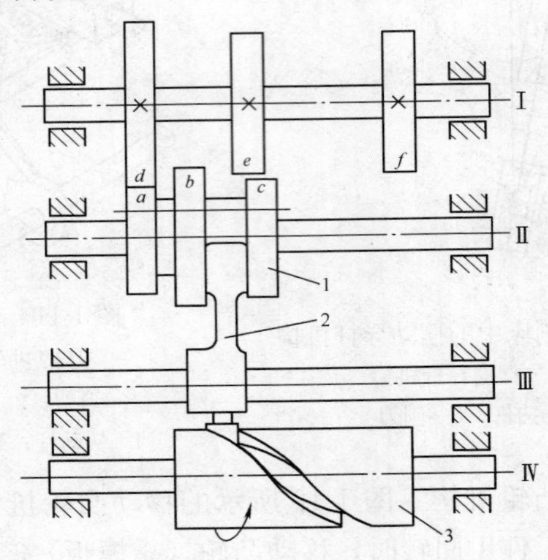

图 1-13　变速操纵机构

1—三联滑移齿轮；2—拨叉；3—圆柱凸轮

4. 螺旋机构

(1) 单螺旋机构。单螺旋机构有两种：①以传递动力为主的传力螺旋机构，它由螺母与螺杆组成，若螺母固定作机架，则螺杆相对于机架作螺旋运动，典型实例有螺旋压力机、螺旋千斤顶等；②以传递运动为主的传导螺旋，它由机架、螺母、螺杆组成，螺杆相对机架作转动，螺母相对机架作移动，螺母、螺杆间相对作螺旋运动，典型实例有车床的丝杆传动机构、钳工虎钳用的机构等。

(2) 双螺旋机构。双螺旋机构也有两种：①当两螺旋副中螺旋线旋向相同时，该螺旋机构称为差动螺旋机构，主要用于微调装置上；②当两螺旋副中螺旋线旋向相反时，该螺旋机构称为复式螺旋机构，可用于快速夹紧的夹具机构中。

（3）滚动螺旋机构。若在普通螺旋机构的螺杆与螺母间加入钢球，同时内、外螺纹改成内、外螺旋状滚道，就成为滚动螺旋机构。滚动螺旋机构工作时，钢球沿螺纹滚道滚动，并经螺母上的导管返回滚道，形成回路。滚动螺旋机构效率很高，故在数控机床的进给机构中获得广泛应用。

5. 棘轮机构和槽轮机构

（1）棘轮机构。齿式棘轮机构不适于高速传动，常用于主动件速度不大、从动件行程需要改变的场合，如机床的自动进给、送料、自动计数、制动、超越机构等。当需要无级调节棘轮的转角时，则应采用摩擦式棘轮机构。摩擦式棘轮机构传递运动平稳、无噪声，但易产生打滑而使传动精度不高，常用作超越离合器。

图 1-14 所示为牛头刨床的横向进给机构。刨床主运动经过曲柄、连杆使摇杆往复摆动，装在摇杆上的棘爪推动棘轮作步进运动，刨床滑枕每往复运动一次（刨削一次），棘轮连同丝杆转动一次，实现工作台的横向进给。工作台每次进给量的大小（即棘轮转角的大小）通过改变遮板位置调节。由于采用了可变向棘轮机构，

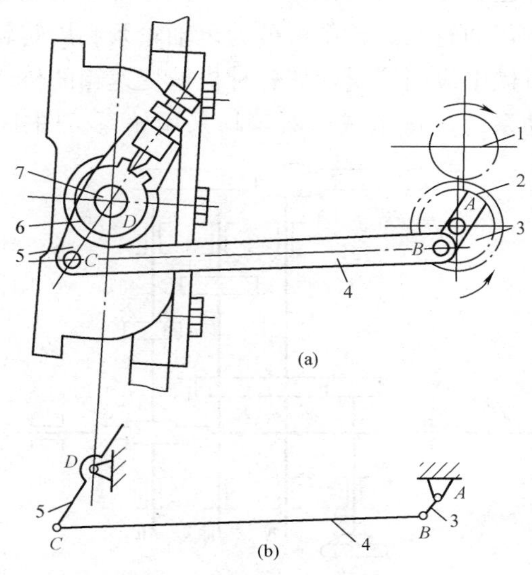

图 1-14　牛头刨床横向进给机构

1、2—齿轮；3—销盘；4—连杆；5—摇杆；6—棘轮；7—丝杆

因此，每完成一次刨削工步后，只要将棘爪提起并回转 180°（这时工作台横向进给方向相反），就可以继续下一步的刨削，而不必将工件空返回原位，节省了非机动时间。

（2）槽轮机构。该机构定位精度不太高，只适用于各种转速不太高的自动机械中作转位机构或分度机构。如图 1-15 所示的六角车床刀架转位机构，刀架 3 上装有 6 种刀具，与刀架相连的是槽数 $z=6$ 的外槽轮 2，拨盘 1 回转一周，槽轮转过 60°，从而将下一工序的刀具转换到工作位置。

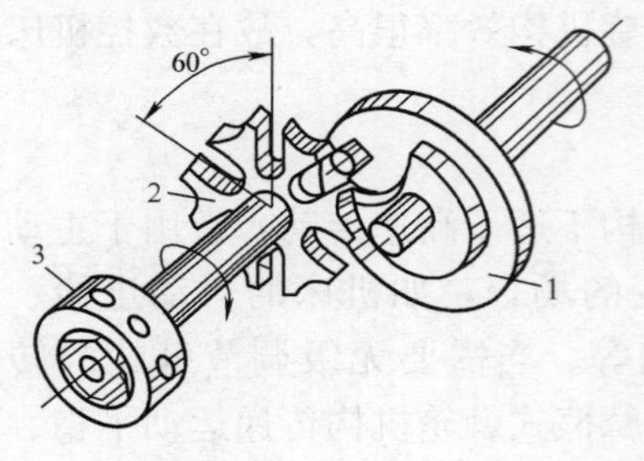

图 1-15　六角车床刀架转位机构

1—拨盘；2—外槽轮；3—刀架

6. 齿轮机构

表 1-1 中所列由一对齿轮组成的机构是最简单的齿轮机构。实际上，为了变速、变向和获得大的传动比，常常采用若干对齿轮组成的齿轮机构，即轮系。轮系可分为定轴轮系和周转轮系两大类。

轮系在机械中应用广泛，如各种机械变速箱的传动系统、滚齿机工作台传动系统、行星减速器等均采用轮系。图 1-16 所示为卧

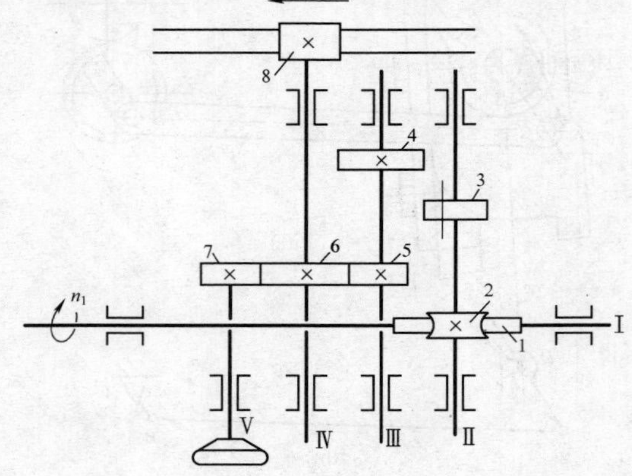

图 1-16　卧式车床溜板箱传动系统

1—蜗杆；2—蜗轮；3—滑移齿轮；4～6—齿轮；7—手动齿轮；8—小齿轮

式车床溜板箱传动系统的一部分，为定轴轮系，运动由轴Ⅰ输入，由蜗杆1带动蜗轮2转动（此处采用脱落蜗杆机构，过载时蜗杆脱落与蜗轮分离），当滑移齿轮3与齿轮4啮合时，轮系将运动传递到轴Ⅳ，使小齿轮8回转，并在齿条上滚动，带动溜板箱移动，实现自动纵向进给。当滑移齿轮3与齿轮4分离时，可以通过手动齿轮7带动齿轮6（轴Ⅳ）使小齿轮8沿齿条滚动，实现手动纵向进给。

图1-17所示为汽车后桥差速器，该机构是由圆锥齿轮1、2、3及齿轮4组成的周转轮系。齿轮4为转臂，带动其上行星齿轮2的轴心绕与左右两后轮相连的中心齿轮1和3转动。发动机经变速箱将转动传给齿轮5，通过该轮系驱动后轮，并在转弯时能将由齿轮5传入的转动，分解为两后轮的两个不同转速的转动而产生差动效果。

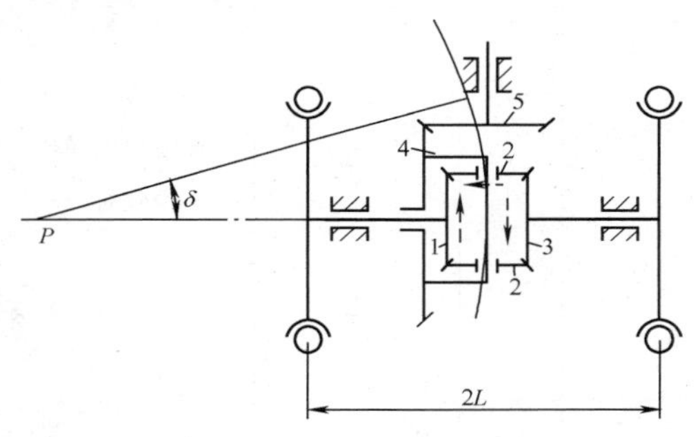

图1-17　汽车后桥差速器

1～5—齿轮

7. 联轴器、离合器和制动器

（1）常用联轴器的性能、特点和应用见表1-2。

表1-2　　常用联轴器的性能、特点和应用

名称	公称转矩 T_n (N·m)	轴径 d (mm)	许用转速 n_p (r/min)	许用相对位移			特点及应用说明
				轴向 (mm)	径向 (mm)	角向 α (°)	
套筒联轴器	4.5～5600	10～100	一般≤200～250	要求两轴严格精确对中			结构简单，制造容易，尺寸小，对两轴的安装精度要求高，拆卸时需沿轴向移动较大距离。适用于连接两轴直径相同的圆柱形轴伸，要求同轴度高、工作平稳、无冲击载荷

续表

名称	公称转矩 T_n (N·m)	轴径 d (mm)	许用转速 n_p (r/min)	许用相对位移			特点及应用说明
				轴向 (mm)	径向 (mm)	角向 α (°)	
凸缘联轴器 (GB/T 5843—2003)	10 ～ 20 000	10 ～ 180	1400 ～ 13 000	要求两轴严格精确对中			结构简单，工作可靠，装拆方便，刚性好，成本低，能传递较大的转矩，但不能消除冲击，当两轴对中精度较低时，将引起较大的附加载荷。适用于连接振动不大，低速和刚性不大的两轴
弹性套柱销联轴器 (GB/T 4323—2017)	6.3 ～ 16 000	9 ～ 170	1150 ～8800	较大	0.2 ～ 0.6	0°30′ ～ 1°30′	结构紧凑，装配方便，具有一定的弹性和缓冲减振性能，补偿两轴相对位移量不大，制造复杂，加工要求较高。主要用于正反转变化多，起动频繁的高速轴，工作温度为－20～＋70℃
弹性柱销联轴器 (GB/T 5014—2017)	160 ～ 25 000	12 ～ 340	630 ～ 7100	±0.5 ～ ±3	0.15 ～ 0.25	0°30′	结构简单，制造容易，更换方便，柱销较耐磨，但弹性差，补偿两轴相对位移量小。主要用于载荷较平稳，起动频繁，轴向窜动量较大，对缓冲要求不高的传动，工作温度为－20～＋70℃

续表

名称	公称转矩 T_n (N·m)	轴径 d (mm)	许用转速 n_p (r/min)	许用相对位移			特点及应用说明
				轴向 (mm)	径向 (mm)	角向 α (°)	
弹性柱销齿式联轴器 (GB/T 5015—2017)	100～1×10^5	12～850	150～4000	±1.5～±5	0.3～1.5	0°30′	制造容易，不需润滑和维护，更换方便，具有一定的弹性，能缓冲，传递转矩范围大。适用于正反转多变，起动频繁的传动，工作温度为－20～＋70℃，不适用于对减振效果要求很高和对噪声需要严加控制的部位
梅花形弹性联轴器 (GB/T 5272—2017)	16～25 000	12～140	9500～15 300	1.2～5.0	0.5～1.8	1°00′～2°00′	结构简单，维修方便，耐冲击，有缓冲性，安全可靠，弹性元件使用寿命长，补偿两轴相对位移量大，对加工精度要求不高，适用范围广，可用于各种中小功率的水平和垂直传动，工作温度为－35～＋80℃
轮胎式联轴器 (GB/T 5844—2002)	10～25 000	11～180	800～5000	1.0～8.0	1.0～5.0	1°00′～1°30′	结构简单，弹性好，减振能力强，补偿两轴相对位移量大，不需润滑，但径向尺寸较大，附加轴向载荷大，主要用于潮湿、多尘、冲击大、正反转多变、起动频繁的传动，工作温度为－20～＋80℃

续表

名称	公称转矩 T_n (N·m)	轴径 d (mm)	许用转速 n_p (r/min)	许用相对位移			特点及应用说明
				轴向 (mm)	径向 (mm)	角向 α (°)	
十字轴万向联轴器 (JB/T 5901—1991)	11.2～1120	8～40	≤3300	—	—	≤45° 常用<10°	径向外形尺寸小，紧凑，维修方便，能传递空间两相交轴之间的传动，两轴线之间夹角大，但当采用单个万向联轴器时，从动轴转速不均匀。主要用于相交轴之间的传动连接
球笼万向联轴器 (GB/T 7549—2008)	180～10 000	20～100	340～1120	—	—	≤10°	轴向尺寸小，结构紧凑，不受两轴轴线之间的夹角影响，能保证主、从动轴同步转动，但结构复杂，制造困难，要求有较高的加工精度。主要用于要求结构紧凑的相交轴之间的传动连接

注 联轴器的分类、名称和型号按 GB/T 12458—2017《联轴器分类》规定。

（2）常用离合器的形式、特点和应用见表 1-3。

表 1-3　常用离合器的形式、特点和应用

形式			转矩范围 (N·m)	特点及应用说明
机械操纵离合器	牙嵌离合器	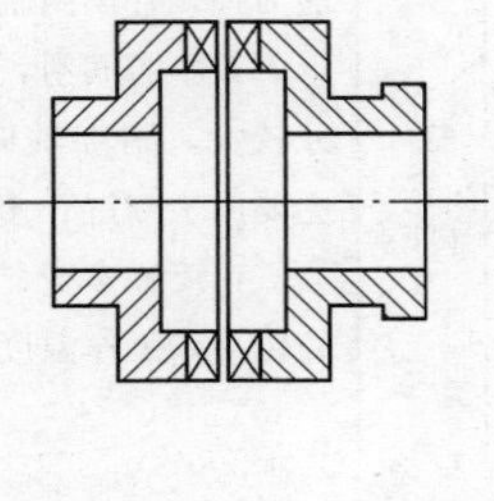	25～6100	靠啮合的牙面传递转矩，结构简单，外形尺寸小，传递转矩大，接合后主从动轴无相对滑动，传动比不变。但接合时有冲击，适合于静止或相对转速很低（对矩形牙转速差≤10r/min，对其余牙形≤300r/min）情况下接合，主要用于低速机械的传动系统

续表

形式			转矩范围(N·m)	特点及应用说明
机械操纵离合器	转键离合器	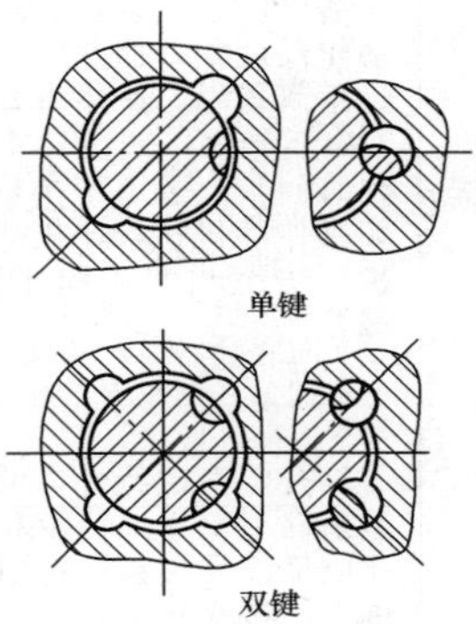 单键 双键	100～3700	利用置于轴上的键，转过一角度后卡在轴、套键槽中，实现传递转矩，其结构简单，动作灵活、可靠。适用于轴与传动件连接，可在转速差≤200r/min下接合，常用于各种曲柄压力机中
	片式离合器	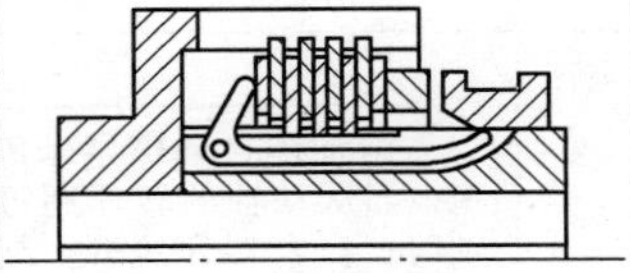	20～16 000	利用摩擦片或摩擦盘作为接合元件，结构形式多［单盘(片)、多盘(片)、干式、湿式、常开式、常闭式等］，结构紧凑，传递转矩大，安装调整方便，摩擦材料种类多，能保证在不同工况下，具有良好的工作性能，并能在高速下进行离、合。广泛应用于交通运输、机床、建筑、轻工和纺织等机械中
	圆锥离合器	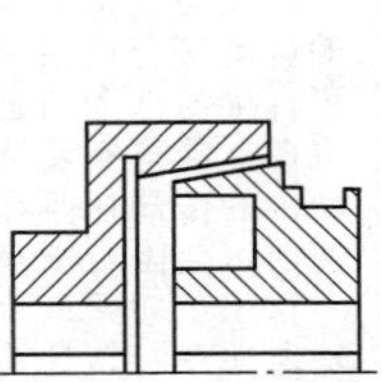	5000～286 000	可通过空心轴同轴安装，在相同直径及传递相同转矩的条件下，比单盘摩擦离合器的接合力小2/3，结构简单，脱开时分离彻底，但外形尺寸大，起动时惯性大，锥盘轴向移动困难。一般用于高速度、转矩不大的场合

续表

<table>
<tr><th colspan="2">形　式</th><th></th><th>转矩范围
(N·m)</th><th>特点及应用说明</th></tr>
<tr><td rowspan="2">电磁操纵离合器</td><td>片式电磁离合器</td><td> 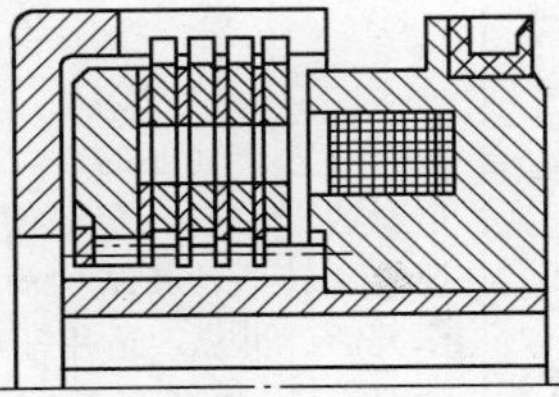</td><td>12～
12 000</td><td>结构紧凑，传递转矩范围大，动作反应快，控制容易，便于远距离操纵，使用寿命长，但有空转转矩，残余转矩衰减过程时间长。适用于快接合、高频操作的机械，如机床、包装机、纺织机械、起重运输机械等</td></tr>
<tr><td>磁粉离合器</td><td> 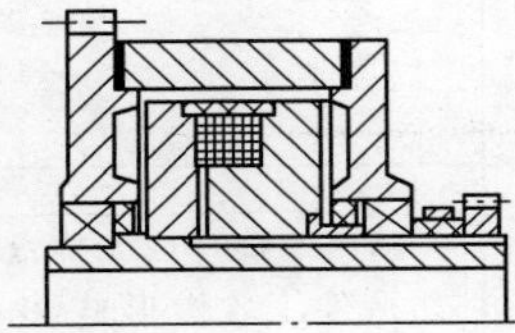</td><td>0.1～
5000</td><td>具有定力矩特性，可在有滑差条件下工作，转矩和电流的比值呈线性关系，转矩调节范围大，接合迅速，无磨损，但磁粉使用寿命短，价格较贵。主要用于定力矩传动、缓冲起动和高频操作等传递转矩不大的机械装置，如测力计、造纸机等的张力控制装置等</td></tr>
<tr><td rowspan="2">自动离合器</td><td>超越离合器</td><td> 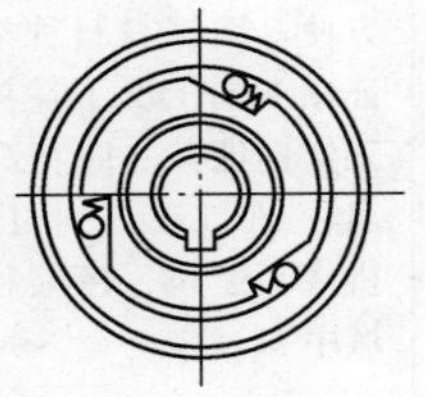</td><td>2.5～
770</td><td>靠滚动体自动楔紧来传递转矩，当从动轴的转速超过主动轴时，离合器便脱开。结构简单，制造容易，接合平稳，但传递的转矩较小，一般只能传递单方向转矩。主要用于机床和无级变速器等的传动装置中</td></tr>
<tr><td>离心离合器</td><td> 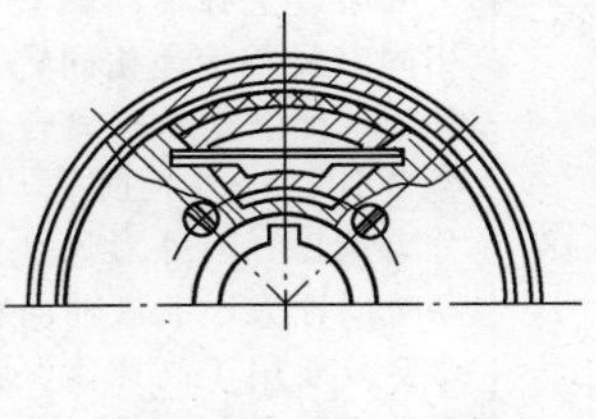</td><td>1.3～
5100</td><td>利用自身的转矩来控制两轴的自动接合或脱开，其特点是可直接与电动机连接，使电动机在空载下平稳起动，改善电动机的发热，但在达到额定转速前，会因打滑产生摩擦，故不宜用于频繁起动的场合，且输出功率与转速有关，也不宜用于变速传动的轴系</td></tr>
</table>

注　离合器的分类、名称和型号按 GB/T 10043—2017《离合器分类》规定。

（3）常用制动器的性能、特点及应用见表1-4。

表1-4 常用制动器的性能、特点及应用

序号	制动器名称	特点及应用说明
1	外抱块式制动器	构造简单可靠，散热好。瓦块有充分和较均匀的退距，调整间隙方便。对直形制动臂，制动力矩大小与转向无关，制动轮轴不承受弯曲。但包角和制动力矩小，制造比带式制动器复杂，杠杆系统复杂，外形尺寸大。应用较广，适用于工作频繁及空间较大的场合
2	内涨蹄式制动器	两个内置的制动器在径向向外挤压制动鼓，产生制动力矩。结构紧凑，散热性好，密封容易。可用于安装空间受限制的场合，广泛用于轮式起重机，各种车辆如汽车、拖拉机等的车轮中
3	带式制动器	构造简单紧凑。包角大（可超过2π），制动力矩大。制动轮轴受较大的弯曲作用力，制动带的比压和磨损不均匀。简单式和差动式制动器的制动力矩大小均与旋转方向有关，限制了应用范围。散热差。适用于大型要求紧凑的制动，如用于移动式起重机中
4	盘式制动器	利用轴向压力使圆盘或圆锥形摩擦表面压紧，实现制动。制动轮轴不承受弯曲作用力，结构紧凑。制动力矩大小与旋转方向无关。可制成封闭式，利于防尘防潮。摩擦面散热条件次于块式和带式，温度较高。适用于紧凑性要求高的场合，如车辆的车轮和电动葫芦中
5	磁粉制动器	利用磁粉磁化时产生的抗剪力实现制动。体积小、质量轻，制动平稳，励磁功率小，制动力矩与转动件的转速无关。但磁粉会引起零件磨损。适用于自动控制及各种机器的驱动系统中

三、机械传动

（一）带传动

1. 平带传动

（1）平带传动形式见表1-5。

表 1-5　平带传动形式

传动形式	简图	最大传动比 i_{max}	传动带最大运行速度 v_{max} (m/s)	最小中心距 a_{min} (mm)	相对传递功率 P (%)	安装条件	工作特点
开口传动		5	25	1.5 (D_1+D_2)	100	(1) 两轮中心面相重合 (2) 接近水平情况下尽可能使紧边在下面	(1) 可双向传动 (2) 平带只受单向弯曲，对使用寿命有利
交叉传动		6	15	$20b$ 或 $10\sqrt{bD_2}$	75～85	两轮中心面相重合	(1) 可双向传动，旋转方向相反 (2) 平带受双向弯曲及附加的扭转，交叉处受剧烈的摩擦

续表

传动形式	简　图	最大传动比 i_{max}	传动带最大运行速度 v_{max} (m/s)	最小中心距 a_{min} (mm)	相对传递功率 P（%）	安装条件	工作特点
角度和半交叉传动		3	15	5.5（D_2+b）或 $\gamma<25°$	70～80	平带进入边的速度方向，须在所进入带轮中心面上，一般在安装试运转时才可确定	（1）只能单向传动 （2）平带受附加的扭转

续表

传动形式	简 图	最大传动比 i_{max}	传动带最大运行速度 v_{max}（m/s）	最小中心距 a_{min}（mm）	相对传递功率 P（%）	安装条件	工作特点
用导轮的角度传动	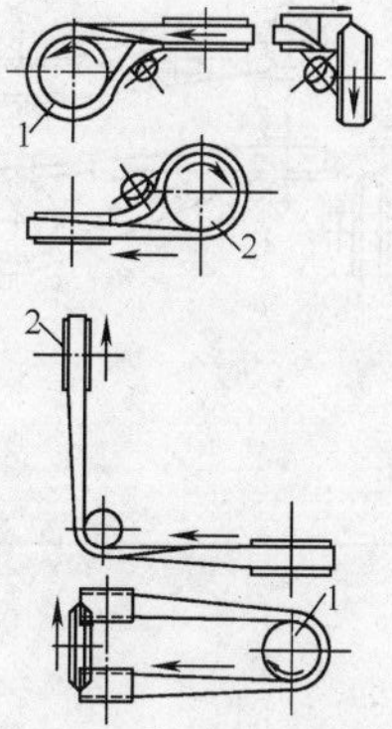	4	15	—	70～80	调整导轮位置使平带对准带轮中心	（1）可双向传动 （2）平带受附加扭转

续表

传动形式	简　图	最大传动比 i_{max}	传动带最大运行速度 v_{max} (m/s)	最小中心距 a_{min} (mm)	相对传递功率 P (%)	安装条件	工作特点
用导轮与拉紧惰轮的传动		6	25	—	100	(1) 各轮中心面相重合 (2) 拉紧轮在松边上定期调整拉紧轮位置，以保持带的张紧力	(1) 可双向传动 (2) 主、从动轮之间有障碍时，有时用此法使平带绕过障碍

续表

传动形式	简图	最大传动比 i_{max}	传动带最大运行速度 v_{max} (m/s)	最小中心距 a_{min} (mm)	相对传递功率 P（%）	安装条件	工作特点
自动张紧轮、张紧离合器	1 2 A A A—A	10	25	D_1+D_2	100	（1）各轮中心面相重合 （2）张紧轮在松边	（1）只能单向传动 （2）增加小轮上的包角，在小中心距时，取得大的传动比 （3）可改善垂直传动的不利条件 （4）平带张紧力稳定 （5）在起动转矩不大的传动中用作离合器
多从动轮传动						（1）各轮中心面相重合 （2）要验算各轮是否打滑（参考V带多被动轮传动计算）	（1）在复杂的传动系统中，可以简化传动机构 （2）平带曲挠次数增加，影响使用寿命

注　D_1—小带轮直径；D_2—大带轮直径；b—平胶带宽度；γ—松紧边夹角；1—主动轮；2—从动轮。

（2）平带轮最小直径见表 1-6。

表 1-6　平带轮最小直径　　mm

平带拉伸强度规格 (kN/m)	带速 v (m/s)					
	5	10	15	20	25	30
190	80	112	125	140	160	180
240	140	160	180	200	224	250
290	200	224	250	280	315	355
340	315	355	400	450	500	560
385	450	500	560	630	710	710
425	500	560	710	710	800	900
450	630	710	800	900	1000	1120
500	800	900	1000	1000	1120	1250
560	1000	1000	1120	1250	1400	1600

注　1. 表内数据为包边式平带的带轮最小直径，切边式平带的带轮最小直径可比表中规定的数值小 20%。

2. 标记方法。

有端平带：(带的拉伸强度规格)×[带宽(mm)]。

环形平带：(带的拉伸强度规格)×[带宽(mm)]—[带的内周长(m)]。

3. 标记示例。

有端平带：普通平带 340×160。

环形平带：普通平带 190×50-20。

（3）平带的接头形式见表 1-7。

表 1-7　平带的接头形式

接头种类		接头形式	特　点
胶合	传动胶带胶合接头	50～150 200～400	接头平滑、可靠，连接强度高，但连接技术要求高。用于不需经常改接的高速大功率传动和有张紧轮的传动
	强力锦纶带胶合接头	80～90 80～150	

续表

接头种类		接头形式	特　点
金属接头	胶带扣接头		连接迅速方便，但端部被削弱，运转有冲击。用于经常改接的中小功率传动。胶带扣接头用于 $v<20m/s$，铁丝钩接头用于 $v<25m/s$
	铁丝钩接头		
	胶带螺栓接头		连接方便，接头强度大，只能单面传动。用于 $v<10m/s$ 大功率传动胶带

（4）单位宽度平带允许传递功率见表1-8。

表1-8　　单位宽度平带允许传递功率 P_0　　kW/cm

胶布层数 m	小带轮直径 D_1（mm）	传动带运行速度 v（m/s）						
		1	5	10	15	20	25	30
3	90	0.07	0.37	0.71	1.02	1.26	1.41	1.46
	112	0.07	0.38	0.74	1.06	1.30	1.46	1.51
	125	0.08	0.39	0.75	1.07	1.32	1.48	1.54
	140	0.08	0.39	0.76	1.09	1.34	1.51	1.55
	160	0.08	0.40	0.77	1.10	1.36	1.53	1.57
	180	0.08	0.40	0.78	1.11	1.37	1.54	1.59
4	140	0.10	0.51	0.98	1.40	1.72	1.93	2.00
	160	0.10	0.51	1.00	1.42	1.76	1.97	2.04
	180	0.10	0.52	1.01	1.44	1.78	2.00	2.07
	200	0.11	0.53	1.02	1.46	1.80	2.02	2.09
	224	0.11	0.53	1.04	1.48	1.82	2.04	2.10
	250	0.11	0.54	1.04	1.48	1.84	2.07	2.13

续表

胶布层数 m	小带轮直径 D_1（mm）	传动带运行速度 v（m/s）						
		1	5	10	15	20	25	30
5	200	0.13	0.64	1.25	1.78	2.20	2.46	2.54
	224	0.13	0.65	1.26	1.80	2.23	2.50	2.58
	250	0.13	0.66	1.28	1.82	2.25	2.53	2.61
	280	0.13	0.67	1.29	1.84	2.26	2.55	2.64
	315	0.14	0.68	1.31	1.86	2.28	2.58	2.66
	355	0.14	0.68	1.32	1.87	2.32	2.60	2.69
6	250	0.15	0.77	1.51	2.15	2.65	2.97	3.06
	280	0.16	0.79	1.52	2.17	2.68	3.01	3.11
	315	0.16	0.79	1.54	2.20	2.71	3.04	3.15
	355	0.16	0.80	1.56	2.22	2.74	3.08	3.18
	400	0.16	0.81	1.57	2.24	2.77	3.11	3.21
	450	0.16	0.82	1.59	2.26	2.79	3.13	3.23
7	315	0.18	0.91	1.77	2.52	3.12	3.50	3.61
	355	0.18	0.93	1.79	2.56	3.15	3.54	3.66
	400	0.19	0.93	1.82	2.59	3.19	3.58	3.70
	450	0.19	0.94	1.83	2.61	3.22	3.62	3.73
	500	0.19	0.95	1.84	2.63	3.25	3.65	3.76
	560	0.19	0.96	1.86	2.65	3.27	3.67	3.79
8	400	0.21	1.05	2.04	2.92	3.60	4.04	4.17
	450	0.21	1.07	2.07	2.95	3.65	4.09	4.22
	500	0.22	1.07	2.09	2.98	3.68	4.12	4.26
	560	0.22	1.09	2.11	3.00	3.70	4.16	4.29
	630	0.22	1.10	2.12	3.02	3.73	4.19	4.33
	710	0.22	1.10	2.14	3.04	3.76	4.22	4.36

注　1. 本表按公式 $P_0=0.01v\delta\sigma_p C_1 C_2 C_3$ 计算而得，具体条件是开放式传动，初应力 $\sigma_0=1.77$MPa，包角 180°，稳定载荷，平带每层厚度为 1.15mm，许用应力 $\sigma_p=2.45\sim9.81\delta/D_1$（MPa）。

2. 当每年实际工作时间较短，或有自动张紧装置，带轮直径较大时，初应力可选用 $\sigma_0=1.96$MPa，P_0 相应提高 10%；当每年工作时间较长，或工作条件差，带轮直径较小时，初应力可选用 $\sigma_0=1.57$MPa，P_0 相应降低 10%。

2. V带传动

（1）V带的种类见表1-9。

表1-9　　V 带 种 类

种　类	楔角（°）	相对高度 h/b_p
普通V带	40°	～0.7
窄V带	40°	～0.9
宽V带	40°	～0.3
半宽V带	40°	～0.5
大楔角V带	60°	—

（2）V带的结构如图1-18所示。

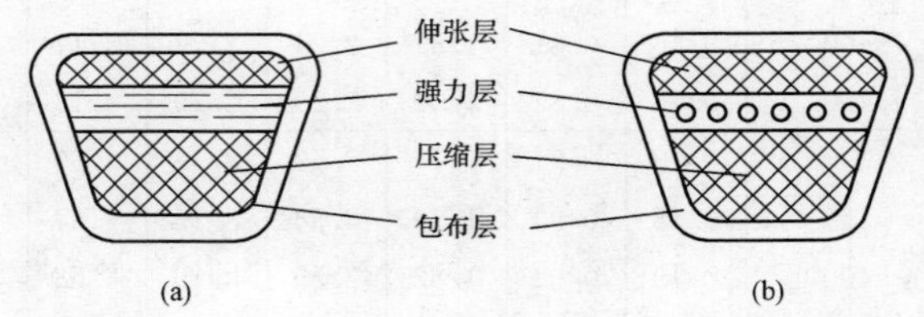

图1-18　V带的结构
（a）帘布结构；（b）线绳结构

（3）V带的规格尺寸见表1-10、表1-11。

表1-10　　普通V带剖面尺寸

型号	Y	Z	A	B	C	D	E
b_p（mm）	5.3	8.5	11	14	19	27	32
b（mm）	6	10	13	17	22	32	38
h（mm）	4	6	8	10.5	13.5	19	23.5
θ（°）	40						
p（N/mm）	0.2	0.6	1.0	1.7	3.0	6.2	9.0

表 1-11　　　　　　　普通 V 带基准长度系列

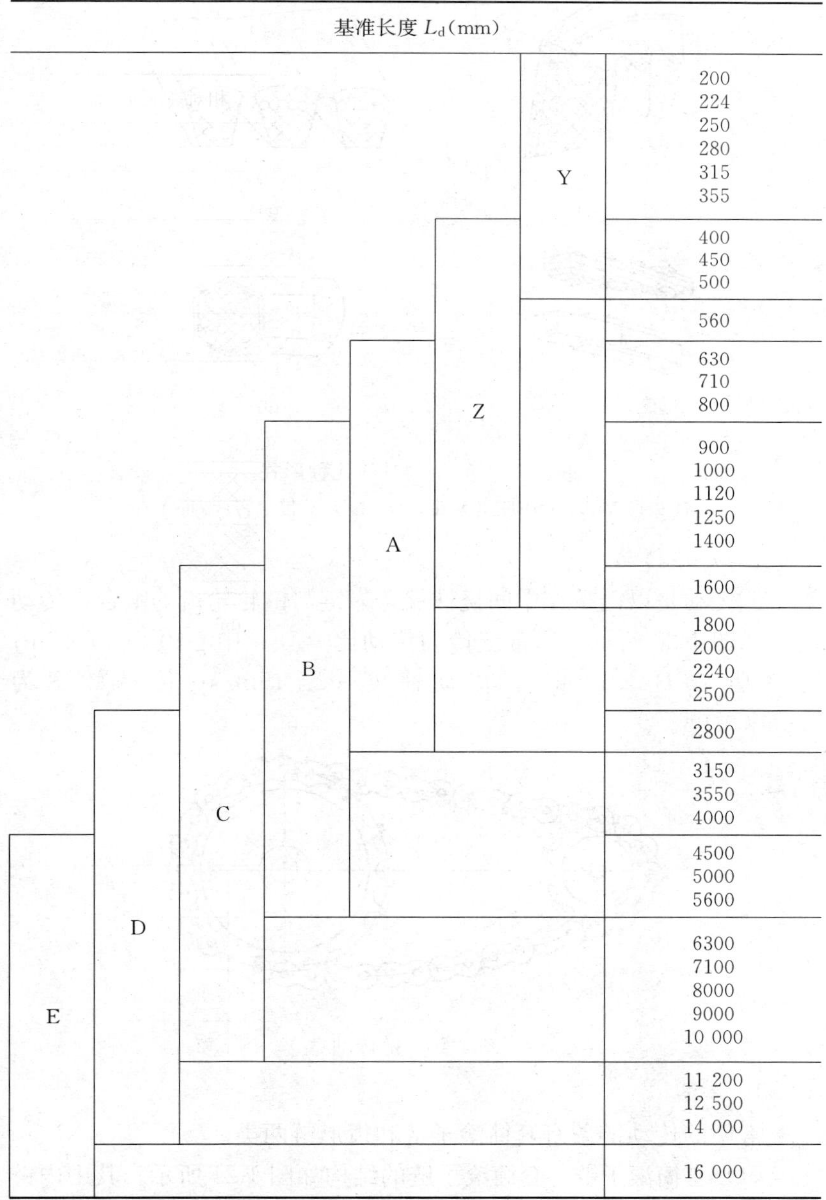

型号	基准长度 L_d(mm)
Y	200, 224, 250, 280, 315, 355, 400, 450, 500
Z	400, 450, 500, 560, 630, 710, 800, 900, 1000, 1120, 1250, 1400, 1600
A	630, 710, 800, 900, 1000, 1120, 1250, 1400, 1600, 1800, 2000, 2240, 2500, 2800
B	900, 1000, 1120, 1250, 1400, 1600, 1800, 2000, 2240, 2500, 2800, 3150, 3550, 4000, 4500, 5000, 5600
C	1600, 1800, 2000, 2240, 2500, 2800, 3150, 3550, 4000, 4500, 5000, 5600, 6300, 7100, 8000, 9000, 10 000
D	2800, 3150, 3550, 4000, 4500, 5000, 5600, 6300, 7100, 8000, 9000, 10 000, 11 200, 12 500, 14 000
E	4500, 5000, 5600, 6300, 7100, 8000, 9000, 10 000, 11 200, 12 500, 14 000, 16 000

(4) V带的其他几种形式见图1-19。

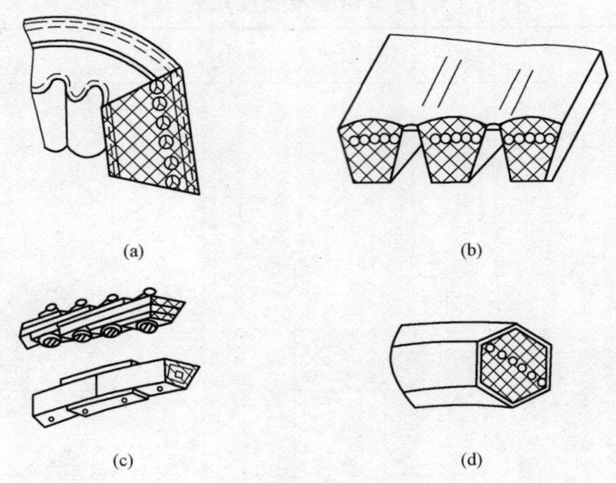

图1-19　V带的其他几种形式

(a) 齿形V带；(b) 联组V带；(c) 接头V带；(d) 双面V带

(二) 链传动

链传动是以链条作中间挠性件，靠链与链轮轮齿的啮合来传动的，如图1-20所示。通常链传动传动比 $i \leqslant 8$；中心距 $a \leqslant 5 \sim 6$m；传递功率 $P \leqslant 100$kW；传动速度 $v \leqslant 15$m/s；传动效率为0.95～0.98。

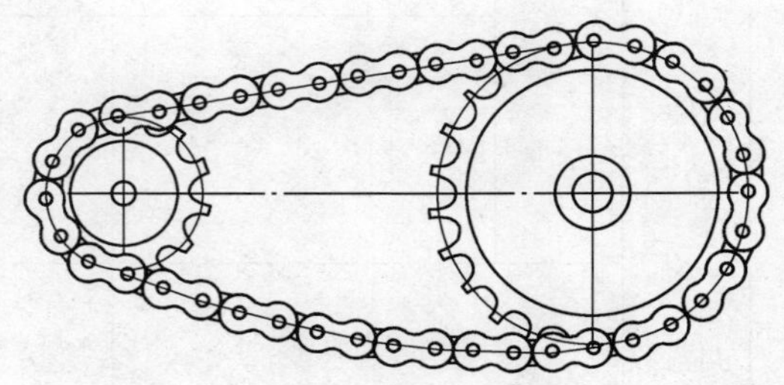

图1-20　链传动

1. 链条

常用的传动链条有套筒滚子链和齿形链两类。

(1) 套筒滚子链。套筒滚子链的结构如图1-21所示，其中内链板紧固在套筒两端，销轴以间隙配合穿过套筒与外链板铆牢，这样内、外链板可作相对转动。滚子与套筒之间为间隙配合，链条与链轮啮合时，滚子与轮齿是滚动摩擦，这样可减少链和链轮的磨损。

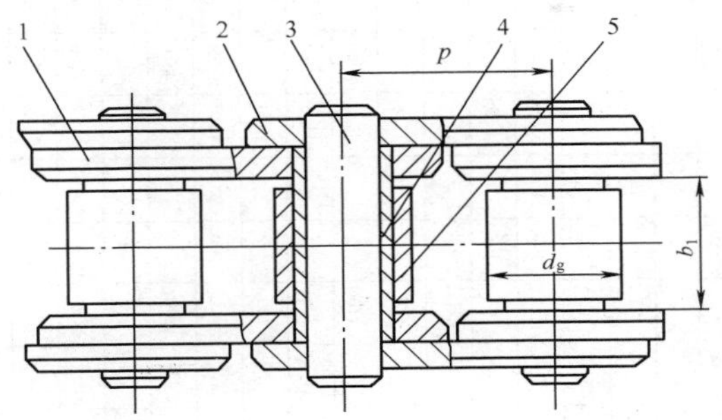

图 1-21　套筒滚子链的结构

1—内链板；2—外链板；3—销轴；4—套筒；5—滚子

链条上相邻两销的中心距称为链条的节距，以 p 表示，它是链条的主要参数。传动功率较大时可采用多排链。

套筒滚子链的基本参数见表 1-12。

套筒滚子链标记如下：

□　□　□×□　□

名称　链号　排数　整链链节数　标准编号

例如：按 GB/T 1243—2006 制造的 A 系列，节距 12.7mm、单排、88 节的滚子链标记为：

滚子链　08A—1×88　GB/T 1243—2006

A 系列、节距 38.1mm、双排、60 节的滚子链标记为：

滚子链　24A—2×60　GB/T 1243—2006

链条节数为偶数时，采用开口销或弹簧夹锁紧接头，如图 1-22 (a)、(b) 所示；若链节数为奇数，则需采用过渡链节，如图 1-22 (c)所示。

(2) 齿形链。圆销铰链式齿形链如图 1-23 所示，它由许多齿形链板以铰链连接而成，工作时链齿与链轮互相啮合。链板齿形两侧为直线，一般夹角为 60°。

表 1-12　链条主要尺寸、测量力、抗拉强度及动载强度（GB/T 1243—2006）

链号[a]	节距 p min	滚子直径 d_1 max	内节内宽 b_1 min	销轴直径 d_2 max	套筒孔径 d_3 min	链条通道高度 h_1 min	内链板高度 h_2 max	外或中链板高度 h_3 max	过渡链节尺寸[b] l_1 min	过渡链节尺寸[b] l_2 min	过渡链节尺寸[b] c	排距 p_1	内节外宽 b_2 max	外节内宽 b_3 min	销轴长度 单排 b_4 max	销轴长度 双排 b_5 max	销轴长度 三排 b_6 max	止锁件附加宽度[c] b_7 max	测量力 单排	测量力 双排	测量力 三排	抗拉强度 F_u 单排 min	抗拉强度 F_u 双排 min	抗拉强度 F_u 三排 min	动载强度[d,e,f] 单排 F_d min
	mm																		N			kN			N
04C	6.35	3.30	3.10	2.31	2.34	6.27	6.02	5.21	2.65	3.08	0.10	6.40	4.80	4.85	9.1	15.5	21.8	2.5	50	100	150	3.5	7.0	10.5	630
06C	9.525	5.08	4.68	3.60	3.62	9.30	9.05	7.81	3.97	4.60	0.10	10.13	7.46	7.52	13.2	23.4	33.5	3.3	70	140	210	7.9	15.8	23.7	1410
05B	8.00	5.00	3.00	2.31	2.36	7.37	7.11	7.11	3.71	3.71	0.08	5.64	4.77	4.90	8.6	14.3	19.9	3.1	50	100	150	4.4	7.8	11.1	820
06B	9.525	6.35	5.72	3.28	3.33	8.52	8.26	8.26	4.32	4.32	0.08	10.24	8.53	8.66	13.5	23.8	34.0	3.3	70	140	210	8.9	16.9	24.9	1290
08A	12.70	7.92	7.85	3.98	4.00	12.33	12.07	10.42	5.29	6.10	0.08	14.38	11.17	11.23	17.8	32.3	46.7	3.9	120	250	370	13.9	27.8	41.7	2480
08B	12.70	8.51	7.75	4.45	4.50	12.07	11.81	10.92	5.66	6.12	0.08	13.92	11.30	11.43	17.0	31.0	44.9	3.9	120	250	370	17.8	31.1	44.5	2480
081	12.70	7.75	3.30	3.66	3.71	10.17	9.91	9.91	5.36	5.36	0.08		5.80	5.93	10.2			1.5	125			8.0			
083	12.70	7.75	4.88	4.09	4.14	10.56	10.30	10.30	5.36	5.36	0.08		7.90	8.03	12.9			1.5	125			11.6			
084	12.70	7.75	4.88	4.09	4.14	11.41	11.15	11.15	5.77	5.77	0.08		8.80	8.93	14.8			1.5	125			15.6			
085	12.70	7.77	6.25	3.60	3.62	10.17	9.91	8.51	4.35	5.03	0.08		9.06	9.12	14.0			2.0	80			6.7			1340
10A	15.875	10.16	9.40	5.09	5.12	15.35	15.09	13.02	6.61	7.62	0.10	18.11	13.84	13.89	21.8	39.9	57.9	4.1	200	390	590	21.8	43.6	65.4	3850
10B	15.875	10.16	9.65	5.08	5.13	14.99	14.73	13.72	7.11	7.62	0.10	16.59	13.28	13.41	19.6	36.2	52.8	4.1	200	390	590	22.2	44.5	66.7	3330
12A	19.05	11.91	12.57	5.96	5.98	18.34	18.10	15.62	7.90	9.15	0.10	22.78	17.75	17.81	26.9	49.8	72.6	4.6	280	560	840	31.3	62.6	93.9	5490
12B	19.05	12.07	11.68	5.72	5.77	16.39	16.13	16.13	8.33	8.33	0.10	19.46	15.62	15.75	22.7	42.2	61.7	4.6	280	560	840	28.9	57.8	86.7	3720
16A	25.40	15.88	15.75	7.94	7.96	24.39	24.13	20.83	10.55	12.20	0.13	29.29	22.60	22.66	33.5	62.7	91.9	5.4	500	1 000	1 490	55.6	111.2	166.8	9550
16B	25.40	15.88	17.02	8.28	8.33	21.34	21.08	21.08	11.15	11.15	0.13	31.88	25.45	25.58	36.1	68.0	99.9	5.4	500	1 000	1 490	60.0	106.0	160.0	9530
20A	31.75	19.05	18.90	9.54	9.56	30.48	30.17	26.04	13.16	15.24	0.15	35.76	27.45	27.51	41.1	77.0	113.0	6.1	780	1560	2 340	87.0	174.0	261.0	14 600
20B	31.75	19.05	19.56	10.19	10.24	26.68	26.42	26.42	13.89	13.89	0.15	36.45	29.01	29.14	43.2	79.7	116.1	6.1	780	1560	2340	95.0	170.0	250.0	13 500

续表

链号[a]	节距 p min	滚子直径 d_1 max	内节内宽 b_1 min	销轴直径 d_2 max	套筒孔径 d_3 min	链条通道高度 h_1 min	内链板高度 h_2 max	外或中链板高度 h_3 max	过渡链节尺寸[b]			排距 p_1	内节外宽 b_2 max	外节内宽 b_3 min	销轴长度			止锁件附加宽度[c] b_7 max	测量力			抗拉强度 F_u			动载强度[d,e,f] 单排 F_d min
									l_1 min	l_2 min	c				单排 b_4 max	双排 b_5 max	三排 b_6 max		单排	双排	三排	单排 min	双排 min	三排 min	
	mm																		N			kN			N
24A	38.10	22.23	25.22	11.11	11.14	36.55	36.2	31.24	15.80	18.27	0.18	45.44	35.45	35.51	50.8	96.3	141.7	6.6	1110	2220	3340	125.0	250.0	375.0	20 500
24B	38.10	25.40	25.40	14.63	14.68	33.73	33.4	33.40	17.55	17.55	0.18	48.36	37.92	38.05	53.4	101.8	150.2	6.6	1110	2220	3340	160.0	280.0	425.0	19 700
28A	44.45	25.40	25.22	12.71	12.74	42.67	42.23	36.45	18.42	21.32	0.20	48.87	37.18	37.24	54.9	103.6	152.4	7.4	1510	3020	4540	170.0	340.0	510.0	27 300
28B	44.45	27.94	30.99	15.90	15.95	37.46	37.08	37.08	19.51	19.51	0.20	59.56	46.58	46.71	65.1	124.7	184.3	7.4	1510	3020	4540	200.0	360.0	530.0	27 100
32A	50.80	28.58	31.55	14.29	14.31	48.74	48.26	41.68	21.04	24.33	0.20	58.55	45.21	45.26	65.5	124.2	182.9	7.9	2000	4000	6010	223.0	446.0	669.0	34 800
32B	50.80	29.21	30.99	17.81	17.86	42.72	42.29	42.29	22.20	22.20	0.20	58.55	45.57	45.70	67.4	126.0	184.5	7.9	2000	4000	6010	250.0	450.0	670.0	29 900
36A	57.15	35.71	35.48	17.46	17.49	54.86	54.30	46.86	23.65	27.36	0.20	65.84	50.85	50.90	73.9	140.0	206.0	9.1	2670	5340	8010	281.0	562.0	843.0	44 500
40A	63.50	39.68	37.85	19.85	19.87	60.93	60.33	52.07	26.24	30.36	0.20	71.55	54.88	54.94	80.3	151.9	223.5	10.2	3110	6230	9340	347.0	694.0	1041.0	53 600
40B	63.50	39.37	38.10	22.89	22.94	53.49	52.96	52.96	27.76	27.76	0.20	72.29	55.75	55.88	82.6	154.9	227.2	10.2	3110	6230	9340	355.0	630.0	950.0	41 800
48A	76.20	47.63	47.35	23.81	23.84	73.13	72.39	62.49	31.45	36.40	0.20	87.83	67.81	67.87	95.5	183.4	271.3	10.5	4450	8900	13 340	500.0	1000.0	1500.0	73 100
48B	76.20	48.26	45.72	29.24	29.29	64.52	63.88	63.88	33.45	33.45	0.20	91.21	70.56	70.69	99.1	190.4	281.6	10.5	4450	8900	13 340	560.0	1000.0	1500.0	63 600
56B	88.90	53.98	53.34	34.32	34.37	78.64	77.85	77.85	40.61	40.61	0.20	106.60	81.33	81.46	114.6	821.2	327.8	11.7	6090	12 190	20 000	850.0	1600.0	2240.0	88 900
64B	101.60	63.50	60.96	39.40	39.45	91.08	90.17	90.17	47.07	47.07	0.20	119.89	92.02	92.15	130.9	250.8	370.7	13.0	7960	15 920	27 000	1120.0	2000.0	3000.0	106 900
72B	114.30	72.39	68.58	44.48	44.53	104.67	103.63	103.63	53.37	53.37	0.20	136.27	103.81	103.94	147.4	283.7	420.0	14.3	10 100	20 190	33 500	1400.0	2500.0	3750.0	132 700

a. 仅指轻载系列链条。

b. 止锁件的实际尺寸取决于其类型，但都不应超过规定尺寸，使用者应从制造商处获取详细资料。

c. 动载强度值不适用于过渡链节、连接链节或带有附件的链条。

d. 双排链和三排链的动载试验不能用单排链的值按比例套用。

e. 动载强度值是基于 5 个链节的试样，不含 36A，40A，40B，48A，48B，56B，64B 和 72B，这些链条是基于 3 个链节的试样。链条最小动载强度的计算方法见附录 C。

f. 套筒直径。

g. 套筒直径。

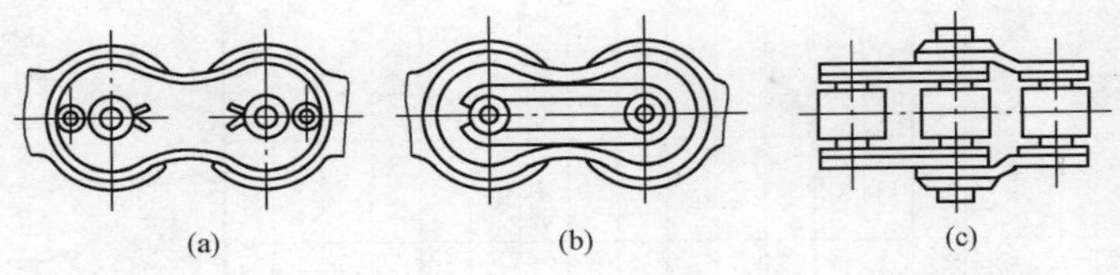

图 1-22　套筒滚子链的接头形式

（a）开口销；（b）弹簧夹；（c）过渡链节

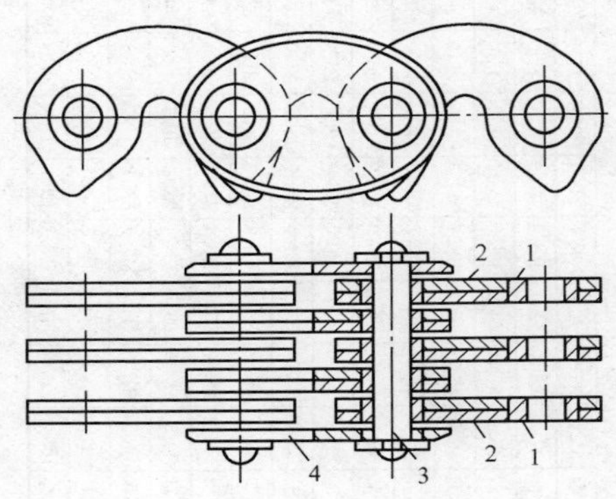

图 1-23　圆销铰链式齿形链

1—套筒；2—齿形板；3—销轴；4—外链板

2. 链轮

套筒滚子链链轮的齿形如图 1-24 所示，它由三段圆弧（*aa*、*ab*、*cd*）和一段直线（*bc*）组成。链轮主要尺寸的计算公式为：

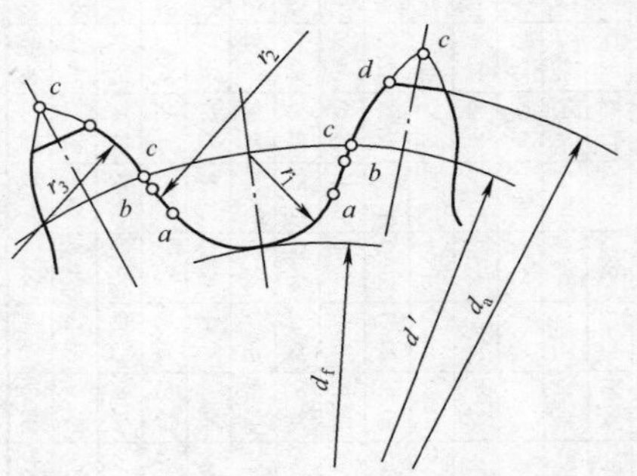

图 1-24　链轮的齿形

分度圆直径 $$d=\frac{p}{\sin\frac{180^\circ}{z}}$$

齿顶圆直径

$$d_a=p\cot\frac{180^\circ}{z}=p\cot\frac{180^\circ}{z}=p/\tan(180^\circ/z)$$

齿根圆直径 $d_f=d-d_r=d-2(h+e)/\cos(180^\circ/z)$

式中 d——分度圆直径（mm）；

p——节距（mm）；

z——齿数；

d_r——滚子直径（mm）。

齿形一般采用标准刀具加工，画图时可不绘制，工作图上只注明节距 p、齿数 z 和直径 d、d_a、d_f 等参数即可。

3. 链传动主要参数的选择

（1）链轮齿数。小链轮的齿数按表 1-13 确定。

表 1-13　**小链轮齿数 z_1**

链速 v（m/s）	0.6～3	3～8	>8
z_1	≥17	≥21	≥25

大链轮齿数 $z_2=iz_1$，但一般使 $z_2\leqslant 120$。

一般链条节数为偶数，链轮齿数最好选奇数，这样可使磨损较为均匀。

（2）链的节距。链的节距越大，其承载能力越高。链节以一定速度与链轮齿啮合时将产生冲击，且节距越大、转速越高，产生的冲击也越大。因此应尽可能选用小节距链，高速重载时选用小节距多排链。

（3）中心距和链的节数。链传动的中心距，一般取 $a=(30\sim 50)\times p$，最大 $a_{max}\leqslant 80p$。

链条的长度用节数 L_p 表示

$$L_p=2\frac{a}{p}+\frac{z_1+z_2}{2}+\frac{p}{a}\left(\frac{z_2-z_1}{2\pi}\right)^2$$

由此算出链的节数，须圆整为整数，最好取偶数。

利用上式亦可得到中心距 a 的公式

$$a=\frac{p}{4}\left[\left(L_{\mathrm{p}}-\frac{z_1+z_2}{2}\right)+\sqrt{\left(L_{\mathrm{p}}-\frac{z_1+z_2}{2}\right)^2-8\left(\frac{z_2-z_1}{2z}\right)^2}\right]$$

为了便于安装链条和调节链的张紧度，一般中心距设计成可调节的。

4. 链传动的布置、张紧和润滑

（1）链传动的布置。链传动的两轴线应平行，且两链轮的旋转平面应位于同一铅垂平面内（见图 1-25），否则将引起脱链或不正常的磨损。一般两链轮中心的连线多为水平布置［见图 1-25（a）］、倾斜布置［见图 1-25（b）］和垂直布置［见图 1-25（c）］，其中水平布置和倾斜布置的紧边均位于上方。

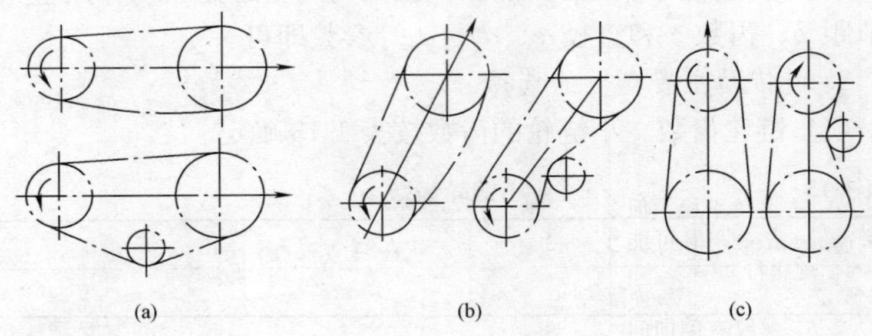

图 1-25　链传动的布置

（a）水平布置；（b）倾斜布置；（c）垂直布置

（2）链传动的张紧。链传动中，不需要给链条以初拉力。链条张紧的目的主要是为了避免由于铰链磨损使链条长度增大时松边过于松弛、垂直布置时避免下链轮与链条的啮合不良。因此，只需不大的张紧力，故作用在轴上的压力 F_q 也不大，一般可取 $F_q \approx 1.3F_t$。

链条的张紧方法有：①把两链轮中的一个链轮安装在滑板上，以便定期调整中心距；②采用张紧轮张紧（见图 1-25），张紧轮常位于松边的外侧，也可位于内侧；③因铰链磨损使链距变长时，可去掉 1～2 个链节。

（3）链传动的润滑。链条应有良好的润滑，否则会影响其使用寿命。润滑剂可采用 N32、N46、N68 机械油，温度低时用黏度小的机械油，温度高时用黏度大的机械油。

（三）螺旋传动

1. 螺旋传动的类型、特点和应用（见表 1-14）

表 1-14　　螺旋传动的类型、特点和应用

种类	滑动螺旋	滚动螺旋	静压螺旋
特点	1. 常为半干摩擦，摩擦阻力大，传动效率低（通常为 30%～60%）	1. 摩擦阻力小，传动效率高（一般在 90%以上）	1. 为液体摩擦，摩擦阻力极小，传动效率高（可达 99%）
	2. 结构简单，加工方便	2. 结构复杂，制造较难	2. 螺母结构复杂
	3. 易于自锁	3. 具有传动的可逆性（可以把旋转运动变成直线运动，又可以把直线运动变成旋转运动），为了避免螺旋副受载时逆转，应设置防止逆转的机构	3. 具有传动的可逆性，必要时应设置防止逆转的机构
	4. 运转平稳，但低速或微调时可能出现爬行	4. 运转平稳，起动时无颤动，低速时不爬行	4. 工作稳定，无爬行现象
	5. 螺纹有侧向间隙，反向时有空行程，定位精度和轴向刚度较差（为了提高定位精度，必须采用消隙机构）	5. 螺母与螺杆经调整预紧后，可得到很高的定位精度（6μm/0.3m）和重复定位精度（可达 1～2μm），并可以提高轴向刚度	5. 反向时无空行程，定位精度高，并有很高的轴向刚度
	6. 磨损快	6. 工作寿命长，不易发生故障	6. 磨损小，寿命长
		7. 抗冲击性能较差	7. 需要一套压力稳定、温度恒定、有精滤装置的供油系统
应用举例	金属切削机床进给、分度机构的传导螺旋，摩擦压力机、千斤顶的传力螺旋	金属切削机床（特别是数控机床、精密机床）、测试机械、仪器的传导螺旋和调整螺旋，升降、起重机构和汽车拖拉机转向机构的传力螺旋，飞机、导弹、船舶、铁路等自控系统的传导螺旋和传力螺旋	精密机床进给、分度机构的传导螺旋

2. 螺旋副的螺纹种类、特点及应用（见表1-15）

表 1-15 螺旋副的螺纹种类、特点和应用

种类	牙形图	特点	应用
梯形螺纹	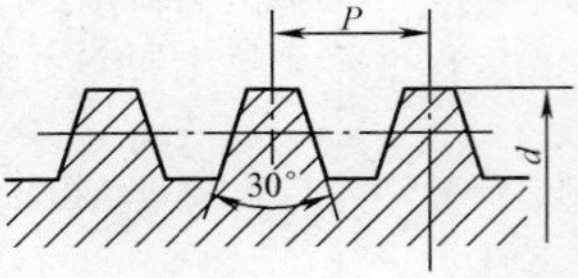 P 30° d	牙形角 $\alpha=30°$，螺纹副的大径和小径处有相等的径向间隙；牙根强度高，螺纹的工艺性好（可以用高生产率的方法制造）；内外螺纹以锥面贴合，对中性好，不易松动；采用剖分式螺母，可以调整和消除间隙；但其效率较低	用于传力螺旋和传导螺旋
锯齿形螺纹	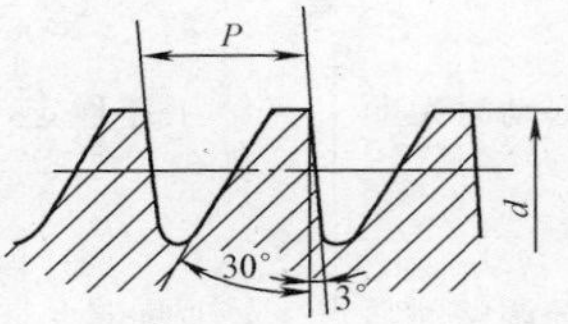 P 30° 3° d	工作面的牙形斜角为3°（便于加工），非工作面的牙形斜角为30°。外螺纹的牙根处有相当大的圆角，减小了应力集中，提高了动载强度；大径处无间隙，便于对中；和梯形螺纹比，螺纹牙强度高，工艺性好，有更高的效率	用于单向受力的传力螺旋
圆螺纹	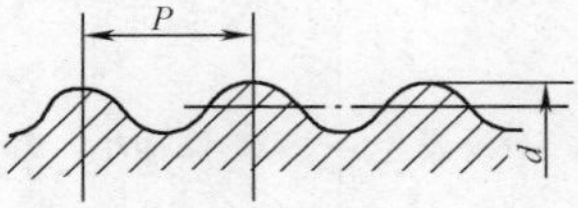 P d	螺纹强度高，应力集中小；与其他螺纹比，对污物和腐蚀的敏感性小；但效率低	用于受冲击和变载荷的传力螺旋
矩形螺纹	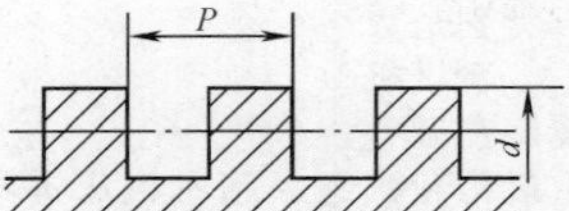 P d	牙形为正方形，牙形角 $\alpha=0°$。传动效率高，但精确制造困难（为便于加工，可制成10°牙形角）；螺纹强度比梯形螺纹、锯齿形螺纹低，对中精度低；螺纹副磨损后的间隙难以补偿与修复	用于传力螺旋和传导螺旋

续表

种类	牙形图	特点	应用
三角形螺纹		牙形角 $\alpha=60^\circ$ 的特殊螺纹或米制三角形螺纹。自锁性好、效率低	用于小螺距的高强度调整螺旋，如仪表机构

第二节　液压传动技术

一、液压传动元件及装置

（一）液压泵及液压马达

液压泵和液压马达是液压传动系统中两个重要的液压元件。它们都是液压系统中的能量转换元件。不同的是液压泵将机械能转换为液体的压力能，是液压传动系统中的动力元件，而液压马达是将液体的压力能转换为机械能，是液压传动系统中的执行元件。液压传动系统中所用的液压泵和液压马达结构基本一致，在工作原理上又具有可逆性，故在此重点介绍液压泵。但应注意，由于液压泵和液压马达在结构上有微小差异，故二者一般不能互换使用。

液压泵分为容积式和动力式两大类，金属切削机床中采用的液压泵均属于容积式液压泵。容积式液压泵的分类见表 1-16。

1. 齿轮泵

齿轮泵是液压系统中应用较广的液压泵，它的结构形式有外啮合和内啮合两种。外啮合式齿轮泵由于结构简单、制造方便、价格低廉，目前使用较为广泛，但其噪声较大，输油量不均匀。内啮合齿轮泵噪声较小，自吸性能好，体积小、质量轻，但制造困难。随着工业技术的发展，内啮合齿轮泵的应用将会越来越普遍。

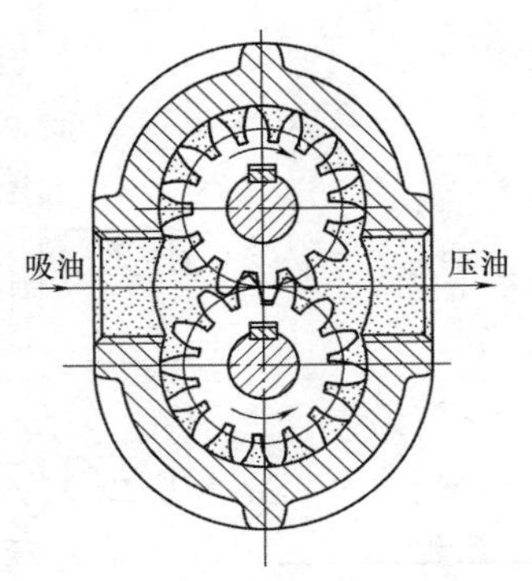

图 1-26　外啮合齿轮泵的工作原理图

（1）齿轮泵的工作原理。外啮合

齿轮泵的工作原理如图 1-26 所示。一对齿轮互相啮合，由于齿轮的齿顶和壳体内孔表面间隙很小，齿轮端面和盖面间隙很小，因而把吸油腔和压油腔隔开。当齿轮按图示方向旋转时，啮合点左侧啮合着的齿逐渐退出啮合，容积增大，形成局部真空，油箱中的油在外界大气压力作用下进入吸油腔，啮合点右侧的齿逐渐进入啮合，容积减小并把齿间的油液挤压出来，这就是齿轮泵的吸油和压油过程。当齿轮不断地转动时，齿轮泵就不断地吸油和压油。

表 1-16　　容积式液压泵的分类

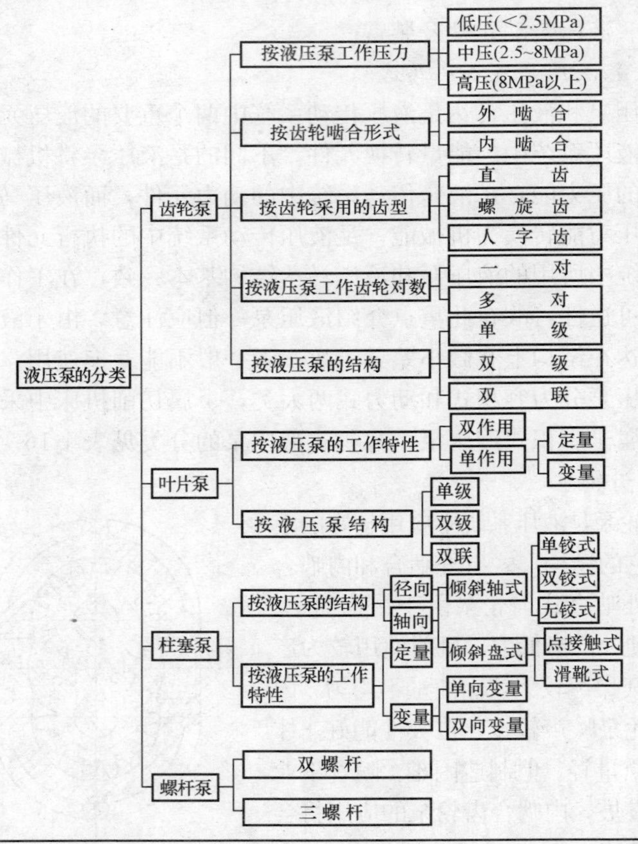

（2）CB-B 型齿轮泵的结构。CB-B 型齿轮泵的结构如图 1-27 所示。它是分离三片式结构，三片是指端盖 1、4 和泵体 3。泵体

中装有一对与泵体宽度相等，齿数相同而又互相啮合的齿轮，这对齿轮被包围在两端盖和泵体形成的密封容积中，它们的啮合线把密封容积划分成两部分，即吸油腔和压油腔。主动齿轮用键固定在长轴上，由原动机带动旋转。

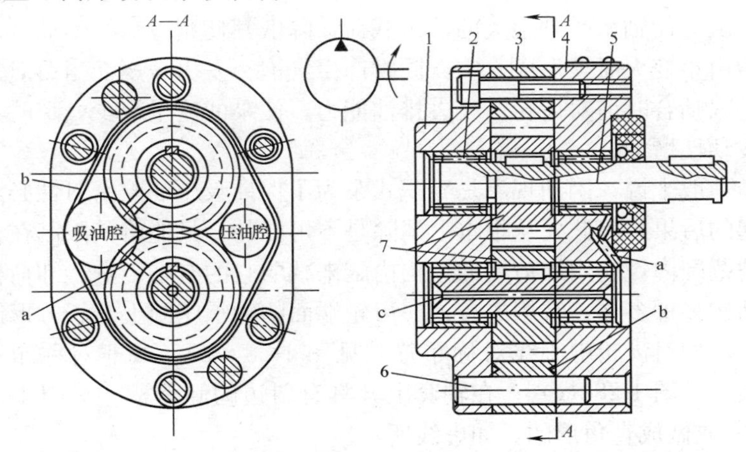

图 1-27　CB-B 型齿轮泵结构

1、4—端盖；2—轴承；3—泵体；5—长轴；6—定位销；7—齿轮

a—泄油孔；b—卸荷槽；c—中心小孔

泵的前、后盖和泵体靠两个定位销定位，用螺钉压紧。为使齿轮能转动，齿轮必须比泵体稍薄些，也就是存在端面间隙。小孔 a 为泄油孔，使泄漏出的油液从动齿轮的中心小孔 c 及通道经 a 流回吸油腔。为了防止油从端面间隙（或轴向间隙）漏到泵外，并减轻压紧螺钉的负担，在前后盖的端面上开有卸荷槽 b，使漏出的油重新回到吸油腔。

（3）齿轮泵的困油现象。为保证齿轮泵流量均匀及高低压腔严格密封，啮合轮齿的重叠系数应大于 1。这就使在某瞬时，当前对齿轮还没有脱开时，后对齿轮又进入啮合。如图1-28所示，由于 A、B 两点啮合，使 A、B 与齿廓围起来的油腔与吸排油腔均不相通，这个封闭的容积称为困油区。在啮合过程中，困油区是一个变化的容积，当后一对齿轮的啮合点刚形成时困油容积最大［见图 1-28（a）］。随着 A、B 两点的移动，困油区逐渐变小，当 A、B 两点对称地分布于节点两侧时，困油容积变为最小值［见图 1-28

(b)]。随着A、B两点继续移动，困油区又逐渐增大，一直到A点消失时困油区又变为最大值［见图1-28（c)]。由于液体压缩性很小，困油区又是一个密封容积，当困油区的容积由大变小时，产生很大的压力，这个力在齿轮转一转时，重复出现的次数等于齿数。因而使轴承受到很大的冲击载荷，降低其使用寿命。困油区的容积由小变大时，形成真空，同时产生气泡，发出噪声。当后对齿轮进入啮合时前对齿轮已失去排油能力，使泵的流量减少，瞬时流量波动性增加。

一般来说，困油现象是容积式泵为了保证吸压油腔密封性必然引起的后果。因此要从根本上消除是不可能的，只能将其限制在允许的范围内，应用卸荷槽的结构措施来减弱它的有害影响。卸荷槽的结构多种多样，常用的有：在齿轮端面的轴承座圈上开长方形卸荷槽，相对齿轮中心线对称布置［见图1-28（b)］或非对称布置形式［见图1-28（c)］；在轴套上开具有斜边的卸荷槽［见图1-28(d)］或做成直角形的，如虚线所示。

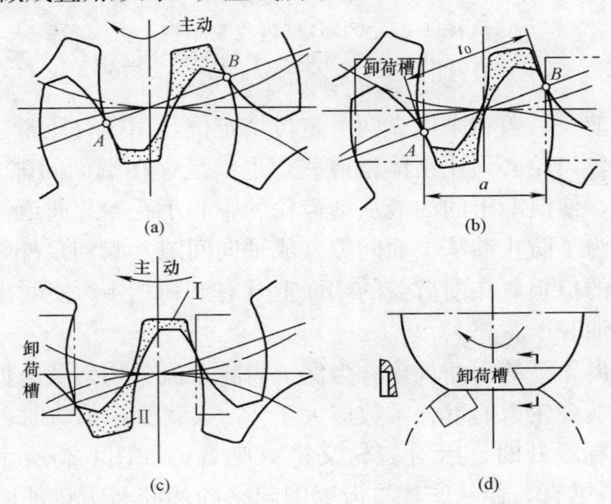

图1-28　齿轮泵困油容积变化及卸荷槽

(a) 困油容积最大；(b) 困油容积最小，对称布置长方形卸荷槽；(c) 困油容积最大，非对称布置长方形卸荷槽；(d) 具有斜边的卸荷槽

齿轮泵轴承受的径向力包括：①液体压力产生的径向力；②齿轮传递力矩时产生的径向力；③困油现象产生的径向力。这些力的合力就是齿轮泵轴承受的径向力不平衡力。齿轮泵径向力不平衡现象的存在，造成齿轮轴的变形，加大端面间隙，增大液体泄漏，加大摩擦功率损失等。运转经验说明，轴承的磨损是影响整个齿轮泵寿命的主要原因。为了解决径向力不平衡问题，在有些齿轮泵上，采用开压力平衡槽的方法来消除径向不平衡力，但这将使泄漏增大，容积效率降低。CB-B 型齿轮泵则采用缩小压油腔，以减少液压力对齿顶部分的作用面积来减小径向不平衡力。

2. 叶片泵

叶片泵具有寿命长、噪声低、流量均匀、体积小、质量轻等优点。其缺点是对油液的污染较齿轮泵敏感，结构也比齿轮泵复杂。

叶片泵主要分为单作用非卸荷式和双作用卸荷式两大类，其主要应用在机床、工程机械、船舶、压铸机和冶金设备中。

(1) 单作用非卸荷式叶片泵。图 1-29 所示为单作用叶片泵的工作原理。单作用叶片泵的定子内表面是一个圆形，它由转子、定子、叶片和端盖、配流盘等组成。定子和转子间有偏心量 e，叶片装在转子槽内，可以滑动自如。当转子回转时，由于离心力的作用（也有在叶片槽底部通进压力油推动叶片的结构），使叶片紧靠在定子内表面，这样在定子、转子、叶片和端盖之间，就形成了若干个密封容积。当转子按图示方向旋转时，图中垂直线右边的叶片逐渐伸出，密封容积逐渐增大，形成吸油。同时图示左边叶片逐渐被定子内表面压进定子槽内，密封容积逐渐减小，形成压油。在吸油腔和压油腔之间有上下两段封油区

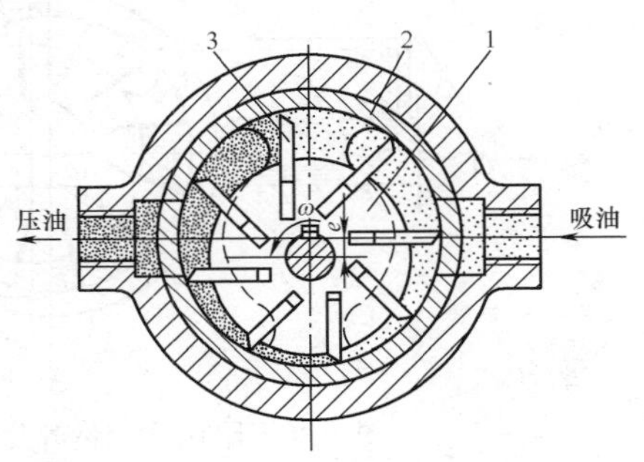

图 1-29　单作用叶片泵工作原理图

1—转子；2—定子；3—叶片

将吸油腔和压油腔隔开。这种叶片泵转子每转一周，每个密封容积完成一次吸压油工作循环，因此叫单作用叶片泵。这种泵由于转子受到压油腔的油压作用，使轴承受到较大的径向载荷，所以称为单作用非卸荷式叶片泵。

单作用叶片泵的偏心量 e 通常做成可调的。偏心量的改变会引起液压泵输油量的相应变化，偏心量增大，输油量也随之增大。若改变偏心量 e 的方向，则泵的输油方向也会改变。在组合机床液压系统中，常用到一种限压式变量泵，图 1-30 所示为限压式变量叶片泵的工作原理。转子 3 按图示方向旋转，柱塞 2 左端油腔与泵的压油口相连通。若柱塞左端的液压推力小于限压弹簧 5 的作用力，则定子 4 保持不动。当泵的工作压力增大到某一数值以后，柱塞左端的液压推力大于弹簧作用力，定子便向右移动，偏心量 e 减小，泵的输油量就随之减小。螺钉 6 用来调节泵的工作压力，而螺钉 1 则用来调节泵的最大流量。

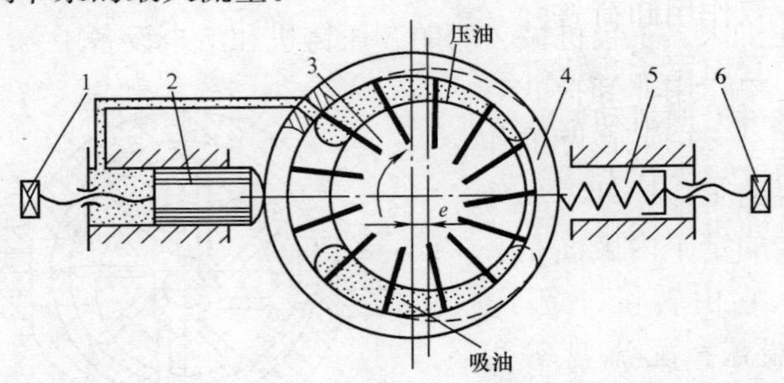

图 1-30　限压式变量叶片泵的工作原理图

1—流量调节螺钉；2—柱塞；3—转子；4—定子；
5—限压弹簧；6—限压调节螺钉

限压式变量叶片泵的流量随压力变化的特性在生产中往往是需要的。当工作部件承受较小负载而要求快速运动时，液压泵相适应地输出低压大流量的压力油。当工作部件改变为承受较大负载而要求慢速运动时，液压泵又能相适应地输出高压小流量的压力油。在机床液压系统中采用限压式变量叶片泵，可以简化油路，降低功率损耗，减小油液发热，但这种泵结构较复杂，价格也较高。图 1-

31 所示为 YBN-40 型变量叶片泵的结构。

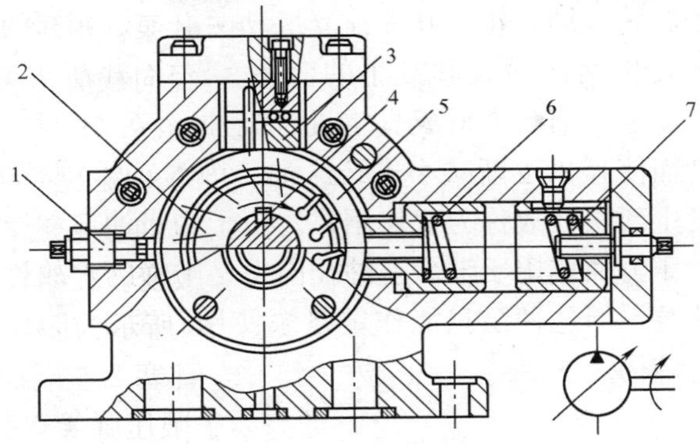

图 1-31　YBN-40 型变量叶片泵结构

1—流量调节螺钉；2—转子；3—滑块；4—转子轴；5—定子；6—弹簧；7—压力调节螺钉

（2）双作用卸荷式叶片泵。图 1-32 所示为双作用叶片泵的工作原理，它由定子、转子、叶片和配油盘等组成。叶片安放在转子槽内，并可沿槽滑动，转子和定子中心重合，定子内表面近似椭圆形，由两段短半径 r 圆弧、两段长半径 R 圆弧和四段过渡曲线组成。当电动机带动转子按图示方向旋转时，叶片在离心力作用下压

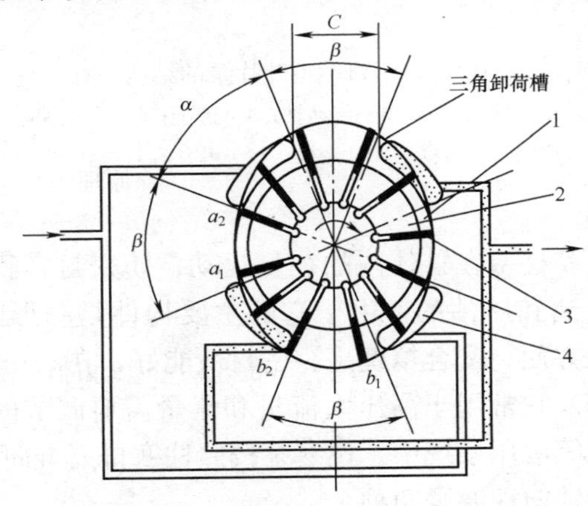

图 1-32　双作用叶片泵工作原理图

1—定子；2—转子；3—叶片；4—配油盘

向定子内表面，并随定子内表面曲线的变化而被迫在转子槽内往复滑动。转子旋转一周，每一叶片往复滑动两次，每相邻两叶片间的密封容积就发生两次增大和减小的变化。图中 a_1a_2 为容积最小，并随转子转动而逐渐增大形成真空进行吸油；b_1b_2 为容积最大，并随转子转动而使容积逐渐减小进行压油。因为转子每转一周，吸、压油作用发生两次，故称为双作用式。由于两吸油口和压油口对称于旋转轴，压力油作用于轴承上的径向力是平衡的，故称为双作用卸荷式叶片泵。但这种泵只能作定量泵使用。图 1-33 所示为 YB1 型叶片泵的结构。

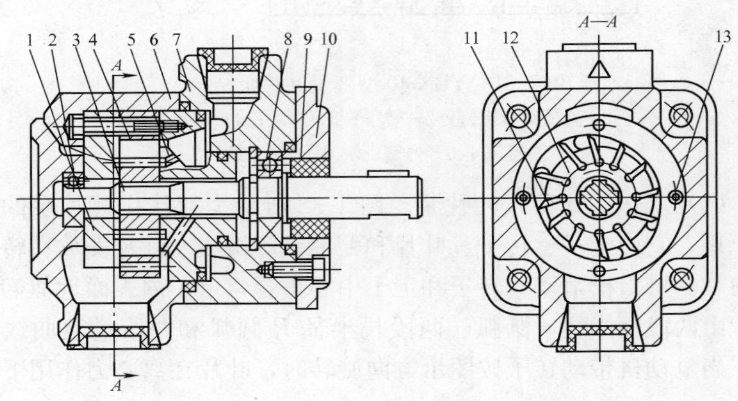

图 1-33　YB1 型叶片泵的结构

1—左配油盘；2、8—滚珠轴承；3—传动轴；4—定子；5—右配油盘；6—后泵体；7—前泵体；9—骨架式密封圈；10—盖板；11—叶片；12—转子；13—紧固螺钉

3. 柱塞泵

柱塞泵是靠柱塞在缸体内的往复运动，使密封容积产生变化，来实现泵的吸油和压油的。由于它的主要构件是圆形的柱塞和缸孔，因此加工方便、配合精度高、密封性能好，在高压时工作有较高的容积效率。它常用于高压大流量和流量需要调节的龙门刨床、拉床、液压机等液压系统中。柱塞泵按照柱塞排列方向的不同分为径向柱塞泵和轴向柱塞泵两种。

(1) 径向柱塞泵。图 1-34 所示为径向柱塞泵的工作原理。柱塞径向排列安装在液压缸体中，液压缸体由电动机带动连同柱塞一起旋转，所以液压缸体一般称为转子，柱塞靠离心力的作用（或在低压油的作用下）抵紧定子内壁。当转子如图示作顺时针方向回转时，由于定子和转子间有偏心量 e，柱塞绕经上半周时向外伸出，液压缸内工作空间逐渐增大，形成部分真空，因此便经过衬套（衬套是压紧在转子内，并和转子一起回转）上的油孔从配油轴吸油口 b 吸油。当柱塞转到下半周时，定子内壁将柱塞向里推，液压缸内的工作空间逐渐减小，向配油轴的压油口 c 压油。当转子回转一周时，每个液压缸各吸油压油一次，转子不断回转，即连续完成输油工作。配油轴固定不动，油液从配油轴上半部的两个油孔 a 流入，从下半部的两个油孔 d 压出。为了进行配油，配油轴在和衬套接触的一段加工出上下两个缺口，形成吸油口 b 和压油口 c，留下的部分形成封油区。封油区的宽度应能封住衬套上的孔，使吸油口和压油口不连通。但尺寸也不能大太多，以免产生困油现象。

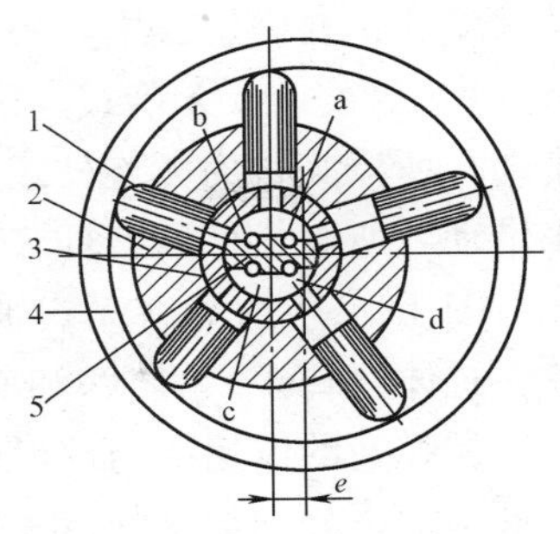

图 1-34　径向柱塞泵的工作原理
1—柱塞；2—液压缸体；3—衬套；4—定子；5—配油轴；a—油孔；b—吸油口；c—压油口；d—油孔

液压泵的流量因偏心量 e 的大小而不同，如 e 作成可变的，就成变量液压泵，若 e 的方向改变，则排油量方向也变，这就是双向径向柱塞变量泵。

径向柱塞泵的输油量大，压力高，流量调节及流向变换都很方便。但这种泵由于配油轴与转子间的间隙磨损后不能自动补偿，漏损较大。柱塞头部与定子为点接触，易磨损，因而限制了这种泵得到更高的压力。此外，这种泵径向尺寸大，结构复杂、价格昂贵，因而限制了它的使用。目前，有逐渐被轴向柱塞泵代替的趋势。

（2）轴向柱塞泵。轴向柱塞泵按其结构不同可分斜盘式和斜轴式两大类。在斜盘式中，根据柱塞与斜盘的接触形式，有点接触式及滑靴式；在斜轴式中，根据斜轴的传动形式有单铰（单万向联轴节式）、双铰式及无铰式。由于斜盘式中柱塞的运动不需要连杆来带动，所以又称为无连杆式。而斜轴式中柱塞的往复运动需要连杆来带动，所以又称有连杆式。

图 1-35 所示为斜盘式轴向柱塞泵的工作原理，这种泵由配油盘、缸体（转子）、柱塞和斜盘（推力球轴承）等主要零件组成。柱塞在弹簧的作用下与球形端头和斜盘接触。在配油盘上开有两个弧形沟槽，分别与泵的吸、压油口连通，形成吸油腔和压油腔。两个弧形沟槽彼此隔开，保证一定的密封性。斜盘相对于缸体的夹角为 γ。原动机通过传动轴带动缸体旋转，柱塞就在柱塞孔内作轴向往复滑动。处于 $\pi\sim2\pi$ 范围内的柱塞向外运动，使其底部的密封容积增大，将油吸入。处于 $0\sim\pi$ 范围内的柱塞向缸体内压入，使其底部的密封容积减小，就把油压往系统中去。

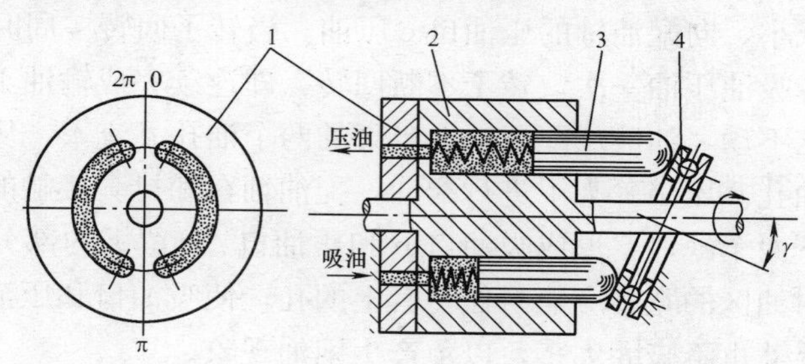

图 1-35　斜盘式轴向柱塞泵的工作原理

1—配油盘；2—缸体；3—柱塞；4—斜盘

显然，液压泵的输油量决定于柱塞往复运动的行程长度，也就是决定于斜盘的倾角 γ。如果 γ 角可以调整，就成为变量泵。γ 角越大，输油量也就越大。如果能使斜盘往相反的方向倾斜，就可以使液压泵进、出油口互换，成为双向变量泵。

轴向柱塞泵的优点是结构紧凑，径向尺寸小，能在高压和高转速下工作，并具有较高的容积效率，因此在高压系统中应用较多。但这种泵结构复杂，价格较贵。

图 1-36 所示为 SCY14-1 型斜盘式轴向柱塞泵的结构，该泵可

通过手轮 18 调节流量大小。

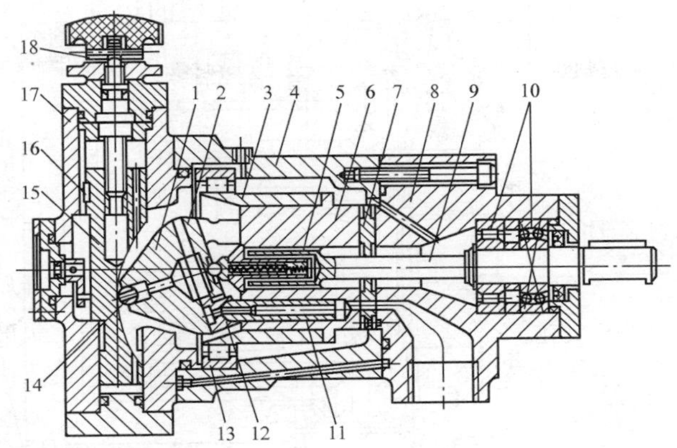

图 1-36　SCY14-1 型斜盘式轴向柱塞泵结构

1—斜盘；2—压盘；3—镶套；4—中间泵体；5—弹簧；6—缸体；7—配油盘；8—前泵体；9—传动轴；10、13—轴承；11—柱塞；12—滑靴；14—轴；15—变量活塞；16—导向键；17—壳体；18—手轮

图 1-37 所示为斜轴式轴向柱塞泵的结构。

4. 螺杆泵

螺杆泵与其他液压泵相比，具有结构紧凑、体积小、工作平稳、噪声小、输油量大和压力波动小等优点。目前较多地应用于精密机床的液压系统中，在化工、食品等工业部门应用较广。但螺杆泵的齿形复杂，制造较困难。

螺杆泵的工作原理和结构如图 1-38 所示。螺杆泵由一根主动螺杆 4 和两根从动螺杆 5 等组成，三根螺杆互相啮合，安装在泵体 6 内。螺杆泵的工作原理与丝杆螺母啮合传动相同，当丝杆转动时，如果螺母用滑键连接，则螺母将产生轴向移动。图 1-38（b）所示为螺杆泵工作原理，充满螺杆凹槽中的液体相当于一个液体螺母，并假想受到滑键的作用，因此当螺杆转动时，液体螺母将产生轴向移动。实际上限制液体螺母转动的，是相当于滑键的主动螺杆和与其共轭的从动螺杆的啮合线（密封线）。而啮合线把螺旋槽分割成相当于液体螺母的若干密

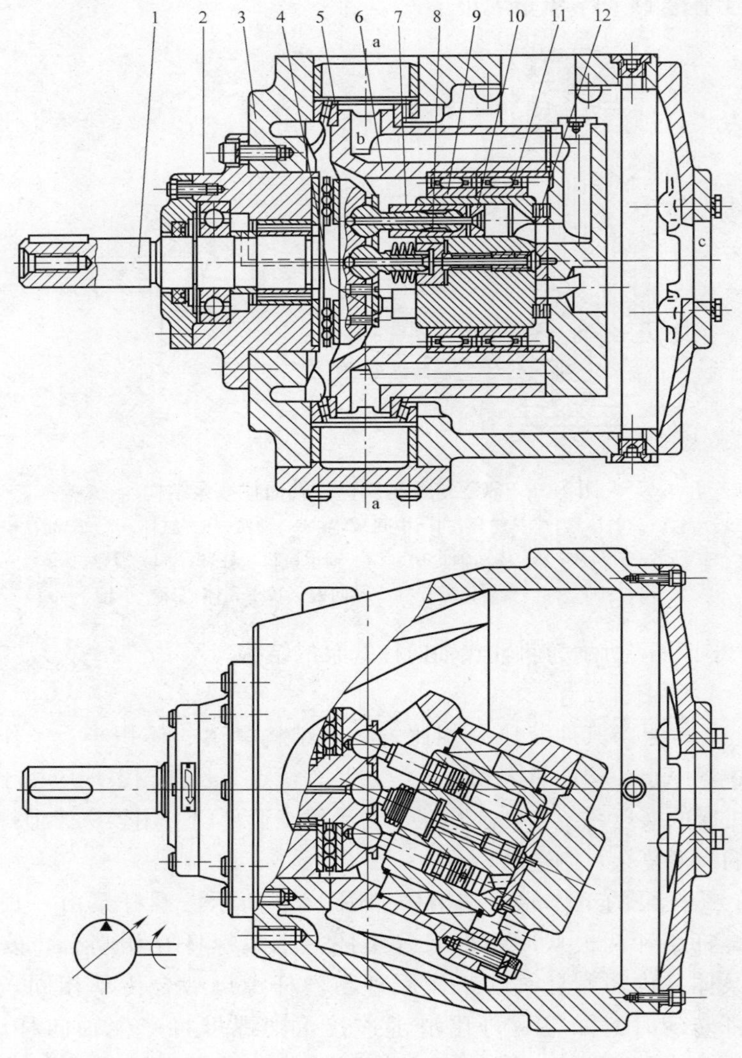

图 1-37　斜轴式轴向柱塞泵结构

1—传动轴；2—前泵体；3—外壳；4—压板；5—轴承；6—后泵体；7—连杆；8—卡瓦；9—销子；10—柱塞；11—柱塞液压缸；12—配油盘

封容积，由于液体螺母的转动受到啮合线的限制，当主动螺杆转动时，从动螺杆也随之转动，密封容积则做轴向移动。主动螺杆每转动一周，各密封容积就移动一个导程。在泵的左端密封容积逐渐增大时，进行吸油；在泵的右端，密封容积逐渐减小，完成压油过程。

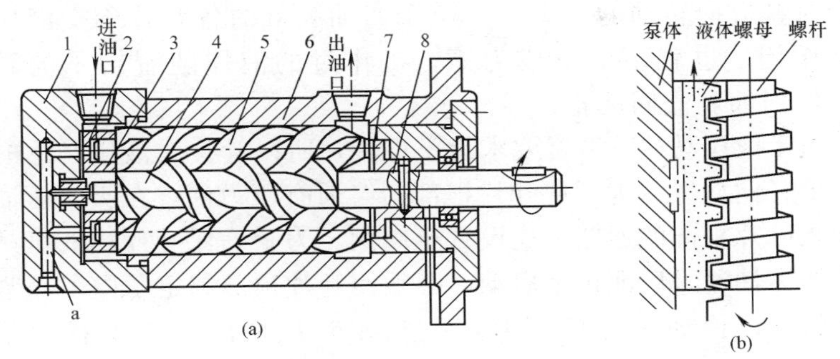

图 1-38　螺杆泵

（a）结构；（b）工作原理

1—泵盖；2—铜垫；3—止推铜套；4—主动螺杆；
5—从动螺杆；6—泵体；7—压盖；8—铜套

5. 液压马达

液压马达和液压泵结构基本一致，只是工作原理不同，在此只介绍叶片式液压马达的工作原理。

图 1-39 所示为叶片式液压马达的工作原理。当压力油输入

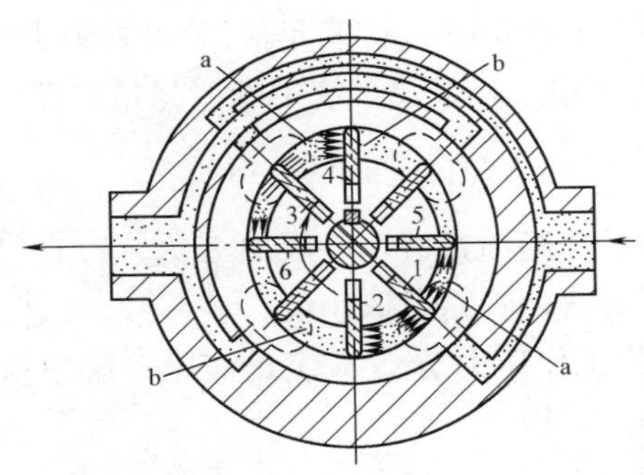

图 1-39　叶片式液压马达的工作原理

进油腔 a 以后，此腔内的叶片均受到油液压力的作用。由于叶片 2 比叶片 1 伸出的面积大，所以叶片 2 获得的推力比叶片 1 大，二者推力之差相对于转子中心形成一个力矩。同样，叶片 1 和 5、4 和 3、2 和 6 之间，由于液压力的作用产生的推力差也都形成力矩。这些力矩方向相同，它们的总和就是推动转子沿顺时针方向转动的总力矩。位于回油腔 b 的各叶片不受液压推力作用，也就不能形成力矩，工作过的液体随着转子的转动，经回油腔流回油箱。

由于液压马达一般都要求能正反转，所以叶片式液压马达的叶片要径向放置。为了使叶片根部始终通有压力油，在吸、压油腔通入叶片根部的通路上应设置单向阀。为了确保叶片式液压马达在压力油通入后能正常启动，必须使叶片顶部和定子内表面紧密接触，以保证良好的密封，因此在叶片根部应该设置预紧弹簧。

叶片式液压马达体积小，转动惯量小，动作灵敏，可适用于换向频率较高的场合。但它泄漏量较大，低速工作时不稳定，因此一般用于转速高、转矩小和动作要求灵敏的场合。

6. 液压泵和液压马达的选用

(1) 液压泵的选择。选择液压泵时，应先满足液压系统所提出的要求（如工作压力、流量等）。然后，对液压泵的性能、成本等方面进行综合考虑，以确定液压泵的工作压力、流量，液压泵的形式和电机功率。

1) 液压泵的输油量 Q_{pump} 应满足液压系统中同时工作的执行机构所需的最大流量 Q_{max}，以及系统中的泄漏量，即

$$Q_{pump} \geqslant K_{leak} \cdot Q_{max}$$

式中 K_{leak}——系统漏损系数，一般取 K_{leak}=1.1～1.3，管路长取大值，管路短取小值。

2) 液压泵的工作压力 p_{pumb} 应满足液压系统中执行机构所需的最大工作压力 p_{max}，即

$$p_{pumb} \geqslant K_{press} p_{max}$$

式中　K_{press}——系统压力损失系数，一般取 $K_{press}=1.3\sim1.5$，管路较短可取小些值。

3）液压泵配套电动机功率 P 的计算式为

$$P=\frac{pQ}{\eta}$$

式中　p——液压泵的实际最大工作压力（Pa）；

Q——液压泵在 p 压力下的实际流量（m^3/s）；

η——液压泵的总效率（%）。

电动机的转速必须与液压泵额定转速相匹配，否则会影响液压泵的输出流量。

4）液压泵类型的选择。各类液压泵均有自己的特点及适用范围，在具体选择时，还应根据使用环境、温度、清洁状况、安置位置、维护保养、使用寿命和经济性等方面进行分析比较，最后确定。表 1-17 为各类液压泵性能参数比较表，供选用时参考。

（2）液压马达的选择。选用液压马达时，应根据液压系统工作特点，液压马达的技术性能，因地制宜地选取。一般齿轮式液压马达输出转矩小，泄漏大，但结构简单，价格便宜，可用于高速低转矩的场合。叶片式液压马达惯性小，动作灵敏，但容积效率不够高，机械特性软，适用于转速较高、转矩不大而要求启动换向频繁的场合。轴向柱塞液压马达应用最为广泛，容积效率高，调速范围也较大，且最低稳定转速较低，但耐冲击和振动的性能差，油液要求过滤清洁，价格也高，适用于工程机械、船舶等要求低速大转矩的场合。

（二）液压缸

液压缸是液压传动中的一种执行元件，它是将液体压力能转变为机械能的转换装置。在机床液压系统中一般用于实现直线往复运动及回转摇摆运动等。液压缸的特点是结构简单，传动比大，作用力产生方便以及工作可靠。

1. 液压缸的分类及符号（见表 1-18）

表 1-17 各种类型液压泵的技术性能

性能＼类型	齿轮泵（外啮合）	双作用叶片泵	限压式变量叶片泵	斜盘式轴向柱塞泵	径向柱塞泵	螺杆泵
额定压力（MPa）	2.5～17.5	7.0～21	2.5～6.2	7.0～35	7.9～21	2.5～20
输油量（L/min）	0.75～550	4～210	25～63	10～250	50～400	3～18 000
转速（r/min）	300～4000	960～1450	600～1800	1500～2500	960～1450	900～18 000
容积效率	0.80～0.90	0.85～0.95	0.85～0.90	0.98	0.90	0.85～0.95
总效率	0.60～0.80	0.75～0.85	0.75	0.85～0.95	0.80	0.80
能否变量	不能	不能	能	能	能	不能
自吸能力	好	较差	较差	差	差	好
连续运转允许油温（℃）	60	60	60	60	60	60
对油中杂质的敏感性	不敏感	较敏感	较敏感	很敏感	很敏感	不敏感
噪声	大	小	较大	大	大	最小
流量脉动性	很大	很小	一般	一般	一般	最小

续表

类型 / 性能	齿轮泵（外啮合）	双作用叶片泵	限压式变量叶片泵	斜盘式轴向柱塞泵	径向柱塞泵	螺杆泵
特点	结构简单，价格便宜，工作可靠，自吸性能好，维护方便、耐冲击，转动惯性大，流量不可调，脉动大，噪声大，易磨损，效率低	轴承径向受力平衡，寿命较长，流量均匀，运转平稳，噪声小，结构紧凑，转速必须大于500r/min才能保证吸油，定子曲面易磨损，叶片易折断	轴承上受单向力易磨损，泄漏大，压力不高，与变量柱塞泵比较具有结构简单，价格便宜之优点	结构复杂，价格较贵，由于径向尺寸小，转动惯量小，所以转速高、流量大、压力高、变量方便；效率高，油液需清洁，耐冲击，振动差	结构复杂，尺寸庞大，价格较贵，径向尺寸大，转动惯量大，转速不能过高，但密封性好，耐冲击、振动性强，对油清洁度要求高	结构简单，重量轻，流量和压力脉动最小，噪声小，转速高，工作可靠，寿命长，但齿形加工困难
应用范围	一般用于工作压力低于2.5MPa的机床液压系统，或低压大流量系统，中、高压齿轮泵用于工程机械、航空、船舶等方面	各类机床设备中广泛应用，注射塑料机、运输装卸机，工程机械等中压系统中也应用	在中低压液压系统应用较多，也用于一些功率较大设备上，如高精度平面磨床、塑料机，组合机床液压系统中	在各类高压系统中广泛应用，如冶金，锻压、矿山、起重、运输、工程机械等，此类泵有代替径向柱塞泵的趋势	常用于固定设备，如拉床压力机或船舶等	适用于精密加工设备，如镜面磨床，在食品、石油、化工、纺织等输送液体方面应用也多

表 1-18 液压缸的分类及符号

名称			图示	符号	说明	应用情况
推力液压缸	单作用液压缸	活塞液压缸		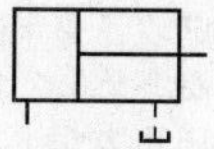	活塞仅单向运动，由外力使活塞反向运动	单作用液压缸做成活塞式的较少，在一些发信装置中有所采用
		柱塞液压缸		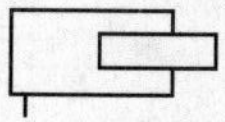	柱塞仅单向运动，由外力使柱塞反向运动，柱塞与液压缸内壁不接触，故对液压缸内壁要求精密度低	长行程的龙门刨床及导轨磨床采用
		伸缩套筒式液压缸		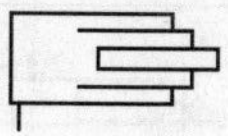	这种液压缸的启动推力很大，随着行程的逐级增长，推力逐渐减小，速度逐级增加	多用于自动装卸车

续表

名称				图示	符号	说明	应用情况
推力液压缸	双作用液压缸	单活塞杆液压缸	液压缸	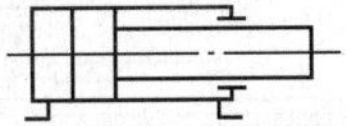	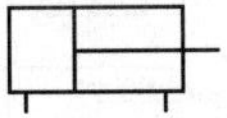	活塞双向运动，活塞在行程终了时不减速	多用于各专用设备
			不可调单向缓冲缸		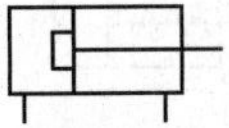	活塞在行程终了时减速制动，减速值不变	
			可调单向缓冲缸		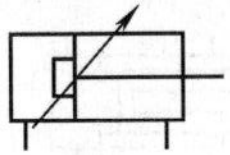	同不可调单向缓冲缸，但减速值可调节	外圆磨床砂轮架快速进退运动多采用此类液压缸
			差动液压缸	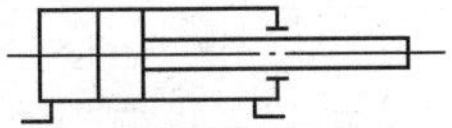	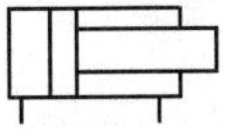	一般来说，差动状态及有杆腔通油状态时活塞两端的面积差较大，使液压缸往复的作用力和速度差较大，对系统的工作特性有明显的影响。当活塞的面积是活塞杆面积的 2 倍时，差动状态及有杆腔通油状态的作用力及速度均相等	多用于液压刨床、插床、钻床及组合机床

续表

名称				图示	符号	说明	应用情况
推力液压缸	双作用液压缸	双活塞杆	等行程、等速液压缸	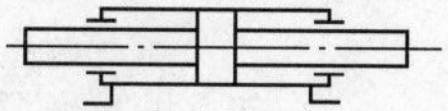	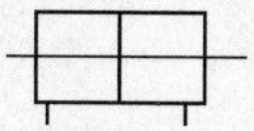	活塞左右移动速度和行程皆相等	多用于各类磨床工作台的驱动
			双向液压缸	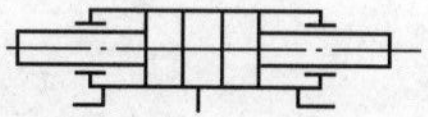	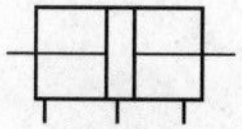	两个活塞同时向相反方向运动	多用于自动机床的夹紧机构
			伸缩套筒式液压缸		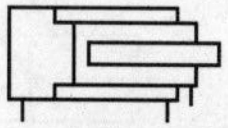	有多个互相连动的活塞的液压缸，其行程可变。活塞可双向运动	多用于起重机器
	组合液压缸		弹簧复位液压缸	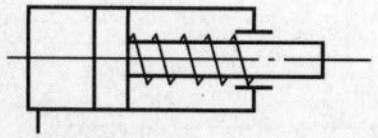	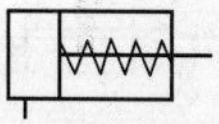	活塞单向作用，由弹簧使活塞复位	多用于各种机床的工作夹紧机构
			串联液压缸	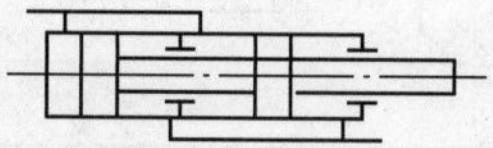	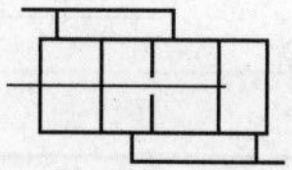	当液压缸直径受限制，而长度不受限制时，用以获得大的推力	应用较少

续表

名称			图示	符号	说明	应用情况
推力液压缸	组合液压缸	增压液压缸	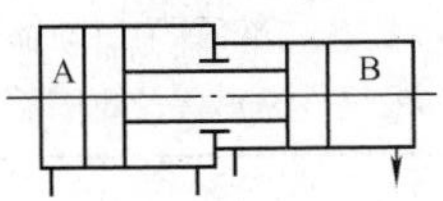	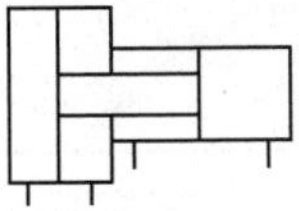	由两个不同的压力室A和B组成，用于提高B室中液体的压力	多用于各类挤压设备
		多位液压缸	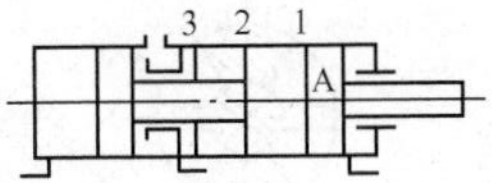	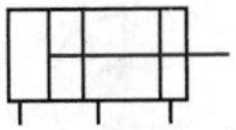	活塞A有三个位置	多用于滑移齿轮变速箱中的液动拨叉的驱动
		齿条活塞液压缸	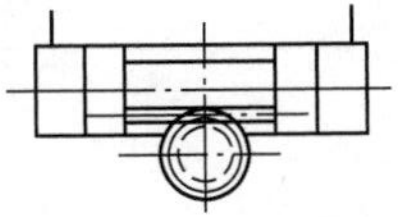		活塞经齿条传动小齿轮产生回转运动	多用于磨床砂轮架进给系统及钻床液压变速机构
		齿条柱塞液压缸	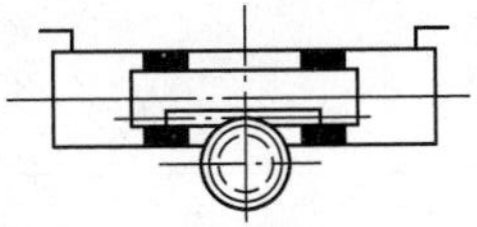	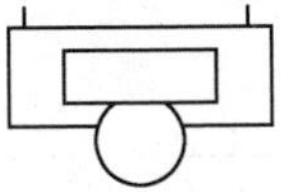		

续表

名称		图示	符号	说明	应用情况
摆动液压缸	单叶片摆动液压缸	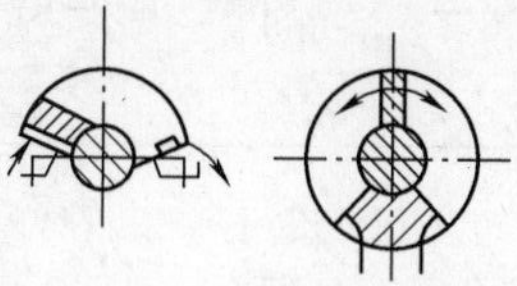		摆动液压缸也叫摆动液压马达。输出轴只能作小于360°的摆动运动	多用于回转夹具，自动机床的送料装置，分度的定位机构等
	双叶片摆动液压缸	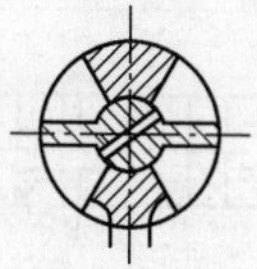		输出轴只能小于180°的摆动运动	

注 1. 表中液压缸符号见液压系统图形符号（GB/T 786.1—2009）。

2. 液压缸符号在制图时，一般取长比宽为(2～2.5)∶1。

3. 液压缸活塞杆上附有撞块时，可按简单机构图画出，与表示活塞杆的线条在一起。

4. 液压缸缸体或活塞杆固定不动时，可加固定符号表示。

2. 几种常用液压缸的结构及应用

（1）双活塞杆液压缸。这种液压缸根据活塞杆固定还是缸体固定，可分为实心双活塞杆液压缸和空心双活塞杆液压缸两种。

图 1-40 所示为 M7120A 型平面磨床的实心双活塞杆液压缸的结构图。这种形式的液压缸，缸体是固定在床身上不动的，活塞杆和工作台靠支架 9 和螺母 10 连接在一起，当压力油通过油孔 a（或 b）分别进入液压缸两腔时，就推动活塞带动工作台作往复运动。其活塞和缸筒之间采用间隙密封，这种密封形式内泄漏较大，但对于工作台运动速度较高的平面磨床来说还是适用的。活塞杆与缸筒端盖处的密封是靠 Y 形密封圈密封，装配时不能将压盖压得过紧，否则会增加摩擦阻力和加快密封圈的磨损而影响使用寿命。工作时，活塞杆只受拉力，从而活塞杆直径可以做得较细，而当活塞杆受热伸长时，也不致受阻而弯曲。另外，压力油通过油孔 a（或 b）经导向套 3 环形槽和端盖上部的小孔进入液压缸，这样设计有利于排气。

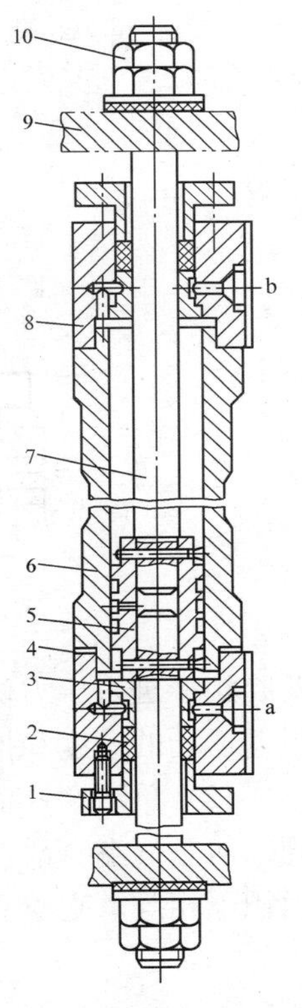

图 1-40　M7120A 型平面磨床的实心双活塞杆液压缸结构

1—压盖；2—密封圈；3—导向套；4—密封纸垫；5—活塞；6—缸筒；7—活塞杆；8—支架（缸筒的端盖）；9—支架；10—螺母

这种实心双活塞杆液压缸，其工作台的运动范围尺寸大约等于有效行程的 3 倍，占地面积较大（图 1-41），故常用于小型机床。

图 1-42 所示为活塞杆固定的空心双活塞杆液压缸，压力油是通过活塞杆的空心分别进入液压缸的左右两腔，使缸体作往复运动。在 M131W 型外圆磨床中，由缸体带动工作台运动的就是这种形式的液压缸。工作台的运动范围大约等于液压缸有效行程的 2 倍，所以占地面积比实心双活塞杆小，常用于中型及大型机床上。

双活塞杆液压缸由于活塞两边的有效作用面积相等，当左、右

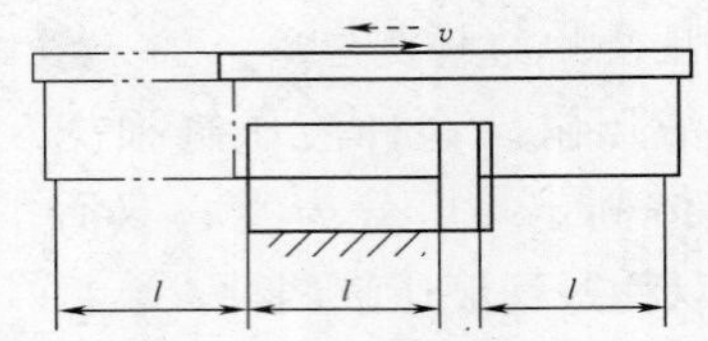

图 1-41　实心双活塞杆液压缸运动范围

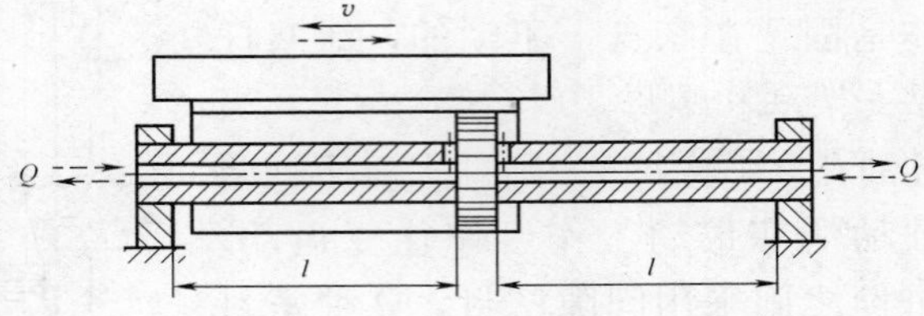

图 1-42　空心双活塞杆液压缸

两腔相继进入压力油时，若流量及压力皆相同，则活塞（或缸体）往返运动的速度和推力是一样的。

（2）单活塞杆液压缸。图 1-43 所示为单活塞液压缸的工作原理。活塞一端有活塞杆，另一端没有活塞杆，所以两腔的有效作用面积不相等。它与双活塞杆液压缸相比，有以下特点：

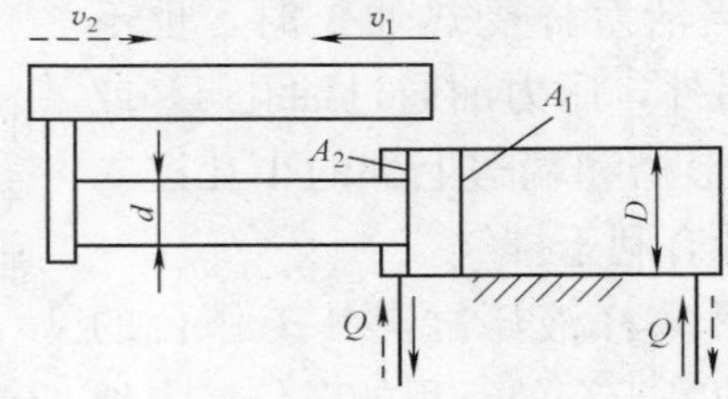

图1-43　单活塞杆液压缸的工作原理

1）工作台往复运动速度不相等。如 A_1、A_2 为活塞右、左两腔有效工作面积，进入两腔的流量均为 Q，则

$$v_1=\frac{Q}{A_1}=\frac{4Q}{\pi D^2}$$

$$v_2=\frac{Q}{A_2}=\frac{4Q}{\pi(D^2-d^2)}$$

显然可见：$v_2>v_1$。

2）两个方向输出的作用力不相等。若进入液压缸左、右两腔

的油压力均为 p，则

$$F_1 = pA_1 = \frac{\pi}{4}D^2 p$$

$$F_2 = pA_2 = \frac{\pi}{4}(D^2 - d^2)p$$

式中　F_1、F_2——左、右两个腔的作用力。

由此可知：$F_1 > F_2$。

3）运动范围小。单活塞杆液压缸不论是缸体固定，还是活塞杆固定，其运动范围均为工作行程的 2 倍。

4）可以实现差动连接。如图 1-44 所示，当缸的两腔同时通入压力油时，由于作用在活塞两端面 A_1、A_2 上的推力不等，产生推力差。在此推力差的作用下，使活塞向左运动，这时，从液压缸有杆腔排出的油液也进入液压缸的右端，使活塞实现快速运动。这种连接方式称为差动连接。这种两端同时通压力油，利用活塞两端面积差进行工作的单活塞杆液压缸叫差动液压缸。

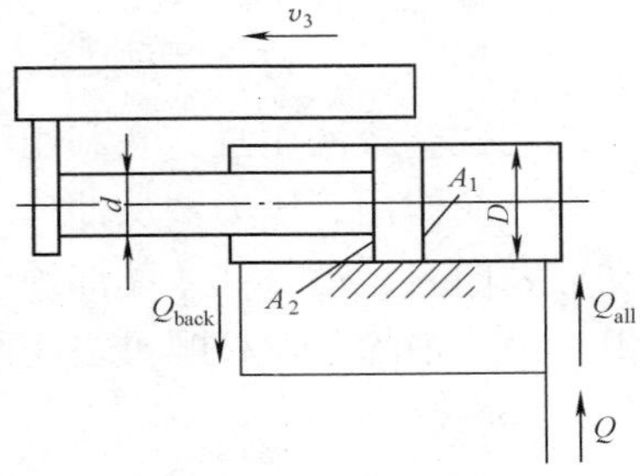

图 1-44　差动液压缸的工作原理

设差动连接时泵的供油量为 Q，无杆腔的进油量为 Q_{all}，有杆腔的排油量为 Q_{back}，则

$$Q_{all} = Q + Q_{back}$$

$$\begin{aligned} Q &= Q_{all} - Q_{back} \\ &= A_1 v_3 - A_2 v_3 = v_3(A_1 - A_2) = v_3 A_3 = v_3 \frac{\pi d^2}{4} \end{aligned}$$

即

$$v_3 = \frac{4Q}{\pi d^2}$$

由上可知，同样大小的液压缸差动连接时，活塞的速度 v_3 大于无差动连接时的速度 v_1，因而可以获得快速进给。差动连接应用于需要快进、工进、快退运动的组合机床液压系统中。

图 1-45 所示为液压滑台的液压缸结构。

（3）柱塞式液压缸。图 1-46 为外圆磨床砂轮架消除丝杆螺母

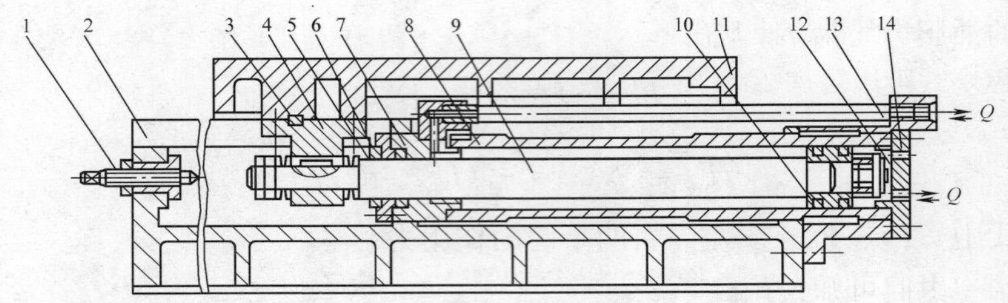

图 1-45　液压滑台的液压缸结构

1—调节螺栓；2—滑座；3—平键；4—支架；5—挡块；6、7—密封圈；8—缸筒；9—活塞杆；10—活塞；11—滑台；12—缸的压盖；13—油管；14—进、出油口

间隙用的柱塞式液压缸。它利用的铜套和柱塞具有良好的配合，起密封和导向作用。压力油从油口 A 进入缸内，作用在柱塞端面上，推动柱塞向右运动，柱塞端部顶住砂轮架。由于螺母 5 固定在砂轮架上，因此消除了丝杆螺母之间的间隙，使得进给准确。

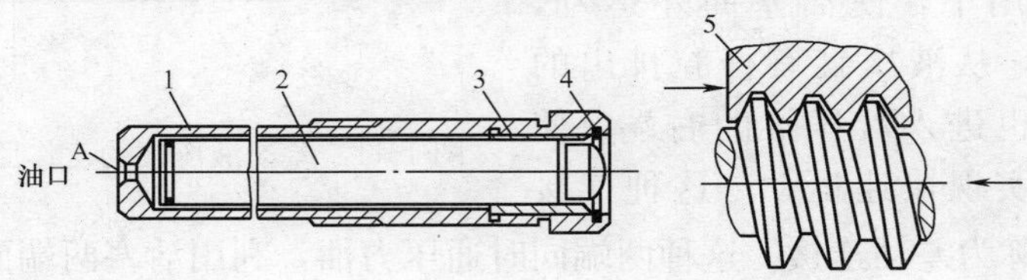

图 1-46　柱塞式液压缸的结构简图

1—缸体；2—柱塞；3—铜套；4—密封圈；5—螺母

柱塞式液压缸只能在压力油作用下产生单向运动，它的回程需要借助于外力的作用（垂直放置时柱塞的自重、弹簧力等）。为了获得双向往复运动，柱塞式液压缸常成对使用（见图 1-47）。活塞式液压缸内表面的尺寸精度、形位精度和表面粗糙度要求都比较高，当缸筒较长时，加工困难。柱塞式液压缸以柱塞为主要部件，其柱塞外圆表面与缸体内壁不接触，所以缸筒内壁可以不加工或粗加工，而只需对与柱塞接触的支承部分进行精加工，使

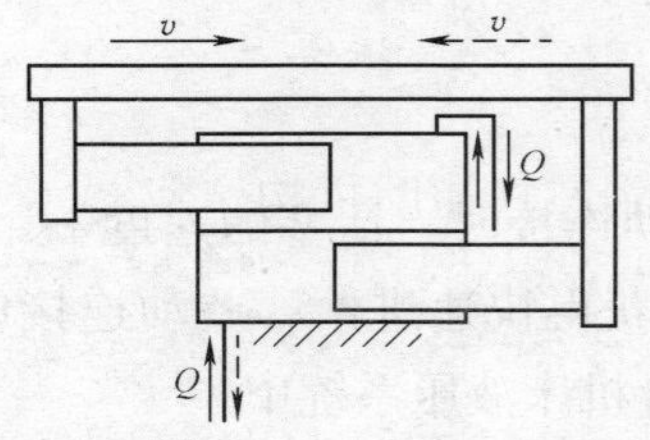

图 1-47　双向运动柱塞液压缸的工作原理

制造和装配都方便。在工作行程较长的导轨磨床、龙门刨床中多采用柱塞式液压缸来驱动工作台。

（4）伸缩套筒式液压缸。它由两个以上活塞缸套装而成，伸出时可获得较长的工作行程，缩回时可保持较小的结构尺寸。一般用于放置液压缸的空间受到限制的场合，在翻斗汽车、起重机、挖掘机以及自动线的输送带上得到应用。图 1-48 是伸缩套筒式液压缸的结构简图。

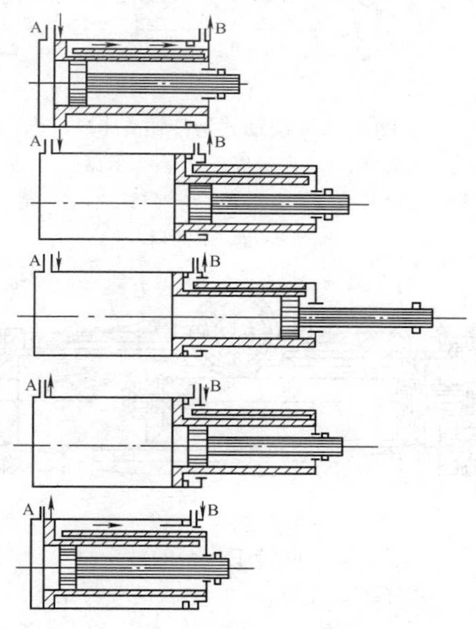

图 1-48 伸缩套筒式液压缸的工作简图

A、B—进出油口

（5）摆动式液压缸。它的作用是把油液的压力能转变为回转摆动运动的机械能。主要用于回转夹具、组合机床的回转工作台、送料机构、夹紧机构、进给机构以及其他一些辅助机构上。图 1-49 所示为摆动式液压缸的结构。

（6）齿条活塞式液压缸。它可以将齿条活塞的直线往返运动通过齿条齿轮转变为旋转运动，常用于机械手、组合机床、自动线回转工作台的转位机构及回转夹具等液压机械上。图 1-50 所示为回转工作台的液压缸。

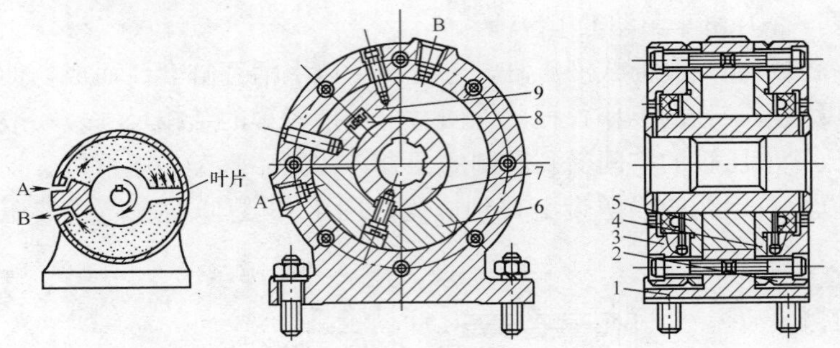

图 1-49　摆动式液压缸结构

1—缸体；2—右盖板；3—左盖板；4—右支承盘；5—左支承盘；6—转子（叶片）；7—花键套；8—弹簧片；9—定子；A、B—进、出油口

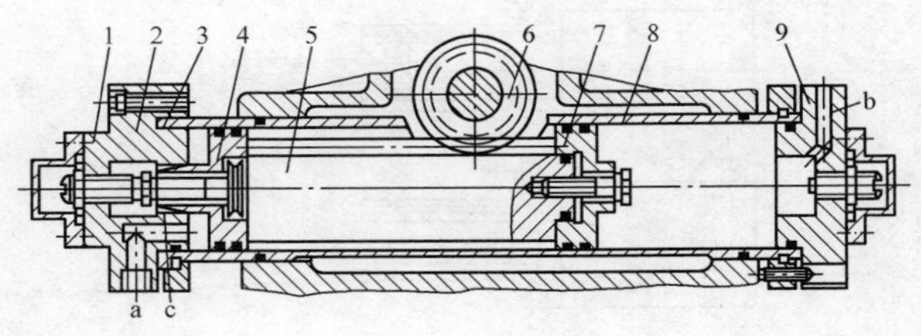

图 1-50　回转工作台的液压缸

1—螺钉；2—左端盖；3—连接键；4—活塞；5—齿条；6—齿轮；7—活塞；8—缸体；9—右端盖；a、b—进、出油口；c—缓冲槽

3. 液压缸的密封

液压缸是依靠密封容积的变化来传递动力和速度的，密封性能的好坏直接影响液压缸的性能和效率。因此要求密封装置在一定工作压力下具有良好的密封性能，并且这种性能应随着压力的升高而自动提高，使泄漏不致因压力升高而显著增加。此外，还要求密封装置造成的摩擦力要小，不致使运动零件卡死或运动不均匀。

（1）间隙密封。它是依靠相对运动零件配合面之间的微小缝隙来防止泄漏的，是一种最简单的密封方法，如图 1-51 所示。

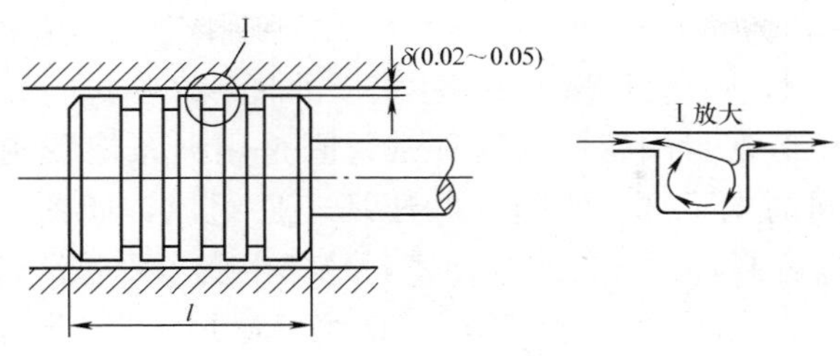

图 1-51　间隙密封

在圆柱形表面的间隙密封中，常常在一个配合表面上开几条 0.5mm×0.5mm 左右的环形小槽（又称压力平衡槽）。这些环形槽具有密封作用，当油液泄漏到低压腔过程中，途径小槽而使液阻增大，故泄漏量减小。此外，环形小槽中的压力油沿活塞的圆周均匀分布，径向液压力彼此平衡，使活塞对缸体具有自动对中的能力，降低了摩擦力，减少了泄漏。

间隙密封的优点是结构简单、摩擦阻力小、耐高温；缺点是泄漏大，磨损后不能恢复原有密封能力，要求加工精度高。因此仅用于尺寸较小，压力较低，运动速度较高的液压缸。

（2）O 形密封圈密封。O 形密封圈是一种断面形状为圆形的密封元件，如图 1-52（a）所示。一般用耐油橡胶制成，为提高耐磨性，也有用尼龙或其他材料制成。

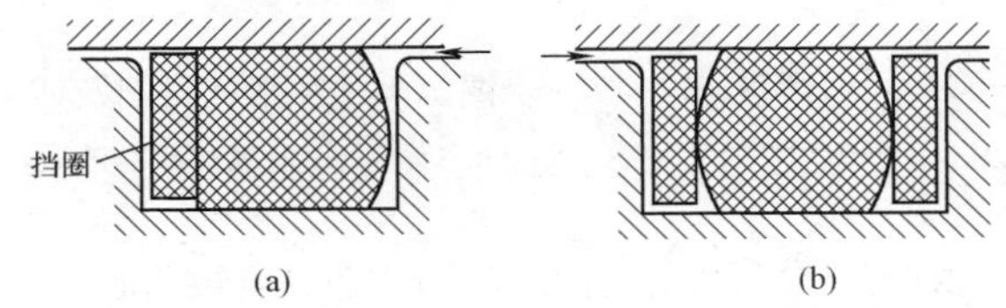

图 1-52　O 形密封圈及其保护挡圈的使用

（a）O 形密封圈；（b）保护挡圈

O 形密封圈是装在沟槽中利用预压变形和受油压作用后的变形而产生密封作用，这样它的密封性随压力的增加而提高。这种密封结构简单，密封性能好，摩擦力小，因此在液压传动中应用广泛。但是当压力较高或沟槽尺寸选择不当时，密封圈容易被挤出而造成剧烈磨损。

因此当工作压力大于10MPa时，应在O形密封圈侧面放置挡圈，当双向承受压力时，则在两侧都应放置挡圈，如图1-52 (b)所示。

(3) V形密封圈密封。这种密封圈是用夹布橡胶制成的，它由形状不同的支承环、密封环和压环三件组成，如图 1-53 所示。当压环压紧密封环时，支承环使密封环产生变形而起密封作用。

V形密封圈的优点是耐高压，使用寿命长，密封性能最可靠，当发现泄漏，只要再度压紧压环就可以继续使用；缺点是摩擦阻力大，结构复杂，安装尺寸大，成本高。它主要用于压力较高、移动速度较低的场合。

(4) Y形密封圈密封。Y形密封圈用耐油橡胶制成，其外形如图 1-54 所示。

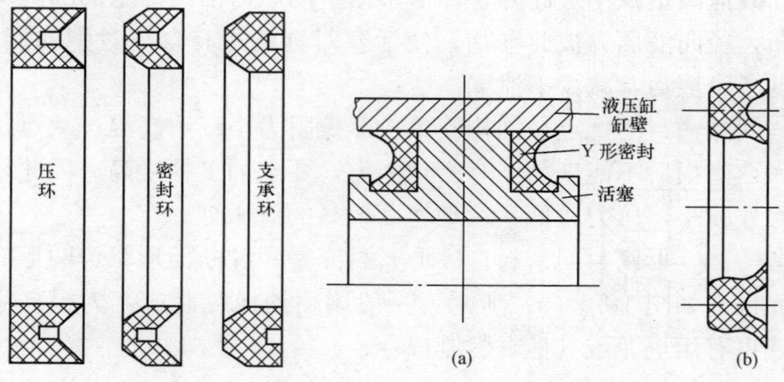

图 1-53　V形密封圈

图 1-54　Y形密封圈及使用
(a) 使用情况；(b) 外形

Y形密封圈结构简单，适应性广，使用也很普遍。由于密封圈是Y形，油压把Y形圈两边紧紧压在缸体和活塞的壁上，并随着压力的增高而越压越紧，所以密封效果好。图 1-54 (a) 中活塞和缸体的密封就采用Y形密封圈。

在一般情况下，Y形密封圈可不用支承环而直接装入沟槽内，但在压力变动较大，运动速度较高的地方，要使用支承环来固定密封圈。

4. 液压缸的缓冲和排气

(1) 液压缸的缓冲。当运动部件的质量大，运动速度较高时，由于惯性力较大，致使行程终了时，活塞与缸盖发生撞击。为了防止这种现象，有些液压缸设有缓冲装置。缓冲装置就是使活塞在接近缸盖时，回油阻力增大，从而降低活塞的移动速度避免活塞撞击缸盖。常用的缓冲装置如图 1-55 所示，它可由活塞凸台（圆锥或带槽圆柱）和缸盖凹槽（内圆柱面）所构成［见图 1-55（a）、(b)］。当活塞移近缸盖时，凸台逐渐进入凹槽，将凹槽中的油液经凸台与凹槽之间的缝隙逐渐挤出，增大了回油阻力，产生制动作用，从而降低活塞运动的速度，避免撞击缸盖。也可用单向阀和节流阀并联而成的单向节流阀来组成这种缓冲装置，见图 1-55（c）。

（2）液压缸的排气。空气混在油液中会严重地影响工作部件运动的平稳性，另外空气还能使油液氧化所产生的氧化物腐蚀液压装置的零件。为了排除积留在液压缸内的空气，通常在液压缸的两端上方分别装一只排气塞，如图 1-56 所示。开机时，拧开排气塞，使活塞全行程空载往返次数，空气便被排除，然后拧紧排气塞，再

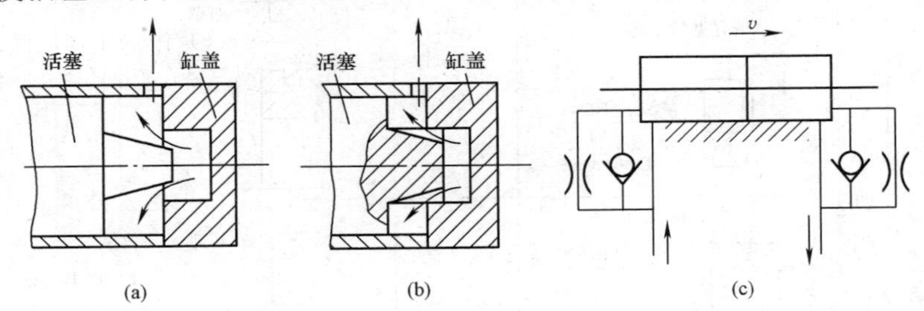

图 1-55　液压缸的缓冲装置

（a）、（b）由活塞凸台和缸盖凹槽构成；（c）由单向节流阀构成

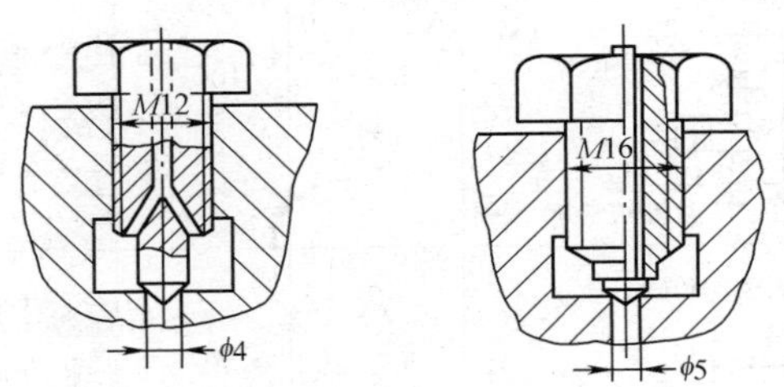

图 1-56　液压缸的排气装置

进行正常工作。

二、液压控制阀

液压控制阀是液压系统的控制和调节元件，用来控制和调节液压系统中液体流动的方向、液体的压力和流量，从而控制执行元件的运动方向、作用力、运动速度、动作顺序以及限制和调节系统的工作压力等。表 1-19 中列出了液压控制阀的类型及主要用途。

表 1-19　　液压控制阀的类型（GB/T 786.1—2009）

类别		图形符号及型号	最大压力范围（MPa）	额定流量（L/min）	主要用途
压力控制阀	溢流阀	直动型溢流阀 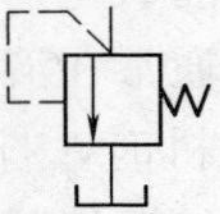 D* YTF3 DBD	6.3～63	2～330	（1）作定压阀，保持系统压力的恒定 （2）作安全阀，保证系统安全 （3）使系统卸荷，节省能量消耗 （4）远程调压阀，用于系统高、低压力的多级控制
		先导型溢流阀 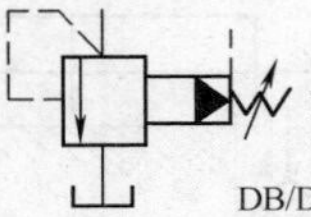 B* YF3 DB/DBW	6.3～35	100～600	
		卸荷溢流阀 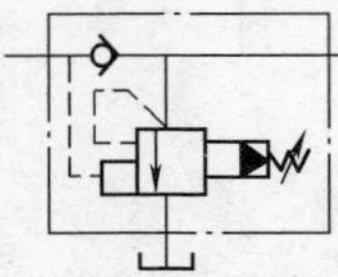 BUCG DA DAW	8～31.5	40～250	
		电磁溢流阀 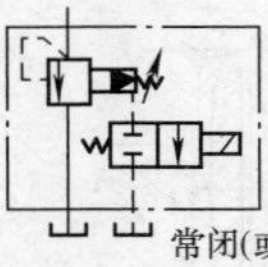 BS* Y※F3 常闭(或常开)	6.3～25	100～400	
	减压阀	先导型减压阀 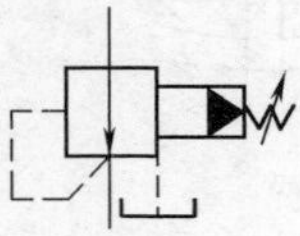 R* JF3 DR	6.3～31.5	40～300	用于将出口压力调节到低于进口压力，并能自动保持出口压力的恒定

续表

类别		图形符号及型号	最大压力范围（MPa）	额定流量（L/min）	主要用途
压力控制阀	减压阀	单向减压阀 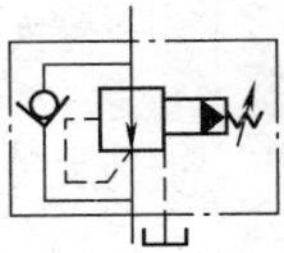 RC* AJF3	6.3～21	40～300	用于将出口压力调节到低于进口压力，并能自动保持出口压力的恒定
	溢流减压阀	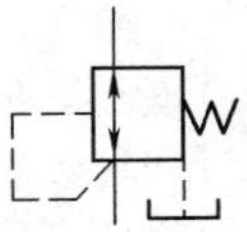 YJF3	6.3	25～63	主要用于机械设备配重平衡系统中，兼有溢流阀和减压阀的功能
	顺序阀	直动型顺序阀 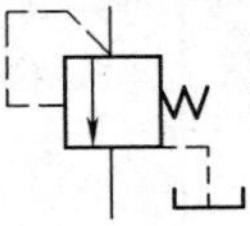 H*	1～21	50～250	利用油路本身的压力控制执行元件顺序动作，以实现油路的自动控制。 若将阀的出口直接连通油箱，可作卸荷阀使用。 单向顺序阀又称平衡阀，用以防止执行机构因其自重而自行下滑，起平衡支承作用。 改变阀上下盖的方位，可组成7种不同功用的阀
		直动型单向顺序阀 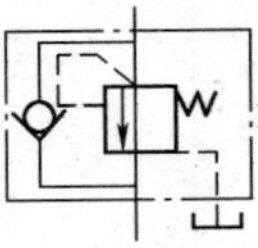 HC*	1～21	50～250	
		先导型顺序阀 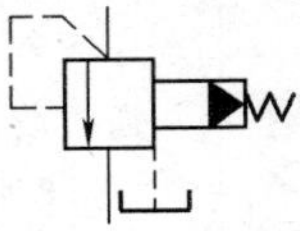 XF3 DZ	0.3～21	53～450	
		先导型单向顺序阀 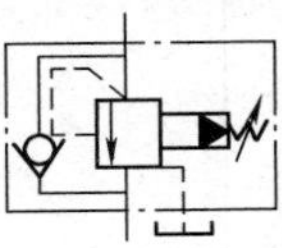 AXF3	6.3～16	63～120	

续表

类别		图形符号及型号	最大压力范围(MPa)	额定流量(L/min)	主要用途
压力控制阀	平衡阀	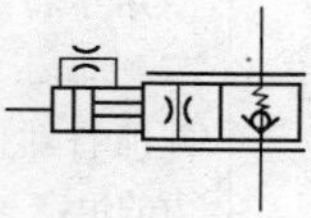 WFD	31.5	80～560	用在起重液压系统中，使执行元件速度稳定。在管路损坏或制动失灵时，可防止重物下落
压力控制阀	负荷相关背压阀	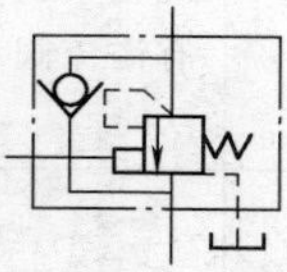 FBF3	6.3～10	25～63	可使背压随负荷变化而变化。利用此阀可组成一个负荷增大，背压自动降低，反之负荷减小，背压增加的系统，运动平稳，系统效率高
压力控制阀	压力继电器	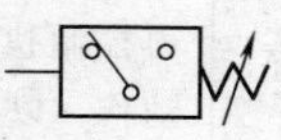 S* HED	10～50	—	将油压信号转换为电气信号，有的型号能发出高、低压力两个控制信号
流量控制阀	节流阀	节流阀  SR* LF3 MG	16～31.5	30～400	通过改变节流口的大小来控制油液的量，以改变执行元件的速度
流量控制阀	节流阀	单向节流阀 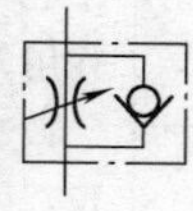 SRC* ALF3 MK	16～31.5	30～400	
流量控制阀	节流阀	双单向节流阀 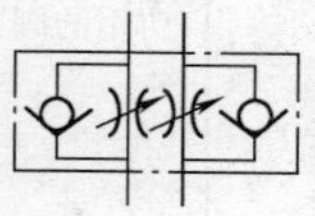 Z2FS			

续表

类别		图形符号及型号	最大压力范围（MPa）	额定流量（L/min）	主要用途
流量控制阀	调速阀	调速阀 FG QF3	6.3～210	4～500	能准确地调节和稳定油路的流量，以改变执行元件的速度 单向调速阀可以使执行元件获得正反两向不同的速度
		单向调速阀 FCG A QF3 2FRM MSA	6.3～31.5	4～500	
		电磁调速阀 2FRW	31.5	10～160	调节量可通过遥控传感器变成电信号或使用传感电位计进行控制
		流量调整阀 Z4S	21～31.5	15～160	必须同 2FRM、2FRW 型叠加一同使用，这样调速阀可以在两个方向上起稳定流量作用
	行程控制阀	单向行程节流阀 AXLF3	20	100	可依靠碰块或凸轮来自动调节执行元件的速度。液流反向流动时，经单向阀迅速通过，执行元件快速运动
		单向行程调速阀 AXQF3	20	0.07～50	

续表

类别		图形符号及型号	最大压力范围(MPa)	额定流量(L/min)	主要用途
流量控制阀	分流集流阀	分流阀 FL	31.5	40～100	用于控制同一系统中的2～4个执行元件同步运行
		单向分流阀 FDL	31.5	40～100	
		分流集流阀 FJL 3FJL※ ※STF2	20～31.5	2.5～330	
方向控制阀	单向阀	单向阀 C** AF3 S	15～31.5	16～260	用于液压系统中使油流向一个方向通过，而不能反向流动
		液控单向阀 CP** YAF3 SV/SL	16～31.5	40～300	可利用控制油压开启单向阀，使油流在两个方向上自由流动

续表

类别		图形符号及型号	最大压力范围（MPa）	额定流量（L/min）	主要用途
方向控制阀	换向阀	电磁换向阀 DSG、$**^{D}_{E}$F3、WE	16～31.5	40～80	是实现液压油流的沟通、切断和换向，以及压力卸载和顺序动作控制的阀门
		液动换向阀 4YF3	16	80～300	
		电液换向阀 DSHG、WEH $**^{D}_{E}$YF3	6.3～31.5	300～1100	
		机动换向阀 WM$^{R}_{U}$6	31.5	60	
		手动换向阀 WMM	21～31.5	20～370	
		多路换向阀 ZFS	10.5～14	30～130	是手动控制换向阀门的组合，以进行多个工作机构（液压缸、液压马达）的集中控制

续表

类别		图形符号及型号	最大压力范围(MPa)	额定流量(L/min)	主要用途
方向控制阀	压力表开关	KF KF3 AF6 MS2	16～34.5	—	切断或接通压力表和油路的连接
截止阀		CJZQ	20～31.5	40～1200	切断或接通油路

注 压力、流量范围是本章编入的主要产品性能范围。

三、液压辅助装置

1. 油箱

油箱是液压系统中不可缺少的辅件之一，其主要用途是储油、散热及分离油液中的空气和沉淀污物。

油箱的结构如图 1-57 所示。

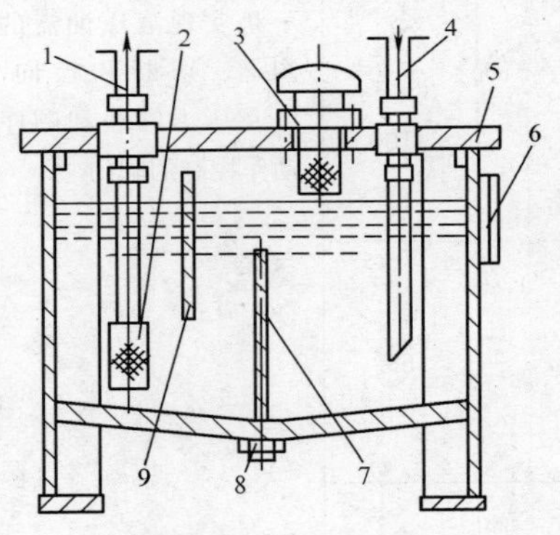

图 1-57 油箱的结构

1—吸油管；2—网式过滤器；3—空气过滤器；4—回油管；5—顶盖；6—液位计；7、9—隔板；8—放油塞

2. 油管和管接头

(1) 油管。液压系统中，常用的油管有钢管、铜管、尼龙管、塑料管、橡胶软管等。

(2) 管接头。管接头的种类很多，图 1-58 所示为几种常用的管接头结构。

3. 压力表

压力表用于观测液压系统中某点的油液压力，以便调整系统的工作压力，在液压系统中最常用的是图 1-59 所示的弹簧式压力表。

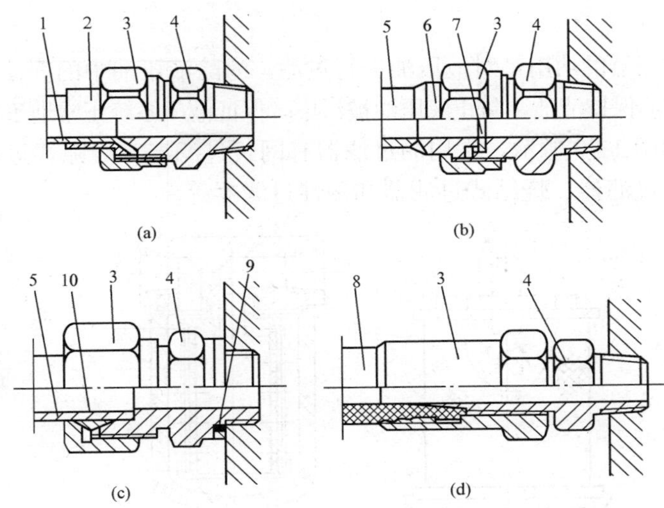

图 1-58　几种常用管接头结构

(a) 扩口式薄壁管接头；(b) 焊接式钢管接头；(c) 夹套式管接头；(d) 高压软管接头

1—扩口薄管；2—管套；3—螺母；4—接头体；5—钢管；6—接管；

7—密封垫；8—橡胶软管；9—组合密封垫；10—夹套

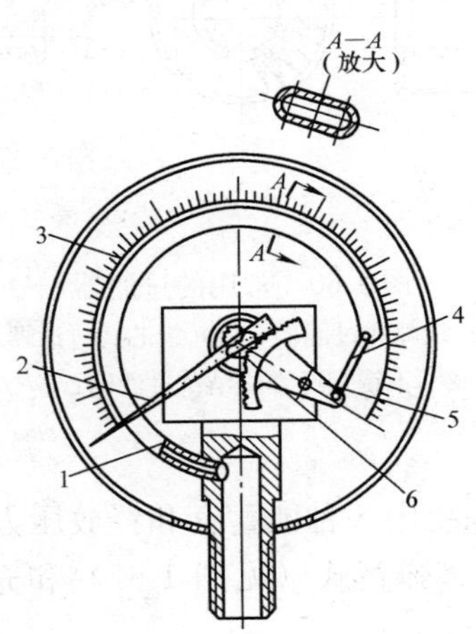

图 1-59　弹簧式压力表

1—登波弹簧管；2—指针；3—刻度盘；4—连杆；

5—扇形齿轮；6—机芯齿轮

4. 过滤器

过滤器的功用是对液压油进行过滤，滤除液压油中的固体杂质，使液压油保持清洁，防止液压油被污染，保证液压系统正常地工作。

如图 1-60 所示，常用的过滤器有网式过滤器、线隙式过滤器、纸芯式过滤器、烧结式过滤器和磁性过滤器等。

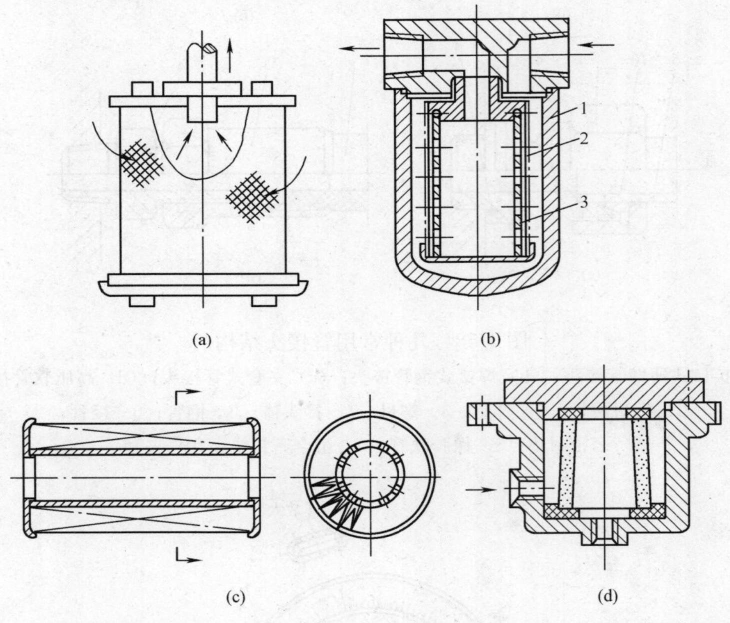

图 1-60　常用的过滤器

（a）网式过滤器；（b）线隙式过滤器；（c）纸芯式过滤器；（d）烧结式过滤器

1—外壳；2—不锈钢纤维烧结毡过滤网；3—中央立柱

5. 蓄能器

蓄能器是液压系统中一种能蓄存和释放压力能的装置，主要有重力式（见图 1-61）、弹簧式（见图 1-62）和充气式（见图 1-63）三种类型。

四、液压系统及其基本回路

1. 液压系统的组成

液压传动系统由四部分组成，如图 1-64 所示。

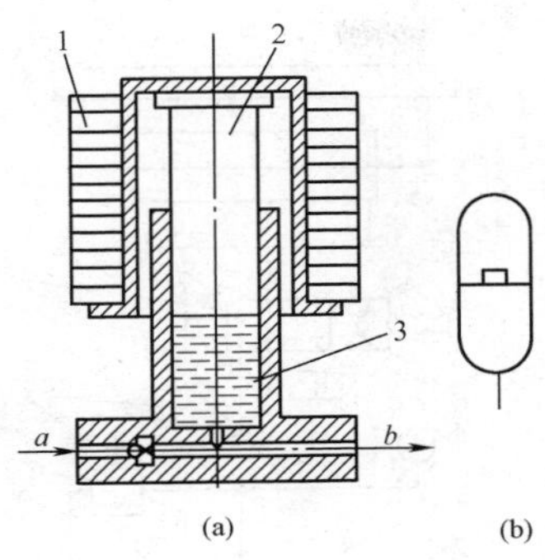

图 1-61　重力式蓄能器

（a）结构；（b）图形符号

1—重物；2—柱塞；3—液压油

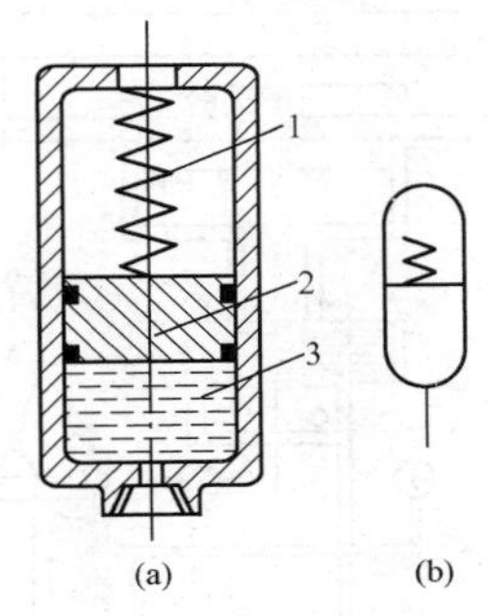

图 1-62　弹簧式蓄能器

（a）结构；（b）图形符号

1—弹簧；2—活塞；3—液压油

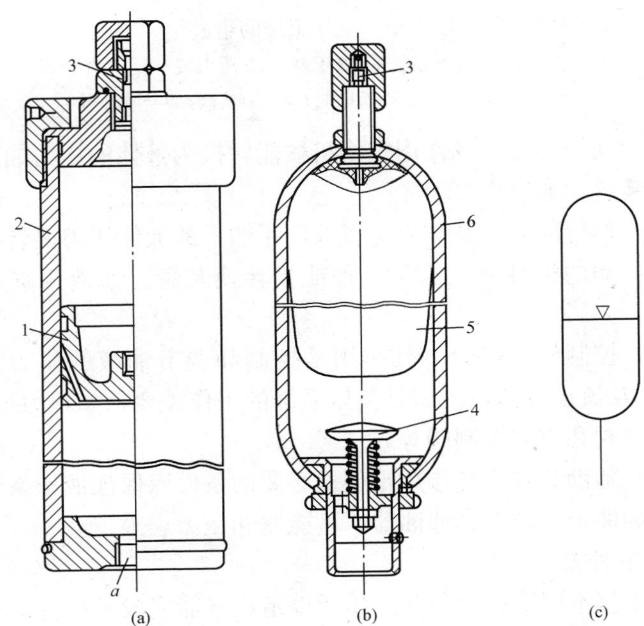

图 1-63　充气式蓄能器

（a）活塞式；（b）气囊式；（c）图形符号

1—活塞；2—缸体；3—充气阀；4—菌形阀；5—气囊；6—壳体

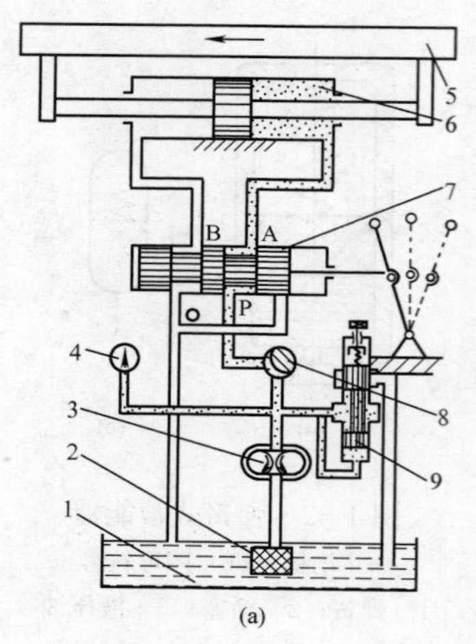

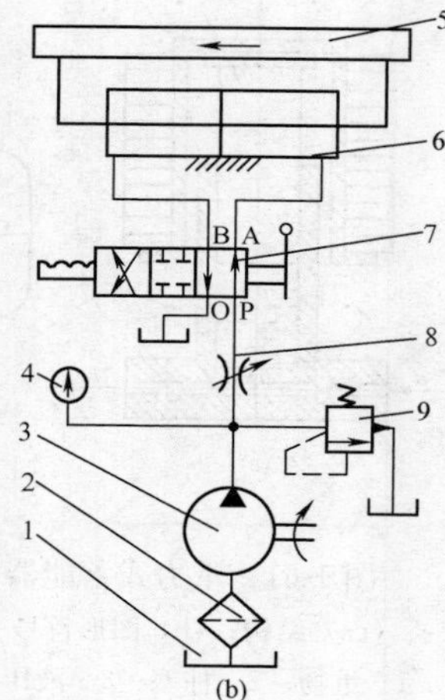

图 1-64　液压系统的组成

1—油箱；2—过滤器；3—液压泵；4—压力表；5—工作台；6—液压缸；7—手动换向阀；8—节流阀；9—溢流阀

（1）动力部分。其作用是将机械能转换为液体的压力能，是能量转换装置，如液压泵。

（2）执行部分。其作用是将液压泵输入的液体压力能转换为工作部件运动的机械能，也是一种能量转换装置，如液压缸和液压马达。

（3）控制调节部分。其作用是控制和调节油液的压力，流量（流速）及流动方向，以满足液压系统的工作需要，如压力控制阀、流量控制阀和方向控制阀等。

（4）辅助装置。其作用是创造必要的条件以保证液压系统正常工作，如油箱、油管、滤油器、蓄能器和压力表等。

2. 液压基本回路

液压基本回路是由一些液压元件组成并能完成某项特定功能的典型油路结构。任何液压设备的液压系统。无论多么复杂，总是由一些基本回路所组成。

常见液压基本回路的分类、原理图及功能见表 1-20。

表 1-20　常见液压基本回路

类别			基本回路图形符号	应用特点
方向控制回路	换向回路	采用换向阀的换向回路	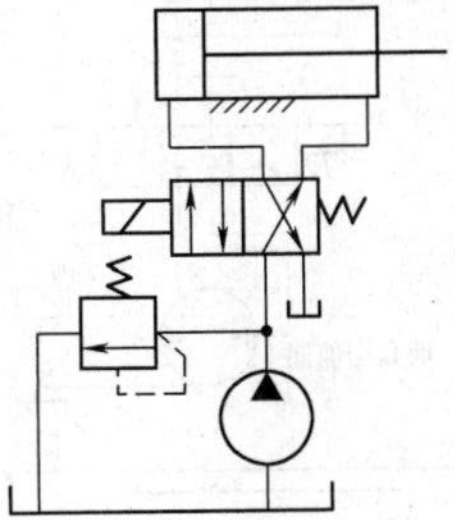	利用控制进入执行元件的液流的通、断或进油方向，达到实现系统中执行元件的启动、停止或改变运动方向的目的
		采用双向变量泵的换向回路	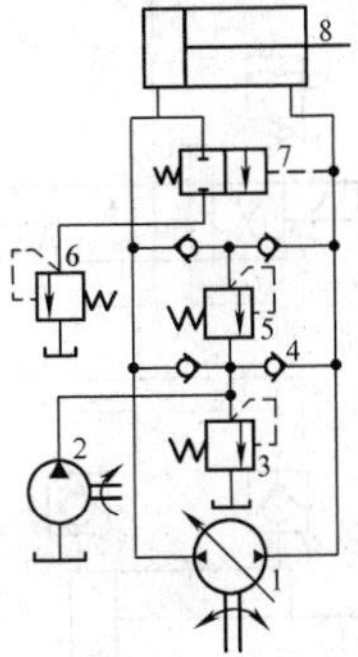 1—双向变量泵；2—单向定量泵；3、5、6—溢流阀；4—单向阀；7—换向阀；8—液压缸	

续表

类别			基本回路图形符号	应用特点
方向控制回路	锁紧回路	采用液控单向阀的锁紧回路	A B	使执行元件停止在某一位置，不受其他外力的作用而产生运动
		采用制动器的锁紧回路	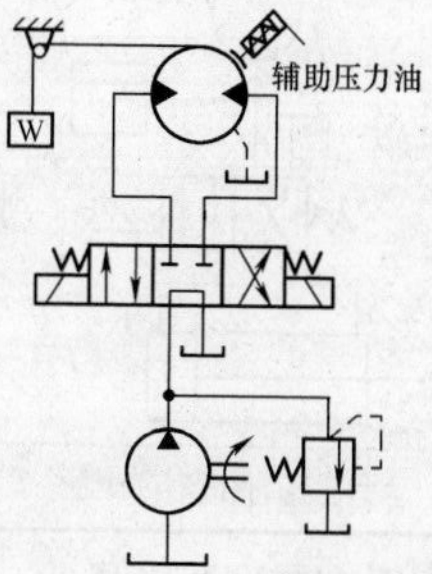 辅助压力油 W	

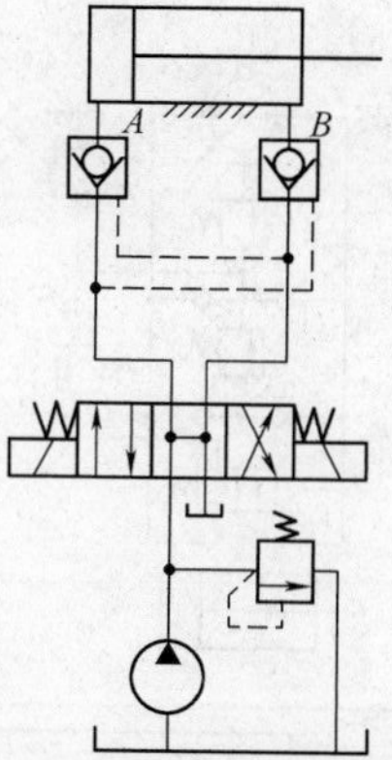

续表

类别			基本回路图形符号	应用特点
方向控制回路	制动回路	采用溢流阀的制动回路	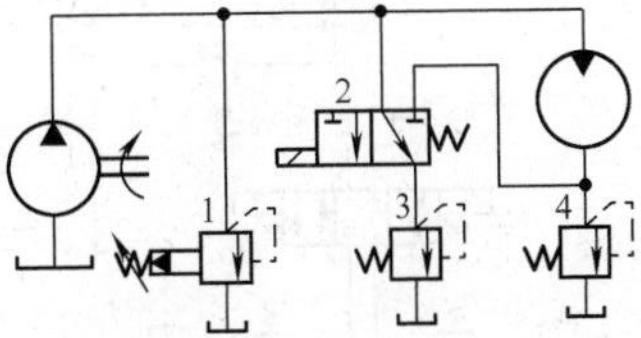 1、3、4—溢流阀；2—二位三通电磁换向阀	能使运动元件在短时间内停止运动，避免产生冲击或缓冲
		采用制动器的制动回路	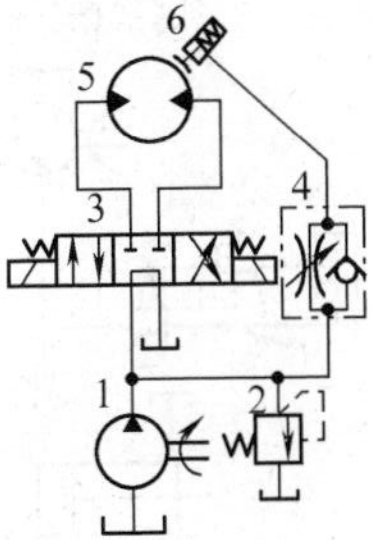 1—单向定量泵；2—溢流阀；3—换向阀；4—单向节流阀；5—双向马达；6—制动器	

续表

类别			基本回路图形符号	应用特点
压力控制回路	调压回路	压力调定回路	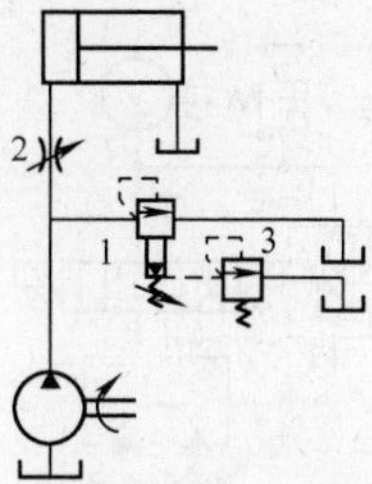 1、3—溢流阀；2—节流阀	使整个系统或局部油路的压力保持恒定或不超过某一数值 一般用溢流阀来实现这一功能
		三级调压回路	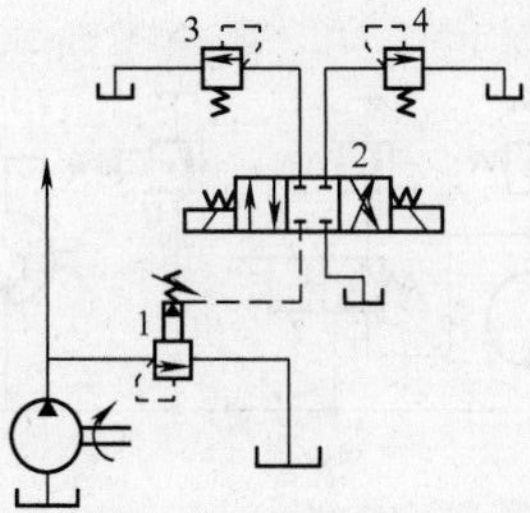 1、3、4—溢流阀；2—换向阀	

续表

类别			基本回路图形符号	应用特点
压力控制回路	调压回路	比例调压回路	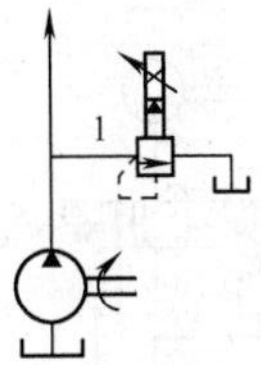 1—比例溢流阀	
	减压回路	定值减压回路	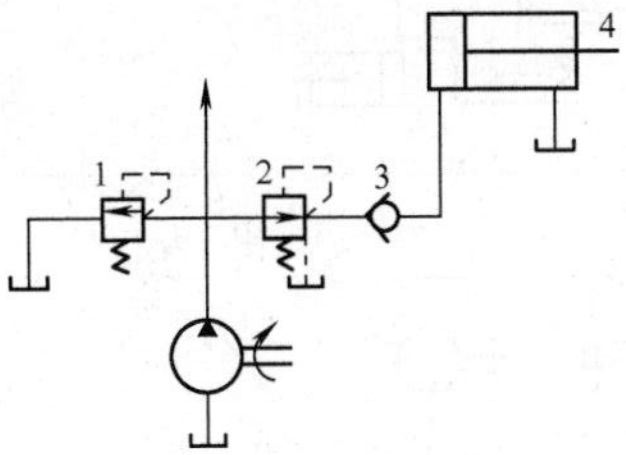 1—溢流阀；2—减压阀；3—单向阀；4—缸	使系统某一支路具有低于系统压力调定值的稳定工作压力
		二级减压回路	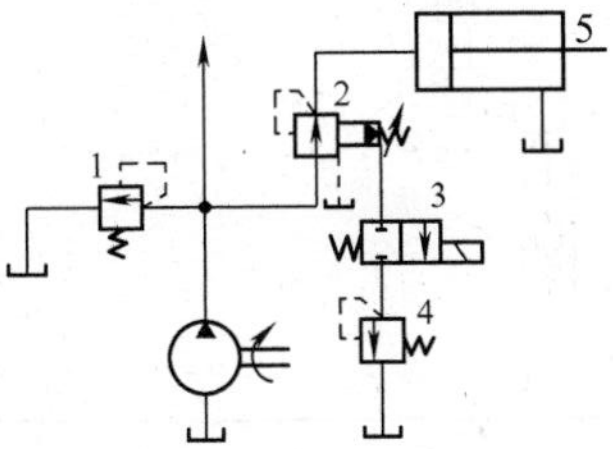 1、4—溢流阀；2—先导式减压阀；3—换向阀	

续表

类别			基本回路图形符号	应用特点
压力控制回路	增压回路	用单作用增压缸的增压回路	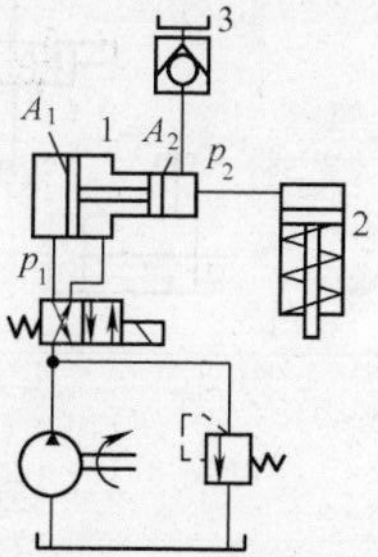 1—单作用增压缸；2—工作缸；3—高位油箱	使系统某一支路获得比液压泵输出压力高且流量不大的油液供应
		用双作用增压缸的增压回路	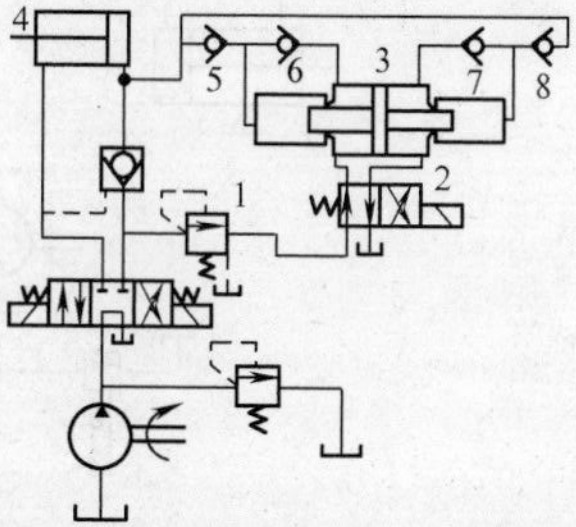 1—顺序阀；2—换向阀；3—双作用增压缸；4—工作缸；5、6、7、8—单向阀	

续表

类别			基本回路图形符号	应用特点
压力控制回路	卸荷回路	利用M型（H、K型）的滑阀机能的卸荷回路	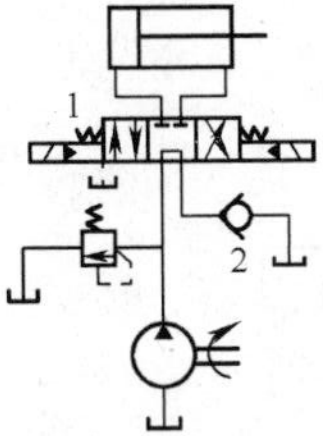 1—M型滑阀机能的换向阀；2—单向阀	在系统只需要输出少量功率或不需输出功率时，使液压泵停止运转或使它在很低压差下运转，以减小系统功率损耗和噪声，延长泵的工作寿命
		用先导式溢流阀的卸荷回路	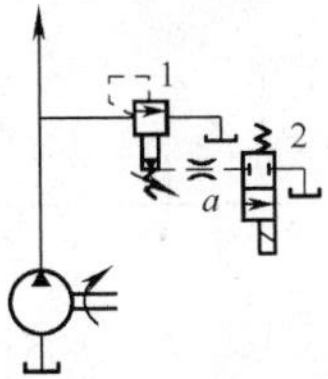 1—先导式溢流阀；2—二位二通电磁换向阀	
		用限压式变量泵的卸荷回路	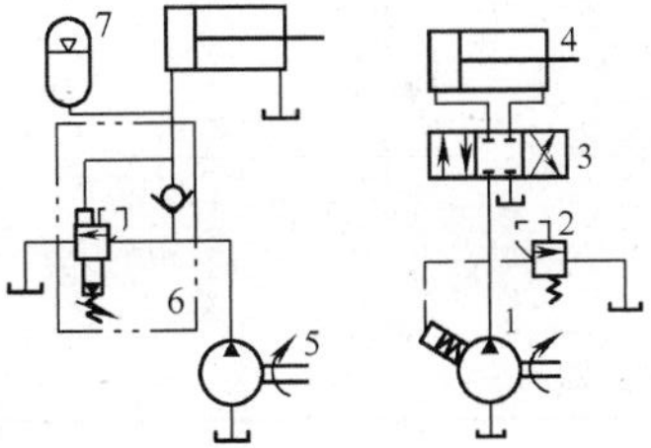 1—限压式变量泵；2—溢流阀；3—换向阀；4—工作缸；5—单向定量泵；6—单向溢流阀；7—蓄能器	

续表

类别			基本回路图形符号	应用特点
速度控制回路	调速回路	节流调速回路	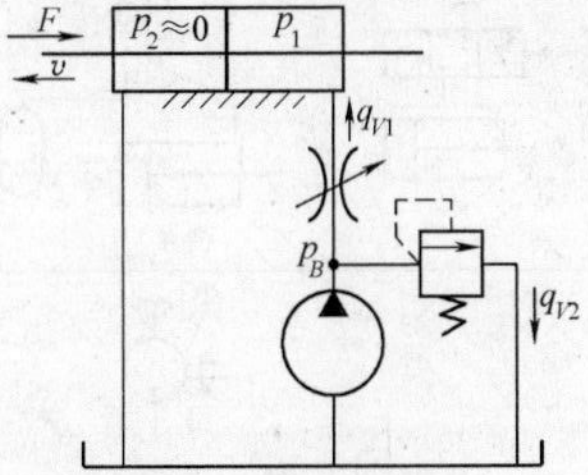 （a）进油节流调速回路 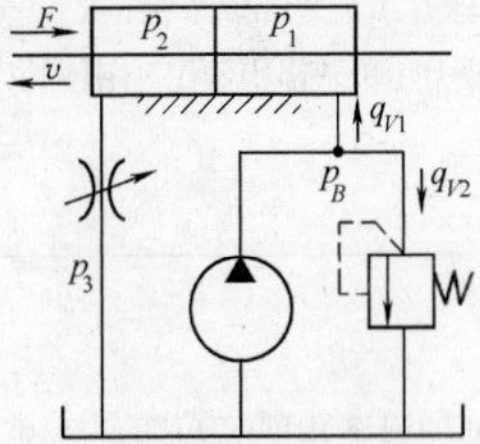 （b）回油节流调速回路 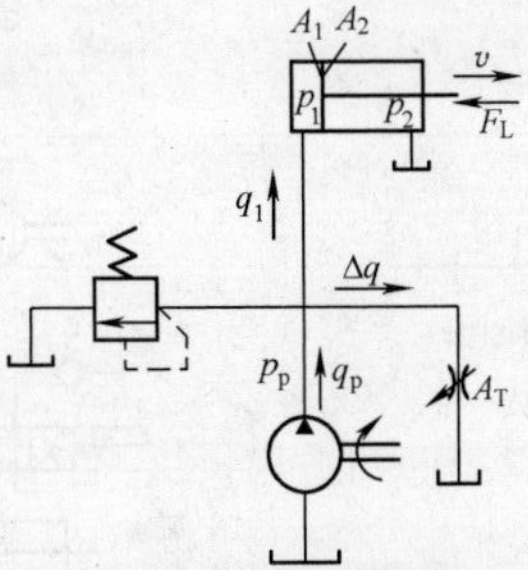 （c）旁路节流调速回路	在定量泵供油的系统中安装节流阀来调节进入液压缸的油液流量，从而调节、控制执行元件工作行程的速度

续表

类别			基本回路图形符号	应用特点
速度控制回路	调速回路	容积调速回路	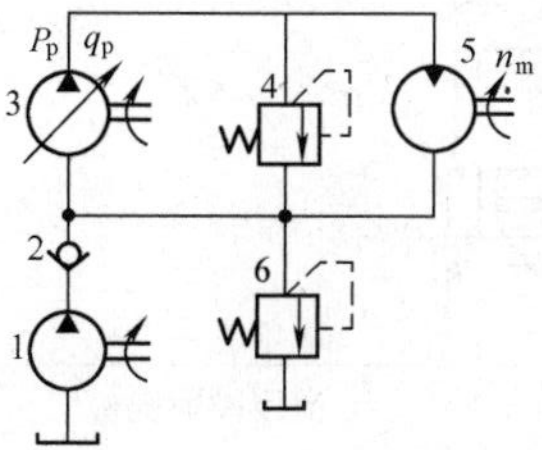 (a) 变量泵—定量马达回路 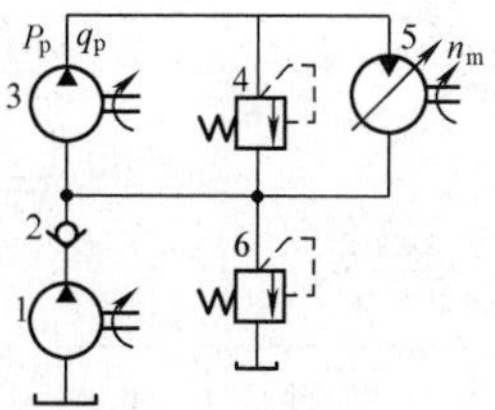 (b) 定量泵—变量马达回路 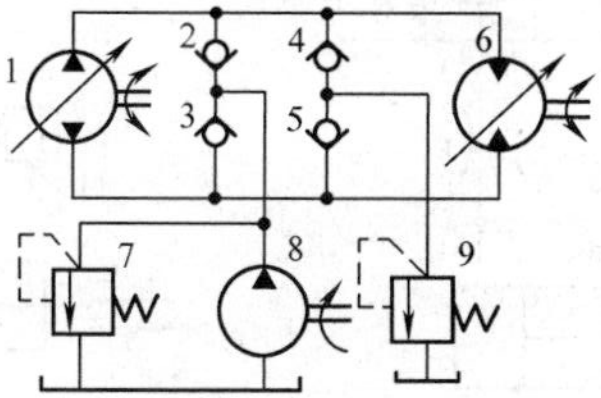 (c) 变量泵—变量马达回路	依靠改变泵或（和）马达的供油排量来调节执行元件的运动速度或转速

续表

类别			基本回路图形符号	应用特点
速度控制回路	调速回路	容积节流调速回路	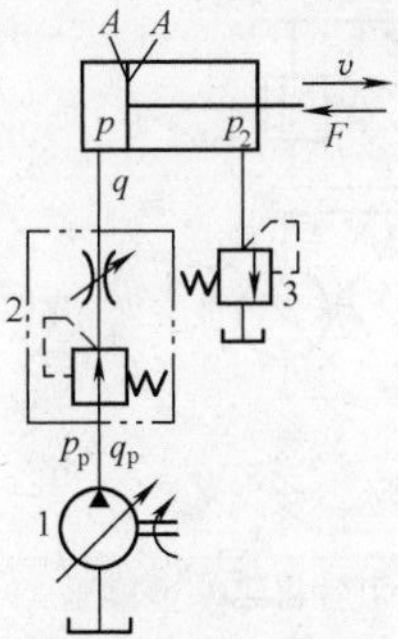 (a) 限压式变量泵和调速阀组成 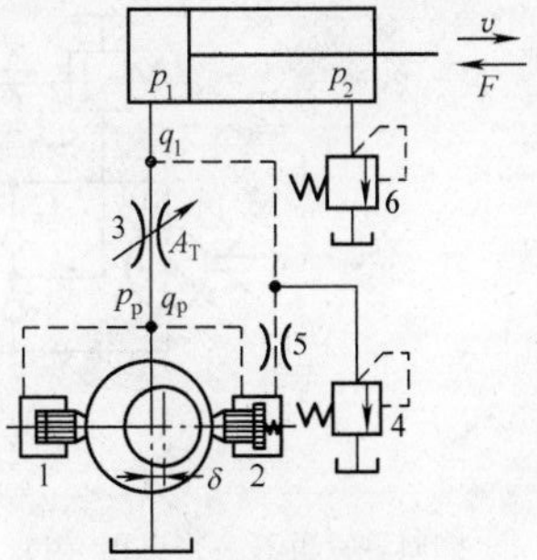 (b) 差压式变量泵和节流阀组成	由压力补偿型变量泵和流量控制阀组成的一种调速回路
	速度换接回路	差动连接的增速回路	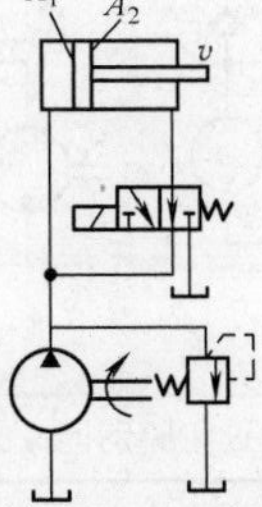	可使液压执行元件在一个工作循环中从一种运动速度转换到另一种运动速度

续表

类　别			基本回路图形符号	应　用　特　点
速度控制回路	速度换接回路	用增速缸的增速回路	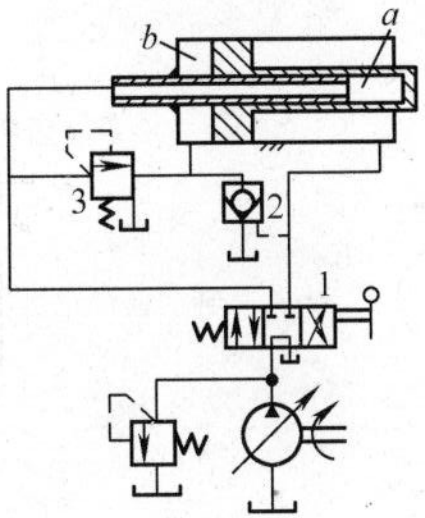	可使液压执行元件在一个工作循环中从一种运动速度转换到另一种运动速度
		慢—快换速回路	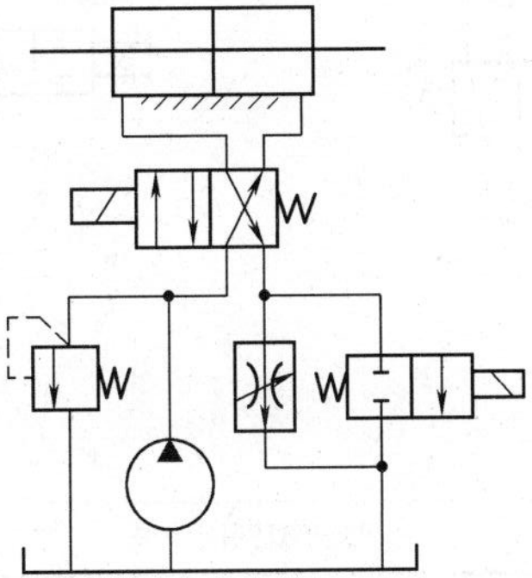	

续表

类别			基本回路图形符号	应用特点
速度控制回路	速度换接回路	二次进给回路	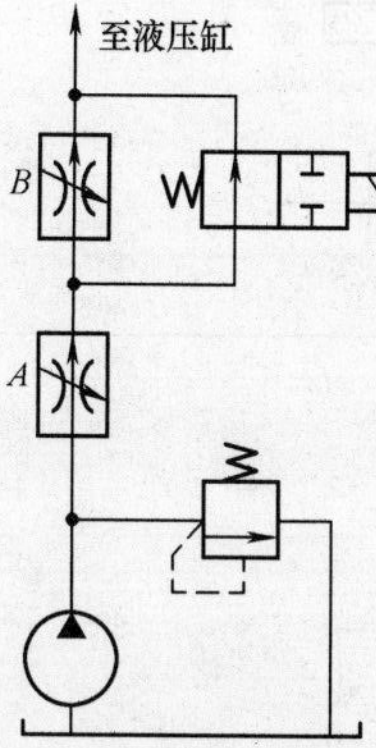 至液压缸 B A W （a）采用调速阀串联 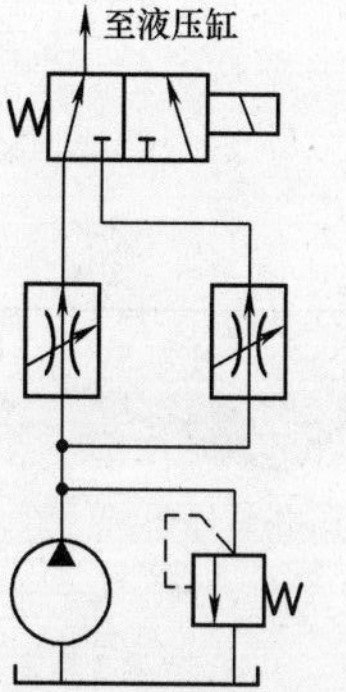 至液压缸 W W （b）采用调速阀并联	可使液压执行元件在一个工作循环中从一种运动速度转换到另一种运动速度

续表

类别			基本回路图形符号	应用特点
顺序动作回路	压力控制	用顺序阀控制的顺序动作回路	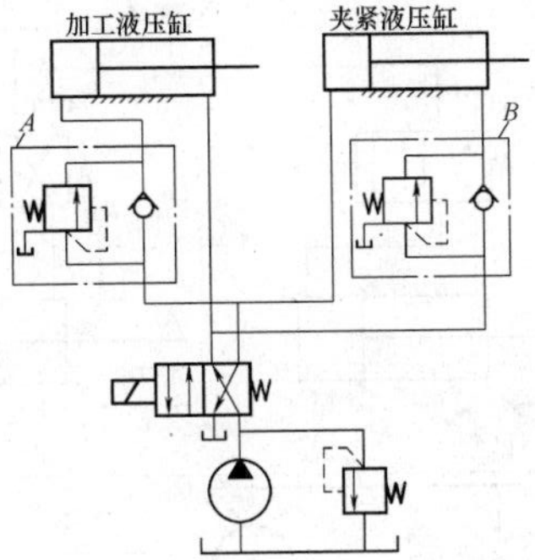 加工液压缸　夹紧液压缸　A　B	在系统中，当一个液压泵同时驱动几个执行机构时，可控制执行元件的先后动作次序
	行程控制	用压力继电器控制的顺序动作回路	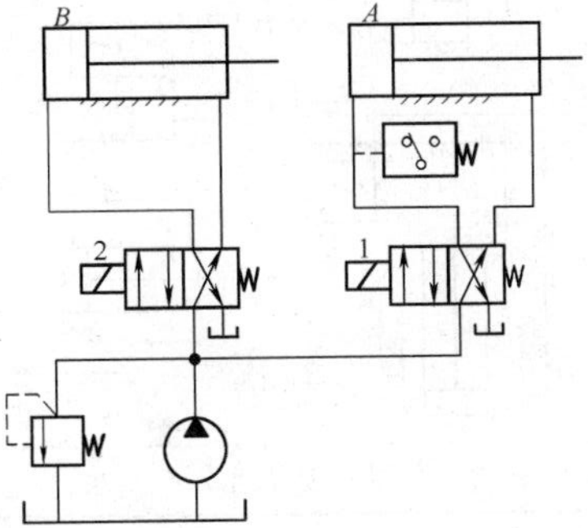 B　A　2　1	

续表

类别		基本回路图形符号	应用特点
顺序动作回路	行程控制	用行程阀控制的顺序动作回路	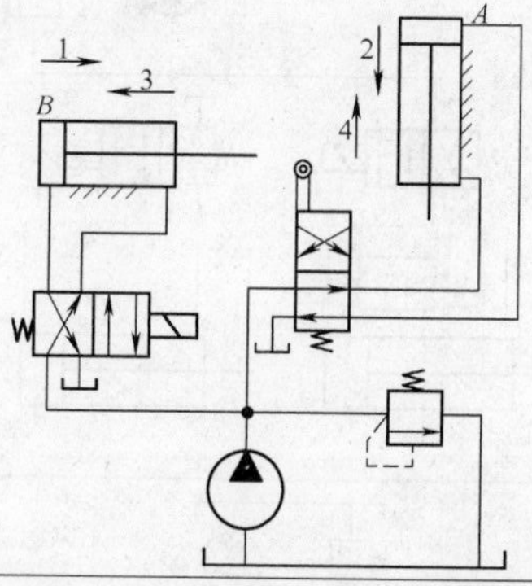 1 3 B A 2 4 W W W	在系统中，当一个液压泵同时驱动几个执行机构时，可控制执行元件的先后动作次序
		用行程开关控制的顺序动作回路	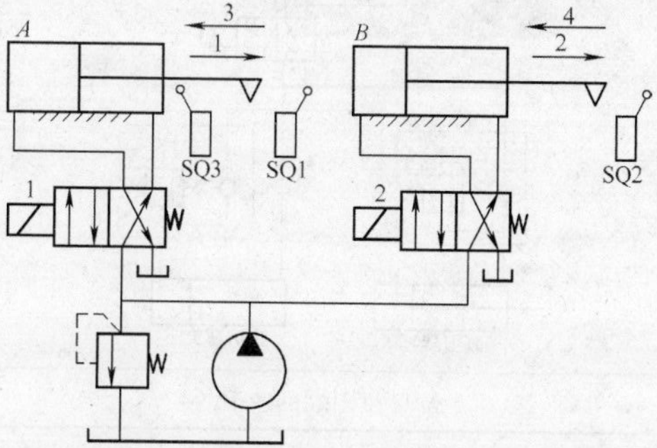 3 1 A SQ3 SQ1 1 W W 4 2 B SQ2 2 W	

五、液压系统分析

液压技术在机械制造、冶金、轻工、纺织、农业、工程机械、船舶、航空和航天等各行各业中应用广泛，不同行业的液压系统的组成、作用和特点不尽相同。在此介绍两个典型的液压系统，从而进一步说明各种液压元件和液压基本回路的功能及作用。

（一）组合机床液压滑台液压传动系统

液压滑台是组合机床的重要通用部件之一，其上可以配置各种用途的切削头或工件，用以实现进给运动。图 1-65 所示为某液压

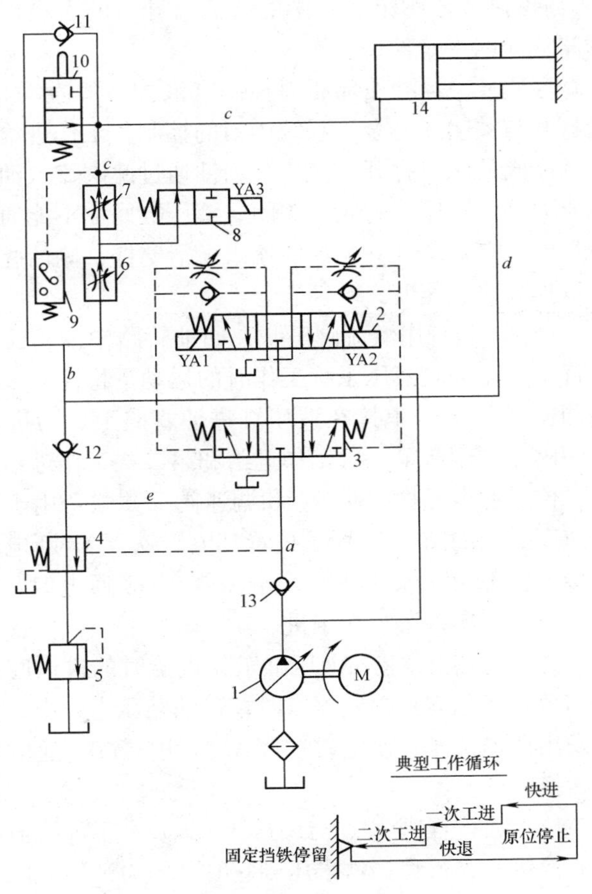

图 1-65　液压滑台的液压传动系统

滑台的液压传动系统。它可以实现多种自动工作循环，其中较为典型的工作循环是：快进—第一次工作进给—第二次工作进给—固定挡铁停留—快退—原位停止。

1. 主要元件及其作用

(1) 液压泵 1。是限压式变量叶片泵，它和调速阀 6、7 一起组成容积、节流复合调速回路，使系统工作稳定，效率较高。

(2) 电液换向阀。由三位五通电磁换向阀（先导阀）2 和三位五通液动换向阀（主阀）3 组成。适当调节液动换向阀两端阻尼器（由单向阀与可调节流阀组成）中的节流口开口的大小，能有效地提高主油路换向的平稳性。

(3) 顺序阀 4。是由外部压力控制（液控）的直动型顺序阀，其阀口的打开与关闭，完全受系统压力的控制。工作进给时，系统压力高，顺序阀的阀口打开，液压缸回油通过此阀流入油箱；快进时，系统压力低，顺序阀的阀口关闭，液压缸回油不能通过此阀流入油箱，只能从有活塞杆一侧油腔流入无活塞杆一侧油腔，形成差动连接，以提高快进速度。

(4) 背压阀 5。是用溢流阀串联在回油管路中油箱前，可调定回油路的背压，以提高液压系统工作时的运动平稳性。

(5) 调速阀 6、7。串接在液压缸进油管路上，为进油节流调速方式。两阀分别调节第一次工作进给和第二次工作进给的速度。

(6) 二位二通电磁换向阀 8。和调速阀 7 并联，用于换接两种不同进给速度。当如图 1-65 所示位置其电磁铁 YA3 断电时，调速阀 7 被短接，实现第一次工进；当电磁铁 YA3 通电时，调速阀 7 与调速阀 6 串接，实现第二次工进。

(7) 压力继电器 9。装在液压缸工作进给时的进油腔附近。当工作进给结束，碰到固定挡铁停留时，进油路压力升高，压力继电器动作，发出快退信号，使电磁铁 YA1 断电，YA2 通电，液压缸运动方向转换。

(8) 二位二通行程阀 10。与调速阀 6、7 并联，用于液压缸快进与工进的换接。当行程挡铁未压到它时，压力油经此阀进入液压缸，实现快进；当行程挡铁将它压下时，压力油只能通过调速阀进入液压缸，实现工进。

(9) 单向阀 11、12、13。用作防止油液倒流，其中，单向阀 13 的作用是保护液压泵及防止空气进入系统，提高液压缸运动的平稳性。

(10) 液压缸 14。为缸体移动式双作用单活塞杆液压缸。进、回油管皆从空心活塞杆的尾端接入（系统图中没有表示这一具体结构）。改进后的滑压滑台已将液压缸结构改成缸体固定、活塞移动的方式，以简化活塞杆的结构工艺，便于安装检修和提高滑座体的刚性。

2. 系统的工作情况

液压传动系统（见图 1-65）的工作循环是由挡铁所控制的电磁铁、行程阀及由液压缸油液压力控制的压力继电器的动作来实现的。下面就系统典型的二次工作进给自动循环的工作过程进行分析。系统中的电磁铁、行程阀和压力继电器的动作顺序见表 1-21。

(1) 起始位置（原位停止）。工作循环开始时的状态，电磁铁均断电，换向阀、行程阀处于图示位置。液压泵输出的压力油液压力升高，液控顺序阀被打开，液压泵的输出流量自动减至最小（约等于顺序阀的泄漏量）。滑台在原位停止不动。

(2) 快进。按下启动按钮，电磁换向阀 2 的电磁铁 YA1 通电，阀的左位接入系统，控制压力油自液压泵出口经阀 2 进入液动换向阀 3 的左侧，推动阀芯右移，使阀 3 的左位接入系统。这时系统的主油路如下：

进油路：液压泵→单向阀 13→油路 a→液动换向阀 3→油路 b→行程阀 10→油路 c→液压缸左腔。

回油路：液压缸右腔→油路 d→液动换向阀 3→油路 e→单向阀 12→油路 b→行程阀 10→油路 c→液压缸左腔。

这时，液压缸左右两腔都通压力油液，形成差动连接回路。液压缸的缸体带动滑台向左快速前进。因为此时滑台的负载较小，系统压力较低，所以变量液压泵输出流量较大，可以满足快进需要。又因系统压力较低，液控顺序阀未打开。

表 1-21　　电磁铁、行程阀和压力继电器动作表

工作循环环节＼动作元件	电磁铁 YA1	电磁铁 YA2	电磁铁 YA3	行程阀	压力继电器
原位停止	—	—	—	—	—
快进	+	—	—	—	—
第一次工进	+	—	—	+	—
第二次工进	+	—	+	+	—
快退	—	+	—	+、—	+

注　“+”表示电磁铁通电、压下行程阀或压力继电器动作并发信号，“—”则相反。

(3) 第一次工作进给。快进终了时，挡铁压下行程阀，切断快进回路，压力油液只能经与行程阀并联的调速阀 6 进入液压缸，把运动由快速换接成慢速。同时系统压力升高将液控顺序阀打开，油路 e 中压力下降，单向阀 12 关闭。这时系统的主油路如下：

进油路：液压泵→单向阀 13→油路 a→液动换向阀 3→油路 b→调速阀 6→电磁换向阀 8→油路 c→液压缸左腔。

回油路：液压缸右腔→油路 d→液动换向阀 3→油路 e→液控顺序阀 4→背压阀 5→油箱。

因为工作进给时，滑台负载大，系统压力升高，变量液压泵的流量会自动减小，以适应第一次工作进给的需要。滑台进给量的大小由调速阀 6 调节。

(4) 第二次工作进给。第一次工作进给终了时，挡铁压力相应的位置开关，使电磁换向阀 8 的电磁铁 YA3 通电，右位接入系统，切断调速阀 7 的并联通路。这时压力油液需要经过两个调速阀 6、7 进入液压缸。由于调速阀 7 调节的进油量比阀 6 要小，所以第二次工作进给的速度比第一次工作进给速度更低一些。第二次工作进给时滑台进给量的大小由调速阀 7 调节，这时，系统主油路的进油路为：液压泵→单向阀 13→油路 a→液动换向阀 3→油路 b→调速阀 6→调速阀 7→油路 c→液压缸左腔；回油路与第一次工作进给时相同。

(5) 固定挡铁停留。当滑台第二次工作进给终了碰到固定挡铁

后，系统压力进一步升高，直到压力继电器 9 动作发出信号，使电磁换向阀 2 的电磁铁 YA1 断电、YA2 通电。自滑台第二次工作进给碰到固定挡铁开始，到电磁铁 YA1 断电、YA2 通电，这段时间间隔即固定挡铁停留的时间，其作用是为了保证加工精度。为了控制和调节停留时间，通常在电气控制线路中使用时间继电器，由压力继电器发出信号使时间继电器工作，并由时间继电器按所需延时（延时时间可调）后使电磁铁动作（YA1 断电和 YA2 通电）。

（6）快退。当电磁铁 YA1 断电、YA2 通电后（压力继电器发出信号同时使电磁换向阀 8 电磁铁 YA3 断电），电磁换向阀 2 的右位接入系统，控制油路使液动换向阀的右位亦接入系统。这时系统的主油路如下：

进油路：液压泵→单向阀 13→油路 a→液动换向阀 3→油路 d→液压缸右腔。

回油路：液压缸左腔→油路 c→单向阀 11→油路 b→液动换向阀 3→油箱。

这时，滑台的负载较小，系统压力较低，变量液压泵随之输出大流量，使滑台快速退回。滑台快速退回至一定距离（即回到第一次工作进给的起点位置）后，松开行程阀，使其在弹簧力作用下复位，回油更为畅通，但对快速退回动作无影响。当滑台退回到起始位置时，挡铁压下位置开关，使电磁换向阀 2 的电磁铁 YA2 断电（YA1 已断电）。在弹簧力的作用下，电磁换向阀 2 和液动换向阀 3 均处于中间位置，滑台停止不动，原位停止，工作循环结束。

（二）液压机液压系统

液压机是用于锻压、冷挤、冲压、弯曲、粉末冶金、成型等工艺过程的压力加工机械，是最早应用液压传动的机械之一。

1. 工作原理

图 1-66 所示为 3150kN 液压机液压系统原理图。系统油源中主泵 1 是高压、大流量压力补偿恒功率变量泵，最高工作压力由溢流阀 4 的远程调压阀 5 调定。辅助泵 2 是低压、小流量泵，为电液换向阀、液控单向阀和充液阀提供控制油，其压力由溢流阀 3 调整。现以一般的定压成型压制工艺为例，说明该液压机液压系统的

工作原理。

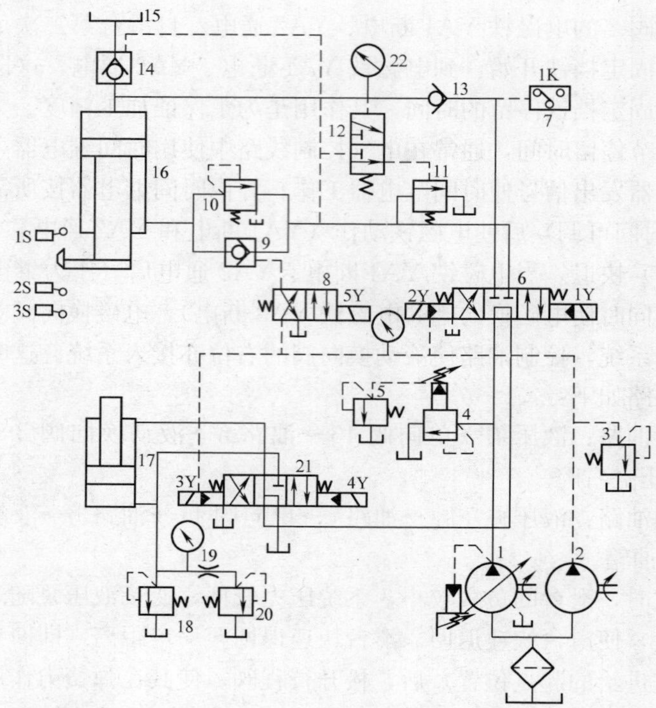

图 1-66　3150kN 液压机液压系统原理图

1—主泵；2—辅助泵；3、4、18—溢流阀；5—远程调压阀；6、21—电液换向阀；7—压力继电器；8—电磁换向阀；9—液控单向阀；10、20—背压阀；11—顺序阀；12—液控滑阀；13—单向阀；14—充液阀；15—油箱；16—主缸；17—顶出缸；19—节流器；22—压力表

(1) 主缸运动过程如下：

1) 快速下行。电磁铁 1Y、5Y 得电，电液换向阀 6 由中位换至右位，电磁换向阀 8 换至右位，控制油经阀 8 右位使液控单向阀 9 打开。此时油液流动情况为：

进油路：泵 1→换向阀 6 右位→单向阀 13→主缸 16 上腔。

回油路：主缸 16 下腔→液控单向阀 9→换向阀 6 右位→换向阀 21 中位→油箱。

主缸滑块在自重作用下迅速下降，压力补偿变量泵1虽处于最大流量状态，但仍不能满足主缸的流量要求，因而主缸上腔形成负压，液压机顶部油箱15的油液经充液阀14进入主缸上腔。

2）慢速下行、加压。当主缸滑块触动行程开关2S后，电磁铁5Y失电，电磁换向阀8靠弹簧复位，液控单向阀9关闭。主缸下腔油液经背压阀10、电液换向阀6右位、阀21中位回油箱。这时，由于主缸上腔压力升高，充液阀14关闭，主缸只在主泵1供给的压力油作用下慢速接近工件。当主缸滑块接触工件后，阻力急剧增加，上腔压力进一步升高，主泵1的输出流量自动减少。

3）保压。当主缸上腔压力达到预定值时，压力继电器7发出信号，使电磁铁1Y失电，换向阀6回中位，主缸的上、下腔封闭，主泵1经换向阀6、换向阀21的中位卸荷。此时，由于单向阀13和充液阀14的阀芯锥面具有良好的密封性，主缸上腔处于保压状态，保压时间由压力继电器7控制的时间继电器调整。

4）泄压、快速回程。保压过程结束，时间继电器发出信号，使电磁铁2Y得电，换向阀6换至左位。由于主缸上腔压力很高，液控滑阀12处于上位，压力油经换向阀6左位及阀12上位使外控顺序阀11开启。此时，主泵1输出油液经顺序阀11回油箱。主泵1在低压下工作，此压力不足以打开充液阀14的主阀芯，但是可以打开充液阀14主阀芯上的小卸载阀芯，使主缸上腔油液经此卸载阀芯开口泄回顶部油箱15，压力逐渐降低。

当主缸上腔压力泄至一定值后，液控滑阀12靠弹簧复位，外控顺序阀11关闭，主泵1供油压力升高，阀14完全打开，主缸快速回程。此时油液流动情况如下：

进油路：主泵1→换向阀6左位→液控单向阀9→主缸下腔。

回油路：主缸上腔→充液阀14→顶部油箱15。

5）原位停止。当主缸滑块上升至触动行程开关1S后，电磁铁2Y失电，换向阀6处于中位，液控单向阀9将主缸下腔封闭，主缸原位停止不动。主泵1输出油经换向阀6、换向阀21中位回油箱，泵1卸荷。

（2）顶出缸运动。按一般顶出工艺要求的顶出缸运动如下：

1）上行顶出。当主缸滑块触动行程开关1s后，电磁铁3Y得电，换向阀21由中位换至左位，顶出缸活塞上升，顶出工件。此时油液流动情况如下：

进油路：主泵1→换向阀6中位→换向阀21左位→顶出缸17下腔。

回油路：顶出缸17上腔→换向阀21左位→油箱。

2）下行退回。电磁铁3Y失电，4Y得电，换向阀21换至右位，顶出缸活塞下降，退回。此时油液流动情况如下：

进油路：主泵1→换向阀6中位→换向阀21右位→顶出缸17上腔。

回油路：顶出缸17下腔→换向阀21右位→油箱。

作薄板拉伸压边时，要求顶出缸作为液压垫工作，即在主缸加压前顶出缸活塞先上升到一定位置停留，主缸加压时，顶出缸既保持一定压力，又能随主缸滑块的下压而下降。这种按浮动压边工艺要求的顶出缸运动如下：

1）浮动压边下行。在主缸滑块下压时，顶出缸活塞随之被迫下行。此时换向阀21处于中位，顶出缸下腔油液经节流器19和背压阀20流回油箱，使顶出缸下腔保持所需的压边压力，浮动压边力由背压阀20调定。顶出缸上腔则经阀21中位从油箱补油。溢流阀18为顶出缸下腔的安全阀。

2）上行顶出与一般顶出工艺要求的顶出缸上行顶出运动相同。

3150kN液压机的电磁铁动作顺序见表1-22。

表1-22　3150kN液压机的电磁铁动作顺序

工况		1Y	2Y	3Y	4Y	5Y
主缸	快速下行	+	−	−	−	+
	慢速下行、加压	+	−	−	−	−
	保压	−	−	−	−	−
	泄压、快速回程	−	+	−	−	−
	停止	−	−	−	−	−

续表

工　况		1Y	2Y	3Y	4Y	5Y
顶出缸	上行顶出	－	－	＋	－	－
	下行退回	－	－	－	＋	－
	浮动压边下行	＋	－	－	－	－

注　“＋”表示电磁铁通电、压下行程阀或压力继电器动作并发信号，“－”则相反。

2. 液压系统特点

（1）利用主缸活塞、滑块自重的作用实现快速下行，并利用充液阀和充液油箱对主缸充液，从而减小了泵的规格，简化了油路结构。

（2）采用压力补偿恒功率变量泵，可以根据系统不同工况自动调整供油量，从而可以免除溢流功率损失，节省能量。

（3）采用单向阀 13 保压及由顺序阀 11 和带卸载阀芯的充液阀 14 组成的卸荷回路，结构简单，减小了由保压转换为快速回程的液压冲击。

第三节　气压传动技术

一、气压传动概述

气压传动与液压传动的基本工作原理是相似的，只是二者的工作介质不同。气压传动是以空气作为工作介质，它利用压缩空气的静压能来传递动力。

气压传动与液压传动相比，具有如下一些独特的优点：

（1）空气可以从大气中取之不竭且无介质成本的问题。介质泄漏后除引起部分功率损失外，不会严重影响工作，也不会污染环境。

（2）空气的黏度很小，在管路中的压力损失远远小于液压传动系统，因此压缩空气便于集中供应和远程传输。

（3）压缩空气的工作压力较低（一般为 0.3～0.8MPa），因此对元件材料制造精度的要求较低。

（4）维护简单，使用安全，没有防爆问题，并且便于实现过载保护。

（5）气动元件采用相应材料后，能够在恶劣环境下进行正常工作。

但气压传动也有以下缺点：

（1）气压传动装置的信号传递较慢，仅限制在声速范围内，所以它的工作频率和响应速度远不如电子装置，并且信号要产生较大的失真和迟滞，不便于构成较复杂的回路，也难以实现生产过程的远程控制。

（2）空气的压缩性远大于液压油的压缩性，因此在动作的响应能力，速度的平稳性上不如液压传动。

（3）气压传动输出力较小，且传动频率较低。

二、气源装置及气动元件

（一）气源装置

气源装置的作用是为气动系统的正常工作提供足够流量和压力的压缩空气，它是气动系统的重要组成部分。气源装置包括气压发生、压缩空气净化与储存和传输管道等装置，如图 1-67 所示。

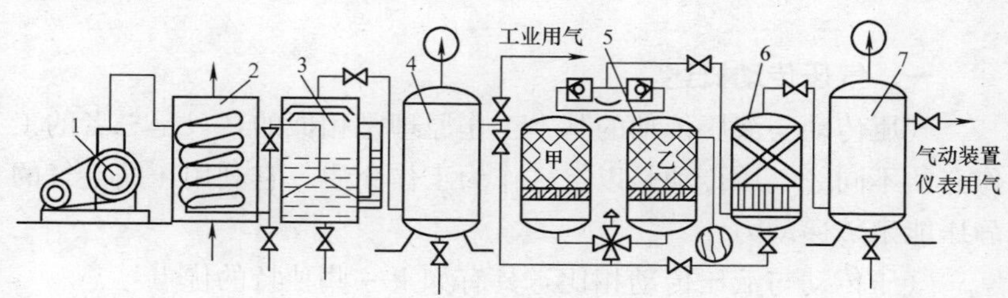

图 1-67　气源装置组成和布置示意图

1—空气压缩机；2—冷却器；3—油水分离器；

4、7—储气罐；5—干燥器；6—过滤器

1. 空气压缩机

空气压缩机是产生压缩空气的气压发生装置，是组成压缩空气站气源系统的主要设备。它的结构形式很多，工作压力范围很广。

空气压缩机结构类型见表 1-23。

表 1-23　　空气压缩机结构类型

<table>
<tr><td rowspan="5">容积式</td><td rowspan="2">往复式</td><td>活塞式</td><td rowspan="5">速度式</td><td rowspan="2">离心式</td></tr>
<tr><td>膜片式</td></tr>
<tr><td rowspan="3">回转式</td><td>叶片式</td><td rowspan="2">轴流式</td></tr>
<tr><td>螺杆式</td></tr>
<tr><td>罗茨式</td><td>混流式</td></tr>
</table>

容积式空气压缩机的气体压力的提高是靠周期地改变气体容积的方法，即通过缩小气体的容积增大气体的密度，来提高气体的压力。图 1-68（a）、（b）所示活塞式及转子式压缩机属于这种类型。表 1-24 列出了常用活塞式压缩机的分类方法。

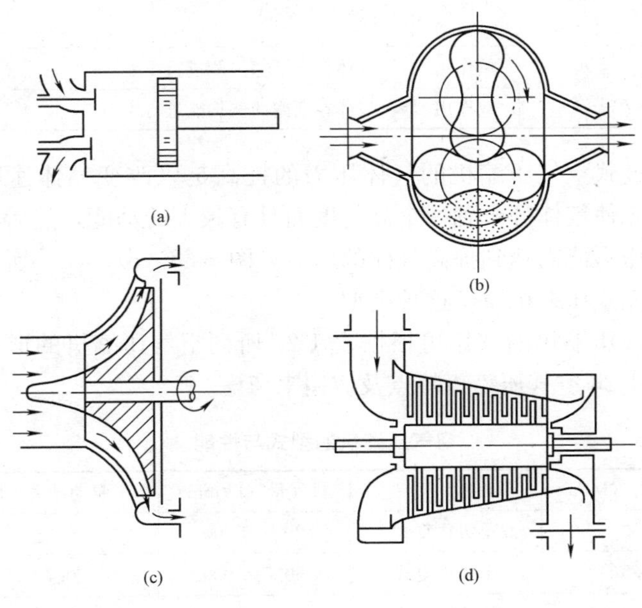

图 1-68　空气压缩机的类型

（a）活塞式；（b）转子式；（c）离心式；（d）轴流式

表 1-24　　常用活塞式压缩机的分类方法

分类方法	基本形式	说　明
按排气量分（自由空气量）(m^3/min)	微型	1 以下
	小型	1～10
	中型	10～100
	大型	100 以上
按排气压力分 (MPa)	低压	0.2～1
	中压	1～10
	高压	10～100
	超高压	100 以上
按气缸在空间的排列位置分	立式	气缸中心线垂直于地面
	卧式	气缸中心线平行于地面
	角度式	两气缸中心线互成一定角度，成 V 形、W 形、L 形等
按气缸容积利用方式分	单作用	气体仅在活塞一侧进行压缩
	双作用	气体在活塞两侧均能进行压缩

速度式空气压缩机的气体压力的提高是以改变气体速度的方法，即先使气体分子到一个高速度而具有较大的动能，然后将动能转化为压力能而达到提高气体的压力。图 1-68（c）、（d）所示离心式和轴流式压缩机属于这种类型。

空气压缩机的选用可根据表 1-25 所列空气压缩机的形式与性能及表 1-26 空气压缩机特点及应用来考虑。

表 1-25　　空气压缩机的型式与性能

额定压力（MPa）	形　式	排气量（L/min）	驱动动力（kN）
1.0	单级往复式	20～10 000	0.2～75
1.5	单级往复式	50～10 000	0.7～75
0.7～0.85	油冷螺杆式	180～12 000	1.5～75
0.75～0.85	无油单级往复式	20～8000	0.2～75
0.9	无油双级螺杆式	2000～300 000	20～1800
0.7	离心式	10 000 以上	500 以上

表 1-26　　空气压缩机特点比较及应用

类型	优　　点	缺　　点	应用范围
容积型	（1）背压稳定，输出压力范围大 （2）效率高 （3）适应性强，单机能适应多种流量，排气量可在较广范围内选择	（1）尺寸大，占地面积大 （2）结构复杂，易损件多，维修量大 （3）气流脉动大，有振动 （4）排气不连续，输出压力有脉动	高压力 中小流量
速度型	（1）机体内不需润滑，压缩气体可不被润滑油污染 （2）外形尺寸小，占地少 （3）供气均匀，振动小 （4）易损件少，维修费用低 （5）易实现自动调节	（1）效率低 （2）冷却水消耗量大 （3）运转欠稳定 （4）制造困难	压力不太高 大流量

2. 冷却器

冷却器安装在空气压缩机出口的管道上，将空气压缩机排出的温度高达 120～150℃的气体冷却到 40～50℃，从而使其中的水蒸气和被高温氧化油雾冷凝成水滴和油滴而析出，进行初步分离，以便对压缩空气实施进一步净化处理。

冷却器的冷却方式有风冷式和水冷式两大类，其结构形式有蛇管式、列管式、散热片式和套管式。图 1-69 所示为水冷式冷却器的两种结构形式。

3. 油水分离器

油水分离器安装在冷却器后的管道上，作用是分离混于压缩空气中的冷凝水和油污等杂质，使压缩空气得到初步净化。油水分离器的结构形式有环行回转式、撞击折回式、离心旋转式、水洗式以及前后形式的组合等。

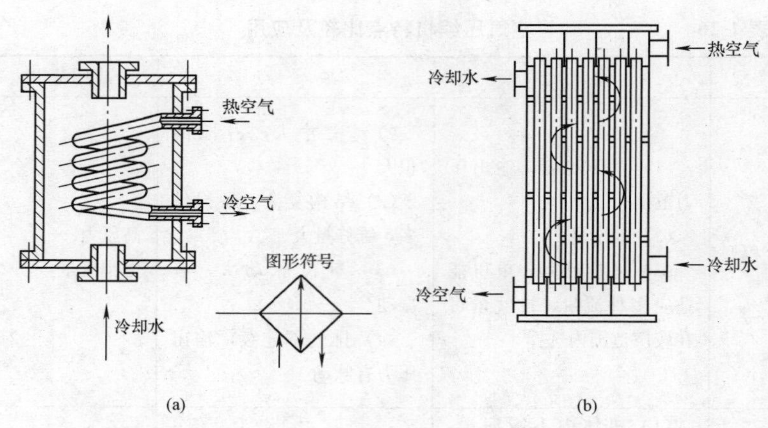

图 1-69　水冷式冷却器
（a）蛇管式；（b）列管式

图 1-70 所示为使气流撞击折回并产生环行回转形式的油水分离器。其工作原理是压缩空气自后冷却器输出管道进入分离器壳体内，气流先受隔板阻挡被撞击折回向下，然后又上升（一般速度不超过 1m/s）产生环形回转。与此同时，油粒与水粒由于惯性力和离心力的作用而析出并沉降于壳体底部清除。

图 1-71 所示为一种由水洗和离心旋转作用组合而成的油水分

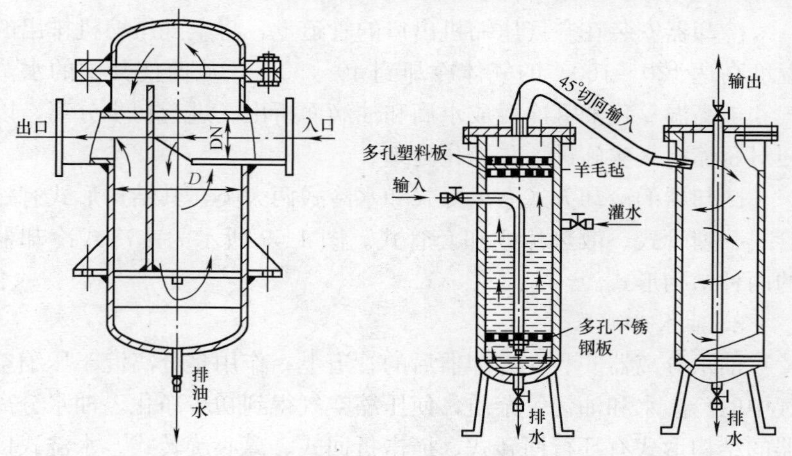

图 1-70　撞击回转式油水分离器　图 1-71　水洗和离心旋转式油水分离器

离器。其工作原理是先使气流通过水浴，然后撞击底部折回上升，再使气流切向进入另一容器产生强烈旋转，利用离心力达到分离油粒和水粒沉降于容器底部清除。这种组合形式的分离效果较好，得到较广泛的应用。

4. 干燥器

干燥器的作用是进一步除去压缩空气中的水分、油和颗粒杂质等，使压缩空气干燥，以供给对气源质量要求较高的气动装置、气动仪表等。压缩空气干燥的方法主要有冷冻式、吸附式、离心式等。

图 1-72 所示为标准型冷冻式干燥器工作原理：压缩空气（包括来自空气压缩机的热湿气）从进气口 1 进入热交换器在外筒部分 2 被预冷。在外筒部分 2 被预冷呈饱和状态的压缩空气流入内筒部分 3，被冷却到加压露点 10℃ 以下。由于这一急剧冷却，在内筒部分 3 的冷却室内，水蒸气、油被凝缩，并变成水滴，由自动排水阻气阀排出。除湿后的冷的干燥空气重新进入热交换器，在外筒部分 2，被来自压缩机的热的压缩空气加热成为干燥空气，从排气口 4 排出。

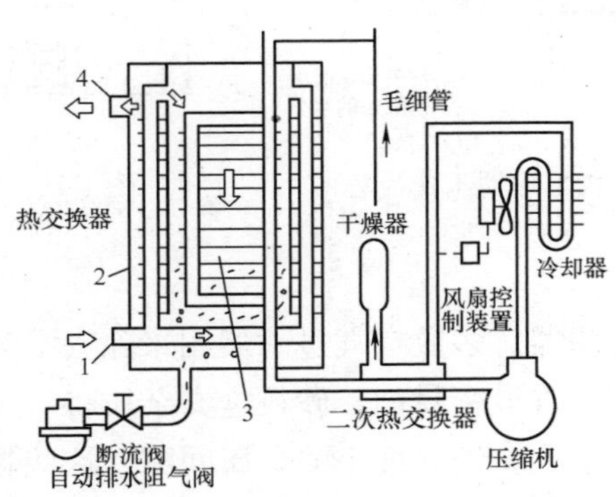

图 1-72 标准型冷冻式干燥器工作原理

1—进气口；2—外筒部分；3—内筒部分；4—排气口

图 1-73 所示为一种吸附式干燥器（又称无热再生吸附式干燥

器或称压力升降再生式干燥器）的工作流程图。

5. 储气罐

储气罐的主要作用是储存压缩空气，减小输出气流的脉动和由此引起的管道等机械振动和噪声，保证连续、稳定的气流输出；降低压缩空气的温度，沉积分离压缩空气中的水分和油等杂质；当发生意外停电、停机事故时，可利用储气罐中储存的压缩空气实施应急处理，保证安全。

储气罐的结构如图 1-74 所示。进气口在下部，出气口在上部。它的上部应装安全阀和压力表以控制和显示其内部压力，底部应装排污阀并定时排污。

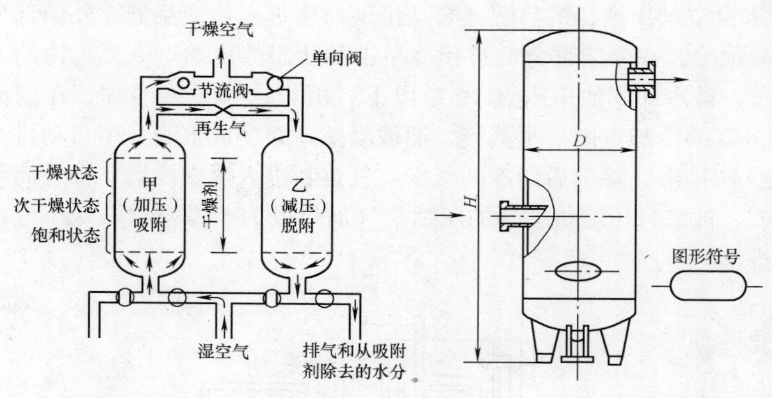

图 1-73 吸附式干燥器工作流程图　　图 1-74 储气罐

6. 气动辅件

（1）空气过滤器。多数空气过滤器用来除去空气管路中的固态颗粒和水。铁锈、管道密封剂、砂粒这类杂质将对工具和设备造成大的损失，有些杂质会进入细小的金属间隙。这些颗粒杂质还会损坏活塞的合成橡胶密封、阀门的密封和阀座等，并会造成气动仪器中排气细孔的阻塞。

图 1-75 为典型的空气过滤器工作原理图。空气流经定向气孔 1，这些气孔迫使空气形成旋转的气流。液态颗粒被离心力甩向滤杯的内壁，并向下流入杯底。挡板 2 保持一个“静区”，它防止空

气涡流带走液体，使其回到空气流中。然后空气流经滤芯 3，去除固态污染物。如为手动放水式过滤器，打开手动放水旋塞 4 将液体排出；如为自动放水过滤器，当液体达到预定的液力，此装置也可打开，进行快速排放。

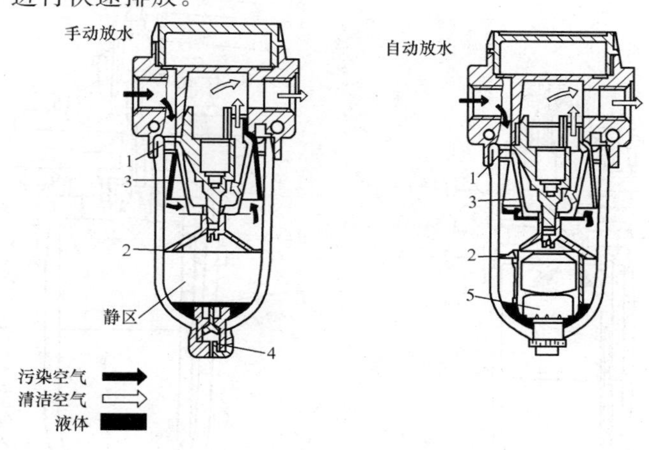

图 1-75　典型空气过滤器工作原理

1—定向气孔；2—挡板；3—滤芯；4—放水旋塞；5—密封的组件

空气过滤器的选择主要依据气动装置新需要的最大流量和过滤精度两个参数。表 1-27 为不同气动装置的推荐过滤精度。

表 1-27　　不同气动装置推荐过滤精度

气动装置	过滤精度（μm）	气动装置	过滤精度（μm）
气动量仪 射流元件 气浮轴承	<5	振动工具 一般仪表	<20
叶片式气动马达	<20	普通气缸 膜式元件	<50～75

（2）油雾器。油雾器是一种特殊的给油装置，其作用是将润滑油雾化并混入压缩空气流进需要润滑的元件，达到润滑的目的。使用油雾器可使油雾随气路接通的同时均匀、稳定输送到任何有气流的地方，可同时对多元件进行润滑。

油雾器可分为普通型（见图 1-76）和微雾型（见图 1-77）两

大类。普通型（又称全量式）油雾器能将雾化后粒径为 20μm 的油雾全部随压缩空气输出，而微雾型（又称选择式）油雾器仅能将雾化后粒径为 2～3μm 的微雾随压缩空气输出。

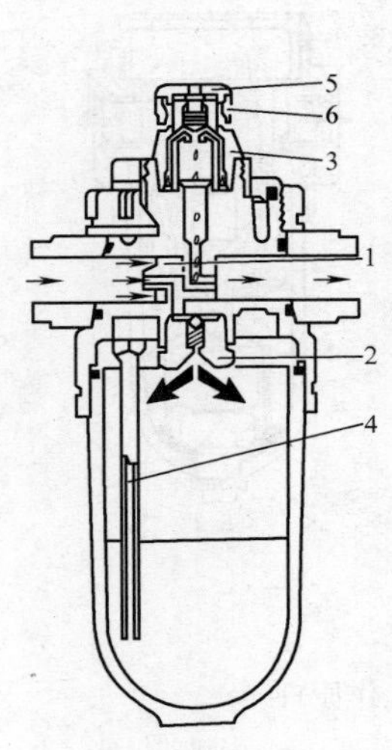

图 1-76　普通型油雾器

1—自动流量传感器；2—单向阀；3—观察罩；4—虹吸管；5—调节旋钮；6—弹簧锁环

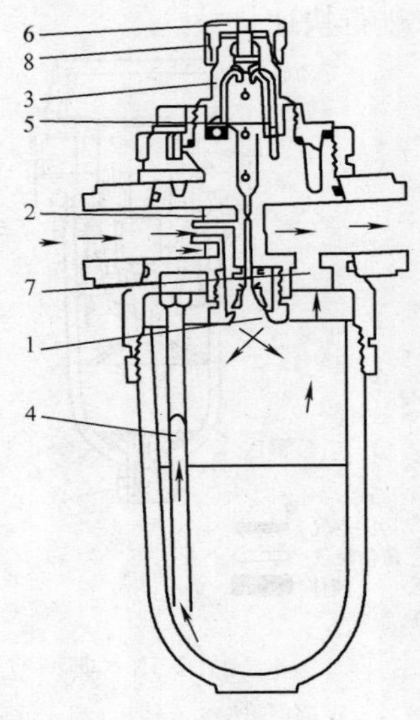

图 1-77　微雾型油雾器

1—交叉火力喷嘴；2—自动流量传感器；3—观察罩；4—虹吸管；5—观察罩护网；6—调节旋钮；7—润滑油的空气出口；8—弹簧锁环

（3）管道及管接头。

1）管道。管道是指气动装置中各元件之间的输气管道，常用的有硬管和软管。硬管包括钢管、铜管等，适用于高温、高压及固定部件的场合；软管包括各种塑料管、尼龙管和带有编织的橡胶管，一般用于工作压力不太高，工作温度低于 50℃ 的场合。塑料管、尼龙管装拆方便，密封性好，但易老化，寿命较短。高压聚乙烯塑料管比尼龙管柔软，能耐 1MPa 的工作气压，适用于快进插头连接。

表 1-28～表 1-30 所列分别为常用纯铜管、常用聚氯乙烯塑料管、尼龙（1010）管的规格。

表 1-28　　常用纯铜管规格　　mm

外径	6	8	10	12	14	18	22	28
壁厚	0.75	1	1	1	1	1.5	2	2

表 1-29　　常用聚氯乙烯塑料管规格　　mm

外径	4	6	8	10	12	15	20
内径	2.5	4	6	8	10	12	16

表 1-30　　尼龙（NL1010）管规格　　mm

外径	4	6	8	10	12	15	20	25
壁厚	0.5	1	1	1	1	2	2	2

2）管接头。管接头是气动装置中管道与管道、管道与气动元件之间连接必不可少的辅件。对于管接头，不仅要求工作时可靠，密封性能好，流动阻力小，而且要求结构简单，制造和装卸方便。

a. 卡箍式管接头。卡箍式管接头适用于连接棉线编织胶管，最大工作压力为 1MPa。结构有普通管接头和快速管接头两种，其中快速管接头包括带单向阀和不带单向阀两种。快速管接头具有连接迅速、使用方便、密封可靠的特点。图 1-78 所示为几种常用的

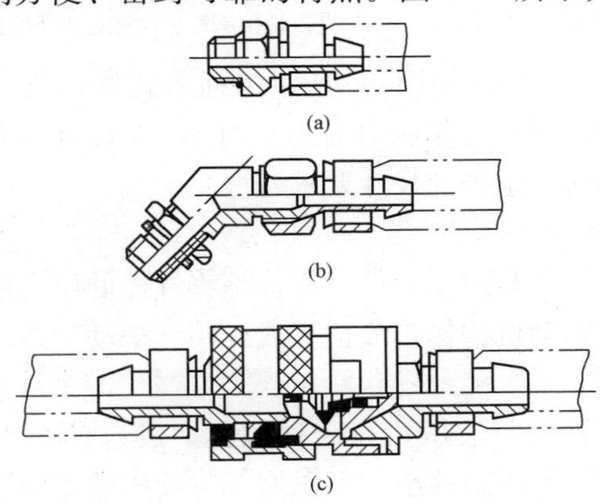

图 1-78　常用的卡箍式管接头

（a）直通终端管接头；（b）活节弯角终端管接头；（c）带单向阀的快速管接头

卡箍式管接头。

b. 卡套式管接头。图 1-79 所示为几种常用的卡套式管接头，用以连接有色金属管、硬质尼龙管，最大工作压力为 2.5MPa。

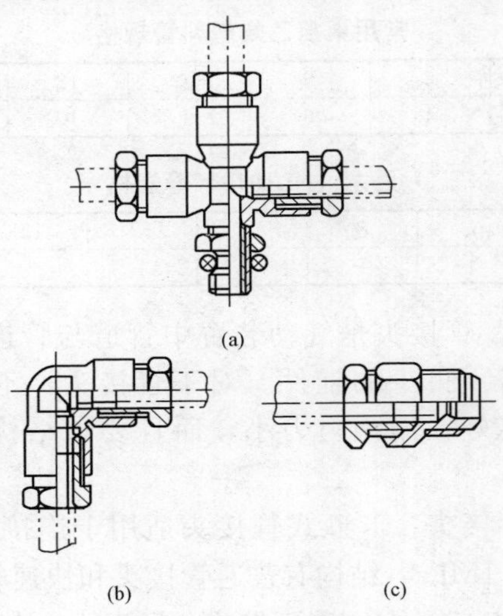

图 1-79　常用的卡套式管接头

（a）四通终端管接头；（b）直角管接头；（c）直通变径管接头

c. 插入式管接头。图 1-80 所示为插入式管接头，用以连接尼龙管、塑料管，最大工作压力为 1.0MPa，具有装卸方便，密封可靠的特点，但对管道外径尺寸要求较严。

（二）气动执行元件

气动执行元件与液压元件一样，是将气体的压力能转换为机械能的装置，它驱动机构作直线往复或旋转（摆动）运动，输出力或力矩。

气动执行元件与液压执行元件相比，没有什么本质不同，但是，由于其工作流体黏性小，可压缩，与液压油差别较大，因此在使用方法和具体结构上两者有差异。

按运动方式不同，气动执行元件分为气缸、摆动缸和气马达等。气动执行元件的分类见表 1-31。

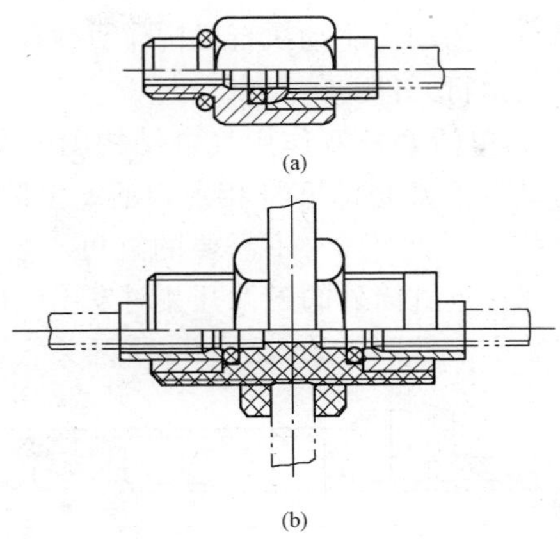

(a)

(b)

图 1-80　插入式管接头

(a) 直通终端管接头；(b) 直通穿板管接头

表 1-31　　气动执行元件的分类

类别	作用方式	结构形式
气缸	单作用式	柱塞式 活塞式 膜片式
	双作用式	活塞式 膜片式
	特殊型 (多为双作用式)	无杆式 皮老虎式 伸缩式 串联式 薄形 带开关式 带阀式 带制动机构 带锁紧机构
气缸	特殊型 (多为双作用式)	冲击式 缆索式 数字式 伺服式
摆动缸	双作用式	叶片式 齿轮、齿条式 曲柄式 活塞式 螺杆式
气马达	单作用式	薄膜式
	双作用式	齿轮式 叶片式 活塞式

1. 气缸

气缸以压缩空气为动力驱动执行机构作直线往复运动，是气动系统中应用最广的执行元件。

图 1-81 所示为单活塞杆双作用气缸结构图。在气压作用下它可以实现双向运动。活塞与活塞杆相连，活塞上除装有密封圈 4、导向环 5 外，还装有磁性环 6（不需要的缸可不装）。磁性环用于产生磁场，使活塞接近缸筒外的磁性开关时发出电信号，用于控制其他元件动作。装上磁性开关的气缸便成了开关气缸。

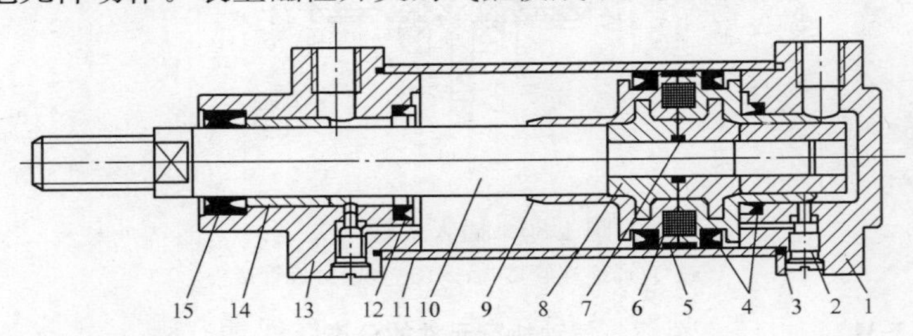

图 1-81 单活塞杆双作用气缸

1—后缸盖；2—缓冲节流针阀；3、4、7、12—密封圈；5—导向环；6—磁性环；8—活塞；9—缓冲柱塞；10—活塞杆；11—缸筒；13—前缸盖；14—导向套；15—防尘组合密封圈

图 1-82 所示为单活塞杆单作用气缸结构原理。其结构基本与双作用气缸相同，所不同的是在活塞 5 的一侧装有使活塞杆 9 退回

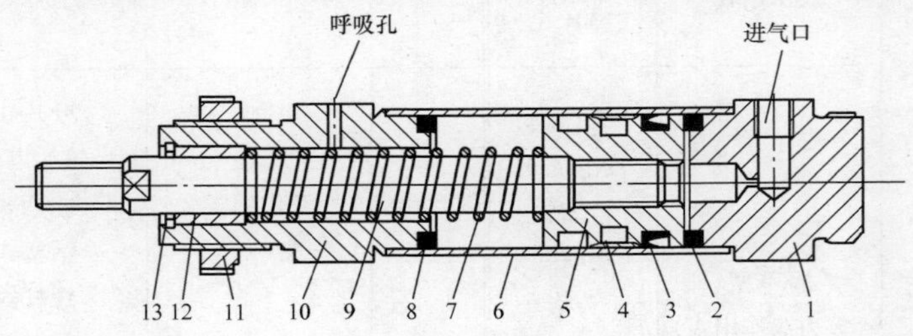

图 1-82 单活塞杆单作用气缸结构原理

1—后缸盖；2、8—弹性垫；3—密封圈；4—导向环；5—活塞；6—缸筒；7—弹簧；9—活塞杆；10—前缸盖；11—螺母；12—导向套；13—卡环

的复位弹簧 7，在前缸盖 10 上开有呼吸孔。弹簧装在有杆腔，气缸初始位置处于退回的位置，故这种缸也称为预缩缸。

图 1-83 所示为机械接触式无杆气缸（常简称为无杆气缸）的结构。气缸两端设置有缓冲装置，缸筒体上沿轴向开有一条槽，活塞 5 带动与负载相连的滑块 6 一起移动，且借助缸体上的一个管状沟槽防止转动。为防泄漏和防尘，在开口部采用聚氨酯密封带 3 和防尘不锈钢带 4 固定于两端盖上。

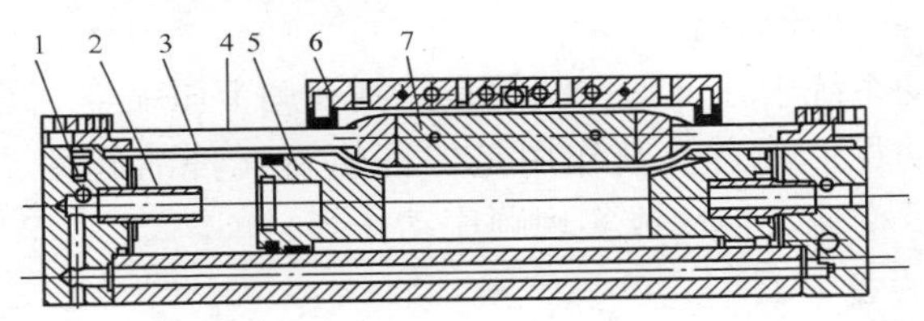

图 1-83　无杆气缸

1—节流阀；2—缓冲柱塞；3—密封带；4—防尘不锈钢带；5—活塞；6—滑块；7—管状体

膜片气缸是用夹织物橡胶或聚氨酯材料制成的膜片作为受压元件，主要由缸体、膜片、膜盘和活塞杆等零件组成。结构上分为单作用式和双作用式两类，还可分为有活塞杆式和无活塞杆式两种，

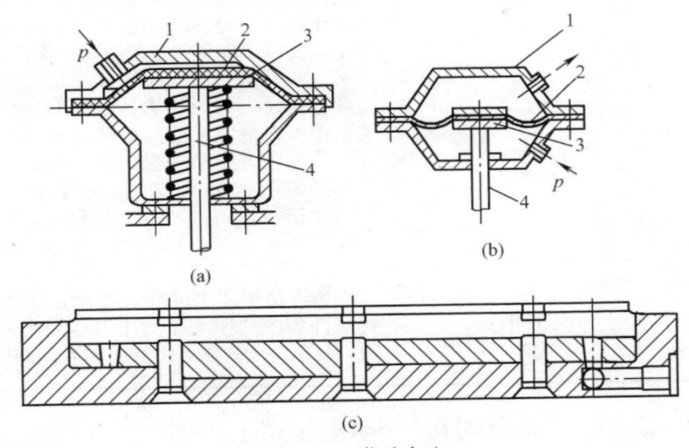

图 1-84　膜片气缸

(a) 单作用式；(b) 双作用式；(c) 无活塞杆式

1—缸体；2—膜片；3—膜盘；4—活塞杆

如图 1-84 所示。膜片有平膜片和盘形膜片两种，盘形膜片一般行程较长。无活塞杆式膜片气缸的膜片既是受压元件，同时又是行程和力输出的元件，工作行程较短。

2. 摆动缸和气马达

摆动缸和气马达是将压缩空气的压力能转换为输出轴连续回转或有限回转机械能的执行元件。

气摆动缸和气马达与液压摆动缸和液压马达基本类似。

（三）气动控制阀

在气动系统中，气动控制阀是控制和调节压缩空气的压力、流量和方向的控制元件。其作用是保证执行元件的起动、运动、进退、停止、变速、换向或实现顺序动作等。

1. 压力控制阀

（1）压力控制阀的类型及特点见表 1-32。

表 1-32　　　　气动压力控制阀的类型及特点

名　称	图形符号	特　　点
溢流阀（安全阀）	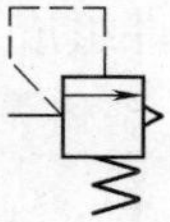	溢流阀和安全阀的工作原理和结构相同，但它们的工作状态不同，溢流阀口始终保持一定开口量使一部分多余气体从阀口溢出，以保证进口回路中的压力稳定；而安全阀阀口经常处于关闭状态，只是在进口回路或储气罐中的压力达到最大值时才自动开启排气卸压，使压力降到调定范围内以保证安全
减压阀（调压阀）	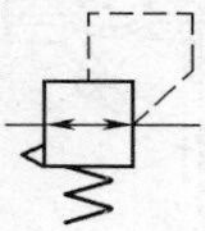	降低和稳定气源压力，保证减压阀后的系统工作压力稳定，使阀后压力不受输出流量以及气源压力波动的影响。一般与分水过滤器和油雾器共同组成气动三联件（或二联件）。减压阀是每一个气动系统必不可少的元件
顺序阀	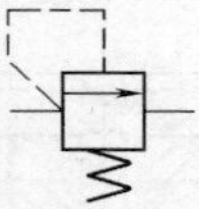	依靠气路中压力变化、按调定压力控制执行元件顺序动作或输出压力信号实现顺序控制。与单向阀并联可组成单向顺序阀

（2）溢流阀（安全阀）。气动溢流阀主要用于系统的安全保护，所以一般称为安全阀。溢流阀以调压方式分，有直动式和先导式两种；从结构上分，有活塞式与膜片式两种。图 1-85、图 1-86 所示

分别为直动式溢流阀和外部先导式溢流阀结构。

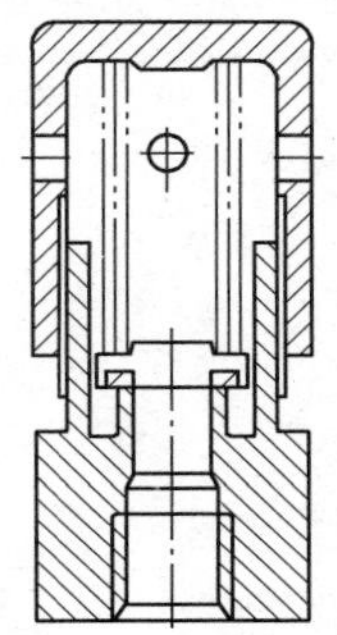

图 1-85　直动式溢流阀结构

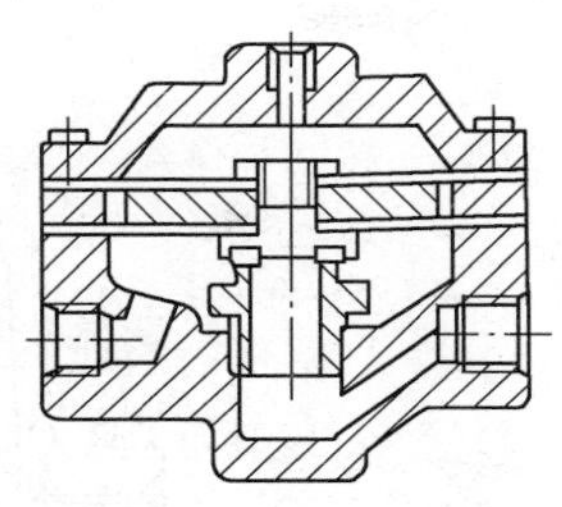

图 1-86　外部先导式溢流阀结构

（3）减压阀。减压阀的作用是将较高的输入压力降低到低于输入压力的调定压力输出，并保持输出压力稳定，不受输出流量变化和气源压力波动的影响。

减压阀从调压方式上分有直动式和先导式两种。

图 1-87 所示为直动式减压阀的结构原理。它是直接利用改变弹簧力来调整压力的（与液压减压阀相同）。阀处于原始（非工作）状态时，进气阀芯 8 在复位弹簧 9 作用下将进出口通道关闭、出口无气流输出，这点与液压减压阀原始状态（常通）不同。

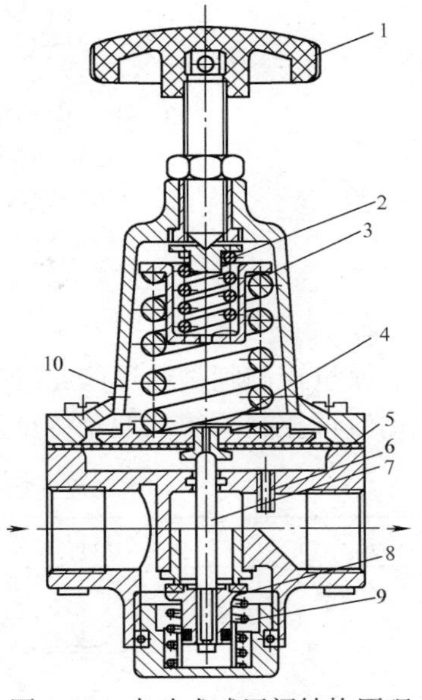

图 1-87　直动式减压阀结构原理

1—调节手轮；2、3—调压弹簧；4—溢流阀口；5—膜片；6—反馈导管；7—阀杆；8—进气阀芯；9—复位弹簧；10—溢流口

图 1-88 所示为内部先导式减压阀的结构原理。它是利用预先调整好压力的空气来代替直动式调压弹簧进行调压的。其调节原理和主阀部分的结构与直动式减压阀相同。先导式减压阀的压力

空气一般是由小型的直动式减压阀提供的，适用于工作压力高、流量大的场合。

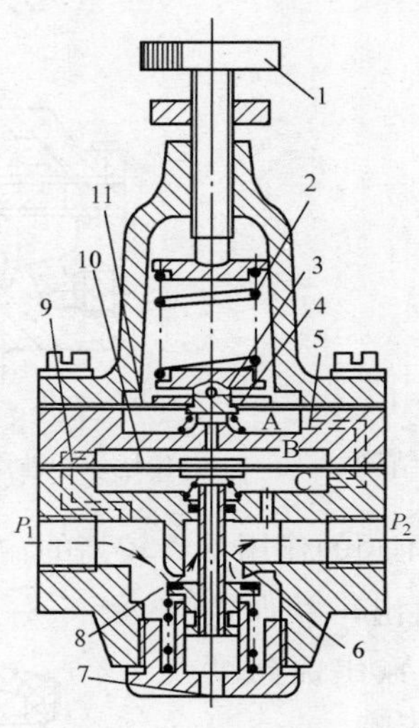

图 1-88　内部先导式减压阀结构原理

1—旋钮；2—调压弹簧；3—挡板；4—喷嘴；
5—孔道；6—阀芯；7—排气口；8—进气阀口；
9—固定节流孔；10、11—膜片；
A—上气室；B—中气室；C—下气室

2. 流量控制阀

流量控制阀是通过改变阀的流通面积来实现流量控制的元件。气动流量控制阀的类型及特点见表 1-33。

表 1-33　气动流量控制阀的类型及特点

名　称	图形符号	特　点
节流阀		通过改变阀的通流面积来实现流量调节。可与单向阀并联组成单向节流阀，常用于执行元件的调速或延时
排气消声节流阀		通常装在执行元件主控阀的排气口处，用于调节排气流量以调整执行元件的运动速度并降低排气噪声

图 1-89 所示为单向节流阀的结构。气流沿一个方向经过节流阀节流；反方向流动时，单向阀打开，不节流。

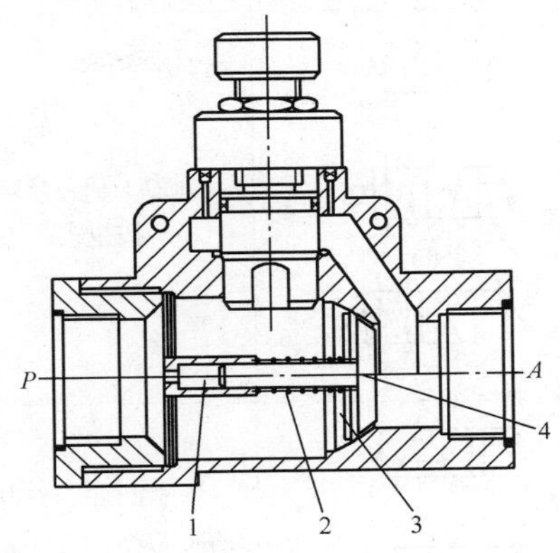

图 1-89　单向节流阀结构

1—调节杆；2—弹簧；3—单向阀；4—节流口（三角沟槽型）

3. 方向控制阀

方向控制阀是气动控制回路中用来控制气体流动方向和气流通断的气动控制元件。其类型及特点见表 1-34。

表 1-34　　气动方向控制阀的类型与特点

名称		图形符号	特点
单向型控制阀	单向阀		只允许气流单向流动而不能反向流动
	梭阀		两个单向阀组合，其作用相当于逻辑“或门”
	双压阀		两个单向阀组合，其作用相当于逻辑“与门”
	快速排气阀		通常装在气缸与换向阀之间，实现气缸直接快速排气，从而提高气缸的运动速度，缩短工作周期

续表

名称		图形符号	特点
换向型控制阀	人力控制阀	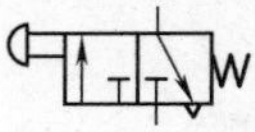 (a) 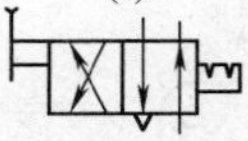 (b)  (c)	分为手动与脚踏两种操作方式 (a) 按钮式；(b)手柄式；(c)脚踏式
	机械控制阀（行程阀）	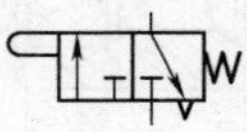 (a) 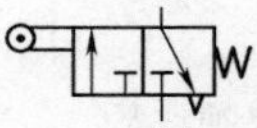 (b) 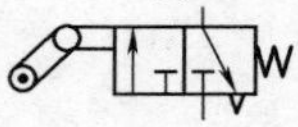 (c)	依靠凸轮、碰块或其他机械外力推动阀芯换向，一般作信号阀使用，多用于行程程序控制系统 (a) 直动式；(b)滚轮式；(c)单向滚轮式
	气动控制阀	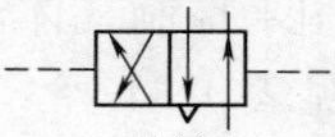 (a) 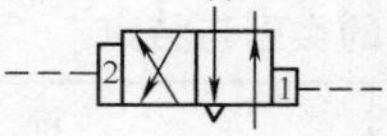 2 1 (b)	以气压为动力推动阀芯换向以改变气流方向。适用于易燃、易爆、潮湿和粉尘多的场合 (a) 加压或泄压控制；(b) 差压控制
	电磁控制阀	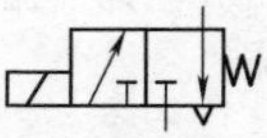 (a) 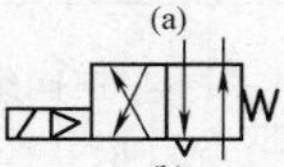 (b) 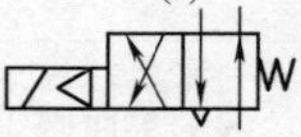 (c)	以电磁力为动力使阀芯换向以改变气流方向。可分为直动式和先导式两种。通径较小的阀采用电磁力直接控制阀芯换向。通径较大的阀采用先导式结构，即电磁、气压复合控制，由微型电磁铁控制先导气路，再由先导气路的气压推动主阀芯实现换向 (a) 直动式；(b) 先导式加压控制；(c) 先导式泄压控制

气动方向控制阀的功用、工作原理大部分与液压方向控制阀相同或差别不大，但也有几种差别较大。

(1) 单向阀。气动单向阀的功用和工作原理与液压单向阀相同，但气动系统因工作压力较低，所以气动单向阀的密封多采用平面弹性密封，而液压单向阀一般采用锥面或球面密封，这是气动单向阀与液压单向阀在结构上的差异。

（2）梭阀(或门)。图 1-90(a)、(b)所示为梭阀的两种结构形式。梭阀相当于由两个单向阀组合而成,它有两个输入口 P_1、P_2 和一个输出口 A,在气动回路中起逻辑“或门”的作用,又常称为或门梭阀。

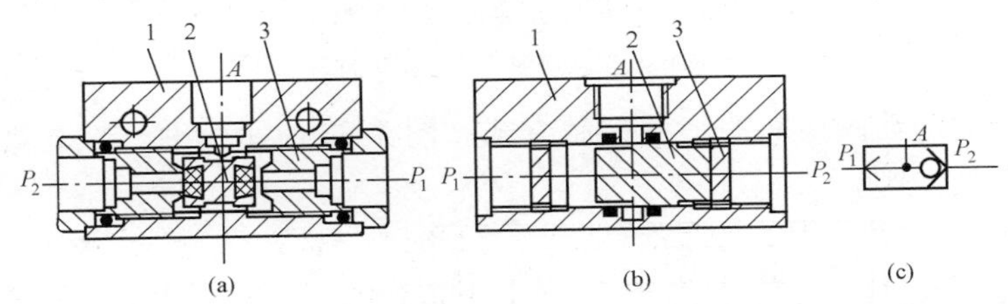

图 1-90　梭阀

（a）阀芯与阀体间有间隙；（b）阀芯与阀体间无间隙；（c）图形符号

1—阀体；2—阀芯；3—阀座

（3）双压阀（与门）。图 1-91 所示为双压阀的结构及图形符号。双压阀也是由两个单向阀组合而成的，同样有两个输入口 P_1、P_2 和一个输出口 A，只有当 P_1、P_2 口都有输入时，A 口才有输出，在气动回路中起逻辑“与门”的作用，故又称为与门梭阀。

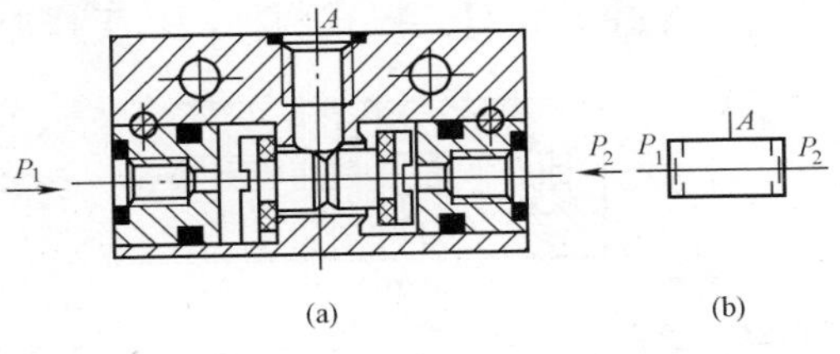

图 1-91　双压阀

（a）结构图；（b）图形符号

（4）加压控制换向阀。加压控制换向阀是指加在阀芯控制端的压力信号值是渐升的控制方式，当压力升至某一定值时，使阀芯迅速移动而实现气流换向，阀芯沿着加压方向移动换向。这种阀有单气控和双气控之分，图 1-92 所示为双气控式加压控制换向阀。

（5）卸压控制换向阀。卸压控制是利用逐渐减小作用在阀芯上

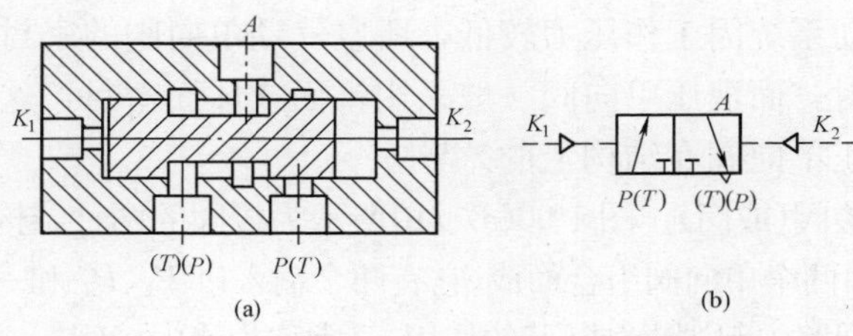

图 1-92　双气控式加压控制换向阀

（a）工作原理图；（b）图形符号

的压力而使阀换向的一种控制方式。图 1-93 所示为双气控式卸压控制换向阀。

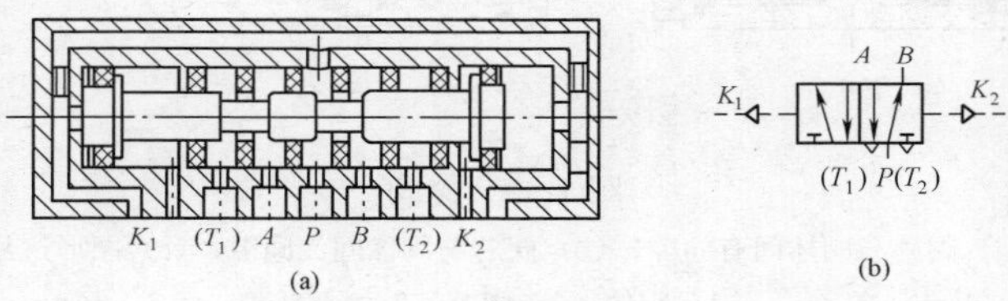

图 1-93　双气控式卸压控制换向阀

（a）工作原理图；（b）图形符号

（6）差压控制换向阀。差压控制换向阀是利用控制气压在面积不等的活塞上产生的压差使阀换向的一种控制方式。差压控制换向阀也分单气控式和双气控式两种，其工作原理和图形符号如图 1-94

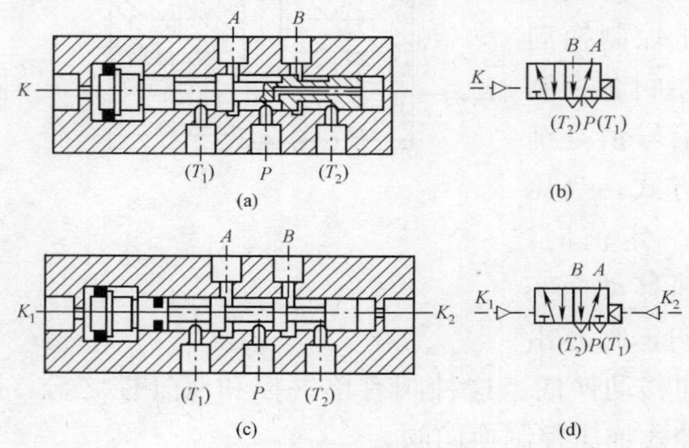

图 1-94　差压控制换向阀

（a）、（b）单气控式工作原理和图形符号；（c）、（d）双气控式工作原理和图形符号所示。

（7）延时控制换向阀。延时控制就是使某信号按要求延迟一段时间输出。延时控制换向阀是时间控制的一种气控阀，常用在不允许使用电器时间继电器的场合。图 1-95 所示为二位三通可调延时控制换向阀的结构原理，它由延时和换向两部分组成。调节节流阀（气阻）可改变延时时间，这种阀的延时时间可在 1～2s 内调节。

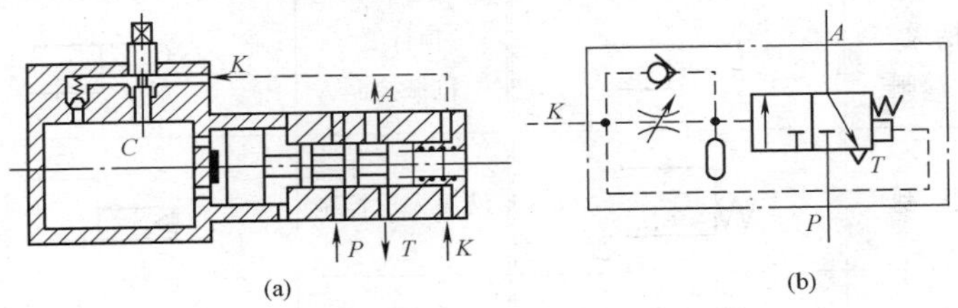

图 1-95　可调延时控制换向阀（二位三通型）

（a）工作原理；（b）图形符号

（四）常用液压与气动元件图形符号

1. 基本符号、管路及连接（见表 1-35）

表 1-35　基本符号、管路及连接（摘自 GB/T 786.1—2009）

名　称	符　号	名　称	符　号
工作管路		管端连接于油箱底部	
控制管路		密闭式油箱	
连接管路		直接排气	
交叉管路		带连接排气	
柔性管路		带单向阀快换接头	
组合元件线		不带单向阀快换接头	
管口在液面以上油箱		单通路旋转接头	
管口在液面以下的油箱		三通路旋转接头	

2. 控制机构和控制方法（见表1-36）

表1-36　　控制机构和控制方法

名　称	符　号	名　称	符　号
按钮式人力控制	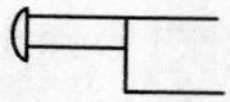	踏板式人力控制	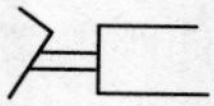
手柄式人力控制	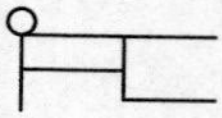	顶杆式机械控制	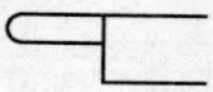
弹簧控制		液压先导控制	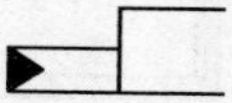
单向滚轮式机械控制	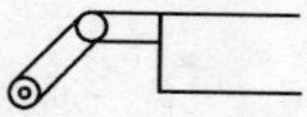	液压二级先导控制	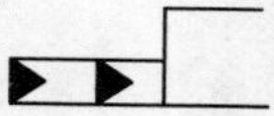
单作用电磁控制	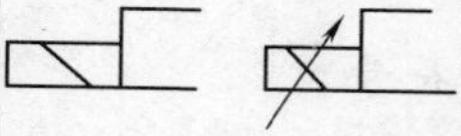	气—液先导控制	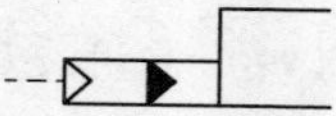
双作用电磁控制	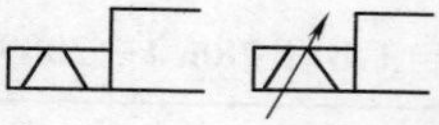	内部压力控制	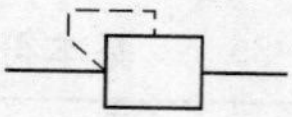
旋转运动电气控制	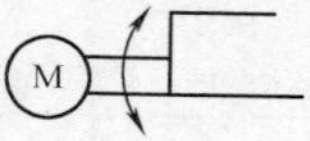 M	电—液先导控制	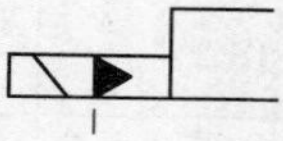
加压或泄压控制	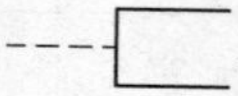	电—气先导控制	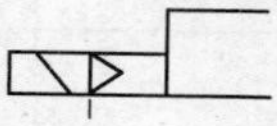
滚轮式机械控制	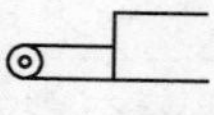	液压先导泄压控制	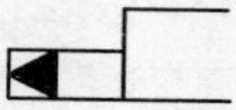
外部压力控制	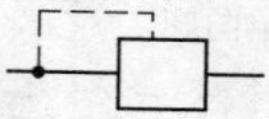	电反馈控制	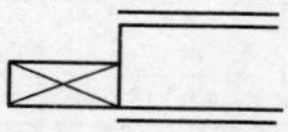
气压先导控制	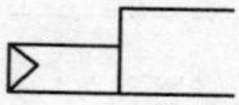	差动控制	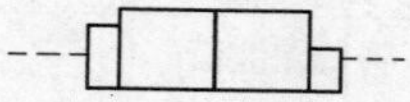

3. 泵、马达和缸（见表 1-37）

表 1-37　　泵、马达和缸

名称	符　号	名称	符　号
单向定量液压泵		双作用单活塞杆缸	
双向定量液压泵		双作用双活塞杆缸	
单向变量液压泵		液压整体式传动装置	
双向变量液压泵		摆动马达	(液压)　(气动)
单向定量马达		单作用弹簧复位缸	
双向定量马达		单作用伸缩缸	
定量液压泵—马达		单向变量马达	
变量液压泵—马达		双向变量马达	

续表

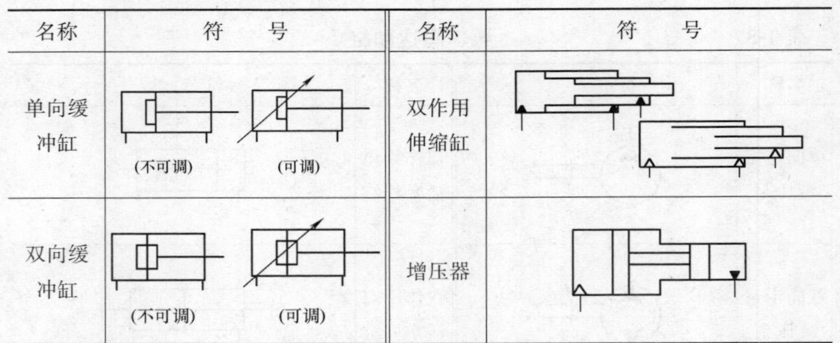

名称	符号	名称	符号
单向缓冲缸	(不可调) (可调)	双作用伸缩缸	
双向缓冲缸	(不可调) (可调)	增压器	

4. 控制元件（见表1-38）

表1-38　　控制元件

名称	符号	名称	符号
直动型溢流阀		直动型减压阀	
先导型溢流阀		先导型减压阀	
先导型比例电磁溢流阀		直动型卸荷阀	
卸荷溢流阀		制动阀	
双向溢流阀		不可调节流阀	

续表

名称	符　号	名称	符　号
可调节流阀		三位四通换向阀	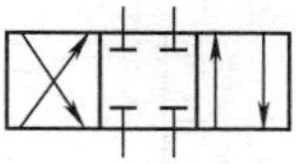
可调单向节流阀	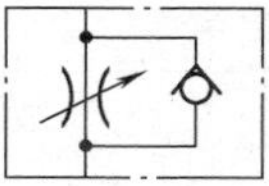	三位五通换向阀	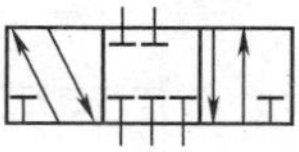
减速阀	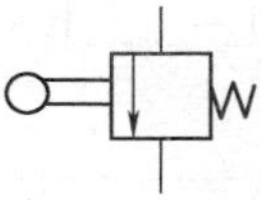	溢流减压阀	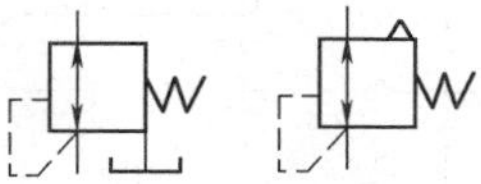
带消声器的节流阀	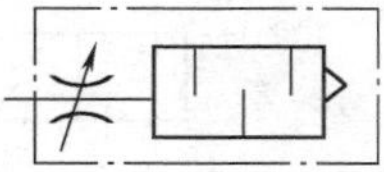	先导型比例电磁式溢流阀	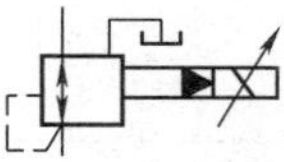
调速阀	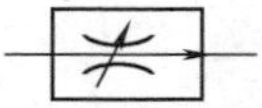	定比减压阀	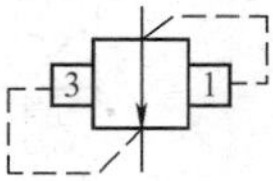
带温度补偿调速阀	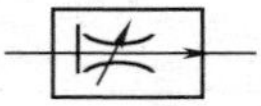	定差减压阀	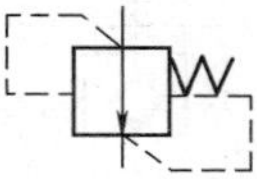
旁通型调速阀		直动型顺序阀	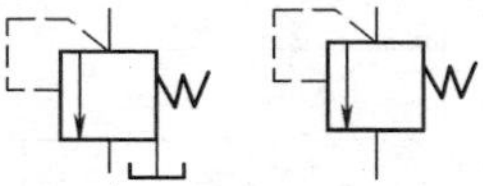
单向调速阀	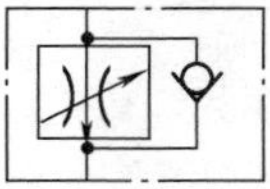	先导型顺序阀	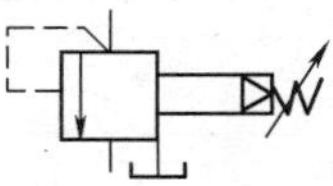
分流阀	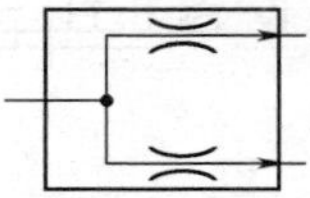	单向顺序阀（平衡阀）	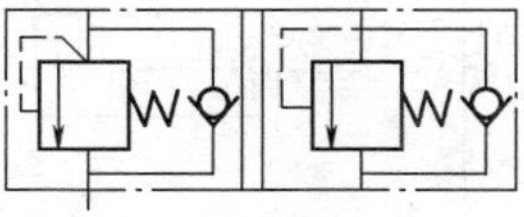

续表

名称	符　号	名称	符　号
集流阀	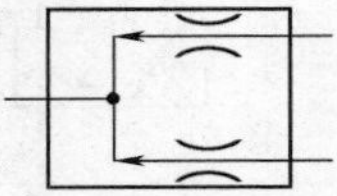	快速排气阀	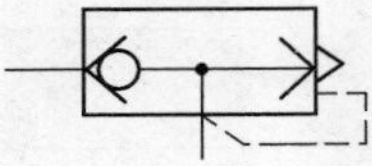
分流集流阀	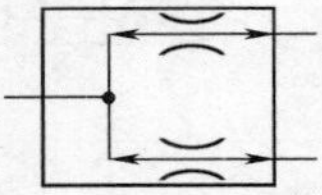	二位二通换向阀	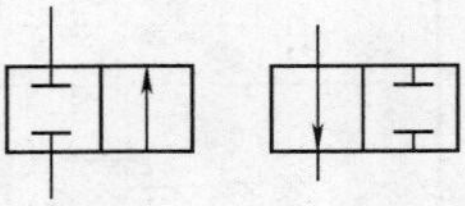
单向阀		二位三通换向阀	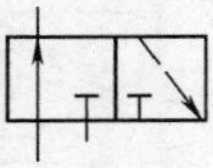
液控单向阀		二位四通换向阀	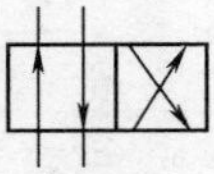
液压锁	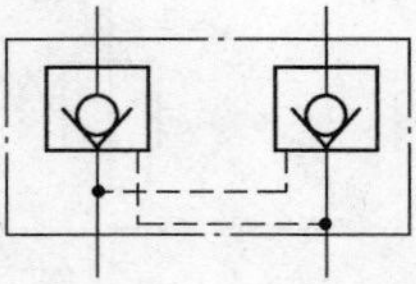	二位五通换向阀	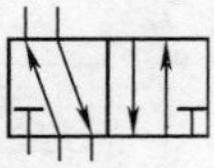
或门型梭阀	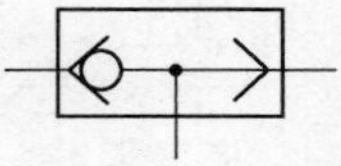		
与门型梭阀	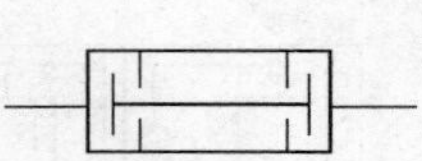	四通电液伺服阀	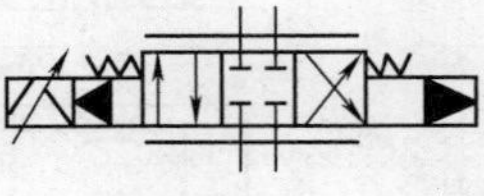

5. 辅助元件（见表1-39）

表1-39　辅助元件

名称	符号	名称	符号
过滤器		气罐	
带磁性滤芯过滤器		压力计	
污染指示过滤器		液面计	
分水排水器		温度计	
空气过滤器		流量计	
除油器		压力继电器	
空气干燥器		消声器	
油雾器		液压器	
气源调节装置		气压源	
冷却器		电动机	M
加热器		原动机	M
蓄能器		气—液转换器	

三、气动回路

气动基本回路是由各种相关的气动元件及管道连接而成、能完成某一特定功能的基本单元，是气动系统的基本组成部分。

1. 方向控制回路

方向控制回路是用来控制气动系统中各气流的接通、切断或变向，从而实现各执行元件相应的启动、停止或换向等动作。其工作原理同液压换向回路基本相同。

2. 速度控制回路

(1) 进口节流、出口节流回路。为控制速度而进行的流量控制，有的在进气侧进行，有的在排气侧进行，前者为进口节流，后者为出口节流。进、出口节流回路如图 1-96 所示。

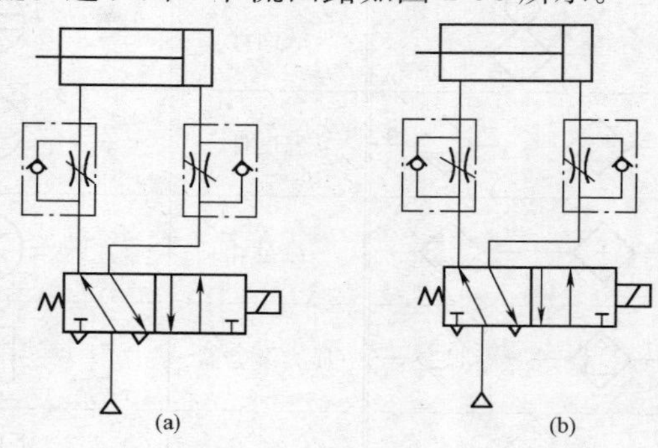

图 1-96　进、出口节流回路
(a) 进口节流回路；(b) 出口节流回路

(2) 气液联动速度控制回路。气液联动速度控制回路不需要液压动力而实现传动平稳、定位精度高、无级调速等目的，从而克服了气动难以实现精密速度控制的缺点。

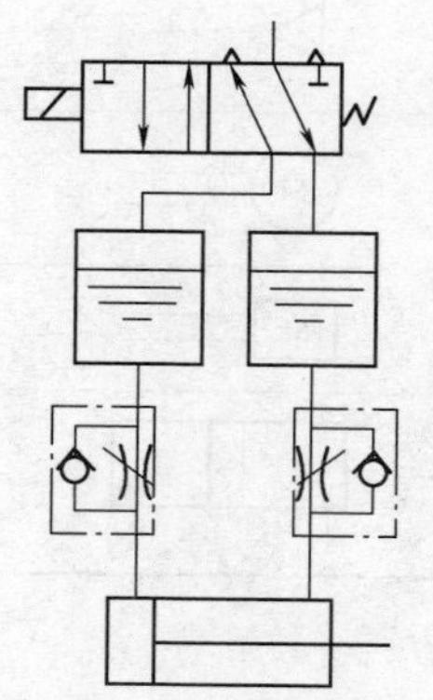

图 1-97　采用气液传送器的速度控制回路

图 1-97 所示为采用气液传送器的速度控制回路，图 1-98 所示为采用气液阻尼缸的速度控制回路。

3. 位置控制回路

由于空气的可压缩性，很难实现精确的位置控制，为此就要采取一些方法。图 1-99 所示为采用气—液转换的方法以获得高精确位置控制的中间停止回路。

4. 同步控制回路

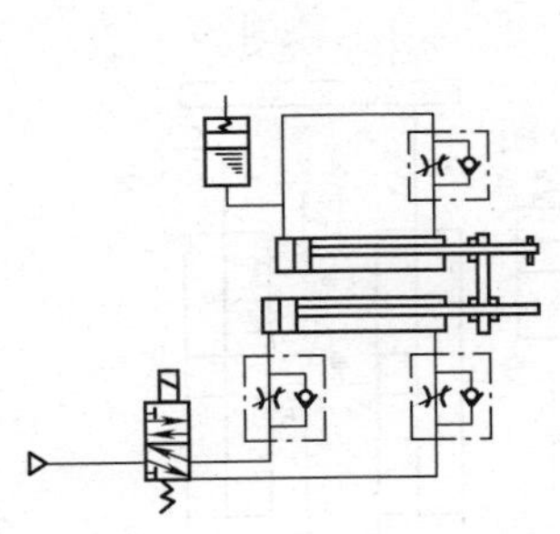

图 1-98　采用气液阻尼缸的速度控制回路

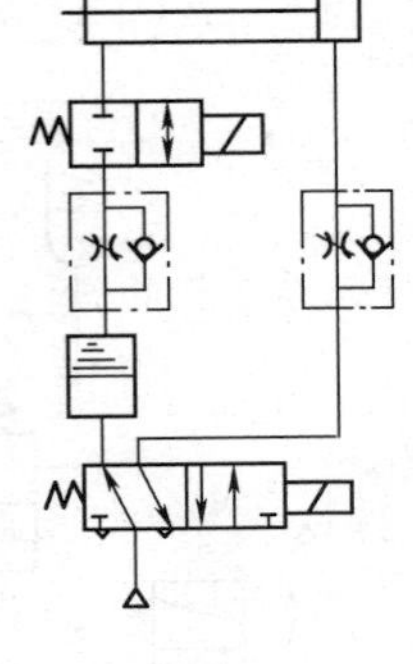

图 1-99　采用气—液转换以获得高精确位置控制的中间停止回路

由于空气的可压缩性大，只靠气压传动要实现多执行元件的同步动作远比液压传动困难。

（1）机械连接同步控制回路。图 1-100 所示为采用机械连接的同步控制回路。两缸尺寸相同，气路并联，靠容积相等，负载相同，理论上可实现同步运动。但实际由于两缸结构尺寸会有误差、负载不可能完全相等，势必造成速度、位置不同步，为了补偿误差，常采用机械刚性连接两缸运动件来达到同步运动的目的。此方法只适用于两缸负载相差不大的场合。

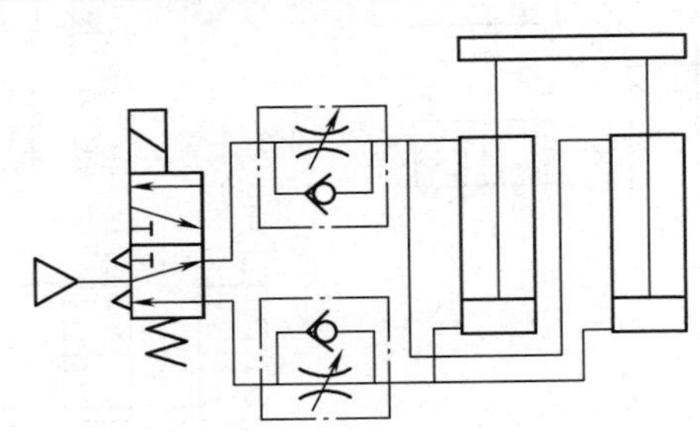

图 1-100　机械连接同步控制回路

（2）气液组合缸同步控制回路。图 1-101 所示为采用气液组合缸的同步控制回路。这种回路可以保证两缸负载 F_1、F_2 不等时仍然同步运动。

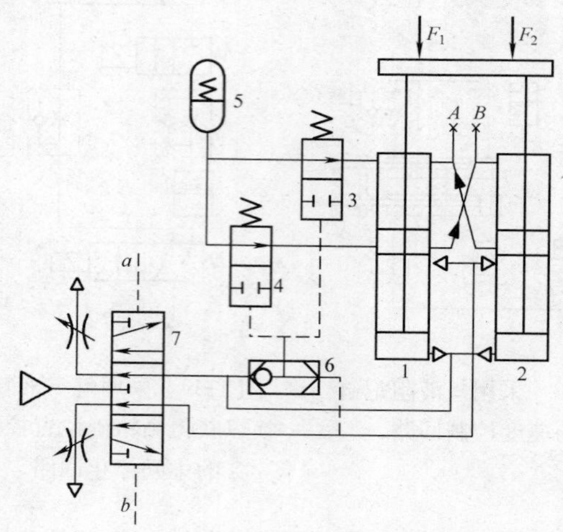

图 1-101　气液组合缸同步控制回路

1、2—气液组合缸；3、4—二位三通气控换向阀；
5—弹簧式蓄能器；6—梭阀；7—三位五通气控阀

5．安全保护回路

（1）双手操作安全回路。如图 1-102 所示，只有当两手同时按下手动阀 1、2 时，主控阀 3 才能切换至左位使气缸活塞杆伸出。

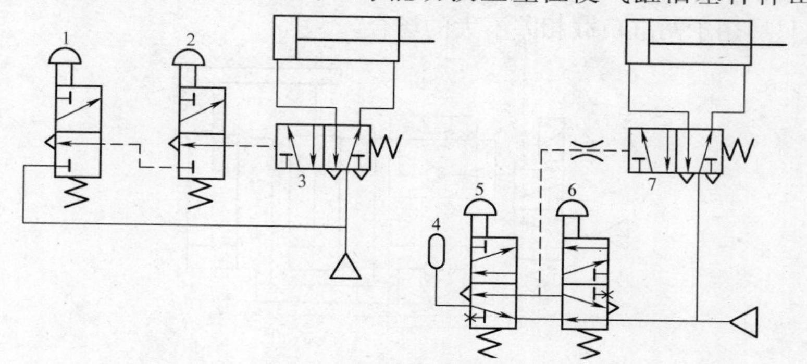

图 1-102　双手操作安全回路

1、2—二位三通手动换向阀；3、7—二位五通换向阀；
4—蓄能器；5、6—二位五通行程控制阀

这种回路特别适应用于有危险的手动控制设备，但可靠性较差。

（2）过载保护回路。图 1-103 所示为压力控制的过载保护回路，若气缸右移过程中超载，使其左腔压力超过顺序阀 3 的调定压力时，顺序阀开启经梭阀 4 接通阀 2 右端控制气路，阀 2 换至右位，气缸活塞杆即退回，左腔气体经阀 2 排出，防止过载以保护设备。

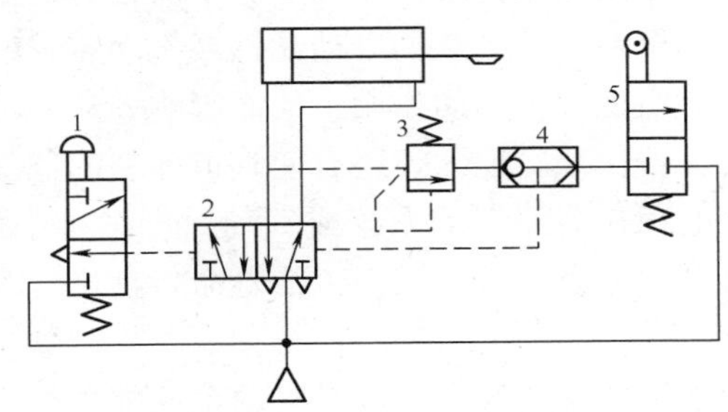

图 1-103 过载保护回路

1—手动换向阀；2—双气控换向阀；3—顺序阀；4—梭阀；5—行程换向阀

（3）互锁回路。图 1-104 所示为互锁回路，该回路可以防止各缸活塞同时动作，保证工作时只有一个气缸活塞动作。

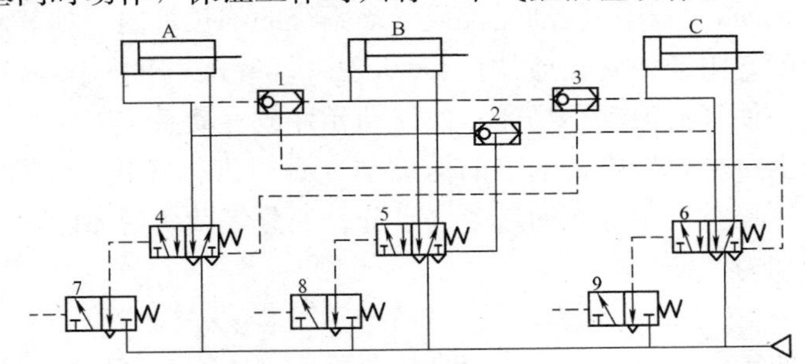

图 1-104 互锁回路

1～3—梭阀；4～6—二位五通换向阀；7～9—二位三通换向阀

四、压缩空气的净化

1. 对压缩空气的质量要求

压缩空气是由大气压缩而成，大气中混有灰尘和水蒸气等杂质，经过压缩后混在压缩空气中。若采用有油润滑的空气压缩机作为气压发生装置，则压缩机排气口压缩空气的温度可高达 140～170℃，在这样高的温度下，用于压缩气缸润滑的油通常会变成蒸汽，一同混在压缩空气中。这样，混有灰尘、水分、油分的压缩空气作为气动系统的动力源，将会使气动系统的工作产生下列故障：

（1）在一定的温度条件下，压缩空气中所含有的水分会自动地凝结成水滴，集聚在气动系统的气动元件或气动装置的管道和气容中。水具有促使腐蚀、生锈的作用，从而影响气动元件或系统的正常工作和寿命。若在寒冷地区，还有使管道冻裂的危险。

（2）油分的存在能使气动系统或气动元件结构中使用的橡胶、塑料密封材料老化变质，影响元件工作寿命，且排气对环境会产生一定的污染。

（3）压缩空气中含有的灰尘，对气动系统中往复运动或转动的部件（如气缸、气马达、气控制阀等），有研磨和损坏作用，久之，使气动元件产生漏气、效率降低，影响元件的工作寿命。故对供给气动系统用压缩空气中混入的灰尘粒径在 $d>40\mu m$ 以上时必须清除。

（4）压缩空气中混入的灰尘、水分、油分等杂质还会形成一种胶体状杂质，沉积在气动元件或气动系统的细长管内［如气动延时元件内的气阻通道管径通常在 ϕ（0.2～0.5）mm 范围］，减小或阻塞通道，使气流流动不畅通，使气动元件或气动系统工作失灵。

由上可见，压缩机输出的压缩空气必须进行净化与干燥处理，即除去压缩空气中混入的灰尘、水分、油分等杂质后才能作为气动系统的动力源使用。

2. 压缩空气的处理

在使用前，必须根据应用对象的要求对压缩空气加以净化和干燥处理，如表 1-40 所示。

但是，由于这些杂质混在压缩空气中所处的状态不同，故净化与干燥处理的方法和机理也各不相同。大致有：

（1）除灰尘。按应用对象对压缩空气中灰尘粒度的要求，可使空气通过烧结金属、金属网、玻璃纤维、陶瓷滤芯清除。装在空气压缩机进气口前的空气预过滤器就在使自由空气在进入空气压缩机前起过滤除尘的作用。但须注意，选择过滤器时应注意到所需的过滤程度、空气流量及允许的压力降。

表 1-40　　按应用对象要求的空气净化程度

应用对象	清除灰尘				清除水分		清除油分	
	40μm以上	10～25μm	3～5μm	1μm以下	气态	液态	气态	气态溶液
气动系统	△	○	○	○	○	△	○	○
气马达（包括气缸）	△	○	○	○	○	△	○	○
气动量仪	×	△	□	○	○	△	○	△
射流系统	×	×	△	○	○	△	□	△
空气轴承	×	×	△	□	□	△	○	△
食品、卷烟制造工程	×	×	×	△	△	△	△	△

注　△—必须清除；□—希望清除；○—通常不必清除；×—不能使用。

（2）除油分。压缩空气中含有的油分包括雾状油粒子、溶胶状粒子，以及更小的具有油脂气味的粒子，通常用下列方法清除：

1）利用活性炭的活性作用吸收油脂。但需注意，当活性炭达到饱和状态后，吸附作用便消失，必须及时更换。此法不适用于含油多的压缩空气。

2）利用多孔滤芯，使油粒子通过纤维层空隙时，相互碰撞逐渐变大，在重力的作用下进入泡沫塑料层，最后沉淀在容器底部被清除。图1-105所示为这种多孔滤芯的工作原理。使用多孔滤芯装置时，即使滤芯达到饱和状态也不致影响它的功能，能够连续使用。

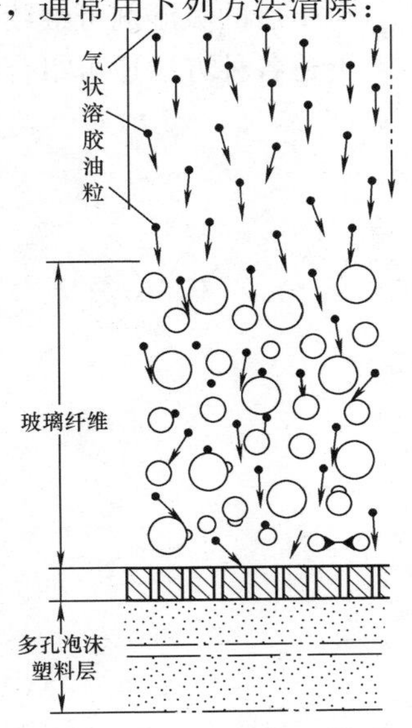

图 1-105　多孔滤芯的工作原理

3）采用撞击回转式、离心旋转

式、水洗式以及由这些形式组合的综合方法达到除油分和水分的目的。

(3) 除水分。除去压缩空气中水分的方法，除使用上述除油分的方法外，通常还使用下列方法：

1) 利用冷却法使空气中水蒸气在露点温度下凝结成水滴分离(又称为露点法)。

2) 利用压缩法，提高空气中水蒸气的分压力，使之超过饱和点成为水滴分离。

3) 利用吸附剂吸附空气中水分的方法。常用吸附剂有分子筛(又称合成沸石，是一种结晶性的金属铝硅酸盐)、硅胶、活性氧化铝等。当吸附剂吸附空气中水分达到饱和后，就必须使被吸附的水分脱附，即实现吸附剂的再生。再生后的吸附剂可继续使用。

4) 利用液体吸湿剂吸收空气中水分的方法。常用液体吸湿剂有三甘醇和氧化锂水溶液，被吸湿干燥后的空气露点可达－15～－4℃。此法特别适合处理大容量的湿空气。大量吸收水分后的液体吸湿剂浓度会变稀，吸湿能力也会随之降低，通常将此稀溶液加热浓缩再生。再生后的吸湿剂可继续使用。

上述各种方法还可组合使用，其效果更好。

第二章

工具钳工常用工具设备

第一节　工具钳工常用设备

一、砂轮机

砂轮机主要用于刃磨錾子、钻头、刮刀、样冲和划针等钳工工具，还可用于车刀、刨刀、刻线刀等形状较简单的刀具刃磨；也可用于打磨铸、锻工件的毛边；或用于材料或零件的表面磨光、磨平、去余量及焊缝磨平。它给工具修理和装配工作带来很大方便。

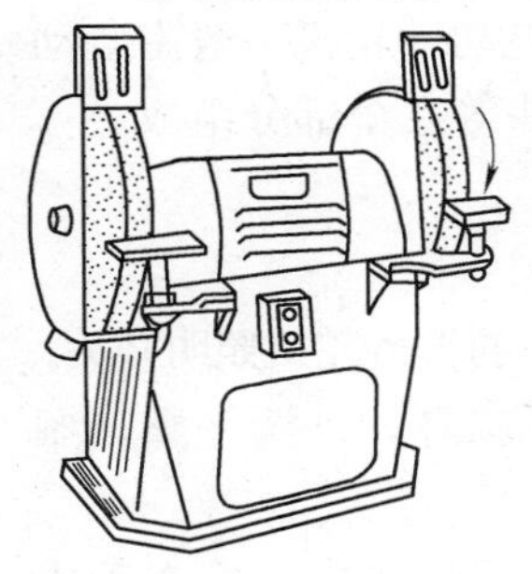

图 2-1　电动砂轮机

砂轮机主要由砂轮、电动机、砂轮机座、托架和防护罩等组成，如图 2-1 所示。为了减少污染，砂轮机最好装有吸尘装置。

1. 国产砂轮机的分类及简要技术规格

砂轮机的种类较多，常用的有台式砂轮机、落地式砂轮机、手提式砂轮机、软轴式砂轮机和悬挂式砂轮机。表 2-1 列出了台式砂轮机和手提式砂轮机的主要型号和规格。

表 2-1　台式砂轮机和手提式砂轮机的主要型号和规格

产品名称	型　号	砂轮尺寸（外径×宽×内径，mm×mm×mm）	砂轮转速 n（r/min）	电动机容量 P（kW）
单相台式砂轮机	S_1ST-150	ϕ150×20×ϕ32	2800	0.25
单相台式砂轮机	S_1ST-200	ϕ200×25×ϕ32	2800	0.5
台式砂轮机	S_3ST-150	ϕ150×20×ϕ32	2800	0.25
台式砂轮机	S_3ST-200	ϕ200×25×ϕ32	2800	0.5

续表

产品名称	型　号	砂轮尺寸（外径×宽×内径，mm×mm×mm）	砂轮转速 n（r/min）	电动机容量 P（kW）
台式砂轮机	S_3ST-250	$\phi250\times25\times\phi32$	2800	0.75
手提式砂轮机	S_3S-100	$\phi100\times20\times\phi20$	2750	0.5
手提式砂轮机	S_3S-150	$\phi150\times20\times\phi32$	2750	0.68

2. 砂轮机传动系统

电动砂轮机和手提式电动砂轮机的砂轮安装在电动机轴上，它们的传动方式都是由电动机轴直接带动砂轮旋转的。

电动砂轮机和手提式电动砂轮机的传动表达式为：电动机-砂轮。

3. 主要部件结构

砂轮机的结构比较简单。台式砂轮机主要由机座、电动机、砂轮罩、开关及砂轮等几个部分组成。手提式电动砂轮机一般由电动机、砂轮、砂轮罩、手柄开关、电源线及插头等几个部分组成。

4. 台式砂轮机操作方法

（1）操作步骤：

1）选定一台 M3025 型标准落地式砂轮机，打开砂轮机照明开关。

2）检查砂轮应有安全防护罩，砂轮应无损坏，外圆平整，搁架间距合适。

3）人站在砂轮侧面，启动按钮，待砂轮运转正常，检查砂轮外圆应无跳动。

4）摆正工件或坯料的角度，轻、稳地靠在砂轮外圆上，沿砂轮外圆在全宽上移动，施加的压力不要过大。

5）磨削完毕，关闭电源。

（2）注意事项。由于砂轮的质地较脆，转速较高，如使用不当，容易发生砂轮碎裂造成人身事故，因此使用砂轮机时，应严格遵守安全操作规程。一般应注意以下几点：

1）砂轮的旋转方向要正确（见图 2-1 中箭头所指方向），使磨屑向下方飞离砂轮。

2）砂轮启动后先观察运转情况，待转速正常后再进行磨削。

3）磨削时工作者应站在砂轮的侧面和斜侧面，不要站在砂轮的对面。

4）磨削过程中，不要对砂轮施加过大的压力，防止刀具或工件对砂轮发生激烈的撞击，砂轮应经常用修整器修整，保持砂轮表面的平整。

5）经常调整搁架和砂轮间的距离，一般应保持在 3mm 以内，防止磨削件轧入造成事故。

（3）维护保养：

1）砂轮磨损后，直径变小，影响使用时，应及时更换新砂轮。

2）砂轮外圆不圆或母线不直时，应及时用砂轮修整器修整。

3）对砂轮机应定期检查，发现问题应及时修理，并定期加注润滑油。

4）砂轮机工作场地要经常保持整洁。

二、钻床

钻床是工具钳工最常用的孔加工机床设备之一。常用的钻床有台式钻床（简称台钻）、立式钻床（简称立钻）、摇臂钻床三种。此外，随着数控技术的不断发展，数控钻床的应用也越来越广泛。

钻床类、组、系划分见表 2-2。

表 2-2　钻床类、组、系划分表（摘自 GB/T 15375—2008）

组		系		主参数	
代号	名称	代号	名称	折算系数	名称
0		0			
		1			
		2			
		3			
		4			
		5			
		6			
		7			
		8			
		9			

续表

组		系		主参数	
代号	名称	代号	名称	折算系数	名称
1	坐标镗钻床	0	台式坐标镗钻床	1/10	工作台面宽度
		1			
		2			
		3	立式坐标镗钻床	1/10	工作台面宽度
		4	转塔坐标镗钻床	1/10	工作台面宽度
		5			
		6	定臂坐标镗钻床	1/10	工作台面宽度
		7			
		8			
		9			
2	深孔钻床	0			
		1	深孔钻床	1/10	最大钻孔直径
		2			
		3			
		4			
		5			
		6			
		7			
		8			
		9			
3	摇臂钻床	0	摇臂钻床	1	最大钻孔直径
		1	万向摇臂钻床	1	最大钻孔直径
		2	车式摇臂钻床	1	最大钻孔直径
		3	滑座摇臂钻床	1	最大钻孔直径
		4	坐标摇臂钻床	1	最大钻孔直径
		5	滑座万向摇臂钻床	1	最大钻孔直径
		6	无底座式万向摇臂钻床	1	最大钻孔直径
		7	移动万向摇臂钻床	1	最大钻孔直径
		8	龙门式钻床	1	最大钻孔直径
		9			

续表

组		系		主参数	
代号	名称	代号	名称	折算系数	名称
4	台式钻床	0	台式钻床	1	最大钻孔直径
		1	工作台台式钻床	1	最大钻孔直径
		2	可调多轴台式钻床	1	最大钻孔直径
		3	转塔台式钻床	1	最大钻孔直径
		4	台式攻钻床	1	最大钻孔直径
		5			
		6	台式排钻床	1	最大钻孔直径
		7			
		8			
		9			
5	立式钻床	0	圆柱立式钻床	1	最大钻孔直径
		1	方柱立式钻床	1	最大钻孔直径
		2	可调多轴立式钻床	1	最大钻孔直径
		3	转塔立式钻床	1	最大钻孔直径
		4	圆方柱立式钻床	1	最大钻孔直径
		5	龙门型立式钻床	1	最大钻孔直径
		6	立式排钻床	1	最大钻孔直径
		7	十字工作台立式钻床	1	最大钻孔直径
		8	柱动式钻削加工中心	1	最大钻孔直径
		9	升降十字工作台立式钻床	1	最大钻孔直径
6	卧式钻床	0			
		1			
		2	卧式钻床	1	最大钻孔直径
		3			
		4			
		5			
		6			
		7			
		8			
		9			

续表

组		系		主参数	
代号	名称	代号	名称	折算系数	名称
7	铣钻床	0	台式铣钻床	1	最大钻孔直径
		1	立式铣钻床	1	最大钻孔直径
		2			
		3			
		4	龙门式铣钻床	1	最大钻孔直径
		5	十字工作台立式铣钻床	1	最大钻孔直径
		6	镗铣钻床	1	最大钻孔直径
		7	磨铣钻床	1	最大钻孔直径
		8			
		9			
8	中心孔钻床	0			
		1	中心孔钻床	1/10	最大工件直径
		2	平端面中心孔钻床	1/10	最大工件直径
		3			
		4			
		5			
		6			
		7			
		8			
		9			
9	其他钻床	0	双面卧式玻璃钻床	1	最大钻孔直径
		1	数控印制板钻床	1	最大钻孔直径
		2	数控印制板铣钻床	1	最大钻孔直径
		3			
		4			
		5			
		6			
		7			
		8			
		9			

（一）台式钻床

台钻的主要特点是结构简单、体积小、操作方便灵活，常用作小型零件上钻、扩 ϕ16mm 以下的小孔。

1. 台式钻床组成部分

图 2-2 所示为应用广泛的台式钻床。

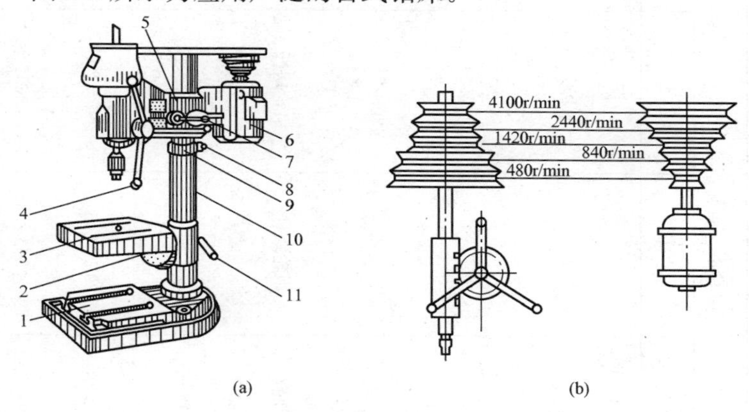

图 2-2　台式钻床

（a）外形；（b）传动系统

1—底座；2—锁紧螺钉；3—工作台；4—进给手柄；5—头架本体；6—电动机；7—锁紧手柄；8—螺钉；9—保险环；10—立柱；11—工作台锁紧手柄

这种台钻灵活性较大，可适应各种情况钻孔的需要，它的电动机 6 通过五级 V 带可使主轴得到五种转速。其头架本体 5 可在立柱 10 上上下移动，并可绕立柱中心转移到任何位置，将其调整到适当位置后用手柄 7 锁紧。9 是保险环。如果头架要放低一点，可靠它把保险环放到适当位置，再扳螺钉 8 把它锁紧，然后略放松手柄 7，靠头架自重落到保险环上，再把手柄 7 扳紧。工作台 3 也可在立柱上上下移动，并可绕立柱转动到任意位置。11 是工作台锁紧手柄。当松开锁紧螺钉 2 时，工作台在垂直平面内还可左右倾斜 45°。

工件较小时，可放在工作台上钻孔；当工件较大时，可把工作台转开，直接放在钻床底座面 1 上钻孔。这类钻床的最低转速较高，往往在 400r/min 以上，不适于锪孔和铰孔。

2. 台式钻床型号与技术参数（见表 2-3）

表 2-3　　台式钻床型号与技术参数

技术参数	型号				
	Z4002A	Z4006C	Z4012	Z4015	Z4116-A
最大钻孔直径（mm）	2	6	12	15	16
主轴行程（mm）	25	65	100	100	125
主轴孔莫氏锥度号（Morse №）			1	2	2
主轴端面至底座距离（mm）	20～120	90～215	30～430	30～430	560
主轴中心线至立柱表面距离（mm）	80	152	190	190	240
主轴转速范围（r/min）	3000～8700	2300～11 400	480～2800	480～2800	335～3150
主轴转速级数	3	4	4	4	5
主轴箱升降方式	手托	丝杆升降	蜗轮蜗杆	蜗轮蜗杆	
主轴箱绕立柱回转角（°）	±180	±180	0	0	±180
主轴进给方式	手动	手动	手动	手动	手动
电机功率（kW）	0.09	0.37	0.55	0.55	0.55
工作台尺寸（mm）	110×100	200×200	295×295	295×295	300×300
机床外形尺寸（长×宽×高，mm×mm×mm）	320×140×370	545×272×730	790×365×800	790×365×850	780×415×1300

（二）立式钻床

立式钻床可钻削直径 ϕ25mm～ϕ50mm 各种孔，还可适应锪孔、铰孔、攻丝等加工。

图 2-3 所示为一台应用较为广泛的立式钻床。它由底座 7、立柱床身 6、主轴变速箱 4、主轴 2、进给变速箱 3、进给手柄 5、工作台 1 和电动机 8 等主要部件组成。

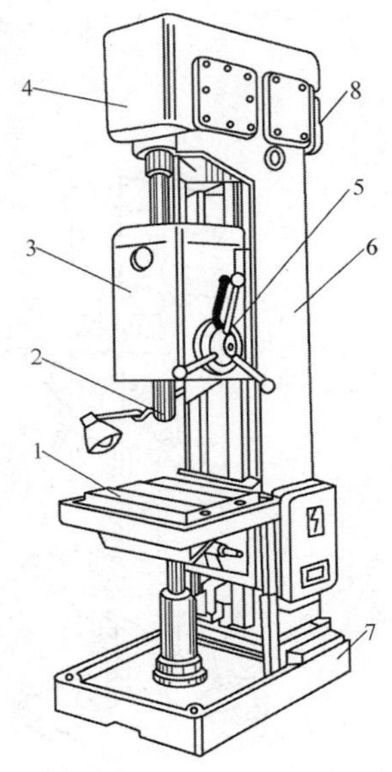

图 2-3　立式钻床的结构组成
1—工作台；2—主轴；3—进给箱；4—主轴变速箱；5—进给手柄；6—立柱；7—底座；8—电动机

立钻的床身 6 固定在底座上，主轴变速箱 4 就固定在箱形立柱床身 6 的顶部。进给变速箱 3 装在床身 6 的导轨面上。床身内装有平衡用的链条，绕过滑轮与主轴套筒相连，以平衡主轴的重量。工作台 1 装在床身导轨的下方，旋转手柄，工作台可沿床身导轨上下移动。在钻削大工件时，工作台还可以全部拆掉，工件直接固定在底座 7 上。这种钻床的进给变速箱 3 也可在床身导轨上移动，以适应特殊工件的需要。不过，无论是拆工作台或是移动很重的进给变速箱都非常麻烦，所以在钻削较大工件时就不适用了。

Z5125 型立式钻床的外形如图 2-4（a）所示。

1. Z5125 型立式钻床的主要技术参数

最大钻削直径：ϕ25mm；

主轴锥孔：Morse №3；

主轴最大行程：175mm；

进给箱行程：200mm；

主电动机功率：2.8kW，1420r/min；

主轴转速（9 级）：97～1360r/min；

主轴进给量（9 级）：0.1～0.81mm/r；

冷却泵电动机功率及流量：0.125kW，22L/min。

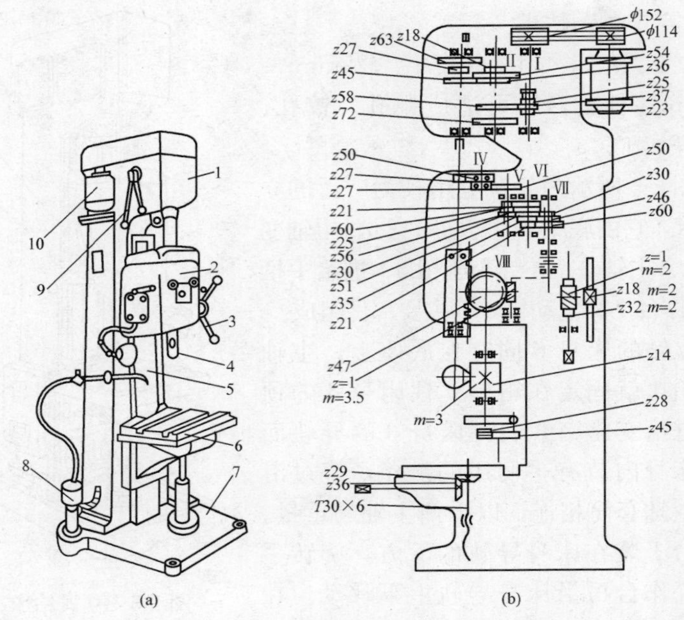

图 2-4　Z5125 型立式钻床

(a) 外形；(b) 传动系统

1—主轴变速箱；2—进给箱；3—进给手柄；4—主轴；5—立柱；6—工作台；7—底座；8—冷却系统；9—变速手柄；10—电动机

2. Z5125 型立式钻床的传动系统

Z5125 型立式钻床传动系统如图 2-4（b）所示。

（1）主运动。电动机经过一对 V 带轮（ϕ114mm 及 ϕ152mm），将运动传给Ⅰ轴。轴Ⅰ上的三联滑移齿轮将运动传给Ⅱ轴，使Ⅱ轴获得三种速度。Ⅱ轴三联滑移齿轮将运动传给Ⅲ轴，使Ⅲ轴获得 9 种速度。轴Ⅲ是带内花键的空心轴，主轴上部的花键与其相配合，使主轴也有 9 种不同的转速。主运动传动链的结构式是：

$$\text{电动机}-\frac{114}{152}-\mathrm{I}-\left\{\begin{matrix}\frac{25}{54}\\ \frac{37}{58}\\ \frac{23}{72}\end{matrix}\right\}-\mathrm{II}-\left\{\begin{matrix}\frac{18}{63}\\ \frac{54}{27}\\ \frac{36}{45}\end{matrix}\right\}-\text{主轴}\mathrm{III}$$

其主轴转速的传动方程式为

$$n_{ms} = n_M \cdot d_1/d_2 \cdot \mu_{gb} \qquad (2\text{-}1)$$

式中　n_{ms}——主轴转速，r/min；

n_M——电动机转速，r/min；

d_1——电动机 V 带轮直径，min；

d_2——从动轴（Ⅰ轴）V 带轮直径，mm；

μ_{gb}——主轴变速箱的传动比。

根据传动链结构式和方程式，可求出主轴最高和最低转速如下：

$$\begin{aligned} n_{max} &= n_M \cdot d_1/d_2 \cdot \mu_{gb} \\ &= 1420 \times 114/152 \times 37/58 \times 54/27 \\ &\approx 1360(\text{r/min}) \\ n_{min} &= n_M \cdot d_1/d_2 \cdot \mu_{gb} \\ &= 1420 \times 114/152 \times 23/72 \times 18/63 \\ &\approx 97(\text{r/min}) \end{aligned}$$

因带轮传动不能保证较为精确的传动比，故主轴实际的转速会比计算的低一些。

（2）进给运动。钻床有手动进给与机动进给两种。手动进给是靠手自动控制的；机动进给是靠钻床进给箱内的传动系统控制的。

主轴经 Z27 传递给进给箱内的轴Ⅳ，轴Ⅳ经空套齿轮将运动传给Ⅴ轴。轴Ⅴ为空心轴，轴上三个空套齿轮内装有拉键，通过改变两个拉键与三个空套齿轮键槽的相对位置，可使Ⅵ轴得到三种不同的转速。轴Ⅵ上有 5 个固定齿轮，通过改变轴Ⅶ上三个空套齿轮键槽与拉键的相对位置，可使Ⅶ轴得到 9 种转速，再经轴Ⅶ上钢球安全离合器，使蜗杆（Z1）带动蜗轮（Z47）旋转，最后通过与蜗轮的小齿轮（Z14）将运动传递给主轴组件的齿条，从而使旋转运动变为主轴轴向移动的进给运动。

进给运动传动链的结构式为：

$$\text{主轴}\,\mathrm{III}-\frac{27}{50}-\mathrm{IV}-\frac{27}{50}-\mathrm{V}-\left\{\begin{matrix}\frac{21}{60}\\ \frac{25}{56}\\ \frac{30}{51}\end{matrix}\right\}-\mathrm{VI}-\left\{\begin{matrix}\frac{51}{30}\\ \frac{35}{46}\\ \frac{21}{60}\end{matrix}\right\}-\mathrm{VII}-\frac{1}{47}-\mathrm{VIII}-14$$

$$-\text{齿条}\ (m=3)$$

根据传动链结构式，可列出计算进给量时的传动链方程式为

$$f=1\times27/50\times27/50\times\mu_{\text{feed}}\times1/47\times\pi m\times14 \tag{2-2}$$

式中 f——主轴进给量，mm/r；

μ_{feed}——进给箱总传动比；

m——Z14 和齿条的模数（$m=3$）。

（3）辅助进给。

1）进给箱的升降移动。摇动手柄使蜗杆带动蜗轮转动，再通过与蜗轮同轴的齿轮与固定在立柱上的齿条啮合，来带动进给箱升降移动。

2）工作台升降移动。摇动工作台升降手柄，使 Z29 的锥齿轮带动 Z36 的锥齿轮，再通过与 Z36 的锥齿轮同轴的丝杆旋转，使工作台升降移动。

3. 立式钻床型号、技术参数

立式钻床型号、技术参数与联系尺寸见表 2-4 和表 2-5。

（三）摇臂钻床

摇臂钻床主要适用于各种笨重的大型工件或多孔工件上的钻削加工工作；也适用于加工中、小型零件，可以进行钻孔、扩孔、铰孔、锪平面及攻螺纹等工作。如图 2-5 所示，它主要靠移动钻轴去对准工件上的孔中心来钻孔。由于主轴变速箱 4 能在摇臂 5 上作大范围的移动，而摇臂又能回转 360°，故其钻削范围较大。

当工件不太大时，可压紧在工作台 2 上加工；如果工件太大，可把工作台吊走，再把工件直接放在底座 1 上加工。根据工件高度的不同，摇臂 5 可用电动涨闸锁紧在立柱 3 上，主轴变速箱 4 也可用电动锁紧装置固定在摇臂 5 上。这样在加工时主轴的位置就不会走动，刀具也不会产生振动。

表 2-4 立式钻床型号与技术参数

技术参数	型号					
	Z5125A	Z5132A	Z5140A	Z5150A	Z5163A	ZQ5180A
最大钻孔直径（mm）	25	32	40	50	63	80
主轴中心线至导轨面距离（mm）	280	280	335	350	375	375
主轴端面至工作台距离（mm）	710	710	750	750	800	800
主轴行程（mm）	200	200	250	250	315	315
主轴箱行程（mm）	200	200	200	200	200	200
主轴转速范围（r/min）	50～2000	50～2000	31.5～1400	31.5～1400	22.4～1000	22.4～1000
主轴转速级数	9	9	12	12	12	12
进给量范围（mm/r）	0.056～1.8	0.056～1.8	0.056～1.8	0.056～1.8	0.063～1.2	0.063～1.2
进给量级数	9	9	9	9	8	8
主轴孔莫氏锥度号（Morse №）	3	3	4	4	5	5
主轴最大进给抗力（N）	9000	9000	16 000	16 000	30 000	30 000
主轴最大转矩（N·m）	160	160	350	350	800	800
主电动机功率（kW）	2.2	2.2	3	3	5.5	5.5
总功率（kW）	2.3	2.3	3.1	3.1	5.75	5.75
工作台行程（mm）	310	310	300	300	300	300
工作台尺寸（mm）	550×400	550×400	560×480	560×480	650×550	650×550
机床外形尺寸（长×宽×高，mm×mm×mm）	980×807×2302	980×807×2302	1090×905×2530	1090×905×2530	1300×980×2790	1300×980×2790

表 2-5　立式钻床联系尺寸

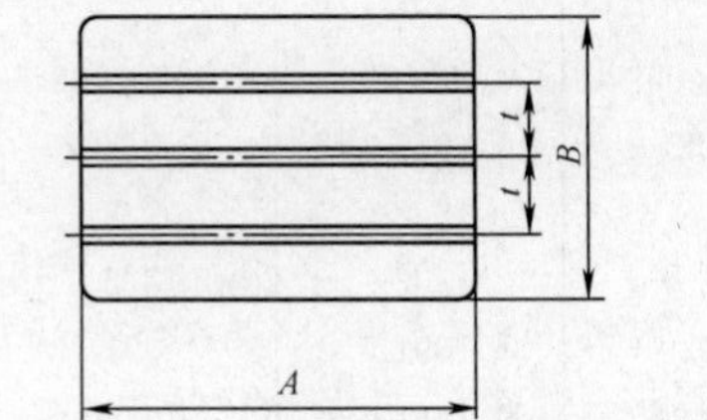

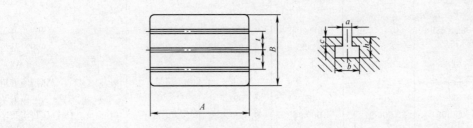

机床联系尺寸	型号					
	Z5125A	Z5132A	Z5140A	Z5150A	Z5163	ZQ5180A
工作台尺寸（$A \times B$）	550×400	550×400	560×480	560×480	650×550	650×550
T形槽数	3	3	3	3	3	3
t	100	100	150	150	150	150
a	14	14	18	18	22	22
b	24	24	30	30	36	36
c	11	11	14	14	16	16
h	26	26	30	30	36	36

摇臂钻床的主轴转速和进给量范围很广，适用于钻孔、扩孔、锪平面、锪沿座孔、锪锥孔、铰孔、镗孔、环切大圆孔和攻丝等各种工作。

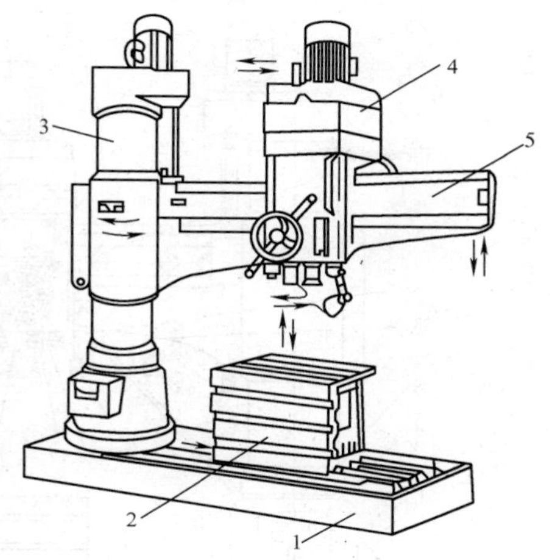

图 2-5　摇臂钻床

1—底座；2—工作台；3—立柱；4—主轴变速箱；5—摇臂

下面以 Z3040 型摇臂钻床为例进行说明。

Z3040 型摇臂钻床以移动钻床主轴来找正工件，其操作方便灵活。主要适用于较大型、中型与多孔工件的单件、小批或中等批量的孔加工。它的主轴箱有很大的移动范围，其摇臂可绕立柱作 360°回转，并可作上下运动。

1. Z3040 型摇臂钻床的主要技术参数

最大钻孔直径：40mm；

主轴锥孔锥度：Morse №4；

主轴最大行程：315mm；

主轴箱水平移动距离：900mm；

摇臂升降距离：600mm；

摇臂升降速度：1. 2m/min；

主轴回转：360°；

主轴转速：25～2000r/min；

主轴进给量：0. 04～3. 2min/r；

主电动机功率：3kW。

2. 摇臂钻床的操作

摇臂钻床的操纵如图 2-6 所示。在开动钻床前先将电源开关 2 接通，然后进行操纵，其操纵有以下几个部分：

（1）主轴起动操纵。如图 2-7 所示，按下按钮 9，再将手柄 13

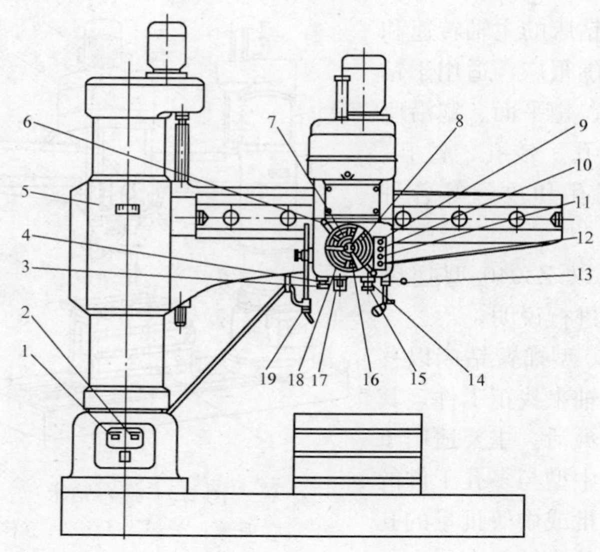

图 2-6　摇臂钻床操纵图

1、2—电源开关；3、4—预选旋钮；5—摇臂；6、7、8、13、14—手柄；9、10、11、12、16、18—按钮；15—手轮；17—主轴；19—冷却液管

转至正转或反转位置，则可进行此项操纵。

(2) 主轴空挡转动操纵。如图 2-7 所示，将手柄 13 转至空挡位置，此时主轴就处于其空挡位置了，这时就可自由地用手转动主轴。

(3) 主轴及进给运动变速操纵。转动预选旋钮 3 或 4，使所需要的转速或进给量数值对准上部的箭头，然后按图 2-7 所示将手柄 13 向下压至变速位置，待主轴开始旋转时就可松开手柄，这时手柄 13 自动复位，主轴转速和进给量便变换完成。

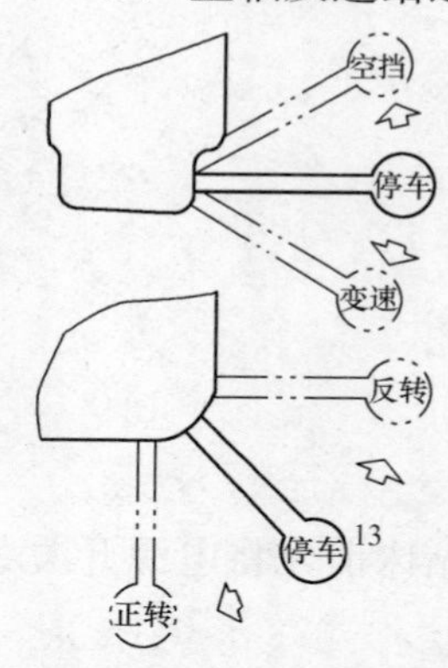

图 2-7　手柄 13 操纵位置

(4) 主轴进给操纵。其形式有手动、机动、微量和定程进给。将手柄 14 向下压至极限位置，再将手柄 6 向下拉出，便可作机动进给了；将手柄 14 向上抬至水平位置，再把手柄 6 向外拉出，转动手轮 15 则

可实现微量进给；先将手柄 7 拉出，再转动手柄 8 至图 2-8（a）所示位置，这时刻度盘上的蜗轮与蜗杆脱离，转动刻度至所需要的背吃刀量值与箱体上副尺零线大致相对，再转动手柄 8 至图 2-8（b）所示位置，这时就使蜗轮与蜗杆啮合，以进行微量调节，直至与零位刻线对齐，推动手柄 7 接通机动进给。当切至所需深度后，手柄 14 自动抬起，断开机动进给，实现定程进给运动。

（5）其他操纵。包括主轴箱、立柱的夹紧与松开以及摇臂的升降操纵等。

1）按下按钮 18，如按钮指示灯亮，则已夹紧；如不亮，则未夹紧；如果按下按钮 16，按钮 18 的指示灯不亮，但按钮 16 的指示灯亮，则主轴箱和立杆已经松开了。

2）按下按钮 11，摇臂向上运动，按下按钮 12，摇臂向下运动，只要松开按钮 11，运动便会停止。

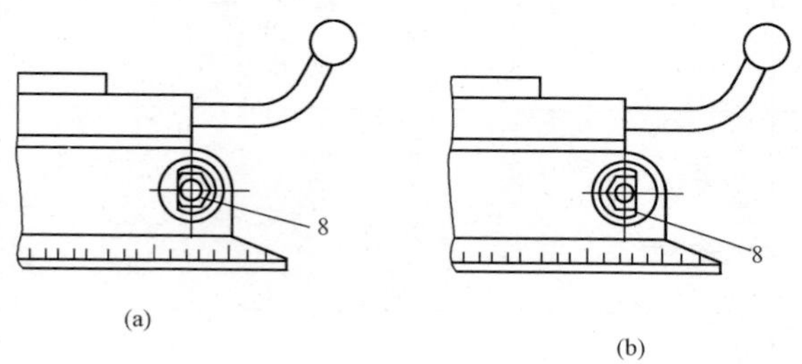

图 2-8　定位进给操纵位置

3. 摇臂钻床型号、技术参数

摇臂钻床型号、技术参数与联系尺寸见表 2-6 和表 2-7。

（四）数控钻床

数控钻床是高度自动化的数控操作机床。数控钻床能自动地进行钻孔加工，用于以钻为主要工序的零件加工。这类机床大多用点位控制，同时沿两轴或三个轴移动，以减少定位时间。有些机床也采用直线控制，为的是进行平行于机床轴线的钻削加工。

钻削中心是一种可以进行钻孔、扩孔、铰孔、攻螺纹及连续轮廓控制铣削的数控机床。用于电器及机械行业中小型零件的加工。

数控钻床与十字工作台钻床型号和技术参数见表 2-8。

表 2-6　摇臂钻床型号与技术参数

技术参数	型号					
	Z3025B×10	Z3132	Z3035B	Z3040×16	Z3063×20	Z3080×25
最大钻孔直径(mm)	25	32	35	40	63	80
主轴中心线至立柱表面距离(mm)	300～1000	360～700	350～1300	350～1600	450～2000	500～2500
主轴端面至底座面距离(mm)	250～1000	110～710	350～1250	350～1250	400～1600	550～2000
主轴行程(mm)	250	160	300	315	400	450
主轴孔莫氏锥度号(Morse №)	3	4	4	4	5	6
主轴转速范围(r/min)	50～2350	63～1000	50～2240	25～2000	20～1600	16～1250
主轴转速级数	12	8	12	16	16	16
进给量范围(mm/r)	0.13～0.56	0.08～2.00	0.06～1.10	0.04～3.2	0.04～3.2	0.04～3.2
进给量级数	4	3	6	16	16	16
主轴最大转矩(N·m)	200	120	375	400	1000	1600
最大进给抗力(N)	8000	5000	12 500	16 000	25 000	35 000
摇臂升降距离(mm)	500	600	600	600	800	1000
摇臂升降速度(m/min)	1.3		1.27	1.2	1.0	1.0
主电动机功率(kW)	1.3	1.5	2.1	3	5.5	7.5
总装机容量(kW)	2.3		3.35	5.2	8.55	10.85
摇臂回转角度(°)	±180	±180	360	360	360	360
主轴箱水平移动距离(mm)	700		850	1250	1550	2000
主轴箱在水平面回转角度(°)	—	±180	—	—	—	—

注　Z3132 为万向摇臂钻床。

表 2-7 摇臂钻床联系尺寸

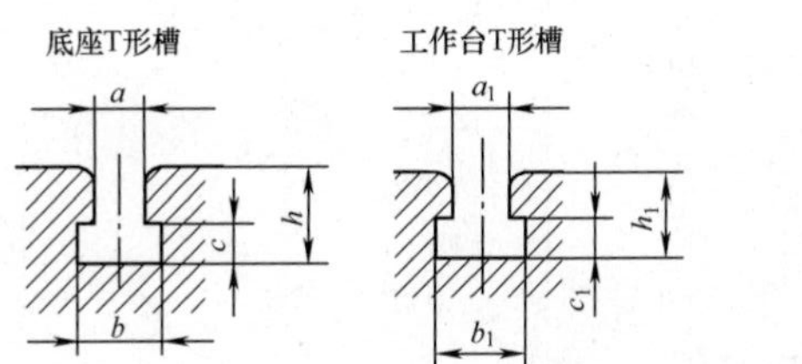

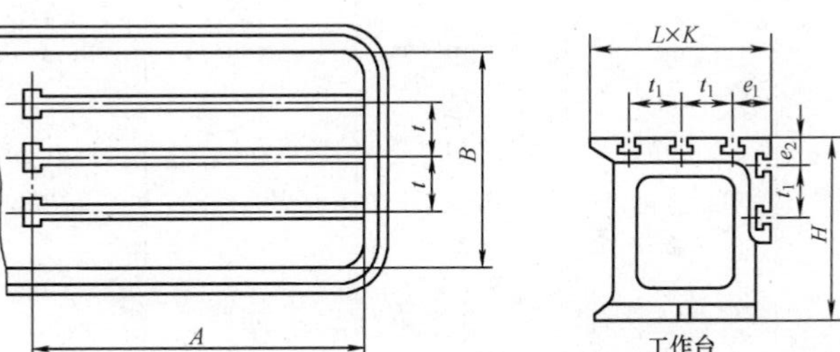

续表

机床联系尺寸	型号					
	Z3025B×10	Z3132	Z3035B	Z3040×16	Z3063×20	Z3080×25
底座 T 型槽数	3	2	3	3	4	5
工作台上面 T 形槽数	3	—	3	3	4	5
工作台侧面 T 形槽数	2	—	2	2	3	3
$A\times B$(mm×mm)	1052×654	650×450	1270×740	1590×1000	1985×1080	2450×1200
t(mm)	200	225	190	200	250	276
a(mm)	22	14	24	28	28	28
b(mm)	36	24	42	46	50	46
c(mm)	16	11	20	20	24	20
h(mm)	36	23	45	45	54	48
$L\times K\times H$(mm×mm×mm)	450×450×450	—	500×600×500	500×630×500	630×800×500	800×1000×560
t_1(mm)	150	—	150	150	150	150
e_1(mm)	75	—	100	100	90	175
e_2(mm)	75	—	75	100	105	115
a_1(mm)	18	—	24	22	22	22
b_1(mm)	30	—	42	36	36	36
c_1(mm)	14	—	20	16	16	16
h_1(mm)	32	—	41	36	36	36
机床外形尺寸 (长×宽×高，mm×mm×mm)	1730×800 ×2055	1610×710 ×2080	2160×900 ×2570	2490×1035 ×2645	3080×1250 ×3205	3730×1400 ×3825

表 2-8 数控钻床与十字工作台钻床型号和技术参数

技术参数	型号			
	Z5725	ZX5725	Z5740	ZKJ5440
最大钻孔直径（mm）	25	25	40	40
主轴最大抗力（N）	9000	9000	16 000	16 000
主轴最大转矩（N·m）	160	160	350	400
主轴孔莫氏锥度号（Morse №）	3	3	4	4
主轴中心线至导轨面距离（mm）	280	280	335	300
主轴端面至工作台面距离（mm）	590	545	660	0～590
主轴行程（mm）	200	200	250	225
主轴箱行程（mm）	200	210	200	200
主轴转速范围（r/min）	50～2000	50～2000	31.5～1400	68～1100
主轴转速级数	9	9	12	9
进给量范围（mm/r）	0.056～1.8	0.056～1.8	0.056～1.8	0.002 7～7.0
进给量级数	9	9	9	126
工作台行程：纵向 x（mm）	400	400	500	300
横向 y（mm）	240	265	300	290
垂直 z（mm）	300	300	380	
工作台尺寸（mm）	750×300	700×300	850×350	335×670
主电动机功率（kW）	2.2	2.2	3.0	4
机床外形尺寸（长×宽×高，mm×mm×mm）	1138×1010×2302	1220×1085×2315	1295×1130×2530	1280×1030×2585

三、剪板机

剪板机的形式较多，一般可分为直刀剪板机和圆盘刀剪板机。直刀剪板机又可分为龙门剪板机和喉口剪板机：圆盘刀剪板机又可分为圆盘剪板机、滚剪机、多圆盘剪板机、旋转式修边剪板机四种。

1. 直刀剪板机

(1) 龙门剪板机是冲压车间应用最多的剪板机。它只能剪切长度（或宽度）比刀片长度短的板材。龙门剪板机刀片的倾斜角小，刚性大，压板力大，每分钟行程次数多，能进行精密剪切。

(2) 喉口剪板机由于机架有喉口，所以当剪切宽度小于喉口深度时，采用纵向剪切可以剪切任何长度的板材。直刀剪板机的技术规格见表 2-9。

表 2-9　　剪板机的技术规格

可剪板厚①（mm）	可剪板宽①（mm）	喉口深度（mm）		剪切角度②	行程次数（≥，次/min）	
		标准型	加大型		机械传动空载	液压传动满载
1	1000			1°	100	
2.5	1200			1°	70	
	2000				60	
4	2000			1°30′	60	
	2500				60	
	3200				50	
6	2000			1°30′	50	
	2500				50	
	3200				45	
	4000	300				15
	6300	300				14
10	2500			2°	45	
	4000	300				13

续表

可剪板厚[①]（mm）	可剪板宽[①]（mm）	喉口深度（mm）		剪切角度[②]	行程次数（≥，次/min）	
		标准型	加大型		机械传动空载	液压传动满载
	2000				40	
	2500					
12	3200		600	2°		9
	4000	300				
	6300					8
16	2500	300		2°30′		8
	4000					
	2500					6
20	3200	300	600	2°30′		5
	4000					
	2500					5
25	4000	300		3°		
	6300					4
32	2500	300		3°30′		4
	4000					3
40	2500	300		4°		3
	4000					

① 表中规格系指剪切 $\sigma_b=500$MPa 的板料；σ_b 值不同时，应予换算。

② 对于剪切角度可调的剪板机，表中所列为额定剪切角度。

2. 圆盘刀剪板机

（1）圆盘剪板机。是用两个圆盘状旋转刀专门进行板材圆形剪切的剪板机。这种剪板机装备有使板材在加工中容易转动的附件，主要用于制造小批量生产用的圆形坯料，可剪板厚度一般为 1～6mm。

（2）滚剪机。是使用两个圆盘状旋转刀，按划线进行一般曲线剪切的剪切机，用于制备小批量的异形坯料和一般曲线剪切。如果安装回转附件，也可进行圆形坯料剪切。可剪切材料厚度一般为 1～6mm。

（3）多圆盘剪板机。是在两个平行布置的刀轴上，按条料宽度安装若干个圆盘形旋转刀。由于圆盘刀的旋转，把宽幅板材剪切成若干所需宽度的条料的剪切机。

(4) 剪切冲型机。也称振动剪，它上下配置两个短刀，一刀固定，另一刀作高速短行程运动，连续对薄板进行直线和曲线剪切。如增加行程和闭合高度调整机构，换上相应的模具，还可进行折边、冲槽、压筋、切口、成形、翻边和仿形冲裁等加工。剪切冲型机的技术规格见表 2-10。

表 2-10　　剪切冲型机的技术规格

参数＼规格		2.5	4	5	6.3	8	10	12
板料厚度	剪切(mm)	2.5	4	5	6.3	8	10	12
	冲型(mm)		1.5	2	4	4	6	
	折边(mm)		3	3.5	3.5	4	5	5
	冲槽(mm)			3	3	4	4.5	9
	切口(mm)			3	3	3		5
	压型(mm)			3	3	4		9
	压肋(mm)			2.5	2.5	3.5		3
	翻边(mm)			3.5	3.5	4	5	5
喉口深度(mm)		870	1050	1050	1260	1210	1040	
剪切速度(m/min)				5	5	5	6	
行程次数(次/min)		1420	850/1200	1400/2800	2000/1000	2000/1000/500	1800/900/700	
行程长度(mm)		5.6	7	1.7 3.5	1.7 6	1.5 6.2	10	
功率(kW)		1	2.8	1.5	1.9 1.8	2.7 2.3	4.2 3.4	

注　表中规格系指剪切 σ_b=400MPa 的板料；σ_b 值不同，应予换算。

四、带锯机

带锯机有立式带锯机、卧式带锯机、万能带锯机等形式。

1. 立式带锯机

立式带锯机有两个或三个锯带传动轮，水平工作台在两轮之间。工作台可以是固定式，也可是移动式或可倾斜式；倾斜角度一般左倾10°，右倾30°～50°。这样便于安装各种形状的工件，适用范围广，可切割直线，曲线的内、外轮廓，也可切槽、开缝或切断下料。

2. 卧式带锯机

卧式带锯机采用凸轮控制，液压进给恒定，液压张紧锯带，锯削速度可无级调整。锯带断裂能自动停车，自动送料系统可用单程或多程。锯带厚度薄、锯缝小、节省材料、耗能低、工作效率高、平稳可靠，适用于棒料类工件的加工。

3. 万能带锯机

万能带锯机一般全部采用液压传动，与一般立式带锯机的区别是：工件在工作台的虎钳中固定不动，立柱可以倾斜，在45°以内切割任意斜面。输送机包括手动测量斜面或遥控自动测量斜面并与工作台自动卸荷联合一起进行，由标准排屑输送带自动排屑。

五、研磨、珩磨工具设备

（一）研磨机床与研具

1. 研磨机床

研磨机床可分为双盘研磨机，外圆研磨机，立式内、外圆研磨机等类型。其技术参数及加工精度见表2-11～表2-13。

2. 研具

研具是研磨剂的载体，用以涂敷和镶嵌磨料，使游离磨粒嵌入研具发挥切削作用。同时，它又是研磨成形的工具，可把本身的几何形状精度按一定的方式传递到工件上。研具通常有平面研具、外圆柱面研具、内圆柱面研具。

（1）平面研具。平面研具有研磨平板与研磨圆盘两种。研磨平板多制成正方形，常用的尺寸有200mm×200mm、300mm×300mm、400mm×400mm等规格。研磨圆盘为机研研具，其工作的环形宽度视工件及研磨轨迹而定。湿研平板分开槽与不开槽两种。湿研平板常开成60°V形槽（见图2-9）。槽宽b和槽深h为1～5mm，两槽距离B为15～20mm，图2-10所示为研磨盘常开的沟槽形式。当要求工件表面粗糙度较低时，研具可不开槽。

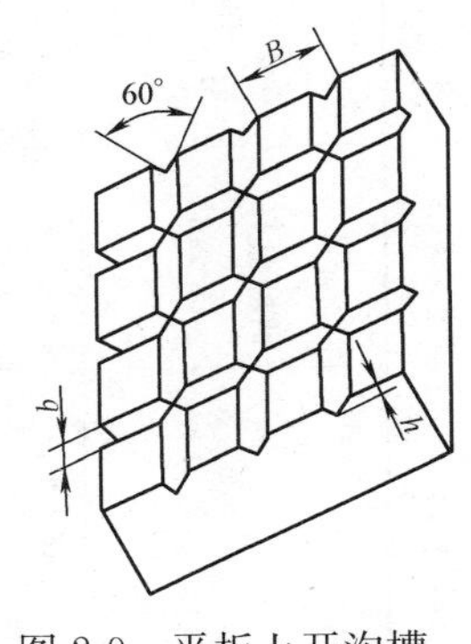

图2-9　平板上开沟槽

表 2-11　　双盘研磨机

型号	技术参数					加工精度		电动机总功率 P(kW)
	研磨盘直径 d(mm)	研磨工件最大尺寸	研磨盘尺寸	研磨盘转速 n(r/min)		圆柱度误差 平行度误差 (mm)	表面粗糙度 Ra(μm)	
		直径×长度(mm×mm)	外径×内径(mm×mm)	上盘	下盘			
M4340	440	80×50	400×240	71	72	0.002 0.002	0.2～0.05	3.525
MB4363B	630	160×100	630×305	49、61、120	22、44、55、110	0.001～0.002 0.001～0.002	0.2～0.05	7.5
MB43100	1000	275×100	1000×450	25、50、40、80	25、50、42、80	0.002 0.002	0.4	13.21

表 2-12　　外圆研磨机

型号	技术参数						加工精度	电动机总功率 P(kW)
	最大研磨直径×长度(mm×mm)	加工范围		主轴中心离地面高度 h(mm)	主轴转速		表面粗糙度 Ra(μm)	
		直径 d(mm)	长度 L(mm)		级数	转速 n(r/min)		
M4515	15×80	4～15	80	900	6	270、576 603、1060 1276、2436	0.05	0.6

表 2-13　　立式内、外圆研磨机

型　号	研磨最大直径×长度(mm×mm)	技　术　参　数						加 工 精 度		电动机总功率 P(kW)
		主　轴			工　作　台			圆度误差 圆柱度误差(mm)	表　面粗糙度 Ra(μm)	
		往复行程(mm)	转速 n(r/min)	往复速度 v(次/min)	快速行程(mm)	慢速行程(mm)	工进慢速度 v(mm/min)			
SS2-002	10×50	0～50	370～990	80～180	130～180	0～50	8	0.001 0.001 5	0.05	2.3
MA45150	150×370	370	32;52	5～24 m/min				0.001 0.001 5	0.05	7
MA45150/3	150×370	370	20;33	5～24 m/min				0.001 0.001 5	0.05	7

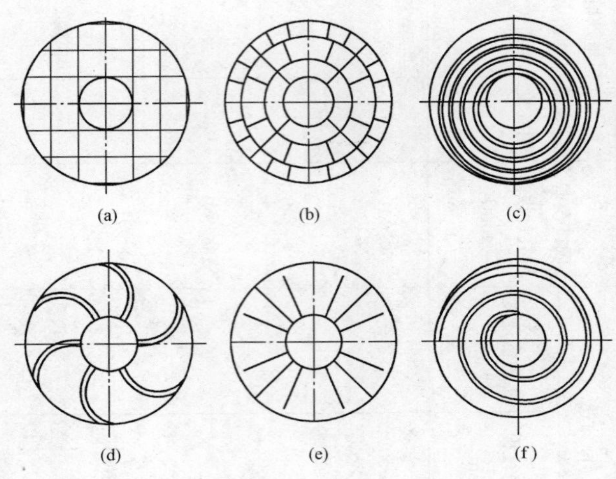

图 2-10　研磨圆盘常开的沟槽形式

(a) 直角交叉型；(b) 圆环射线型；(c) 偏心圆环型；
(d) 螺旋射线型；(e) 径向射线型；(f) 阿基米德螺旋线型

(2) 外圆柱面研具。外圆柱面研具的结构形式见图 2-11。小直径研具一般为整体式；直径较大时，孔内加研磨套，常用开口研磨套［见图 2-13 (a)］。对于高精度外圆柱面研磨，可用三点式研

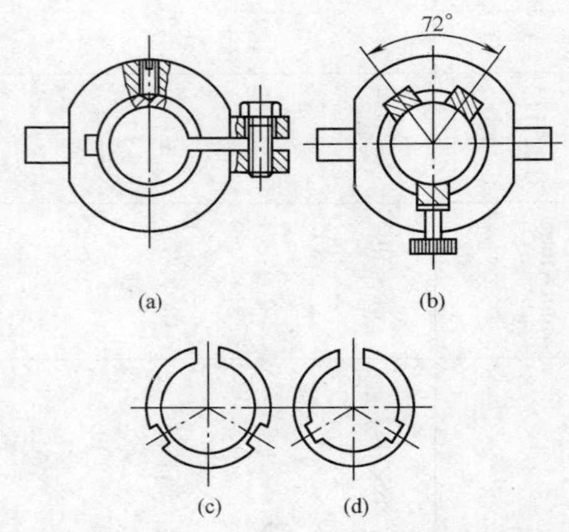

图 2-11　外圆柱面研磨套形式

磨套［见图 2-11（b）］。图 2-11（c）、（d）除开口外还开有两个槽，使研磨套具有一定弹性。研磨套尺寸见表 2-14。

表 2-14　　研 磨 套 尺 寸

参数	尺　寸	注意事项
内径 d_i（mm）	$d_i=D_w+0.02\sim0.04$ D_w—工件外径	与工件保持适当间隙
外径 d_c（mm）	$d_c=d_i+2(5\sim10)$	壁厚过厚，弹性变形困难；太薄，强度低，刚性差，变形不易控制
槽数 n	3 槽均布，其中一条为径向通槽	随直径增大，槽数可按比例增加
槽宽 b（mm）	$b=1\sim5$	与研磨套的直径有关，直径大则 b 取大值
槽深 h（mm）	$h<b$	影响套的弹性变形，与研磨套的厚度有关
长度 l（mm）	$l=\left(\frac{1}{4}\sim\frac{3}{4}\right)l_m$ 或 $=\left(1\sim2\frac{1}{2}\right)d_i$ l_m—被研表面长度	过长影响轴向移动距离；过短导向作用差，两端磨损快

注　粗研与精研用研磨套不能混合使用。

（3）内圆柱面研具。内圆柱面研具又称研磨心棒，分为可调式和不可调式两种（见图 2-12）。心棒锥度和研磨套锥度的配合锥度为 1∶20～1∶50，锥套外径比工件小 0.01～0.02mm，大端壁厚为（0.125～0.8）d_w（d_w 为工件被研孔径），研具长度 $L\geqslant(0.7\sim0.5)L_m$（$L_m$ 为工件被研表面长度）。对于大而长的工件取小值，有开槽和不开槽两种形式。开槽心棒多用于粗研磨，槽可以分为直槽、螺旋槽和交叉槽等，见图 2-13。螺旋槽（槽距 18mm，槽数 2～3条）心棒研磨效率高，但研孔表面粗糙度和圆度较差；交叉螺旋槽和十字交叉槽结构的心棒加工质量好，水平研磨开直槽好，垂直研磨开螺旋槽好。

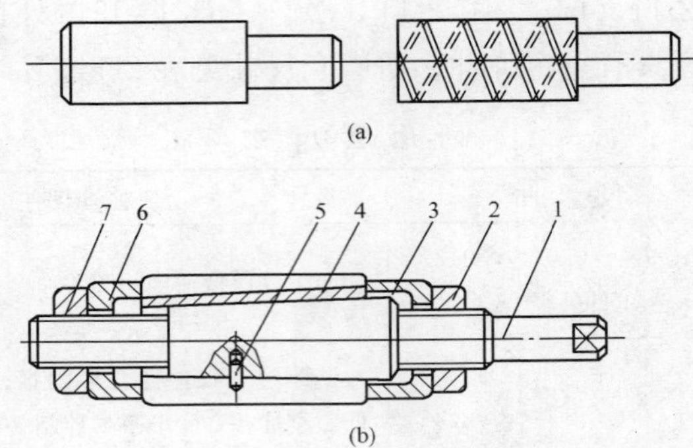

图 2-12　可调式和不可调式研磨心棒

(a) 不可调式；(b) 可调式

1—心棒；2、7—螺母；3、6—套；4—研磨套；5—销

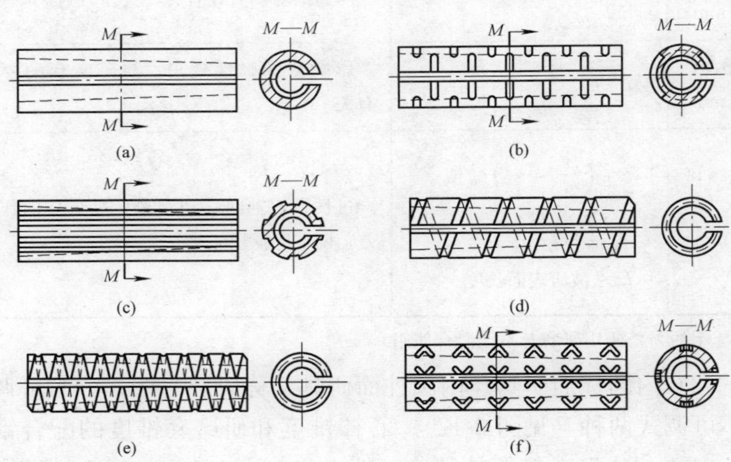

图 2-13　内孔研磨心棒沟槽形式

(a) 单槽；(b) 圆周短槽；(c) 轴向直槽；(d) 螺旋槽；

(e) 交叉螺旋槽；(f) 十字交叉槽

(二) 珩磨机床与珩磨头

1. 珩磨机床

珩磨机床有立式珩磨机床和卧式深孔珩磨机床两种，其技术参数见表 2-15 和表 2-16。

表 2-15　立式珩磨机

型号	技术参数							加工精度		电动机总功率 P(kW)
	加工范围 珩磨直径×珩磨深度 (mm×mm)	主轴下端至工作台面距离 S_1(mm)	主轴中心至立柱前表面距离 S_2(mm)	行程长度 L(mm)	往复转速 v(m/min)	主轴转速 n(r/min)	工作台尺寸 长×宽 (mm×mm)	圆度误差 圆柱度误差 f(mm)	表面粗糙度 Ra(μm)	
M422	5～20×50	350	170	40	180～600次(6级)	490～2000	160×240	0.002 0.002	0.2	1.775
M425B	10～50×120	662	200	100	62～365次(8级)	200～1200	250×350	0.004 0.004	0.4～0.1	3.875
MB425×32	10～50×320	880	200	400	3～18	180～1000	ϕ500	0.003 0.005	0.2	3.945
M428	20～80×250	480～1030	260	350	3～16	50～500	1050×550	0.005 0.01	0.4	7.125
M4210	30～100×320	845	350	320	3～18	140～400	1100×480	0.005 0.008	0.4	4.525
MB4215	50～150×400	1370	350	550	3～23	80～315	ϕ750	0.005 0.01	0.4	13.12
MB4220	50～200×1000	2603	370	1150	3～23	63～250	1250×500	0.005 0.010	0.4	15.3
MA4216	80～160×400	640～1070	300	430	7.5	125;185;259	1000×450	0.005 0.01	0.4	4.125
MB4225	50～250×1600	2648	370	1800	3～20	50～315	1250×630	0.008 0.012	0.4	20.68
M4250A	120～500×1500	2860～4610	550	1750	0～15	16～125	1000×1000	0.01 0.01	0.8	22.68

表 2-16　　卧式深孔珩磨机

型　号	最大珩磨长长度×直径(mm×mm)	技术参数								电动机总功率 P(kW)
		卡盘夹持工件直径 d(mm)	中心架夹持工件直径 D(mm)	磨床主轴转速 n_1(r/min)	磨杆箱主轴转速 n_2(r/min)	轴向往复运动 v(m/min)		滑板往复牵引力 F/N		
						向前速度	向后速度	向　前	向　后	
M4110	1000×200	50～250	50～250	40.5～625		0～18.5	0～15.7	13 540	15 800	21.125
M4120	2000×200	50～250	50～250	40.5～625		0～18.5	0～15.7	13 540	15 800	21.125
M4120A	2000×200	50～250	50～250	40.5～625	25～127	0～18.5	0～15.7	13 540	15 800	22.125
M4130	3000×200	50～250	50～250	40.5～625		0～19.5	0～15.7	12 750	15 800	21.125
M4130A	3000×200	50～250	50～250	40.5～625	25～127	0～19.5	0～15.7	12 750	15 800	22.625

2. 珩磨头

(1) 中等孔径的通用珩磨头。如图 2-14 所示，中等孔径的通用珩磨头为棱圆柱体，磨石条数为奇数，可减少振动。磨石座直接与进给胀锥接触，中间不用顶销与过渡板，使结构简单，进给系统刚度好。

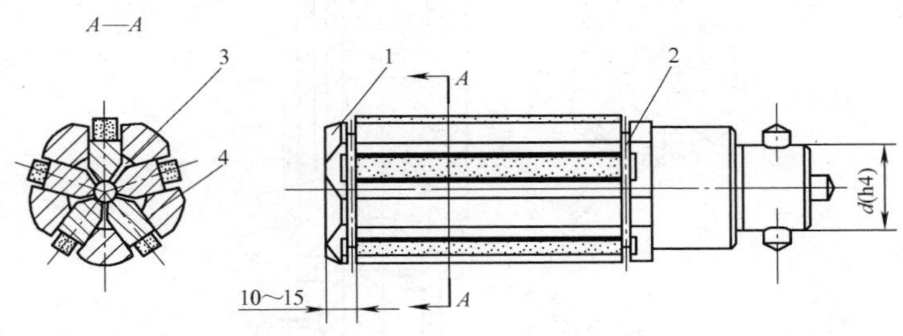

图 2-14　中等孔径的通用珩磨头

1—本体前导向；2—弹簧圈；3—进给胀锥；4—磨石座

(2) 小孔珩磨头。ϕ5mm 以上的小孔珩磨头一般采用如图 2-15 所示的单磨石小孔珩磨头。磨石由单面楔进给，并镶有两个硬质合金导向条，以增加珩磨头的刚性。导向条与磨石较长，可提高小长孔的珩磨精度与珩磨效率。

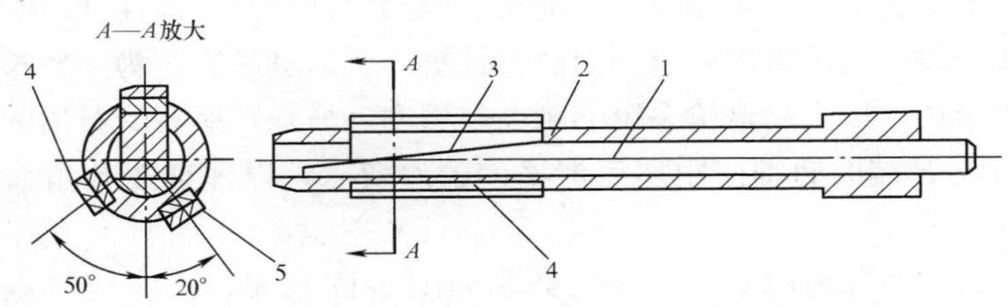

图 2-15　小孔珩磨头

1—胀锥；2—本体；3—磨石座；4—辅助导向条；5—主导向条

(3) 短孔珩磨头。短孔珩磨头见图 2-16。珩磨头与联接杆可制成一体，采用刚性连接。珩磨头上嵌有硬质合金导向条 5，为主动测量珩磨提供测量喷嘴并维持珩磨头工作平稳。前凸部为引入导

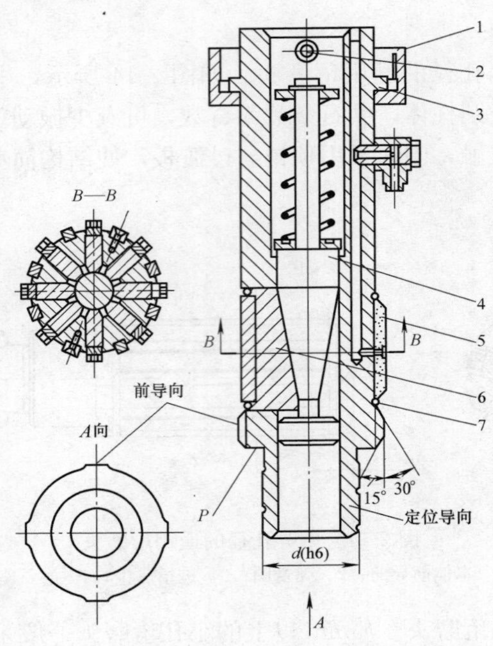

图 2-16 短孔珩磨头

1—连接螺母；2—短销；3—本体；4—胀锥；5—导向条；6—磨石座；7—弹簧圈

向，前端为珩磨头工作时在浮动夹具内的定位导向，以保证珩磨孔轴线与端面的垂直度要求。因磨石较短，所以进给胀芯为一较长的单销锥体，以提高进给系统的刚度与精度。另外，所有磨石槽的长度与距 P 端面的轴向距离有严格的公差要求，以保证短孔珩磨后的圆柱度。

（4）平顶珩磨头。平顶珩磨头如图 2-17 所示，其主要特点是装有粗、精珩磨两副磨石，由珩磨机主轴内的双进给液压缸活塞杆推动珩磨头的内外锥体，分别进行粗、精珩磨。

（5）大孔珩磨头。大孔珩磨头见图 2-18：图 2-18（a）为凸环式大孔珩磨头，凸环的外径接近珩磨孔径，以支持磨石座和承受珩磨切削力；具有较好的刚性。图 2-18（b）为可调式大孔珩磨头，转动中央小齿轮可使齿条胀缩。若珩磨更大直径的孔，只需更换齿条。

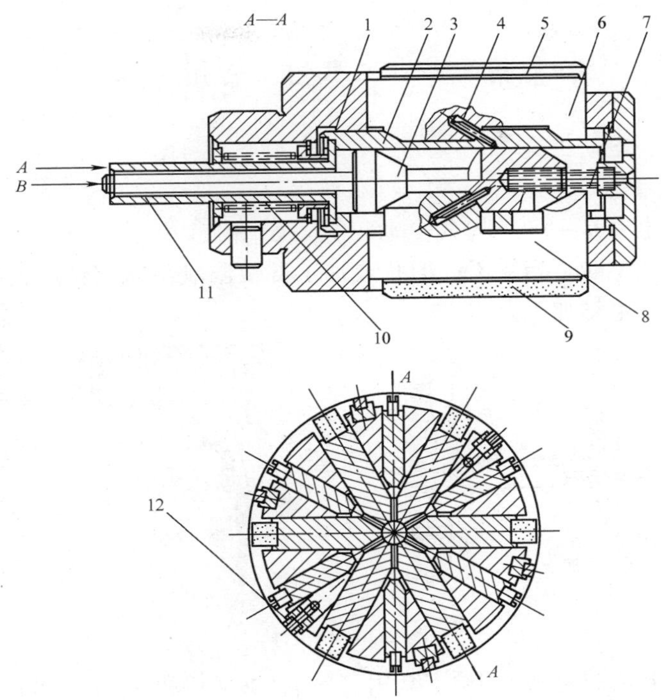

图 2-17　平顶珩磨头

1—本体；2—外胀锥；3—内胀锥；4—斜销；5—粗珩磨石；6—磨石座；7、10—复位弹簧；8—精珩磨石座；9—精珩磨石；11—套杆；12—导向条喷嘴

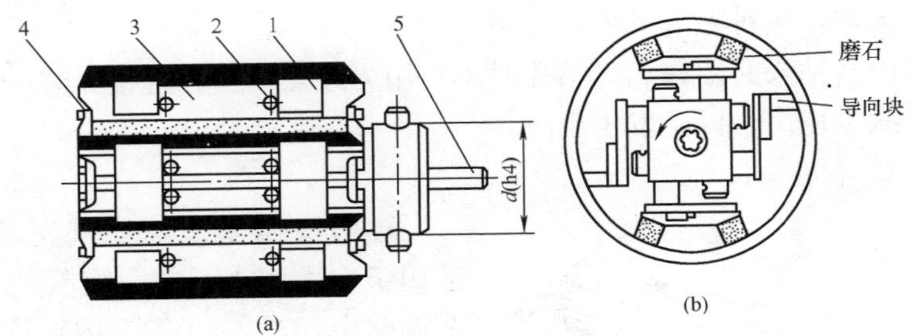

图 2-18　大孔珩磨头

(a) 凸环大孔珩磨头；(b) 可调式大孔珩磨头

1—本体凸环；2—磨石座横销；3—磨石座；4—弹簧圈；5—胀锥

第二节 工具钳工常用工具

一、电动工具

1. 手电钻

手电钻是一种手提式电动工具，如图 2-19 所示。在大型夹具和模具装配时，当受工件形状或加工部位限制不能用钻床钻孔时，可使用手电钻加工。

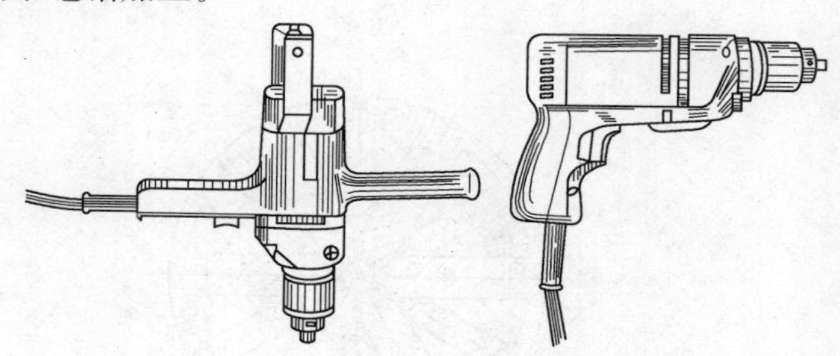

图 2-19 手电钻

手电钻的电源电压分单相（220、36V）和三相（380V）两种。采用单相电压的电钻规格有 6、10、13、19、23mm 共 5 种。采用三相电压的电钻规格有 13、19、23mm 共 3 种。手电钻使用时必须注意以下两点：

（1）使用前，必须开机空转 1min，检查传动部件是否正常。如有异常，应排除故障后再使用。

（2）钻头必须锋利，钻孔时不宜用力过猛，当孔将钻穿时，应相应减少压力，以防发生事故。

2. 电磨头

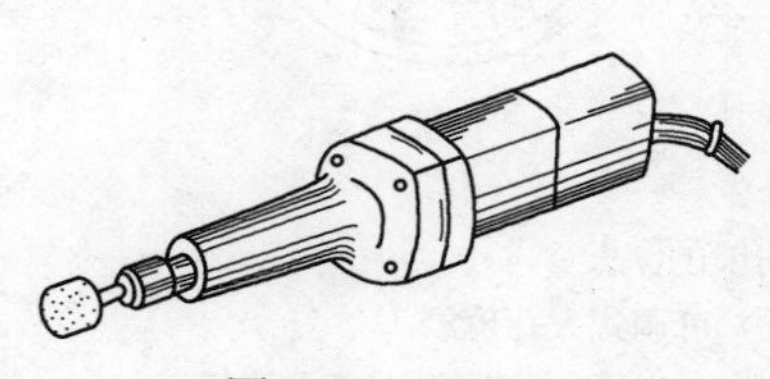

图 2-20 电磨头

电磨头属于高速磨削工具，适用于在大型工、夹、模具的装配调整中，对各种形状复杂的工件进行修磨和抛光，如图 2-20 所示。装上不同形状的小砂轮，还可修磨各种凹凸模的成形面，当用布轮代替砂轮使用时，则可进行抛光作业。

使用时应注意以下三点：

（1）使用前，应开机空转2～3min，检查旋转声音是否正常。如有异常，应排除故障后再使用。

（2）新装砂轮应修整后使用，否则所产生的惯性力会造成严重振动，影响加工精度。

（3）砂轮外径不得超过铭牌上规定的尺寸，工作时的砂轮和工件的接触力不宜过大，更不能用砂轮冲击工件，以防砂轮爆裂，造成事故。

3. 电剪刀

电剪刀使用灵活，携带方便，能用来剪切各种几何形状的金属板材，如图2-21所示。用电剪刀剪切后的板材，具有板面平整、变形小、质量好的优点。因此，电剪刀是对各种大型板材进行落料加工的主要工具之一。

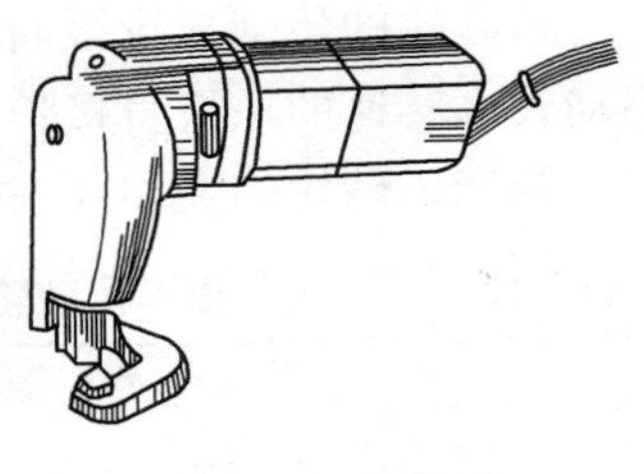

图2-21 电剪刀

使用时应注意以下三点：

（1）使用前，应开机空转，检查各部分螺钉是否紧固，待运转正常后，方可使用。

（2）剪切时，两切削刃的间距应根据材料厚度进行调试。当剪切厚度大的材料时，两切削刃刃口的间距为0.2～0.3mm；剪切厚度较薄的材料时，刃口间距S可按公式计算，即S=0.2×材料厚度。

（3）作小半径剪切时，必须将两刃口间距调至0.3～0.4mm。

二、风动工具

风动工具是一种以压缩空气为动力源的气动工具，通过压缩空气驱动风钻的钻头旋转，风砂轮的砂轮旋转及风铲的铲头铲切。风动工具具有体积小、质量轻、操作简便及便于携带等优点，其安全性也比电动工具更高。

1. 风砂轮

常用来清理工件的飞边、毛刺，去除材料多余余量，修光工件表面、修磨焊缝和齿轮倒角等工作。使用时，按工件的大小和修磨的部位来选择具体的风砂轮的型号。S-40型风砂轮的结构如图2-22所示。

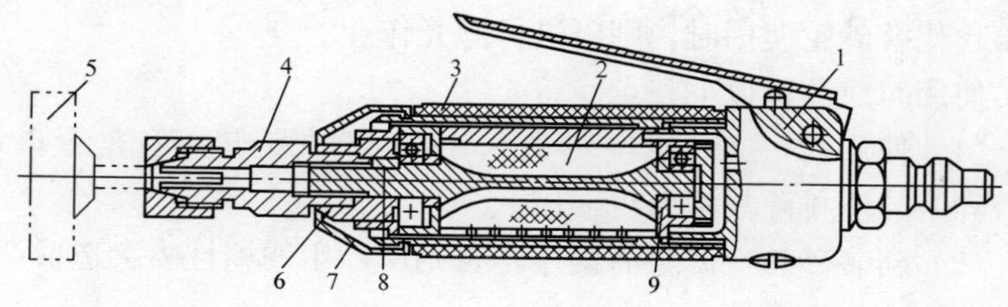

图 2-22　S-40 型风砂轮

1—手柄组件；2—叶片式风动发动机；3—塑料套；4—弹性夹头；5—砂轮；6—连接套；7—导气罩；8—键；9—调整环

风砂轮的传动系统很简单，它没有减速机构，而是由压缩空气驱动较高转速的风机直接带动砂轮旋转的。

国产风砂轮的类型及主要技术规格见表 2-17。

表 2-17　　国产风砂轮的类型及主要技术规格

名称	型号	质量 m (kg)	砂轮直径 d (mm)	使用气压 P (MPa)	空载转速 n (r/min)	外形最大长度 l (mm)
风砂轮	S40A	0.7	40	0.5	17 000～20 000	180
	S60	1.2	60	0.5	14 000～16 000	340
	S150	6	150	0.5	5500～6500	470

2. 风钻

风钻常用来钻削工件上不便于在机床上加工的小孔。风钻质量轻、操作简便、灵活、安全。

图 2-23 所示为 Z13-1 型风钻的结构。表 2-18 列出了部分国产风钻的类型及主要技术性能。

表 2-18　　国产风钻的类型及主要技术性能

名称	型号	最大钻孔直径 d_{max} (mm)	使用气压 P (MPa)	转速 n (r/min) 空载	转速 n (r/min) 负载	质量 g (kg)
万向风钻	ZW5	4	0.5	2800	1250	1.2
风钻	Z6	6	0.5	2800	1250	0.7
	Z8	8	0.5	2000	900	1.6
	05-22	22	0.5		300	9
	05-32	32	0.5	380	235	11
	05-32-1	32			225	
	ZS32	32	0.5	380	225	13.5

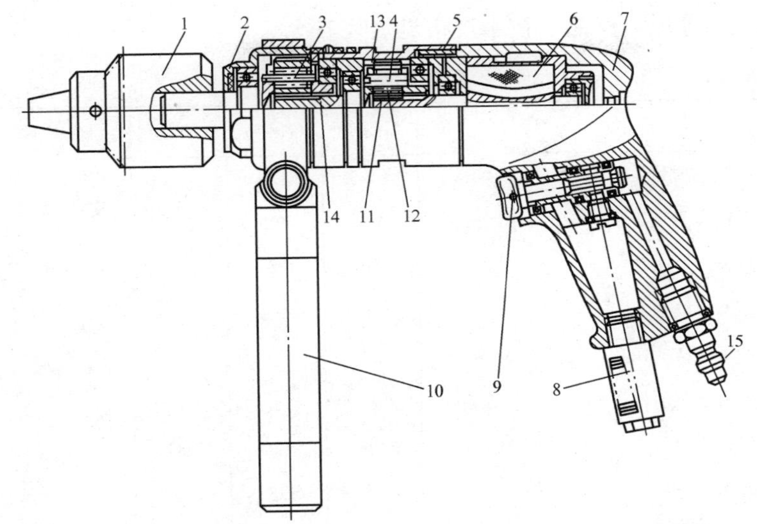

图 2-23　Z13-1 型风钻结构

1—钻夹头；2—内齿轮前套；3—二级行星齿轮减速机构；4—一级行星齿轮减速机构；5—中壳体；6—风动发动机；7—手柄；8—消声器；9—按钮开关组件；10—辅助手柄；11—风动轴头齿轮；12—行星齿轮；13—风齿轮；14—输出轴；15—管接头

3. 风铲

风镐和风铲同是一种机械化的气动工具。当将风镐的钎子换成铲子时，风镐就变成了风铲。风铲是靠压缩空气为动力，驱动风镐气缸内的冲击机件使铲子产生冲击作用的。工具钳工使用风铲来破碎坚固的土层、水泥层，有时也用风铲铲切模具零件的焊缝和毛刺等。G-5 型风镐的结构如图 2-24 所示。

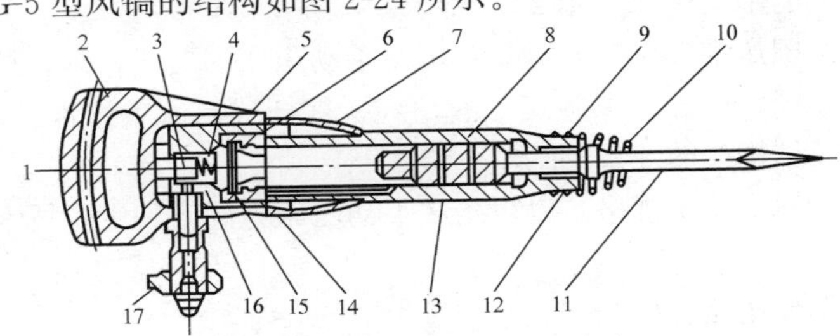

图 2-24　G-5 型风镐结构

1、13—销钉；2—把手；3—阀；4、10—弹簧；5—中间环；6—D 型阀套；7—管制套；8—气孔；9—活塞；11—铲子；12—铲子导套；14—D 型阀；15—套；16—衬套；17—气门管

部分风镐产品的技术规格见表 2-19。

表 2-19　　风镐的技术规格

名　称	单　位	G-5 型	G-8 型	G-2 型	G-7 型
风镐的质量	kg	10.5	8.0	9	7.5
风镐全身（不带钎子）	mm	600	500	500	560
每分钟冲击数	次/min	950	1400	1000	1200
活塞上能力	W	735	680	—	—
冲击一次所作功	W/kg·m	3.5	2.5	3	1.55
自由空气消耗量	m^3/min	1	1	1	0.74
空气压力	p/kPa	434	434	434	434
活塞直径	mm	38	38	38	35
活塞行程	mm	155	—	—	90
活塞质量	kg	0.9	0.7	—	—
胶皮风管直径	mm	16	16	16	16

三、手动压床、千斤顶

1. 手动压床

手动压床不同于各种吨位的机械式压力机，它是一种以手动为动力、吨位较小的工具钳工常用的辅助设备。用在过盈连接中零件的拆卸压出和装配压入，有时也可用来矫正、调直弯曲变形的零件。常见的手动压床如图 2-25 所示。

（1）国产手动压床的分类。国产手动压床的形式较多，按结构特点的不同，可分为螺旋式、液动式、杠杆式、齿条式和气动式，其外形及结构如图 2-25 所示。

（2）简要技术规格。以齿条式手动压床为例，其主要技术参数如下：

工作台孔径：100mm；

工作台孔中心至床身表面距离：150mm；

工作台台面长×宽：250mm×250mm；

工作台台面至压轴下端面最大距离：450mm；

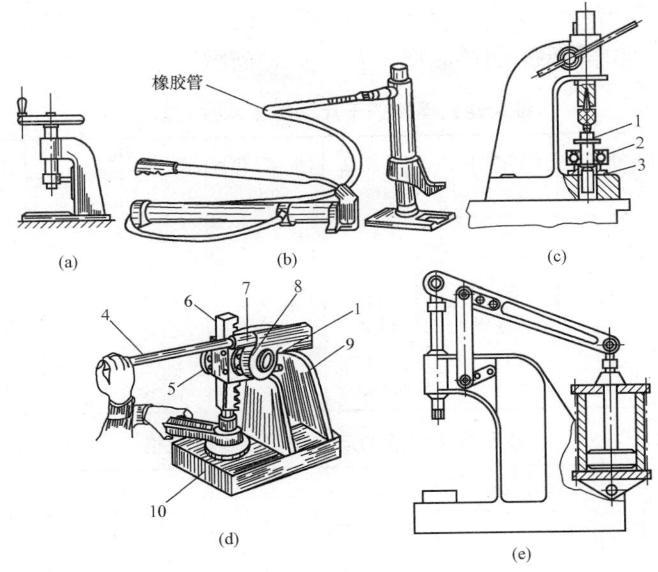

图 2-25　手动压床
(a) 螺旋式；(b) 液动式；(c) 杠杆式；(d) 齿条式；(e) 气动式
1—轴；2—轴承；3—衬套；4—手把；5—手轮；6—齿条；
7—棘爪；8—棘轮；9—床身；10—底座

工作台台面至压轴下端面最小距离：100mm；

压轴力臂长度：950mm。

2. 千斤顶

千斤顶是一种小型的起重工具，主要用来起重工件或重物。工具钳工还可用它来拆卸和装配模具设备中过盈配合的模具零件。千斤顶体积小、操作简单、使用方便。液压千斤顶的外形如图 2-26 所示。

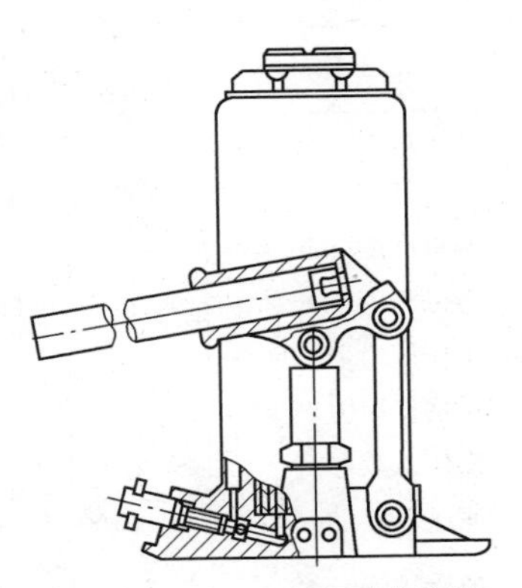

图 2-26　液压千斤顶的外形

(1) 国产千斤顶的分类及简要技术规格。国产千斤顶按结构形式不同，可分为齿条式千斤顶、螺旋式千斤顶和液压式千斤顶。每种形式都有各种不同型号和规格。表 2-20 和表 2-21 列出了常用的螺旋式千斤顶和液压式千斤顶的产品型号及技术规范。

表 2-20　　锥齿轮式螺旋式千斤顶的技术性能规格

型　号	起重质量 m（t）	最低高度 h_{min}（mm）	起升高度 h（mm）	手柄长度（mm）	操作力 F（N）	操作人数	质量 m（kg）
LQ-5	5	250	130	600	130	1	7.5
LQ-10	10	280	150	600	320	1	11
LQ-15	15	320	180	700	430	1	15
LQ-30D	30	320	180	1000	600	1～2	20
LQ-30	30	395	200	1000	850	2	27
LQ-50	50	700	400	1385	1260	3	109

表 2-21　　液压式千斤顶的产品型号及性能规格

名　称	型　号					
	YQ-3	YQ-5	YQ-8	YQ-12.5	YQ-16	YQ-20
额定最大负荷（t）	3	5	8	12.5	16	20
起重高度（mm）	130	160	160	160	160	180
调整高度（mm）	80	80	100	100	100	—
最低高度（mm）	200	260	240	245	250	285
工作压力 P（MPa）	44.3	50.0	57.8	63.7	67.4	75.7
手柄作用力 F（kN）	6.2		6.2	8.5	8.5	10.0
操作人数	1	1	1	1	1	1
底座尺寸（mm）	130×80	160×138	140×110	160×130	170×140	170×130
净质量（kg）	3.8	8	7	9.1～10	20	13.8

名　称	型　号					
	YQ-30	YQ-32	YQ-50	YQ-100	YQ-200	YQ-320
额定最大负荷（t）	30	32	50	100	200	320
起重高度（mm）	180	180	180	200	200	200
调整高度（mm）	—	—	—	—	—	—
最低高度（mm）	290	290	300	360	400	450
工作压力 P（MPa）	72.4	72.4	78.6	65.0	70.6	70.7
手柄作用力 F（kN）	10	10	10	10	10	10
操作人数	1	1	1	2	2	2
底座尺寸（mm）	204×160	200×160	230×190	ϕ222	ϕ314	ϕ394
净质量（kg）	30	29	43	123	227	435

（2）液压千斤顶主要部件及结构。如图 2-27 所示，液压千斤顶由液压泵芯 1、液压泵缸 2、液压泵胶碗 3、顶帽 4、工作油 5、调整螺杆 6、活塞杆 7、活塞缸 8、外套 9、活塞胶碗 10、底盘 11、回油开关 12 和单向阀 13、14、15 等组成。其中，活塞杆 7 的上部内孔与调整螺杆 6 的外径是螺纹连接，可调整改变螺杆与活塞杆孔间的相对位置，从而改变液压千斤顶的初始高度。

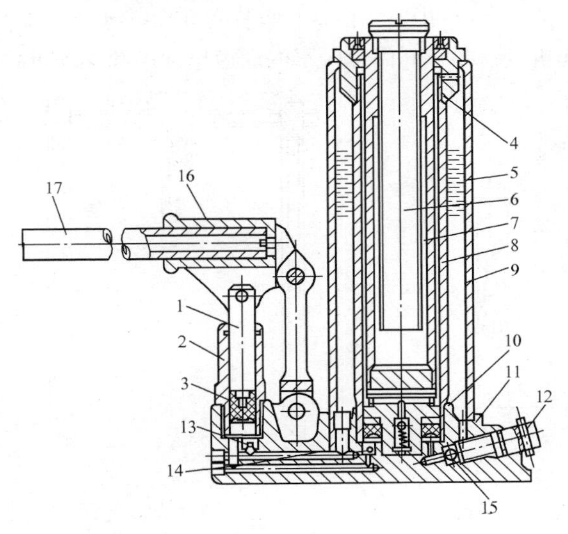

图 2-27　液压千斤顶的结构

1—液压泵芯；2—液压泵缸；3—液压泵胶碗；4—顶帽；5—工作油；6—调整螺杆；7—活塞杆；8—活塞缸；9—外套；10—活塞胶碗；11—底盘；12—回油开关；13、14、15—单向阀；16—揿杆；17—手把

第三节　起重工具设备

一、起重吊架

在机械设备和模具的维修与安装过程中，经常是由起重工和工具钳工配合施工的，工种之间密切配合、相互协作对保证质量、顺利完成任务起着重要的作用。

1. 单臂式起重吊架

单臂式起重吊架如图 2-28 所示。其起重吨位一般在 500kg 以下，用于车床溜板箱、铣床进给箱、大型模具设备等部件的拆卸和近距离的运输。

2. 龙门式吊架

龙门式吊架如图 2-29 所示。在龙门式吊架框架顶梁上，装有可沿梁移动的手动或电动葫芦。吊架下面装有 4 个轮子，机动性很强，可以在没有起重设备的车间内及较窄的通道里起吊和移动重物。

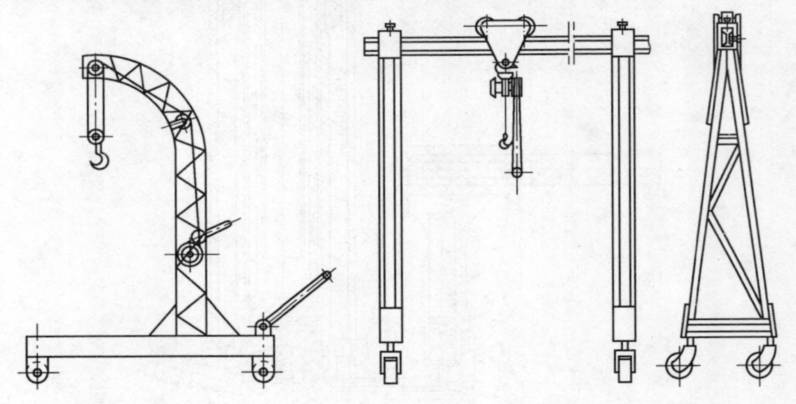

图 2-28　单臂式吊架　　　　图 2-29　龙门式吊架

3. 起重杆

起重杆又称抱杆或桅杆，是一种最常用、最简单又最重要的起重工具。按材质不同，起重杆分为木质和金属两类。木质起重杆起重高度一般不超过 10m，起重重量通常在 5t 以下。木质起重杆一般是用松木制成，金属起重杆是用金属管或角钢制成。

起重杆是承压件，它的承载能力不仅决定于断面尺寸，还决定于断面的几何形状和起重杆的高度。同一材料的起重杆，高度和断面尺寸都相同，但由于断面几何形状不同，其承载能力也不相同。材质、断面尺寸、断面几何形状完全相同的起重杆，由于高度不同，其承载能力也不相同，高度越高，其承载能力就越小。

同一根起重杆，由于起吊的方法不一样，所能吊起的最大重量也不相同。如将起重杆垂直于地面放置，且起吊的重量对称时，起重杆所能吊起的重量就大。如图 2-30 所示的整体吊装桥式起重机的情况，由于起重杆垂直于地面，两面挂滑轮，起重杆两侧是对称的载荷，理论上分析起重杆不受倾倒的力，所以拖拉绳不受力，因此起重杆所承受的载荷是起吊重量和起吊时牵引力的和。

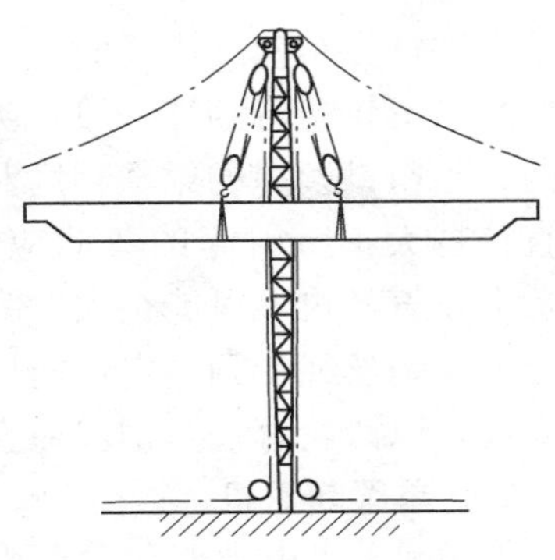

图 2-30　起重杆两面挂滑轮时的情况

若起重杆是单面挂滑轮，情况就明显不同。起重杆受侧倾力矩，应由重物对面的拖拉绳上的张力来平衡，所以拖拉绳将承受一定的张力，其张力大小与拖拉绳和地面的夹角有关，夹角越大，拖拉绳上的张力也越大。

4. 滑轮

滑轮是用来支承挠性件并引导其运动的起重工具。滑轮分定滑轮和动滑轮两类。定滑轮只能改变力的方向，而不能省力，如导向滑轮。

一个定滑轮可与一个动滑轮组成滑轮组，因为定滑轮能改变力的方向，所以我们施力的方向向下而能使重物上升，并可用重物重量一半的力将重物吊起来。2 个滑轮组并在一起叫二二滑轮，3 个滑轮组并在一起叫三三滑轮，依此类推。

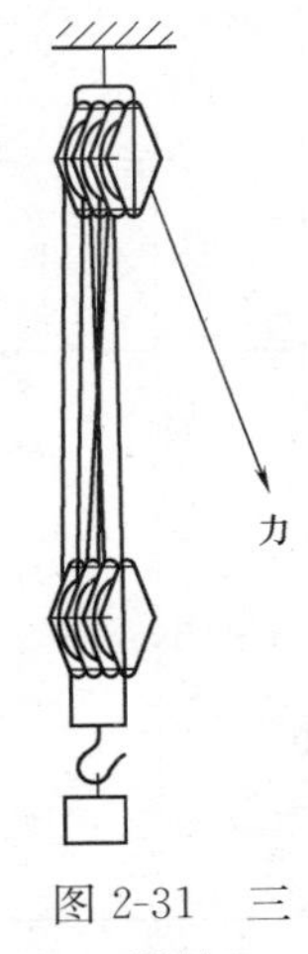

图 2-31　三三滑轮组

图 2-31 所示为一组正在起重的三三滑轮，它相当于 6 根绳子提升重物，若摩擦力忽略不计，则每段绳子上的张力只有重物重量的 1/6。因此只需用重物重量 1/6 的力，就可把重物提升起来。但施力点所移动的距离为重物上升距离的 6 倍。

滑轮直径与所用钢丝绳直径有一定的比例

关系，在计算钢丝绳直径时，只是按抗拉强度来考虑的。实际上钢丝绳与滑轮接触的那一段，除受拉力之外，还要弯曲。弯曲应力的大小与钢丝绳的柔软程度和滑轮直径有关。钢丝绳越软，滑轮直径越大，所引起的弯曲应力越小。但实际上钢丝绳不会太软，滑轮直径也不可能很大。为此，要把滑轮直径规定在一个虽然会引起钢丝绳受到一定弯曲应力，但影响又不大的范围内。一般来说，以滑轮直径为钢丝绳直径的16倍为宜。

二、单梁起重机

单梁起重机由吊架和葫芦组成。葫芦是一种轻小型的起重设备，其体积小，质量轻，价格低廉且使用方便。葫芦分电动葫芦和手动葫芦两种。工具钳工在工作中使用较多的是手动葫芦，与吊架配套使用，拆卸或装配模具零部件。

1. 国产电动葫芦的分类及技术规格

国产电动葫芦按起吊索具结构的不同分为环链式电动葫芦和钢丝绳式电动葫芦，它们的型号与技术规格见表2-22、表2-23。

表2-22　环链式电动葫芦的技术规格

型号	起重质量(kg)	起重链行数	起升高度 h (m)	起升速度 v (m/min)	链条直径与节距(mm)	运行速度 v (m/min)	工作制度(%)	工字钢型号	运行轨道最小曲率半径 R (m)
NHHM125	125	1	3	8	ϕ4×12	20	40	14-25b	1
NHHMS250	250	2		4					
NHHM250	250	1		8	ϕ5×15			14-25b	1.0
NHHMS500	500	2		4					
NHHM500	500	1		8	ϕ7×21			14-28b	1.2
NHHMS1000	1000	2		4					
NHHM1000	1000	1		8	ϕ10×30			14-28b	1.2
NHHMS2000	2000	2		4					

注　最高起升高度单链为12m，双行链为6m。

表 2-23　　钢丝绳式电动葫芦的技术规格

型号		$CD_1$0.5-6D	$CD_1$0.5-9D	$CD_1$0.5-12D	$CD_1$1-6D	$CD_1$1-9D	$CD_1$1-12D	$CD_1$1-18D	$CD_1$1-24D	$CD_1$1-30D	$CD_1$2-6D	$CD_1$2-9D	$CD_1$2-12D	$CD_1$2-18D	$CD_1$2-24D	$CD_1$2-30D
起重质量(t)		0.5			1						2					
起升高度 h(m)		6	9	12	6	9	12	18	24	30	6	9	12	18	24	30
起升速度 v(m/min)		8			8						8					
运行速度 v(m/min)		20(30)			20(30)						20(30)					
钢丝绳	直径 d(mm)	5.1			7.4						11					
	形式	6×37+1			6×37+1						6×37+1					
工字梁型号		16-28b			16-28b						20a-32c					
起升电机	型号	$ZD_1$21-4			$ZD_1$22-4						$ZD_1$31-4					
	功率 P(kW)	0.8			1.5						3					
运行电机	型号	$ZDY_1$11-4			$ZDY_1$11-4						$ZDY_1$12-4					
	功率 P(kW)	0.2			0.2						0.4					
接合次数(次/h)		120			120						120					
工作制度(%)		25			25						25					

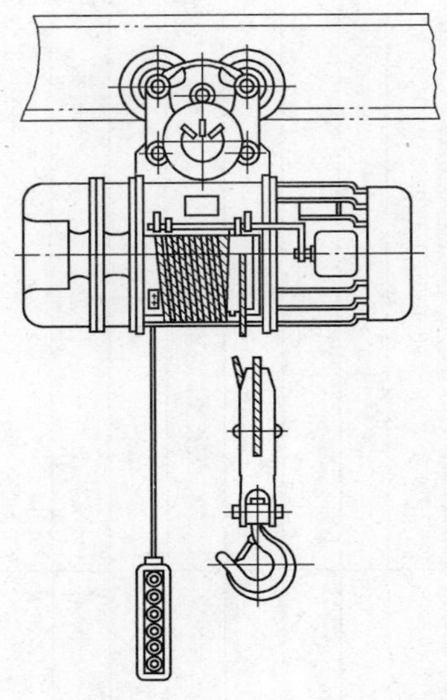

图 2-32　钢丝绳式电动葫芦

2. 传动系统及工作原理

以图 2-32 所示的钢丝绳式电动葫芦为例，图 2-33 为电动葫芦的起升机构总成。图 2-34 为起升机构的结构。图 2-35 为起升机构减速器。

在图 2-34 中，带制动装置的锥形转子电动机，其锥形转子接通电源后产生磁拉力，磁拉力克服弹簧的压力，使风扇制动轮脱开后端盖，电动机启动运转。在图 2-33 中，运动经弹性联轴器 1、刚性联轴器 2，传给减速器输入轴 3，在图 2-35 中，运动经三级外啮合斜齿轮减速传动，将运动传至输出端空心轴，空心轴 5 驱动卷筒 4 旋转，使绕在卷筒上的钢丝绳带动吊钩装置上升或下降。

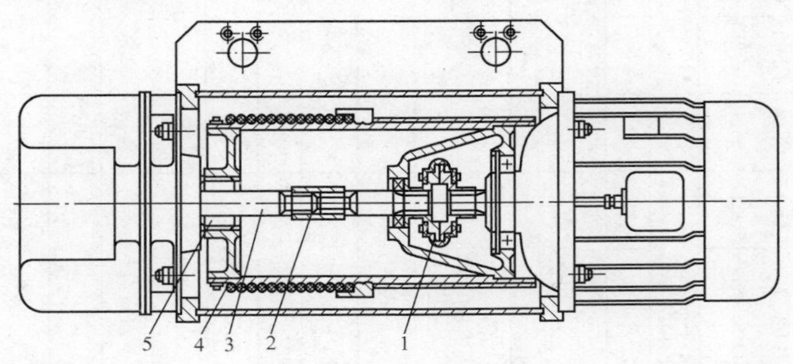

图 2-33　电动葫芦起升机构总成

1—联轴器；2—刚性联轴器；3—轴；4—卷筒；5—空心轴

3. 主要部件及结构

钢丝绳式电动葫芦主要包括动力机构、传动机构、减速机构和卷筒机构等几个主要部分。

动力机构参见图 2-34，它由转子 8、定子 7、锥形制动环 4、

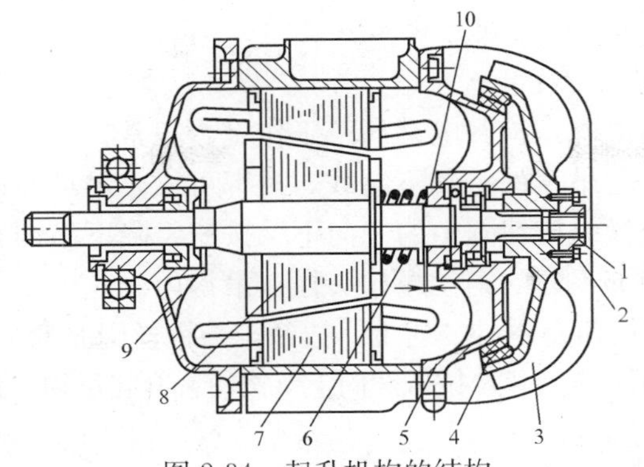

图 2-34　起升机构的结构

1—锁紧螺钉；2—螺钉；3—风扇制动轮；4—锥形制动环；5—后端盖；6—弹簧；7—定子；8—转子；9、10—支承圈

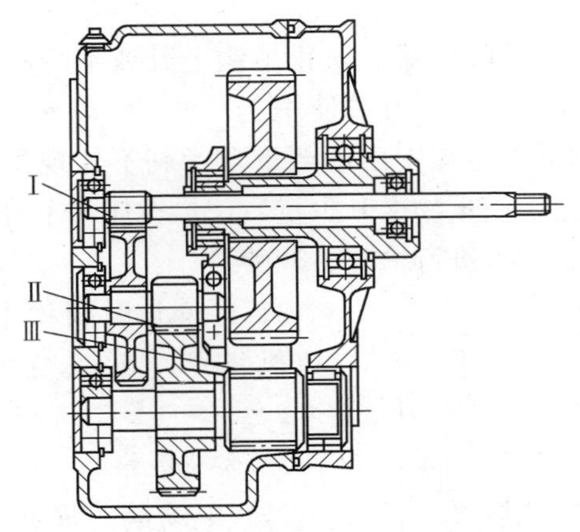

图 2-35　起升机构减速器

Ⅰ～Ⅲ—三级外啮合斜齿轮

后端盖 5、弹簧 6、支承圈 10、风扇制动轮 3、前端盖、锁紧螺母、螺钉及轴承等零件组成。当锥形转子接通电源前，风扇制动轮上的锥形制动环在弹簧 6 的作用下，压紧在后端盖 5 的锥形制动环外锥面上，将转子锁死，使之不能转动。当锥形转子接通电源后，产生轴向磁拉力，锥形转子克服弹簧的压力向右移动，同时解脱锥形制动环的锁死，启动旋转，输出转矩。锥形制动环间的压紧力由锁紧螺母 1 改变弹簧 6 的压缩量来调整。

4. 钢丝绳式电动葫芦操作方法

（1）操作步骤：

1）接通电源，检查电动葫芦工作是否正常、安全。

2）检查起吊工件重量不超载，捆绑可靠，吊点通过重心。

3）按压操纵按钮盒中的“向下”按钮，降下吊钩。

4）将捆绑工件的钢丝绳扣头挂在吊钩内。

5）按压按钮盒中的“向上”按钮，当钢丝绳张紧后，点动“向上”按钮，无异常变化，按压“向上”按钮，升起重物，移动到位。

6）卸下工件。

7）工作完毕后，将吊钩上升到离地面 2m 以上的高度停放，并关闭电源。

（2）注意事项：

1）电动葫芦的限位器是防止吊钩上升或下降超过极限位置的安全装置，不能当作行程开关使用。

2）在重物下降过程中出现严重自溜刹不住现象时，应迅速按压“上升”按钮，使重物上升少量后，再按压“下降”按钮，直至重物徐徐落地后，再进行检查、调整。

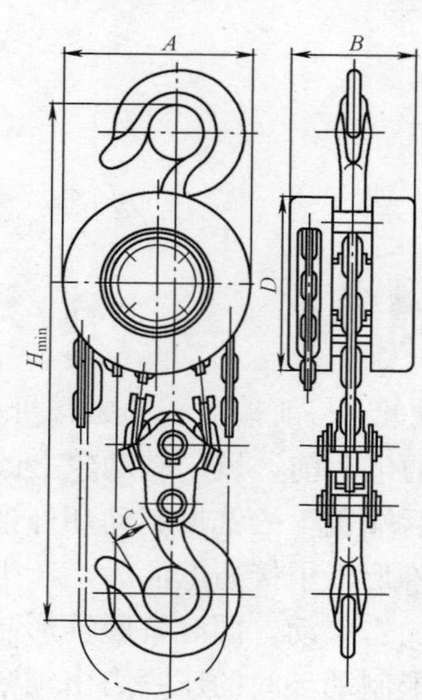

图 2-36　2、3、5t 手拉葫芦

3）严禁长时间将重物吊在空中，以免机件产生永久变形及其他事故发生。

5. 维护保养

（1）电动葫芦属起重设备，必须严格按规定进行定期检查和维修。

（2）锥形制动器的间隙过大时，应随时进行调整，制动环磨损或损坏应及时更换。

三、手动葫芦

手动葫芦分为手拉葫芦和手扳葫芦两种。其中，环链手拉葫芦、钢丝绳手扳葫芦和环链手扳葫芦的使用最为普遍。

1. 手拉葫芦

手拉葫芦如图 2-36 所示，它是一种以手拉为动力的起重设备。广泛用于小型模具设备的拆、装和零、部件的短距离吊装作业中；起吊高度一般不超过 3m，起吊重量一般不超过 10t，最大可达 20t；可以垂直起吊，也可以水平或倾斜使用；具有体积小、重量轻、效率高，操作简易及携带方便等特点。

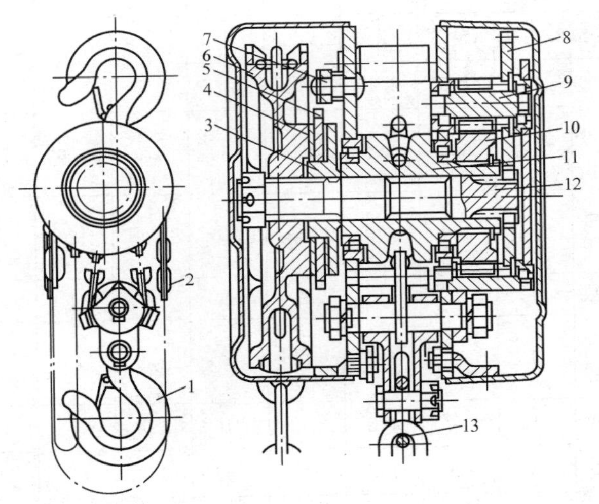

图 2-37 HS 型手拉葫芦传动部件及结构

1—吊钩；2—手拉链条；3—制动器座；4—摩擦片；5—棘轮；
6—手链轮；7—棘爪；8—片齿轮；9—四齿短轴；10—花键孔齿轮；
11—起重链轮；12—五齿长轴；13—起重链条

（1）国产手拉葫芦分类及简要技术规格。表 2-24 为南京起重机械总厂生产的部分产品型号及简要技术规格。

（2）传动系统。以 HS 型手拉葫芦为例。在图 2-37 中，当拽动手拉链条 2 时，手链轮 6 就随之转动，并将摩擦片 4、棘轮 5 及制动器座 3 压成一体共同旋转，五齿长轴 12 带动片齿轮 8、四齿短轴 9 和花键孔齿轮 10 旋转，装置在花键孔齿轮 10 上的起重链轮 11 带动起重链条 13 上升，平稳地提升重物。手链条停止拉动后，由于重物自身的重量使五齿长轴反向旋转，手链轮与摩擦片、棘轮和制动器座紧压在一起，摩擦片间产生摩擦力，棘爪阻止棘轮的转动而使重物停在空中，逆时针拽动手链条时，手链轮与摩擦片脱开，摩擦力消除，重物因自重而下降。反复进行操作，就能提升或降下重物。

表 2-24　　HS 型手拉葫芦的型号及简要技术规格

<table>
<tr><td colspan="2">型　号</td><td colspan="2">HS$\frac{1}{2}$</td><td colspan="2">HS1</td><td colspan="2">HS1$\frac{1}{2}$</td><td colspan="2">HS2</td><td colspan="2">HS2$\frac{1}{2}$</td><td colspan="2">HS3</td><td colspan="2">HS5</td><td colspan="2">HS10</td><td colspan="2">HS20</td></tr>
<tr><td colspan="2">起重质量(t)</td><td colspan="2">0.5</td><td colspan="2">1</td><td colspan="2">1.5</td><td colspan="2">2</td><td colspan="2">2.5</td><td colspan="2">3</td><td colspan="2">5</td><td colspan="2">10</td><td colspan="2">20</td></tr>
<tr><td colspan="2">起重高度(m)</td><td>2.5</td><td>3</td><td>2.5</td><td>3</td><td>2.5</td><td>3</td><td>2.5</td><td>3</td><td>2.5</td><td>3</td><td>3</td><td>5</td><td>3</td><td>5</td><td>3</td><td>5</td><td>3</td><td>5</td></tr>
<tr><td colspan="2">试验载荷(t)</td><td colspan="2">0.75</td><td colspan="2">1.5</td><td colspan="2">2.25</td><td colspan="2">3.00</td><td colspan="2">3.75</td><td colspan="2">4.50</td><td colspan="2">7.50</td><td colspan="2">12.5</td><td colspan="2">25.0</td></tr>
<tr><td colspan="2">两钩间最小距离(mm)</td><td colspan="2">280</td><td colspan="2">300</td><td colspan="2">360</td><td colspan="2">380</td><td colspan="2">430</td><td colspan="2">470</td><td colspan="2">600</td><td colspan="2">730</td><td colspan="2">1000</td></tr>
<tr><td colspan="2">满载时的手链拉力 F(N)</td><td colspan="2">170</td><td colspan="2">320</td><td colspan="2">370</td><td colspan="2">330</td><td colspan="2">410</td><td colspan="2">380</td><td colspan="2">420</td><td colspan="2">450</td><td colspan="2">450</td></tr>
<tr><td colspan="2">起重链行数</td><td colspan="2">1</td><td colspan="2">1</td><td colspan="2">1</td><td colspan="2">2</td><td colspan="2">1</td><td colspan="2">2</td><td colspan="2">2</td><td colspan="2">4</td><td colspan="2">8</td></tr>
<tr><td colspan="2">起重链条圆钢直径 d(mm)</td><td colspan="2">6</td><td colspan="2">6</td><td colspan="2">8</td><td colspan="2">6</td><td colspan="2">10</td><td colspan="2">8</td><td colspan="2">10</td><td colspan="2">10</td><td colspan="2">10</td></tr>
<tr><td rowspan="4">主要尺寸(mm)</td><td>A</td><td colspan="2">142</td><td colspan="2">142</td><td colspan="2">178</td><td colspan="2">142</td><td colspan="2">210</td><td colspan="2">178</td><td colspan="2">210</td><td colspan="2">358</td><td colspan="2">580</td></tr>
<tr><td>B</td><td colspan="2">126</td><td colspan="2">126</td><td colspan="2">142</td><td colspan="2">126</td><td colspan="2">165</td><td colspan="2">142</td><td colspan="2">165</td><td colspan="2">165</td><td colspan="2">189</td></tr>
<tr><td>C</td><td colspan="2">24</td><td colspan="2">28</td><td colspan="2">32</td><td colspan="2">34</td><td colspan="2">36</td><td colspan="2">38</td><td colspan="2">48</td><td colspan="2">64</td><td colspan="2">82</td></tr>
<tr><td>D</td><td colspan="2">142</td><td colspan="2">142</td><td colspan="2">178</td><td colspan="2">142</td><td colspan="2">210</td><td colspan="2">178</td><td colspan="2">210</td><td colspan="2">210</td><td colspan="2">210</td></tr>
<tr><td colspan="2">净质量(kg)</td><td>9.5</td><td>10.5</td><td>10</td><td>11</td><td>15</td><td>16</td><td>14</td><td>15.5</td><td>28</td><td>30</td><td>24</td><td>31.5</td><td>36</td><td>47</td><td>68</td><td>88</td><td>150</td><td>189</td></tr>
<tr><td colspan="2">起重高度每增加 1m 应增加的质量(kg)</td><td colspan="2">1.7</td><td colspan="2">1.7</td><td colspan="2">2.3</td><td colspan="2">2.5</td><td colspan="2">3.1</td><td colspan="2">3.7</td><td colspan="2">5.3</td><td colspan="2">9.7</td><td colspan="2">19.4</td></tr>
</table>

注　本表由南京起重机械总厂供给。

（3）主要部件及结构。参见图 2-37，HS 型手拉葫芦由吊钩 1、手拉链条 2、制动器座 3、摩擦片 4、棘轮 5、手链轮 6、棘爪 7、片齿轮 8、四齿短轴 9、花键孔齿轮 10、起重链轮 11、五齿长轴 12 和起重链条 13 组成。其中，五齿长轴 12 带动片齿轮 8、四齿短轴 9 带动花键孔齿轮 10 为二级正齿轮传动，与左边的制动器、手动链轮呈对称排列式结构。制动器由摩擦片4、棘轮5、制动器座3组成，靠手动链轮转动时产生的轴向压力压成一体，输出起重转矩带动起重链轮。停止拽动手链条时，压成一体的制动器通过棘爪阻止棘轮转动，使重物停在空中；逆时针转动手链轮，解除制动器端面的正压力，制动器则解除摩擦力，重物因自重自由落下。

（4）操作步骤：

1）根据工件重量选取吨位合适的手拉葫芦，将葫芦挂钩挂在可靠的支撑点上，检查葫芦动作灵活自如。

2）检查工件的捆绑安全可靠，起升高度在手拉葫芦的行程范围之内。

3）逆时针拽手拉葫芦链条，降下吊钩，将捆绑工件的钢丝绳扣头套在吊钩之中。

4）顺时针拽手拉链条，并保持与吊链方向平行，升起吊钩，当张紧起重链条时，微量起升工件，观察无异常变化，再顺时针拽手拉链条，稳妥地吊起工件。

5）当需要降下工件时，逆时针拽手拉链条，工件便缓缓下降。

6）当工件落至目的地后，继续下降一段距离，摘下吊钩，起重工作结束。

（5）注意事项：

1）使用前，应仔细检查吊钩、链条、轮轴及制动器等完好无损，棘爪弹簧应保证制动可靠。

2）严禁超载使用。

3）操作时，应站在起重链轮同一平面内拉动链条，用力要均匀、和缓，保持链条理顺。拉不动时，不要用力过猛或抖动链条，应查找原因。

（6）维护保养：

1）手拉葫芦属起重设备，必须严格按规定进行定期检查维护，对破损件要及时进行修换。

2）对润滑部位、运动表面应经常加注润滑油。

3）手拉葫芦不用时，存放过程中注意不要被其他重物压坏。

2. 手扳葫芦

环链手扳葫芦也是常用的一种小型手动起重设备，其在结构上与环链手拉葫芦有些区别。图 2-38 所示为环链手扳葫芦的外形。

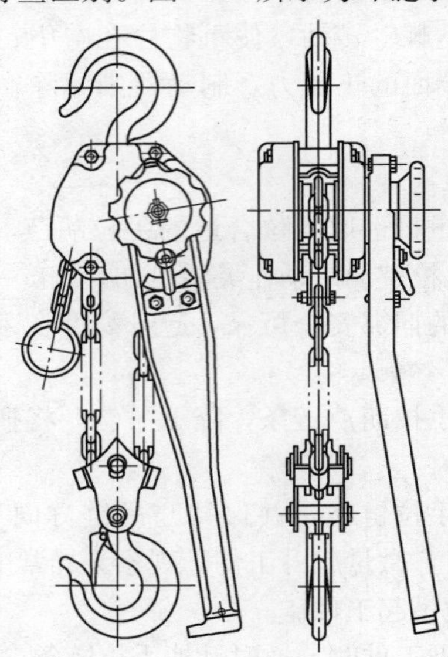

图 2-38　环链手扳葫芦

（1）国产手扳葫芦的分类及简要技术规格见表 2-25。

表 2-25　　环链手扳葫芦规格

型　　号	HB $\frac{1}{2}$	HB1	HB1 $\frac{1}{2}$	HB2	HB3
起重质量（t）	0.5	1	1 $\frac{1}{2}$	2	3
起升高度 h（m）	1.5	1.5	1.5	1.5	1.5
链条行数	1	1	1	2	2
扳手长度 l（mm）	360	400	500	400	500
满载时的手扳力 f（N）	200	250	300	265	320
手柄扳动 90°时的行程（mm）	12.5	11.35	12.2	5.68	6.1
链条规格（mm）	$\phi5\times15$	$\phi6\times18$	$\phi8\times24$	$\phi6\times18$	$\phi8\times24$
两钩间最小距离（mm）	265	295	325	350	410
净质量（kg）	5	6.9	10	9.2	14.5

（2）传动系统。以HB型手扳葫芦为例。起吊时，先转动手柄上的旋钮，使之指向位置牌上的“上”位置，再扳动手柄，拨爪便拨动拨轮，将摩擦片、棘轮、制动器座及压紧座压紧成一体，并带动齿轮轴及齿轮一起转动，连接在齿轮内花键上的起重链轮就带动起重链条上升，重物即被平稳地吊起。转动手柄上的旋钮指向“下”的位置，扳动手柄，制动器松开，重物由于重力的作用而下降，当手柄停止扳动时，重物就停止下降。

（3）主要部件及结构。环链手扳葫芦也由制动器部件、传动部件、起重链轮及起重链条组成。其中制动器部件结构同HS型手拉葫芦的制动器相同。不同点是手扳葫芦将手拉链轮变成靠手柄、拨爪拨动的拨轮。同时，将HS型手拉葫芦的二级齿轮传动改成一级齿轮传动。HB型手扳葫芦在棘爪销上装有棘爪脱离机构，空载时可以快速调整吊钩位置，使用十分方便。

（4）操作步骤：

1）根据工件重量选取吨位合适的手扳葫芦，将葫芦挂钩挂在可靠的支撑点上，检查葫芦动作灵活自如。

2）检查工件的捆绑安全可靠，起升高度在手扳葫芦的行程范围之内。

3）脱离手柄与棘轮间的棘爪，降下吊钩，将捆绑工件的钢丝绳扣头套于吊钩之中。

4）接通手柄与棘轮间的棘爪，转动手柄上的旋钮，使之指向位置牌上的“上”位置。

5）扳动手柄，当张紧起重链条时，少量起升工件，观察无异常变化，再继续扳动手柄，稳妥地吊起工件。

6）当需要降下工件时，转动手柄上旋钮，使之指向“下”位置，扳动手柄，工件下降。

7）当工件落至目的地时，脱开棘轮、棘爪，让吊钩继续下移一段行程后，摘下钢丝绳扣头。

8）接通棘轮、棘爪，起重工作结束。

（5）注意事项：

1）手扳葫芦的手柄在工作时不能被障碍物阻塞。

2）不能同时扳动前进杆和反向杆。

3）使用前应仔细检查吊钩、链条、轮轴及制动器等是否良好，传动部分是否灵活，并在传动部分加油润滑。

4）使用时，应先慢慢起升，待链条张紧后，检查葫芦各部分有无变化，安装是否妥当，当确定各部分都安全可靠后，才能继续工作。

（6）维护保养：

1）手扳葫芦也属起重设备，必须严格按规定进行定期检查维护，对破损件要及时进行修换。

2）手扳葫芦平时要定置存放，不许与其他工具混放、堆压。

3）手扳葫芦的润滑部位、传动机构应经常加油润滑。

第四节　工具钳工常用装配拆卸工具

了解工具钳工常用的装配拆卸等修理工具和器具的用途、规格和种类，掌握操作要点及操作步骤，可有效提高工具钳工的工作效率和技能水平。

一、通用工具

工具钳工拆卸和装配常用的通用工具有钳子类、扳手类和螺钉旋具类。

（一）钳子类

1. 钢丝钳

钢丝钳主要用来夹持或折断金属薄板及切断金属丝。带绝缘柄的供有电的场合使用（工作电压500V）。其长度规格有150、175、200mm三种。

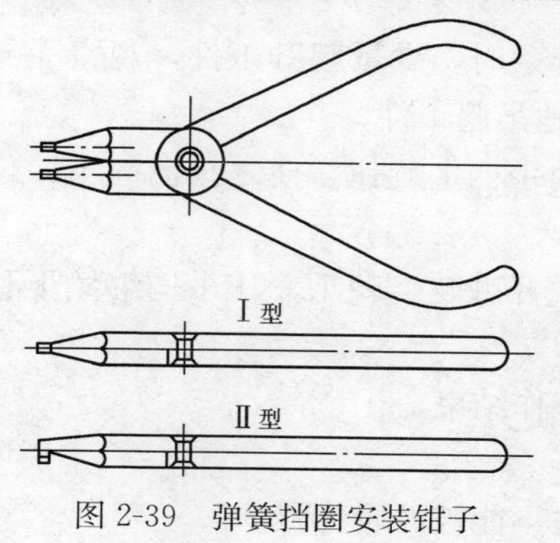

图2-39　弹簧挡圈安装钳子

2. 弹簧挡圈安装钳子

弹簧挡圈安装钳子外形如图2-39所示，专供装拆弹性挡圈用，有直嘴式、弯嘴式、孔用、轴用之分。长度规格有125、175、225mm三种。

下面以轴用弹簧钳的使用为例，说明使用步骤和注意事项。

（1）使用步骤：

1）手握轴用卡钳钳柄，将钳爪对准轴用卡环的插口，并插入孔内。

2）手捏钳柄，稳当用力，胀开轴用卡圈。

3）用另一只手轻扶卡圈，共同移动，沿轴向退出卡圈，如图 2-40 所示。

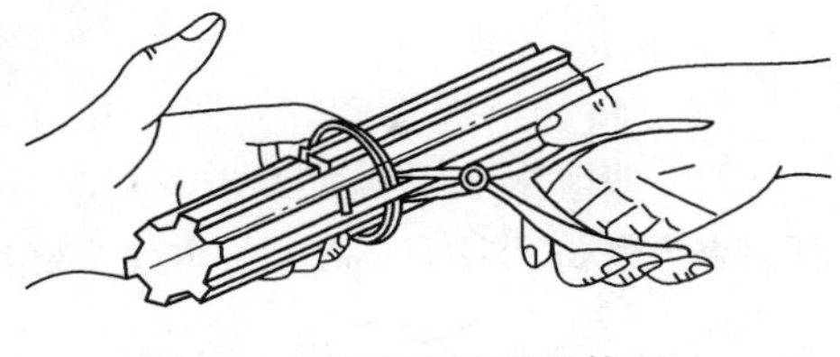

图 2-40　轴用弹簧钳的使用

（2）注意事项：

1）孔用、轴用弹簧卡钳的钳爪插入卡环口中，要对正、插稳。保持钳子平面平行于卡环平面。

2）卡钳的胀紧力不必过大，胀开卡圈可以移出即可。

（二）扳手类

机修钳工使用的扳手种类较多，外形如图 2-41 所示。

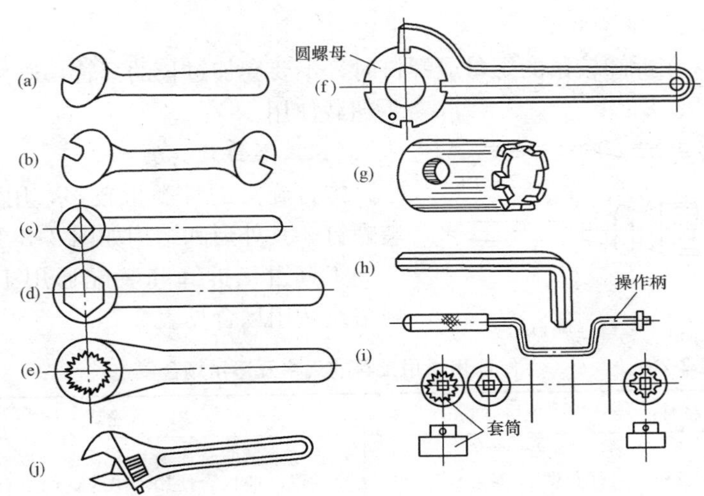

图 2-41　机修钳工使用的扳手

(a)、(b) 呆扳手；(c) 方身扳手；(d) 六角扳手；(e) 梅花扳手；(f) 钩扳手；(g) 套筒式圆螺母扳手；(h) 内六角扳手；(i) 成套套筒扳手；(j) 活扳手其中，活扳手的开口宽度可以调节，可用来扳动六角头或方头螺栓螺母。其长度规格有100、150、200、250、300、375、450、600mm等。

下面以活扳手的使用为例，说明使用步骤和注意事项。

1. 使用步骤

(1) 转动活扳手螺杆，张开开口。

(2) 根据拆卸或装配要求，判定正确扳动方向后，调整活舌，将开口卡住螺母，其大小以刚好卡住为好，不要晃荡，如图2-42所示。

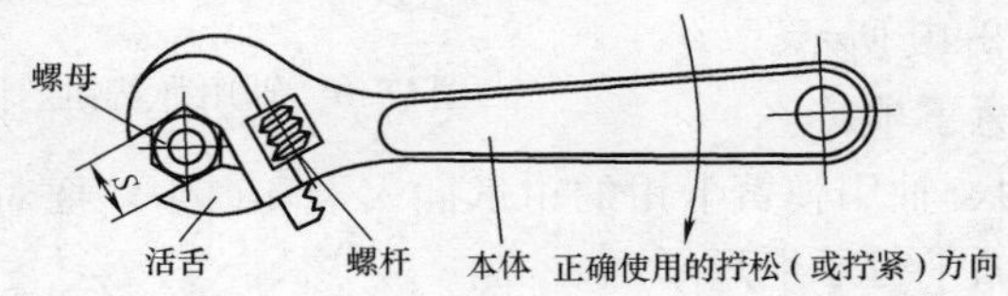

图2-42　活扳手

(3) 按顺时针方向，先试探性用力扳动，感觉无滑脱等不利情况后，再用力连续扳动至拆下螺母。

2. 注意事项

在拆卸较紧的螺母或螺钉时，不要套加过长的套管，避免活扳手超载使用。

(三) 螺钉旋具类

螺钉旋具的种类也较多，用来拆、装螺钉。其外形和结构如图2-43所示。

工具钳工拆卸和装配通用工具的规格及适用场合见表2-26。

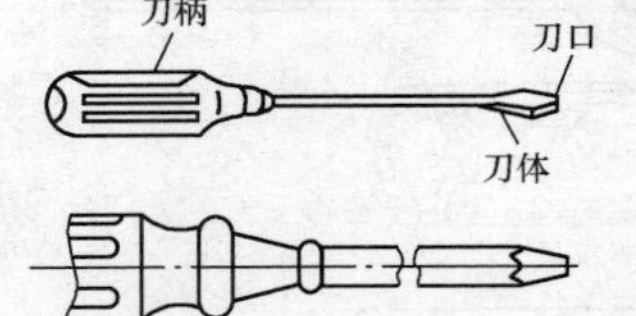

图2-43　螺钉旋具

表2-26　修理用通用工具的规格及适用场合

名称	规格（mm）	用途
钢丝钳	长度：150，175，200	夹持或折断金属薄板及切断金属丝。铁柄的供一般场合使用，绝缘柄的供有电场合使用（工作电压500V）
尖嘴钳（尖头钳）	长度：130，160，180，200	能在较狭小的工作空间操作，夹捏工件等，绝缘柄的供有电场合使用，工作电压500V

续表

名称	规格（mm）	用　　途
弹性挡圈安装钳子	长度：125，175，225	专供装拆弹性挡圈用。由于挡圈有孔用、轴用之分，以及安装部位不同，可根据需要分别选用直嘴式或弯嘴式、孔用或轴用挡圈钳
双头扳手（双头呆扳手）	单件扳手： 4×5，6×7，8×10，10×12，12×14，17×19，22×24 等 成套扳手： 6 件套 8 件套 10 件套	用以紧固或拆卸螺栓、螺母。双头扳手由于两端开口宽度不同，每把可适用两种尺寸的六角头或方头螺栓和螺母
单头扳手（单头呆扳手）	开口宽度： 8，10，12，14，17，19，22，24，27，30，32，36，41，46，50，55，65，75	一端开口，只适用于紧固、拆卸一种尺寸的六角头或方头螺栓和螺母
梅花扳手（眼睛扳手）	单件扳手： 5.5×7，8×10，(9×11)，12×14，(14×17)，17×19，19×22，22×24，24×27，30×32，36×41，46×50 成套扳手 6 件套、8 件套	用于拆、装六角螺钉、螺母，扳手可以从多种角度套入六角内，适用于工作空间狭小，不能容纳普通扳手的场合
套筒扳手	一般为成套盒装： 6 件，9 件，10 件，12 件，13 件，17 件，19 件，28 件等	除具有一般扳手的功用外，特别适用于旋动地位很狭小或凹下很深地方的六角头螺栓或螺母
活扳手（活络扳手）	长度：100，150，200，250，300，375，450，600	开口宽度可以调节，能扳动一定尺寸范围内的六角头或方头螺栓螺母
内六角扳手	公称尺寸：3，4，5，6，8，10，12，14，17，19，22，24，27	供紧固或拆卸内六角螺钉用

续表

名 称	规格(mm)	用 途
钩形扳手(圆螺母扳手)	适用圆螺母的外径范围:22～26,28～32,34～36,38～42,45～52,55～62,68～72,78～85,90～95,100～110,115～130等	专供紧固或拆卸机床、车辆、机械设备上的圆螺母用(即圆周上带槽的)
双销活动叉形扳手	销距: $A \leqslant 90$,$L=235$ $d=5$ $A \leqslant 115$,$L=275$ $d=7$	用于安装或拆卸端面带孔的圆螺母
双销可调节叉形扳手	$d=2.8$　$L=125$ $d=3.8$　$L=160$	用于安装或拆卸端面带孔的圆螺母。销距可调节
扭力扳手	最大扭矩(N·m):1000,200,300	配合套筒头,供紧固六角螺栓螺母用,在扭紧时可以表示出扭矩数值。凡是对螺栓、螺母的扭矩有明确规定的装配工作,都要使用这种扳手
管钳子	长度:150,200,250,300,350,450,600,900,1200	扳动金属管或圆柱形工件,为管路安装和修理工作中常用的工具
一字槽螺钉旋具	公称尺寸为:50×5,65×5,75×5,100×6,125×6,150×7,200×8,250×9,300×10 公称尺寸两组数字,前为柄外杆身长度,后为杆身直径	这种工具有木柄和塑料柄之分,用来紧固或拆卸一字槽的螺钉、木螺钉、木柄的又分普通式和通心式两种,后者能承受较大的扭力,并可在尾部敲击。塑料柄具有一定的绝缘性能,适宜电工使用
十字槽螺钉旋具	十字槽规格: Ⅰ(2～2.5) Ⅱ(3～5) Ⅲ(5.5～8) Ⅳ(10～12)	专供旋动十字槽螺钉、木螺钉用

续表

名称	规格（mm）	用　　途
皮带冲（打眼冲）	冲孔直径：1.5，2.5，3，4，5，5.5，6.5，8，9.5，11，12.5，14，16，19，21，22，24，25，28，32	用于非金属材料，如皮革制品，橡胶板，石棉板等上面冲制圆孔
锤子	0.5～1kg	拆装各种零件用
钳工锉	12支粗、细	修配零件
手锯		修配零件
销子冲	$\phi3\sim\phi12$	拆装用
纯铜棒或铝棒	$\phi10\times150$，$\phi15\times200$，$\phi20\times200$	拆卸用
钢丝绳	绳6×9（股1＋6＋12）	吊装用
千斤顶	视工作需要定尺寸	调水平仪或三个一组支撑工件划线时使用
磨石	各种形状	修研不同形状的零件
磁力表架		与百分表、千分表配合使用，可测量直线度、圆跳动、平行度等形位误差
万能表架		

二、专用工具

工具钳工拆卸和装配的专用工具有拔卸类和拉卸类。

1. 拔卸类

拔卸类的工具有拔销器和拔键器等。这类工具用来拉出带内螺纹的轴、锥销或直销，拆卸带钩头的斜度平键。外形及结构如图2-44和图2-45所示。

以图2-44所示拔销器的使用为例，说明使用步骤和注意事项。

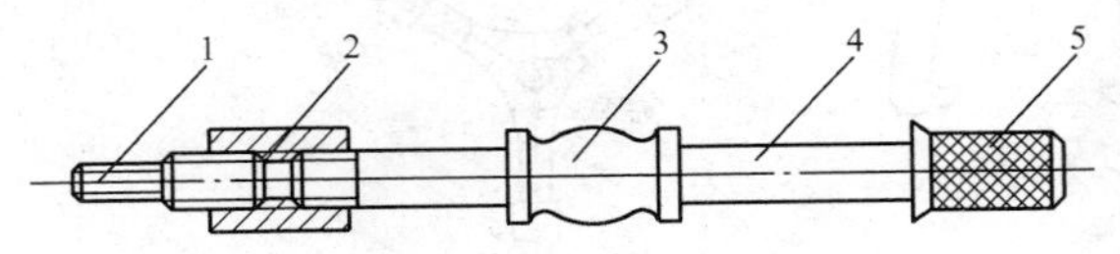

图2-44　拔销器

1—可更换螺钉；2—定螺钉套；3—作用力圈；4—拉杆；5—受力圈

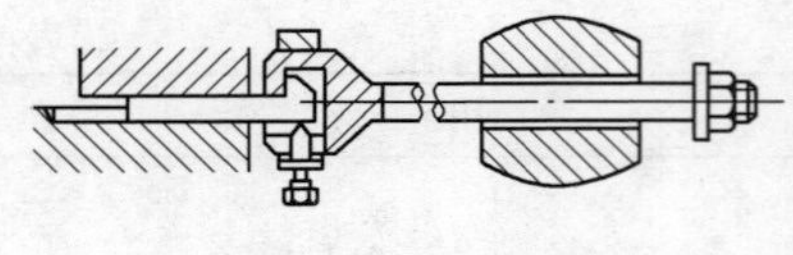

图 2-45 拔键器

(1) 使用步骤:

1) 观察所要拔卸销子的直径、长度，根据过盈量产生的摩擦力大小，选择规格适合的拔销器。

2) 根据销子尾端的螺孔直径选换螺钉 1。

3) 将螺钉 1（连同拔销器）旋入销子尾端螺孔，旋入深度大于螺孔直径。

4) 摆正拉杆轴向位置，左手轻扶受力圈，右手拨动作用力圈，先轻轻撞击，观察无误，再逐渐加力，拔到末尾力宜小。

5) 卸下销子。

(2) 注意事项:

1) 更换螺钉，使其旋入拔销器和销孔内的深度都必须分别大于定螺钉套螺孔直径和销子尾孔直径。

2) 左手扶受力圈时，手指不要超出端面，以免拉动作用力圈时砸碰手指。

2. 拉卸类

拉卸类工具的外形和结构如图 2-46 所示。用来拆卸机械中的轮、盘或轴承类零件。下面以两爪式拉轮器的使用为例（图 2-47)，说明其使用步骤和注意事项。

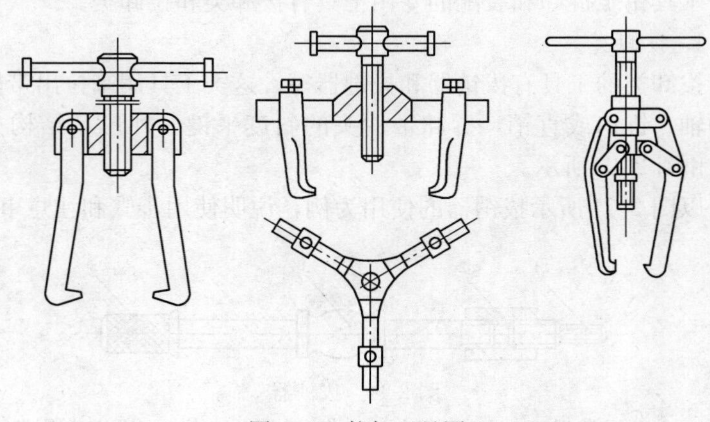

图 2-46 拉卸工具图

（1）使用步骤：

1）在图 2-47 中，根据轴承直径和轴部长度，选择规格合适的拉轮器。

2）将拉轮器拉爪对称地勾在轴承背端面端部的中心孔内。

3）顺时针慢慢地扳转手柄杆，旋入顶杆，注意不要让爪钩滑脱。

4）当轴承退出一段距离，顶杆螺纹行程不够时，可退出顶杆，在轴端加垫后继续拆卸。

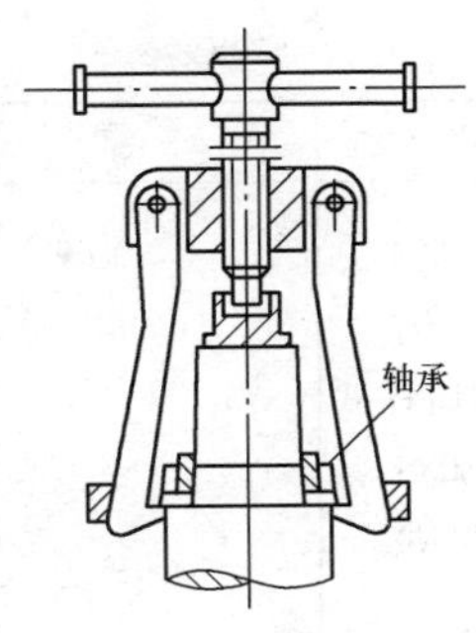

图 2-47　拆卸轴承

5）拆卸的轴承要掉下来时，应用手托住轴承，或用吊车吊住轴承（质量较大时），以防突然落下，发生意外事故。

6）轴承拆下后，整理工作场地。

（2）注意事项：当顶杆端头没有球头时，为减小顶杆端部和轴头端部的摩擦，可在顶杆端部中心孔与轴头端部中心孔之间放一合适的钢球进行拆卸。

机修钳工拆卸和装配专用工具及适用场合见表 2-27。

表 2-27　修理用专用工具及适用场合

名　称	图　形	用　途
套筒式端面十字槽扳手		用于埋入孔内的圆螺母、磨床主轴轴瓦锁紧螺母的装卸
拔销器		用于拉出带内螺纹的轴、锥销或直销
拉锥度平键工具		用于拆卸带钩头的锥度平键

续表

名　称	图　　形	用　途
螺杆式拉卸工具(扒钩)	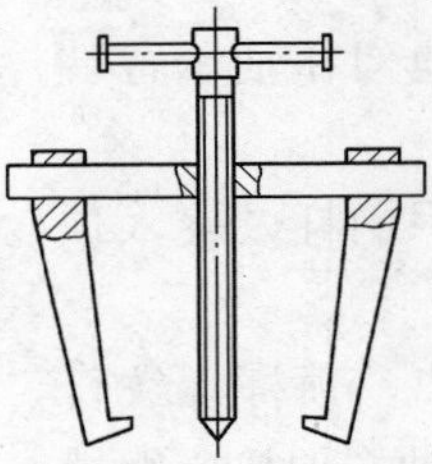	用于拆卸带轮、轴承、齿轮等
装卸工作台面的架子	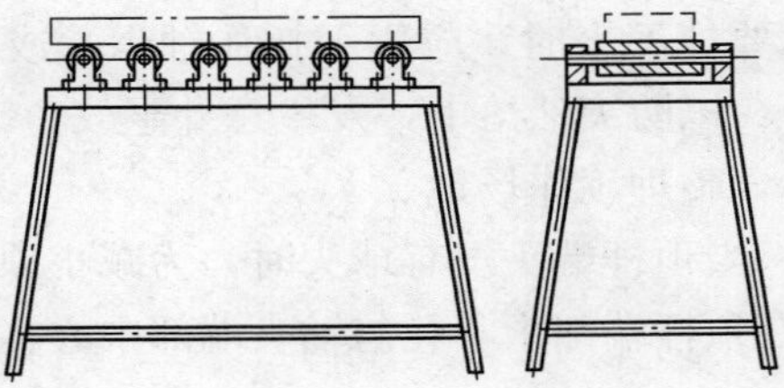	用于装卸铣床工作台面等
装卸箱体架子	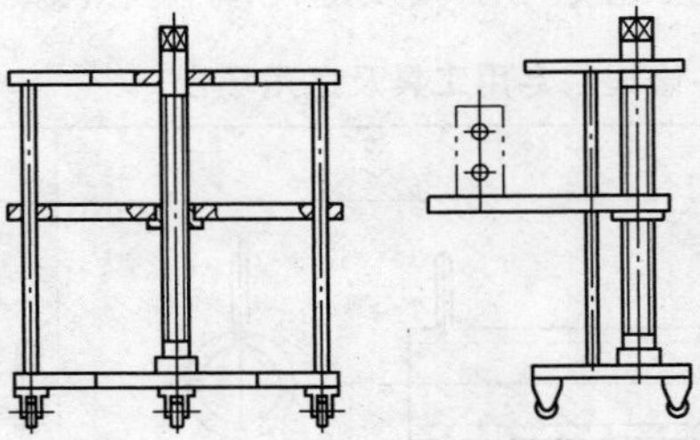	用于装卸车床溜板箱，进给箱，铣床进给变速箱等
剪刀式吊装架	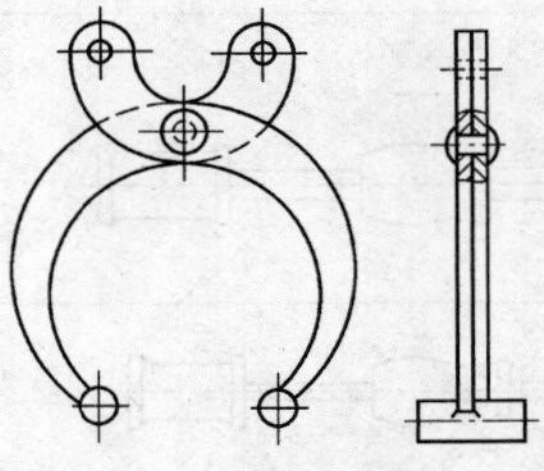	用于装吊带燕尾的工件。如车床床鞍，平面磨床主轴磨头壳体等

续表

名　称	图　　形	用　　途
零件存放盘	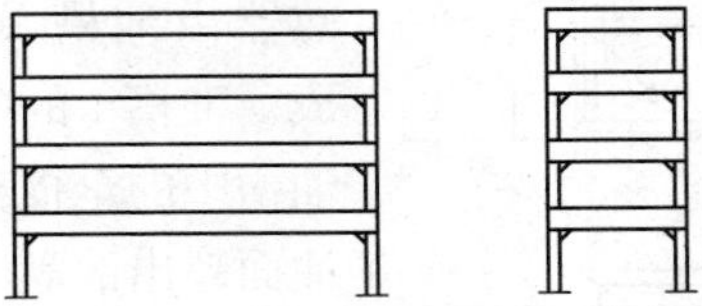	用于存放拆卸的零部件，还可作零件清洗盘用
清洗槽	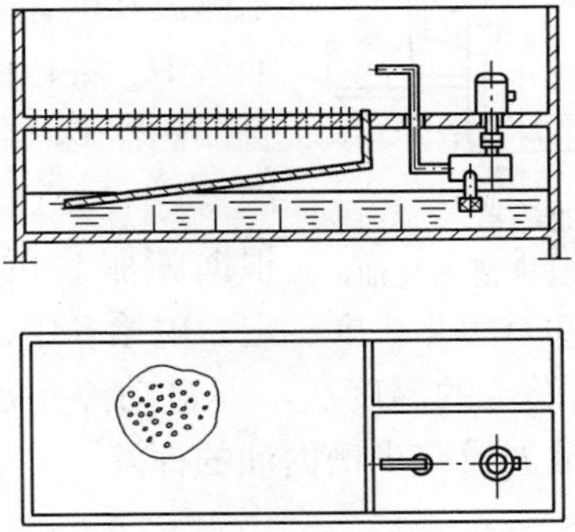	采用煤油（或柴油）作清洗液的清洗槽，油液由流量50～100L/min的齿轮油泵吸入，经塑料管喷出，进行冲刷零部件
龙门吊架	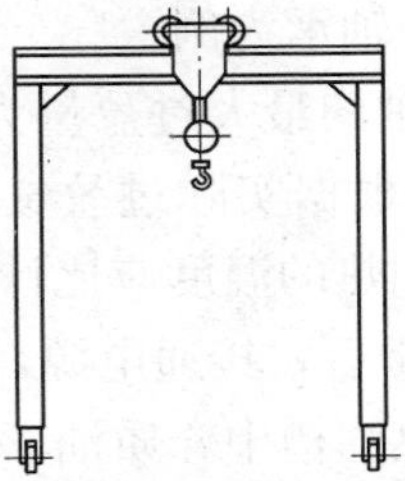	在吊架上可安装0.5～1t手动葫芦或安装用蜗轮、蜗杆自制的电动卷扬机，在没有天车的厂房内吊装零部件

三、轴承加热器

轴承加热器是一汽设备修理厂根据机修钳工的工作需要自制的一种加热装置。专门用来对轴承体进行加热，以得到所需的轴承膨胀量和去除新轴承表面的防锈油。

轴承加热器的外形及结构如图 2-48 所示。

1. 工作原理

在图 2-48 中，当电箱 5 中开关接通电源后，油槽底部的螺旋管加热器 6 便对油槽中的重型全损耗系统用油 3 进行加热，使浸泡在油中的轴承体温度升高，而产生所需要的膨胀量。

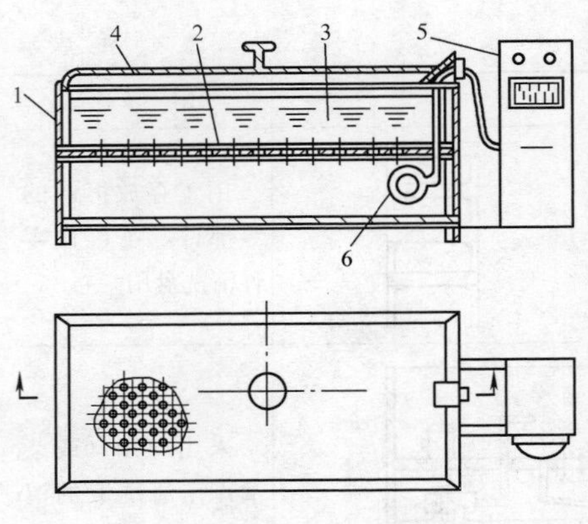

图 2-48　轴承加热器

1—油箱；2—油盘；3—全损耗系统用油；4—盖；5—电箱；6—螺旋管加热器

2. 基本结构

如图 2-48 所示，轴承加热器由油槽及电箱两部分组成。油槽 1 的中部设有油盘 2，油槽中的全损耗系统用油 3 的油面超出油盘一定高度，使轴承体放在油盘上后，能浸泡在油液中。油槽的底部装有螺旋管加热器 6，它的加热温度范围为 0～600℃，加热的温度点根据膨胀量的不同可预先设定。电箱 5 中装有调节式测温计，当油温升高到预先设定的温度后，即自动停止加热。油槽还附有油槽盖 4，用来保持油温及减少槽内油的挥发。

3. 操作步骤

以 ϕ35H5/j6 配合的滚动轴承为例。

(1) 由配合符号中得出轴的最大过盈量为 0.011mm，实测轴、孔实际过盈量为 0.003mm，根据实际过盈量由计算得出轴承加热器加热温度为 80～120℃。加热的温度应比计算值高些。

(2) 检查轴承加热器正常后，接通电源，调整加热温度设置旋钮，使指针指向 100℃，加热油槽中介质油。

(3) 将要加热的轴承体用旧电线串成串，系牢。当油温升至 50℃时，打开油箱盖，将轴承放入油箱内油盘上，使轴承全部浸泡在油液中，系轴承电线的另一端引出箱外固定，盖好油箱盖。

(4) 油温显示指针随油温升高移动，当指针指向 100℃时，加热器停止加热。保温一段时间。

(5) 关闭电源，打开油箱盖，抓住穿轴承电线的另一端，提起轴承，悬吊一会，把轴承表面的油淌滴回油箱后，取出轴承。

(6) 加热结束。盖好油箱盖，清理现场。

4. 注意事项

(1) 油箱内的介质油加热时，要盖好箱盖，以减少散热及油的挥发。加热温度不要过高。

(2) 加热器停止加热后，保温 8～10min 即可。提取轴承时，由于油温较高，要注意安全。

5. 维护保养

(1) 轴承加热器应固定专人负责管理，经常保持设备整洁、完好，并定期对设备进行检查，维护。

(2) 机修钳工应按操作规程使用设备，保持箱内油液清洁，油量不足时，要及时补加。

四、模具装配机

模具机械装配常用设备有固定式和移动式两种。大型固定式模具装配机（模具翻转机）对大型模具、级进模和复合模的装配可显示出较大的优越性，它不仅可提高模具的装配精度、装配质量，还可缩短模具制造周期，减轻劳动强度。移动式模具装配机主要是为解决小型精密冲模的装配机械化，并提高装配质量而设计制造的。

移动式模具装配机的结构如图 2-49 所示，它能完成模具装配过程中的找正、定位、调整、试模等工作，装配调试完毕，可以直接在本机上进行试冲（试冲力为 100kN）。发现问题可以再调整，直到符合要求。该装配机不配备钻孔设备，其结构为开放式，工具钳工可以在其四周任何一面进行工作，便于装模和修配。

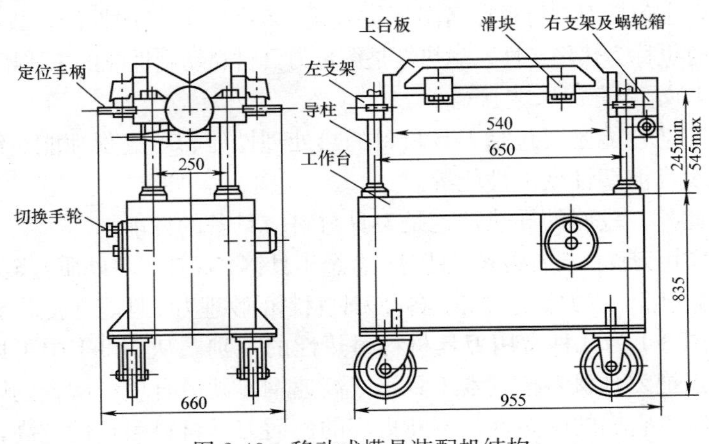

图 2-49　移动式模具装配机结构

第三章

金属切削刀具

第一节 常用刀具材料

一、刀具材料应具备的性能

1．硬度和耐磨性高

刀具材料的硬度必须比工件材料的硬度高，一般都在 60HRC 以上。耐磨性是指材料抵抗磨损的能力。一般来说，刀具材料硬度越高，耐磨性越好。

2．有足够的强度和韧性

刀具材料的强度一般用抗弯强度表示，韧性用冲击韧度表示。

3．较高的耐热性

耐热性是指刀具材料在高温下保持硬度、耐磨性、强度和韧性的性能，也包括刀具材料在高温下抗氧化、粘结、扩散的性能，故耐热性有时也称为热稳定性。耐热性是衡量刀具材料切削性能的主要指标。

4．有良好的工艺性能

工艺性能主要包括刀具材料的热处理性能、可磨削性能、锻造性能及高温塑性变形性能等。

此外，较好的导热性也是刀具材料应具备的性能。

常用刀具材料有碳素工具钢、合金工具钢、高速钢、硬质合金、陶瓷、金刚石、立方氮化硼等。各种刀具材料的物理力学性能见表 3-1。

图 3-1 为几种常用刀具材料耐热性的差别。从图 3-1 中可以看出，当把刀具材料按碳素工具钢—高速钢—硬质合金—陶瓷的顺序排列时，它们的耐热性是不断提高的。而刀具材料耐热性越高，允许切削的速度越高。

表 3-1　各种刀具材料的物理力学性能

材料种类 \ 材料性能		密度 ρ (g/cm^3)	硬度	抗弯强度 σ_{bb} (GPa)	抗压强度 σ_{bc} (GPa)	冲击韧度 α_K (kJ/cm^2)	弹性模量 E (GPa)	热导率 λ [W/(m·K)]	线膨胀系数 α_l (10^{-6}/℃)	耐热性 (℃)
碳素工具钢		7.6～7.8	60～64 HRC	2.2	4	—	210	41.8	11.72	200～250
合金工具钢		7.7～7.9	60～65 HRC	2.4	4	—	210	41.8	—	300～400
高速钢 W18Cr4V		8.7	63～66 HRC	3～3.4	4	180～320	210	20.9	11	620
硬质合金	YG6	14.6～15	89.5 HRA	1.45	4.6	30	630～640	79.4	4.5	900
	YT14	11.2～12	90.5 HRA	1.2	4.2	7	—	33.5	6.21	900
陶瓷	Al_2O_3 陶瓷 AM	3.95	大于 91 HRA	0.45～0.55	5	5	350～400	19.2	7.9	1200

续表

材料种类 \ 材料性能		密度 ρ (g/cm³)	硬度	抗弯强度 σ_{bb} (GPa)	抗压强度 σ_{bc} (GPa)	冲击韧度 α_K (kJ/cm²)	弹性模量 E (GPa)	热导率 λ [W/(m·K)]	线膨胀系数 α_l (10^{-6}/℃)	耐热性 (℃)
陶瓷	Al_2O_3+TiC 陶瓷 T8	4.6	93～94 HRA	0.55～0.65						
陶瓷	Si_3N_4 陶瓷 SM	3.26	91～93 HRA	0.75～0.85	3.6	4	300	38.2	1.75	1300
金刚石	天然金刚石	3.47～3.56	10 000HV	0.21～0.49	2	—	900	146.5	0.9～1.18	700～800
金刚石	聚晶金刚石复合刀片		6500～8000HK	2.8	4.2	—	560	100～108.7	5.4～6.48	700～800
立方氮化硼	烧结体	3.45	6000～8000HV	1.0	1.5	—	720	41.8	2.5～3	1000～1200
立方氮化硼	立方氮化硼复合刀片 FD		大于 4000HV	1.5						>1000

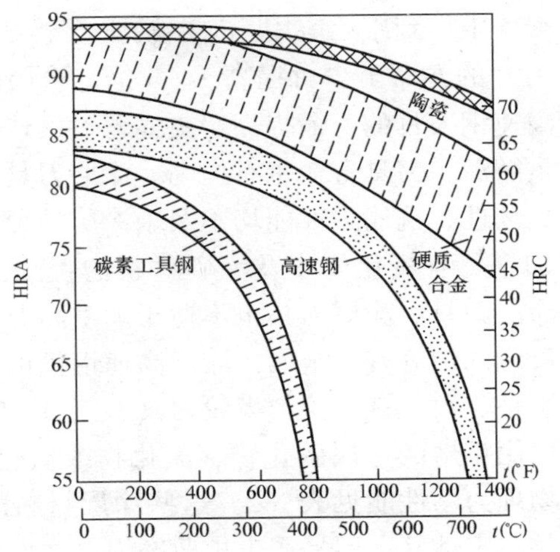

图 3-1 几种刀具材料的耐热性

图 3-2 为几种不同刀具材料允许的切削用量范围。可以看出，硬质合金、陶瓷等刀具材料允许很高切削速度，但由于韧性很低，因而允许的进给量较小。

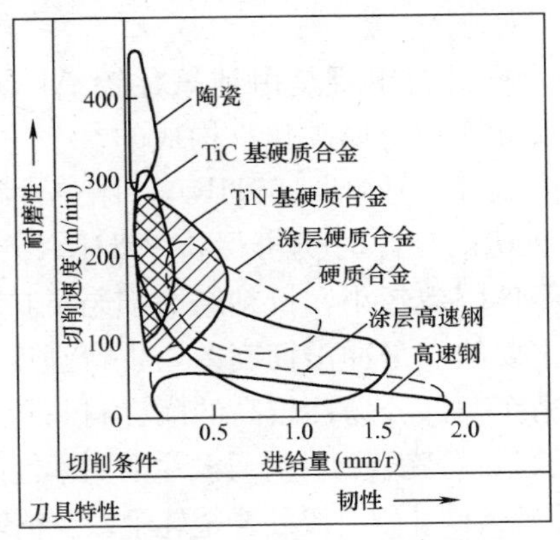

图 3-2 几种不同刀具材料允许的切削用量范围

二、涂层刀具材料

涂层刀具材料是在刀具材料（如硬质合金或高速钢）的基体上，涂上一层几微米厚的高硬度、高耐磨性的金属化合物而构成的。这种刀具材料既有基体的韧性，又有很高的硬度，性能优异，在机夹可转位刀片中得到广泛应用。涂层硬质合金刀片的寿命比不涂层硬质合金刀片的寿命至少可提高1～3倍。涂层高速钢刀具的寿命比不涂层高速钢刀具的寿命提高得更显著，可达2～10倍。涂层高速钢刀具重磨后，刀具寿命也有提高。涂层刀具也有不足，其切削刃锋利性、韧性、抗崩刃性能均不及未涂层的刀具。因此，对小进给量的精加工，有氧化外皮及夹砂材料的粗加工、强力切削等，不宜使用涂层刀具。涂层刀具也不适于加工高温合金及某些非金属及与钛起反应的铝等有色金属。涂层高速钢仍可用于有冲击的切削，也适用于钻、铰、铣、拉与齿轮刀具。

涂层材料可用难熔的金属碳化物、氮化物或氧化物、硼化物。几种涂层材料物理力学性能见表3-2。这些涂层材料的共同特点是硬度很高，化学稳定性好，不易产生扩散磨损，摩擦因数小。因而切削力、切削温度都较低，能显著提高刀具的切削性能。

为了综合各种涂层材料优点，也可采用涂敷两种和两种以上材料的复合涂层，如TiC-TiN和Al_2O_3-TiC复合涂层。

三、其他刀具材料

（一）陶瓷

常用的陶瓷刀具材料主要是由纯氧化铝Al_2O_3或在Al_2O_3中添加一定量的金属元素或金属碳化物构成的。

陶瓷材料硬度很高，达91～95HRA，耐热性很好，在1200℃的切削温度下仍能切削（此时仍可保持80HRA左右的硬度）。化学稳定性很好，摩擦因数较小，抗粘结磨损与抗扩散磨损的能力很强。这种材料的主要缺点是冲击韧度差，抗弯强度小，因此主要用于高速精车和半精车。部分韧性较高的陶瓷材料也可用于粗车。

我国研制生产的部分陶瓷刀片牌号及主要力学性能见表3-3，主要用于粗、精加工冷硬铸铁轧辊、淬硬合金轧辊以及精铣大平面等。

氧化铝系陶瓷刀具一般可加工各种铸铁和各种钢材及合金钢（如普通碳素钢、高硬钢、锰钢、超高强度钢、高镍合金钢、淬硬钢、不锈钢、模具钢和某些高温合金）；也可以加工某些有色金属和非金属材料；还可加工镍或镍基、钴基合金，某些喷涂材料。但不宜加工铝及铝合金，也不宜加工钛及钛合金，以免粘结。

表 3-2 几种涂层物质的物理力学性能

性能		硬质合金	TiC	TiN	TiB_2	Al_2O_3	ZrO_2	Si_3N_4	Ti(CN)	Ti(BN)
维氏硬度(HV)	20℃	1400~1800	3200	1950	3250	3000	1100	3100	2600~3200	2600
	1100℃		200		600	300	400			
弹性模量 E(GPa)		500~600	500	260	420	530	250	310~329		
热导率 λ[W/(m·C)]	20℃	83.7~125.6	31.8	20.1	25.9	33.9	18.8	16.7		
	1100℃		41.4	26.4	46.1	5.86	23.4	5.44		
线膨胀系数 α($\times 10^{-6}$/℃)		5~6	7.6	9.35	4.8	8.5		3.2~3.67		
刀片与工件间在高温时的反应特性		反应大	轻微	中等	中等	不反应	中等	轻微		轻微
高温时在空气中的抗氧化能力		很差	欠缺	欠缺	欠缺	好	好	欠缺		
在空气中的抗氧化温度 t(℃)		<1000	1100~1200	1100~1400	1300~1500	好				1100~1400

表 3-3　　部分国产陶瓷刀具牌号及力学性能

牌号	成　分	平均晶粒尺寸 $W(\mu m)$	制造方法	密度 $\rho(kg/m^3)$	硬度 HRA (HRN15)	抗弯强度 σ_{bb}(MPa)	断裂韧度 $K_{IC}(MN \cdot m^{\frac{3}{2}})$ (冲击韧度) $\alpha_K(KI/m^2)$	研制单位	研制时间
PI (AM)	Al_2O_3	2～3	冷压	≥3.95	(≥96.5)	400～500	4.68	成都工具研究所	20 世纪 60 年代中期
P2	Al_2O_3-ZrO_2	2～3		≥4.35	(≥96.5)	700～800	—		1984
M4	Al_2O_3-碳化物-金属	1.5～2	热压	5.00	(≥96.5)	800～900	6.61		1982
M5 (T1)	Al_2O_3-碳化物-金属	1.5～2		≥4.65	(≥97)	900～1150	4.83		1979
M6	Al_2O_3-碳化物-金属	1.5～2			(≥97)	800～950	4.94		1982
M8	Al_2O_3-碳化物-金属	≤2		5.20	(≥96.5)	800～1050	7.40		1982
M16 (T8)	Al_2O_3-TiC	1.5～2		≥4.50	(≥97.5)	700～850	4.32		1979
Tz	Al_2O_3-ZrO_2	—			(≥97)	900～1000	—		1986
N5	Si_3N_4	≤1.3		3.4～3.5	(97～98)	650～800	6.9		1988

续表

牌号	成　分	平均晶粒尺寸 $W(\mu m)$	制造方法	密度 $\rho(kg/m^3)$	硬度 HRA (HRN15)	抗弯强度 σ_{bb}(MPa)	断裂韧度 $K_{IC}(MN\cdot m^{\frac{3}{2}})$ (冲击韧度) $\alpha_K(KI/m^2)$	研制单位	研制时间
SG3	Al_2O_3-(W、Ti)C	<1	热压	5.55	94.5～94.8	≥825	(15)	山东工业大学	1981
SG4	Al_2O_3-(W、Ti)C	≤0.5		≥6.65	94.7～95.3	≥900	(15)		
SG5	Al_2O_3-SiC	—		—	94	≥700	(15)		1982
LT35	Al_2O_3-TiC-Mo-Ni	≤1		4.75～4.78	93.5～94.5	≥900	(8.5)		
LT55	Al_2O_3-TiC-Mo-Ni	≤1		≥4.96	93.7～94.8	≥1000	(20)		1981
JX-1	Al_2O_3-SiC 晶须	—		3.66	94.0～95.0	≥700	8～8.5		1989
AT6	Al_2O_3-TiC-Mo-Ni	≤1	热压	4.75～4.78	93.5～94.5	≥900	(8.5)	济南冶金研究所山东工业大学	
ST4	Sialon	—	冷压	3.18	92～93	700～750	—	山东工业陶瓷研究所	

续表

牌号	成分	平均晶粒尺寸 $W(\mu m)$	制造方法	密度 $\rho(kg/m^3)$	硬度 HRA (HRN15)	抗弯强度 σ_{bb}(MPa)	断裂韧度 $K_{IC}(MN \cdot m^{\frac{3}{2}})$ (冲击韧度) $\alpha_K(KI/m^2)$	研制单位	研制时间
TP4	Sialon	—	热压	—	92~93	750~800	—	山东工业陶瓷研究所	
SC3	Sialon	—		3.29	94~95	750~820	—		
AG2	Al_2O_3-TiC	≤1.5		4.50	93.5~95	800	—	中南工业大学	1983
SM	Si_3N_4	—		3.26	91~93	750~850	(4)	上海硅酸盐研究所	1977
7L	Si_3N_4	—	气氛烧结	3.20	91.3	550~640	6~7		
16	Si_3N_4	—		3.15	91.1	650~750	4~5		
105	Si_3N_4	—	气氛烧结并晶化	3.15	92.0	750~850	5.8~6.2		
HS78	Si_3N_4	2~3	热压	3.14	91~93	600~800	4.7~6.6(4)	清华大学	1978
FT80	Si_3N_4-TiC-Co	—		3.41	93~94	600~800	7.21(4.4~5.5)		1980
F85	Si_3N_4-TiC-其他	—		3.41	93.5	700~800	6~7(5~7)		1985

（二）金刚石

金刚石刀具材料有天然单晶金刚石与人造聚晶金刚石两种。

1. 天然单晶金刚石

天然金刚石刀具材料是一种各向异性的单晶体，是目前最硬的物质，硬度达 10 000HV（见表 3-1），耐磨性极好。同时，刀具刃口极锋利，摩擦因数很小，所加工的表面粗糙度值 Ra 可达 0.008～0.025μm，很适用超精加工。

但是，此种材料韧性很差，抗弯强度也很低，因而不能承受较大的切削力和振动，并且，热稳定性很差，不能胜任切削温度很高的加工。此外，此种材料与铁的亲和力很强，一般不适合加工钢铁。

单晶金刚石是各向异性体，不同方向耐磨性相差很大，使用时应选择耐磨的方向。

2. 人造聚晶金刚石

人造聚晶金刚石是在高温高压下将金刚石微粉聚合而成的多晶体材料。这种材料的硬度比单晶金刚石低，而抗弯强度可比天然金刚石高很多（见表 3-1），其价格只有天然金刚石几十至几百分之一。因此应用比天然金刚石广泛，可制成各种形状的刀片。

与天然金刚石相同，这种材料刀具也不适宜加工钢铁，而主要加工有色金属及非金属。这种材料表现为各向同性，制成的刀具刃口不如天然金刚石锋利，因此所加工的表面质量不如天然金刚石。

用聚晶金刚石与硬质合金结合起来做成复合刀片，其焊接和重磨都比整体聚晶金刚石刀容易，综合切削性能更好，应用更广泛。

3. 立方氮化硼

立方氮化硼（一般简称为 CBN）是 20 世纪 70 年代才出现的新型超硬刀具材料。CBN 有单晶体和聚晶体。单晶体主要用于制造砂轮，聚晶体可做成各种形状的刀片。

单晶立方氮化硼的硬度仅次于金刚石，聚晶立方氮化硼材料的硬度也达 7000～8000HV，因此耐磨性很高。与金刚石相比，其突出的优点是耐热性比金刚石高得多，可达 1200℃，可承受很高的切削温度。另一个优点是化学惰性很大，与铁族金属在 1200～1300℃时也不起化学作用，因此可加工钢铁。

立方氮化硼可做成整体的刀片，也可与硬质合金结合成复合刀片。复合刀片兼有韧性与很高的硬度与耐磨性，性能更优越。

第二节 刀具的几何参数

一、刀具在静止参考系内的切削角度

1. 刀具切削部分的组成

切削刀具的种类繁多，形状各异。但就刀具切削部分而言，都可看成外圆车刀刀头的演变。图 3-3 所示为外圆车刀切削部分的组成。

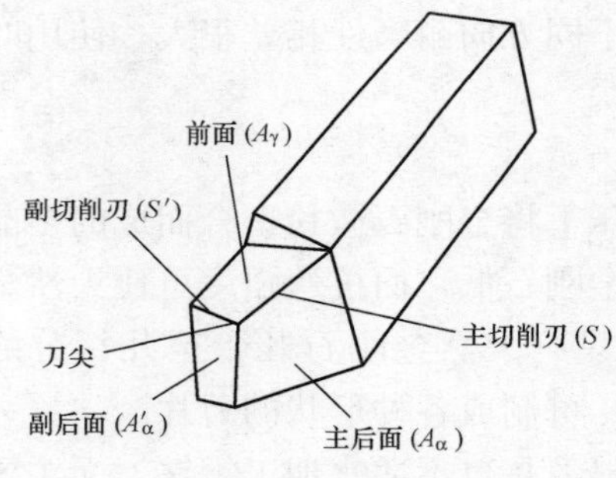

图 3-3 外圆车刀切削部分的组成

(1) 前面（A_γ）：切下的切屑沿其流出的表面。

(2) 主后面（A_α）：和工件加工表面相对的表面。

(3) 副后面（A'_α）：和工件已加工表面相对的表面。

(4) 主切削刃：是指起始于切削刃上主偏角为零的点，并至少有一段切削刃拟用来在工件上切出过渡表面的那个整段切削刃。

(5) 副切削刃：是指切削刃上除主切削刃外的切削刃，也起始于主偏角为零的点，但它向背离主切削刃的方向延伸。

(6) 刀尖：是指主切削刃与副切削刃的连接处相当少的一部分切削刃。

2. 确定刀具角度的静止参考系

所谓静止参考系，就是在不考虑进给运动，规定车刀刀尖安装得与工件等高，刀杆的中心线垂直于进给方向等简化条件下的参考系。

我国根据国际标准化组织的规定确定静止参考系，见图 3-4、图 3-5。其定义见表 3-4。

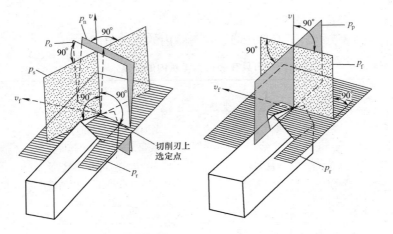

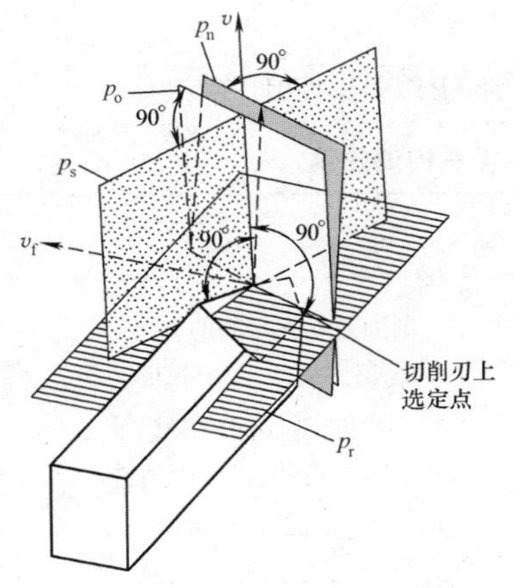

图 3-4　刀具的正交平面与法平面

图 3-5　刀具的假定工作平面与背平面

表 3-4　　刀具静止参考系的各平面

名称	符号	定　义	说　明
基面	p_r	过切削刃选定点的平面，它平行或垂直于刀具在制造、刃磨及测量时适合于安装或定位的一个平面或轴线。一般说来，其方位要垂直于假定的主运动方向	对普通车刀，基面平行于车刀底面；对旋转刀具，基面包括刀具轴线
切削平面	p_s	通过主切削刃选定点与主切削刃相切并垂直于基面的平面	在选定点切于工件的过渡表面
正交平面	p_o	通过切削刃选定点并同时垂直于基面和切削平面的平面	p_r-p_s-p_o 组成一个互相正交的参考系
法平面	p_n	通过切削刃选定点并垂直于切削刃的平面	当 $\lambda_s \neq 0°$ 时，p_n 与 p_r、p_s 不正交。p_r-p_s-p_o 组成法平面参考系
假定工作平面	p_f	通过切削刃选定点并垂直于基面，它平行或垂直于刀具在制造、刃磨及测量时适合于安装或定位的一个平面或轴线。一般说来，其方位要平行于假定的进给运动方向	对普通外圆车刀，p_f 垂直于刀杆的轴线；对钻头，p_f 平行于刀具轴线
背平面	p_p	通过切削刃选定点并垂直于基面和假定工作平面的平面	p_r-p_f-p_p 组成一个互相正交的静态角度参考系

3. 刀具在静止参考系内切削角度

表 3-5 给出了刀具在静止参考系内的切削角度。

表 3-5　　刀具在静止参考系内的角度

角度名称		符号	定义
前角			前面与基面之间的夹角
	前　角	γ_0	在正交平面 p_o 中测量
	法前角	γ_n	在法平面 p_n 中测量
	侧前角	γ_f	在假定工作平面 p_f 中测量
	背前角	γ_p	在背平面 p_p 中测量
后角			后刀面与切削平面之间的夹角
	后　角	α_0	在正交平面 p_o 中测量
	法后角	α_n	在法平面 p_n 中测量
	侧后角	α_f	在假定工作平面 p_f 中测量
	背后角	α_p	在背平面 p_p 中测量
刃倾角		λ_s	主切削刃 S 与基面 p_r 之间的夹角，在主切削平面 p_s 中测量
主偏角		κ_r	主切削平面 p_s 与假定工作平面 p_f 之间的夹角，在基面 p_r 中测量

注　1. 表中只列出主切削刃的几何角度，副切削刃上的相应角度可仿此定义，并在角度符号右上角标以“′”以示区别。例如，车刀副偏角为 κ_r'，副后角为 α_0'。

2. 当主切削刃与副切削刃有公共前刀面时，副切削刃的前角 γ_0' 及刃倾角 λ_s' 是派生角度。

在分析刃形复杂刀具时，可以选取某一段切削刃为单位进行分析。切削刃的空间位置由主偏角 κ_r 及刃倾角确定，前面位置由前角确定，后面的位置由后角确定。故对任一切削刃而言，都有上述 4 个基本角度。

图 3-6 是以外圆车刀为例绘出的主切削刃的几何角度。

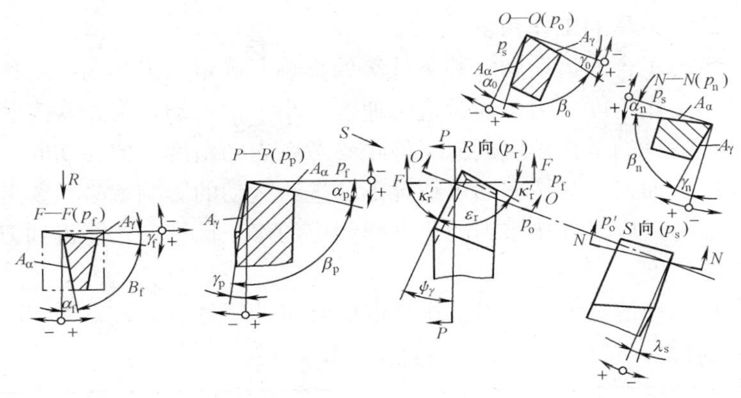

图 3-6　外圆车刀主切削刃的几何角度

4. 刀具几何角度的换算

刀具几何角度的换算见表 3-6。

表 3-6　　　　静止参考系内的角度换算关系

参考系或所求角度	角度换算关系式
正交平面参考系与法平面参考系	$\tan\gamma_n = \tan\gamma_0 \cos\lambda_s$ $\tan\alpha_n = \dfrac{\tan\alpha_0}{\cos\lambda_s}$
正交平面参考系与假定工作平面与背平面参考系	若已知正交平面参考系内的角度，则 $\tan\gamma_p = \tan\gamma_0 \cos\kappa_r + \tan\lambda_s \sin\kappa_r$ $\tan\gamma_f = \tan\gamma_0 \sin\kappa_r - \tan\lambda_s \cos\kappa_r$ $\cot\alpha_p = \cot\alpha_0 \cos\kappa_r + \tan\lambda_s \sin\kappa_r$ $\cot\alpha_f = \cot\alpha_0 \sin\kappa_r - \tan\lambda_s \cos\kappa_r$
正交平面参考系与假定工作平面与背平面参考系	若已知假定工作平面与背平面参考系内的角度，则 $\tan\gamma_0 = \tan\gamma_p \cos\kappa_r + \tan\lambda_f \sin\kappa_r$ $\cot\alpha_0 = \cot\alpha_p \cos\kappa_r + \cot\alpha_f \sin\kappa_r$ $\tan\kappa_r = \dfrac{\cot\alpha_f - \tan\gamma_f}{\cot\alpha_p - \tan\gamma_p}$ $\tan\lambda_s = \cot\alpha_p \sin\kappa_r - \cot\alpha_f \cos\kappa_r$ $= \tan\gamma_p \sin\kappa_r - \tan\gamma_f \cos\kappa_r$
求副切削刃前角 γ_0 及刃倾角 λ'_s	$\tan\gamma_0 = \tan\gamma_0 \cos(\kappa_r + \kappa'_r) + \tan\lambda_s \sin(\kappa_r + \kappa'_r)$ $\tan\lambda'_s = \tan\gamma_0 \sin(\kappa_r + \kappa'_r) - \tan\lambda_s \cos(\kappa_r + \kappa'_r)$

二、刀具的工作角度

考虑了合成运动和安装条件等的影响而确定的刀具角度，称为刀具的工作角度。由于通常进给速度远小于主运动，在正常安装条件下，刀具的工作角度近似于静止参考系内的角度。但在切断、车螺纹以及加工非圆柱表面等情况下，进给运动的影响就必须要考虑了。这时，应对静止系内的角度作相应的修正计算，才能得到刀具的工作角度。

在各种情况下，车刀工作角度的修正计算见表 3-7。

表 3-7　　车刀工作角度的修正计算

影响因素	图　例	工作角度的修正计算	备注
横向进给运动	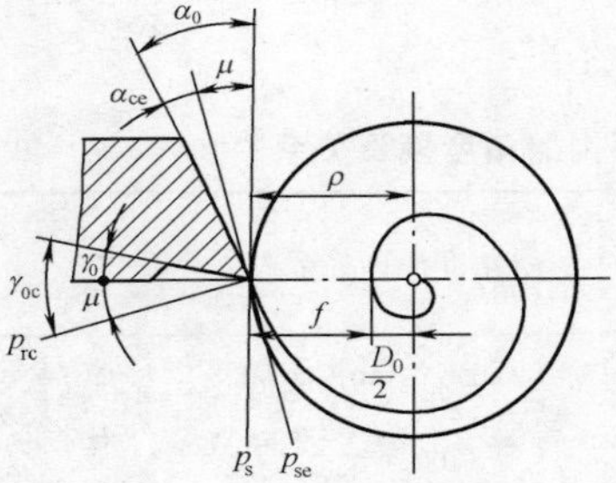	对切断刀 $\gamma_{0e}=\gamma_0+\mu$ $\alpha_{0e}=\alpha_0-\mu$ $\tan\mu=\dfrac{f}{2\pi\rho}$ 式中 f—进给量	切断刀、铲齿刀的后角应考虑此项影响
纵向进给运动	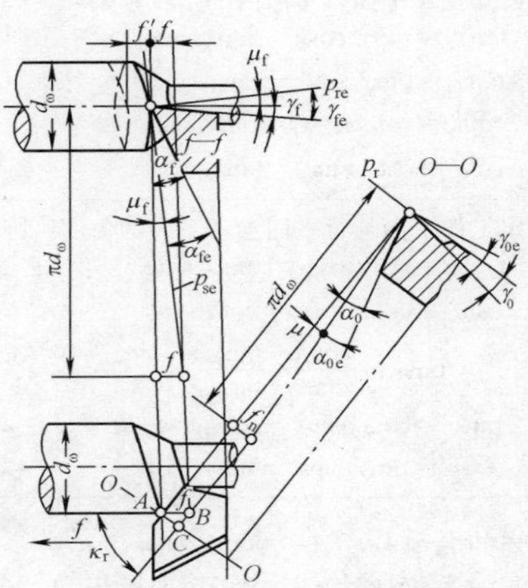	车螺纹左侧面时 $\gamma_{0e}=\gamma_0\pm\mu$ $\alpha_{0e}=\alpha_0\mp\mu$ $\tan\mu=\tan\mu_f\sin\kappa_r$ $=\dfrac{f}{\pi d_\omega}\sin\kappa_r$ 上面符号适用于车螺纹的左侧面，下面符号适用于右侧面	螺纹车刀（特别是车大螺距的螺纹）应考虑此项影响

三、刀具几何角度的选择

刀具几何角度的选择原则见表 3-8。

表 3-8　　刀具几何角度的选择原则

角度名称	作　用	选 择 原 则
前角 γ_0	前角大，刃口锋利，切削层的塑性变形和摩擦阻力小，切削力和切削热降低。但前角过大将使切削刃强度降低，散热条件变坏，刀具寿命下降，甚至会造成崩刃	主要根据工件材料，其次考虑刀具材料和加工条件选择： （1）工件材料的强度、硬度低、塑性好，应取较大的前角；加工脆性材料（如铸铁）应取较小的前角，加工特硬的材料（如淬硬钢、冷硬铸铁等），应取很小的前角，甚至是负前角 （2）刀具材料的抗弯强度及韧性高，可取较大的前角 （3）断续切削或粗加工有硬皮的锻、铸件应取较小的前角 （4）工艺系统刚度差或机床功率不足时，应取较大的前角 （5）成形刀具、齿轮刀具等为防止产生齿形误差常取很小的前角，甚至零度前角
后角 α_0	后角的作用是减少刀具后刀面与工件之间的摩擦。但后角过大会降低切削刃强度，并使散热条件变差，从而降低刀具寿命	（1）精加工刀具及切削厚度较小的刀具（如多刃刀具），磨损主要发生在后面上，为降低磨损，应采用较大的后角。粗加工刀具要求刀刃坚固，应采取较小的后角 （2）工件强度、硬度较高时，为保证刃口强度，宜取较小的后角；工件材料软、黏时，后面摩擦严重，应取较大的后角，加工脆性材料，负荷集中在切削刃处，为提高切削刃强度，宜取较小的后角 （3）定尺寸刀具，如拉刀、铰刀等，为避免重磨后刀具尺寸变化过大，应取小后角 （4）工艺系统刚度差（如切细长轴），宜取较小的后角，以增大后面与工件的接触面积，减小振动

续表

角度名称	作　用	选 择 原 则
主偏角 κ_r	(1) 主偏角的大小影响背向力 F_p 和轴向力 F_x 的比例，主偏角增大时，F_p 减小，F_x 增大 (2) 主偏角的大小还影响参与切削的切削刃长度，当背吃刀量 a_p 和进给量 f 相同时，主偏角减小则参与切削的切削刃长度大，单位刃长上的负荷减小，可使刀具寿命提高，主偏角减小，刀尖强度增大	(1) 在工艺系统刚度允许的条件下，应采用较小的主偏角，以提高刀具的寿命。加工细长轴则应用较大的主偏角 (2) 加工很硬的材料，为减轻单位切削刃上的负荷，宜取较小的主偏角 (3) 在切削过程中，刀具需作中间切入时，应取较大的主偏角 (4) 主偏角的大小还应与工件的形状相适应。如车阶梯轴，可取主偏角为 90°
副偏角 κ_r'	(1) 副偏角的作用是减小副切削刃与工件已加工表面之间的摩擦 (2) 一般取较小的副偏角，可减小工件表面的残留面积。但过小的副偏角会使径向切削力增大，在工艺系统刚度不足时会引起振动	(1) 在不引起振动的条件下，一般取较小的副偏角。精加工刀具必要时可磨出一段 $\kappa_r'=0°$ 的修光刃，以加强副切削刃对已加工表面的修光作用 (2) 系统刚度较差时，应取较大的副偏角 (3) 切断、切槽刀及孔加工刀具的副偏角只能取很小值（如 $\kappa_r'=1°\sim2°$），以保证重磨后刀具尺寸变化量小
刃倾角 λ_s	(1) 刃倾角影响切屑流出方向，$-\lambda_s$ 角使切屑偏向已加工表面，$+\lambda_s$ 使切屑偏向待加工表面 (2) 单刃刀具采用较大的 $-\lambda_s$ 可使远离刀尖的切削刃处先接触工件，使刀尖免受冲击 (3) 对于回转的多刃刀具，如圆柱铣刀等，螺旋角就是刃倾角，此角可使切削刃逐渐切入和切出，可使铣削过程平稳 (4) 可增大实际工作前角[①]使切削轻快	(1) 加工硬材料或刀具承受冲击负荷时，应取较大的负刃倾角，以保护刀尖 (2) 精加工宜取 λ_s 为正值，使切屑流向待加工表面，并可使刃口锋利 (3) 内孔加工刀具（如铰刀、丝锥等）的刃倾角方向应根据孔的性质决定。左旋槽（$-\lambda_s$）可使切屑向前排出，适用于通孔；右旋槽适用于不通孔

注　① 实际工作前角应在包括主运动方向及切屑流出方向的平面内测量。当 $\lambda_s\neq0°$ 时（此时称为斜角切削），切屑在前刀面的流动方向与切削刃的垂直方向成 ψ_λ 角，$\psi_\lambda\approx\lambda_s$，此时，实际工作前角 γ_{0e} 可按下式近似计算：$\sin\gamma_{0e}=\sin^2\lambda_s+\cos^2\lambda_s\sin\gamma_n$，当 $\lambda_s>15°\sim20°$ 时，随 λ_s 的增加，γ_{0e} 将比 γ_n 显著增大。

四、刀尖形状及参数的选择

刀尖形状及参数的选择见表 3-9。

表 3-9　　刀尖形状及参数的选择

刀尖形式及其简图	特点及适用场合	有关参数的参考值
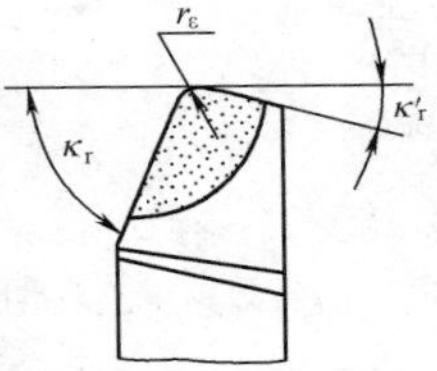 r_ε　κ_r　κ_r' 圆弧形刀尖 （圆弧过渡切削刃）	（1）选用合理的 r_ε，可提高刀具寿命，并对工件表面有较好的修光作用，但刃磨较困难，刀尖圆弧半径 r_ε 过大时，会使径向切削力增大，易引起切削振动 （2）一般在单刃刀具上使用较多，在钻头、铰刀上也有使用	（1）高速钢车刀： $r_\varepsilon=0.5\sim5\text{mm}$ （2）硬质合金车刀： $r_\varepsilon=0.5\sim2\text{mm}$ r_ε 的数值，精车取大值，粗车取小值
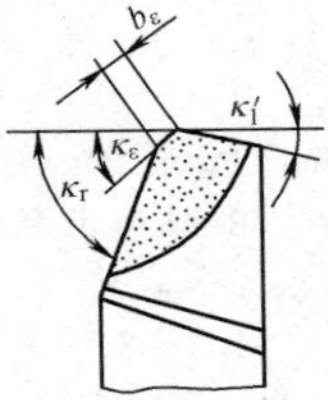 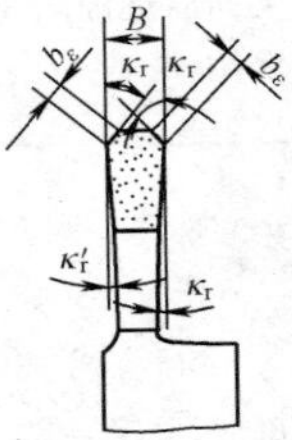 b_ε　κ_r'　κ_ε　κ_r B　b_ε　κ_r　κ_r　b_ε　κ_r'　κ_r 倒角形刀尖 （直线过渡切削刃）	（1）可提高刀具寿命和改善工件表面质量，偏角 κ_ε 愈小，对工件表面的修光作用愈好 （2）直线过渡刃刃磨方便，适用于各类刀具	（1）粗加工及强力切削车刀： $\kappa_\varepsilon\approx\frac{1}{2}\kappa_r$ $b_\varepsilon=0.5\sim2\text{mm}$（约为背吃刀量 a_p 的 1/4～1/5） （2）精加工车刀： $\kappa_\varepsilon=1^\circ\sim2^\circ$ $b_\varepsilon=0.5\sim1\text{mm}$ （3）切断车刀： $\kappa_\varepsilon\approx45^\circ$ $b_\varepsilon=0.5\sim1\text{mm}$（约为车刀宽度的 1/5）

五、切削刃形式及参数的选择

切削刃形式及参数的选择见表 3-10。

表 3-10 切削刃形式及参数的选择

刃口形式及其简图	特点及适用场合	有关参数的参数值
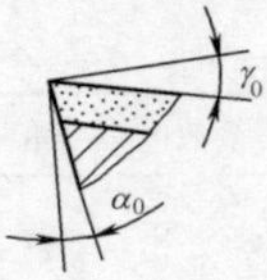 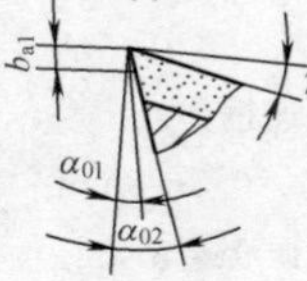 γ_0 α_0 (a) b_{a1} γ_0 α_{01} α_{02} (b) 锐刃	这是在刃磨前、后面时自然形成的切削刃。其特点是刃磨方便，刃口锋利，但较易钝化 锐刃主要适用于成形刀具、齿轮刀具及各种精加工的单刃刀具。为了便于研磨刃口，可将后刀面刃磨成如图（b）所示的双重形式	当采用双重后面时： $b_{a1}=0.5\sim2$mm $\alpha_{02}=\alpha_{01}+(2°\sim4°)$ 其中 α_{01} 按表 3-8 所列的原则选择
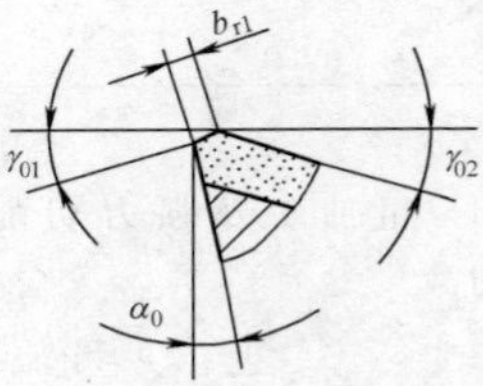 b_{r1} γ_{01} γ_{02} α_0 倒棱刃	(1) 这是在刃口附近的前刀面上磨出一条很窄的负前角棱边，它可增加切削刃的强度，提高刀具寿命。但当棱边宽度 b_{r1} 增大时，切削力（特别是进给抗力 F_f）将增大。通常 b_{r1} 可根据进给量来选择 (2) 倒棱刃主要适用于粗加工或半精加工的硬质合金车刀、刨刀及面铣刀	(1) 加工低碳钢、不锈钢及灰铸铁时： $b_{r1}\leqslant0.5f$ $\gamma_{01}=-5°\sim-10°$ (2) 加工中碳钢、合金结构钢时： $b_{r1}=(0.3\sim0.8)f$ $\gamma_{01}=-10°\sim-15°$ (3) 切削时冲击载荷较大时： $b_{r1}=(1.3\sim2)f$，或采用由刀尖向后逐渐增宽的不等宽负倒棱
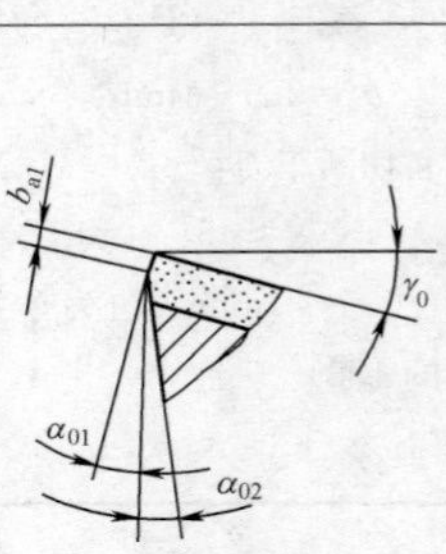 b_{a1} γ_0 α_{01} α_{02} 消振棱刃	这是在刃口附近的后面上磨出一条很窄的负后角棱边，它可提高切削刃的强度，增大刀具与工件的接触面积，有助于消除切削过程中的低频振动，稳定切削过程。消振棱刃主要用在工艺系统刚性不足条件下切削的单刃刀具（如车刀、刨刀、螺纹车刀等）	一般可取： $b_{a1}=0.1\sim0.3$mm $\alpha_{01}=-5°\sim-10°$

续表

刃口形式及其简图	特点及适用场合	有关参数的参数值
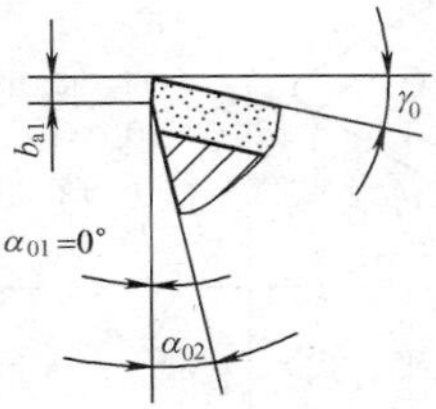 白刃	这是在刀具的主后面或副后面上靠近刃口处留有一条后角为零度的窄棱边。白刃主要用于多刃刀具，其作用是： （1）便于在刃磨时控制刀具的尺寸（直径或宽度等）及刀齿的径向、轴向振摆 （2）使刀具在重磨前面后，保持尺寸不变，增加重磨次数，延长刀具寿命 （3）对已加工表面起挤压、光整作用，也有助于消除切削振动 （4）加工脆性黄铜的车刀，采用白刃可防止轧刀现象	（1）铣刀： $b_{a1} \leqslant 0.15mm$ （2）拉刀： 切削齿 $b_{a1}=0.1 \sim 0.3mm$ 校准齿 $b_{a1}=0.6 \sim 0.8mm$ （3）铰刀、浮动镗刀（副切削刃）： $b'_{a1}=0.05 \sim 0.3mm$ （4）加工脆性黄铜的车刀： $b_{a1}=0.1 \sim 0.2mm$
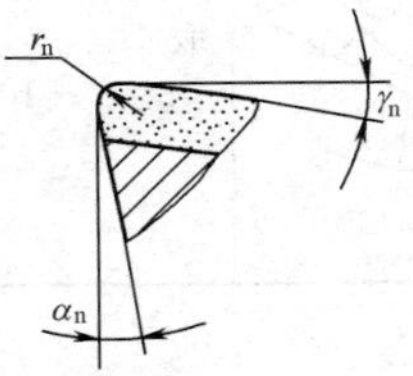 倒圆刃	（1）这是在切削刃上特意研磨出一定的刃口圆角，可提高切削刃的表面粗糙度和强度，延长刀具的寿命，同时也起一定的消振及挤光作用 （2）倒圆刃主要适用于各种粗加工或半精加工的硬质合金刀具及硬质合金可转位刀片	在一般情况下应使 $r_n < f/3$ 轻型倒圆： $r_n=0.02 \sim 0.03mm$ 半轻型倒圆： $r_n=0.05 \sim 0.10mm$ 重型倒圆： $r_n=0.15mm$

注　上述几种刃口形式可组合使用。如在刃口上既磨出负倒棱，又磨出消振棱等。

六、断屑槽形式及选择

断屑槽形式及其参数的选择见表3-11。

表 3-11　　断屑槽形式及其参数的选择

槽形	适用范围	槽形参数			
		槽宽 W	槽底半径 R 或槽底角 θ	槽形斜角	
				形式	适用范围
1. 直线圆弧形 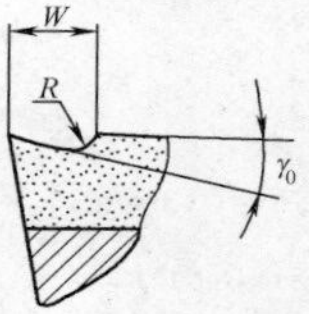	一般前角在 $\gamma_0=5°\sim15°$ 范围内，切削碳素钢、合金结构钢、工具钢等	切削中碳钢时：$W\approx10f$ 切削合金钢时：$W\approx7f$ （f 为进给量，单位为 mm/r）	在中等背吃刀量 $a_p=2\sim6$mm 条件下： $R=(0.4\sim0.7)W$	（1）外斜式 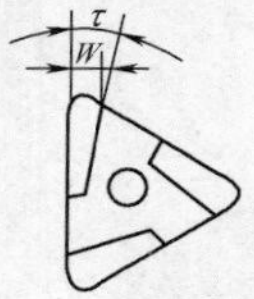	当 $a_p=2\sim6$mm 时切削： 中碳钢 $\tau=8°\sim10°$ 合金钢 $\tau=10°\sim15°$ 不锈钢 $\tau=6°\sim8°$
2. 折线形 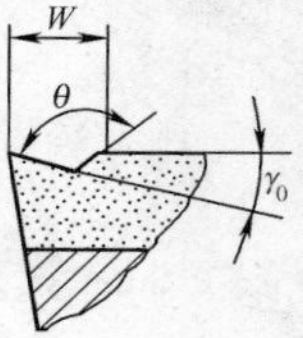			当 $a_p=2\sim6$mm 时：$\theta=110°\sim120°$	（2）平行式 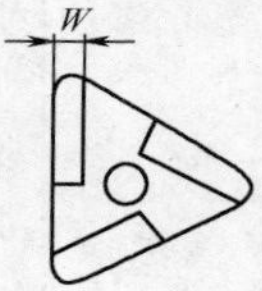	当 $a_p>2\sim6$mm 时切削中碳钢和低碳钢
3. 全圆弧形 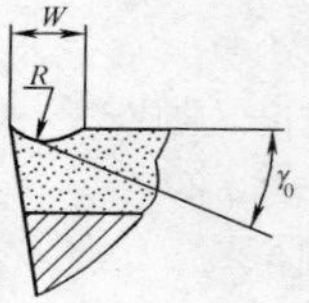	当前角 $\gamma_0=25°\sim30°$ 时切削纯铜、不锈钢等高塑性材料	切削中碳钢时：$W\approx10f$ 切削合金钢时：$W\approx7f$ （f 为进给量，单位为 mm/r）	R 与 γ_0、W 之间关系按下式确定： $R=\dfrac{W}{2\sin\gamma_0}$	（3）内斜式 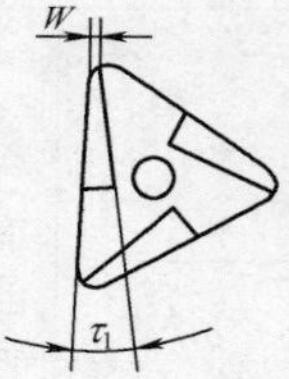	主要用于背吃刀量变化较大场合，通常取 $\tau=8°\sim10°$

第三节　刀具的磨损及寿命

一、刀具的磨损

（一）刀具磨损的原因

刀具磨损的原因很复杂，磨损过程中存在着机械、热、化学作用以及摩擦、粘结、扩散等现象。使刀具磨损的主要原因见表 3-12。

表 3-12　　刀具磨损的主要原因

磨损原因	说　　明
磨料磨损	工件材料的硬质点，如碳化物、氧化物（如 SiO_2、Al_2O_3、Fe_3C、Cr_7C_8 等）以及积屑瘤碎片等，在刀具表面上刻划出沟纹而造成的磨损称为磨料磨损。工件材料及其硬质点的硬度越高，硬质点的数量越多（如高硅铝合金、合金耐磨铸铁以及一些高温合金等），刀具越容易产生磨料磨损 各种切削速度下刀具都存在磨料磨损，但低速下工作的刀具，如拉刀、丝锥、板牙等，因切削温度较低，其他各种磨损还不显著，磨料磨损是主要磨损原因。从刀具材料方面看，工具钢、高速钢刀具磨料磨损所占的比重较大，而硬质合金刀具硬度高，一般不易造成磨料磨损，只有在切削冷硬铸铁，夹砂的铸件表层时，磨料磨损才明显 为减少磨料磨损，宜采用高性能的高速钢或对高速钢进行表面处理，或采用含钴少的细晶粒的硬质合金
粘结磨损	在足够大的切削力和切削温度作用下，刀具材料的前、后刀面在相对运动中，与工件、切屑发生粘结现象（冷焊），它是摩擦面塑性变形所形成的新鲜表面原子间吸附力所造成的结果。粘结点逐渐地被工件或切屑剪切、撕裂而带走，从而发生粘结磨损 切削中碳钢时，当温度为 300～400℃时，粘结比较严重。硬质合金刀具在中等和偏低的切削速度下，正好满足产生粘结的条件，此时粘结磨损所占的比重较大。高速钢刀具抗剪和抗拉强度较大，切屑不易把刀具材料带走，所以具有较大的抗粘结能力 YT 类硬质合金抗粘结的能力比 YG 类强，更适合切钢。细晶粒硬质合金比粗晶粒的抗粘结能力强
扩散磨损	切削过程中，在 900～1000℃的高温下，刀具表层和切屑底层的新鲜表面化学活泼性很强，硬质合金中的许多元素如 Ti、W、Co、C 等，会逐渐扩散到切屑中去，使硬质合金表面发生贫 C、贫 W 现象，硬度降低，而切屑中的 Fe 则向硬质合金扩散，形成高脆性低硬度的复合碳化物。综合作用使硬质合金表层的硬度下降，从而使硬质合金磨损，称为扩散磨损 高速钢刀具一般在没有发生扩散磨损前，就因其他原因而磨损。硬质合金高速切削时，切削温度达 800～1000℃，此时主要是扩散磨损，而钛的扩散速度比碳、钴、钨低很多，所以 YT 类硬质合金比 YG 类抗扩散磨损能力强。陶瓷刀具材料与铁之间不发生扩散，故耐磨性高。金刚石切铁或钢时，金刚石中的碳易扩散到工件材料中去，发生严重扩散磨损，因此金刚石刀具不适于切钢铁。而立方氮化硼可切钢铁，但它与钛合金之间易扩散，因而不适合切钛及其合金
化学磨损	切削区周围介质，如空气、切削液等，与刀具材料发生化学反应，形成了一层硬度较低的化合物，而造成刀具磨损，称为化学磨损。如用 YT14 硬质合金切削 1Cr18Ni9Ti，而采用含硫、氯的切削液时，由于硫、氯与硬质合金的化学作用，刀具寿命比干切削时反而降低 化学磨损情况比较复杂，如果刀具与工件材料之间的粘结很强，由于化学作用可能使粘结减轻，这时有可能减少刀具的磨损

续表

磨损原因	说　明
其他磨损原因	当高速钢切削温度超过 600～700℃时，金相组织将发生变化，硬度下降，会产生塑性变形而造成磨损，称为塑性变形磨损（或相变磨损）。硬质合金刀具在 900～1000℃以上高温下切削也会产生塑性变形而导致磨损 在切削区高温作用下，刀具与工件这两种不同材料之间会产生热电动势，它将加速刀具的磨损

（二）刀具磨损的形式

刀具磨损可分为正常磨损和非正常磨损两类。非正常磨损通常指突然崩刃、卷刃或碎裂等。这里研究的刀具磨损形式指的是正常磨损。其磨损形式见表 3-13。

表 3-13　　刀具的磨损形式

示图	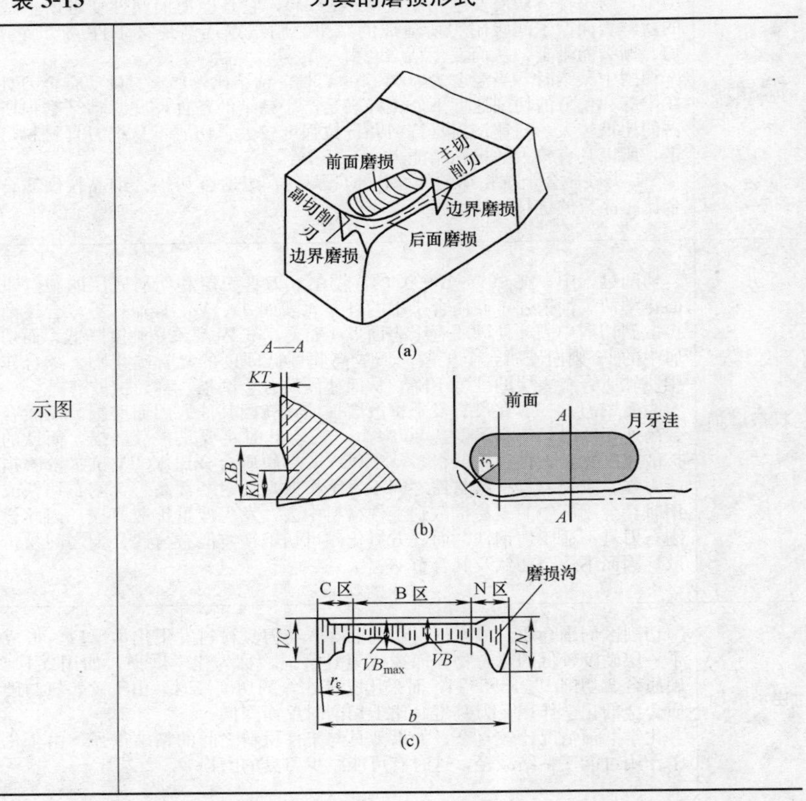

续表

磨损形式	说　　明
前刀面磨损（月牙洼磨损）	切削塑性金属，切削速度较高及切削厚度较大，或刀具材料的耐热性较低时，前面承受较大的切削力及切削温度，在前刀面上形成月牙洼（月牙洼的中心温度最高）。月牙洼和切削刃之间有一条小棱。当磨损继续发展使棱边很窄时，切削刃强度过低，易导致崩刃。必须在此之前换刀。月牙洼的大小以深度 KT，宽度 KB 表示，见图（b）
后刀面磨损	切削硬度高的脆性金属或切削塑性金属，当速度和进给量较低时，一般都发生后面磨损。这种磨损形式是在与切削刃连接的后面上，磨出后角等于或小于零的棱面。根据棱面磨损特点，可分为 C 区、N 区和 B 区[见图（c）]，C 区位于刀尖圆弧 r_ε 部分。由于强度和散热条件差，磨损较为剧烈，其最大值为 VC。N 区位于靠近工件外表面处。由于上道工序的加工硬化或毛坯表面硬皮的影响，后面磨损较大，磨损量以 VN 表示。B 区处于切削刃中部，其磨损比较均匀，以 VB 表示平均磨损值，以 VB_{max} 表示最大值。精加工刀具、铣刀、齿轮刀具、螺纹刀具等大多是后刀面磨损
前刀面和后刀面同时磨损	切削塑性金属，采用中等切削速度和中等进给量时，多为这种磨损形式 半精加工或粗加工钢属这种磨损形式

（三）刀具的磨损过程和磨钝标准

图 3-7 是刀具磨损过程的典型曲线，可将此曲线划分为三个阶段。

1. 初期磨损阶段

见图 3-7 中的 AB 段，此阶段刀具磨损较快。这是因为新磨好的刀具残留砂轮痕迹，高低不平，刀具后面与加工表面间的实际接触面积很小，压强很大，使后刀面很快出现磨损带。此后接触面加大，压强减小，刀具磨损变缓。初期磨损量较小，一般为 0.05～0.1mm。

2. 正常磨损阶段

见图 3-7 中的 BC 段，这一阶段磨损速度已经减慢，磨损量随时间的增加均匀增加，切削稳定，是刀具工作的有效阶段。直线 BC 的斜率表示磨损强度，它是比较刀具切削性能的重要指标之一。

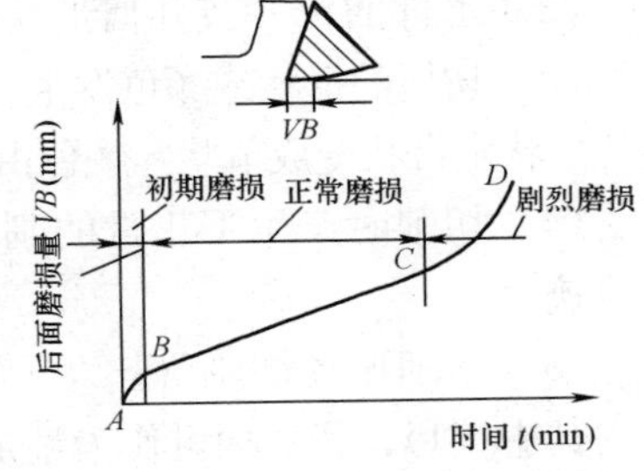

图 3-7　刀具磨损过程典型曲线

3. 急剧磨损阶段

见图 3-7 中的 CD 段，刀具经过正常磨损阶段进入 C 点之后，已经变钝，如继续切削，温度剧增，切削力增大，刀具磨损程度急剧增加。在这一阶段切削，既不能保证加工质量，刀具材料消耗也多，甚至崩刃而完全丧失切削能力。使用刀具时，应在这个阶段之前及时换刀。

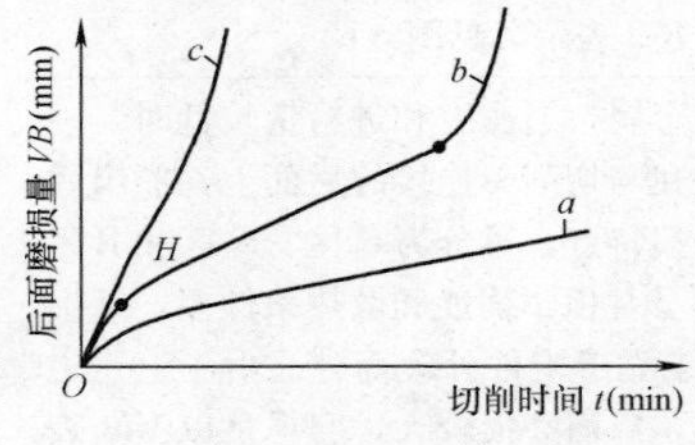

图 3-8　不同类型的刀具磨损曲线

图 3-8 中，曲线 a 是用切削性能较好的刀具材料，切削容易切削的工件材料时或采用较低的切削速度时，刀具的磨损曲线；曲线 b 是典型的刀具磨损曲线；曲线 c 是用耐热性较差的刀具材料，以较高的速度切削时的刀具磨损曲线。

刀具磨损到一定限度就不能再继续使用，这个磨损限度称为磨钝标准。从提高刀具总的使用寿命，提高生产效率和经济性出发，对于粗加工的刀具，以正常磨损阶段终点 C 处的磨损带宽度 VB（表 3-13 图）作为刀具磨钝标准。而对于精加工刀具，往往在磨损尚未到达 VB 时，工艺的加工尺寸精度或表面粗糙度已达不到工艺要求，故规定的磨钝标准应小于 VB。并且工件的精度及表面粗糙度要求越高，磨钝标准应越小。

在生产中直接以后面的磨损带宽 VB 来判断刀具是否已经钝化是很不方便的。一般情况可根据切削过程中出现的以下一些现象来直观判断：

（1）工件表面质量开始下降。

（2）工件的尺寸或几何形状公差超差。

（3）切屑的形状或颜色发生变化。如用硬质合金刀具切钢时，切屑的形状由带状变成节状，颜色由淡黄色或暗蓝色变成紫黑色等。

（4）切削时产生不正常的刺耳声音，或工件表面由挤压形成光亮痕迹。

（5）切削振动加剧等。

其中（1）、（2）项可作为精加工时判断刀具钝化标准，而（3）、（4）项可作为粗加工时的判断标准。但这些现象出现时，刀具可能已进入急剧磨损阶段，所以应经常对切削过程进行仔细观察、比较、以便找出一个最可靠的征兆，作为判断刀具钝化的依据。

二、刀具的寿命

（一）刀具总寿命的概念

刀具总寿命是指一把新刀具从开始使用起，经过多次刃磨到报废为止的总的切削时间。刀具的寿命是指刀具在新刃磨之后从开始使用到磨损量达到磨钝标准为止的切削时间。

在磨钝标准确定后，刀具寿命和磨损速度有关。磨损速度愈慢，寿命愈长。因此，凡影响刀具磨损的因素都影响刀具寿命。为了提高刀具寿命，一般可以从改善工件材料的加工性能，合理设计刀具的几何参数改进刀具材料的切削性能；对刀具进行表面强化处理；采用优良的切削液，合理选择切削用量等多方面着手。

（二）刀具寿命与切削用量的关系

在工件材料、刀具材料、刀具几何参数及切削液等已确定的情况下，刀具的寿命与切削用量有关。切削用量愈大，则切削温度愈高，刀具磨损也愈快，刀具寿命就愈短。但切削速度 v，进给量 f 及背吃刀量 a_p 三者对切削温度的影响不同，因此对刀具寿命的影响也不同。通过实验得知：切削速度对刀具寿命影响相当大，进给量次之，而背吃刀量对刀具寿命影响较小。所以，在选择切削用量时，首先应尽量选用大的背吃刀量，然后根据加工条件及加工要求选择尽可能大的进给量，最后才根据刀具寿命来选择切削速度。

（三）刀具寿命的确定

刀具寿命的高低与切削加工的效率及加工的成本有关。寿命规定得高，则切削速度必然很低，加工的机动时间长，不利于提高生产率及降低加工成本。但也不能将刀具寿命规定得很低，因为这样虽然可使切削速度提得很高，但由于刀具寿命低，需经常换刀，生产辅助时间又会增加，刀具消耗加大，同样会使生产率下降，加工成本增加。因此，从提高生产率或降低成本角度来考虑，刀具寿命分别有一个合理的数值。能保证生产率最高的刀具寿命称为最大生产率寿命，而能使加工成本最低的刀具寿命称为经济寿命。一般在生产中都取经济寿命，以使加工成本最低。

在确定刀具寿命时，应考虑以下几点：

(1) 刀具材料的切削性能愈差，则切削速度对刀具寿命影响愈大，因此必须将寿命规定得高一些，以降低切削速度。

(2) 对制造及刃磨都比较复杂、价格昂贵的刀具，刀具的寿命应规定得比简单而价廉的刀具高一些，这样可减少刀具消耗，降低加工成本。

(3) 对装夹、调整比较复杂的刀具，为了节约换刀所花费的时间，刀具的寿命应规定得高一些。反之，对一些换刀简单的刀具，可规定得低一些。

(4) 加工大型工件时，为避免在切削行程中换刀，刀具寿命应规定得高一些。

第四节 刀具的刃磨

一、刀具刃磨的要求及设备

1. 刀具刃磨后应达到的基本要求

(1) 刀具切削部分具有正确的几何形状及锋利的切削刃。

(2) 对多刃刀具，切削刃径向和轴向振摆应不超过规定的允差。

(3) 刀具的前、后面应具有所需的表面粗糙度值。

(4) 刀具表面不允许产生烧伤和裂纹。

2. 刀具刃磨的设备

刀具刃磨设备及特点和适用范围，见表 3-14。

3. 砂轮的选择及修整

(1) 砂轮形状及外径的选择，见表 3-15。

(2) 一般刀具的刃磨部位，见表 3-16。

表 3-14　　刀具刃磨设备及特点和适用范围

设备名称	特点和适用范围
砂轮机	构造简单、使用方便，但刃磨范围不大，不适宜大批和形状复杂的刀具的刃磨工作。用于手工刃磨车刀、刨刀、钻头等刀具。如再装上方刀架、纵横滑板等夹具，也可以刃磨锯片铣刀、三面刃铣刀、齿轮铣刀等
万能工具磨床	操作灵活、轻便，刃磨刀具的范围较广。用于刃磨各种铰刀、铣刀、滚刀（有专门导向机构）、插齿刀、短拉刀、丝锥等

续表

设备名称	特点和适用范围
专用刃磨机床	适用刃磨批量大和形状复杂的某一种特形刀具，效率较高，如拉刀、滚刀、锯片刀、插齿刀、弧齿锥齿轮刀具等

注　1. 插齿刀还能放在外圆磨床或圆台平面磨床上刃磨。

2. 导程短的滚刀，也能放在有导程机构的万能工具磨床刃磨。

表 3-15　　砂轮的形状及外径的选择

砂轮的形状及外径	刃磨范围	说　明
小角度单斜边砂轮 单斜边砂轮 碟形砂轮 外径 ϕ50mm	用于刃磨滚刀、拉刀、锯片铣刀等刀具的前面	（1）当磨不到槽根时，应改用外径 ϕ（50～75）mm的小砂轮 （2）刃磨圆拉刀（圆孔、花键拉刀等）的前面时，砂轮锥面的曲率半径应小于拉刀前面的曲率半径
平形砂轮	用于刃磨插齿刀的前面、钻头的后面、车刀的前面及后面、铣刀及铰刀的外圆等	在刃磨钻头及车刀时，砂轮直径不受限制。但在刃磨插齿刀前面时，砂轮半径应小于插齿刀前面的曲率半径
碗形砂轮 杯形砂轮 外径 ϕ(75～125)mm	用于刃磨各种铰刀、尖齿铣刀的后面，及车刀的前面及后面	刃磨细齿刀具时，砂轮外径应适当减小

表 3-16　　一般刀具的刃磨部位

刀具名称	刃磨部位	刀具材料
铰　刀 （直径＞3mm）	磨前面	9SiCr，W18Cr4V
		YG6，YG8，YT15
	磨切削部及校准部分后面	9SiCr，W18Cr4V
		YG6，YG8，YT15
立铣刀 （直径＝2～55mm）	磨周齿、端齿前面	W18Cr4V，W9Cr4V2
		YG8，YT15
	磨周齿、端齿后刀面	W18Cr4V，W9Cr4V2
		YG8，YT15

续表

刀具名称	刃磨部位	刀具材料
圆柱形铣刀	磨前、后面	W18Cr4V
套式面铣刀	磨圆齿、端齿和过渡切削刃后面	W18Cr4V
		YG8，YT15
三面刃铣刀	磨周齿前面	W18Cr4V
		YG6,YG8,YW2,YT5,YT15
	磨端齿和周齿后面	W18Cr4V
		YG6,YG8,YW2,YT5,YT15
镶硬质合金三面刃铣刀	磨周齿、端齿及过渡切削刃后刀面	YG8，YT15
切口铣刀及细齿锯片铣刀	磨前、后面	W18Cr4V
		YG8
镶片圆锯	磨前、后面	W18Cr4V
角度铣刀	磨前、后面	W18Cr4V
齿轮滚刀（$m<10$）	磨前面	W18Cr4V
镶齿齿轮滚刀（$m=7\sim30$）	磨前面	W18Cr4V
插齿刀	粗、精磨前面	W18Cr4V
	磨后面	
齿轮铣刀 $m\leqslant1$	磨前面	W18Cr4V
齿轮铣刀 $m>1$		
圆孔拉刀及花键拉刀	粗磨前面	W18Cr4V
	精磨前面	
键槽拉刀	粗磨前面	W18Cr4V
	精磨前面	

4. 砂轮的修整

刃磨刀具用的普通磨料砂轮，必须经常进行修整，以保持磨粒的锋利，避免产生烧伤退火及磨削裂纹等现象。对于碟形及碗形砂轮的平面，一般采用油石手工修整，使其呈内凹的锥面，如图 3-9 所示。当砂轮的外锥面或外圆柱面为磨削工作面时，特别是刀具几何形状精度及表面粗糙度质量要求较高，手工修整较难满足时，一般采用金刚石笔借助修整夹具修整。

对金刚石砂轮，一般不需要修整，但在必要时可用普通磨料的砂轮或磨石来进行修整。

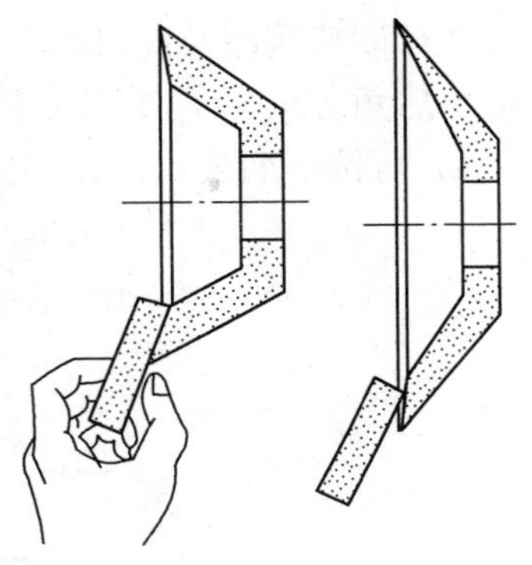

图 3-9　砂轮的修整

二、车刀的刃磨

一种方法是在砂轮机上手工刃磨，此法简便易行，但刃磨质量取决操作者的技术水平。另一种方法是在工具磨床上借助三向虎钳来刃磨。

为了便于叙述，本书将三向虎钳的回转轴名称规定如下：当虎钳的三根轴处于相互垂直的原始位置时，

x 轴——与砂轮轴线相平行的水平回转轴，它与工作台纵向相垂直；

y 轴——与工作台纵向相平行的水平回转轴；

z 轴——与工作台台面相垂直的回转轴。

1. 后面的刃磨

后面一般都用砂轮的端面刃磨，刃磨时，先将车刀安装得使其底面与虎钳的 z 轴相垂直，而刀杆轴线与 x 轴相平行。然后调整虎钳的回转角，使车刀的后面与砂轮端面相平行。根据虎钳的结构不同，调整计算如下：

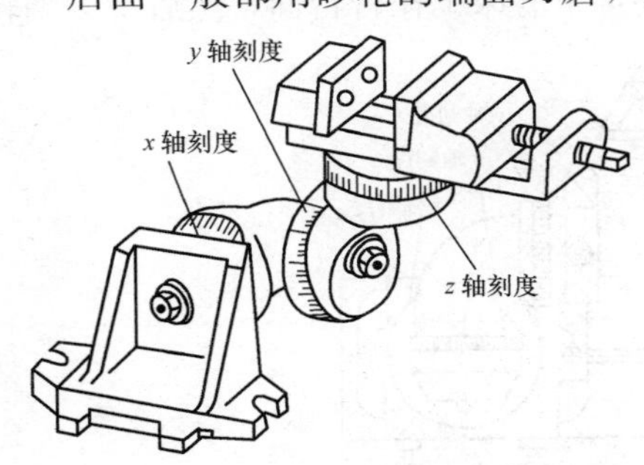

图 3-10　三向虎钳（Ⅰ）

（1）采用图 3-10 所示三向虎钳法　可先将 z 轴转动 ω_z 角，使后面与基面的

交线平行砂轮端面及虎钳的 y 轴，然后将 y 轴转动 ω_y 角（即车刀的最小后角 α_b）后，车刀的后面即平行于砂轮端面（见图 3-11），ω_z 及 ω_y 可按下列公式计算

$$\tan\Delta\kappa_r = \tan\lambda_s\tan\alpha_0$$

$$\tan\alpha_b = \tan\alpha_0\cos\Delta\kappa_r$$

$$\omega_z = \kappa_r - \Delta\kappa_r$$

$$\omega_y = \alpha_b$$

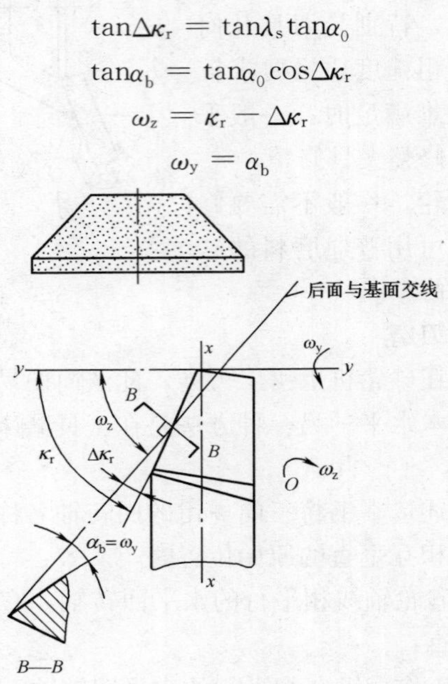

图 3-11　车刀后面平行砂轮端面图

（2）采用图 3-12 所示的三向虎钳法。可先将 y 轴转动 ω_y 值(即车刀的纵向后角 α_p)，使后面垂直于磨床工作台台面，然后将 z 轴转

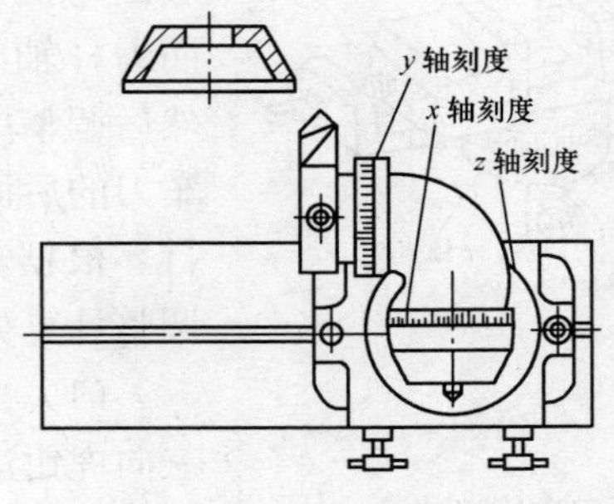

图 3-12　三向虎钳（Ⅱ）

动 ω_z 角，使后面平行于砂轮端面。ω_y 及 ω_z 可按下列公式计算

$$\frac{1}{\tan\alpha_p}=\frac{\cos\kappa_r}{\tan\alpha_0}+\tan\lambda_s\sin\kappa_r$$

$$\frac{1}{\tan\alpha_f}=\frac{\sin\kappa_r}{\tan\alpha_0}-\tan\lambda_s\cos\kappa_r$$

$$\omega_y=\alpha_p$$

$$\tan\omega_z=\frac{\sin\alpha_p}{\tan\alpha_f}$$

2. 副后面的刃磨

副后面一般也是用砂轮端面刃磨。刃磨时，车刀的安装及虎钳的调整与刃磨后面相类似。

（1）采用图 3-10 所示三向虎钳，可按下式计算

$$\tan\Delta\kappa_r'=[\tan\gamma_0\sin(\kappa_r+\kappa_r')-\tan\lambda_s\cos(\kappa_r+\kappa_r')]\tan\alpha_0'$$

$$\tan\alpha_b'=\tan\alpha_0'\cos\Delta\kappa_r'$$

$$\omega_z=\kappa_r'-\Delta k_r'$$

$$\omega_y=\alpha_b'$$

式中　γ_0——车刀前角；

κ_r——车刀主偏角；

κ_r'——车刀副偏角；

α_0'——车刀副后角；

λ_s——车刀刃倾角。

（2）采用图 3-12 所示三向虎钳，可按下式计算

$$\frac{1}{\tan\alpha_p'}=\frac{1}{\tan\alpha_0'}\cos\kappa_r'+[\tan\gamma_0\sin(\kappa_r+\kappa_r')-\tan\lambda_s\cos(\kappa_r+\kappa_r')]\sin\kappa_r'$$

$$\frac{1}{\tan\alpha_f'}=\frac{1}{\tan\alpha_0'}\sin\kappa_r'-[\tan\gamma_0\sin(\kappa_r+\kappa_r')-\tan\lambda_s\cos(\kappa_r+\kappa_r')]\cos\kappa_r'$$

$$\omega_y=\alpha_p'$$

$$\tan\omega_z=\frac{1}{\tan\alpha_f}\sin\alpha_p'=\cot\alpha_f\sin\alpha_p'$$

3. 平面型前面刃磨

平面型车刀的前面一般用砂轮外圆柱面刃磨。先将车刀安装得使其底面与虎钳的孔轴相垂直，刀杆轴线与 x 轴平行，然后调整

虎钳的回转角，使车刀前面与磨床工作台台面相平行。

（1）无卷屑槽的平面型前面

1）当采用图 3-10 所示的三向虎钳时，先将 z 轴转动 ω_z 角，使前面与基面的交线平行于虎钳的 x 轴。然后再将 x 轴转动 ω_x 角（即车刀的最大前角 γ_g）后，使前面平行于工作台台面，即可进行刃磨。ω_z 和 ω_x 可按下列公式计算

$$\tan\Delta\kappa_r = \tan\lambda_s / \tan\gamma_0$$

$$\tan\gamma_g = \tan\gamma_0 / \cos\Delta\kappa_r$$

$$\omega_z = 90° - \kappa_r + \Delta\kappa_r$$

$$\omega_x = \gamma_g$$

2）当采用图 3-12 所示的虎钳时，先将 y 轴转动 ω_y（即车刀的纵向前角 γ_p），使背平面 p_p 与前面的交线平行于虎钳的 x 轴及磨床工作台面。然后再将 x 轴转动 ω_x 角，使前面平行于工作台台面即可进行刃磨，这种调整方法也适用于前一种结构的虎钳。ω_y 及 ω_x 可按下式计算

$$\tan\gamma_p = \tan\gamma_0 \cos\kappa_r + \tan\gamma_s \sin\kappa_r$$

$$\tan\gamma_f = \tan\gamma_0 \sin\kappa_r - \tan\lambda_s \cos\kappa_r$$

$$\omega_y = \gamma_p$$

$$\tan\omega_x = \tan\gamma_f \cos\gamma_p$$

（2）带卷屑槽的平面型前面。刃磨这类前面时，除了要保证前面的三个角度参数 γ_0、λ_s 及 κ_r 外，还必须保证一个卷屑槽的斜角 τ。

1）当采用图 3-10 所示的虎钳时，可分别将虎钳的 z、x、y 轴转动 ω_z、ω_y 及 ω_x 角，它们可按下列公式求取

$$\omega_z = \kappa_r - \tau$$

$$\tan\omega_y = \tan\gamma_0 \cos\tau + \tan\lambda_s \sin\tau$$

$$\tan\omega_x = \left(\frac{\cos\tau}{\tan\lambda_s} - \tan\gamma_0 \sin\tau\right)\cos\omega_y$$

式中，τ 为卷屑槽的斜角。对外斜式卷屑槽，τ 角为正值；对内斜式的卷屑台，τ 角为负值。

2）当采用图 3-12 所示的虎钳时，虎钳的 y 轴及 x 轴的转角 ω_y 及 ω_x 的计算，与不带卷屑槽的车刀完全一样。而卷屑槽的斜角 τ，

可在磨削时将虎钳的 z 轴转动一适当的角度，使卷屑槽肩部与工作台的纵向相平行来保证。

(3) 全圆弧形卷屑槽的磨削。一般是用薄片形（PB）的金刚石砂轮来磨削。图 3-13 是砂轮相对于车刀的安装情况，车刀可装夹在三向虎钳上，使卷屑槽的方向与磨床工作台的纵向相平行，磨头主轴回转一 θ 角，其值可按下式计算

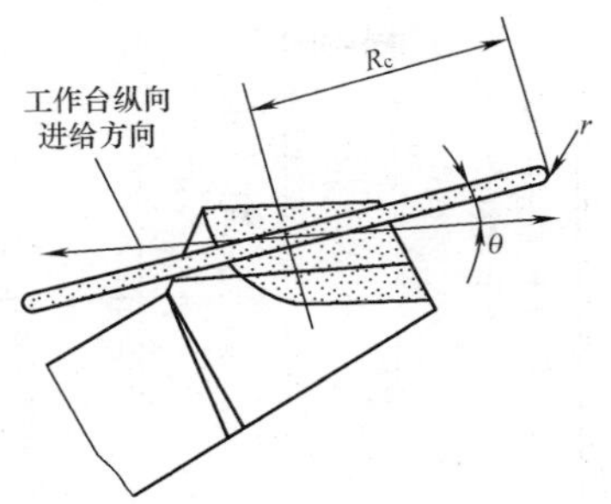

图 3-13　砂轮相对于车刀的安装

$$\sin\theta=\sqrt{\frac{R-r}{R_c-r}}$$

式中　R——卷屑槽槽形半径；

R_c——砂轮半径；

r——砂轮轮缘圆半径。

三、铣刀和铰刀的刃磨

1. 刃磨几何参数及刃磨精度要求

铣刀有尖齿铣刀及铲齿铣刀两大类。对于尖齿铣刀，其钝化后一般只修磨刀齿的后面。但有时为了加大齿槽的容屑空间或需要改变铣刀的前角大小，除了重磨后面外，也刃磨前面。对铲齿铣刀，由于其后面是经过铲削或铲磨的成形面，因此铣刀钝化后都只刃磨前面。

对一般的铰刀来说，在非特殊情况下，铰刀钝化后都是修磨切削部分的后面。只有当铰刀的校准部分也用钝时，才刃磨前面。对带刃倾角的铰刀，其切削部分的主偏角是由切削部分前面与后面相交而自然形成的，因而当其钝化后，只需刃磨切削部分的前面。有时在使用过程中需要改变铰刀的直径，则应先将铰刀的外圆重新精磨或研磨到所需的尺寸，然后再刃磨校准部分的后面，并沿刃口留出一定宽度的圆柱形刃带。

表 3-17～表 3-20 给出各类标准铰刀和铣刀有关刃磨几何参数及刃磨精度要求，供参考。

2. 刃磨方法及有关调整计算（见表 3-21）

表 3-17　手用及机用圆柱形铰刀的刃磨几何参数及刃磨精度要求

铰刀名称及规格 D（mm）		刃磨部位	刃磨几何参数							工作部分对中心线径向跳动允差（mm）	
			前角 γ_0	刃倾角 λ_s	切削部分后角 $\alpha_0 \pm 2°$	校准部分后角 $\alpha_0' \pm 2°$	主偏角 κ_r	校准部分倒锥度（mm）	校准部分的圆柱形刃带宽度（mm）	公差等级	
										H7	H8，H9 H10
手用铰刀	D=1～1.8	切削部分后面	0°～3°	0°	18°	16°	1°±15′	0.005～0.015	≤3.0 0.05～0.10 >3～10 0.10～0.15 >10～18 0.15～0.25 >18～30 0.20～0.30 >30～50 0.25～0.40	0.01	0.02
	D>1.8～2.8				16°	14°					
	D>2.8～6				14°	12°	1°±10′				
	D>6～10				12°	10°					
	D>10～20				10°	8°					
	D>20～50				8°	6°		0.01～0.02			
机用铰刀（λ_s=0）	D=1～1.8	切削部分后面	0°～3°	0°	16°	18°	15°±1°	0.005～0.02 0.02～0.04	D≤3 0.05～0.10 D>3～10 0.10～0.15 >10～18 0.15～0.20 >18～30	0.01	0.02
	D>1.8～2.8				14°	16°					
	D>2.8～6				12°	14°					
	D>6～10				10°	12°		0.03～0.05			

续表

铰刀名称及规格 D (mm)		刃磨部位	刃磨几何参数							工作部分对中心线径向跳动允差 (mm)	
			前角 γ_0	刃倾角 λ_s	切削部分后角 $\alpha_0 \pm 2°$	校准部分后角 $\alpha_0' \pm 2°$	主偏角 κ_r	校准部分倒锥度 (mm)	校准部分的圆柱形刃带宽度 (mm)	公差等级 H7	公差等级 H8，H9 H10
机用铰刀 ($\lambda_s=0$)	$D>10\sim18$	切削部分后面	0°～3°	0°	8°	10°	15°±1°	0.03～0.05	0.20～0.30 >30～50	0.01	0.02
	$D>18\sim30$				8°	8°		0.04～0.06	0.25～0.40 >50～70		
	$D>30\sim50$							0.05～0.07	0.30～0.50 >70～80		
	$D>50\sim80$							0.06～0.08	0.40～0.60		
带刃倾角的机用铰刀	$D\leq10$	切削部分前面	切削部分 5°～8° (γ_0) 校准部分 0°～3°	≤16° 15° 16°～25° 20° >25° 25°	—	12°	—	0.005～0.01	0.10～0.15	0.01	0.02
	$D>10\sim18$					10°			0.15～0.25		
	$D>18\sim30$					8°		0.01～0.015	0.20～0.30		
	$D>30$								0.25～0.40		

注　1. 带刃倾角的机用铰刀的切削部分与校准部分具有公共的后面，而主偏角是由后面与切削部分前面相交自然形成的，其值可按 $\tan\kappa_r=\tan\alpha_0\tan\lambda_s$ 确定。

2. 铰刀前、后面的表面粗糙度值 Ra 不大于 0.8μm。

表 3-18　　锥度铰刀的刃磨几何参数及刃磨精度要求

<table>
<tr><th colspan="3">铰刀名称及规格
D（mm）</th><th>刃磨部位</th><th>前角 γ_0</th><th>后角
$\alpha_0 \pm 2°$</th><th>圆锥刃带
宽度（mm）</th><th>工作部分对中心
线径向跳动允差
（mm）</th><th>锥度允差
（mm）</th><th>锥角允差</th></tr>
<tr><td rowspan="6">1∶50 锥度
销子铰刀</td><td colspan="2">$D \leqslant 2.5$</td><td rowspan="6">后面</td><td rowspan="6">0°～3°</td><td>20°</td><td rowspan="2">≤0.10</td><td>0.03</td><td rowspan="6">铰刀工作部分长度
$l \leqslant 100$
0.05/100；
$l>100 \sim 200$
0.04/100；
$l>200$
0.03/100</td><td rowspan="6">—</td></tr>
<tr><td colspan="2">$D>2.5 \sim 6$</td><td>14°</td><td rowspan="3">0.02</td></tr>
<tr><td colspan="2">$D>6 \sim 10$</td><td>10°</td><td rowspan="2">≤0.15</td></tr>
<tr><td colspan="2">$D>10 \sim 16$</td><td rowspan="2">8°</td></tr>
<tr><td colspan="2">$D>16 \sim 30$</td><td>≤0.20</td><td rowspan="2">0.03</td></tr>
<tr><td colspan="2">$D>30 \sim 50$</td><td>6°</td><td>≤0.25</td></tr>
<tr><td rowspan="7">莫氏锥度
铰刀</td><td rowspan="7">莫氏锥度号</td><td>0</td><td rowspan="7">后面</td><td rowspan="7">0°～3°</td><td rowspan="7">10°</td><td rowspan="7">≤0.15</td><td rowspan="3">0.02</td><td rowspan="3">粗±0.000 3
精±0.000 15</td><td rowspan="3">粗±1′
精±30″</td></tr>
<tr><td>1</td></tr>
<tr><td>2</td></tr>
<tr><td>3</td><td rowspan="4">0.03</td><td rowspan="2">粗±0.000 25
精±0.000 125</td><td rowspan="2">粗±50″
精±25″</td></tr>
<tr><td>4</td></tr>
<tr><td>5</td><td rowspan="2">粗±0.000 2
精±0.000 1</td><td rowspan="2">粗±30″
精±15″</td></tr>
<tr><td>6</td></tr>
</table>

注　铰刀的前刀面及刃带表面粗糙度值 Ra 应不大于 0.4μm，后面表面粗糙度值 Ra 应不大于 0.8μm。

表 3-19　铲齿铣刀的刃磨几何角度及刃磨精度要求

铣刀名称及规格 (mm)		刃磨部位	前角 γ_0	刃磨要求			
				周刃的径向跳动允差（mm）		侧刃的法向跳动允差 (mm)	在切深范围内前刀面的非径向性允差 (mm)
				一转	相邻齿		
凹、凸半圆铣刀	$R\leqslant 6$	前面	5°±1°	0.06	—	—	—
	$R>6\sim 12$			0.08	—		
齿轮铣刀	$m=0.3\sim 0.5$	前面	0°	0.06	0.04	0.06	0.03
	$m>0.5\sim 1$						0.05
	$m>1\sim 2.5$						0.08
	$m>2.5\sim 6$			0.08	0.06	0.08 0.10	0.12
	$m>6\sim 10$			0.10	0.07		0.16
	$m>10\sim 16$						0.25

注　刀齿前面的表面粗糙度值 Ra 应不大于 0.8μm。

表 3-20　　**尖齿铣刀的刃磨几何角度及刃磨精度要求**

铣刀名称及规格 D (mm)		刃磨部位	刃磨几何角度					刃磨要求				
			法前角 $\gamma_n \pm 2°$	周(主)刃后角 $\alpha_0 \pm 2°$	刃倾角 λ_a 或螺旋角 β	端(副)刃偏角 κ_r'	端(副)刃后角 $\alpha_0' \pm 2°$	周(主)刃径向跳动允差(mm)		端(副)刃轴向跳动允差(mm)	周(主)刃外径锥度允差(mm)	刃齿后刃面允许的白刃宽度(mm)
								一转	相邻齿			
尖齿槽铣刀	$D \leqslant 80$	周齿后面	15°	12°	—	1°～1°30′	—	0.04	0.02	—	0.03	≤0.05
	$D=100$							0.05	0.025			
锯片铣刀	$D \leqslant 125$	周齿后面	$B<3$ 5° $B \geqslant 3$ 8°～10°	16° $D \geqslant 160$ 的粗齿锯片 14°	—	15′～40′(最小)	—	0.10	0.06	—	—	≤0.05
	$D>125$							0.12	0.08			
直齿三面刃铣刀	$D \leqslant 80$	周齿及端齿后面	15°	12°	—	—	6°	0.05	0.025	0.03	0.03	≤0.05
	$D=100$							0.06	0.03	0.04		
错齿三面刃铣刀	$D \leqslant 80$	周齿及端齿后面	15°	12°	$B \leqslant 14$ 15° $B>14$ 20°	—	6°	0.05	0.025	0.03	0.03	≤0.05
	$D=100$							0.06	0.03	0.04		
镶齿三面刃铣刀	$D \leqslant 100$	周齿及端齿后面	15°	10°	$B \leqslant 18$ 8° $B>18$ 15°	—	刀齿端面伸出量 $h_1 \leqslant 2$ 4°～7° $h_1>2$ 6°～9°	0.10	0.05	0.04	—	≤0.05
	$D>100$～160							0.12	0.06	0.05		
	$D>160$							0.15	0.08	0.06		

续表

铣刀名称及规格 D(mm)		刃磨部位	刃磨几何角度					刃磨要求				
			法前角 $\gamma_n \pm 2^\circ$	周(主)刃后角 $\alpha_0 \pm 2^\circ$	刃倾角 λ_a 或螺旋角 β	端(副)刃偏角 κ_r'	端(副)刃后角 $\alpha_0' \pm 2^\circ$	周(主)刃径向跳动允差(mm)		端(副)刃轴向跳动允差(mm)	周(主)刃外径锥度允差(mm)	刀齿后刀面允许的白刃宽度(mm)
								一转	相邻齿			
粗齿立铣刀	$D \leqslant 12$	周齿及端齿后面、端齿前面	周刃 15° 端刃 6°	$D \leqslant 4$ 18° $D > 4 \sim 6$ 16° $D > 6$ 14°	周刃 40°～45° 端刃 10°±2°	3°±2°	10°	—	0.015	0.03	0.02	≤0.10
	$D > 12 \sim 20$							—	0.02	0.04		
	$D > 20 \sim 28$							—	0.025			
	$D > 28$							0.06	0.03			
细齿立铣刀	$D \leqslant 12$	周齿及端齿后面、端齿前面	周刃 15° 端刃 6°	$D \leqslant 4$ 18° $D > 4 \sim 6$ 16° $D > 6$ 14°	周刃 30°～35° 端刃 10°±2°	3°±2°	10°	0.03	0.015	0.04	0.02	≤0.10
	$D > 12 \sim 20$							0.04	0.02			
	$D > 20 \sim 28$							0.05	0.025			
	$D > 28$							0.06	0.03			
键槽铣刀	$D \leqslant 5$	周齿及端齿后面、端齿前面	5°	12°	周刃 20° 端刃 0°	1°30′	16°	0.02		$D \leqslant 18$ 0.03 $D > 18$ 0.04	0.01	≤0.05
	$D > 5 \sim 20$		10°	14°		2°	14°					
	$D > 20$						12°					
半圆键槽铣刀		周齿后面	$B \leqslant 3$ 5° $B > 3$ 10°	15°	$B \leqslant 5$ 0° $B > 5$ 12°	$D \leqslant 3$ >15′ $D > 13 \sim 28$ >20′ $D > 28$ >30′	—	0.05	0.03	—	—	≤0.05

续表

铣刀名称及规格 D(mm)		刃磨部位	刃磨几何角度					刃磨要求				
			法前角 $\gamma_n \pm 2°$	周(主)刃后角 $\alpha_0 \pm 2°$	刃倾角 λ_a 或螺旋角 β	端(副)刃偏角 κ_r'	端(副)刃后角 $\alpha_0' \pm 2°$	周(主)刃径向跳动允差(mm)		端(副)刃轴向跳动允差(mm)	周(主)刃外径锥度允差(mm)	刀齿后刀面允许的白刃宽度(mm)
								一转	相邻齿			
T形槽铣刀		周齿后面	10°	15°	10°	1°30′～2°	—	0.05	0.03	—	—	≤0.10
圆柱形铣刀		周齿后面	15°	12°	粗齿 40°～45° 细齿 30°～35°	—	—	0.06	0.03	—	0.03	
套式面铣刀	$D \leqslant 80$	周齿及端齿后面、端齿前面	15°	12°	周刃 15°～20° 端刃 15°30′	1°～2°	8°	0.05	—	0.03	0.05	≤0.05
	$D=100$							0.06	—	0.04		
镶齿套式面铣刀	$D=80$	周齿及端齿后面	15°	12°	10°	0°	8°	0.08	—	0.04	—	≤0.10
	$D>80～160$							0.10	—	0.05		
	$D>160$							0.12	—	0.06		
单角铣刀		周齿、锥面齿及端齿后面	10°(周刃)	周刃 16° 锥面刃 14°	—	1°～2°	8°	周刃 0.07 锥面刃法向 0.05	—	0.03	—	≤0.05
双角铣刀	$D \leqslant 75$	周齿及锥面齿后面	10°(周刃)	周刃 16° 大角度锥面刃 13° 小角度锥面刃 6°	—	—	—	周刃 0.07 锥面刃法向 0.05	—	—	—	≤0.05
	$D>75$							周刃 0.10 锥面刃法向 0.06	—	—		

注　1. 铣刀前面的表面粗糙度值 Ra 应不大于 1.6μm，后面表面粗糙度值 Ra 不大于 1.6μm。
　　2. 角度铣刀的角度允差为±20′。

表 3-21　　铣刀及铰刀的刃磨方法及有关调整计算

刃磨部位	典型刀具	简　图	说　明	调整计算实例
圆柱面周齿后面	直槽粗齿刀具（如尖齿槽铣刀，直齿三面刃铣刀、直槽铰刀等）		（1）刀具可通过心轴或直接在顶尖架上安装 （2）一般都采用碗形或杯形砂轮的端面磨削，以免形成凹形的后刀面 （3）为了减小砂轮与刀具的接触面积，可转动磨头架，使砂轮端面与刀具轴线成 1°～2° 的倾角 （4）支架应固定在工作台上。支片支撑时应尽量靠近刃口。支片顶点应比刀具轴线降低 H 距离。其值按下式计算 $H=\frac{D}{2}\sin\alpha_0$ 式中 D——刀具直径； α_0——刀具后角	［例］已知刀具直径 $D=80$mm、后角 $\alpha_0=12°$，求支片下降的距离 H？ ［解］ $H=\frac{80}{2}\sin 12°=8.32$mm

续表

刃磨部位	典型刀具	简图	说明	调整计算实例
圆柱面周齿后面	直槽细齿刀具(如锯片铣刀、切口铣刀等)	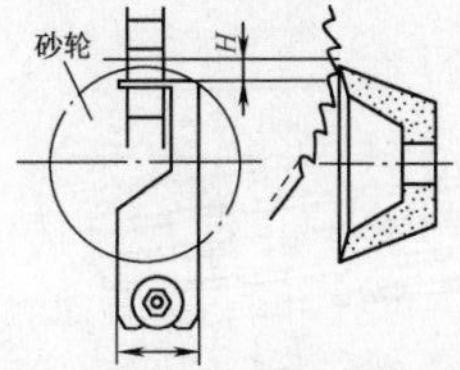 砂轮 H	刃磨及调整方法与直槽粗齿刀具类同，但： (1) 由于齿槽空间较小，须采用细齿支片 (2) 砂轮外圆必须降低到刀具中心以下，以免磨坏相邻刀齿	
	螺旋槽刀具(如圆柱形铣刀、立铣刀、键槽铣刀、套式面铣刀等)及斜槽刀具(如镶齿套式面铣刀、硬质合金铰刀等)	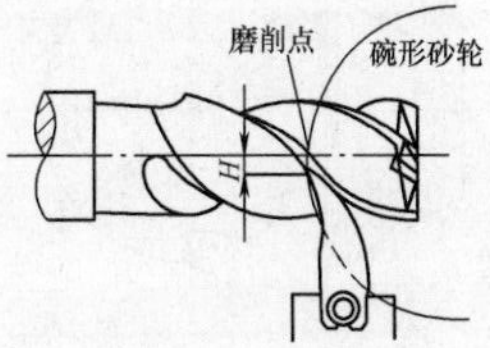 磨削点 碗形砂轮 H	工件的安装及磨头架的调整与磨直槽粗齿刀具相同，但： (1) 支片必须采用相应的螺旋槽或斜槽支片，而且支架应固定在磨头架上 (2) 砂轮的磨削点应与支片对刀具前刀面的支撑点相重合 (3) 刃磨带柄刀具时，支片伸出砂轮外部分的长度不应超过 1～2mm，以免磨不到槽根 (4) H 值的计算方法同上	
	错齿刀具(如错齿三面刃铣刀、T 形槽铣刀、错齿锯片铣刀等)	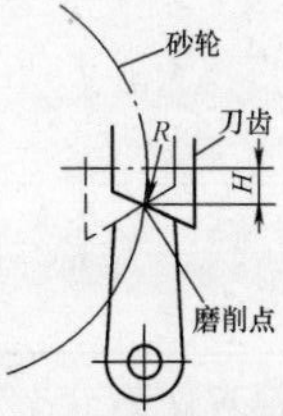 砂轮 R 刀齿 H 磨削点	刃磨方法基本上与磨螺旋槽或斜槽刀具相同，但为了使刀具的左、右斜向的两种刀齿后角一次磨成，须注意： (1) 应选用两侧斜度相同的斜槽支片，支片顶点的圆弧要尽可能小些 (2) 砂轮的磨削点应与支片顶点相重合	

续表

刃磨部位	典型刀具	简图	说明	调整计算实例
锥面周齿后面	锥度立铣刀、锥度铰刀、角度铣刀等	磨头不可倾斜 磨头可倾斜	(1)刀具可用顶尖架或万能夹头装夹。装夹后，应将磨床工作台或万能夹头底盘转动一刀具锥面的斜角，使锥面母线与工作台纵向移动方向重合 (2)对这类刀具，无论是直槽还是螺旋槽，支片的支撑点应与刀具轴线处于同一水平面，并使砂轮的磨削点与支撑点相重合，以保证刀具刃口落在锥面上，使刃口各点的后角相同 (3)支片的形式应按刀具的齿槽形式选择，支架须固定在磨头架上 (4)当采用磨头可倾斜的磨床时，可用碗形砂轮的端面磨削，磨头的倾斜角应等于刀具后角 α_0，当磨头不可倾斜时，则应用平形砂轮的外圆磨削，此时砂轮中心应比刀具中心升高 H 距离其值可按下式计算 $H=\frac{D_c}{2}\sin\alpha_0$ 式中 D_c——砂轮直径； α_0——刀具后角	［例］已知砂轮直径 $D_c=150$mm，刀具后角 $\alpha_0=14°$，求砂轮中心的升高距离 H？ ［解］ $H=\frac{150}{2}$mm $\times\sin14°$ $=18.14$mm

续表

刃磨部位	典型刀具	简　图	说　明	调整计算实例
圆柱面周齿前面	直槽刀具（如尖齿槽铣刀、直齿三面刃铣刀、锯片铣刀、直齿铰刀等）	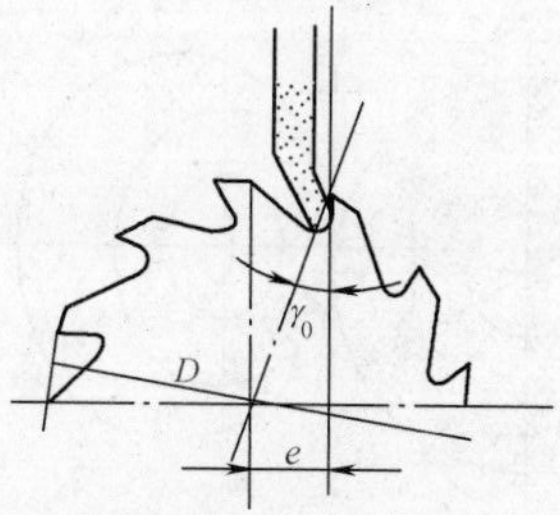	（1）为了便于对刀，一般可用碟形砂轮的端面刃磨，但应将端面修成凹形的锥面，以减少磨削接触面积 （2）刀具的前角 γ_0 是通过调整砂轮端面对刀具中心的偏距来获得的。偏距 e 可按下式计算 $e=\frac{D}{2}\sin\gamma_0$ 式中　D——刀具直径； γ_0——刀具前角 （3）刃磨时，刀具不用支片支撑而是用手握住刀具，使前刀面靠向砂轮端面，推动工作台纵向移动，进行磨削。在磨至刀齿两端时，砂轮与前面的接触面积逐渐减少，因此刀具对砂轮的压力也应随之减小，以免刀齿两端产生塌角现象 （4）在刃磨过程中，必须用转动刀具的方式进给，不得移动横向工作台，以免因偏距 e 的变动，而影响前角大小	[例] 已知刀具直径 D=80mm，前角 $\gamma_0=15°$，求砂轮端面的偏距 e？ [解] $e=\frac{80}{2}\sin15°$ $=10.35$mm

续表

刃磨部位	典型刀具	简　图	说　明	调整计算实例
圆柱面周齿前面	螺旋槽刀具（如圆柱形铣刀、套式面铣刀、立铣刀、螺旋齿铰刀等）		（1）对一般的铣、铰刀，其前刀面的直线性要求不高，故为了提高刃磨效率，通常可用碟形砂轮的端面来刃磨螺旋槽刀具的前面。此时前面是由碟形砂轮外圆磨成，略带凹形 （2）对套式刀具，磨头架的回转角应比刀具螺旋角 β 大 1°～2°；对带柄刀具，为了能磨至槽根，磨右切右旋刀具时，磨头架的回转角应比刀具螺旋角 β 大 1°～2°，而磨右切左旋刀具时磨头架回转角应比刀具螺旋角 β 小 1°～2°。对左切带柄刀具则与上述相反 （3）砂轮对刀具中心的偏距 e 不可按直槽刀具的公式计算，而应根据试磨后实测的刀具前角来调整确定	

续表

刃磨部位	典型刀具	简图	说明	调整计算实例
铲齿铣刀前面	齿轮铣刀、凹、凸圆弧铣刀及其他铲齿成形铣刀	砂轮断面 支片 $\gamma_0=0°$ 砂轮端面 支片 γ_0 e 刀具 $\gamma_0>0°$	（1）一般采用碟形砂轮的端面刃磨 （2）砂轮端面相对刀具中心的偏距 e 的确定，与直齿铣刀相同，但应注意前角的大小应严格地按原设计数值，不得任意更动 （3）刃磨时，刀具应用支片支撑，支片应支撑在所磨刀齿的背面。对要求等分准确的铣刀，应借助分度板来分度刃磨 （4）砂轮的进给，需通过调节支片位置的方法进行，不得移动横向工作台，以免影响前角的大小	

续表

刃磨部位	典型刀具	简图	说明	调整计算实例
铣刀端齿后面	立铣刀、三面刃铣刀、单角铣刀、套式面铣刀、键槽铣刀等	砂轮 右切铣刀 砂轮 左切铣刀	（1）工件可通过心轴或直接安装在万能夹头上 （2）万能夹头的调整，对右切铣刀应先将夹头底盘回转（$90°-\kappa_r'$）角，κ_r' 为铣刀端刃的偏角，然后再在垂直平面内使夹头主轴前倾一个铣刀的端刃后角 α_0'。对左切铣刀，则夹头主轴前端应向上抬起一个端刃后角 （3）支片可选用直齿支片，支片应支撑在所刃磨刀齿的外缘，并使端刃处于水平位置。对右切铣刀，支架可固定在磨床工作台上，而对左切铣刀，支架可固定在万能支架顶部 （4）刃磨时，采用碗形砂轮的端面作工作面，砂轮直径大小的选择及磨头架的高低位置的调整，应注意不要磨及相邻刀齿	

续表

刃磨部位	典型刀具	简图	说明	调整计算实例
铣刀端齿前面	立铣刀、三面刃铣刀、单角铣刀、套式面铣刀、键槽铣刀等		（1）须用碟形砂轮端面刃磨 （2）刀具应安装在万能夹头上。万能夹头调整时，应先将夹头底盘回转 ω_1 角，然后再将夹头主轴抬起 ω_2 角，最后转动夹头主轴，使铣刀被磨刀齿的端刃与砂轮端面平行即可。ω_1 及 ω_2 可按下列公式计算： $\tan\gamma'_n=\tan\gamma'_0\cos\lambda'_s$ $\tan\omega_1=\tan\gamma'_n/\sin\theta$ $\sin\omega_2=\cos\gamma'_n\cos\theta$ 式中 γ'_0——端刃前角，对三面刃铣刀、面铣刀，其值等于周刃的螺旋角 ω； λ'_s——端刃刃倾角，对三面刃铣刀、面铣刀，其值等于周刃主前角； θ——端齿的槽底角； γ'_n——端刃法前角 （3）刃磨过程中可用支片支撑刀具，也可直接根据万能夹头主轴的刻度盘分度刃磨。但此时需将主轴锁紧	［例］已知立铣刀的端刃前角 $\gamma'_0=6°$、端刃刃倾角 $\lambda'_s=10°$、端齿槽底角 $\theta=20°$，求万能夹头的调整角 ω_1 及 ω_2？ ［解］ $\tan\gamma'_n=\tan6°\cos10°=0.103\ 50$ $\gamma'_n=5°55'$ $\tan\omega_1=\tan5°55'/\sin20°=0.302\ 62$ $\omega_1=16°50'$ $\sin\omega_2=\cos5°55'\cos20°=0.934\ 69$ $\omega_2=69°11'$

续表

刃磨部位	典型刀具	简　图	说　明	调整计算实例
铣刀直线过渡刃后面	面铣刀、立铣刀、键槽铣刀等		（1）采用碗形或杯形砂轮的端面刃磨 （2）刀具用万能夹头装夹。由于一般过渡刃都很短，故万能夹头可按下列步骤调整： 1）校准铣刀的过渡刃，使其与铣刀轴线处于同一水平面，并将万能夹头主轴锁紧 2）将万能夹头底盘转动 ω_1 角，其值等于铣刀过渡刃偏角 κ_{rG} 3）将万能夹头主轴抬起一个 ω_2 角。ω_2 角按下式计算 $\tan\omega_2=\tan\alpha_{0G}\cos\kappa_{rG}$ 式中　α_{0G}——过渡刃后角 4）松开万能夹头主轴，将其转动一个 ω_3 角，ω_3 角按下式计算： $\tan\omega_3=\tan\alpha_{0G}\sin\kappa_{rG}$ 5）将支架固定在万能夹头顶部，并将支片支撑在所磨刀齿的刀尖处前刀面上	［例］已知铣刀过渡刃偏角 $\kappa_{rG}=30°$、后角 $\alpha_{0G}=14°$，求万能夹头的调整角 ω_1、ω_2 及 ω_3。 ［解］$\omega_1=30°$ $\tan\omega_2=\tan14°\cos30°=0.215\,93$ $\omega_2=12°11'$ $\tan\omega_3=\tan14°\sin30°=0.124\,67$ $\omega_3=7°6'$

续表

刃磨部位	典型刀具	简图	说明	调整计算实例
角度铣刀刀尖圆弧	单角铣刀、双角铣刀	D_c H α_0 $\frac{D}{2}-r_c$ γ_0 摆动 摆动中心	(1) 需采用专用的刃磨夹具。铣刀在夹具上安装后，其轴线和夹具的摆动轴线相垂直。并相距 $\left(\frac{D}{2}-r_c\right)$，其中 D 为铣刀外径，r_c 为刀尖半径 (2) 所磨刀齿的刀尖应与铣刀轴线处于同一水平面，并用支片支撑定位；而所要求的后角 α_0 是用降低砂轮中心的方法来保证的，砂轮中心相对铣刀中心下降的距离 H $H=\frac{D_c}{2}\sin\alpha_0$ 式中 D_c——砂轮直径 (3) 铣刀向左右摆动的范围的控制，应注意刀尖圆弧与两侧锥面或端面切削刃的光滑连接	—

续表

刃磨部位	典型刀具	简图	说明	调整计算实例
铰刀切削部分后面	手用或机用圆柱形铰刀		由于铰刀切削部分主偏角 κ_r 一般都不大，故刃磨方法基本上与刃磨圆柱面周齿后刀面相同，支片位置的调整也相同，但必须将磨床台面转动一个主偏角 κ_r	—
带刃倾角铰刀切削部分前面	带刃倾角机用铰刀		（1）一般可用碟形砂轮的端面刃磨 （2）磨床台面应转动一个切削部分刃倾角 λ_s （3）支片可支撑在校准部分的前刀面上。支撑点应尽可能靠近刃口，其相对于铰刀中心的偏距 e（在水平面内）可按下列公式计算 $\tan\gamma_0=\tan\gamma_n/\cos\lambda_s$ $e=\frac{D}{2}\sin\gamma_0$ 式中 γ_n——切削部分法前角； λ_s——刃倾角； γ_0——切削部分前角（径向）	［例］已知铰刀直径 $D=$ 32mm，法前角 $\gamma_n=5°$、刃倾角 $\lambda_s=25°$，求支片支撑点偏距 e? ［解］$\tan\gamma_0=\tan5°/\cos25°=0.096\ 53$ $\gamma_0=5°31'$ $e=\frac{32mm}{2}\sin5°31'=1.54mm$

四、拉刀的刃磨

拉刀在使用过程中一般只刃磨前面。拉刀的刃磨是在专用的拉刀磨床上进行的，但长度较短的拉刀也可在工具磨床上刃磨。在工具磨床上刃磨圆拉刀时，需要磨外圆夹具带动拉刀作旋转运动。

1. *刃磨要求*

（1）要保证刃口平整，刃磨后前面的表面粗糙度值 Ra 不大于 0.8μm。

（2）保证所规定的前角 γ_0。

（3）槽底圆弧和前面要光滑连接，不能有凸起。

（4）各槽的切削量应力求一致，保证齿升的均匀性。为了延长拉刀的使用寿命，每次刃磨不应将所有的校准齿都刃磨，通常起初只刃磨第一枚校准齿。当其直径减小了 0.02～0.03mm 后，才允许磨第二枚。

2. *刃磨方法及砂轮直径的选择*

在刃磨前面为平面的拉刀时，砂轮的直径不受限制，可按磨削要求选取。而在刃磨容屑槽为环形圆拉刀时，为了保证一定数值的前角，砂轮直径不宜过大，否则砂轮会将前面干涉过切，而得不到预定的前角。

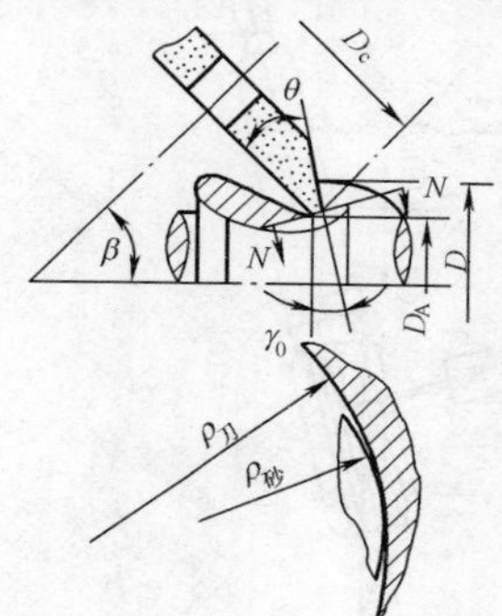

图 3-14　用砂轮锥面刃磨圆拉刀

圆拉刀的前面可以用碟形砂轮的锥面磨削，也可以用碟形砂轮的外圆磨削。所选砂轮工作面不同，砂轮直径的选择也不同。

（1）用砂轮锥面刃磨。如图 3-14 所示，要保证砂轮不过切刀齿前面，应使 N-N 截面内的砂轮曲率半径 $\rho_{砂}$ 小于刀齿前面的曲率半径 $\rho_{刀}$。根据这一条件，并设 $D_A=0.85D$（D 为刀齿外径），则砂轮直径 D_c 应满足的条件是

$$D_c \leqslant kD$$

$$k=\frac{0.85\sin(\beta-\gamma_0)}{\sin\gamma_0}$$

式中　k——砂轮直径选择系数，其值可按表 3-22 查取；

β——砂轮轴线与拉刀轴线之间的夹角，一般可取 $\beta = 35^\circ \sim 55^\circ$；

γ_0——拉刀前角。

此时，砂轮锥面的修整角 $\theta = \beta - \gamma_0$。

表 3-22 用砂轮锥面刃磨圆拉刀时砂轮直径选择系数 k

β \ γ_0	10°	11°	12°	13°	14°	15°	16°	17°	18°
35°	2.07	1.81	1.60	1.42	1.26	1.12	1.00	0.90	0.80
40°	2.45	2.16	1.92	1.72	1.54	1.39	1.25	1.14	1.03
45°	2.81	2.49	2.23	2.00	1.81	1.64	1.50	1.36	1.25
50°	3.15	2.80	2.52	2.27	2.07	1.88	1.72	1.58	1.46
55°	3.46	3.09	2.79	2.52	2.31	2.11	1.94	1.79	1.66

采用砂轮锥面刃磨的优点是可保证拉刀具有正确的圆锥形前面，刃口平整光滑，而且砂轮磨损后直径的变化不会影响拉刀前角的大小。但刃磨小直径或大前角拉刀时，允许的砂轮直径很小，效率低。

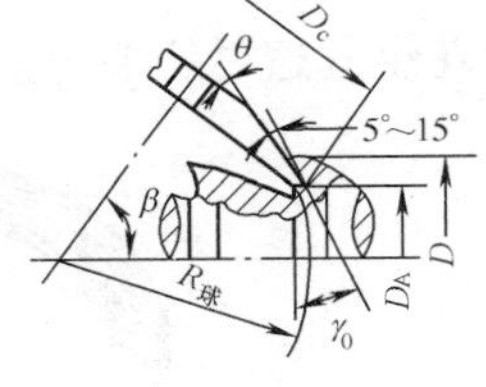

图 3-15 用砂轮外圆刃磨圆拉刀

（2）用砂轮外圆刃磨。如图 3-15 所示，砂轮和拉刀的前面仅沿砂轮外圆接触，实际所磨的前面仅是球面的一部分。砂轮直径愈小，拉刀的前角愈大，在保证拉刀外圆前角等于设计数值的条件下，砂轮直径 D_c 的计算如下

$$D_c = kD$$

$$k = \frac{\sin[\beta - \arcsin(0.85\sin\gamma_0)]}{\sin\gamma_0}$$

砂轮直径选择系数也可由表 3-23 查取，采用砂轮外圆刃磨时，为了避免砂轮锥面触及前面，砂轮锥面的修整角 $\theta = \beta - \gamma_0 - (5^\circ \sim 15^\circ)$。

表 3-23 用砂轮外圆刃磨圆拉刀时砂轮直径选择系数 k

β \ γ_0	10°	11°	12°	13°	14°	15°	16°	17°	18°
35°	2.57	2.27	2.02	1.80	1.62	1.47	1.32	1.20	1.10
40°	3.01	2.67	2.39	2.15	1.95	1.77	1.62	1.48	1.36

续表

β \ γ_0	10°	11°	12°	13°	14°	15°	16°	17°	18°
45°	3.43	3.05	2.75	2.48	2.27	2.06	1.89	1.74	1.61
50°	3.82	3.41	3.08	2.80	2.55	2.34	2.16	1.99	1.85
55°	4.18	3.75	3.39	3.08	2.83	2.60	2.40	2.23	2.07

在刃磨圆孔拉刀时，为了保证刃口光滑、平整，砂轮的轴线和拉刀的轴线应在同一个平面内。砂轮轴线是否正确，可根据磨削后刀齿前面的磨削花纹的形状来判断，见图 3-16。

图 3-16（a）是采用锥面刃磨时前面正确磨削花纹，图 3-16（b）是采用外圆刃磨时前面正确的磨削花纹，图 3-16（c）、（d）是砂轮轴线相对拉刀轴线向左或向右偏移时前面形成向左或向右的单向磨削花纹。这时切削刃平整性差，呈锯齿形，刀齿的前角也将减小。

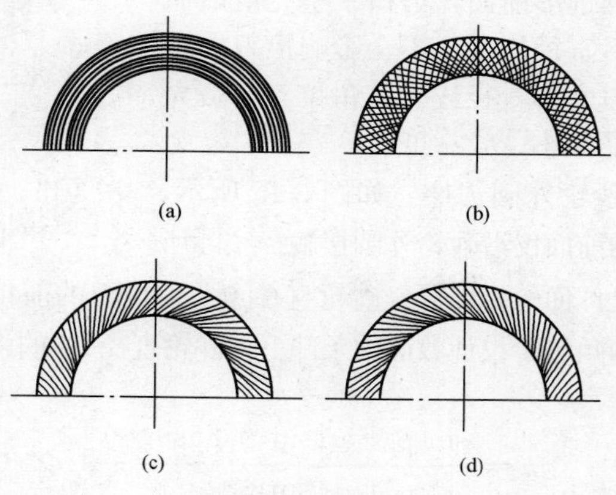

图 3-16 前面的磨削花纹

（a）锥面刃磨正确花纹；（b）外圆刃磨正确花纹；（c）砂轮轴线相对拉刀轴线向左偏移形成向左单向花纹；（d）砂轮轴线相对拉刀轴线向右偏移形成向右单向花纹

五、插齿刀的刃磨

插齿刀用钝后都是重磨前面，直齿插齿刀的前面是一锥底角等于插齿刀前角 γ_0 的内锥面。对标准直齿插齿刀，$\gamma_0=5°$。

通常直齿插齿刀的前面是在外圆磨床上用砂轮的外圆柱面刃磨，也可在工具磨床上磨削。如图 3-17 所示，插齿刀用锥度心轴安装在万能夹头上，并在夹头的前端装上带轮。利用安装在万能夹头一侧的电动机通过传动带带动万能夹头的主轴，使插齿刀作慢速 20～25m/min 的圆周进给。与此同时，磨床的工作台还须沿砂轮轴线往复运动。在刃磨时，万能夹头的底盘须转动一个等于插齿刀前角的角度，使插齿刀前刀面的母线与砂轮外圆母线相平行。

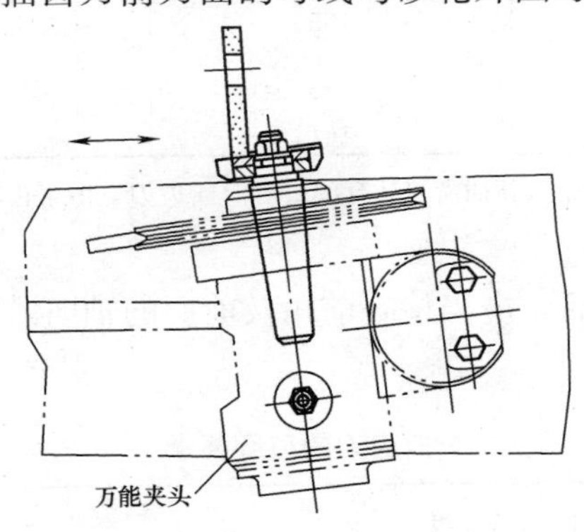

图 3-17　在工具磨床上刃磨插齿刀

对于带孔的（碗形、盘形）插齿刀，砂轮的半径 R_c 应略小于插齿刀前面与内孔交线圆的曲率半径。

对于锥柄插齿刀，砂轮直径 D_c 应满足

$$D_c \leqslant D_i/2\sin\gamma_0$$

式中　D_c——插齿刀齿根圆直径（mm）；

γ_0——插齿刀的前角（°）。

表 3-24 所列为刃磨标准直齿插齿刀的砂轮最大直径。

表 3-24　　刃磨标准锥柄直齿插齿刀的最大砂轮直径 D_c

模数 m（mm）	所允许的最大砂轮直径 D_c（mm）	
	插齿刀公称分度圆直径 d_f（mm）	
	38	25
1	205	136
1.25	199	127
1.5	195	135

续表

模数 m（mm）	所允许的最大砂轮直径 D_c（mm）	
	插齿刀公称分度圆直径 d_f（mm）	
	38	25
1.75	198	127
2	192	122
2.25	176	124
2.5	182	108
2.75	184	119
3	165	—
3.25	180	—
3.5	172	—
3.75	161	—

注　表列的 D_c 数值是按新插齿刀计算的。对旧插齿刀，由于齿根圆减小，所允许的 D_c 还应比表列值小 10～15mm。

插齿刀刃磨后，应当检查前角及前面的轴向跳动量，它们的允差见表 3-25。

表 3-25　　插齿刀的刃磨要求

检查项目	精度等级	公称分度圆直径 d_f（mm）	模数 m（mm）					
			1～1.5	>1.5～2.5	>2.5～4	>4～6	>6～10	>10
在靠近分度圆处前刀面的轴向跳动允差（μm）	AA、A	≤75	20	20	25	—	—	—
		100～125	25	25	32	32	32	—
		160～200	—	—	—	40	40	50
	B	≤75	25	25	32	—	—	—
		100～125	32	32	40	40	40	—
		160～200	—	—	—	50	50	50
前角允差	AA、A	—	±8′					
	B	—	±12′					
前面的精度级别	AA、A	—	9					
	B	—	8					

六、齿轮滚刀及蜗轮滚刀的刃磨

由于滚刀的齿背是经过铲磨的螺旋面，因此当其用钝后只刃磨前面。直槽滚刀的前面是一个通过滚刀轴线的径向平面，而螺旋槽滚刀的前面是一个阿基米德螺旋面，在滚刀端剖面内截形是一条通过滚刀中心径向直线。

滚刀刃磨的精度要求见表 3-26。

表 3-26　　滚刀的刃磨精度要求

检查项目	精度等级	模数 m（mm）				
		1	>1～2.5	>2.5～4	>4～6	>6～10
在滚刀分度圆附近的同一圆周上，任意两个刀齿前刀面间相互位置的最大累积误差（μm）	AA	25	32	40	50	63
	A	40	50	63	80	100
	B	63	80	100	125	160
	C	100	125	160	200	250
在滚刀分度圆附近的同一圆周上，两相邻刀齿邻周节的最大差值（μm）	AA	16	20	25	32	40
	A	25	32	40	50	63
	B	40	50	63	80	100
	C	63	80	100	125	160
刀齿前面的非径向性允差（μm）	AA	20	25	32	40	50
	A	32	40	50	63	80
	B	50	63	80	100	125
	C	80	100	125	160	200
刀齿前刀面与内孔轴线不平行度允差（直槽滚刀）（μm）	AA	25	32	40	50	63
	A	40	50	63	80	100
	B	63	80	100	125	160
	C	100	125	160	200	250
刀齿前面的螺旋导程允差（螺旋槽滚刀）（μm）	AA	±1.5%S_k				
	A	±2%S_k				
	B	±2.5%S_k				
	C	±3%S_k				

注　1. S_k 为螺旋槽滚刀的导程。

2. 刃磨后前面的粗糙度，AA、A 及 B 级滚刀 Ra 值应不大于 0.4μm C 级滚刀 Ra 值应不大于 0.8μm。

为了保证滚刀刃磨精度，最好采用专用滚刀磨床。不具备滚刀磨床时，也可在一般的万能工具磨床上刃磨滚刀。刃磨时要注意以下几点：

（1）最好采用砂轮的锥面刃磨，以减小砂轮与前刀面的接触面积，防止烧伤、退火。

（2）砂轮位置的调整应使砂轮锥面母线通过滚刀中心，一般可用样板找正，当砂轮锥面母线与样板工作面密合即可，见图 3-18。

（3）砂轮的锥面须用夹具修整，使之保持平直而光整。图 3-19 所示为加装在机床磨头的修整夹具。

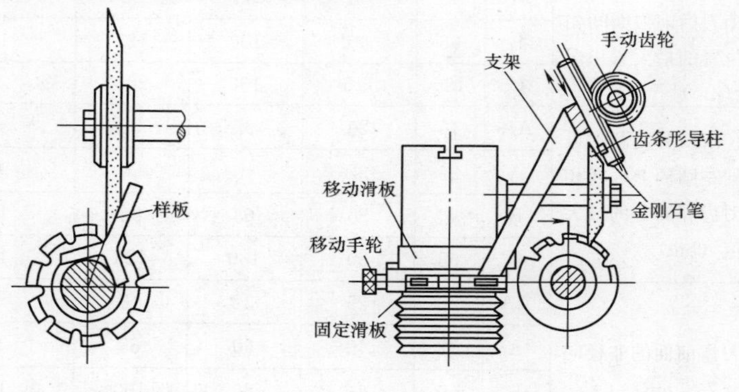

图 3-18　砂轮位置的找正　　图 3-19　砂轮锥面的修整

（4）为保证滚刀各排刀齿的前面在圆周上等分，刃磨时须用分度板分度。分度板可安装在顶尖座后面。

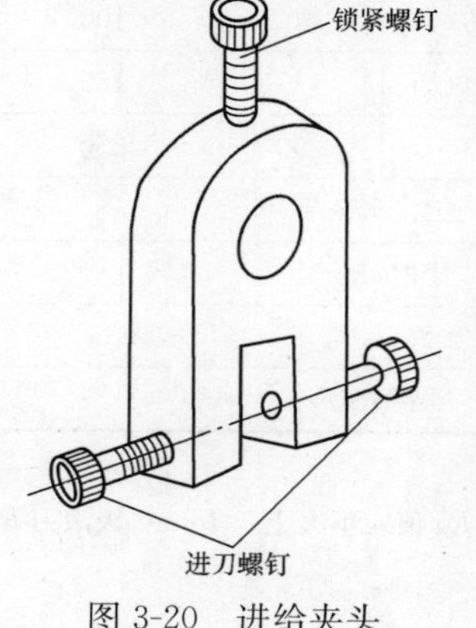

图 3-20　进给夹头

（5）对中、小模数的滚刀可用 1∶4000～1∶5000 的锥度心轴安装，而大模数的滚刀应安装在精密的圆柱形心轴上。

（6）刃磨时，砂轮的进给不可用转动工作台横向手轮的方式进行，必须通过改变分度板定位销的位置或利用特殊进给夹具来实现。图 3-20 所示是进给夹头结构，安装时，进给夹头套在顶针的端部，并用锁紧螺钉紧固。而固定在滚刀心轴端部的鸡心夹头的尾部可置入进给夹头的缺口中。并用进给夹头两侧的进给螺钉顶紧。在刃磨过程中需要进给时，只要旋转两个进给螺钉即可使滚刀转动一微小角度，从而获得一定的进给量。

在工具磨床上刃磨螺旋槽滚刀，最简单的方法是用靠模来解决砂轮沿滚刀的螺旋面磨削前面，如图 3-21 所示。装在滚刀心轴上的靠模与滚刀具有同一齿槽数和螺旋导程，有一撑齿块与靠模槽面经常接触。当磨床工作台往复运动时，滚刀相对砂轮将随着靠模导程的螺旋运动而转移。为了保证滚刀的刃磨精度，要求靠模精度较高，靠模的长度 L' 应比滚刀的长度 L 适当长些。

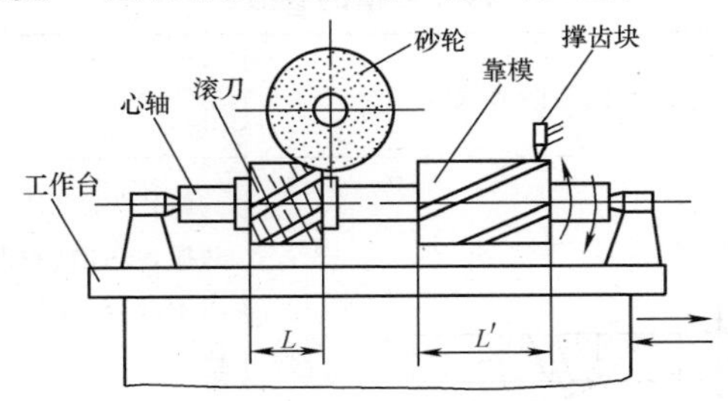

图 3-21　利用靠模刃磨螺旋槽滚刀

由于滚刀前面的径向直线性要求很高，刃磨时必须用砂轮的锥面磨削。同时，砂轮的轴线必须对装置滚刀的心轴轴线偏斜一个相当于滚刀分度圆处的螺旋角，其值为滚刀螺旋角的余角。在理论上，当砂轮工作面为正圆锥面时是不可能磨出一个阿基米德螺旋面的，前面将由于干涉现象而呈中凸的形状［见图 3-22（a）］。但在螺旋槽的螺旋角小于 3°的情况下，这种干涉不甚严重，可以将砂轮主轴的回转角减小 30′～1°，即利用砂轮锥面的弧形曲面来抵消干涉的影响。而在刃磨直径小，螺旋角大的前面时，

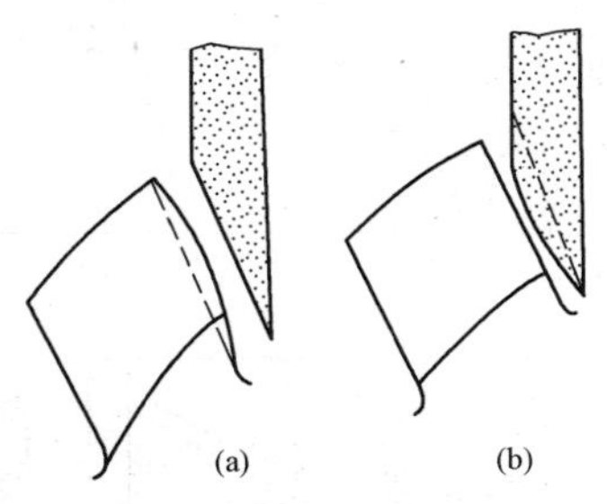

图 3-22　刃磨螺旋槽滚刀时前刀面的干涉及砂轮的修整

干涉现象就比较严重，因此必须将砂轮锥面的母线修整成适当的外凸曲线来补偿（见图 3-22）。在一般的情况下，可根据被磨滚刀前面直线性的测量结果，用磨石手工修整砂轮，并经过多次反复试磨及测量，直至前面符合要求为止。

七、硬质合金刀具的间断磨削

1. 间断磨削的原理

由于砂轮工作面上开槽以后，磨削过程是断续进行的，冷空气及磨削液容易进入磨削区，改善了散热条件，因而使磨削温度显著下降，从而达到减小刀片热应力及消除磨削裂纹的目的。

2. 砂轮开槽的参数（见表 3-27）

表 3-27　　砂轮开槽的参数

砂轮名称	用途	开槽断面形状	说　明
平形砂轮	外圆磨	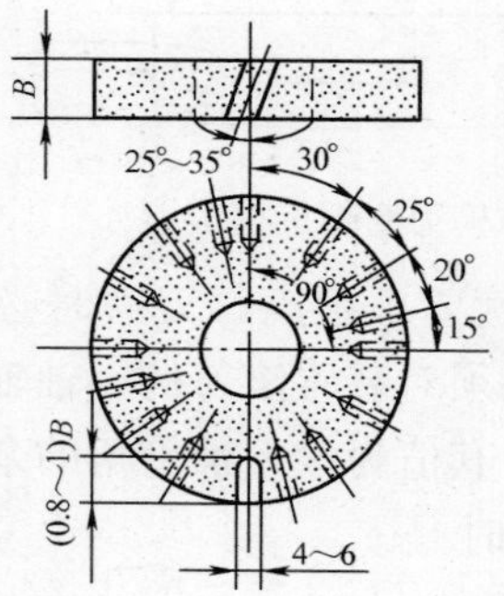 B、25°～35°、30°、25°、20°、15°、90°、(0.8～1)B、4～6	（1）为防止周期性冲击而引起共振，沟槽的配置方式采用 90° 内不等分，圆周上槽数为 16～24 槽 （2）沟槽在圆周制成斜槽，斜角为 25°～35°，方向为右旋，使磨削的轴向力推向主轴支承 （3）各沟槽在圆周上应对称分布。沟槽深度、宽度，应相互一致，以利平衡
	平面磨		沟槽的配置与外圆磨基本相同，槽数一般可选为 24～36 槽，较外圆磨略多
	内圆磨	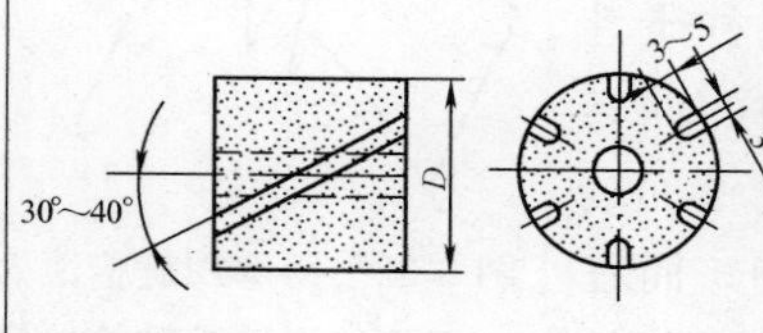 30°～40°、D、3～5、3～4	由于内圆砂轮外径小，可等分开斜槽，斜角为 30°～40°，槽数为 4～6 槽

续表

砂轮名称	用途	开槽断面形状	说　　明
杯形砂轮	工具磨	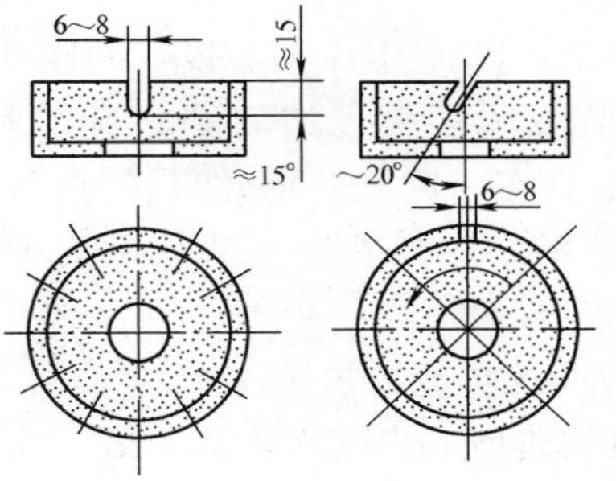 6～8　≈15　≈15°　～20°　6～8	（1）杯形砂轮与碗形砂轮的开槽形式相同 （2）槽形 90°V 形，适于粗磨，表面粗糙度值较低；槽形为矩形直槽，用于粗、精磨，粗糙度 Ra 可达 0.8μm；槽形为矩形斜槽，用于精磨，粗糙度 Ra 可达 0.4μm 以上 （3）槽数为 4～18 槽，在圆周上均匀分布 （4）矩形斜槽的斜角，可选用 15°～20°，倾斜方向应按砂轮的旋转方向决定，总之沟槽的倾斜方向应与砂轮旋转方向相反
碗形砂轮		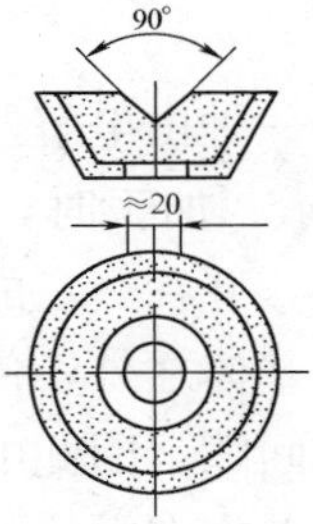 90°　≈20	
碟形砂轮	工具磨	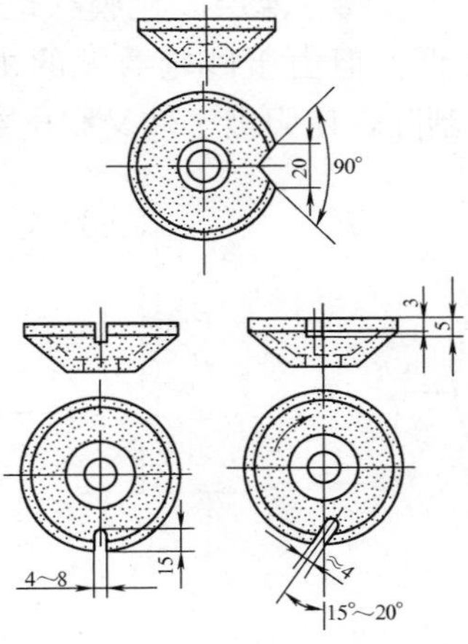 20　90°　3　5　4～8　15　≈4　15°～20°	（1）碟形砂轮的工作部位较薄弱，沟槽应开得浅而较窄 （2）矩形沟槽的数量，可在 8～16 槽之间，90°V 形沟槽数量可在 4～8 槽之间，在圆周上均匀分布

3. 开槽方法

开槽方法可分为手工开槽和机动开槽两种，一般都采用手工开槽。

手工开槽可利用废锯条，开槽时加少量冷却水。还可利用废薄片切割砂轮，废薄片约 4mm 厚，中等硬度以上，F20～F60 号粒度；或者硬度高的废砂轮砂条，F20～F46 号粒度，同样可开槽。

机动开槽用废铁盘改装成无齿锯，加放碳化硅磨料，粒度 F20～F26号并与水和泥浆混合在一起，开槽效果较好；还可把切割砂轮安装在工具磨床上开槽。切割砂轮可选粒度为 F20～F26 号，中等硬度，陶瓷或树脂结合剂。

4. 间断磨削硬质合金刀具的典型工艺规范

间断磨削硬质合金刀具的典型工艺规范见表 3-28。

八、硬质合金刀具的电解磨削

（一）电解磨削的原理及特点

电解磨削是利用导电砂轮进行的一种由电解及机械磨削综合作用的加工方法，其原理如图 3-23 所示。加工时，导电砂轮与直流电源的负极相接，而工件与正极相接，并在一定的压力下与砂轮相接触。由于磨料粒子凸出砂轮的导电基体之外，使工件的被磨表面与砂轮导电基体之间保持一定的电解间隙。因此电解液可由其间流过，在磨削过程中，工件表面的金属首先在电流的作用下溶入电解液中。与此同时，在工件表面会形成一薄层氧化膜（也称阳极薄）使电流密度减小，电解速度降低。但由于砂轮磨粒的机械磨削作用，将迅速把刚形成的阳极膜刮除，使阳极工件又露出新的金属表

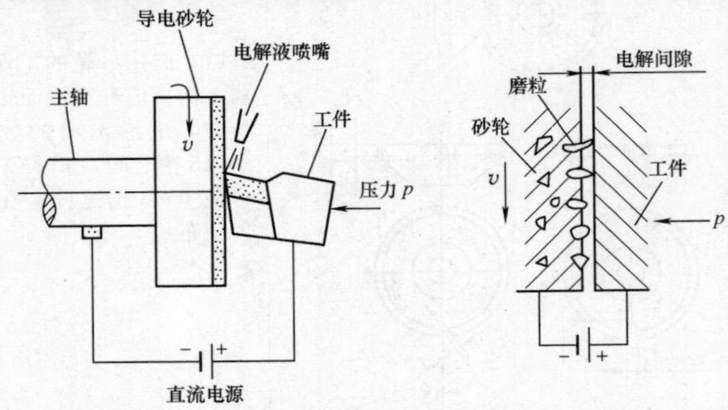

图 3-23　电解磨削的加工原理

表 3-28　间断磨削硬质合金刀具典型工艺规程

硬质合金刀具名称	加工部位及加工名称（简图）	主要加工要求	砂轮开槽参数	机床及砂轮速度 v (m/s)	背吃刀量 a_p (mm)	工件进给速度	磨削液
YT15 面铣刀、角铣刀、铰刀、钻头等	刃磨周齿和端齿后面	(1) 表面粗糙度 Ra：第一后面为 0.8～0.4μm、第二后面为 1.6～0.8μm (2) 切削刃角度公差：±1°～±15′； (3) 刃口直线性好； (4) 后角公差：1°～3°	(1) 槽形及尺寸：15°～20°，15°，6～8 (2) 槽数：磨削面积大，砂轮硬度高，磨削粗糙度要求高，宜槽多	工具磨床：v = 20～24	粗磨：0.1～0.5	手动进给，速度无特殊规定，按操作经验灵活掌握	无
YT15 面铣刀、机用铰刀、锪钻等	刃磨刀齿前面	(1) 表面粗糙度 Ra：0.8～0.4μm (2) 前面直线性好	(1) 槽形及尺寸：3～5，8～9 (2) 槽数：6～20	工具磨床：v = 20～24	粗磨：0.05～0.2 精磨：0.01～0.03	手动，进给速度无特殊规定，按操作经验灵活掌握	无

续表

硬质合金刀具名称	加工部位及加工名称（简图）	主要加工要求	砂轮开槽参数	机床及砂轮速度 v（m/s）	背吃刀量 a_p（mm）	工件进给速度	磨削液
YT15 面铣刀、机用铰刀、锪钻等	刃磨刀齿后面	（1）表面粗糙度 Ra：0.4～0.2μm （2）刀刃角度公差：±1°～±5′ （3）刃口直线性好	（1）槽形及尺寸 6 4 15～20 20°～35° （2）槽数：12～16	外圆磨床：$v=30$～35	粗磨：0.1～0.3 精磨：0.005～0.01	$v=1$～3m/min	乳化液
YG6 浮动镗刀、YT15 面铣刀刀头	磨削刀齿各平面	（1）表面粗糙度 Ra：0.4～0.2μm （2）切削刃平直度要求好	（1）槽形及尺寸： 3～5 6～8 （2）槽数：20～24；30～35	平面磨床：$v=25$～30	粗磨：0.1～0.2 精磨：0.01～0.02	$v=6$～22m/min	乳化液

面，以便继续电解。这样，在电解作用与机械磨削交替作用下，工件表面被加工。

与一般机械磨削相比，电解磨削有以下特点：

（1）加工效率高，砂轮消耗小，加工经济性好。

（2）工件材料的机械性能及耐热性对磨削过程影响小，故可适于加工各种硬度与高韧性的金属材料。

（3）磨削力与磨削热较小，加工的表面质量高。

（二）导电砂轮的选择及处理

在理论上，电解磨削的机械磨削作用，只是磨去硬度比工件材料低得多的阳极薄膜，但实际上由于砂轮磨粒的最高点并不完全处于砂轮的同一工作表面，砂轮主轴也会有一定的振摆，磨削时电解速度与进给速度也很难做到完全一致，因而砂轮磨料经常会对工件材料直接起磨削作用。所以电解磨削硬质合金刀具，最好采用金属结合剂的人造金刚石导电砂轮，砂轮的粒度为F80～F100号，质量分数75%～100%。

新砂轮在使用之前，或砂轮在使用过程中出现局部融块时，需进行机械修正。以均匀小进给跑合修整，同时输送电解液冷却。砂轮在机械修正后需进行反极性处理，即将砂轮接正极，工件接负极，两者之间保持0.2～0.5mm的间隙，并使间隙中充满电解液。砂轮作慢速回转20～40r/min，当接通电源时，砂轮的金属基本表面被溶解去除，使磨粒凸出金属基本表面，形成必要电解间隙。

（三）电解液

电解液配方及特点见表3-29。

表3-29　电解液的配方及特点

成　　分	质量分数（%）	pH值	磨削表面粗糙度值 *Ra*（μm）	适用材料
亚硝酸钠（$NaNO_2$） 硝酸钠（$NaNO_3$） 磷酸氢二钠（Na_2HPO_4） 重铬酸钾（$K_2Cr_2O_7$） 甘油[$C_3H_5(OH)_3$] 水	9.6 0.3 0.3 0.1 0.05 余量	7～8	0.2	硬质合金精磨用

续表

成　　分	质量分数(%)	pH值	磨削表面粗糙度值 Ra (μm)	适用材料
亚硝酸钠 ($NaNO_2$) 硝酸钠 ($NaNO_3$) 氯化钠 (NaCl) 磷酸氢二钠 (Na_2HPO_4) 水	6 1 1.5 0.5 余量	8～9	0.4	可同时磨削硬质合金刀片及碳钢刀体
亚硝酸钠 ($NaNO_2$) 磷酸氢二钠 (Na_2HPO_4) 硝酸钾 (KNO_3) 硼砂 ($Na_2B_4O_7$) 水	5 1.5 0.3 0.3 余量	8～9	0.2	可同时磨削硬质合金刀片及碳钢刀体

在使用时，电解液可喷注于砂轮中心附近，靠离心力均匀散布于砂轮工作表面，流量不必过大，以免操作不便及腐蚀机件。

(四) 电解磨削工艺参数

1. 电参数

电压升高，则电流强度增大，磨削效率提高。但电压过高会引起火花放电，烧伤工件和工件表面。一般加工硬质合金刀具，可采用8～10V的电压及30～50A/cm^{2}的电流密度。精磨时，可适当降低工作电压，可在2～4V内选用。

2. 磨削用量

一般磨削硬质合金刀具可取：磨削压力，10～30N/cm^2；磨削速度，15～25m/s；纵向进给量，2～3m/min。

第五节　一般刀具的检测

一、车刀的检测

车刀的检测可分为一般性检测项目和角度检测两大部分。

一般性检测项目包括外观检测、表面粗糙度检测、支承面（底面）平面度检测、硬度检测、上平面对底面平行度检测、侧面对底面垂直度的检测等。

车刀角度的检测有主偏角 κ_r 的检测、副偏角 κ_r' 的检测、刃倾

角 λ_s 的测量、前角 γ_0 的检测、后角 α_0 的测量。这是车刀检测的主要部分，下面介绍其检测方法。

车刀角度检测方法很多，可用万能角度尺、摆针式重力量角器及测量台和车刀量角台等来检测。下面以万能角尺为例，介绍车刀角度检测。

1. 主偏角 κ_r 的测量

如图 3-24 所示，将车刀放在平板上，用手拿住万能角度尺，并使其直尺与车刀的左侧面（主切削刃一侧）紧密贴合。松开制动器 1，转动主尺 2 让基尺的测量面和车刀的主切削刃相平行。然后将制动器 1 锁紧，转动微动装置，让基尺的测量面和车刀的主切削刃相靠，则万能角度尺所指示的角度数值，就是主偏角 κ_r 的实测值。

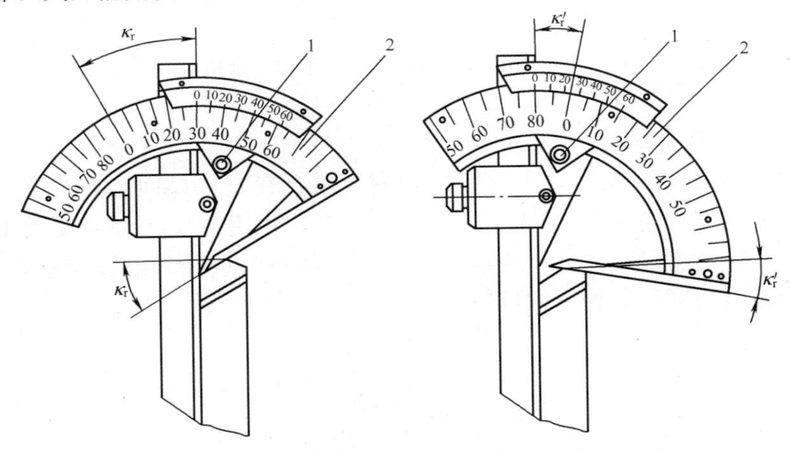

图 3-24 用万能角度尺测量车刀主偏角
1—制动器；2—主尺

图 3-25 用万能角尺测量车刀副偏角
1—制动器；2—主尺

2. 副偏角 κ_r' 的测量

如图 3-25 所示，测量 κ_r 之后，保持车刀和直尺的位置不变。转动主尺让基尺和车刀的副切削刃相靠紧，则万能角度尺所指示的角度数值，就是副偏角 κ_r' 的实测值。

3. 刃倾角 λ_s 的测量

如图 3-26 所示，将车刀底面紧密地贴合在直尺测量面上，并使刀体纵向与直尺相平行。松开制动器，转动主尺使基尺与主切削刃相靠紧贴合，则角度尺上所指示的数值就是刃倾角 λ_s 的实测值。

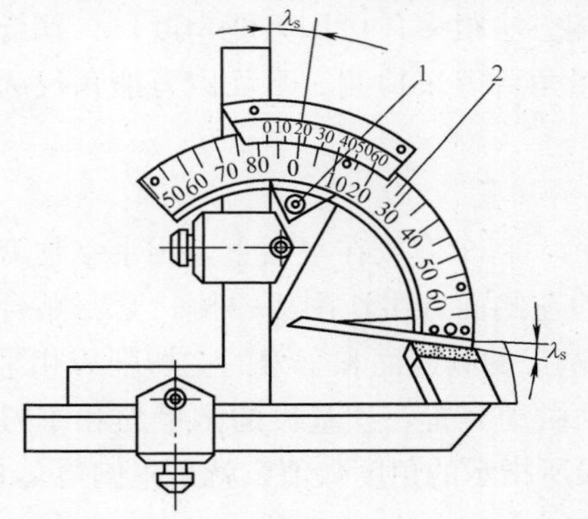

图 3-26 用万能角尺测量车刀刃倾角

1—制动器；2—主尺

4. 前角 γ_0 的测量

如图 3-27 所示，车刀底面紧密地贴合在直尺尺面上，调整车刀的位置，使车刀纵向与直尺尺面垂直，并使基尺在全刀面的上方。旋转主尺，使基尺通过主切削刃上任意一点并和前面相贴合，则万能角度尺所指示的数值，就是前角 γ_0 的实测值。

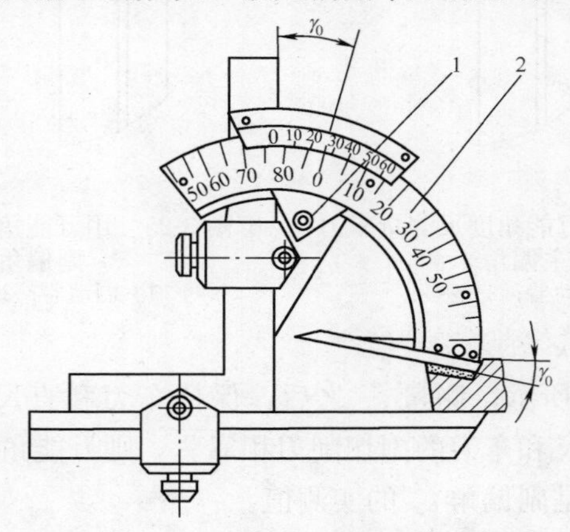

图 3-27 用万能角度尺测量车刀前角

1—制动器；2—主尺

5. 后角的测量

如图 3-28 所示，车刀底面紧密地贴合在直角尺的尺面上，调整车刀位置，使车刀纵向与直角尺尺面相垂直，并使基尺在主后刀面的上方。转动主尺使基尺通过主切削刃上任一点和主后面贴合，则万能角度尺所指示的角度值，即为后角 α_0 的实测值。

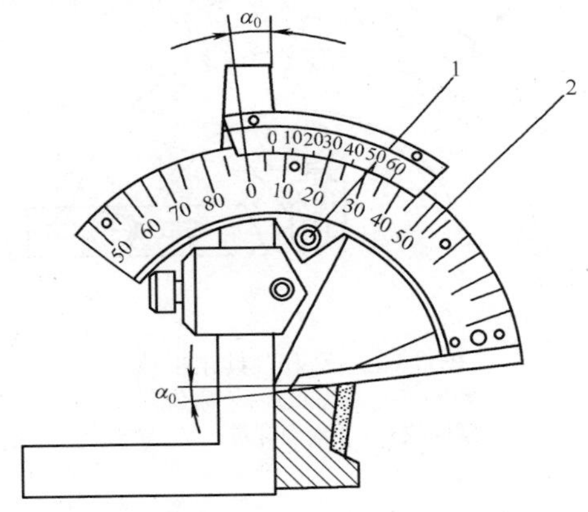

图 3-28 用万能角度尺测量车刀后角
1—制动器；2—主尺

二、铣刀的检测

铣刀的检测包括以下方面：

（1）铣刀外观检测，主要采用目测，观察外表面是否有裂纹、黑斑、锈迹、崩刃和钝口等。

（2）铣刀表面粗糙度。

（3）铣刀柄部直径检测。根据锥柄参数选取莫氏锥度套规进行检测。

（4）圆周刃对柄部轴线的径向圆跳动误差，及端刃对柄部轴线端面圆跳动误差。通常用偏摆检查仪和百分表架进行检测。

（5）外径倒锥度的检测。用千分尺测量端刃直径和靠近柄部一端的直径，两者之差即为倒锥度。

（6）铣刀角度的检测。

（7）铣刀刃齿位置偏摆量的检测。

前面 5 项是铣刀的一般检测项目，（6）、（7）两项是重点检测项目。下面详细对后两项作介绍。

铣刀角度有前角、后角，检测用的量具是多刃刀具角度规，见图 3-29。

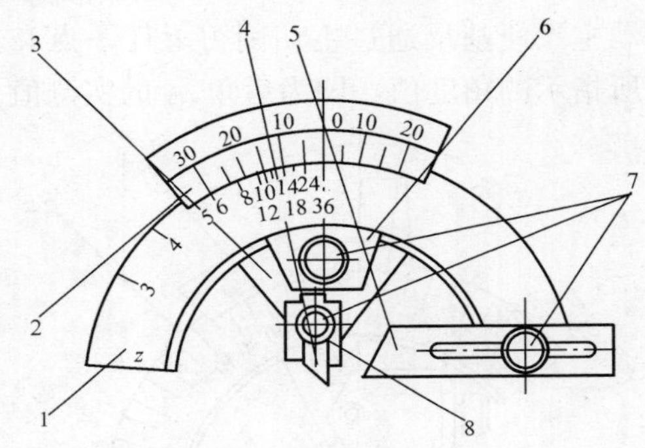

图 3-29　多刃刀具角度规

1—主尺；2—分度板；3—扇形板；4—前角直尺；5—后角直尺；6—紧固块；7—紧固螺母；8—导滑座

1. 铣刀后角的测量

（1）将铣刀用汽油擦洗干净，把角度规的前角直尺 4 和后角直尺 5 放到铣刀相邻的两个齿顶上，并使角度规平面垂直于铣刀轴线，见图 3-30。

（2）松开紧固块 6 上的紧固螺母 7，向右或向左（视刀齿的后刀面的位置而定）转动扇形板 3，使前角直尺 4 的 B 面（图中未注）和铣刀的后刀面重合，并锁紧螺母 7。

（3）根据铣刀齿数，读出实测值。例如 $z=18$，则对着 18 的数值分度板读出后角为 26°。

2. 铣刀前角的测量

前角的测量方法和后角的测量方法基本相同，唯一的差别是前角直尺要和刀齿前面相重合，见图 3-31，对着 $z=18$ 的数值读出前角 $\gamma_f=10°$。

螺旋齿铣刀具有螺旋角为 β 的前、后角时，角度规仍需装置在垂直于铣刀轴线的截面上。量出铣刀后角即为 α，但此时前角为端面前角 γ_f，还需经过下列换算，得到垂直于主切削刃的前角 γ_n：$\tan\gamma_n=\tan\gamma_f\cos\beta$。

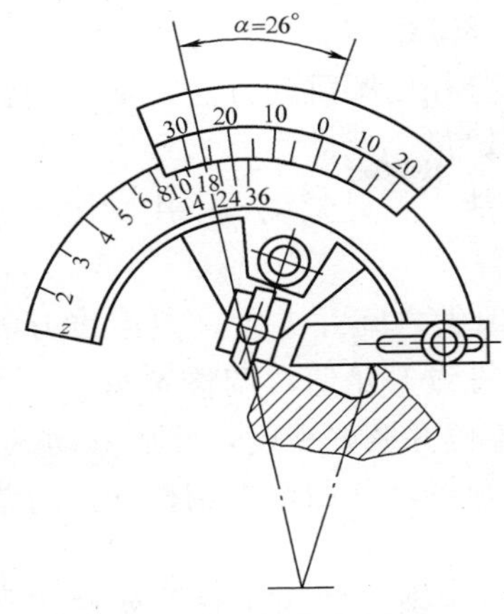

图 3-30　铣刀后角的测量

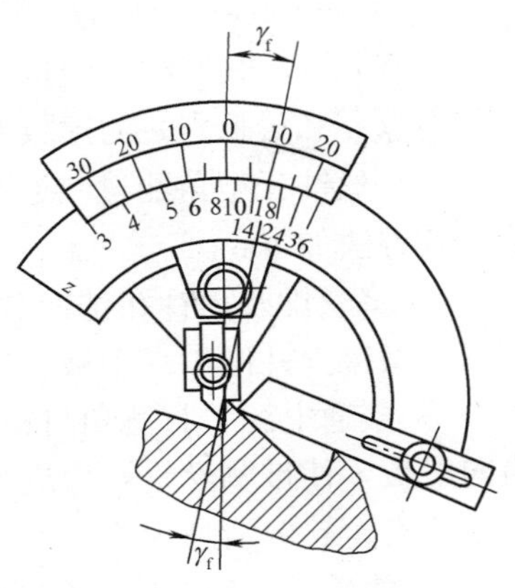

图 3-31　铣刀前角的测量

3. 铣刀刃齿位置偏摆量的检测

将铣刀顶尖孔清洗干净，直接顶在偏摆仪顶尖座中，千分表架安置在偏摆仪座上，用千分表测头顶住铣刀上的刃口并压旋半圈。调整千分表测头高度，使千分尺指针指到零件附近某一数值，直至示值稳定为止。转动表盘使指针指到零位。然后转动铣刀，则铣刀上的每个刀齿在千分表上读数之差，即为铣刀刃齿位置的偏摆量。

三、螺纹刀具的检测

1. 螺纹刀具的检测内容

（1）外观检测，其内容包括表面缺陷、表面粗糙度、工作部分的硬度。

（2）丝锥工作部分的径向圆跳动。用偏摆仪和百分表进行检测。

（3）丝锥前角的检测。用多刃刀具角度规，测量方法同铣刀前角测量方法相同。

（4）丝锥后角的测量。丝锥后角不能直接用多刃刀具角度规测量。因为丝锥切削部分后角的大小，表现在切削部分铲面上铲量的大小，因此铲量的大小可算出后角的大小，其关系式为

$$\tan\alpha = \frac{c}{b}$$

式中　b——切削宽度：

c——a 点到 e 点的铲量，见图 3-32。

测量 c 值，其方法和测量工作部分径向圆跳动方法一样。指针在最高点 a 和最低点 e 的读数差即是铲量 c。

（5）丝锥牙型角测量。通常用万能工具显微镜，采用影像法测量。其方法如下：

1）将丝锥及顶针孔洗净放入两顶尖之间并夹紧，然后将万能工具显微镜立柱倾斜一个被测螺纹的螺纹升角值，调整光圈。

2）接通电源，将测角目镜调到零位并调好视度，然后移动纵、横向滑板，使被测丝锥影像进入目镜视场，并用双手调整立柱的调焦手轮直至轮廓清晰为止。

3）使轮廓目镜米字线的交叉点位于螺纹牙边中部。然后，转动测角目镜手轮，使米字线的中心虚线与被测螺纹轮廓边缘平行并保持一条狭窄的光缝，以狭缝对线法进行瞄准，见图 3-33。

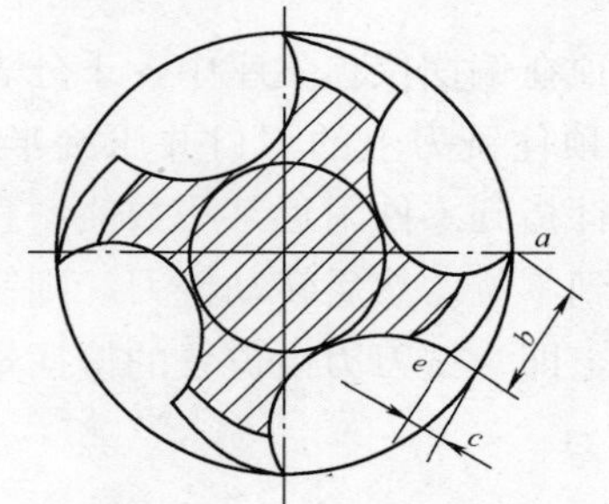

图 3-32　丝锥铲量的测量

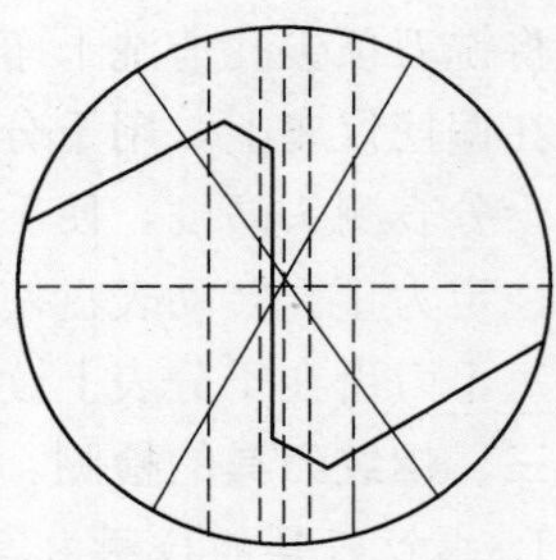

图 3-33　狭缝对线法

4）从测角目镜中读取读数 $\alpha/2$ 左，用同样方法，可读取 $\alpha/2$ 右，即螺纹左、右半角值。为了消除丝锥轴线和测量轴线不重合引起的测量误差，需分别在位置Ⅰ、Ⅱ、Ⅲ、Ⅳ测量牙型半角，见图 3-34。按下式分别求出左右半角

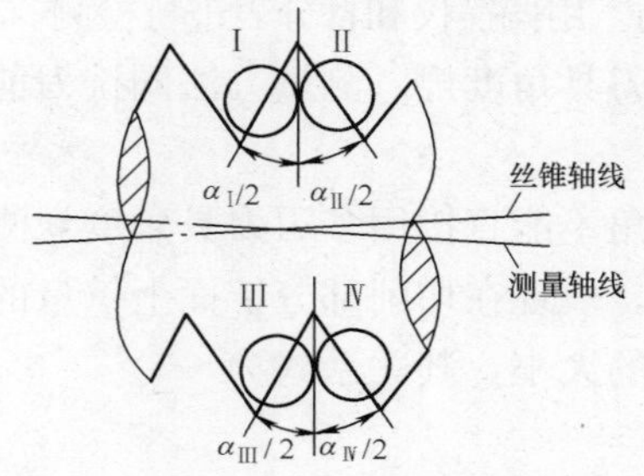

图 3-34　牙型半角的测量位置

$\alpha/2$ 左 $=[\alpha/2(Ⅰ)+\alpha/2(Ⅳ)]/2$

$\alpha/2$ 右 $=[\alpha/2(Ⅱ)+\alpha/2(Ⅲ)]/2$

这样测量的结果是法向的，通常就把法向牙型作为测量结果。为了提高测量结果的精度或者被测螺纹升角较大时，可按下式修正

$$\tan\frac{\alpha}{2}=\frac{\tan\alpha'/2}{\cos\varphi}$$

式中　α——轴向截面牙型角（°）；

α'——法向截面牙型角（°）；

φ——螺纹升角（°）。

2. 螺纹槽丝锥的螺距测量

一般直沟槽丝锥虽然有切削刃前角，但并不影响螺距的测量，因此可按一般螺纹的测量方法来测量。而螺纹槽丝锥不同，其测量如下：

（1）将万能工具显微镜在顶尖座卸下，然后将光学分度头装在显微镜滑板上，并将紧固螺钉紧固。把清洗干净的丝锥轻轻放入两顶尖之间并夹紧，并把丝锥柄部与光学分度头用鸡心夹头连接在一起，按光圈表选择光圈。

（2）将万能工具显微镜立柱倾斜一个被测丝锥螺旋升角值，调好视度，使米字清晰。再将测角目镜调到零位，然后，移动万能工具显微镜纵、横向滑板，将丝锥引入目镜视场并进行调焦，直至清晰为止。

（3）转动光学分度头滚花手轮，使丝锥刃口转到恰好至牙型铲背的阴影轮廓，直至清晰为止，见图 3-35。

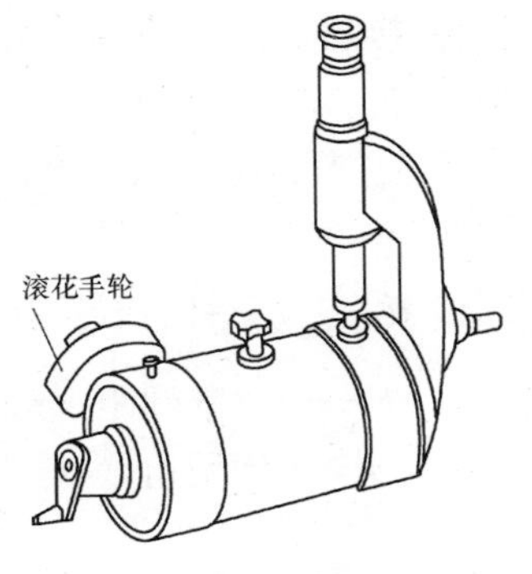

图 3-35　光学分度头

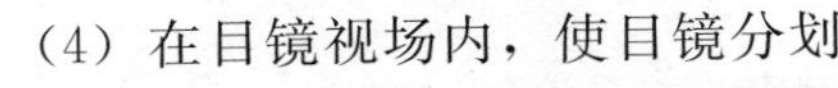

（4）在目镜视场内，使目镜分划板上米字线中央虚线与丝锥牙型边缘相压，记取第一纵向读数，再转动分度手柄，使丝锥转动 θ 角。θ 角按下式计算

$$\theta=\frac{360^\circ\times P_1}{T}$$

$$P_{p1}=P_a\times\cos^2\omega$$

$$P_h=\frac{\pi d_2}{\tan\omega}$$

式中　ω——螺旋槽的螺旋角（°）；

P_h——螺旋导程（mm）；

P_{p1}——法向螺距在轴线上的投影螺距（mm）；

P_a——图样上给出的轴向螺距（mm）；

d_2——螺纹中径（mm）。

（5）再移动纵向滑板，使目镜米字线中央虚线与同测牙型的边缘相压，读取第二个纵向读数 P_{p2}。两次读数之差即为投影螺距的实际值 P_{pr}。

为了克服被测丝锥轴线与测量轴线不重合引起的误差，需在牙型两侧各测一次，取算术平均值，即 $P_{pr}=\frac{1}{2}(P_{left}+P_{right})$。

3. 丝锥中径的测量

（1）偶数槽丝锥的中径测量。用三针及千分尺测量，把三针放在被测丝锥的牙槽中，其中两根放在千分尺微分筒的测杆端，另一根放在千分尺砧座端。转动微分筒，使三针与测量面和丝锥三者之间紧密接触，则可读取千分尺的数值，即 M 值。然后按下式求中径 d_2

$$d_2=M-d_D\left(1+\frac{1}{\sin\beta/2}\right)+\frac{P}{2}\Big/\tan\frac{\alpha}{2}$$

式中　d_D——三针直径，按式 $d_0=\frac{P}{2\cos\alpha/2}$选择（mm）；

P——丝锥螺距（mm）；

α——牙型角（°）。

$$\tan\varphi=\frac{P}{\pi d_2}$$

$$\tan\frac{\beta}{2}=\tan\frac{\alpha}{2}\times\cos\gamma$$

式中　γ——螺纹升角（°）。

当 $\gamma<3°$时，α、β 大致相等，则

$$d_2=M-d_D\left[1+\frac{1}{\sin\frac{\alpha}{2}}\right]+\frac{\frac{P}{2}}{\tan\frac{\alpha}{2}}$$

(2) 奇数沟槽丝锥中径测量。测量方法有多种，下面介绍用V形架和三针组合测量中径的方法。用V形架测量中径，就是将被测的丝锥放在专用V形架内并与V形架两斜面相切，一般V形块角度为60°，V形架底面至两斜面夹角交点距离事先给出。其测量方法如下：

1）将清洗好的丝锥放在V形架内，并与V形架两斜面相切，把选好的一根三针放在丝锥牙槽中间。

2）根据V形架和三针大致组合尺寸选择千分尺，可用千分尺测出V形架底至三针顶点的距离M，见图3-36。则经过计算可得出丝锥中径，其计算式为

$$d_2=(M-H-d_m)\times 2-c$$

式中　M——测量出的M值（mm）；

H——V形架常数（事先给出）（mm）；

d_m——丝锥实测大径（mm）；

c——三针常数（当$\alpha=60°$时，$c=3d_0-0.866P$）。

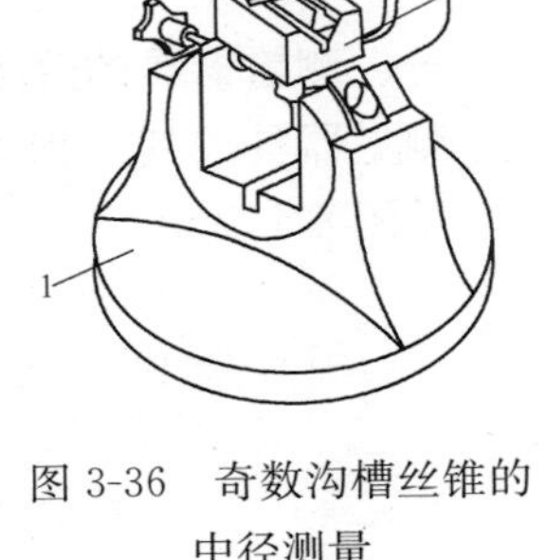

图3-36　奇数沟槽丝锥的中径测量

1—夹座；2—丝锥；3—千分尺；4—三针；5—V形架

4. 丝锥大径测量

对于具有偶数槽丝锥的大径测量，可完全和测量螺纹大径一样。对奇数槽丝锥的大径测量，同测量中径基本相同，参考图3-36，则大径d可按下式计算

$$d=\frac{2(T-H)}{1+\frac{1}{\sin\beta/2}}$$

式中　T——V形架底面至丝锥顶点所测的值（mm）；

H——V形架常数（mm）；

β——V形架夹角（°）。

当$\beta=60°$时，$d=\frac{2}{3}(T-H)$。

第四章

工具钳工常用量具（和量仪）及制造

第一节 常用量具

一、测量器具的分类

测量器具按其工作原理、结构特点及用途不同等共分为四大类，见图 4-1。

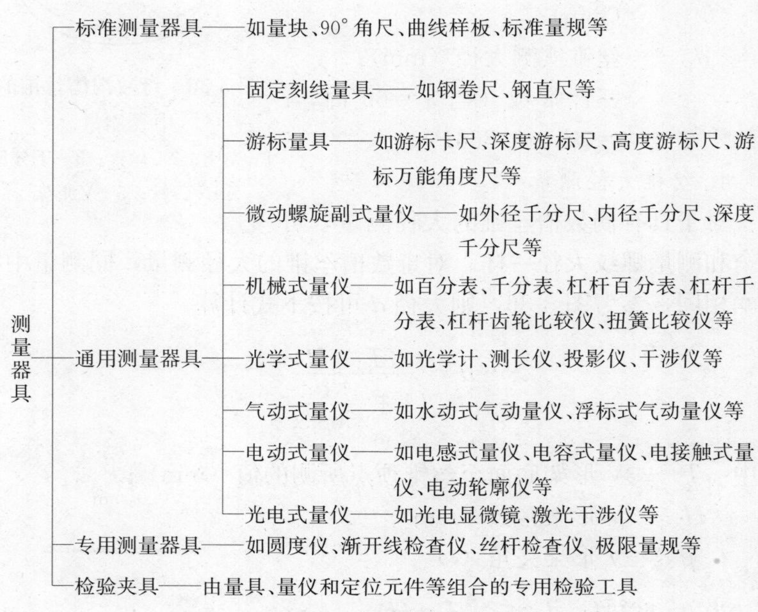

图 4-1 测量器具分类

二、通用量具

通用量具的种类、结构特点、用途、测量范围等见表 4-1。

表 4-1　　通　用　量　具

量 具 种 类	结构特点、用途、测量范围
三用游标卡尺 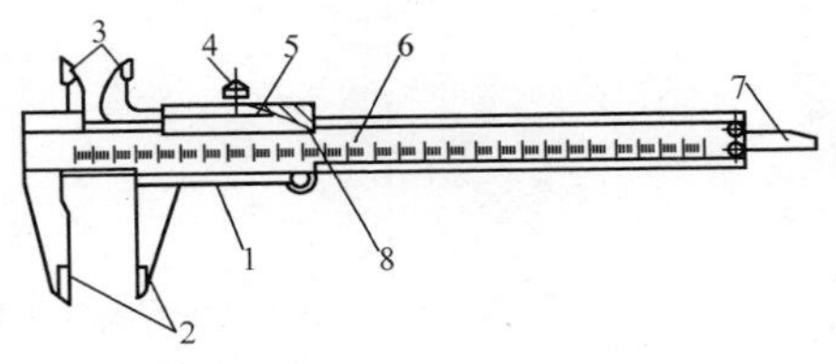 1—游标；2—下量爪；3—上量爪；4—紧固螺钉；5—尺框；6—尺身；7—深度尺；8—片弹簧（塞铁）	主要由尺身、尺框、深度尺三部分组成。三用卡尺可测量工件的内外尺寸和深度尺寸 测量范围一般为 0～125mm、0～150mm 游标读数值为 0.02、0.05mm
二用游标卡尺 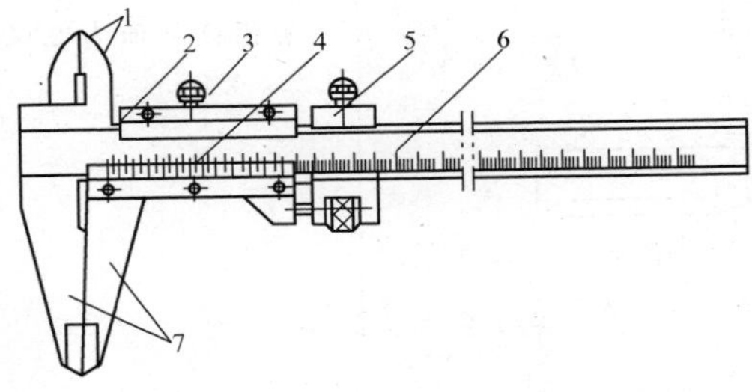 1—刀口内量爪；2—尺框；3—紧固螺钉；4—游标；5—微动装置；6—尺身；7—外量爪	此种卡尺比三用卡尺减少了深度尺，增加了微动装置，可测工件的内、外尺寸 测量范围一般为 0～200mm、0～300mm 游标读数值为 0.02、0.05mm

续表

量 具 种 类	结构特点、用途、测量范围
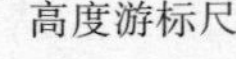 高度游标尺 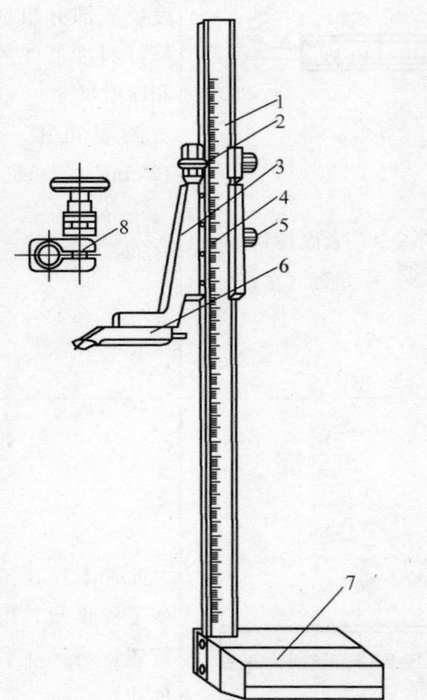 1—尺身；2—微动框；3—尺框；4—游标；5—紧固螺钉；6—划线爪；7—底座；8—表夹	此卡尺的尺身紧固在底座上，划线量爪可装在尺框横臂上，供划线和测高用，表夹用来安装杠杆表等指示量具。主要用于测量工件的高度尺寸、相对位置和精密划线 测量范围为 0～200mm、0～300mm、0～500mm、0～1000mm 游标读数值为 0.02、0.05、0.1mm

续表

量具种类	结构特点、用途、测量范围
 深度游标尺 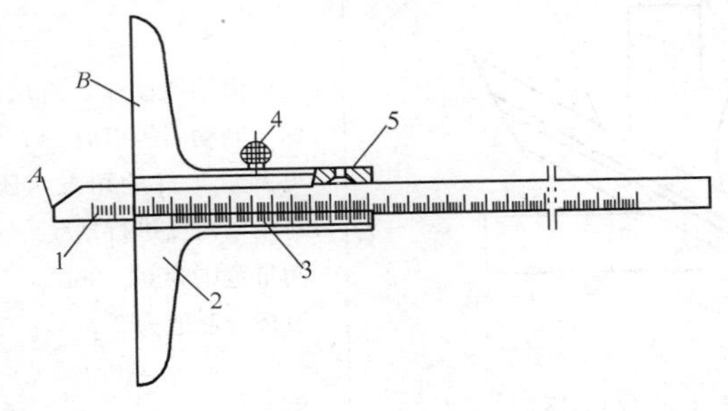 1—尺身；2—尺框；3—游标； 4—紧固螺钉；5—调整螺钉	此种卡尺用尺框的测量面 B 和尺身测量面 A 代替了卡尺的测量爪，当尺框和尺身的测量面都处在同一平面时，深度尺上的读数值刚好是零。用于测量工件的深度尺寸，如阶梯的长度、槽深、不通孔的深度等 测量范围为 0～200mm、0～300mm、0～500mm 游标读数值为 0.02、0.05、0.1mm
Ⅰ型角度尺 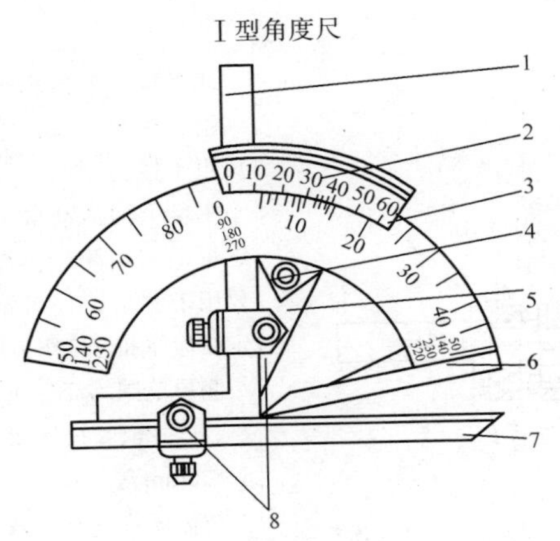 1—角尺；2—游标；3—主尺；4—制动器； 5—扇形板；6—基尺；7—直尺；8—卡块	主要由主尺、90°角尺、直尺、游标、扇形板、制动器等组成。通过几个尺的不同组合可测量 0°～50°、50°～140°、140°～230°、230°～320°的不同角度 测量范围为 0°～320° 游标分度值为 2′、5′

续表

量具种类	结构特点、用途、测量范围
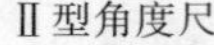 Ⅱ型角度尺 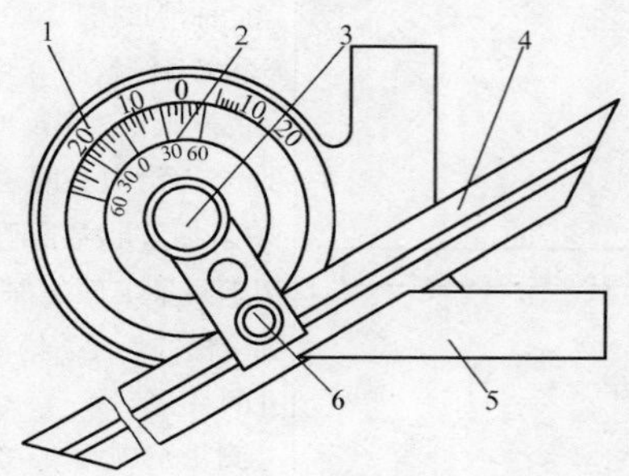 1—主尺；2—游标；3—制动器； 4—直尺；5—基尺；6—卡块	主要由圆盘主尺、直尺、游标、制动器等组成 可测量工件的角度，还可对精密角度进行划线 测量范围为0°～360° 游标分度值为2′、5′
齿厚游标卡尺 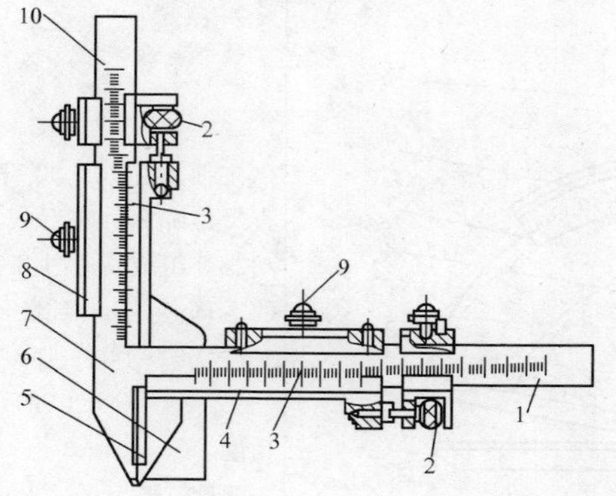 1—水平主尺；2—微动螺母；3—游标；4、8—游框； 5—活动量爪；6—高度尺；7—固定量爪； 9—紧固螺钉；10—垂直主尺	此卡尺主要由水平主尺和垂直主尺组成。垂直主尺用于按齿顶高定位；水平主尺上的活动量爪和固定量爪用于测量齿厚。主要用于测量圆柱齿轮的固定弦齿厚和分度圆齿厚 测量范围为1～16、1～18、1～26、2～16、2～26、5～36mm等 游标读数值为0.02mm

续表

量具种类	结构特点、用途、测量范围
微米千分尺 微米千分尺（游标读数千分尺） 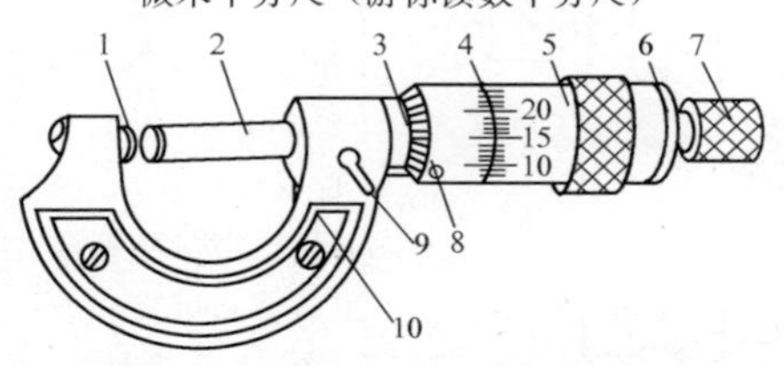 1—固定测砧；2—测微螺杆；3—固定套管；4—固定微分筒；5—转动微分筒；6—垫片；7—测力装置；8—键槽螺钉；9—锁紧装置；10—绝热板	该尺的微分筒由两节组成：一节称为固定微分筒，只能轴向移动；另一节称为转动微分筒，其圆周上均匀分布 50 条刻线，分度值为 0.01mm，与固定微分筒右端刻线组成无视差游标读数，按游标读数原理可读出 0.001mm 或0.002mm
壁厚千分尺 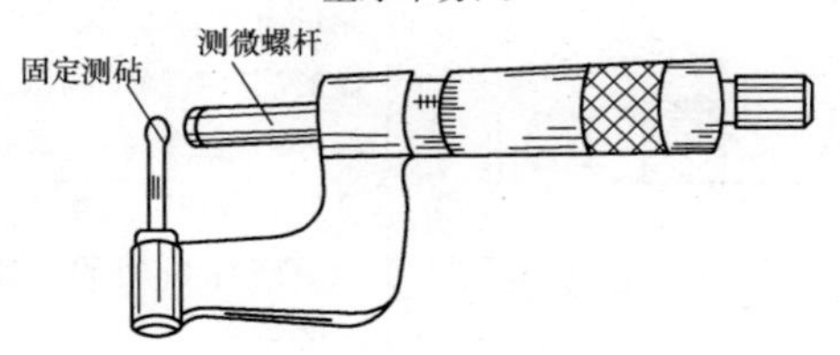 	该尺的固定测砧测量面为鼓形或球状的测量头，测微螺杆测量面为平面，适用于测量管形工件壁厚尺寸 测量范围为 0～15、0～25mm 分度值为 0.01mm

续表

量 具 种 类	结构特点、用途、测量范围
普通千分尺 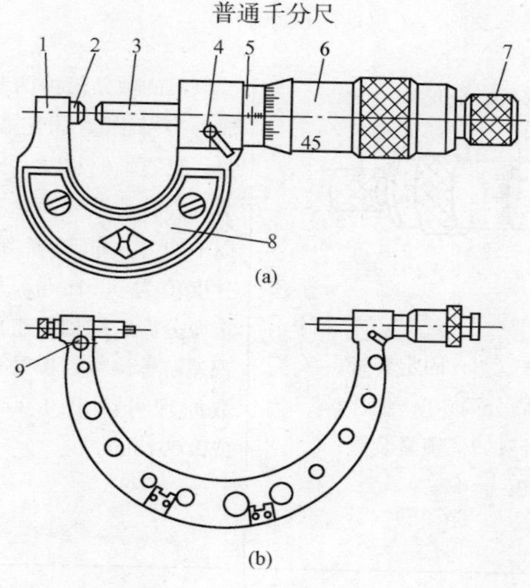 (a) (b) 1—尺架；2—测砧；3—测微螺杆；4—锁紧装置；5—微分筒；6—固定套管；7—测力装置；8—隔热装置；9—测砧紧固螺钉	主要由尺架、测微螺杆、测力装置和锁紧装置组成。除测量范围为0～25mm的千分尺以外，都配有校对量棒。外径千分尺有测砧为固定式［图(a)］和可换式或可调式［图(b)］两种 测量范围为0～25、25～50、……、275～300mm(每25mm为一挡)；300～400、400～500、……、1000mm(每100mm为一挡)；1000～2000mm(每200mm或500mm为一挡) 分度值为0.01mm
公法线千分尺 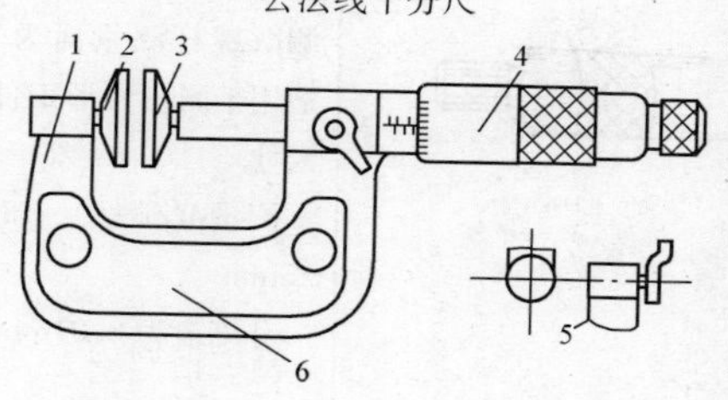 1—尺架；2—测砧；3—活动测砧；4—微分筒；5—半圆盘测砧；6—隔热装置	该尺的测砧与测微螺杆测量面(活动测砧)为圆盘形，也有制成圆盘的一部分，除此以外与普通千分尺完全相同。主要用于测量圆柱齿轮的公法线长度 测量范围为0～25、25～50、50～75、75～100、100～125、125～150mm 分度值为0.01mm

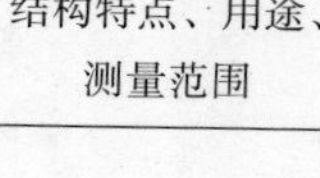

续表

量具种类	结构特点、用途、测量范围
杠杆千分尺 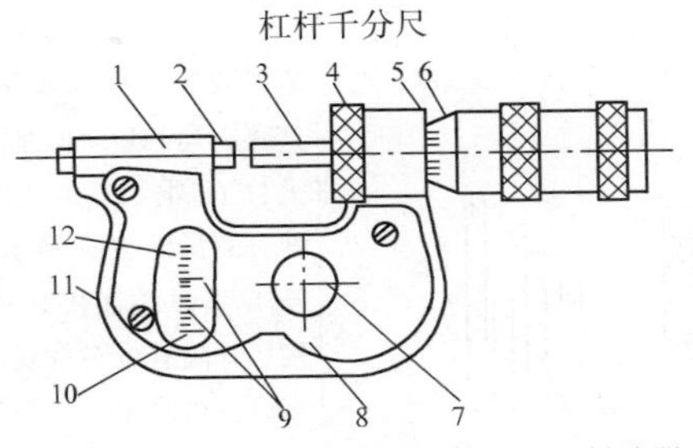 1—尺架；2—测砧；3—测微螺杆；4—制动器；5—固定套管；6—微分筒；7—保护帽；8—盖板；9—公差指针；10—指针；11—拨叉；12—刻度盘	该尺与普通千分尺相比主要是增加了一套杠杆测微机构，测砧 2 可以微动调节，适用于批量较大、精度较高的中小工件的外径测量 测量范围为 0～25、25～50、50～75、75～100mm 等 螺旋读数装置的分度值为 0.01mm，表盘分度值有 0.001mm 和 0.002mm
内径千分尺 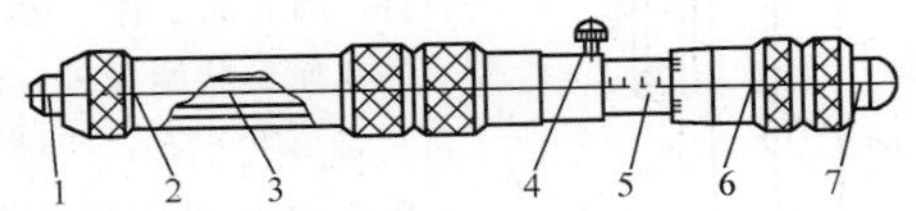 1—测量头；2—接长杆；3—心杆；4—锁紧装置；5—固定套管；6—微分筒；7—测微头	该尺由微分筒和各种尺寸的接长杆组成。成套的内径千分尺附有测量面为平行平面的校对卡规，用于校对微分头。其读数方法与普通千分尺相同，但因无测力装置，测量误差相应增大，用于测量 50mm 以上的孔径 测量范围为 50～175、50～250、50～575mm 等 分度值为 0.01mm

续表

量具种类	结构特点、用途、测量范围
深度千分尺 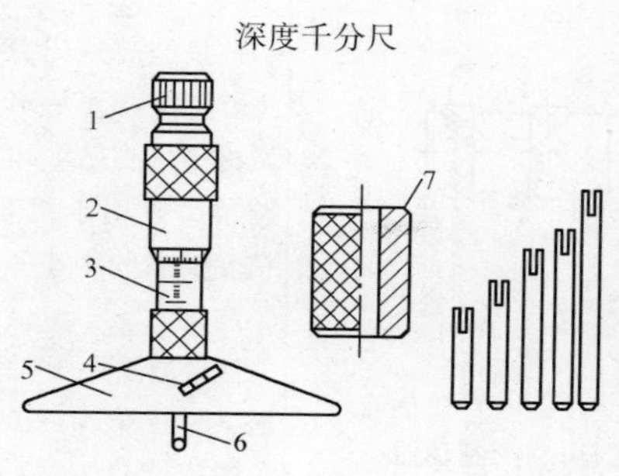 1—测力装置；2—微分筒；3—固定套管；4—锁紧装置；5—底板；6—测量杆；7—校对量具	该尺不同于千分尺的部分是以底板代替尺架和测砧，其底板是测量时的基面。测量杆有固定式和可换式两种。测量杆的顶端与测微螺杆端部弹性连接或螺纹连接，并附有校对量规，校对零位。可测量工件的孔或阶梯孔的深度、台阶高度等 测量范围为 0～100、0～150mm 等 分度值为 0.01mm
杠杆百分表 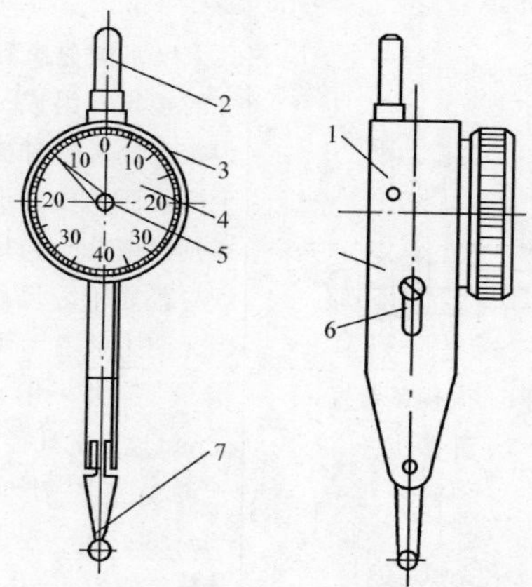 1—表体；2—夹持柄；3—表圈；4—表盘；5—指针；6—换向器；7—测杆	由于该表体积小巧，测量杆可以按需转动，并能以反、正两个方向测量工件，因此除了作一般工件的几何形状测量外，还能测量一些小孔、凹槽、孔距等百分表难以测量的尺寸 测量范围为 0～0.8、0～1mm 分度值为 0.01mm

续表

<table>
<tr><th>量 具 种 类</th><th>结构特点、用途、测量范围</th></tr>
<tr><td>百分表
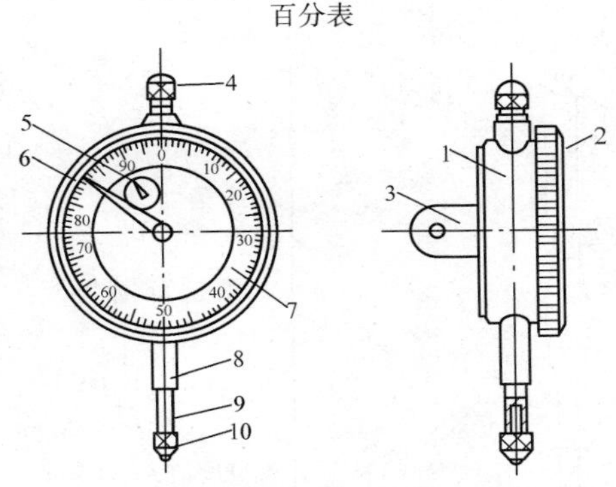

1—表体；2—表圈；3—耳环；4—测帽；5—转数指针；6—指针；7—刻度盘；8—装夹套筒；9—测杆；10—测头</td><td>主要用于直接或比较测量工件的长度尺寸、几何形状偏差，也可用于某些测量装置的指示部分
测量范围为 0～3、0～5、0～10mm
分度值为 0.01mm</td></tr>
<tr><td>千分表
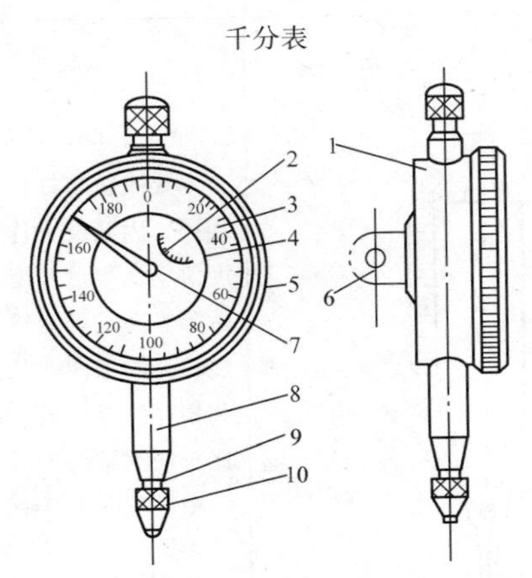

1—表体；2—转数指针；3—表盘；4—转数指示盘；5—表圈；6—耳环；7—指针；8—套筒；9—量杆；10—测量头</td><td>主要用途与百分表相同，因其比百分表的放大比更大，分度值更小，测量的精确度更高，可用于较高精度的测量
测量范围为 0～1mm
分度值为 0.001mm</td></tr>
</table>

续表

量具种类	结构特点、用途、测量范围
内径百分表 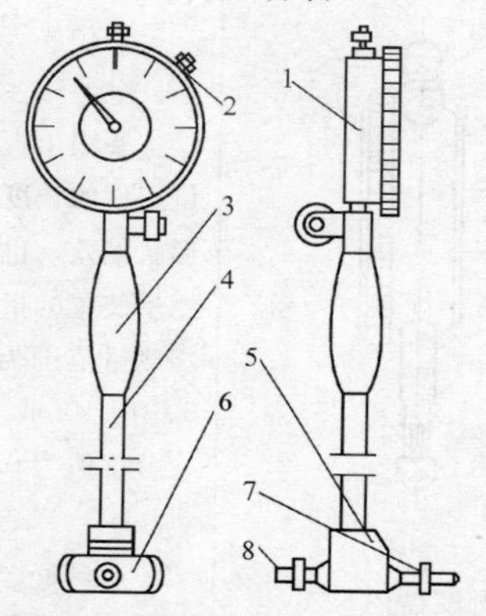 1—百分表；2—制动器；3—手柄；4—直管；5—主体；6—定位护桥；7—活动测头；8—可换测头	主要用于比较法测量孔径或槽宽及其几何形状误差 测量范围为 6～10、10～18、18～35、35～50、50～100、100～160、160～250、250～450mm 分度值为 0.01mm
杠杆千分表 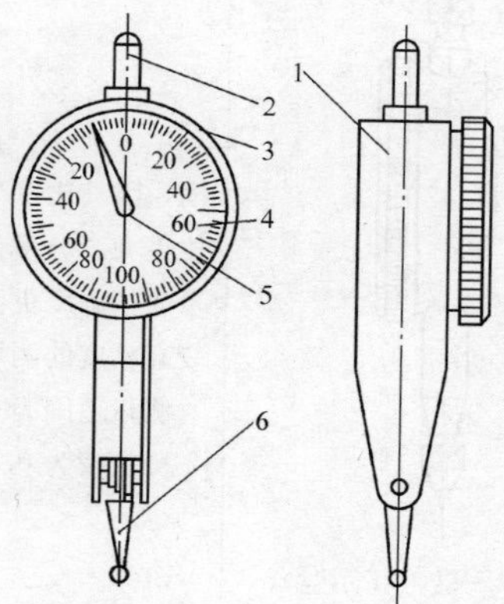 1—表体；2—连接销；3—表圈；4—表盘；5—指针；6—测量杆	主要用途与杠杆百分表相同。因其放大比大、分度值小、测量精度比杠杆百分表高，可测量制造精度较高的工件的几何形状和相互位置偏差，以及用比较法测量尺寸 测量范围为 0～0.2mm 分度值为 0.001、0.002mm

三、标准量具

1. 量块

（1）量块的形状、用途及尺寸系列。量块是没有刻度的平行端面量具，也称块规，是用特殊合金钢制成的长方体，如图 4-2 所示。量块具有线膨胀系数小、不易变形、耐磨性好等特点。量块具有经过精密加工很平很光的两个平行平面，叫做测量面。两测量面之间的距离为工作尺寸 L，又称标称尺寸，该尺寸具有很高的精度。量块的标称尺寸大于或等于 10mm 时，其测量面的尺寸为 35mm×9mm；标称尺寸在 10mm 以下时，其测量面的尺寸为 30mm×9mm。

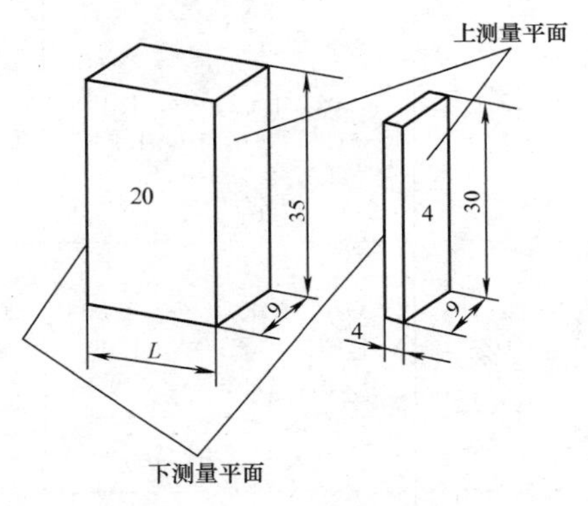

图 4-2　量块

量块的测量面非常平整和光洁，用少许压力推合两块量块，使它们的测量面紧密接触，两块量块就能粘合在一起。量块的这种特性称为研合性。利用量块的研合性，可用不同尺寸的量块组合成所需的各种尺寸。

量块的应用较为广泛，除了作为量值传递的媒介以外，还用于检定和校准其他量具、量仪，相对测量时调整量具和量仪的零位，以及用于精密机床的调整、精密划线和直接测量精密零件等。

在实际生产中，量块是成套使用的，每套量块由一定数量的不同标称尺寸的量块组成，以便组合成各种尺寸，满足一定尺寸范围内的测量需求。GB/T 6093—2001《几何量技术规范（GPS）长度

标准 量块》共规定了 17 套量块。常用成套量块的级别、尺寸系列、间隔和块数见表 4-2。

表 4-2　常用成套量块尺寸表（摘自 GB/T 6093—2001）

套别	总块数	级别	尺寸系列(mm)	间隔(mm)	块数
1	91	00，0，1	0.5 1 1.001，1.002，…，1.009 1.01，1.02，…，1.49 1.5，1.6，…，1.9 2.0，2.5，…，9.5 10，20，…，100	 0.001 0.01 0.1 0.5 10	1 1 9 49 5 16 10
2	83	00,0,1,2,(3)	0.5 1 1.005 1.01，1.02，…，1.49 1.5，1.6，…，1.9 2.0，2.5，…，9.5 10，20，…，100	 0.01 0.1 0.5 10	1 1 1 49 5 16 10
3	46	0，1，2	1 1.001，1.002，…，1.009 1.01，1.02，…，1.09 1.1，1.2，…，1.9 2，3，…，9 10，20，…，100	 0.001 0.01 0.1 1 10	1 9 9 9 8 10
4	38	0，1，2，(3)	1 1.005 1.01，1.02，…，1.09 1.1，1.2，…，1.9 2，3，…，9 10，20，…，100	 0.01 0.1 1 10	1 1 9 9 8 10

根据标准规定，量块的制造精度分为 5 级，即 00，0，1，2，(3)。其中 00 级最高，其余依次降低，(3) 级最低。此外还规定了校准级 K 级。标准还对量块的检定精度规定了 6 等：1，2，3，4，5，6。其中 1 等最高，精度依次降低，6 等最低。量块按“等”使用时，所根据的是量块的实际尺寸，因而按“等”使用时可获得更高的精度效应，可用较低级别的量块进行较高精度的测量。

(2) 量块的尺寸组合及使用方法。为了减少量块组合的累积误差，使用量块时，应尽量减少使用的块数，一般要求不超过 4～5 块。选用量块时，应根据所需组合的尺寸，从最后一位数字开始选择，每选一块，应使尺寸数字的位数减少一位，依此类推，直至组合成完整的尺寸。

【例 4-1】 要组成 38.935mm 的尺寸，试选择组合的量块。

解 最后一位数字为 0.005，因而可采用 83 块一套或 38 块一套的量块。

1）若采用 83 块一套的量块，则有

38.935

−1.005　——第一块量块尺寸

37.93

−1.43　——第二块量块尺寸

36.5

−6.5　——第三块量块尺寸

30　——第四块量块尺寸

共选取 4 块，尺寸分别为 1.005、1.43、6.5、30mm。

2）若采用 38 块一套的量块，则有

38.935

−1.005　——第一块量块尺寸

37.93

−1.03　——第二块量块尺寸

36.9

−1.9　——第三块量块尺寸

35

−5　——第四块量块尺寸

30　——第五块量块尺寸

共选取 5 块，其尺寸分别为 1.005、1.03、1.9、5、30mm。可以看出，采用 83 块一套的量块更好些。

量块是一种精密量具，其加工精度高，价格也较高，因而在使用时一定要十分注意，不能碰伤和划伤其表面，特别是测量面。量块选好后，在组合前先用航空汽油或苯洗净表面的防锈油，并用鹿皮或软绸将各面擦干，然后用推压的方法将量块逐块研合。在研合时应保持动作平稳，以免测量面被量块棱角划伤。要防止腐蚀性气体侵蚀量块。使用时不得用手接触测量面，以免影响量块的组合精度。使用后，拆开组合量块，用航空汽油或苯将其洗净擦干，并涂上防锈油，然后装在特制的木盒内。决不允许将量块结合在一起存放。

为了扩大量块的应用范围，可采用量块附件。量块附件主要有夹持器和各种量爪，如图 4-3 所示。量块及其附件装配后，可测量外径、内径或作精密划线等，如图 4-3（b）所示。

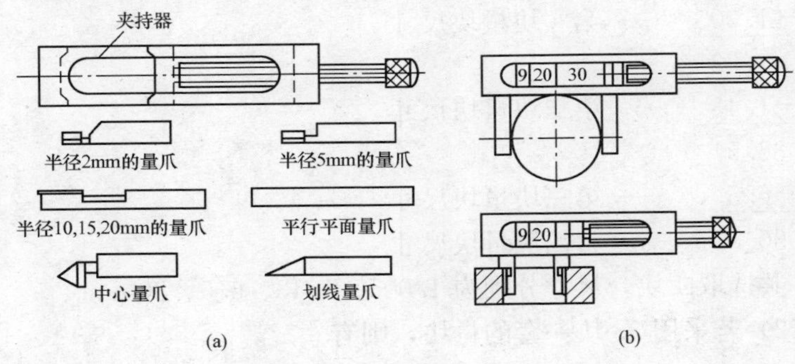

图 4-3　量块附件及其应用

（a）量块附件；（b）量块附件应用

2. 正弦规

（1）正弦规的工作原理和使用方法。正弦规的结构简单，主要由主体工作平板和两个直径相同的圆柱组成，如图 4-4 所示。为了便于被检工件在平板表面上定位和定向，装有侧挡板和后挡板。

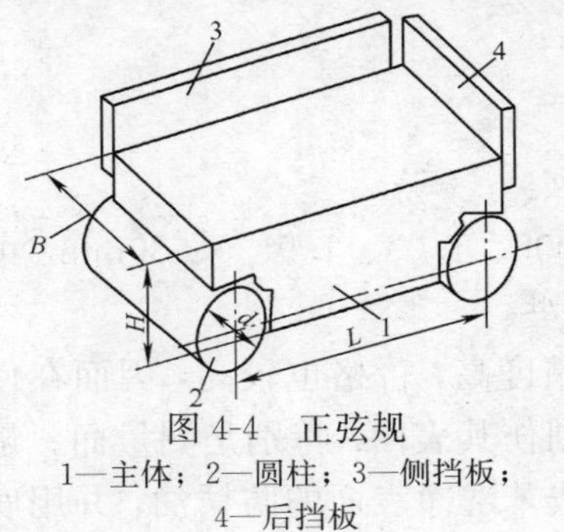

图 4-4　正弦规

1—主体；2—圆柱；3—侧挡板；4—后挡板

正弦规两个圆柱中心距精度很高，中心距 100mm 的极限偏差为±0.003mm 或±0.002mm。同时，工作平面的平面度精度以及两个圆柱的形状精度和它们之间的相互位置 精度都很高。因此，正弦规可以作精密测量用。

使用时，将正弦规放在平板上，一圆柱与平板接触，而另一圆柱下垫以量块组，使正弦规的工作平面与平板间形成一角度。从图4-4可以看出

$$\sin\alpha = \frac{h}{L}$$

式中　α——正弦规放置的角度；

h——量块组尺寸；

L——正弦规两圆柱的中心距。

图4-5是用正弦规检测圆锥塞规的示意图。用正弦规检测圆锥塞规时，首先根据被检测的圆锥塞规的基本圆锥角，由 $h = L\sin\alpha$ 算出量块组尺寸并组合量块，然后将量块组放在平板上与正弦规一圆柱接触，此时正弦规主体工作平面相对于平板倾斜 α 角。放上圆锥塞规后，用千分表分别测量被测圆锥上a、b两点。a、b两点读数之差 n 与a、b两点距离 l（可用直尺量得）之比即为锥度偏差 Δc，并考虑正负号，即

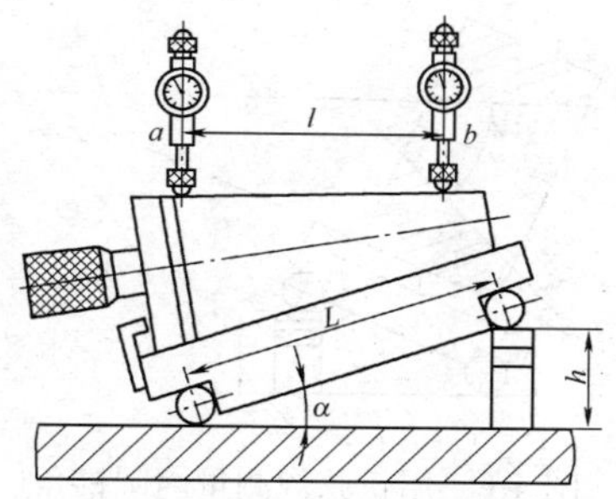

图4-5　用正弦规测量圆锥塞规

$$\Delta c = \frac{n}{l}$$

式中，n、l 的单位均取mm。

锥度偏差乘以弧度对秒的换算系数后，即可求得圆锥角偏差，即

$$\Delta\alpha = 2\Delta c \times 10^5$$

式中，$\Delta\alpha$ 的单位为（″）。

用此法也可测量其他精密零件的角度。

【例4-2】　用中心距 $L=100$mm的正弦规测量Morse№2莫氏锥度塞规，其基本圆锥角为2°51′40.8″（2.861332°），按图4-6的

方法进行测量，试确定量块组的尺寸。若测量时千分表两测量点 a、b 相距为 $l=60$mm，两点处的读数差 $n=0.010$mm，且 a 点比 b 点高（即 a 的读数比 b 点大），试确定该锥度塞规的锥度误差，并确定实际锥角的大小。

解 根据 $\sin\alpha=\dfrac{h}{L}$

$$h=L\sin\alpha=100\times\sin\alpha 2.861332°=100\times0.04992=4.992\ (\text{mm})$$

由于 a 点比 b 点高，因而实际圆锥角比基本圆锥角大，所以

$$\alpha_r=\alpha+\Delta\alpha=2°51'40.8''+33.3''=2°52'14.1''$$

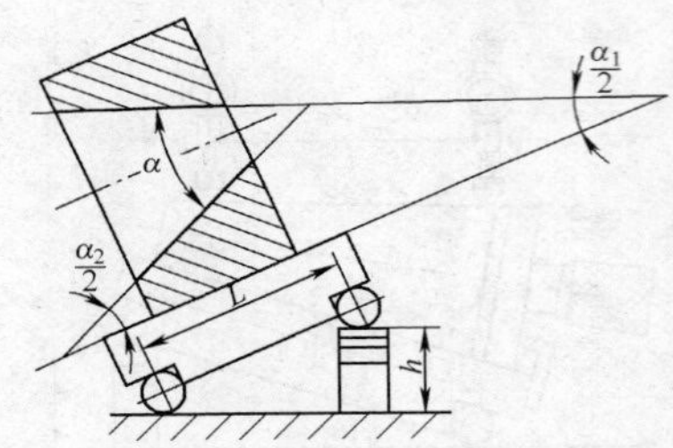

图 4-6 用正弦规测量内圆锥角

利用正弦规也可测内圆锥的角度，如图 4-6 所示。测量时分别测量内圆锥素线角 $\frac{\alpha_1}{2}$ 和 $\frac{\alpha_2}{2}$，图示系测量 $\frac{\alpha_1}{2}$ 的位置。测量 $\frac{\alpha_2}{2}$ 时，安置在正弦规上的内圆锥不动，只把量块组换一位置安放，使之与另一圆柱接触，这样就可以避免辅助测量基准的误差对测量结果的影响。从图中可以看出，内圆锥的圆锥角 $\alpha=\frac{\alpha_1}{2}+\frac{\alpha_2}{2}$。

（2）正弦规的结构形式和基本尺寸。正弦规的结构形式分为窄型和宽型两类，每一类型又按其主体工作平面长度尺寸分为两类。正弦规常用的精度等级为 0 级和 1 级，其中 0 级精度为高。正弦规的基本尺寸见表 4-3。

表 4-3　　正弦规的基本尺寸　　mm

形　式	精度等级	主　要　尺　寸			
		L	B	d	H
窄型	0 级	100	25	20	30
	1 级	200	40	30	55
宽型	0 级	100	80	20	40
	1 级	200	80	30	55

注　表中 L 为正弦规两圆柱的中心距；B 为正弦规主体工作平面的宽度；d 为两圆柱的直径；H 为工作平面的高度。

（3）正弦规的综合误差。正弦规的测量精度与零件角度和正弦规中心距有关，即中心距愈大，零件角度愈小，则精度越高。正弦规的综合误差见表 4-4。

表 4-4　　　　正弦规的综合误差

<table>
<tr><th rowspan="2">序号</th><th rowspan="2" colspan="3">项　　目</th><th colspan="2">L＝100mm</th><th colspan="2">L＝200mm</th><th rowspan="2">备注</th></tr>
<tr><th>0 级</th><th>1 级</th><th>0 级</th><th>1 级</th></tr>
<tr><td rowspan="2">1</td><td rowspan="2">两圆柱中心距的偏差</td><td>窄型</td><td rowspan="16">μm</td><td>±1</td><td>±2</td><td>±1.5</td><td>±3</td><td rowspan="2"></td></tr>
<tr><td>宽型</td><td>±2</td><td>±3</td><td>±2</td><td>±4</td></tr>
<tr><td rowspan="2">2</td><td rowspan="2">两圆柱轴线的平行度</td><td>窄型</td><td>1</td><td>1</td><td>1.5</td><td>2</td><td rowspan="2">全长上</td></tr>
<tr><td>宽型</td><td>2</td><td>3</td><td>2</td><td>4</td></tr>
<tr><td>3</td><td>主体工作面上各孔中心线间距离的偏差</td><td>宽型</td><td>±150</td><td>±200</td><td>±150</td><td>±200</td><td></td></tr>
<tr><td rowspan="2">4</td><td rowspan="2">同一正弦规的两圆柱直径差</td><td>窄型</td><td>1</td><td>1.5</td><td>1.5</td><td>2</td><td rowspan="2"></td></tr>
<tr><td>宽型</td><td>1.5</td><td>3</td><td>2</td><td>3</td></tr>
<tr><td rowspan="2">5</td><td rowspan="2">圆柱工作面的圆柱度</td><td>窄型</td><td>1</td><td>1.5</td><td>1.5</td><td>2</td><td rowspan="2"></td></tr>
<tr><td>宽型</td><td>1.5</td><td>2</td><td>1.5</td><td>2</td></tr>
<tr><td>6</td><td>正弦规主体工作面平面度</td><td></td><td>1</td><td>2</td><td>1.5</td><td>2</td><td>中凹</td></tr>
<tr><td>7</td><td>正弦规主体工作面与两圆柱下部母线公切面的平行度</td><td></td><td>1</td><td>2</td><td>1.5</td><td>3</td><td></td></tr>
<tr><td>8</td><td>侧挡板工作面与圆柱轴线的垂直度</td><td></td><td>22</td><td>35</td><td>30</td><td>45</td><td>全长上</td></tr>
<tr><td rowspan="2">9</td><td rowspan="2">前挡板工作面与圆柱轴线的平行度</td><td>窄型</td><td>5</td><td>10</td><td>10</td><td>20</td><td rowspan="2">全长上</td></tr>
<tr><td>宽型</td><td>20</td><td>40</td><td>30</td><td>60</td></tr>
<tr><td rowspan="2">10</td><td rowspan="2">正弦规装置成 30°时的综合误差</td><td>窄型</td><td>±5″</td><td>±8″</td><td>±5″</td><td>±8″</td><td rowspan="2"></td></tr>
<tr><td>宽型</td><td>±8″</td><td>±16″</td><td>±8″</td><td>±16″</td></tr>
</table>

注　表中数值是温度为 20℃时的数值。

3. 量规

在大量和成批生产时，为了使用方便，提高测量速度和减少精密量具的损耗，一般可以应用量规。量规（又叫界限量规），是一种专用量具，用它检验工件时，只能判断工件是否合格，而不能量出实际尺寸。量规种类较多，下面只介绍光滑卡规和塞规、圆锥量规和螺纹量规等几种常用量规。

（1）光滑卡规和塞规。光滑卡规（见图 4-7）是用来测量外径和其他外表面尺寸的；光滑塞规（见图 4-8）是用来测量内径和其他内表面尺寸的。卡规和塞规都具有两个测量端，即通端和止端。用卡规和塞规检验工件时，如果通端通过，止端不能通过，则这个工件是合格的；否则就不合格。

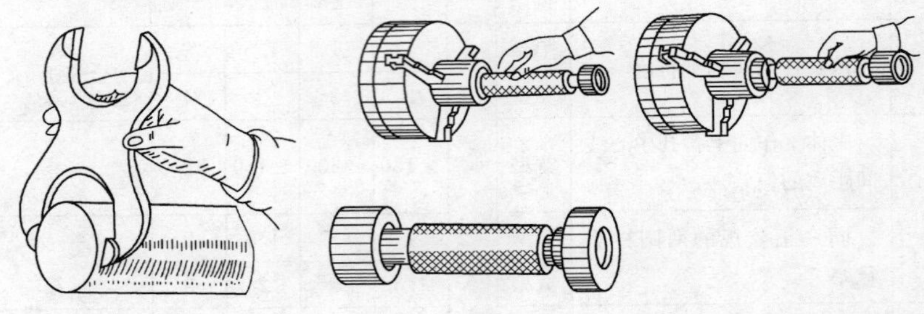

图 4-7　卡规及其使用　　　　图 4-8　塞规及其使用

光滑卡规和光滑塞规的种类、名称、代号及用途见表 4-5。

表 4-5　卡规和塞规的种类、名称、代号及用途

被检零件	量规种类	量规名称		代号	检验参数	合格标志	附注
轴	工作量规	卡规	通	T	轴最大极限尺寸	通	
			止	Z	轴最小极限尺寸	止	
	验收量规	卡规	验—通	TY	轴最大极限尺寸	通	
			验—止	ZY	轴最小极限尺寸	止	
	校对量规	校对塞规	校通—通	TT	“通”卡规最小极限尺寸	通	无止端
			验通—通	YT	“验—通”卡规最小极限尺寸	检“通”卡规应不过而“验—通”应过	
			校通—损	TS	“通”卡规最大磨损极限或“验—通”最大极限	止	
			校止—通	ZT	“止”或“验—止”卡规最小极限尺寸	通	无止端

续表

被检零件	量规种类	量规名称		代号	检验参数	合格标志	附注
孔	工作量规	塞规	通	T	孔最小极限尺寸	通	
			止	Z	孔最大极限尺寸	止	
	验收量规	塞规	验—通	TY	孔最小极限尺寸	通	
			验—止	ZY	孔最大极限尺寸	止	

（2）圆锥量规。在检验标准圆锥孔和圆锥体的锥度时（如莫氏锥度和其他标准锥度），可用标准锥度塞规和套规来测量。如图 4-9 所示，圆锥量规除了有一个精确的锥形表面外，在塞规和套规的端面上分别具有一个阶台（或刻线）a。这些阶台的长度（或刻线之间的距离）a 就是圆锥大小端直径的公差范围。

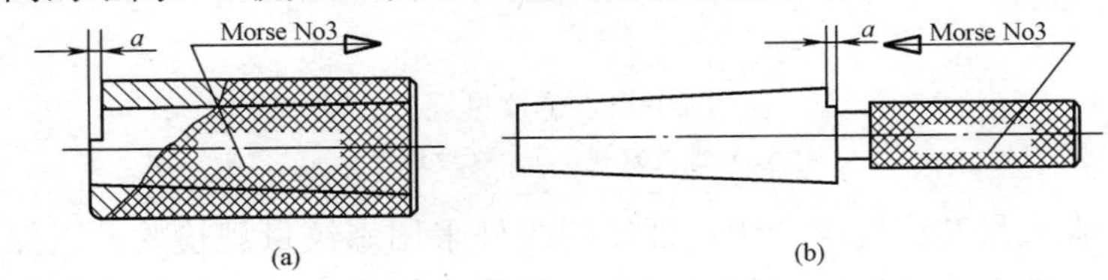

图 4-9　圆锥量规

（a）圆锥套规；（b）圆锥塞规

检验工件内圆锥时，若工件的端面位于圆锥塞规的台阶（或两刻线）之间，说明内圆锥的最大圆锥直径为合格，如图 4-10（a）所示；若工件的端面位于圆锥套规的台阶（或两刻线）之间，说明

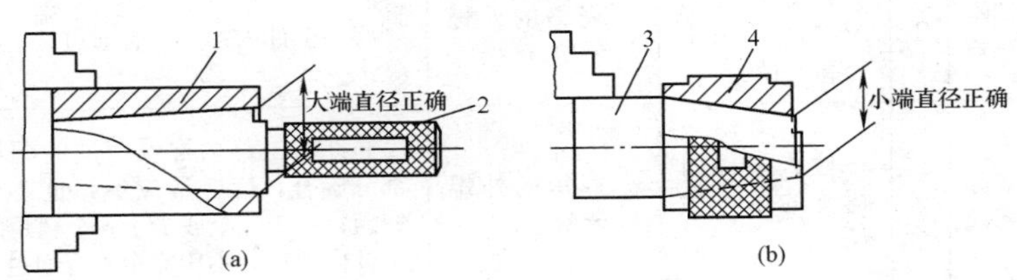

图 4-10　用圆锥界限量规检验

（a）检验内圆锥的最大圆锥直径；（b）检验外圆锥的最小圆锥直径

1、3—工件；2—圆锥塞规；4—圆锥套规

外圆锥的最小圆锥直径为合格，如图 4-10（b）所示。

（3）螺纹量规。螺纹量规是对螺纹各基本要素进行综合性检验的量具。螺纹量规（见图 4-11）包括螺纹塞规和螺纹环规，螺纹塞规用来检验内螺纹，螺纹环规用来检验外螺纹。它们分别有通规 T 和止规 Z，在使用中要注意区分，不能搞错。如果通规难以拧入，应对螺纹的各直径尺寸、牙型角、牙型半角和螺距等进行检查，经修正后再用通规检验。当通规全部拧入，止规不能拧入时，说明螺纹各基本要素符合要求。

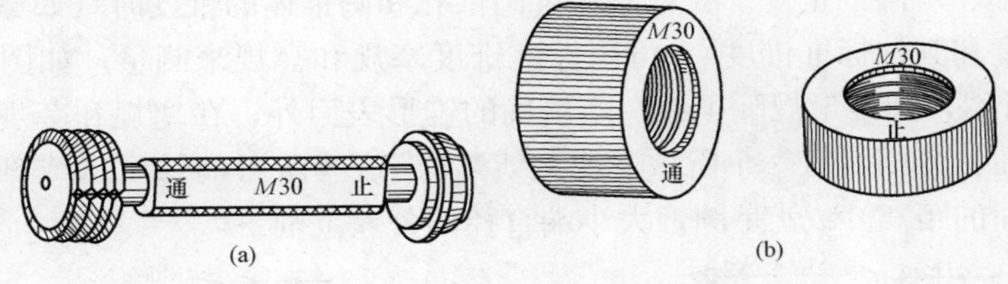

图 4-11 螺纹量规
（a）螺纹塞规；（b）螺纹环规

在大量和成批生产中，螺纹连接件采用螺纹量规检验，以保证其互换性。普通螺纹量规的名称、代号、特点、用途及使用规则见表 4-6。

表 4-6 普通螺纹量规的名称、代号、特点、用途及使用

螺纹量规名称	代号	用途	特点	使用规则
通端螺纹塞规	T	检查工件内螺纹的作用中径和大径	完整的外螺纹牙型	应与工件内螺纹旋合通过
止端螺纹塞规	Z	检查工件内螺纹的单一中径	截短的外螺纹牙型	允许与工件内螺纹两端的螺纹部分旋合，旋合量应不超过 2 个螺距；对于 3 个或少于 3 个螺距的工件内螺纹，不应完全旋合通过
通端螺纹环规	T	检查工件外螺纹的作用中径和小径	完整的内螺纹牙型	应与工件外螺纹旋合通过

续表

螺纹量规名称	代号	用　途	特　点	使用规则
止端螺纹环规	Z	检查工件外螺纹的单一中径	截短的内螺纹牙型	允许与工件外螺纹两端的螺纹部分旋合，旋合量应不超过 2 个螺距；对于 3 个或少于 3 个螺距的工件外螺纹，不应完全旋合通过
校通—通螺纹塞规	TT	检查新的通端螺纹环规的作用中径	完整的外螺纹牙型	应与新的通端螺纹环规旋合通过
校通—止螺纹塞规	TZ	检查新的通端螺纹环规的单一中径	截短的外螺纹牙型	允许与新的通端螺纹环规两端的螺纹部分旋合，但旋合量应不超过 1 个螺距
校通—损螺纹塞规	TS	检查使用中通端螺纹环规的单一中径	截短的外螺纹牙型	允许与通端螺纹环规两端的螺纹部分旋合，但旋合量应不超过 1 个螺距
校止—通螺纹塞规	ZT	检查新的止端螺纹环规的单一中径	完整的外螺纹牙型	应与新的止端螺纹环规旋合通过
校止—止螺纹塞规	ZZ	检查新的止端螺纹环规的单一中径	完整的外螺纹牙型	允许与新的止端螺纹环规两端的螺纹部分旋合，但旋合量应不超过 1 个螺距
校止—损螺纹塞规	ZS	检查使用中止端螺纹环规的单一中径	完整的外螺纹牙型	允许与止端螺纹环规两端的螺纹部分旋合，但旋合量应不超过 1 个螺距

四、测量工具的选择

在选择测量工具时，既要保证测量的精度，又要符合经济性原则。在综合考虑这两方面时，需要满足以下几点要求：

（1）应使被测量零件的尺寸大小在所选择量具量仪的测量范围内。

（2）要能严格地控制被测零件的实际尺寸在极限尺寸范围内。

（3）扣除测量误差外，尽可能留下较大的用于加工的生产公差。

（4）尽可能减少测量工具和检验工作的成本。

在机械制造中，一般可按补测零件的公差与测量工具极限误差之间的一定比值来选择。测量工具的极限误差约为实测零件公差的$\frac{1}{10}$～$\frac{1}{3}$，测量高精度的零件取较大的测量精度系数，测量低精度的零件取较小的测量精度系数。这样既考虑了测量精度的要求，又符合经济性的要求。根据零件公差等级的不同，可参考表4-7选择相应的测量精度系数。

表4-7　测量精度系数

零件公差等级（IT）								
零件公差等级（IT）	轴	5	6	7	8～9	10	11	12～16
	孔	6	7	8				
测量精度系数 K（%）		32.5	30	27.5	25	20	15	10

当允许的测量极限误差确定后，可参考常用测量工具的极限误差（见表4-8）来选择合适的测量工具。

表4-8　常用量具量仪测量极限误差表

序号	测量器具名称	所用量块		尺寸范围（mm）							
				1～10	>10～50	>50～80	>80～120	>120～130	>180～260	>260～360	>360～500
		等别	级别	测量极限误差 Δ_{lim}（±μm）							
1	立式和卧式光学计测长机（测量外尺寸）	3	0	0.35	0.5	0.6	0.8	0.9	1.2	1.4	1.8
		4	1	0.4	0.6	0.8	1.0	1.2	1.8	2.5	3.0
		5	2	0.7	1.0	1.3	1.6	1.8	2.5	3.5	4.5
2	立式和卧式光学计测长机（测量内尺寸）	3	0	—	0.9	1.1	1.3	1.4	1.6	1.3	2.4
		4	1	—	1.0	1.3	1.6	1.8	2.3	3.2	3.8
		5	2	—	1.4	1.8	2.0	2.2	3.0	4.2	5.4
3	测长机（绝对测量）			1.0	1.3	1.6	2.0	2.5	4.0	5.0	6.0
4	刻度值为0.001mm的千分表	3	0	0.5	0.7	0.8	0.9	1.0	1.2	1.5	1.8
		4	1	0.6	0.8	1.0	1.2	1.4	2.0	2.5	3.0
		5	2	0.7	1.0	1.4	1.8	2.0	2.5	3.5	4.5
			3	1.0	1.5	2.0	2.5	3.0	4.5	6	8

续表

序号	测量器具名称	所用量块		尺寸范围（mm）							
				1～10	>10～50	>50～80	>80～120	>120～130	>180～260	>260～360	>360～500
		等别	级别	测量极限误差 Δ_{lim}（±μm）							
5	刻度值为0.002mm的千分表	4 5	1 2 3	1.0 1.2 1.4	1.2 1.5 1.8	1.4 1.8 2.5	1.5 2.0 3.0	1.6 2.8 3.5	2.2 3.0 5	3.0 4.0 6.5	3.5 5 8
6	刻度值为0.005mm的千分表	5	2 3	2.0 2.2	2.2 2.5	2.5 3.0	2.5 3.5	3.0 4.0	3.5 5.0	4.0 6.5	5 8.5
7	一级内径千分表（在指针转动范围内使用）	5	3	16	16	17	17	18	19	19	20
8	二级内径千分表（在指针转动范围内使用）	5	3	22	22	26	26	28	28	32	36
9	刻度值为0.002mm的杠杆式卡规	5	2	3	3	3.5	3.5	—	—	—	—
10	刻度值为0.005mm的各式比较仪	5	3	2.2	2.5	3.0	3.5	4.0	5.0	6.5	8.5
11	零级千分尺	用绝对量法		4.5	5.5	6	7	8	10	12	15
12	1级测深千分尺	用绝对量法		14	16	18	22	—	—	—	—
13	1级内径千分尺	用绝对量法				18	20	22	25	30	35
14	1级千分尺	用绝对量法		7	8	9	10	12	15	20	25
15	2级千分尺	用绝对量法		12	13	14	15	18	20	25	35
16	游标卡尺测量外尺寸，刻度值 {0.02 0.05 0.1	用绝对量法		40 80 150	40 80 150	45 90 160	45 100 170	45 100 190	50 100 200	60 110 210	70 110 230

续表

序号	测量器具名称	所用量块		尺寸范围（mm）							
				1～10	＞10～50	＞50～80	＞80～120	＞120～130	＞180～260	＞260～360	＞360～500
		等别	级别	测量极限误差 Δ_{lim}（$\pm\mu m$）							
17	游标卡尺测量内尺寸，刻度值 0.02	用绝对量法		—	50	60	60	65	70	80	90
	0.05			—	100	130	230	150	150	150	150
	0.1			—	200	230	260	280	300	300	300
18	游标深度及高度尺，刻度值 0.02	用绝对量法		60	60	60	60	60	60	70	80
	0.05			100	100	150	150	150	150	150	150
	0.1			200	250	300	300	300	300	300	300
19	机械式测微计 0.002	4	1	1	1.2	1.4	1.5	1.6	2.2	3.0	3.5
		5	2	1.2	1.5	1.8	2.0	2.8	3.0	4.0	5.0
		(6)	3	1.4	1.8	2.5	3.0	3.5	5.0	6.5	8.0
	机械式测微计 0.001	3	0	0.5	0.7	0.8	0.9	1.0	1.2	1.5	1.8
		4	1	0.6	0.8	1.0	1.2	1.4	2.0	2.5	3.0
		5	2	0.7	1.0	1.4	1.8	2.0	2.5	3.5	4.5
20	万能工具显微镜 0.001	绝对测量法		1.5	2	2.5	2.5	3	3.5	—	—
21	大型工具显微镜 0.01	绝对测量法		5	5	—	—	—	—	—	—
		5	2	2.5	3.5	—	—	—	—	—	—

第二节　量具、量规和样板的加工制造

一、量规材料的热处理及表面防腐蚀处理

1. 量规材料的基本要求

量规在检测工件时，其工作面要求有较高的精度和较小的表面粗糙度值。因此，量规材料应具备下列基本要求：

（1）线膨胀系数较小，以减少因温度变化而引起的测量误差。

（2）稳定性较好，以保证在较长的使用和保存期内不发生变形。

（3）具有良好的耐磨性，以延长量规的使用寿命。

（4）有较好的切削加工性能，经过切削加工后能得到所要求的精度及表面粗糙度。

（5）有较好的热处理性能，在热处理过程中变形小、淬透性好、脱碳层薄。

常用量规材料的牌号、特点及其使用范围见表 4-9。

表 4-9　常用量规材料

类别	材料牌号	特　点	使用范围
渗碳钢	15、20、15Cr、20Cr、15CrMn	经渗碳淬火后，表面具有一定的硬度，芯部韧性较好	板状卡规、模锻卡规、样板及不完整的塞规等
碳素工具钢	T7、T8	硬度高，耐磨性好，但热处理变形大	样板、需镀铬的量规
	T10A、T12A	硬度高，耐磨性好，热处理变形小	光滑量规、螺纹量规
合金工具钢	CrMn CrWMn 9CrWMn Cr12MoV Cr12 GCr15	硬度和耐磨性高，抗蚀性好，热处理变形小，但稳定性差	光滑量规、螺纹量规、花键量规、量块
氮化钢	38CrMnAlA 38CrMoAlA	氮化后，表面具有极高的硬度和耐磨性，稳定性好，内应力小，芯部韧性好	形状复杂和淬火后不能磨削的量规和样板

2. 量规的热处理特点

量规经过机械加工和热处理淬火以后，材料内部存在应力及残余奥氏体，如果不及时消除，在使用和存放过程中会引起量规变形，因此在制造过程中应安排冷处理和时效处理。

（1）冷处理。将淬火后的量规及时放入低温介质中冷却至−70～−90℃，保持 1～8h，待量规截面温度均匀一致后，取出放在空气中，使其恢复到室温的过程，称为冷处理。冷处理能提高量规的硬度、耐磨性，稳定量规尺寸。但冷处理会产生内应力，还应进行时效处理。

(2) 时效处理。将量规放入 120～176℃的炉内保温 2～30h，进一步消除量规的内应力，获得较稳定的组织状态。

3. 量规的表面防腐蚀处理

量规在制造和使用过程中经常接触切削液、潮湿空气及操作者手上的汗水，会腐蚀量规表面，因此要进行必要的防腐处理。

常用的量规表面防腐蚀处理有以下几种：

(1) 油脂防腐蚀。常采用 2 号软膜防锈油，其成分是：743 钡皂 100 份；二壬基萘磺酸钡 40.8 份；L-AN32 机油 10 份；200 号溶剂汽油 400 份。

将防锈油涂于量规表面，待溶剂汽油挥发后，即形成软而薄的脂状防锈膜。这种油膜不易流失，防锈能力强，而且用石油系溶剂很容易除去。

(2) 镀铬与发黑防腐蚀。量规表面镀铬除了能防腐蚀外，还提高了耐磨性。但镀铬的成本较高，所以常用发黑处理代替。

发黑处理是使量规表面生成一层很薄的黑色氧化膜，是一种成本低、工艺简单的防腐蚀方法。

(3) 油漆防腐蚀。对于精度较低的大型量规的非工作表面，如果采用油脂防腐蚀或发黑、镀铬都不方便，可采用油漆防腐。先把量规非工作表面上的油污、铁锈等清除干净，然后涂上磁漆或硝基清漆。

(4) 气相防腐蚀。气相防腐蚀是用气相缓蚀剂（又称挥发性缓蚀剂）进行防腐蚀的一种方法。气相缓蚀剂在常温下挥发后能充满包装空间，吸附在量规表面，阻滞金属腐蚀。

二、卡规的制造

1. 卡规的分类

卡规是用来检验轴类零件外圆尺寸的量规。它具有两个平行的测量面，也可改用一个平面与一个球面或圆柱面或者改用两个圆柱面作为测量面。

卡规的种类较多，常用的结构类型见表 4-10。

2. 板状卡规的制造工艺过程

单端圆形板状卡规是应用最广的卡规，如图 4-12 所示。

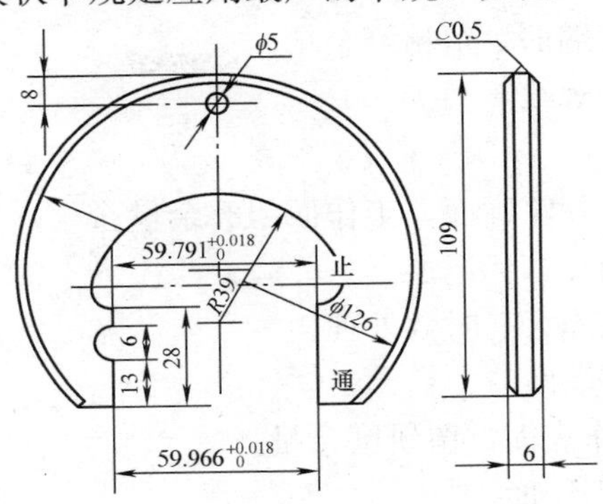

图 4-12　单端圆形板状卡规

表 4-10　　　　常用卡规的结构类型

名　称	简　图	检验范围（mm）
双端板状卡规		1～50
单端矩形板状卡规		10～70
单端圆形板状卡规		1～180
镶钳口单端卡规		100～325

圆形板状卡规一般按以下工艺过程制造：

(1) 落料。

(2) 车两端面和外圆，两端面留磨削余量。

(3) 粗磨两端面，留精磨余量。

(4) 划出轮廓线。

(5) 钻孔。

(6) 铣内、外轮廓面，工作面留磨余量。

(7) 去毛刺，打标记。

(8) 热处理淬火、时效处理。

(9) 精磨两端面。

(10) 磨工作表面，留研磨余量。

(11) 研磨工作面。

三、90°角尺的制造

角尺是用于检验零件垂直度及划垂直线的工具。它按结构可分为整体式和装配式两种；按外形可分为圆柱角尺、平形角尺、矩形角尺、宽座角尺；按材质可分为钢制角尺、铸铁角尺。

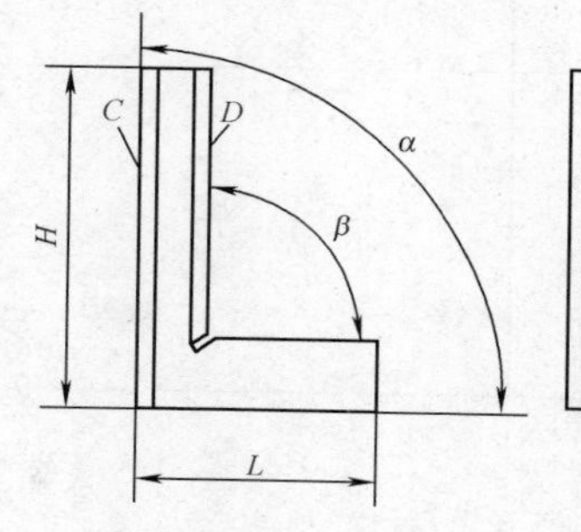

图 4-13 平形角尺

不同结构的角尺，其制造工艺过程各不相同。如图 4-13 所示的平形角尺，其制造工艺过程为：锻造—退火—刨两平面、内外垂直面及砂轮越程槽—修毛刺—淬火、回火及时效处理—磨两平面及内、外垂直面—研磨内、外垂直面。

制造平形角尺的技术关键是内、外垂直面的研磨。一般用对称两倍误差法研磨角尺垂直面，如图 4-14 所示。

将三把粗研后的角尺编号为 1、2、3，然后进行轮换互研。

(1) 将角尺 1 放在平板上，以Ⅰ-Ⅰ边为基准，分别与角尺 2、角尺 3 进行互研，如图4-14 (a) 所示。

(2) 检测角尺 2 与角尺 3 的缝隙 2Δ 值，如图 4-14 (b) 所示。

(3) 分别将角尺 2 的Ⅱ-Ⅱ边、角尺 3 的Ⅲ-Ⅲ边修去 Δ 值，使之密合，然后以角尺 2 的边Ⅱ-Ⅱ为基准，与角尺 1 互研，如图 4-14（c）所示。

（4）检测角尺 1 与角尺 3 的缝隙 2Δ 值，并分别修去 Δ 值，使之密合，再以角尺 3 为基准互研角尺 2。

多次循环，使它们均达到精度要求。

研磨内垂直面时，只需保持内、外垂直面平行。

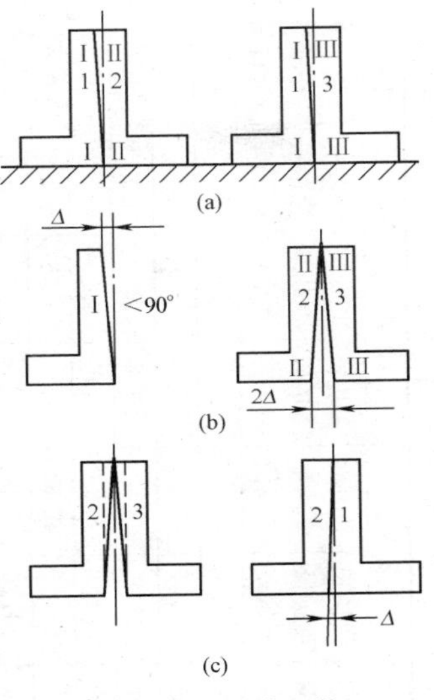

图 4-14 对称两倍误差法研磨角尺

四、量块的制造

量块又叫块规，其具有两个互相平行的工作面。量块主要用于校验、调整量仪等测量工具，也可以直接测量、校正、调整工件、机床、夹具。

量块形状简单，但工作面的精度很高，所以有一些特殊的工艺要求。

（一）量块制造工艺过程

1. 量块的技术要求

量块可直接用于精密测量和划线及机床、夹具的调整等。其主要技术要求见表 4-11。

2. 量块制造的工艺过程

量块制造的工艺过程如下：

（1）落料。可以几件连在一起落料。

（2）锻。

（3）刨。留磨削余量。

（4）铣。用锯片铣刀铣成单件。

（5）钳。修毛刺。

（6）粗磨。非工作面留 0.3mm 余量，工作面留 0.3～0.4mm 余量。

表 4-11　量块的主要技术要求

标称长度范围(mm)		00级		0级		1级		2级		(3)级		校准级K	
		量块长度的极限偏差	长度变动量允许值	量块长度的极限偏差	长度变动量允许值	量块长度的极限偏差	长度变动量允许值	量块长度的极限偏差	长度变动量允许值	量块长度的极限偏差	长度变动量允许值	量块长度的极限偏差	长度变动量允许值
大于	至	μm											
—	10	±0.06	0.05	±0.12	0.10	±0.20	0.16	±0.45	0.30	±1.0	0.50	±0.20	0.05
10	25	±0.07	0.05	±0.14	0.10	±0.30	0.16	±0.60	0.30	±1.2	0.50	±0.30	0.05
25	50	±0.10	0.06	±0.20	0.10	±0.40	0.18	±0.80	0.30	±1.6	0.55	±0.40	0.06
50	75	±0.12	0.06	±0.25	0.12	±0.50	0.18	±1.00	0.35	±2.0	0.55	±0.50	0.06
75	100	±0.14	0.07	±0.30	0.12	±0.60	0.20	±1.20	0.35	±2.5	0.60	±0.60	0.07
100	150	±0.20	0.08	±0.40	0.14	±0.80	0.20	±1.60	0.40	±3.0	0.65	±0.80	0.08
150	200	±0.25	0.09	±0.50	0.16	±1.00	0.25	±2.00	0.40	±4.0	0.70	±1.00	0.09
200	250	±0.30	0.10	±0.60	0.16	±1.20	0.25	±2.40	0.45	±5.0	0.75	±1.20	0.10
250	300	±0.35	0.10	±0.70	0.18	±1.40	0.25	±2.80	0.50	±6.0	0.80	±1.40	0.10
300	400	±0.45	0.12	±0.90	0.20	±1.80	0.30	±3.60	0.50	±7.0	0.90	±1.80	0.12
400	500	±0.50	0.14	±1.10	0.25	±2.20	0.35	±4.40	0.60	±9.0	1.0	±2.20	0.14
500	600	±0.60	0.16	±1.30	0.25	±2.60	0.40	±5.00	0.70	±11.0	1.1	±2.60	0.16
600	700	±0.70	0.18	±1.50	0.30	±3.00	0.45	±6.00	0.70	±12.0	1.2	±3.00	0.18
700	800	±0.80	0.20	±1.70	0.30	±3.40	0.50	±6.50	0.80	±14.0	1.3	±3.40	0.20
800	900	±0.90	0.20	±1.90	0.35	±3.80	0.50	±7.50	0.90	±15.0	1.4	±3.80	0.20
900	1000	±1.00	0.25	±2.00	0.40	±4.20	0.60	±8.00	1.00	±17.0	1.5	±4.20	0.25

注　1. 根据特殊订货要求，对00级、0级和K级量块，可以供给成套量块中心长度的实测值。
2. 带（　）的等级，根据订货供应。
3. 表中所列偏差为保证值。
4. 距离测量面边缘0.5mm范围内不计。

（7）热处理。首先淬火，再放入油槽中清洗，然后进行冷处理（−78℃），最后进行低温回火处理。

（8）半精磨。非工作面留 0.15mm 余量，工作面留 0.20～0.25mm 余量。

（9）时效处理。

（10）精磨非工作面磨准尺寸。工作面的平面度误差不超过 0.005mm，并留研磨余量。

（11）退磁。

（12）钳工，倒棱去毛刺。

（13）第一次研磨工作面。

（14）清洗。

（15）第二次研磨工作面。

（16）清洗。

（17）清理非工作面及倒棱。

（18）清洗。

（19）氧化。

（20）用腐蚀法作标记。

（21）第三次研磨工作面。

（22）清洗。

（23）超精研磨。

（24）用航空汽油擦拭，配组包装。

（二）量块的研磨

量块的研磨不同于一般常规的研磨，对于研磨前的准备和研磨的方法都有一些严格的要求。

1. 研磨前的准备

（1）对研磨工作室的要求如下：

1）工作室应建立在坚实的地基上，防止振动而影响研磨与测量的精度。

2）工作室应清洁、干燥、光亮且有良好的通风条件，防止湿度过大而使量块表面产生锈蚀。

3）工作室温度应保持在（20±3)℃范围内，防止温度变化而影响研磨及测量的精度。

（2）对工作平板的要求如下：

1）工作平板测量。研磨量块可采用一般研磨平板，但在使用前应经过技术测量。先用0级精度的刀口尺以光隙法检查平板的平面度，然后再用平面平晶以干涉法检查。检查次序是先纵向，再横向，最后对角线。每隔半个平晶直径检查一次，误差不得超过0.5条干涉带，表面粗糙度应控制在$Ra0.025\mu m$以下。

2）工作平板的压砂。压砂时常用的混合液配方为：铬刚玉研磨粉（W3.5～W1）20g；硬脂酸0.5g；航空汽油200ml；煤油10ml。混合液配制后，需放置一周以上再用。

压砂的过程是：①分别将三块平板用工业汽油洗净擦干，再用航空汽油擦拭；②将配制好的混合液摇匀，静放片刻，用小滴管吸入后，滴在一块平板上并均匀地摊成薄层；③放上另一块平板，进行研磨，向前推动上平板时用于稍稍加压，并经常将上平板转90°、180°，直至两块平板间吸附力较大，压砂剂呈乌黑油亮、黏滞状态时为止；④用干净的航空汽油和脱脂棉花揩净两块平板表面的残留油层。然后将其中一块与未压砂的那块平板进行压砂处理。

2. 量块的研磨工序

量块的研磨大都采用压嵌法，约经4～5道工序才能完成。各工序的研磨量、方法及其要求见表4-12。

表4-12　量块的研磨工序及要求　μm

工序号	研磨方法	所达到的技术条件		
		表面粗糙度值 Ra	平面度及平行度	留　量
1	细　研	0.20	1.5	10
2	半精研	0.10	1	5
3	精　研	0.05	0.5	0.25
4	超精研	0.025	0.2	
5	抛　光	0.012		

量块的研磨运动为直线往复运动，同时作微量的侧向移动，如图 4-15 所示。研磨量块比其他工件要困难一些，其中大尺寸量块和小尺寸的薄片量块研磨时困难更大。

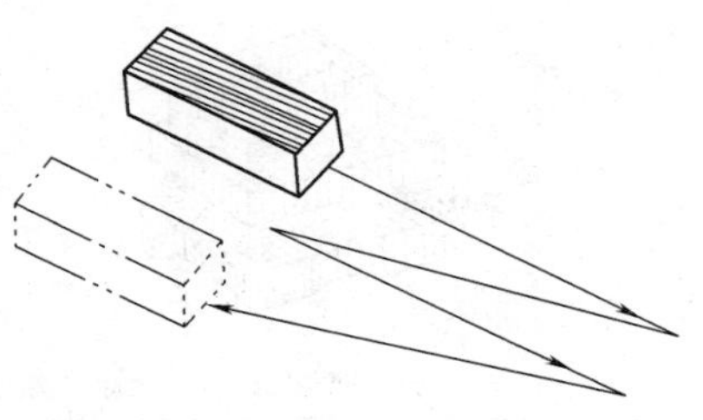

图 4-15　精研磨、超精研磨及抛光的研磨纹路

（1）小尺寸薄片量块的研磨。尺寸小于 4.5mm 的量块为小尺寸薄片量块。研磨或抛光时采用图 4-16 所示的夹具，将薄片量块粘合在夹具上（夹具是用与量块一样精度的厚 15～20mm 的垫块或废量块制成），操作者右手捏牢夹具两侧面，左手拇指、中指和食指分别抓住夹具的两端头，作直线往复并伴以微量侧向移动进行研磨。

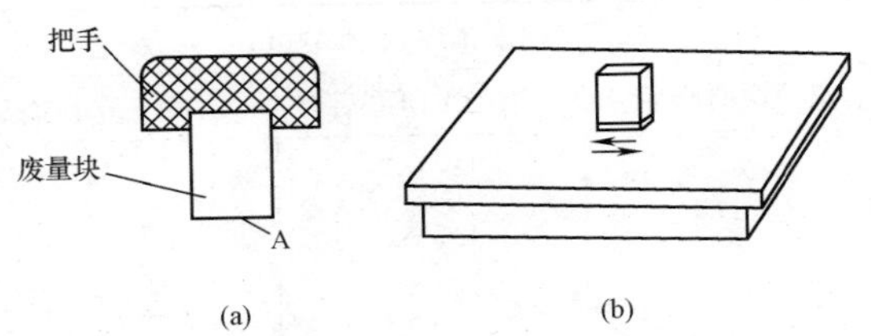

图 4-16　薄片量块研磨夹具及研磨方法
（a）薄量块研磨夹具；（b）小尺寸薄片量块的研磨和抛光

（2）大尺寸量块的研磨。大尺寸量块研磨时，需用图 4-17 所示的研具，量块装在夹具中，用螺钉紧固，使量块和夹具成为一整体，双手以八字形分别从量块两侧同时握牢夹具，对夹具施以均匀的微量压力，作直线往复并伴以微量侧向移动进行研磨。

3. 研磨的方法

（1）工序余量。量块工作面的研磨一般分 4 道工序进行。研磨余量过大会造成量块发热；而研磨余量太小会影响研磨精度。每次研磨后所留的工序余量可参照表 4-13 所列数据。

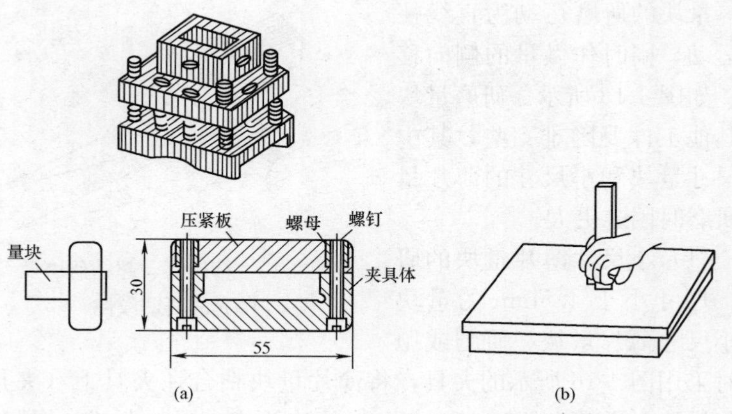

图 4-17　大尺寸量块研磨夹具及研磨方法
（a）大尺寸量块研磨夹具；（b）大量块的研磨

表 4-13　　量块的研磨工序余量

尺寸范围 L（mm）	研磨工序余量 A（μm）		
	第一次研磨后	第二次研磨后	第三次研磨后
<3	5	1～1.5	0.2
3～10	5	1.5～2	0.5
10～30	10	5～8	1.5～2
30～100	10	7～9	3～5

（2）干研和湿研。所谓干研，是用汽油将平板擦干净后，直接在压砂平板上进行研磨。干研的优点是量块表面易平且耐磨，缺点是量块表面易呈黑色，研磨过程中量块表面容易被烧伤。湿研是在平板上添加混合研磨剂后进行研磨。湿研的优点是研磨效率高，量块表面色泽光亮如镜，但是当研磨剂过厚时，量块表面容易形成中间高的缺点。

（3）手工研磨。在单件小批的量块生产中，通常采用手工研磨的方法。用手工研磨时，可将量块放入胶木制成的夹具内，四周用螺钉固定，见图 4-18（a）。量块的被研表面应突出夹具平面 0.5～1mm。当量块尺寸小于 10mm 时，直接用夹具上的螺钉固定有困难，可先在夹具上装夹一块辅助块，辅助块底面与量块同等精度，并凹入夹具平面，再将量块放在里面进行研磨，见图 4-18（b）。

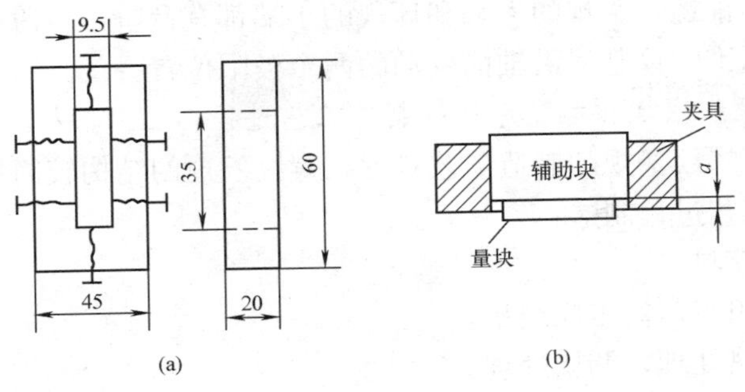

图 4-18　研磨夹具示意图

研磨时用双手从两边捏牢夹具，并均匀地施以微量压力。以直线往复方式研磨十余次，然后将量块调转 180°继续研磨。

用手工研磨量块时应注意：

1）研磨时，量块应在整个平板表面运动，使平板各部分磨损均匀，保持研磨基准的准确性。

2）在研磨过程中，要经常用汽油将平板擦拭干净，再重新加上混合研磨剂，避免平板上残留的切屑和脏物划伤量块表面。

3）在研磨过程中应交叉研磨量块的两平面，并保持每个平面的往复研磨次数基本相同，以达到量块两平面的平行度要求。

4）超精研磨前，要用天然磨石把嵌入平板表面的硬质点磨平，以保证量块得到较小的表面粗糙度值。

五、螺纹量规的制造

1. 螺纹量规的分类

螺纹量规是检验内、外螺纹的专用量规。检验内螺纹使用螺纹塞规，检验外螺纹使用螺纹环规或螺纹卡规。

检验圆柱螺纹的量规都有通端和止端，如图 4-11 所示。通端的牙型为完整牙侧，通端螺纹塞规或环规不仅控制工件螺纹的中径误差，还可控制螺距误差、牙侧角误差及形状误差等误差指标。止端只控制螺纹的实际中径。为了减小螺距误差的影响，止端的螺纹长度缩短；为了减小牙侧角误差的影响，将螺纹牙侧截短。

检验圆锥螺纹的量规，以其基面沿轴向的变动量控制锥螺纹的中径。圆锥螺纹塞规的大端和环规的小端都有台阶，台阶的两个平面标志圆锥螺纹基面沿轴向变动的两个极限位置。

2. 螺纹塞规和螺纹环规的制造工艺过程

(1) 螺纹塞规的制造工艺过程。螺纹塞规的结构较简单，一般按以下工艺过程制造：

1) 落料。

2) 粗车，留工序余量。

3) 热处理，调质处理。

4) 精车两端面，钻中心孔，车外圆及螺纹，螺纹部分留磨削余量。

5) 去毛刺，修去两端不完整螺纹，打标记。

6) 热处理淬火，时效处理。

7) 热处理，氧化。

8) 研磨中心孔，磨削螺纹大径。

9) 磨削螺纹。

(2) 螺纹环规的制造工艺过程。螺纹环规的内螺纹加工较为困难，一般按以下工艺过程制造：

1) 落料。

2) 粗车外圆、两端面及内孔，留工序余量。

3) 热处理调质。

4) 精车外圆、两端面及内螺纹，两端面及螺纹部分留磨削余量。

5) 铣去两端不完全螺纹。

6) 去毛刺，打标记。

7) 热处理淬火、时效处理。

8) 磨削两端面。

9) 磨削螺纹小径。

10) 磨削或研磨螺纹。

制造孔径小于 12mm 的螺纹环规时，螺纹的车削加工比较困难，常用特制的专用丝锥攻制螺纹。

制造孔径大于 80mm 的螺纹环规时，可以在螺纹磨床上磨削螺纹表面；当螺纹孔径太小或缺少螺纹磨床时，可采用研磨加工。

3. 螺纹环规的研磨

（1）研具。

1）研具材料，M6 以下的环规研具，材料用 15～20 钢，螺纹部位的振摆度小于 0.02mm；M6 以上的环规研具、材料用高磷铸铁或球墨铸铁，硬度在 170～190HB 之间，螺纹部位的振摆度小于 0.03mm。

2）螺纹环规研具制造精度应高于工件的精度。

3）研磨螺纹环规的研具常做成套式的，一般由 3 根不同螺纹中径的螺纹杆做成，如图 4-19 所示。

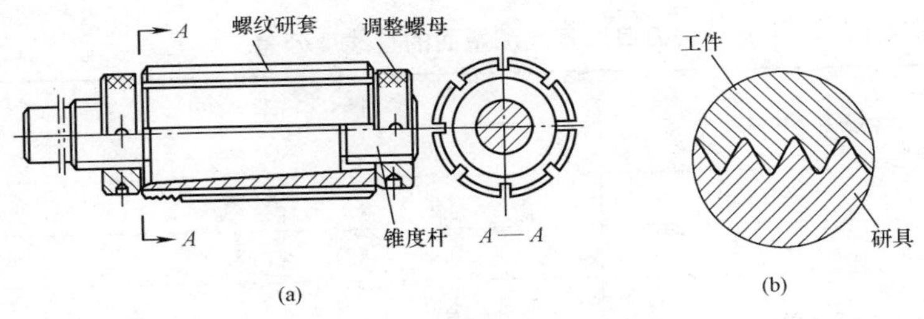

图 4-19　可调式大环规螺纹研具

（a）研具；（b）研具牙型与工件牙型的配合要求

（2）研磨方法。

1）研磨前应先清除牙底杂物。清除牙底杂物用中径小于环规预加工中径，外径也略小于螺纹环规外径的研具。

2）将待研磨的螺纹环规牙腔内的铁屑及脏物冲洗干净。

3）研具装夹在有正、反转的研磨头或车床上，涂上研磨剂。环规旋到研具上，以低速的正、反转运动进行研磨。研磨要以装着不同中径的三根螺纹杆的研具依次进行，如图 4-20 所示。

4）研磨后进行抛光时，将金刚砂撒在研具的螺纹槽内，对工件进行干燥抛光研削。

六、专用量具的研磨

（一）刀口尺的研磨

（1）刀口尺的技术要求。如图 4-21 所示，刀口尺是检测平面度和直线度的精密测量工具，其工作面必须有较高的精度要求。各种规格的刀口尺测量面的直线度公差见表 4-14。

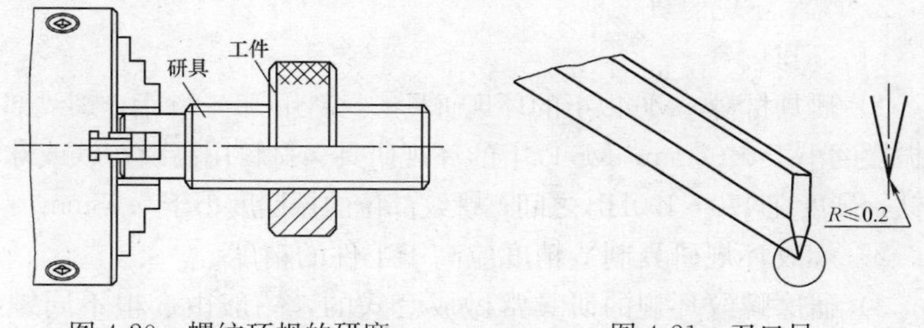

图 4-20　螺纹环规的研磨　　　　图 4-21　刀口尺

表 4-14　　　　刀口形直尺测量面的直线度公差

L（mm）	直线度公差（μm）	
	0 级	1 级
75	0.5	1.0
125	0.5	1.0
200	1.0	2.0
300	1.5	3.0
400	1.5	3.0
500	2.0	4.0

注　1. 表中数值是指温度为 20℃时的数值。

2. 直线度公差为刀口尺测量面与检验平尺测量面相接触，在沿测量面的圆弧自刀口尺侧面垂直于检验平尺测量面的位置向两侧转动 22.5°范围内测量。

（2）研磨前的准备工作。

1）用磨石修钝刀口尺锐边。刀口尺的工作圆弧面，一般只将两斜面相交处的锋刃修钝即可。

2）检查经磨削加工后的余磁是否去净，如发现剩磁要进行退磁处理。

3）检测刀口尺的预加工质量，其工作面及两侧面的平直度偏差不超过 100∶0.03；两斜面处“R”部位（见图 4-21）的研磨余量应均匀。

4）根据研磨的刀口尺精度要求，准备好研磨平板、研磨剂及需用的其他物品。

（3）研磨方法与步骤。刀口尺一般经粗、精研磨即可达到质量要求。

1）粗研磨用 W20～W10 的研磨粉与汽油及适量的煤油调和而成的研磨剂，均匀地涂敷在研磨平板上（刀口尺的工作面接触平板），用手施以适当压力，以摆动式直线研磨运动轨迹的操作方法进行研磨。

对于小规格的刀口尺，研磨时可用右手拇指、中指和食指分别捏持住两侧非加工面中部［见图 4-22（a）］，工件的纵向摆动与操作者的正面视线约为 30°～45°夹角。

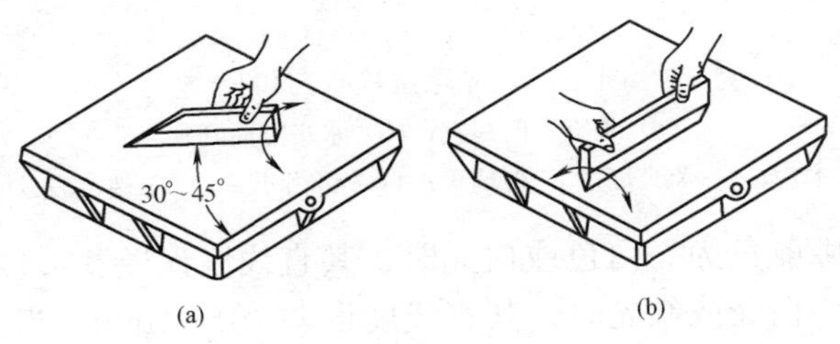

图 4-22　研磨刀口尺时的捏持方法

（a）小规格刀口尺的捏持方法；（b）大规格刀口尺的捏持方法

大规格的刀口尺研磨时，可用双手分别捏持住工件两头的侧面令工件纵向摆动，与操作者正面平行［见图 4-22（b）］。

研磨时，捏持要平稳，压力不可过大，纵向移动距离不宜太长，左右摆动不要超过 30°，往复运动速度约 40 次/min。

2）精研磨。研磨运动形式与粗研磨大致相同，但研磨粉可选用 W5。采用压嵌研磨方法研磨，往复速度要慢，压力要轻或靠工件自重，这样即可研磨出高精度的刀口尺。

（4）检测刀口尺的研磨质量。首先需选用精度高于被测刀口尺的标准平尺，采用光隙判别法，在工件的水平或垂直方向，分别进行检测。

检测时，将工件和标准平尺擦拭干净，放在灯箱的玻璃板上，使检测部位对着荧光灯，手捏工件两端，轻轻靠在标准平尺基面，以接触处为轴线，徐徐转动约 20°，从垂直或水平方向上观察光隙，如图 4-23 所示，从光隙的颜色判断刀口尺工作面的直线度。

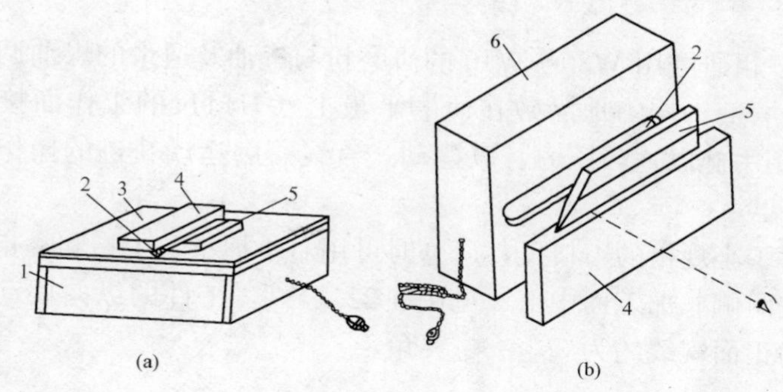

图 4-23 光隙法检查刀口尺

（a）垂直方向判别；（b）水平方向判别

1—木盒；2—荧光灯；3—玻璃板；4—标准平尺；5—工件；6—灯箱

当光隙颜色为亮白色或白光时，其直线度误差≥0.02mm；当光隙颜色为白光或红光时，其直线度误差≥0.01mm；当光隙颜色呈紫光或蓝光时，其直线度误差≥0.005mm；当光隙颜色为蓝光或不透光时，其直线度误差＜0.005mm。

（二）千分尺测量面的研磨

1. 千分尺的技术要求

千分尺两个测量面的平行度，需保证测微螺杆旋转到任一位置，其偏差值应不超过表 4-15 和表 4-16 所示的范围。

2. 研磨前的准备

（1）根据需要研磨的千分尺的规格，选择好研具。千分尺测量面的研磨，是用 4 块为一组的研具，从 4 个方向交替对测量面进行研磨（因千分尺测微螺杆的螺距为 0.5mm，按 4 等分各块研具的长度为：0.5÷4＝0.125mm）。研具长度比被研磨的千分尺的最大测量尺寸小 1～3mm。

测量范围在 100mm 以下的千分尺，可用图 4-24（a）所示的整体式研具研磨；测量范围在 100mm 以上的千分尺，可采用图

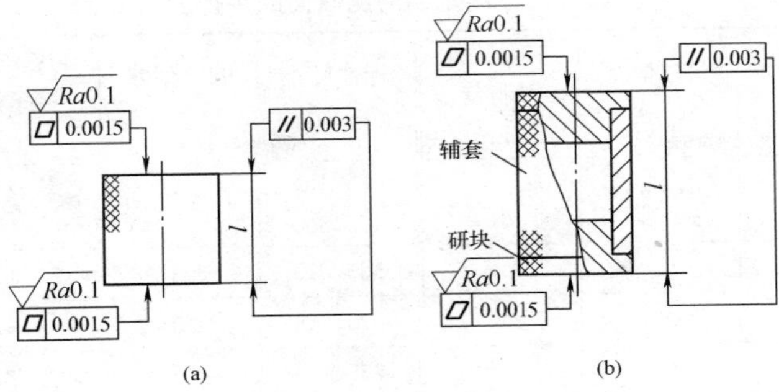

图 4-24　研磨千分尺的研具

（a）整体式研具；（b）组合式研具

4-24（b）所示的由 3 块粘接成一体的组合式研具研磨。

表 4-15　　千分尺的主要技术要求

测量范围（mm）	示值误差	平行度	尺架受 10N 力时变形
	μm		
0～25，25～50	4	2	2
50～75，75～100	5	3	3
100～125，125～150	6	4	4
150～175，175～200	7	5	5
200～225，225～250	8	6	6
250～275，275～300	9	7	6
300～325，350～375 325～350，375～400	11	9	8
400～425，450～475 425～450，475～500	13	11	10
500～600	15	12	12
600～700	16	14	14
700～800	18	16	16
800～900	20	18	18
900～1000	22	20	20

表 4-16　　量杆尺寸偏差和两测量面的平行度

标称尺寸 (mm)	尺寸偏差 (μm)	两测量面平行度 (μm)	标称尺寸 (mm)	尺寸偏差 (μm)	两测量面平行度 (μm)
25,50	±2	1	425,450 475,500	±11	5.5
75,100	±3	1.5	525,575	±13	6.5
125,150	±4	2	625,675	±15	7.5
175,200	±5	2.5	725,775	±17	8.5
225,250	±6	3	825,875	±19	9.5
275,300	±7	3.5	925,975	±21	10.5
325,350 375,400	±9	4.5			

注　校对量杆的测量面允许制成球面，但必须附有接套。校对量杆应有隔热装置。

(2) 检测螺纹测杆是否弯曲或有锥度，如有应先消除。

(3) 轴套的导向孔与圆柱部分的配合有明显径向间隙时应消除。

3. 研磨方法

研磨时，先在研具工作面上涂一层薄薄的人造金刚石研磨膏，然后把它放在千分尺的两个测量面之间，旋转测杆或测力棘轮，使两个测量面与研具接触，当松紧合适后，锁紧止动器即可按图 4-25 所示转动研具进行研磨。在研磨中，要不断地改变相对位置和调整螺纹测杆，从 4 个方向对测量面进行研磨。

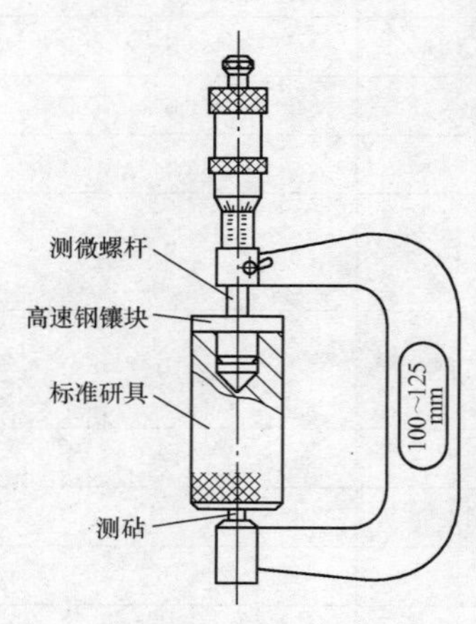

图 4-25　研磨测砧测量面的示意图

（三）刀口角尺的研磨

1. 刀口角尺的技术要求

刀口角尺如图 4-26 所示，需要研磨四个面，其中：A 面和 C 面，B 面和 D 面应相互垂直；A 面和 B 面，C 面和 D 面应相互平行。

刀口角尺的技术要求见表 4-17。

表 4-17　**刀口角尺的技术要求**

基本尺寸(mm)	测量面对基面的垂直度公差(α、β角)				测量面的平面度或直线度公差				短边上两基面的平行度公差				侧面对基面的垂直度公差				侧面的平面度公差		两侧面的平行度公差	
	00	0	1	2	00	0	1	2	00	0	1	2	00	0	1	2	00;0	1;2	00;0	1;2
40	1	2	4	8	1	1	2	4	1	2	4	8	—	—	—	—	—	—	—	—
63	1.5	3	6	12	1	1	2	4	—	—	—	—	15	30	60	120	6	24	18	72
80	1.5	3	6	12	1	1	2	4	1.5	3	6	12	—	—	—	—	—	—	—	—
100	—	—	—	—	1	1	2	4	—	—	—	—	—	—	—	—	—	—	—	—
125	2	4	8	16	1	1.5	3	6	2	4	8	16	20	40	80	160	9	36	24	96
160	—	—	—	—	1	2	4	8	—	—	—	—	—	—	—	—	—	—	—	—
200	2	4	8	16	1	2	4	8	2	4	8	16	20	40	80	160	12	48	24	96
315	3	6	12	24	1	2	4	8	3	6	12	24	30	60	120	240	12	48	36	144
500	4	8	16	32	1.5	3	6	12	4	8	16	32	40	80	160	320	18	72	48	192
800	5	10	20	40	2	4	8	16	5	10	20	40	50	100	200	400	24	96	60	240
1000	—	—	—	—	2.5	5	10	20	6	12	24	48	—	—	—	—	—	—	—	—
1250	7	14	28	56	3	6	12	24	7	14	28	56	70	140	280	560	36	144	84	336
1600	9	18	36	72	4	7	14	28	9	18	36	72	90	180	360	720	42	168	108	432

注　表中各数值是在温度为 20℃，测量力为 0(N)的条件下给定的。

2. 研磨前的准备工作

(1) 检查刀口角尺的预加工质量，包括本体的扭曲变形、平面度及各面间的平行、垂直状况。

(2) 检查余磁是否去净，如没有去净要进行去磁处理。

(3) 准备研磨剂及必用的辅具。

(4) 锐边修钝。

3. 研磨步骤和方法

(1) 研磨 A 面。双手捏持刀口角尺的两侧面，平稳地作纵向和横向移动，按图 4-26 (a) 所示进行研磨。

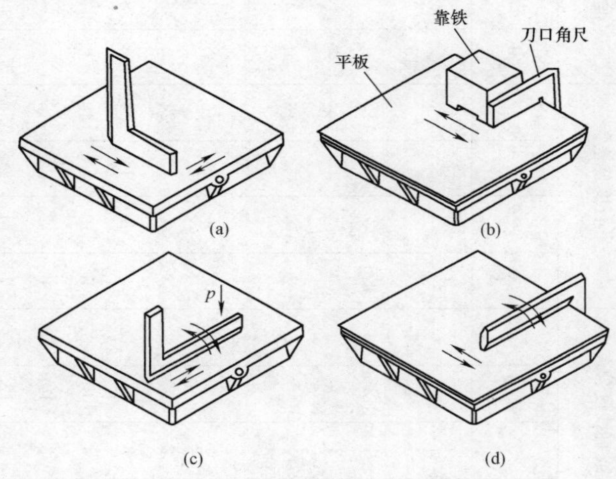

图 4-26　研磨刀口角尺的步骤和方法

(a) 研磨 A 面；(b) 研磨 B 面；(c) 研磨 C 面；(d) 研磨 D 面

(2) 研磨 B 面。两手捏稳工件，靠住靠铁，以直线研磨运动轨迹进行研磨，如图 4-26 (b) 所示。由于 B 面不能在平板上作遍及板面的研磨运动，也可将工件两侧垫上软垫夹持在平口钳或虎钳上，用小型板状研具作补偿研磨。

(3) 研磨 C 面。C 面为圆弧面，双手捏持工件作横向摆动和纵向移动，如图 4-26 (c) 所示。由于工件两端质量不平衡，轻的一端所施压力应该重一些，使工件保持平衡，得到均匀的研磨。

（4）研磨 D 面。D 面是内角的圆弧面，只能在平板边缘板面上研磨。因此在研磨时应保护好 B 面，以免碰撞和擦伤。研磨方法为围绕刃部作左右摆动，如图 4-26（d）所示。

刀口角尺是精度较高的量具，其形状又不对称，研磨中，由于作用力和温度影响，工件易产生变形。因此，在研磨时研磨的运动速度要稳，工件研磨到一定精度时要停下来降温，待其定形后进行检测才比较准确。

4. 质量检测方法

（1）刀口角尺的主要检测项目如下：

1）平面、圆弧面的直线度。

2）A 面与 B 面、C 面与 D 面的平行度。

3）A 面与 C 面、B 面与 D 面的垂直度。

4）表面粗糙度。

（2）检测方法。检验时，先将精度高于工件的矩形角尺及标准平尺擦拭干净，放在灯箱光源中心部位，然后将工件与检验尺靠紧进行观察，如图 4-27 所示，用光隙法判断其精确度。在检测圆弧面时，要对准中心位置，左右各转动 15°，其误差不得超过表 4-17 规定的数值。

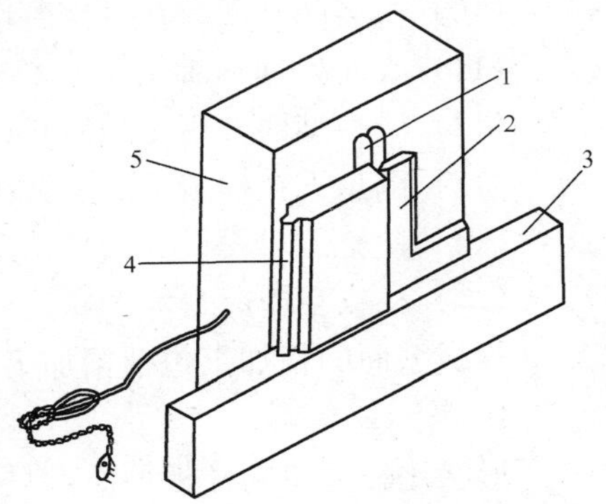

图 4-27　光隙法检测刀口角尺

1—荧光灯；2—工件；3—标准平尺；4—检验尺；5—亮匣

七、样板的制造

在成批和大量生产中，常常使用样板检验各种成形表面。

（一）手工加工样板的一般工艺过程

样板的制造方法较多，有手工加工、机械加工及电火花线切割等。一般样板由工具钳工用手工加工，其工艺过程如下：

（1）落料。用剪板机剪切板料，注意留有足够的加工余量。

(2) 矫正。在矫正平板上矫正板料。

(3) 粗磨两平面。在平面磨床上进行粗磨，退磁。

(4) 制作划线基准。根据样板的要求，确定并制作划线基准，如两相邻侧面、外圆、内孔等。

(5) 划线。划出样板所有轮廓线。

(6) 粗加工型面。用钻排孔、锯及锉的方法，按划线粗加工样板型面，留精加工余量。

(7) 精加工型面。用整型锉修整样板型面，留研磨余量。

(8) 修毛刺，作标记。

(9) 热处理。对样板型面进行局部或整体淬火、回火和时效处理。

(10) 精磨两平面。在平面磨床上进行精磨，退磁。

(11) 表面处理。氧化。

(12) 研磨型面。用专用研具或磨石研磨样板型面。

(13) 倒角。在样板型面上磨出倒角，以形成狭口。

(14) 检验。对样板的尺寸精度与型面的表面粗糙度进行检验。

(二) 样板型面的精加工

样板型面的精加工包括精加工型面和研磨型面两道工序。

1. 精加工型面

形状比较简单的样板型面，只要参考划线轮廓锉削，并用万能量具或用校对样板检查其加工质量。而形状比较复杂的型面，一般不能直接用万能量具来检查其加工质量，需要设计制造一些辅助样板，利用辅助样板来配合工作样板的加工和测量。

图 4-28 (a) 为齿距样板的工作样板及与其成对的校对样板。齿距样板以左边第一齿为基准，要求保证相邻 1～4 齿的齿距精度、齿厚与齿高的尺寸精度，以及牙形角和牙形半角精度。齿距样板需要控制的检测项目比较多，而且各检测项目互相影响，所以直接加工比较困难，需要设计制作三块辅助样板。

图 4-28 (b) 为齿距样板的辅助样板。辅助样板 1 用于检测工作样板的齿厚。辅助样板 2 用于校对工作样板的齿槽。

辅助样板 3 是检验工作样板齿距的。它的齿形制成单边牙型半

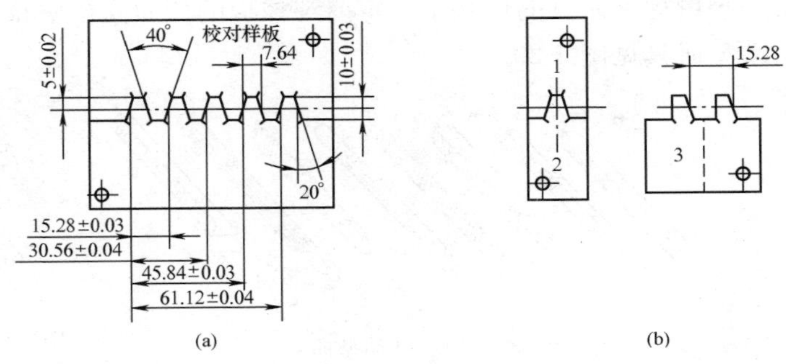

图 4-28　齿距样板

（a）工作样板及与其成对的校对样板；（b）辅助样板

角 20°，能方便地测量一个侧面而不受另一侧面的干扰。辅助样板 3 做成组合式的，图中虚线表示可拆卸，在中间夹入适当的量块组，就可检验 15.28、45.84、61.12mm 各挡尺寸。

精加工工作样板的型面时，先加工左边第一齿的左侧面，它是基准面，可以用通用量具测量；接着加工第二齿的左侧面，用辅助样板 3 检测；再加工第一齿的右侧面，用辅助样板 1 检测。其他各齿的加工方法依次类推。

辅助样板一般由工具钳工自行设计制作，应遵循以下原则：

（1）辅助样板应尽量简单，能适应工作样板的测量基准。

（2）希望辅助样板仅仅检测工作样板的一个表面，最多不超过两个表面。

（3）辅助样板的型面可以用万能量具检验，或按其他辅助样板来制造。

（4）辅助样板尽可能既用于工作样板淬火前的检测，又用于淬火后研磨时的检测。

2. 研磨型面

手工制作的样板在热处理以后，要用各种不同的研具进行研磨。研具一般用铸铁制成，按其操作方法分为可动型和不可动型两类。

可动型研具在研磨过程中，样板固定不动，手握研具在样板型面上移动。可动型研具的形状不一定要与样板的型面完全一致。常用的可动型研具见图 4-29。

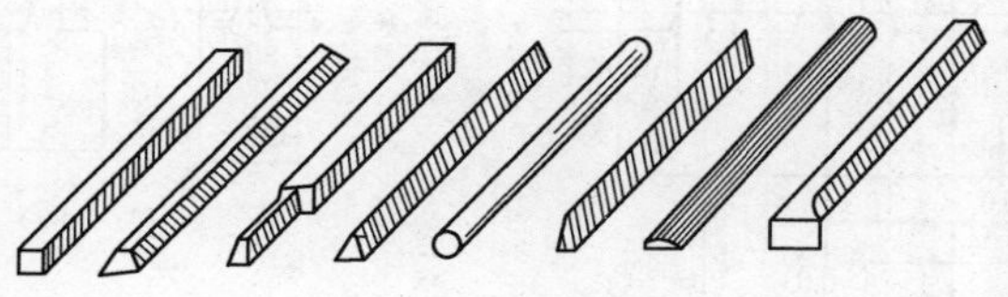

图 4-29　可动型研具

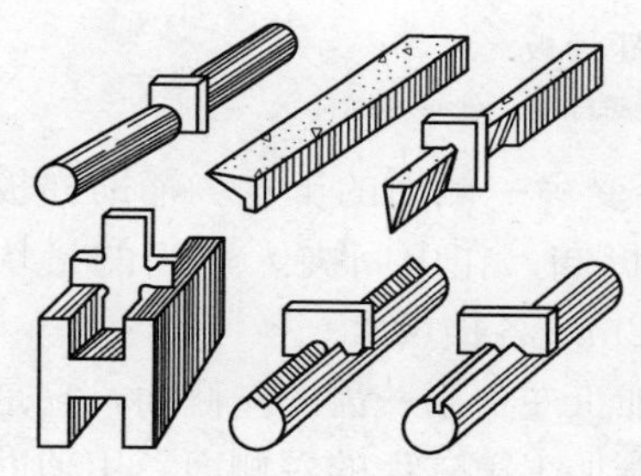

图 4-30　不可动型研具

不可动型研具的形状与样板型面的一部分或全部形状相同，研磨时研具固定不动，样板在研具表面来回移动。常用的不可动型研具见图 4-30。

因为样板厚度比较薄，在用不可动型研具研磨时，样板容易晃动，所以通常把研具放在平板上对研，见图 4-31。

当研具是回转表面时，可以将研具安装在钻床主轴上，让研具作旋转运动，手握样板在研具表面作上下直线运动，见图 4-32。

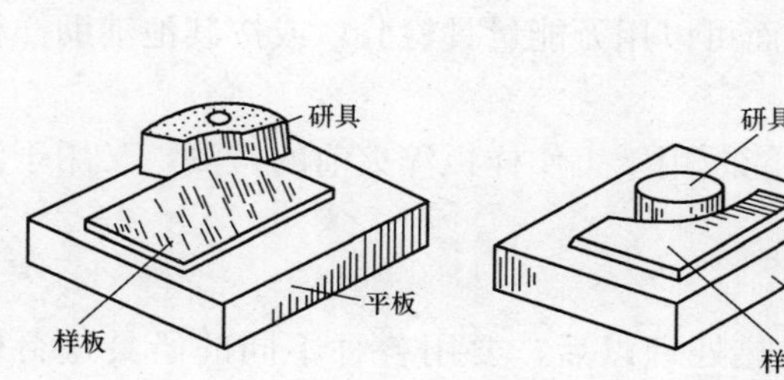

图 4-31　在平板上研磨样板型面

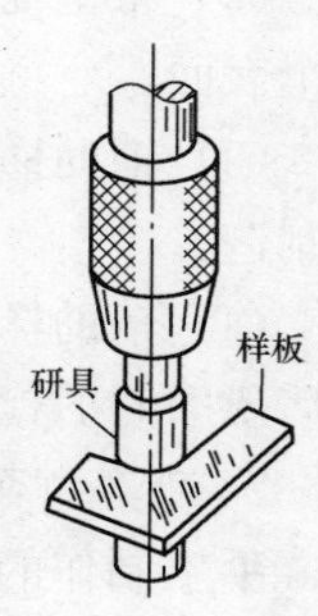

图 4-32　在钻床上研磨样板凹圆弧面

（三）样板的制作

为了便于生产管理，样板上都要制作标记。制作样板标记常用的方法有钢印法、电刻法、腐蚀法三种。

1. 钢印法

钢印法是用钢印在样板平面上敲出标记的方法。钢印要垂直放置，锤子敲击用力要适度。用力太小则标记深度太浅，字迹模糊；用力太大则容易引起钢印移动。

标记应敲在图样规定的位置，不能在淬硬的表面上敲标记，以防损坏钢印或振裂样板。

2. 电刻法

电刻法是利用电刻器刻写标记的方法。电刻器的主要零件是镶有钨尖的铜笔，铜笔装在绝缘管里，当笔尖与样板平面接触时，电流即通过铜笔，使接触处的温度上升到1450℃以上，在样板平面上“烧”出0.25mm深的字迹。

手握铜笔时用力应均匀，书写速度要适中，不能在样板平面停留太久，否则刻出的标记会粗细不均，甚至模糊不清。

3. 腐蚀法

腐蚀法是用酸液在样板表面腐蚀出标记的方法。

先将样板平面用酒精或汽油擦洗干净，然后涂上沥青漆，待沥青漆稍干后，用划针在涂层上刻出标记，应将沥青漆涂层刻穿，再用小木棒蘸涂酸液进行腐蚀，根据腐蚀时间控制标记的深度。

腐蚀后，用清水冲去酸液，再放入加热到35～40℃的5％氢氧化钠溶液中浸几分钟，然后取出用清水冲洗，并用汽油揩去剩余的沥青漆。

腐蚀法常用的酸液配方质量分数为：硝酸（10％）＋醋酸（30％）＋酒精（5％）＋水（55％）；另一配方为：盐酸（30％）＋硝酸（70％）。

（四）样板的检验

校对样板和工作样板制作完毕后要进行检验，工作样板在使用一段时间后也要重新检验。

1. 样板检验的方法

样板的检验方法较多，按使用的工具不同，可以分为以下三种：

(1) 利用校对样板检验。即根据漏光间隙大小来检验样板。光隙法操作简便，有经验的观察者利用标准光隙作比较，可以观察出1μm的间隙变化。因此，这种方法应用较广。

(2) 利用万能量具检验。当样板型面可分解为一些简单几何要素时，可直接利用万能量具进行检验，或在一些辅助工具的配合下进行检测。

(3) 利用光学量仪检验。当样板型面形状比较复杂，可以用万能工具显微镜或投影仪等光学量仪检测样板型面的坐标值。光学量仪的检测精度高、效率高，一般由专业人员进行检测。

2. 光隙法对样板检验

将校对样板的型面与被测工作样板的型面接触，在样板的后面放置一个光源，然后从样板的前面观察校对样板与工作样板之间的漏光间隙，见图4-33。

光隙法可观察到1μm的间隙，所以应用较广泛。但是光隙法是用肉眼直接观察的，正确地估计漏光间隙要有一定的经验，带有较大的主观性。

除了主观因素外，下列三个因素对光隙有很大的影响：

(1) 形成光隙的截面形状。图4-34所示是四种不同的样板截面形状。当它们的缝隙大小相同时，由于截面形状不同，用肉眼看出来的光隙的大小并不一样。图4-34 (d) 截面感觉到的光隙最

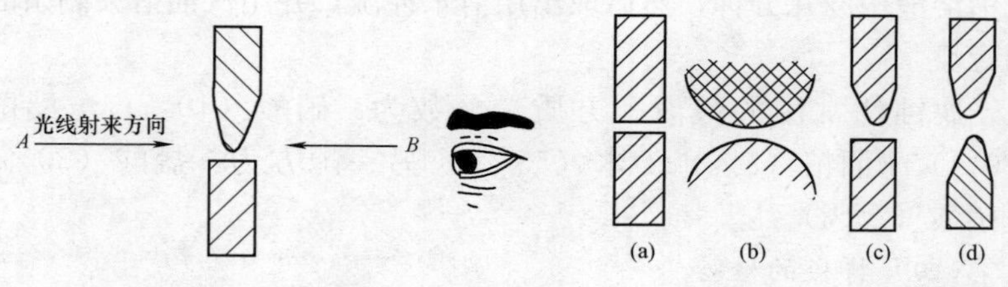

图4-33 观察光隙

图4-34 形成光隙的截面形状

大，图 4-34（c）其次，图 4-34（a）感觉到的光隙最小，图 4-34（b）的光隙与圆弧半径有关，圆弧半径愈小，感觉到的光隙愈大。

（2）光源的强弱和方向。样板后面的光源亮度，即图 4-33 中 A 方向射来的光线亮度必须比观察者这一方的光线亮度强，但也不应太刺眼。最好不用白炽灯泡作光源，而采用光线柔和的日光灯。因为白炽灯泡在灯丝处光线特别强，稍离远一些的地方又显得很弱，容易使人产生错觉，歪曲实际间隙的大小。也可布置白色屏障，只对着反射光线进行观察。

（3）被测表面的粗糙度。当样板型面粗糙度为 Ra（0.1～0.006）μm 时，可见光隙大小相当于实际存在的缝隙大小；当样板型面粗糙度为 Ra（0.8～0.2）μm 时，所见光隙大小约比实际缝隙小 1～3μm；实际缝隙小于 1.6μm 时，就看不见光隙了；当型面粗糙度为 Ra1.6μm，实际缝隙在 10～20μm 时，所见光隙约比实际缝隙小 3～8μm。

（五）指形齿轮铣刀样板的制作

指形齿轮铣刀样板使用 20 钢制作，型面渗碳淬火，见图 4-35。

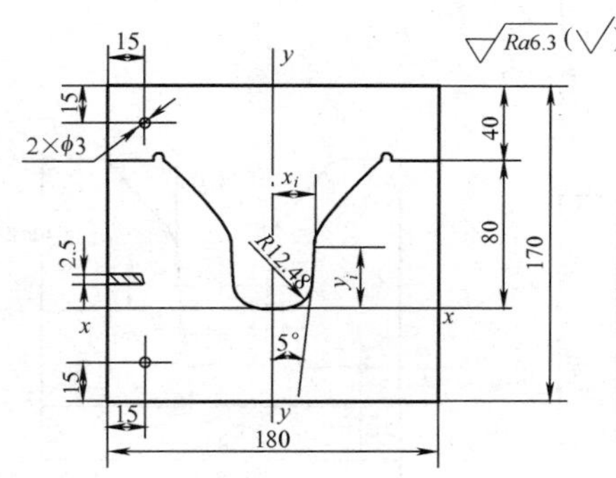

序号	x_i	y_i
1	22.718	33.306
2	24.383	37.150
3	26.307	40.957
4	28.462	44.726
5	30.832	48.454
6	33.404	52.139
7	36.169	55.777
8	39.119	59.366
9	42.250	62.901
10	45.554	66.380
11	49.029	69.798
12	52.669	73.152
13	56.472	76.438
14	60.434	79.652

图 4-35　指形齿轮铣刀样板

指形齿轮铣刀样板的型面是渐开线，因此以直角坐标点的位置来制造、检验样板型面，而且 y 轴是齿形曲线的对称轴。在粗锉时可以用齿厚游标尺与辅助样板检测，在热处理淬火后的精锉时，应利用万能工具显微镜等高精度测量仪器检测。

指形齿轮铣刀样板制作工艺过程如下:

(1) 落料。20 钢板，3mm×190mm×270mm 一块，制作凹、凸样板(合料);60 钢板，3mm×190mm×140mm 与 3mm×190mm×270mm 各一块，制作辅助样板。

(2) 矫正板料。在矫正平板上矫正板料，平面度控制在 0.2mm 以内。

(3) 磨两平面。在平面磨床上磨削样板两平面，退磁。

(4) 划线。

1) 辅助样板Ⅰ、Ⅱ的划线。在 60 钢板，3mm×190mm×270mm 的板料上，根据坐标值 x_i, y_i (i=1, 2, …, 14) 划出各坐标点，用曲线板将各坐标点光滑连接。R12.48mm 圆弧线、5°角度线及其他外形线均按图纸要求划出，见图 4-36。

2) 辅助样板Ⅲ的划线。在另一块 60 钢板(3mm×190mm×140mm)上按图 4-37 要求划出辅助样板Ⅲ。

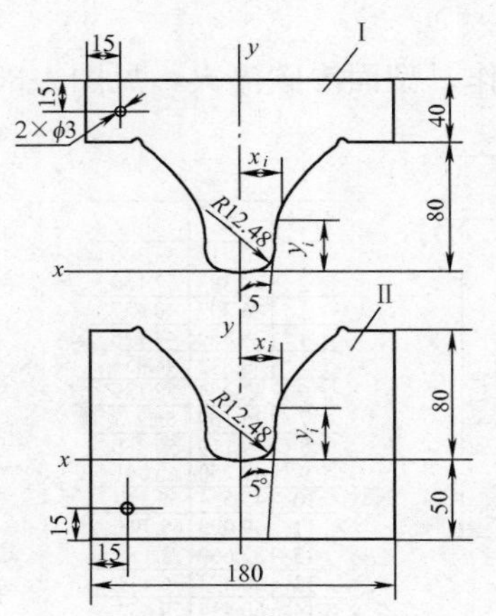

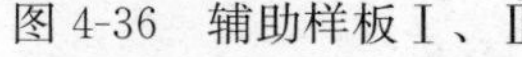
图 4-36　辅助样板Ⅰ、Ⅱ

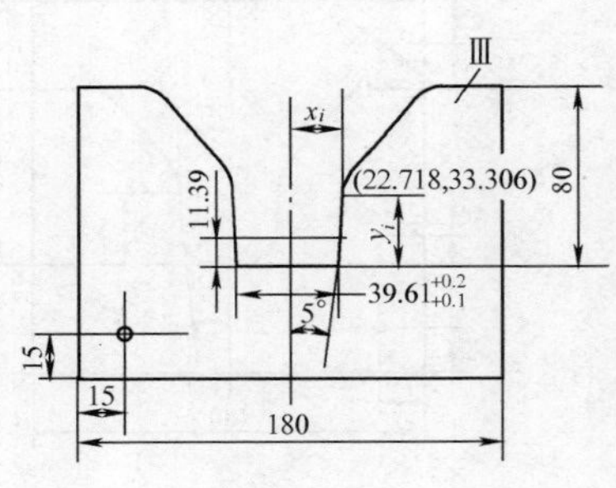

图 4-37　辅助样板Ⅲ

辅助样板Ⅲ是凹样板，槽底宽度 39.61mm。因为指形齿轮铣刀样板要渗碳淬火，型面需要留研磨余量，所以槽底宽度的下偏差为+0.1mm。在齿面各坐标点上也应留有 0.1～0.2mm 的余量。

(5) 辅助样板型面制作。

1）用钻排孔的方法或用带锯去除余料。

2）锉削辅助样板Ⅰ、Ⅱ的型面，边修锉边用齿厚游标卡尺、游标卡尺检测。

3）利用游标卡尺及投影仪，对辅助样板Ⅱ进行修锉，型面部分也留 0.1～0.2mm 余量。

（6）指形齿轮铣刀样板划线、去除余量。在 20 号钢板上进行，过程与辅助样板制作相同。

（7）加工型面。以辅助样板Ⅰ、Ⅱ为基准，修锉指形齿轮铣刀的凹凸样板的型面。

（8）修毛刺，作标记。

（9）热处理。样板齿形型面渗碳淬火。

（10）精磨两平面。在平面磨床上精磨两平面，退磁。

（11）研磨型面。用整形锉和磨石进行精研，凹样板的圆弧 R12.48mm 处可用 ϕ24.96mm 圆柱进行研配。研磨过程中，齿形曲线应在万能工具显微镜上进行检测、修研。

（六）精密镶嵌样板的加工制作

镶嵌工件的加工方法较多，有各种仿形机床和特种加工机床等，也有用钳工加工方法制造的。它包括划线、钻、锉、刮、研等综合性复合加工。下面主要介绍常用的十字块工件镶嵌。

（1）凸形工件的加工。如图 4-38 所示的凸形工件，该工件是直线性加工，对锉削和测量都较方便，因此要以锉削加工完成。

工件分析：直线铣削较简单，测量方法有两种，一种是用千分尺或深度千分尺直接测量，另一种是用杠杆百分表和量棒作比较测量。这两种测量方法均可，但其加工方法却不一样，具体分析如下：

1）用千分尺测量的加工方法：

a. 先将凸形坯件的一组相邻直角边锉削好，以此为基准，划好全部加工线。

b. 分别锉好两组 50mm 对边，并相互垂直和平行（成 50mm 正方形）。

c. 锯去第一角和第三角（对角），并锉好 35mm 处。但是锯去第二角和第四角后的锉削测量基准已失去基面，只能用换算方

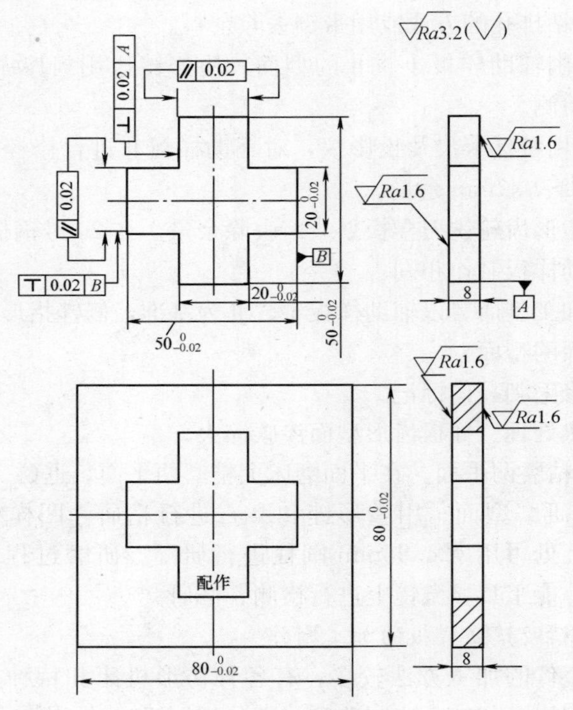

技术要求：1. 件 1 镶嵌在件 2 内

2. 材料 45 钢

图 4-38　十字块工件镶嵌

法来求得。这种测量方法容易产生误差，其相邻两角的直角底边的直线度却难保证，同时千分尺的测量头太大，无法测量到内角根部。

2）用深度千分尺测量的加工方法：

a. 先将凸形件的一组相邻直角边锉好，以此为基准，划好全部加工线。

b. 分别将 4 个内角全部锯去成十字形。

c. 以一组相邻直角边为基面，分别锉好两组 50mm 对边，并相互垂直与平行。

d. 分别锉好 4 个内角底边 15mm 深度。

这样 4 个内角底边的根部都能测量到，有利于两直角底边的直线度。但是，深度千分尺单面测量较难掌握，容易产生误差，应反复测量。

3）用杠杆百分表和 35mm 量棒作比较测量的加工方法：

a. 先将凸形坯件的一组相邻直角边锉好，以此为基准，划好全部加工线。

b. 分别将 4 个内角全部锯去成十字形。

c. 以一组相邻直角边为基准，分别锉好两组 50mm 对边，并相互垂直与平行。

d. 分别锉好 4 个内角底边 35mm 高度，用 35mm 量棒作比较测量。其优点是杠杆百分表测量点小，接近内角根部，而且百分表又比千分尺灵敏度高，能保证两内角底边的直线度要求；缺点是不能直接读数。

（2）凹形工件的加工。凹形工件的加工一般都用凸形件来配作。但应注意工件的位置精度和形状公差。而尺寸精度有间隙规定，不作另外检测。凹形件加工如下：

1）以工件外圆为基准，划中心十字线及全部加工线。

2）钻 4 个 ϕ18mm 的工艺孔，然后用锯将内部锯去，成十字形内腔，并留 1～1.5mm 锉削余量。

3）先锉好相邻两角底边，达到直线度要求，而对边的直线度用凸形件去配作。但要注意工件的垂直与平行，这样可使间隙控制在规定要求内。

4）用以上相同方法配作另一条底边，并保证间隙。

5）用凸件分别配作两组 50mm 对边，使间隙符合要求。

6）不论锉削凹形件或凸形件的内直角，都得使用改制过的锉刀。通常的扁形锉是不能加工内角的，圆形锉刀侧面易锉伤邻边。改制的方法是将锉刀侧面修磨成小于 90°的锐角。这对内角根部的锉削较好。

（七）转子板工件镶嵌

1. 工件分析

如图 4-39 所示，转子板工件的加工面全部为圆弧面曲线加工，并有凹凸曲线相连接。对这一类工件的加工，在精锉时只能采用推锉或滚锉的方法，或用圆柱体磨点后用曲面刮刀修刮。测量也较困难，应使用小于 $R30$mm 的圆柱体贴合圆弧面后，用千分尺测量。为了保证凸形工件 $R5$mm 和 $R30$mm 圆弧面的精确，可以使用图 4-40所示的简易工具，但不准使用其他形式样板或成形研具。用锉削或曲面刮削的方法。不准用研磨砂加工。

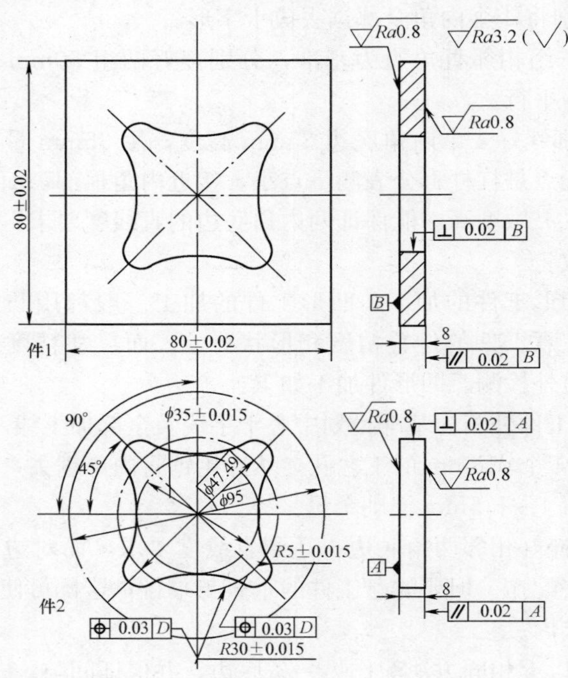

图 4-39　转子板工件镶嵌

2. 凸形工件的加工

（1）先将凸形坯件的一组相邻直角边锉好。

（2）分别将两组对边加工到 43.58mm 成正方形，并相互平行和垂直（其尺寸是根据图样计算求得）。

（3）划中心十字线及 $R5$mm 和 $R30$mm 的加工线。

（4）分别将 4 个 $R30$mm 圆弧面加工好，并做好规定尺寸及位置要求。

（5）分别将 4 个 R5mm 圆弧面加工好，并做好规定尺寸及要求。

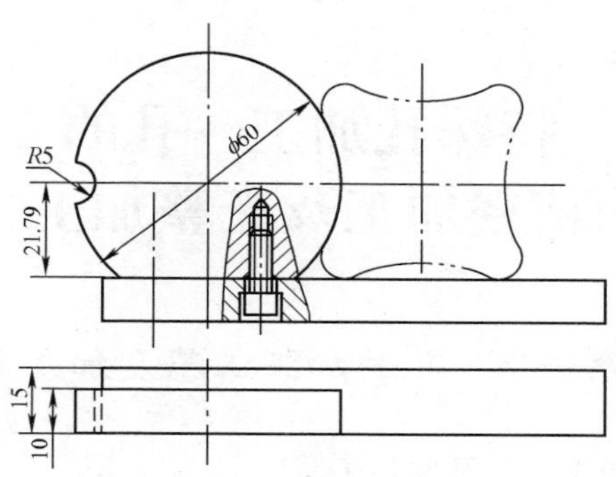

图 4-40 加工转子板曲面工具

3. 凹形件的加工

凹形件的加工通常用加工好的凸形件来配作，方法如下：

（1）先将凹形坯件一组相邻直角边加工好。

（2）以加工面为基准，划中心十字线及全部加工线。

（3）用 9.5mm 精扩钻将 4 个 R5mm 工艺孔钻好，并保证有余量，否则应缩小工艺孔。

（4）用钻小孔排钻或锯割的方法将内部去掉，但不得用狭錾子强錾，以免工件变形。

（5）内腔粗加工至留 0.5～0.6mm 精加工余量。

（6）精锉已加工过的划线基准面。并分别锉好两组 80mm 对边，保证相互垂直和平行。

（7）用凸形工件精配凹件内腔，直至符合间隙要求。

第五章

特殊孔加工、孔的精密加工及光整加工

第一节　孔的加工工艺及加工要点

一、孔的加工工艺及常用刀具

常用的孔加工方法有钻、扩、铰、镗、拉、磨等。在生产中对某一工件的孔采用何种加工方法，必须根据工件的结构特点（形状、尺寸及孔径的大小）和主要技术要求（孔的尺寸精度、表面粗糙度及形位精度等），以及生产批量等条件，分析比较各种加工方法，最后得出最佳方案。

（1）加工不同精度和表面粗糙度的孔，可采用相应的加工方法和步骤。

（2）选择孔的加工方法，必须考虑工件的结构形状是否适合在相应机床上装夹与加工，并用简便的方法保证加工精度要求。工件结构形状不同，往往也影响孔的加工工艺方法。

例如箱体上的重要孔，一般尺寸较大，精度和表面质量要求较高［公差等级 IT7 级和表面粗糙度值 Ra（3.2～0.8μm）］。该孔与某个或某些孔的轴线间有尺寸精度、同轴度、平行度及垂直度要求。这类孔一般在镗床上加工能比较方便地保证其精度和技术要求。

对支架或单个轴承座上的重要孔，其尺寸精度或表面粗糙度有一定要求，孔的轴线与底面间一般也有一定尺寸精度和位置精度要求。当工件尺寸较大时，可在镗床上加工；尺寸较小时，可在车床上用花盘和角铁装夹进行孔的加工。

对回转对称体上的孔，精度和表面粗糙度有一定要求，如孔与外圆有同轴度要求，孔与端面有垂直度要求，这类工件一般在车床上加工。

对于连杆类零件，往往有孔距尺寸要求，两孔轴线平行度和孔与端面垂直度要求，一般经过划线或使用钻模在钻床上加工；对于形状简单、尺寸不大的工件，也可在车床上利用花盘装夹进行加工。

（3）工件加工批量不同，往往采用的加工方法也不同。以车削齿轮坯为例，其内孔公差等级为IT7级，表面粗糙度值$Ra1.6\mu m$，下列方法均能达到要求：

1）钻→粗镗→精镗（车床）。

2）钻→镗→粗磨→精磨（车床、磨床）。

3）钻→扩→粗铰→精铰（车床）。

采用方案1），在普通车床上用试切法镗孔达公差等级IT7和表面粗糙度值为$Ra1.6\mu m$是比较困难的，并且生产率不高。

采用方案2），其内孔容易达到技术要求，尤其对淬过火的工件采用这种方法较好，但生产率也不高。

当工件生产批量较大时，可采用方案3）。由于扩孔钻、铰刀是多刃刀具，在一次进给后便能切去加工余量，达到孔的技术要求，因此生产效率高。但采用这种方法需配备一套价值较贵的扩孔钻和铰刀。

二、孔的加工方法及加工余量

孔的加工方法，除车孔（镗孔）和以上介绍切削加工方法外，还有冷压加工（无切屑加工）采用的挤光和滚压加工。孔的挤光和滚压属于孔的精密加工，将在本章第五节中专门介绍。

扩孔、镗孔、铰孔余量见表5-1；金刚镗孔加工余量见表5-2；磨孔加工余量见表5-3；珩磨孔加工余量见表5-4；研磨孔加工余量见表5-5。

表5-1　扩孔、镗孔、铰孔余量　mm

直径	扩或镗	粗铰	精铰
3～6		0.1	0.04
>6～10	0.8～1.0	0.1～0.15	0.05
>10～18	1.0～1.5	0.1～0.15	0.05

续表

直径	扩或镗	粗铰	精铰
＞18～30	1.5～2.0	0.15～0.2	0.06
＞30～50	1.5～2.0	0.2～0.3	0.08
＞50～80	1.5～2.0	0.4～0.5	0.10
＞80～120	1.5～2.0	0.5～0.7	0.15
＞120～180	1.5～2.0	0.5～0.7	0.2
＞180～260	2.0～3.0	0.5～0.7	0.2
＞260～360	2.0～3.0	0.5～0.7	0.2

表 5-2　金刚镗孔余量　mm

镗孔直径	轻合金		巴氏合金		青铜、铸铁		钢	
	粗镗	精镗	粗镗	精镗	粗镗	精镗	粗镗	精镗
≤30	0.2	0.1	0.3	0.1	0.2	0.1	0.2	0.1
＞30～50	0.3	0.1	0.4	0.1	0.3	0.1	0.2	0.1
＞50～80	0.4	0.1	0.5	0.1	0.3	0.1	0.2	0.1
＞80～120	0.4	0.1	0.5	0.1	0.3	0.1	0.3	0.1
＞120～180	0.5	0.1	0.6	0.2	0.4	0.1	0.3	0.1
＞180～260	0.5	0.1	0.6	0.2	0.4	0.1	0.3	0.1
＞260～360	0.5	0.1	0.6	0.2	0.4	0.1	0.3	0.1
＞360～500	0.5	0.1	0.6	0.2	0.5	0.2	0.4	0.1
＞500～640					0.5	0.2	0.4	0.1
＞640～800					0.5	0.2	0.4	0.1
＞800～1000								

表 5-3　磨孔余量　mm

孔的直径	热处理状态	孔的长度				
		≤50	＞50～100	＞100～200	＞200～300	＞300～500
≤10	未淬硬	0.2	—	—	—	—
	淬　硬	0.2	—	—	—	—
＞10～18	未淬硬	0.2	0.3	—	—	—
	淬　硬	0.3	0.4	—	—	—
＞18～30	未淬硬	0.3	0.3	0.4	—	—
	淬　硬	0.3	0.4	0.4	—	—
＞30～50	未淬硬	0.3	0.3	0.4	0.4	—
	淬　硬	0.4	0.4	0.4	0.5	—
＞50～80	未淬硬	0.4	0.4	0.4	0.4	—
	淬　硬	0.4	0.5	0.5	0.5	—

续表

孔的直径	热处理状态	孔的长度				
		≤50	>50～100	>100～200	>200～300	>300～500
>80～120	未淬硬	0.5	0.5	0.5	0.5	0.6
	淬 硬	0.5	0.5	0.6	0.6	0.7
>120～180	未淬硬	0.6	0.6	0.6	0.6	0.6
	淬 硬	0.6	0.6	0.6	0.6	0.7
>180～260	未淬硬	0.6	0.6	0.7	0.7	0.7
	淬 硬	0.7	0.7	0.7	0.7	0.8
>260～360	未淬硬	0.7	0.7	0.7	0.8	0.8
	淬 硬	0.7	0.8	0.8	0.8	0.9
>360～500	未淬硬	0.8	0.8	0.8	0.8	0.8
	淬 硬	0.8	0.8	0.8	0.9	0.9

表 5-4 **珩磨孔加工余量** mm

零件基本尺寸	直径余量						珩磨前偏差(H7)
	精镗后		半精镗后		磨 后		
	铸铁	钢	铸铁	钢	铸铁	钢	
≤50	0.09	0.06	0.09	0.07	0.08	0.05	+0.025
>50～80	0.10	0.07	0.10	0.08	0.09	0.05	+0.03
>80～120	0.11	0.08	0.11	0.09	0.10	0.06	+0.035
>120～180	0.12	0.09	0.12	—	0.11	0.07	+0.04
>180～260	0.12	0.09	—	—	0.12	0.08	+0.045

表 5-5 **研磨孔加工余量** mm

零件基本尺寸	铸 铁	钢
≤25	0.010～0.020	0.005～0.015
>25～125	0.020～0.010	0.010～0.040
>125～300	0.080～0.160	0.020～0.050
>300～500	0.120～0.200	0.040～0.060

注 经过精磨的零件，手工研磨余量为0.005～0.010mm。

三、孔的加工精度

1. 车削内孔

在车床上加工内孔，可采取钻孔、扩孔、镗孔（或车孔）、铰孔等切削加工方法和滚压加工方法。在车床上加工内孔的公差等级及适用范围见表 5-6。

表 5-6　在车床上加工内孔的公差等级及适用范围

加工方案	精度（IT）	表面粗糙度 Ra/μm	适用范围
钻	11～13	12.5	未淬硬钢、铸铁及有色金属实心毛坯（加工孔径 15～20mm）
钻—铰	9～10	1.6～3.2	
钻—粗铰—精铰	7～8	0.8～1.6	
钻	12～13	12.5	未淬硬钢、铸铁及有色金属实心毛坯（加工孔径 15～35mm）
钻—扩	10～11	3.2～6.3	
钻—扩—铰	8～10	1.6～3.2	
钻—扩—粗铰—精铰	7～9	0.8～1.6	
粗镗	11～13	6.3～12.5	未淬硬钢、铸铁及有色金属铸孔（或锻孔）毛坯
粗镗—半精镗	9～11	1.6～3.2	
粗镗—半精镗—精镗（铰）	8～10	0.8～1.6	
粗镗—半精镗—精镗—浮动镗铰	6～7	0.4～0.8	
粗镗—半精镗—精镗—浮动镗铰—滚压	6～8	0.1～0.4	未淬硬钢件的铸孔或锻孔毛坯

2. 孔的其他加工方法

除了在车床上对孔实行加工以外，大部分工件孔的加工还必须借助于钻床、镗床、磨床等设备对孔实行半精加工和精加工。不同加工方法所达到的孔径的公差等级与表面粗糙度见表 5-7。

表 5-7　不同加工方法所达到的孔径的公差等级与表面粗糙度

加 工 方 法	孔径精度	表面粗糙度 Ra（μm）
钻	IT12～13	12.5
钻、扩	IT10～12	3.2～6.3
钻、铰	IT8～11	1.6～3.2
钻、扩、铰	IT6～8	0.8～3.2
钻、扩、粗铰、精铰	IT6～8	0.8～1.6
挤光	IT5～6	0.025～0.4
滚压	IT6～8	0.05～0.4

对于不同孔距精度采用夹具装夹方法及加工方法见表 5-8。

表 5-8　不同孔距精度及其加工方法

孔距精度 Δa（mm）	加 工 方 法	适 用 范 围
±0.25～0.5	划线找正、配合测量与简易钻模	单件、小批生产
±0.1～0.25	用普通夹具或组合夹具、配合快换卡头	小、中批生产
	盘、套类工件可用通用分度夹具	
±0.1～0.25	采用多轴头配以夹具或多轴钻床	小、中批生产
±0.03～0.1	利用坐标工作台、百分表、量块、专用对刀装置或采用坐标、数控钻床	单件、小批生产
	采用专用夹具	大批、大量生产

第二节　钻削非平面孔的钻头

钻削非平面上的孔，如在倾斜的圆柱面上、在球面体上、在斜面上钻孔，或在铸、锻毛坯及端面不平的表面上钻孔，或在孔壁形状不规则的工件上扩孔，都存在着偏切削的问题。钻削中切削刃的

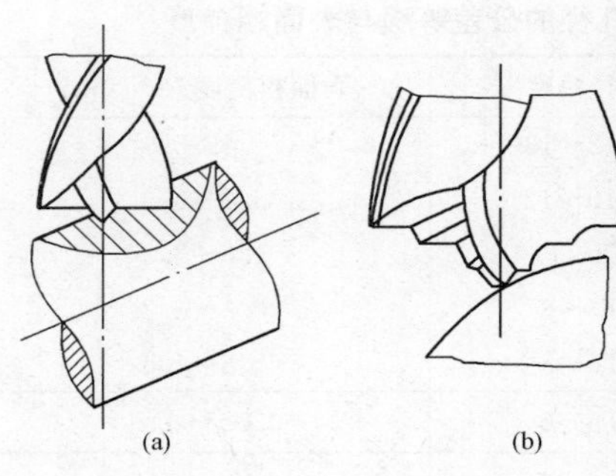

图 5-1　在非平面上钻孔

(a) 平顶钻；(b) 多级平顶钻

径向抗力将使钻头轴线偏斜，很难保证孔的正确位置，并容易使钻头折断。为此一般可采用平顶钻头，如图 5-1 (a) 所示，它减少了切削力的径向分力，使钻头的质量得到保证；也可采用多级平顶钻，如图 5-1 (b) 所示，它由钻芯部分先切入，而后逐级钻进，能起到较好的定心作用。选择钻头时，应尽量选用导向部分较短的，以增强钻头的刚性；且钻削时最好使用钻模；并应采用手动进给，特别是在进、出口处；转速也不能太高。此外，还有一种转位钻偏孔法，如图 5-2 所示。具体方法是先打一径向浅孔，如图 5-2 (a) 所示，然后转动一个角度，沿孔窝往下钻孔，如图 5-2 (b)、(c) 所示，这样就改变了偏切削情况，必要时可在孔端锪平。

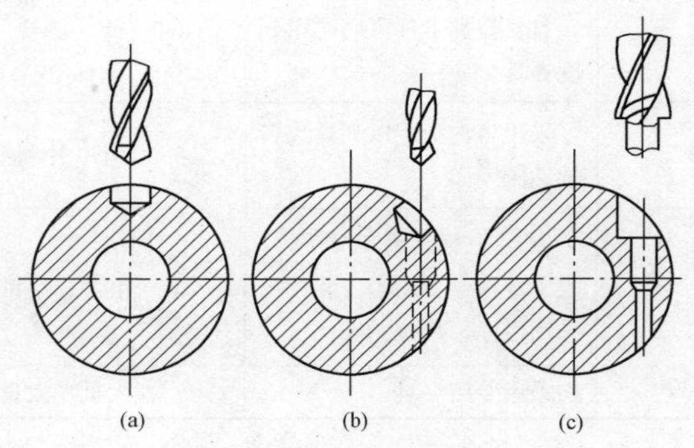

图 5-2　转位钻偏孔法

(a) 先打一径向浅孔；(b)、(c) 转位后沿孔窝往下钻孔

一、钻削大圆弧面钻头

1. 修磨要点（见图 5-3）

(1) 将钻头磨为五尖十一刃，使主切削刃分刃切削，减轻轴向

抗力，钻削轻快。

（2）磨出第二内刃顶角，使五尖钳制容易定心。

（3）采用双后角，减少后面与孔壁摩擦，便于冷却，减轻钻削热。

（4）磨低横刃，使其窄又尖，变负前角挤压为切削状态。

2. 参数值

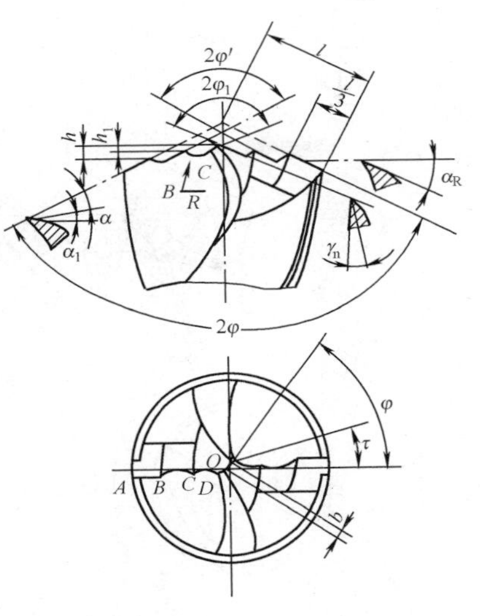

图 5-3 钻大圆弧面钻头

外刃顶角 $2\varphi=125°$，内刃顶角 $2\varphi'=130°$，第二内刃顶角 $2\varphi_1=135°$，圆弧刃后角 $\alpha_R=18°$，内刃前角 $\gamma_\tau=-15°$，外刃长 $l=L/3$，圆弧刃半径 $R=3$mm，横刃斜角 $\varphi=65°$，内刃斜角 $\tau=25°$，外刃后角 $\alpha=16°$，外刃双后角 $\alpha_1=12°\sim14°$，尖高 $h=1.5$mm，第二尖高 $h_1=1.5$mm，横刃宽 $b=1.5$mm。

3. 用量推荐

孔径 $\phi30$mm 时，$v=26$m/min；手动进给，乳化液冷却。

4. 效果

适于在圆弧面上钻孔，工效比铸钢群钻高 1～2 倍；比标准麻花钻高 5～6 倍。可减轻轴向抗力及扭矩，孔位不会偏移。

二、在球面上钻孔的钻头

在球面上钻孔的钻头是在群钻基础上改进和发展而得，切削部分修磨后的几何形状和参数见图 5-4（a）。

被钻工件形状见图 5-4（b），钻削原理见图 5-4（c）。钻削时，b 刃首先在工件上锪出一道槽 b'（图中 A）；随着主轴进给，切削刃 a 参加工作，同时横刃参加定心（图中 B）；b'点钻透，切削刃 a 仍在工作，同时横刃仍起定心作用（图中 C）；a'点钻透，中心消失，已钻透的 b'点抵住钻头，同时 b''点辅助定心，防止钻头向 b'点滑移而使孔变椭圆（图中 D）；最后改机动进给为手动进给（提高

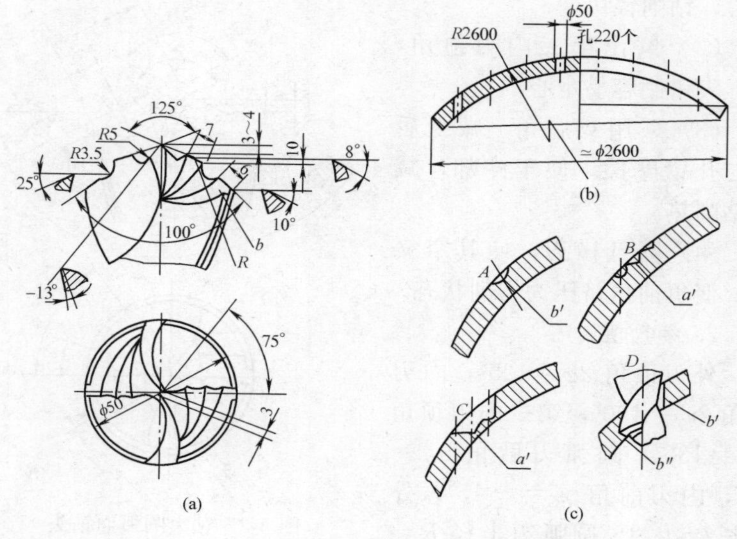

图 5-4 在球面上钻孔的钻头

（a）钻头切削部分几何形状；（b）被钻工件形状；（c）钻削原理

工效），切削过程完毕。

当孔径为 50mm 时，采用 n=50r/min，f=0.071mm/r，得表面粗糙度 Ra6.3μm、椭圆度≤0.1mm、孔径公差≤0.1mm。

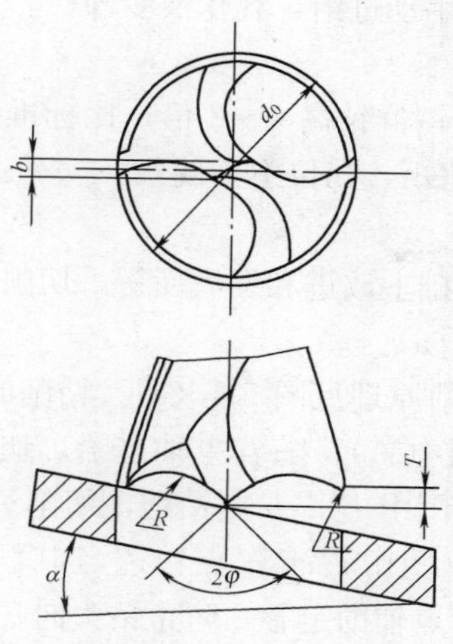

图 5-5 在斜面上钻孔的钻头

三、在斜面上钻孔的钻头

1. 刃形特点（见图 5-5）

当钻头直径 10～40mm 时，钻芯横刃长度 b=0.5～0.7mm；圆弧刃半径 $R=d_0/6$；内刃顶角 $2\varphi=70°\sim80°$；内刃顶角尖端与两外刃尖端的最高距离 $T=(d_0/2)\tan\alpha-(0.2\sim0.5)$。这里的 α 为工件的斜度。

2. 钻削原理

钻削时，切削刃外缘先切入工

件 0.5mm 左右，横刃开始定心；又因主切削刃 R 的存在，而在工件上切出凸形的圆弧筋，保证了定心正确。

3. 使用注意事项

钻孔时，由于两外尖端先切入工件，因此不能开车对刀，以免当中心顶角触及工件时，横刃不在被钻孔的中心。该钻头必须在停车时，以钻头内刃顶角处的横刃对刀定心。对刀时，钻头两外缘尖角处必须与工件斜度方向成 90°，然后使钻头离开工件，再开车钻孔。

四、多台阶斜面孔的钻头

多台阶斜面孔钻头（见图5-6）适用于在斜面上钻孔，先用手动进刀，再自动进刀。这种钻头定心好，易在斜面上找正孔，加工后孔圆光整；表面粗糙度 Ra 达 6.3～3.2μm，效率提高 1～2 倍，钻头寿命 1～2h。

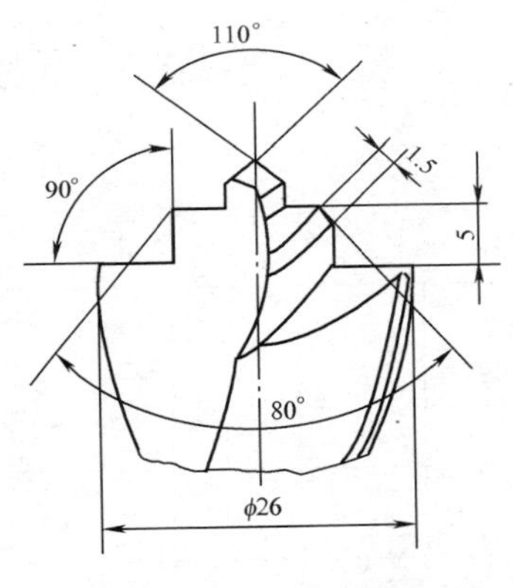

图 5-6 多台阶斜面孔钻头

钻头直径 $d_0=15\sim40$mm 时，钻尖顶角 $2\varphi=110°$，后角 $\alpha=10°$，台阶刃顶角 = 80°，台阶刃侧角 =90°。

钻不锈钢，$d_0=8\sim18$mm 时，$v\approx10\sim12$m/min，$f=0.12\sim0.2$mm/r。

第三节 精密中心孔的加工

一、中心孔的合理选用

对于较长的或必须经过多次装夹才能完成的工件，如长轴、长丝杆的车削，或工序较多在车削后还要进行铣、磨的工件，为了使每次装夹都能保持其装夹精度（保证同轴度），可以采用顶尖装夹的方法。

用两顶尖装夹，必须先在工件的端面钻中心孔。中心孔的型式见表 5-9。

表 5-9　　中心孔的型式（GB/T 145—2001）

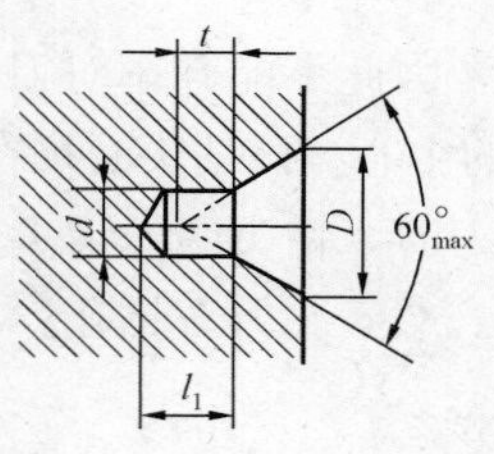

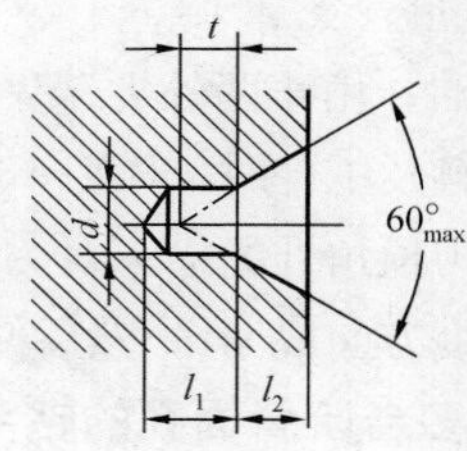

A型

mm

d	D	l_2	t 参考尺寸	d	D	l_2	t 参考尺寸
(0.50)	1.06	0.48	0.5	2.50	5.30	2.42	2.2
(0.63)	1.32	0.60	0.6	3.15	6.70	3.07	2.8
(0.80)	1.70	0.78	0.7	4.00	8.50	3.90	3.5
1.00	2.12	0.97	0.9	(5.00)	10.60	4.85	4.4
(1.25)	2.65	1.21	1.1	6.30	13.20	5.98	5.5
1.60	3.35	1.52	1.4	(8.00)	17.00	7.79	7.0
2.00	4.25	1.95	1.8	10.0	21.20	9.70	8.7

注　1　尺寸 l_1 取决于中心钻的长度 l_1，即使中心钻重磨后再使用，此值也不应小于 t 值。

2　表中同时列出了 D 和 l_2 尺寸，制造厂可任选其中一个尺寸。

3　括号内的尺寸尺量不采用。

续表

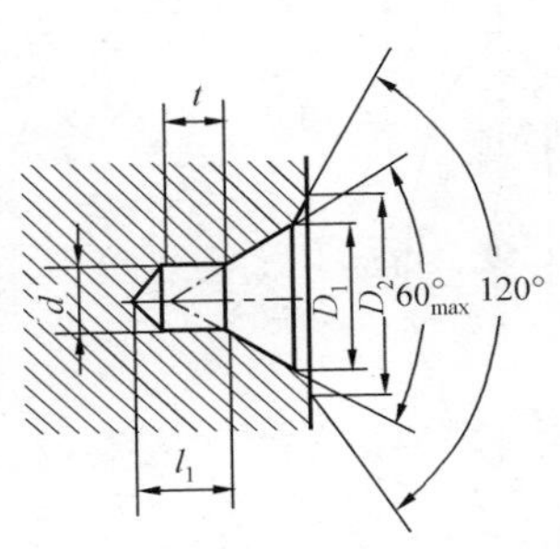

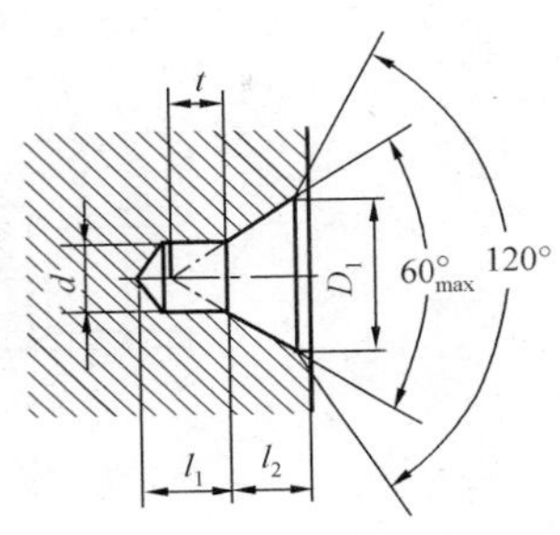

B型

mm

d	D_1	D_2	l_2	t 参考尺寸	d	D_1	D_2	l_2	t 参考尺寸
1.00	2.12	3.15	1.27	0.9	4.00	8.50	12.50	5.05	3.5
(1.25)	2.65	4.00	1.60	1.1	(5.00)	10.60	16.00	6.41	4.4
1.60	3.35	5.00	1.99	1.4	6.30	13.20	18.00	7.36	5.5
2.00	4.25	6.30	2.54	1.8	(8.00)	17.00	22.40	9.36	7.0
2.50	5.30	8.00	3.20	2.2	10.10	21.20	28.00	11.65	8.7
3.15	6.70	10.00	4.03	2.8					

注　1　尺寸 l_1 取决于中心钻的长度 l_1，即使中心钻重磨后再使用，此值也不应小于 t 值。

2　表中同时列出了 D_2 和 l_2 尺寸，制造厂可任选其中一个尺寸。

3　尺寸 d 和 D_1 与中心钻的尺寸一致。

4　括号内的尺寸尺量不采用。

续表

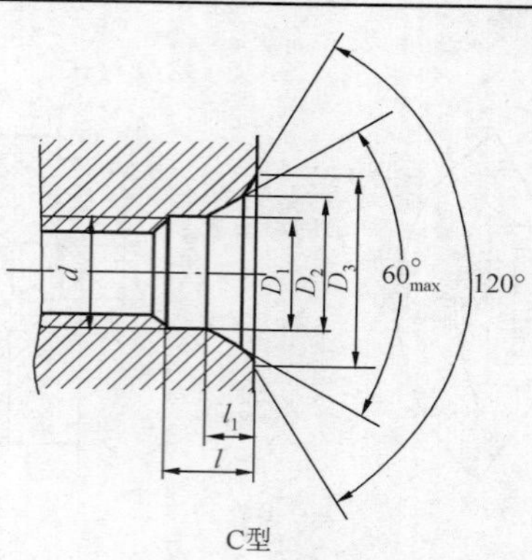

C型

mm

d	D_1	D_2	D_3	l	l_1 参考尺寸	d	D_1	D_2	D_3	l	l_1 参考尺寸
M3	3.2	5.3	5.8	2.6	1.8	M10	10.5	14.9	16.3	7.5	3.8
M4	4.3	6.7	7.4	3.2	2.1	M12	13.0	18.1	19.8	9.5	4.4
M5	5.3	8.1	8.8	4.0	2.4	M16	17.0	23.0	25.3	12.0	5.2
M6	6.4	9.6	10.5	5.0	2.8	M20	21.0	28.4	31.3	15.0	6.4
M8	8.4	12.2	13.2	6.0	3.3	M24	26.0	34.2	38.0	18.0	8.0

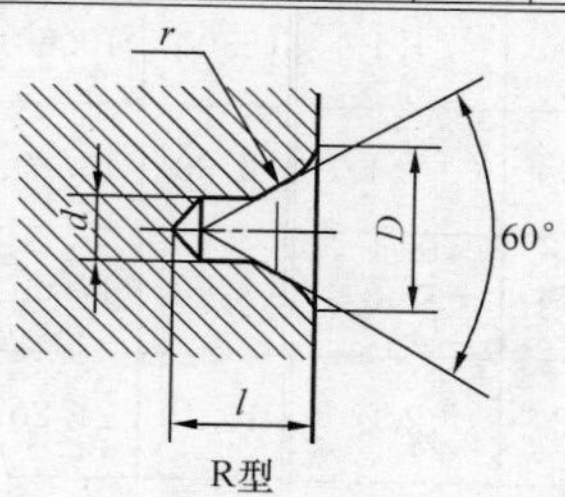

R型

mm

d	D	l_{min}	r max	r min	d	D	l_{min}	r max	r min
1.00	2.12	2.3	3.15	2.50	4.00	8.50	8.9	12.50	10.00
(1.25)	2.65	2.8	4.00	3.15	(5.00)	10.60	11.2	16.00	12.50
1.60	3.35	3.5	5.00	4.00	6.30	13.20	14.00	20.00	16.00
2.00	4.25	4.4	6.30	5.00	(8.00)	17.00	17.9	25.00	20.00
2.50	5.30	5.5	8.00	6.30	10.0	21.20	22.5	31.50	25.00
3.15	6.70	7.0	10.00	8.00					

注　括号内的尺寸尺量不采用。

中心孔是加工轴类工件的定位基准和检验基准，所以加工时中心孔必须按以下原则进行合理选用。

（1）按工件轴端直径 D_0 选用，见表 5-9。

（2）毛坯重量超过表 5-9 中所列 D_0 相对应的重量时，应参考表中工件最大重量选择。

（3）表中最大重量是指工件毛坯支承在两顶尖间的安全重量。有中心架支承时，对 60°和 75°中心孔，其超过重量为安全重量的 10%～20%；对 90°中心孔，其超过重量为安全重量的 30%。

（4）中心孔锥面表面粗糙度值，用于粗加工时，应小于 $Ra3.2\mu m$；用于精加工，应小于 $Ra1.6\mu m$。

（5）中心孔锥度 $\alpha=60°$，用于中心高 $h<500mm$ 的车床；$\alpha=75°$，用于 $h=650\sim1000mm$ 的车床；$\alpha=90°$，用于 $h\geqslant1250mm$ 的车床。

二、中心孔的型式及适用范围

中心孔的型式及各部分尺寸，选择中心孔的参数依据见表 5-10。

表 5-9 中，D 型中心孔的形状与 B 型中心孔相似，只是在 120°保护锥以外又多了一段直径为 D_1 的圆柱面，以适应工件端面车削的需要。

此外，R 型中心孔的形状与 A 型中心孔相似，只是将 A 型中心孔的 α 角圆锥改成圆弧面。这样与顶尖锥面的配合变成线接触，在装夹工件时，能自动纠正工件少量的位置误差。

三、精密中心孔的加工方法

有些用于精加工的轴类工件的中心孔，其精度要求较高，使用以前必须经过精密加工。如需磨削的轴类工件，其中心孔都应在磨削前进行研磨。

研磨是常见精密中心孔加工方法。中心孔的具体研磨方法如下：

1. 用铸铁顶尖研磨

如图 5-7 所示，用铸铁顶尖可粗、精研和抛光（高精度中心孔）。粗研用 100～200 号金刚砂，精研用 W10 或 W14 特殊氧化铝研磨剂，抛光用氧化铬。研磨剂用质量分数为 75%的全损耗系统用油和质量分数为25%的煤油与研磨粉调制，研磨转速以200～400r/min为宜。此法研磨精度高，适用于较长、较重的工件研磨，但效率低。

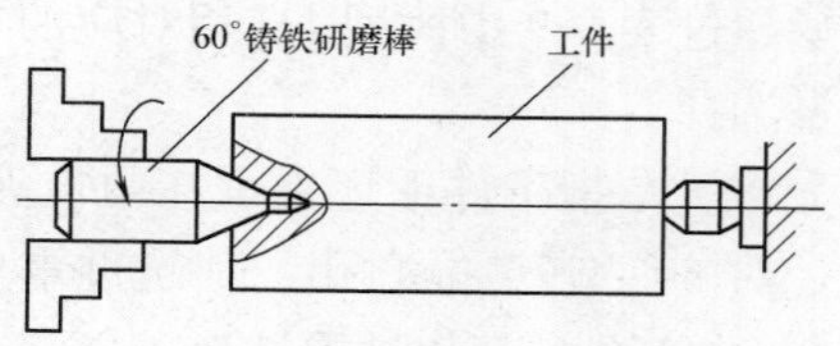

图5-7 用铸铁顶尖研磨

2. 用硬质合金顶尖挤研

用60°角硬质合金顶尖（见图5-8）对工件进行高速挤研。挤研转速，对硬质材料为200～400r/min，软质材料为800～1200r/min。挤研时间为2～5s。此法精度高，表面粗糙度值小，研具耐用。图5-8（a）适用于研挤$D\leqslant5$mm的中心孔，图5-8（b）适用研挤$D=5\sim10$mm的中心孔。

3. 用金刚石顶尖研磨

用60°角金刚石顶尖（见图5-9）分粗、半精和精三次研磨，工艺参数见表5-11。研磨时，也可以加煤油或碳酸钠或亚硝酸钠水溶液冷却。此法特点是精度高，效率也高。

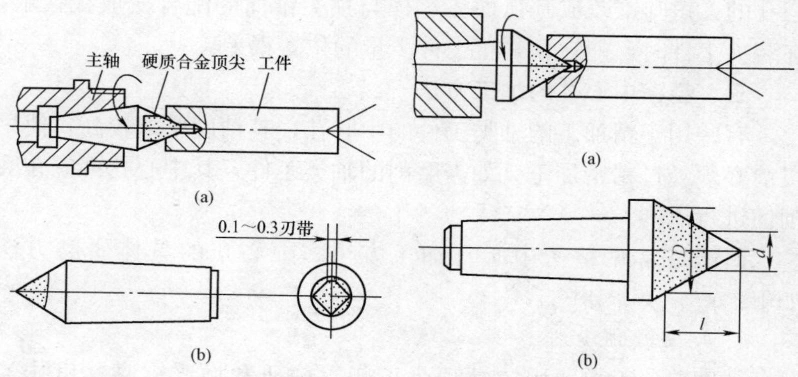

图5-8 用硬质合金顶尖挤研
（a）圆锥顶尖；（b）四棱顶尖

图5-9 用金刚石顶尖研磨
（a）标准顶尖；（b）专用顶尖

表 5-10　　中心孔型式与应用范围（GB/T 145—2001）

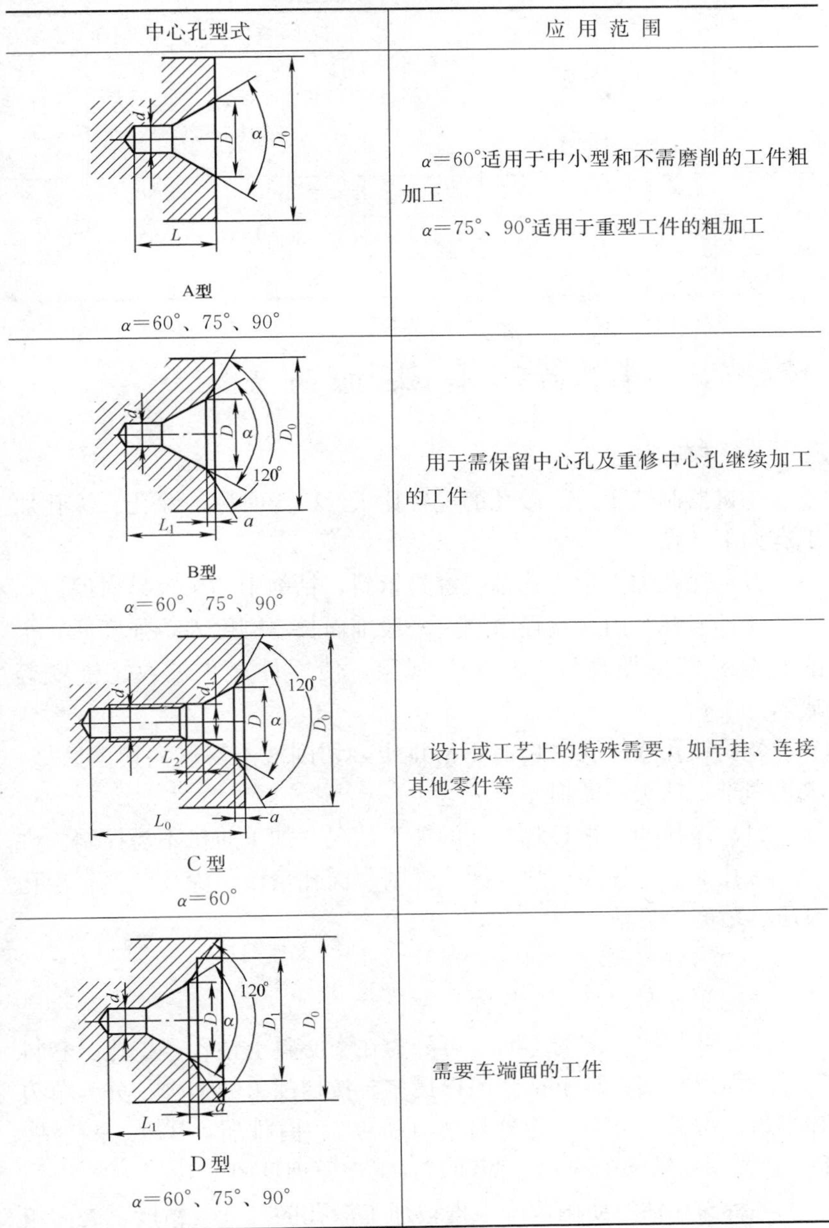

中心孔型式	应 用 范 围
A型 α=60°、75°、90°	α=60°适用于中小型和不需磨削的工件粗加工 α=75°、90°适用于重型工件的粗加工
B型 α=60°、75°、90°	用于需保留中心孔及重修中心孔继续加工的工件
C 型 α=60°	设计或工艺上的特殊需要，如吊挂、连接其他零件等
D 型 α=60°、75°、90°	需要车端面的工件

表 5-11　　　　用金刚石顶尖研磨的工艺参数

<table>
<tr><th rowspan="2">工艺参数 / 工序</th><th rowspan="2">顶尖粒度</th><th rowspan="2">研磨余量 δ(mm)</th><th rowspan="2">表面粗糙度 Ra(μm)</th><th colspan="2">转速 n(r/min)</th><th colspan="2">时间 t(s)</th></tr>
<tr><th>工件(顶尖不动)</th><th>顶尖(工件不动)</th><th>顶尖不动</th><th>工件不动</th></tr>
<tr><td>粗研磨</td><td>F60～F120</td><td>0.08～0.15</td><td>0.8～0.4</td><td rowspan="3">100～300</td><td rowspan="3">150～500</td><td rowspan="3">15～5</td><td rowspan="3">12～2</td></tr>
<tr><td>半精研磨</td><td>F100～F180</td><td>0.05～0.10</td><td>0.4～0.2</td></tr>
<tr><td>精研磨</td><td>F150～W40</td><td>0.02～0.05</td><td><0.2</td></tr>
</table>

第四节　特殊孔的加工

一、深孔加工

在机器制造中，一般孔的深径比 $L/D \geqslant 5$ 时称为深孔。深孔加工有如下特点：

(1) 深孔加工中，孔轴线容易歪斜，钻削中钻头容易引偏。

(2) 刀杆受内孔直径限制，一般细而长，刚度差，强度低，车削时容易产生振动和“让刀”现象，使零件产生波纹、锥度等缺陷。

(3) 钻孔或扩孔时切屑不易排出，切削液不易进入切削区域，散热困难，钻头易磨损。

(4) 深孔加工很难观察孔的加工情况，加工质量不易控制。

深孔加工有深孔钻削、深孔镗削、深孔精铰、深孔磨削、深孔滚压、珩磨等方法。

(一) 钻削深孔

钻削深孔时，必须采用深孔钻。

深孔钻削按工艺的不同，可分为在实心料上钻孔、扩孔、套料三种，而以在实心料上钻孔用得最多。按切削刃的多少，分为单刃和多刃；按排屑方式分为外排屑（枪钻）、内排屑（BTA 深孔钻、DF 系统深孔钻和喷吸钻）两种，其工作原理见图 5-10。

各种深孔钻的使用范围根据被加工深孔的尺寸、精度、表面粗

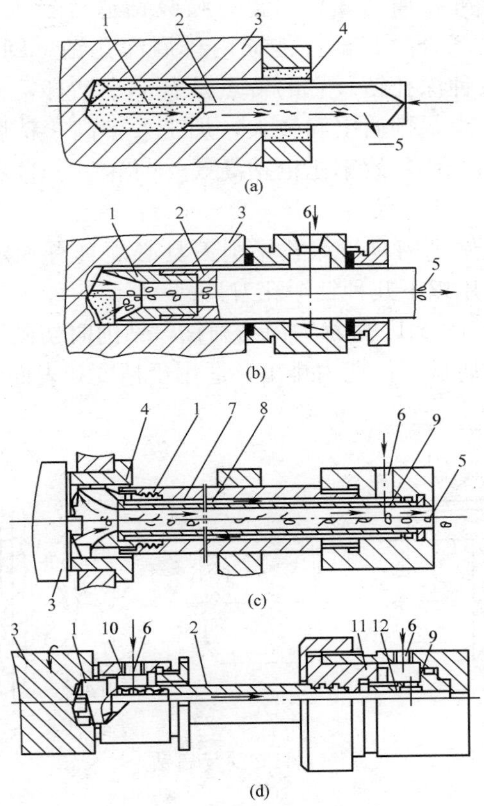

图 5-10　深孔钻的工作原理图

（a）外排屑深孔钻（枪钻）；（b）BTA 内排屑深孔钻；

（c）喷吸钻；（d）DF 内排屑深孔钻

1—钻头；2—钻杆；3—工件；4—导套；5—切屑；6—进油口；

7—外管；8—内管；9—喷嘴；10—引导装置；11—钻杆座；12—密封套

糙度、生产率、材料可加工性和机床条件等因素而定。外排屑枪钻适用于加工 $\phi2\sim\phi20$，长径比 $L/D>100$，表面粗糙度值 Ra（12.5～3.2）μm、精度为 H8～H10 级的深孔，生产效率略低于内排屑深孔钻。BTA 内排屑深孔钻适用于加工 $\phi6\sim\phi60$、长径比为 $L/D<100$、一般表面粗糙度值 $Ra3.2\mu m$ 左右、精度为 H7～H9 级的深孔，生

产率较高，比外排屑高 3 倍以上。喷吸钻适合于 $\phi6\sim\phi65$、切削液压力较低的场合，其他性能同内排屑深孔钻。DF 系统是近年来新发展的一种深孔钻。它的特点是有一个钻杆，钻杆由切削液支托，振动较少，排屑空间较大，加工效率高，精度好，可用于高精度深孔加工；其效率比枪钻高 3～6 倍，比 BTA 内排屑深孔钻高 3 倍。

（1）深孔钻削刀具。深孔钻削刀具必须具有一定的强度和刚度。生产中常用以下几种钻深孔刀具：

1）扁钻。图 5-11 所示为简易扁钻，钻削时切削液由钻杆内部注入孔中，切屑从零件孔内排出，适用于精度和表面粗糙度要求不高的较短的深孔。

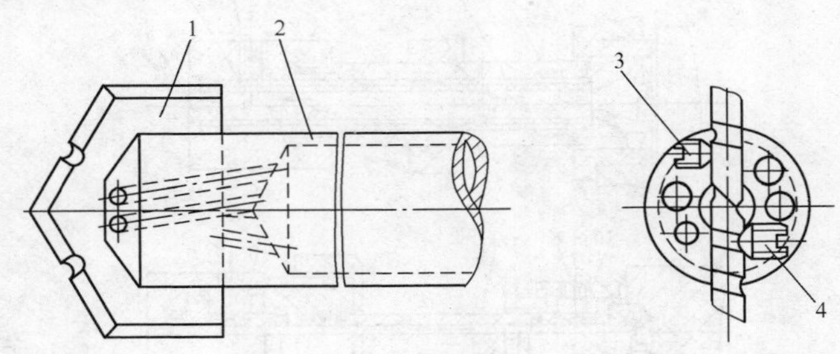

图 5-11　简易扁钻

1—钻头；2—钻杆；3、4—紧固螺钉

另一种带有导向块的扁钻，其结构如图 5-12 所示，其优点是加工时导向块在孔中起导向作用，可防止钻头偏斜。

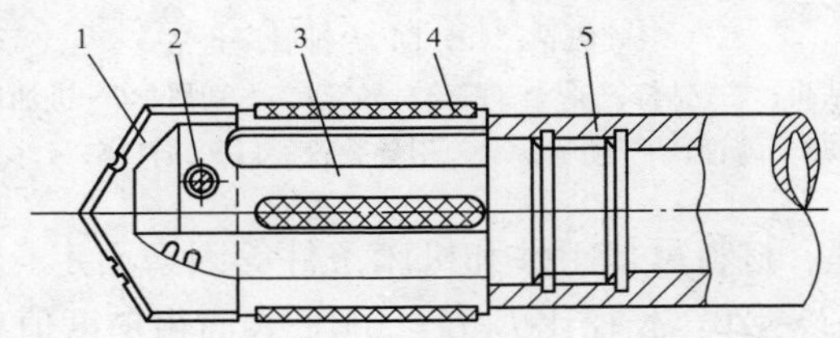

图 5-12　带有导向块的扁钻

1—钻头；2—紧固螺钉；3—钻体；4—导向块；5—钻杆

2）外排屑单刃深孔钻。外排屑单刃深孔钻如图 5-13 所示，该钻最早用于加工枪管，故常称枪钻。枪钻也是 $\phi2\sim\phi6$ 深孔加工的唯一方法，适用于 $\phi2\sim\phi20$，深径比 $L/D>100$ 的深孔。切削液经钻杆内孔，从钻头后部的进油孔喷射，压入切削区，切屑从钻头凹槽通道向外排出。

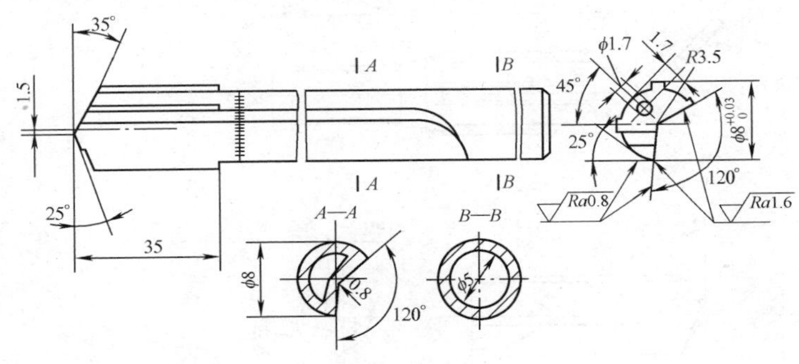

图 5-13　外排屑单刃深孔钻

3）内排屑单刃深孔钻。内排屑单刃深孔钻如图 5-14 所示。适用于 $\phi12\sim\phi25$ 的深孔，采用焊接结构。

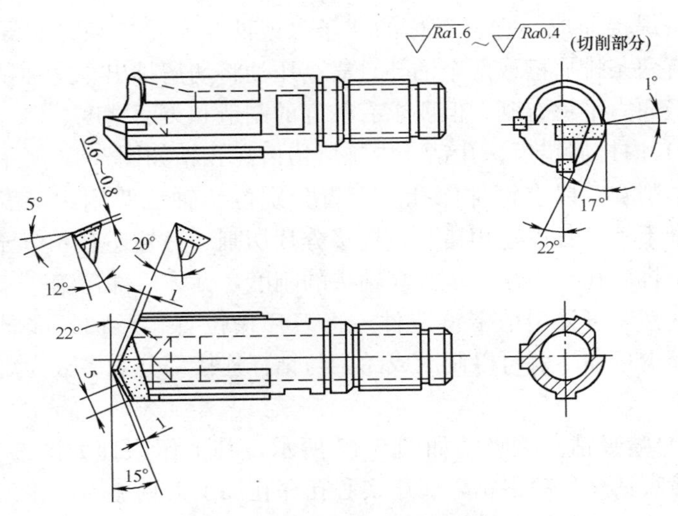

图 5-14　内排屑单刃深孔钻

4）外排屑双刃深孔钻。外排屑双刃深孔钻如图 5-15 所示。适用于加工直径 ϕ14～ϕ30 的深孔，用硬质合金刀片或用整体硬质合

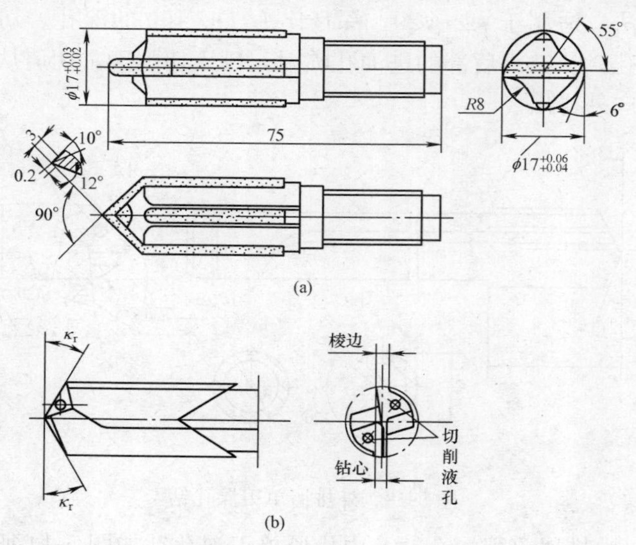

图 5-15 双刃外排屑深孔钻

（a）双刃外排屑深孔钻（一）；（b）双刃外排屑深孔钻（二）

金刀头焊接而成。它有对称的 4 条（或两条）导向块，起导向作用；有两条排屑槽或两个油孔，靠高压油将切屑排出。这种钻头结构对径向力平稳有利，但要求有较好的制造和刃磨精度。

5）内排屑错齿深孔钻。内排屑错齿深孔钻如图 5-16 所示。适用于钻削 ϕ45 以上钢件深孔。刀齿分别位于轴线两侧，刀齿数有 2～5个不等，各齿互相错开，搭接分片切割。另外还有 3 个导向块和两个排屑孔。为进一步提高钻头的刚度，钻体后部还镶有 4 块导向条。钻体可采用精密铸造件，将刀片槽位置、形状、排屑孔铸出，经少量加工就可以制成成品。与钻杆连接部分大多数为矩形多线螺纹。

6）喷吸钻。喷吸钻如图 5-17 所示，其工作原理如图 5-18 所示。喷吸钻又称喷射钻，属于实心孔深孔加工刀具之一，在颈部钻有几个喷射切削液的小孔 H，通过这些小孔把高压切削液送到切

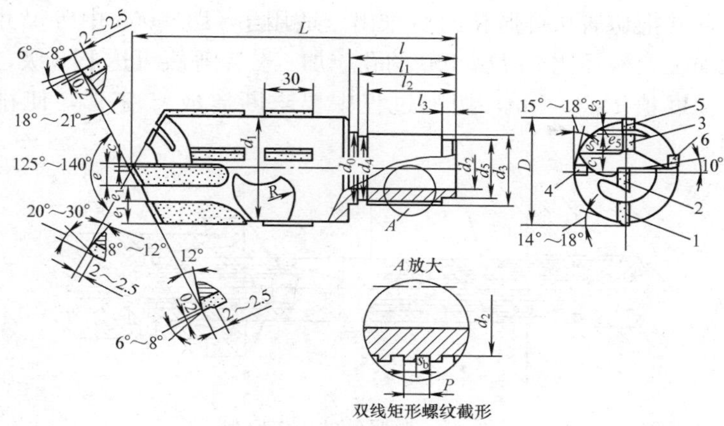

图 5-16　多刃错齿内排屑深孔钻

1、2、3—刀齿；4、5、6—导向块

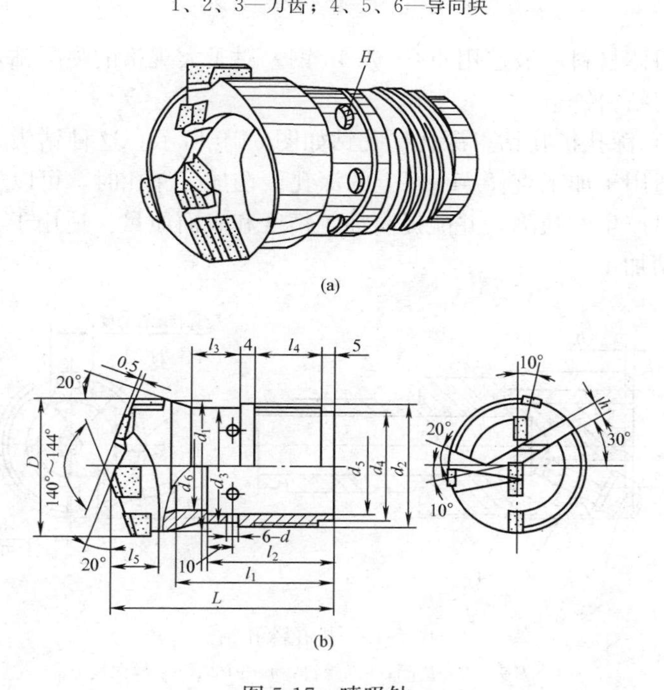

图 5-17　喷吸钻

（a）喷吸钻外形；（b）喷吸钻结构尺寸

削区，并把切屑从排屑孔向后排出。适用于 $\phi18 \sim \phi65$ 中等尺寸的深孔加工，深径比 $L/D<100$ 的孔，加工公差等级可达 IT8 级，表面粗糙度值 $Ra3.2\mu m$，切削过程中要求断屑成 C 字形，使排屑顺利。

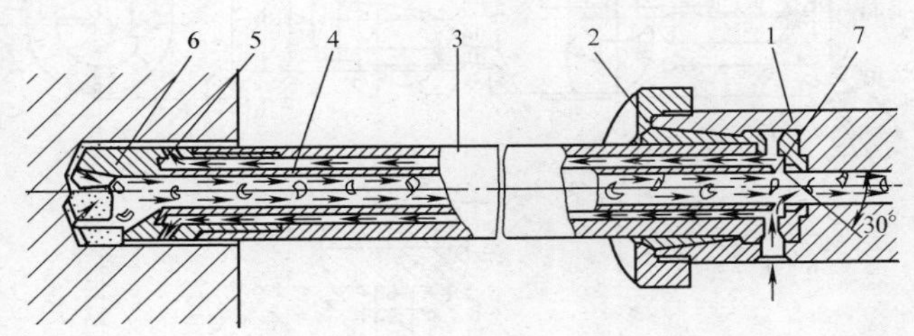

图 5-18　喷吸钻的工作原理

1—管夹头；2—锥形弹性夹头；3—外套管；4—内套管；5—小孔；6—钻头；7—月牙孔

刀体材料一般选用 40Cr 或 45 钢。对于大规格的喷吸钻，刀体可采用精密铸造。

7）深孔扩孔钻。深孔扩孔钻如图 5-19 所示。这种钻头刀头可换，适用于加工直径 $\phi40$ 以上的深孔。在加工深孔时，可以校正在钻削时产生的缺陷，并能提高加工精度和表面质量。适用于半精加工和精加工。

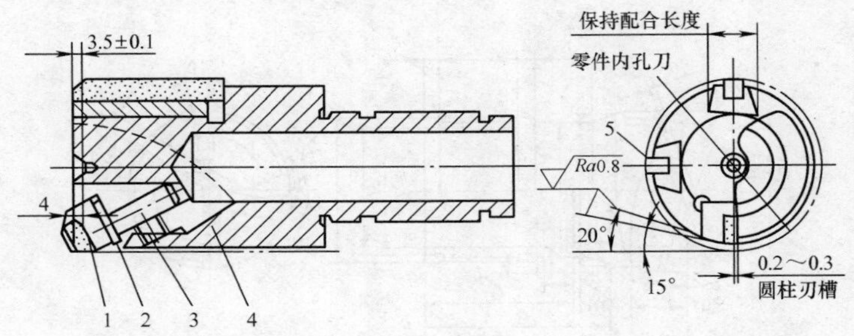

图 5-19　扩孔深孔钻

1—刀头；2—垫圈；3—螺钉；4—刀体；5—导向块

（2）深孔加工的辅助工具。在成批加工的深孔工件中，多采用专用深孔钻床加工；而在单件或小批量生产中，则可在一般车床上附加一些辅助工具来加工深孔。在车床上加工深孔时使用的主要辅助工具有：

1）钻杆。钻杆如图 5-20 所示，外径比加工工件内孔直径小 4～8mm，前端的矩形内螺纹和导向圆柱孔与钻头尾部相连接，构成整个深孔钻，装卸迅速方便。为了防止弯曲变形，使用后应涂防锈油吊挂存放。

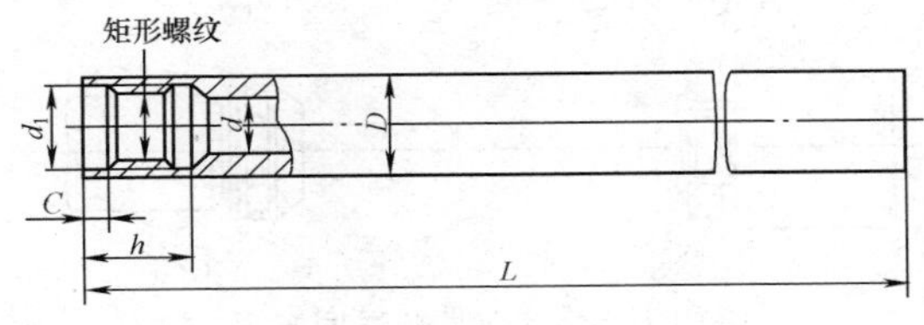

图 5-20　钻杆

2）钻杆夹持架。钻杆夹持架如图 5-21 所示。使用时，将夹持架安装在车床方刀架上，拧动夹持架上的紧固螺钉来夹持钻杆。安装时，必须使开口衬套（有的夹持架衬套为弹性衬套）的轴线对准机床主轴轴线。

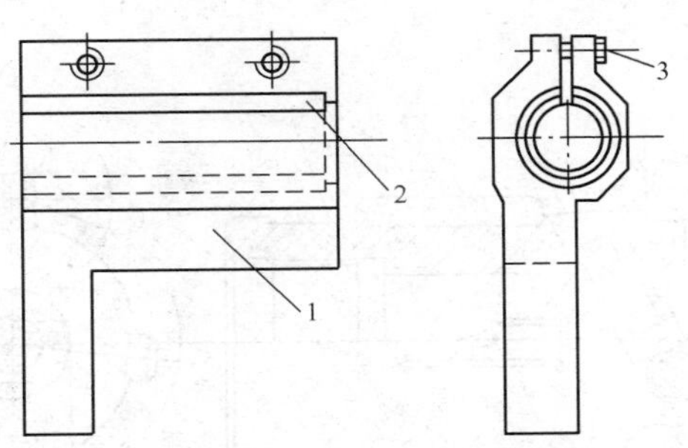

图 5-21　弹性钻杆夹持架

1—夹持架体；2—开口衬套；3—紧固螺钉

3）导向套。为了防止钻头刚进入工件时产生扭动，在工件前端应安装导向套。图 5-22 是枪孔钻的导向套，这种导向套不但可以引导钻头进入工件，而且使切削液和切屑可从空档 A 排出，而后导向套 B 可以防止枪孔钻的转动。

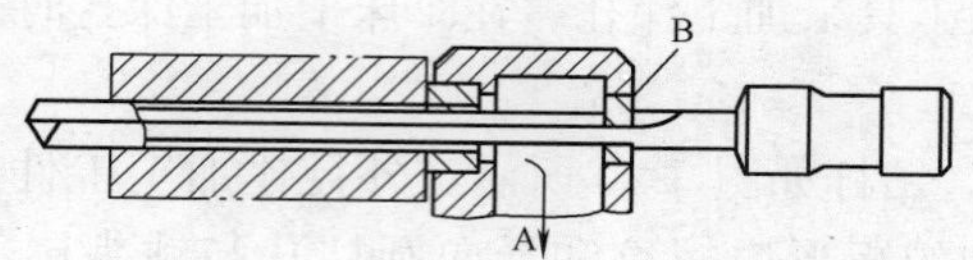

图 5-22　枪孔钻的导向套

图 5-23 所示为喷吸钻的导向套。

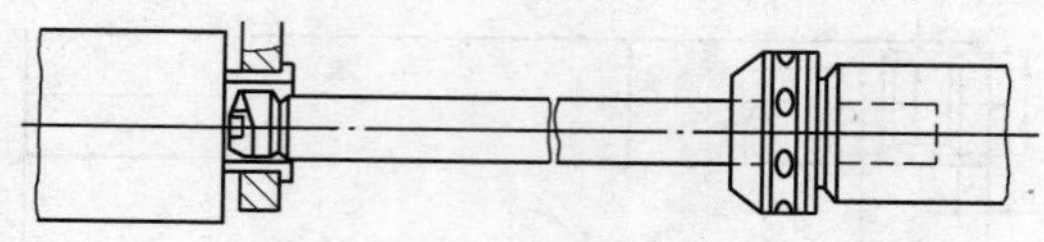

图 5-23　喷吸钻导向套

（二）深孔镗削

（1）粗镗。采用扩孔镗加工深孔，可用图 5-24 所示的镗刀头来加工。镗孔径大小可用刀规调整。刀头后端用矩形螺纹连接在刀杆上。而刀杆最好用钻削用的钻杆，这样就无需更换和调整刀杆。在孔的精度和表面粗糙度要求不高的情况下，用深孔镗刀就可完成其加工。

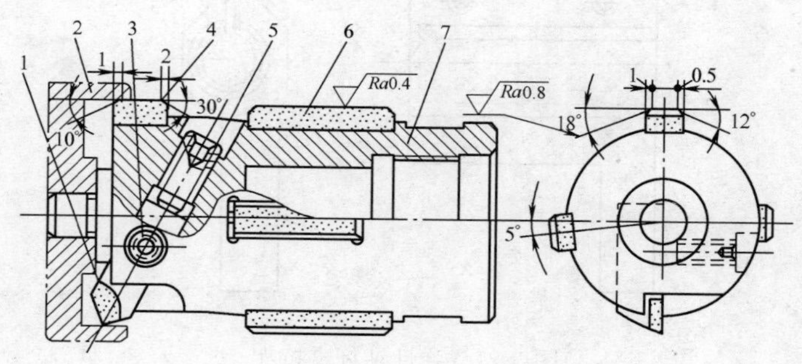

图 5-24　深孔镗刀头

1—刀头；2—刀规；3—调节螺钉；4—前导向垫；
5—紧固螺钉；6—后导向垫；7—刀套

（2）精镗。精镗深孔时所采用的刀具是深孔浮动镗刀块，如图 5-25 所示。采用浮动镗刀进行深孔精加工，可以得到更高的精度和更小表面粗糙度值。其具体方法是，半精加工后，工件装夹不动，换上浮动镗刀块，就可进行加工。加工时最好采用反向进给，如图 5-26 所示。

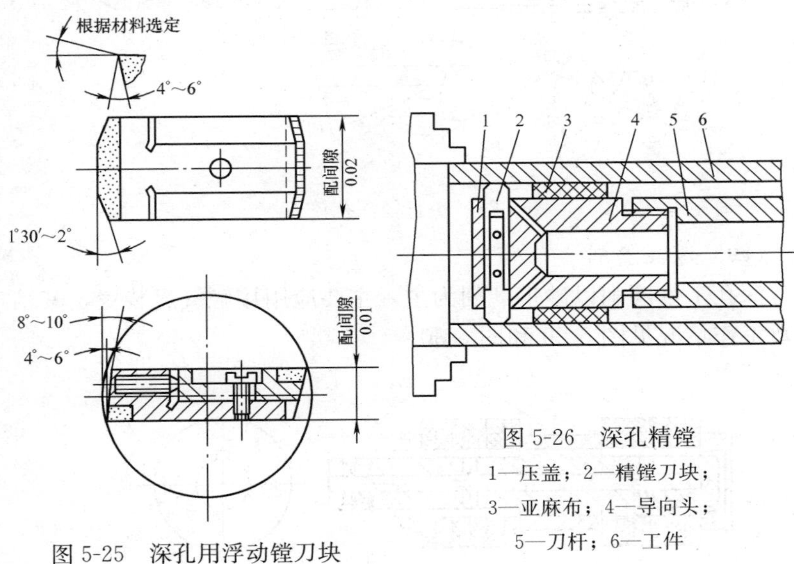

图 5-25　深孔用浮动镗刀块

图 5-26　深孔精镗

1—压盖；2—精镗刀块；3—亚麻布；4—导向头；5—刀杆；6—工件

（三）深孔精铰

精铰深孔可用图 5-27 所示的深孔浮动铰刀进行加工。这种方法加工精度高，生产效率高，适用于成批量生产。

对于精度较高的小直径深孔，可采用图 5-28 所示的小直径深孔铰刀进行精加工。

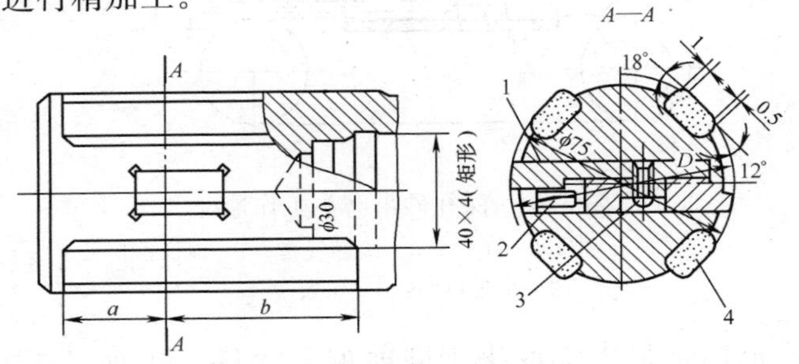

图 5-27　深孔浮动铰刀

1—刀头；2—调节螺钉；3—紧固螺钉；4—导向垫

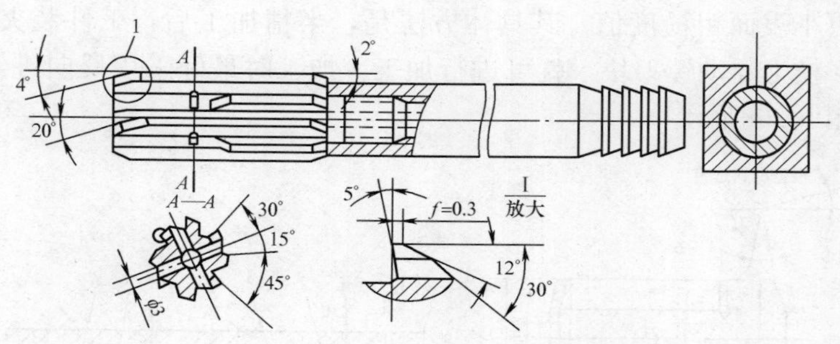

图 5-28　小直径深孔铰刀

（四）深孔磨削

深孔工件磨削以砂带磨削为主，主要应用接触气囊装置，其结构及工作情况见图 5-29 和图 5-30。

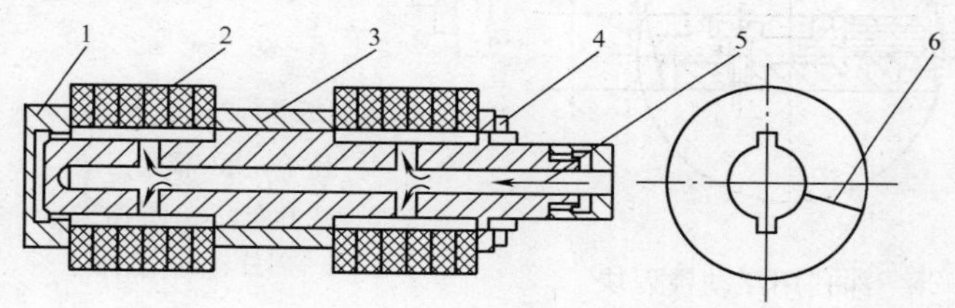

图 5-29　接触气囊结构示意图

1、4—螺母；2—接触气囊；3—隔套；

5—压缩空气；6—橡胶环开口

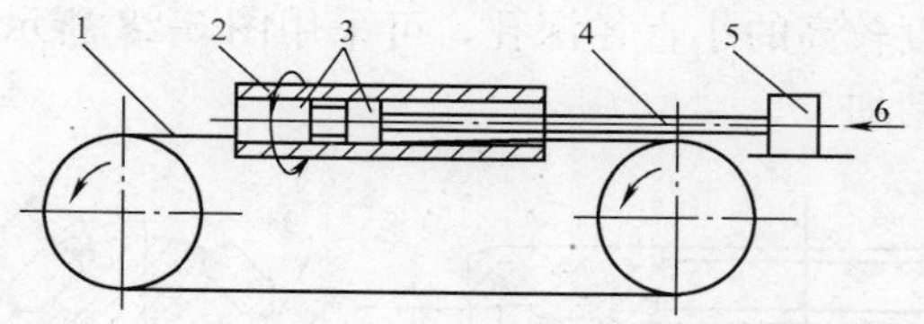

图 5-30　深孔砂带磨头工作情况

1—砂带；2—工件；3—接触气囊；4—推杆；

5—进气机构；6—压缩空气

深孔磨削余量大小取决于磨前加工余量，磨前 Ra 为 3.2～1.6μm 时，可按表 5-12 选择。

表 5-12　　　　　　　　　　深孔磨削余量　　　　　　　　　　mm

孔　径	直　径　余　量	
	钢　件	铸　铁　件
25～50	0.015～0.03	0.03～0.05
50～80	0.03～0.05	0.05～0.07
80～120	0.05～0.07	0.07～0.09
120～200	0.07～0.09	0.09～0.11
200～500	0.09～0.13	0.13～0.20

（五）深孔珩磨

珩磨是利用珩磨工具对工件表面施加一定压力，珩磨工具同时作相对旋转和直线往复运动，切除工件上极小余量的精加工方法。

对于尺寸精度和表面粗糙度要求高的细长深孔，在浮动镗铰后，还可用珩磨的方法对孔壁进行光整加工。珩磨前，孔的表面粗糙度 Ra 在 1.6μm 以下，珩磨余量为 0.1～0.5mm。

珩磨使用的主要工具是珩磨头，其结构如图 5-31 所示，由数条细粒度的磨条，沿圆周均布构成，珩磨头中的机构使磨条以一定的压力压向工件。珩磨头以插口式或铰链式接头与珩磨杆连接，珩磨杆的另一端则紧固在刀架上。也可在珩磨杆上用两个接头，使珩磨杆起万向调节作用，使珩磨头的浮动由工件进行导向。

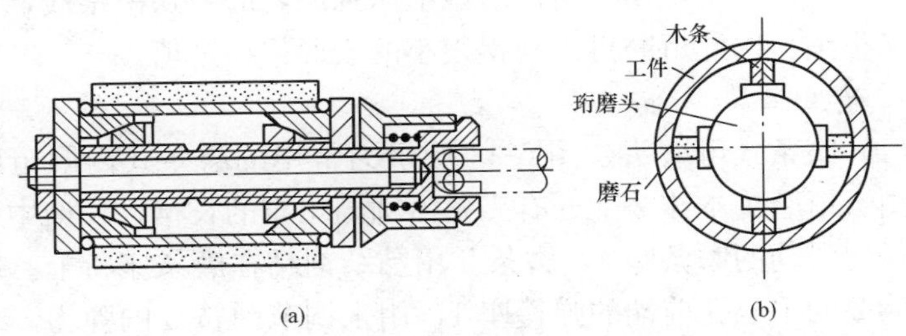

图 5-31　可调节珩磨头

（a）可调节珩磨头；（b）珩磨头截面简图

珩磨时，珩磨头相对工件作旋转和直线往复运动，使磨条上的磨粒从工件表面上切去一层极薄的金属。磨条上每一磨粒在加工表

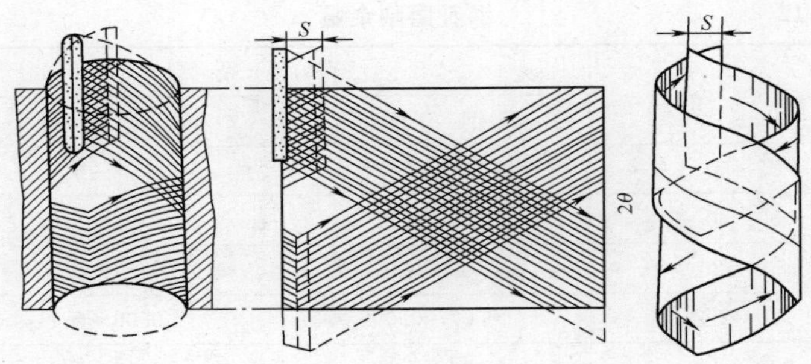

图 5-32　珩磨内孔时磨条磨粒的运动轨迹

面上的切削轨迹呈交叉而又不重复的网纹（见图 5-32）。由于珩磨中磨粒的切削方向经常连续变化，因此能较长期地保持磨粒的锋利和较高的磨削效率。

珩磨过程中，金属的切除与磨削过程很相似，也有切削、挤压和刮擦等过程。金属的切除率主要取决于加在磨条上的压力大小和相对旋转与直线往复运动速度的大小。

与普通磨削相比，珩磨时磨具的单位面积压力较小，因而每一磨粒的负荷很小，加工表面的变形层很薄；珩磨条的速度很低，故珩磨的效率很低；珩磨时，须加注大量的切削液，以便及时冲走脱落的磨粒，同时使工件表面得到充分的冷却，因此工件表面传入热量很少，不易产生烧伤。由于磨条上压强小，磨粒切深很浅，磨粒粒度又很细，因此珩磨可以获得很小的表面粗糙度值。

1. 珩磨工具

（1）磨条式珩磨头。图 5-33 所示为常用的磨条式内圆珩磨头结构图。珩磨头本体 2 上开有三条沿圆周均布的长槽，长槽中装有可沿径向滑动的磨条座 4，磨条 5 用黏结剂粘在磨条座 4 上。珩磨头本体 2 的中心孔前端的弹簧座 1，用来调节弹簧 3 的弹力。珩磨头本体 2 内装有可沿轴线方向滑动的锥体 6，并通过销轴 7 连在一起，销轴 7 在弹簧 3 作用下抵紧在调节螺母 8 上。旋动调节螺母，推动销轴沿珩磨头本体后端的两长形导向槽滑动，带动锥体前移，锥面推动磨条座径向滑动，实现磨条的径向进给。

磨条的磨料根据工件材料确定，一般钢件选用刚玉类磨料，铸

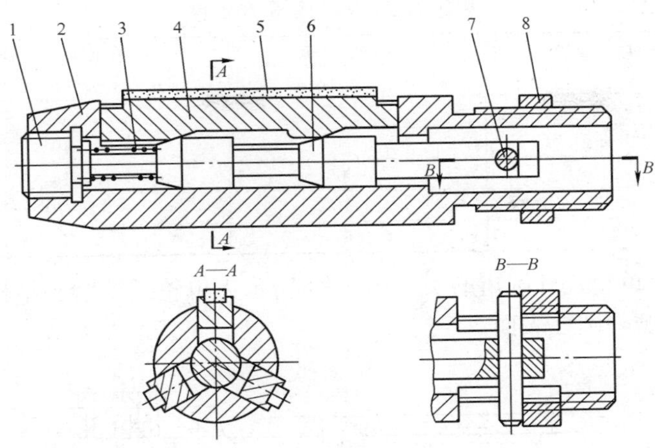

图 5-33　磨条式内圆珩磨头结构

1—弹簧座；2—珩磨头本体；3—弹簧；4—磨条座；
5—磨条；6—锥体；7—销轴；8—调节螺母

铁件则选用碳化硅类磨料。磨条必须保证磨料粒度均匀，不允许混有粗磨粒和杂质，并应具有一定的弹性和抗压性能。珩磨头上磨条的数量根据被珩孔的大小确定，常为 3 的整数倍，磨条的总宽度约为被珩磨内孔圆周长度的 15%～30%。珩磨小孔时，磨条总宽度所占比例应大些，但不超过小孔圆周长度的 50%。工件材料过硬时，磨条宽度应选窄些；反之，工件材料较软时，磨条宽度应选宽些。金刚石磨条的宽度应窄，约为普通磨料磨条宽度的 1/3～1/2。磨条数量和宽度的选择可参照表 5-13。磨条的长度影响磨削作用和珩磨时的导向作用，与被珩磨孔的直径 D 和长度 L 有关。对于一般长孔（$L/D \geqslant 3$），当珩磨不校正原始孔的直线度时，磨条长度 $l \geqslant (1 \sim 1.5)D$；当珩磨同时用于校正原始孔的直线度时，$l \geqslant (0.8 \sim 1)L$。对于一般短孔（$D \geqslant L$），磨条长度较短，不宜用作导向，$l=(0.67 \sim 0.75)L$。

（2）用珩磨轮组成的珩磨头。用珩磨轮组成的珩磨头，可以珩磨外圆，也可珩磨孔径较大的内孔。珩磨头有单轮式、双轮式、三轮式和多轮式多种结构。

表 5-13　　内圆珩磨磨条的数量和宽度

磨头直径（mm）	磨条数量（条）	磨条宽度（mm）
＜10	2	3～5
10～20	2～3	3～8
20～50	2～4	5～10
50～150	3～6	7～15
150～250	4～10	11～20
＞250	＞8	＞15

1）单轮式外圆珩磨头。图 5-34 所示为单轮式珩磨头结构，可用于珩磨外圆柱表面。

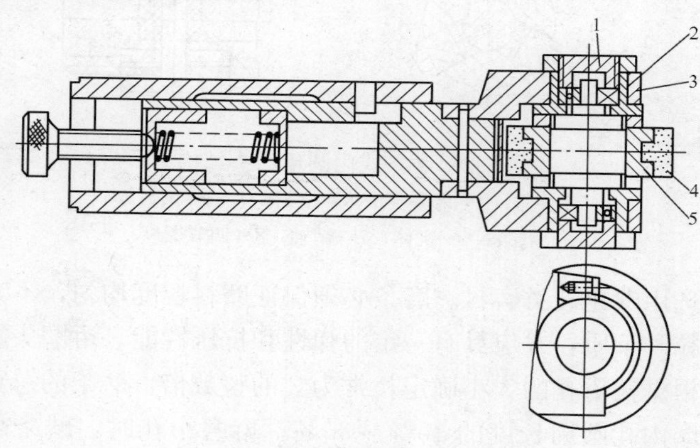

图 5-34　单轮式外圆珩磨头

1—螺塞；2—轴承套；3—压盖；4—砂轮；5—内圈

2）双轮式内圆珩磨头。图 5-35 所示为双轮式内圆珩磨头结构，可用于珩磨内圆柱表面。

3）三轮式内圆珩磨头。图 5-36 所示为三轮式珩磨头，用于珩磨 ϕ185mm～ϕ190mm 的内孔。

4）四轮式内圆珩磨头。图 5-37 所示为四轮式内圆珩磨头，用于珩磨直径 200～240mm 的内孔。

珩磨轮磨料选用白刚玉或金刚砂，粒度按工件的表面粗糙度要求选择，如需工件表面粗糙度 $Ra<0.10\mu m$ 时，粒度应选 W20 或更细。结合剂用环氧树脂。珩磨轮的直径大小对工件表面粗糙度影响不大，

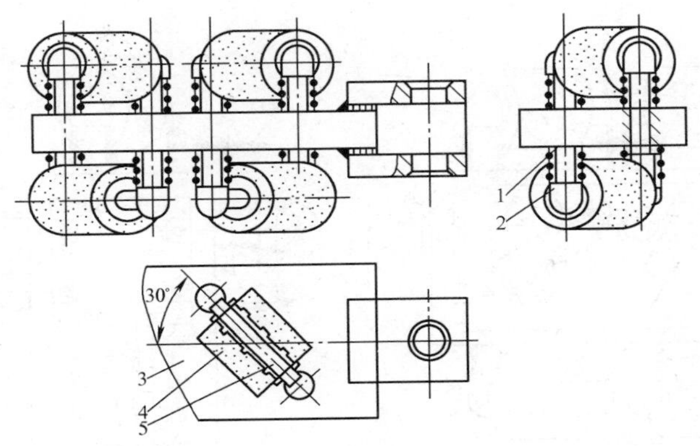

图 5-35 双轮式内圆珩磨头

1—弹簧；2—接头；3—磨头体；4—珩磨轮；5—销轴

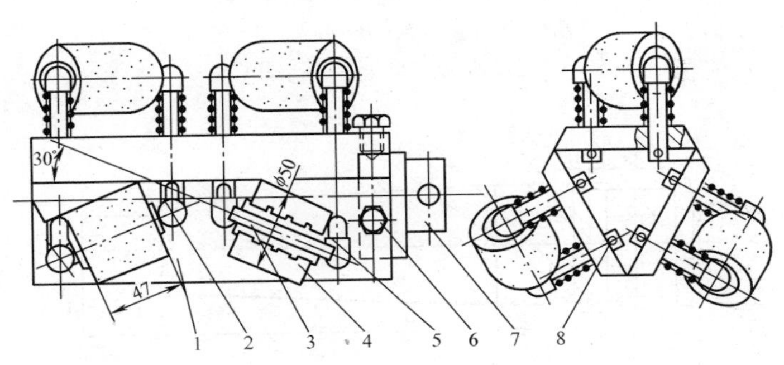

图 5-36 三轮式内圆珩磨头

1—磨头体；2—弹簧；3—销轴；4—珩磨轮；5—接头；

6—螺钉；7—连接轴；8—开口销

直径大，珩磨轮修整次数少，寿命高。珩磨外圆时，珩磨轮直径一般较工件直径大些；珩磨内孔时，根据工件孔径和珩磨头结构确定。珩磨轮的宽度对珩磨质量的影响也不显著，在相同进给速度条件下，宽度大，则表面粗糙度值相应小，但过宽会导致磨削力增大，工件容易发热变形。珩磨轮宽度一般按珩磨轮直径的 1/3 选取。

使用时将珩磨头通过销轴与镗杆或刀杆相连，并插入镗床或车床主轴孔内，即可进行珩磨。镗杆或刀杆的结构如图 5-38 所示，刀杆尾部锥度应同所使用机床的主轴锥孔相配。

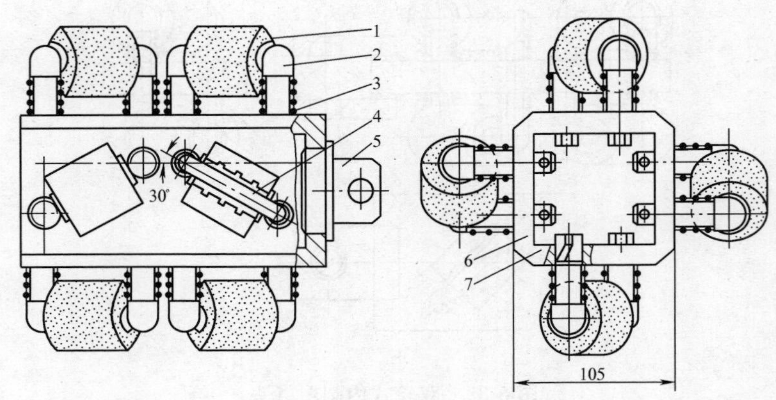

图 5-37　四轮式内圆珩磨头

1—珩磨轮；2—接头；3—弹簧；4—销轴；
5—连接轴；6—磨头体；7—开口销

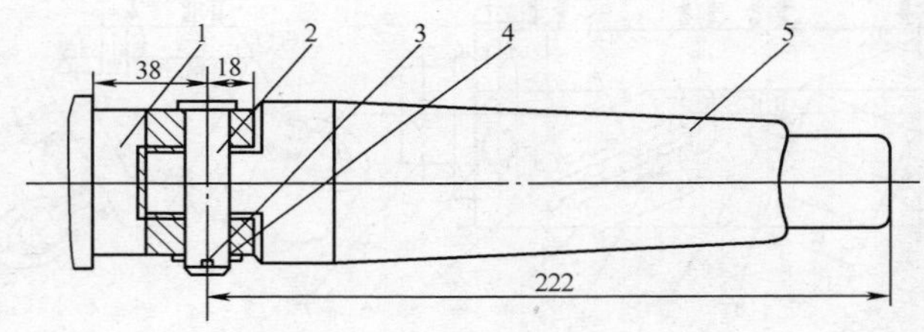

图 5-38　连接镗杆或刀杆结构

1—磨头体；2—轴销；3—开口销；4—垫；5—镗杆或刀杆

2. 工艺参数的选择

(1) 用磨条珩磨时的工艺参数。

1) 珩磨切削速度。珩磨的切削速度由珩磨头的回转运动速度和轴向往复运动速度两部分合成组成，其运动轨迹是沿内孔表面上的螺旋线（见图 5-32）。增大珩磨头的往复运动速度能增强切削作用，提高生产率，提高珩磨头的回转运动圆周线速度能减小工件的表面粗糙度值。珩磨头的圆周速度根据被加工工件材料选择，可参照表 5-14 确定。

表 5-14　**珩磨头的回转和往复运动速度**

珩磨头的速度 / 工件材料	珩磨头的圆周速度(m/min)	珩磨头的纵向移动速度(m/min)				
		*Ra*1.25μm	*Ra*0.63μm	*Ra*0.32μm	*Ra*0.16μm	*Ra*0.08μm
淬火钢(60HRC)、氮化钢(80HRB)	12～20	—	—	5～10	4～8	3～6
调质钢(321～363HB)	20～30	—	10～18	8～15	6～12	—
非淬火钢	30～35	20～28	10～18	10～18	9～14	—
铸　铁	40～50	13～20	10～18	8～12	6～10	—

注　加工特种钢零件的深孔，珩磨头的圆周速度采用 25～27m/min，纵向移动速度采用 7～11m/min。

2）磨条的工作压力。磨条工作压力就是珩磨时加在工件被加工表面单位面积上的压力。工作压力大，则工件被加工表面的金属切除量和磨条磨耗量增大，加工精度降低，表面粗糙度值增大。磨条工作压力的选择可参考表 5-15，选用时应考虑工件材料、机床功率、工件结构和珩磨头刚性等因素适当增减。

表 5-15　**磨条工作压力的选择**

加工工序	磨条工作压力（MPa）	
	铸　铁	钢
粗加工	0.5～1.0	0.8～2.0
精加工	0.2～0.5	0.4～0.8
超精加工	0.05～0.1	0.05～0.1

3）磨条的径向进给。珩磨过程中的径向进给，是通过珩磨头上的磨条径向扩张实现的。进给方式分定压进给和定量进给两种，保持磨条工作压力不变的进给称为定压进给，保持磨条径向扩张量不变的进给称为定量进给。定量进给易于实现，进给的磨削能力较强。为减小工件的表面粗糙度值，常在珩磨的最后阶段作短时间的无进给珩磨进行修光。定量进给量的大小与被加工工件材料、精度、磨条材料、生产效率等有关，可参照表 5-16 选择。

表 5-16　　珩磨时磨条的径向进给量

被加工材料	磨条的径向进给量 f (μm/r)	
	粗　珩	精　珩
钢	0.35～1.12	0.10～0.30
铸　铁	1.40～2.70	0.50～1.0

4）珩磨余量。珩磨余量一般按前道工序精度要求允许误差的2倍确定，但不宜超过0.1mm。表5-17为按照工件在珩磨前后的表面粗糙度选择珩磨余量，供参考。

表 5-17　　按工件表面粗糙度要求选择内孔珩磨余量

表面粗糙度 Ra (μm)		珩磨余量 (μm)
原　始	要　求	
Ra=6.3～1.6	Ra=1.6～0.4	30～40
Ra=3.2～1.6	Ra=0.8～0.2	25～30
Ra=1.6～0.8	Ra=0.8～0.2	25～30
Ra=0.8～0.2	Ra=0.4～0.1	15～20
Ra=0.4～0.1	Ra=0.2～0.05	10～15
Ra=0.2～0.05	Ra=0.1～0.025	5～10

5）珩磨切削液。珩磨加工时使用切削液，用以润滑和冷却。切削液应洁净，加注充分与均匀。珩磨钢件和铸铁件时，常用80%～90%煤油和20%～10%硫化油或动物性油；珩磨青铜件时，使用煤油或干珩磨。

（2）用珩磨轮珩磨时的工艺参数。

1）珩磨轮轴线与工件轴线的交叉角 α。在一定范围内增大交叉角 α，使珩磨的切削速度相应增大，这对减小加工表面粗糙度值和提高生产率有利；但 α 角过大，会引起珩磨轮自锁。一般取交叉角 $\alpha=25°\sim35°$，工件直径小时 α 可取大值。

2）工件速度。工件转速大，则珩磨切削速度大。但工件转速过大会引起机床振动和顶尖发热，使工件表面出现振痕，反而影响加工精度和增大表面粗糙度值。一般外圆珩磨时工件速度 v=60～65m/min，内圆珩磨时 v=50～60m/min。

3）珩磨轮的纵向进给量。粗珩时，f=0.16～0.33m/min；精珩时，f=0.04～0.08m/min。

4）珩磨轮对工件的压力。压力过大或过小均不宜，一般取100～200N。

5）珩磨余量。一般为0.005～0.020mm。珩磨前工件经磨削加工，表面粗糙度 Ra 为0.4μm。

6）珩磨切削液。粗珩磨时，不加注切削液，只加注少量油酸（珩磨余量大时可加入研磨膏，以提高生产率），珩磨至除去表面上前道工序留下的加工痕迹。精珩磨时，应连续充分浇注切削液，切削液可用100%煤油或80%～90%煤油与20%～10%硫化油或动物性油的混合液。

3. 磨石和珩磨轮的修整

（1）珩磨磨石的修整。磨石座在珩磨头上装配调整好之后，必须在其他机床上用专用夹具校正和修整，使磨石与被加工内孔接触良好，并使磨石在珩磨头中径向移动灵活。

如果被珩磨的内孔要求不高，用一般磨石采用浮动连接磨头时，可用珩磨头上的调整机构调整磨石位置，用废工件或加工余量大的工件通过试珩磨加以校正。

（2）珩磨轮的修整。对于外圆珩磨轮，其修整方法可分为粗修整与精修整两步。

1）粗修整。指在外圆磨床上把珩磨轮外径磨到所需尺寸。

2）精修整。浇铸氧化铝修整棒，粒度为F100～F280，将修整棒外径磨到与被加工工件外径相同或大于工件外径0.10mm（一直使用到不小于工件外径0.10mm）。然后将修整棒作为被加工工件，安装在车床两顶尖间，开动机床，主轴带动修整棒旋转，并将珩磨轮紧靠修整棒，作往复轴向移动。此外，还可利用废旧细粒度的平形砂轮修整，方法与修整棒相同。但初修整好的珩磨轮不能直接作精珩磨用，这是由于在修整过程中砂轮磨粒会嵌在珩磨轮中，易造成工件拉毛，只有经过粗珩磨后，方可用于精珩磨。

对于内圆珩磨轮，可利用废旧珩磨轮或普通细粒度砂轮作为修整轮，先将修整轮内孔用金刚石刀具修整至被加工工件的内孔尺寸，然后将珩磨轮放在修整轮内孔中，作往复运动进行修整。

二、小孔、小深孔加工

(一) 小孔、微孔的钻削方法

1. 小孔、微孔的加工特点

(1) 加工孔直径小于或等于 3mm。

(2) 排屑困难，在微孔加工中更加突出，严重时切屑堵塞，钻头易折断。

(3) 切削液很难注入孔内，刀具寿命低。

(4) 刀具重磨困难，小于 1mm 钻头需在显微镜下刃磨。

2. ϕ1mm～ϕ3mm 小孔加工需解决的问题

(1) 机床主轴转速要高，进给量要小，平稳。

(2) 需用钻模钻孔或用中心钻引钻，以免在初始钻孔时钻头引偏、折断。

(3) 为了改善排屑条件，一般钻头修磨按图 5-39 进行。

(4) 可进行频繁退钻，便于刀具冷却和排屑，也可加黏度低（L-AN15 以下）的机油或植物油（菜油）润滑。

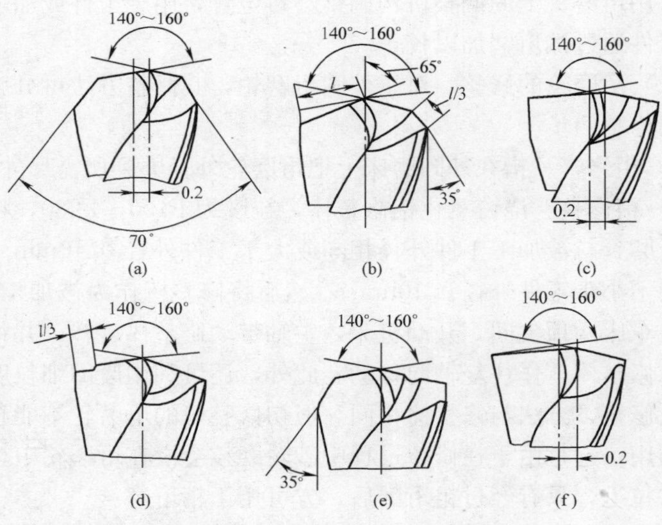

图 5-39 小钻头上采用的分屑措施

(a) 双重锋角；(b) 单边第二锋角；(c) 单边分屑槽；(d) 台阶刃；(e) 加大锋角；(f) 钻刃磨偏

3. ϕ1mm 以下微孔加工需解决的问题

（1）微孔加工时，钻床主轴的回转精度和钻头的刚度是影响微孔加工的关键，故需有足够高的主轴转速，一般达 10 000～150 000r/min。钻头的寿命要高，重磨性要好。应有监控系统，以对钻头在加工中磨损或折断进行监控。

（2）机床系统刚度要好，加工中不允许有振动，一定要有消振措施。

（3）应采用精密的对中夹头和配置 30 倍以上的放大镜或瞄准对中仪。由于液体表面张力和气泡的阻碍，很难将切削液送到切削区域，一般采用黏度低（L-AN15 以下）的机油或植物油（菜油）润滑、冷却或频繁退钻。

（4）因排屑十分困难，且易发生故障，故一般采用频繁退钻方式解决。退钻次数可根据钻孔深度与孔径比决定，见表 5-18。

表 5-18　　钻小孔时推荐的退钻次数

孔径/孔深	<3.5	3.5～4.8	4.8～5.9	5.9～7.0	7.0～8.0	8.0～9.2	9.2～10.2	10.2～11.4	11.4～12.4
退钻次数	0	1	2	3	4	5	6	7	8

（二）小孔镗削和铰削

对于精度要求较高的小孔和小直径深孔，钻削加工不能满足其精度要求和表面粗糙度要求时，还可以采用镗削加工和铰削加工的方法。

小孔镗削加工一般在坐标镗床上进行较好，常用的小孔镗刀见表 5-19。

表 5-19　　小孔镗刀（坐标镗床用）

镗力类型	弯头镗刀	铲背镗刀	整体硬质合金镗刀
简图		A—A　A　A	焊
特点	制造简单，刃磨方便	刀头后面为阿基米德螺旋面，刃磨时只需磨前面	刀头、刀体采用整体硬质合金与钢制刀杆焊在一起，刚性好

注　小孔镗刀适用于直径不大于 10mm 的小孔。

小直径深孔铰削可采用图 5-28 所示铰刀进行加工。这种铰刀由于切削部分短，不能矫正孔的直线度误差，所以铰孔前要求孔的半精加工应保证孔的直线度要求。在安装铰刀时，铰刀轴线应与工件轴线重合，这些都是提高孔精度的必要措施。

（三）小深孔砂绳磨削

砂绳是以纱绳作基底（或在砂绳内裹以金属丝），表面粘附磨料。有的用府绸作基底，粘以 F240～F280 的磨料，裁成 4mm 宽的砂条，再卷成螺旋状的砂绳，可以解决缝纫机等某些小深孔的加工难题，并可获得表面粗糙度较低的内孔表面。

（四）小孔、锥孔、不通孔和短孔珩磨

1．小孔珩磨

（1）珩磨工艺。小孔珩磨的工艺如下：

1）手动珩磨法。是在小型卧式矩形珩磨机上进行，工人手握工件在珩磨头上进行往复移动，珩磨杆转速在 2000r/min 左右，可无级调速。对不便于装夹的小件、薄壁件，采用手动珩磨极为方便，而且效率高，废品率低，可适用于各种批量生产。

2）顺序珩磨法。是用一组金刚石珩磨杆，尺寸由小到大，每个珩磨杆只作一次往复行程，每次行程珩去的余量在几微米以内，珩磨次序按珩磨杆的尺寸顺序进行，直到最后获得所需产品尺寸，并可得到较高的尺寸精度。

这种方法多用固定式夹具与刚性连接珩磨头（磨杆），对于带回转工作台的多轴珩磨机，其工作台需有较高的回转定位精度。

3）单磨石珩磨法。是把珩磨头用单面楔胀开磨石。一般多用超硬磨料磨石，其寿命与尺寸精度较高。适用于珩磨孔径为 ϕ5mm～ϕ20mm 的孔，有较长的导向条，可保证珩磨孔较高的直线度要求，常用于珩磨各种阀孔及液压泵的柱塞孔等。珩磨头为刚性连接，可以采用浮动或固定式夹具，用小型立式珩磨机，往复运动为机械驱动。

（2）小孔珩磨头。孔径在 5mm 以上的，多采用珩磨头，磨石数量随着孔径的增大而增加，见表 5-20；孔径在 5mm 以下的，需采用电镀超硬磨料珩磨杆，即在加工好的钢杆上电镀 1～2 层超硬磨料，并根据孔径及余量制成一组直径相差 0.005～0.01mm 的珩磨杆。图 5-40 所示为不同直径的电镀磨料珩磨杆，其上有供珩磨液流通的直线槽与螺旋沟槽，在珩磨过程中通珩磨液，可起到冷却与排屑作用。

表 5-20　珩磨磨石断面尺寸与数量的选择　mm

珩磨孔径	磨石数量（条）	磨石断面尺寸（$B\times H$）	金刚石磨石断面尺寸（$B\times H$）
5～10	1～2	—	1.5×2.2
10～13	2	2×1.5	2×1.5
13～16	3	3×2.5	3×2.5
16～24	3	4×3.0	3×3.0
24～37	4	6×4.0	4×4.0
37～46	3～4	9×6.0	4×4.0
46～75	4～6	9×8.0	5×6.0
75～110	6～8	10×9，12×10	5×6.0
110～190	6～8	12×10，14×12	6×6.0
190～310	8～10	16×13，20×20	—
＞300	＞10	20×20，25×25	—

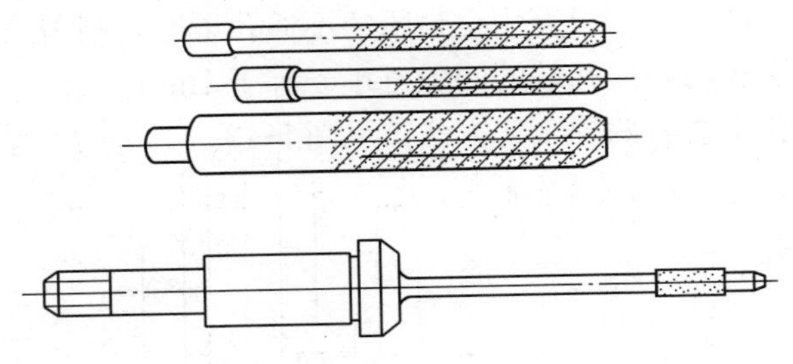

图 5-40　电动超硬磨料珩磨杆

2. 锥孔珩磨

锥孔珩磨头见图 5-41，其中心轴 1 的锥度必须与珩磨孔要求的锥度一致。珩磨时珩磨头进入工件，心轴 1 通过键 5 带动本体 2 转动，同时本体 2 又作往复运动，带着磨石座 3 既随心轴转动，又沿心轴轴线移动，从而珩出一定锥度的孔。锥孔珩磨余量不宜过大，而且心轴旋转时的振摆与轴向窜动应保持最小。珩磨头用刚性连接，配用固定式夹具。选用超硬磨料磨石珩磨长锥孔，可以获得较高的珩磨效率与锥度。

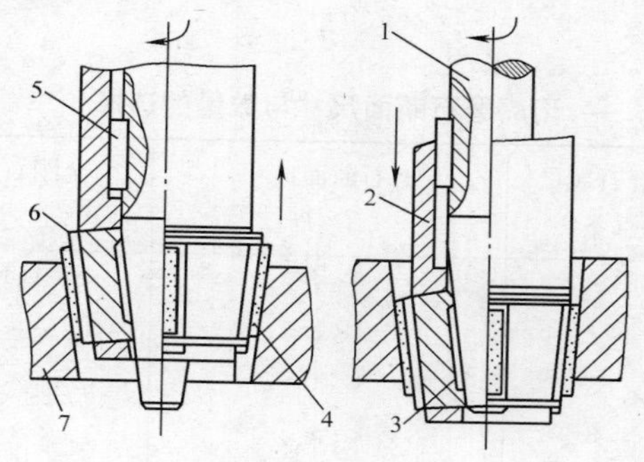

图 5-41 锥孔珩磨头

1—锥形心轴；2—磨头本体；3—磨石座；4—油石；5—键；6—簧圈；7—工件

3. 不通孔珩磨

(1) 不通孔珩磨需要选用换向精度较高的珩磨机，其往复换向误差不大于 0.5mm，珩磨主轴的轴向窜动，珩磨头与磨石座的轴向间隙均需严格要求。若为全封闭的不通孔珩磨，则需采用卧式珩磨机，珩磨头与不通孔端的间隙可小于等于 1mm。

不通孔珩磨有两种工艺方法，见图 5-42。

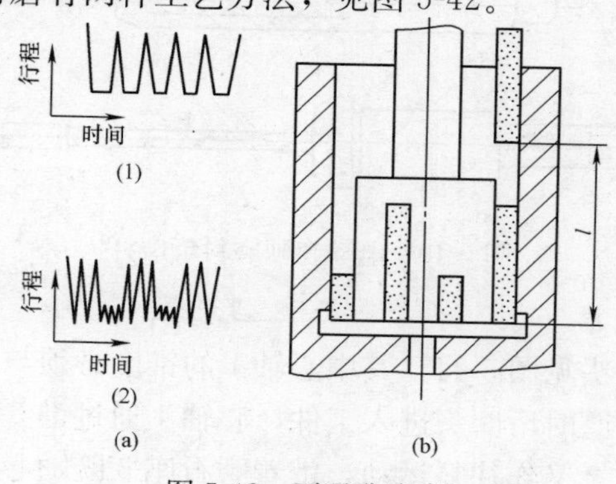

图 5-42 不通孔珩磨

(a) 长磨石珩磨法；(b) 短磨石珩磨法

（2）长磨石珩磨。按通孔珩磨原则选择磨石长度，珩磨中使磨石在不通孔端换向时自动停留片刻（1～2s），或在预定时间内，对不通孔端进行若干次短行程的珩磨，时间间隔可通过试验确定。这种方法宜采用寿命较高的金刚石磨石，可在普通珩磨机上进行。

长短磨石组合珩磨　在孔的全长上用长磨石珩磨，在孔的不通端将短磨石胀出，增加切削刃，防止长磨石偏磨和产生锥度，即可保证孔的精度又可提高珩磨效率，但需使用不通孔珩磨头，见图5-42（b）。

4. 短孔珩磨

短孔是指长径比小于1的孔，其珩磨有以下特点：

（1）珩磨头的往复行程短，因此往复频率较高，宜用机械驱动的往复机构。

（2）为保证短孔珩磨的圆柱度及孔与端面的垂直度要求，宜采用刚性连接的珩磨头与平面浮动夹具，见图5-43。对工件的轴向压紧力不宜过大，以免使端面与孔不垂直的工件产生变形。由于珩磨头是刚性连接，夹具的对中精度要求很高，且要有准确的导向装

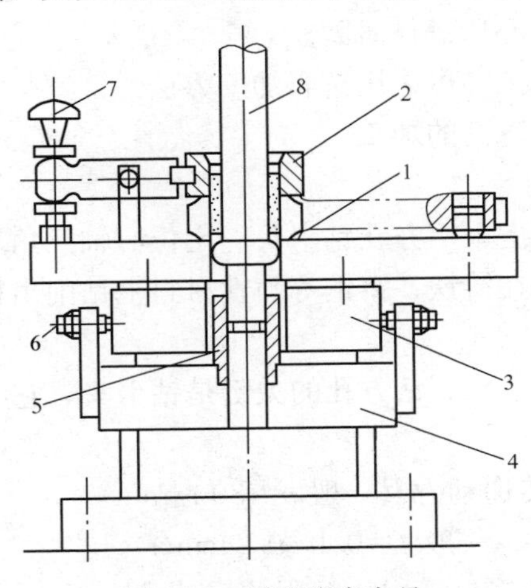

图5-43　短孔珩磨夹具

1—工件；2—压板；3—浮动体；4—本体底座；
5—导向套；6—限位螺钉；7—手轮；8—珩磨头

置，以保证孔的珩磨精度。

(3) 短孔珩磨磨石的长度一般等于或略超过孔长 L，而磨石珩磨行程在孔端的越程距离为磨石长度的 1/5。

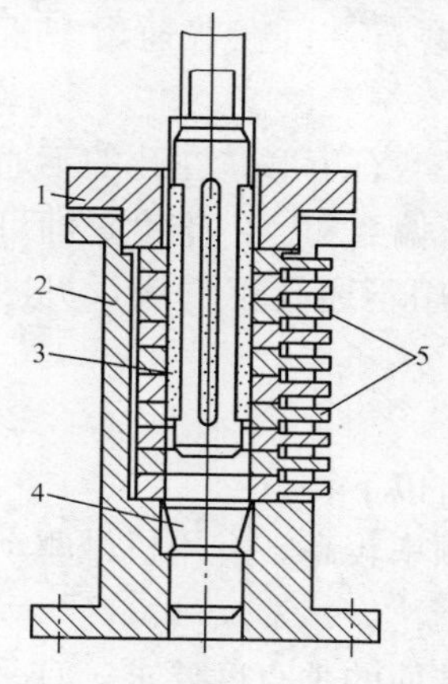

图 5-44 盘件短孔叠装珩磨夹具

1—压环；2—夹具本体；3—珩磨头；4—工件；5—工件

(4) 短孔珩磨头的往复行程短，要求珩磨磨石有较高的珩磨效率，而珩磨压力较低。因此，一般在珩磨条上尽量布置较多的磨石条数，而且要求磨石自锐性好。

(5) 对于盘件孔，如果工件两端面平整、平行，可进行多件装夹珩磨，见图 5-44。将工件叠装在开口的筒形夹具内，用心轴定位后再夹紧工件，取出心轴后进行珩磨，可以获得较高的效率与精度。

5. 小孔、不通孔研磨和挤光

直径小于 8mm 的小孔精加工可采用如表 5-28 中所示弹性研瓣研磨。

不通孔的精密加工也可采用如图 5-75 所示不通孔研磨心棒进行研磨。

小孔的精加工还可采用挤光加工方法。

三、其他特殊孔的加工

1. 方孔钻削

在普通钻床上采用方孔钻卡头、定位心轴三角形钻头、钻模套三种工具，即可在铸铁、铸钢等脆性材料上钻削出精度不高的方孔(通孔或不通孔)。

(1) 方孔钻卡头。钻方孔的关键是钻卡头，它必须同时达到下述三个要求：

1) 旋转并传递动力（一般 $n=30$ r/min)。

2) 向下进给（一般 $f=0.1\sim0.2$ mm/r)。

3) 方孔钻头在钻模内作规则的浮动。

将方孔钻卡头本体的锥柄装入钻床主轴内，当本体转动时，通过方形平面轴承带动浮动套。浮动套内装有衬套与方孔钻头，方孔钻头伸入钻模套内，对工件进行钻削（见图 5-45）。钻床主轴回转并进给时，工件上便钻出方孔。钻模套与工件用压板压牢。但工件应先钻一个小于方孔的圆孔，以减少切削余量。

（2）方孔钻。图 5-45$A—A$ 剖面中，若方孔的边长为 a，以方孔边长 a 的中点 B 为圆心，$R=a$ 为半径作圆弧，可得 A、C 两点；然后再以 A、C 为圆心，$R=a$为半径作圆弧，交于 B 点；A、B、C 组成圆弧三角形，即为方孔钻头的横截面形状。将 ABC 圆弧三角形在 $a\times a$ 方孔中转动，则 A、B、C 三点形成的轨迹就是方孔的 $a\times a$ 四条边。此时圆弧三角形 ABC 的中心 O 在平面内作规则的浮动。如果将 A、B、C 三点做成锋利的刃口，则 ABC 圆弧三角形在转动时，就可切削成 $a\times a$ 的方孔（四角略有圆弧）。但实际制造方孔钻时，应使 R 约小于边长 a（约 0.2mm 左右），使钻头在钻模内易于转动。在钻头中心钻出圆孔 d，便于磨刃口（见图 5-46）。

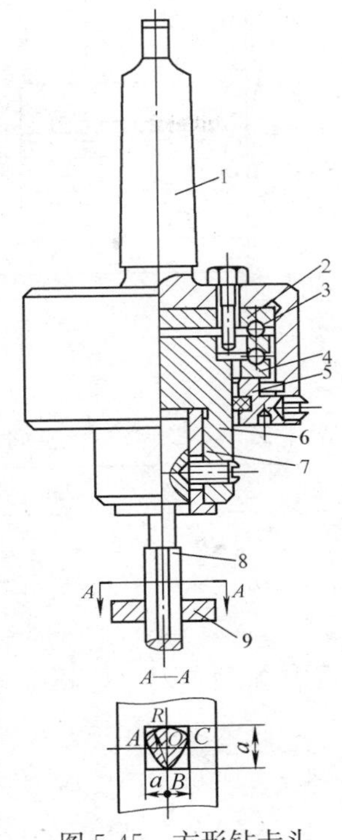

图 5-45 方形钻卡头

1—锥柄（本体）；2—上轴承座；3—钢球；4—下轴承座；5—锁紧螺母；6—浮动套；7—衬套；8—方孔钻头；9—靠模

（3）钻模套。方孔钻头切削时，必须在钻模套中转动才能在工件上钻出方孔（图 5-45 中 $A—A$ 截面）。钻模套材料为 20Cr，渗碳处理，硬度为 56HRC 左右。

2. 空间斜孔加工

坐标镗床可用来加工空间斜孔。由于被加工孔的轴线与基面成空间角度，加工前的坐标换算比较繁琐，因此，搞清楚空间斜孔轴线在投影坐标系中的角度关系十分重要。

表 5-21 为空间斜孔角度换算的计算公式，只要知道任意两个角度，就可确定其他四个角度。

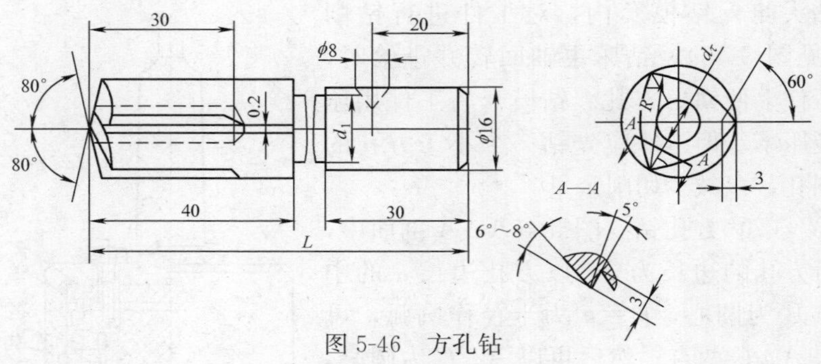

图 5-46　方孔钻

表 5-21　　　　空间斜孔角度换算计算公式

序号	计算公式	角度关系图
1	$\tan\alpha_H \tan\beta_W \tan\gamma_V = 1$	
2	$\cos^2\alpha + \cos^2\beta + \cos^2\gamma = 1$	
3	$\tan^2\alpha = \cot^2\alpha_H + \tan^2\alpha_H$	
4	$\tan^2\beta = \cot^2\alpha_H + \tan^2\beta_W$	
5	$\tan^2\gamma = \cot^2\beta_W + \tan^2\gamma_V$	
6	$\tan\alpha_H = \tan\alpha\cos\beta_W$	
7	$\tan\beta_W = \tan\beta\cos\gamma_V$	
8	$\tan\gamma_V = \tan\gamma\cos\alpha_H$	
9	$\cot\alpha_H = \tan\beta\sin\gamma_V$	
10	$\cot\gamma_V = \tan\alpha\sin\beta_W$	
11	$\cot\beta_W = \tan\gamma\sin\alpha_H$	
12	$\cos\alpha = \cot\alpha_H\cos\beta$	
13	$\cos\alpha = \cos\alpha_H\sin\gamma$	
14	$\cos\alpha = \sin\gamma_V\sin\beta$	α—轴线与 X 轴的真实夹角；
15	$\cos\beta = \cot\beta_W\cos\gamma$	β—轴线与 Y 轴的真实夹角；
16	$\cos\beta = \cos\beta_W\sin\alpha$	γ—轴线与 Z 轴的真实夹角；
17	$\cos\beta = \sin\alpha_H\sin\gamma$	α_H—轴线水平投影与 X 轴夹角（水平投影角）；
18	$\cos\gamma = \cot\gamma_V\cos\alpha$	γ_V—轴线正投影与 X 轴夹角（正投影角）；
19	$\cos\gamma = \cos\gamma_V\sin\beta$	β_W—轴线侧投影与 Y 轴夹角（侧投影角）
20	$\cos\gamma = \sin\beta_W\sin\alpha$	

3. 间断孔、花键孔珩磨

（1）间断孔珩磨。对于各种缸体、箱体及阀体等零件的同轴等径或台阶孔，采用珩磨比用研磨经济且质量高。间断孔珩磨方法如图 5-47 所示。

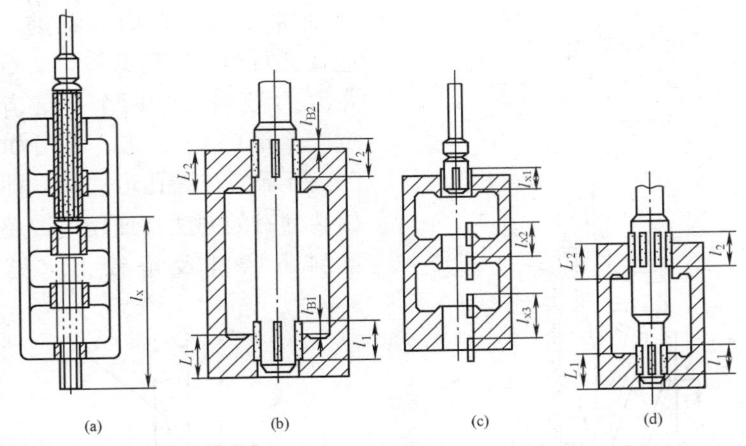

图 5-47　间断孔珩磨方法

（a）短距孔；（b）长距孔；（c）不等长孔；（d）阶梯孔

1）短距孔珩磨。可采用长磨石珩磨［见图 5-47（a）］，常用于内燃机气缸体的曲轴孔加工。由于珩磨头在一次行程内经过所有的孔，所以磨石磨损均匀，并能使各孔获得较好的同轴度。但珩磨头必须导向好，珩磨头的长度应保证磨石有 3 个孔的跨距长度，在上下换向端有 2 个孔的跨距长度留在孔内，以便校正珩磨头的偏摆。由于磨石与孔接触是间断的，有利于提高磨石的自锐性。珩磨头的往复速度不宜选得太高。

2）长距孔珩磨。长距孔［见图 5-47（b）］珩磨不宜采用长磨石，宜根据其孔长选择相应的磨石长度 l_1 与 l_2，同时分别珩磨。但珩磨头上的磨石必须硬度相同，修磨到尺寸一致，以便上下孔同时珩磨到尺寸。

这种珩磨工艺同样可应用于同轴的台阶孔［见图 5-47（d）］，只是珩磨头磨石尺寸不同。

3）不等长孔珩磨。不等长孔［见图 5-47（c）］若不宜采用长磨石，可采用短磨石分别珩磨，也可保证其同轴度和圆柱度要求。

（2）花键孔珩磨。花键孔的最终光整加工若采用珩磨，可显著提高磨削效率和产品质量。珩磨花键孔方法与珩磨普通内孔基本一样，只是珩磨磨石与速度的选择略有不同。

1）珩磨磨石。珩磨窄花键，可选宽磨石与通用珩磨头，磨石的宽度 B 要略大于两个花键齿的宽度。珩磨宽花键，可用如图5-48所示的花键孔珩磨头，即用斜装磨石的办法，或用电镀超硬磨料珩磨杆及珩铰刀（见图5-49）。

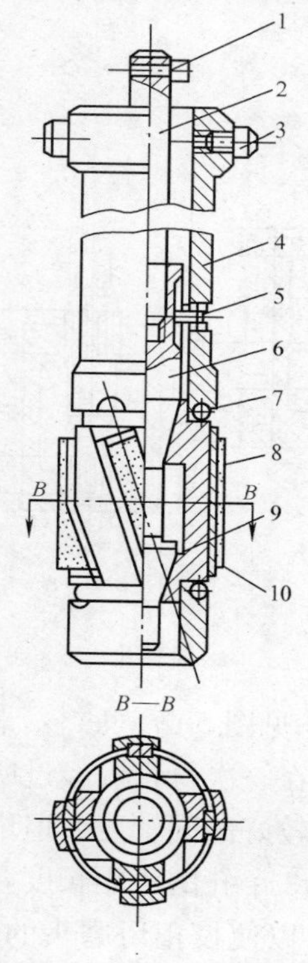

图5-48　花键孔珩磨头

1—销子；2—推杆；3—销钉；4—磨头本体；5—镗销；6—胀锥；7—弹簧圈；8—垫块；9—磨石座；10—磨石

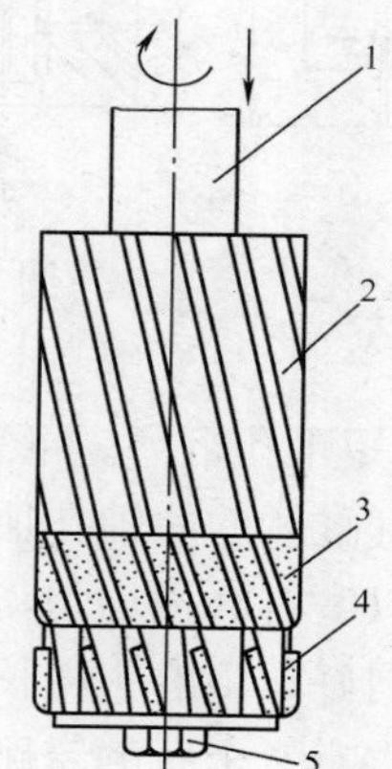

图5-49　珩铰刀

1—心轴（接珩磨头连接杆）；2—导向柱；3—珩铰刀；4—硬质合金铰刀；5—紧固连接螺钉

磨石的粒度和硬度与珩磨同等状态下的光孔相比高一个等级号，其余选择原则相同。

2）珩磨速度。一般花键孔的精加工都在淬火处理后，珩磨速度要根据工件孔的实际硬度确定。虽然花键孔可以改善磨石的自锐性，珩磨速度 v_t 可以偏高选用，但若花键孔是淬硬件，珩磨速度仍要以保证满足需要的珩磨效率为准，即不宜过高，否则磨石会在内孔“打滑”。珩磨网纹交叉角 θ 保持在 30°左右。

4. 螺孔的挤压加工

挤压丝锥挤压螺孔，在国外已成为一种成熟的工艺，国内近年来也有不少工厂在推广使用。挤压丝锥主要应用于延伸性较好的材料，特别是强度、精度较高、粗糙度较细而螺纹直径较小（M6 以下）的螺纹精加工。

挤压丝锥挤压螺纹的主要特点如下：

（1）加工螺纹精度高，可达到 4H 级精度。

（2）加工螺纹表面粗糙度值可达 $Ra(0.63\sim0.32)\mu m$。

（3）丝锥寿命高，特别是 M6 以下的丝锥，能承受较大的转矩而不折断。

（4）挤压螺纹速度也比普通丝锥攻螺纹高。

挤压丝锥的结构日趋完善，使用范围不断在扩大。其常用种类及使用范围见表 5-22。

表 5-22　　挤压丝锥的种类及使用范围

序号	种　类	简　图	使用范围
1	三棱边挤压丝锥	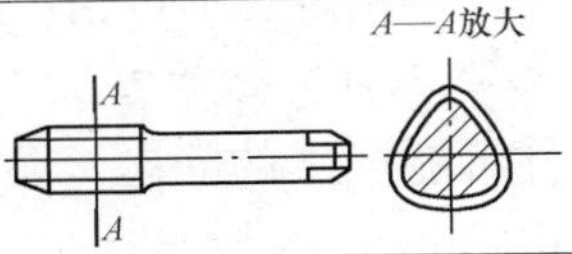 A—A放大	适用于 M6 以下的挤压丝锥
2	四棱边挤压丝锥	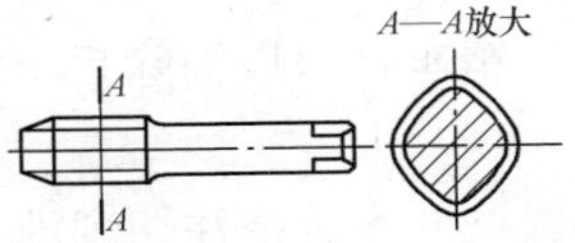 A—A放大	多用于 M6 左右的挤压丝锥
3	六棱边挤压丝锥	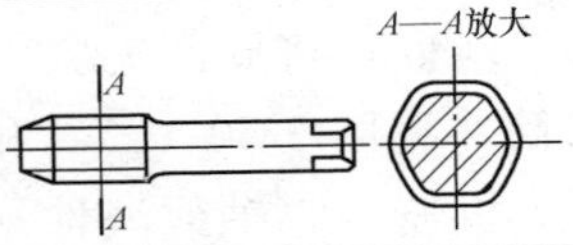 A—A放大	适用于 M6 以上的挤压丝锥
4	八棱边挤压丝锥	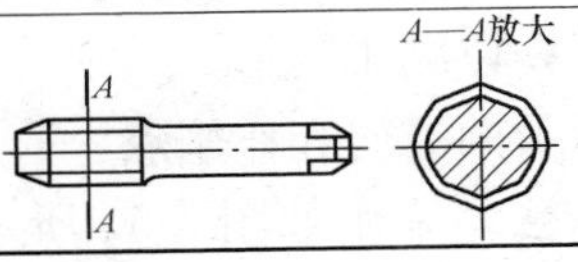 A—A放大	适用于 M6 以上的挤压丝锥

四、薄壁孔工件的加工

随着机械加工技术水平的提高，薄壁工件已在各工业部门得到日益广泛的应用。

薄壁孔工件的加工应解决的关键技术是变形问题。而工件产生变形的原因来自切削力、夹紧力、切削热、定位误差和弹性变形等方面。其中影响变形最大的因素是夹紧力和切削力。

薄壁孔工件根据批量大小和精度不同，可分别采用车削、镗孔、磨削、研磨、滚压加工等方法加工。在此仅以薄壁孔工件的车削、磨削加工为例，对其加工特点进行分析说明。

（一）薄壁孔工件的车削

1. 薄壁工件的加工特点

车薄壁工件时，由于工件刚度差，在车削过程中，可能产生以下现象：

（1）因工件壁薄，在夹紧力的作用下容易产生变形，影响工件的尺寸精度和形状精度。

（2）因工件较薄，车削时容易引起热变形，工件尺寸不易控制。

（3）在切削力（特别是径向切削力）的作用下，容易产生振动和变形。影响工件的尺寸精度、形位精度和表面粗糙度。

2. 防止和减少薄壁工件变形的方法

针对车薄壁工件可能产生的问题，防止和减少薄壁工件变形，一般可采取下列方法：

（1）工件分粗、精车，可以消除粗车时因切削力过大而引起的变形。

（2）车刀保持锋利并充分浇注切削液。

（3）增加装夹接触面，将局部夹紧力机构改为均匀夹紧力机构，可采用开缝套筒［见图 5-50（a）］和特制的大面扇形软卡爪［见图 5-50（b）］，有机玻璃心轴或液性塑料定心夹具，将夹紧力均匀分布在工件上，以减小变形。

（4）改变夹紧力的方向和作用点。薄壁孔工件应将径向夹紧方法改为轴向夹紧方法，采用如图 5-51 所示夹具装夹，用螺母端面

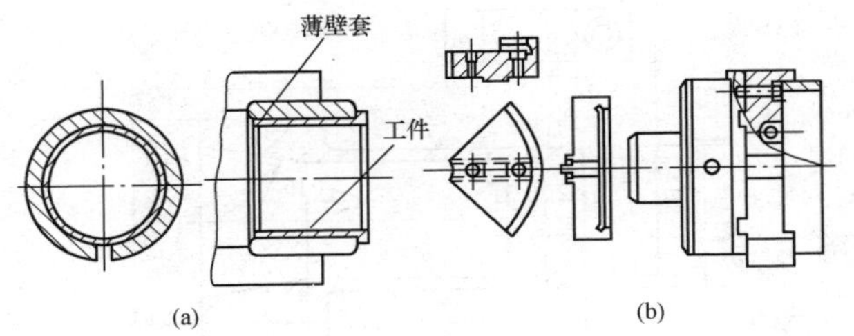

图 5-50　增加装夹接触面减少工件变形

（a）开缝套筒；（b）特制的软卡爪

来压紧工件，使夹紧力沿工件轴向分布，并可增加工件刚度，防止夹紧变形。

（5）增加工艺肋（见图 5-52），使夹紧力作用在肋上，以减少工件变形。

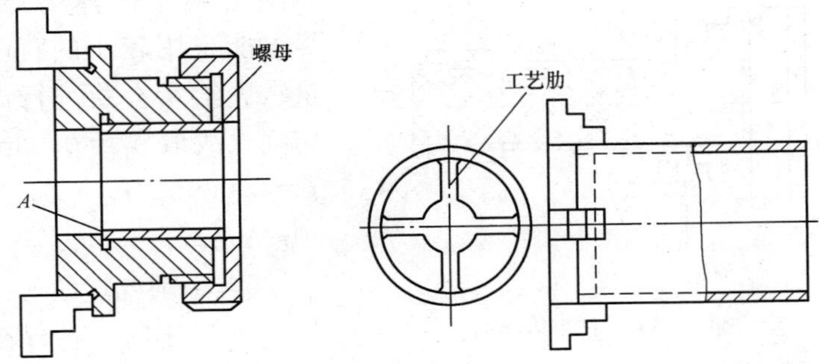

图 5-51　薄壁套的装夹方法　　图 5-52　增加工艺肋减少工件变形

3. 薄壁孔加工实例

（1）普通薄壁工件加工。如图 5-53 所示薄壁工件，壁厚最薄为 0. 1mm，材料为合金钢。

1）工艺过程。采用毛坯退火—粗车—退火—精车。

2）装夹。为了增大工件的支承面积和夹持面积，在工件一端留出工艺夹头，工件孔与有机玻璃心轴相配合（见图 5-54），使之受力均匀，防止变形。

3）刀具。利用 W18Cr4V 左偏刀，几何角度为 $\gamma_0=15°$，$\alpha_0=10°$，$K_r=90°$，$\lambda_s=0°$，$K'_r=8°$，刀尖圆弧半径 $r_\varepsilon=0.1$mm，表面

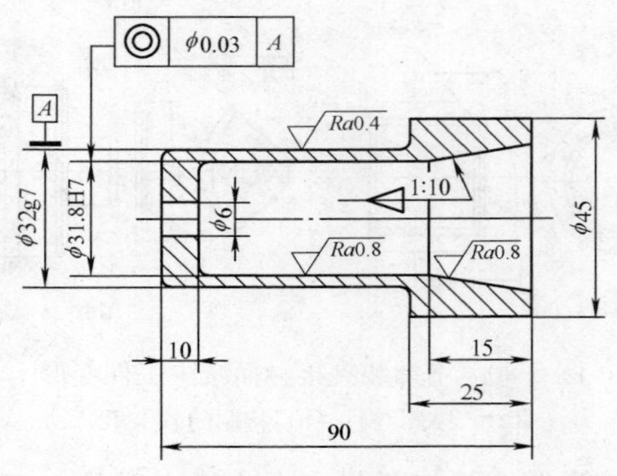

图 5-53　薄壁零件

粗糙度值 *Ra* 小于 0.2μm。

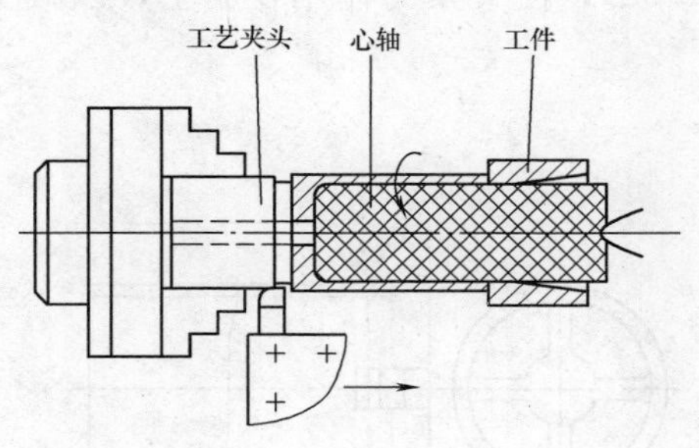

图 5-54　工件装夹

4）车削用量。以减小车削力和车削热为原则，尽可能采用较小的背吃刀量、进给量，并进行高速切削。故取 $a_p=0.03$mm，$f=0.06$mm/r，v 为 25～30r/min。

5）车削要点如下：

a. 粗车时，各外圆及端面均留余量 1.2～2mm，钻出 ϕ6mm 孔，留 35mm 左右的工艺夹头。

b. 精车时，各外圆和端面均留 0.5～0.8mm 余量，内孔车到尺寸。

c. 心轴与孔配合间隙为 0.005mm，表面粗糙度 *Ra* 不大于 0.4μm，清洗干净，心轴涂机械油后推入工件孔中，精车外圆。

d. 精车完后进行表面抛光。

e. 全部加工过程要用 10%乳化液充分冷却润滑。

（2）大型薄壁件的加工。大型薄壁件加工的特点是工件尺寸大、壁薄、刚度差，装夹时容易产生变形，切削过程产生振动及热变形。故加工时应采取如下措施：

1）选择适当的夹紧方法，减少夹紧变形。粗加工时，可采用十字支撑夹紧（见图 5-55），以增加夹紧力。筒形薄壁件加工内、外圆时，可采用轴向压紧装夹（见图 5-56）。当工件较高时，加工会产生振动，可增加辅助支撑装夹（见图 5-57）。加工大型薄铜套时，最好增加工艺肋或工艺夹头装夹（见图 5-58）。

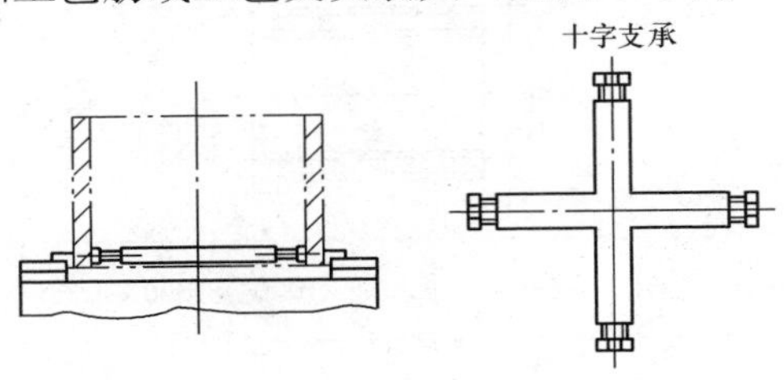

图 5-55　十字支承装夹

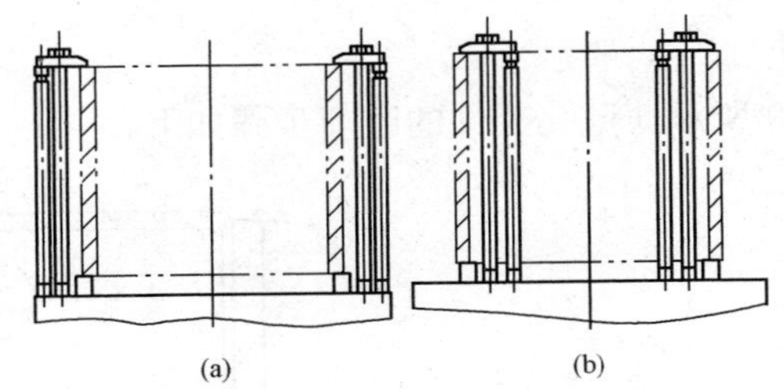

图 5-56　轴向压紧装夹

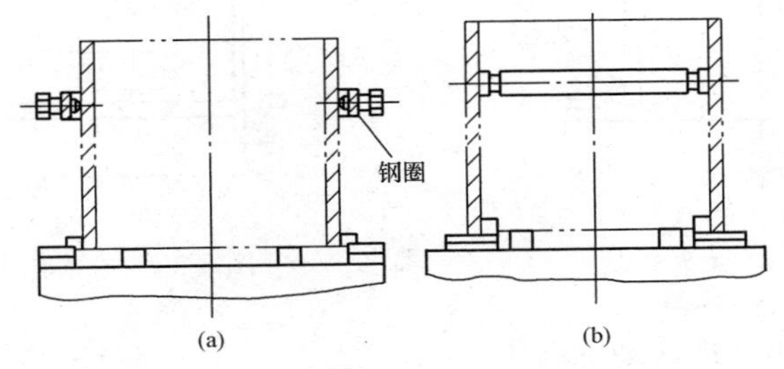

图 5-57　辅助支撑装夹

（a）外支撑；（b）内支撑

2）粗、精加工要分工序进行。工件在粗加工之后，经自然时效，消除粗加工时的残余内应力。粗车后留精车余量，见表 5-23。

表 5-23　　　　薄壁件精车余量

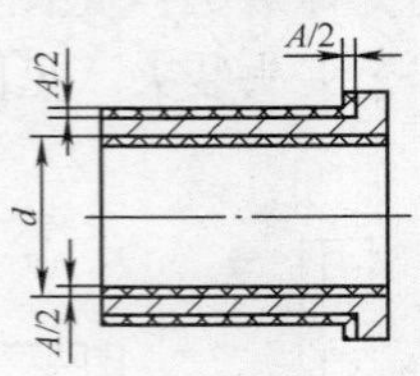

孔径 d（mm）	＜400	400～1000	1000～1500	1500～2000
直径余量 A（mm）	4	5	6	8

3）壁厚较薄的工件加工后检查，允许在机床上测量。

（二）薄壁孔磨削实例

1. 薄壁孔工件的磨削步骤

如图 5-59 所示薄壁孔工件的磨削步骤如下：

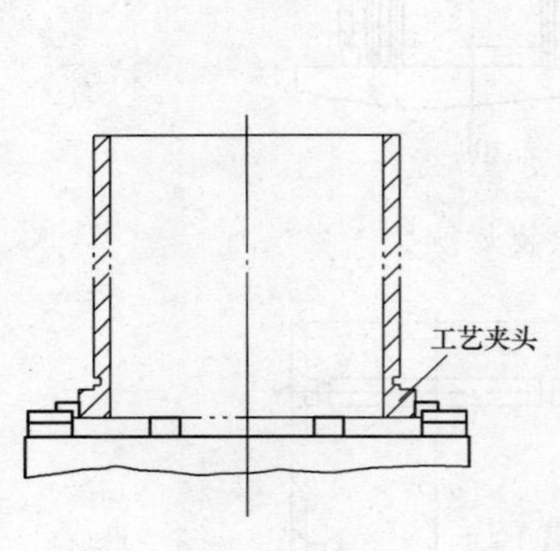

图 5-58　工艺夹头装夹

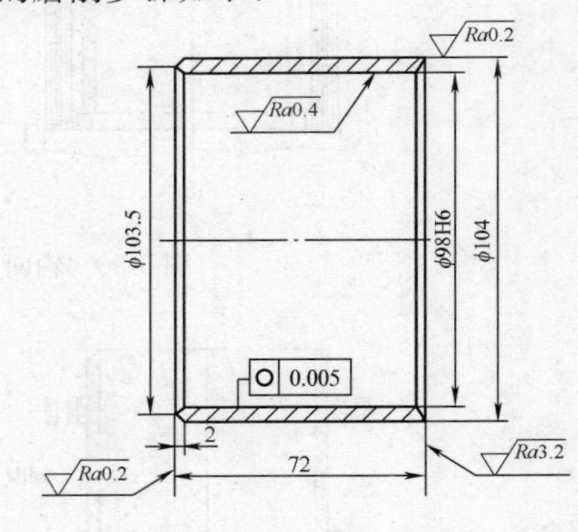

图 5-59　薄壁孔工件

（1）热处理，消除应力。

（2）平磨两端面，控制平行度误差小于 0.02mm。

（3）粗磨 ϕ98H6 孔。

（4）粗磨 ϕ104mm 外圆。

（5）平磨两端面，控制平行度误差小于0.01mm。

（6）研磨ϕ103.5mm端面，控制平行度误差小于0.003mm。

（7）精磨ϕ98H6至尺寸。

（8）精磨ϕ104mm外圆至尺寸。

2. 防止工件变形措施

防止和减少工件变形，是薄壁孔工件磨削加工的关键，主要采取以下措施：

（1）粗磨前后，对零件进行消除应力的处理，以消除热处理、磨削力和磨削热引起的应力变形。

（2）工艺上考虑粗、精磨分开，减少磨削深度和磨削力。

（3）改进夹紧方式，减小变形。采用图5-51所示夹具装夹磨内孔，且A面经过研修，平面度很高，故工件变形很小。

五、薄板孔工件的加工

薄板件刚度差，钻削中既受轴向力向下压，又受扭矩作用，易产生扭曲变形；钻孔时零件与钻头的弹性和钻削力的变化，容易引起切削振动，使孔不圆和产生毛刺。由于一般钻床有轴向窜动，如采用普通麻花钻钻薄板，则当钻尖将要钻透时，进给量、切削力突然加大，最容易使钻头折断。因此，必须使钻尖锋利，将月牙圆弧加大，外刃磨尖，形成三个尖点，横刃修窄，起到内刃定中心、外刃切圈的作用。薄板群钻切削部分几何参数见表5-24。

1. 钻大孔薄板钻头（见图5-60）

（1）修磨要点如下：

1）改变薄板群钻的内顶角，磨出双刃双重顶角，增强钻芯钻尖强度。

2）改变两刃尖角，使两侧刃尖角形成外刃倾角，提高两外尖的寿命。

3）缩短横刃至1～2mm，减轻轴向力，使钻削轻快。

（2）参数值（以d_0=50mm为例）：外刃顶角2ϕ=110°，内刃顶角$2\phi_1$=90°，内刃双重顶角$2\phi'$=110°，刀尖角ε=40°，内刃前角γ_τ=90°，圆弧刃后角α_R=12°，外刃后角α=12°～14°，横刃斜角φ=60°，内刃斜角τ=20°，圆弧侧后角α'_R=10°，尖高h=1mm，圆

表 5-24　　薄板群钻切削部分几何参数

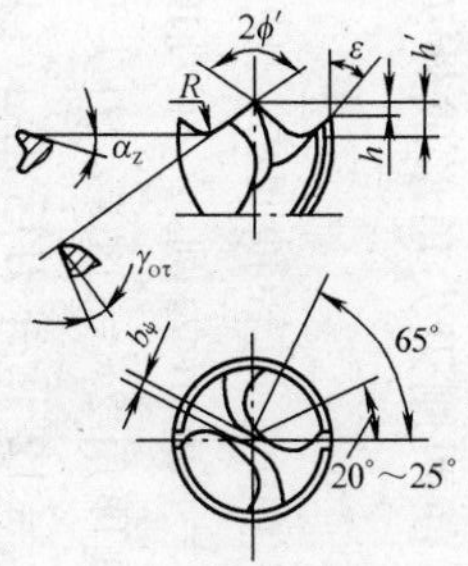

钻头直径 d（mm）	横刃长 b_{ψ}（mm）	钻尖高 h（mm）	圆弧半径 R（mm）	圆弧深度 h'（mm）	内刃锋角 $2\phi'$/（°）	刃尖角 ε（°）	内刃前角 $\gamma_{0\tau}$（°）	圆弧后角 α_R（°）
5～7	0.15	0.5	用单圆弧连接	＞（δ+1）	110	40	−10	15
＞7～10	0.2							
＞10～15	0.3							
＞15～20	0.4	1	用双圆弧连接					12
＞20～25	0.48							
＞25～30	0.55							
＞30～35	0.65	1.5						
＞35～40	0.75							

注　1. δ 是指料厚。

2. 参数按直径范围的中间值来定，允许偏差为 $\pm\Delta/2$。

弧深度 h_1＞工件厚度＋1mm，横刃长 b＝1～1.2mm，圆弧刃半径 R = 3 ～ 4mm。

（3）用量推荐。挑选钻头时，以导向部分短些为好。v＝18 ～ 20m/min；f = 0.20 ～ 0.32mm/r；乳化液冷却。

（4）实用效果如下：

1）克服了标准钻头外圆转角处热量集中、磨损较快的弱点。

2）适当减小了圆弧刃后角，提高了钻芯尖和外刃尖强度。

3）定心好，钻头切入工件快，容易纠偏，保证孔的正确位置。

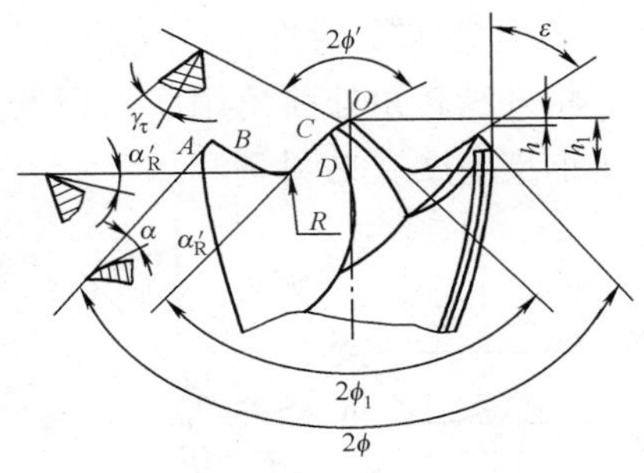

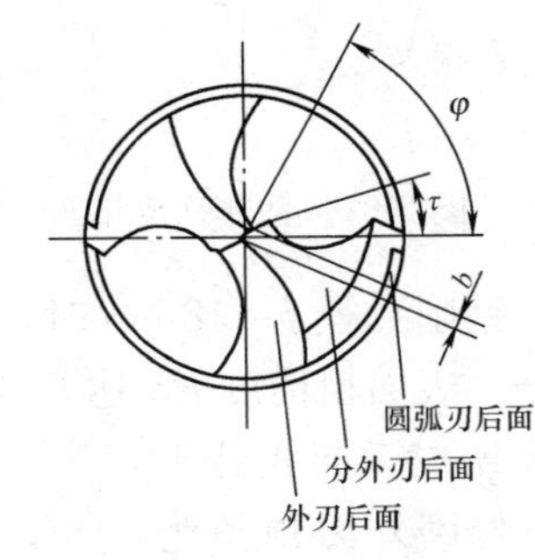

图 5-60　钻大孔薄板钻头

4）减轻钻孔时的轴向倾斜，提高孔轴线平行度，减轻弯曲变形。

5）钻头的主切削刃和圆弧刃不易磨损，切削条件较好，排屑顺利。

6）钻削时，三尖锋利，似套料式切削，钻芯尖先切入工件，定住中心，起到钳制作用，两外刃尖迅速把中间的圆片切离。得到所要求的孔，孔形圆整，无飞边毛刺。加工效率提高 2～2.5 倍。

2. 钻薄铁皮钻头

修磨内刃顶角 $2\phi=60°$，外刃楔角＝30°；圆弧刃的深度 h 可取大于或等于铁皮厚度（见图 5-61）。

适用于钻削厚度 0.5～1.5mm 的铁皮，被钻孔径为 18mm 时，采用转速 n＝710～1000r/min；手动进刀，表面粗糙度 Ra 达 6.3～3.2μm，孔形规则，无飞边和毛刺，安全可靠，生产效率高。

3. 钻薄铜皮钻头

将外缘转角处前角用磨石研磨成 $\gamma=15^{\circ}$；圆弧刃深度 h 大致等于铜皮厚度（见图 5-62）。

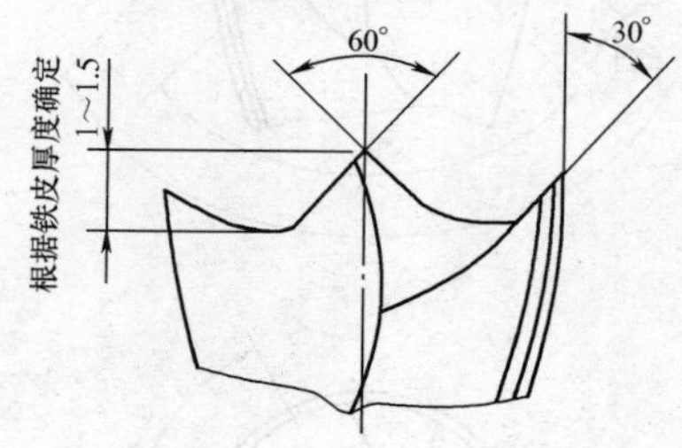

图 5-61　钻薄铁皮钻头

图 5-62　钻薄铜皮钻头

钻削孔径 $\phi=18$mm 时，取 $n=1000$r/min；手动进刀。钻后孔形好，表面粗糙度 Ra 达 6.3μm，操作安全可靠。

4. 钻薄铝板钻头

修磨外刃顶角为 118°，内刃顶角为 75°；修磨前面，加大前角；修磨横刃长度为 0.5～1mm（见图 5-63）。

$v=45$m/min；$f=0.5\sim1$mm/r，钻头切削平稳；表面粗糙度值小，生产效率高。

5. 钻薄胶木板钻头

修磨成圆弧刃，半径 R 取为原主刃长的 1/3；修磨前面，加大前角为 118°，前刀面宽为 2～5mm，内刃顶角为 118°（见图 5-64）。

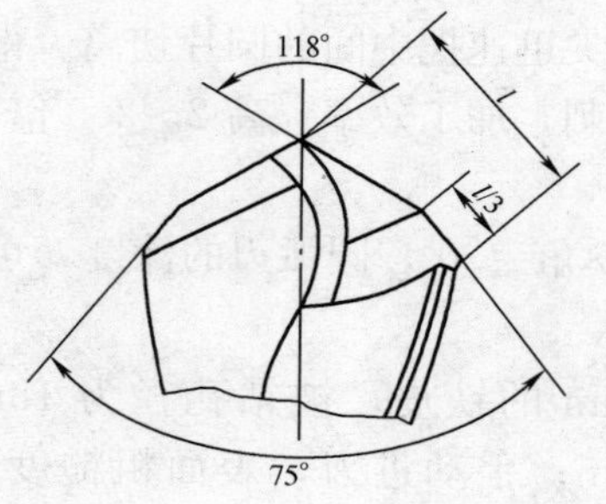

图 5-63　钻薄铝板钻头

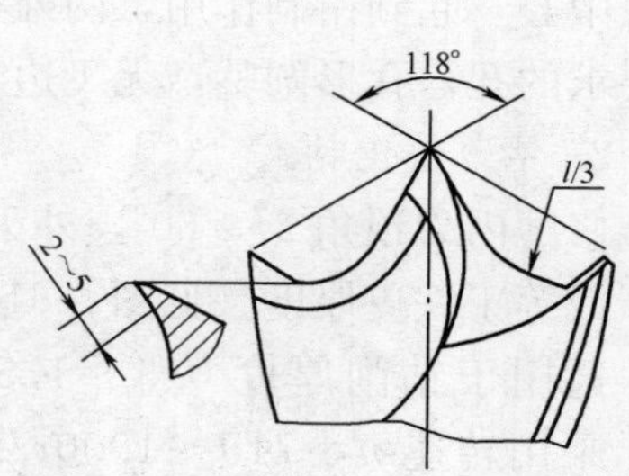

图 5-64　钻薄胶木板钻头

适宜于钻削厚度 0.2～2mm 的胶木板，v=45m/min；f=1mm/r。

6. 钻软薄材料多用钻头

对于厚度在 0.1mm 以下的铜皮、纸张和电工绝缘材料的钻孔，用标准钻头加工比较困难，当钻头的两刃刚刚碰到工件，就会把工件撕破。例如钻削铜皮，不但易使工件报废，还会造成工伤事故。

按图 5-65 所示参数修磨的钻头，能安全顺利地适用于软薄材料的钻孔。也适于在薄型泡沫、软橡胶、吹塑防振用的包装材料、木质板材、厚纸板等材料上的钻孔。

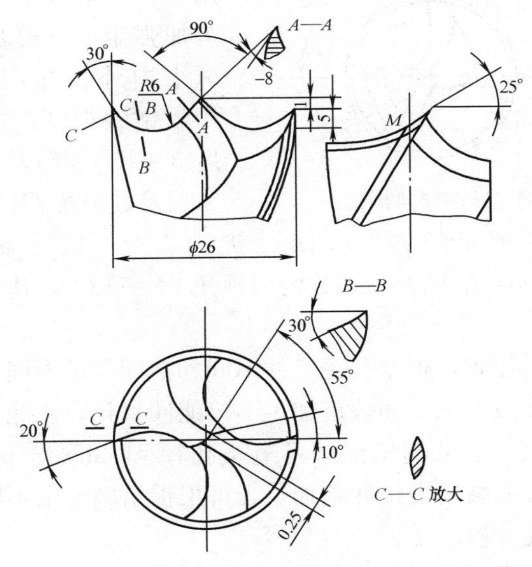

图 5-65　钻软薄材料多用钻头

对于极薄材料的钻削，如铜皮、纸张、薄型泡沫塑料和薄形软橡胶等，必须使钻头反方向旋转，其他材料钻削，钻头则仍按正规方法进行。切削速度一般取 v=60～70m/min；手动进给。可得到满意的效果。

7. 钻多层薄板钻头

两层以上的薄板叠合在一起钻孔时，如用基本群钻加工，每当

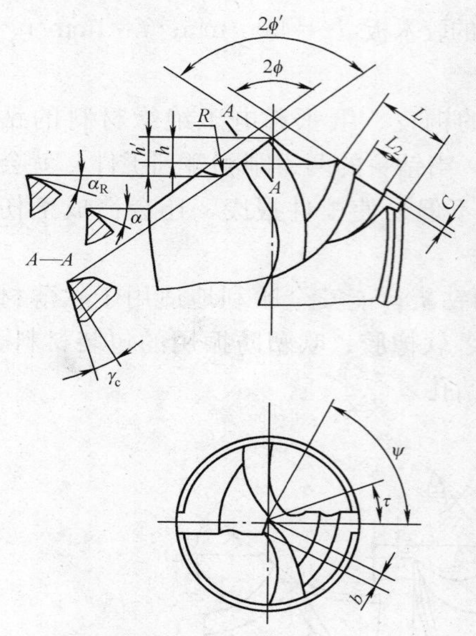

图 5-66　钻多层薄板钻头

上面一层刚钻透时，月牙槽部分留下一个环形垫，它随钻刃一起转动，破坏切削作用，使钻头难以向下一块钻进，且增加切削负荷，严重时会引起断钻。现修磨的圆弧刃半径较大，月牙槽深度较浅。它既有月牙槽的导向、定心、分屑和增大前角的作用，又不容易产生环形垫。为加强定心，可加高钻尖并减小内外顶角，加长横刃，增强钻尖强度，缩短外刃长度（见图 5-66）。

参数值推荐：外刃长 $l \approx 0.25d_0$、圆弧刃半径 $R \approx 0.4d_0$、尖高 $h \approx 0.1d_0$、横刃长 $b \approx 0.04d_0$、外刃顶角 $2\phi_1 = 120°$、内刃顶角 $2\phi' = 120°$，其余与基本群钻相同。

薄板孔的加工，根据孔径尺寸不同和精度要求不同，还可采用冲孔模实行冲裁加工。冲裁模加工不仅能冲单孔，还能冲多孔。如印制板冲孔模，能冲制覆铜箔环氧板孔径 $\phi 1.3$mm、板厚 1.5mm 的小孔。对金属材料板件冲裁加工，可根据精度要求不同采用普通冲孔模和精孔冲模加工。

精度要求很高的薄板孔工件，由于装夹时容易产生变形，磨削加工或珩磨加工内孔时可采用多件叠装如图 5-44 所示夹具装夹加工，但要求薄板上下两面平整、平行，外形规则。这样不仅增加工件装夹时的刚度，而且保证同一批工件有较高的尺寸精度和形位精度，并可提高加工效率。

第五节　孔的精密加工及光整加工

一、孔的精密加工

孔的精密加工根据工件的结构特点和精度要求以及批量不同，可采用不同的加工方法。

1. 精孔钻削

钻孔一般作为粗加工工序，对孔的精度和表面粗糙度要求都不太高。在特殊情况下，如单件生产或修理工作中，在缺少铰刀或其他形式的精加工条件时，则可采用精孔钻扩孔的办法解决，其扩孔精度可达0.02～0.04mm，表面粗糙度值 Ra 可达1.6～0.8μm。这种扩孔方法比较简便，操作方便，容易掌握，能适用各种不同材料，钻头的使用寿命也较长。

精孔钻削要点如下：

（1）精钻前，先钻底孔留0.5～1mm的加工余量，然后用修磨好的精孔钻头进行扩孔。精扩孔时应浇注以润滑为主的切削液，降低切削温度，改善表面质量。

（2）使用较新或直径尺寸符合加工孔公差要求的钻头，钻头的切削刃尽可能修磨对称，两刃的轴向摆动量应在0.05mm以内，使两刃负荷均匀，提高切削稳定性。

（3）用细磨石研磨主切削刃的前、后面，细化表面粗糙度，消除刃口上的毛刺，减小切削中的摩擦。

（4）钻头的径向摆动应小于0.03mm，选用精度较高的钻床或采用浮动夹头装夹钻头。

（5）进给量应小于0.15mm，但进给量又不能太小，否则刃口不能平稳地切入工件，从而引起振动。

铸铁精孔钻如图5-67所示，钢材精孔钻如图5-68所示。

2. 镗削

镗削加工是用各种镗床主要进行镗孔的一种工艺手段。镗削加工应用微调镗刀、定径镗刀和专用夹具或镗模后，可精确地保证孔径（H7～H6）、孔距（0.015mm左右）的精度和较细的表面粗糙度［Ra（1.6～0.8）μm］。因而镗削加工又是实现精密加工的一种重要工艺方法。

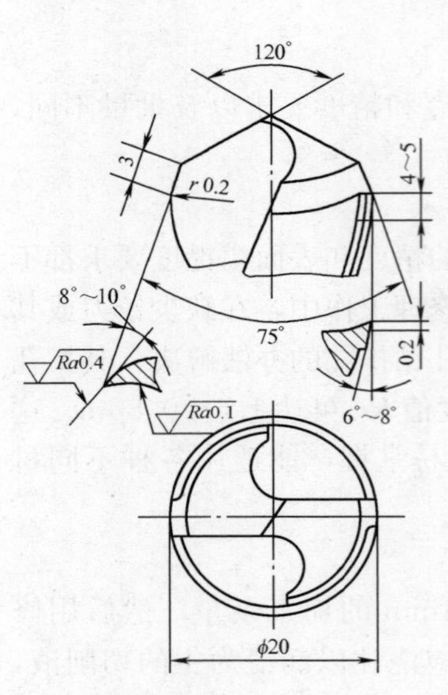

图 5-67 铸铁精孔钻

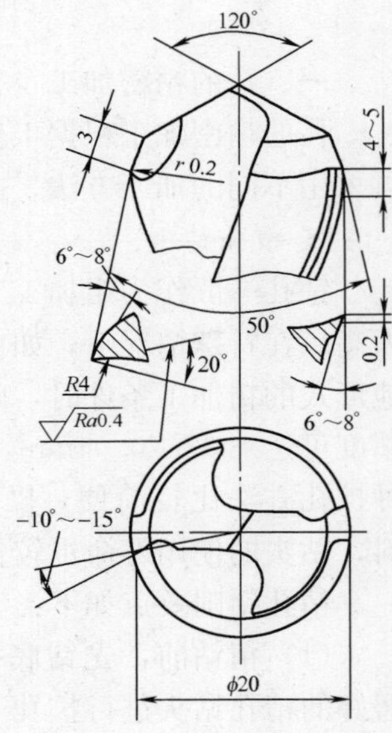

图 5-68 钢材精孔钻

通常在坐标镗床上实现孔的精密加工。坐标镗床的加工精度见表 5-25。

表 5-25 坐标镗床的加工精度

加工过程	孔距精度①	孔径精度	加工表面粗糙度 Ra（μm）	适用孔径 d（mm）
钻中心孔—钻—精钻 钻—扩—精钻	1.5～3	H7	3.2～1.6	＜6
钻—半精镗—精钻	1.2～2			
钻中心孔—钻—精铰 钻—扩—精铰	1.5～3			＜50
钻—半精镗—精铰	1.2～2		1.6～0.8	
钻—半精镗—精镗 粗铣—半精镗—精镗		H7～H6		一般

① 机床定位精度的倍数。

金刚镗床上的加工也属精密镗削加工，一般用于加工工件上的精密孔，镗孔的直径范围为 10～200mm。由于精密镗削所选用的进给量和背吃刀量都很小，切削速度又比较高，所以精密镗削的孔径精度可达 H6，多轴镗孔的孔距公差可控制在 ±0.005～0.01mm。不同情况的加工精度见表 5-26。

表 5-26　　金刚镗床的加工精度

<table>
<tr><th>工件材料</th><th>刀具材料</th><th>孔径精度</th><th>孔的形状误差
Δ（mm）</th><th>表面粗糙度
Ra（μm）</th></tr>
<tr><td>铸铁</td><td rowspan="2">硬质合金</td><td rowspan="3">H6</td><td rowspan="2">0.004～0.005</td><td>3.2～1.6</td></tr>
<tr><td>钢（铸钢）</td><td>3.2～0.8</td></tr>
<tr><td>铜、铝及
其合金</td><td>金刚石</td><td>0.002～0.003</td><td>1.6～0.2</td></tr>
</table>

3. 内圆磨削

内圆磨削也是内孔的精加工方法之一，它可以磨削圆柱孔、圆锥孔等。磨孔的公差等级可达 IT6～IT7 级，表面粗糙度值 Ra 为 0.8～0.2μm。如采用高精度磨削工艺，尺寸精度可控制在 0.005mm 以内，表面粗糙度值 Ra 为 0.1～0.025μm。

内圆磨削原理虽与外圆磨削一样，但内圆磨削工作条件较差。内圆磨削有以下特点：

（1）砂轮直径 D 受工件直径 d 的限制，即 $D=(0.5\sim0.9)d$，尺寸较小，损耗快，需经常修整和更换，影响了磨削生产效率。

（2）磨削速度低。一般砂轮直径较小，即使砂轮转速已高达每分钟几万转，要达到砂轮圆周速度 25～30m/s 也是十分困难的。因此内圆磨削要比外圆削速度低得多，磨削效率较低，表面粗糙度较大。为了提高磨削速度，我国已试制成功 120 000r/min 的高频电动磨头及 100 000r/min 的风动磨头，以便磨削 1～2mm 的小孔。

（3）砂轮轴受到工件孔径与长度的限制，刚度差，容易弯曲变形，产生振动，从而影响了加工精度和表面粗糙度。

（4）切削液不易进入磨削区，磨屑排除困难。脆性材料为了排屑方便，有时采用干磨削。

内圆磨削特别对于淬硬的孔、断续表面的孔（带键槽或花键槽的孔）和长度很短的精密孔，更是主要的精加工方法。内圆磨削可以磨削通孔、阶台孔、孔端面、锥孔及轴承内滚道等（见图5-69）。

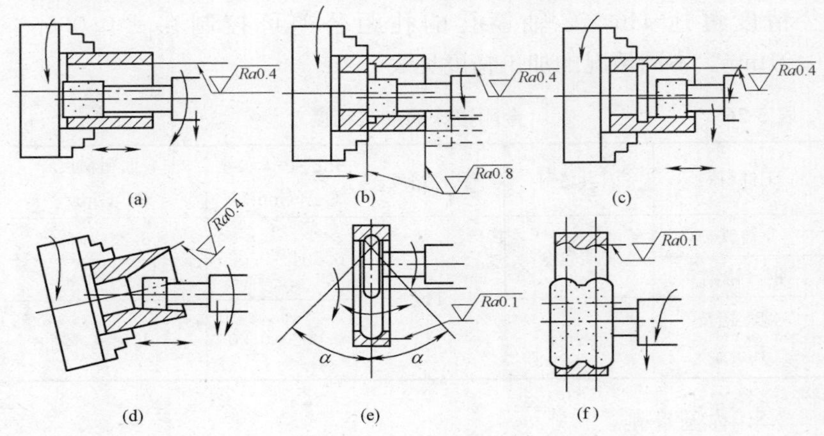

图 5-69　内圆磨削工艺应用范围

（a）磨通孔；（b）磨孔及端面；（c）磨阶台孔；（d）磨锥孔；（e）磨滚道；（f）成形磨滚道

此外，在加工各种精密孔时，还可采用刚性镗铰刀，见图5-70。这种铰刀的特点是镗削、铰削和挤压结合在一起，刀具最前端具有主偏角 $\kappa_r=40°$ 的切削刃担任切除大部分余量的镗削任务。3°斜角与圆柱校准部分担负精铰任务，硬质合金导向块起导向、支承和挤压作用。圆柱校准部分的半径比导向块半径小，分别为0.025、0.032、0.035mm（视工件材料不同而异），以便留有挤压余量，通过导向块对孔挤压，可得到较小的表面粗糙度值。

刚性镗铰刀特别适用于铸铁孔加工，可获得较高的尺寸精度、几何精度及表面质量，刀具耐磨性能好，使用寿命长。

二、孔的光整加工

当套类零件内孔的加工精度和表面质量要求很高时，内孔在精加工之后还必须进行光整加工。常用的加工工艺有精细镗削、研磨、珩磨、挤光和滚压等。其中研磨多系手工操作，劳动强度大，通常用于批量不大且直径较小的孔；而精细镗、珩磨、挤光和滚压

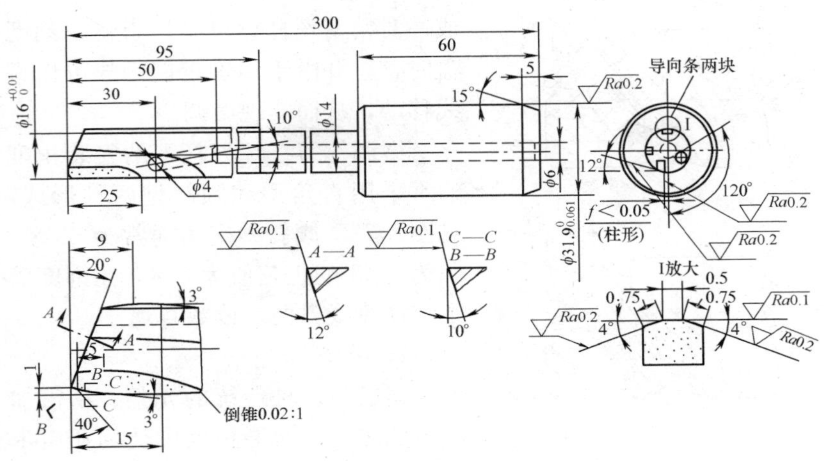

图 5-70　刚性镗铰刀

由于加工质量和生产率都比较高，因此应用日渐广泛。

1. 精细镗孔

精细镗常用于有色金属合金及铸铁的套筒零件内孔终加工，或者作珩磨和滚压前的预加工。

精细镗刀具材料采用天然金刚石，成本高，目前已采用硬质合金 YT30、YT15 或 YG3X 代替，或者采用人工合成的金刚石和立方氮化硼。为了达到高精度与细的表面粗糙度要求，减少切削变形对工件表面的影响，切削速度 v 选得较高（钢为 200m/min；铸铁为 100m/min；铝合金为 300m/min）；背吃刀量 a_p＝0.1～0.3mm；进给量较小，f＝0.04～0.005mm/r。故切屑塑性变形小，切削力小，产生的切削热少，工件表面质量好。高速精镗孔要求机床精度高、转速高、刚度好、传动平稳、能微量进给，无爬行现象。

精细镗在良好的工作条件下，公差等级可达 IT6～IT7。孔径在 ϕ15～ϕ100mm 时，尺寸误差为 0.002～0.005mm；圆度误差小于 0.003～0.005mm；表面粗糙度值 Ra 为 0.50～0.10μm。

镗削精密孔时，采用微调镗刀头可以节省对刀时间，保证孔径尺寸。图 5-71 所示为三种典型结构的微调镗刀。

微调镗刀都有一个精密刻度盘，刻度盘的螺母同刀头的丝杆组

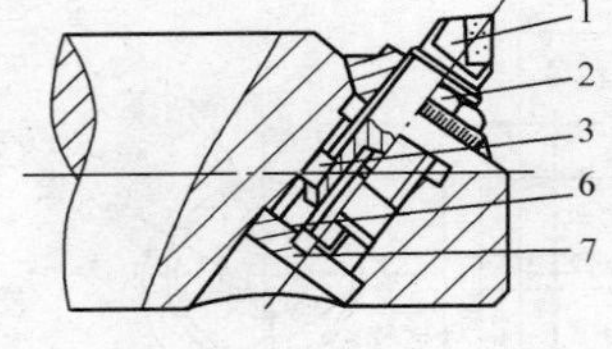

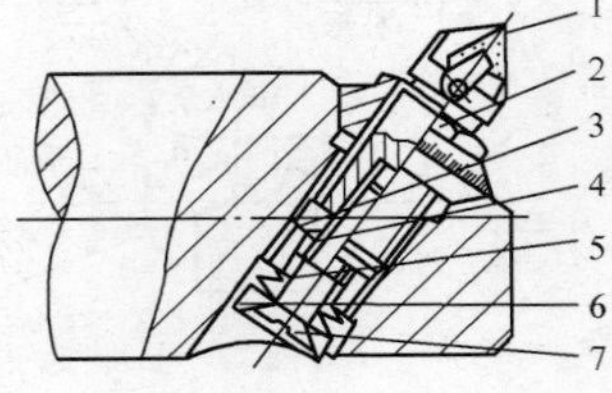

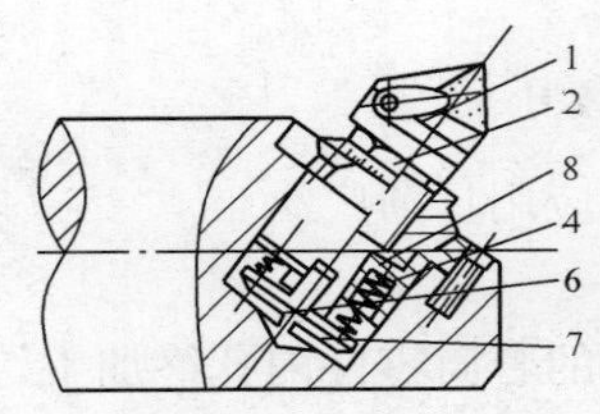

图 5-71　微调镗刀典型结构

1—刀头；2—刻度盘；3—键；4—弹簧；5—碟形弹簧；6—垫圈；7—螺钉；8—衬套

成一对精密丝杆螺母副。当转动刻度盘时，丝杆由于用键定向，故可作直线移动，从而实现微调。

微调镗刀在镗刀杆上的安装角度通常采用直角型和倾斜型两种形式，见图 5-72。倾斜型交角通常为 53°8′，因为 53°8′的正弦值为 0.8，在刻度盘上标注刻线方便，读数直观。

2. 研磨孔

研磨是一种传统的光整、精密加工方法之一，研磨精度可达到亚微米级的精度（尺寸精度可达 0.025μm，圆柱度误差可达 0.1μm），表面粗糙度值 Ra 可达 0.10μm，并能使两个零件的接触面达到精密配合。

(1) 内孔研具。内孔研具又称研磨心棒，按使用形式分为可调式与不可调式两种，如图 5-73 所示。心棒锥度和研磨套的配合锥度为 1∶20～1∶50。锥套外径比工件小 0.01～0.02mm，大端壁厚为（0.125～0.8）d_w（d_w 为工件被研孔径）。研具长度 l=（0.7～1.5）l_w（l_w 为工件被研表面长度）。对于大而长的工件，l 取小值。

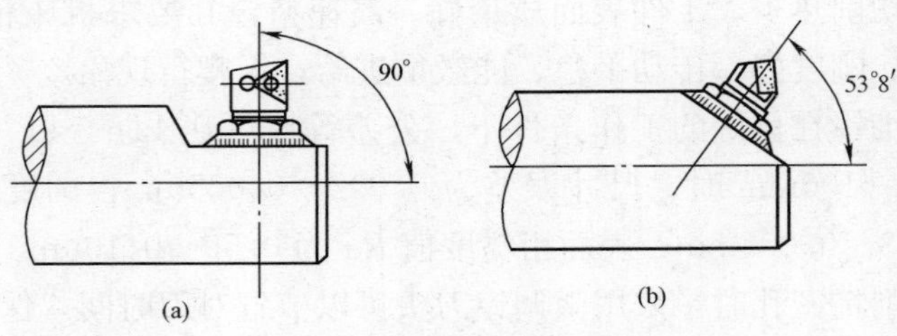

图 5-72　微调镗刀的安装形式

(a) 直角型；(b) 倾斜型

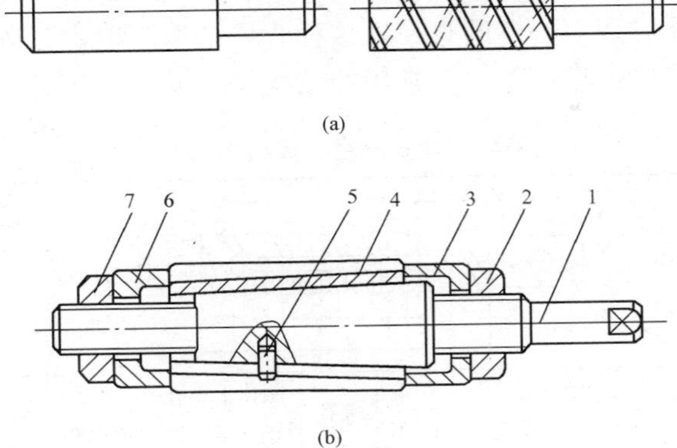

图 5-73　不可调式与可调式心棒

（a）不可调式；（b）可调式

1—心棒；2、7—螺母；3、6—套；4—研磨套；5—销

研磨心棒结构可分为开槽与不开槽两种。开槽心棒多用于粗研磨，槽分直槽、螺旋槽和交叉槽等，见图 5-74。

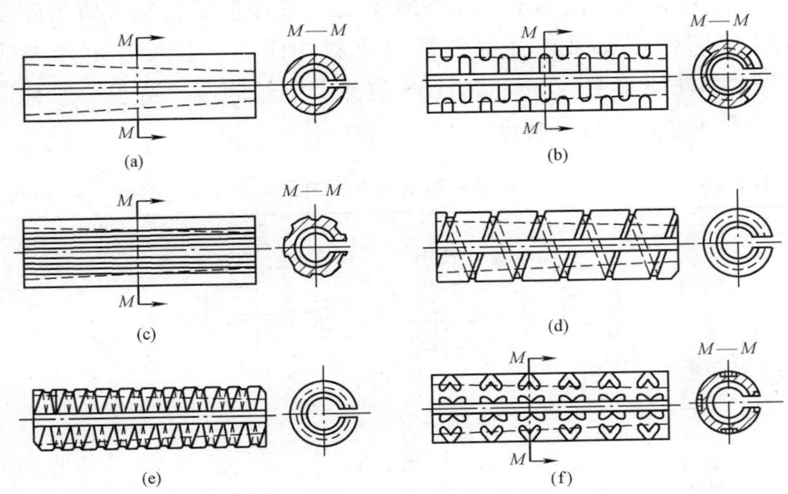

图 5-74　内孔研磨心棒沟槽形式

（a）单槽；（b）圆周短槽；（c）轴向直槽；

（d）螺旋槽；（e）交叉槽；（f）十字交叉槽

1）简易可调式心棒。中间沿轴向开有一条宽度为 B 的槽，用数个平顶顶钉调节心棒的直径。这种心棒结构简单，制造容易，但调节较麻烦，可靠性差。其常用的结构尺寸见表 5-27。

表 5-27　　简易可调式研磨心棒结构尺寸　　mm

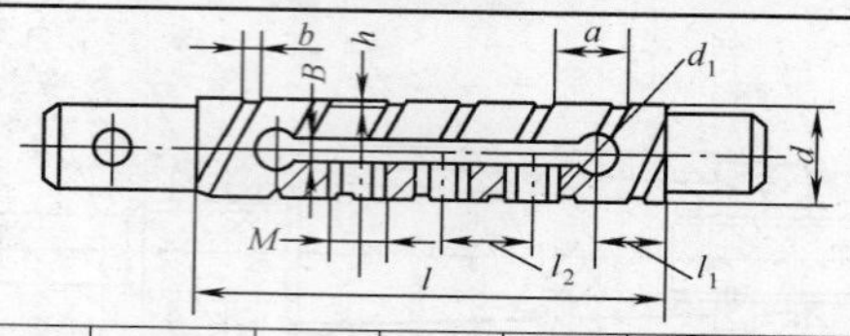

外径 d	长度 l	直槽槽宽 B	直槽端孔径 d_1	孔端间距 l_1	螺孔 M	螺孔距 l_2	螺孔数 n	螺旋槽槽距 a	槽宽 b	槽深 h
16	250	1.5	4	0	4	43	5	25	1	0.5
16	320	1.5	4	0	4	40	7	25	1	1
20	200	2	6	10	4	50	2	20	1.5	1
20	500	3	10	13	6	65	2	65	1.5	1

2）小孔（直径小于 8mm）研具。一般用低碳钢制成成组固定尺寸研磨棒。小深孔可用弹簧钢丝制作研瓣。其尺寸可参考表 5-28。弹性研瓣由 300～320HBS 的弹簧钢丝制成，适于一般精度的小孔研磨，也可研磨母线为曲线的小孔。

表 5-28　　弹性研瓣 ***R*** 和 ***h*** 尺寸表　　mm

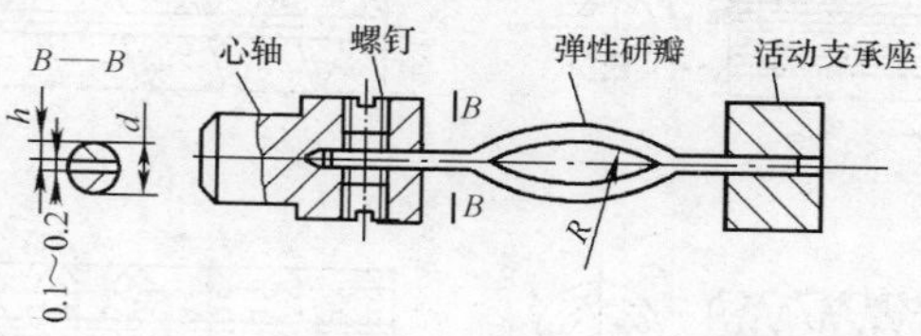

孔径 d	1	1.5	2.0	2.5	3.0	3.5	4.0
厚度 h	0.45	0.75	0.95	1.20	1.45	1.70	1.90
曲率半径 R	10	12	14	16	18	20	22

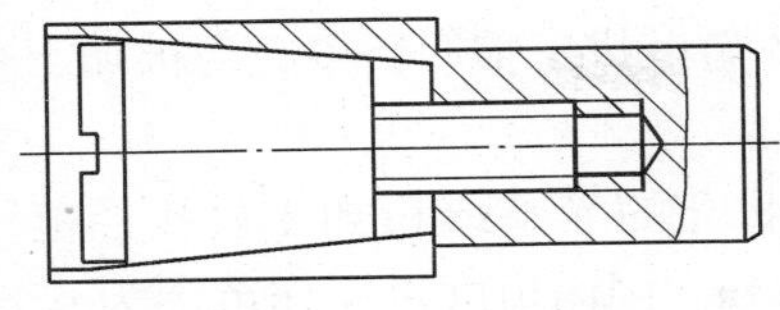

图 5-75　不通孔研磨心棒

3）不通孔研磨心棒（见图 5-75）。利用螺纹，通过锥度使外径胀大。研磨心棒的工作部分长度必须大于被研孔的长度 20～30mm，配合锥度为 1∶20～1∶50。

（2）内孔研磨方法。

1）内孔手工研磨。内孔手工研磨主要使用固定式或可调式研磨棒加工。加工时将工件夹持在 V 形块上，待研磨棒置入孔内后再调整螺母，使研磨棒产生弹性变形，给工件以适当压力。然后双手转动铰杆，同时沿工件轴线作往复运动。

2）内孔半机械研磨。这种研磨主要利用研磨棒在车床上进行。研磨时把研磨棒夹持在车头上，手握工件在研磨棒的全长上作往复移动，均匀研磨。研磨速度一般可控制在 0.3～1m/s 之间。研磨中可不断调大研磨棒直径，以使工件得到所要求的尺寸和几何精度。

3）不通孔研磨。在精密组合件中，不通孔较多，其尺寸精度、几何精度一般均在 1～3μm 之间，表面粗糙度值 Ra 在 0.2μm 以下，配合间隙一般为 0.01～0.025mm，有的可达 0.004mm。由于研磨棒在不通孔中运动受到很大限制，所以工件研前加工精度应尽可能接近对工件的最终要求，研磨余量应尽可能压缩到最小。研磨棒工作长度应稍长于孔长 5～10mm，并使其前端具有大于其直径 0.01～0.03mm 的倒锥。粗研时用较粗的研磨剂（如 W20），精研前应洗净残余研磨剂，更换细粒度研磨剂，以确保工件获得较低表面粗糙度。

3. 珩磨孔

（1）珩磨孔的工艺特点。珩磨是一种低速磨削法，常用于内孔表面的光整、精加工。珩磨磨石装在特制的珩磨头上，由珩磨机主轴带动珩磨头作旋转和往复运动，并通过其中的胀缩机构使磨石伸出，向孔壁施加压力以作进给运动，实现珩磨加工。

为了提高珩磨质量，珩磨头与主轴一般都采用浮动连接，或用刚性连接而配用浮动夹具，以减少珩磨机主轴回转中心与被加工孔的同轴度误差对珩磨质量的影响。

珩磨工艺大量应用于各种形状孔的光整或精加工，孔径范围 $\phi1\sim\phi1200$mm，长度可达 12 000mm。国内珩磨机工作范围为 $\phi5\sim\phi250$mm，孔长 3000mm。珩磨工艺适用于金属材料与非金属材料的加工，如铸铁、淬火与未淬火钢、硬铝、青铜、黄铜、硬铬与硬质合金、玻璃、陶瓷、晶体与烧结材料等。

珩磨加工表面质量特性好，可以获得较小的表面粗糙度值，一般 Ra 可达 0.8～0.2μm，甚至可低于 0.025μm。现代珩磨加工精度高，不仅可以获得较高的尺寸精度，而且还能修正孔在珩磨前加工中出现的轻微形状误差，如圆度误差、圆柱度误差和表面波纹等。珩磨小孔时，圆度与圆柱度误差可达 0.5μm，轴线直线度误差可小于 1μm。ϕ5mm 以上的小孔珩磨一般采用如图 5-76 所示的单磨石珩磨头。磨石由单面进给，并镶有两个硬质合金导向条，以增加珩磨头的刚度。导向条与磨石较长，可提高小长孔的珩磨精度与效率。

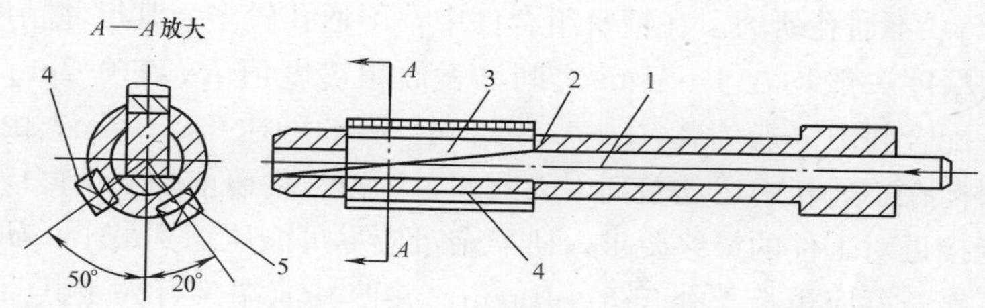

图 5-76　小孔珩磨头（单磨石）

1—胀楔；2—本体；3—磨石座；4—辅助导向条；5—主导向条

珩磨对机床精度的要求低。在满足同样精度要求的条件下，珩磨机床比其他加工方法的机床精度要低一级或更多。在车床上珩磨可解决现场珩磨设备的短缺，只要对车床作相应的改装，加上珩磨头和必要的工装，就可满足生产的需要。特别是利用珩磨轮进行珩磨，对工件前工序的表面质量要求不高，即使车削加工的表面也可直接进行轮式珩磨。

珩磨加工也有其缺陷，当珩磨头采用浮动连接时，对被加工孔的轴线位置不能校正，在珩磨过程中可能出现磨粒、切屑小块或其他杂质压入被加工表面的毛孔中，以致在使用时导致零件过早磨损。同时，高清洁度是珩磨加工的先决条件，否则将达不到应有的精度和表面质量要求。

此外，珩磨加工还具有珩磨效率高，珩磨工艺较经济等特点。

(2) 铸铁液压筒的深孔加工。图 5-77 所示的液压筒，材料为铸铁，内孔 $\phi 70^{+0.190}_{0}$ mm，要求表面粗糙度 Ra 为 0.4μm，中批量生产。

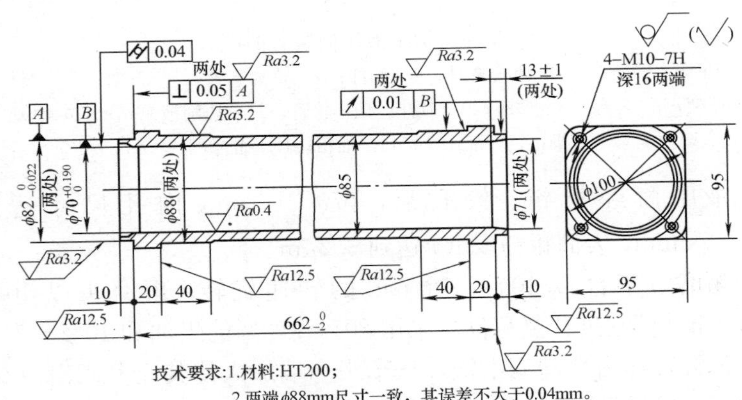

图 5-77 液压筒

此零件全部加工过程分为粗加工、半精加工和精加工三个阶段。为达到图样技术要求，内孔 $\phi 70^{+0.190}_{0}$ mm 的加工顺序为粗镗、精镗、铰孔、粗珩、精珩。

液压筒的加工特点是工件长径比大，刀杆长，刚度差，装夹易变形，车削时易振动，刀具易磨损。因此，要正确选用装夹方式、刀具、辅具等。

常用加工装置由刀杆夹持架、导套支架等辅具及切削液泵站等组成，见图 5-78。

根据工件材料和加工要求，珩磨用磨石采用黑色碳化硅(TH)，粒度：粗珩用 F180 号；精珩用 W40～W28。磨石根数采用6条，圆周均布，长度100～120mm，宽度10～12mm。珩磨头结构通过锥体心轴径向调整尺寸。

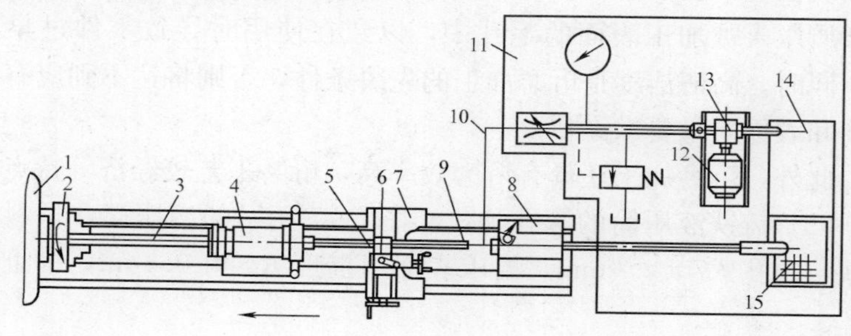

图 5-78　加工液压筒装置简图

1—车床主轴箱；2—卡盘或夹具；3—工件；4—导套支架；5—刀架；6—刀杆夹持架；7—床鞍；8—尾座；9—刀杆；10—软管；11—切削液泵站；12—电动机；13—液压泵；14—油箱；15—过滤网

液压筒经精镗、铰孔后，$\phi70^{+0.190}_{0}$ mm内孔尺寸达到$\phi70^{+0.080}_{0}$ mm，表面粗糙度Ra达到3.2μm。

珩磨时工件以100～20r/min的转速旋转，珩磨头以10～12m/min的线速度往复移动。采用80%～90%的煤油和10%～20%的机油混合作为冷却润滑液，从车头一端加入使其充分润滑冷却。先粗珩，后精珩，最后达到图样的尺寸精度和表面粗糙度要求。

辅具包括刀杆、刀杆夹持架和导套支架等。

1）刀杆由厚壁无缝钢管制成，见图5-79，矩形螺纹和直径为d_1导向面与刀杆夹持架相连，外径D_0小于工件孔径4～8mm。d孔为切削液输入通道。

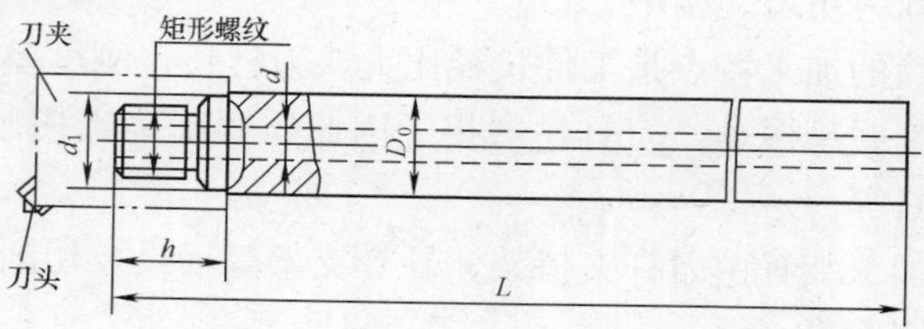

图 5-79　液压筒加工用刀杆

2）刀杆夹持架由高强度铸铁或钢制造。刀杆直径 D_0 小于 45mm 的刀杆夹持架见图 5-80，直接安装在方刀架上；刀杆直径 D_0 大于 50mm 的刀杆夹持架安装在床鞍上，见图 5-81。

3）导套支架安装于主轴箱与刀架床鞍之间，见图 5-82，用于导杆导向，并支承工件和输送切削液。

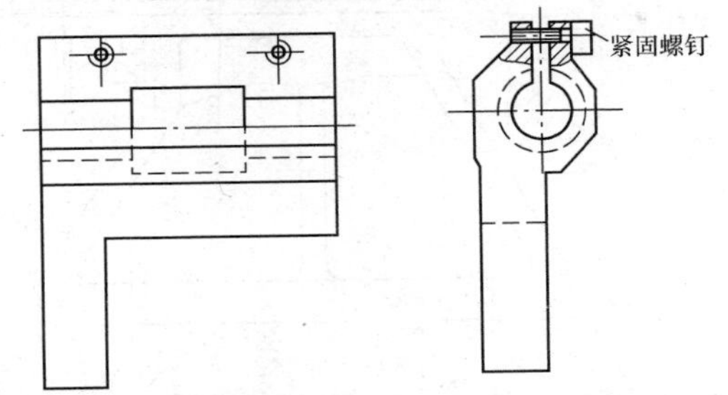

图 5-80　刀杆直径 D_0 小于 45mm 刀杆夹持架

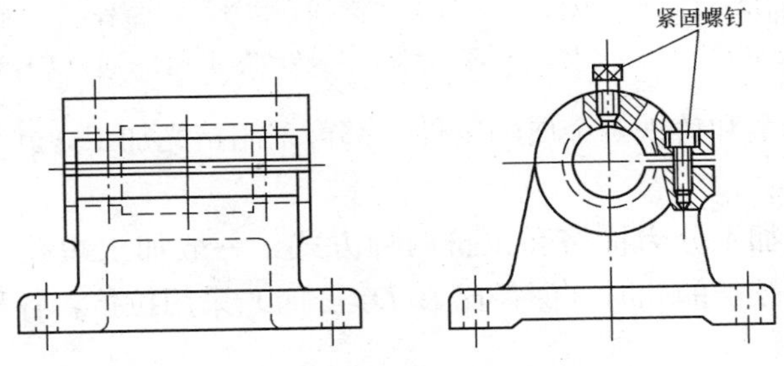

图 5-81　刀杆直径 D_0 大于 50mm 时刀杆夹持架

刀具包括粗镗刀、半精镗及精镗刀、铰刀、滚压头或珩磨头。

4. 孔的挤光和滚压

（1）孔的挤光。挤光加工是小孔精加工中高效率的工艺方法之一，它可得到 IT5～IT6 的公差等级，表面粗糙度 Ra（0.025～0.4）μm 的孔。所使用的工具简单，制造简单方便，对设备除要求刚度较好外，无其他特殊要求。但挤压加工时径向力较大，对形状不对称、壁厚不均匀的工件，挤压时易产生畸变。挤光工艺适用于加工孔径 $\phi2$～$\phi30$mm（最大不超过 $\phi50$mm）、壁厚较大的孔。

凡在常温下可产生塑性变形的金属，如碳钢、合金钢、铜合

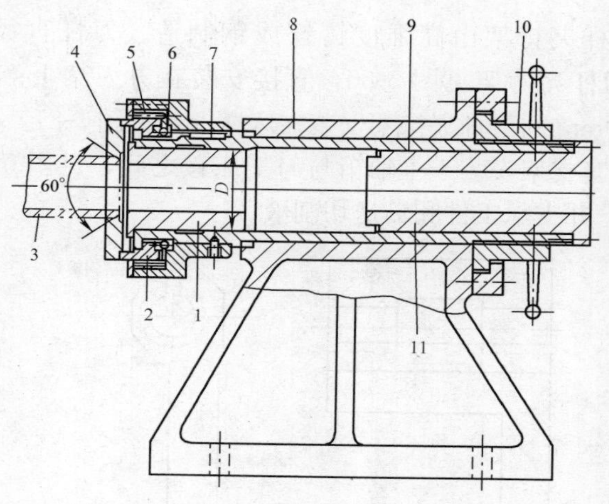

图 5-82 导套支架

1—可换粗镗导套；2—回转盘；3—工件；4—可换顶盘；5—滚针；6—推力轴承；7—定位键；8—支架体；9—移动套；10—转动螺母；11—可换刀杆导套

金、铝合金和铸铁等金属的工件，都可采用挤光加工，并可获得较好的效果。

挤光加工分为推挤和拉挤两种方式，一般加工短孔时采用推挤，加工较长的孔时（深径比 $L/D>8$ 时）采用拉挤，各种挤光方式见图 5-83。

挤光工具可采用滚珠（淬硬钢球或硬质合金球）、挤压刀（单环或多环）等，以实现工件的精整（尺寸）、挤光（表面）和强化（表层）等目的。

一般情况下，经过精镗或铰等预加工，公差等级为 IT8～IT10 级的孔，经挤光后可达 IT6～IT8。经预加工表面粗糙度值 Ra 为 1.6～6.3μm 的孔，经挤光后铸铁零件 Ra 可达 0.4～1.6μm，钢制零件 Ra 可达 0.2～0.8μm，青铜零件 Ra 可达 0.1～0.4μm。

（2）孔的滚压。当孔的直径较大，不宜采用挤压加工时，深孔的精加工可以采用滚压加工。孔的滚压加工可应用于直径 6～500mm，长 3～5m 以内的钢、铸铁和有色金属的工件。滚压头加工内孔的原理见图 5-84。

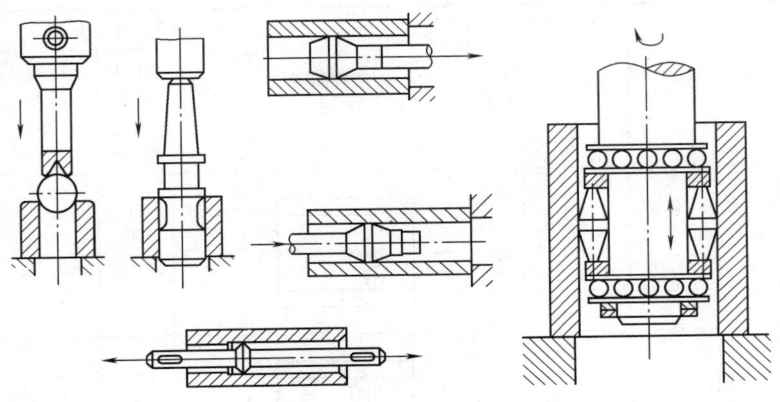

图 5-83　孔的挤压加工方式　　　　图 5-84　滚压头加工内孔

各种孔滚压方法的特点见表 5-29。

表 5-29　　　　**各种孔滚压方法的特点**

序号	滚压方式	主要功用	加工工件和尺寸范围 d(mm) l(mm)	生产特点	简　图	达到要求 公差等级(IT)	表面粗糙度 Ra (μm)	冷硬深度 h (mm)
1	多圆滚柱、刚性、不可调式		通孔和不通孔 $(6\sim8)l<d<30$	小批成批		7～6	0.1～0.05	～5
2	多锥滚柱、刚性、可调式	精整尺寸、压光表面	通孔和不通孔，刚性好 $d>20l$ 不限	成批		9～7	0.2～0.05	～15
3	多圆滚柱、刚性、不可调冲击式		通孔和不通孔 $d>20l$ 不限	成批		9～7	0.2～0.05	～5

续表

序号	滚压方式	主要功用	加工工件和尺寸范围 d(mm) l(mm)	生产特点	简图	达到要求		
						公差等级(IT)	表面粗糙度 Ra(μm)	冷硬深度 h(mm)
4	多滚珠、刚性、可调式	精整尺寸、压光表面	通孔 $d>20$ l不限	成批	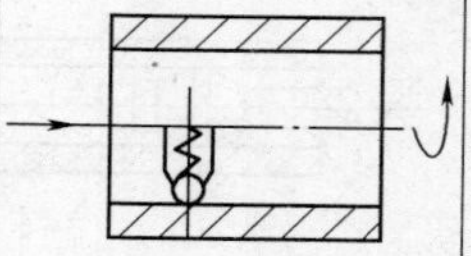	9～7	0.2～0.05	～5
5	单滚珠、弹性式	压光表面、强化表层	通孔 $d>20$ l	单件小批	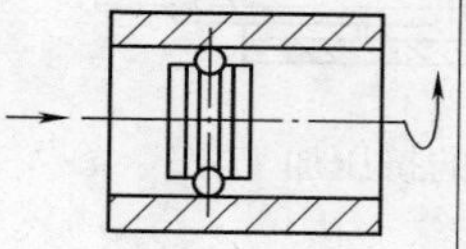	—	0.2～0.05	～2
6	多圆滚柱、弹性式	压光表面、强化表层	通孔，中等刚性 $d>60l$ 不限	成批	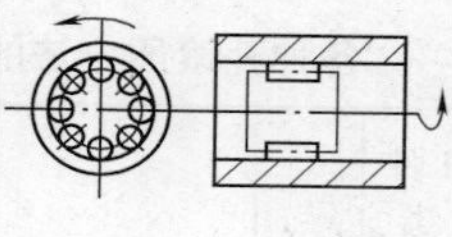	—	0.2～0.05	～5
7	多滚珠、弹性式	压光表面、强化表层	通孔，刚性差 $d>60$ l不限	小批成批	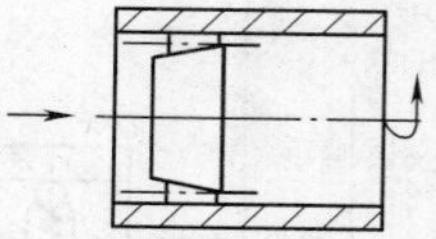	—	0.2～0.05	～2
8	多滚珠、弹性振动式	压光表面、强化表层	通孔，刚性差 $d>20$ l不限	成批	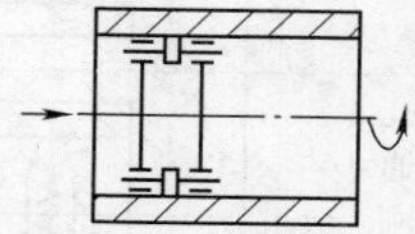	—	0.2～0.05	～2

用滚压头加工内孔，工件表面粗糙度值减小，表面层的力学性能显著提高，这对中等或较大尺寸内孔的精加工，也是完善工艺技术的有效方法之一。

内孔滚压工具可分为可调和不可调的、刚性和弹性、滚柱（圆柱和圆锥）式的和滚珠式的。根据工件的尺寸和结构、具体用途和对孔要求的精度和表面粗糙度的不同，可采用不同的滚压方式和不同结构的内孔滚压工具来滚压。

1）可调式浮动内圆滚压工具。图 5-85 所示为可调式浮动内圆滚压工具，其工具尺寸系列可参考表 5-30。这种内圆滚压工具具有弹性，滚压时压力均匀，其结构简单，调节范围大，使用方便。

表 5-30　可调式浮动内圆滚压工具尺寸系列　mm

序号	L	L_1	L_2	L_3	L_4	L_5
1	80～90	16	0	18	2	16
2	90～100	19	1	20	3	19
3	100～110	24	1	20	3	24
4	110～120	29	1	20	3	29
5	120～135	32	1	25	3	31
6	135～150	37	1	25	3	41
7	150～165	52	1	25	3	41
8	165～180	67	1	25	3	41
9	180～195	82	1	25	3	41
10	195～210	97	1	25	3	41

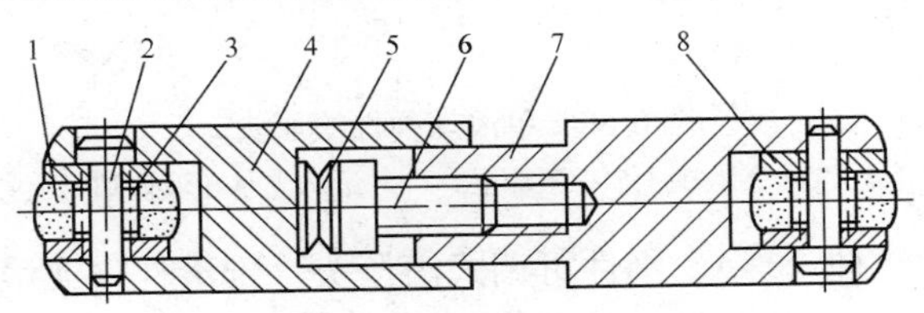

图 5-85　可调式浮动内圆滚压工具

1—滚轮；2—销；3—滚针；4—左刀杆；5—碟形弹簧；6—螺钉；7—右刀杆；8—垫片

滚压工艺参数：滚压速度为 30～40m/min，轴向进给量为 0.10～0.15mm/r，滚压时的挤压过盈量为 0.4～0.5mm，实际压入量（滚压后比滚压前孔径实际增大量）为 0.02～0.03mm，滚压次数不宜超过 2 次，以免工件表面层材料疲劳破坏和表面粗糙度值增大。

工件表面滚压前的表面粗糙度 Ra 应小于 6.3μm，滚压时加工表面必须清洁，润滑充分。这种滚压工具的调节范围达 10～15mm，适用于直径 80～210mm 的内圆表面的滚压。

2）单滚珠弹性滚压头。这种滚压头结构简单，操作方便，主要用于小批量生产中，可滚压内圆表面或平面。图 5-86（a）所示结构的滚珠支承在 4 个小滚珠上，转动灵活，摩擦阻力小，滚压力通过调节弹簧来控制。图 5-86（b）所示结构的滚珠支承在液性塑料上，能减小摩擦力，大大提高滚压速度。

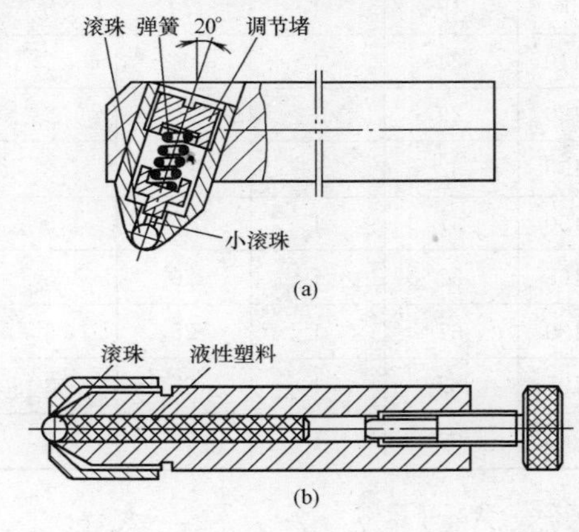

图 5-86　单滚珠弹性滚压头

（a）滚珠支承在 4 个小滚珠上；（b）滚珠支承在液性塑料上

3）多滚柱（珠）、刚性可调式滚压头。锥滚柱（或滚珠）支承在滚道（或大滚珠）上，承受径向滚压力，保证转动灵活，轴承滚压力通过支承销（或大滚珠）作用于止推轴承上（见图 5-87、图 5-88）。滚柱（滚珠）滚道和支承销均采用 GCr15 制造，硬度 63～66HRC。利用调整套或调整螺钉来调整滚压头工作直径。滚压头与机床主轴采用浮动连接，滚压头端面有支承柱，承受全部轴向力，球形接触点能自动调心。

4）多滚柱（针）、刚性不可调、脉冲式滚压头。主要用于小直径孔（$\phi6$～$\phi30$mm 左右）的滚压。这种滚压头由刀杆、滚针、

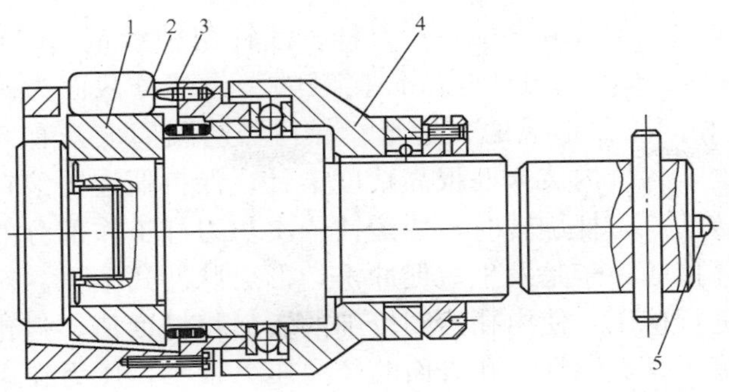

图 5-87　多滚柱刚性可调式滚压头

1—滚道；2—滚柱；3—支承销；4—调整套；5—支承柱

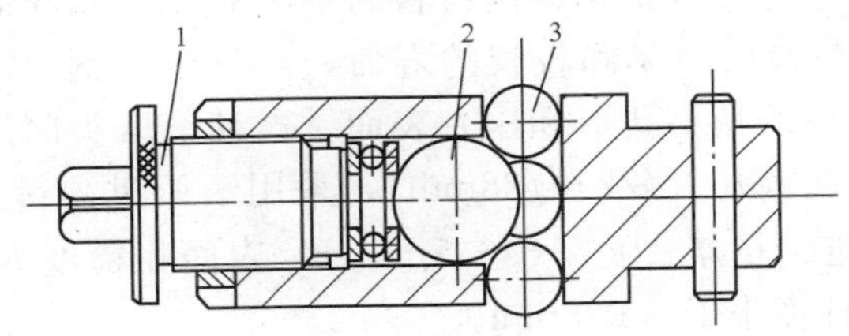

图 5-88　多滚珠刚性可调式滚压头

1—调整螺钉；2—大滚珠；3—小滚珠

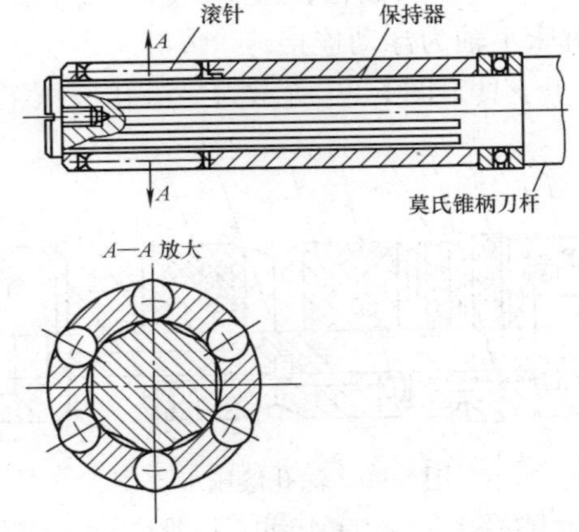

图 5-89　多滚针刚性不可调脉冲式滚压头

保持器等组成（见图 5-89）。刀杆、滚针用轴承钢 GCr15 制造，硬度 60～65HRC；刀杆与滚针接触的工作部分截面为圆弧与弦（直线）相间隔而形成的多边形；保持器的圆周上开有 6 条轴向等分小槽，各槽内装入 6 根高精度滚针。保持器连同滚针与刀杆作相对转动。刀杆旋转时，使滚针依次与刀杆工作部分的圆弧及平面循环接触，于是发生短促冲击，形成脉冲式滚压，对工件内孔表面进行挤压，使内孔达到较细的表面粗糙度值，强化了工件表层。滚压时，滚针对孔表面的径向压力很小，压力在表面层扩展的深度也不深，不会引起工件宏观变形，因此它可加工强度低、刚性差的薄壁工件。由于滚针与加工表面的接触时间短，因此可提高滚压速度（根据滚压材料的不同 $v \geqslant 130\text{m/min}$）和进给量 f，具有较高的效率和较长的寿命，广泛用于钢、铸铁、铜和铝合金等工件的精整孔形和压光表面。这种滚压头广泛用于滚压铝合金的活塞销孔（$\phi22 \sim \phi28\text{mm}$），采用滚压过盈量 $i=0.04 \sim 0.05\text{mm}$，进给量 $f=0.25 \sim 0.5\text{mm/r}$，表面粗糙度 Ra 达 $0.4 \sim 0.2\mu\text{m}$，圆柱度小于 0.005mm。

汽车传动轴上各种叉子（45 钢）的耳孔 $\phi 39_{-0.035}^{-0.007}\text{mm}$ 采用滚挤孔作最后加工，$v \geqslant 51\text{m/min}$，进给量 $f \approx 1.4\text{mm/r}$，滚压过盈量 $i=0.02 \sim 0.045\text{mm}$，表面粗糙度 Ra 达 $1.6\mu\text{m}$。使用这种滚压头加工时，与机床主轴为浮动连接。

5）深孔滚压工具。图 5-90 所示为一深孔滚压工具，其特点是

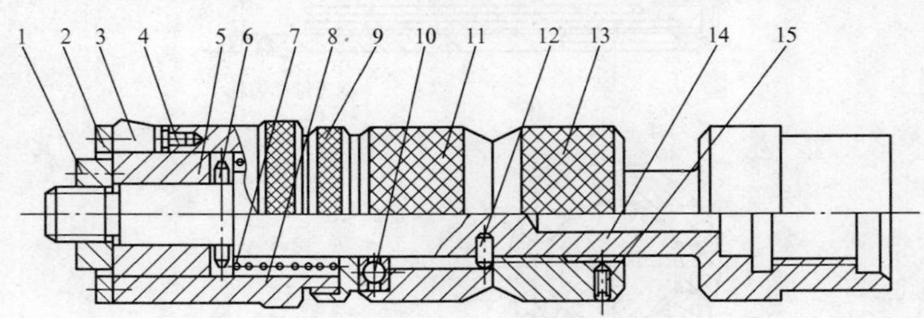

图 5-90　深孔滚压工具

1、9—螺母；2—保持架；3—滚柱；4—销；5—锥衬套；6—锥销；7—弹簧；8—套圈；10—推力轴承；11—过渡套；12—键；13—调节螺母；14—心轴；15—螺钉

采用圆锥形滚柱滚压（见图 5-91）。滚柱 3 用 GCr15 钢材制造，淬硬后硬度为 62～64HRC，滚柱前端磨出 $R=2\text{mm}$ 的圆弧并与锥面光滑连接，滚柱锥面斜角为 45′。滚柱装在滚压工具的保持架 2 中，与具有斜角为 30′的锥衬套 5 相接触，使滚柱表面与加工工件表面间形成 1°左右的后角，既保证了滚柱与工件有一定的接触长度，又避免了接触过长，提高了孔壁滚压的表面质量。圆锥滚柱的数量，根据加工孔径尺寸的大小选取，一般为 4，6，8 个，滚柱的外径尺寸必须一致，滚柱数量增多，滚压面接触增大，因此可相应提高进给量和滚压效率。

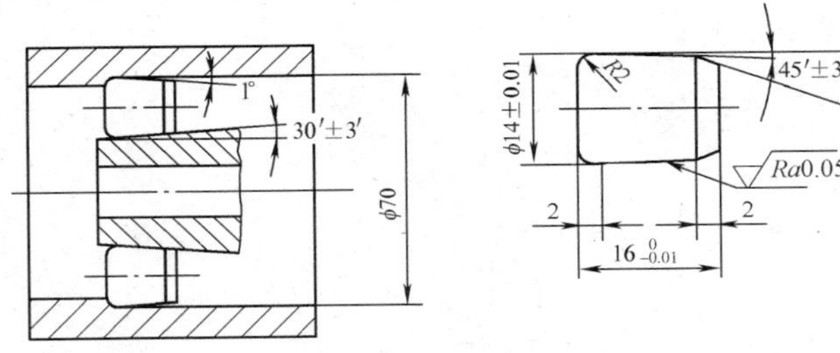

图 5-91　圆锥形滚柱的内孔滚压

滚压过程中，滚柱 3 受轴向力的作用，向右顶在销 4（也可用钢球）上，销 4 将轴向力传给套圈 8 和螺母 9，向右顶在推力轴承 10 上，此时滚压工具外径为滚压内孔的工作尺寸。滚压完毕后，滚压工具从已滚压内孔中退出，滚柱反向通过工件内孔，受到向左的轴向力作用，并传给保持架 2 经套圈 8 压缩弹簧 7，同时滚柱 3 沿锥衬套 5 向左移动，使滚压工具外径缩小，避免碰伤已滚压好的内圆表面。当滚压工具完全退出后，滚柱在弹簧 7 的作用下复位。转动调节螺母 13 使锥衬套 5 沿心轴 14 轴向移动，从而使滚柱 3 沿径向伸缩，改变滚压工具的径向尺寸，实现微量调节，以适应不同滚压量的需要。

滚压工艺参数：滚压速度为 60～80m/min，轴向进给量为 0.15～0.25mm/r，滚压时的挤压过盈量 0.1～0.12mm，实际压入量（滚压后比滚压前孔径实际增大量）为 0.02～0.03mm。滚压时切削液采用 50%硫化切削液加 50%柴油或机油，也可用煤油作切削液。滚压次数不超过 2 次，以免工件表面出现“脱皮”现象。

工件表面：滚压前表面粗糙度 Ra 应不大于 3.2μm，滚压前孔壁应保持清洁，无残留切屑。滚压工具轴线与工件回转轴线应同轴。

第六章

机床夹具设计与制造

第一节　机床夹具概述

一、机床夹具的定义

在机床上加工工件时，为了保证工件加工精度，首先需要确定工件在机床上或夹具中占有正确位置，这一过程称为定位。工件定位后，为了不因受切削力、惯性力、重力等外力作用而破坏工件已确定的正确位置，还必须对其施加一定的夹紧力而将其固定，使它在加工过程中保持定位位置不变，这一操作过程称为夹紧。这种用以使工件准确地确定与刀具的相对位置，即将工件定位及夹紧以完成加工所需的相对运动，在机床上所使用的一种辅助设备，称为机床夹具（以后简称夹具）。它也是工件定位和夹紧的机床附加装置。

二、机床夹具的分类

机床夹具按照各种不同的特点进行分类如图 6-1 所示。

三、机床夹具的作用

机床夹具在机械加工中，在保证工件的加工质量、提高加工效率、降低生产成本、改善劳动条件、扩大机床使用范围、缩短新产品试制周期等方面有着极其明显的经济效益。从机床夹具的使用情况可以看出，机床夹具的作用主要体现在下列几个方面：

（1）保证被加工表面的位置精度。使用夹具的主要作用是保证工件上被加工表面的相互位置精度，如表面之间的位置尺寸、平行度、垂直度、对称度、位置度、同轴度、圆跳动等。只要夹具在机床上正确定位及固定以后，工件就很容易在夹具中正确定位并夹紧。这样就保证了在加工过程中“同批”工件对刀具和机床保持确

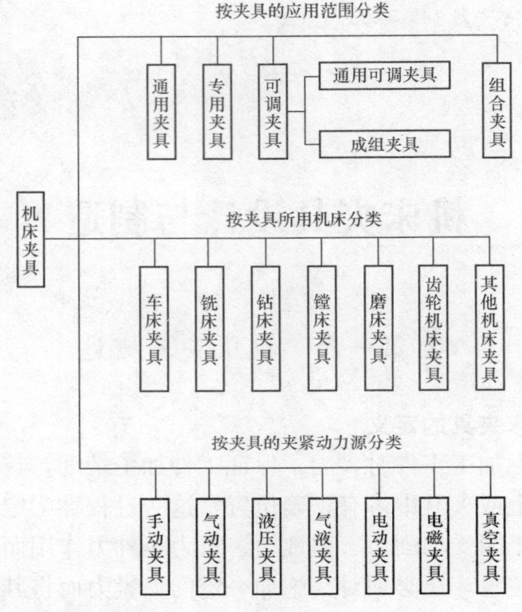

图 6-1　机床夹具的分类

定的相对位置，这比划线找正的方法所能达到的精度要高。尤其在加工成批工件时，使用专用夹具可以使一批工件的加工精度都稳定良好，不受或少受各种主观因素的影响，对保证产品质量及其稳定性起着重要作用。

(2) 能实现快速夹紧。采用夹具缩短辅助时间的办法，主要是减少工件安装和找正的时间。使用钻孔夹具在加工时，省去划线、钻中心孔、找正的时间，因而缩短辅助时间，从而提高了生产效率。

(3) 能扩大机床的工艺范围。在通用机床上采用夹具后，可以使机床的使用范围扩大。在车床的刀架上装上夹具后，就可利用主轴带动镗刀或铣刀，将车床变成镗床或铣床。对于某些结构的工件，其本身很难在通用机床上加工，必须采用夹具后，才能在原有机床上进行加工。在立式钻床上，可装上珩磨头，再配上一对行程开关和挡块，并将机床的控制部分稍加改装，就可变成珩磨机。从而可使机床“一机多能”。

（4）减轻操作的劳动强度，保障生产安全。由于夹具中可以采用扩力机构来减小操作的原始力，而且有时还可采用各种机动夹紧装置，故可使操作省力，减轻劳动强度。根据加工条件，还可设计防护装置，确保操作者安全。

四、机床夹具的组成

夹具是由各种不同作用的元件所组成的。所谓夹具元件，是指夹具上用来完成一定作用的一个零件或一个简单的部件。若要成功设计一个夹具，首先就要会设计各个元件。

根据夹具元件在结构中所起的不同作用，可将各种夹具的元件分为下列几类：

（1）定位元件及定位装置。在夹具中起定位作用的元件、部件，如各种 V 形块，定位销、键等。有些夹具还采用由一些零件组成的定位装置。

（2）夹紧装置。起夹紧作用的一些元件或部件。用来紧固工件，保证在定位后的位置，如各种弯头压板、螺母，以及开口垫圈和螺母、螺栓等。

（3）对刀引导件。引导刀具并确定刀具对夹具的相对位置所用的元件。如对刀块、快换钻套等，它们都是确定刀具相对于工件的正确位置并引导刀具进行加工的。

（4）夹具本体。用来连接夹具上的所有各种元件和装置成为一个夹具整体，是夹具的基础件。并借助它与机床连接，以确定夹具相对于机床的位置。

（5）自动定心装置。可同时起定位与夹紧作用的一些元件或部件。

（6）分度装置。用于改变工件与刀具相对位置以获得多个工位的一种装置，可作为某些夹具的一部分。

（7）其他元件及装置。包括与机床连接用的零件、各种连接件、特殊元件及其他辅助装置等。

（8）靠模装置。它是用来加工某些特殊型面的一种特殊装置。

（9）动力装置。在非手动夹具中用于产生动力的部分，如气缸、液压缸、电磁装置等。

上述各类元件并非所有夹具都有，但定位元件、夹紧装置和夹具本体则是每一夹具都不可缺少的组成部分。

五、夹具系统的选用

选择最佳的夹具系统，应在保证产品质量、提高生产效率、降低成本、缩短工装准备周期和增加经济效益的基础上，结合生产组织和技术经济规律进行综合评价。夹具系统的选用见表 6-1。

表 6-1　　夹具系统的选用

<table>
<tr><th colspan="3">夹具系统</th><th colspan="4">生产类型</th><th rowspan="2">夹具系统特点</th></tr>
<tr><th colspan="2">分类</th><th>说明</th><th>单件和小批生产</th><th>中批生产</th><th>大批生产</th><th>大量生产</th></tr>
<tr><td colspan="2">通用夹具</td><td>加工两种或两种以上工件的同一夹具</td><td>√</td><td></td><td></td><td></td><td>不需进行特殊调整，不能更换定位和夹紧元件。用于一定外形尺寸范围的各种类似工件，具有很大的通用性。常为机床附件，用于单件小批生产</td></tr>
<tr><td colspan="2">组合夹具</td><td>由可循环使用的标准夹具零、部件（专用零部件）组装成易于连接和拆卸的夹具</td><td>√</td><td></td><td></td><td></td><td>分槽系列和孔系列两大类，由一整套预制的不同形状规格、具有互换性和耐磨性的标准元、部件组成。可迅速多次拼合成各种专用夹具，夹具使用后，元、部件可拆散保存</td></tr>
<tr><td>可调夹具</td><td>通用可调夹具</td><td>通过调整或更换个别零、部件，即能适用于多种工件加工的夹具</td><td>√</td><td></td><td></td><td></td><td>针对一定范围的工件设计，由通用基体和可调整部分组成，可换定位件、可调整夹紧元件。用于一组或一类工件的典型工序，调整范围较大，加工对象不定。适应多品种小批量生产。也可用于成组加工</td></tr>
</table>

续表

夹具系统			生产类型				夹具系统特点
分类		说明	单件和小批生产	中批生产	大批生产	大量生产	
可调夹具	专用可调或成组夹具	根据成组技术原理设计的用于成组加工的夹具	✓				根据一组结构形状及尺寸相似、加工工艺相近的不同产品零件的某道工序而专门设计的，常带动力装置。可用于专业化成批、大批生产。对不同组零件具有专用性，对同一组零件具有可调性
专用夹具		专为某一工件的某一工序而设计的夹具			✓	✓	适于产品固定不变、批量较大的生产
高效专用夹具		具有动力装置、机械化和自动化程度较高的专用夹具				✓	顺序动作自动化的高生产率专用夹具，适用于稳定的大批大量生产

在大量生产条件下，完成某一工件的特定工序时，应最大限度地考虑保证产品质量和使用效率的要求，尽量采用机床夹具标准零件及部件的专用夹具。在结构上，应最大限度地实现机械化和自动化。

中批和小批生产类型选择夹具系统的经济原则，是在保证产品质量的条件下，用完成工艺过程所需费用和制造周期为分析基础，根据产品的生产纲领，选择不同的夹具系统进行比较。可选用通用程度较高的调整或调节个别定位和夹紧元件的通用可调夹具；或根据一组具体的零件族在工艺分类的基础上，选用专用程度较大的成组夹具，以提高夹具的适应性、继承性和柔性。

为适合单件、小批生产或试制任务，应选用可重复利用标准元件和组件组装的组合夹具，并最大限度地利用通用夹具。

第二节 钻床夹具

钻床夹具简称钻模，是用在钻床上借钻模导套来保证钻头与工件间相互位置精度的夹具。在钻床、组合机床等设备上进行钻、扩、铰孔时所用的夹具，统称钻床夹具。

一、钻床夹具的结构与类型

钻床夹具的种类繁多，根据使用要求不同，其结构形式也各不相同，一般分为固定式、回转式、翻转式和盖板式等，习惯上都称为钻模。

1. 固定式钻模

在使用过程中，钻模和工件在钻床上的位置固定不动，用于在立钻上加工较大的单孔或在摇臂钻床、镗床、多轴钻床上加工平行孔系。若要在立钻上使用这种钻模加工平行孔系，则需要在钻床主轴上安装多轴传动头。

在立钻上安装钻模时，一般应先将装在主轴上的定尺寸刀具（精度要求高时用心轴代替刀具）伸入钻套中，以确定钻模在钻床上的位置，然后将其紧固。这种加工方式钻孔精度较高。

（1）图 6-2 所示为固定式钻模的结构，工件用一个平面、一个

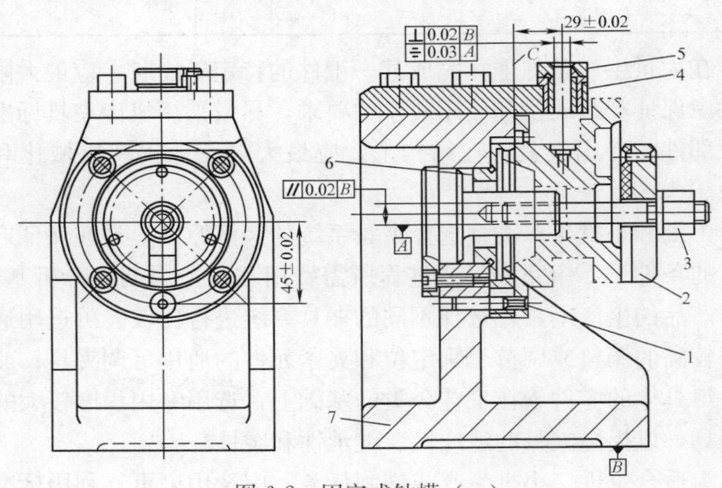

图 6-2 固定式钻模（一）

1—削边定位销；2—开口垫圈；3—螺母；4—钻模板；5—钻套；6—定位盘；7—夹具体

外凸圆柱及一小孔作定位基准，在定位元件上定位，用开口垫圈和螺母夹紧。

（2）图 6-3 所示为一钻削 ϕ10mm 孔用的固定式钻模。工件以 ϕ68D 孔、端面和键槽与定位元件 3、4 接触定位，转动螺母 8 使螺杆 2 右移，钩形开口垫圈 1 将工件夹紧。钻套 5 用以确定钻孔位置并引导钻头。

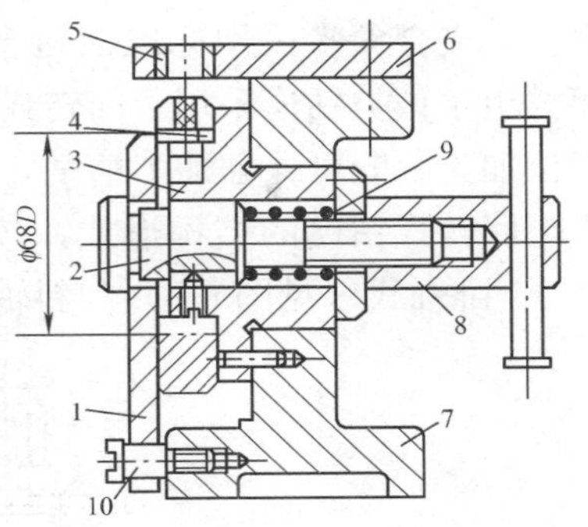

图 6-3 固定式钻模（二）

1—钩形开口垫圈；2—螺杆；3—定位法兰；4—定位块；5—钻套；6—钻模板；7—夹具体；8—快速夹紧螺母；9—弹簧；10—螺钉

（3）图 6-4 所示为一钻削斜孔用的固定式钻模。夹具体 1 底面可固定在工作台上，夹具上支撑板 2、圆柱式定位销 4 和削边定位销 3 为定位元件。为了使工件能快速装卸，采用快速夹紧螺母 5，并采用特殊快换钻套 6，这样就能保证钻头良好的起钻和正确的引导。

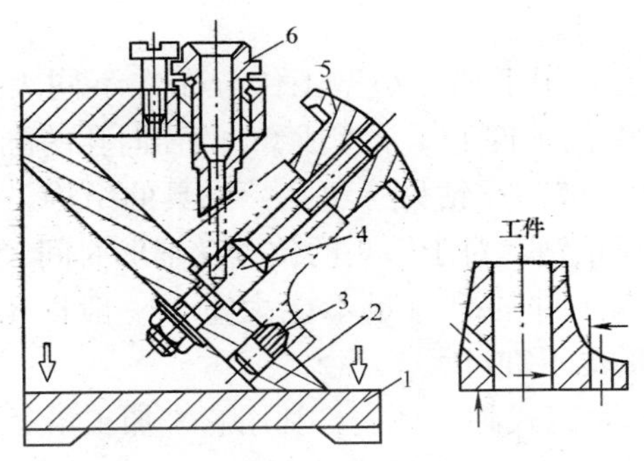

图 6-4 固定式钻模（三）

1—夹具体；2—支撑板；3—削边定位销；4—圆柱式定位销；5—快速夹紧螺母；6—特殊快换钻套

2. 回转式钻模

这类钻模主要用于工件被加工孔的轴线平行分布于圆周上的孔

系。该夹具大多采用标准回转台与专门设计的工作夹具联合成钻模。由于该类钻模采用了回转式分度装置，可实现一次装夹进行多工位加工，既可保证加工精度，又提高了生产率。

回转式钻模的结构形式，按其转轴的位置可分立轴式（见图6-5）、卧轴式（见图6-6）和斜轴式（见图6-7）三种。

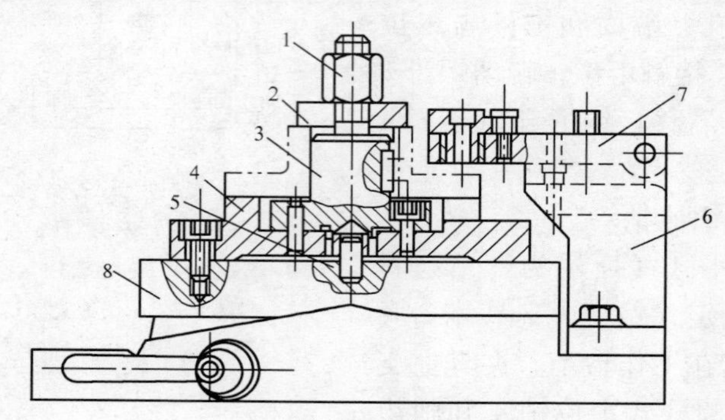

图 6-5 立式回转式钻模

1—螺母；2—开口垫圈；3—定位心轴；4—定位盘；
5—中心销；6—支架；7—铰链钻模板；8—转台

3. 翻转式钻模

这类钻模主要用于加工小型工件分布在不同表面上的孔。图6-8所示为加工套筒工件上4个互成60°的径向孔的翻转式钻模，当钻完一组孔后，翻转60°钻另一组孔。夹具的结构虽较简单，但每次钻孔前都需找正钻套对于钻头的位置，辅助时间较长，且翻转费力。因此钻模和工件的总重量不能太重，一般以不超过10kg为宜，且加工批量也不宜过大。

图6-9所示是箱式翻转钻模。利用它来加工沿径向均布的8个小孔。为了方便加工，整个钻模设计成正方形，正方形的平面和专门设置的V形块即为适应不同方向的多工位加工的支承面。工件在夹具体的内孔及定位板5上定位，滚花螺母2通过开口垫圈3将工件夹紧。

图6-10是适应小件钻孔的另一种翻转式钻模，它用4个支脚来支承钻模，装卸工件时，必须将钻模翻转180°。

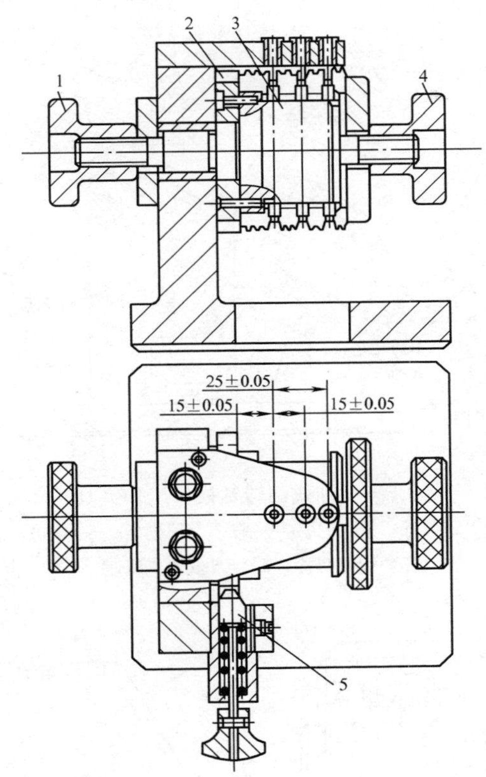

图 6-6 卧轴式回转钻模

1、4—滚花螺母；2—分度盘；3—定位心轴；5—对定销

箱式和半箱式钻模是翻转式钻模的又一种典型结构，它们主要用来加工工件上不同方位的孔。其钻套大多直接装在夹具体上，整个夹具呈封闭或半封闭状态，夹具体的一面至三面敞开，以便于安装工件。

图 6-8 也是箱式翻转钻模。图 6-11 所示为半箱式翻转钻模，利用它加工某壳体工件上有 $5°30'$要求的两小孔 $\phi 6F8$。

图 6-12 所示是在工件互相垂直的两个面上钻孔时所用的翻转式钻模。其中 A、B、C 为在不同方向上钻孔时的定位面。

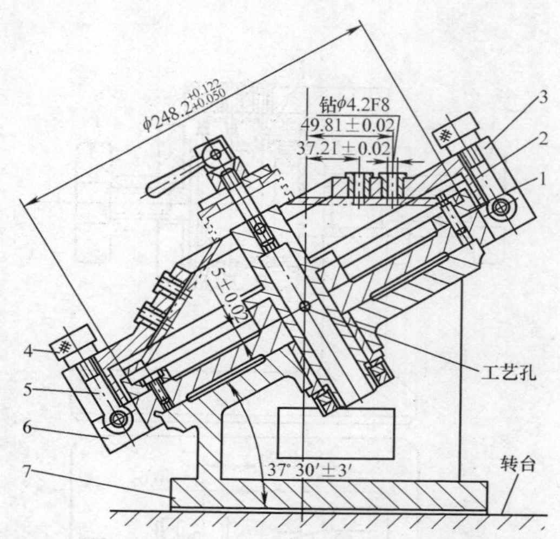

图 6-7 斜轴式回转钻模（工作夹具）

1—定位环；2—削边定位销；3—钻模板；4—螺母；
5—铰链螺栓；6—转盘；7—底座

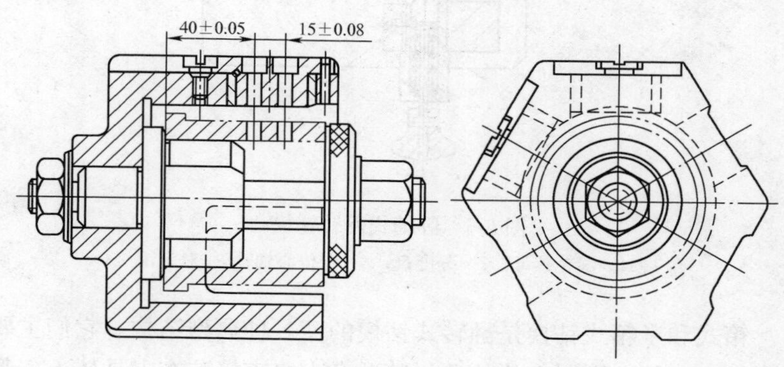

图 6-8 60°翻转式钻模

4. 盖板式钻模

这类钻模在结构上不设夹具体，将定位、夹紧元件和钻套均装在钻模板上。加工时钻模板直接覆盖在工件上来保证加工孔的位置精度。盖板式钻模结构简单，清除切屑方便；但每加工完一个工件后都需要拆装一次，比较麻烦。故而它适应于体积大且笨重的工件上钻孔。

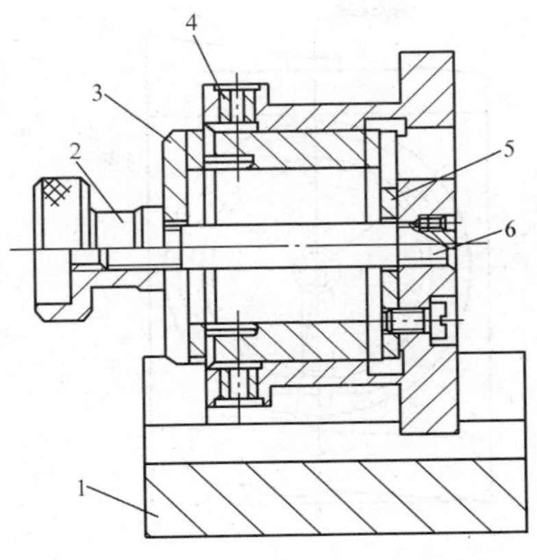

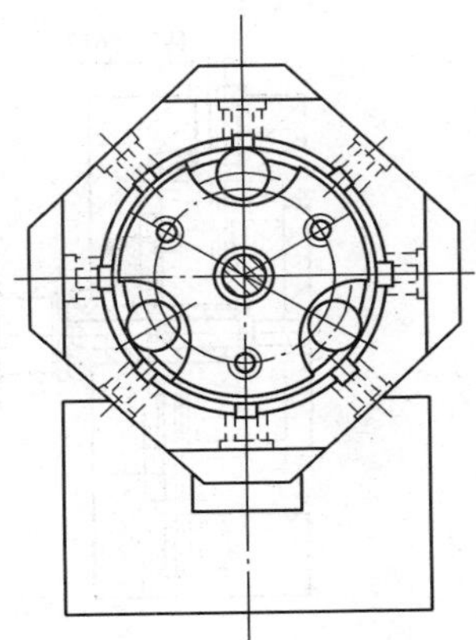

图 6-9　钻 8 个孔的箱式钻模

1—V 形块；2—滚花螺母；3—开口垫圈；4—钻套；5—定位板；6—螺栓

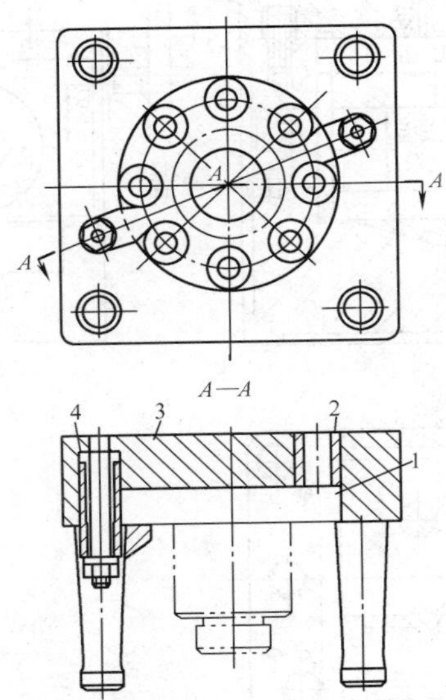

图 6-10　翻转支柱式钻模

1—工件；2—钻套；3—钻模板；4—压板

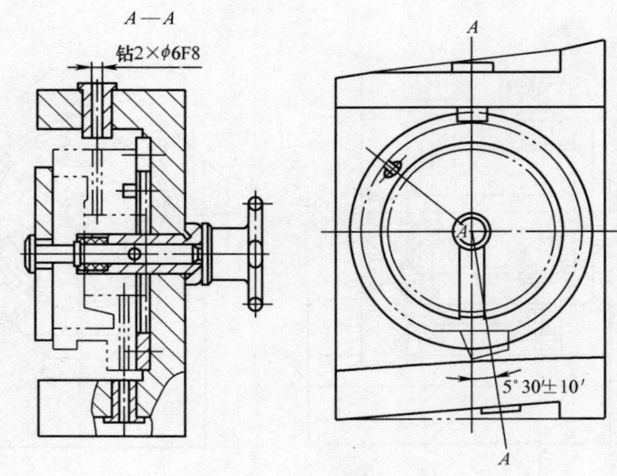

图 6-11　半箱式翻转钻模

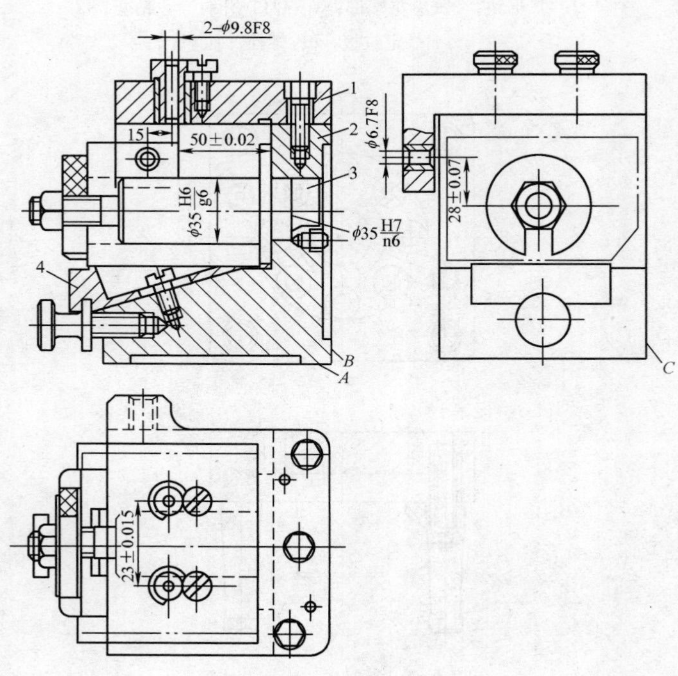

图 6-12　翻转式钻模

1—钻模板；2—夹具体；3—心轴；4—可调支撑板

（1）图 6-13 是加工车床溜板箱 A 面上的孔用的盖板式钻模，由图可知，其定位销 2、3，支承钉 4 和钻套都装在钻模板 1 上，且免去了夹紧装置。

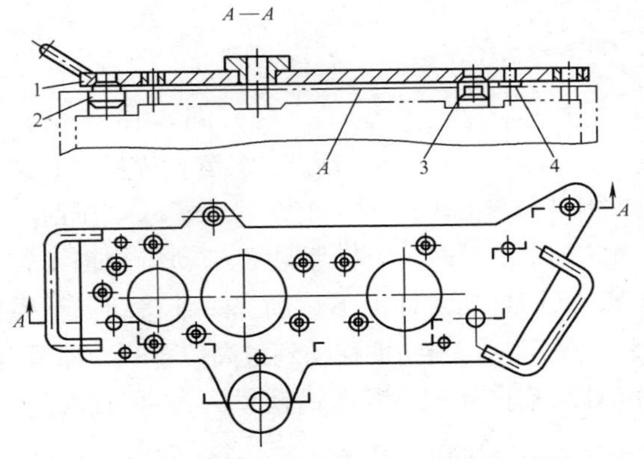

图 6-13　盖板式钻模（加工车床溜板箱用）

1—钻模板；2、3—定位销；4—支承钉

盖板式钻模结构简单，省去了笨重的夹具体，特别对大型工件更为必要。但盖板的重量也不宜太重，一般不超过 10kg。它常用于大型工件（如床身、箱体等）上的小孔加工中。

（2）图 6-14 所示盖板式钻模。这种夹具没有夹具体，其定位元件和夹紧装置全部装在钻模板上，使用时，夹具像盖子一样盖在工件上。

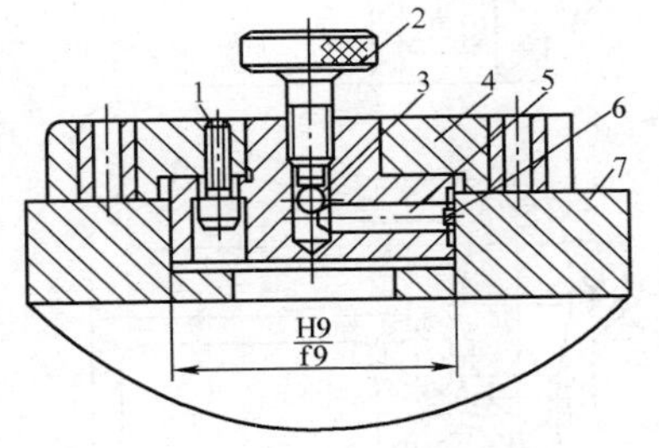

图 6-14　盖板式钻模

1—螺钉；2—滚花螺钉；3—钢球；4—钻模板；5—滑柱；6—锁圈；7—工件

5. 滑柱式钻模

滑柱式钻模是工厂常用的带有升降钻模板的通用可调整夹具。通常由夹具体、滑柱升降模板和锁紧机构等几部分组成，其结构已标准化。可分为手动和气动夹紧两种。

滑柱式钻模也叫移动式钻模，多用于单轴立式钻床上，用来加工平行多孔工件。

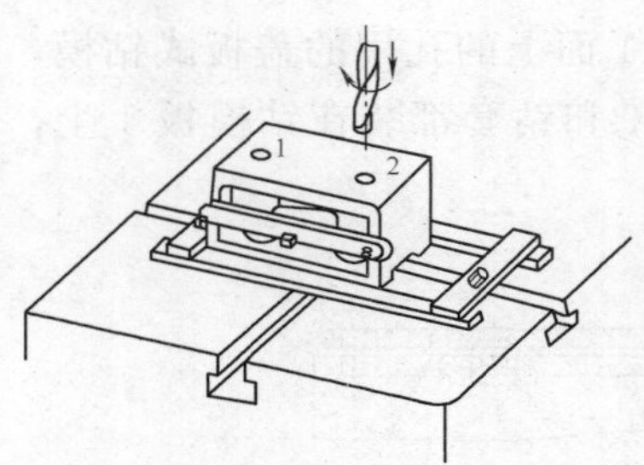

图 6-15　滑柱式钻模示意图

（1）图 6-15 所示是专门设计的一种在导轨上可移动（滑动）钻模，当夹具移动到右端靠紧定位板时钻削孔 1，夹具移动到左端靠紧定位板时钻削孔 2。

（2）图 6-16 所示为手动滑柱式钻模。升降钻模板 3 套装在两个滑柱 2 上，并用螺母 4 让钻模板与滑柱体连成一体。当转动手柄 6 时，由锁紧装置带动齿轮轴 1 转动，与滑柱下端齿条啮合，从而带动滑柱上下移动。向下移动到钻模板与工件接触后，即可将工件压紧；当向上移动到最高位置时，即可拆装工件。

（3）图 6-17 所示为气动滑柱式钻模，与手动相比，没有机械

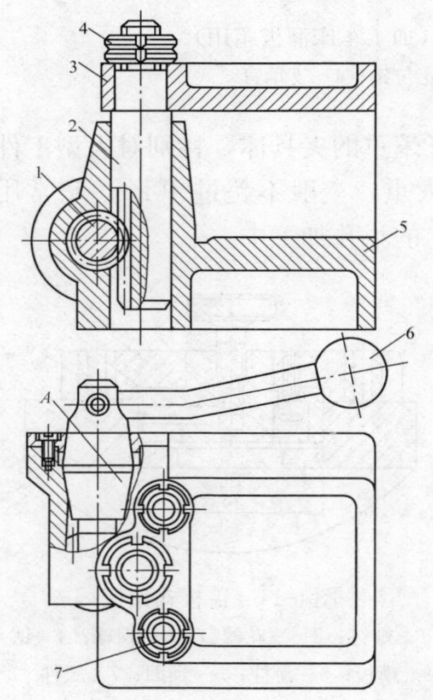

图 6-16　手动滑柱式钻模

1—斜齿轮轴；2—齿条轴；3—升降钻模板；4—螺母；5—夹具体；6—手柄；7—滑柱

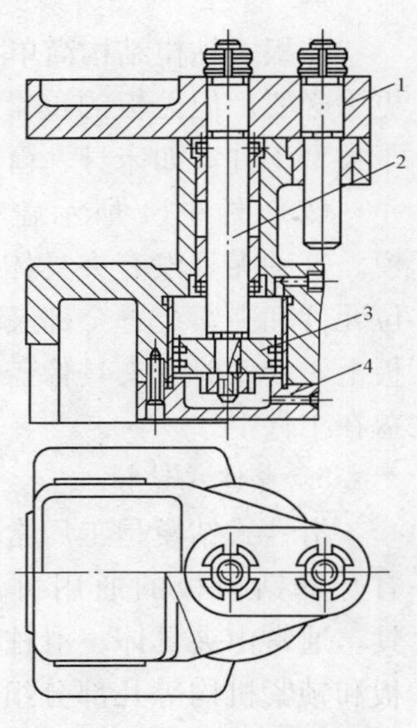

图 6-17　气动滑柱式钻模

1—钻模板；2—滑柱；3—活塞；4—气缸

锁紧机构，滑柱与钻模板上下移动是由双向作用活塞式气缸推动的。这种钻模具有动作快、效率高的优点。

二、钻模的排屑

排屑是钻模设计时应当考虑的一个重要问题，如果设计不好，会直接影响工件的精度，伤害夹具或机床的工作表面，且容易发生安全事故。

1. 设计钻模时处理切屑的注意事项

（1）应使切屑靠自身的重量或靠其运动时所具有的离心力无障碍地远离钻模。

（2）可在钻模夹具体壁上开一窗口或通槽，以利于切屑的排出。

（3）切屑通过的地方要平整，避免不易通过处的内部有棱角和凸台。

（4）定位面和支撑面应略高于周围的平面。

2. 钻套底面到工件端面的距离

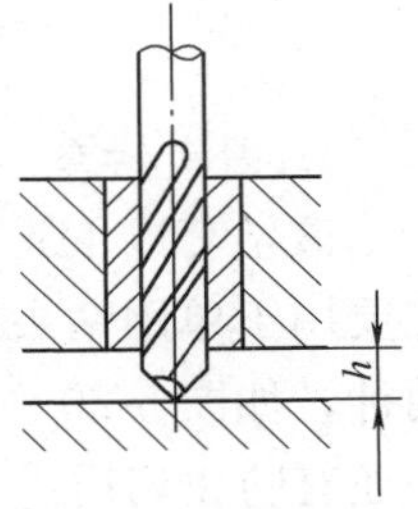

图 6-18　钻套到工件的距离

如图 6-18 所示，该距离 h 要合理确定。若 h 过小，则切屑不易由此排出，缠绕在工件与钻套之间，破坏了工件孔与端面的表面粗糙度，并且会使装卸工件困难。反之，如果 h 过大，将会使刀具偏斜，降低工件孔的精度。

选择 h 主要根据工件材料的性质：若形成带状切屑的材料，则取 $h=(0.3\sim1)d$；对粒状切屑的材料，则取 $h=(0.3\sim0.6)d$。孔大，系数值取小一些；孔小，系数值取大一些。

三、钻套

钻套是钻床夹具特有的零件，属于夹具的基础元件，装夹在夹具体或钻模板上，用来引导钻头、铰刀等孔加工刀具，加强刀具的刚度，并保证所加工的孔和工件其他表面准确的相对位置。用钻套比不用钻套可以平均减少孔径误差 50%。图 6-19 所示就是采用钻套对刀钻孔的情形。

钻套按其结构分为固定式钻套、可换式钻套、快换钻套和特殊钻套四种，前三种已经标准化。

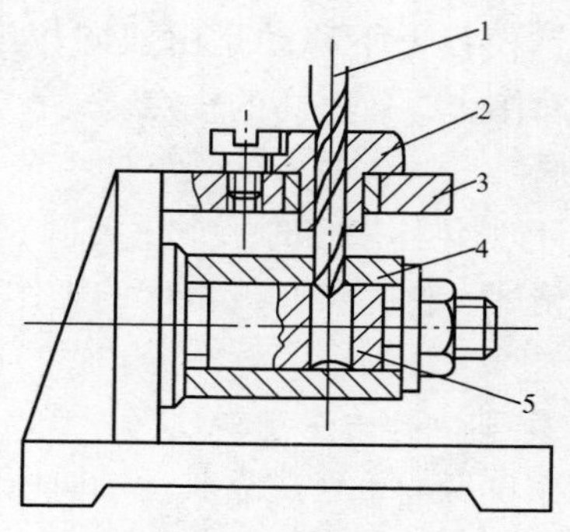

图 6-19　用钻套对刀

1—钻头；2—钻套；3—钻模板；4—工件；5—心轴

1. 固定钻套

该钻套以 H7/h6 配合直接压在钻模板中，磨损后不能更换，主要用于单用钻头钻孔的小批量生产。固定钻套有无肩式和带肩式两种，如图 6-20 所示。带肩式钻套主要用于较薄的钻模板，其肩部还有防止切屑进入套内的作用。

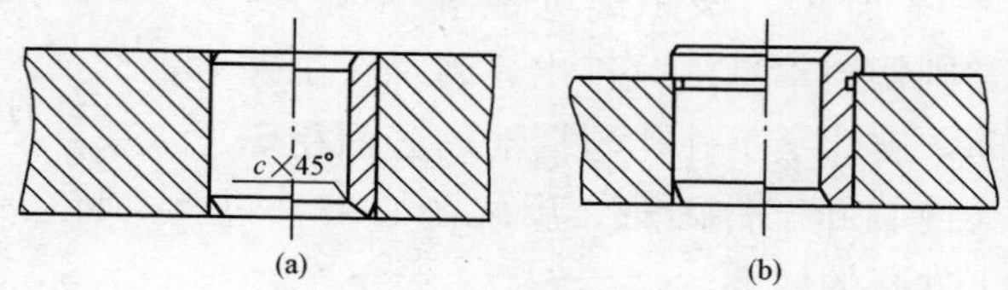

图 6-20　标准固定式钻套

(a) 无肩式；(b) 有肩式

2. 可换式钻套

为了克服固定钻套磨损后无法更换的缺点，设计出如图 6-21 所示的可换钻套。

3. 快换式钻套

当工件的孔需要依次进行钻、扩、铰等多次加工时，由于刀具直径逐渐增大、需要使用外径相同而内径不同的钻套来引导刀具，此时用快换钻套才能满足生产需要，如图 6-22 所示。

这种钻套的主要特点是：在钻套凸台边缘铣出一削边平面，当削边平面转至钻套螺钉位置时，便可向上快速取出。

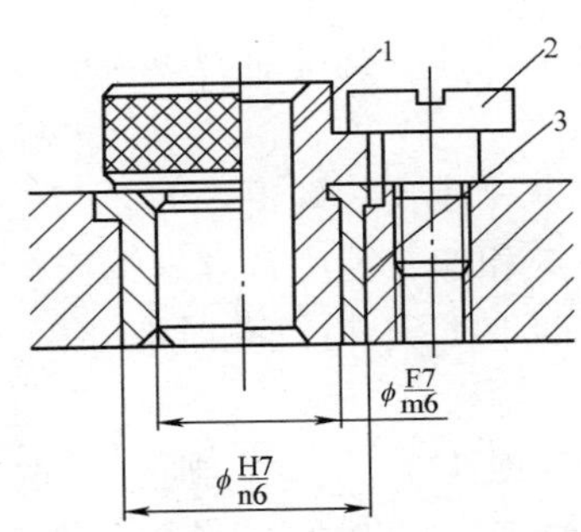

图 6-21　标准可换钻套

1—可换钻套；2—钻套螺钉；3—衬套

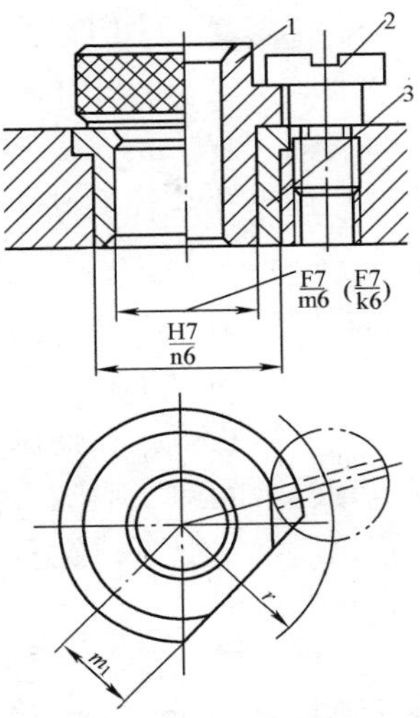

图 6-22　标准快换钻套

1—快换钻套；2—钻套螺钉；3—钻套用衬套

4. 特殊钻套

特殊钻套用于特殊情况下的钻孔，是根据具体情况专门设计的。图 6-23 所示为几种特殊钻套。

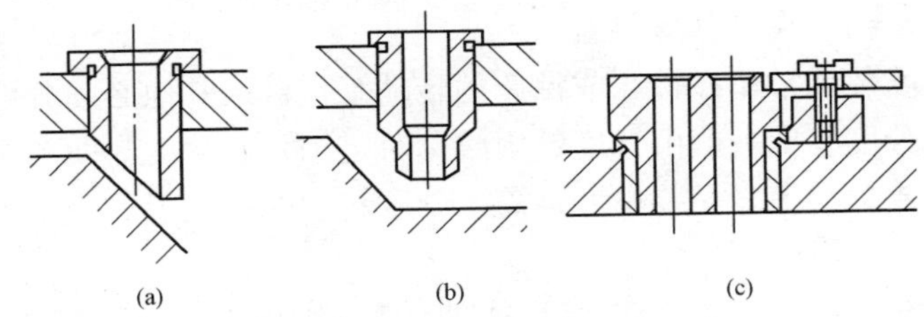

图 6-23　特殊钻套

（a）斜面钻孔钻套；（b）深坑钻孔钻套；（c）近距离小孔钻孔钻套

四、钻套及衬套材料与尺寸公差的选择

1. 钻套及衬套的材料

各种钻套都直接与刀具接触，故必须有很高的硬度和耐磨性。当被加工孔的直径小于 25mm 时，一般采用 T10A 钢，淬硬

HRC58～62；当被加工孔的直径大于25mm时，用20钢表面渗碳0.8～1.2mm，淬硬HRC55～60。

2. 钻套孔的尺寸和公差的选择

（1）钻套孔直径的基本尺寸一般应等于被引导刀具的最大极限尺寸。

（2）因被引导的刀具通常均为定尺寸的标准化刀具，所以钻套引导孔与刀具间应按基轴制选定。

（3）为防止刀具在使用时发生卡死或咬住现象，刀刃与引导孔间应留有配合间隙。应随刀具的种类和加工精度合理地选取钻套孔的公差。通常情况下，钻孔与扩孔时取F7；粗铰孔时取G7，精铰孔时取G6等。

（4）当采用标准铰刀加工H7（或H9）孔时，则不必按刀具最大极限尺寸计算。可直接按被加工孔的基本尺寸选取F7（或E7）作钻套孔的基本尺寸和公差，用以改善其引导精度。

（5）由于标准钻套孔的最大极限尺寸都是被加工孔的基本尺寸，因而用标准钻头的钻套孔就只需要按加工孔的基本尺寸来取公差为F7即可。

（6）如果钻套引导的不是刀具切削部分，而是刀具的导向部分，这时可按基孔制的相应配合来选取。

五、钻床夹具分度装置

分度装置常用在铣床或钻床的转动工作台或其他必须分度的夹具上。分度装置一般由分度销（或称对定销）和分度盘两个主要部分所组成。其中之一装在夹具需要分度转动的部位上，另一则装在夹具的固定部位上。

图6-24是常用分度装置的典型示例。图中1表示分度盘，2表示分度销，拉开分度销2后，即可进行分度回转。图6-24(a)与(b)的主要区别在于，前者是沿分度盘1的轴向进行分度，而后者是沿径向进行分度。图6-24(c)中的分度销2是圆柱形的；图6-24(b)中的是双斜面楔形的。此外，圆锥形的分度销也比较常见。图6-24(c)是手动分度的结构示例。当向外拉手柄时，分度销压缩弹簧而退出分度盘，然后让手柄回转90°，使小销3顶住套4的凸缘而停

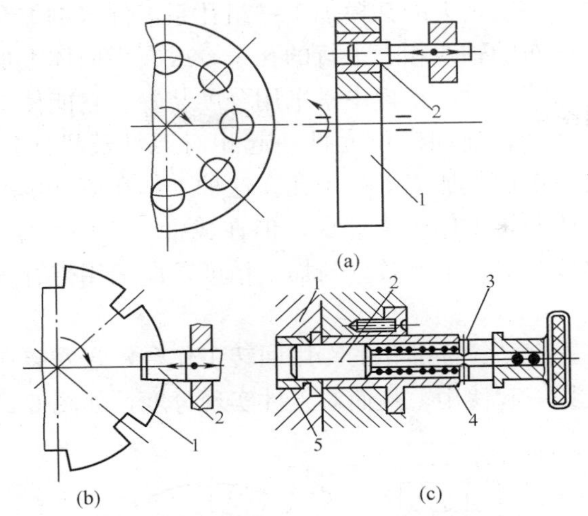

图 6-24　常用分度装置典型示例草图

（a）沿分度盘轴向分度；（b）沿分度盘径向分度；（c）手动分度

1—分度盘；2—分度销；3—小销；4—套；5—分度套筒

留在拉出的位置上，即可进行分度回转，分度完毕，再将手柄回转90°到小销 3 正好对准套 4 凸缘上的槽口时，弹簧即推动分度销进入分度盘的下一个分度套筒 5 中。

设计分度装置时，最主要的问题是：

（1）保证必要的分度精度。产生分度误差的原因很多，主要的原因是分度销 2 与分度盘套筒 5 之间的间隙，分度销 2 与固定套 4 之间的间隙，分度套筒装在分度盘上的位置不准确，以及分度套内、外两圆柱面的偏心差等。

（2）保证分度动作的方便可靠。加工批量较大的工件时，常用机械化、自动化的分度，批量较小时，多用手动分度，但往往可使分度的若干动作同时由一个手柄操纵进行。

（3）保证分度销结构的足够强度。为保证分度销的足够强度，在受力较大的情况下，往往使分度销只起分度对定作用，而避免承受任何外力，因此分度完毕后，必须由另外的紧定装置，使整个分度装置连同工件紧固在分度后的位置。

当需要用一次装夹的钻模加工一组孔系工件（例如在圆周上构成一定角度分布的轴线相互平行的孔系，或在多面体上加工按一定角度分布孔系等）时，钻模中常采用分度装置。它能使工件在一个工位上加工孔后，连同定位元件一起相对刀具及机床转动一定角度，再在另一工位上加工下一个孔。这种工作在单件生产中可用通用的分度头或回转工作台来完成，但在成批生产中为使工序集中，减少装夹次数，提高生产效率与加工精度，应采用带有分度装置的钻模。

分度装置有已经标准化的专用回转工作台，它安装在某个专用夹具上与夹具一起使用，从而对工件实现分度，如图 6-25 所示。

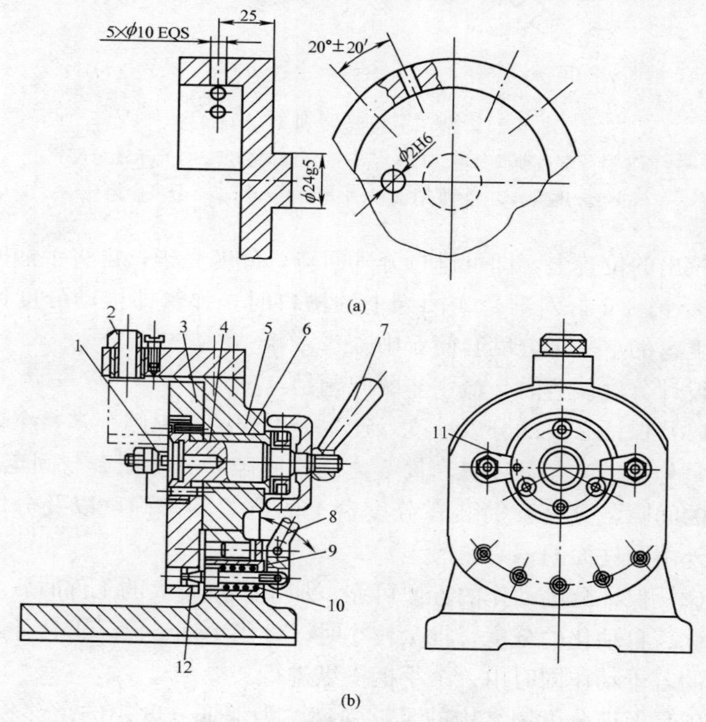

图 6-25　钻孔分度夹具

（a）工件；（b）分度钻模

1—定位销；2—可换钻套；3—分度盘；4—心轴；5—夹具体；6、9、12—衬套；7—手柄；8—杠杆；10—对定销；11—压板

六、钻床夹具体

夹具体是将各种装置或元件联合成为一个夹具整体的基础元件，是夹具的基座和骨架。

1. 夹具体的基本要求

夹具体的形状、结构、尺寸取决于工件的外形和各种元件、装置的分布情况以及与机床的连接形式。其基本要求为：

（1）要有足够的强度和刚性。

（2）结构要简单，尺寸要稳定，体积和质量尽可能小。

（3）要具有很好的工艺性。

（4）要有足够的排屑空间。

2. 夹具体的种类

夹具体按其毛坯制造方法可分为下面几类：

（1）铸造夹具体。铸造夹具体可获得各种复杂形状，且刚性、强度较好的夹具体，但生产周期过长。

（2）焊接夹具体。焊接夹具体易于制造，生产周期短，质量轻，适用于结构简单的夹具体。

（3）锻造夹具体。锻造夹具体只适应于尺寸不大，形状简单的夹具体。

（4）装配式夹具体。这种夹具体是由标准毛坯件连接装配而成的夹具体，常用于封闭式或半封闭式结构中。

3. 夹具体与机床的连接

固定式钻模与机床工作台大多数是平面接触，用螺栓连接固定。如果夹具需要在机床工作台上移动时，则在夹具体底面应有支脚，这样便于清除切屑，并可使夹具放得准确。每一个夹具一般都有 4 个支脚。

第三节　磨　床　夹　具

一、磨床通用夹具

磨床通用夹具的种类和用途见表 6-2。

表 6-2　　磨床通用夹具的种类和用途

<table>
<tr><th colspan="3">种　类</th><th>主 要 用 途</th></tr>
<tr><td rowspan="6">通用夹具</td><td>顶　尖</td><td>普通顶尖
硬质合金顶尖
半顶尖
大头顶尖
长颈顶尖
阴顶尖
弹性顶尖</td><td rowspan="2">用于在外圆磨床上磨削轴类工件的外圆，在平面磨床上成形磨削及分度磨削</td></tr>
<tr><td>鸡心夹头</td><td>单口鸡心夹头
双口鸡心夹头
圆环形夹头
方形夹头
双尾鸡心夹头</td></tr>
<tr><td rowspan="2">心　轴</td><td>锥度心轴
带肩心轴
莫氏锥柄悬伸心轴
胀胎心轴
锥度胀胎心轴
液态塑料胀胎心轴
液压胀胎心轴
橡胶胀胎心轴
弹性片胀胎心轴</td><td>用于衬套及盘类工件的磨削</td></tr>
<tr><td>组合心轴</td><td>用于筒体工件的磨削</td></tr>
<tr><td>中心孔柱塞</td><td>中心孔柱塞
带肩中心孔柱塞
带圆锥面中心孔组合塞
活柱式中心孔塞</td><td>用于轴端有孔的轴类及筒体类工件的磨削</td></tr>
<tr><td>弹簧夹头</td><td>拉式弹簧夹头
推式弹簧夹头</td><td>用于在外圆磨床上磨削直径较小的轴类工件</td></tr>
</table>

续表

种类				主要用途
通用夹具	吸盘	磁力吸盘	圆形电磁吸盘 圆形永磁吸盘	用于内、外圆磨削
			矩形电磁吸盘 矩形永磁吸盘	用于平面磨削
		真空吸盘	矩形真空吸盘	用于在平面磨床上磨削薄片或非导磁性工件
			圆形真空夹头	用于外圆或万能磨床
	卡盘与花盘		三爪自定心卡盘 四爪单动卡盘 花盘	用于内、外圆磨床上磨削各种轴、套类工件
	虎钳与直角块		精密平口虎钳 磨直角用夹具 直角块	用于在平面磨床上磨削工件的直角
	多角形块		多角形块 六角形块 八角形块	用于在平面磨床上磨削多角形工件或花键环规及塞规
	正弦夹具		正弦夹具 正弦虎钳 正弦中心架 正弦分度夹具（含万能磨夹具）	用于在平面磨床上磨削样板、冲头等成形工件
	光学分度头			用于在平面磨床上成形磨削
	专用夹具			用于成批大量生产的内、外圆或平面磨削

（一）顶尖和鸡心夹具

顶尖和鸡心夹具常配套使用，其用途极为广泛，是磨削轴类工件时最简易，且精度较高的一种装夹工件的工具。其中硬质合金顶尖寿命高，适用于装夹硬度高（淬火钢类）的工件。顶尖和鸡心夹具在车床上也常用，但磨床用的顶尖比一般车床用的精度要高。

（二）心轴

心轴常用于外圆磨床和万能磨床上磨削以孔或孔与端面作定位基准的套筒类、盘类工件的外圆及端面，以保持工件外圆与内孔的同轴度和与端面的垂直度要求。心轴的中心孔要研磨，并在其锥面上开三条互成120°的油槽。

1. 锥度心轴

锥度心轴如图6-26所示。

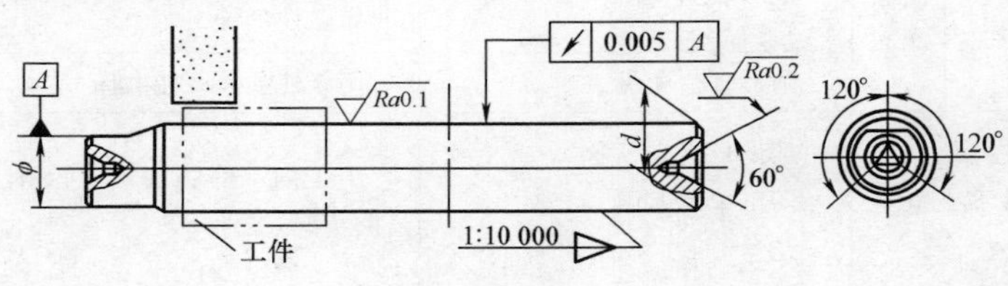

图6-26　锥度心轴

锥度心轴的锥度，一般100mm长度内可取0.01～0.03mm，根据被磨工件的精度需要而确定。心轴外圆与工件内孔之间的配合程度，以能克服磨削力为准，不宜过紧而使工件变形。由于工件孔有一定公差范围，一般需要1根到3根，甚至5根为一组，供选配使用。心轴外圆对中心孔的跳动公差一般为0.005～0.01mm，应根据工件的精度而定。这种心轴一般用于单件和小批量生产。

对于较大批量的生产，则需对工件孔的实际尺寸测量后进行分组，分批加工，以保证工件在心轴上的位置相对砂轮处在一个稳定的范围内，而不至于左右窜动过大，超出已调整好的工作台行程。

对于某些较长的工件可以采用一端有锥度，另一端为圆柱的心轴，如图6-27所示。在加工时，可视实际需要添加一个（任意一端）或两个辅助的工艺衬套，衬套有带肩或不带肩两种，工件内孔压入工艺衬套后与心轴配合。

带锥度一端的衬套可做成可胀式的，以使其与锥度配合良好，并依靠其胀力来带动工件转动。

2. 带肩心轴

带肩心轴如图6-28所示。工件上孔径$d_1 \geqslant d_2$，它的最大跳动

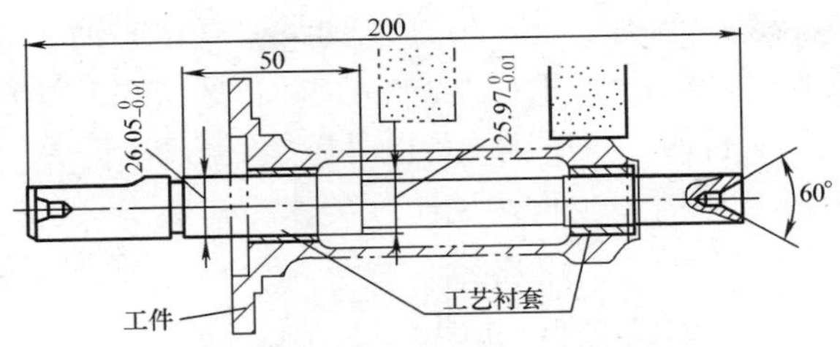

图 6-27　磨较长工件的锥度心轴

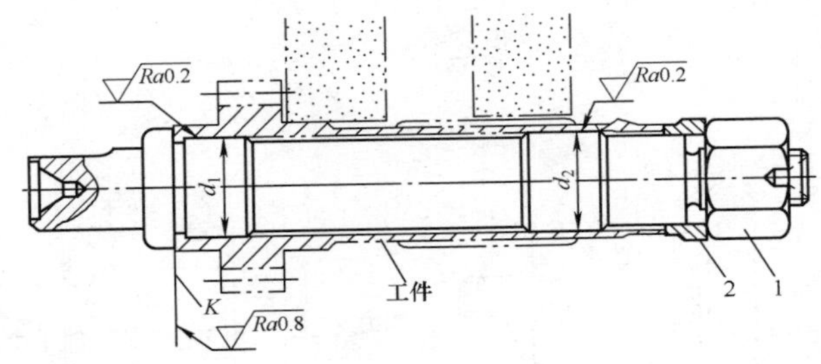

图 6-28　带肩心轴

1—螺母；2—垫圈

公差为 0.005mm，对 K 面的垂直度公差为 0.005mm。

3. 莫氏锥柄悬伸心轴

（1）带肩莫氏锥柄悬伸心轴。图 6-29 所示为带肩莫氏锥柄悬伸心轴，工件与心轴一般成无间隙的配合。单件生产时，可配磨心轴直径；批量生产时，则按尺寸分组，可制成三根供选用，莫氏锥柄的大小可根据工件大小和机床而定，需要时可加莫氏锥度过渡套筒。

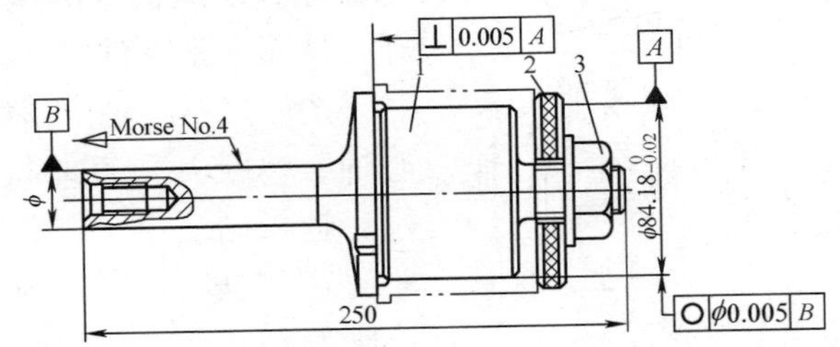

图 6-29　带肩莫氏锥柄悬伸心轴

1—心轴；2—垫圈；3—螺母

（2）带肩复合心轴。图 6-30 所示为带肩复合心轴。这种心轴当用大螺母 1 压紧工件时，可磨削工件的端面[见图 6-30(b)]；改用六角螺母 2 压紧工件时，可磨削工件的外圆及其台阶[见图 6-30(c)]。

使用悬伸心轴时，也可用尾座顶尖作为辅助支承。

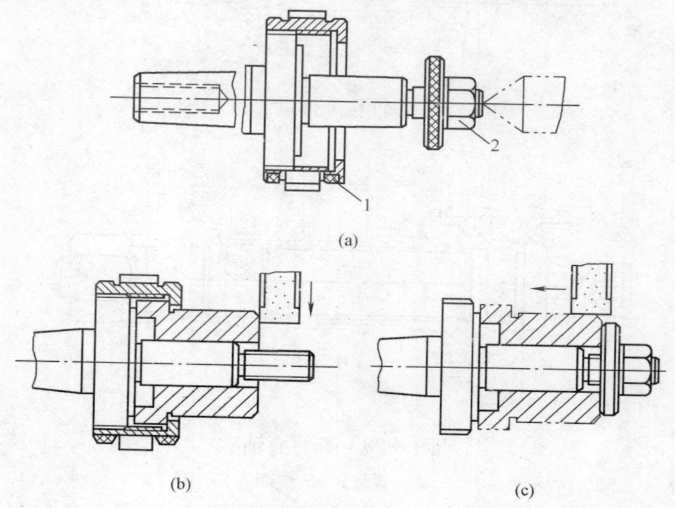

图 6-30　带肩复合心轴

(a) 带肩复合心轴；(b) 用大螺母 1 压紧工件；(c) 用六角螺母 2 压紧工件

4. 胀胎心轴

（1）锥度胀胎心轴。图 6-31 所示为锥度胀胎心轴。它是利用心轴上的锥度，使可胀衬套 1 受到螺母 2 及压板 3 的压紧力后胀开，从而夹紧工件。

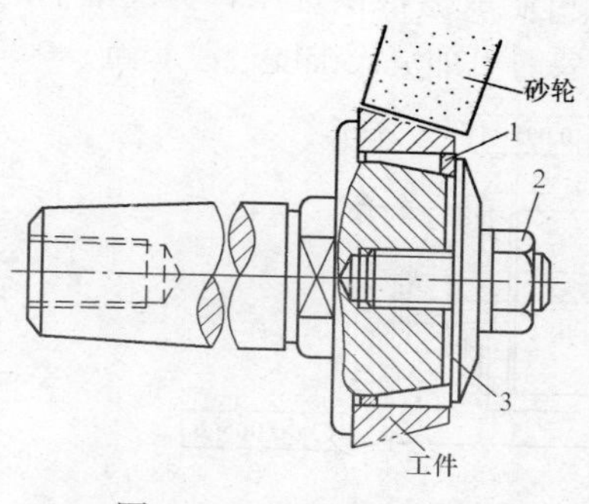

图 6-31　锥度胀胎心轴

1—可胀衬套；2—螺母；3—压板

图 6-32 所示为两端锥度胀胎心轴。它的夹紧原理与图6-31所示心轴相同。由于工件较长，可胀衬套 2 也增长了，为了使其两端胀力均匀，可设计成两端锥度。

这种心轴在工件装上后，应靠紧端面 A 后再夹紧。压圈 3 与

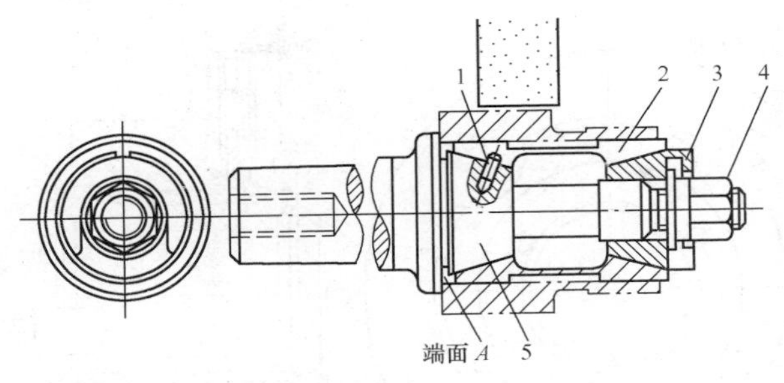

图 6-32　两端锥度胀胎心轴

1—销；2—可胀衬套；3—带圆锥的压圈；4—螺母；5—心轴

心轴 5 为无间隙配合，销 1 用来防止可胀衬套的转动。

图 6-33 所示为胀鼓心轴，它也属于胀胎心轴。它利用锥度心轴 1 上 1∶50 的锥度将可胀鼓 2 胀开，靠其胀力来夹紧工件，适用于加工直径较大的薄壁套筒类工件。加工时，先将工件套装在可胀鼓 2 上并靠紧端面，然后与可胀鼓一起套装在心轴上。

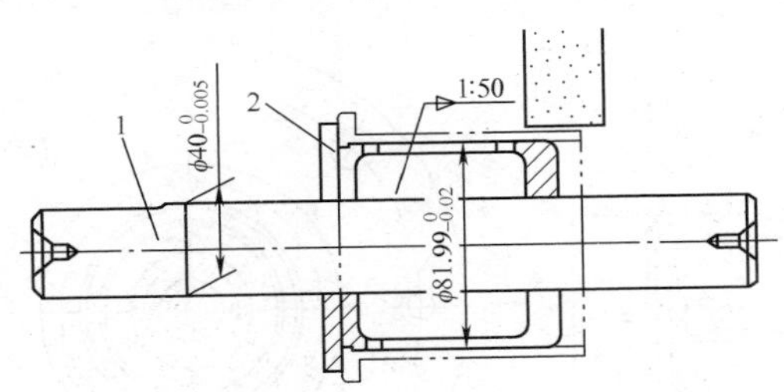

图 6-33　胀鼓心轴

1—锥度心轴；2—可胀鼓

（2）液性塑料胀胎夹具。图 6-34 所示为内圆磨床用液性塑料胀胎夹具。当旋紧调压螺塞 3 时，柱塞 4 压缩液性塑料 2，使胀套 6 的薄壁上受到均匀的压力而向外胀，从而将工件夹紧。

第一次灌入液性塑料时，应将 3 个密封螺钉 7 全部卸下排气，待液性塑料从 3 个螺孔中均匀流出时，再将密封螺钉 7 装上封死，勿使泄漏。为了弥补缝隙处的渗漏，要经常从堵塞 5 处添加液性塑料。

图 6-35 所示为另一种液性塑料夹具，它的工作原理与图 6-34 所示

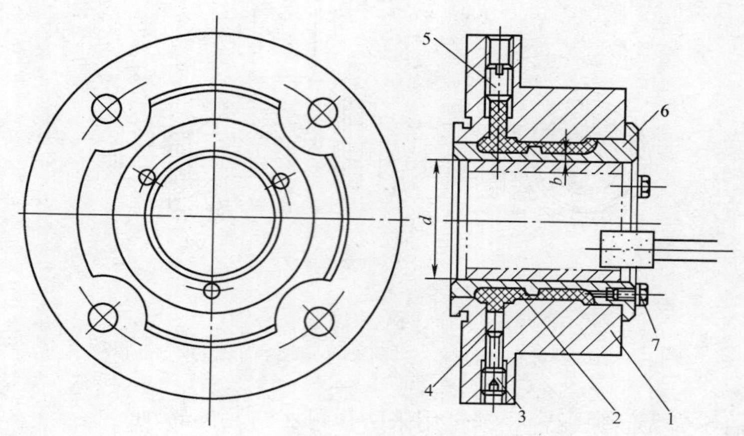

图 6-34 液性塑料胀胎夹具

1—本体；2—液性塑料；3—调压螺塞；4—柱塞；
5—堵塞；6—薄壁胀套；7—密封螺钉

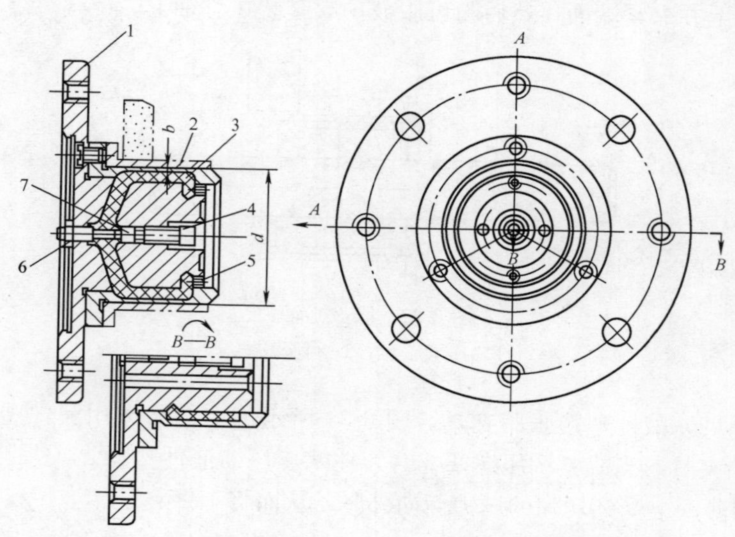

图 6-35 外圆磨床用液性塑料胀胎夹具

1—本体；2—薄壁胀套；3—液性塑料；4—调压螺栓；
5—密封螺塞；6—止挡螺钉；7—柱塞

的夹具相同。止挡螺钉 6 用来控制柱塞 7 的行程，以控制胀套胀力的大小，不使其过大。同时卸下止挡螺钉 6，可将液性塑料从此螺孔中灌入。

（3）液压胀胎心轴。图 6-36 所示为液压胀胎心轴，在其内腔灌满凡士林油，当旋紧螺杆 3 时，油料受压而将胀套 2 外胀，胀套 2 中间有一条肋 a，用来增加中间部位的刚度，以使胀套从肋 a 两侧的薄壁部位均匀向外胀，夹紧工件。

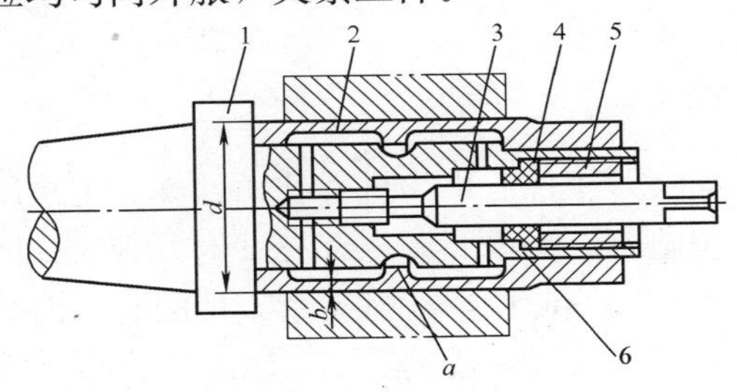

图 6-36　液压胀胎心轴

1—本体；2—胀套；3—调压螺杆；

4—橡胶垫圈；5—螺塞；6—橡胶密封圈

该夹具的本体 1 与胀套 2 的配合部分为 H7/k6，用温差法装配。胀套 2 留有精磨余量为 0.15～0.20mm，待其与本体 1 装配后再精磨到需要的尺寸。

（4）橡胶胀胎心轴。图 6-37 所示为悬伸式橡胶胀胎心轴，图 6-38 所示为橡胶胀胎心轴。调紧调压螺栓 5，使楔块 6 的斜面压紧柱塞 7 的斜面，使柱塞 7 产生轴向移动而压紧橡胶，橡胶受压而使

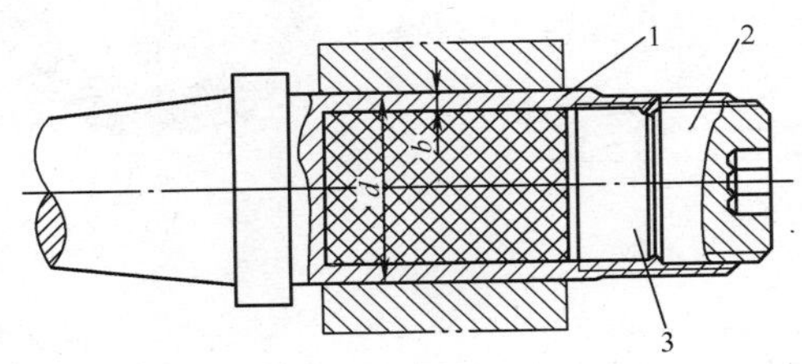

图 6-37　悬伸式橡胶胀胎心轴

1—橡胶；2—调压螺塞；3—柱塞

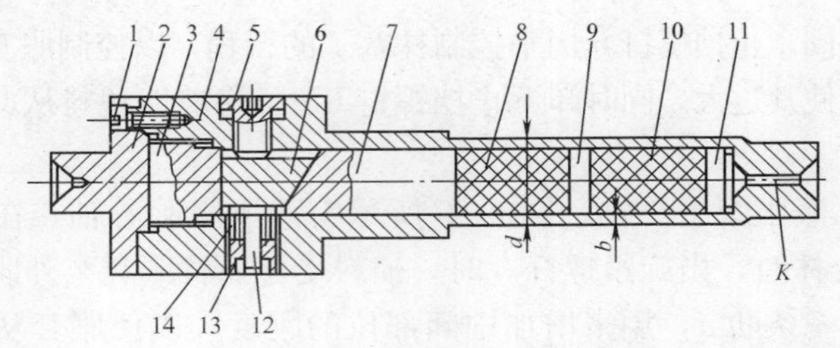

图 6-38 橡胶胀胎心轴

1—螺钉；2—端盖；3—螺柱；4—本体；5—调压螺栓；6—楔块；7—柱塞；8、10—橡胶；9、11—实心垫圈；12—弹簧座；13—调压螺塞；14—弹簧

本体 4 向外胀而夹紧工件。K 为排气孔，件 9、11 是用来控制外胀部位的实心定位垫圈，当松开调压螺栓 5 时，弹簧 14 及弹簧座 12 和楔块 6 顶起，柱塞 7 回位，此时夹紧工件的胀力消失。

上述胀胎心轴与夹具的胀胎、胀套的薄壁厚度一般为 1.0～2.0mm，根据其直径大小及长度的长短而定，且要求薄壁厚度的公差在 0.03～0.08mm 范围内，以保持其良好的定心精度。

(5) 弹性片胀胎心轴与夹具。图 6-39(a)和图 6-39(b)所示为两种类型的弹性片。当它们在轴向受到压力作用时，会向外径方向均匀胀大或向内径方向均匀缩小。弹性片必须成组使用，每组片数视需要而定，一般为 3～5 片。

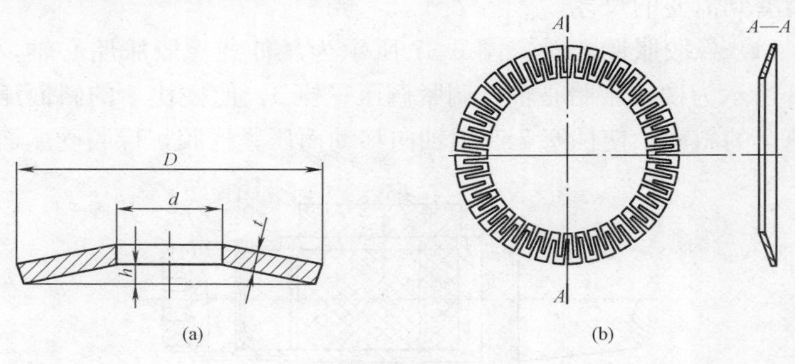

图 6-39 弹性片

(a) 类型一；(b) 类型二

图 6-40 所示为外圆磨床用悬伸式弹性片胀胎心轴，图 6-41 所

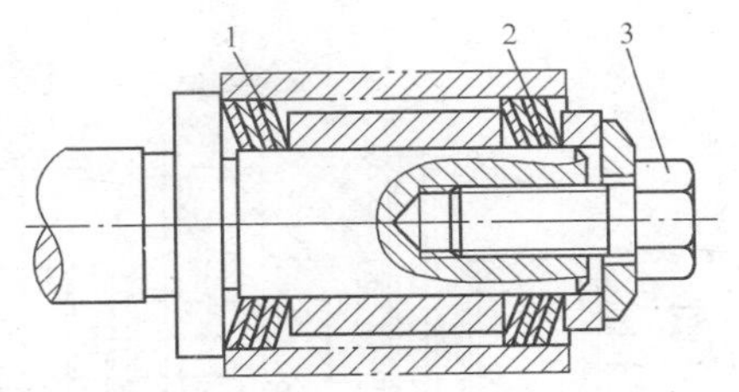

图 6-40　外圆磨床用悬伸式弹性片胀胎心轴

1、2—弹性片组；3—螺栓

示为内圆磨床用弹性片胀胎夹具，图 6-42 所示为万能磨床用弹性片胀胎夹具。

弹性片胀胎心轴与夹具，其定位精度大于 0.002mm，较液性塑料夹具差，且容易损伤工件被夹部分的表面。

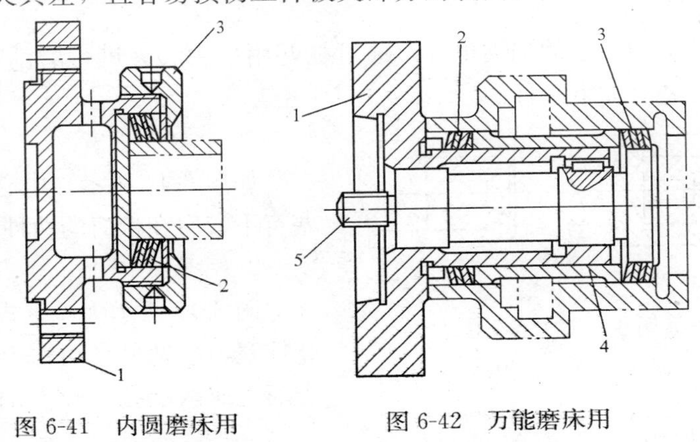

图 6-41　内圆磨床用弹性片胀胎夹具

1—本体；2—弹性片组；3—圆螺母

图 6-42　万能磨床用弹性片胀胎夹具

1—本体；2、3—弹性片组；4—套筒；5—拉杆

5. 组合心轴

组合心轴如图 6-43 所示，它适用于较大工件外圆磨削时使用。工件装在心轴上，由左右两端的带肩圆滑盘 3 和带锥面的基座 6 定位，旋紧圆螺母 2，由带肩圆滑盘 3 将工件推向基座 6 的锥面，并将工件压紧。

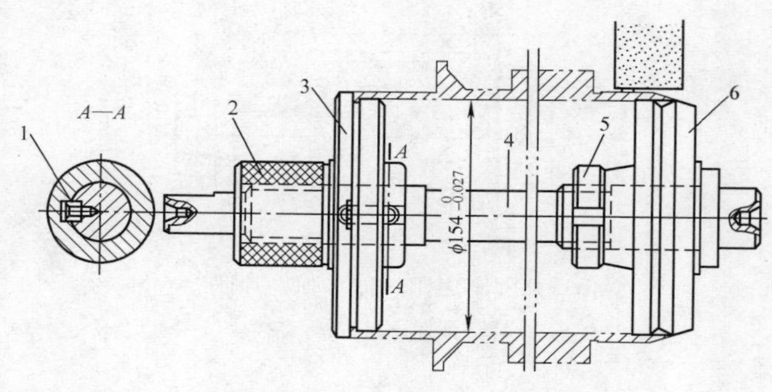

图 6-43 组合心轴

1—键；2、5—螺母；3—带肩圆滑盘；4—心轴；

6—带锥面的基座

(三) 中心孔柱塞

两端为空心的轴类工件，通过柱塞用顶尖装夹进行磨削加工。常用柱塞有如下三种：

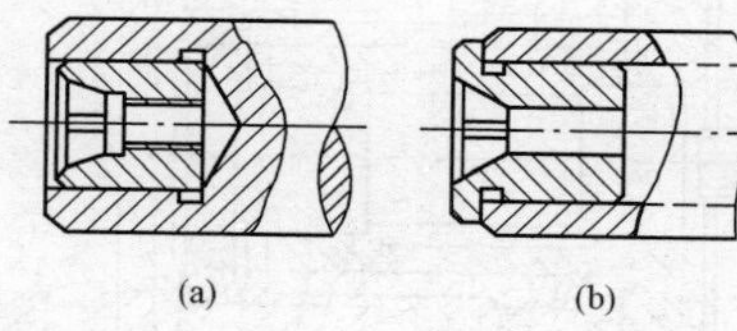

图 6-44 中心孔柱塞

(a) 不带肩；(b) 带肩

1. 中心孔柱塞

如图 6-44 所示，中心孔柱塞有不带肩和带肩的两种。

2. 可胀式中心孔柱塞

图 6-45 所示为可胀式中心孔柱塞，柱塞外径可胀开，用于筒类或两端孔径较大的轴类工件的磨削。

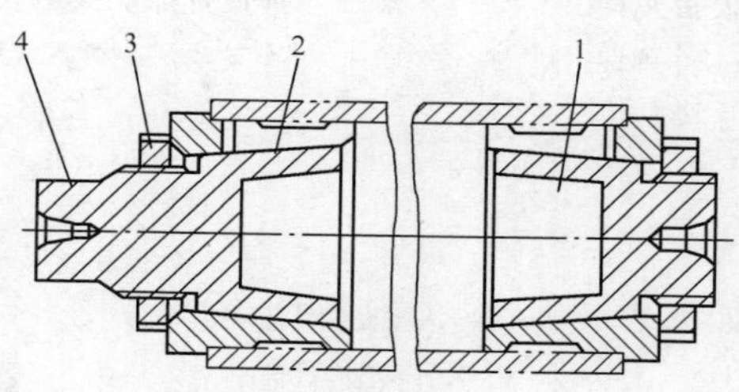

图 6-45 可胀式中心孔柱塞

1—组合塞；2—可胀套；3—圆螺母；4—塞体

3. 活柱式中心孔柱塞

图 6-46 所示为活柱式中心孔柱塞，用于筒类或两端孔径较大的轴类工件的磨削。

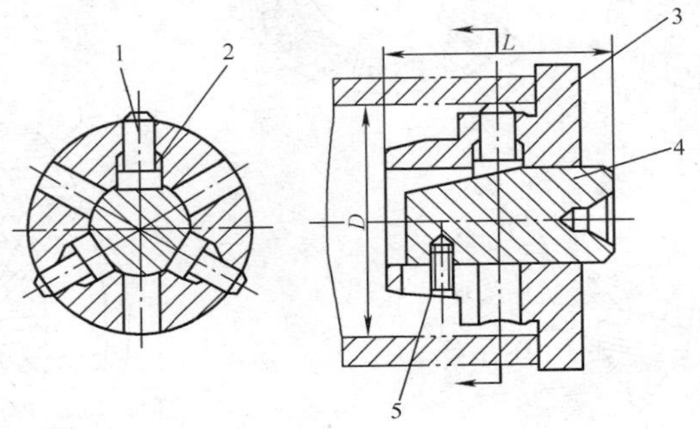

图 6-46 活柱式中心孔柱塞

1—活柱；2—弹簧；3—塞体；4—塞芯；5—销

（四）卡盘和花盘

卡盘和花盘属机床附件，常用于内圆、外圆和万能磨床上磨削工件。

1. 卡盘

卡盘利用它后面法兰盘上的内螺纹直接安装在磨床主轴上，使用卡盘装夹轴类、盘类、套类等工件非常方便、可靠。常用的卡盘有三爪自定心卡盘和四爪单动卡盘两种。

(1) 三爪自定心卡盘。如图 6-47 所示，三爪自定心卡盘用扳手通过方孔 1 转动小锥齿轮 2 时，就带动大锥齿轮 3 转动，大锥齿轮 3 的背面有平面螺纹 4，它与三个卡爪后面的平面螺纹相啮合，当大锥齿轮 3 转动时，就带动三个卡爪 5 同时作向心或离心的径向运动。

三爪自定心卡盘具有较高的自动定心精度，装夹迅速方便，不用花费较长时间去校正工件。但它的夹紧力较小，而且不便装夹形状不规则的工件。因此，只适用于中、小型工件的加工。

(2) 四爪单动卡盘。如图 6-48 所示，四爪单动卡盘有 4 个对称分布的相同卡爪 1、2、3、4，每个卡爪都可以单独调整，互不相

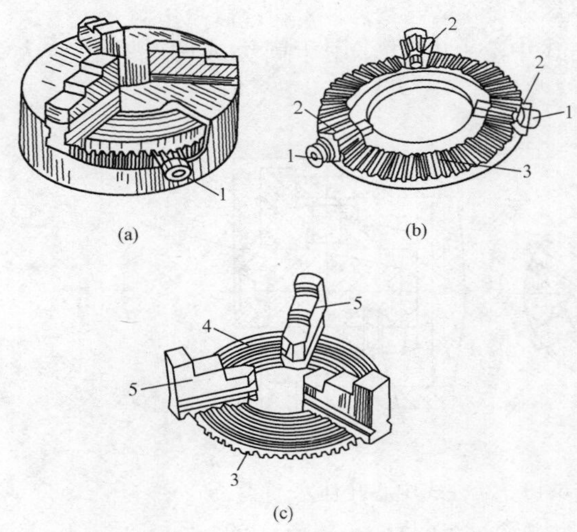

图 6-47　三爪自定心卡盘

1—方孔；2—小锥齿轮；3—大锥齿轮；

4—平面螺纹；5—卡爪

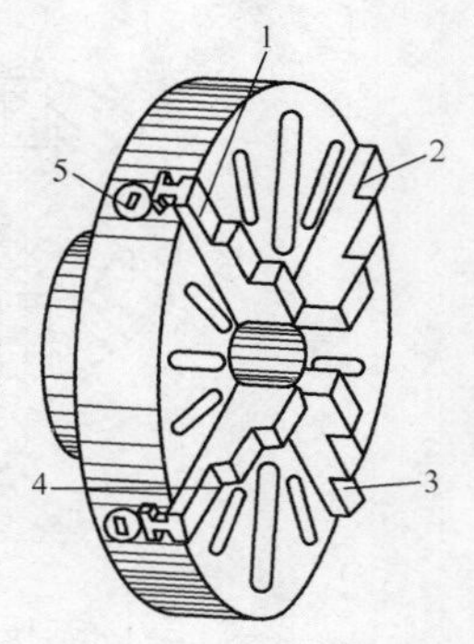

图 6-48　四爪单动卡盘

1～4—卡爪；

5—调节螺杆

关。用扳手调节螺杆 5，就可带动该爪单独作径向运动。由于 4 个卡爪是单动的，所以适用于磨削截面形状不规则和不对称的工件。

四爪单动卡盘夹持工件的方法如图 6-49 所示。它的适用范围较三爪自定心卡盘广，但装夹工件时需要校正，要求工人的技术水平较高。

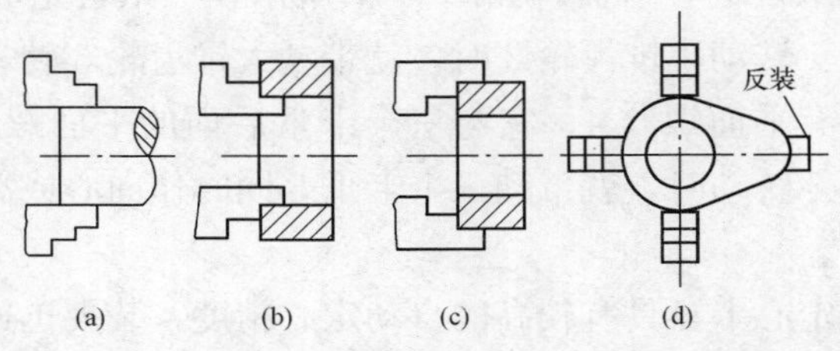

图 6-49　四爪单动卡盘夹持工件的四种方法

2．花盘

花盘可直接安装在磨床主轴上。它的盘面上有很多长短不同的穿通槽和T形槽，用来安装各种螺钉和压板，以紧固工件，如图6-50所示。

花盘的工作平面必须与主轴的中心线垂直，盘面平整，适用于装夹不能用四爪单动卡盘装夹的形状不规则的工件。

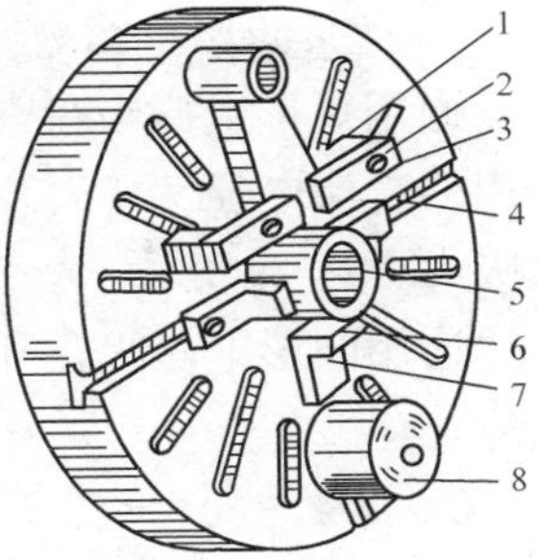

（五）弹簧夹头

弹簧夹头也属机床附件，常用于外圆及万能磨床。

（六）磁力吸盘和磁力过渡垫块

磁力吸盘和磁力过渡垫块是磨床上常用夹具，特别是在平面磨床上，其用途极为广泛。

图6-50　花盘上装夹工件

1—垫铁；2—压板；3—压板螺钉；4—T形槽；5—工件；6—小角铁；7—可调定位螺钉；8—配重块

磁力吸盘按外形，可分为圆形、矩形和球面三类（见表6-3）；按磁力来源，可分为电磁和永久磁铁吸盘（又称永磁吸盘）两类；按其用途，又可分为通用、专用、正弦和多功能磁力吸盘。

表6-3　　电磁吸盘的主要结构形式

矩形吸盘	圆形吸盘	球面吸盘
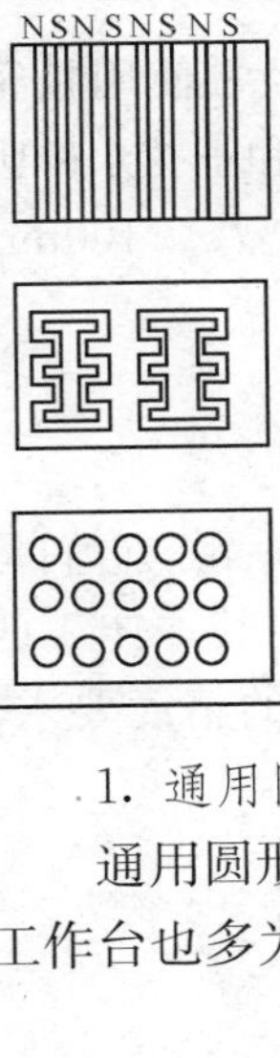 NSNSNSNS	 NS	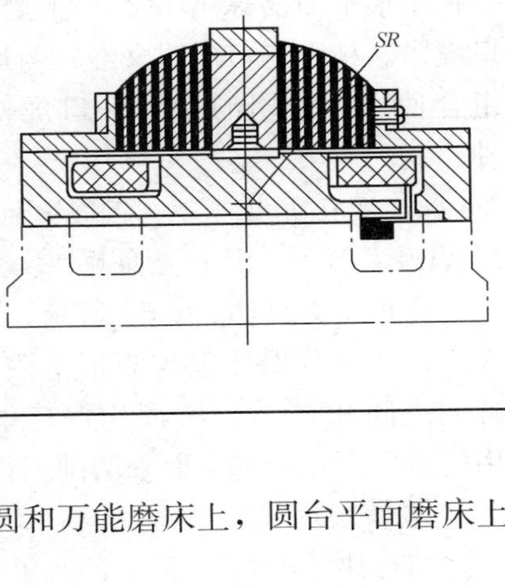 SR

1. 通用圆形电磁吸盘

通用圆形电磁吸盘用于外圆和万能磨床上，圆台平面磨床上的工作台也多为圆形电磁吸盘。

2. 通用矩形电磁吸盘

通用矩形电磁吸盘常为矩台平面磨床的工作台。它的电磁吸盘使用的直流电压为55、70、110、140V四种。电磁吸盘产生的最大吸力可达2MPa。

通用圆形电磁吸盘和通用矩形电磁吸盘一般是机床附件，随机供应。

3. 正弦永磁吸盘

正弦永磁吸盘常用于矩台平面磨床。它的内部是以永久磁铁作为磁力源，其底部由正弦规组成。此吸盘使用方便，用途广泛。若用它来磨削角度样板，其精度误差≤1′。

4. 磁力过渡块

在使用磁力吸盘吸紧工件进行磨削时，往往离不开过渡块的辅助。磁力过渡块的作用是将吸盘上的磁力线N极引向过渡块本身，再经过放在过渡块上（或贴靠过渡块）的工件和过渡块本身，使磁力线回到吸盘S极，形成一个磁力线回路而将工件吸住。为满足各种形状工件的需要，磁力过渡块可设计成各种形状，常见的是V形和方形。

多功能电磁吸盘附有一套磁力过渡块，以扩大其使用范围。

（七）精密平口虎钳

在矩形平面磨床M7120A上磨削成形样板时，经常使用精密平口虎钳。精密平口虎钳又经常与通用矩形电磁吸盘和正弦永磁吸盘组合使用。常用的精密平口虎钳钳口宽度为50、75、100mm三种。

（八）磨直角用夹具（直角块和多角形块）

1. 磨直角用夹具和直角块

磨直角用夹具如图6-51所示，直角块如图6-52所示。它们是在M7120A平面磨床上与矩形电磁吸盘组合使用的。其本体1四周各面之间和对H、K面均保持垂直度为90°±30″的精度要求，可用任意一面作为基准面来磨削工件的直角。

2. 多角形块

多角形块如图6-53所示，八角形块如图6-54所示。

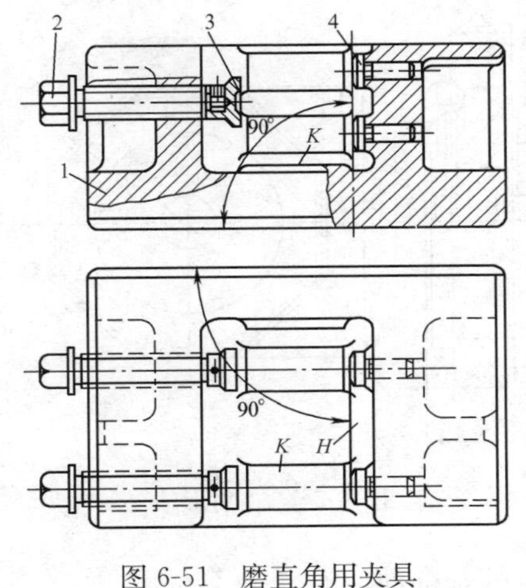

图 6-51　磨直角用夹具

1—本体；2—螺杆；3—压帽；4—支承

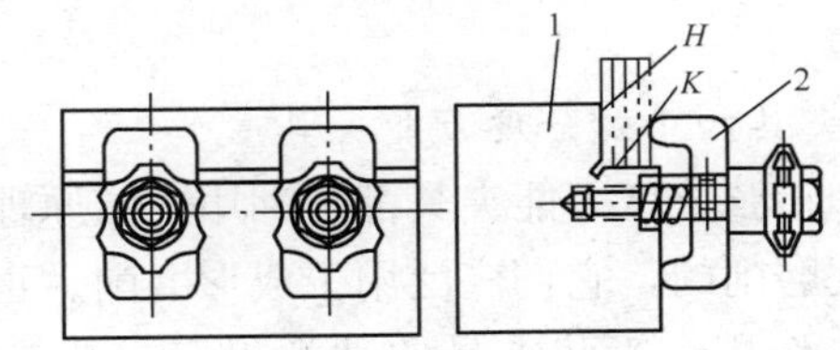

图 6-52　直角块

1—本体；2—弯压板

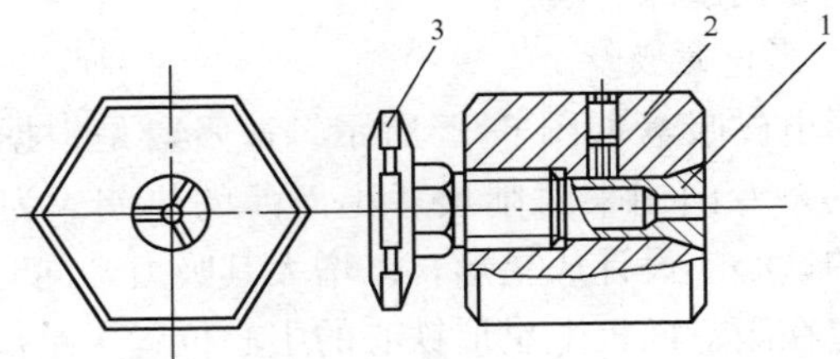

图 6-53　六角形块

1—弹簧夹头；2—本体；3—带手把拉杆

多角形块可用于夹紧工件磨削其多角或进行分度磨削，如六角冲头和花键塞规或花键环规等。在磁力吸盘外侧安装一条形定位块，与工作台运动方向和砂轮端面平行（可在安装后，用砂轮修磨

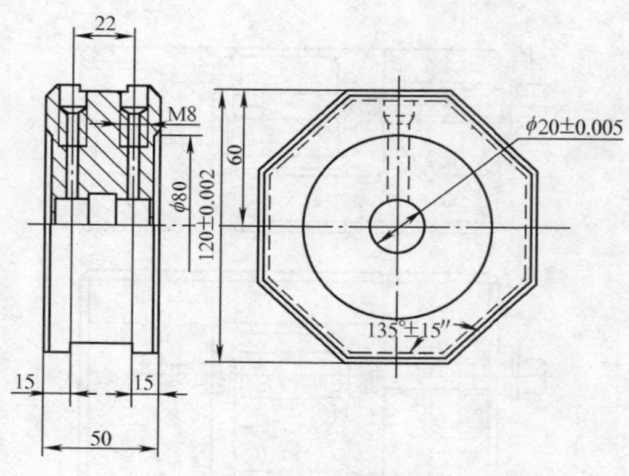

图 6-54　八角形块

一次)，作为分度的基准面。

多角形块夹紧工件后卧放或立放在吸盘上，以角面紧靠定位块(分度的基准面)。

（九）正弦夹具和正弦分度万能夹具

正弦夹具和正弦分度万能夹具都是利用正弦原理来磨削工件的角度或实现分度磨削的，它们广泛用于成形磨削。正弦夹具又经常与电磁吸盘组合使用。正弦夹具的种类很多，其使用方法也变化多样。

二、典型专用磨床夹具

1. 专用矩形电磁吸盘

专用矩形电磁吸盘如图 6-55 所示。该吸盘是根据工件尺寸和形状而设计的，专门用来磨削尺寸小而薄的垫圈。为了将工件吸牢，将吸盘的铁心 4 设计成星形，以增大其吸力，同时由螺钉 3 将定位圈 5 固定在吸盘面板上星形铁心的中心位置。定位圈 5 的外径 D 小于工件的孔径，厚度也低于工件。磨削时，工件不会产生位移。

2. 真空吸盘

真空吸盘如图 6-56 所示。该吸盘用于在平面磨床上磨削有色金属和非磁性材料的薄片工件。真空吸盘可放在磁力吸盘上，也可放在磨床工作台上用压板压紧后使用。

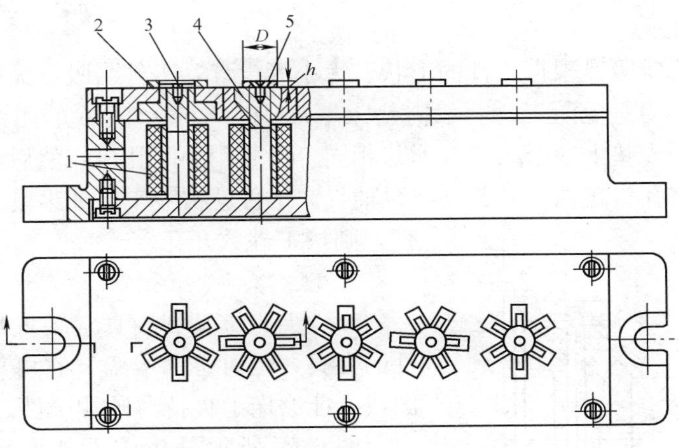

图 6-55　专用矩形电磁吸盘

1—线圈；2—工件；3—螺钉；4—星形铁心；5—定位圈

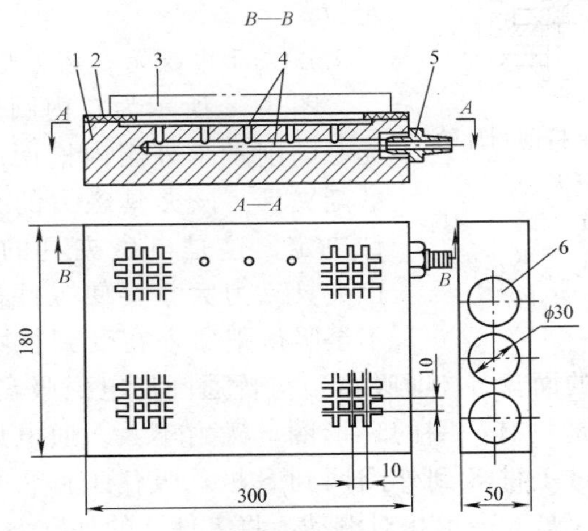

图 6-56　真空吸盘

1—本体；2—耐油橡胶；3—工件；

4—抽气孔；5—接头；6—减重孔

为了增大真空吸盘的吸力并使其均匀，与工件接触的吸盘面上有若干小孔与沟槽相通，沟槽组成网格形，沟槽的宽度为 0.8～1mm，深度为 2.5mm。根据需要，可在本体上钻若干减轻重量的减重孔 6。

真空吸盘根据工件的形状、大小等设计，工件与吸盘面结合要严密，为避免漏气，一般需垫入厚度为 0.4～0.8mm 的耐油橡胶垫，预先垫上一个与工件形状相同、尺寸稍小的孔口，然后放上工件，将孔口盖住，开启真空泵抽气，工件就被吸牢。如果是多个工件，则按工件数开孔。

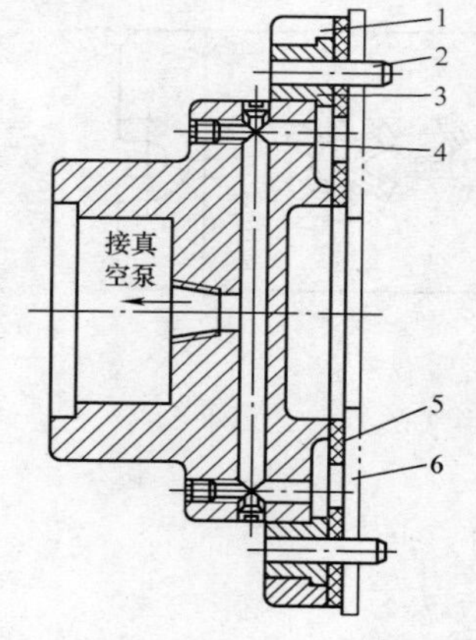

图 6-57　夹持薄圆片的真空夹头

1—本体；2—定位销；3—衬套；4—真空室；5—橡皮垫；6—工件（薄圆片）

3. 真空夹头

真空夹头也是利用真空装置吸附工件的夹具，也可称为吸盘。它可用于外圆或万能磨床上夹持薄圆片工件。

图 6-57 所示是用于万能磨床上磨削薄圆片内、外圆的真空夹头。橡皮垫厚度为 0.8mm，工件由定位销 2 定位。

4. 圆形电磁无心磨削夹具

图 6-58 所示为在内圆磨床上进行无心磨削轴承外圈内槽面的电磁无心磨削夹具。该夹具磁力的大小可由设计决定，这是电磁夹具的一个优点。该夹具磁力大小要使工件被吸住而又不至吸得很紧，在受到推力后可产生滑动。夹具的面盘 6（即吸盘）与普通圆形电磁吸盘稍有不同，其隔磁层 7 是只有一圈的环形圈，磁力不大。通电后磁力线 N 极从内圈经过工件 8 到外圈回到 S 极，吸住工件。当受到推力后，工件与面盘 6 产生相对滑动。将工件 8 的外圆表面紧贴在两个支承 2 上[见图 6-34(b)]，使工件中心 O' 与机床主轴中心 O 之间有一个很小的偏心量 e（e 一般为 0.15～0.5mm），其方向在第一象限内。当夹具绕中心 O 转动时，由于有偏心量 e 的存在以及吸而不紧的状况，工件便绕中心 O' 转动，同时相对夹具面盘 6 滑动，以实现无心内圆磨削，保证了轴承外圈内、外圆的同轴度与壁厚公差要求。

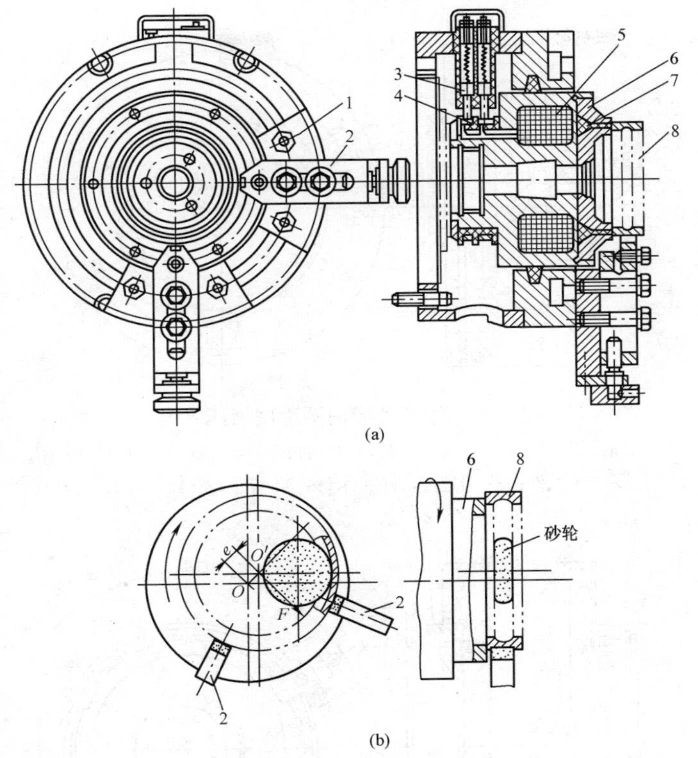

图 6-58　圆形电磁无心磨削夹具

(a) 夹具结构图；(b) 无心磨削原理图

1—支承滑座；2—支承；3—碳刷；4—滑环；

5—线圈；6—面盘；7—隔磁层；8—工件

5. 轴承外圈内圆磨削液压夹具

图 6-59 所示为用于内圆磨床上磨削圆锥轴承外圈内锥面的专用夹具。在夹具的油腔 4 内充满油液，当推杆 12 向右移动时，3 个活塞 2 压缩油腔 4 内的油液，从而使橡胶膜 5 均匀受压而将工件压紧。它的优点是外圆不受损伤，但夹紧的尺寸范围很窄。

6. 锥齿轮端面及内圆磨削夹具

锥齿轮端面及内圆磨削夹具如图 6-60 所示，它用于内圆磨床。

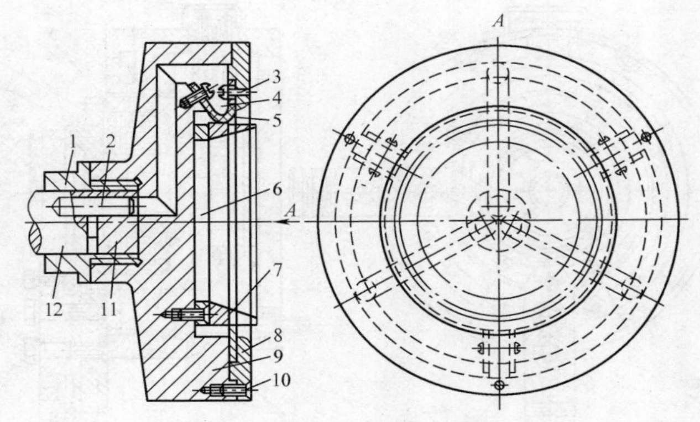

图 6-59　轴承外圈内圆磨削液压夹具

1—主轴；2—活塞；3、10—螺钉；4—油腔；5—橡胶膜；6—定位环；7—工件；8—密封盖；9—本体；11—导套；12—推杆

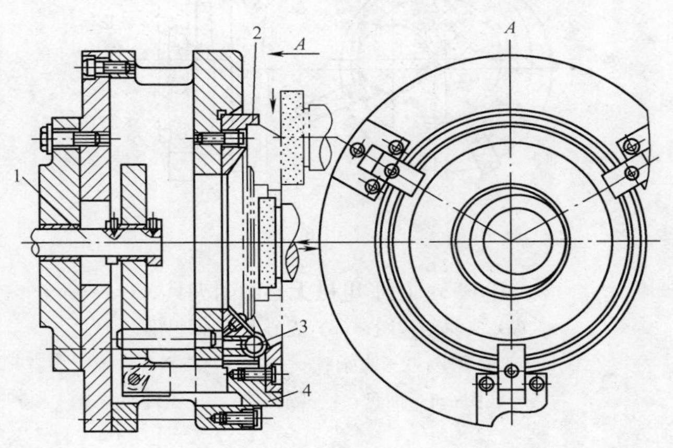

图 6-60　锥齿轮端面及内圆磨削夹具

1—拉杆；2—定位盘；3—钢球；4—压爪

用 3 个在同一半径上相隔 120°均布的钢球 3，并以锥齿轮的分度圆作为定位基准，锥齿轮外圆又与定位盘 2 内圆相配，用压爪 4 压紧背锥，3 个压爪 4 由拉杆 1 受气压或液压操纵拉动。钢球直径大小根据锥齿轮的模数选用，同一组 3 个钢球的直径差值不得大于 0.002mm。为了提高其加工精度，最好选择分度圆定位。

7. 圆柱齿轮内孔磨削夹具

圆柱齿轮内孔磨削夹具如图 6-61 所示，它用于内圆磨床。齿轮以端面靠紧定位块 1，由滚柱支架 2 上的三个互成 120°的滚柱 3 与齿轮分度圆接触，然后用拉杆拉动滑块 5，使夹爪 4 在圆锥面的作用下，通过 3 个滚柱 3 将齿轮夹紧。滚柱 3 与支架 2 上的 3 个铆销呈浮动状态，以保证夹紧时以齿轮的分度圆为基准的定位精度，从而保证齿轮分度圆与内孔的同轴度要求。

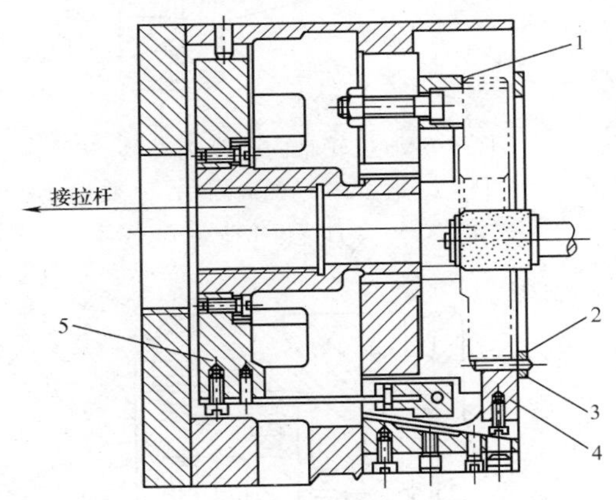

图 6-61　圆柱齿轮内孔磨削夹具

1—定位块；2—滚柱支架；3—滚柱；4—夹爪；5—滑块

8. 齿轮轴内孔磨削夹具

齿轮轴内孔磨削夹具如图 6-62 所示。当拉杆 1 向左移动时，在圆锥面的作用下，装在弹簧夹头 3 上的夹爪 4 通过 3 个滚柱 5 将齿轮夹紧，以齿轮的分度圆定位。齿轮轴的另一端，与夹具内侧衬套 2 的孔以无间隙配合定位。

9. 专用气动内圆磨削夹具

专用气动内圆磨削夹具如图 6-63 所示。该夹具与一般夹具不同，其工件被夹部分是外圆锥面 K，它使工件在圆周方向被夹紧的同时，端面也靠紧在定位座圈 4 上。其余原理与一般夹具相似。

10. 异形工件专用磨削夹具

异形工件专用磨削夹具如图 6-64 所示。它是在内圆磨床上磨

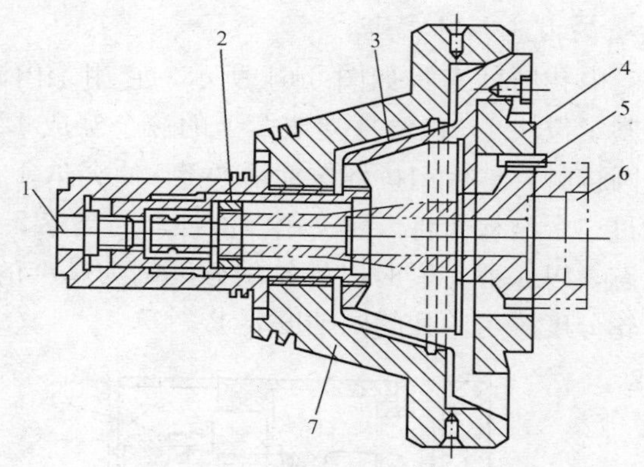

图 6-62 齿轮轴内孔磨削夹具

1—拉杆；2—衬套；3—弹簧夹头；4—夹爪；
5—滚柱；6—工件（齿轮轴）；7—本体

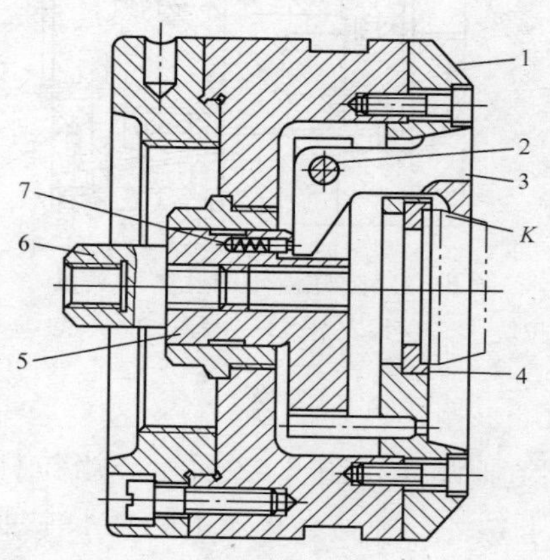

图 6-63 专用气动内圆磨削夹具

1—盖；2—销轴；3—夹爪；4—定位座圈；5—连接盘；6—拉杆；7—弹簧

削手提式风动工具壳体内孔的夹具。它以工件的端面及内孔定位，拉杆 1 向左移动时，连接盘 4 带动圆柱爪 5 沿锥面滑动收缩，爪口压紧工件 6。

11. 磨扁方夹具

如图 6-65 所示为在平面磨床上磨扁方的专用夹具。它用弹簧

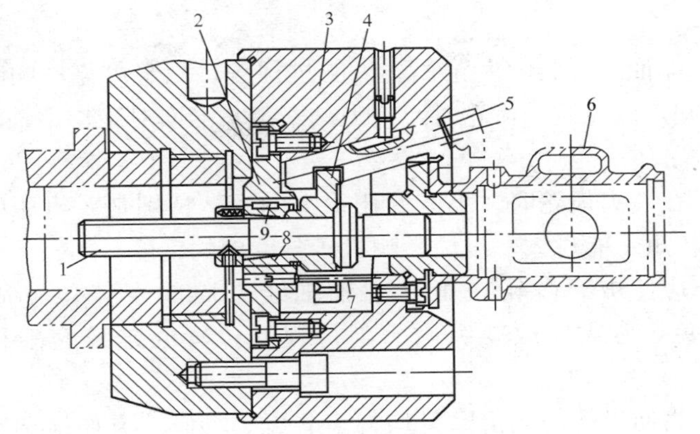

图 6-64　异形工件专用磨削夹具

1—拉杆；2—盘；3—本体；4—连接盘；5—圆柱爪；
6—工件；7—导向销；8—套筒；9—螺母

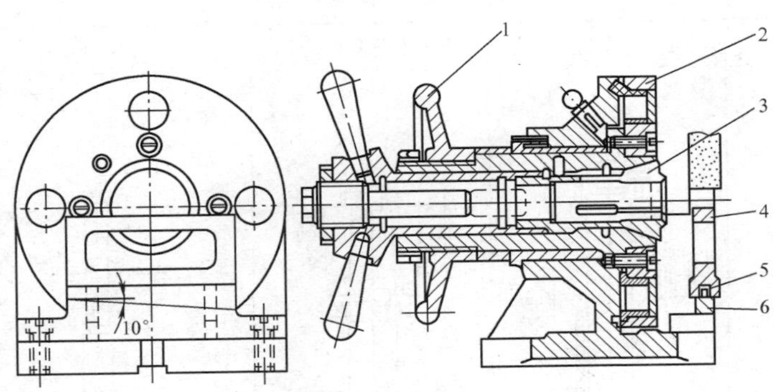

图 6-65　磨扁方夹具

1—手轮；2—分度盘；3—弹簧夹头；
4—支承滑块；5—导向销；6—支承座

夹头 3 夹紧工件，由支承滑块 4 和支承座 6 组成辅助支承架，利用 10°的斜面调节所需支承面的高度。夹具利用分度盘分度，可以用来磨削对扁方形对称度要求较高的工件。

12. 磨齿夹具

（1）对磨齿夹具的基本要求如下：

1）保证齿轮定位基准孔轴心线对机床主轴轴线的精确同轴度

要求。

2）保证所安装的齿轮在磨齿的过程中，稳定可靠，同时又要容易装卸，以免装卸齿轮时影响夹具安装基准面对工作主轴轴线的相对位置。

3）在装夹齿轮时，不需要用很大的力，特别是对机床的工作主轴的转矩不能过大，以免影响机床分度副的精度。

4）应使被磨齿轮在工件主轴轴线方向的安装位置固定不变，以免经常需要改变纵向磨削行程的位置或延长磨削行程的长度。

5）为使齿轮两侧留磨量均匀，磨齿夹具应能方便地调整齿轮齿槽对砂轮的相对位置。

（2）常用磨齿夹具。装夹齿轮常用的几种磨齿心轴见表 6-4。

表 6-4　常用的几种磨齿心轴

名　称	带台肩圆柱心轴	开口锥套胀胎心轴	锥度心轴
简图	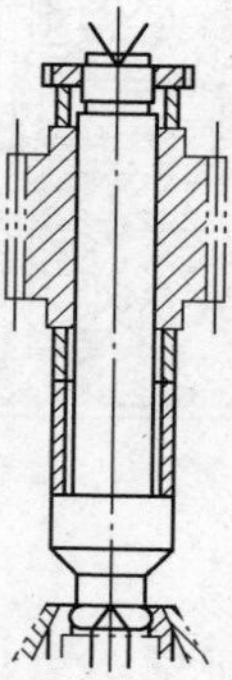	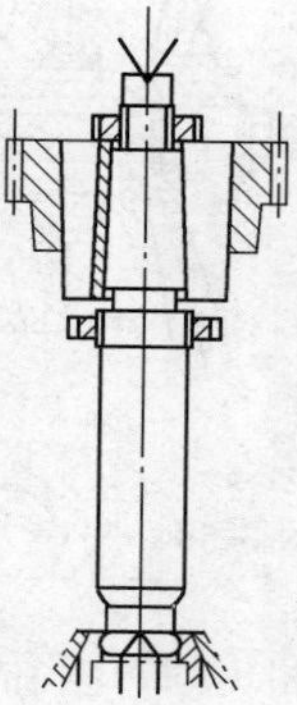	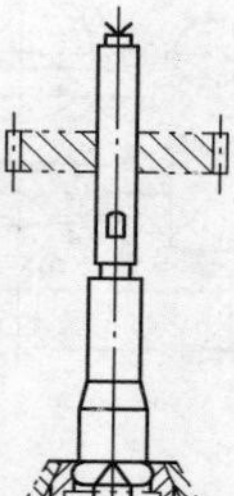
适用范围	适用于孔径小，而孔的公差又很严的中、小直径齿轮	适用于孔径大，孔的公差也较大的齿轮。弹性套孔的锥度为 1∶20	适用于孔径小，而孔的公差又很严的齿轮，心轴锥度为 0.01∶100～0.02∶100

续表

名称	筒形齿轮心轴	加定位套心轴	大直径盘形齿轮心轴
简图	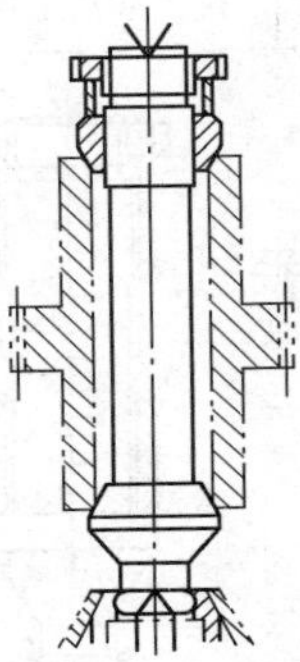	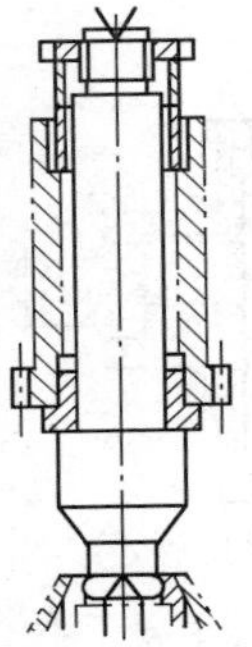	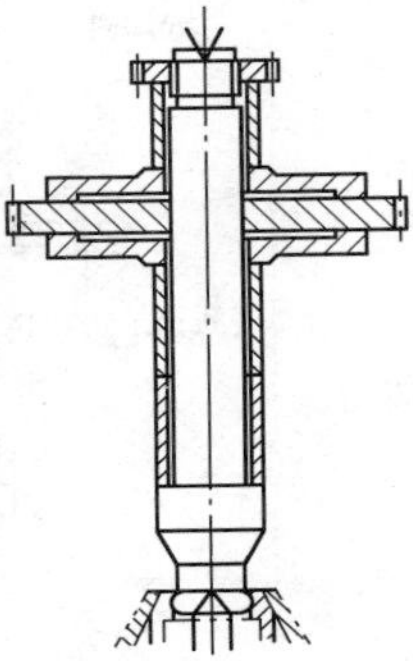
适用范围	适用于磨筒形齿轮，齿轮两端孔口精磨出斜角，装置在心轴锥面和垫圈锥面之间	根据齿轮内孔尺寸，更换定位套，能适应多种规格齿轮的加工	适用于大直径盘形齿轮，齿轮内孔与心轴精密配合，齿轮端面用盘形垫圈支承
名称	外接套心轴	内接套心轴	密珠心轴
简图	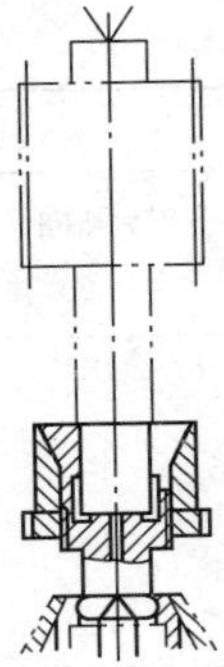	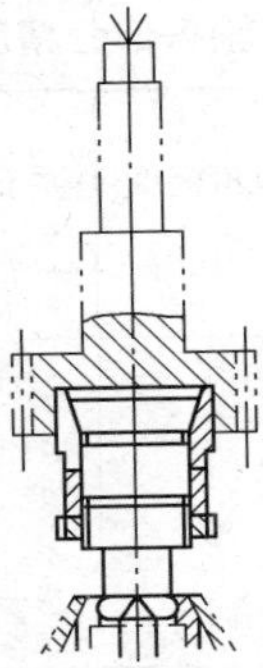	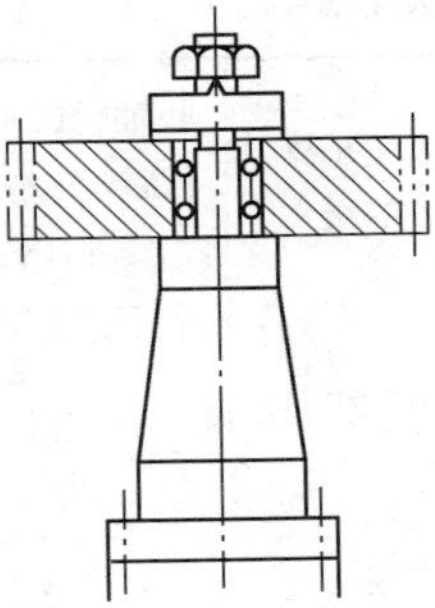
适用范围	适用于轴齿轮，定心夹紧合一，接套弹簧夹头内孔与中心孔同轴度要求很高	适用于轴齿轮，定心夹紧合一，接套弹簧夹头外圆与中心孔同轴度要求很高	适用于高精度的齿轮和剃齿刀，选用 $\phi2 \sim \phi10$mm 的0级或1级钢球，过盈量为 $3 \sim 8\mu$m

续表

名称	大孔径齿轮内径、端面定位心轴	大孔径齿轮内径 找正端面定位心轴
简图	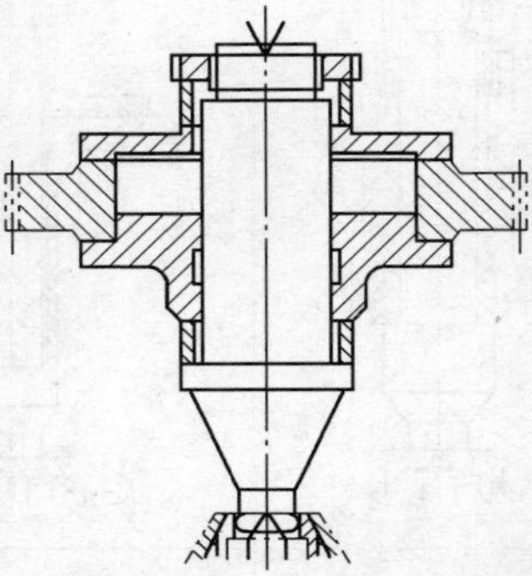	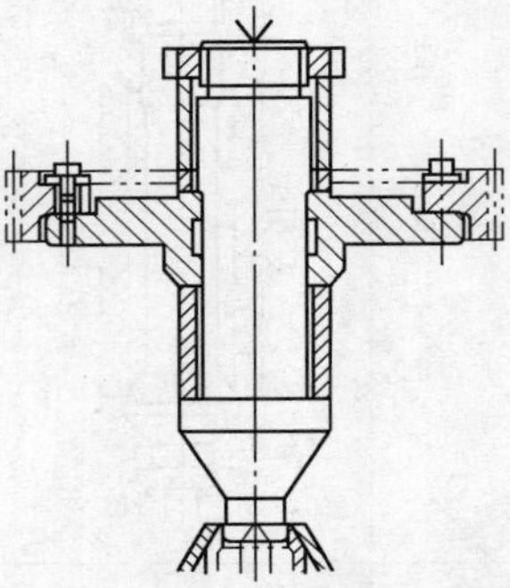
适用范围	适用于大孔径的大齿轮，在心轴上装过渡垫盘，作为齿轮内径定心和端面定位用，用螺母垫圈压紧	适用于大孔径的大齿轮，内孔用千分表找正，端面用过渡垫盘定位，用螺钉将齿轮紧固在过渡垫盘上

心轴各部分精度的要求见表6-5。

表6-5　　心轴各部分精度要求

齿轮精度等级	心轴径向圆跳动公差（μm）	表面粗糙度 Ra（μm）	垂直度公差（μm）	中心孔	
				接触面（%）	表面粗糙度 Ra（μm）
3～4	1	0.1	1～2	85	0.1
5	2～3	0.1	2～4	85	0.1
6	3～5	0.2	6	80	0.1
7	5～10	0.4	10	70	0.1

第四节　车床专用夹具及成组夹具

一、车床专用夹具

专用夹具是专为某一工件的某一工序而设计的夹具。

1. 加工支架的专用车床夹具

如图 6-66 所示支架，毛坯为压铸件，4-ϕ6.5mm 孔已铸出，底面已加工过。现要求加工两端轴承孔 ϕ26K7、通孔 ϕ22mm 及两顶端端面。两孔 ϕ26K7 之间同轴度公差为 0.04mm。

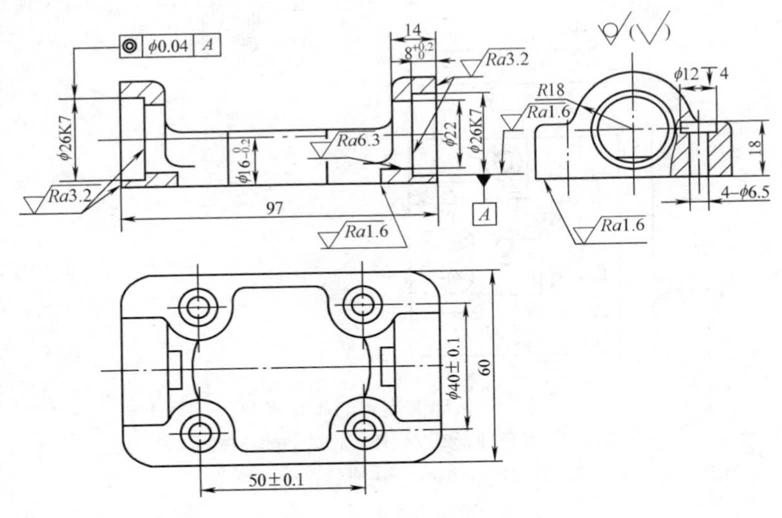

图 6-66　支架零件图

这时可采用如图 6-67 所示的车床夹具。工件用已加工过的底面及两个 ϕ6.5mm 孔装夹在夹具圆弧定位体 5 和两个定位销 3 上，以确定工件在圆弧定位体上的相对位置，然后用压板 2 把工件压紧。圆弧定位体 5 和夹具体 6 用半径为 R 的圆弧面准确配合（可以沿圆弧面摆动），端面紧靠在止推钉 7 上，用两块压板 4 再把圆弧定位体压紧在夹具体 6 上。

夹具用锥柄与机床主轴连接。应使圆弧面的轴线与主轴的回转轴线达到较高的同轴度要求，同时保证圆弧半径 R 的中心与定位面之间的距离 H，就能控制工件上孔的轴线与底面之间的高度尺寸。

当一端加工完毕后，松开两块压板 4，把圆弧定位体调转 180°，压紧后就可加工另一端。由于中心高度和几何中心都未改

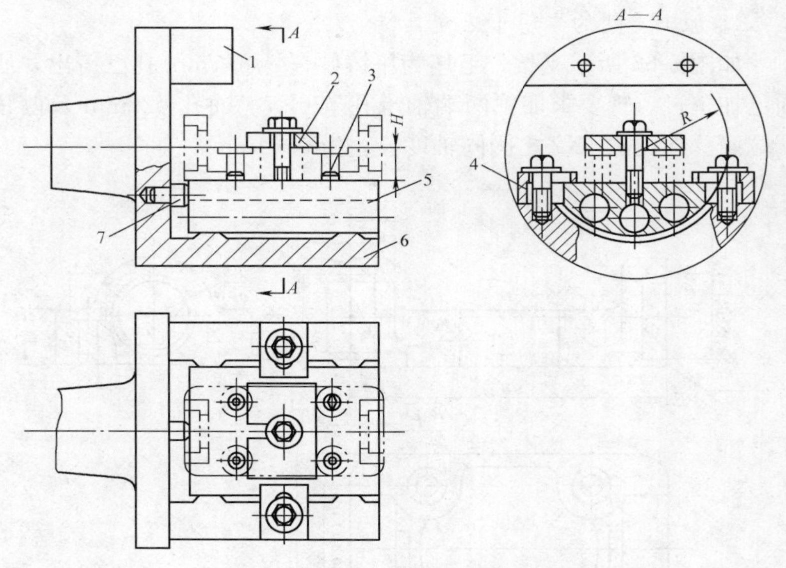

图 6-67　加工支架的车床夹具

1—平衡块；2、4—压板；3—定位销；
5—圆弧定位体；6 —夹具体；7—止推钉

变，两端轴承孔的同轴度也就得到保证。

2. 加工半螺母的专用车床夹具

图 6-68 所示为半螺母工件。为了便于车削梯形螺纹，毛坯采用两件合并加工后，在铣床上用锯片铣刀切开；车削梯形螺纹前，上、下两底面及 4-M12 螺孔已加工好，2-ϕ10mm 锥销孔铰至 2-ϕ10H9作定位孔用。

图 6-69 所示为车削梯形螺纹时的夹具。工件以“两孔一面”定位形式安装在夹具的角铁上，构成完全定位，并借助于工件上两个 M12 螺孔用两只螺钉 1 紧固工件。为了增加工件的装夹刚性，在上端增加一个辅助支承。使用时先松开螺钉 3，将支承套 2 向上转动，装上工件并旋紧螺钉 1，然后转下支承套，旋紧螺钉 4，再锁紧螺钉 3，之后便可加工工件。由于辅助支承夹紧处是毛坯面，误差较大，所以应制成可移动式的。

夹具用 4 只螺钉安装在车床的花盘（或特制的连接盘）上，找

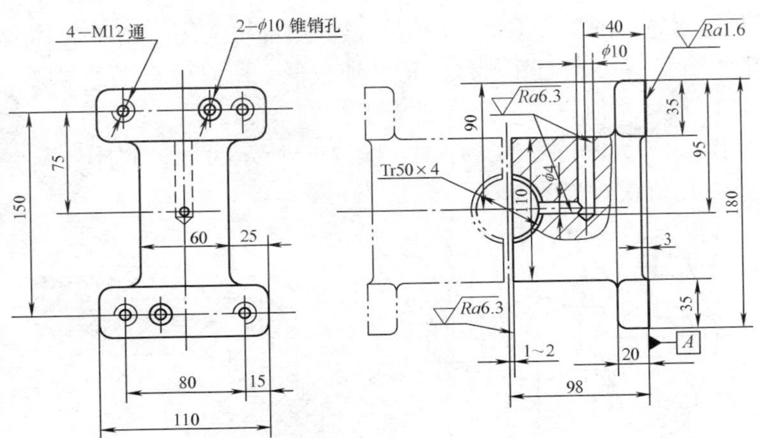

图 6-68 半螺母零件图

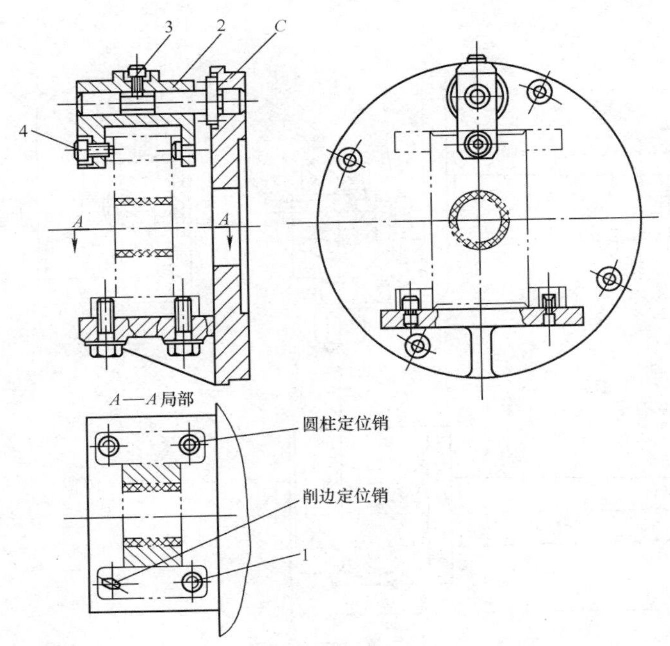

图 6-69 半螺母专用车床夹具

正夹具上的外圆基准 C，并用螺钉紧固后即可使用。由于夹具上下质量相差不多，而且车螺纹时的转速较低，所以可不用平衡块。

3. 阀体外圆、端面及内孔角铁式车床夹具

图 6-70 为阀体零件工序图，图 6-71 所示为加工阀体外圆、端面及内孔角铁式车床夹具。

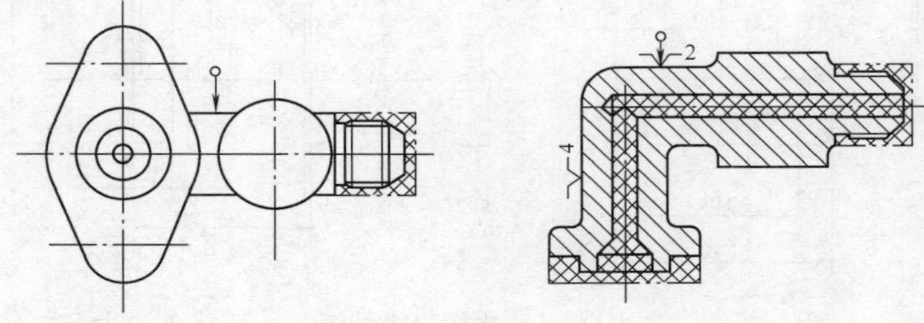

图 6-70　阀体零件工序图

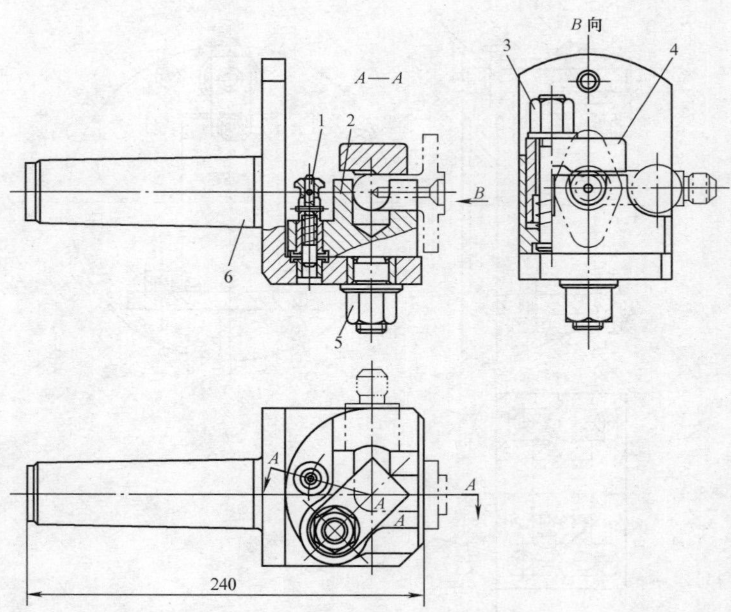

图 6-71　阀体外圆、端面及内孔角铁式车床夹具

1—定位销；2—定位块；3—螺母；
4—钩形压板；5—螺母；6—夹具体

工件以两相互成90°圆柱面（毛坯）在定位块2上定位，实现了完全定位。拧动螺母3，通过钩形压板4，将工件压紧。由于定位基面为毛坯面（粗基面），考虑到工件两内孔的垂直相交要求，采取在一次安装中完成两个垂直面的加工任务。夹具设计了转位机构，完成在一个方向上的加工任务以后，松开螺母5，拔出定位销1，将定位块2连同工件转动90°后，将定位销1插入夹具体6上的另一个分度孔中，拧紧螺母5后，即可车削相邻90°的外圆、端面、螺纹及内孔。

夹具以莫氏锥柄装于主轴锥孔内，实现了待加工孔的轴线与车床主轴的轴线一致。本夹具结构简单，操作方便。夹具主要由两部分组成，即角铁式的夹具体及回转转位分度机构。夹具体的莫氏锥柄与角铁部分可以做成一体，也可装配而成，但做成一体的工艺性差。

该夹具适用于小件批量生产，由于工件较小，加工精度要求也并不高，所以一般不配制配重块。

4. 齿轮泵体上的齿轮窝孔车床夹具

图6-72为齿轮泵体的工序图，工件的内孔 d，外圆 $\phi 70_{-0.02}^{\ 0}$ mm、A 面及 $\phi 9_{\ 0}^{+0.03}$ mm 孔在本工序前已加工好，现车削两个 $\phi 35_{\ 0}^{+0.027}$ mm 齿轮窝孔端面 T 和孔的底面 B。并要求保证：

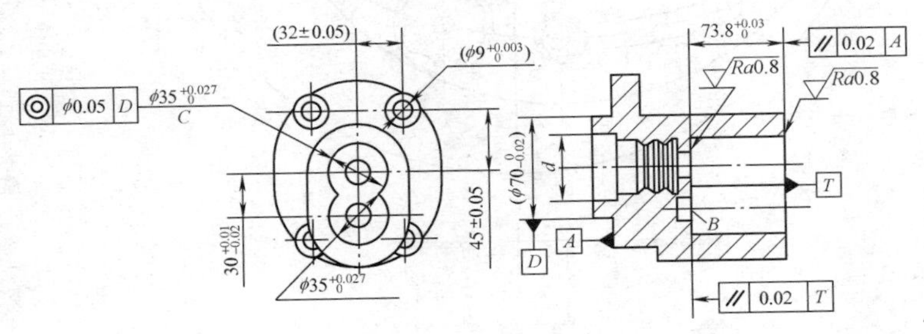

图6-72　齿轮泵壳体工序图

（1）孔 C 对 $\phi 70_{-0.02}^{\ 0}$ mm 的同轴度公差值为 $\phi 0.05$mm；

（2）两孔的中心距为 $30_{-0.02}^{+0.01}$ mm；

（3）T 面对 A 面、B 面的平行度公差值为0.02mm。

图6-73为所使用的专用夹具。按工序要求并根据基准重合的

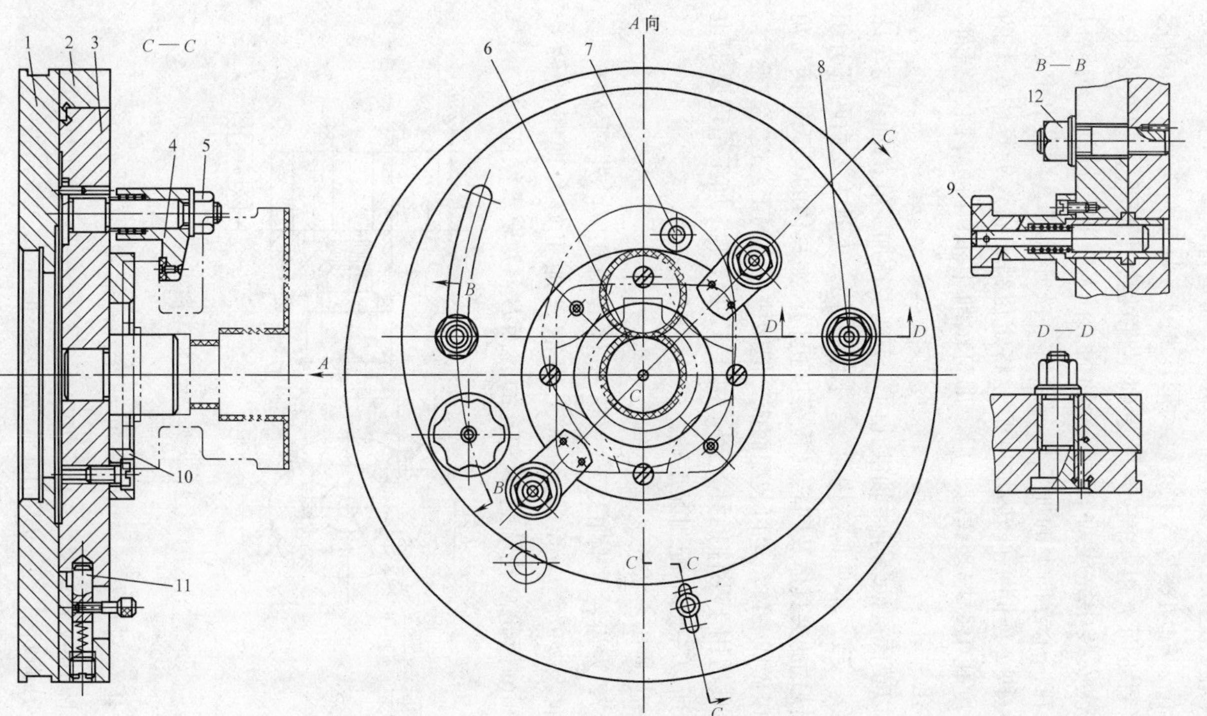

图6-73 齿轮泵壳体齿轮窝孔精车夹具

1—夹具体；2—配重块；3—转盘；4—钩形压板；5、12—螺母；6—定位销；7—削边销；8—转轴；9—分度销；10—定位套；11—插销

原则，应选用工件上的外圆、端面和一小孔为定位基面。但从夹具结构设计、使用方便起见，现采用内孔、端面和小孔为定位基面，定位元件为定位销 6、定位套 10 及削边销 7，实现了完全定位。为了保证工序要求，在先行工序中，应首先保证内孔 d 与外圆 ϕ70mm 的同轴度。分别拧紧两个螺母 5，通过钩形压板 4 将工件夹紧。当车好一孔后，拧松螺母 12，拔出分度销 9，使转盘 3 绕转轴 8 转一个角度，再将分度销 9 插入夹具体 1 的另一个分度孔中，拧紧螺母 12，同时将配重块 2 上的插销 11 拔出并回转一定角度，把插销 11 插入转盘 3 的下一个销孔中，即可加工另一个孔。

夹具体 1 以一面和内止口与法兰盘、另一面和凸缘外圆相配合并固定，形成一个夹具整体。法兰盘以内孔和端面与机床主轴配合，通过法兰盘上的找正面进行校正，使两者轴线同轴后紧固。实现了工件待加工孔的轴线与车床的回转轴线一致，完成了正确安装工件的任务。

该夹具结构紧凑，适用于加工端面跳动要求较高的偏心孔工件。

为了保证加工质量，夹具采用了如下的措施：

（1）为减少定位误差，先行工序应控制定位孔 d 与外圆 ϕ70mm 的同轴度误差。

（2）控制配合间隙，减少定位误差。

（3）控制夹具体 1 的定位圆孔与找正面同轴度误差，以提高夹具的安装精度。

（4）控制夹具体 1 的定位端面与找正面的垂直度误差，以提高工件的定位面与加工面的平行度。

（5）控制夹具体 1 上的分度孔的精度（与找正面的同轴度及两中心距精度、插销的配合间隙），以满足分度精度及中心距精度要求。

二、车床成组夹具

（一）成组夹具的特点及设计

成组夹具是指按成组技术的原理，在零件分类成组的基础上，针对一组（或几组）相似零件的一个（或几个）工序而设计制造的夹具。它由两大部分组成，即基本部分和可换调整部分。基本部分是零件组所有零件共用的部分，包括夹具体、夹紧机构和传动装置等。可换调整部分是针对零件组中某种（或几种）零件专门设计的专用部分，包括定位元件、导向元件、夹紧元件及组合元件等。可调换部分根据加工组内不同的零件进行更换和调整，来满足一组零件加工要求。

1. 成组夹具的特点

成组夹具的特点如下：

(1) 通用可调。成组夹具具有通用可调夹具的特点，但成组夹具的工艺性更为广泛，针对性更强。

(2)“三相似”原则。成组夹具的设计主要是依据成组零件的“三相似”原则而进行设计的。“三相似”原则的内容是：

1）工件的结构要素相似，即强调其特征的结构形式相似。具体要求是加工部位的结构形式、设计（或工艺）基准形式和夹紧部位的结构形式相似，并为之制定相似的工艺流程。

2）工艺要素相似，即强调其定位基准形式相似，以便获得设计功能相同、结构相同或相似的可调或可换的定位元件。

3）工件尺寸相似，即强调合理尺寸分段，以确保设计的成组夹具总体与工件的尺寸比例适当，达到结构紧凑，布局合理。

根据上面的“三相似”原则，对被加工零件进行全面分析、合理分组是设计成组夹具的前提，也是发挥成组夹具优势的关键。

(3) 采用成组夹具的综合效果：

1）提高夹具设计的“三化”程度，提高夹具的使用率。成组夹具使用率一般可达 90% 以上。而专用夹具一般为 50%～60% 左右。

2）扩大机床的使用范围，提高生产效率和零件的加工质量。

3）减少夹具设计和制造的工作量，节省金属材料，降低制造成本，提高夹具的制造精度。

4）缩短新产品的技术准备周期，提高企业的竞争能力。降低工人的劳动强度，提高劳动生产率，促使生产计划的安排更加合理，缩短生产准备周期。

5）减少夹具在库房中存放面积，缩短生产过程的辅助时间。

2. 成组夹具的设计方法

（1）零件分类分组的法则。在已开展成组技术的单位，可按成组技术的零件编码原则，进行零件的分类分组。在未开展成组技术的单位，可按无编码分类分组法用直观经验，把类型（即使用机床、夹紧方式、加工内容）相似的零件挑选出来，形成所需的成组工序。

（2）成组零件的分析。设计前，首先要对成组夹具设计依据进行分析研究，其设计依据是：

1）成组夹具设计任务书。任务书的内容是工艺人员对零件分类分组、工艺特性及定位夹紧等内容进行全面仔细考虑后而提出的，它一般包括六点：①夹具的名称和编号；②使用的机床型号和编号方式；③被加工零件组的种类和加工部位尺寸、精度和表面粗糙度，以及零件矩阵特征和技术要求；④夹具结构示意图（包括对零件的定位和夹紧要求）；⑤可调尺寸范围；⑥夹具动力源的形式（机械、液压或气动等）。

2）零件图样。指该组零件的全部零件图样。

3）成组工艺规程。指该组零件的全部成组工艺规程。通过对设计“三依据”进行分析研究，从中找出具有典型特征（结构形状、尺寸和工艺要素）的零件作为代表，称为主复合零件。然后将复合零件的加工表面加以典型化，作为主要设计对象进行构思。

（3）成组夹具的结构设计。成组夹具的结构，主要是由零件的几何形状来确定。零件尺寸分段又直接影响夹具结构的复杂程度。为解决好结构问题，一般要做好下面的方案设计。

1）零件的选型工作。在零件的分类分组中，根据“三相似”原则，将同类型的零件分在一起，并剔除形状特殊的零件，以简化夹具的结构。

2）合理的尺寸分段。在成组夹具设计中，夹具结构应具有最小的轮廓尺寸，并能简化调整，便于操作。这些要求与被加工零件的分散程度有关，当一组零件的尺寸相差较大时，要进行同组零件的尺寸分段，也就是进一步划分调整组。其原则是，在一个调整组中被加工零件的种类不宜过多，一般以 3～5 种为宜。

另一个影响夹具结构的因素是一次装夹的零件数量。

(4) 分解定位点和夹紧点。成组夹具可调整部分的设计，实质上就是把定位点和夹紧点进行合理的分解，然后把相应的定位点（或夹紧点）分布在若干块可以移动的调整块上。连杆类零件加工组，其中的定位点和夹紧点分解成三组，最后对每组的定位点和夹紧点进行具体的结构设计。分解定位点和夹紧点应遵循下列原则：

1）可以将距离比较近的定位点（或夹紧点）分在一起。

2）分在一起的定位点（或夹紧点）所对应的每个零件的定位尺寸变化不要太大。

3）分在一起的定位点（或夹紧点）进行移动时，对零件定位表面（或夹紧表面）相对位置的变化要小。

图 6-74 是按照以上三点原则，对定位点和夹紧点分解后的示意图。

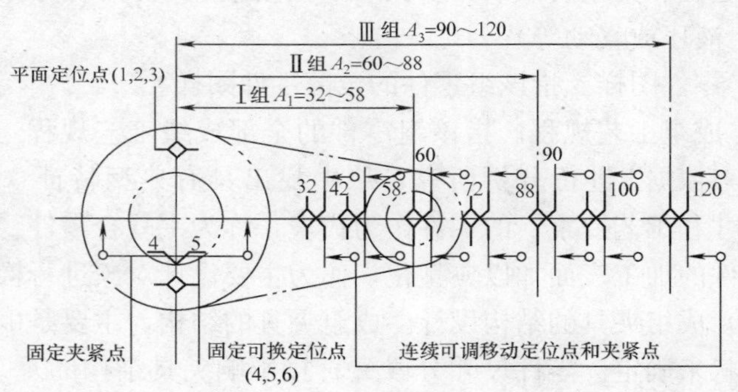

图 6-74 分解定位点和夹紧点

(5) 确定零件组在夹具上的最佳位置。设计时，要尽量使机床、夹具和刀具之间的调整量为最小，这个位置即为零件组在夹具上的理想位置。

(6) 调整部位的调整方法。调整、可换元件的设计原则，应保证成组夹具调整时间最短、力求简单可靠，一般有下列三种方法。

1）更换法。更换法是成组夹具在调整时，根据工件加工要求（一般为较高精度要求）及有关尺寸的变化更换调整件的方法。这种调整件称为更换件。更换件可能是个别元件，也可能是组件或部件。

更换法允许工件定位基面及夹紧部位的结构及尺寸有较大的变化，其调整精度取决于更换件的制造精度以及它们之间或它们与通用基体之间的配合精度。因此要求更换件具有较高的精度和耐磨性。更换法常常可以达到较高的精度，而且精度稳定性好、工作可靠、调整简单，不受操作者水平限制。

2）调节法。调节法是成组夹具调整时不更换调整件而仅调节调整件的位置。这种调整件称为调节件。

调节的方式通常又可分为无级调节和定尺寸调节两种。后者一般是调整件按孔距来变换不同的位置，通常用于大尺寸范围的调节。无级调节则是调整件作连续移动或转动，从而达到规定的调整尺寸。定尺寸调节法具有某些和更换法相同的特点，不同之处仅在于整个零件组的安装及加工中，调整件并不更换，而仅改变在夹具中的相对位置。

采用调节法时，调整件的数量少，并且始终能与夹具基本部位相连接，便于夹具的保管。但其调整精度较低，稳定性较差，调整较费时间。

3）复合调整法。复合调整法兼有更换和调节的双重作用。这种调整件称为更换调节件。另外，成组夹具的调整方式，按调整距离的大小和时间长短，可分为微调、小调和大调三种方案，其设计原则如下：

（a）微调设计原则。

a）在一种零件加工过程中，不管是单件装夹或多件装夹，由于零件的定位装夹表面存在尺寸公差，因而就造成零件在夹具中的位置变化，此时就需要进行微调。

b）当一种零件加工完毕后，要更换同一调整组中的另一个零件时，一般也采用微调机构进行调整。

（b）小调。当一个调整组中的零件全部加工完毕后，要更换另一个调整组中的零件时，一般可采用小调的方式进行调整。

(c) 大调。当同组零件全部加工完毕后，要更换另一个零件组中的零件时，一般均采用大调的方式进行调整。

如图 6-75 所示多件装夹的成组铣床夹具中，在加工同一种零件的过程中，由于零件定位夹紧表面尺寸公差的影响，因而造成零件在夹具中定位面至夹紧面距离位置尺寸的不一致。但由于夹紧机构是液压缸，液压缸在夹紧过程中，它本身具有一定尺寸范围的行程，零件在夹具中定位面至夹紧面距离尺寸的不一致的小距离的微调，就靠液压缸本身的行程在夹紧过程中来自动进行调节。至于小调或大调，主要是改变液压缸座和夹具底板之间锯齿啮合的齿数。调整的移动方式有如图 6-75 所示间断移动调整和如图 6-76 所示连续移动调整。间断移动调整一般是当调整块在夹具体内调整次数较少，而且调整尺寸变化较小时应用。而连续移动调整结构一般用于当调整块在夹具体内调整次数比较频繁，而且调整尺寸变化较大的

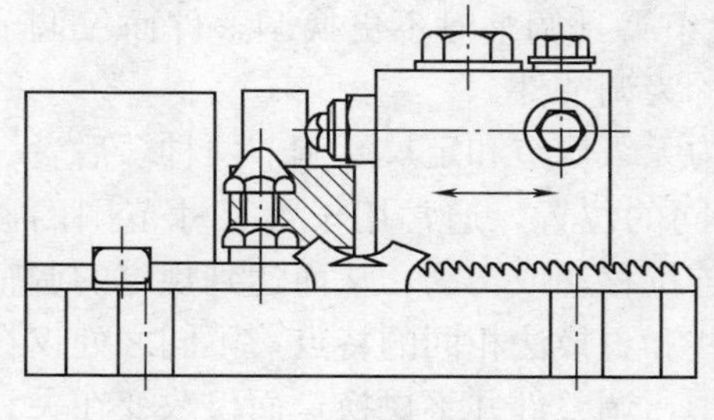

图 6-75　间断移动的调整结构

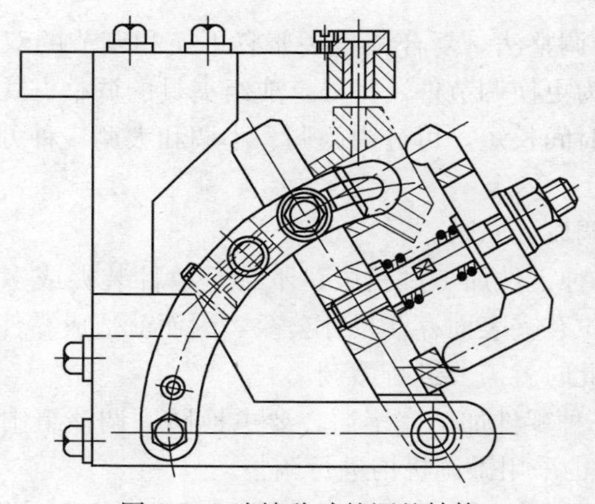

图 6-76　连续移动的调整结构

情形。

(7) 夹具基体部位的设计。夹具基体是成组夹具的基础。在设计夹具基体时，除应保证结构合理外，还应保证夹具基体有足够的刚度，并且在可能的范围内力求能加工零件组的全部（或大部分）零件。

(二) 车床成组夹具的典型结构及应用实例

1. 锥柄式两爪卡盘

图 6-77 是图 6-78 所示锥柄两爪卡盘的可换件。

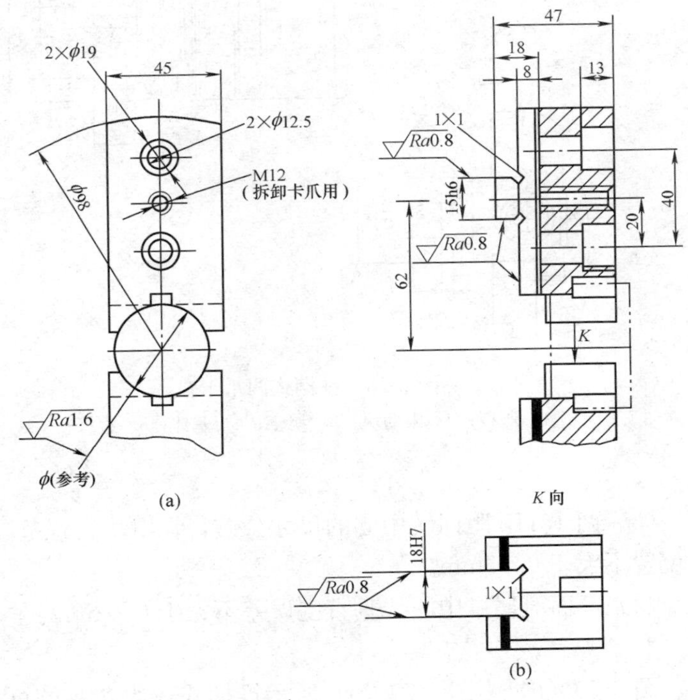

图 6-77　锥柄式两爪卡盘可换元件

图 6-78 技术要求：

(1) 滑块在 $L=62$mm 位置时磨 15H7 两槽。

(2) 18h6 对尾锥中心线的对称度误差不大于 0.025mm。

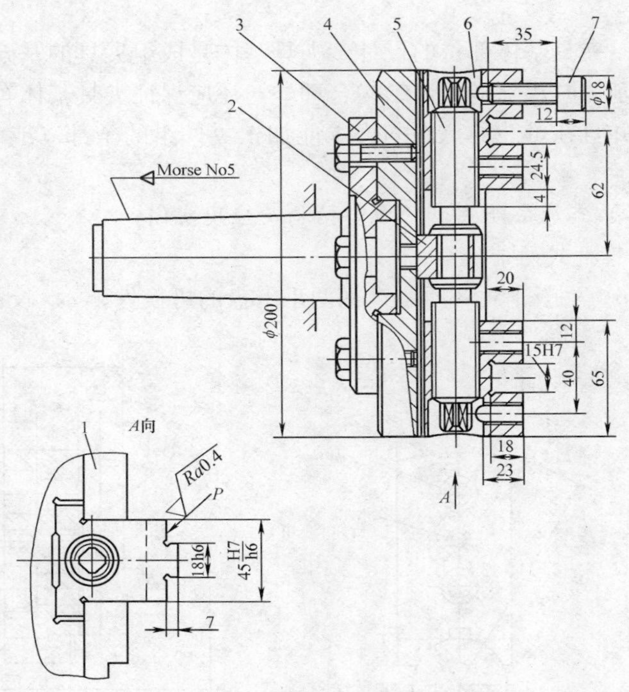

图 6-78 锥柄式两爪卡盘

1—压板；2—限动块；3—尾锥；4—基体；5—螺杆；6—滑块；7—螺钉

（3）两 15H7 距回转中心的尺寸公差，在滑块行程范围内的任何位置不大于 0.05mm。

（4）P 面对尾锥中心线垂直度误差不大于 0.02mm。

2. 锥柄式成组花盘

图 6-79（b）为图 6-79（a）所示锥柄式成组花盘的可换元件。当 $d<28$mm，ϕ70H7 处固紧槽可开在 ϕ44mm 处。

图 6-79 技术要求：

（1）ϕ25H7 中心对尾锥中心的同轴度误差不大于 0.02mm。

（2）B 面对尾锥中心的垂直度误差不大于 0.02mm/50mm。

（3）基体压板不适用时可另行设计。

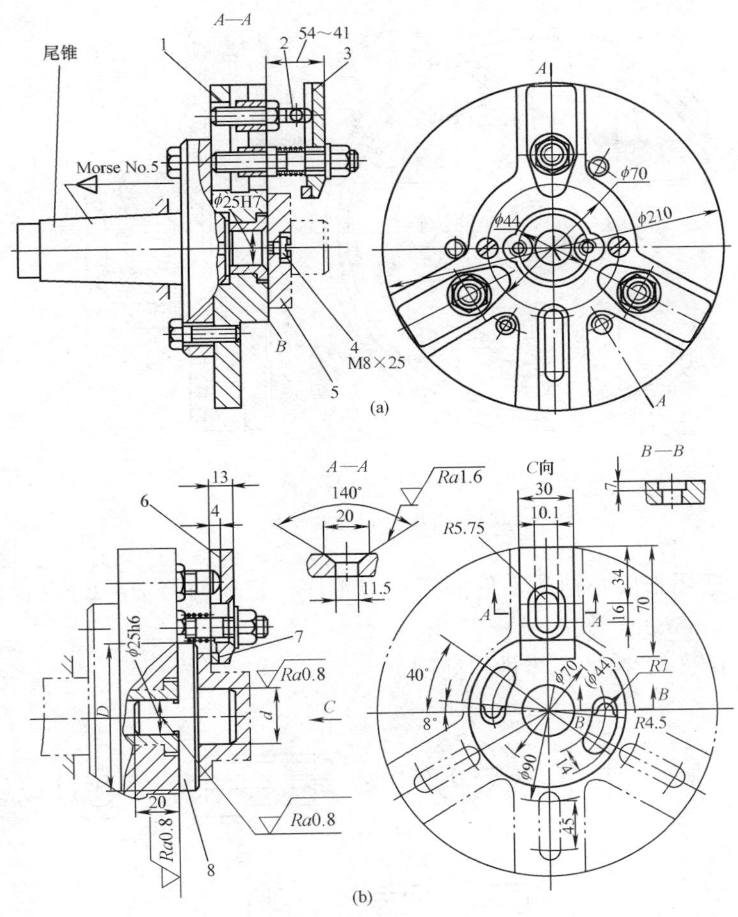

图 6-79　锥柄式成组花盘

1—花盘；2—支承；3、6—可换压板；4—螺钉；

5、8—可换定位块；7—镶铜

3. 成组车削轴套件偏心卡盘的结构特点

如图 6-80 所示，弹簧夹头可根据工件定位直径的变化变换。工件在弹簧夹头内定位和夹紧。偏心可通过螺杆调节，导轨内的滑块偏心量能直接从刻度上看出，精确度为 0.05mm。调节后通过螺钉将滑块压紧。

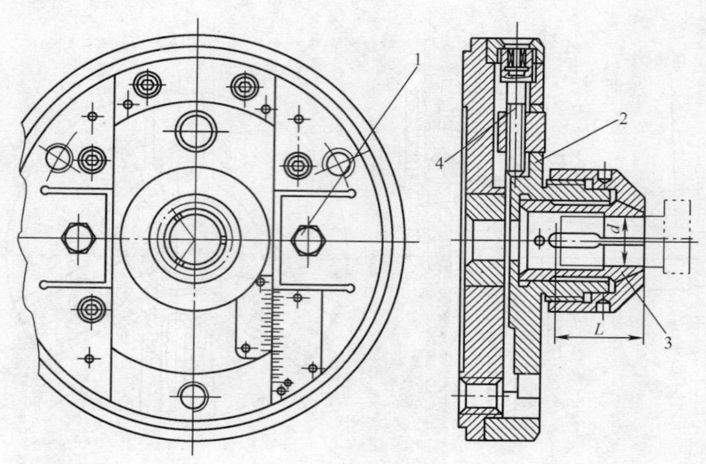

图 6-80　偏心卡盘

1—螺钉；2—滑块；3—弹簧夹头；4—螺杆

适用于偏心轴类零件的车、镗工序，定位直径 $d=25$mm，长度 $L<55$mm，偏心量 $e<10$mm。

图 6-81 为加工零件组简图。

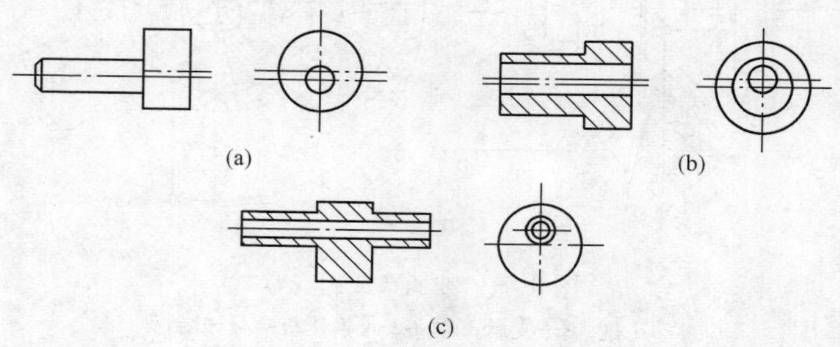

图 6-81　偏心卡盘加工零件组简图

4. 成组车异形件夹具的结构特点

如图 6-82 所示，夹具由连接车床主轴的铸铁过渡盘、经过淬硬的花盘和可调角形支架组成。角形支架和花盘的平面上有一系列连接螺孔和定位坐标孔及可换定位套，供定位和夹紧一组零件的可调可换元件用。角形支架两侧的导向板上有基准销和刻度，以便调

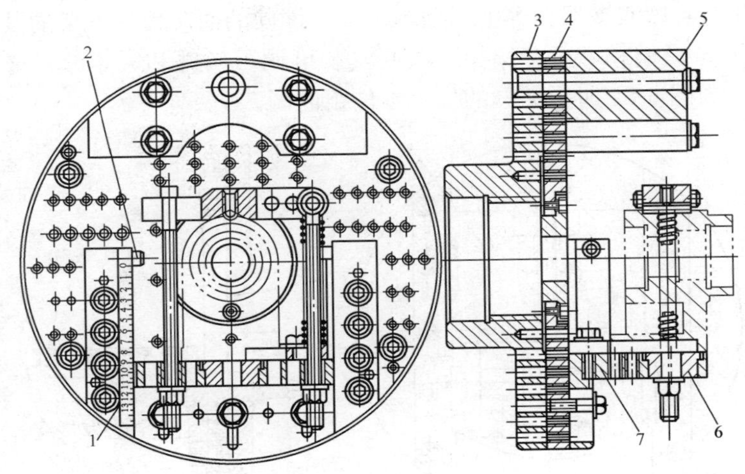

图 6-82　成组车异形件夹具

1—导向板；2—基准销；3—过渡盘；4—花盘；

5—平衡块；6—可换定位套；7—角形支架

整角形支架基面到机床中心的距离。也可拆下角形支架和导向板，直接在花盘上安装可调可换元件加工套类或板类零件。

图 6-83 所示为加工零件组简图。

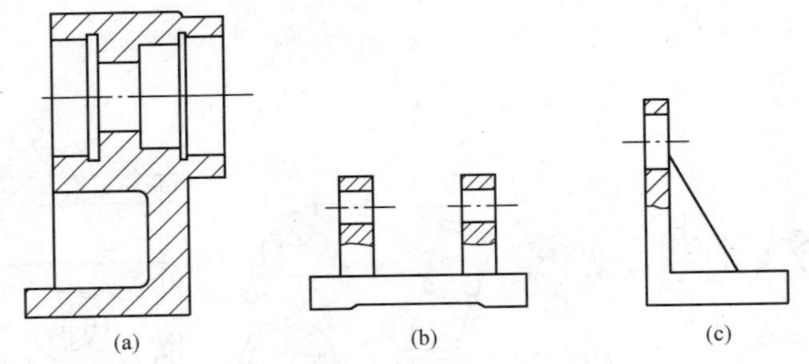

图 6-83　加工零件组简图

5. 成组车倾斜孔夹具

如图 6-84 所示，该夹具的回转角形支架不但可与滑块一同移动，而且可在 0°～50°范围内绕圆销转动，以适应加工不同角度倾斜孔的壳体或支架类等中小型零件。经淬硬的回转角形支架的基面上有 T 形槽和可换定位套，以便安装可调可换件和夹紧元件。图 6-85 为图 6-84 所示夹具的加工零件组简图。

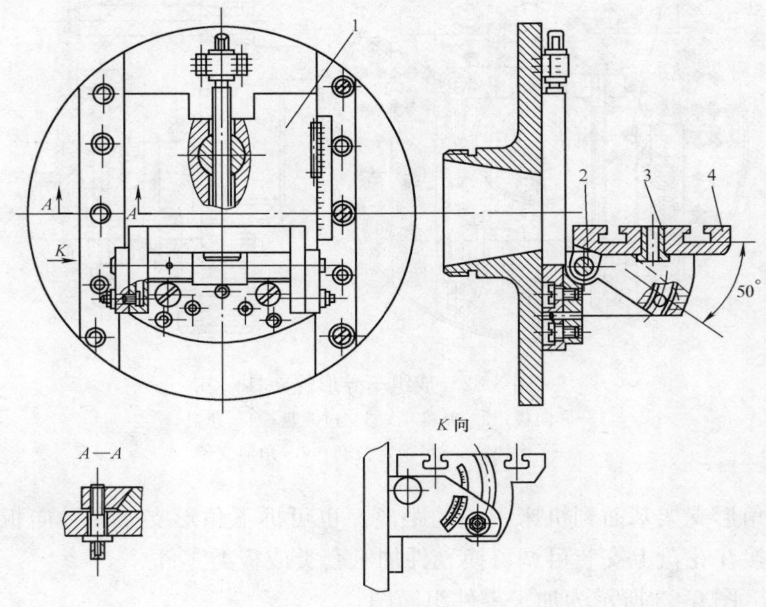

图 6-84　成组车倾斜孔夹具

1—花盘；2—圆销；3—可换定位套；4—回转角形支架

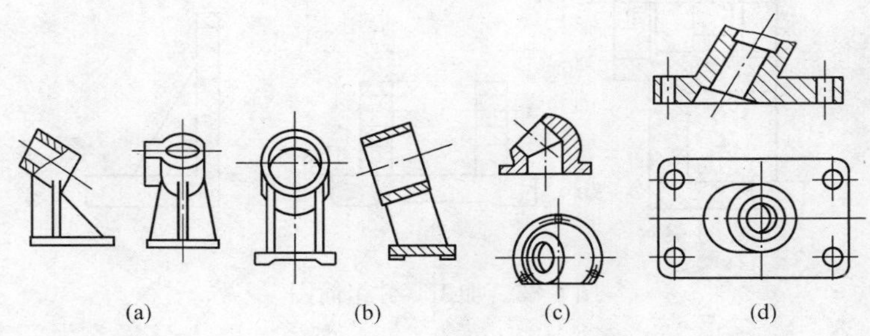

图 6-85　成组车倾斜孔夹具加工零件组简图

6. 成组车摇臂孔夹具

如图 6-86 所示，该夹具适用加工摇臂或连杆类零件。工件以

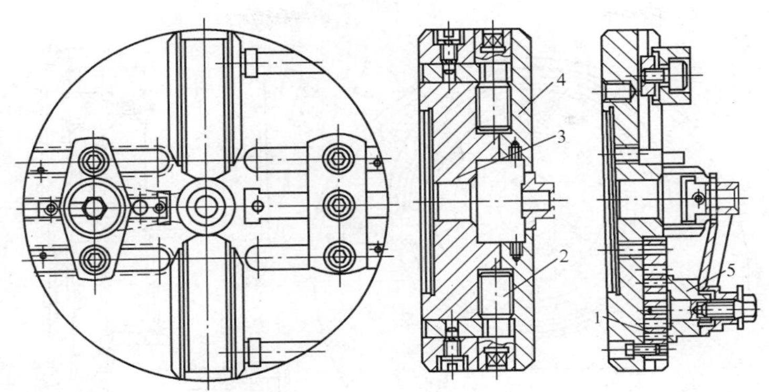

图 6-86　成组车摇臂孔夹具

1—可换定位板；2—螺栓；3—基体；4—卡爪；5—可换定位座

一个加工过的孔和端面在可换定位座上定位和夹紧。通过螺栓分别使滑块上的卡爪，将工件毛坯外圆夹压，即可进行加工。可换定位座可以根据工件两孔中心距的不同，插入安装在夹具体可换定位板上适当的孔中进行定位。可换定位板可以按工件尺寸需要更换。调整方便，尺寸精度可达 0.01mm，还可扩大工件的品种。

图 6-87 所示为加工零件组简图。

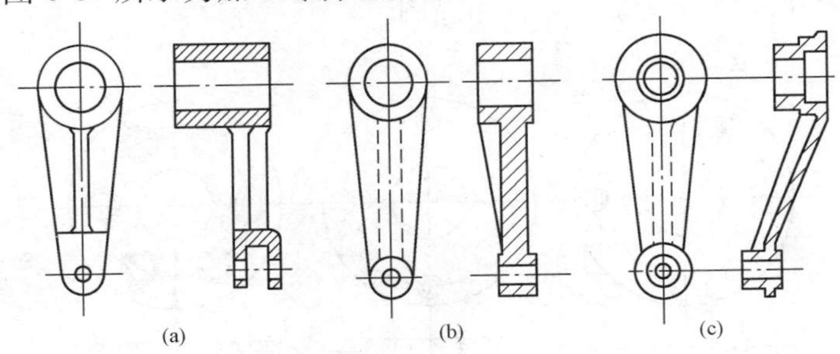

图 6-87　成组车摇臂孔夹具加工零件组简图

7. 成组车盘形件分布孔夹具

如图 6-88 所示，该夹具适用加工盘类零件上沿圆周分布的孔。

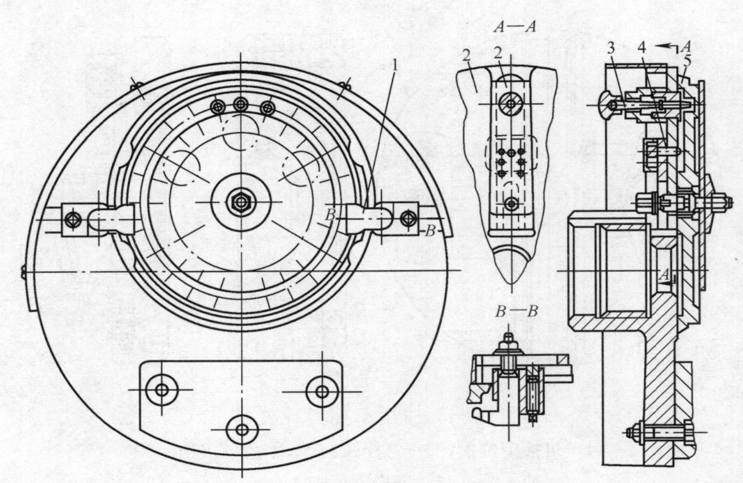

图 6-88 成组车盘形分布孔夹具

1—可调钩形压板；2—花盘滑块；3—插销；

4—销子；5—可换定位销

工件在分度圆盘和可换定位销上定位，用垫片和可调钩形压板分别在中心线和外圆处将工件压紧。一组工件分布孔的分度半径，通过花盘上的定位销，插入滑块上的一组相应的定位孔内来进行调整。工件的分度孔是用滑块上插销插入分度圆盘来保证的。

图 6-89 所示为加工零件组简图。

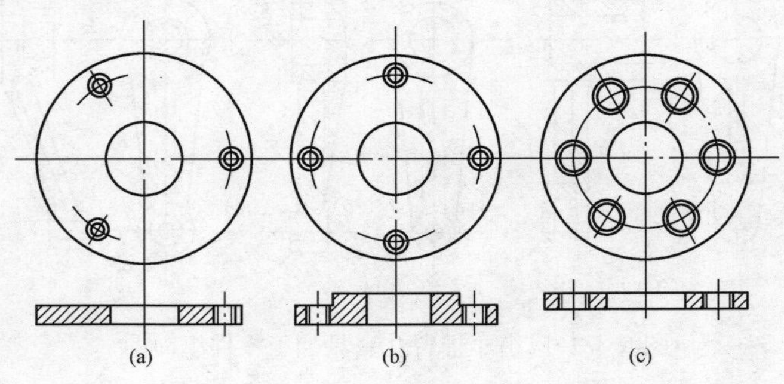

图 6-89 成组车盘形分布孔夹具

加工零件组简图

第五节　铣　床　夹　具

一、铣床夹具常用的对刀元件和对刀装置

对刀装置是用来确定夹具与刀具相对位置的装置。对于精加工的夹具或工件外形复杂，而无直接基准面可供测量，或者不易校正铣刀位置，甚至不能测量加工的尺寸。为了保证工件尺寸和相对位置的要求，需要借助夹具上安装的对刀装置，以保证铣刀调整到相对工件指定的位置加工，使铣刀的找正迅速可靠。

1. 对刀装置与元件

对刀装置主要用于铣床夹具，它包括对刀块、塞尺及其他对刀元件。

（1）对刀块。对刀装置典型结构示例见表 6-6，常用的标准对刀块的规格与结构尺寸见表 6-7。

（2）塞尺。用对刀块对刀时，一般不允许刀具与对刀块直接接触，而是通过塞尺来校准其间的相对位置。否则，容易损伤刀具刃口和对刀块的工作表面而使其丧失精度。常用的塞尺的规格与结构尺寸见表 6-8。

表 6-6　　　**对刀装置典型结构示例**

序号	简　图	简 要 说 明
1	高度对刀装置 1—圆形对刀块； 2—平面塞尺； 3—锯片铣刀	铣厚度为 t 的平面时所用的对刀装置。用对刀块及平面塞尺来控制铣刀相对夹具的高度位置

续表

序号	简图	简要说明
2	直角对刀装置 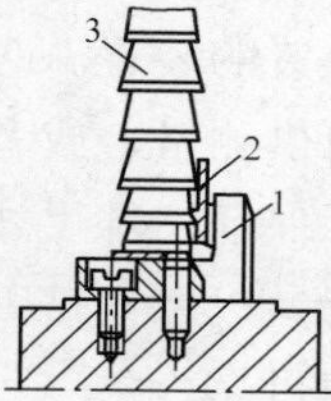 1—直角对刀块； 2—平面塞尺； 3—铣刀	铣槽时所用的直角对刀装置。用对刀块及平面塞尺来控制铣刀相对于夹具的高度及侧面位置
3	V形对刀装置 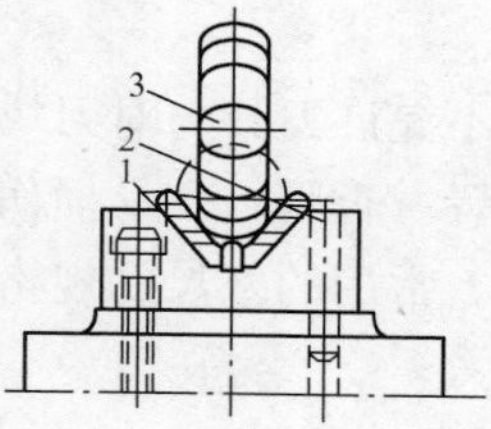 1—V形对刀块； 2—平面塞尺； 3—成形铣刀	用V形对刀块及平塞尺来控制成形刀具与夹具间的相对位置
4	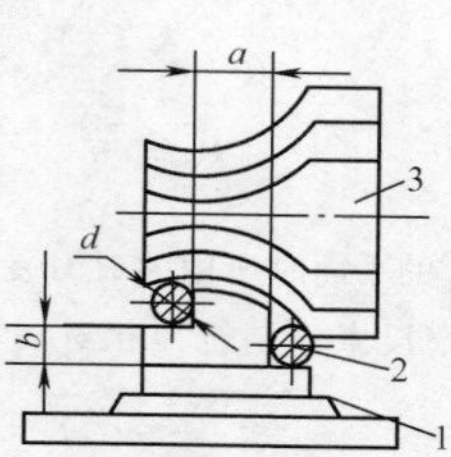 1—特殊对刀块； 2—圆柱塞尺； 3—成形刀具	用特殊对刀块与圆柱塞尺来调整控制成形刀具与夹具间的相对位置

表 6-7　　**常用对刀块的结构**　　mm

1. 圆形对刀块(摘自 JB/T 8031.1—1999)

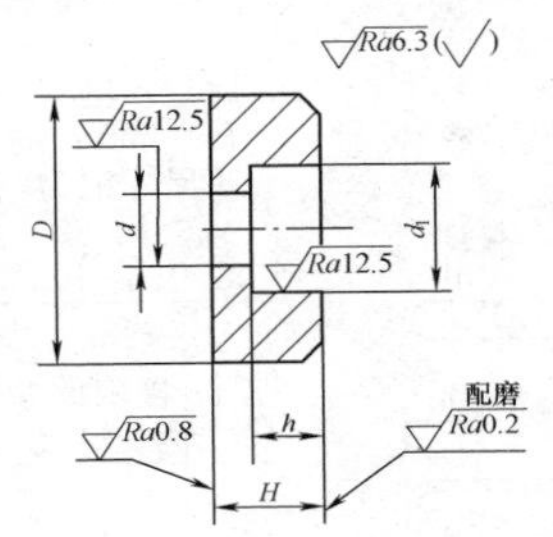

标记示例：

D=25mm 的圆形对刀块标记为：

对刀块　25JB/T 8031.1—1999

D	H	h	d	d_1
16	10	6	5.5	10
25		7	6.6	11

2. 方形对刀块(摘自 JB/T 8031.2—1999)

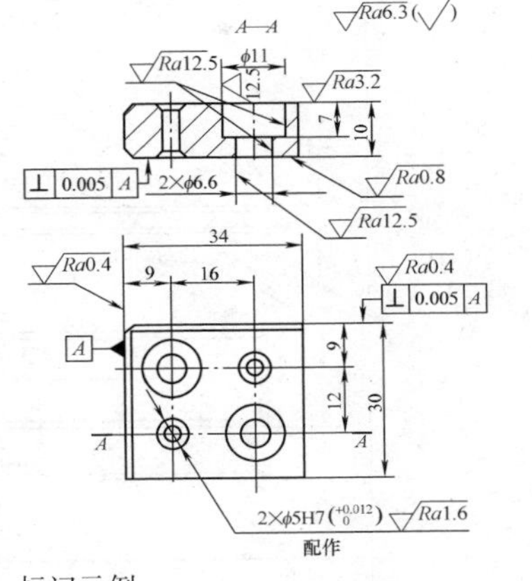

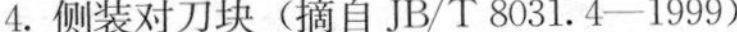

标记示例：

方形对刀块标记为：

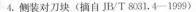

对刀块　JB/T 8031.2—1999

3. 直角对刀块(摘自 JB/T 8031.3—1999)

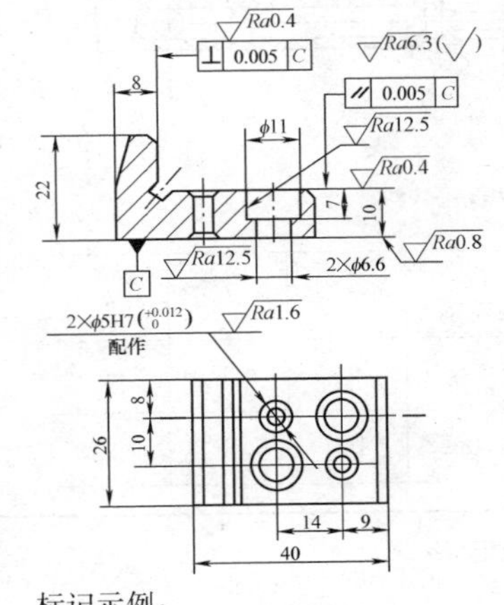

标记示例：

直角对刀块标记为：

对刀块　JB/T 8031.3—1999

4. 侧装对刀块 (摘自 JB/T 8031.4—1999)

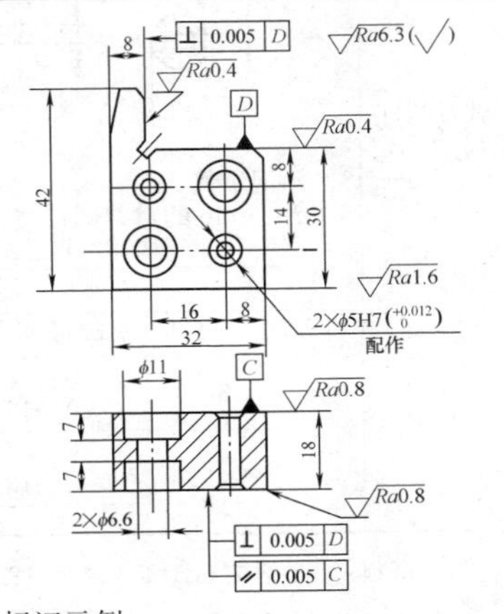

标记示例：

侧装对刀块标记为：

对刀块　JB/T 8031.4—1999

注　1. 材料：20 钢按 GB/T 699—1999 的规定。

2. 热处理：渗碳深度 0.8～1.2mm，硬度为 58～64HRC。

3. 其他技术条件按 JB/T 8044—1999 的规定。

表 6-8　　常用塞尺的结构　　mm

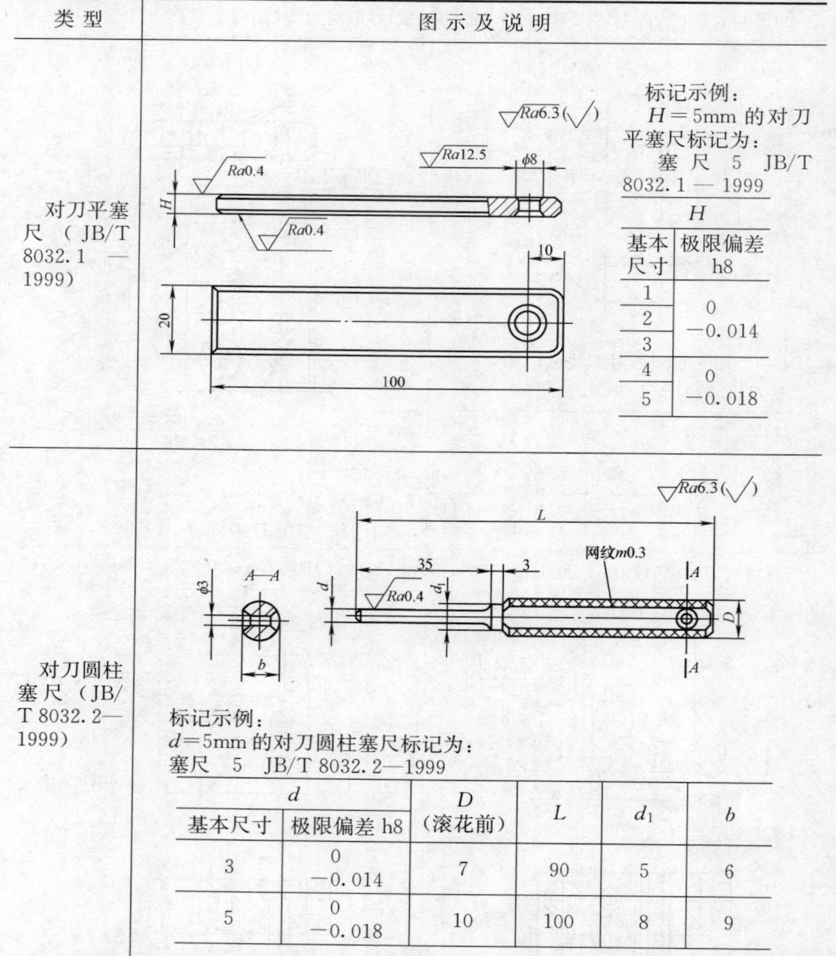

类型	图示及说明
对刀平塞尺（JB/T 8032.1—1999）	标记示例： H＝5mm 的对刀平塞尺标记为： 塞尺　5　JB/T 8032.1—1999
对刀圆柱塞尺（JB/T 8032.2—1999）	标记示例： d＝5mm 的对刀圆柱塞尺标记为： 塞尺　5　JB/T 8032.2—1999

对刀平塞尺 H：

基本尺寸	极限偏差 h8
1	0 −0.014
2	
3	
4	0 −0.018
5	

对刀圆柱塞尺：

d 基本尺寸	d 极限偏差 h8	D（滚花前）	L	d_1	b
3	0 −0.014	7	90	5	6
5	0 −0.018	10	100	8	9

注　1. 材料：T8 钢按 GB/T 1298—1986 的规定。

2. 热处理：55～60HRC。

3. 其他技术条件按 JB/T 8044—1999 的规定。

2. 刀具导引元件

刀具导引元件多用在钻床及镗床夹具中。前者称钻模套筒，简称钻套；后者称镗模套筒，简称镗套。两者又可统称为导套。导套可分为不动式及回转式两大类。不动式导套又可分为固定的、可换的及快换的三种。

图 6-90 是三种典型导套结构示例：图 6-90（a）是固定式钻套，它固装在夹具中；图 6-90（b）是快换钻套，它按过渡配合自由地装在衬套 7 中，而衬套 7 则固装在夹具中，沿逆时针方向转动，即可迅速方便地调换导套；图 6-90（c）是回转镗套，加工时镗刀杆由导套 3 的内孔引导，由于导套 3 与衬套 1 间有滚针 2，故导套能随镗刀杆在衬套中自由转动。除上述三种结构示例外，导套还可根据加工的具体情况作成各种特殊的结构形式。

导套的高 h［见图 6-90（a)］对于刀具 4 在导套 5 中的正确位置影响很大，h 越大，则刀具与导套中心线间可能产生的偏倾角越小，因此精度也越高。但 h 与 d 之比越大，则刀具带入导套的切

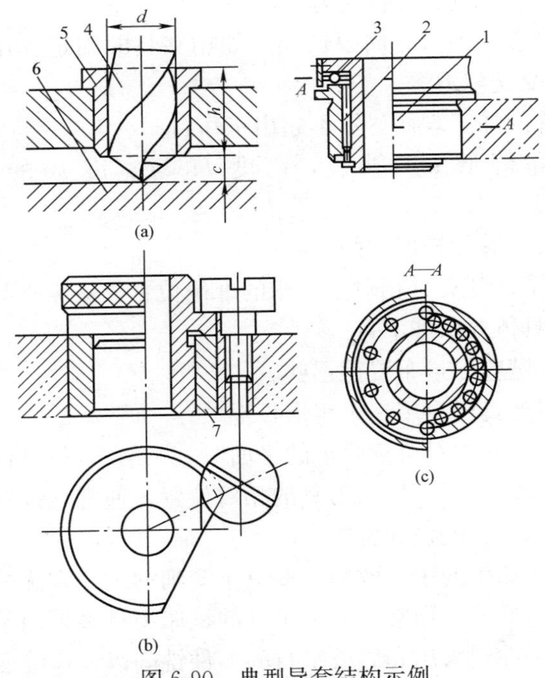

图 6-90 典型导套结构示例

（a）固定式钻套；（b）快换钻套；（c）回转镗套

1、7—衬套；2—滚针；3、5—导套；4—刀具；6—工件

屑越易使刀具和导套受到磨损。一般最好取 $h=(1.5\sim2)d$。对于较小的孔，h 可取得较大；对于较大的孔，h 应取得较小。

导套 5 的下端必须离工件 6 有一定距离 c，其目的是使得大部分的切屑容易从四周排出，而不致被刀具同时带入到导套中，以免刀具被卡死或切削刃在导套中容易被磨钝。一般可取 $c=d/3\sim d$。被加工材料越硬，则 c 值应取得越小；材料越软，应取得较大。

二、铣床夹具的基本要求

铣床夹具按进给方式不同，可分为直线进给铣床夹具、圆周进给铣床夹具和沿曲线（靠模）进给铣床夹具。

（1）为了承受较大的铣削力和断续切削所产生的振动，铣床夹具要有足够的夹紧力、刚度和强度。具体要求如下：

1）夹具的夹紧装置尽可能采用扩力机构。

2）夹紧装置的自锁性要好。

3）着力点和施力方向要恰当，如用夹具的固定支承、虎钳的固定钳口承受铣削力等。

4）工件的加工表面尽量不超出工作台。

5）尽量降低夹具高度，高度 H 与宽度 B 的比例应满足：$H:B\leqslant1\sim1.25$。

6）要有足够的排屑空间。

（2）为了保证夹具相对于机床的准确位置，铣床夹具底面应设置定位键。具体要求如下：

1）定位键应尽量布置得远些。

2）小型夹具可只用一个矩形长键。

3）铣削没有相对位置要求的平面时，一般不需设置定位键。

（3）为便于找正工件与刀具的相对位置，通常均设置对刀块。

三、铣床夹具的设计要求

（1）铣削加工的生产效率，取决于铣削的工艺方法，并据此确定夹具的结构形式。通常，大型工件的铣床夹具多采用单件的铣削方案，小型工件则采用先后或平行的多件铣削以及连续回转铣削。

（2）设计时，应收集并掌握所选定机床与夹具设计的有关技术资料，如机床工作台尺寸、工作台在三个坐标方向和移动范围、工作台T形槽的中心间距和槽的尺寸，所采用刀具的形式和尺寸、伸出长度、夹持部分的结构尺寸、在机床主轴上的安装方式及进给方向等，以免在铣削工作行程中刀具的轴套或螺母干涉夹具本身的零件，尤其是宽压板。不允许在刀具下面进行装夹操作，更换刀具的空间应适当保留，以免干扰夹具在工作台上已找正的位置。

（3）生产批量较大时，可以通过缩短辅助时间和刀具切入、切出的辅助时间，以及使辅助时间与基本时间重合的方法来实现生产率的提高。例如，采用多件平行加工的工艺方案，辅以快速夹紧或自动夹紧联动装置和多工位转盘的加工。当装夹程序简单，加工精度要求较低的工件时，可采用连续铣削的加工方案，实现自动进给加工。

（4）成套组铣刀加工或单个铣刀加工平行顺序装夹的工件，刀具的径向和轴向尺寸在磨损和调整的情况下，应不影响工件的尺寸精度。

（5）加工中小型外形简单的工件，推荐采用弹仓式多件加工铣床夹具（见图6-91）和机床用平口虎钳，可不必设计制造复杂的专用夹具，以便尽快地实现生产技术准备工作和产品改型的转换工作。

（6）根据生产类型的条件，尽可能为一个工件的几道铣削工序而设计一种夹具。

（7）在下列情况下，可采用逆铣：

1）铣床工作台丝杠与螺母间隙较大，又不便调整时。

2）铣削表面有硬质层、积渣或硬度不均匀时。

3）铣削表面有显著凹凸不平时。

4）工件材料过硬时。

5）阶梯铣削时。

6）背吃刀量较大时。

（8）在下列情况下，可采用顺铣：

1）铣削不易夹紧或薄而长的工件时。

2）精铣工序时。

3）铣削胶木、塑料、有机玻璃等材料时。

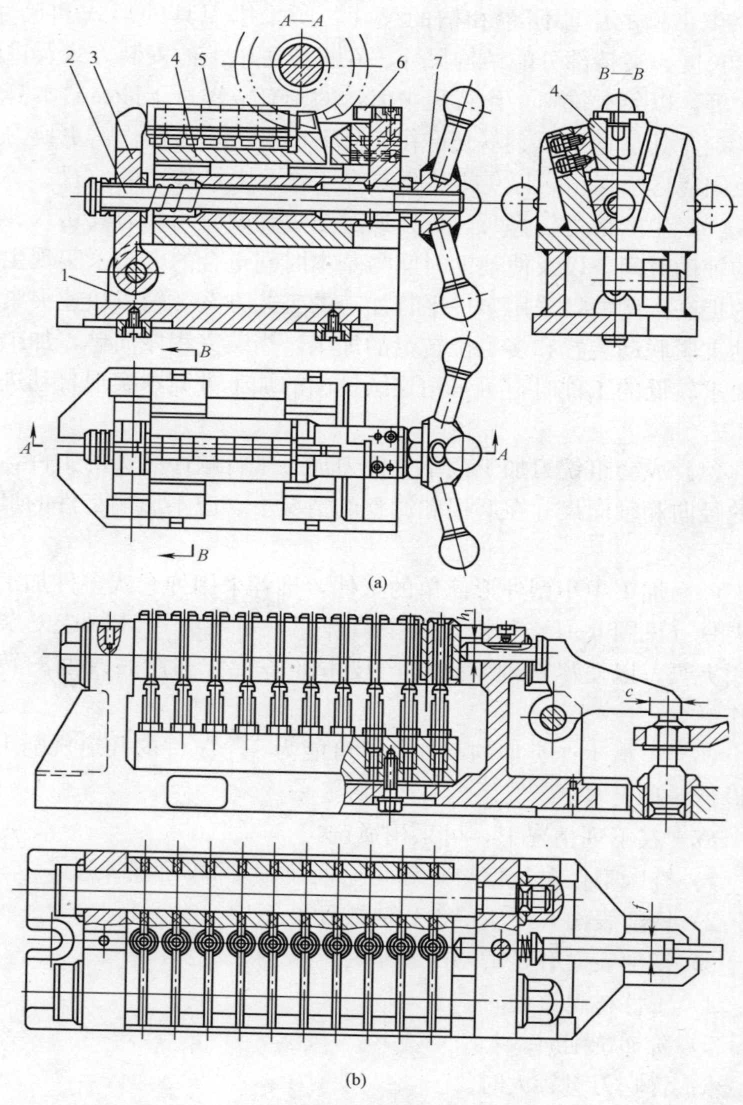

图 6-91　弹仓式多件加工铣床夹具

(a) 加工矩形工件用；(b) 加工圆柱形工件用

1—夹具体；2—夹紧螺栓；3—铰链压板；4—可换料仓；5—工件；6—对刀块；7—螺母

四、铣床夹具的典型结构

1. 直线进给铣床夹具

这类夹具既可用于大型工件的加工，也可用于中小型工件的加工；既适用中小批量的生产，也适用于大批量的生产。

（1）切开连杆夹具。如图 6-92 所示。4 个连杆顺次交叉套装在心轴 1、4、5 上，插上开口垫圈 2，拧紧螺母 3，便可铣切。切开一侧后，工作台退回原位。扳动手柄 6，使插销 7 脱开分度盘 8，用手柄 9 将心轴连同工件一起回转 180°，定位后铣切另一侧。

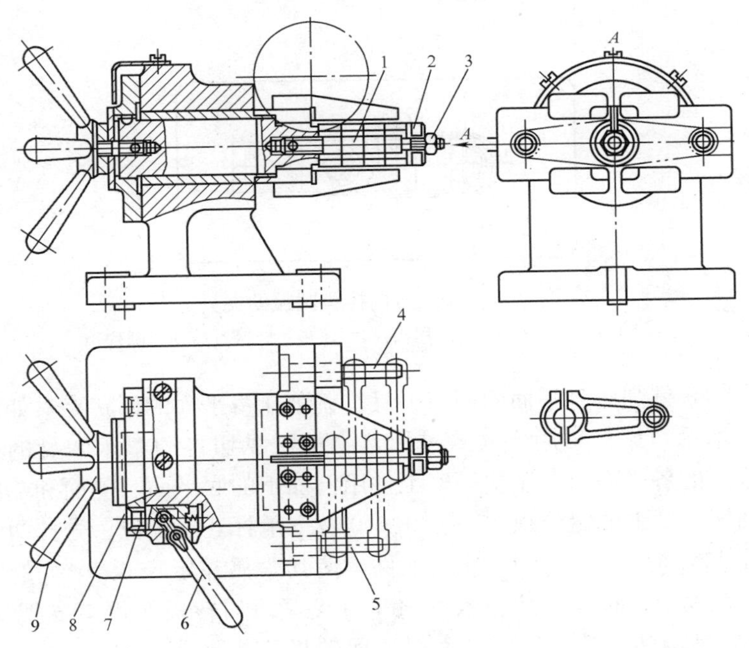

图 6-92　切开连杆夹具

1、4、5—心轴；2—开口垫圈；3—螺母；
6、9—手柄；7—插销；8—分度盘

（2）铣削万向接头圆弧的夹具。铣削万向接头圆弧的夹具如图 6-93 所示，该夹具用于飞机起落架缓冲器上某零件的外形圆弧面的铣削。用底板1上的圆柱销6与转盘中心孔相配，以确定工件的回转中心。工件以孔和底面在夹具的底板1和定位销2上定位，挡销3用来承受加工的转矩。

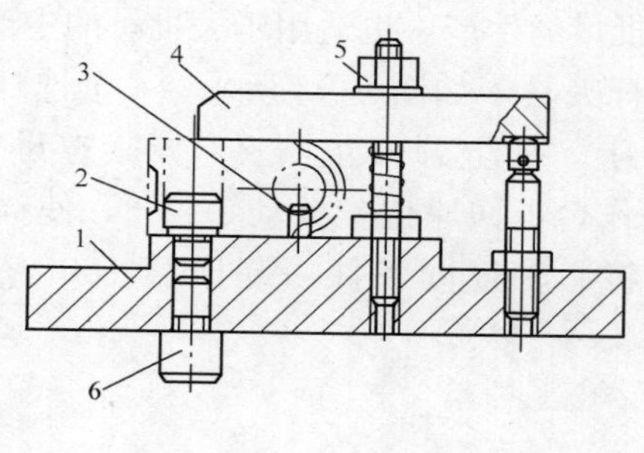

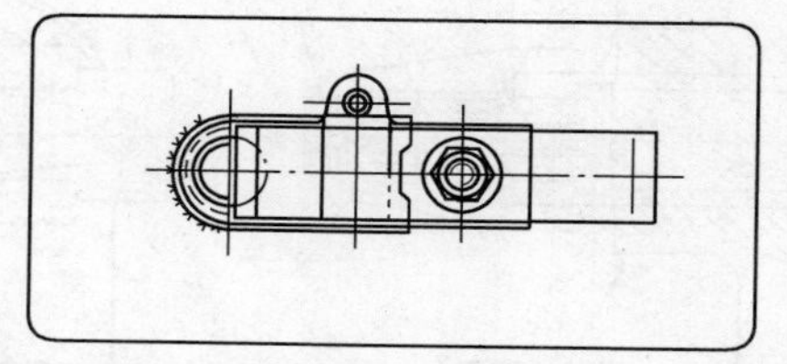

图6-93　铣削万向接头圆弧的夹具

1—底板；2—定位销；3—挡销；4—压板；5—螺母；6—圆柱销

(3) 铣削床身平面的回转夹具。铣削床身平面的回转夹具如图6-94所示，该夹具用于立式铣床，半精铣纵切自动车床床身的相互垂直的各平面及燕尾槽等。工件用已加工的底平面、侧面和端面在回转板2上的定位板6、7、9、10及支承杆3上定位。先拧两个螺栓11，使两个压块12推动工件，使其紧靠在定位板6、7的两个垂直面上，再用4块压板8将工件夹紧。回转板2可绕支架1、5的转轴旋转。铣削顶面各面时，回转板2靠在两支架的M平面上定位，用铰链螺钉锁紧。铣削完毕，回转板2转90°，靠在两支架的N平面上定位，用铰链螺钉锁紧，铣削另一面。

2. 圆周进给铣床夹具

圆周进给铣床夹具多与机床附件及万能转台一起使用。夹具安装在转盘上，通过蜗轮蜗杆传动使工件作圆周进给运动。

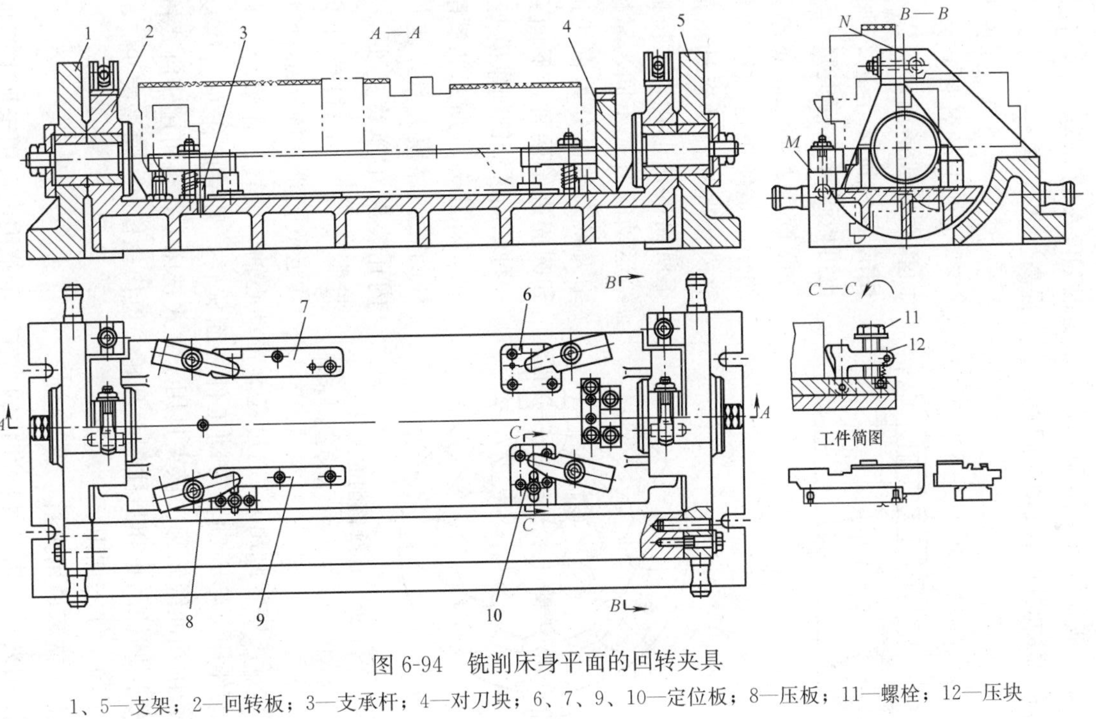

图 6-94　铣削床身平面的回转夹具

1、5—支架；2—回转板；3—支承杆；4—对刀块；6、7、9、10—定位板；8—压板；11—螺栓；12—压块

图 6-95 所示是用于大批量生产的连续铣削夹具，能同时加工 8 个工件。工件借助压板 2 在夹具中定位夹紧，并随夹具一起随转盘转动，完成连续进给运动。它可以实现不停车的连续加工，使装夹工件的辅助时间与机动时间重合，可提高生产效率。

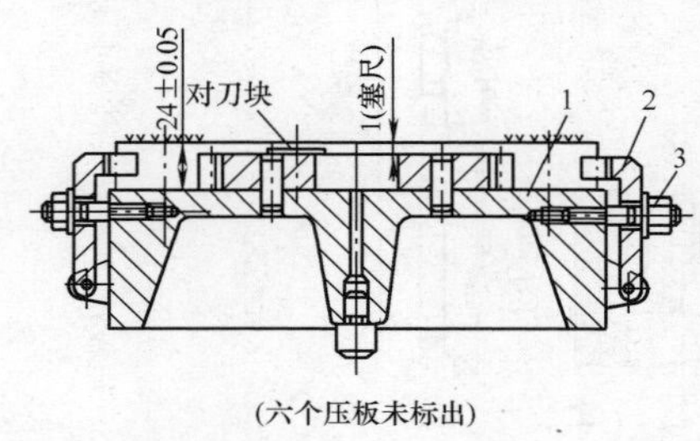

(六个压板未标出)

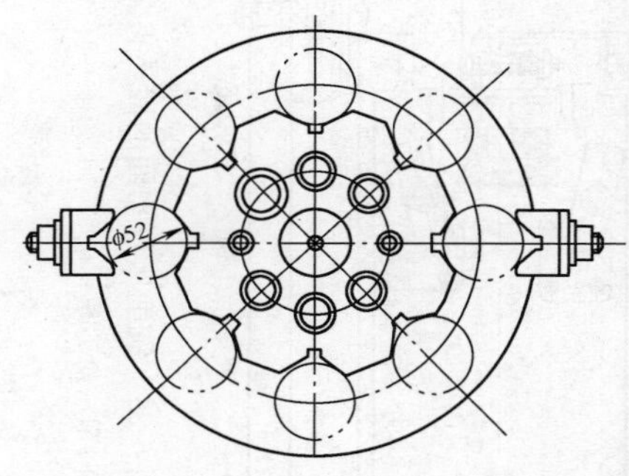

图 6-95　连续铣削的夹具

1—夹具体；2—带 V 形块压板；3—螺母

3. 靠模进给铣床夹具

工件上的各种直线成形面和立体成形面，可以在专用的靠模铣床上进行加工，也可以设计靠模夹具在一般万能铣床上加工。靠模夹具的作用是使主进给运动和由靠模获得的辅助运动形成加工所需的仿形运动。按照进给运动的方式不同，靠模进给夹具大致可分为直线进给和圆周进给两种，下面介绍一种圆周进给铣削靠模夹具。

如图 6-96 所示的铣削圆柱凸轮的靠模夹具，工件以内孔装夹在弹簧夹头 7 上，拧紧螺母 8，通过拉杆 6 使其定位胀紧。旋转蜗杆 4 上的手轮（图中未画出），通过键 5 带动心轴 3 旋转。在滚轮 1 和靠模 2 的作用下，心轴 3 带动工件一面旋转，另一面作左右往复运动，铣削出曲线轮廓。该夹具用于立式铣床上，也可用于卧式铣床上，铣削圆柱凸轮和圆柱端面凸轮。更换靠模 2、弹簧夹头 7，可进行不同工件的加工。

五、铣床通用夹具

通用夹具是指已经标准化的、在一定范围内可用于加工两种或两种以上不同工件的同一夹具。这类夹具的通用性强，由专门厂家生产，其中有的已经作为机床附件随主机配套供应。若将夹具个别

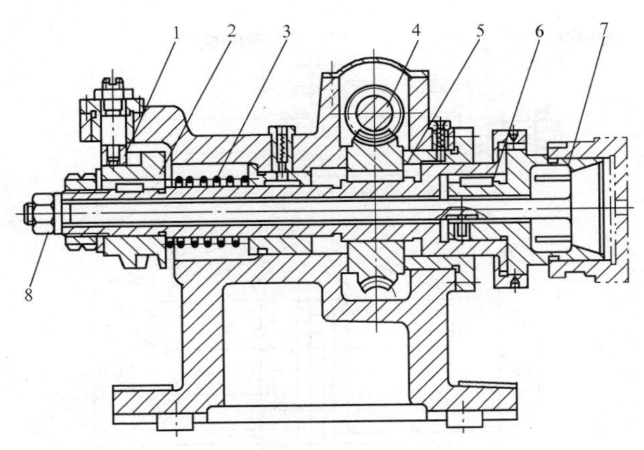

图 6-96　铣圆柱凸轮的靠模夹具

1—滚轮；2—靠模；3—心轴；4—蜗杆；5—键；6—拉杆；7—弹簧夹头；8—螺母

元件进行调整或更换，即可成为加工形状相似、尺寸相近、加工工艺相似的多种工件的通用可调整夹具。应用于成组技术加工工艺的可调整夹具，称为成组夹具。

（一）铣床常见通用夹具

1. 机床用平口虎钳

这种虎钳已作为机床常用附件安装在铣床工作台上，可用来加工各种外形简单的工作。它也是同类通用可调整夹具的通用基本部分。

手动机床用平口虎钳结构如图 6-97 所示，由固定部分 2、活动部分 5 以及两个圆柱形导轨 6 等主要部分所组成。在固定部分及活动部分上分别安装钳口 3、4，整个虎钳靠分度底座 7 固定在水平面上的任一角度位置。当操纵手柄转动螺杆 1 时，即可通过圆柱形螺母 8 带动活动部分 5 作夹紧或松开移动。

此外，还有一种可倾式机床用平口虎钳，钳口可倾斜一定角度，用于铣削带一定倾斜角度的小型工件。机床用平口虎钳的规格见表 6-9。

2. V 形钳口自定心虎钳

其结构和夹持范围如图 6-98 所示。

3. 三向虎钳

其结构和尺寸系列如图 6-99 所示。

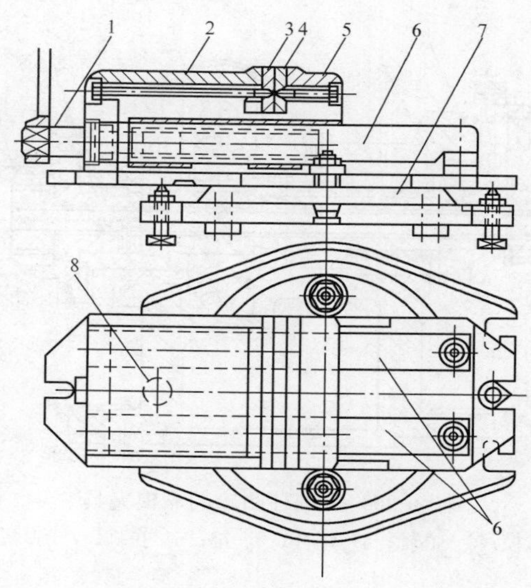

图 6-97　手动机床用平口虎钳

1—螺杆；2—固定部分；3、4—钳口；5—活动部分；6—导轨；7—分度底座；8—圆柱形螺母

表 6-9　　机床用平口虎钳规格　　mm

外形图	规格名称	规格						应用范围
		100	125	136	160	200	250	
普通平口钳	钳口宽度	100	125	136	160	200	250	适用于以平面定位和夹紧的中小型工件
	钳口最大张开量	80	100	110	125	160	200	
	钳口高度	38	44	36	50 (44)	60 (56)	56 (60)	
	定位键宽度	14	14	12	18 (14)	18	18	
可倾式平口钳	钳口宽度	100	125					适用于以平面定位和夹紧、具有一定倾斜角且切削力较小的小型工件
	钳口最大张开量	80	100					
	钳口高度	36	42					
	定位键宽度	14	14					

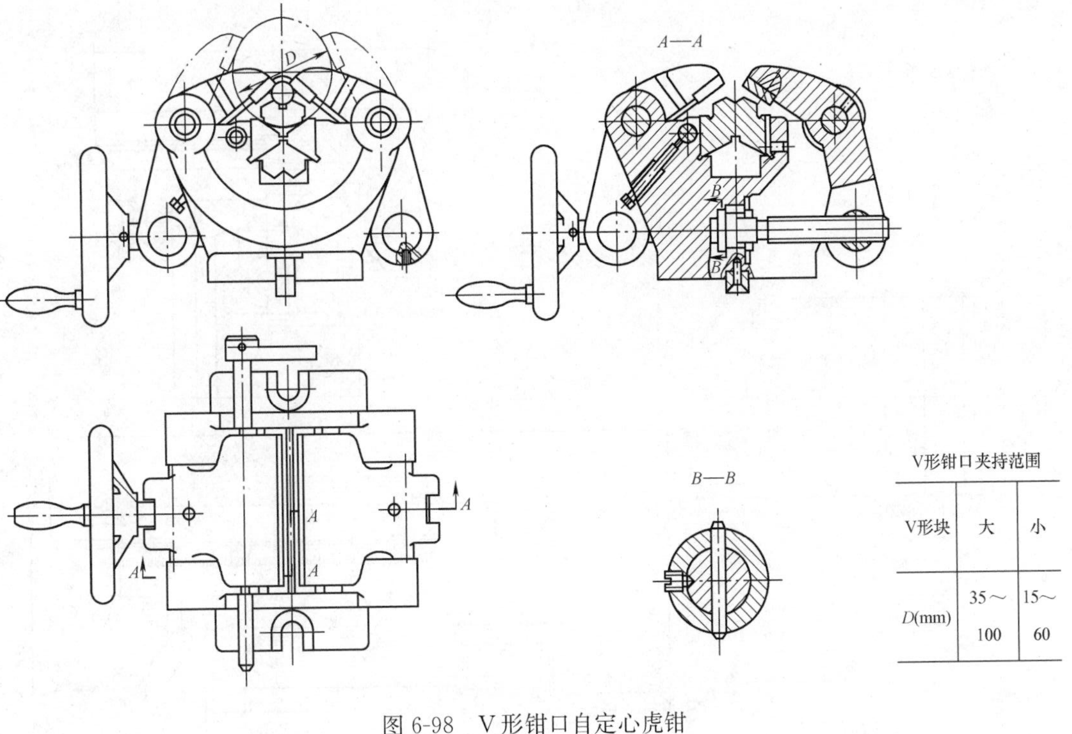

V形钳口夹持范围

V形块	大	小
D(mm)	35～100	15～60

图 6-98　V 形钳口自定心虎钳

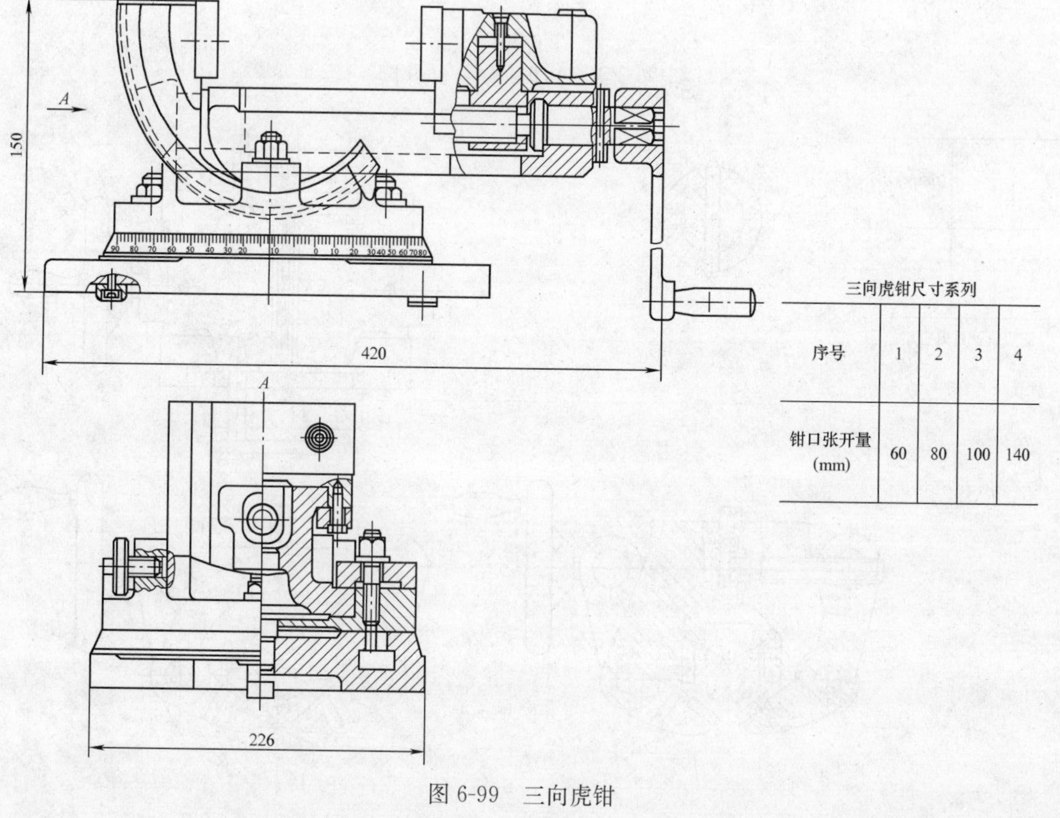

三向虎钳尺寸系列

序号	1	2	3	4
钳口张开量(mm)	60	80	100	140

图 6-99　三向虎钳

4. 万能分度头

分度头是铣床的主要附件，而万能分度头则是铣床上最常用的一种分度头，如 F11125 型万能分度头。铣床上常用的万能分度头的规格见表 6-10。

5. 回转工作台

铣床常用回转工作台的规格见表 6-11。铣床通用回转工作台已标准化，其上面应设计中心销（或孔）、T 形槽，以便专用夹具与专用夹具联合使用。

表 6-10　　　　万能分度头规格

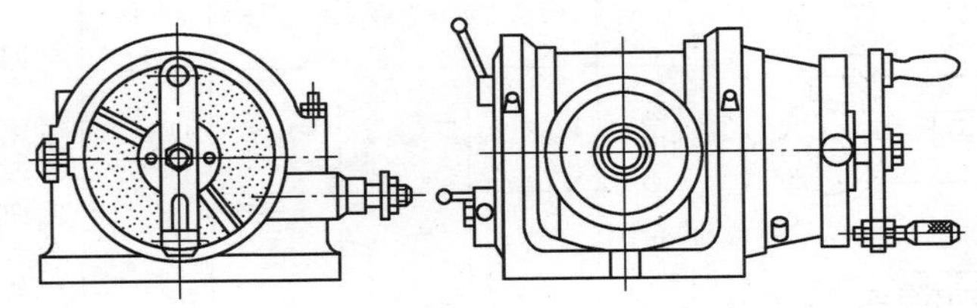

规格名称 \ 型号	F1180	F11100A	F11125A	F11160A
中心高	80	100	125	160
主轴锥孔号（莫氏）	3	3	4	4
主轴水平位置倾斜角	−6°～90°	−6°～90°	−5°～95°	−5°～95°
蜗轮副传动比	1∶40	1∶40	1∶40	1∶40
定位键宽度	14	14	18	18
主轴法兰盘定位短锥直径	36.541	41.275	53.975	53.975

应用范围：1. 能使工件绕本身的轴线进行等分或不等分分度；
2. 可将工件相对于铣床工作台台面扳成所需要的角度；
3. 铣削螺旋槽或凸轮时，能配合工作台的移动，使工件作连续旋转。

（二）铣床通用可调整夹具

通用可调整夹具是在通用夹具的基础上发展而来的。如机床用机用虎钳、铣床回转工作台和分度台等，都可设计成可调整夹具。

表 6-11　　　　铣床用回转工作台规格

示　图	规格名称	规　格				应用范围
		250	320	400	500	
手动回转工作台 手动机动回转工作台	工作台直径(mm)	250	320	400	500	回转工作台主要辅助铣床完成中小型工件的曲面加工和分度加工。机动回转工作台配上万向节，可实现自动进给运动
	中心孔锥度号(莫氏)	4	4	4	5	
	蜗轮副传动比	1∶90	1∶90	1∶120	1∶120	
	蜗杆圆环刻度	120×2′	120×2′	90×2′	90×2′	
	工作台圆周刻度	360×1°	360×1°	360×1°	360×1°	
	定位键宽度(mm)	14	18	18	22(18)	
	T形槽宽度(mm)	12	14	14	18	
	T形槽间距(mm)	60	80	100	150(125)	
	底面至台面高度(mm)	100	140	140	155	

1. 采用专用钳口夹紧的平口虎钳

由于机床用机用虎钳是平口虎钳，一般只能加工外形比较规则的工件。将其固定钳口做成各种可换钳口，可适应不同工件的形状、尺寸、加工特性和毛坯表面状态，则通用夹具即变成了通用可调整夹具，用定向键将虎钳要对机床工作台的进给方向安装，应用情况见表 6-12。

表 6-12　　采用专用钳口夹紧的平口虎钳

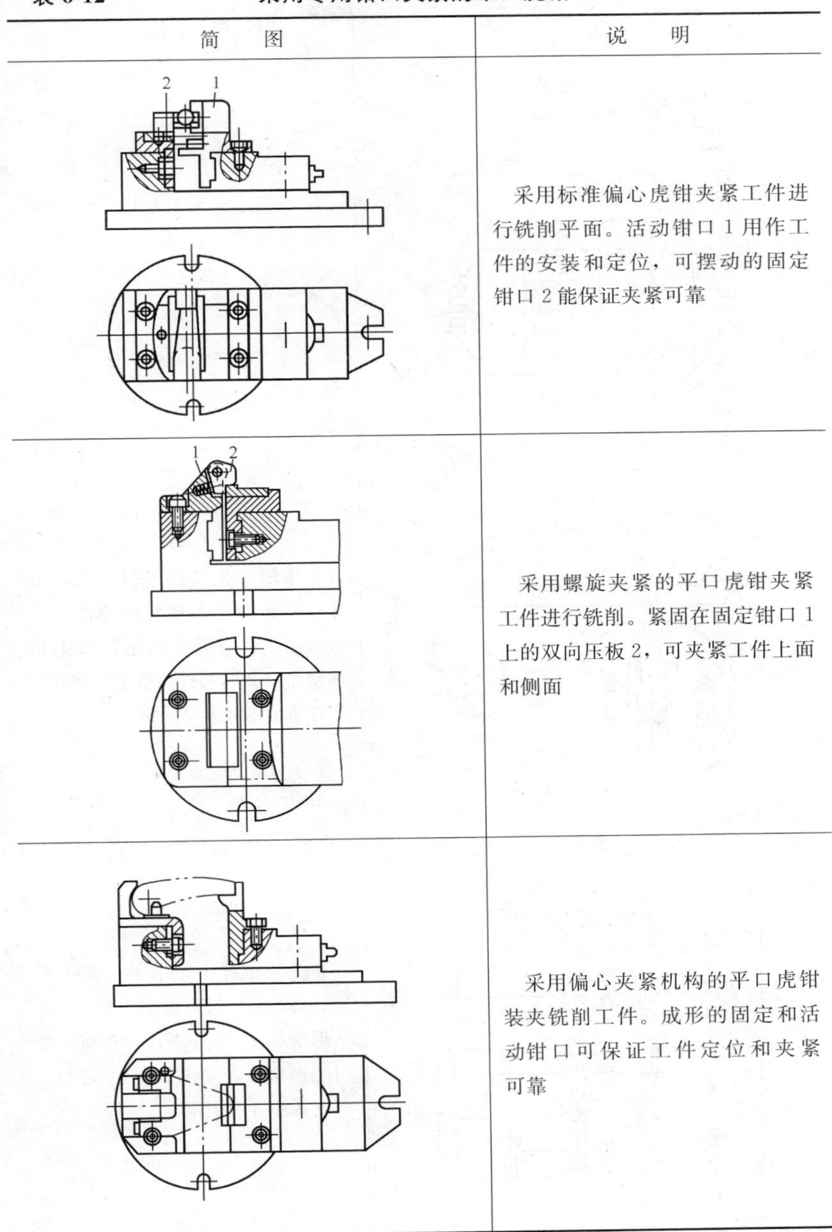

简　图	说　明
2　1	采用标准偏心虎钳夹紧工件进行铣削平面。活动钳口 1 用作工件的安装和定位，可摆动的固定钳口 2 能保证夹紧可靠
1　2	采用螺旋夹紧的平口虎钳夹紧工件进行铣削。紧固在固定钳口 1 上的双向压板 2，可夹紧工件上面和侧面
	采用偏心夹紧机构的平口虎钳装夹铣削工件。成形的固定和活动钳口可保证工件定位和夹紧可靠

续表

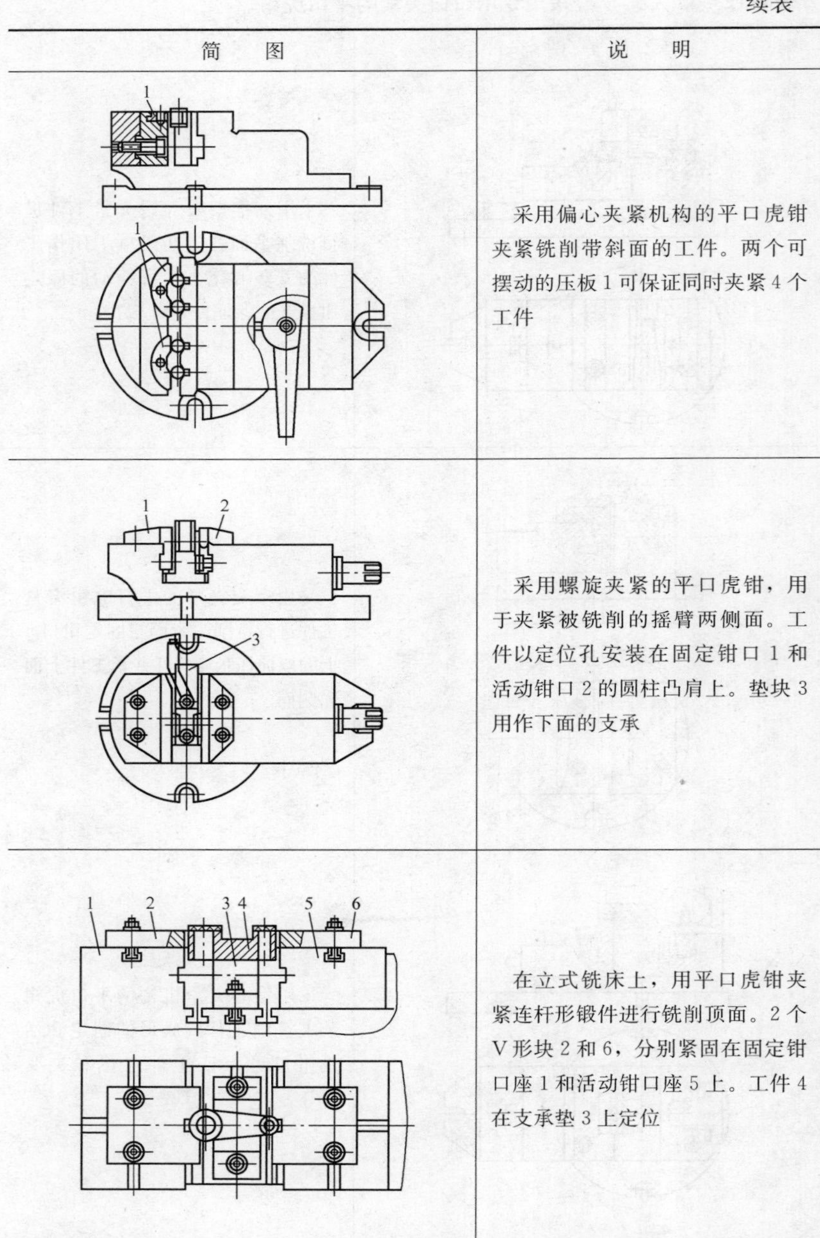

简　图	说　明
	采用偏心夹紧机构的平口虎钳夹紧铣削带斜面的工件。两个可摆动的压板 1 可保证同时夹紧 4 个工件
	采用螺旋夹紧的平口虎钳，用于夹紧被铣削的摇臂两侧面。工件以定位孔安装在固定钳口 1 和活动钳口 2 的圆柱凸肩上。垫块 3 用作下面的支承
	在立式铣床上，用平口虎钳夹紧连杆形锻件进行铣削顶面。2 个 V 形块 2 和 6，分别紧固在固定钳口座 1 和活动钳口座 5 上。工件 4 在支承垫 3 上定位

续表

简　图	说　明
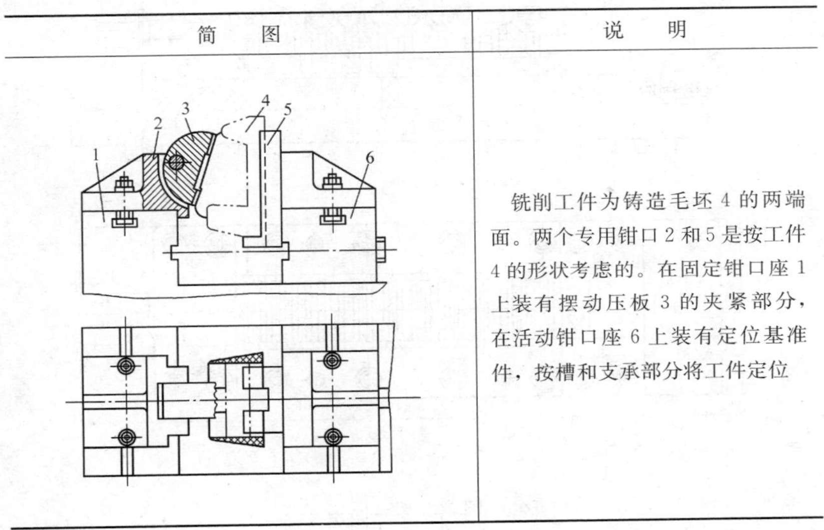	铣削工件为铸造毛坯 4 的两端面。两个专用钳口 2 和 5 是按工件 4 的形状考虑的。在固定钳口座 1 上装有摆动压板 3 的夹紧部分，在活动钳口座 6 上装有定位基准件，按槽和支承部分将工件定位

2. 多件装夹夹具

下面介绍一种常用的多件装夹铣削夹具，如图 6-100 所示。将工件的圆柱部分 $\phi14h9$ 放在弹性滑块 2 的槽中定位，并以 $\phi16mm$ 的台阶面靠在弹性滑块的端面上，限制工件的 5 个自由度。旋紧右上方的夹紧螺杆，推动压块 3，使压块压向弹性滑块，从而把 10 个工件连续均匀地夹紧。其中，支座 1 相当于固定钳口；压板 6 与夹具体上平面组成燕尾形导轨，使弹性滑块沿其滑移；定位键 7 用以安装夹具的定位。这种夹具结构简单，操作方便，由于采用多件装夹，生产效率高。还可把夹具体做成通用件，定位元件根据工件情况可更换，因而提高了夹具的使用效率。若将夹紧部分改装成气动或气动—液压夹紧装置，更适用于大批量生产。

3. 换盒式夹具

换盒式夹具如图 6-101 所示。工件装夹在料盒 5 中，以外圆和端面在 V 形块 7 中定位。料盒 5 安放在夹具上的 4 个支承钉 4 上，并由 4 个支柱 3 挡住两侧面。夹紧时，活塞左移，活塞杆 2 上的斜面经滚轮和杠杆 1，将工件连同料盒 5 推向挡块 6 一起夹紧。料盒 5（一式 2 个，交替使用）根据工件需要可设计成各种形式，当工

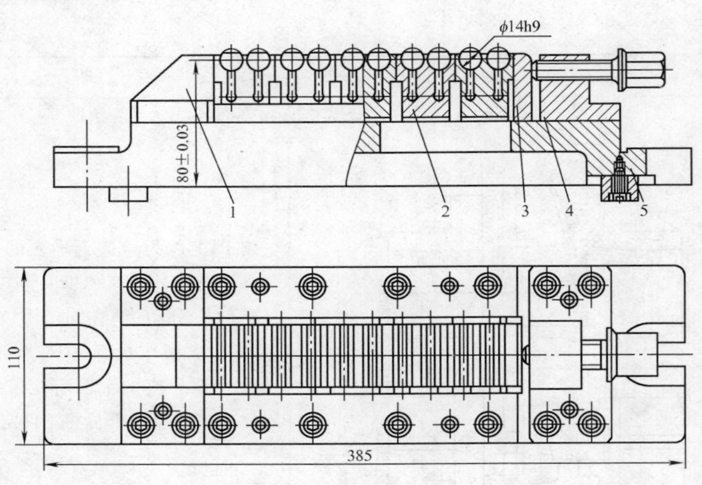

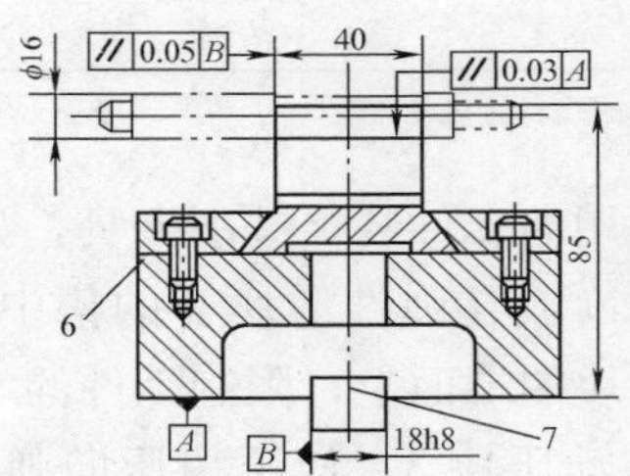

图 6-100　多件装夹铣削夹具

1—支座；2—弹性滑块；3—压块；4—螺杆支架；5—夹具体；6—压板；7—定位键

件有凸肩要求时，可设计成如件 8 形式的浮动支承。

4. 铣削六方回转夹具

铣削六方回转夹具如图 6-102 所示。该夹具与立轴锥面锁紧分度台配合使用。工件以外圆和端面定位，由气缸驱动，使弹簧夹头下移将工件夹紧。铣床上安装 6 把铣刀，可同时铣削 6 个工件的两个面。每进给一次，夹具回转 120°，回转 3 次工件的 6 个面即可铣削完毕。更换弹簧夹头，可加工不同直径的工件。

5. 铣削半圆键用的夹具

铣削半圆键用的夹具如图 6-103 所示。该夹具用于卧式铣床。

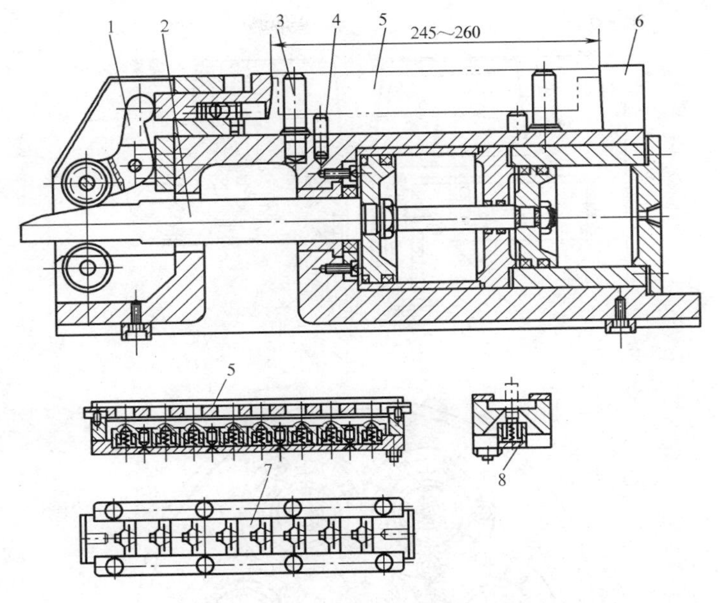

图 6-101　换盒式夹具

1—杠杆；2—活塞杆；3—支柱；4—支承钉；
5—料盒；6—挡块；7—V 形块；8—浮动支承

工件从料仓 4 进入。装在铣刀杆上的带轮 1 带动带轮 9，经过蜗杆 10、蜗轮 11 减速，使凸轮 6 旋转，由于凸轮 6 螺旋线的作用，滚轮 8、滚轮轴 7 即带动滑板 5 作左右往复运动。工件由推杆 3 逐个推入定位套 2 内，并推向旋转着的铣刀实现进给运动。被铣削完成的两个半圆工件依靠自重落入料盘。铣削各种不同规格的半圆键时，只需更换相应的定位套 2、推杆 3 和料仓 4 即可。

六、铣床类成组夹具简介

成组夹具是在推行成组技术的过程中，根据一组（或几组）工件的相似性加工而设计制造的夹具，是推行成组加工的重要物质基础。

1. 铣床类成组夹具的特点

在多品种成批生产的铣削加工中，采用成组技术的加工方法，可把多种类型和系列产品的工件，按加工所用的铣床刀具和夹具等

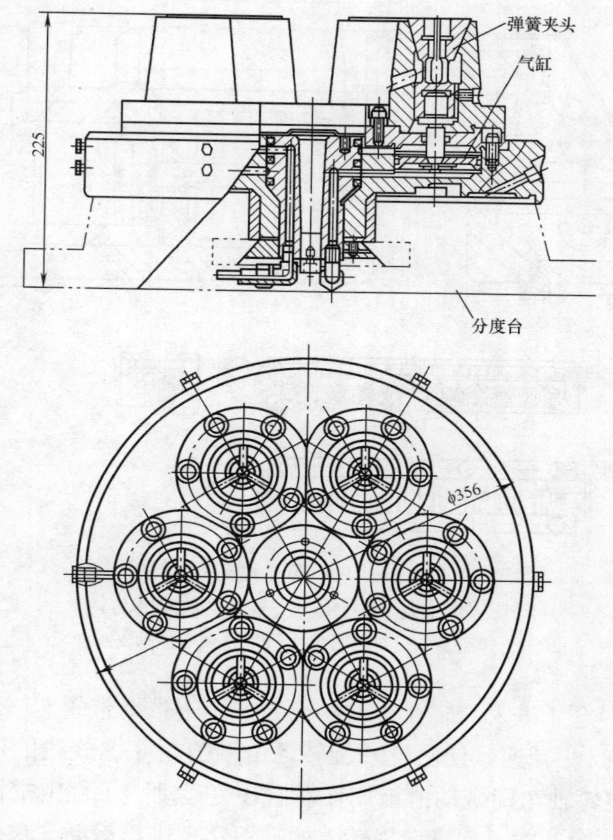

图 6-102　铣削六方回转夹具

工艺装备的共性分组。同一组结构形状相似的工件，在同一台铣床上用共同的工艺装备和调整方法进行加工。与专用夹具不同之处，在于使用对象是一组或一族相似的工件。当从一种工件转变加工同组另一种工件时，只需对夹具上的个别定位元件或夹紧元件做一点调整或更换即可。所以成组夹具对一个工件组而言，是专门化可调整夹具，而对组内各个工件，又是通用可调整夹具。但成组夹具的加工对象，是通过成组技术的原则确定的，而通用可调整夹具的加

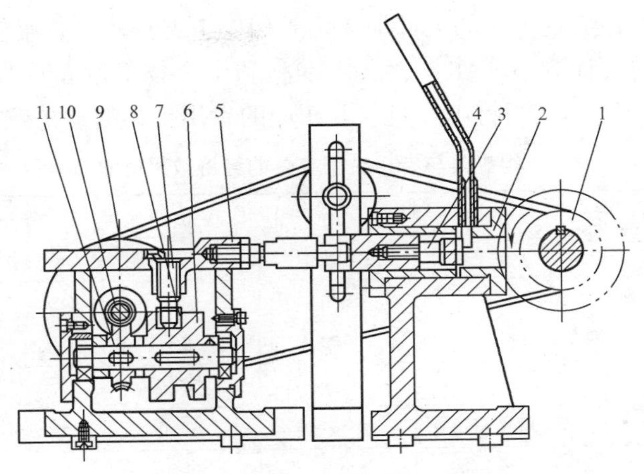

图 6-103 铣半圆键用的夹具

1、9—带轮；2—定位套；3—推杆；4—料仓；5—滑板；6—凸轮；7—滚轮轴；8—滚轮；10—蜗杆；11—蜗轮

工对象，是按一般原则组合的，夹具的结构偏重于可调，而成组夹具则同时采用可调可换，工艺性更为广泛，针对性更强。

成组夹具兼有专用夹具精度高、装夹快速和通用夹具多次重复使用的优点，一般不受产品改型的限制。故成组夹具具有较好的适应性和专用性，其适应性仅次于组合夹具，但又具有现场调整迅速、操作简单等优点。成组夹具能补偿组合夹具在结构、刚度和精度等方面的不足，但制造成本较高，生产管理较繁杂。

成组夹具的形式很多，但基本结构都是由基础（固定）部件、可调整部件和可更换部件组成。基础部件包括夹具体和中间传递装置，作为夹具的通用部分。当加工工件的成组批量足够满足铣床负荷时，基础部件经安装校正后可长期固定在铣床工作台上，不必因产品轮番生产而更换。可更换的部件和可调整的部件有定位元件、夹紧元件、导向元件和对刀元件等，是根据铣削加工工件的具体结构要素、定位夹紧方式及工序加工要求而专门设计的，是成组夹具的专用元件。当更换加工工件时，通过更换和调整某些元件，即可满足新的一组工件的加工工艺要求。

多品种成批生产的工件加工，采用成组夹具，可克服使用专用夹具时的设计制造工作量大、成本高和生产技术准备周期长等缺点。表 6-13 为成组铣削夹具与其相应的专用夹具的经济效果比较。

表 6-13　　成组夹具与专用铣削夹具的经济效果比较

项目内容		夹具形式		节省成本和工时
		专用夹具	成组夹具	
工件种类数		800	800	
夹具套数		552	22	
每套平均成本	夹　具	80 元	177 元	74%
	可换衬垫	—	16 元	
每套设计工时	夹　具	20h	115h	59%
	可换衬垫	—	5h	
可换衬垫数		—	475	

2. 铣床类成组夹具的典型结构

（1）成组钳口。有不少形状复杂的工件，如连杆、托架、拨叉等，需要在铣床用机用虎钳上铣削加工。但一般的钳口只能装夹形状比较规则的工件，对于形面复杂，基面不规则的工件，则装夹困难。针对上述情况，可根据工件的形状、大小、结构及材质等进行分类分组，设计几种钳口。

这几种钳口可以单独使用，也可以互相配合使用。现分别将各种钳口及其应用范围简单介绍如下：

1）多用钳口。如图 6-104 所示，多用钳口是由两块外形相似

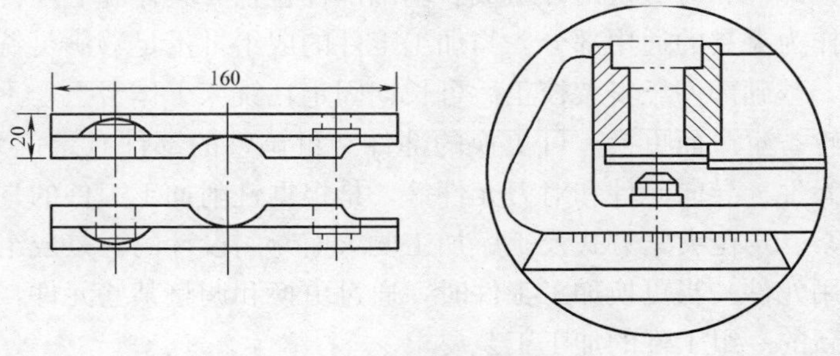

图 6-104　多用钳口外形

的钳口组成，钳口上有各种台阶和圆弧。其中，台阶用于薄形工件定位，可以进行各种薄形工件的端面、长孔、圆弧以及凸轮面的铣削；圆弧用于加工圆形薄工件的凸台端面和连杆等。

2）活动钳口。活动钳口用于加工带有斜度和角度的工件，如连杆或斜度大小不同的楔铁工件等。

如图 6-105 所示，活动钳口由摆动件、固定件和销轴组成。使用时，将固定件安装在铣床用机用虎钳的活动钳体上，摆动件可通过销轴与固定件连接。在装夹工件时，其旋转角最大为 6°。如加工斜度超过自锁角的工件时，可在工件上加垫，以适应扩大其自锁范围。这种钳口能自动旋转夹紧工件，具有夹紧力均匀、可靠等特点。

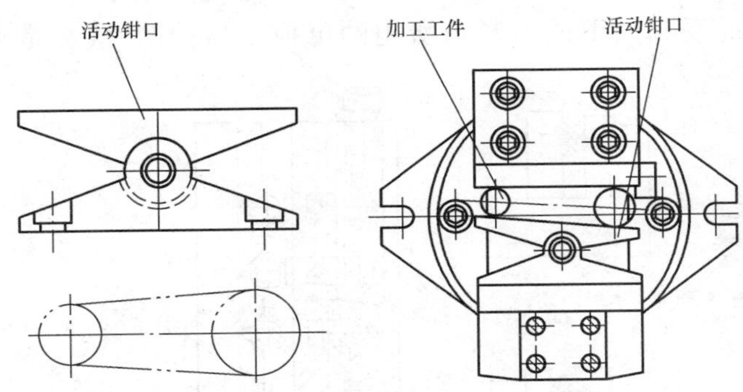

图 6-105 活动钳口外形

3）圆弧钳口。如图 6-106 所示，圆弧钳口由 3 个圆弧组成，两边的圆弧半径相等，中间圆弧半径稍大。两边的圆弧与活动钳口相配合使用，可多件装夹。其特点是定位准确，并可缩短工件装夹

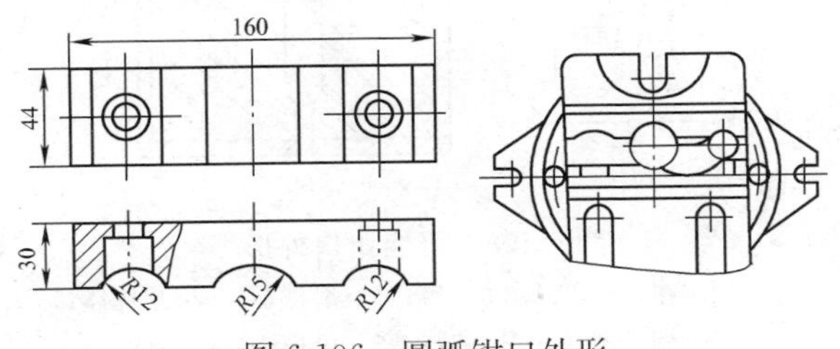

图 6-106 圆弧钳口外形

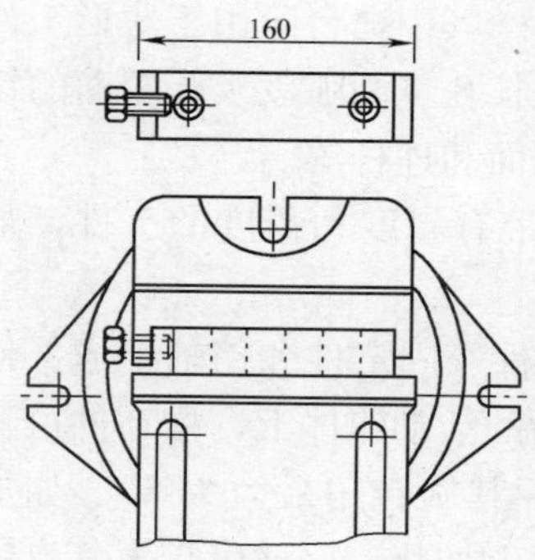

图 6-107　端面齐头钳口外形

和找正时间，配用一定的定位元件，可省去划线工序。

4）端面齐头钳口。端面齐头钳口制造简单，夹紧力大，适用于加工各种方形和长方形工件的端面。如图 6-107 所示，钳口的左面用螺钉使工件紧贴于右侧定位面上，工件靠虎钳夹紧。

5）可换钳口。如图 6-108 所示：图（a）是用 V 形块及平板作可换钳口加工小圆柱工件的实例；图（b）是夹紧小圆柱工件时，使其同时受到向下的夹紧力所用的可换钳口；图（c）是夹紧较

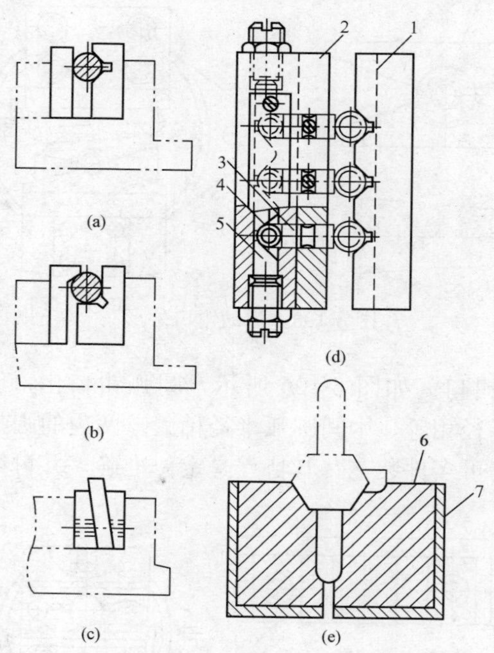

图 6-108　可换钳口外形

1—固定钳口；2—活动钳口；3—滑柱；4—小圆柱体；5—斜面滑柱；6—塑料；7—可换钳口的壳体

小工件，使其得到一定的倾斜角度所用的可换钳口；图（d）是同时夹紧3个工件用的可换钳口，滑柱3、小圆柱体4及斜面滑柱5是自动调节以保证3个工件同时夹紧用的；图（e）是用塑料制成的活动钳口，塑料中可加进金属或其他添加剂，用以提高塑料的抗磨损性能。添加剂与塑料6在冷却状态下混合在一起，然后加热倾注到可换钳口壳体7中，铸成与工件外形相吻合的钳口形状。

在铣削工作中，使用专用的可换钳口和铣床机用虎钳，可扩大加工领域，可完成60%～70%的外形简单的工件加工。因此，设计和使用可换钳口和可换衬垫（见图6-109），应当成为设计在铣床上加工中小型工件用的成组夹具的主要方向，其成本只有专用夹具的几分之一，而且还能提高劳动生产率。

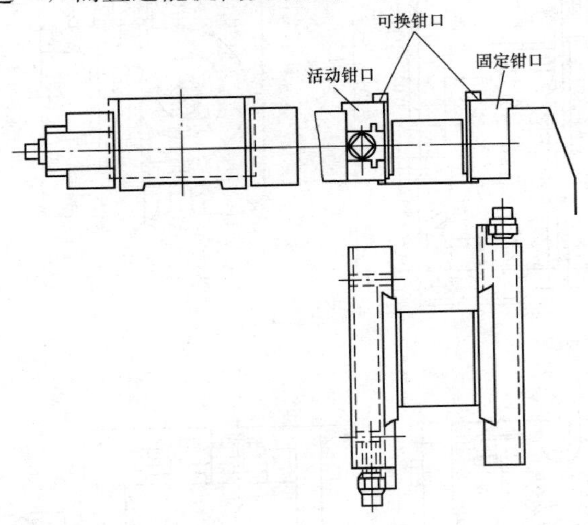

图6-109　带可换钳口和衬垫的成组铣床夹具

（2）成组等分铣削夹具（见图6-110）。

1）结构特点：①本夹具利用偏心进行分度自锁，结构简单，操作方便，可作2、3、4、6等分铣削；②在分度心轴上加过渡接盘后，可安装三爪自定心卡盘，利用分度心轴的莫氏3号锥孔，也可安装各种带锥柄的夹头；③底座为卧立两用结构。

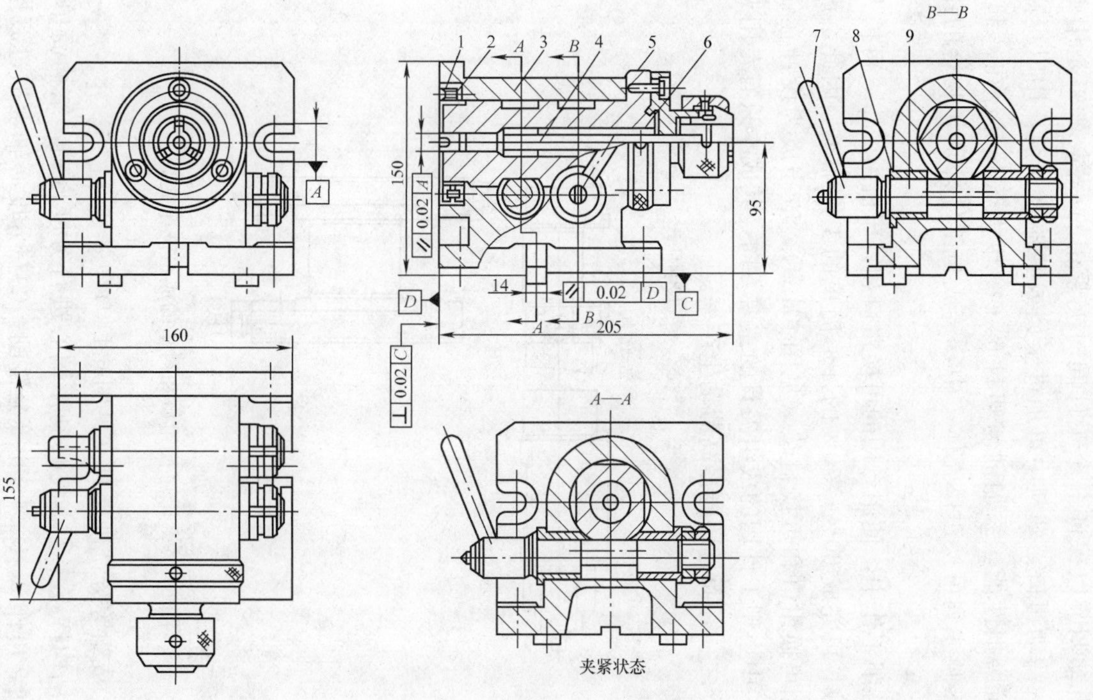

图 6-110　成组等分铣削夹具

1—螺母；2—垫圈；3—底座；4—定位杆；5—分度心轴；6—夹头组件；7—手柄；8—衬套；9—偏心轴

2）适用范围：①可加工本工件组中工件端部的十字槽、六角、四方或外径上的各种形状的通槽；②以孔定位的薄形工件可用心轴装夹，进行多件加工；③基体底座加上垫块使基体与顶针座等高后，可代替分度头使用。

图 6-111 所示为成组等分铣削夹具加工工件组简图。

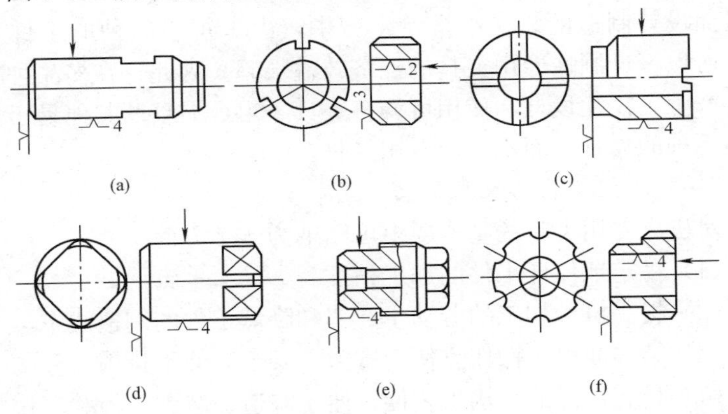

图 6-111　加工工件组简图

（3）成组铣削轴端槽或扁面夹具。如图 6-112 所示，该夹具适用于加工小轴端部的槽或扁面。V 形块可按工件直径范围变换。

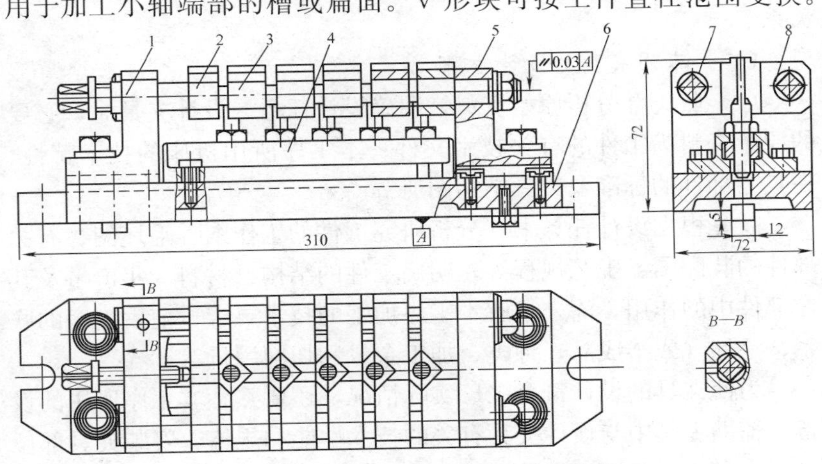

图 6-112　成组铣削轴端槽或扁面夹具

1、5—支承；2—压紧块；3—V 形块；4—定位钉座；6—底板；7—削边销；8—销

定位钉座上的螺钉可按工件长度调整高度，也可拆去定位钉座改用定高的垫块。

七、铣床专用夹具

专用夹具是指为某一工件的某道工序而专门设计制造的夹具。专用夹具一般在一定的批量生产中应用，或者是为了确保工件加工质量而设计制造的。在小批量生产中，由于每个品种的工件数较少，所以设计制造专用夹具的经济效益很差。因此，在多品种小批量生产中，往往设计和使用可调整夹具、组合夹具及其他易于更换产品品种的夹具，而不采用专用夹具。

（一）专用夹具的基本要求

对机床专用夹具的基本要求可归纳为4个方面：

（1）稳定地保证工件的加工精度。

（2）提高机械加工的劳动生产率和降低工件的制造成本。

（3）结构简单，操作方便，省力，安全，便于排屑。

（4）具有良好的结构工艺性，便于制造、装配、检验、调整与维修。

在设计过程中，必须首先保证工件的加工要求，同时应根据具体情况综合处理好加工质量、生产率、劳动条件和经济性等方面的关系。

（二）专用夹具的设计步骤

（1）收集并分析原始资料，明确设计任务。设计夹具时，必要的原始资料为工件的有关技术文件、本工序所用机床的技术特性、夹具零部件的标准及夹具结构图册等。

首先根据设计任务书，分析研究工件的工作图、毛坯图、有关部件的装配图、工艺规程等，明确工件的结构、材料、年产量及其在部件中的作用，深入了解本工序加工的技术要求、前后工序的联系、毛坯（或半成品）种类、加工余量和切削用量等。

为使夹具的设计符合工厂实际情况，还要熟悉本工序所用的设备、辅助工具中与设计夹具有关的技术性能和规格、安装夹具部位的基本尺寸、所用刀具的有关参数，本厂工具车间的技术水平及库存材料情况等。

(2) 拟定夹具的结构方案，绘制结构草图。此阶段应解决问题的大致顺序是：依照六点定位原则，确定工件的定位方式，并设计相应的定位元件；确定刀具的导引方案，设计对刀装置；研究确定工件的夹紧部位和夹紧方法，设计可靠的夹紧装置；确定其他元件或装置的结构形式，如定向键、分度装置等；考虑各种装置和元件的布局，确定夹具体和夹具的总体结构。

设计时，最好考虑不同的几个方案，分别画出草图，通过工序精度和结构形式的综合分析、比较和计算，以及粗略的经济分析，选出最佳方案。与此同时，设计人员还应广泛听取工艺部门、制造部门和使用车间有关人员的意见，以使夹具设计方案进一步完善。

(3) 绘制夹具总装配图。夹具总装配图应按国家标准绘制，比例尽量选用 1∶1，必要时也可采用 1∶2、1∶5 或 2∶1、5∶1 等。在能够清楚地表达夹具的工作原理、整体结构和各种装置、元件之间相互位置关系的前提下，应使总装配图中的视图数量尽量少，并应尽量选择面对操作者的方向作为主视图。

绘制夹具总装配图的顺序如下：

1) 用双点划线或红色铅笔绘出工件的轮廓外形（定位面、夹紧面、待加工表面），并用网线表示加工余量。

2) 视工件轮廓为透明体，按工件的形状和位置，依次绘出定位、对刀导引、夹紧元件及其他元件或装置。最后绘制夹具体，形成一个夹具整体。绘图后，还要对夹具零件进行编号，并填写零件明细表和标题栏。

3) 标注有关尺寸和夹具的技术条件。

(4) 绘制夹具零件图。夹具总装配图中的非标准件，都要绘制零件图。在确定夹具零件的尺寸、公差和技术要求时，要考虑满足夹具总装配图中规定的精度要求。夹具的精度通常是在装配时获得的。

（三）铣床专用夹具的典型结构

采用铣床专用夹具时，一般都用调整法加工。为了预先调整刀具的位置，在夹具上设有确定铣刀位置或方向的对刀块。在专用夹具中，铣床专业夹具中占有较大比例，下面介绍的两例夹具是铣床专用夹具的典型结构。

1. 杠杆两斜面铣床专用夹具

图 6-113 所示为在杠杆工件上铣削两斜面的工序图，工件形状

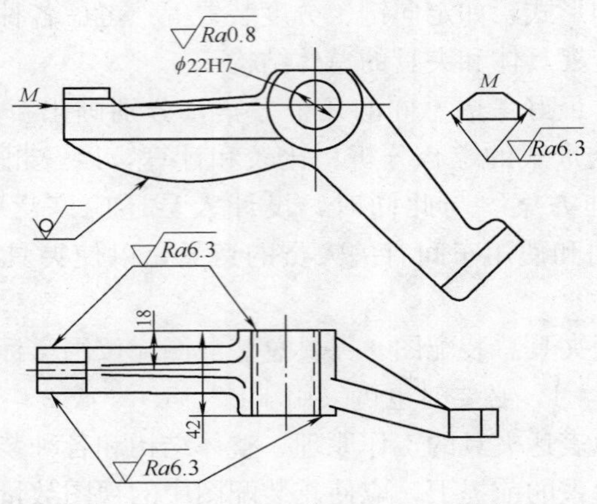

图 6-113　杠杆加工工序图

较特殊，刚性较差。图 6-114 所示为成批生产杠杆时加工该工序的单件铣床专用夹具。工件以已精加工过的孔 ϕ22H7 和端面在定位销 10 的外圆和台阶上定位，以圆弧面在可调支承 6 上定位，实现完全定位。拧紧螺母 12，使钩形压板 11 将工件压紧。为了增强工件的刚性，在接近加工表面处采用了浮动的辅助夹紧机构，当拧紧该机构的螺母 9 时，卡爪 2 和 3 相向移动同时将工件夹紧。在卡爪 3 的末端开有三条轴向槽，形成三片簧瓣，继续拧紧螺母 9，锥套 5 即迫使簧瓣胀开，使卡爪 3 锁紧在夹具体中，从而增加夹紧刚性，以免铣削时产生振动。

该夹具通过两个定向键 8 与铣床工作台的 T 形槽相配合，采用两把角度铣刀同时进行加工。由于夹具上的角度对刀块 7 与定位销 10 的台阶面有一定的尺寸联系［即（18±0.1）mm］，而定位销的轴线与定向键的侧面垂直，所以通过用塞尺对刀，即可使夹具相对于机床和刀具获得正确的加工位置，从而保证加工要求。

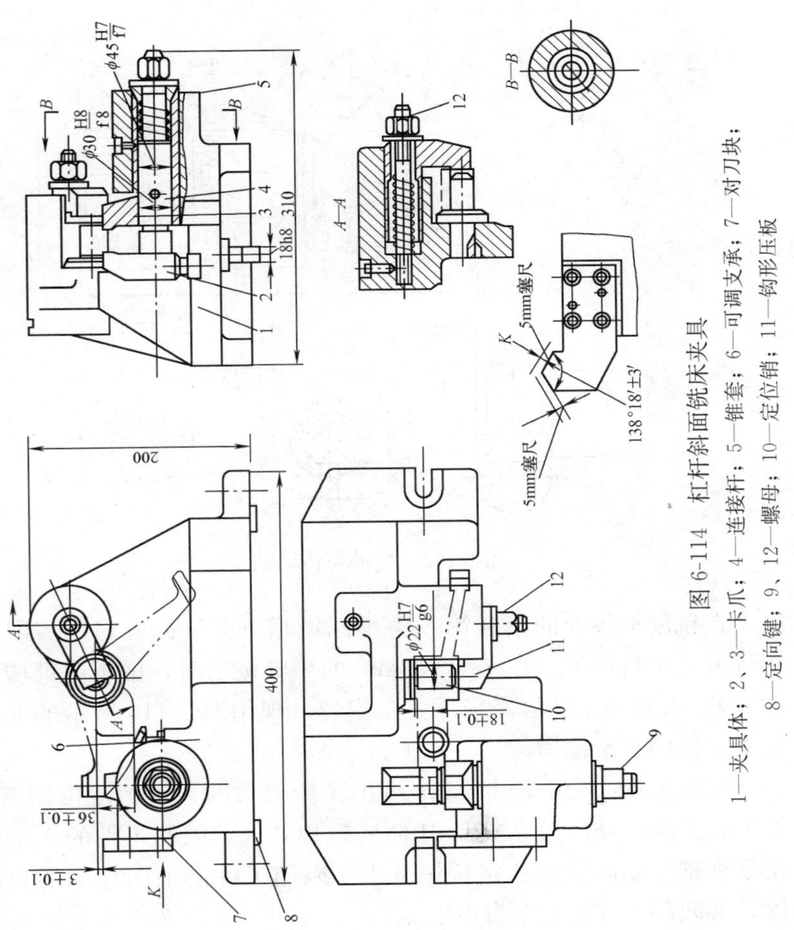

图 6-114　杠杆斜面铣床夹具

1—夹具体；2、3—卡爪；4—连接杆；5—锥套；6—可调支承；7—对刀块；
8—定向键；9、12—螺母；10—定位销；11—钩形压板

2. 射油泵传动轴铣削键槽夹具

如图 6-115 所示的射油泵传动轴，轴上有两条半圆键槽和一条与垫圈内舌相配的槽。两条半圆键槽之间的夹角为 60°；螺纹处与内舌相配的槽，其位置只要与 ϕ25mm 的键槽错开一定角度即可。

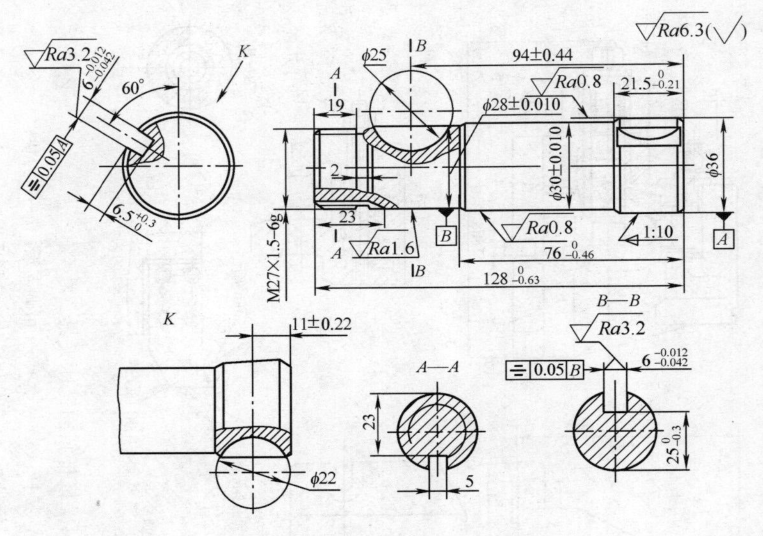

图 6-115　射油泵传动轴

在铣削螺纹处的槽和第一条半圆键槽（ϕ25mm）时，需限制工件的 5 个自由度。在铣削 ϕ22mm 的半圆键槽时，由于两键槽之间有 60°夹角要求，故需采用完全定位。现用图 6-116 所示的夹具装夹，铣削三条键槽。

在铣削螺纹处的槽和 ϕ25mm 的半圆键槽时，可把定位销座 8 卸下，工件以外圆放在夹具中的 V 形块 3 上，限制工件的 4 个自由度；锥端端面紧靠在定位销 2 上，限制工件沿轴向移动的自由度，共限制工件的 5 个自由度。

在夹具体底面上开有一条与 V 形槽平行的键槽，两个定位键 9 分别安装在其两端，定位键的下部嵌入机床工作台的 T 形槽内，以利夹具对机床工作台的定位和安装。装夹时，先把工件放入 V 形槽内，并与定位销 2 贴紧，然后扳动偏心轮 10 的手柄，带动压

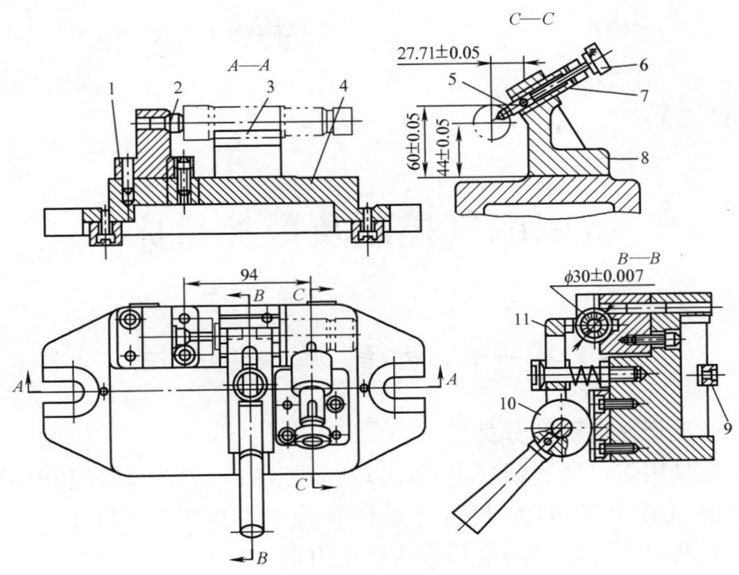

图 6-116　射油泵传动轴铣削键槽夹具

1—后座；2—定位销；3—V 形块；4—夹具体；
5—定位销；6—捏手；7—弹簧；8—定位销座；
9—定位键；10—偏心轮；11—压板

板 11 将工件夹紧。

铣削时，先把一批工件螺纹处的槽加工完后，再调换铣刀和调整纵向位置，加工 $\phi25$mm 的半圆键槽。每个工件装夹两次。在加工 $\phi22$mm 的半圆键槽时，应安装上定位销座 8，利用其与垂直线成 60°并通过工件轴心的定位销 5，限制工件绕轴线旋转的（最后一个）自由度。操作时，也像铣削 $\phi25$mm 的半圆键槽一样，先提起捏手 6，把工件放入夹具内，再放松捏手 6，定位销在弹簧 7 的作用下，插入工件 $\phi25$mm 的半圆键槽内，然后把工件夹紧。定位销轴心线的高低和前后位置，由于在设计制造时无法测量，所以在定位销座上设置了一个 $\phi6$mm 的工艺孔，并在夹具上直接标注此工艺孔至 V 形槽对称中心（即通过工件轴心）的距离 K。当工件中心高为 44mm、工艺孔至定位销座底面高度为 60mm 时，K 值为

$$K=(60-40)\tan 60^{\circ}\text{mm}=27.71\text{mm}$$

第七章

机床电气控制及数控机床

第一节 电气基础知识

一、低压电器的分类

凡是用来接通和断开电路，以达到控制、调节、转换和保护作用的电气设备都称为电器。工作在交流 1000V 及以下，直流 1200V 及以下电路中的电器称为低压电器。

低压电器产品型号组成形式如下：

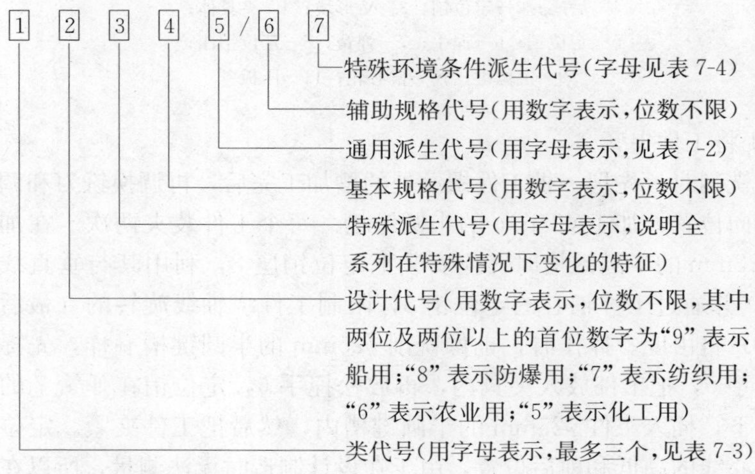

根据在电气线路中所处的地位和作用，低压电器可分为低压配电电器和低压控制电器两大类；按动作方式，可分为自动切换和非自动切换两类；按有无触点结构，又可分为有触头和无触头两类。

二、低压开关

低压开关广泛用于各种配电设备和供电线路，作为不频繁地接通和分断低压供电线路，以作为隔离电源之用。另外，它也可作小容量笼型异步电动机的直接起动。

（一）负荷开关

负荷开关有开启式（俗称胶盖闸刀开关）和封闭式（俗称铁壳开关）两种，如图 7-1 所示。

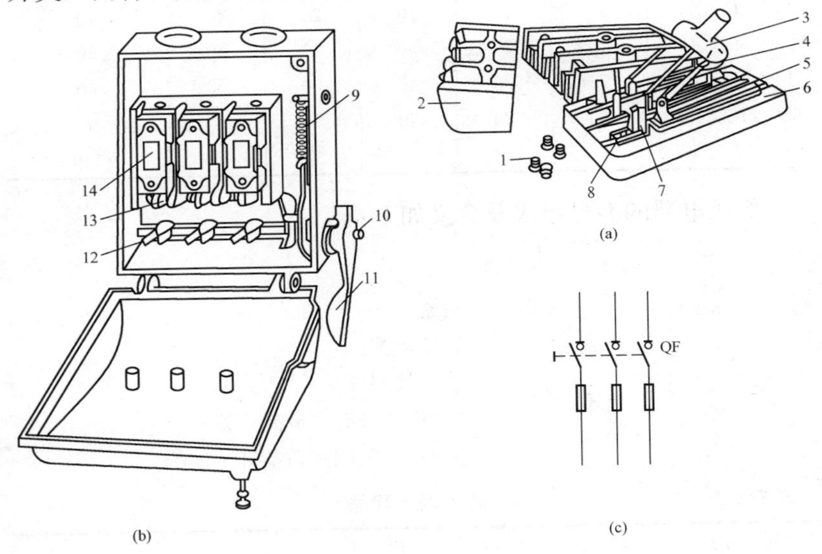

图 7-1 负荷开关

（a）开启式负荷开关；（b）封闭式负荷开关；（c）电气符号

1—胶盖紧固螺钉；2—胶盖；3—瓷柄；4—动触头；5—出线座；6—瓷底；7—静触头；8—进线座；9—速断弹簧；10—转轴；11—手柄；12—闸刀；13—夹座；14—熔断器

刀开关按线路的额定电压、计算电流及断开电流选择，按短路电流校验其动、热稳定值。

刀开关断开负载电流不应大于制造厂允许断开的电流值。一般结构的刀开关通常不允许带负载操作，但装有灭弧室的刀开关，可做不频繁带负载操作。

刀开关所在线路的三相短路电流不应超过制造厂规定的动、热稳定值，其值见表 7-1。

表 7-1　　刀开关动、热稳定性和保安性技术数据

额定工作电流 I_N（A）	1s 热稳定电流有效值（kA）		电动稳定电流峰值（kA）		极限保安电流峰值（kA）	
	中央手柄式	杠杆操作式	中央手柄式	杠杆操作式	中央手柄式	杠杆操作式
$I_N \leqslant 100$	6	7	15	15	30	30
$100 < I_N \leqslant 250$	10	12	20	25	40	40
$250 < I_N \leqslant 400$	20	20	30	40	50	50
$400 < I_N \leqslant 630$	25	25	40	50	60	60
$630 < I_N \leqslant 1000$	30	30	50	70		95
$1000 < I_N \leqslant 1600$		35		90		110

低压电器的型号组成及含义如下：

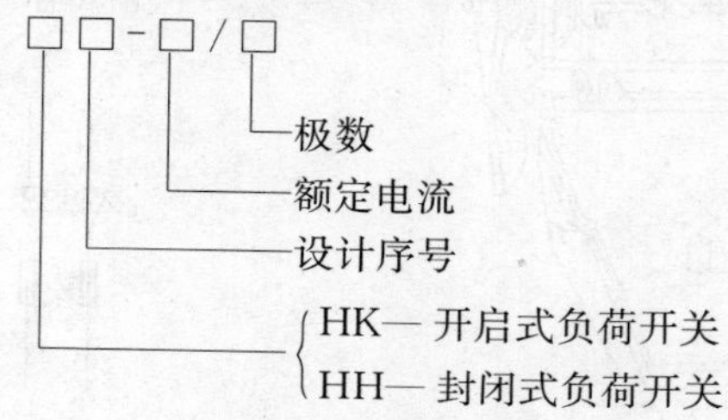

表 7-2　　通用派生代号

派生字母	代 表 意 义
A、B、C…	结构设计稍有改进或变化
J	交流、防溅式
Z	直流、自动复位、防震、重任务
W	无灭弧装置
N	可逆
S	有锁住机构、手动复位、防水式、三相、三个电源、双线圈
P	电磁复位，防滴、单相、两个电源、电压
K	开启式
H	保护式、带缓冲装置
M	密封式、灭磁
Q	防尘式、手车式
L	电流的
F	高返回、带分励脱扣

表 7-3 低压电器产品型号类组代号

代号	名称	A	B	C	D	G	H	J	K	L	M	P	Q	R	S	T	U	W	X	Y	Z
H	刀开关和转换开关				刀开关		封闭式负荷开关		开启式负荷开关					熔断器式刀开关	刀形转换开关					其他	组合开关
R	熔断器			插入式			汇流排式			螺旋式					快速	有填料封闭管式			限流	其他	
D	断路器									照明	灭磁				快速			万能式	限流	其他	装置式
K	控制器			鼓形								平面				凸轮				其他	
C	接触器					高压		交流				中频			时间					其他	直流
Q	起动器	按钮式		磁力			减压								手动		油浸		星—三角	其他	综合
J	控制继电器									电流				热	时间	通用		温度		其他	中间
L	主令电器	按钮							主令控制器						主令开关	足踏开关	旋钮	万能转换开关	行程开关	其他	
Z	电阻器		板形元件	冲片元件		管形元件									烧结元件	铸铁元件			电阻器	其他	
B	变阻器			旋臂式						励磁		频敏		起动	石墨	起动调速	油浸起动	液体起动	滑线式	其他	
T	调整器				电流																
M	电磁铁													牵引				起重			制动
A	其他		保护器	插销	灯		接线盒			铃											

表 7-4　特殊环境条件派生代号

派生字母	说明	备注
T	按湿带临时措施制造	此项派生代号加注在产品全型号后
TH	湿热带	
TA	干热带	
G	高原、高电磁、高通断能力	
C	船　用	
H	化工防腐用	

1. 技术数据

常用 HK 和 HH 系列负荷开关的技术数据见表 7-5 和表 7-6。

表 7-5　HK 系列开启式负荷开关的技术数据

型号	额定电流 I（A）	极数	额定电压 U（V）	可控制电动机功率 P（kW）	熔丝规格	
					熔丝线径 ϕ（mm）	熔丝材料
HK1	15 30 60	2	220	1.5 3.0 4.5	1.45～1.59 2.30～2.52 3.36～4.00	铅熔丝
	15 30 60	3	380	2.2 4.0 5.5	1.45～1.59 2.30～2.52 3.36～4.00	
HK2	10 15 30	2	250	1.1 1.5 3.0	0.25 0.41 0.56	纯铜丝
	10 15 30	3	380	2.2 4.0 5.5	0.45 0.71 1.12	

表 7-6　HH 系列封闭式负荷开关的技术数据

型号	额定电压 U（V）	额定电流 I（A）	极数	熔丝规格		
				额定电流	线径 ϕ（mm）	材　料
HH3	250/440	15	2/3	6 10 15	0.26 0.35 0.46	纯铜丝
		30		20 25 30	0.65 0.71 0.81	

续表

型号	额定电压 U（V）	额定电流 I（A）	极数	熔丝规格		
				额定电流	线径 ϕ（mm）	材　料
HH3	250/440	60	2/3	40	1.02	纯铜丝
				50	1.22	
				60	1.32	
		100		80	1.62	
				100	1.81	
		200		200		
HH4	380	15	2，3	6	1.08	铅熔丝
				10	1.25	
				15	1.98	
		30		20	0.61	纯铜丝
				25	0.71	
				30	0.80	
		60		40	0.92	
				50	1.07	
				60	1.20	
	440	100	3	60、80、100		RTO 系列熔断器
		200		100、150、200		
		300		200、250、300		
		400		300、350、400		

2. 选择

（1）用于照明或电热电路的负荷开关额定电流，应大于或等于被控制电路各负载额定电流之和。

（2）用于电动机的电路，根据经验，开启式负荷开关的额定电流一般可为电动机额定电流的 3 倍；封闭式负荷开关的额定电流一般可为电动机额定电流的 1.5 倍。

3. 使用与维护

（1）负荷开关不准横装或倒装，必须垂直地安装在控制屏或开关板上，不允许将开关放在地上使用。

（2）负荷开关安装接线时，电源进线和出线不能接反。开启式负荷开关的电源进线应接在上端进线座，负荷应接在下端出线座，以便更换熔丝。60A 以上的封闭式负荷开关的电源进线应接在上端进线座，60A 以下应接在下端进线座。

（3）封闭式负荷开关的外壳应可靠接地，以防意外漏电造成触电事故。

（4）更换熔丝必须在闸刀断开的情况下进行，并且应换上与原用熔丝规格相同的新熔丝。

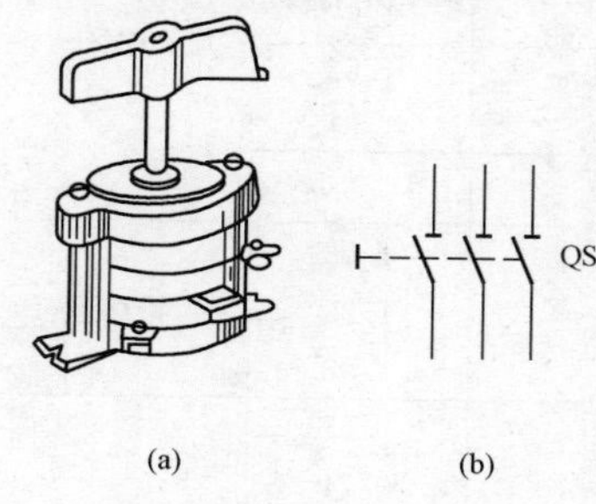

图 7-2　HZ10 系列组合开关
（a）外形；（b）符号

（5）应经常检查开关的触头，清理灰尘和油污等物。操作机构的摩擦处应定期加润滑油，使其动作灵活，延长使用寿命。

（6）在修理负荷开关时，要注意保持手柄与门的联锁，不可轻易拆除。

（二）组合开关

组合开关又名转换开关，常用的 HZ10 系列组合开关的外形如图 7-2 所示。

1. 技术数据

常用 HZ10 系列组合开关的技术数据见表 7-7。3LB 和 3ST 系列开关是德国西门子的引进产品，其技术数据见表 7-8。

表 7-7　**HZ10 系列组合开关的技术数据**

型　号	额定电压 U（V）		额定电流 I（A）	极数
	交流	直流		
HZ10-10/2	380	220	10	2
HZ10-10/3				3
HZ10-25/3			25	
HZ10-60/3			60	
HZ10-100/3			100	

表 7-8　**3LB 和 3ST 系列开关技术数据**

型号	单相交流 50Hz 电源开关额定工作电流 I（A）	三相交流 50Hz 电动机开关额定工作电流 I（A）	三相交流 50Hz Y-△转换开关额定工作电流 I(A)	机械寿命（次）	操作频率 f（次/h）
3ST1	10	8.5	8.5	3×10^6	500
3LB3	25	16.5	25		
3LB4	40	30	35	1×10^6	100
3LB5	63	45	45		

HZ10 系列组合开关的型号含义如下：

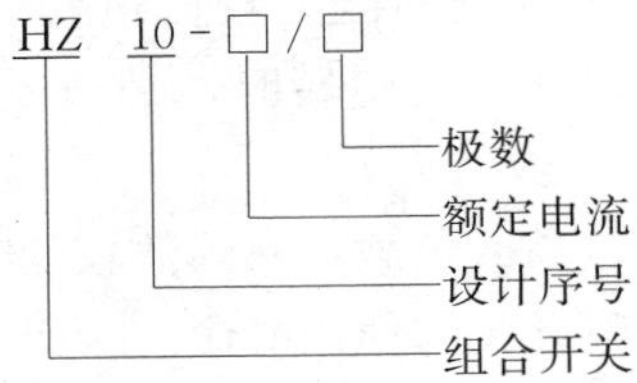

3ST3LS 系列组合开关型号含义如下：

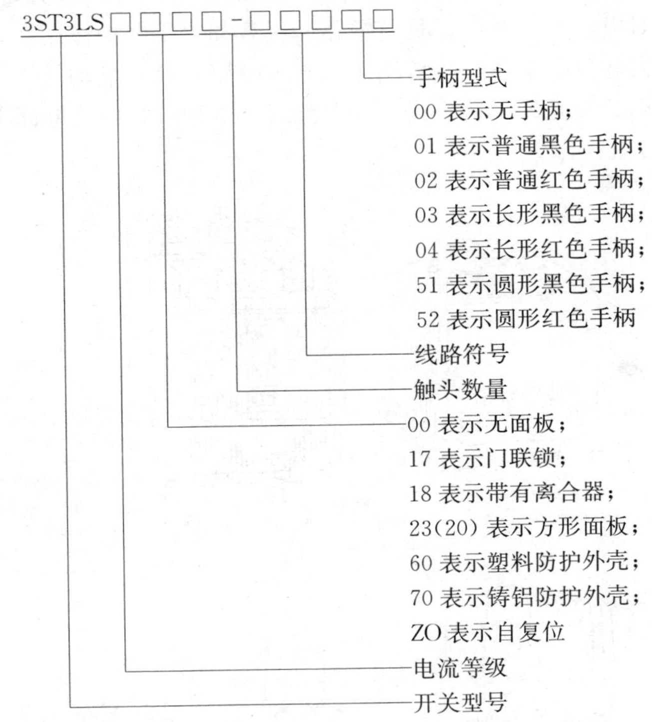

2. 选择

(1) 用于照明或电热线路的组合开关额定电流，应大于或等于被控制电路中各负载电流的总和。

(2) 用于电动机线路的组合开关额定电流，一般取电动机额定电流的 1.5～2.5 倍。

3. 使用与维护

（1）由于转换开关的通断能力较低，故不能用来分断故障电流。当用于控制电动机作可逆运转时，必须在电动机完全停止后，才允许反向接通。

（2）当操作频率过高或负载功率因数较低时，转换开关要降低容量使用，否则会影响开关的使用寿命。

（三）空气断路器（自动空气开关）

空气断路器又名自动空气开关，是低压电路中重要的保护电器之一，对电路及电器设备具有短路、过载和欠压保护作用。它还可用来接通和分断电路，也可用于控制不频繁起动的电动机。

常用的塑壳式（装置式）和万能式（框架式）空气断路器的外形如图 7-3 所示。

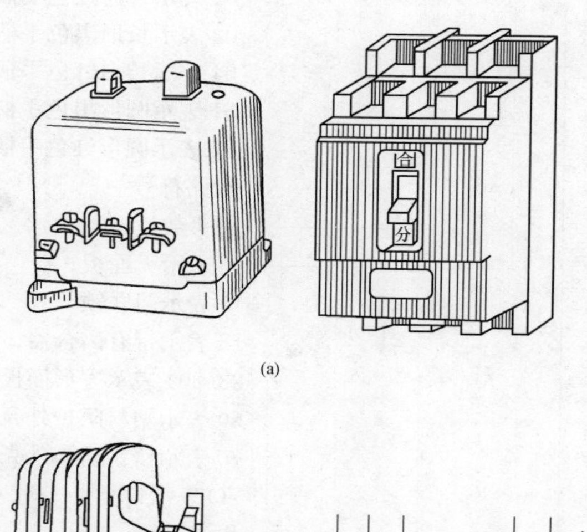

(a)

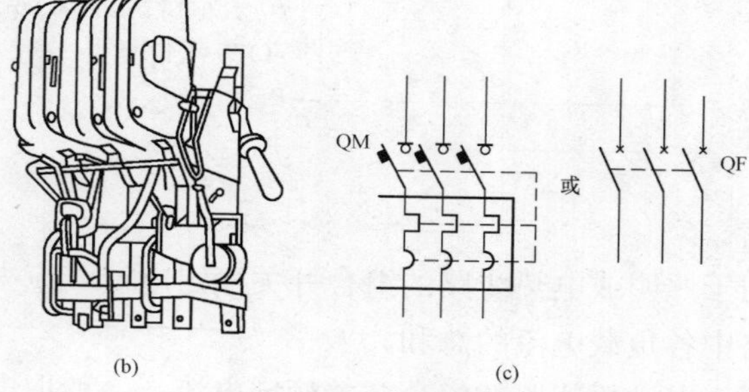

(b)　　(c)

图 7-3　空气断路器

（a）塑壳式；（b）万能式；（c）电气图形和文字符号

空气断路器的型号含义如下：

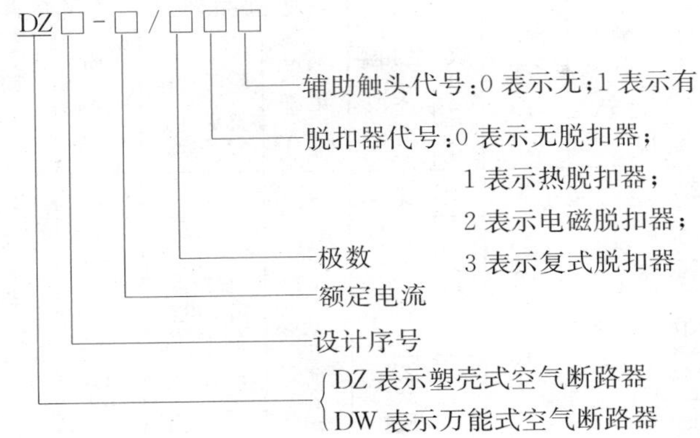

1. 技术数据

常用 DZ5-20、DZ10-100 系列塑壳式空气断路器和 DW10 系列塑壳万能式空气断路器的技术数据见表 7-9、表 7-10 和表 7-11。

表 7-9　　DZ5-20 系列塑壳式空气断路器技术数据

型　号	额定电压 U(V)	额定电流 I(A)	极数	脱扣器类别	热脱扣器额定电流 I(A)（括号内为整定电流调节范围）	电磁脱扣器瞬时动作整定值 I(A)
DZ5-20/200	交流 380 直流 220	20	2	无脱扣器	—	—
DZ5-20/300			3			
DZ5-20/210			2	热脱扣	0.15(0.1～0.15) 0.20(0.15～0.20) 0.30(0.20～0.30) 0.45(0.30～0.45) 0.65(0.45～0.65) 1.00(0.65～1.00) 2.00(1.00～2.00) 3.00(2.00～3.00) 4.50(3.00～4.50) 6.50(4.50～6.50) 10.00(6.50～10.00) 15.00(10.00～15.00) 20.00(15.00～20.00)	为热脱扣器额定电流的 8～10 倍（出厂时整定于 10 倍）
DZ5-20/310			3			
DZ5-20/220			2	电磁脱扣		
DZ5-20/320			3			
DZ5-20/230			2	复式脱扣		
DZ5-20/330			3			

表 7-10　　**DZ10-100 系列塑壳式空气断路器技术数据**

<table>
<tr><th rowspan="2">型　号</th><th rowspan="2">额定电压 U（V）</th><th rowspan="2">额定电流 I（A）</th><th rowspan="2">极数</th><th rowspan="2">脱扣器类别</th><th colspan="2">复式脱扣器</th><th colspan="2">电磁脱扣器</th></tr>
<tr><th>额定电流 I（A）</th><th>瞬时动作整定电流</th><th>额定电流 I（A）</th><th>瞬时动作整定电流</th></tr>
<tr><td>DZ10-100/200</td><td rowspan="6">交流 380
直流 220</td><td rowspan="6">100</td><td>2</td><td rowspan="2">无脱扣器</td><td rowspan="6">15
20
25
30
40
50
60
80
100</td><td rowspan="6">脱扣器额定电流的 10 倍</td><td rowspan="4">15
20
25
30
40
50</td><td rowspan="4">脱扣器额定电流的 10 倍</td></tr>
<tr><td>DZ10-100/300</td><td>3</td></tr>
<tr><td>DZ10-100/210</td><td>2</td><td rowspan="2">热脱扣</td></tr>
<tr><td>DZ10-100/310</td><td>3</td></tr>
<tr><td>DZ10-100/230</td><td>2</td><td rowspan="2">复式脱扣</td><td rowspan="2">100</td><td rowspan="2">脱扣器额定电流的 6～10 倍</td></tr>
<tr><td>DZ10-100/330</td><td>3</td></tr>
</table>

2. 选择

（1）断路器的额定工作电压不小于线路额定电压。

（2）断路器的额定电流不小于线路计算负载电流。

（3）断路器的额定短路通断能力不小于线路中可能出现的最大短路电流（一般按有效值计算）。

（4）线路末端对地短路电流不小于 1.25 倍断路器瞬时（或短延时）脱扣整定电流。

（5）断路器的欠压脱扣器额定电压等于线路额定电压。

（6）断路器的分励脱扣器额定电压等于控制电源电压。

（7）电动传动机构的额定工作电压等于控制电源电压。

（8）断路器用于照明电路时，电磁脱扣器的瞬时整定电流一般取负载电流的 6 倍。

（9）断路器用于电动机保护时，延时电流整定值等于电动机额定电流；在保护笼型异步电动机时，断路器的电磁脱扣器瞬时整定电流等于 8～15 倍电动机额定电流；对于保护绕线转子电动机的断路器，电磁脱扣器瞬时整定电流等于 3～6 倍电动机额定电流。

3. 使用及维护

（1）断路器安装前，应将脱扣器的电磁铁工作面的防锈油脂抹净，以免影响电磁机构的动作值。

表 7-11 DW10 系列塑壳万能式空气断路器的技术数据

型号	额定电流 I（A）	过电流脱扣器额定电流 I（A）	整定电流范围 I（A）	分励脱扣器需要视在功率 S（VA）		失压脱扣器需要视在功率 S（VA）		电磁铁操动机构需要视在功率 S（kVA）		电动机操动机构需要视在功率 S（VA）		极限通断能力交流 380V $\cos\varphi \geqslant 0.4I$（A）
				220V	380V	220V	380V	220V	380V	220V	380V	
DW10-200/2 DW10-200/3	200	100	100～150～300	145	145	40	40	10	10	—	—	10 000
		150	150～225～450									
		200	200～300～600									
DW10-400/2 DW10-400/3	400	100	100～150～300					20	20	—	—	15 000
		150	150～225～450									
		200	200～300～600									
		250	250～375～750									
		300	300～450～900									
		350	350～525～1050									
		400	400～600～1200									
DW10-600/2 DW10-600/3	600	500	400～750～1500									15 000
		600	600～900～1800									
		400	400～600～1200					—	—	500	500	20 000

续表

型号	额定电流 I（A）	过电流脱扣器额定电流 I（A）	整定电流范围 I（A）	分励脱扣器需要视在功率 S（VA）		失压脱扣器需要视在功率 S（VA）		电磁铁操动机构需要视在功率 S（VA）		电动机操动机构需要视在功率 S（VA）		极限通断能力交流 380V $\cos\varphi \geqslant$ 0.4I（A）
				220V	380V	220V	380V	220V	380V	220V	380V	
DW10-1000/2		500	500～750～1500									
	1000	600	600～900～1800									20 000
		800	800～1200～2400							500	500	
DW10-1000/3		1000	1000～1500～3000									
DW10-1500/2 DW10-1500/3	1500	1500	1500～2250～4500									20 000
DW10-2500/2		1000	1000～1500～3000									
		1500	1500～2250～4500	145	145	40	40	—	—			
	2500	2000	2000～3000～6000									30 000
DW10-2500/3		2500	2500～3150～7500							700	700	
DW10-4000/2		2000	2000～3000～6000									
		2500	2500～3750～7500									
	4000	3000	3000～4500～9000									40 000
DW10-4000/3		4000	4600～6000～12 000									

（2）断路器与熔断器配合使用时，熔断器应尽可能装在断路器之前，以保证使用安全。

（3）电磁脱扣器的整定值一经调好后不允许随意更动，长时间使用后，要检查其弹簧是否生锈，以免影响其动作。

（4）断路器在分断短路电流后，应在切除上一级电源的情况下，及时地检查触头。若发现有严重的电灼痕迹，可用干布擦去；若发现触头烧毛，可用砂布或细锉小心修整，但主触头一般不允许用锉刀修整。

（5）应定期清除断路器上的积尘和检查各种脱扣器的动作值。操动机构在使用一段时间后（可考虑1～2年一次），在传动机构部分应加润滑油（小容量塑壳式断路器不需要）。

（6）灭弧室在分断短路电流后，或较长时间使用之后，应清除灭弧室内壁和栅片上的金属颗粒和黑烟灰。如灭弧室已损坏，则不能再使用。长时间未使用的灭弧室，在使用前应先烘一次，以保证良好的绝缘。

三、熔断器

熔断器主要用作短路保护，当通过熔断器的电流大于规定值时，以其自身产生的热量使熔体熔化而自动分断电路。机床常用熔断器的外形如图7-4所示。

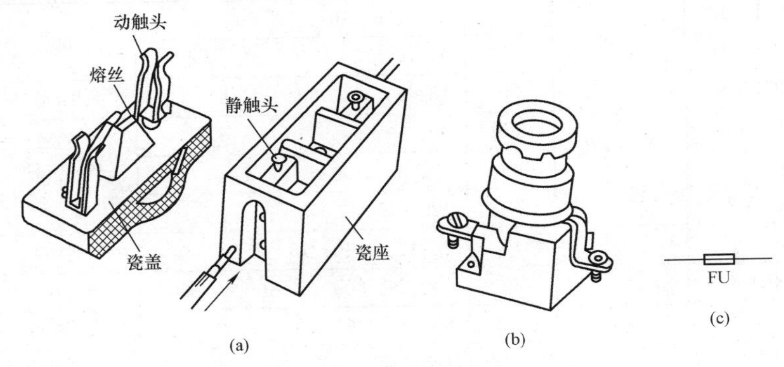

图7-4　熔断器

（a）RC系列瓷插式；（b）RL系列螺旋式；（c）熔断器符号

瓷插式熔断器的型号含义如下：

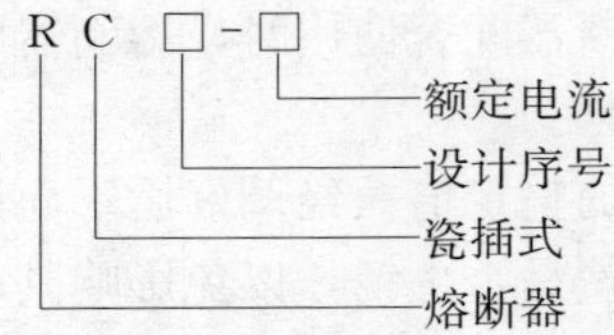

螺旋式熔断器的型号含义如下：

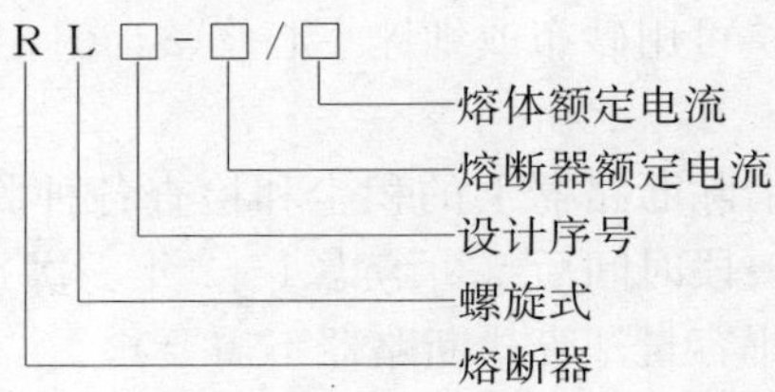

（一）技术数据

常用熔断器技术数据见表 7-12。

表 7-12　　常用熔断器技术数据

型　号	熔管额定电压 U（V）	熔管额定电流（A）	熔体额定电流等级（A）	最大分断能力（A，500V）
RC1A-5	交流三相 380 或单相 220	5	2、5	250
RC1A-10		10	2、4、6、10	500
RC1A-15		15	6、10、15	
RC1A-30		30	15、20、25、30	1500
RC1A-60		60	40、50、60	3000
RC1A-100		100	60、80、100	
RC1A-200		200	120、150、200	
RL1-15	交流 500、380、220	15	2、4、6、10、15	2000
RL1-60		60	20、25、30、35、40、50、60	3500
RL1-100		100	60、80、100	20 000
RL1-200		200	100、125、150、200	50 000
RL2-25		25	2、4、6、10、15、20	1000
RL2-60		60	25、35、50、60	2000
RL2-100		100	80、100	3500

（二）选择方法

1. 熔体额定电流的选择

（1）对于变压器、电炉和照明等负载，熔体的额定电流应略大于或等于负载电流。

（2）对于输配电线路，熔体的额定电流应略小于或等于线路的安全电流。

（3）对电动机负载，一般可按下列公式计算：

1）对于一台电动机的负载的短路保护

$$I_{FU} \geqslant (1.5 \sim 2.5) I_{M.N}$$

式中，I_{FU}为熔体的额定电流；$I_{M.N}$为电动机的额定电流；1.5～2.5 的系数视负载性质和起动方式而选取。对于轻载起动、起动次数少，时间短或降压起动时，取小值；对于重载起动、起动频繁、起动时间长或全压起动时，取大值。

2）对于多台电动机负载的短路保护

$$I_{FU} \geqslant (1.5 \sim 2.5) I_{M.N} + \text{其余电动机的计算负载电流}$$

2. 熔断器的选择

（1）熔断器的额定电压应大于或等于线路工作电压。

（2）熔断器的额定电流应大于或等于所装熔体的额定电流。

3. 使用及维护

（1）应正确选用熔体和熔断器。有分支电路时，分支电路的熔体额定电流就比前一级小 2～3 级。对不同性质的负载，应尽量分别保护，装设单独的熔断器。

（2）安装螺旋式熔断器时，必须注意将电源线接到瓷底的下接线端，以保证安全。

（3）瓷插式熔断器安装熔丝时，熔丝应顺着螺钉旋紧方向绕过去，同时应注意不要划伤熔丝，也不要把熔丝绷紧，以免减小熔丝的截面尺寸或插断熔丝。

（4）更换熔体时应切断电源，应换上相同额定电流的熔体，不能随意加大熔体。

四、交流接触器

交流接触器是一种适用于远距离频繁地接通和分断交流电路的

电器。常用的交流接触器的外形如图 7-5 所示。

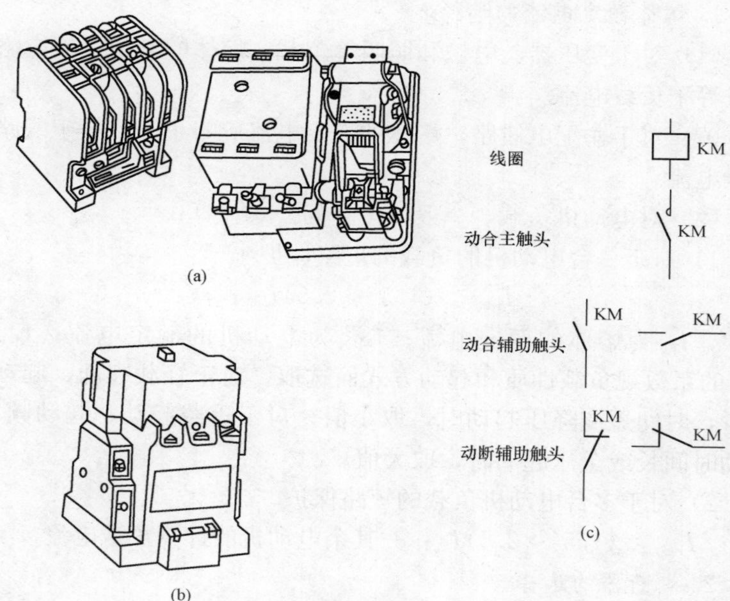

图 7-5　交流接触器

(a) CJ10-10；(b) CJ20-40；(c) 电气图形和文字符号

交流接触器的型号含义如下：

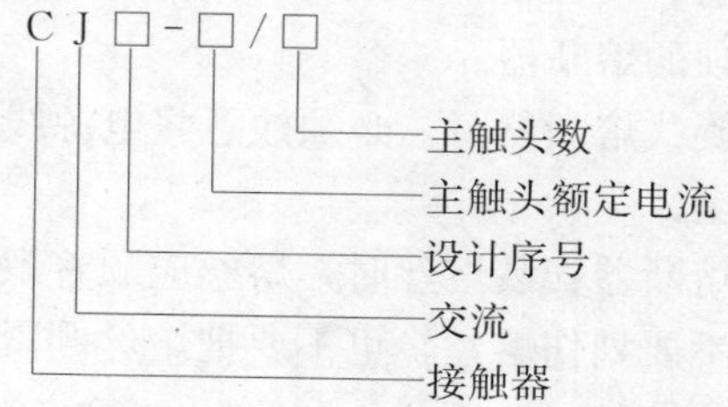

(一) 技术数据

常用交流接触器的技术数据见表 7-13。

(二) 接触器的选择

正确地选择接触器，就是要使所选用的接触器的技术数据满足

表 7-13 交流接触器的技术数据

型号	主触头额定电流（A）			辅助触头额定电流（A）		可控制电动机的最大功率（kW）			吸引线圈电压（V）	辅助触头数量	操作频率（次/h）		电寿命（万次）	
	380V	660V	1140V	380V	660V	220V	380V	660V			AC-3	AC-4	AC-3	AC-4
CJ10-5	5	—	—	5	—	1.2	2.2	—	除 CJ10-5 和 CJ10-150 为：36、110、220、380 外，其余均为：36、110、127、220、380	1 动合	500	—	60	—
CJ10-10	10					2.2	4			2 动合 2 动断				
CJ10-20	20					5.5	10							
CJ10-40	40					11	20							
CJ10-60	60					17	30							
CJ10-100	100					29	50							
CJ10-150	150					47	75							
CJ12 CJ12B-100	100	—	—	10	—	—	50	—	36、127、220、380	5 动合 1 动断或 4 动合 2 动断或 3 动合 3 动断	600	—	15	—
CJ12 CJ12B-150	150						75							
CJ12 CJ12B-250	250						125							
CJ12 CJ12B-400	400						200				300		10	
CJ12 CJ12B-600	600						300							

续表

型号	主触头额定电流(A)			辅助触头额定电流(A)		可控制电动机的最大功率(kW)			吸引线圈电压(V)	辅助触头数量	操作频率(次/h)		电寿命(万次)	
	380V	660V	1140V	380V	660V	220V	380V	660V			AC-3	AC-4	AC-3	AC-4
CJ20-40	40	25					22				1200	300	100	4
CJ20-63	63	40	—	6			30	35	36 127		1200	300	200	8
CJ20-160	160	100					85	85	220		1200	300	200	1.5
CJ20-160/11			80					85	380	2动合	300	60	200	1.5
CJ20-250	250				—	—	132			2动断	600	120	120	1
CJ20-250/06		200	—					190	127		300	60	120	1
CJ20-630	630			10			300		220 380		600	120	120	0.5
CJ20-630/11		400	400					400			300	60	120	0.5
3TB40	9	7.2					4	5.5	24	1动合或				
3TB41	12	9.5					5.5	7.5	36	1动断或	1000	1.2×10^6	250	2×10^5
3TB42	16	13.5	—	6	2	—	7.5	11	48	1动合				
3TB43	22	13.5					11	11	110 220	1动断或 2动合	750	1.2×10^6	250	2×10^5
3TB44	32	18	—	4	2.5		15	15	380	2动断				

控制线路对它提出的要求。

1. 选择接触器的类型

交流负载应使用交流接触器，直流负载应使用直流接触器。如果控制系统中主要是交流电动机，而直流电动机或直流负载的容量比较小，也可全用交流接触器控制，但是触头的额定电流应适当选择大些。

三相交流电路中，一般选三极接触器；单相及直流系统中，则常用两极或三极并联。当交流接触器用于直流系统时，也可采用各级串联方式，以提高分断能力。

2. 选择接触器主触头的额定电压和额定电流

通常选择接触器触头的额定电压不低于负载回路的额定电压。主触头的额定电流不低于负载回路的额定电流。

3. 控制电路、辅助电路参数的确定

接触器的线圈电压，应按选定的控制电路电压确定。一般情况下多用交流电控制；当操作频繁时，则选用直流电（220、110V两种）控制。

接触器辅助触头种类及数量一般可在一定范围内根据系统控制要求确定其动合、动断数量及组合形式，同时应注意辅助触头的通断能力。当触头数量和其他额定参数不能满足系统要求时，可增加接触器或继电器以扩大功能。

一般情况下，回路有1～5个接触器时，控制电压可采用380V；当回路超过5个接触器时，控制电压采用220V或110V，此时均需加装隔离用的控制变压器。

4. 动、热稳定校验

当线路发生三相短路时，其短路电流不应超过接触器的动、热稳定值；当使用接触器切断短路电流时，还应校验其分断能力。

5. 允许动作频率校验

根据操作次数校验接触器所允许的动作频率。接触器在频繁操作时，如实际操作频率超过允许值、密接起动、反接制动及频繁正、反转等，为了防止主触头的烧蚀和过早损坏，应将触头的额定电流降低使用，或者改用重任务型接触器。这种接触器由于采用了银铁粉末冶金触头，改善了灭弧措施，因而在同样的额定电流下能适应更繁重的工作。

(三) 使用及维护

(1) 接触器安装前应先检查线圈的额定电压等技术数据是否与实际使用相符。然后将铁心极面上的防锈油脂或粘结在极面上的锈垢用汽油擦净，以免多次使用后被油垢粘住，造成接触器断电时不能释放。

(2) 接触器安装时，除特殊订货外，一般应安装在垂直面上，其倾斜角度不得超过5°，应将散热孔放在上下位置，以利降低线圈的温度。

(3) 接触器安装时，应注意不要把零件落入接触器内，以免引起卡阻而烧毁线圈，同时应将螺钉拧紧，以防振动松脱。

(4) 接触器触头应定期清扫和保持整洁，但不允许涂油。当接触器表面因电弧作用形成金属小珠时，应及时铲除，但银及银合金触头表面产生的氧化膜，由于接触电阻很小，可以不必锉修。

第二节 常用电动机的控制与保护

一、常用电动机的控制

(一) 三相异步电动机的正反转控制线路

1. 倒顺开关正反转控制线路(见图7-6)

倒顺开关正反转控制线路是一种较为简单、手动的控制线路。其工作原理如下：合上电源开关QS1，操作倒顺开关QS2：当手柄处于“停”的位置时，QS2的动、静触头不接触，电路不通，电动机不转；当手柄扳到“顺”位置时，QS2的动触头和左边的静触头接触，电路按L1—U，L2—V，L3—W接通，输入电动机定子绕组的电源电压相序为L1—L2—L3，电动机正转；当手柄扳到“倒”的位置时，QS2的动触头和右边的静触头相接触，电路按L1—W，L2—V，L3—U接通，输入电动机定子绕组的电源电

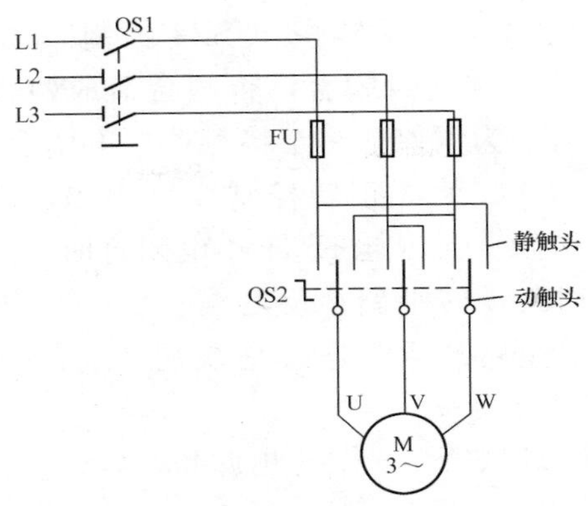

图 7-6　倒顺开关正反转控制线路

压相序为 L3—L2—L1，电动机反转。

当电动机处于正转状态时，要使它反转，应先把手柄扳到“停”的位置，使电动机先停转，然后再把手柄扳到“倒”的位置，使它反转。若直接将手柄由“顺”扳到“倒”的位置，电动机定子绕组中会因电流突然反接而生产很大的反接电流，易使电动机定子绕组因过热而损坏。

2. 接触器联锁的正反转控制线路

图 7-7 所示的接触器联锁的正反转控制线路中，采用了两个接触器，即正转用的接触器 KM1 和反转用的接触器 KM2，它们

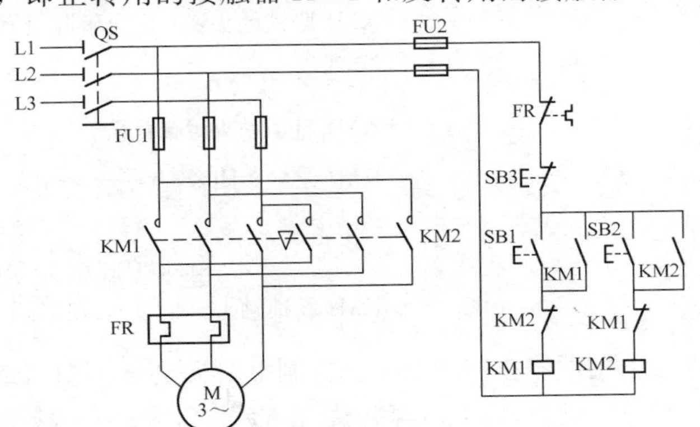

图 7-7　接触器联锁的正反转控制线路

分别由正转按钮 SB1 和反转按钮 SB2 控制。接触器 KM1 和 KM2 的主触头不允许同时闭合，否则会造成两相电源（L1 和 L3 相）短路事故。为了保证一个接触器得电闭合时，另一个接触器不能得电动作，就在正转控制线路中串接了反转接触器 KM2 的动断辅助触头。因此 KM1 得电闭合时，KM1 的动断辅助触头断开，切断反转电路；反之 KM2 闭合，则切断正转电路，从而避免了短路现象。这就是联锁（或称互锁），图中用“▽”表示互锁。

线路的工作原理如下：先合上电源开关 QS。

（1）正转控制：

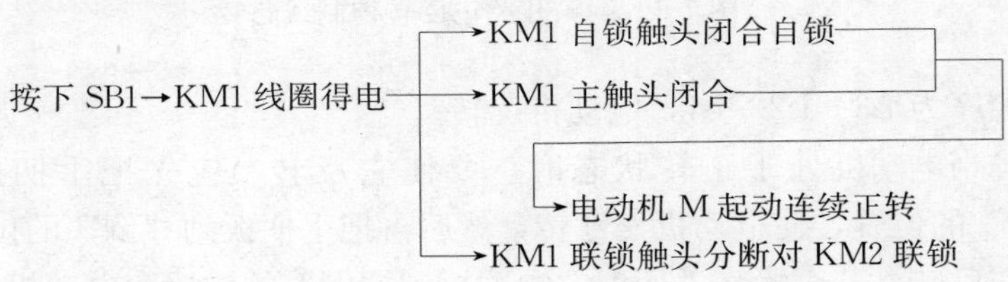

（2）反转控制：

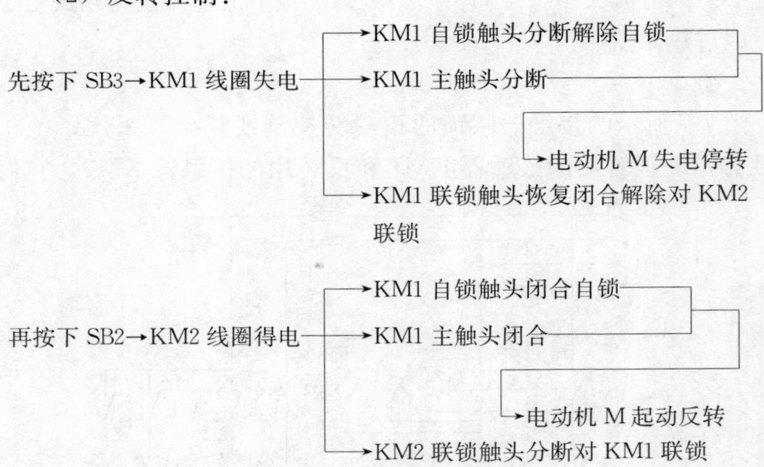

停止时，按下停止按钮 SB3→控制电路失电→KM1（或 KM2）主触头分断→电动机 M 失电停转。

接触器联锁正反转线路中，电动机从正转到反转，必须先按下停止按钮后，才能按反转起动按钮，否则由于接触器的联锁作用，不能实现反转。

3. 按钮联锁正反转控制线路

图 7-8 所示为按钮联锁正反转控制线路，与图 7-7 相比，这里采用了两个复合按钮代替了正、反转按钮 SB1、SB2，并使复合按钮的动断触头代替了接触器的动断联锁触头。其工作原理与接触器联锁正反转线路的工作原理基本相同，只是电动机从正转改为反转时，可直接按下反转按钮 SB2 来实现，不必先按停止按钮。

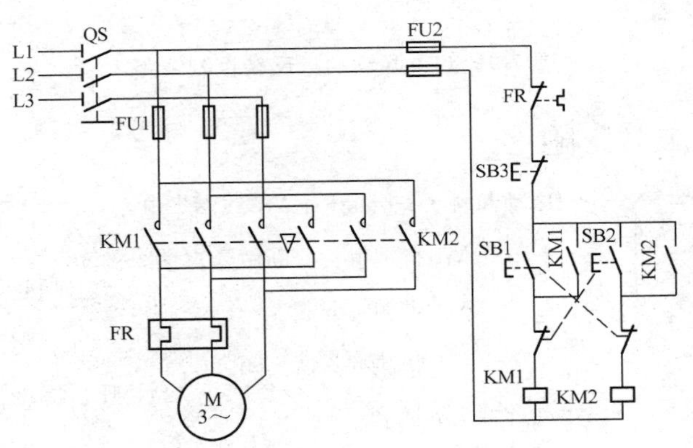

图 7-8　按钮联锁正反转控制线路

4. 按钮、接触器双重联锁的正反转控制线路

图 7-9 所示为双重联锁的正反转控制线路，它是在按钮联锁的基础上又增加了接触器联锁，使线路操作方便，工作更加安全可靠。

（1）正转控制：

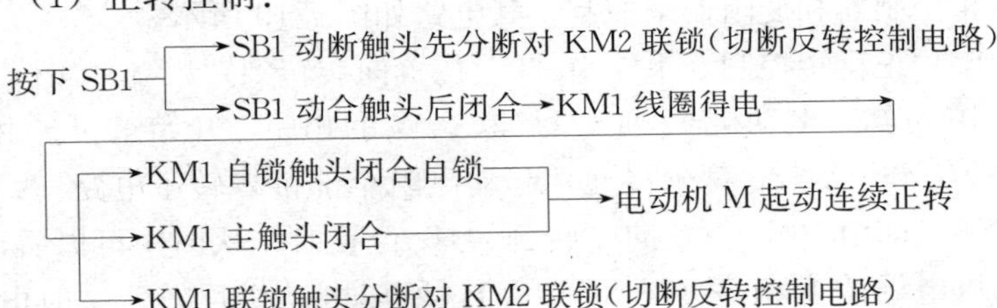

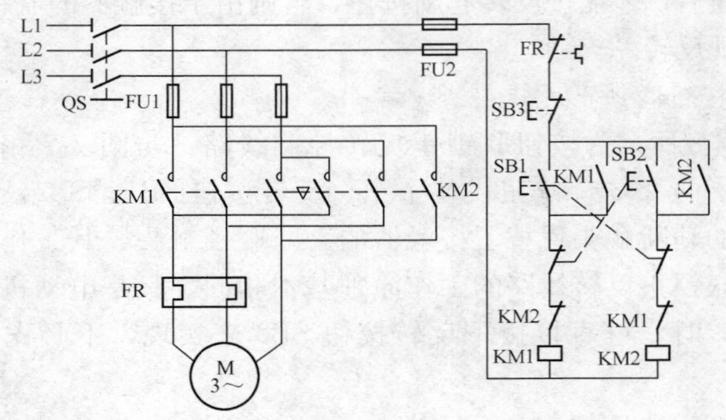

图 7-9 双重联锁的正反转控制线路

(2) 反转控制：

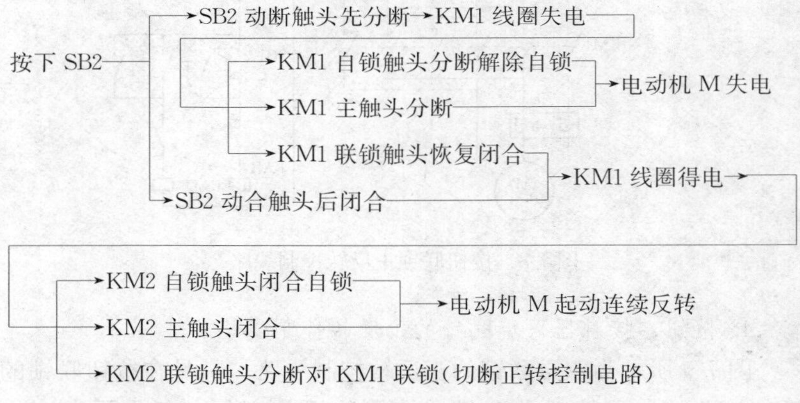

(二) 绕线转子异步电动机正反转及调速控制

绕线转子异步电动机的优点是可以进行调速，实际应用中通常用凸轮控制器和变阻器来控制，其电路如图 7-10 所示。

(1) 正反转控制。手轮由“0”位置向右转到“1”位置时，由图 7-10 可知，电动机 M 通入 U、V、W 的相序，开始正转。由于触头 Z5-Z6…Z1-Z6 都未接通，起动电阻全部接入转子电路。将手轮反转，即由“0”位置向左转到“1”位置时，从图中可以看出，电动机电源改变相序（U、W、V），所以电动机反转，这时电动机的转子回路也串入了全部电阻。

(2) 调速控制。当手轮处于左边“1”的位置或右边“1”的位置（正反转及调速控制线路）时，电动机转动，其电阻是全部串入转子电路的，这时转速最低。若要改变电动机转速，只要将手轮继续向左或右转到“2”、“3”、“4”、“5”位置，触头 Z5-Z6 、Z4-Z6、Z3-Z6、Z2-Z6、Z1-Z6 依次闭合，随着触头的闭合，逐步切除串入电路中的电阻，每切除一部分电阻，电动机转速就相应升高一点，即只要改变手轮的位置，就可控制电动机的转速，从而达到调节电动机转速的目的。

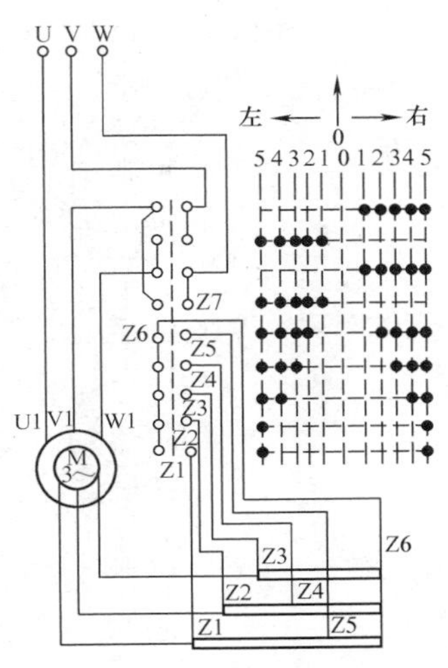

图 7-10　绕线转子异步电动机的正反转及调速控制线路

（三）绕线转子异步电动机自动控制

因为手动控制在实际操作中不方便，也满足不了自动化的要求，所以绕线转子异步电动机目前多采用如图 7-11 所示的自动起动控制电路。

自动控制是随着电动机起动后转速的升高自动地分级切除串接在转子回路中的电阻。实现这种控制有两种方法：①采用时间继电器；②采用电流继电器。图 7-11 所示是采用时间继电器来控制切除电阻的。其动作过程是：按起动按钮 SB1，KM1（1-3）闭合并自保；主触头闭合，R1、R2 全部接入，电动机 M 开始起动；KM1（1-5）触头闭合，KT1 线圈通电，其触头（1-7）延时闭合，KM2 通电，主触头闭合，切除电阻 R1；KM2 通电，（1-9）触头闭合，KT2 通电，延时闭合触头（1-11），KM3 通电，主触头闭合切除电阻 R2，起动结束。

采用起动变阻器起动绕线转子异步电动机，控制系统较复杂，所用电器元件较多，费用较高。

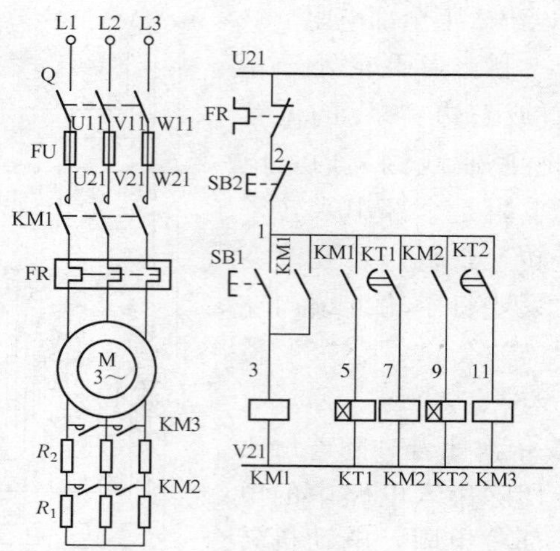

图 7-11　绕线转子异步电动机自动起动控制电路

二、电动机的保护

笼型异步电动机常采用的保护措施有如下 5 种：

（1）短路保护。当电动机发生短路时，短路电流将引起电动机和供电线路的严重损坏，为此必须采用保护措施。通常使用的短路保护装置是熔断器、断路器。熔断器的熔体（熔片或熔丝）是由易熔金属（如铅、锌、锡）及其合金等做成的。当被保护电动机发生短路时，短路电流首先使熔体熔断，从而将被保护电动机的电源切断。用熔断器保护电动机时，可能只有一相熔体熔断而造成电动机断相运行。而用断路器作短路保护则能克服这一缺陷，当发生短路时，瞬时动作的脱扣器使整个开关跳开，三相电源便同时切断。

（2）过电流保护。短时过电流虽然不一定会使电动机的绝缘损坏，但可能会引起电动机发生机械方面的损坏，因此也应予以保护。原则上，短路保护所用装置都可以用作过电流保护，不过对有关参数应适当选择。常用的过电流保护装置是过电流继电器。

（3）过载（热）保护。过载保护的目的是保护电动机绕组工作时不超过允许温升。引起电动机过热的原因很多，如负载过大、三相电动机单相运行、欠电压运行及电动机起动故障造成起动时间过长等。过载保护装置则必须具备反时限特性，即动作时间随过载倍数的增大而迅速减少。为了使过载保护装置能可靠而合理地保护电动机，应尽可能使保护装置与电动机的环境温度一致。为了能准确地反映电动机的发热情况，某些大容量和专用的电动机制造时就在电动机易发热处设置了热电偶、热动开关等温度检测元件，用以配合接触器控制其电源通断。常用的过载保护装置是热继电器和带有热脱扣功能的断路器。

(4) 欠电压保护。正常工作的电动机，由于电源停电而停止转动后，当电源电压恢复时，它可能自行起动，也称自起动。电动机的自起动可能造成人身事故和设备、工件的损坏。为防止电动机自起动，应设置失压保护，通常由电动机的电源接触器兼做失电压保护。

(5) 断相保护。断相保护用于防止电动机断相运行。可用ZDX-1型、DDX-1型电动机断相保护继电器以及其他各种断相保护装置完成对电动机的断相保护。

第三节　数控冲压加工及其编程

冲床属于压力加工机床，主要应用于钣金加工，如冲孔、裁剪和拉深。数控冲床又称为“钣金加工中心”，即任何复杂形状的平面钣金零件都可在数控冲床上完成其所有孔和外形轮廓的冲裁等加工。

一、数控冲床的特点

现代数控冲床均采用液压式，它具有纯机械式冲床无法比拟的优点，被工业界公认为未来钣金柔性加工系统的方向。液压数控冲床具有以下特点：

(1) “恒冲力”加工。一般机械式冲床的冲压力是由小到大，到达顶点时只是一瞬间，无法在全冲程的任何位置都有足够的冲压力。而液压式冲床完全克服了机械式冲床的缺点，建立了液压冲床“恒冲力”的全新概念。

(2) 智能化冲头。液压冲床的冲头具有软冲功能（SOFT-

CUT，即冲头速度可实现快进、缓冲），既能提高劳动生产率，又能改善冲压件质量。所以液压冲床加工时振动小、噪声低，模具寿命长。数控液压冲床的冲压行程长度的调节可由软件编程控制，从而可完成步冲、百叶窗、打泡、攻螺纹等多种成形工序。液压系统中采用了安全阀和减压阀元件，一旦冲压发生超负荷时，能提供瞬间减压及停机保护，避免机床、模具损坏，而且复机简易、快速。

（3）冲裁精度与寿命。液压冲头的滑块与衬套之间存在一层不可压缩的静压油膜，其间隙几乎为零，且不会产生磨损，这就是液压冲床精度高、寿命长的原因所在。

数控液压冲床的机身有桥形框架、O 形框架和 C 形框架等结构。数控液压冲床的冲模一般采用转塔式的安装方式，并具有特定的自动分度装置。每个自动分度模位中的模具均能自行转位，给冲剪加工工艺带来了极大的柔性。数控液压冲床的种类很多，下面以日本生产的 VIPRIS-357Q 型数控冲床为例，介绍数控冲床的结构。

二、数控冲床的结构

VIPRIS-357Q 型数控冲床的结构如图 7-12 所示。

工件夹具固定在横向滑架上，夹紧板料，板料由拖板（*Y* 轴）和横向滑板（*X* 轴）定位在冲头之下，可实现精确的定位冲压。冲床的模具安装在旋转的转塔上，转塔又称模具库，可同时容纳

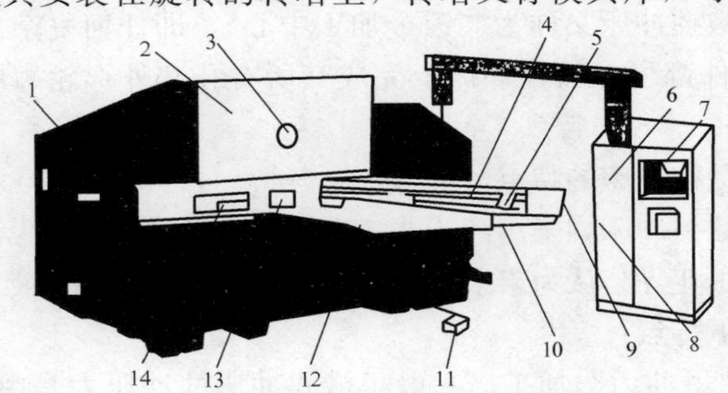

图 7-12　VIPRIS-357Q 型数控冲床的结构

1—控制面板“B”；2—模具平衡装置；3—手柄指示器；4—滑架；5—工件夹具；6—电源指示灯；7—NC 控制柜；8—电源箱；9—控制面板“A”；10—“*X*”轴定位标尺；11—脚踏开关；12—工作台；13—工件夹持器；14—转塔

58 套模具，根据模具的尺寸范围分为 A～J 9 种不同规格工位，以便于不同规格模具的安装。通过程序指令可指定任一工位为当前工位，转盘（T 轴）转动将其送至冲床滑块之下，同时转盘上还有两个由步进电动机单独控制、可自行任意旋转的分度工位（C 轴），在当前工位时可成任意角度进行冲裁。这样，通过程序对 X 轴、Y 轴、T 轴、C 轴的控制，机床就可以实现直线冲压、横向冲压和扭转冲压。

VIPRIS-357Q 型数控液压冲床有以下安全装置，确保机床和操作者的安全：

（1）超程检测装置。该机床的设计可使夹具避免进入上下转盘之间，其特点是使不能冲压的范围减至最小。检测器可以指示夹具的位置，如果夹具有被冲压的危险时，检测器可以使操作中断，同时超程灯亮。

（2）超程保护。如果工作台或输送台超出其最大行程，在其两端的 X、Y 轴的上限位开关将起作用，机床将立即停止，且超行程轴将在 NC 控制面板上出现报警。

（3）超负荷保护（DC 伺服电动机）。如果直流（DC）伺服系统发生故障（过负荷或其他不良作用），在 NC 控制面板上出现报警，机床立即停止。

（4）工具更换门联锁。当模具更换门打开的时候，“TOOL-CHANGE DOOR”（工具更换门）灯亮，机床停止启动，除非门关闭。

（5）分度销和撞针位置的检测。如果撞针不能沿着固定的轨迹移动，或者分度销不能进入上、下转盘分度销孔时，机床将不能冲压。

（6）“X”轴定位器的联锁。当“X”轴定位器升高时，“X”轴定位器的信号灯亮；除非“X”轴定位器降下，否则机床不能起动。

（7）退模失效的检测。如果因为磨损或不恰当的间隙，使“凸模”退缩受阻滞时，退模失效灯（STRIPPING MISS）亮，机床操作停止。

除此以外，还有曲轴超转检测、未夹紧保护、低气压保护等安全装置。

三、数控冲床的操作

下面以 VIPRIS-357Q 型数控冲床为例，介绍数控冲床的操作。

1. 电源的接通

（1）确认 NC 控制柜的前、后门及纸带阅读机门处于正常的关闭状态。

（2）接通连接 NC 控制柜的电源。

（3）按 NC 控制柜操作面板上的 POWER ON 按钮（约 1～2s）。

（4）电源接通数秒后，NC 控制柜的 CRT 应有图像显示。NC 控制柜的操作面板如图 7-13 所示。

（5）确认 NC 控制柜电气箱冷却风扇电动机旋转。

2. 电源切断

（1）确认控制面板“A”上的循环起动按钮指示灯熄灭。

（2）确认机床移动部件停止运动。

（3）确认纸带阅读机开关被设定在释放位置。

（4）按 NC 控制柜操作面板上的 POWER OFF 按钮（约 1～2s）。

（5）切断机床电源。

3. 急停操作

在紧急情况下，按下图 7-13 中的 EMERGENCY STOP（62）（急停）按钮，机床所有运动立即停止。通常该按钮一直被闭锁在停止位置，其释放一般通过按下该按钮并作顺时针旋转来进行。按下急停按钮：电动机电流被切断、控制单元处于复位状态，在按钮释放前要排除故障。按钮释放后用手动操作或用 G28 指令返回参考点。

4. 加工前的准备工作

（1）接通电源，按 NC 控制柜操作面板上的 POWER ON 按钮（1），一个显示将在 CRT 上出现几秒钟，压力电动机起动，灯（17）NC READY 及灯（18）TOP READ CENTER 亮，灯（29）

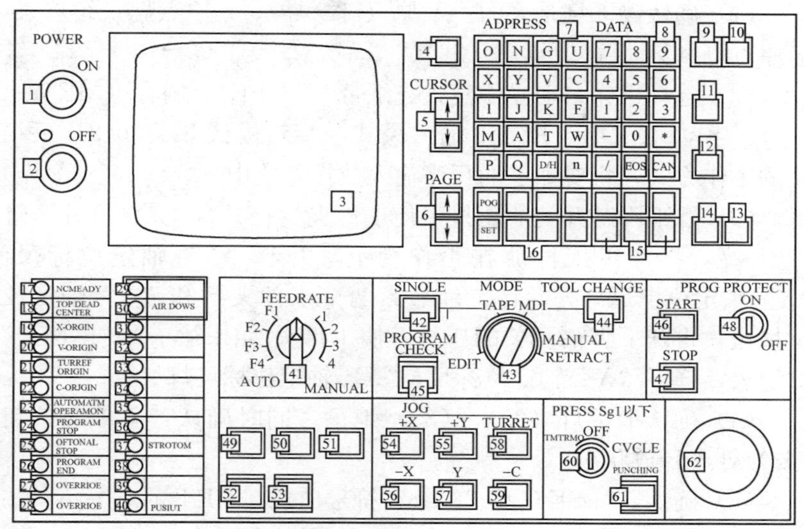

图 7-13　NC 控制柜的操作面板

～(39) 熄灭。

(2) LSK 及 ABS 符号将出现在 CRT 的右下角，将方式选择开关（43）旋转至手动方式（MDI)。

(3) 按 JOG 点动按钮$-X$（58）及$-Y$（59）移动两轴向负方向运动，至少和其原点距离 200mm。

(4) 将方式选择开关（43）旋转至返回方式（RETRACT），按 JOG 点动按钮$+X$（56）及$+Y$（57）直至 X、Y 原点灯（19）及（20）亮，指明它处于原点位置。

(5) 按转盘（TURRET）按钮（60），直至转盘停止在它的原点，转盘原点灯（21）亮。

(6) 当机床配有自动分度装置时，按$+C$ 按钮（61）直至 C 轴停止在它的原点 C，原点灯（22）亮。此时机床为自动操作作好了准备。

5. 数控冲床加工操作顺序

先准备好加工工件的毛坯和加工程序，然后按以下步骤进行操作：

(1) 确认以下灯是亮的：X原点灯(19)、Y原点灯(20)、转盘原点灯(21)、C原点灯(22)。

(2) 选择机床自动操作模式。纸带(TYPE)、内存(MEMORY)、手动(MDI)、RS232输入模式，旋转模式开关(43)至相应的工作方式，将要加工的程序输入数控系统中。

(3) 踩下脚踏开关的压板，使工件夹具打开，“夹具打开”灯(32)亮，将加工工件放在工作台上，升起“X”轴定位标尺，“X”轴定位标尺灯亮，将工件靠紧两个工件夹具和“X”轴定位标尺边，再踩下脚踏开关的压板，使工件夹具闭合，“夹具打开”灯熄灭，降下“X”轴定位标尺，“X”轴定位标尺灯熄灭。

(4) 确认指示灯(29)～(39)熄灭，同时确认“急停”按钮(62)处于释放状态。

(5) 确认，“LSK”及“ABS”符号出现在CRT的右下角。

(6) 按机床“起动”按钮(46)，开始进行加工。

四、数控冲床的编程

不同控制系统的数控冲床，其数控编程指令是不相同的。下面以“GE－FANUC”数控系统为例，介绍数控冲床的加工编程。

数控冲孔加工的编程是指将钣金零件展开成平面图，放入X、Y坐标系的第一象限，对平面图中的各孔系进行坐标计算的过程。

在数控冲床上进行冲孔加工的过程是：零件图→编程→程序制作→输入NC控制柜→按起动按钮→加工。

1. 冲孔加工工艺特点

(1) 一般不要用和缺口同样尺寸的冲模来冲缺口。

(2) 不要用长方形冲模按短边方向进行步冲，因为这样做冲模会因受力不平衡而滑向一边。

(3) 实行步冲时，送进间距应大于冲模宽度的1/2。

(4) 冲压宽度不要小于板厚，并且应禁止用细长模具沿横方向进行冲切。

(5) 同样的模具不要选择两次。

(6) 冲压顺序应从右上角开始，在右上角结束；应从小圆开始，然后是大方孔、切角，翻边和拉深等放在最后。

2. 重要编程指令

（1）G70 定位不冲压。在要求移动工件但不进行冲压时，可在 X、Y 坐标值前写入 G70。

（2）G27 夹爪自动移位。要扩大加工范围时，写入 G27 和 X 方向的移动量。移动量是指夹爪的初始位置和移动后位置的间距。例如：G27X-500.，执行后将使机床发生的动作如图 7-14 所示。

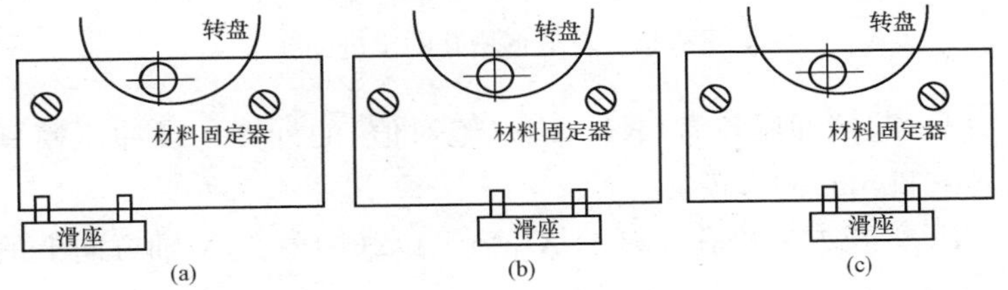

图 7-14　G27 夹爪自动移位

（a）材料固定器压住板材，夹爪松开；

（b）Y2.4：工作台以增量值移动 2.4mm；X－500.：

滑座以增量值移动－500.mm；Y－2.4：工作台以增量值移动－2.4mm；

（c）夹爪闭合，材料固定器上升，释放板材

（3）T 模具号指定。要用的模具在转盘上的模位号，若连续使用相同的模具，一次指令后，下面可以省略，直至不同的模具被指定。

例如：

G92 X1830. Y1270.（机床一次装夹最大加工范围为 1830mm ×1270mm）

G90 X500. Y300. T102［调用 102 号模位上的冲模，在（500，300）位置冲孔］

G91 X50.（增量坐标编程，在 X 方向移动 50mm，用同一冲模冲孔）

X50.（在 X 方向再移动 50mm，用同一冲模冲孔）

G90 X700. Y450. T201［在（700，450）位置，调用 201 号模位上的冲模冲孔］

在最前面的冲压程序中，一定要写入模具号。

3. 各种加工形状的计算方法及编程指令的用法

【例 7-1】 长方形槽孔的步进冲孔加工，如图 7-15 所示。

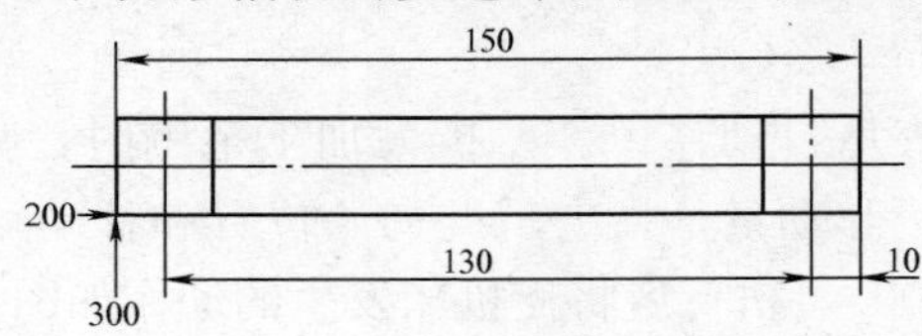

图 7-15 长方形槽孔的步进冲孔

(1) 起始冲压位置(X_o，Y_o)(绝对值)的计算。设冲压模具为 20mm×20mm 的方模。

X_o=(长方形槽孔左端的 X 值)+1/2(冲模在 X 轴方向上的长度)

$X_o=200+20/2=210$(mm)

Y_o=(长方形槽孔下端的 Y 值)+1/2(冲模在 Y 轴方向上的长度)

$Y_o=300+20/2=310$(mm)

(2) 步冲长度(L)=(全长)-(冲模宽度)

$L=150-20=130$(mm)

(3) 步冲次数(N)=(步冲长度 L)/(模具宽度)(注：小数点以下都要进一位)

$N=130/20=6.5\rightarrow 7$(次)

(4)进给间距(P)=(步冲长度 L)/(步冲次数 N)

$P=130/7=18.57$(mm)

冲压程序如下：

G90 X210. Y310. T306[在起始位置(210，310)采用 306 号模位上的冲头冲孔]

G91 X18.57(T306 冲模为 20mm×20mm 的方模冲头，增量编程，步冲 7 次)

X18.57(在以下的程序中，采用简化形式)

X18.57

X18.57

X18.57

X18.57

【例 7-2】 与 X 成一定角度的直线上的孔的冲孔加工，如图 7-16所示。

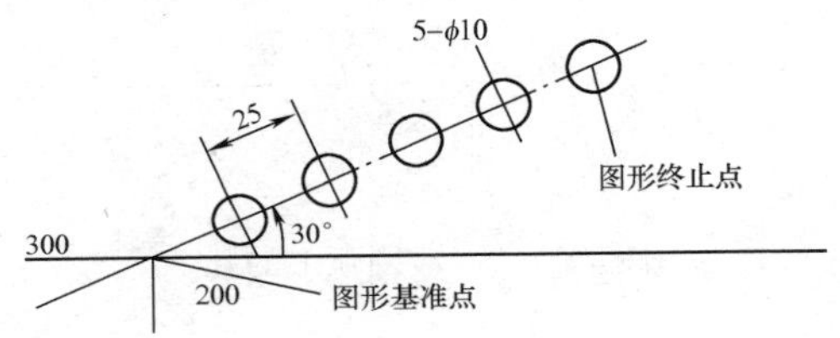

图 7-16　与 X 成一定角度的直线上的孔

指令格式：G28I＿J＿K＿T×××（极坐标编程，以当前位置或 G72 指定的点开始，沿着与 X 轴成 J 角的直线冲制 K 个间距为 I 的孔。）

指令中：I 为间距，如果为负值，则冲压沿中心对称的方向（此中心为图形基准点）进行；J 为角度，逆时针方向为正，顺时针方向为负；K 为冲孔个数，图形的基准点不包括在内。

如图 7-16 所示孔的冲压加工指令为：

G72 G90X300. Y200. ［G72 定义图形基准点（300，200）］

G28 I25. J30. K5 T203 ［极坐标编程，从基准点开始，采用 203 号冲模（ϕ10mm 的圆形冲头）沿着与 X 轴成 30°角的直线冲制 5 个间距为 25mm 的孔］

如果要在图形基准点（300，200）上冲孔，则省去 G72，并将 T203 移到上一条程序，即：

G90 X300. Y200. T203 ［在当前位置（300，200），采用 203 号冲模冲孔］

G28 I25. J30. K5 ［极坐标编程，从当前位置（300，200）开始，沿着与 X 轴成 30°角的直线再冲制 5 个间距为 25mm 的孔，共 6 个孔］

如果将 I25. 改为 I—25.，则冲孔沿 180°对称的反方向进行。

【例 7-3】 一段圆弧上的孔的冲孔加工，如图 7-17 所示。

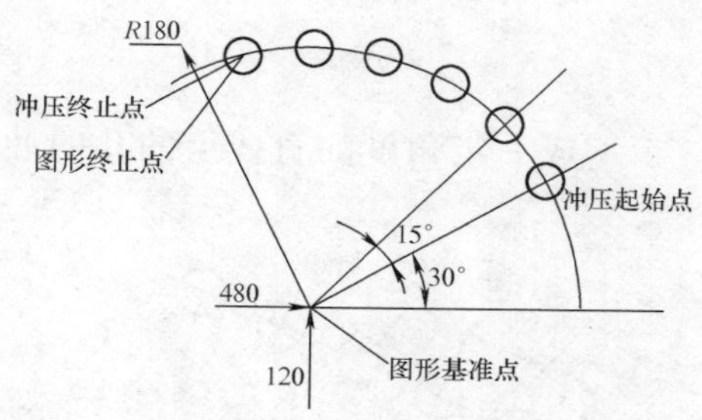

图 7-17　一段圆弧上的孔

指令格式：G29I _ J _ P _ K _ T×××（圆弧极坐标编程，以当前位置或 G72 指定的点为圆心，在半径为 I 的圆弧上，以与 X 轴成角度 J 的点为冲压起始点，冲制 K 个角度间距为 P 的孔）

指令中：I 为圆弧半径，为正数；J 为冲压起始点的角度，逆时针方向为正，顺时针方向为负；P 为角度间距，为正值时按逆时针方向进行，为负值时按顺时针方向进行；K 为冲孔个数。

如图 7-17 所示孔的冲压加工指令为：

G72 G90 X480. Y120. [G72 定义图形基准点（480，120）作为圆心]

G29 I180. J30. P15. K6 T203 [圆弧极坐标编程，以基准点为圆心，采用 203 号冲模（ϕ10mm 的圆形冲头），在半径为 180mm 的圆弧上，以与 X 轴成 30°角的点为冲压起始点，冲击 6 个角度间距为 15°角的孔]

如果要在图形基准点（480，120）冲孔时，则省去 G72，并将 T203 移至上面一条程序。如果将 P15. 改为 P－15.，则从冲孔起始点出发，按顺时针方向进行冲孔。

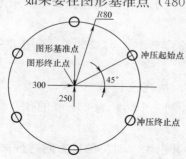

图 7-18　圆周上的螺栓孔

【例 7-4】 圆周上的螺栓孔的冲孔加工，如图 7-18 所示。指令格式：G26I _ J _ K _ T×××（圆周极坐标编程，以当前位置或

G72 指定的点为圆心，在半径为 I 的圆弧上，以与 X 轴成角度 J 的点为冲压起始点，冲制 K 个将圆周等分的孔。）

指令中：I 为圆弧半径，为正数；J 为冲压起始点的角度，逆时针方向为正，顺时针方向为负；K 为冲孔个数。

如图 7-18 所示孔的冲压加工指令为：

G72 G90 X300. Y250. [G72 定义图形基准点（300，250）作为圆心]

G26 I80. J45. K6 T203 [圆周极坐标编程，以基准点为圆心，采用 203 号冲模（ϕ10mm 的圆形冲头）在半径为 80mm 的圆周上，以与 X 轴成 45°角的点为冲压起始点，冲制 16 个将圆周等分的孔]

如果要在图形基准点（300，250）冲孔时，则省去 G72，并将 T203 移至上面一条程序。该图形的终止点和起始点是一致的。

【例 7-5】 排列成格子状的孔的冲孔加工，如图 7-19 所示。

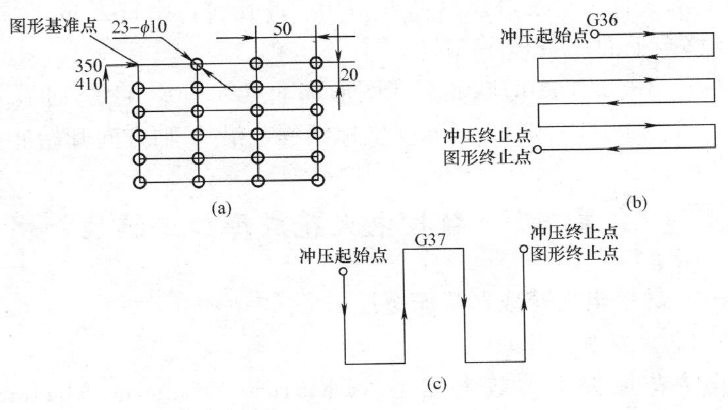

图 7-19　排列成格子状的孔

（a）零件孔位；（b）沿 X 方向冲孔；（c）沿 Y 方向冲孔

指令格式：G36I _ P _ J _ K _ T×××

或 G37I _ P _ J _ K _ T×××（阵列坐标编程，以当前位置或 G72 指定的点为起点，冲制一批排列成格子状的孔。它们在 X 轴方向的间距为 I，个数为 P，它们在 Y 轴方向的间距为 J，个数为 K）G36 沿 X 轴方向开始冲孔，如图 7-19（b）所示；G37 沿 Y 轴方向开始冲孔，如图 7-19（c）所示。

指令中：I 为 X 轴方向的间距，为正时沿 X 轴正方向进行冲压，为负时则相反；P 为 X 轴方向上的冲孔个数，不包括基准点；J 为 Y 轴方向的间距，为正时沿 Y 轴正方向进行冲压，为负时则相反；K 为 Y 轴方向上的冲孔个数，不包括基准点。

如图 7-19（b）的加工指令为：

G72 G90 X350. Y410. [G72 定义图形基准点（350，410）]

G36 I50. P3 J-20. K5 T203（阵列坐标编程，沿 X 轴方向开始冲孔）

如图 7-19（c）的加工指令为：

G72 G90 X350. Y410. [G72 定义图形基准点（350，410）]

G37 I50. P3 J-20. K5 T203(阵列坐标编程，沿 Y 轴方向开始冲孔)

如果要在图形基准点（350，410）冲孔时，则省去 G72，并将 T203 移至上面一条程序，即

G90 X350. Y410. T203 [在图形基准点（350，410）冲孔]

G36 I50. P3J-20. K5（阵列坐标编程，沿 X 轴方向开始冲孔）

第四节　数控电火花成形加工编程

一、数控电火花成形机床概述

1. 电火花加工原理

电火花加工又称放电加工（Electrical Discharge Machining，EDM)，是利用工具电极和工件之间在一定工作介质中产生脉冲放电的电腐蚀作用而进行加工的一种方法。工具电极和工件分别接在脉冲电源的两极，两者之间经常保持一定的放电间隙。工作液具有很高的绝缘强度，多数为煤油、皂化液和去离子水等。当脉冲电源在两极加载一定的电压时，介质在绝缘强度最低处被击穿，在极短的时间内，很小的放电区相继发生放电、热膨胀、抛出金属和消电离等过程。当上述过程不断重复时，就实现了工件的蚀除，以达到对工件的尺寸、形状及表面质量预定的加工要求。加工中工件和电极都

会受到电腐蚀作用，只是两极的蚀除量不同，这种现象成为极性效应。工件接正极的加工方法称为正极性加工，反之称为负极性加工。

电火花加工的质量和加工效率不仅与极性选择有关，还与电规准（即电加工的主要参数，包括脉冲宽度、峰值电流和脉冲间隔等）、工作液、工件、电极的材料、放电间隙等因素有关。

电火花加工具有如下特点：

（1）可以加工难切削材料。由于加工性与材料的硬度无关，所以模具零件可以在淬火以后安排电火花成形加工。

（2）可以加工形状复杂、工艺性差的零件。可以利用简单电极的复合运动加工复杂的型腔、型孔、微细孔、窄槽，甚至弯孔。

（3）电极制造麻烦，加工效率较低。

（4）存在电极损耗，影响质量的因素复杂，加工稳定性差。电火花放电加工按工具电极和工件的相互运动关系的不同，可以分为电火花穿孔成形加工、电火花线切割、电火花磨削、电火花展成加工、电火花表面强化和电火花刻字等。其中，电火花穿孔成形加工和电火花线切割在模具加工中应用最广泛。

2. 电火花成形加工机床的组成

如图 7-20 所示，电火花成形加工机床通常包括床身、立柱、工作台及主轴头等主机部分，液压泵、过滤器、各种控制阀、管道等工作液循环过滤系统，脉冲电源、伺服进给（自动进给调节）系统和其他电气系统等电源箱部分。

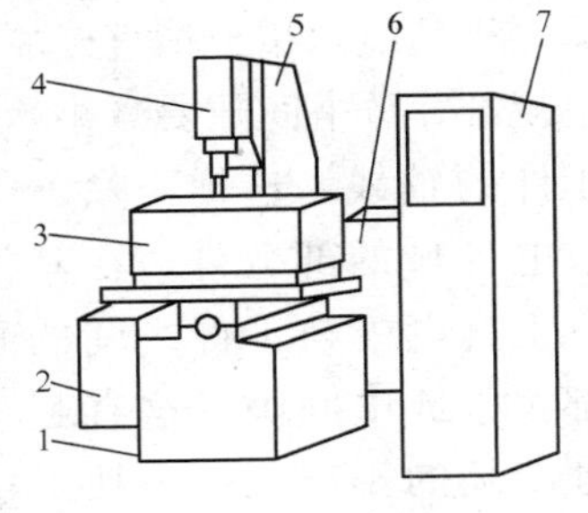

图 7-20　电火花成形加工机床

1—床身；2—过滤器；3—工作台；4—主轴头；5—立柱；6—液压泵；7—电源箱

工作台内容纳工作液，使电极和工件浸泡在工作液里，以起到冷却、排屑、消电离等作用。高性能伺服电动机通过转动纵横向精密滚珠丝杠，移动上下滑板，改变工作台及工件的纵横向位置。

主轴头由步进电动机、直流电动机或交流电动机伺服进给。主轴头的主要附件如下：

（1）可调节工具电极角度的夹头。在加工前，工具电极需要调节到与工件基准面垂直，而且在加工型腔时，还需在水平面内转动一个角度，使工具电极的截面形状与要加工出的工件的型腔预定位置一致。前者的垂直度调节功能，常用球面铰链来实现；后者的水平面内转动功能，靠主轴与工具电极之间的相对转动机构来调节。

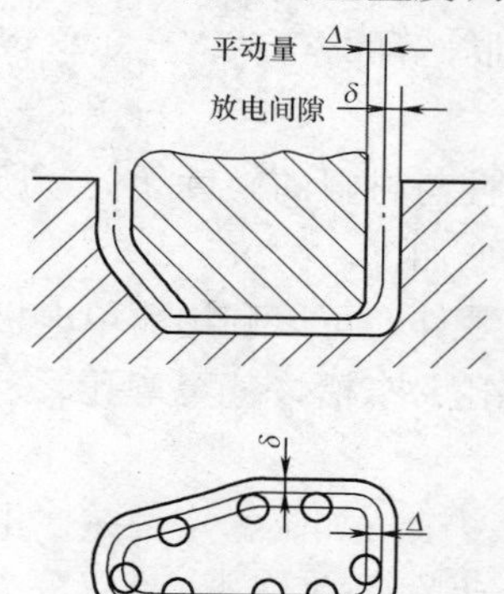

图 7-21　平动加工时电极的运动轨迹

（2）平动头。平动头包括两部分：①由电动机驱动的偏心机构；②平动轨迹保持机构。通过偏心机构和平动轨迹保持机构，平动头将伺服电动机的旋转运动转化成工具电极上每一个质点都在水平面内围绕其原始位置做小圆周运动（见图 7-21），各个小圆的外包络线就形成加工表面，小圆的半径即平动量 Δ 通过调节可由零逐步扩大，δ 为放电间隙。

采用平动头加工的特点是用一个工具电极就能由粗至精直接加工出工件（由粗加工转至精加工时，放电规准、放电间隙要减小）。在加工过程中，工具电极的轴线偏移工件的轴线，这样，除了处于放电区域的部分外，在其他地方工具电极与工件之间的间隙都大于放电间隙，这有利于电蚀产物的排出，提高加工稳定性。但由于平动轨迹半径的存在，因此，无法加工出有清角直角的型腔。

工作液循环过滤系统中，冲油的循环方式比抽油的循环方式更有利于改善加工的稳定性，所以大都采用冲油方式，如图 7-22 所示。电火花成形加

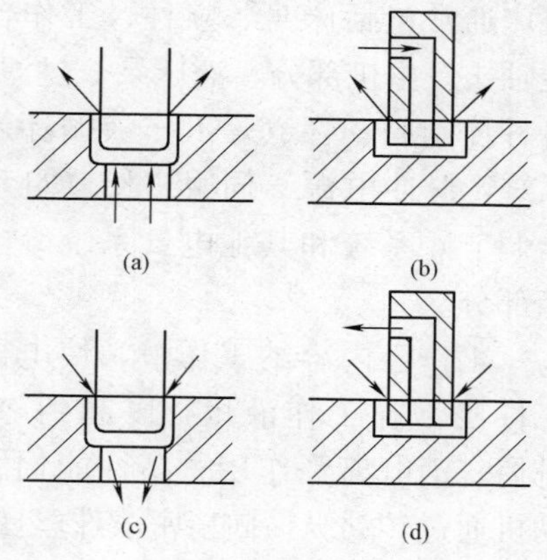

图 7-22　冲、抽油方式

（a）下冲油式；（b）上冲油式；（c）下抽油式；（d）上抽油式

工中随着深度的增加，排屑困难，应使间隙尺寸、脉冲间隔和冲液流量加大。

脉冲电源的作用，是把工频交流电流转换成一定频率的单向脉冲电流。脉冲电源的电参数包括脉冲宽度、脉冲间隔、脉冲频率、峰值电流、开路电压等。

（1）脉冲宽度是指脉冲电流的持续时间。在其他加工条件相同的情况下，蚀除速度随着脉冲宽度的增加而增加，但电蚀物也随之增加。

（2）脉冲间隔是指相邻两个脉冲之间的间隔时间。在其他条件不变的情况下，减少脉冲间隔相当于提高脉冲频率，增加单位时间内的放电次数，使蚀除速度提高。但脉冲间隔减少到一定程度之后，电蚀物不能及时排除，工具电极与工件之间的绝缘强度来不及恢复，将破坏加工的稳定性。

（3）峰值电流是指放电电流的最大值，它影响单个脉冲能量的大小。增大峰值电流将提高速度。

（4）开路电压。如果想增加工具电极与工件之间的加工间隙，可以通过提高开路电压来实现。加工间隙增大，会使排屑容易；如果工具电极与工件之间的加工间隙不变，则开路电压的提高会使峰值电流提高。

伺服进给（自动进给调节）系统的作用是自动调节进给速度，使进给速度接近并等于蚀除速度，以保证在加工中具有正确的放电间隙，使电火花加工能够正常进行。

3. 电火花成形加工的控制参数

控制参数可分为离线参数和在线参数。离线参数是在加工前设定的，加工中基本不再调节，如放电电流、开路电压、脉冲宽度、电极材料、极性等；在线参数是加工中常需调节的参数，如进给速度（伺服进给参考电压）、脉冲间隔、冲油压力与冲油油量、抬刀运动等。

（1）离线控制参数。虽然这类参数通常在加工前预先选定，加工中基本不变，但在下列一些特定的场合，它们还是需要在加工中改变。

1）加工起始阶段。这时的实际放电面积由小变大，过程扰动较大，因此，先采用比预定规准较小的放电电流，以使过渡过程比较平稳，等稳定几秒钟后再把放电电流调到设定值。

2）加工深型腔。通常开始时加工面积较小，所以，放电电流必须选较小值，然后随着加工深度（加工面积）的增加而逐渐增大电流，直至达到为了满足表面粗糙度，侧面间隙所要求的电流值。另外，随着加工深度、加工面积的增加，或者被加工型腔复杂程度的增加，都不利于电蚀产物的排出，不仅降低加工速度，而且影响加工稳定性，严重时将造成拉弧。为改善排屑条件，提高加工速度和防止拉弧，常采用强迫冲油和工具电极定时抬刀等措施。

3）补救过程扰动。加工中一旦发生严重干扰，往往很难摆脱。例如，当拉弧引起电极上的结碳沉积后，放电就很容易集中在积碳点上，从而加剧了拉弧状态，为摆脱这种状态，需要把放电电流减少一段时间，有时还要改变极性，以消除积碳层，直到拉弧倾向消失，才能恢复原规准加工。

（2）在线控制参数。它们对表面粗糙度和侧面间隙的影响不大，主要影响加工速度和工具电极相对损耗速度。

1）伺服参考电压。伺服参考电压与平均端面间隙呈一定的比例关系，这一参数对加工速度和工具电极相对损耗的影响很大。一般来说，其最佳值并不正好对应于加工速度的最佳值，而是应当使间隙稍微偏大些。因为小间隙不但引起工具电极相对损耗加大，还容易造成短路和拉弧，而稍微偏大的间隙在加工中比较安全（在加工起始阶段更为必要），工具电极相对损耗也较小。

2）脉冲间隔。过小的脉冲间隔会引起拉弧。只要能保证进给稳定和不拉弧，原则上可选取尽量小的脉冲间隔，当脉冲间隔减小时，加工速度提高，工具电极相对损耗比减小。但在加工起始阶段应取较大值。

3）冲液流量。只要能使加工稳定，保证必要的排屑条件，应使冲液流量尽量小，因为电极损耗随冲液流量（压力）的增加而增加。

4）伺服抬刀运动。抬刀意味着时间损失，因此，只有在正常冲液不够时才使用这种方法，而且要尽量缩短电极上抬刀和加工的时间比。

二、电火花成形加工的工艺规律

电火花加工是把电能瞬时转换成热能，通过熔化和气化来去除金属，与切削加工的原理、规律完全不同。只有了解和掌握电火花加工中的基本工艺规律，才能针对不同工件材料正确地选用合适的工具电极材料；只有合理地选择粗、中、精加工的控制参数，才能充分发挥电火花机床的作用。在此主要就电火花加工时影响工件的加工速度和工具电极的损耗速度、工件加工精度、工件表面质量的因素进行说明。

1. 影响工件的加工速度、工具电极的损耗速度的主要因素

电火花加工时工件和工具同时遭到不同程度的电蚀。单位时间内工件的电蚀量称为加工速度，即生产率：单位时间内工具的电蚀量称为损耗速度。它们是一个问题的两个方面。在生产实际中，衡量工具电极是否耐损耗，不只看工具损耗速度，还要看同时能达到的加工速度，因此，采用工具电极相对损耗速度或称相对损耗比（工具损耗速度与加工速度之比）作为衡量工具电极耐损耗的指标。

（1）极性效应的影响。产生极性效应的原因是正、负电极表面分别受到负电子和正离子的轰击和瞬时热源的作用，在两极表面所分配到的能量不一样，因而熔化、气化抛出的电蚀量也就不一样。电子的质量和惯性较小，容易获得很高的速度和加速度，在击穿放电的初始阶段就有大量的电子奔向正极，把能量传递给正极表面，使正极材料迅速熔化和气化；而正离子由于质量和惯性较大，启动和加速较慢，在击穿放电的初始阶段只有小部分正离子来得及到达负极表面并传递能量。所以在用短脉冲加工时，正极材料的蚀除速度大于负极材料的蚀除速度，这时工件应接正极；当采用长脉冲加工时，质量和惯性大的正离子将有足够的时间加速，到达并轰击负极表面，由于正离子的质量大，对负极表面的轰击破坏作用强，故采用长脉冲时负极的蚀除速度要比正极大，工件应接负极。

（2）工具电极材料的影响。耐蚀性高的电极材料有钨、钼、铜钨合金、银钨合金、纯铜及石墨电极等。钨、钼的熔点和沸点都较

高，损耗小，但其机械加工性能不好，价格又贵，所以除线切割加工采用钨、钼丝外，其他场合很少采用。铜钨、银钨合金等复合材料，熔点高，并且导热性好，因而电极损耗小，但也由于成本高且机械加工比较困难，一般只在少数的超精密电火花加工中采用。故常用的工具电极材料是纯铜和石墨，这两种材料在宽脉冲粗加工时都能实现低损耗。

铜的熔点虽然低，但其导热性好，会使电极表面保持较低温度从而减少损耗。纯铜有如下优点：①不易产生电弧，在较困难的条件下也能实现稳定加工；②精加工时比石墨电极损耗小；③易于加工成精密、微细的花纹，采用精微加工能达到优于 $Ra1.25\mu m$ 的表面粗糙度；④用过的电极经锻造后还可加工为其他形状的电极，材料利用率高。纯铜的缺点是机械加工性能不如石墨好。

石墨电极的优点是：①机械加工成形容易（但不易做成精密、微细的花纹）；②电火花加工的性能也很好，在长脉冲粗加工时能吸附游离的碳来补偿电极的损耗。因此，目前石墨电极广泛用做型腔粗加工的电极。石墨电极缺点是容易产生电弧烧伤现象，所以，在加工时应配有短路快速切断装置；精加工时电极损耗较大，加工表面只能达到 $Ra2.5\mu m$。对石墨电极材料的要求是颗粒小、组织细密、强度高和导电性好。单向加压烧结的石墨有方向性，与加压方向垂直的表面较致密，耐蚀性能较均匀，宜作为工具电极的加工表面。目前已有在 3 个方向等强度加压烧结的高性能石墨，它各向同性、均匀细密，加工中任何方向的表面不会脱层、剥落，在制造重要的模具时应选购这类优质石墨作工具电极。

（3）电参数的影响。无论工具电极是正是负，都存在单个脉冲的蚀除量与单个脉冲的能量在一定范围内成正比的关系，某一段时间内的总蚀除量等于这段时间内各单个脉冲蚀除量的总和，故正、负极的蚀除速度与单个脉冲能量、脉冲频率成正比。所以提高电蚀量和生产率的途径在于：①通过减小脉冲间隔，提高脉冲频率；②通过增加放电电流及脉冲宽度，增加单个脉冲能量。

实际生产时要考虑到这些因素之间的相互制约关系和对其他工艺指标的影响。例如，脉冲间隔时间过短，会使加工区的工作液来不及消电离、排除电蚀产物及气泡，形成破坏性的电弧放电；如果加工面积较小，而采用的加工电流较大，会使局部电蚀产物浓度过高，并且放电后的余热来不及扩散而积累起来，造成过热，容易形成电弧，破坏加工的稳定性；增加单个脉冲能量，会恶化加工表面质量，降低加工精度。因此，电火花加工一般只用于粗加工和半精加工的场合，在精加工中为降低表面粗糙度则需要显著降低加工速度。

粗加工时，主要按蚀除速度和电极损耗比来考虑脉宽与峰值电流；精加工时，主要按表面粗糙度来考虑。长脉宽的粗加工时，脉冲间隔的选择取脉宽的1/5～1/10；短脉宽的精加工时，取脉宽的2～5倍。

2. 影响工件加工精度的主要因素

（1）放电间隙的大小。电火花加工时，工具电极的凹角与尖角很难精确地复制在工件上，因为在棱角部位电场分布不均，间隙越大，这种现象越严重。当工具电极为凹角时，工件上对应的尖角处由于放电蚀除的概率大、容易遭受腐蚀而成为圆角：当工具电极为尖角时，由于放电间隙的等距性，工件上只能加工出以尖角顶点为圆心、以放电间隙值为半径的圆弧，并且工具上的尖角本身也因尖端放电蚀除的概率大而容易耗损成圆角。

为了减少加工误差，应该采用较弱的加工规准，缩小放电间隙。精加工由于采用高频脉冲（即窄脉宽），放电间隙小，从而提高了仿形的精度，可获得圆角半径小于0.01mm的尖棱。精加工的单面放电间隙一般只有0.01～0.03mm，粗加工时则为0.5mm左右。

（2）工具电极的损耗。假设工具电极从上往下做进给运动，工具电极下端由于加工时间长，所以绝对损耗较上端大。另外，在型腔入口处由于电蚀产物的存在而容易产生二次放电（由于已加工表面与电极的空隙中进入电蚀产物而再次进行非必要的放电），结果是在加工深度方向上产生斜度，上宽下窄，俗称喇叭口。

为了减少加工误差，需要对工具电极各部分的损耗情况进行预测，然后对工具电极的形状和尺寸进行补偿修正。

3. 影响工件表面质量的主要因素

电火花加工的表面和机械加工的表面不同，它是由无方向性的无数小坑和硬凸边所组成，特别有利于保存润滑油；而机械加工表面则存在着切削或磨削刀痕，具有方向性。两者相比，电火花加工表面的润滑性能和耐磨损性能均比机械加工的表面好。电火花加工的表面质量主要包括表面粗糙度和表面力学性能。

(1) 表面粗糙度。对表面粗糙度影响最大的是单个脉冲能量。单个脉冲能量大，则每次脉冲放电的蚀除量也大，放电凹坑既大又深，从而使表面粗糙度恶化。

电火花加工的表面粗糙度可以分为底面粗糙度和侧面粗糙度。侧面粗糙度由于有二次放电的修光作用，往往要稍好于底面粗糙度。用平动头或数控摇动工艺能进一步修光侧面。

平动是利用平动头使工具电极逐步向外运动，而摇动是通过数控工作台两轴或三轴联动而使工件逐步向外运动。摇动加工与平动相同的特点是可以修光型腔侧面和底面的表面粗糙度 Ra 到 0.8～0.2μm，变全面加工为局部面积加工，有利于排屑和稳定加工；与平动不同的是，摇动模式除了小圆轨迹运动外，还有方形、棱形、叉形、十字形运动，尤其是可以做到尖角处的清根。通过数控摇动可以加工出清棱、清角的侧壁和底边。近年来出现了数控平动头系统，能够完成与数控摇动相同的加工。

工件材料对加工表面的粗糙度也有影响。熔点高的工件材料(如硬质合金)，单脉冲形成的凹坑较小，在相同能量下加工，其表面粗糙度要比熔点低的工件材料（如钢）好。当然，其加工速度也相应下降。

工具电极的表面粗糙度也影响到加工表面的粗糙度。由于加工石墨电极时很难得到非常光滑的表面，因此，与纯铜电极相比，用石墨电极加工出的工件表面粗糙度较差，所以石墨电极只用于粗加工。

另外，在实践中发现，即使单脉冲能量很小，但在电极面积较大时，表面粗糙度也差。主要因为在煤油工作液中的工具和工件相当于电容器的两个极，当小能量的单个脉冲到达工具和工件时，电能被此电容“吸收”，只起“充电”作用而不会引起火花放电。只有当经过多个脉冲充电到较高的电压、积累了较多的电能后，才能引起击穿放电，打出较大的放电凹坑。这种由于加工面积较大而引起表面质量恶化的现象，称为“电容效应”。近年来出现了“混粉加工”新工艺，可以较大面积地加工出 Ra 达 0.1～0.05μm 的表面。其办法是在工作液中混入硅或铝等导电微粉，使工作液的电阻率降低，而且，从工具到工件表面的放电通道被微粉颗粒分割，形成多个小的火花放电通道，到达工件表面的脉冲能量被“分散”得很小，相应的放电痕就小，可以获得大面积的光整表面。

（2）表面力学性能。电火花加工过程中，在火花放电的瞬时高温高压，以及工作液的快速冷却作用下，材料的表面层发生了很大的变化。工件的表面变质层分为熔化凝固层和热影响层。

熔化凝固层位于表面最上层，是表层金属被放电时的瞬间高温熔化后大部分抛出，小部分滞留下来，并受工作液快速冷却而凝固形成的。显微裂纹一般在熔化凝固层内出现。由于熔化凝固层和基体的接合不牢固，容易剥落而加快磨损。

热影响层位于熔化凝固层与基体之间。热影响层的金属材料并没有熔化，只是受到高温的影响，使材料的金相组织发生了变化。对淬火钢，热影响层包括再淬火区、高温回火区和低温回火区，在淬火区的硬度稍高或接近于基体硬度，回火区的硬度则比基体材料低；对未淬火钢，热影响区主要为淬火区，热影响层的硬度比基体材料高。

电火花表面由于瞬间的先热胀后冷缩，因此加工后的表面存在残余拉应力，使抗疲劳强度减弱，比机械加工表面低了许多。采用回火热处理来降低残余拉应力，或进行喷丸处理把残余拉应力转化为压应力，能够提高其耐疲劳性能。另外，试验表明，当表面粗糙度 Ra 达到 0.32μm 时，电火花加工表面的耐疲劳性能与机械加工表面相近。这是因为电火花精微加工所使用的加工规准很小，熔化凝固层和热影响层均非常薄，不出现微裂纹，而且表面的残留拉应力也较小。

三、电火花加工用电极的设计与制造

电火花型腔加工是电火花成形加工的主要应用形式。具有如下一些特点：①型腔形状复杂、精度要求高、表面粗糙度低；②型腔加工一般属于盲孔加工，工作液循环和电蚀物排除都比较困难，电极的损耗不能靠进给补偿；③加工面积变化较大，加工过程中电规准的调节范围大，电极损耗不均匀，对精加工影响大。

1. 型腔电火花加工的工艺方法

常用的加工方法有单电极平动法、多电极更换法和分解电极加工法等。

（1）单电极平动法是使用一个电极完成型腔的粗加工、半精加工和精加工。加工时依照先粗后精的顺序改变电规准，同时加大电极的平动量，以补偿前后两个加工规准之间的放电间隙差和表面误差，实现型腔侧向仿形，完成整个型腔的加工。

单电极平动法加工只需一个电极，一次装夹，便可达到较高的加工精度；同时，由于平动头改善了工作液的供给及排屑条件，使电极损耗均匀，加工过程稳定。缺点是不能免除平动本身造成的几何形状误差，难以获得高精度，特别是难以加工出清棱、清角的型腔。

（2）多电极更换法是使用多个形状相似、尺寸有差异的电极依次更换来加工同一个型腔。每个电极都对型腔的全部被加工表面进行加工，但采用不同的电规准，各个电极的尺寸需根据所对应的电规准和放电间隙确定。由此可见，多电极更换法是利用工具电极的尺寸差异，逐次加工掉上一次加工的间隙和修整其放电痕迹。

多电极更换法一般用 2 个电极进行粗、精加工即可满足要求，只有当精度和表面质量要求都很高时才用 3 个或更多电极。多电极更换法加工型腔的仿形精度高，尤其适用于多尖角、多窄缝等精密型腔和多型腔模具的加工。这种方法加工精度高、加工质量好，但它要求多个电极的尺寸一致性好，制造精度高，更换电极时要求保证一定的重复定位精度。

（3）分解电极法是单电极平动法和多电极更换法的综合应用。它是根据型腔的几何形状把电极分成主、副电极分别制造。先用主电极加工型腔的主体，后用副电极加工型腔的尖角、窄缝等。加工精度高、灵活性强，适用于复杂模具型腔的加工。

2. 型腔电极的设计

型腔电极设计的主要内容是选择电极材料，确定结构形式和尺寸等。

型腔电极尺寸根据所加工型腔的大小与加工方式、放电间隙和电极损耗决定。当采用单电极平动法时，其电极尺寸的计算方法如下。

（1）电极的水平尺寸。型腔电极的水平尺寸是指电极与机床主轴轴线相垂直的断面尺寸，如图 7-23 所示。考虑到平动头的偏心量可以调整，可用式（7-1）确定电极水平尺寸

$$G = A \pm k \times b$$

$$b = \delta + H_{max} - h_{max} \tag{7-1}$$

式中　G——电极水平方向尺寸；

A——型腔的基本尺寸；

k——与型腔尺寸标注有关的系数；

b——电极单边缩放量；

δ——粗规准加工的单面脉冲放电间隙；

H_{max}——粗规准加工时表面粗糙度的最大值；

h_{max}——精规准加工时表面粗糙度的最大值。

1）式（7-1）中“±”号的选取原则是：电极凹入部分的尺寸应放大，取“+”号；电极凸出部分的尺寸（对应型腔凹入部分）应缩小，取“－”号。

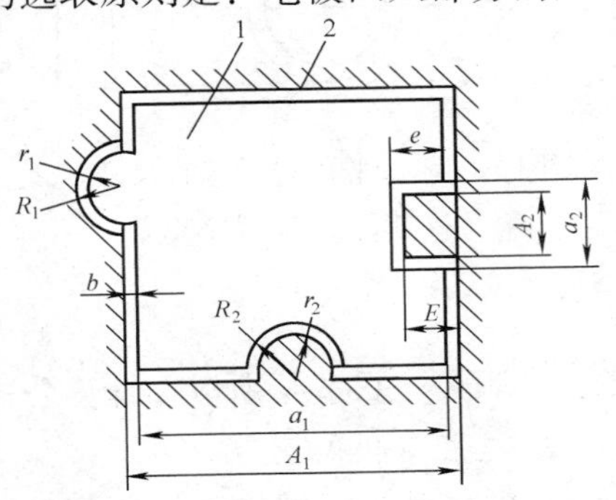

图 7-23　型腔电极的水平尺寸

1—型腔电极；2—型腔

2）式（7-2）中 k 值按下述原则确定：当型腔尺寸两端以加工面为尺寸界线时，蚀除方向相反，取 $k=2$，如图 7-23 所示中的 A_1、A_2；当蚀除方向相同时，取 $k=1$，

如图 7-23 所示的 E；当型腔尺寸以中心线之间的位置及角度为尺寸界线时，取 $k=0$，如图 7-23 所示的 R_1、R_2 圆心位置。

(2) 电极垂直尺寸。型腔电极的垂直尺寸是指电极与机床主轴轴线相平行的尺寸，如图7-24所示。

型腔电极在垂直方向的有效工作尺寸 H_1 用式 (7-2) 确定

$$H_1 = H_0 + C_1 H_0 + C_2 S - \delta \tag{7-2}$$

式中 H_1——型腔的垂直尺寸；

C_1——粗规准加工时电极端面的相对损耗率，其值一般小于 1%，$C_1 H_0$ 只适用于未进行预加工的型腔；

C_2——中、精规准加工时电极端面的相对损耗率，其值一般为 20%～25%；

S——中、精规准加工时端面总的进给量，一般为 0.4～0.5mm；

δ——最后一挡精规准加工时端面的放电间隙，可忽略不计。

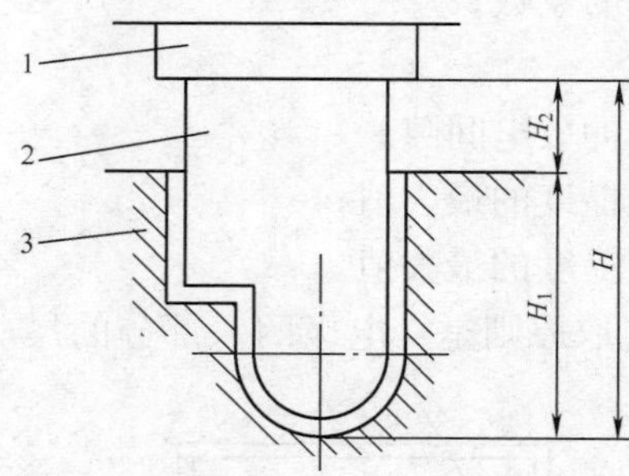

图 7-24 型腔电极的垂直尺寸

1—电极固定板；2—型腔电极；3—工件

用式 (7-2) 计算型腔的电极垂直尺寸后，还应考虑电极重复使用造成的垂直尺寸损耗，以及加工结束时电极固定板与工件之间应有一定的距离，以便于工件装夹和冲液等。所以，型腔电极的垂直尺寸还应增加一个高度 H_2，型腔电极在垂直方向的总高度为 $H = H_1 + H_2$。而实际生产时，由于考虑到 H_2 的数值远大于 $(C_1 H_0 + C_2 S)$，所以，计算公式可简化为 $H = H_0 + H_2$。

3. 型腔电极的制造

石墨材料的机械加工性能好，机械加工后修整、抛光都很容易。因此，目前主要采用机械加工法。因加工石墨时粉尘较多，最好采用湿式加工（把石墨先在机油中浸泡）。另外，也可采用数控切削、振动加工成形和等离子喷涂等新工艺。

纯铜电极主要采用机械加工方法，还可采用线切割、电铸、挤压成形和放电成形，并辅之以钳工修光。线切割法特别适于异形截面或薄片电极；对型腔形状复杂、图案精细的纯铜电极，也可以用电铸的方法制造；挤压成形和放电成形加工工艺比较复杂，适用于同品种大批量电极的制造。

四、工件和电极的装夹与定位

1. 工件的准备

电火花加工前，工件的型腔部分最好加工出预孔，并留适当的电火花加工余量，余量的大小应能补偿电火花加工的定位、找正误差及机械加工误差。一般情况下，单边余量以 0.3～1.5mm 为宜，并力求均匀。对形状复杂的型孔，余量要适当加大。

在电火花加工前，必须对工件进行除锈、去磁，以免在加工过程中造成工件吸附铁屑，拉弧烧伤，影响成形表面的加工质量。

2. 工具电极工艺基准的校正

电火花加工中，主轴伺服进给是沿着 Z 轴进行，因此工具电极的工艺基准必须平行于机床主轴头的轴线。为达到目的，可采用如下方法：

（1）让工具电极柄部的定位面与工具电极的成形部位使用同一工艺基准。这样可以将电极柄直接固定在主轴头的定位元件（垂直V形体和自动定心夹头可以定位圆柱电极柄，圆锥孔可以定位锥柄工具电极）上，工具电极自然找正。

（2）对于无柄的工具电极，让工具电极的水平定位面与其成形部位使用同一工艺基准。电火花成形机床的主轴头（或平动头）都有水平基准面，将工具电极的水平定位面贴置于主轴头（或平动头）的水平基准面，工具电极即实现自然找正。

（3）如果因某种原因，工具电极的柄部、工具电极的水平面均未与工具电极的成形部位采用同一工艺基准，那么无论采用垂直定位元件还是采用水平基准面，都不能获得自然的工艺基准找正，这

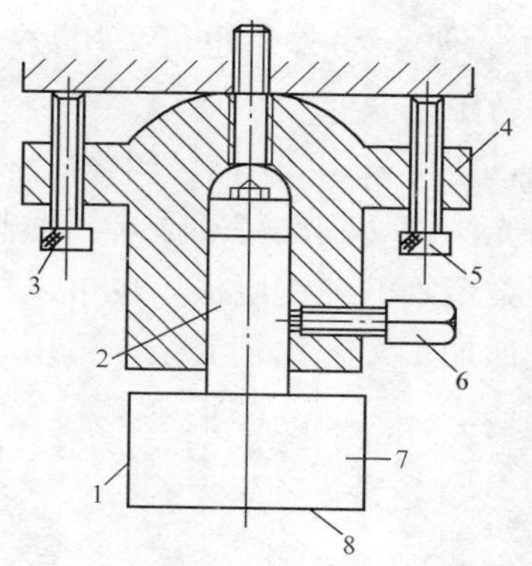

图 7-25　人工校正时工具电极的吊装装置

1—垂直基准面；2—电极柄；3、5—调节螺钉；4—万向装置；6—固定螺钉；7—工具电极；8—水平基准面

种情况下，必须采取人工找正。此时，需要具备如下条件：①要求工具电极的吊装装置上配备具有一定调节量的万向装置（如图 7-25 所示），万向装置上有可供方便调节的环节（例如图中的调节螺钉）；②要求工具电极上有垂直基准面或水平基准面。找正操作时，将千分表或百分表顶在工具电极的工艺基准面上，通过移动坐标（如果是找正垂直基准就移动 Z 坐标，如果是找正水平基准就移动 X 和 Y 坐标），观察表上读数的变化估测误差值，不断调节万向装置的方向来补偿误差，直到找正为止。

3. 工具电极与工件的找正

工具电极和工件的工艺基准校正以后（在安装工件时应使工件的工艺基准面与工作台平行，即工件坐标系中的 X、Y 向与机床坐标系的 X、Y 向一致），需将工具电极和工件的相对位置找正（对正），方能在工件上加工出位置正确的型孔。对正作业是在 X、Y 和 C 坐标 3 个方向上完成的。C 向的转动是为了调整工具电极的 X 和 Y 向基准与工件的 X 和 Y 向基准之间的角度误差。

20 世纪 80 年代以来生产的大多数电火花成形机床，其伺服进给（自动进给调节）系统具有“撞刀保护”或称接触感知功能，即当工具电极接触到工件后能自动迅速回返形成开路。借助于此类撞刀保护功能，可以找正工具电极和工件的相对位置。找正、接触感知时应采用较小的电规准或较低的电压（10V 左右），以免对刀时产生很大的电火花而把工件、电极的表面打毛。用 10V 左右的找正电压完全可以避免约 100V 的电火花腐蚀所导致的型孔损伤。

五、数控电火花成形加工编程

目前生产的数控电火花成形机床，有单轴（Z 轴）数控、三轴

（X、Y、Z轴）数控和四轴（X、Y、Z、C轴）数控。如果在工作台上加双轴数控回转台附件（A、B轴），这样就成为六轴数控机床了，此类数控机床可以实现近年来出现的用简单电极（如杆状电极）展成法来加工复杂表面。它靠转动的工具电极（转动可以使电极损耗均匀和促进排屑）和工件间的数控运动及正确的编程来实现，不必制造复杂的工具电极，就可以加工复杂的工件，大大缩短了生产周期和展示出数控技术的“柔性”能力。

计算机辅助电火花雕刻就是利用电火花展成法进行的，它可以在金属材料上加工出各种精美、复杂的图案和文字。电火花雕刻机的电极比较细小，因此其长度要尽量短，以保证具有足够的刚度，使其在加工过程中不致弯曲。电火花雕刻的关键在于计算机辅助雕刻编程系统，它由图形文字输入、图形文字库管理、图形文字矢量化、加工路径优化、数控文件生成、数控文件传输等子模块组成。

1. 数控电火花成形加工的编程特点

摇动加工的编程代码，各厂商均有自己的规定。如以LN代表摇动加工，LN后面的3位数字则分别表示摇动加工的伺服方式、摇动运动的所在平面、摇动轨迹的形状；以STEP代表摇动幅度，以STEP后面的数字表示摇动幅度的大小。

2. 数控电火花成形加工的编程实例

【例7-6】 加工如图7-26所示的零件，加工程序如下：

G90 G11F200（绝对坐标编程，半固定轴模式，进给速度200mm/min）

M88 M80（快速补充工作液，令工作液流动）

E9904（电规准采用E9904）

M84（脉冲电源开）

G01 Z-20.0（直线插补至 $Z=-20.0$mm）

M85（脉冲电源关）

G13 X5（横向伺服运动，采用 X 方向第五挡速度）

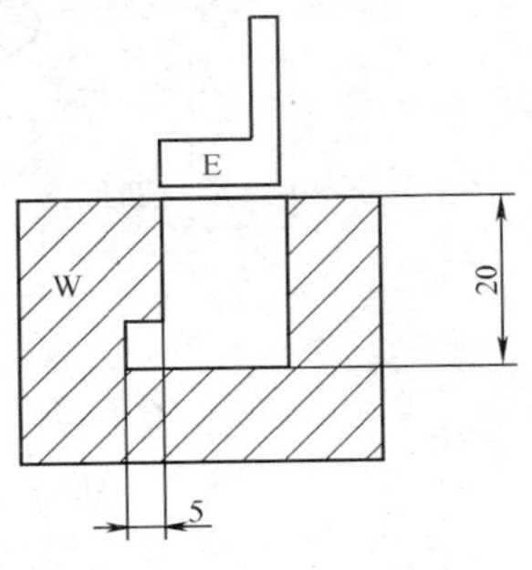

图7-26　数控电火花成形加工实例

M84（脉冲电源开）

G01 X-5.0（直线插补至 $X=-5.0$mm）

M85（脉冲电源关）

M25 G01 Z0（取消电极和工件接触，直线插补至 $Z=0$mm）

G00 Z100.0（快速移动至 $Z=100.0$mm）

M02（程度结束）

第五节 数控电火花线切割加工编程

一、数控电火花线切割工作原理与特点

线切割加工（Wire Electrical Discharge Machining，WEDM）是电火花线切割加工的简称，它是用线状电极（铝丝或铜丝）靠电火花放电对工件进行切割。其工作原理如图 7-27 所示，被切割的工件接脉冲电源的正极，电极丝作为工具接脉冲电源的负极，电极丝与工件之间充满具有一定绝缘能力的工作液，当电极丝与工件的距离小到一定程度时，在脉冲电压的作用下工作液被击穿，电极丝与工件之间产生火花放电而使工件的局部被蚀除，若工作台按照规定的轨迹带动工件不断地进给，就能切割出所需要的工件形状。

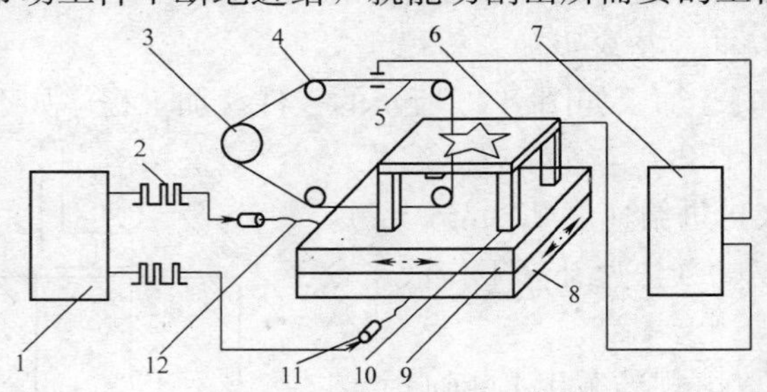

图 7-27 数控线切割加工的工作原理

1—数控装置；2—信号；3—贮丝筒；4—导轮；5—电极丝；6—工件；7—脉冲电源；8—下工作台；9—上工作台；10—垫铁；11—步进电动机；12—丝杠

线切割机床通常分为快走丝与慢走丝两类。快走丝是贮丝筒带动电极丝作高速往复运动，走丝速度为 8～10m/s，电极丝基本上

不被蚀除，可使用较长时间，国产的线切割机床多是此类机床。由于快走丝线切割的电极丝是循环使用的，为保证切割工件的质量，必须规定电极丝的损耗量，避免因电极丝损耗过大导致电极丝在导轮内窜动。提高走丝速度有利于电极丝将工作液带入工件与电极丝之间的放电间隙、排出电蚀物，并且提高切割速度，但会加大电极丝的振动。慢走丝机床的电极丝做低速单向运动，走丝速度一般低于0.2m/s。为保证加工精度，慢走丝电极丝用过以后不再重复使用。

快走丝线切割的加工精度为0.02～0.01mm，表面粗糙度 Ra 一般为5.0～2.5μm，最低可达1.0μm。慢走丝线切割的加工精度为0.005～0.002mm，表面粗糙度 Ra 一般为1.6μm，最高可达0.2μm。

线切割机床的控制方式有靠模仿形控制、光电跟踪控制和数字程序控制等方式。目前，国内外95%以上的线切割机床都已经数控化，所用数控系统有不同水平的，如单片机、单板机、微机。其中微机数控是当今的主要趋势。

快走丝线切割机床的数控系统大多采用简单的步进电动机开环系统，慢走丝线切割机床的数控系统大多是伺服电动机加编码盘的半闭环系统，在一些超精密线切割机床上则使用伺服电动机加磁尺或光栅的全闭环数控系统。

数控电火花线切割加工具有如下特点：

（1）直接利用线状的电极丝作电极，不需要制作专用电极，可节约电极设计、制造费用。

（2）可以加工用传统切削加工方法难以加工或无法加工出的形状复杂的工件，如凸轮、齿轮、窄缝、异形孔等。由于数控电火花线切割机床是数字控制系统，因此加工不同的工件只需编制不同的控制程序，对不同形状的工件都很容易实现自动化加工。加工周期短，很适合于小批量形状复杂的工件、单件和试制品的加工。

（3）电极丝在加工中不接触工件，二者之间的作用力很小，因此工件以及夹具不需要有很高的刚度来抵抗变形，可以用于切割极薄的工件及在采用切削加工时容易发生变形的工件。

（4）电极丝材料不必比工件材料硬，可以加工一般切削方法难以加工的高硬度金属材料，如碎火钢、硬质合金等。

（5）由于电极丝直径很细（0.1～0.25mm），切屑极少，且只对工件进行切割加工，故余料还可以使用，对于贵重金属加工更有意义。

（6）与一般切削加工相比，线切割加工的效率低，加工成本高，不宜大批量加工形状简单的零件。

（7）不能加工非导电材料。

由于数控电火花线切割加工具有上述优点，因此电火花线切割广泛用于加工硬质合金、淬火钢模具零件、样板、各种形状复杂的细小零件、窄缝等，特别是冲模、挤压模、塑料模、电火花加工型腔模所用电极的加工。

线切割加工的切割速度以单位时间内所切割的工件面积（mm^2/min）来表达。它是一个生产指标，常用来估算工件的切割时间，以便安排生产计划及估算成本，综合考虑工件的质量要求。通常快走丝的切割速度为40～80mm^2/min。

二、数控电火花线切割加工规准的选择

脉冲电源的波形与参数对材料的电蚀过程影响极大，它们决定放电痕（表面粗糙度）、蚀除率、切缝宽度的大小和电极丝的损耗率，进而影响加工的工艺指标。目前广泛使用的脉冲电源波形是矩形波。

一般情况下，电火花线切割加工脉冲电源的单个脉冲放电能量较小，除受工件表面粗糙度要求的限制外，还受电极丝允许承载放电电流的限制。欲获得较好的表面粗糙度，每次脉冲放电的能量不能太大。表面粗糙度要求不高时，单个脉冲放电的能量可以取大些，以得到较高的切割速度。

在实际应用中，脉冲宽度为1～60μs，而脉冲频率为10～100kHz。

1. 短路峰值电流的选择

当其他工艺条件不变时，短路峰值电流大，加工电流峰值就大，单个脉冲放电的能量亦大，所以放电痕大，切割速度高，表面

粗糙度差，电极丝损耗变大，加工精度降低。

2. 脉冲宽度的选择

在一定的工艺条件下，增加脉冲宽度，单个脉冲放电能量也增大，则放电痕增大，切割速度提高，但表面粗糙度变差，电极丝损耗变大。

通常当电火花线切割加工用于精加工和半精加工时，单个脉冲放电能量应控制在一定范围内。当短路峰值电流选定后，脉冲宽度要根据具体的加工要求来选定。精加工时脉冲宽度可在 20μs 内选择；半精加工时脉冲宽度可在 20～60μs 内选择。

3. 脉冲间隔的选择

在一定的工艺条件下，脉冲间隔对切割速度影响较大，对表面粗糙度影响较小。因为在单个脉冲放电能量确定的情况下，脉冲间隔较小，频率提高，单位时间内放电次数增多，平均加工电流增大，故切割速度提高。

实际上，脉冲间隔太小，放电产物来不及排除，放电间隙来不及充分消电离，这将使加工变得不稳定，易烧伤工件或断丝；脉冲间隔太大，会使切割速度明显降低，严重时不能连续进给，加工变得不稳定。

一般脉冲间隔在 10～250μs 范围内，基本上能适应各种加工条件，可进行稳定加工。选择脉冲间隔和脉冲宽度与工件厚度有很大关系，一般来说，工件厚，脉冲间隔也要大，以保持加工的稳定性。

4. 开路电压的选择

在一定的工艺条件下，随着开路电压峰值的提高，加工电流增大，切割速度提高，表面粗糙度增大。因电压高使加工间隙变大，所以加工精度略有降低。但间隙大有利于电蚀产物的排除和消电离，可提高加工稳定性和脉冲利用率。

综上所述，在工艺条件大体相同的情况下，利用矩形波脉冲电源进行加工时，电参数对工艺指标的影响有如下规律：

（1）切割速度随着加工电流峰值、脉冲宽度、脉冲频率和开路电压的增大而提高，即切割速度随着平均加工电流的增加而提高。

(2) 加工表面粗糙度随着加工电流峰值、脉冲宽度、开路电压的减小而减小。

(3) 加工间隙随着开路电压的提高而增大。

(4) 工件表面粗糙度的改善有利于提高加工精度。

(5) 在电流峰值一定的情况下，开路电压的增大有利于提高加工稳定性和脉冲利用率。

实践表明，改变矩形波脉冲电源的一项或几项电参数，对工艺指标的影响很大，需根据具体的加工对象和要求，全面考虑诸因素及其相互影响关系。选取合适的电参数，既要满足主要加工要求，又要兼顾各项加工指标。例如，加工精密小型模具或零件时，为满足尺寸精度高、表面粗糙度低的要求，选取较小的加工电流峰值和较窄的脉冲宽度，这必然带来加工速度的降低。又如，加工中、大型模具或零件时，对尺寸精度和表面粗糙度要求低一些，故可选用加工电流峰值高、脉冲宽度大些的电参数值，尽量获得较高的切割速度。此外，不管加工对象和要求如何，还须选择适当的脉冲间隔，以保证加工稳定进行，提高脉冲利用率。

三、数控电火花线切割加工的工艺特性

1. 电极丝的准备

电极丝的直径一般按下列原则选取：

(1) 当工件厚度较大、几何形状简单时，宜采用较大直径的电极丝；当工件厚度较小、几何形状复杂时（特别是对工件凹角要求较高时），宜采用较小直径的电极丝。

(2) 当加工的切缝的有关尺寸被直接利用，应根据切缝尺寸的需要确定电极丝的直径。

2. 穿丝孔的准备

电极丝通常是从工件上预制的穿丝孔处开始切割。在不影响工件要求和便于编程的位置上加工穿丝孔（淬火的工件应在淬火前钻孔），穿丝孔直径一般为 2～10mm。凹模类工件在切割前必须加工穿丝孔，以保证工件的完整性。凸模类工件的切割也需要加工穿丝孔。如果没有设置穿丝孔，那么在电极丝从坯料外部切入时，一般都容易产生变形。变形量大小与工件回火后内应力的消除程度、切

割部分在坯料中的相对位置、切割部分的复杂程度及长宽比有关。

3. 工件的装夹与找正

工件的装夹正确与否，除影响工件的加工质量外，还关系到切割工作能否顺利进行。为此，工件装夹应注意以下两点：

（1）装夹位置要适当，工件的切割范围应在机床纵、横工作台的行程之内，并使工件与夹具等在切割过程中不会碰到丝架的任何部分。

（2）为便于工件装夹，工件材料必须有足够的夹持余量。

找正时一般以工件的外形为基准，工件的加工基准可以为外表面［见图 7-28（a）］，也可以为内孔［见图 7-28（b）］。对于高精度加工，多采用基准孔作为加工基准，孔由坐标镗或坐标磨加工，以保证孔的圆度、垂直度和位置精度。

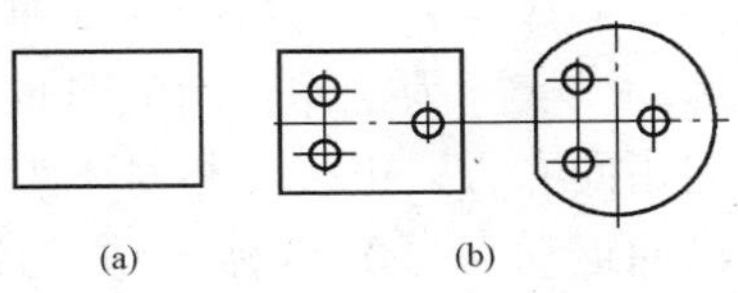

图 7-28 工件的找正和加工基准

4. 切割路线的选择

加工路线应是远离工件夹具处的材料先被割离，靠近工件夹具处的材料最后被割离。

待加工表面上的切割起点（并不是穿丝点，因为穿丝点不能设在待加工表面上），一般也是其切割终点。由于加工过程中存在各种工艺因素的影响，电极丝返回到起点时必然存在重复位置误差，造成加工痕迹，使精度和外观质量下降。为了避免和减小加工痕迹，当工件各表面粗糙度要求不同时，应在粗糙度要求较低的面上选择切割起点；当工件各表面粗糙度要求相同时，则尽量在截面图形的相交点上选择切割起点。如果有若干个相交点，尽量选择相交角较小的交点作为切割起点。

对于较大的框形工件，因框内切去的面积较大，会在很大程度上破坏原来的应力平衡，内应力的重新分布将使框形尺寸产生一定变形甚至开裂。对于这种凹模：①应在淬火前将中部镂空，给线切割留 2～3mm 的余量，以有效地减小切割时产生的应力；②在清角处增设适当大小的工艺圆角，以缓和应力集中现象，避免开裂。

对于高精度零件的线切割加工，必须采用三次切割方法。第一次切割后诸边留余量0.1～0.5mm，让工件将内应力释放出来，然后进行第二次切割，这样可以达到较满意的效果。如果是切割没有内孔的工件的外形，第一次切割时不能把夹持部分完全切掉，要保留一小部分，在第二次切割时切掉。

四、数控电火花线切割加工编程

1. 数控电火花线切割加工的编程特点

(1) 与其他数控机床一样，数控线切割机床的坐标系符合国家标准。当操作者面对数控线切割机床时，电极丝相对于工件的左、右运动（实际为工作台面的纵向运动）为X坐标运动，且运动正方向指向右方；电极丝相对于工件的前、后运动（实际为工作台面的横向运动）为Y坐标运动，且运动正方向指向后方。在整个切割加工过程中，电极丝始终垂直贯穿工件，不需要描述电极丝相对于工件在垂直方向的运动，所以，Z坐标省去不用。

(2) 工件坐标系的原点常取为穿丝点的位置。当加工大型工件或切割工件外表面时，穿丝点可选在靠近加工轨迹边角处，使运算简便，缩短切入行程；当切割中、小型工件的内表面时，将穿丝点设置在工件对称中心会使编程计算和电极丝定位都较方便。

(3) 当机床进行锥度切割时，上丝架导轮做水平移动，这是平行于X轴和Y轴的另一组坐标运动，称为附加坐标运动。其中，平行于X轴的为U坐标，平行于Y轴的为V坐标。

(4) 线切割的刀具补偿只有刀具半径补偿，是对电极丝中心相对于工件轮廓的偏移量的补偿，偏移量等于电极丝半径加上放电间隙。没有刀具长度补偿。

(5) 数控线切割的程序代码有3B格式、4B格式及符合国际标准的ISO格式。

1) 3B格式是无间隙补偿格式，不能实现电极丝半径和放电间隙的自动补偿。因此，3B程序描述的是电极丝中心的运动轨迹，与切割所得的工件轮廓曲线要相差一个偏移量。

2) 4B是有间隙补偿格式，具有间隙补偿功能和锥度补偿功能。间隙补偿指电极丝中心运动轨迹能根据要求自动偏离编程轨迹一段距离，即补偿量。当补偿量设定为所需偏移量时，编程轨迹即为工件的轮廓线，当然，按工件的轮廓编程要比按电极丝中心运动轨迹编程方便得多。锥度补偿是指系统能根据要求，同时控制 X、Y、U、V 四轴的运动，使电极丝偏离垂直方向一个角度即锥度，切割出上大下小或上小下大的工件来。其中，X、Y 为机床工作台的运动即工件的运动，U、V 为上丝架导轮的运动。

3）ISO 格式的数控程序习惯上称为 G 代码。目前快走丝线切割机床多采用 3B、4B 格式，而慢走丝线切割机床通常采用国际上通用的 ISO 格式。

（6）数控电火花线切割加工的程序中，直线坐标以微米（μm）为单位。

2. 数控电火花线切割编程实例

加工如图 7-29 所示的零件，穿丝孔中心的坐标为（5，20），按顺时针切割。［例 7-7］是以绝对坐标方式（G90）进行编程，对应图 7-29（a）；［例 7-8］是以增量（相对）坐标方式（G91）进行编程，对应图 7-29（b）。可以发现，采用增量（相对）坐标方式输入程序的数据可简短些，但必须先计算出各点的相对坐标值。

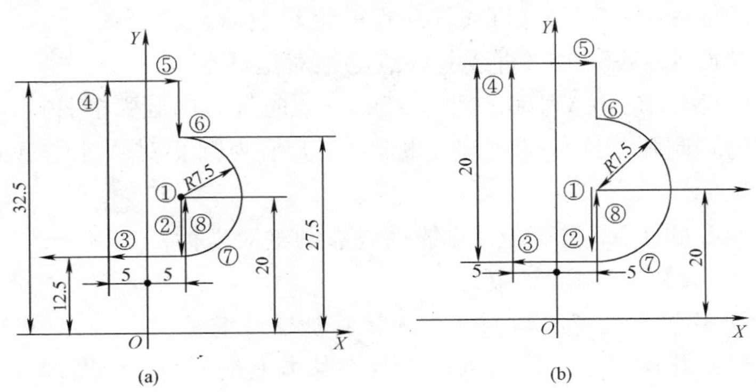

图 7-29　数控电火花线切割加工实例

（a）绝对坐标方式编程；（b）增量（相对）坐标方式编程

【例 7-7】 如图 7-29（a）所示，数控电火花线切割加工的绝对坐标方式编程如下：

N01 G92 X5000 Y20000[给定起始点(穿丝点)的绝对坐标]

N02 G01 X5000 Y12500(直线②终点的绝对坐标)

N03 X-5000 Y12500(直线③终点的绝对坐标)

N04 X-5000 Y32500(直线④终点的绝对坐标)

N05 X5000 Y32500(直线⑤终点的绝对坐标)

N06 X5000 Y27500(直线⑥终点的绝对坐标)

N07 G02 X5000 Y12500 I0 J-7500(顺时针方向圆弧插补，X、Y之值为顺圆弧⑦终点的绝对坐标，I、J值为圆心对圆弧⑦起点的相对坐标)

N08 G01 X5000 Y20000(直线⑧终点的绝对坐标)

N09 M02(程度结束)

【例 7-8】 如图 7-29（b）所示，数控电火花线切割加工的相对坐标方式编程如下：

N01 G92 X5000 Y20000 [给定起始点（穿丝点）的绝对坐标]

N02 G01 X0 Y-7500（直线②终点的绝对坐标）

N03 X-10000 Y0（直线③终点的绝对坐标）

N04 X0 Y20000（直线④终点的绝对坐标）

N05 X10000 Y0（直线⑤终点的绝对坐标）

N06 X0 Y-5000（直线⑥终点的绝对坐标）

N07 G02 X0 Y-15000 I0 J-7500（顺时针方向圆弧插补，X、Y之值为顺圆弧⑦终点的绝对坐标，I、J值为圆心对圆弧⑦起点的相对坐标）

N08 G01 X0 Y7500（直线⑧终点的绝对坐标）

N09 M02（程度结束）

3. 数控电火花线切割加工的计算机辅助编程

（1）几何造型。线切割加工零件基本上是平面轮廓图形，一般不切割自由曲面类零件，因此工件图形的计算机化工作基本上以二维为主。线切割加工的专用 CAD/CAM 软件有 AutoP，YH 和 CAXA-WEDM 软件，AutoP 仍停留在 DOS 平台。

对于常见的齿轮、花键的线切割加工，只要输入模数、齿数等相关参数，软件会自动生成齿轮、花键的几何图形。

（2）刀位轨迹的生成。线切割轨迹生成参数表中需要填写的项目有切入方式、切割次数、轮廓精度、锥度角度、支撑宽度、补偿实现方式、刀具半径补偿值等。

1）切入方式。指电极丝从穿丝点到工件待加工表面加工起始段的运动方式，有直线切入方式、垂直切入方式和指定切入点方式。

2）轮廓精度。即加工精度。对于由样条曲线组成的轮廓，CAM 系统将按照用户给定的加工精度把样条曲线离散为多条折线段。

3）锥度角度。指进行锥度加工时电极丝倾斜的角度。系统规定，当输入的锥度角度为正值时，采用左锥度加工；当输入的锥度角度为负值时，采用右锥度加工。

4）支撑宽度。用于在进行多次切割时，指定每行轨迹的始末点之间所保留的一段未切割部分的宽度。

在填写完参数表后，拾取待加工的轮廓线，指定刀具半径补偿方向，指定穿丝点位置及电极丝最终切到的位置，就完成了线切割加工轨迹生成的交互操作。计算机将会按要求自动计算出加工轨迹，并对生成的轨迹进行加工仿真。

（3）后置处理。通用后置处理一般分为两步：第一步是机床类型设置，它完成数控系统数据文件的定义，即机床参数的输入，包括确定插补方法、补偿控制、冷却控制、程序启停以及程序首尾控制符等；第二步是后置设置，它完成后置输出的 NC 程序的格式设置，即针对特定的机床，结合已经设置好的机床配置，对将输出的数控程序的程序段行号格式、程序大小、数据格式、编程方式、圆弧控制方式等进行设置。

第八章

机床的安装调试、验收与改装

第一节 机床的安装与调试要点

机床是用切削的方式将金属毛坯加工成机器零件的机器，它是制造机器的机器，它的精度是机器零件精度的保证，因此，机床的安装特别重要。机床的装配通常是在工厂的装配工段或装配车间内进行，但在某些场合下，制造厂并不将机床进行总装。为了运输方便（如重型机床等），产品的总装必须在基础安装的同时才能进行，在制造厂内只进行部件装配工作，而总装则在工作现场进行。

一、机床设备基础施工技术

（一）地基的要求

1. 地基基础的要求

地基基础直接影响机床设备的床身，立柱等基础件的几何精度、精度的保持性以及机床的技术寿命等。因此，对设备的基础应作如下要求：

（1）具有足够的强度和刚度，避免自己的振动和不受其他振动的影响（即与周围的振动绝缘）。

（2）具有稳定性和耐久性，防止油水浸蚀，保证机床基础局部不下陷。

（3）机床的基础，安装前要进行预压。预压重量为自重和最大载重总和的 1.25 倍。且预压物应均匀地压在地基基础上，压至地基不再下沉为止。

2. 对地基质量的要求

地基的质量是指它的强度、弹性和刚度的符合性。其中强度是较主要的因素，它与地基的结构及基础埋藏深度有关。若强度较差，会引起地基发生局部下沉，将对机床的工作精度有较大影响。所以一般地基强度要求以5t/m^2 以上为标准。如有不足，需用打桩等方法来加强。刚度、弹性也会通过机床间接影响刚性工件的加工精度。

3. 对基础材料的要求

对于10t以上的大型设备基础的建造材料，从节约费用的角度出发，在混凝土中允许加入质量分数为20%的200号块石。在高精度机床安装过程中，由于地基振动成了影响其精度的主要因素之一，所以机床必须安装在单独的块型混凝土基础上。并尽可能在四周设防振槽，防振层一般均填粗砂或掺杂以一定数量的炉渣。

4. 对基础的结构要求

虽然基础越厚越好，但考虑到经济效果，基础厚度以能满足防振荡和基础体变形的要求为原则。大型机床基础厚度一般在1000～2500mm之间。基础厚度可用式（8-1）计算

$$B=(0.3\sim0.6)L \tag{8-1}$$

式中　B——基础厚度（mm）；

　　　L——基础长度（mm）。

12t以上大型机床，在基础表面30～40mm处配置直径为ϕ6mm～ϕ8mm的钢筋网；特长的基础，其底部也需配置钢筋网，方格间距为100～150mm（见图8-1）。

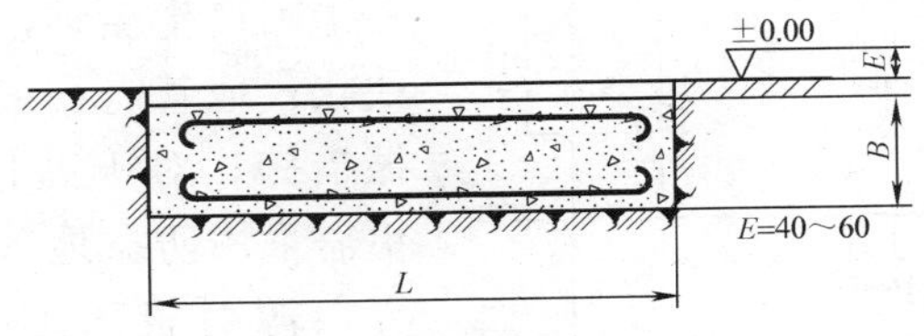

图8-1　基础布置钢筋网

长导轨机床的地基结构，一般应沿着长度方向做成中间厚两头薄的形状，以适应机床重量的分布情况。对于像高精度龙门导轨磨床类的大型、精密机床，基础下层还应填以0.5m厚细砂和卵石掺少量水泥，作为弹性缓冲层。

5. 对基础荷重及周围重物的要求

大型机床的基础周围经常放置或运走大型工件及毛坯之类的重物，必然使基础受到局部影响而变形，引起机床精度的变化。为了解决这一问题，在进行基础结构设计时，应考虑基础或多或少受到这些因素的影响。另外新浇铸的基础结构设计时，混凝土强度变化大，性能不稳定，所以施工后一个月最好不要安装机床。在安装后一年内，至少要每月调整一次精度。

6. 对基础抗振性的要求

机床的固有频率通常在 20～25Hz，振幅在 0.2～1μm 范围内。在车间里，由于天车通过时会通过梁柱这个振源影响到机床，所以，精密机床应远离梁柱或采取隔振措施。

(二) 机床安装基础

1. 机床的基础

机床的自重、工件的重量、切削力等，都将通过机床的支承部件而最后传给地基。所以地基的质量直接关系到机床的加工精度、运动平稳性、机床的变形、磨损以及机床的使用寿命。因此，机床在安装之前，首要的工作是打好基础。

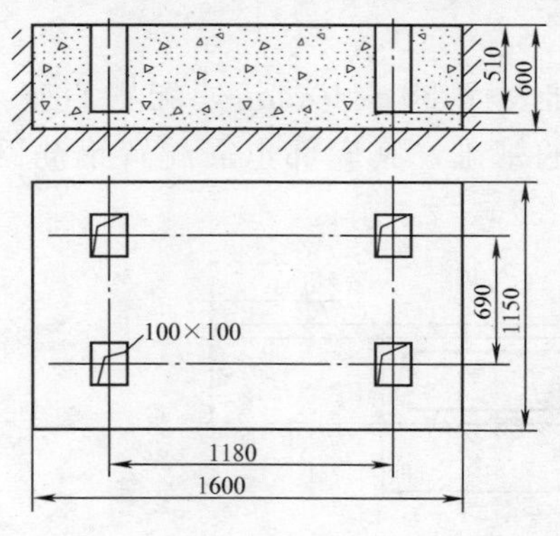

图 8-2　X6132 型万能卧式铣床的地基

机床地基一般分为混凝土地坪式（即车间水泥地面）和单独块状式两大类。单独块状式地基如图 8-2 所示。切削过程中因产生振动，机床的单独块状式地基需要采取适当的防振措施；对于高精度的机床，更需采用防振地基，以防止外界振源对机床加工精度产生影响。

单独块状式地基的平面尺寸应比机床底座的轮廓尺寸大一些；地基的厚度则决定于车间土壤的性质，但最小厚度应保证能把地脚螺栓固结。一般可在机床说明书中查得地基尺寸。

用混凝土浇灌机床地基时，常留出地脚螺栓的安装孔（根据机床说明书中查得的地基尺寸确定），待将机床装到地基上并初步找好水平后，再浇灌地脚螺栓。常用的地脚螺栓形式如图 8-3 所示。

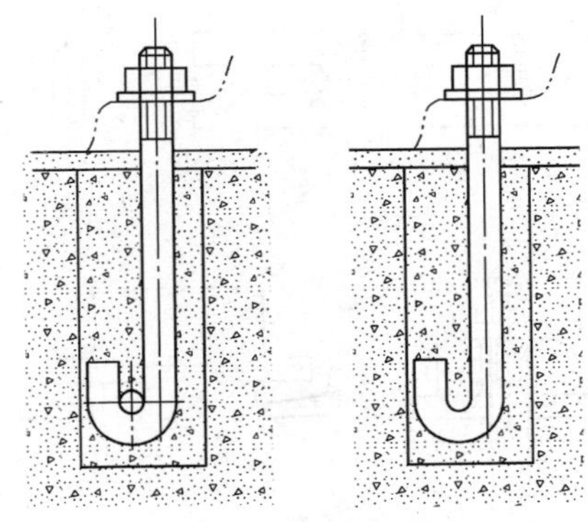

图 8-3　常用的地脚螺栓形式

2. 机床在基础上的安装方法

机床基础的安装通常有两种方法。第一种是在混凝土地坪上直接安装机床，并用图 8-4 所示的调整垫铁调整水平后，在床脚周围浇灌混凝土固定机床。这种方法适用于小型和振动轻微的机床。另一种是用地脚螺栓将机床固定在块状式地基上，这是一种常用的方法。安装机床时，先将机床吊放在已凝固的地基上，然后在地基的螺栓孔内装上地脚螺栓并用螺母将其连接在床脚上。待机床用调整垫铁调整水平后，用混凝土浇灌进地基方孔。混凝土凝固后，再次对机床调整水平并均匀地拧紧地脚螺栓。

（1）对于整体安装调试，调试步骤如下：

1）机床用多组楔铁支承在预先做好的混凝土地基上。

2）将水平仪放在机床的工作台面上，调整楔铁，要求每个支承点的压力一致，使纵向水平和横向水平都达到粗调要求 0.03～0.04/1000。

3）粗调完毕后，用混凝土在地脚螺孔处固定地脚螺栓。

4）待充分干涸后，再进行精调水平，并均匀紧固地脚螺母。

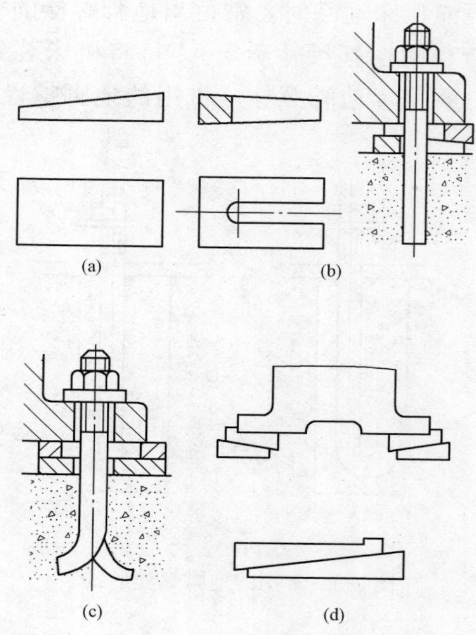

图 8-4　机床常用垫铁

(a) 斜垫铁；(b) 开口垫铁；(c) 带通孔斜垫铁；(d) 钩头垫铁

(2) 对于分体安装调试，还应注意以下几点：

1) 零部件之间、机构之间的相互位置要正确。

2) 在安装过程中，要重视清洁工作，并严格按工艺要求安装。

3) 调试工作是调节零件或机构的相互位置、配合间隙、结合松紧等，目的是使机构或机器工作协调，如轴承间隙、镶条位置的调整等。

二、机床安装调试的准备工作

机床的安装与调试是使机床恢复和达到出厂时的各项性能指标的重要环节。由于机床设备价格昂贵，其安装与调试工作也比较复杂，一般要请供方的服务人员来进行。作为用户，要做的主要是安装调试的准备工作、配合工作及组织工作。

(一) 安装调试的准备工作

安装调试的准备工作主要包括以下五方面：

（1）厂房设施，必要的环境条件。

（2）地基准备：按照地基图打好地基，并预埋好电、油、水管线。

（3）工具仪器准备：起吊设备、安装调试中所用工具、机床检验工具和仪器。

（4）辅助材料：如煤油、机油、清洗剂、棉纱棉布等。

（5）将机床运输到安装现场，但不要拆箱。拆箱工作一般要等供方服务人员到场，如果有必要提前开箱，一要征得供方同意，二要请商检局派员到场，以免出现问题发生争执。

（二）机床安装调试前的基本要求

（1）研究和熟悉机床装配图及其技术条件，了解机床的结构、零部件的作用以及相互的连接关系。

（2）确定安装的方法、顺序和准备所需要的工具（水平仪、垫板和百分表等）。

（3）对安装零件进行清理和清洗，去掉零部件上的防锈油及其他脏物。

（4）对有些零部件还需要进行刮削等修配工作、平衡（消除零件因偏重而引起的振动）以及密封零件的水（油）压试验等。

三、机床安装调试的配合与组织工作

（一）机床安装的组织形式

（1）单件生产及其装配组织。单个地制造不同结构的产品，并且很少重复，甚至完全不重复，这种生产方式称为单件生产。单件生产的装配工作多在固定的地点，由一个工人或一组工人，从开始到结束把产品的装配工作进行到底。这种组织形式的装配周期长，占地面积大，需要大量的工具和装备，并要求工人有全面的技能。在产品结构不十分复杂的小批量生产中，可以采用这种组织形式。

（2）成批生产及其装配组织。每隔一定时期后将成批地制造相同的产品，这种生产方式称为成批生产。成批生产时的装配工作通常分成部件装配和总装配，每个部件由一个或一组工人来完成，然后进行总装配。其装配工作常采用移动方式进行。如果零件预先经过选择分组，则零件可采用部分互换的装配，因此有条件组织流水线生产。这种组织形式的装配效率较高。

(3) 大量生产及其装配组织。产品的制造数量很庞大，每个工作地点经常重复地完成某一工序，并具有严格的节奏性，这种生产方式称为大量生产。在大量生产中，把产品的装配过程首先划分为主要部件、主要组件，并在此基础上再进一步划分为部件、组件的装配，使每一工序只由一个工人来完成。在这样的组织下，只有当从事装配工作的全体工人都按顺序完成了他所担负的装配工序以后，才能装配出产品。工作对象（部件或组件）在装配过程中，有顺序地由一个工人转移给另一个工人，这种转移可以是装配对象的移动，也可以由工人移动，通常把这种装配组织形式叫作流水装配法。为了保证装配工作的连续性，在装配线所有工作位置上，完成工序的时间都应相等或互成倍数，在流动装配时，可以利用传送带、滚道或在轨道上行走的小车来运送装配对象。在大量生产中，由于广泛采用互换性原则并使装配工作工序化，因而装配质量好、装配效率高、占地面积小、生产周期短，是一种较先进的装配组织形式。

（二）安装调试的配合工作

在安装调试期间，要做的配合工作包括以下三个方面：

(1) 机床的开箱与就位，包括开箱检查、机床就位、清洗防锈等工作。

(2) 机床调水平，附加装置组装到位。

(3) 接通机床运行所需的电、气、水、油源；电源电压与相序，气、水、油、源的压力和质量要符合要求。这里主要强调两点：①要进行地线连接；②要对输入电源电压、频率及相序进行确定。

（三）数控设备安装调试的特殊要求

数控设备一般都要进行地线连接。地线要采用一点接地型，即辐射式接地法。这种接地法要求将数控柜中的信号地、强电地、机床地等直接连接到公共接地点上，而不是相互串接连接在公共接地点上。并且，数控柜与强电柜之间应有足够粗的保护接地电缆。而总的公共接地点必须与大地接触良好，一般要求接地电阻小于

4～7Ω。

对于输入电源电压、频率及相序的确认，有如下要求：

(1) 检查确认变压器的容量是否满足控制单元和伺服系统的电能消耗。

(2) 电源电压波动范围是否在数控系统的允许范围之内。一般日本的数控系统允许在电压额定值的110%～85%范围内波动，而欧美的一系列数控系统要求较高一些。否则需要外加交流稳压器。

(3) 对于采用晶闸管控制元件的速度控制单元的供电电源，一定要检查相序。在相序不对的情况下接通电源，可能使速度控制单元的输入熔体烧断。相序的检查方法有两种：①用相序表测量，当相序接法正确时，相序表按顺时针方向旋转；②用双线示波器来观察二相之间的波形，二相波形在相位上相差120°。

(4) 检查各油箱油位，需要时给油箱加油。

(5) 机床通电并试运转。机床通电操作可以是一次各部件全面供电，或各部件供电，然后再作总供电试验。分别供电比较安全，但时间较长。检查安全装置是否起作用，能否正常工作，能否达到额定指标。例如起动液压系统时先判断液压泵电动机转动方向是否正确，液压泵工作后管路中是否形成油压，各液压元件是否正常工作，有无异常噪声，各接头有无渗漏；气压系统的气压是否达到规定范围值等。

(6) 机床精度检验、试件加工检验。

(7) 机床与数控系统功能检查。

(8) 现场培训，包括操作、编程与维修培训，保养维修知识介绍，机床附件、工具、仪器的使用方法等。

(9) 办理机床交接手续。若存在问题，但不属于质量、功能、精度等重大问题，可签署机床接收手续，并同时签署机床安装调试备忘录，限期解决遗留问题。

(四) 安装调试的组织工作

在机床安装调试过程中，作为用户，要做好以下安装调试组织工作：

(1) 安装调试现场均要有专人负责，赋予现场处理问题的权力，做到一般问题不请示即可现场解决，重大问题经请示研究要尽快答复。

（2）安装调试期间，是用户操作与维修人员学习的好机会，要很好地组织有关人员参加，并及时提出问题，请供方服务人员回答解决。

（3）对待供方服务人员，应原则问题不让步，但平时要热情，招待要周到。

第二节　车床的安装、调整及精度检验

一、车床安装要点

1. 卧式车床总装配顺序的确定

卧式车床的总装工艺，包括部件与部件的连接，零件与部件的连接，以及在连接过程中部件与总装配基准之间相对位置的调整或校正，各部件之间相互位置的调整等。各部件的相对位置确定后，还要钻孔、车螺纹及铰削定位销孔等。总装结束后，必须进行试车和验收。

总装配顺序一般可按下列原则进行：

（1）选出正确的装配基准。这种基准大部分是床身的导轨面，因为床身是车床的基本支承件，其上安装着车床的各主要部件，而且床身导轨面是检验机床各项精度的检验基准。因此，机床的装配，应从所选基面的直线度、平行度及垂直度等项精度着手。

（2）在解决没有相互影响的装配精度时，其装配先后以简单方便来定。一般可按先下后上，先内后外的原则进行。例如在装配车床时，如果先解决车床的主轴箱和尾座两顶尖的等高度精度或者先解决丝杠与床身导轨的平行度精度，在装配顺序的先后上是没有多大关系的，只要能简单方便地顺利进行装配就行。

（3）在解决有相互影响的装配精度时，应该先装配好公共的装配基准，然后再按次序达到各有关精度。

下面以CA6140型车床总装顺序为例说明车床的安装，其装配单元系统图如图8-5所示。

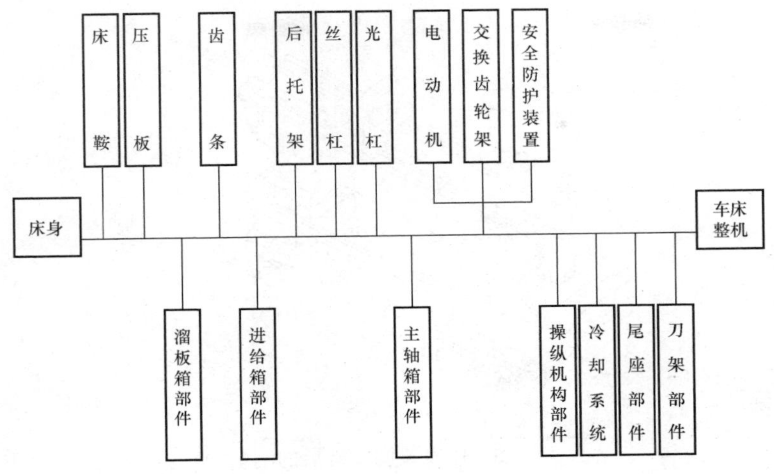

图 8-5 CA6140 型车床总装配单元系统图

2. 卧式车床总装配工艺要点

(1) 床身与床脚的装配。床身与床脚用螺栓连接，这也是车床总装的基本部件。床身导轨的精加工往往也是在床身与床脚结合后再进行的。其装配工艺要点如下：

1) 将床身与床腿结合面的毛刺清除并倒角，同时在结合面加入 1～2mm 厚的纸垫，可防止漏油。

2) 为了在安装时不引起机床的变形，对已达到规定精度的床身，在机床脚下应合理分布可调节垫铁。各垫铁应受力均匀，使整个床身搁置稳定。用水平仪指示读数来调整床身处于自然水平位置，并使床鞍导轨的扭曲误差至最小，如图 8-6 所示。

3) 按导轨刮研步骤和方法刮削床身导轨，并用水平仪、百分表等量具测量导轨的直线度和平行度误差。

(2) 床鞍配刮与床身拼装。滑板部件是保证刀架直线运动的关键。床鞍上下导轨面分别与刀架中滑板和床鞍导轨配刮而成。检查床鞍上、下导轨的垂直度误差的方法如图 8-7 所示，先纵向移动溜板，校正床头放 90°角尺的一个边与溜板移动方向平行，然后将百分表移放在中滑板上，沿横向导轨全长上移动，百分表最大读数值，就是床鞍上、下导轨面的垂直度误差。若超差时，应继续刮研

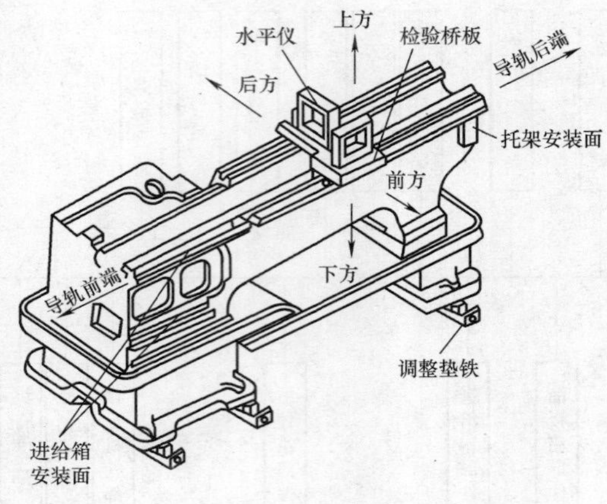

图 8-6　床身床脚安装后的测量

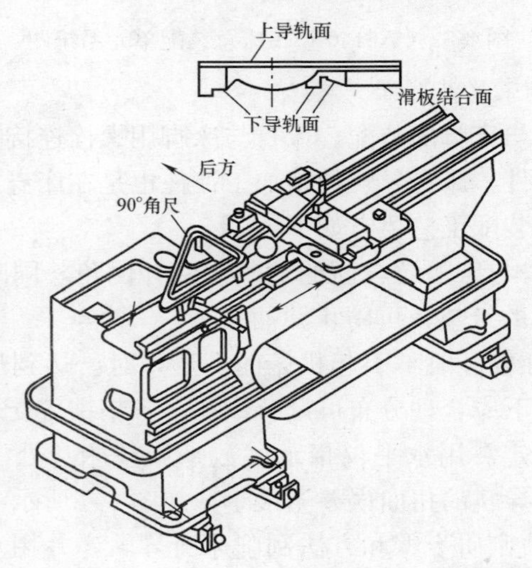

图 8-7　测量床鞍上、下导轨的垂直度误差

床鞍的下导轨面，直至合格。

（3）溜板箱、进给箱及主轴箱的安装。

1）溜板箱安装。溜板箱安装在总装配过程中起重要作用，其安装位置直接影响丝杠、螺母能否正确啮合，进给能否顺利进行，是确定进给箱和丝杠后支架安装位置的基准。

2）安装齿条。溜板箱位置校正后，则可安装齿条，主要是保证纵向进给小齿轮与齿条的啮合间隙。正常啮合侧隙为 0.08mm，检验方法和横向进给齿轮副侧隙检验方法相同。并以此确定齿条安装位置和厚度尺寸。

由于齿条加工工艺限制，车床齿条由几根拼接装配而成。为保证相邻齿条接合处的齿距精度，安装时，应用标准齿条进行跨接校正，如图 8-8 所示。校正后，在两根相接齿条的接合端面之间，须留有 0.5mm 左右的间隙。

齿条安装后，必须在溜板行程的全长上检查纵进给小齿轮与齿条的啮合间隙，间隙要一致。齿条位置调好后，每个齿条都配两个定位销钉，以确定其安装位置。

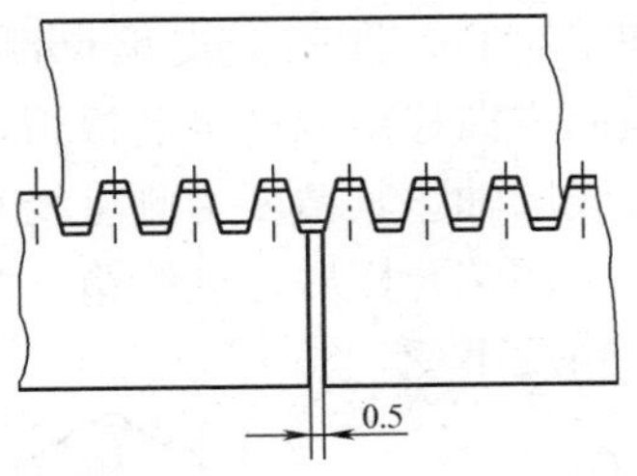

图 8-8　齿条跨接校正

3）安装进给箱和丝杠后托架。安装进给箱和后托架主要是保证进给箱、溜板箱、后支架上安装丝杠三孔应保证同轴度要求，并保证丝杠与床身导轨的平行度要求。安装时，按图 8-9 所示进行测量调整，即在进给箱、溜板箱、后支架的丝杠支承孔中，各装入一根配合间隙不大于 0.05mm 的检验心轴，三根检验心轴外伸测量端的外径相等。溜板箱用心轴有两种：一种外径尺寸与开合螺母外径相等，它在开合螺母未装入时使用；另一种具有与丝杠中径尺寸一样的螺纹，测量时，卡在开合螺母中。前者测量可靠，后者测量误差较大。

安装进给箱和丝杠后托架，可按下列步骤进行：

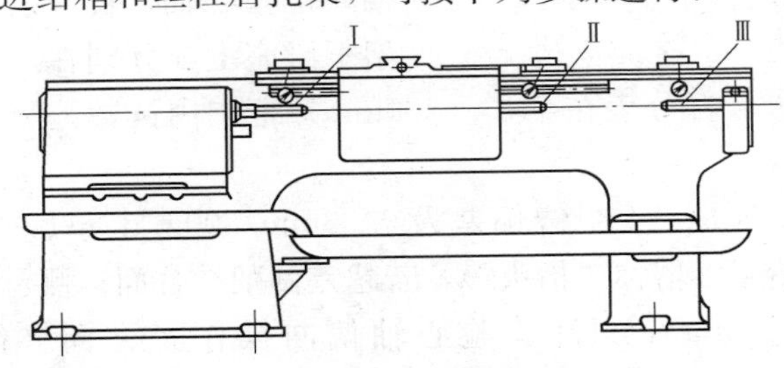

图 8-9　丝杠三点同轴度误差测量

a. 调整进给箱和后托架丝杠安装孔中心线与床身导轨平行度误差。用专用测量工具，检查进给箱和后支架用来安装丝杠孔的中心线。其对床身导轨平行度公差：上母线为 0.02mm/100mm，只许前端向上偏；侧母线为 0.01mm/100mm，只许向床身方向偏。若超差，则通过刮削进给箱和后托架与床身结合面来调整。

b. 调整进给箱、溜板箱和后托架三者丝杠安装孔的同轴度误差。以溜板箱上的开合螺母孔中心线为基准，通过抬高或降低进给箱和后托架丝杠支承孔的中心线，使丝杠三处支承孔同轴。其精度在Ⅰ、Ⅱ、Ⅲ三个支承点测量，上母线公差为 0.01mm/100mm。横向方向移出或推进溜板箱，使开合螺母中心线进给箱、后托架中心线同轴。其精度为侧母线 0.01mm/100mm。

调整合格后，进给箱、溜板箱和后托架即配作定位销钉，以确保精度不变。

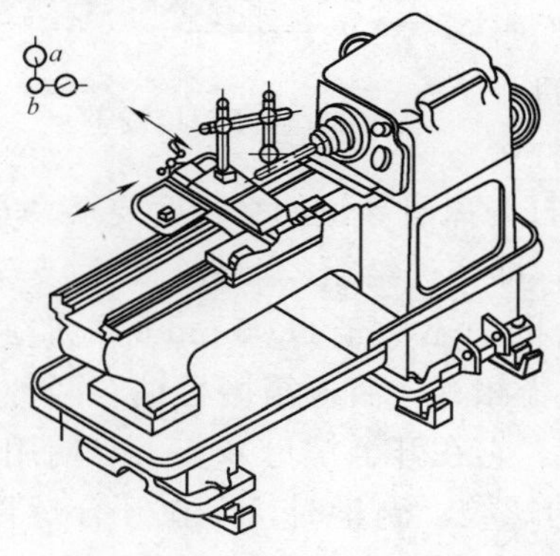

图 8-10　主轴轴线与床身导轨平行度误差测量

4）主轴箱的安装。主轴箱是以底平面和凸块侧面与床身接触来保证正确安装位置。底面是用来控制主轴轴线与床身导轨在垂直平面内的平行度误差；凸块侧面是控制主轴轴线在水平面内与床身导轨的平行度误差。主轴箱的安装，主要是保证这两个方向的平行度要求。安装时，按图 8-10 所示进行测量和调整。主轴孔插入检验心轴，百分表座吸在刀架下滑座上，分别在上母线和侧母线上测量，百分表在全长（300mm）范围内读数差就是平行度误差值。

安装要求是：上母线偏差为 0.03mm/300mm，只许检验心轴外端向上抬起（俗称“抬头”），若超差刮削结合面；侧母线偏差为 0.015mm/300mm，只许检验心轴偏向操作者方向（俗称“里勾”）。超差时，通过刮削凸块侧面来满足要求。

为消除检验心轴本身误差对测量的影响，测量时旋转主轴180°做两次测量，两次测量结果的代数和之半就是平行度误差。

5）尾座的安装。尾座的安装分两步进行：

a. 调正尾座的安装位置。以床身上尾座导轨为基准，配刮尾座底板，使其达到精度要求。

b. 调整主轴锥孔中心线和尾座套筒锥孔中心线对床身导轨的等距离。测量方法如图 8-11（a）所示，在主轴箱主轴锥孔内插入一个顶尖并校正其与主轴轴线的同轴度误差。在尾座套筒内，同样装一个顶尖，两顶尖之间顶一标准检验心轴。将百分表置于床鞍上，先将百分表测头顶在心轴侧母线，校正心轴在水平平面与床身导轨平行。再将测头置于检验心轴的上母线，百分表在心轴两端的读数差，即为主轴锥孔中心线与尾座套筒锥孔中心线对床身导轨的等距度误差。为了消除顶尖套中顶尖本身误差对测量的影响，一次检验后，将顶尖退出，转过 180°重新检验一次，两次测量结果的代数和之半即为其误差值。

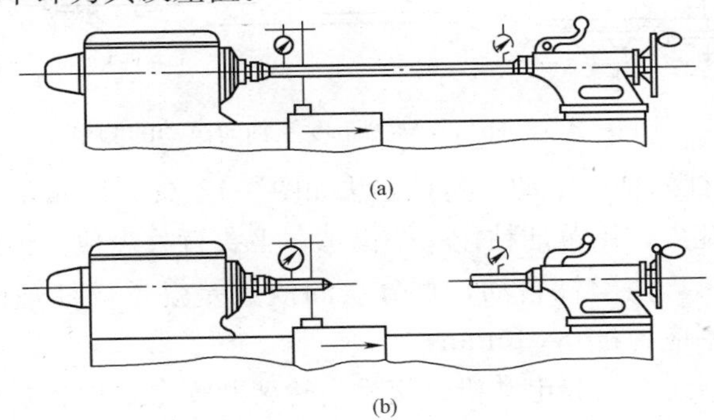

图 8-11　主轴锥孔中心线与顶尖锥孔中心线对床身导轨的等距度

（a）等距度的测量；（b）轴向窜动的测量

图 8-11（b）为另一种测量方法，即分别测量主轴和尾座锥孔中心线的上母线，再对照两检验心轴的直径尺寸和百分表读数，经计算求得。在测量之前，也要校正两检验心轴在水平面内与床身导轨的平行度误差。

测量结果应满足上母线允差 0.06mm（只允许尾座高）的要求，若超差，则通过刮削尾座底板来调整。

6）安装丝杠、光杠。溜板箱、进给箱、后支架的三支承孔同轴度校正后，就能装入丝杠、光杠。丝杠装入后应检验如下精度：

a. 测量丝杠两轴承中心线和开合螺母中心线对床身导轨的等距度。测量方法如图 8-12（a）所示，用专用测量工具在丝杠两端和中央三处测量。三个位置中对导轨相对距离的最大差值，就是等距度误差。测量时，开合螺母应是闭合状态，这样可以排除丝杠重量、弯曲等因素对测量数值的影响。溜板箱应在床身中间，防止丝杠挠度对测量的影响。此项精度允差为：在丝杠上母线上测量为 0.15mm；在丝杠侧母线上测量为 0.15mm。

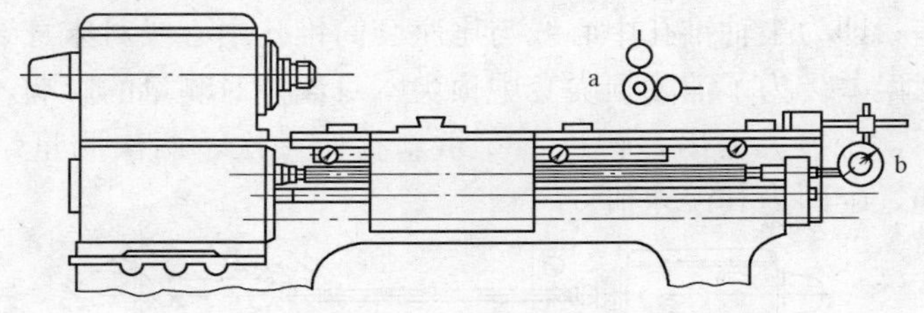

图 8-12　丝杠与导轨等距度及轴向窜动的测量

b. 丝杠的轴向窜动。测量方法如图 8-12（b）所示，在丝杠后端的中心孔内，用黄油粘住一个钢球，平头百分表顶在钢球上。合上开合螺母，使丝杠转动，百分表的读数差就是丝杠轴向窜动误差，最大不应超过 0.015mm。

此外，还有安装电动机、交换齿轮架及安全防护装置及操纵机构等工作。

7）安装刀架。小刀架部件装配在刀架下滑座上，按图 8-13 所示方法测量小刀架移动对主轴中心线的平行度误差。测量时，先横向移动刀架，使百分表触及主轴锥孔中插入的检验心轴上母线最高点。再纵向移动小刀架测量，误差不超过 0.03mm/100mm。若超差，通过刮削小刀架滑板与刀架下滑座的结合面来调整。

二、车床精度检验

车床的精度主要包括车床的几何精度和工作精度。

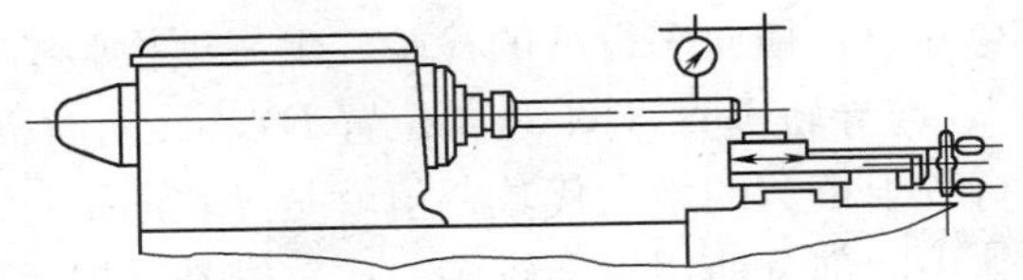

图 8-13　小刀架移动对主轴中心线的平行度误差的测量

1. 车床的几何精度检验

几何精度是指车床某些基础零件本身的几何形状精度、相互位置精度及其相对运动的精度。车床的几何精度是保证加工精度的最基本条件。

车床几何精度要求的项目及检验方法如下：

（1）床身导轨在纵向垂直平面内直线度的检验。将方框水平仪纵向放置在溜板上靠近前导轨处（图 8-14 中位置 A），从刀架处于主轴箱一端的极限位置开始，从左向右移动溜板，每次移动距离应近似等于水平仪的边框尺寸（200mm）。依次记录溜板在每一测量长度位置时的水平仪读数。将这些读数依次排列，用适当的比例画出导轨在垂直平面内的直线度误差曲线。水平仪读数为纵坐标，溜板在起始位置时的水平仪读数为起点，由坐标原点起作一折线段，其后每次读数都以前折线段的终点为起点，画出相应折线段，各折线段组成的曲线，即为导轨在垂直平面内直线度曲线。曲线相对其两端连线的最大坐标值，就是导轨全长的直线度误差，曲线上任一局部测量长度内的两端点相对曲线两端点的连线坐标差值，也就是导轨的局部误差。

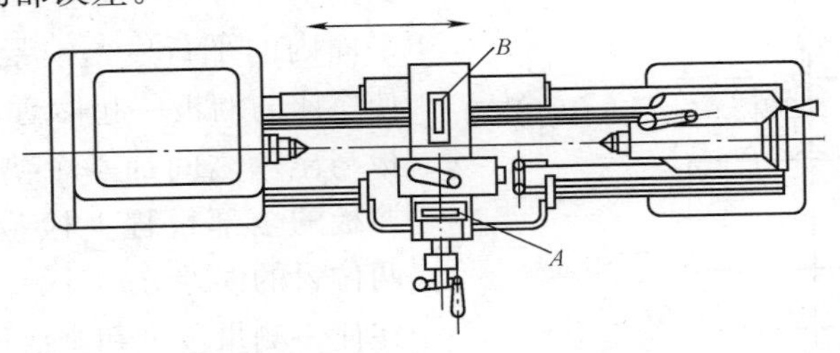

图 8-14　纵向导轨在垂直平面内的直线度和横向导轨平行度检验

（2）床身导轨在横向平行度的检验。上一项检验结束后，将水平仪转位 90°，与导轨垂直（图 8-14 位置 *B*），移动溜板逐段检查。水平仪在全行程上读数的最大代数差值就是导轨的平行度误差。

车床导轨中间部分使用机会较多，比较容易磨损，因此规定导轨只允许中部凸起。

（3）溜板移动在水平面内直线度的检验。将千分表固定在刀架上，使其测头顶在主轴和尾座顶尖间的检验棒侧母线上（图 8-15 位置 *A*），调整尾座，使千分表在检验棒两端的读数相等。然后移动溜板，在全行程上检验。千分表在全行程上读数的最大代数差值，就是水平面内的直线度误差。

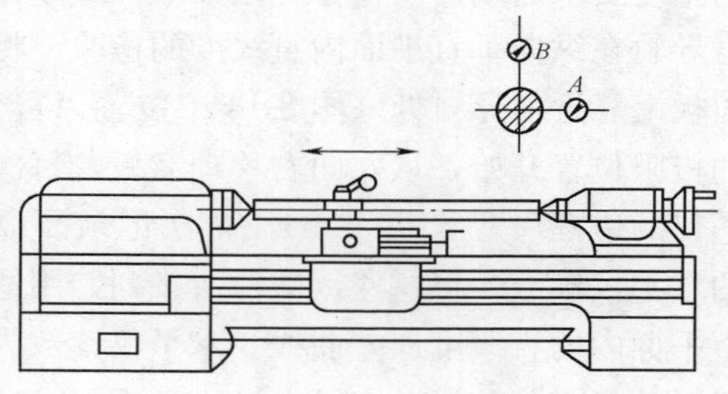

图 8-15　溜板移动在水平面内的直线度检验

（4）尾座移动时在垂直平面和水平面对溜板移动平行度的检验。将千分表固定在刀架上，使其测头分别顶在近尾座体端面顶尖套筒的上母线和侧母线上，如图 8-16 所示。*A* 位置检验在垂直平面内的平行度；*B* 位置检验在水平面内的平行度。锁紧顶尖套，使尾座与溜板一起移动（允许溜板与尾座之间加一个垫片），在溜板的全部行程上检验。*A*、*B* 两位置的误差分别计算，千分表在任一测量段上和全部行程上读数的最大差值，就是车床局部长度内和全部长度上的平行度

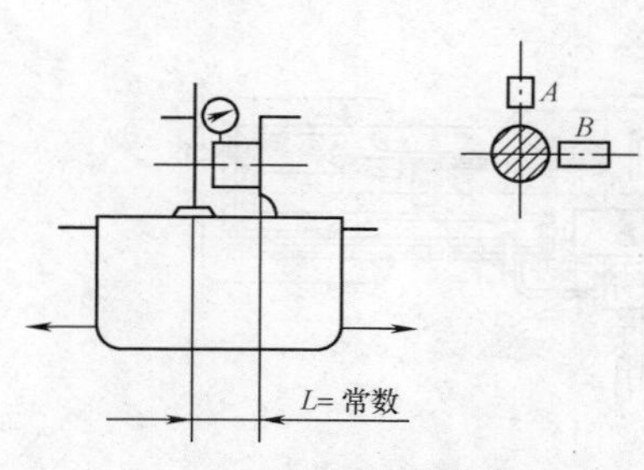

图 8-16　尾座移动对溜板移动平行度的检验

误差。

检验主轴与尾座两顶尖等高的方法则采用图 8-15 位置 B，两顶尖间顶一根长度约为最大顶尖距一半的检验棒，紧固尾座，锁紧顶尖套，将千分表固定在溜板上，移动溜板，在检验棒的两端检验上母线的等高度。千分表的最大读数差值，就是主轴和尾座两顶尖等高的误差。通常只允许尾座端高。

（5）主轴轴向窜动量的检验。在主轴锥孔内插入一根短锥检验棒，在检验棒中心孔放一颗钢珠，将千分表固定在车床上，使千分表平测头顶在钢珠上（图 8-17 位置 A），沿主轴轴线加一力 F，旋转主轴进行检验。千分表读数的最大差值，就是主轴轴向窜动的误差。

（6）主轴轴肩支承面跳动的检验。将千分表固定在车床上，使其测头顶在主轴轴肩支承面靠近边缘处（图 8-17 位置 B），沿主轴轴线加一力 F，旋转主轴检验。千分表的最大读数差值，就是主轴轴肩支承面的跳动误差。

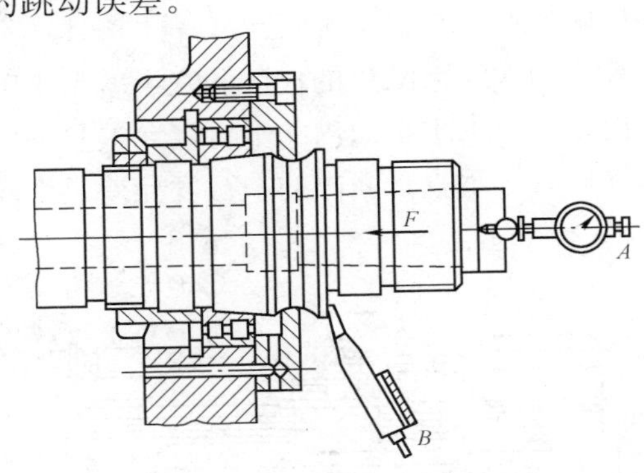

图 8-17　主轴轴向窜动和轴肩支承面跳动的检验

检验主轴的轴向窜动和轴肩支承面跳动时外加一轴向力 F，是为了消除主轴轴承轴向间隙对测量结果的影响。其大小一般等于 0.5～1 倍主轴重量。

（7）主轴锥孔轴线径向圆跳动的检验。将检验棒插入主轴锥孔，千分表固定在溜板上，使千分表测头顶在靠近主轴端面 A 处的检验棒表面，旋转主轴检验。然后移动溜板，使千分表移至距主轴端面 300mm 的 B 处，旋转主轴检验，如图 8-18 所示。A、B 的测量结果就是千分表读数的最大差值。为了消除检验棒误差对测量的影响，一次检验后，需拔出检验棒，相对主轴旋转 90°，重新插入主轴锥孔中依次再重复测量检验 3 次，取 4 次的测量结果平均值就是主轴锥孔轴线的径向圆跳动误差。A、B 两处的误差应分别计算。

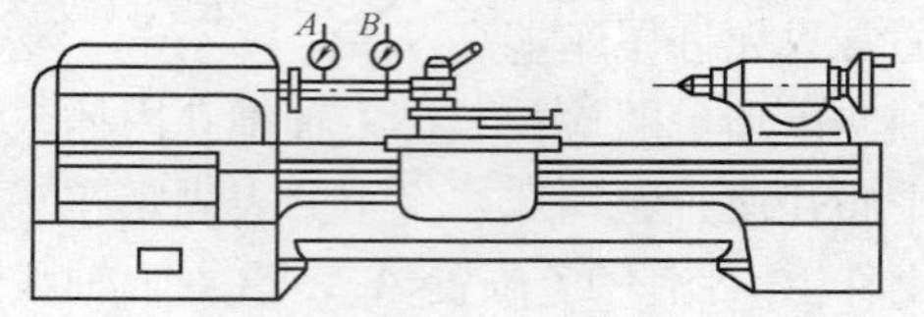

图 8-18　主轴锥孔轴线的径向圆跳动检验

（8）主轴轴线对溜板移动平行度的检验。在主轴锥孔中插入一检验棒，把千分表固定在刀架上，使千分表测头触及检验棒表面，如图 8-19 所示。移动溜板，分别对侧母线 A 和上母线 B 进行检验，记录千分表读数的最大差值。为消除检验棒轴线与旋转轴线不重合对测量的影响，必须旋转主轴 180°，再同样检验一次。A、B 的误差分别计算，两次测量结果的代数和之半就是主轴轴线对溜板移动的平行度误差。要求水平面内的平行度允差只许向前偏，即检验棒前端偏向操作者；垂直平面内的平行度允差只许向上偏。

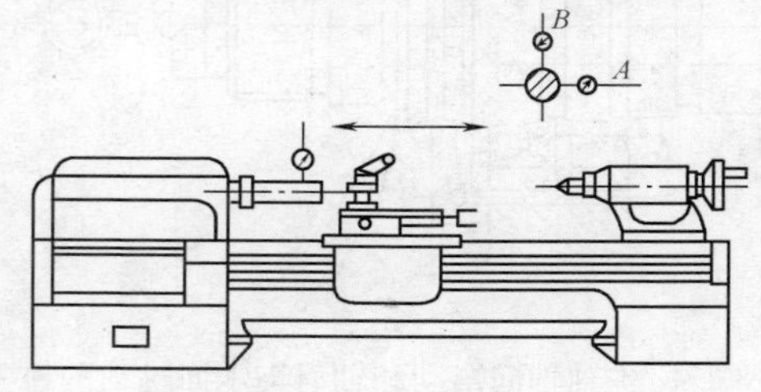

图 8-19　主轴轴线对溜板移动平行度的检验

（9）中滑板横向移动对主轴轴线的垂直度检验。将检验平盘固定于主轴锥孔中，千分表固定在中滑板上，使千分表测头顶在平盘端面，移动中滑板进行检验，如图 8-20 所示。将主轴旋转 180°，再同样检验一次，两次结果的代数和之半，就是垂直度误差。检验规定偏差方向 $\alpha \geqslant 90°$。

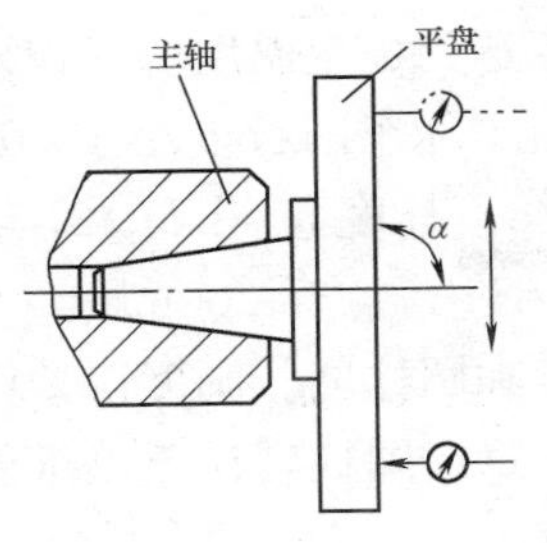

图 8-20　中滑板横向移动对主轴轴线的垂直度检验

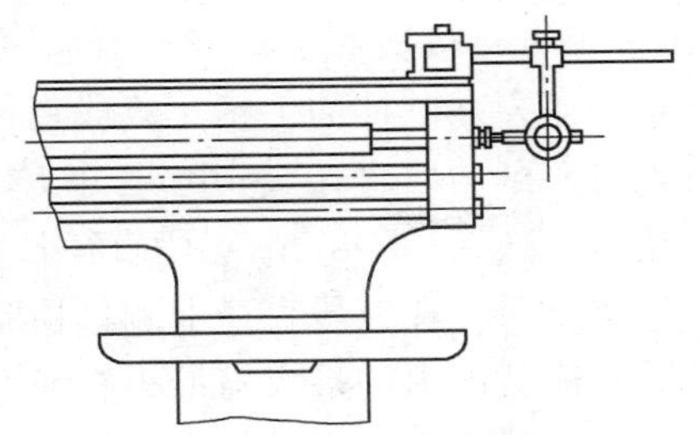

图 8-21　丝杠的轴向窜动检验

（10）丝杠的轴向窜动检验。在丝杠顶端中心孔内放置一钢球，将千分表固定在床身上，测头触及钢球，如图 8-21 所示。在丝杠中段闭合开合螺母，旋转丝杠检验。千分表读数的最大差值，就是丝杠的轴向窜动误差。

2. 车床的工作精度检验

车床的几何精度只能在一定程度上反映机床的加工精度，因为车床在实际工作状态下，还有一系列因素会影响加工精度。例如，在切削力、夹紧力的作用下，机床的零部件会产生弹性变形；在内、外热源的影响下，机床的零部件会产生热变形；在切削力和运动速度的影响下，机床会产生振动等。车床的工作精度是指车床在运动状态和切削力作用下的精度，即车床在工作状态下的精度。车床的工作精度是通过加工出来的试件精度来评定的，也是各种因素对加工精度影响的综合反映。

车床工作精度要求的项目及检验方法如下：

（1）精车外圆的圆度、圆柱度的检验。目的是检验车床在正常工作温度下，主轴轴线与溜板移动方向是否平行，主轴的旋转精度是否合格。其检验方法如图 8-22 所示，取直径大于或等于 $D_c/8$（D_c 为最大工件回转直径）的钢质圆柱试件，用卡盘夹持

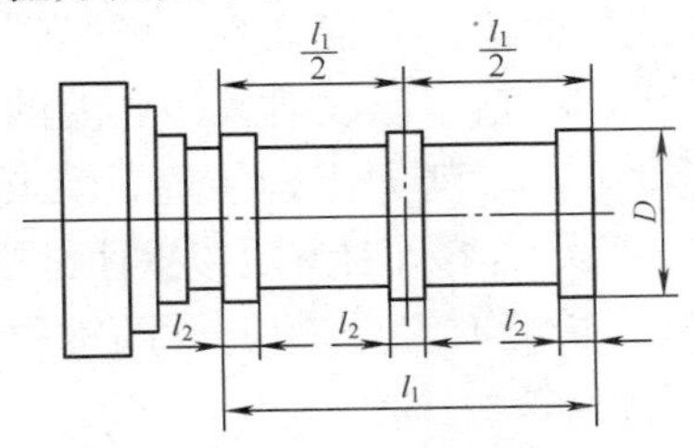

图 8-22　精车外圆的圆度、圆柱度检验

（试件也可直接插入主轴锥孔中），在机床达到稳定温度的工作条件下，用车刀在圆柱面上精车三段直径。当实际车削长度小于50mm时，可车削两段直径。实际尺寸 $D \geqslant D_c/8$，长度 $l_1 = D_c/2$，最长不超过 $l_{1max} = 500$mm。三段直径长度不超过 $l_{2max} = 200$mm。

精车后，在三段直径上测量检验圆度和圆柱度。圆度误差以试件同一横截面内的最大与最小直径之差计算；圆柱度误差以试件在任意轴向截面内最大与最小直径之差计算。

（2）精车端面平面度的检验。目的是检查车床在正常工作温度下，刀架横向移动对主轴轴线的垂直度和横向导轨的直线度。其检验方法如图8-23所示，取直径大于或等于 $D_c/2$ 的盘形铸铁试件，用卡盘夹持，在机床达到稳定温度的工作条件下，精车垂直于主轴的端面，可车两个或三个20mm宽的间隔平面，其中之一为中心平面。实际尺寸 $D \geqslant D_c/2$；L 最大不超过 $l_{max} = D_c/8$。

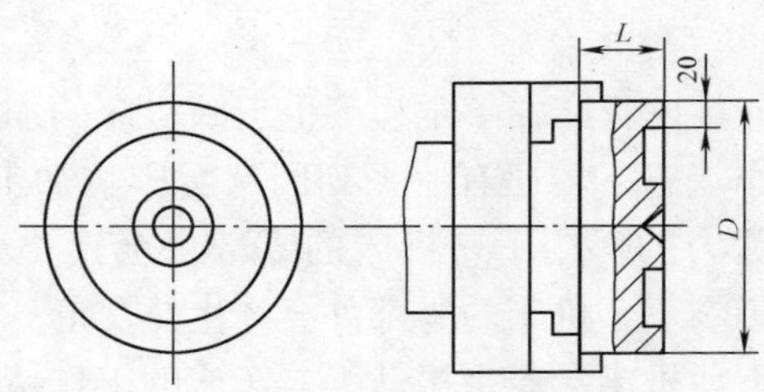

图8-23 精车端面平面度的检验

精车后，用平尺和量块检验，也可用千分表检验。千分表固定在刀架上，使其测头触及端面的后部半径上，移动刀架检验，千分表读数的最大差值之半，就是端面平面度误差。

（3）精车螺纹时螺距误差的检验。目的是检查车床在正常工作温度下，车削加工螺纹时，其传动系统的准确性。其检验方如图8-24所示，在车床两顶尖间顶一根直径与车床丝杠直径相近（或相等）、长度 $L_{min} \geqslant 300$mm的钢质试件，精车和车床丝杠螺距相等的60°普通螺纹。

精车后，在300mm全长和任意50mm的长度内，用专用精密检验工具在试件螺纹的左、右侧面，检验其螺距误差。螺纹表面无

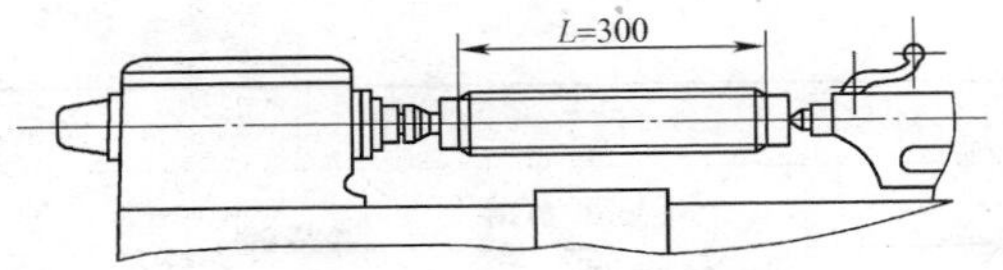

图 8-24　精车螺纹的螺距误差检验

凹陷与波纹、表面粗糙度达到要求，检验结果才真实可信。

（4）车槽（切断）试验。目的是考核车床主轴系统及刀架系统的抗振性能，检查主轴部件的装配质量、主轴旋转精度、溜板刀架系统刮研配合的接触质量及配合间隙是否合适。

车床工作精度试验规范见表 8-1。

表 8-1　　**车床工作精度试验**

试验项目	项目	内容		
精车外圆试验	材　料	45 钢	尺寸	（ϕ80mm～ϕ50mm）×250mm
	刀　具	1. 高速钢车刀几何形状：$\gamma_o=10^\circ$　$\alpha_o=6^\circ$　$k_r=60^\circ$　$k'_r=60^\circ$　$\lambda_s=0^\circ$　$\gamma_\varepsilon=1.5$mm 2. 45°标准外圆车刀 YT30		
	切削规范	主轴转速	n	230r/min
		背吃刀量	a_p	0.2～0.4mm
		进给量	f	0.08mm/r
		切削速度	v_c	58～32.8m/min
		切削长度	l_m	150mm
		机动时间	t_m	8.15min
	损耗功率	切削功率	P_m	0.123～0.077kW
		电动机功率	P_E	1.823～1.777kW
	精度检验	圆　度 锥　度		0.01mm 0.01/100mm
	表面粗糙度 Ra	2.5～1.25μm 工件表面不应有目力直接能看到的振痕和波纹		
	装夹方式	用卡盘		

续表

精车端面试验	材　料	铸铁 HT200	尺寸	ϕ250mm
	刀　具	45°标准右偏刀		YG8
	切削规范	主轴转速	n	96～230r/min
		背吃刀量	a_p	0.2～0.3mm
		进给量	f	0.12mm/r
		切削速度	v_c	75～178m/min
		切削长度	l_m	125mm
		机动时间	t_m	10.9～4.5min
	损耗功率	切削功率	P_m	0.485kW
		电动机功率	P_E	2.185kW
	精度检验	端面平面度		0.02mm（只许凹）
	装夹方式	用卡盘		
精车螺纹试验	材　料	45 钢	尺寸	ϕ40mm×500mm
	刀　具	高速钢 60°标准螺纹车刀		
	切削规范	主轴转速	n	19r/min
		背吃刀量	a_p	0.02mm（最后精车）
		进给量	f	6mm/r
	表面粗糙度 Ra	2.5～1.25μm 无振动波纹		
	精度检验	在 100mm 测量长度上允差为 0.05mm 在 300mm 测量长度上允差为 0.075mm		
	装夹方式	用顶尖顶住		
切断试验	材　料	45 钢	尺寸	ϕ80mm×150mm
	刀　具	标准切刀　切刀宽度 5mm		
	切削规范	主轴转速	n	200～300r/min
		进给量	f	0.1～0.2mm
		切削速度	v_c	50～70m/min
		切削长度	l_m	120mm
	表面粗糙度	切断底面不应有振动及振痕		
	装夹方式	用卡盘或插入主轴锥孔中		

注　精车外圆、端面及螺纹三项试验是大修理后的车床必须进行的，它可以综合性地检验车床的最后修理质量。切断试验只在必要时进行。

3. 卧式车床精度对加工质量的影响

影响加工质量的因素很多，当发现加工质量有问题时，首先应从工件材料、工件装夹、刀具、加工方法和零件结构工艺性等方面找原因。当这些因素被排除后，就要从车床精度方面找原因。

卧式车床的各项精度所对应的车床本身的误差，加工时就会在被加工的零件上反映出来，影响零件的加工质量和效率。卧式车床机床误差对加工质量的影响列于表 8-2，在实际生产中，可依据有关影响的因素对车床的精度误差进行调整或修理。

表 8-2　　卧式车床机床误差对加工质量的影响

序号	机床误差	对加工质量的影响	加工误差简图
1	床身导轨在垂直平面内的直线度误差	车内、外圆时，刀具纵向移动过程中高低位置发生变化，影响工件素线的直线度，但影响较小	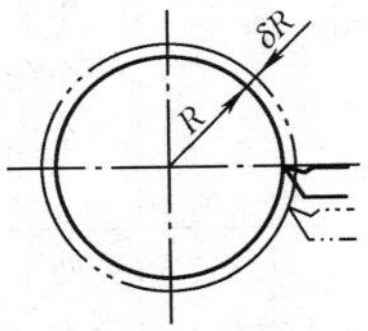 δR R
2	床身导轨的平行度误差	车内、外圆时，刀具纵向移动过程中前后摆动，影响工件素线的直线度，影响较大	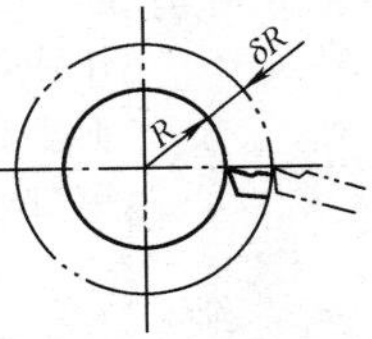 δR R
3	溜板移动在水平面内的直线度误差	车内、外圆时，刀具纵向移动过程中前后位置发生变化，影响工件素线的直线度，影响很大	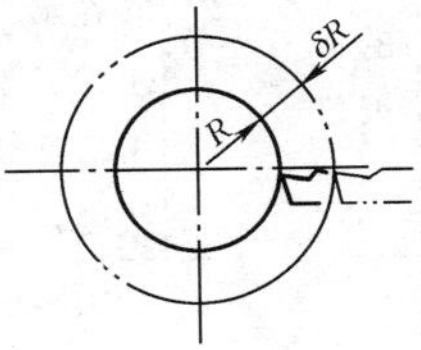 δR R
4	主轴轴线的径向圆跳动误差	用两顶尖支承工件车削外圆时，影响工件的圆度，加工表面与中心孔的同轴度、多次装夹时加工出的各表面的同轴度，以及工作表面粗糙度	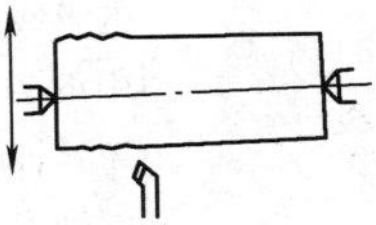

续表

序号	机床误差	对加工质量的影响	加工误差简图
5	主轴定心轴颈的径向圆跳动误差	用卡盘夹持工件车削内外圆时，使工件产生圆度、圆柱度误差，增大表面粗糙度；影响加工表面与夹持面的同轴度，多次装夹中加工出的各表面的同轴度；钻、扩、铰孔时引起孔径扩大以及工件表面粗糙度	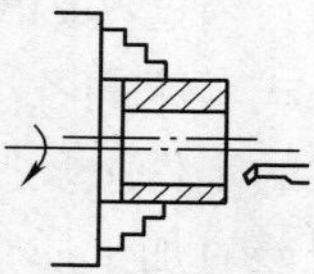
6	主轴的轴向窜动	车削端面时，影响工件的平面度 精车内外圆时，影响加工表面的粗糙度 车削螺纹时，影响螺距精度	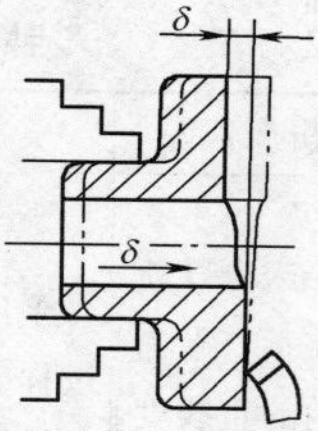 δ δ
7	主轴轴肩支承面的跳动	使卡盘或其他夹具装在主轴上发生歪斜，影响被加工表面与基准面之间的相互位置精度，如内、外圆同轴度，端面对圆柱轴线的垂直度等	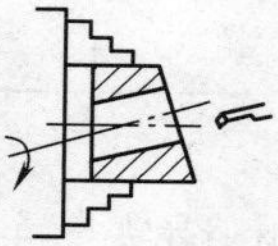
8	主轴轴线对溜板移动的平行度误差	用卡盘或其他夹具夹持工件（不用后顶尖支承）车削内外圆时，刀尖移动轨迹与工件回转轴线在水平面内的平行度误差，使工件产生锥度；在垂直平面内的平行度误差，影响工件素线的直线度	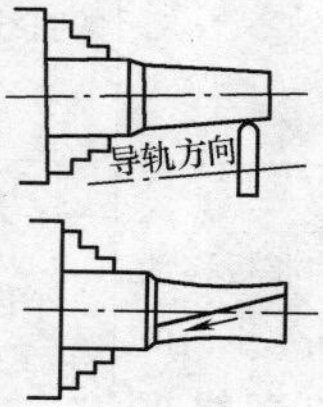 导轨方向
9	前后顶尖的等高度误差	用两顶尖支承工件车削外圆时，刀尖移动轨迹与工件回转轴线间产生平行度误差，影响工件素线的直线度；用装在尾座套筒锥孔中的刀具进行钻、扩、铰孔时，刀具轴线与工件回转轴线间产生同轴度误差，引起被加工孔的孔径扩大	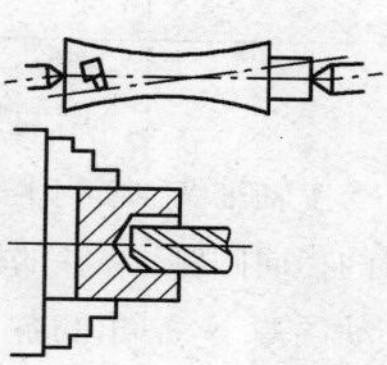

续表

序号	机床误差	对加工质量的影响	加工误差简图
10	尾座套筒锥孔轴线对溜板移动的平行度误差	用装在尾座套筒锥孔中的刀具进行钻、扩、铰孔时，在主轴轴线对溜板移动的平行度保证前提下，本项误差将使刀具轴线与工件回转轴线间产生同轴度误差，使加工孔的孔径扩大，并产生喇叭形	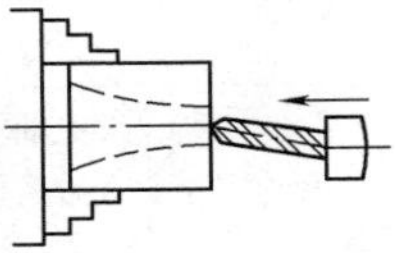
11	尾座套筒轴线对溜板移动的平行度误差	用两顶尖支承工件车削外圆时，影响工件素线的直线度 用装在尾座套筒锥孔中的刀具进行钻、扩、铰孔时，在主轴轴线对溜板移动的平行度保证前提下，本项误差将使刀具进给方向与工件回转轴线不重合，引起被加工孔的孔径扩大和产生喇叭形	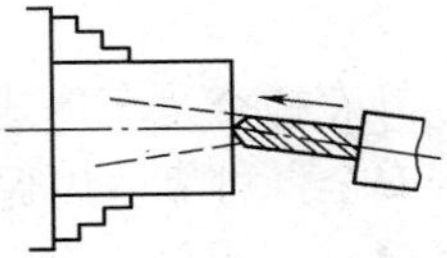
12	尾座移动对溜板移动的平行度误差	尾座移动至床身导轨上不同纵向位置时，尾座套筒的锥孔轴线与主轴轴线会产生等高度误差，影响钻、扩、铰孔以及两顶尖支承工件车削外圆时的加工精度，如产生圆柱度误差等	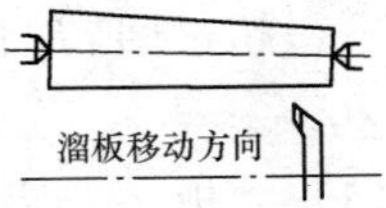 溜板移动方向
13	小滑板移动对主轴轴线的平行度误差	用小滑板进给车削圆锥面时，影响工件素线的直线度	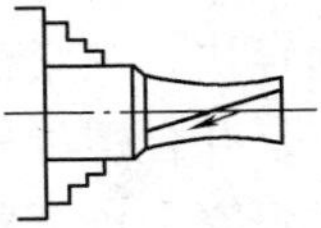
14	中滑板移动对主轴轴线的垂直度误差	车端面时影响工件的平面度和垂直度	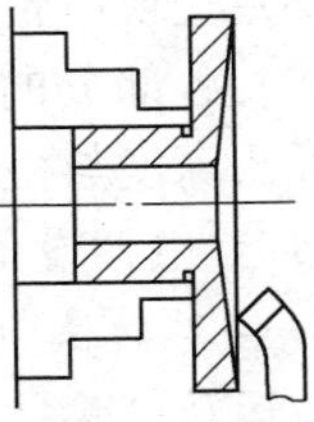

续表

序号	机床误差	对加工质量的影响	加工误差简图
15	丝杠的轴向窜动	车螺纹时，刀具随刀架纵向进给时将产生轴向窜动，影响被加工螺纹的螺距精度	
16	由丝杠所产生的螺距累积误差	主轴与刀架不能保持准确的运动关系，影响被加工螺纹的螺距精度	

注 表中所列各项车床精度误差，凡对车内外圆加工精度有影响的，则对车螺纹加工精度同样也有影响。

三、车床的试车、检查和验收

1. 静态检查

静态检查是车床进行性能试验之前的检查，主要普查车床各部是否安全，可靠，以保证试车时不出事故。应从以下方面进行检查：

(1) 用手转动各传动件，应运转灵活。

(2) 变速手柄和换向手柄应操纵灵活，定位准确、安全可靠。手轮或手柄转动时，其转动力用拉力器测量，不应超过 80N。

(3) 移动机构的反向空行程量应尽量小，直接传动的丝杠，空行程不得超过回转圆圈的 $r/30$；间接传动的丝杠，空行程不得超过 $r/20$。

(4) 溜板、刀架等滑动导轨在行程范围内移动时，应轻重均匀和平稳。

(5) 顶尖套在尾座孔中作全长伸缩，应滑动灵活而无阻滞，手轮转动轻快，锁紧机构灵敏无卡死现象。

(6) 开合螺母机构开合应准确可靠，无阻滞或过松的感觉。

(7) 安全离合器应灵活可靠，在超负荷时，能及时切断运动。

(8) 交换齿轮架与交换齿轮间的侧隙适当，固定装置可靠。

(9) 各部分的润滑加油孔有明显的标记，清洁畅通。油线清洁，插入深度与松紧合适。

(10) 电器设备起动、停止应安全可靠。

2. 空运转试验

空运转试验是在无负荷状态下起动车床，检查主轴转速。从最低转速依次提高到最高转速，各级转速的运转时间不少于 5min，最高转速的运转时间不少于 30min。同时，对机床的进给机构也要进行低、中、高进给量的空运转，并检查润滑液压泵输油情况。

车床空运转时应满足以下要求：

（1）在所有的转速下，车床的各部工作机构应运转正常，不应有明显的振动。各操纵机构应平稳、可靠。

（2）润滑系统正常、畅通、可靠，无泄漏现象。

（3）安全防护装置和保险装置安全可靠。

（4）在主轴轴承达到稳定温度时（即热平衡状态），轴承的温度和温升均不得超过如下规定：滑动轴承温度 60℃，温升 30℃；滚动轴承温度 70℃，温升 40℃。

对车床进行空运转试验的检验项目及验收要求见表 8-3。

表 8-3　　车床空运转试验的检验项目及验收要求

序号	项　目	验　收　要　求
1	紧固件、操纵件、导轨间隙的检查	（1）固定连接面应紧密贴合，用 0.03mm 塞尺检验时应插不进。滑动导轨的表面除用涂色法检验接触斑点外，用 0.03mm 塞尺检查在端面部的插入深度应≤20mm （2）转动手轮手柄时，所需的最大操纵力不应超过 80N
2	主轴箱部件空运转试验	（1）检查主轴箱中的油平面，不得低于油标线 （2）变换速度和进给方向的变换手柄应灵活，在工作位置上和非工作位置上固定定位要可靠 （3）进行空运转试验，试验时从最低速度开始依次运转主轴的所有转速。各级转速的运转时间以观察正常为限，在最高速度的运转时间不得少于 30min （4）主轴的滚动轴承温度升高数不应超过 40℃；主轴的滑动轴承温度升高数不应超过 30℃；其他机构的轴承温度升高数不应超过 20℃；要避免因润滑不良而使主轴发生振动及过热 （5）摩擦离合器必须保证能够传递额定的功率而不发生过热现象 （6）主轴箱制动装置在主轴转数 300r/min 时，其制动为 2～3r

续表

序号	项　目	验　收　要　求
3	对尾座部件的检查	(1) 顶尖套由轴孔的最内端伸出至最大长度时应无不正常的间隙和滞塞，手轮转动要轻便，螺栓拧紧与松出应灵活 (2) 顶尖套的夹紧装置应灵活可靠
4	溜板与刀架部件的检查	(1) 溜板在床身导轨上，刀架的上、下滑座在燕尾导轨上的移动应均匀平稳，镶条、压板应松紧适宜 (2) 各丝杠应旋转灵活准确，有刻度装置的手轮，手柄反向时的空程量不超过 1/20r
5	进给箱、溜板箱部件的检查	(1) 各种进给及换向手柄应与标牌相符，固定可靠，相互间的互锁动作可靠 (2) 启闭开合螺母的手柄应准确可靠，且无阻滞或过松感觉 (3) 溜板及刀架在低速、中速、高速的进给试验中应平稳正常且无显著振动 (4) 溜板箱的脱落蜗杆装置应灵活可靠，按定位挡铁的位置能自行停止
6	对交换齿轮架的检查	交换齿轮要配合良好，固定可靠
7	对电动机带的检查	电动机带的松紧要适中，四根 V 带应同时起作用
8	润滑系统的检查	各部分的润滑孔应有显著的标记，用油绳润滑的部位应备有油绳，有储油池的部分应将润滑油加到油标线高度
9	电气设备检查	其起动、停止等动作应可靠

3. 负荷试验

车床经空运转试验合格后，将转速调至中速（最高转速的 1/2 或高于 1/2 的相邻一级转速）下继续运转，待其达到热平衡状态时，即可进行负荷试验。

全负荷强度试验的目的是考核车床主传动系统能否输出设计所允许的最大转矩和功率。在全负荷试验时，要求车床所有机构均应工作正常，动作平稳，不准有振动和噪声。主轴转速不得比空转时降低 5%以上。各手柄不得有颤抖和自动换位现象。试验时，允许将摩擦离合器调紧 2～3 孔，待切削完毕再松开至正常位置。

车床负荷试验见表 8-4。

表 8-4　车床负荷试验

<table>
<tr><td rowspan="14">车床全负荷强度试验</td><td>材　料</td><td>45 钢</td><td>尺寸</td><td>ϕ194mm×750mm</td></tr>
<tr><td>刀　具</td><td colspan="2">45°标准外圆车刀</td><td>YT5</td></tr>
<tr><td rowspan="6">切削规范</td><td>主轴转速</td><td>n</td><td>46r/min</td></tr>
<tr><td>背吃刀量</td><td>a_p</td><td>5.5mm</td></tr>
<tr><td>进给量</td><td>f</td><td>1.01mm/r</td></tr>
<tr><td>切削速度</td><td>v_c</td><td>27.2m/min</td></tr>
<tr><td>切削长度</td><td>l_m</td><td>95mm</td></tr>
<tr><td>机动时间</td><td>t_m</td><td>2min</td></tr>
<tr><td rowspan="3">损耗功率</td><td>空转功率</td><td>P_o</td><td>0.025～0.72kW</td></tr>
<tr><td>切削功率</td><td>P_m</td><td>5.3kW</td></tr>
<tr><td>电动机功率</td><td>P_E</td><td>7kW</td></tr>
<tr><td>注意事项</td><td colspan="3">（1）机床在重切削时，所有各机构应正常工作，电气设备、润滑冷却系统及其他部分均不应有不正常现象，动作应平稳，不准有振动及噪声
（2）主轴转速不得比空回转时降低 5%以上
（3）各部手柄不得有颤抖及自动换位现象</td></tr>
<tr><td>装夹方式</td><td colspan="3">用顶尖顶住</td></tr>
<tr><td rowspan="14">车床超负荷强度试验</td><td>材　料</td><td>45 钢</td><td>尺寸</td><td>ϕ205mm×750mm</td></tr>
<tr><td>刀　具</td><td colspan="2">45°标准外圆车刀</td><td>YT5</td></tr>
<tr><td rowspan="6">切削规范</td><td>主轴转速</td><td>n</td><td>46r/min</td></tr>
<tr><td>背吃刀量</td><td>a_p</td><td>6.5mm</td></tr>
<tr><td>进给量</td><td>f</td><td>1.01mm/r</td></tr>
<tr><td>切削速度</td><td>v_c</td><td>29m/min</td></tr>
<tr><td>切削长度</td><td>l_m</td><td>95mm</td></tr>
<tr><td>机动时间</td><td>t_m</td><td>2min</td></tr>
<tr><td rowspan="3">损耗功率</td><td>空转功率</td><td>P_o</td><td>0.625～0.72kW</td></tr>
<tr><td>切削功率</td><td>P_m</td><td>6.6kW</td></tr>
<tr><td>电动机功率</td><td>P_E</td><td>8.3kW</td></tr>
<tr><td>注意事项</td><td colspan="3">（1）在机床超负荷试验时，摩擦离合器不得脱开
（2）溜板箱的脱落蜗杆调整至不自动脱落
（3）交换齿轮架应固定可靠，更换齿轮啮合不应过紧
（4）切削时不应有显著的振动及噪声，各部手柄也不应有显著的颤抖和自动换位现象</td></tr>
<tr><td>装夹方式</td><td colspan="3">用顶尖顶住</td></tr>
</table>

注　1. 车床全负荷强度切削前将摩擦离合器调紧 2～3 个切口，切削完毕后再松开至正常情况。

2. 车床超负荷切削只在真正有需要的时候进行，一般不做这项试验。

四、卧式车床常见故障及排除方法

车床在使用过程中，会发生这样或那样的故障，而故障的发生和存在，一方面严重地影响工件的加工质量，甚至使加工无法继续进行下去；另一方面故障将使车床有关部件磨损加剧，甚至导致部件损坏，进而造成停机修理。因此，当车床出现故障时，应能尽快地分析判断出故障发生部位和产生原因，并进一步分析找出与故障相关的部件，提出消除故障的建议和方法。对一般性的故障，应自己动手设法消除。车床发生故障的种类很多，大致可归纳为：①车床本身制造精度误差；②零件磨损和损坏；③机构配合松动以及受到意外冲击。卧式车床常见故障现象、产生原因及排除方法见表 8-5。

表 8-5　卧式车床常见故障产生原因及排除方法

故障现象	产生原因	消除方法
方刀架压紧及刀具紧固后出现小刀架手柄转动不灵活或转不动	(1) 小滑板丝杆弯曲 (2) 方刀架和小滑板底板的结合面不平，接触不良，压紧后或刀具固紧后小滑板产生变形	(1) 校直小滑板丝杆 (2) 刮研方刀架和小滑板的接触面，提高接触精度，增强刚性
横向移动手柄转动不灵活，轻重不一致	(1) 中滑板丝杆弯曲 (2) 镶条接触不良 (3) 中滑板上刻度盘内孔与外径不同轴，或内外圆与端面不垂直，或中滑板上孔轴线与端面不垂直 (4) 小滑板与中滑板的贴合面接触不良，紧固中滑板产生变形	(1) 校直中滑板丝杆 (2) 修刮镶条 (3) 修配刻度盘，使之内外径同轴，并与端面垂直，修刮中滑板，使之孔轴线与端面垂直 (4) 刮研中、小滑板的贴合面，提高接触精度
切削时主轴转速自动降低或自动停车	(1) 摩擦离合器过松或磨损 (2) 主轴箱变速手柄定位弹簧过松，使齿轮脱开 (3) 电动机带过松 (4) 摩擦离合器轴上的弹簧垫圈或锁紧螺母松动	(1) 调整摩擦离合器间隙，增大摩擦力 (2) 调整变换手柄定位弹簧压力，使手柄定位可靠，不易脱挡 (3) 调整 V 带的传动松紧程度 (4) 调整弹簧垫圈及锁紧螺钉

续表

故障现象	产生原因	消除方法
停车后主轴的自转现象	(1) 摩擦离合器调整过紧，停车后摩擦片仍未完全脱开 (2) 制动器过松，制动带刹不住车	(1) 调整放松摩擦离合器 (2) 调紧制动带
溜板箱自动进给手柄容易脱开	(1) 脱落蜗杆的弹簧压力过松 (2) 蜗杆托架上的控制板与杠杆的倾角磨损 (3) 进给手柄的定位弹簧压力过松	(1) 调整脱落蜗杆的弹簧压力，使脱落蜗杆在正常负荷下不脱落 (2) 焊补控制板，并将挂钩处修锐 (3) 调紧弹簧，若定位孔磨损可铆补后重新打孔
溜板箱自动进给手柄在碰到定位挡铁后还脱不开	(1) 脱落蜗杆压力弹簧调节过紧 (2) 蜗杆锁紧螺母紧死，迫使进给箱的移动手柄跳开或交换齿轮脱开	(1) 调松脱落蜗杆的压力弹簧 (2) 松开蜗杆的锁紧螺母，调整间隙
主轴发热（非正常温升）	(1) 主轴轴承间隙过小，使摩擦力和摩擦热增加 (2) 主轴轴承供油过少，缺油润滑造成干摩擦，使主轴发热 (3) 主轴在长期的全负荷车削中，刚性降低，发生弯曲，传动不平稳而发热	(1) 调整主轴轴承，适当放大间隙 (2) 控制润滑油的供给，疏通油路 (3) 尽量避免长期全负荷车削
主轴箱油标不注油	(1) 滤油器、油管堵塞 (2) 油泵活塞磨损，油压过小 (3) 进油管漏压，油量减少	(1) 清洗滤油器，疏通油路 (2) 修复或配换活塞 (3) 拧紧管接头

第三节　铣床的安装、调整及精度检验

铣床是用铣刀进行铣削加工的机床，能加工平面、沟槽、键槽、T形槽、燕尾槽、螺纹、螺旋槽，以及有局部表面的齿轮、链

轮、棘轮、花键轴，各种成形表面等，用锯片铣刀还可切断工件。铣床的主体运动是铣刀的旋转运动。

一、铣床主要部件的安装

铣床一般具有相互垂直的三个方向上的调整移动，其中任一方向的移动都构成进给运动。下面以 X62W 型卧式铣床为例，说明其安装要点。

X62W 卧式铣床的工艺特点是主轴水平布置，工作台沿纵向、横向和垂直三个方向作进给运动或快速移动。工作台在水平方向可作±45°的回转，以调整所需角度，适应螺旋表面加工。机床加工范围广，刚度好，生产率高。

（1）床身。床身是整个机床的基础。电动机、变速箱的变速操纵机构、主轴等安装在其内部，升降台、横梁等分别安装在其下部和顶部。它保证工作台的垂直升降的直线度。

（2）主轴。主轴的作用是紧固铣刀刀杆并带动铣刀旋转。主轴做成空心，其前端为锥孔，与刀杆的锥面紧密配合。刀杆通过螺杆将其压紧。主轴轴颈与锥孔同心度要求高，否则主轴旋转时的平稳性不能保证。主轴的转速通过操纵机构变换床身内部的齿轮位置而变换。

（3）横梁。横梁上可安装吊架，用来支承刀杆外伸的一端，以加强刀杆的刚度。横梁可在床身顶部的水平导轨中移动，以调整其伸出的长度。

（4）升降台。升降台可沿床身侧面的垂直导轨上、下移动。升降台内装有进给运动的变速传动装置、快速移动装置及其操纵机构，在其上装有水平横向工作台，可沿横向水平（主轴方向）移动。滑鞍上装有回转盘，回转盘的上面有一纵向水平燕尾导轨，工作台可沿其作水平纵向移动。

（5）工作台。工作台包括纵向工作台、回转盘和横向工作台三个部分。纵向工作台可以在回转盘上的燕尾导轨中在丝杠、螺母的带动下作纵向移动，以带动台面上的工件作纵向进给。台面上开有三条 T 形直槽，槽内可放置螺栓，以紧固台面上的工件和附具。一些夹具或附具的底面往往装有定位键，在装上工作台时，一般应使键侧在T形槽内紧贴，夹具或附具便能在台面上迅速定向。在三条槽中，中间的一条精度最高，其余两条较低。横向工作台在升降台上面的水平导轨上，可带动纵向工作台一起作横向移动。横向工作台上的转盘的作用是使纵向工作台在水平面内旋转±45°角，以便铣削螺旋槽。工作台的移动可手摇相应的手柄使其作横向、纵向移动和升降移动，也可以由装在升降台内的进给电动机带动作自动送进。自动送进的速度可通过操纵进给变速机构加以变换。需要时，还可做快速运动。

（6）万能立铣头。万能立铣头是X62W型铣床的重要附件，它能扩大铣床的应用范围，安装上它后可以完成立式铣床的工作。

图8-25所示为X62W型铣床的万能立铣头，由主轴座体1、壳体12、座体2、主轴11等构成。座体1由楔铁4配合，用螺钉3紧固在床身垂向导轨上。立铣头是空心主轴，前端为莫氏4号圆锥

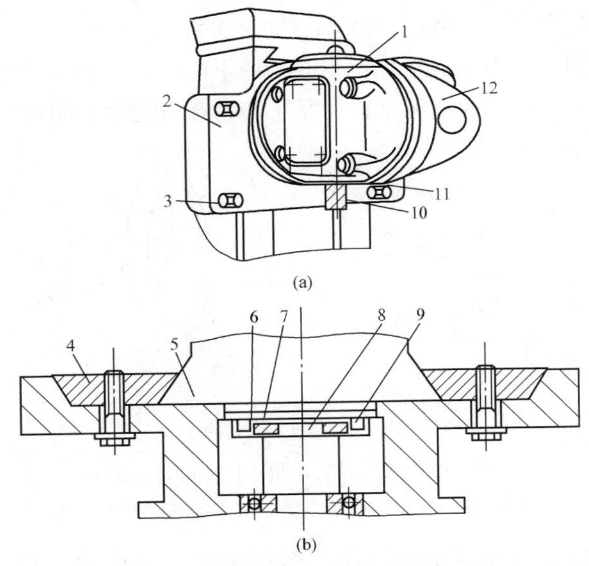

图8-25　万能立铣头及安装

（a）万能立铣头；（b）立铣头安装平面图

1—主轴座体；2—座体；3—螺钉；4—楔铁；5—床身导轨；6—铣床主轴；7—连接盘；8—轴；9—铣床主轴凸键；10—铣刀；11—主轴；12—壳体

孔，用来安装铣刀和刀轴，立铣头可在纵向和横向两个相互垂直的平面内作360°转动，所以能与工作台面成任意角度。

二、铣床的合理使用和调整

1. 铣床的合理使用和正确操作

以X62W型铣床为例，其合理使用和正确操作说明如下：

(1) 工作台的纵、横、垂向的手动进给操作。将工作台纵向手动进给手柄、工作台横向手动进给手柄、工作台垂向手动进给手柄，分别接通其手动进给离合器，摇动各手柄，带动工作台作各进给方向的手动进给运动。顺时针方向摇动手柄，工作台前进（或上升）；逆时针方向摇动手柄，工作台后退（或下降）。摇动各手柄，工作台作手动进给运动时，进给速度应均匀适当。

纵向、横向刻度盘圆周刻线120格，每摇动手柄一转，工作台移动6mm，每摇动一小格，工作台移动0.05mm（6/120mm）；垂向刻度盘圆周刻线40格，每摇动手柄一转，工作台上升（或下降）2mm；每摇动一小格，工作台上升（或下降）0.05mm，如图8-26所示。摇动各手柄，通过刻度盘控制工作台在各进给方向和移动距离。

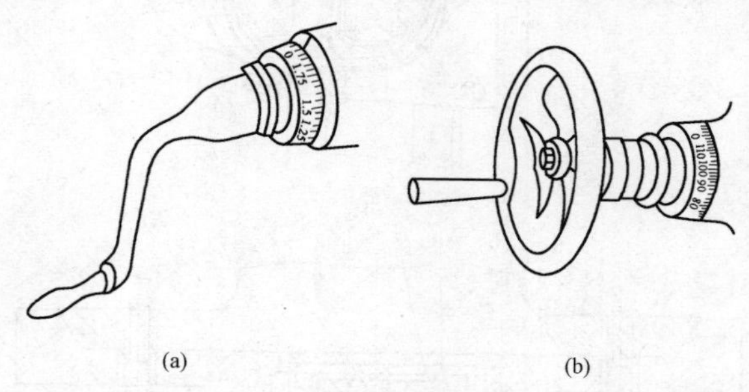

图8-26 纵、横、垂向手柄和刻度盘

(a) 垂向手柄和刻度盘；(b) 纵、横向手柄和刻度盘

摇动各进给方向手柄，使工作台按某一方向要求的距离移动时，若手柄过头，不能直接退回到要求的刻线处，应将手柄退回一转后，再重新摇到要求的数值，如图8-27所示。

(2) 主轴变速操作。如图8-28所示，变速主轴转速时，手握变速手柄球部，将变速手柄1下压，使手柄的楔块从固定环2槽Ⅰ

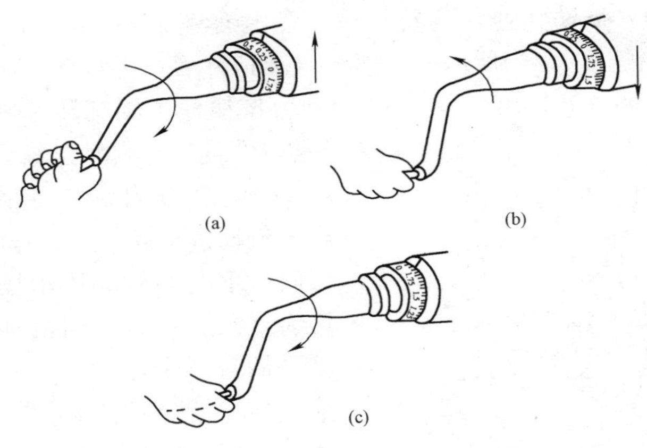

图 8-27　消除刻度盘空转的间隙

内脱出，再将手柄外拉，使手柄的楔块落入固定环 2 的槽Ⅱ内，手柄处于脱开位置 A。然后转动转速盘 3，使所需要的转速数对准指针 4，再接合手柄。接合变速操纵手柄时，将手柄下压并较快地推到位置 B，使冲动开并 5 瞬时接通电动机瞬时转动，以利于变速齿轮啮合，再由位置 B 慢速继续将手柄推到位置 C，使手柄的楔块落入固定环 2 的槽Ⅰ内，变速终止。用手按“起动”按钮，主轴就获得要求的转速。转速盘 3 上有 30～1500r/min 共 18 种转速。

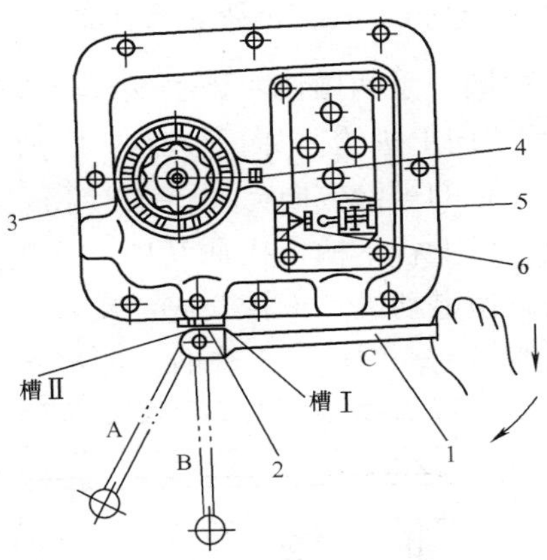

图 8-28　主轴变速操作

1—主轴变速手柄；2—固定环；3—转速盘；4—指针；5—冲动开关；6—螺钉

变速操作时，连续变换的次数不宜超过 3 次。如果必要，时隔 5min 后再进行变速，以免因起动电流过大导致电动机超负荷，使电动机线路烧坏。

（3）进给变速操作。变速操作时，先将变速操纵手柄外拉，再转动手柄，带动转速盘旋转（转速盘上有 23.5～1180mm/min 共 18 种进给速度），当所需要转速数对准指针后，再将变速手柄推回到原位，如图 8-29 所示，按“起动”按钮使主轴旋转，再扳动自动进给操纵手柄，工作台就按要求的进给速度作自动进给运动。

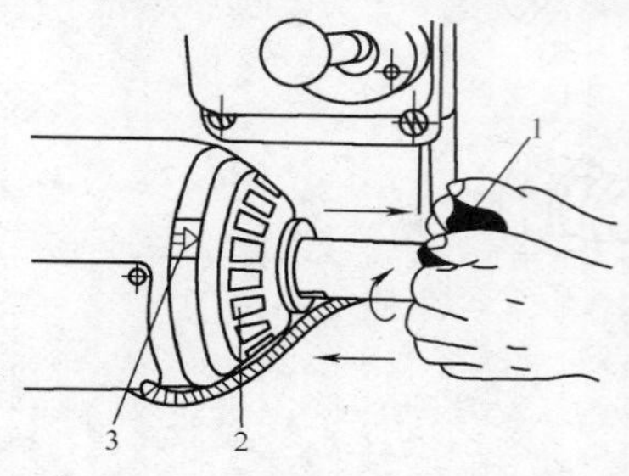

图 8-29　进给变速操作

1—变速手柄；2—转速盘；3—指针

（4）工作台纵向、横向、垂向的机动进给操作。工作台纵向、横向、垂向的机动进给操纵手柄均为复式手柄。纵向机动进给操纵手柄有三个位置，即“向右进给”“向左进给”“停止”，扳动手柄，手柄的指向就是工作台的机动进给方向，如图 8-30 所示。

工作台横向和垂向的机动进给由同一手柄操作，该手柄有 5 个位置，即“向里进给”“向外进给”“向上进给”“向下进给”“停止”。扳动手柄，手柄的指向就是工作台的进给方向，如图 8-31 所示。

以上各手柄，接通其中一个时，就相应地接通了电动机的开关，使电动机“正转”或“反转”，工作台就处于某一方向的机动进给运动。因此，操作时只能接通一个，不能同时接通两个。

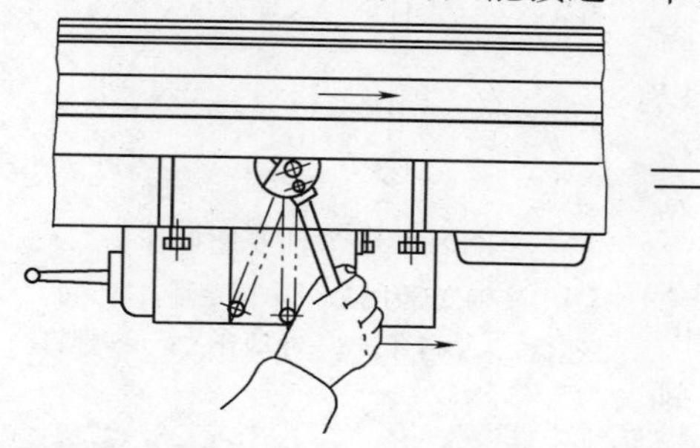

图 8-30　工作台纵向自动进给操作

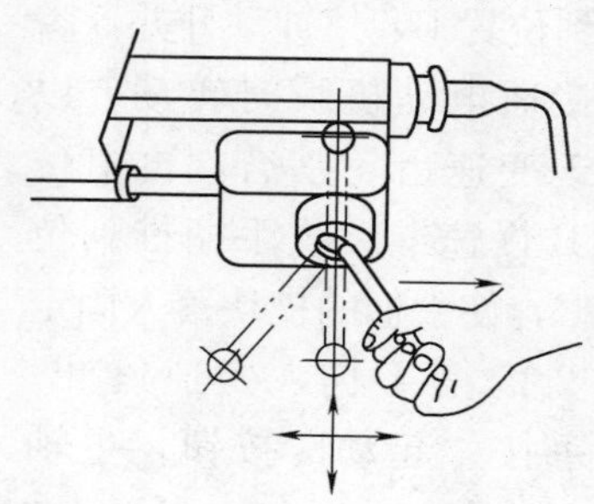

图 8-31　工作台横向、垂向自动进给操作

（5）纵向、横向、垂向的紧固手柄。铣削加工时，为了减少振动，保证加工精度，避免因铣削力作用使工作台在某一进给方向产

生位置移动，对不使用的进给机构应紧固。这时可分别旋紧纵向工作台紧固螺钉、横向工作台紧固手柄或垂向工作台紧固手柄。工作完毕后，必须将其松开。

（6）悬梁紧固螺母和悬梁移动六方头。旋紧两紧固螺钉，可将悬梁紧固在床身水平燕尾形导轨面上；松开两紧固螺钉，用扳手转动六方头，可使悬梁沿床身水平导轨面前后移动。

（7）纵向、横向、垂向自动进给停止挡铁。它们各有两块，主要作用是停止机床各方向的自动进给。三个方向的自动进给停止挡铁，一般情况下安装在限位柱范围内，并且不准随意拆掉，以防出现机床事故。

（8）回转盘紧固螺钉。回转盘紧固螺钉有 4 个。铣削加工中需要调转工作台角度时，应先松开紧固螺钉，将工作台扳转到要求的角度，然后再将螺钉紧固。铣削工作完毕后，再将螺钉松开，使工作台恢复原位（即回转盘的零线对准基线），然后将螺钉紧固。

X62W 型铣床的操作顺序和要求如下：操作铣床时，首先用手摇动各手动进给操作手柄，作手动进给检查；没有问题后，将电源开关扳至“通”的位置，将主轴换向开关扳至要求的转向，再调整主轴转速和工作台每分钟进给量；然后按动“起动”按钮，使主轴旋转，扳动工作台自动进给操纵手柄，使工作台作自动进给运动。工作台进给完毕，将自动进给手柄扳至原位，按动主轴“停止”按钮，停止主轴旋转。操作完毕，应使工作台在各进给方向处于中间位置。

当需要工作台作快速进给运动时，先扳动工作台自动进给手柄，再按下“快速”按钮，工作台即作该进给方向的快速进给运动。使用快速进给时，应注意机床的安全操作。

不使用回转工作台时，其转换开关应在“断开”位置。正常情况下，离合器开关应在“断开”位置。

2. 铣床的调整

铣床各部分若调整得不好，或在使用过程中部件或零件产生松动和位移，甚至磨损后，铣床均不能正常工作。

为了保证铣床能加工出符合精度要求的高质量工件，必要时应对铣床进行调整，调整的主要内容及方法如下：

(1) 主轴轴承间隙的调整。主轴是铣床主要部件之一，它的精度与工件的加工精度有密切的联系。如果主轴轴承间隙太大，则使铣床主轴产生径向或轴向圆跳动，铣削时容易产生振动、铣刀偏让（俗称让刀）和加工尺寸控制不好等后果；若主轴的轴承间隙过小，会使主轴发热，出现卡死等故障。

1) X62W 型铣床主轴的调整。如图 8-32 所示，调整时，先将床身顶部的悬梁移开，拆去悬梁下面的盖板。松开锁紧螺钉 2 后，就可拧动螺母 1，以改变轴承内圈 3 和 4 之间的距离，也就改变了轴承内圈与滚珠和外圈之间的间隙。

轴承的松紧程度取决于铣床的工作性质。一般以 200N 的力推或拉动主轴，顶在主轴端面的百分表读数在 0.015mm 的范围内变动。再在 1500r/min 的转速下运转 1h，若轴承温度不超过 60℃，说明轴承间隙合适。

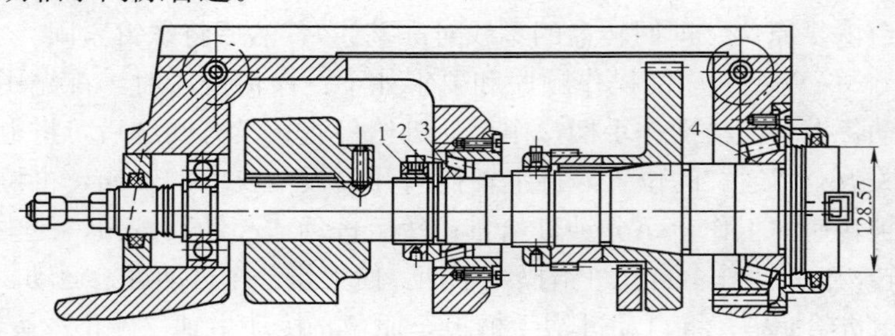

图 8-32　X62W 型铣床主轴轴承间隙调整

1—螺母；2—锁紧螺钉；3、4—轴承内圈

2) 立式铣床主轴的调整。如图 8-33 所示，调整时，先把立铣头上前面的盖板拆下，松开主轴上的锁紧螺钉 2，转动螺母 1，再拆下主轴头部的端盖 5，取下垫片 4（垫片由两个半圆环构成，以便装卸），再根据需要消除间隙的多少，配磨垫片。由于轴承内孔的锥度是 1∶12，若要消除 0.03mm 的径向间隙，则只要把垫片厚度磨去 0.36mm，再装上去。用较大的力拧紧螺母，使轴承内圈胀开，一直到把垫片压紧为止。再把锁紧螺钉拧紧，以防螺母松开，并装上端盖。

主轴的轴向间隙，是靠上面两个角接触球轴承来调节的。在两

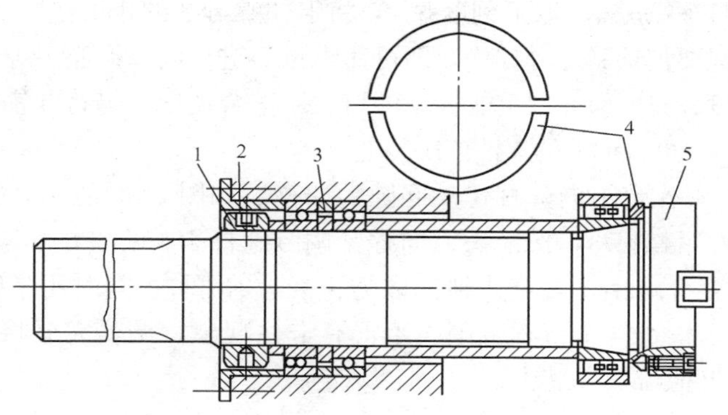

图 8-33　立式铣床主轴的调整

1—螺母；2—锁紧螺钉；3—外垫圈；4—垫片；5—端盖

轴承内圈的距离不变时，只要减薄外垫圈 3，就能减小主轴的轴向间隙。轴承松紧的测定，同测定 X62W 型铣床主轴一样。

（2）工作台回转角度的调整。对 X62W 型万能铣床来说，工作台可在水平面内正反各回转 45°。调整时，可用机床附件中的相应尺寸的扳手，将操纵图中的调节螺钉松开。该螺钉前后各有两个，拧松后即可将工作台转动。回转角度可由刻度盘上看出，调整到所需角度后，将螺钉重新拧紧。

（3）工作台纵向丝杠传动间隙的调整。根据机床的标准要求，纵向丝杠的空程量允许为刻度盘 1/24 圈（即 5 格）。当机床使用一定时期后，由于丝杠与螺母之间的磨损或是锁紧螺母的松动而产生纵向丝杠空程量过大时，可按下述两方面进行调整。

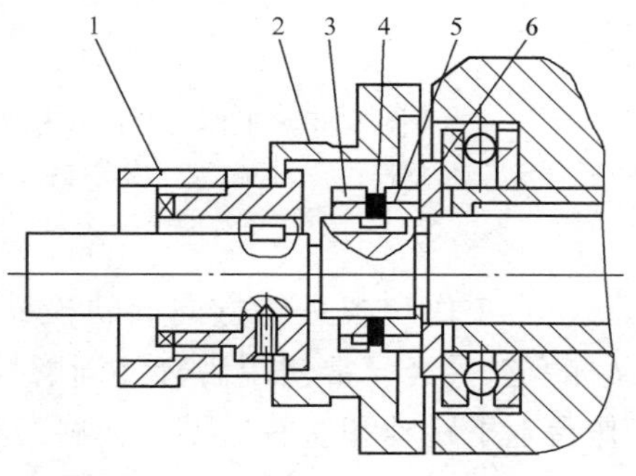

图 8-34　工作台纵向丝杠轴向间隙的调整

1、3、5—螺母；2—刻度盘；4—止退垫圈；6—垫

1）工作台纵向丝杠轴向间隙的调整。调整轴向间隙时（见图 8-34），首先拆下

手轮，拧下螺母 1，取下刻度盘 2，将卡住螺母 3 的止退垫圈 4 打开，此时，只要把锁紧螺母拧松，即可用螺母 5 进行间隙调整。螺母 5 的松紧程度，只要垫 6 用手能拧动即可。调整合适后，仍将 3 锁紧，扣上垫圈 4，再将拆下的零件依次装上。

2）工作台纵向丝杠传动间隙的调整。如图 8-35 所示，打开盖板 4，拧紧螺钉 3，按箭头方向拧紧调节螺杆 1（见图 8-36），使传动间隙充分减小，直至达到标准为止（1/24 圈）。同时用手柄摇动工作台，检查在全行程范围内不得有卡住现象，调整完后将螺钉 3 拧紧，再把盖板 4 装上。

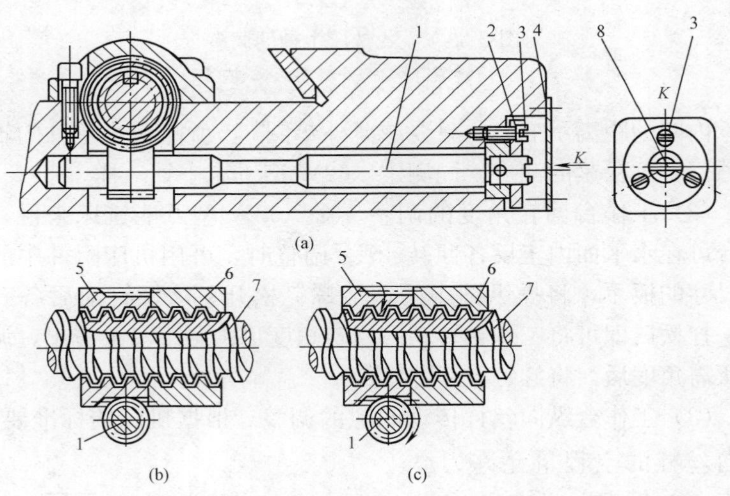

图 8-35　工作台纵向丝杠传动间隙调整结构

1—蜗杆；2—压板；3—固定螺钉；4—盖板；5—蜗轮螺母；6—主螺母；7—丝杠；8—调节螺杆

（4）工作台各进给方向导轨楔铁的调整。工作台导轨和楔铁（又称塞铁）经日常使用后会逐渐磨损，使间隙增大，造成铣削时工作台上下跳动和左右摇晃，影响工件的直线性和加工面的表面粗糙度，严重时会损坏铣刀，因此需经常进行调整。

导轨间隙的调整，是利用楔铁的斜楔作用来增减间隙的。图 8-37 所示是横向工作台导轨的楔铁调整机构。调整时，拧转螺杆

1，就能把楔铁 2 推进或拉出，使间隙减小或增大。图 8-38 所示是纵向工作台导轨的楔铁调整机构。调整时，先松开螺母 2 及 3，拧动螺杆 1，拧紧螺母 2，就能使楔铁推进或拉出，达到间隙减小或增大的目的。间隙调整好后再拧紧螺母 3（可防止松动）。间隙的大小，一般不超过 0.03mm，用手摇时不感到太重太紧为合适。

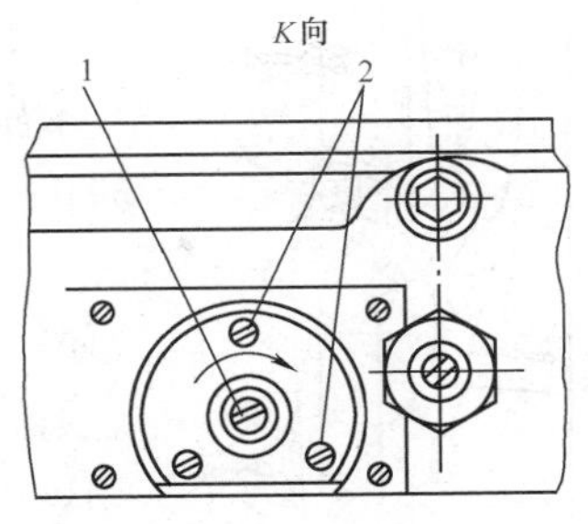

图 8-36　蜗母蜗杆调整示意图

1—调节螺杆；2—固定螺钉

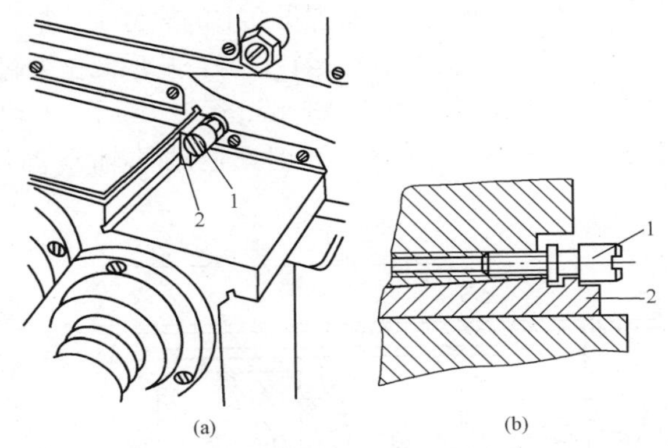

图 8-37　横向工作台导轨间隙的调整机构

（a）立体图；（b）剖面图

1—调节螺杆；2—楔铁

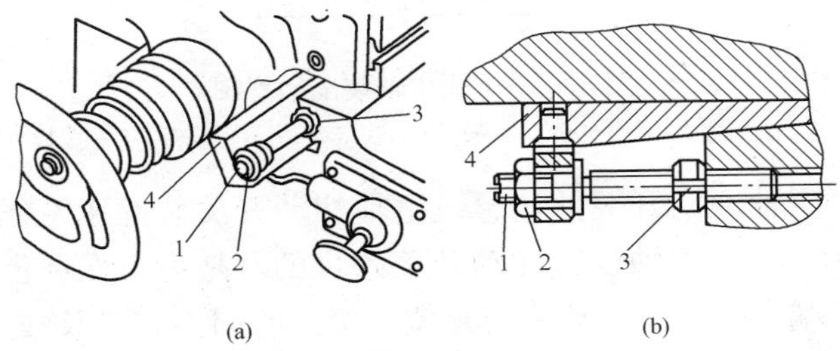

图 8-38　纵向工作台导轨楔铁的调整机构

（a）立体图；（b）剖面图

1—调节螺杆；2—螺母；3—锁紧螺母；4—楔铁

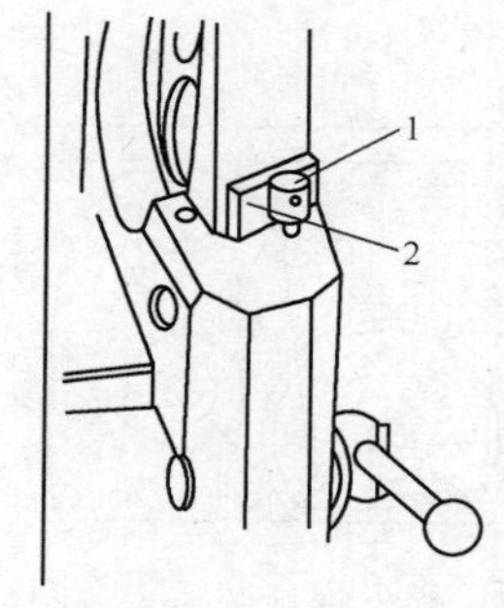

图 8-39　垂向工作台导轨楔铁的调整机构

1—调节螺杆；2—楔铁

升降台导轨楔铁的调整。其调整方法与横向导轨楔铁的调整方法相同，如图 8-39 所示。

（5）卧式主轴轴承的调整。为了调整方便，如图 8-40 所示，先移开悬梁，拆下床身顶盖板 6，然后拧松中间锁紧螺母 5 上的螺钉 4，用专用勾扳手勾住锁紧螺母 5，用棍卡在拨块 7 上，旋转主轴进行调整。螺母 5 的松紧程度可以根据使用精度和工作性质来决定。调整完后，将螺母 5 上的螺钉 4 拧紧。然后立即进行主轴空运转试验，从最低一级起，依次运转，每级不得少于 2min，在最高 1500r/min 运转 1h 后，主轴前轴承温度不得超过 70℃。当室温大于 38℃时，主轴前轴承温度不得超过 80℃。

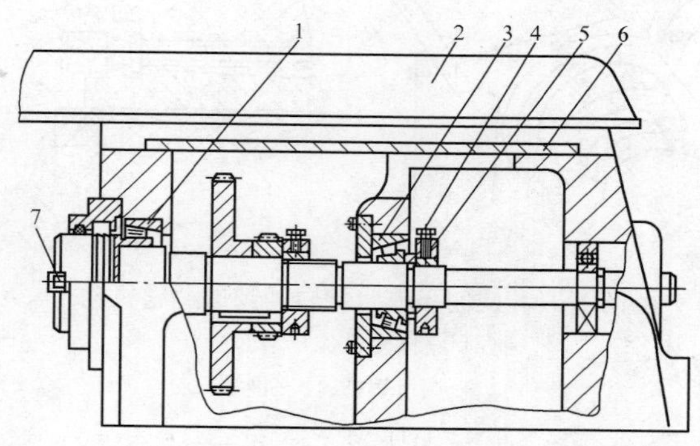

图 8-40　卧式主轴装配示意图

1、3—轴承；2—悬梁；4—螺钉；5—螺母；6—盖板；7—拨块

（6）主轴冲动开关的调整。主轴冲动开关装配示意图，如图 8-41 所示。铣床主轴设置冲动开关的目的，是为了保证齿轮在变速时易于啮合。因此，其冲动开关的接通时间不宜过长或按不通。时间过长，变速时容易造成齿轮撞击声过高或打坏齿轮；接不通，则齿轮不易啮合。主轴冲动开关接通时间的长短是由螺钉 1 的行程大小来决定，并且与变速手柄扳动的速度有关。行程大，接通时间

过长；行程小，接不通。因此，在调整时应特别加以注意，其调整方法如下：先将机床电源断开，拧开按钮盖板，即能看到 LXK-11K 冲动开关 2。然后，再扳动变速手柄 3，查看冲动开关 2 接触情况，根据需要拧动螺钉 1。然后再扳动变速手柄 3，检查 LXK-11K 冲动开关 2 接触点接通的可靠性。接触点相互接通的时间越短，所得到的效果越好。调整完后，将按钮盖板盖好。

在变速时，禁止用手柄撞击式的变速，手柄从Ⅰ到Ⅱ时应快一些，在Ⅱ处停顿一下，然后将变速手柄慢慢推回原处（即是Ⅲ的位置）。当在变速过程中发现齿轮撞击声过大时，应立即停止变速手柄 3 的扳动，将机床电源断开，以防止床身内齿轮打坏或其他事故发生。

（7）快速电磁铁的调整。机床三个不同方向的快速移动，是由电磁铁吸合后通过杠杆系统压紧摩擦片得到的。因此，快速移动与弹簧 3 的弹力有关（见图 8-42）。所以调整快速时，绝对禁止调整摩擦片间隙来增加摩擦片的压力（摩擦片间隙不得小于 1.5mm）。

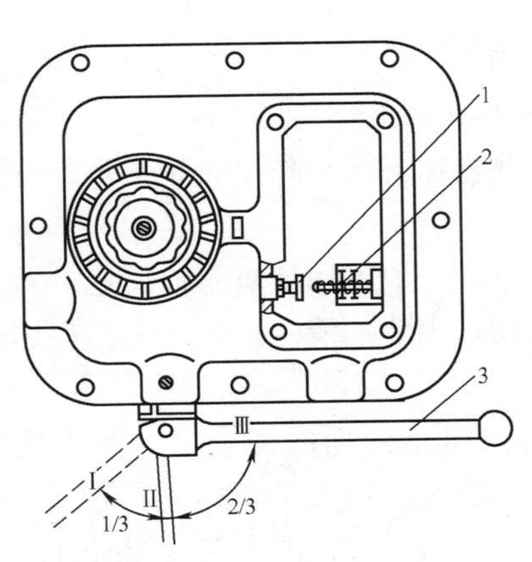

图 8-41　主轴冲动开关示意图

1—螺钉；2—冲动开关；3—变速手柄

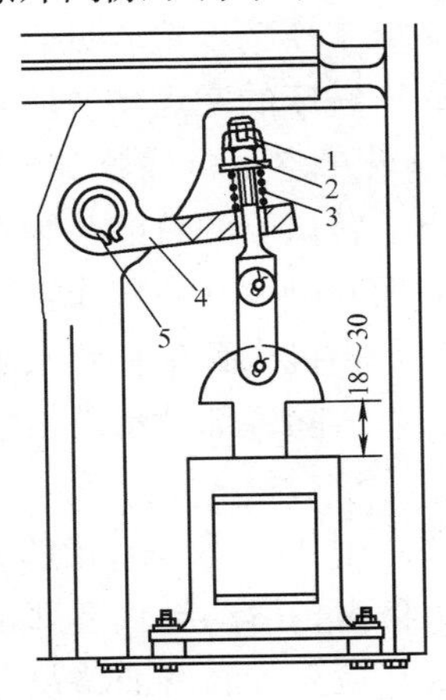

图 8-42　快速电磁铁装配示意图

1—开口销；2—螺母；3—弹簧；4—杠杆；5—弹簧圈

当快速移动不起作用时，打开升降台左侧盖板，取下螺母 2 上的开口销 1，拧动螺母 2，调整电磁铁芯的行程，使其达到带动为止。

三、铣床精度的检验

工件铣削加工质量的好坏，与铣床精度有着极为密切的关系。因此，在机床大修或使用较长时间后，应对机床的各项重要的精度指标进行检查。

以下是根据 GB/T 3933.2—2002《升降台铣床检验条件　精度检验　第 2 部分：立式铣床》、GB/T 3933.3—2002《升降台铣床检验条件　精度检验　第 3 部分：卧式铣床》和 GB/T 17421.1—1998《机床检验通则　第 1 部分：在无负荷或精加工条件下机床的几何精度》标准，对卧式和立式升降台铣床的几何精度检验和工作精度检验，供参考。

在检测精度之前，应把铣床工作台的水平位置调整好。调整时，把两个水平仪互相垂直地放在工作台面上，通过镶条来调整工作台的水平位置。两个水平仪的读数均不得超过 0.04mm/1000mm。

卧式和立式升降台铣床几何精度检验见表 8-6，卧式和立式升降台铣床工作精度检验见表 8-7。

四、铣床的空运转试验与验收

1. 铣床空运转试验前应做好的准备工作

空运转试验的目的是为了检测机床各项动作是否正常可靠，试验前应做好以下准备工作：

（1）将机床置于自然水平状态，一般不用地脚螺栓固定。

（2）清除各部件滑动面的污物，用炼油清洗后再用全损耗用油润滑。

（3）用 0.03mm 塞尺检查各固定结合面的密合度，要求插不进去；检查各滑动导轨端部，塞尺插入应不大于 20mm。

（4）检查各润滑油路装置是否正确（有些工作在装配时就应注意做好），油路是否畅通。

（5）按润滑图表规定的油质、品种及数量，在机床各润滑处注入润滑油。

（6）用手动操纵，在全行程上移动所有可移动的部件，检查移动是否轻巧均匀，动作是否正确，定位是否可靠，手轮的作用力是否符合通用技术要求。

表 8-6　卧式和立式升降台铣床几何精度检验

序号	简　　图	检验项目	允差（mm）	检验工具	检验方法参照 GB/T 17421.1—1998 的有关条款
1	(a) (b) (a) (b)	升降台垂直移动的直线度： （a）在机床的横向垂直平面内 （b）在机床的纵向垂直平面内	（a）在 300 测量长度上为 0.025 （b）在 300 测量长度上为 0.025	指示器、90°角尺	工作台位于纵、横向行程的中间位置，工作台和床鞍锁紧 90°角尺放在工作台面上：（a）横向垂直平面内；（b）纵向垂直平面内。固定指示器，使其测头触及 90°角尺检验面。调整 90°角尺，使指示器读数在测量长度的两端相等。移动升降台检验 （a）、（b）误差分别计算。指示器读数的最大差值，就是直线度误差

续表

序号	简图	检验项目	允差（mm）	检验工具	检验方法参照 GB/T 17421.1—1998 的有关条款
2	(a) (b) (a) (b)	工作台面对床身垂直导轨面的垂直度： （a）在机床的横向垂直平面内 （b）在机床的纵向垂直平面内	（a）0.025/300 $\alpha\leqslant90^{\circ}$ （b）0.025/300	指示器、90°角尺	工作台位于纵、横向行程的中间位置，工作台和床鞍锁紧 90°角尺放在工作台面上：（a）横向垂直平面内；（b）纵向垂直平面内。固定指示器，使其测头触及90°角尺检验面。移动升降台并锁紧检验 （a）、（b）误差分别计算。指示器读数的最大差值，就是垂直度误差 在行程的中间和接近行程极限的三个位置上检验

续表

序号	简　　图	检验项目	允差（mm）	检验工具	检验方法参照 GB/T 17421.1—1998 的有关条款
3	α (a)　(b)	工作台面对主轴箱（主轴套筒）垂直移动的垂直度（仅适用于立式铣床）： （a）在机床的横向垂直平面内 （b）在机床的纵向垂直平面内	主轴箱： （a）0.025/300 $\alpha \leqslant 90°$ （b）0.025/300 主轴套筒： （a）0.015/100 $\alpha \leqslant 90°$ （b）0.015/100	指示器、90°角尺	工作台位于纵、横向行程的中间位置，升降台和工作台锁紧 90°角尺放在工作台面上：（a）横向垂直平面内；（b）纵向垂直平面内。固定指示器，使其测头触及90°角尺检验面。移动主轴箱（主轴套筒）并锁紧检验 （a）、（b）误差分别计算。指示器读数的最大差值，就是垂直度误差

续表

序号	简　图	检验项目	允差（mm）	检验工具	检验方法参照 GB/T 17421.1—1998 的有关条款
4	a b g e d h c	工作台面的平面度	在 1000 长度内为 0.040 工作台长度每增加 1000 允差值增加 0.005 最大允差值为 0.050 局部公差： 在任意 300 测量长度上为 0.020	平尺、量块或水平仪	工作台位于纵、横向行程的中间位置，升降台和床鞍锁紧 用平尺检验：按图示规定，将等高量块分别放在工作台面的 a、b、c 三个基准点上。平尺放在 a-c 等高量块上，在 e 点处放一可调量块，调整后，使其与平尺检验面接触。再将平尺放在 b-e 量块上，在 d 点放一可调量块，调整后，使其与平尺检验面接触。用同样方法，将平尺放在 b-c 和 b-c 量块上，分别确定 h、g 位置的可调量块 按图示方位放置平尺。用量块测量工作台面与平尺检验面间的距离，其最大最小距离之差，就是平面度误差 用水平仪检验：按 GB/T 17421.1—1998 中图 44 所示的方法进行

续表

序号	简　　图	检验项目	允差（mm）	检验工具	检验方法参照 GB/T 17421.1—1998 的有关条款
5	(a) (b) (a) (b)	工作台面对工作台移动的平行度： （a）横向 （b）纵向	（a）在任意300测量长度上为0.025 （b）在任意300测量长度上为0.025 最大允差值为0.050	指示器、平尺	在工作台面上放两个等高块，平尺放在等高块上：（a）横向；（b）纵向。在主轴中央处固定指示器，使其测头触及平尺检验面。移动工作台检验 （a）、（b）误差分别计算。指示器读数的最大差值，就是平行度误差 （a）项检验时，工作台、升降台锁紧 （b）项检验时，床鞍、升降台锁紧 当工作台长度大于1600mm时，则将平尺逐次移动进行检验

续表

序号	简 图	检验项目	允差（mm）	检验工具	检验方法参照 GB/T 17421.1—1998 的有关条款
6	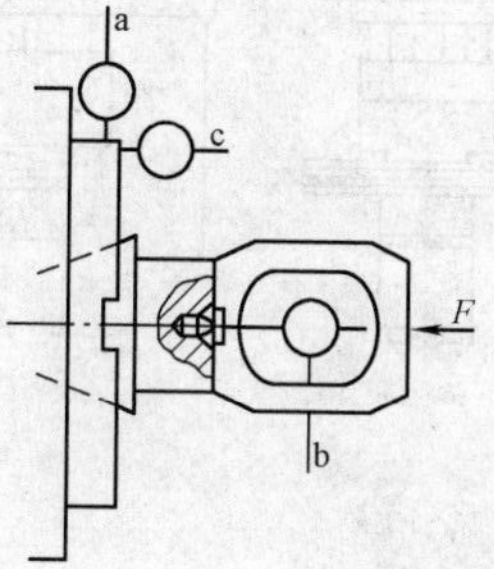	主轴端部的跳动： （a）主轴定心轴颈的径向跳动（用于有定心轴颈的机床） （b）主轴的轴向窜动 （c）主轴轴肩支承面的跳动	（a）0.01 （b）0.01 （c）0.02	指示器、专用检验棒	固定指示器，使其测头分别触及：（a）主轴定心轴颈表面；（b）插入主轴锥孔中的专用检验棒的端面中心处；（c）主轴轴肩支承面靠近边缘处。旋转主轴检验 （a）、（b）、（c）误差分别计算。指示器读数的最大差值，就是跳动或窜动误差 （b）、（c）项检验时，应通过主轴中心线，加一个由制造厂规定的轴向力 F（对已消除轴向游隙的主轴，可不加力）

续表

序号	简　　图	检验项目	允差（mm）	检验工具	检验方法参照 GB/T 17421.1—1998 的有关条款
7		主轴锥孔轴线的径向跳动： （a）靠近主轴端面 （b）距主轴端面 300mm 处	（a）0.01 （b）0.02	指示器、检验棒	在主轴锥孔中插入检验棒。固定指示器，使其测头触及检验棒的表面：（a）靠近主轴端面；（b）距主轴端面 300mm 处。旋转主轴检验 拔出检验棒，相对主轴旋转 90°，重新插入主轴锥孔中，依次重复检验三次 （a）、（b）误差分别计算。四次测量结果的算术平均值，就是径向跳动误差

续表

序号	简　　图	检验项目	允差（mm）	检验工具	检验方法参照 GB/T 17421.1—1998 的有关条款
8		主轴旋转轴线对工作台面的平行度（仅适用于卧式铣床）	在 300 测量长度上为 0.025 （检验棒伸出端只许向下）	指示器、检验棒	工作台位于纵向行程的中间位置，升降台锁紧 在主轴锥孔中插入检验棒。将带有指示器的支架放在工作台面上，使其测头触及检验棒的表面。移动支架检验 将主轴旋转 180°，重复检验一次 两次测量结果的代数和之半，就是平行度误差

续表

序号	简　图	检验项目	允差（mm）	检验工具	检验方法参照 GB/T 17421.1—1998 的有关条款
9	α (a)　(b)	主轴旋转轴线对工作台面的垂直度（仅适用于立式铣床）： （a）在机床的横向垂直平面内 （b）在机床的纵向垂直平面内	（a）0.025/300 $\alpha \leqslant 90°$ （b）0.025/300	指示器、专用检验棒	工作台位于纵向行程的中间位置，主轴箱（主轴套筒）、工作台、床鞍和升降台锁紧 指示器装在插入主轴锥孔中的专用检验棒上，使其测头触及工作台面：（a）横向垂直平面内；（b）纵向垂直平面内。旋转主轴检验 拔出检验棒，旋转180°，插入主轴锥孔中，重复检验一次 （a）、（b）误差分别计算。两次测量结果的代数和之半，就是垂直度误差

续表

序号	简　　图	检验项目	允差（mm）	检验工具	检验方法参照 GB/T 17421.1—1998 的有关条款
10	b a	主轴旋转轴线对工作台横向移动的平行度（仅适用于卧式铣床）： （a）在垂直平面内 （b）在水平面内	（a）在 300 测量长度上为 0.025 （检验棒伸出端只许向下） （b）在 300 测量长度上为 0.025	指示器、检验棒	工作台位于纵向行程的中间位置，升降台锁紧 在主轴锥孔中插入检验棒。将指示器固定在工作台面上，使其测头触及检验棒的表面：（a）垂直平面内；（b）水平面内。移动工作台检验 将主轴旋转 180°，重复检验一次 （a）、（b）误差分别计算。两次测量结果的代数和之半，就是平行度误差

续表

序号	简　　图	检验项目	允差（mm）	检验工具	检验方法参照 GB/T 17421.1—1998 的有关条款
11		工作台中央或基准 T 形槽的直线度	在任意 500 测量长度上为 0.01 最大允差值为 0.03	指示器、平尺、专用滑板或钢丝和显微镜	在工作台面上放两个等高块，平尺放在等高块上。将专用滑板放在工作台上并紧靠 T 形槽一侧，其上固定指示器，使其测头触及平尺检验面。调整平尺，使指示器读数在测量长度的两端相等。移动专用滑板检验 指示器读数的最大差值，就是直线度误差

续表

序号	简图	检验项目	允差（mm）	检验工具	检验方法参照 GB/T 17421.1—1998 的有关条款
12		主轴旋转轴线对工作台中央或基准T形槽的垂直度（仅适用于卧式铣床）	0.02/300（300为指示器两测点间的距离）	指示器、专用检验棒、专用滑板	工作台位于纵、横向行程的中间位置，工作台、床鞍、升降台锁紧 将专用滑板放在工作台上并紧靠T形槽一侧。指示器装在插入主轴锥孔中的专用检验棒上，使其测头触及专用滑板检验面。移动滑板后旋转主轴检验 拔出检验棒，旋转180°，插入主轴锥孔中，重复检验一次 两次测量结果的代数和之半，就是垂直度误差

续表

序号	简　图	检验项目	允差（mm）	检验工具	检验方法参照 GB/T 17421.1—1998 的有关条款
13		中央或基准T形槽对工作台纵向移动的平行度	在任意300测量长度上为0.015 最大允差值为0.040	指示器	工作台位于横向行程的中间位置，床鞍、升降台锁紧 固定指示器，使其测头触及T形槽侧面。移动工作台检验 指示器读数的最大差值，就是平行度误差

续表

序号	简　图	检验项目	允差（mm）	检验工具	检验方法参照 GB/T 17421.1—1998 的有关条款
14	(a) (b)	工作台横向移动对工作台纵向移动的垂直度	0.02/300	指示器、90°角尺、平尺	锁紧升降台 （a）将平尺放在工作台面上，调整平尺，使其检验面和工作台纵向移动平行。90°角尺放在工作台面上，使其一边紧靠平尺。然后使工作台位于纵向行程的中间位置锁紧 （b）固定指示器使其测头触及90°角尺的另一边。横向移动工作台检验 指示器读数的最大差值，就是垂直度误差

续表

序号	简　　图	检验项目	允差（mm）	检验工具	检验方法参照 GB/T 17421.1—1998 的有关条款
15	a b	悬梁导轨对主轴旋转轴线的平行度（仅适用于卧式铣床）： （a）在垂直平面内 （b）在水平面内	（a）在 300 测量长度上为 0.02 （悬梁伸出端只许向下） （b）在 300 测量长度上为 0.02	指示器、检验棒、专用支架	锁紧悬梁 在主轴锥孔中插入检验棒。悬梁导轨上装一个带有指示器的专用支架，使指示器测头触及检验棒的表面：（a）垂直平面内；（b）水平面内，移动支架检验 将主轴旋转 180°，重复检验一次 （a）、（b）误差分别计算。两次测量结果的代数和之半，就是平行度误差

续表

序号	简图	检验项目	允差（mm）	检验工具	检验方法参照 GB/T 17421.1—1998 的有关条款
16		刀杆支架孔轴线对主轴旋转轴线的重合度（仅适用于卧式铣床）： （a）在垂直平面内 （b）在水平面内	(a) 0.03（刀杆支架孔轴线只许低于主轴旋转轴线） (b) 0.03	指示器、检验棒、专用检具	刀杆支架固定在距主轴端面300mm处，悬梁锁紧 在刀杆支架孔中插入检验棒。指示器装在插入主轴锥孔中的专用检具上，使其测头尽量靠近刀杆支架，并触及检验棒的表面：（a）垂直平面内；（b）水平面内。旋转主轴检验 （a）、（b）误差分别计算。指示器读数的最大差值之半，就是重合度误差

续表

序号	简　图	检验项目	允差（mm）	检验工具	检验方法参照 GB/T 17421.1—1998 的有关条款
17	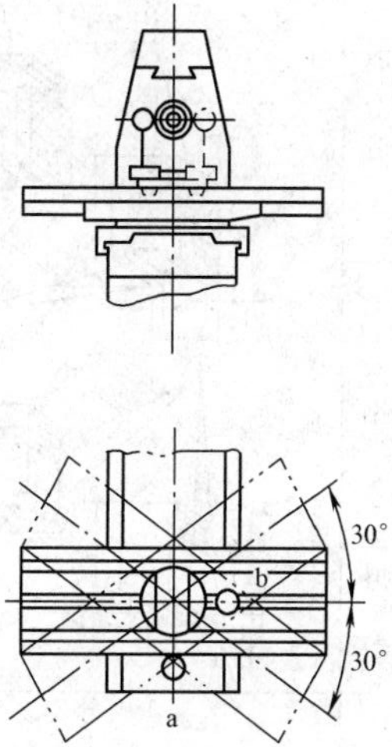 30° 30° b a	工作台回转中心对主轴旋转轴线及工作台中央T形槽的偏差（仅适用于卧式万能铣床）： （a）工作台回转中心对主轴旋转轴线的偏差 （b）工作台回转中心对中央T形槽的偏差	（a）0.05 （b）0.08	指示器、专用检具	工作台位于纵向行程的中间位置，升降台和床鞍锁紧 在主轴锥孔中插入检验棒。专用检具用T形槽定位，并固定在工作台面上，调整工作台，使检具的两平行检验面与检验棒侧母线平行，并使两边距离相等 在悬梁上固定指示器，使其测头触及专用检具的圆柱检验面上：（a）垂直于T形槽；（b）平行于T形槽。先将工作台顺时针转30°，记下指示器读数。然后，工作台逆时针转60°检验 指示器在a处读数的最大差值，就是工作台回转中心对主轴旋转轴线的偏差。在b处读数的最大差值，就是工作台回转中心对中央T型槽的偏差

表 8-7　　卧式和立式升降台铣床工作精度检验

简图和试件尺寸	检验性质	切削条件	检验项目	允差（mm）	检验工具	备注参照 GB/T 17421.1—1998 的有关条款
	立式铣床 用工作台纵向机动和床鞍横向手动对 A 面进行铣削，接刀处重叠约 5～10mm 用工作台纵向机动、床鞍横向机动和升降台垂向手动对 B、D、C 面进行铣削	套式面铣刀 用同一把铣刀进行滚铣	(a) 每个试件的 A 面应平直 (b) 试件高度 H 应相等 (c) C 和 B，D 和 B 面应互相垂直，并都垂直于 A 面	(a) 0.02 (b) 0.03 (c) 0.02/100	平尺、量块、千分尺、90°角尺	在试切前应确保 E 面平直 试件应位于工作台纵向的中心线上，使长度 L 相等地分布在工作台中心的两边 非工作滑动面在切削时均应锁紧 铣刀应装在刀杆上刃磨，安装时应符合下列公差： （1）圆度≤0.02mm （2）径向跳动≤0.02mm （3）轴向窜动≤0.03mm
L=0.5 纵向行程 l=h=1/8 纵向行程 L≤500mm 时，l_{max}=100mm 500mm<L≤1000mm 时，l_{max}=150mm L>1000mm 时，l_{max}=200mm l_{min}=50mm	卧式铣床 用工作台纵向机动和升降台垂向手动对 B 面进行铣削，接刀处重叠约 5～10mm 用工作台纵向机动、升降台垂向机动和床鞍横向手动对 A、C、D 面进行铣削	套式面铣刀 用同一把铣刀进行滚铣	(a) 每个试件的 B 面应平直 (b) 试件高度 H 应相等 (c) C 和 A，D 和 A 面应互相垂直，并都垂直于 B 面	(a) 0.02 (b) 0.03 (c) 0.02/100	平尺、量块、千分尺、90°角尺	

注　1. 纵向行程≥400mm 时，可用一个或两个试件。
2. 纵向行程<400mm 时，只用一个试件。
3. 材料为 HT200。

(7) 检查限位装置是否齐全可靠。

(8) 检查电动机的旋转方向，如不符合机床标牌上所注明的方向，应予以改正。

(9) 在摇动手轮或手柄时，特别是使用机动进给时，工作台各个方向的夹紧手柄应松开。

(10) 开动机床时，手轮、手柄能否自动脱开，以免击伤操作者。

2. 铣床空运转试验的项目

做好铣床空运转试验前的准备工作后，即可进行机床的空运转试验。试验项目如下：

(1) 空运转自低级转速逐级加快至最高转速，每级转速的运转时间不少于 2min，在最高转速运转时间不少于 30min，主轴轴承达到稳定温度时不得超过 60℃。

(2) 起动进给箱电动机，应用纵向、横向及垂向进给，进行逐级运转试验及快速移动试验，各进给量的运转时间不少于 2min，在最高进给量运转至稳定温度时，各轴承温度不得超过 50℃。

(3) 在所有转速的运转试验中，机床各工作机构应平稳正常，无冲击振动和周期性的噪声。

(4) 在机床运转时，润滑系统各润滑点应保证得到连续和足够数量的润滑油，各轴承盖、油管接头及操纵手柄轴端均不得有漏油现象。

(5) 检查电器设备的各项工作情况，包括电动机起动、停止、反向、制动和调速的平稳性，磁力起动器和热继电器及终点开关工作的可靠性。

3. 万能升降台铣床常见故障产生的原因及排除方法（见表 8-8）

表 8-8　万能升降台铣床常见故障产生的原因及排除方法

序号	故障内容	产 生 原 因	消 除 方 法
1	主轴变速箱操纵手柄自动脱落	操纵手柄内的弹簧松弛	更换弹簧或在弹簧尾端加一垫圈，也可将弹簧拉长重新装入

续表

序号	故障内容	产生原因	消除方法
2	扳动主轴变速手柄时，扳力超过200N或扳不动	(1) 竖轴手柄与孔咬死 (2) 扇形齿轮与其啮合的齿条卡住 (3) 拨叉移动轴弯曲或咬死 (4) 齿条轴未对准孔盖上的孔眼	(1) 拆下修去毛头，加润滑油 (2) 调整啮合间隙至0.15mm左右 (3) 校直、修光或换新轴 (4) 先变换其他各级转速或左右微动变速盘，调整齿条轴的定位器弹簧，使其定位可靠
3	主轴变速时开不出冲动动作	主轴电动机的冲动线路接触点失灵	检查电气线路，调整冲动小轴的尾端调整螺钉，达到冲动接触的要求
4	主轴变速操纵手柄轴端漏油	轴套与体孔间隙过大，密封性差	更换轴套，控制与体孔间隙在0.01～0.02mm内
5	主轴轴端漏油(对立铣头而言)	(1) 主轴端部的封油圈磨损间隙过大 (2) 封油圈的安装位置偏心	(1) 更新封油圈 (2) 调整封油圈装配位置，消除偏心
6	进给箱：没有进给运动	(1) 进给电动机没有接通或损坏 (2) 进给电磁离合器不吸合	检查电气线路及电器元件的故障，作相应的排除方法
7	进给时电磁离合器摩擦片发热冒烟	摩擦片间隙量过小	适当调整摩擦片的总间隙量，保证在3mm左右
8	进给箱：正常进给时突然跑快速	(1) 摩擦片调整不当，正常进给时处于半合紧状态 (2) 快进和工作进给的互锁动作不可靠 (3) 摩擦片润滑不良 (4) 电磁吸铁安装不正，电磁铁断电后不能松开	(1) 适当调整摩擦片间的间隙 (2) 检查电气线路的互锁性是否可靠 (3) 改善摩擦片之间的润滑 (4) 调整电磁离合器安装位置，使其动作可靠正常

续表

序号	故障内容	产生原因	消除方法
9	进给箱：噪声大	（1）与进给电动机第Ⅰ轴上的悬臂、齿轮磨损，轴松动、滚针磨损 （2）Ⅵ轴上的滚针磨损 （3）电磁离合器摩擦片自由状态时没有完全脱开 （4）传动齿轮发生错位或松动	（1）检查Ⅰ轴齿轮及轴、滚针是否磨损、松动，并采用相应的补偿措施 （2）检查滚针是否磨损或漏装 （3）检查摩擦片在自由状态时是否完全脱开，并作相应调整 （4）检查各传动齿轮
10	升降台上摇手感太重	（1）升降台塞铁调整紧 （2）导轨及丝杠螺母副润滑条件超差 （3）丝杠底面对床身导轨的垂直度超差 （4）防升降台自重下滑机构上的蝶形弹簧压力过大（升降丝杠副为滚珠丝杠副时） （5）升降丝杠弯曲变形	（1）适当放松塞铁 （2）改善导轨的润滑条件 （3）修正丝杠底座装配面对床身导轨面的垂直度 （4）适当调整蝶形弹簧的压力 （5）检查丝杠，若弯曲变形，即更换
11	工作台下滑板横向移动手感过重	（1）下滑板塞铁调整过紧 （2）导轨面润滑条件差或拉毛 （3）操作不当使工作台越位导致丝杠弯曲 （4）丝杠、螺母中心同轴度差 （5）下滑板中央托架上的锥齿轮中心与中央花键轴中心偏移量超差	（1）适当放松塞铁 （2）检查导轨润滑供给是否良好，清除导轨面上的垃圾、切屑末等 （3）注意适当操作，不要做过载及损坏性切削 （4）检查丝杠、螺母轴线的同轴度；若超差，调整螺母托架位置 （5）检查锥齿轮轴线与中央花键轴轴线的重合度，若超差，按修理说明进行调整

续表

序号	故障内容	产 生 原 因	消 除 方 法
12	工作台进给时发生窜动	(1)切削力过大或切削力波动过大 (2)丝杠螺母之间的间隙过大(使用普通丝杠螺母副时) (3)丝杠两端上的超越离合器与支架端面间间隙过大(使用滚珠丝杠副)	(1)采用适当的切削量,更换磨钝刀具,去除切削硬点 (2)调整丝杠与螺母之间的间隙 (3)调整丝杠轴向定位间隙
13	左右手摇工作台手感均太重	(1)塞铁调整过紧 (2)丝杠支架中心与丝杠螺母中心不同心 (3)导轨润滑条件差 (4)丝杠弯曲变形	(1)适当放松塞铁 (2)调整丝杠支架中心与丝杠螺母中心的同心度 (3)改善导轨润滑条件 (4)更换丝杠螺母副

第四节　磨床的安装、调整与精度检验

一、磨床检验前的安装调整

磨床精度检验前,首先要进行预调检验,即要调整好机床的安装水平,纵向和横向均不得超过0.04mm/1000mm。现以外圆磨床和平面磨床为例说明。

(1)检验外圆磨床床身纵向导轨的直线度。在1000mm长度内允差为0.02mm(垂直平面和水平面内的允差值相同);任意250mm长度内局部允差为0.006mm。

(2)检验床身导轨在垂直平面内的平行度。外圆磨床最大磨削长度不大于500mm时,其床身纵向导轨在垂直平面内的平行度允差为0.02mm/1000mm;长度大于500mm时,为0.04mm/1000mm。平面磨床磨削长度不大于1000mm时,允差为0.02mm/

1000mm；长度大于1000mm时，为0.04mm/1000mm。

图8-43所示为外圆磨床和平面磨床测量导轨直线度误差的示意图。图8-43（a）为用光学准直仪测量外圆磨床床身纵向导轨在垂直面和水平面内的直线度误差；图8-43（b）为用框式水平仪测量平面磨床床身导轨在垂直平面内的直线度误差和在垂直平面内导轨的平行度误差。

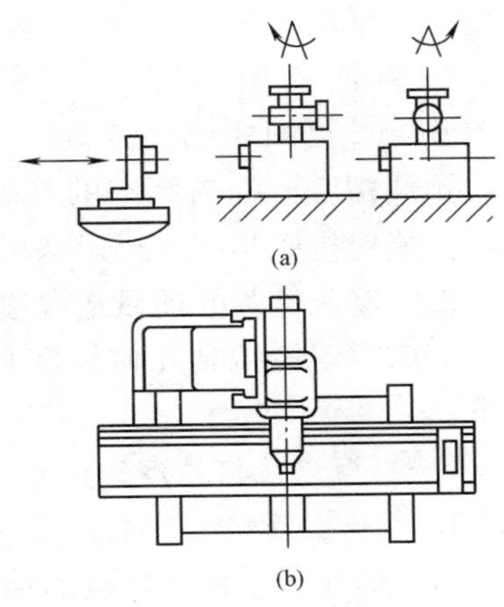

图8-43　磨床床身纵向导轨精度检验

（a）测量外圆磨床纵向导轨；（b）测量平面磨床床身导轨

（3）检验外圆磨床床身导轨在垂直平面内的直线度，要求允差为0.04mm/1000mm；对精密磨床要求为0.03mm/1000mm［见图8-44（a）］。横向导轨在垂直平面内的平行度允差为0.04mm/1000mm；对精密磨床要求为0.015mm/1000mm，检测方法如图8-44（b）所示。

（4）检验平面磨床床身纵向导轨在水平面内的直线度，在1000mm长度内允差为0.02mm，检验方法如图8-45（a）所示。

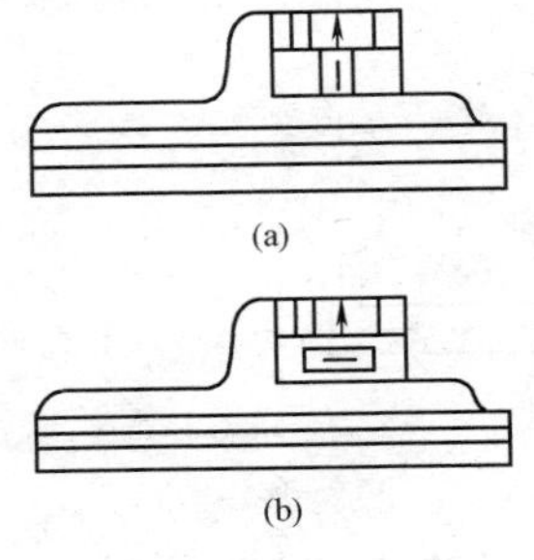

图8-44　外圆磨床床身横向导轨精度检验

（a）检验直线度；（b）检验平行度

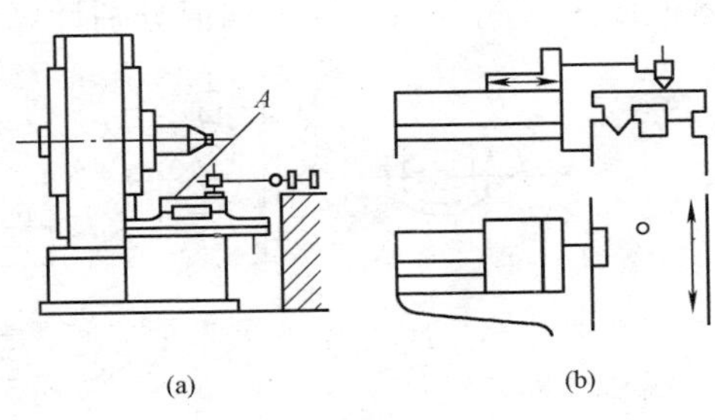

图8-45　平面磨床纵向导轨和外圆磨床纵、横向导轨的检验

（a）检验平面磨床纵向导轨；（b）检验外圆磨床纵、横向导轨

（5）检验外圆磨床下工作台面对床身纵向导轨和横向导轨的平行度。在横向导轨上放置检具，使千分表测头触及上下工作台顶面。检验横向时移动千分表，其允差在 1000mm 长度内为 0.015mm［见图 8-45（b）］。

预调精度可称为磨床的基础精度，只有预调精度符合允差范围，才能对机床某些直线运动精度进行检测。

二、磨床检验的项目及方法

磨床主要检验其几何精度和工作精度，具体项目与检验方法如下：

（一）磨床几何精度的检验

1．砂轮主轴和头架主轴回转精度的检测

（1）砂轮主轴回转精度的检验。主轴的回转精度主要指主轴的径向圆跳动，图 8-46（a）所示为检验外圆磨床主轴回转精度的示意图，圆锥面的两处径向圆跳动允差均为 0.005mm（精密磨床为 0.002mm）；主轴的轴向窜动允差则为 0.008mm（精密磨床为 0.002mm），轴向力 F 为 50N 左右。

图 8-46（b）所示为检验内圆磨床主轴回转精度的示意图，在主轴锥孔内插入检验棒，近锥孔处径向圆跳动允差为 0.01mm，距离 200mm 处径向圆跳动允差为 0.02mm；拔出检验棒，依次转 90°，插入主轴重复检验，并在垂直平面和水平面内分别检验。误差值以 4 次测量结果的平均值分别计算。

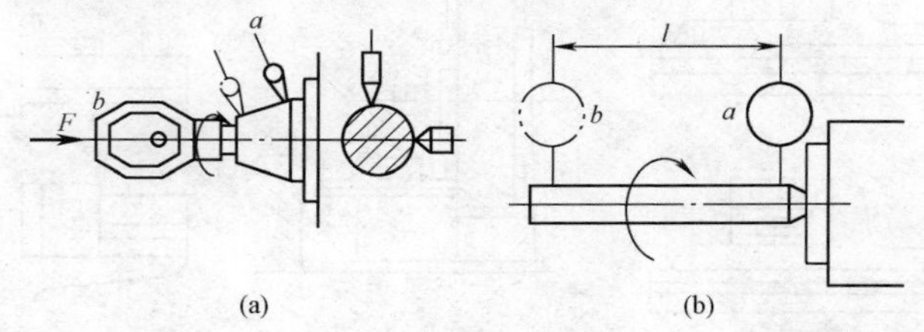

图 8-46　砂轮主轴回转精度检验
（a）检验外圆磨床主轴；（b）检验内圆磨床主轴

（2）头架主轴回转精度的检验。内圆磨床头架主轴回转精度的检验如图 8-47（a）所示，a、b 点处允差为 0.005mm，c 点处允差为 0.01mm，轴向力 F 为 50N 左右。头架主轴锥孔的径向圆跳动允差，a 点处为 0.005mm，距离 200mm 处为 0.012mm，300mm 处为 0.015mm。重新插入检验棒，依次检验 4 次。a、b 点误差分别计算，误差以 4 次读数的平均值计［见图 8-47（b）］。

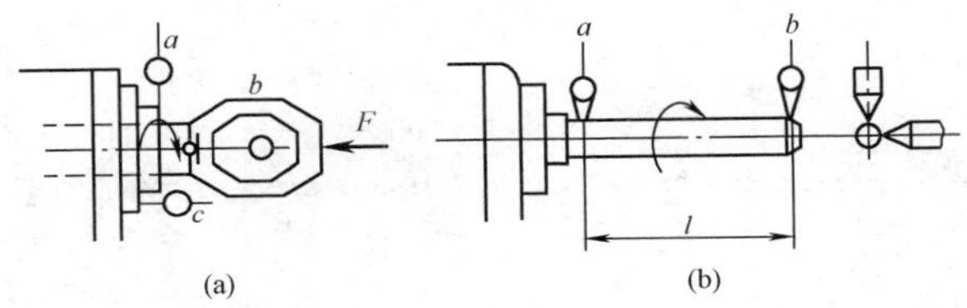

图 8-47　头架主轴回转精度的检验

（a）检验内圆磨床头架主轴；（b）检验外圆磨床头架主轴

2. 磨床直线运动精度的检验

直线运动精度就是磨床运动部件相对于某些部件的位置精度，如平行度、垂直度等。现以 MGB1420 高精度外圆磨床为例，说明检验项目和要求，详见表 8-9。

3. 部件之间等高度精度的检验

（1）砂轮架主轴轴线与头架主轴轴线的等高度检验。如图 8-48（a）所示，在砂轮架主轴定心锥面上装上检验套筒，在头架主轴锥孔中插入一直径相等的检验棒，在工作台上放一桥板，将指示器放在桥板上，移动指示器，误差以指示器读数的代数差值计。一般磨床允差为 0.3mm，精密磨床允差为 0.2mm。头架应在热态下检验。

（2）内圆磨具支架孔轴线与头架主轴轴线的等高度检验。如图 8-48（b）所示，其检验方法与图 8-48（a）相同。一般磨床允差为 0.02mm，精密磨床允差为 0.015mm。头架应在热态下检验。

4. 砂轮架快速引进重复定位精度的检验

将固定显示器的测头触及砂轮架壳体上，并使测头轴线与砂轮主轴轴线在同一水平面内（见图 8-49），砂轮架快速引进，连续进行 6 次检验，误差以指示器读数的最大差值计。最大磨削直径小于或等于 320mm 时，一般磨床允差为 0.002mm，精密磨床允差为 0.0012mm。

表 8-9　　磨床直线运动精度的检验

检验项目	简　图	允差（mm）	检验方法
头架、尾座移置导轨对工作台移动的平行度	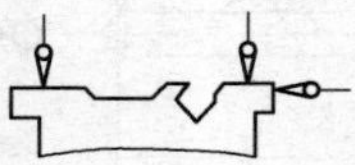	全部长度内为 0.008 在任意 300mm 测量长度上为 0.005	固定指示器，使其测头触及头架、尾座移置导轨的各表面，移动工作台依次检验 误差分别以指示器在任意 300mm 和全长上读数的最大代数差计
头架主轴轴线对工作台移动的平行度	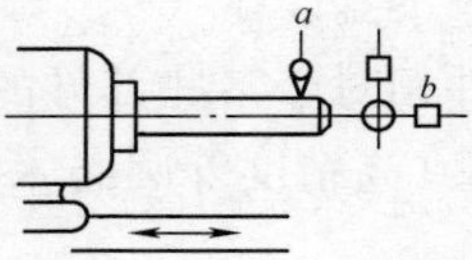 a b	a 及 b 点在 150mm 测量长度上为 0.005，检验棒自由端均只许向砂轮和向上偏	在头架主轴锥孔内插一检验棒，固定指示器，移动工作台。相隔 180°检验两次 a、b 点误差分别计算。误差以指示器两次读数的代数和之半计
尾座套筒锥孔轴线对工作台移动的平行度	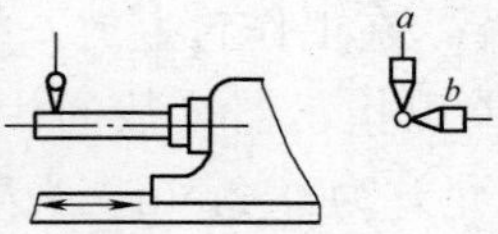 a b	在 150mm 测量长度上 a 点为 0.0075，b 点为 0.005，检验棒自由端只许向砂轮和向上偏	尾座应固定在最大磨削长度 0.8 倍的位置上 检验棒相隔 180°插两次分别检验 a、b 点误差值。误差以指示器两次读数的代数和之半计
头架、尾座顶尖中心线连线对工作台移动的平行度	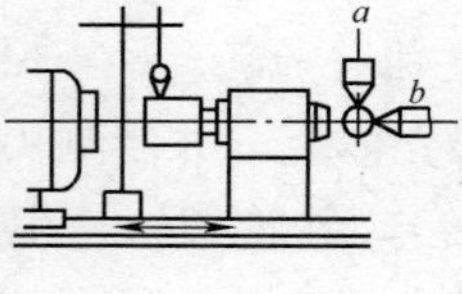 a b	a 点为 0.016，只许尾座高 b 点为 0.01	在头架、尾座顶尖间顶一长度为最大磨削长度 0.8 倍的检验棒，固定指示器，移动工作台 a、b 点误差分别计算。误差以指示器读数的最大代数差计

续表

检验项目	简　图	允差（mm）	检 验 方 法
砂轮架主轴轴线对工作台移动的平行度		a 及 b 点在 100mm 测量长度上为 0.01，检验套筒自由端只许向上偏	在主轴锥面上装一检验套筒，固定指示器，移动工作台检验 主轴转 180°检验两次，a、b 点误差分别计算。误差以两次读数的代数和之半计
砂轮架移动对工作台移动的垂直度	—	在砂轮架全部行程长度上为 0.007	在工作台上放一角尺，调整角尺，使其一边与工作台移动方向平行。在砂轮架上固定指示器，移动砂轮架，在全程上检验 误差以指示器读数的最大代数差计
内圆磨头支架孔对工作台移动的平行度		a 及 b 点在 100mm 测量长度上为 0.01，检验棒自由端只许向上偏	在支架孔中插入检验棒，在工作台上固定指示器，移动工作台，检验棒在 180°方向插两次 a、b 点误差分别计算。误差以指示器两次读数的代数和之半计

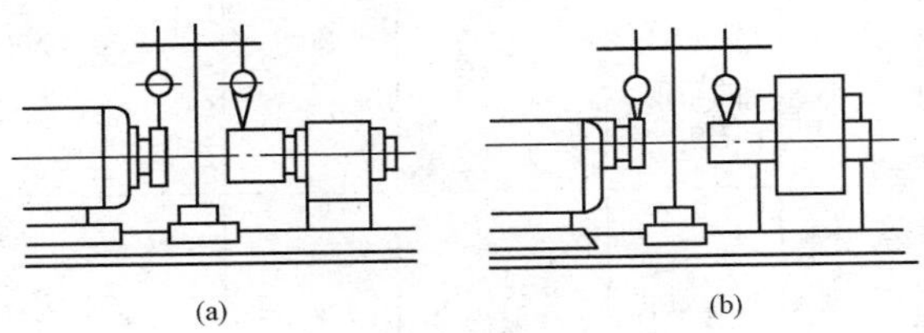

(a)　　(b)

图 8-48　等高度精度的检验

（a）检验砂轮架主轴轴线与头架主轴轴线的等高度；

（b）检验内圆磨具支架孔轴线与头架主轴轴线的等高度

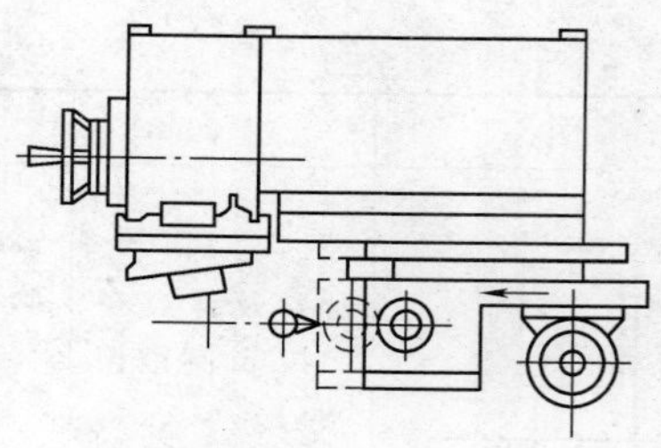

图 8-49　砂轮架快速引进重复定位精度的检验

（二）磨床工作精度的检验

工作精度是各种因素对工件加工精度影响的综合反映，一般以工件通过试件来进行检验。对精密外圆磨床工作精度的检验见表 8-10。

表 8-10　　对外圆磨床工作精度的检验

简图和试件尺寸	检验性质	切削条件	检验项目	允差（mm）
φ32 320	顶尖间磨外圆试件的精度	不用中心架 钢 不淬硬	圆柱度	0.003
φ50 150			圆度	0.000 5
φ50 25	卡盘磨外圆短试件的精度	钢 不淬硬	圆度	0.001 5
50 φ35	卡盘磨内圆试件的精度	钢 不淬硬	圆度	0.002

续表

简图和试件尺寸	检验性质	切削条件	检验项目	允差（mm）
φ25, 35	切入式磨削试件	连续磨削 钢 不淬硬	直径尺寸分散度	试件余量在直径上为0.2。误差以20个试件中的最大值和最小值之差计。定程磨削允差为0.02mm

三、常见磨床精度标准

磨床的精度标准内容很多，现仅列出常见磨床的加工精度，以供参考，见表8-11～表8-17。

表 8-11　常见外圆磨床的加工精度

型　　号	加工精度	
	圆度、圆柱度（mm）	表面粗糙度 Ra（μm）
M135	0.003 0.006	0.4
MMB1312	0.001 0.003	0.05
MBS1320	0.003 0.006	0.4
MB1332A	0.003 0.006	0.4
MQ1350A	0.005 0.008	0.4
M1380A	0.005 0.018	0.4

表 8-12　常见万能外圆磨床的加工精度

型　　号	加工精度	
	圆度、圆柱度（mm）	表面粗糙度（外/内）Ra（μm）
MGB1412	0.0005 0.002	0.012/0.05
M1420	0.003 0.006	0.4/0.8

续表

型　号	加工精度	
	圆度、圆柱度（mm）	表面粗糙度（外/内）Ra（μm）
M120W	0.003 0.006	0.4/0.8
M131W	0.003 0.006	0.4/0.8
M1432A	0.003 0.006	0.4/0.8
MM1432A	0.001 0.007	0.05/0.20

表 8-13　　常见内圆磨床的加工精度

型　号	加工精度	
	圆度、圆柱度（mm）	表面粗糙度 Ra（μm）
M2110A	0.005 0.006	0.8
MGD2110	0.001 0.003	0.2
M2120	0.005 0.006	0.8
MGD2120	0.0015 0.003	0.2
M250A	0.01 0.01	0.8

表 8-14　　常见无心磨床的加工精度

型　号	加工精度	
	圆度、圆柱度（mm）	表面粗糙度 Ra（μm）
M1020	0.002 0.002	0.4

续表

型　号	加 工 精 度	
	圆度、圆柱度（mm）	表面粗糙度 Ra（μm）
M1040	0.002 0.004	0.4
MGT1050	0.0006 0.0015	0.1
M1080A	0.002 0.004	0.4
M1083A	0.0025 0.005	0.4
MG10200	0.0012 0.0025	0.2

表 8-15　　常见平面磨床的加工精度

型　号	加 工 精 度	
	平行度（mm）	表面粗糙度 Ra（μm）
MM7112	0.01/1000	0.2
M7120A	0.005/300	0.4
MM7120A	0.01/1000	0.2
M7130	0.015/1000	0.8
MG7132	0.005/1000	0.4
M7140	0.01/1000	0.4
M7150A	0.04/3000	0.8
M7332A	0.01/1000	0.8
M7340	0.01/1000	0.8
MG7340	0.005/1000	0.05
MM73100	0.01/1000	0.2
M7450	0.01/1000	1.6

表 8-16　　常见坐标磨床的加工精度

型　号	工作精度	
	坐标精度（mm）	表面粗糙度 *Ra*（μm）
MG2920B	0.002	0.2
MG2923B	0.002	0.2
MK2940	0.001	0.8
MG2945B	0.003	0.2

表 8-17　　常见导轨磨床的加工精度

型　号	加工精度		
	直线度（mm）	垂直度（mm）	表面粗糙度 *Ra*（μm）
M50100	0.01/1000	1000∶0.01	1.6
MM52125A	0.01/1000	1000∶0.005	平面：0.4 斜面：0.8
MM52160A	0.005/1000		平面：0.4 斜面：0.8

四、磨床精度对加工精度的影响

（一）磨床精度概述

在机床上加工工件时所能达到的精度，与一系列因素有关，如机床、刀具（砂轮）、夹具、切削用量、操作工艺以及操作技能等。对磨削而言，在正常加工条件下，磨床本身的精度往往是一系列因素中最重要的因素之一。

磨床的精度包括静态精度和动态精度，不同类型的磨床对此有不同的要求。

1. 静态精度

在没有切削载荷以及磨床不运动或运动速度较低的情况下检测的磨床精度称为静态精度，包括磨床的几何精度、传动精度和定位精度等。静态精度主要取决于磨床上的主要零、部件，如主轴及其轴承、丝杠螺母、齿轮、床身、导轨、工作台、箱体等的制造精度以及它们的装配精度。

（1）几何精度。是指磨床上某些基础零件工作面的几何精度，决定加工精度的运动件在低速空运转时的运动精度，决定加工精度的零、部件之间及其运动轨迹之间的相对位置精度等。例如，砂轮主轴的回转精度、床身导轨的直线度、工作台面的平行度、工作台移动方向与砂轮轴线的平行度、头架和尾座的中心连线对工作台移动的平行度等。

在磨床上加工的工件表面形状，是由砂轮和工件之间的相对运动轨迹决定的，而砂轮和工件是由机床的执行件直接带动的，所以磨床的几何精度是保证工件加工精度的最基本条件。

（2）传动精度。是指磨床内联系传动链两端件运动之间相互关系的准确性，如螺纹磨床的内传动链要准确地保证工件主轴每转一转，工作台纵向移动工件的一个导程等。

（3）定位精度。是指磨床运动部件从某一位置运动到预期的另一位置时所达到的实际位置的精度。实际位置与预期位置之间的误差，称为定位误差。如磨床砂轮架快速引进是规定了多次重复定位的重复定位精度，其允差规定为 0.0012～0.002mm。

2. 动态精度

磨床在外载荷、温升、振动等作用下的精度，称为磨床的动态精度。上面所讲的静态精度通常只能在一定程度上反映磨床的加工精度。磨削力、夹紧力、磨床零、部件的弹性变形、磨床的热变形和磨床的振动等，这些都是在磨床的工作过程中产生的。为此，在生产实际中，一般是通过磨削加工后的工件精度来考核磨床的综合动态精度，称为磨床的工作精度。工作精度是各种因素对加工精度影响的综合反映。

下面主要介绍磨床各主要零部件几何精度对工件加工精度的影响。

（二）砂轮架精度对加工精度的影响

砂轮架的精度包括砂轮主轴的回转精度和砂轮架导轨的直线度等，其精度直接关系到工件的加工精度。

（1）砂轮主轴的回转精度。是指砂轮主轴前端的径向圆跳动和轴向窜动偏差。一般外圆磨床、平面磨床砂轮主轴的径向圆跳动、轴向窜动允差为0.005～0.01mm；高精度磨床的径向圆跳动、轴向窜动允差应小于0.005mm。砂轮主轴是带动砂轮高速旋转以完成磨削主运动的部件，所以砂轮主轴的回转精度直接影响工件的表面粗糙度。例如：径向圆跳动超差，工件会出现直波形振痕；轴向窜动量大，工件表面会出现螺旋形痕迹；两者均超差，还会引起磨削作用不均匀，引起工件圆度和端面圆跳动超差。

（2）砂轮架导轨在水平面内的直线度误差。如果此误差较大，则砂轮架前后移动时，砂轮主轴中心线方向将产生偏斜，使修整后的砂轮移动到磨削位置时，砂轮的工作表面与工作台移动方向不平行，使砂轮单边接触工件面，出现螺旋形痕迹；若采用切入磨削，会使工件产生锥度（见图8-50）。因此高精度磨削时，砂轮的修整位置与磨削位置应尽量接近。这样就可以减少导轨直线度误差对工件加工精度的影响。

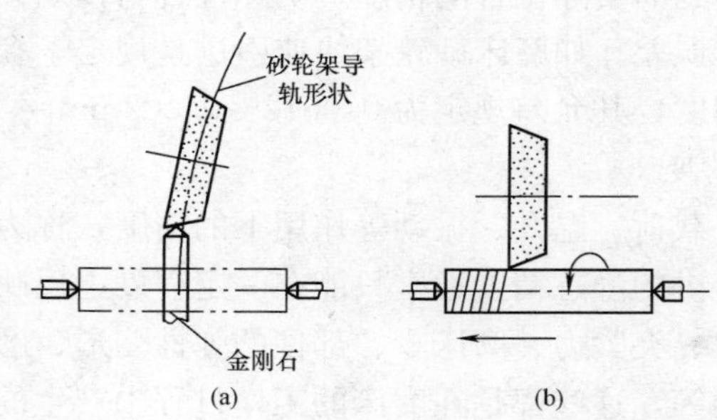

图8-50　砂轮架导轨直线度误差对加工表面的影响
（a）修整砂轮位置；（b）磨削工件的位置

（3）砂轮主轴与工件轴线不等高。在外圆磨床上，砂轮主轴和内圆磨具支架孔中心线若与夹持工件的头架主轴中心线不等高，磨削圆锥面时将使工件产生形状误差。磨削外圆锥时锥体母线形成中凹双曲线形［见图8-51（a）］；磨削内圆锥时，锥体母线形成中凸双曲线形［见图8-51（b）］。这项误差对圆锥孔的加工精度的影响比较显著。考虑到头架的热变形影响，工件的中心线可略低于砂轮主轴的中心线。

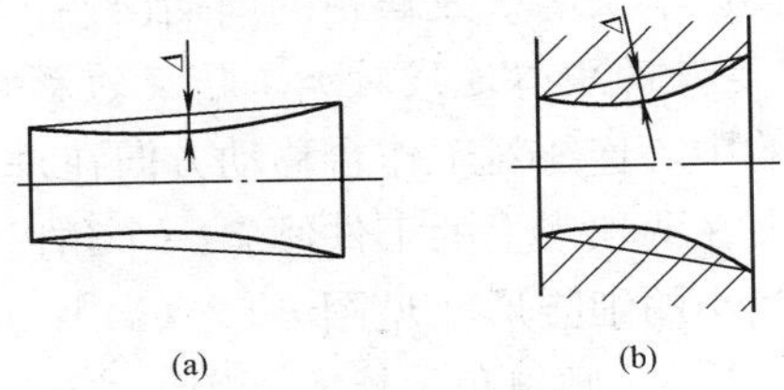

图 8-51　砂轮主轴与工件轴线不等高对加工精度的影响
（a）中凹双曲线形；（b）中凸双曲线形

（4）砂轮主轴轴线与工作台移动方向的平行度误差。此误差会影响磨削后端面的平面度。若砂轮主轴翘头或低头，都会使工件磨成凸面［见图 8-52（a）、（b）］；砂轮主轴前偏，工件端面会被磨成凹形［见图 8-52（c）］；砂轮主轴后偏，工件端面会被磨成凸形［见图 8-52（d）］。

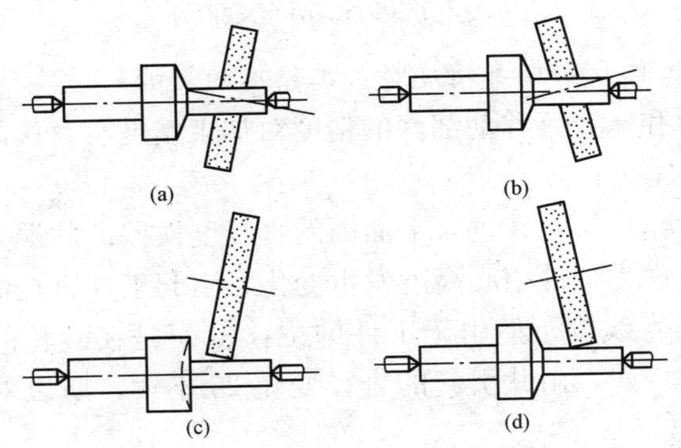

图 8-52　砂轮主轴轴线与工作台移动方向平行度误差
（a）砂轮主轴翘头；（b）砂轮主轴低头；
（c）砂轮主轴前偏；（d）砂轮主轴后偏

（三）头架精度对加工精度的影响

头架的精度主要是主轴的回转精度。头架主轴是带动工件作圆周进给运动的，因此其运动误差直接反映在加工表面上。在内、外圆磨削时，头架主轴的径向圆跳动会使加工表面产生圆度误差，轴向窜动会使磨出的端面不平。在螺纹磨床上，头架主轴的径向圆跳动和轴向窜动还会影响被磨螺纹螺距的周期误差。

（四）头架、尾座的中心连线对加工精度的影响

头架、尾座的中心连线对工作台移动方向在垂直平面内的平行度误差，会使装夹在两顶尖上的工件倾斜一个角度 α，在磨外圆时会产生两头大中间小的细腰形［见图 8-53（a)］；磨端面时会产生凸面［见图 8-53（b)］。倾斜角 α 越大，产生的误差越大。

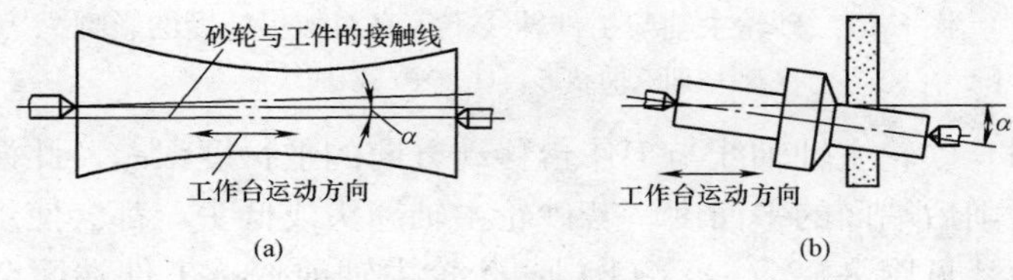

图 8-53　头架、尾座的中心连线对工作台移动方向的平行度误差对加工精度的影响

（a）磨外圆时；（b）磨端面时

（五）工作台和床身精度对加工精度的影响

工作台和床身等移动部件的精度对加工精度有直接的影响，主要反映在以下方面：

（1）工作台移动在垂直平面内的直线度误差。此误差在内、外圆磨削上表现为工件中心高度发生变化，引起工件直径的变化，影响其素线的直线度。但由于工件的位移量 h 是在砂轮的切线方向［见图 8-54（a)］，由此引起的直径变化 2δ 不大，所以对加工精度

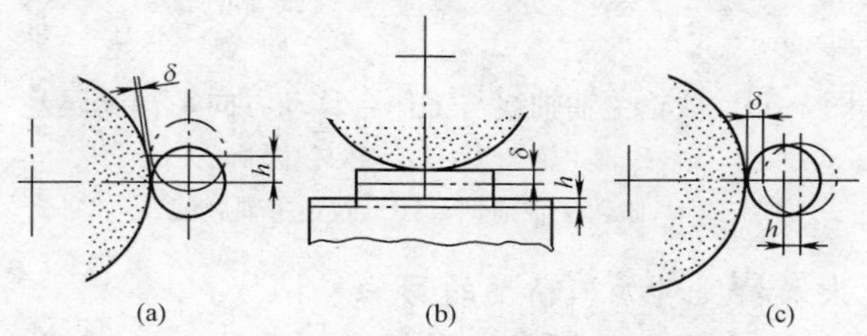

图 8-54　工作台移动的直线度误差对加工精度的影响

（a）工件在砂轮切线方向产生位移；（b）工件在砂轮法线方向产生位移；（c）工件运动误差直接反映在工件上

影响不明显。但是在平面磨床上磨平面时，这项误差使工件在砂轮法线方向产生位移［见图 8-54（b)］，工作台运动误差 h 将直接反映在被磨工件上（δ)，使磨出的平面产生平面度或位置误差。

（2）工作台移动在水平面内的直线度误差。对于内、外圆磨削来说，由于工件产生的位移 h 在砂轮法线方向［见图 8-54（c)］，它直接影响工件的加工精度。用砂轮端面磨削工件垂直面时，这项误差也反映到工件上面，影响位置精度。

（3）工作台移动时发生倾斜。此时，无论内、外圆磨削或平面磨削，都会使工件产生相对砂轮沿接近法线方向的位移(见图8-55)，对加工精度影响较大。

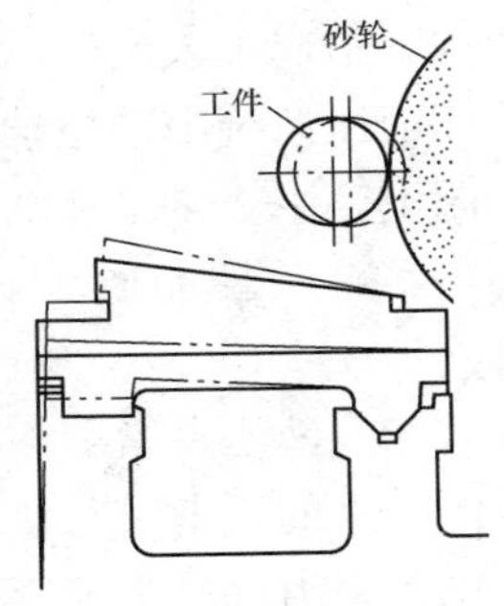

图 8-55　工作台移动时的倾斜对外圆磨削的影响

上述三项误差还会影响修整后的砂轮几何精度，如图 8-56 所示。设 Ox 为砂轮的旋转轴线，要求金刚石的移动轨迹 AB 应与 Ox 轴线平行，当水平面内的直线度误差为 Δy，垂直平面内的直线度误差为 Δz 时，金刚石的移动轨迹为 AC，修整后的砂轮素线是双曲线。

如果只有水平面内直线度误差，则修整后的砂轮为圆锥体；如果只有垂直平面内的直线度误差，修整后的砂轮仍是双曲线形。用双曲线或圆锥形状的砂轮进行切入磨削，将直接影响加工表面的几何形状误差；若进行纵向磨削，由于只有砂轮的边缘与工件表面接触，会产生螺旋形痕迹。

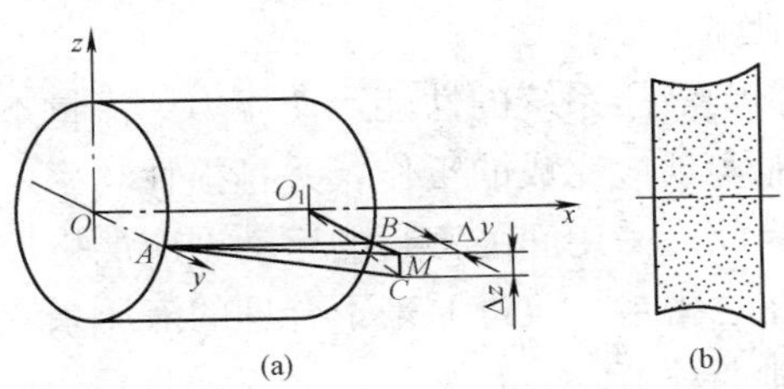

图 8-56　工作台移动的直线度对砂轮修整后工作表面的影响

（a）金刚石的移动轨迹；（b）修整后的砂轮素线

（六）液压系统精度对加工精度的影响

液压传动是磨床的主要传动方式之一，液压系统的制造精度和工作精度对磨床加工精度有至关重要的影响，主要表现在下列五个方面。

（1）振动和噪声。液压系统的振动会使管接头松脱甚至断裂，降低元件的寿命，影响机床的性能，从而影响加工精度，如磨削时产生振纹、波浪纹等。振动时往往随之产生噪声，噪声会恶化劳动条件，引起工人疲劳。

液压系统中的振动常出现在液压泵、电动机、液压缸及各种控制阀上，主要是泵和电动机内吸入空气，或其零件加工及装配精度不高，有关控制阀失灵而引起的，需根据具体情况予以解决和排除。

（2）液压夹紧。液压油通过阀孔和阀芯间的配合间隙时，作用在阀芯上的不平衡力使阀芯靠向阀孔壁面，从而造成阀芯移动时产生摩擦阻力（称为卡紧力）增加。较小的卡紧力，使所控制的液压元件动作迟缓，甚至使自动循环错乱。若阀芯的驱动力不足以克服卡紧力和其他阻力时，就会使阀芯卡死，称为液压夹紧。在磨削加工过程中如果出现这种情况，会直接影响加工时机床的正常运动和加工精度。

产生液压夹紧的主要原因是液压控制阀的设计不合理、制造精度差以及油中有杂质及内泄漏等，需加以改进和排除。

（3）液压泄漏。在液压系统和液压元件中，由于加工误差的存在，连接处和相对运动要求的配合面间总存在一些间隙，所以会产生外泄漏和内泄漏。

泄漏直接影响液压系统的性能，使压力、流量不足，作用力或速度下降，不能实现应完成的工作，并且损耗功率，直接影响加工精度和质量。为此，采用间隙密封的运动副应严格控制其加工精度和配合间隙，注意密封，改进原来不合理的液压系统，尽可能简化回路，以减少泄漏环节。

（4）爬行。液压传动中，当液压缸或液压电动机在低速下运转时产生时断时续的运动（即运动部件滑动与停止相交替的运动），这种现象称为爬行。爬行不仅破坏了液压系统的稳定性，同时也影响工件的磨削精度。

造成爬行的主要原因是液压系统内存在空气、液压泵失灵、摩擦阻力太大或润滑油压力、流量不稳定等。应根据具体情况进行排除。

（5）液压系统的工作压力及工作机构运动速度失常。

1）液压系统的工作压力失常。主要表现为压力不稳定、压力调整失灵、压力转换滞后以及卸荷压力较高等，由此会影响加工和精度。

工作压力失常的主要原因是磨损较大，增加了泵的轴向、径向间隙；或泵内零件加工及装配精度较差，从而影响了工作压力的提高，引起压力的脉动；还有就是由控制阀（主要是压力控制阀和方向阀）引起，控制阀的性能不好、精度不高，使液压系统压力失常。

2）工作机构的运动速度失常。液压系统工作机构的运动速度应满足磨床所需要的速度范围，且应满足最低速度时不爬行、最高速度时不产生液压冲击的要求。但由于液压系统泄漏、泵的容积效率降低、压力、流量不稳定及有关阀、泵精度较差等原因，常在工作中出现调速范围小、速度稳定性差、往复速度超过规定范围等缺陷，以致直接影响加工精度。

液压系统与同等复杂的机械结构或电气系统相比，发生故障的概率较低，但是其系统精度不容易直接观察，又不太方便测量，具有隐蔽性、难判断性和可变性，所以要根据具体情况和它对加工精度的影响程度认真加以排除。

（七）其他机构精度对加工精度的影响

（1）传动进给或分度机构的误差。磨床的传动进给机构或分度机构等的误差，会直接影响加工精度。如头架内齿轮变速机构不能得到准确的速比，在精磨内圆、外圆、螺纹、齿轮等时，其影响往往很大；若进给机构精度不高，则不易保证最终的加工精度；若分度机构不准确，则在花键磨床、齿轮磨床上磨削等分零件时，就不能保证精确的分度。

(2) 运动部件和支持部件刚度不足。机床部件应有足够的刚度，以保证其抵抗变形的能力。若运动部件和支持部件没有足够的刚度，在加工过程中，会由于切削力的作用而产生变形，不同程度地引起工件和刀具之间的相对位移，破坏机床静态的原始精度，从而引起加工误差。

(3) 磨床安装不良。正确安装磨床，对保证机床精度有很大的意义。若磨床安装不良，如垫得不平、垫铁位置放得不当、地脚螺钉松紧不一，或者地基不均匀下沉等，都会使磨床产生变形而失去原有精度，由此会直接影响加工精度。

此外，在磨床工作过程中，因内外热源的影响，会使机床发生热变形，也会造成磨床的原始几何精度下降，严重影响加工精度。

第五节 机床的改装

机床改装就是对机床现有的结构进行简单、合理、巧妙、经济、实用的改造。设备长期役龄中的自然磨损和无形磨损（技术老化），决定了改装机床是一种客观上的需要。改装不仅可以解决两种磨损问题，以便满足生产发展的需要，而且可以获得十分可观的经济效果。它的特点是：①目的明确，针对生产中的实际问题；②改装的布局形式灵活多样，可根据工件的情况，从工艺分析入手，分配机床部件的运动，选择传动方式，最后再确定各主要部件的相对位置和相对运动关系；③能够充分利用原机床的结构，这样可使工作量大大减少，节省很多物质，制造成本低、见效快；④能够兴废利旧，大多数改造是在废旧机床上进行的，在改装过程中，还常常使用一些机器上的废旧零件，从而使这些旧设备、废零件重新利用起来；⑤能够充分发挥职工的群体智慧。改造项目的提出，一是来自生产和工艺方面的需要，二是来自机床操者或维修人员的建议和要求。因此具有广泛的群众性，有利于发挥群体智慧。改造的缺点是：①具有局限性，不是任何机床都可以改造；②为了利用机床的原有结构，有时新设计制造的零部件和选定的参数等不够理想，改装的对象是机床—刀具—夹具—工件这一工艺系统。

一、机床改装的内容

(1) 提高机床精度和延长机床使用寿命的改装：

1) 提高机床精度，并长期保持其精度；

2) 提高机床的耐久性。

(2) 改进机床性能的改装：

1) 充分利用现代化切削工具，提高切削速度，以缩短机加工时间；

2) 集中操作或减少工件在机床上的传递，以缩短非机加工时间；

3) 提高机床的机械化和自动化水平，缩短辅助时间；

4) 使旧型号机床达到新型号机床的性能指标或使旧机床专业化。

(3) 改善机床的操作性能和劳动条件的改装：

1) 治理机床漏油；

2) 改善劳动条件和保证劳动安全。

(4) 扩大机床功能的改装：

1) 提供采用成组加工技术的条件，适合组成生产流水线；

2) 扩大机床的工艺范围；

3) 改善或改变机床的基本工艺用途；

4) 使机床能够适应新工艺、新技术的要求。

二、机床改装的原则

1. 重视改装的可行性分析和效益分析

改装要以效益为指导思想，在改装前要充分进行可行性和经济效益的调查。

(1) 可行性调查的内容：待改装的设备在发挥经济效益中存在的问题，自身有利于改装的条件，以及改装技术的成熟情况和在其他企业的使用情况。另外需注意配套设备之间的匹配平衡关系。

(2) 效益分析内容：改造成本预测。作出与新购类似设备的价值、功能对比。从生产需要的迫切性方面，应了解产品的外协费用、生产周期、任务的饱满程度，改造后设备的利用率和可能带来的经济效益，以及改造后设备是否能达到优质、高效、低耗、改善劳动条件、防止环境污染、扩大新技术、新工艺、新结构及新材料的推广等目的。

2. 保证加工精度和表面粗糙度要求

评定改装结果好坏的主要标准是机床的技术性能，而加工精度和表面粗糙度是其中两个重要指标。

(1) 机床的加工精度。是指被加工零件的尺寸、形状和相对位置等方面所能达到的精确程度。它主要靠机床本身精度来保证。影响加工精度的因素有机床的几何精度、传动精度、刚度、抗振性和热变形等。因此在改装时，一定要根据具体情况，对其中的要害因素给予特殊保障，以满足改造的精度要求。

(2) 机床加工零件的表面粗糙度。主要与机床的平稳性、刚度和抗振性等有关。因此，在改装时，应根据加工件的表面粗糙度要求，对上述因素进行控制。

3. 改装必须具有一定范围的工艺可能性

机床的工艺可能性大致包括以下内容：

(1) 在该机床上可以完成的工序种类。

(2) 所加工零件的类型、材料和尺寸范围。

(3) 机床的生产率和单件加工成本。

(4) 毛坯种类。

(5) 适用的生产规模（大量、批量、单件）。

(6) 加工精度的表面粗糙度。

在把通用设备改为专用设备过程中，由于要拆除不必要的机构，增加必要的机构，因此一定要注意“一定范围的工艺可能性”这个问题。因为一旦产品换型，零件改进设计变动了一些尺寸或几何形状时，若无一定范围的工艺可能性，就会造成再一次改造机床的损失。因此，工艺可能性一定要根据生产的实际和发展进行适当确定。

4. 改装要先进性与实用性相结合

先进性是改装机床的基本原则之一。要有发展的眼光，多应用国内外的成熟先进技术。对新技术，如 CNC、静压导轨、光学、自动控制技术等应多提倡应用。但并不是越先进越好。因此，要树立适用的就是先进的主导思想，即先进性与实用性相结合。要符合最佳经济原则。要结合本企业实际选用合适的先进技术，重视推广成熟的新技术。成熟的新技术具有可靠性好和维修方便的特点。

5. 机床改装更要注意技术安全问题

因为改装机床常常是在废旧机床上进行的，所以必须重视技术安全。

(1) 改装前应检查被改机床的技术状态。确定机床改装方案时，应充分了解机床原结构及其工作性能，仔细探讨其改装的可能性和方便性，以便改装工作顺利进行。

1) 检查传动系统是否完整可靠，传动件强度和刚度能否满足要求。

2) 检查操纵机构是否好用、准确、可靠。

(2) 根据检查结果采取措施。根据检查结果，决定修换件或应采取的技术措施。机床改装方案应有良好的技术经济效益，尽可能保留机床原有结构并充分利用原有的传动系统，以减轻改装工作量和改装费用，充分发挥机床原有性能。

(3) 提出机床改装方案时，应进行方案对比，使改装后的机床结构合理、技术先进，从而较好地适应不断发展的生产需要。

(4) 在提高机床运动速度或增大功率时，应采取相应措施增强机床薄弱环节的刚度和强度，采用精密读数装置时，应相应提高有关传动机构的传动精度。

(5) 加装防护装置。对机床进行改装，特别是自动化改装时，要注意改装后机床工作的安全可靠性，设置必要的安全保护装置。改装后，机床变为高速切削时，应加装防护装置，以免切屑高温飞溅。

6. 结合机床维修进行改装

维修与改装都是围绕机床这个中心进行的，应将二者统筹安排合适。

(1) 在维修中加强技术改造，促进维修体制改革。改装与维修相结合，可使设备落后部位与不合理部位得到改进，用先进技术改造设备，就可使维修体制更有活力，更加完善合理。

(2) 改装机床结合机床大、中修理进行，可减少生产上停机时间。

(3) 维修人员对机床结构比较熟悉，则有利于提高改装的实用性和准确性。

(4) 可以做到统筹安排物质供应。

(5) 可以做到修理和改装统一规划，合理安排生产进度。

(6) 便于实现专业化生产，以利提高劳动效率。

(7) 便于机床改装资料的标准化和归档管理。

三、机床改装的主要依据

改装机床的主要依据是被加工工件、机床的使用要求和制造条件等。

1. 工件

工件是机床改造后的加工对象，也是改装工作的主要依据之一。改装者必须从工艺的角度出发，分析工件的结构特点、被加工表面的尺寸精度、相互位置精度、表面粗糙度以及对生产率的要求等。在寻求改装途径时，应运用以下方法：

(1) 根据工件结构特点，寻求改装的方法。因为工件的结构特点常常决定了改装的方法，如在车削细长丝杠时，可增加支承，以克服刚度差易变形的结构弱点。

(2) 根据工件的技术要求，寻求改装的方法。通过分析工件的技术要求，可以启发人们从改造机床的结构、提高加工精度和给机床配备适宜的辅具等方面，寻求改装机床的方法。表 8-18 给出了活塞的裙部外圆部分的公差等级为 IT5～IT6，表面粗糙度值 Ra 为 0.8μm。由于精度较高，表面粗糙度值较小，所以车削加工无法实现。而应采用磨削加工。这样才使机床的加工精度和技术要求相吻合。为了方便、经济，可将 C620 型车床进行改造：用 C620 型车床自身的水泵电动机驱动磨头砂轮旋转。将该组合磨具安装在方刀架上(见图 8-57)，可对活塞裙部进行磨削。此改装也适于大、中、小型零件的粗精磨削和易变形零件的精磨。磨削

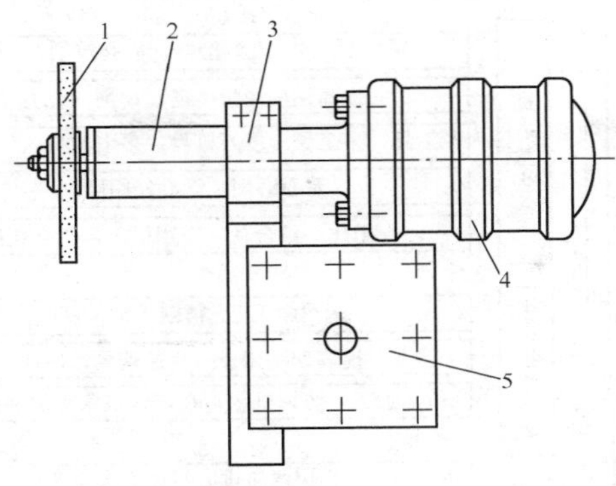

图 8-57　小型卧式磨具
1—砂轮；2—磨杆；
3—卡箍；4—电动机；5—方刀架

加工完毕后，拆下磨具，可恢复 C620 型车床原貌，即这种改装是可逆的。

表 8-18　　活塞的裙部外圆的主要技术要求

主要表面	尺寸精度	表面粗糙度 *Ra*（μm）	几何形状精度	相互位置精度
裙部外圆	IT5～IT6	0.8	（1）要求圆度误差长短轴之差在 0.29mm±0.025mm 之内 （2）要求为锥体。大小头直径差为 0.01～0.05mm，大头在底部 圆度误差不大于 0.05mm （3）壁厚度误差不大于 0.05mm	（1）裙部外圆轴心线与销孔轴心线垂直并相交 （2）与环槽上下平面垂直，在环槽深度内允差为 0.018mm （3）与头部外圆同轴（允差 0.01mm） （4）与止口端面垂直（允差 0.05mm）

（3）根据工件的加工批量寻求改装的方法。为了保质保量完成生产、降低成本，可采取许多好的改装方法，见表 8-19。

表 8-19　　提高劳动生产率的主要方法

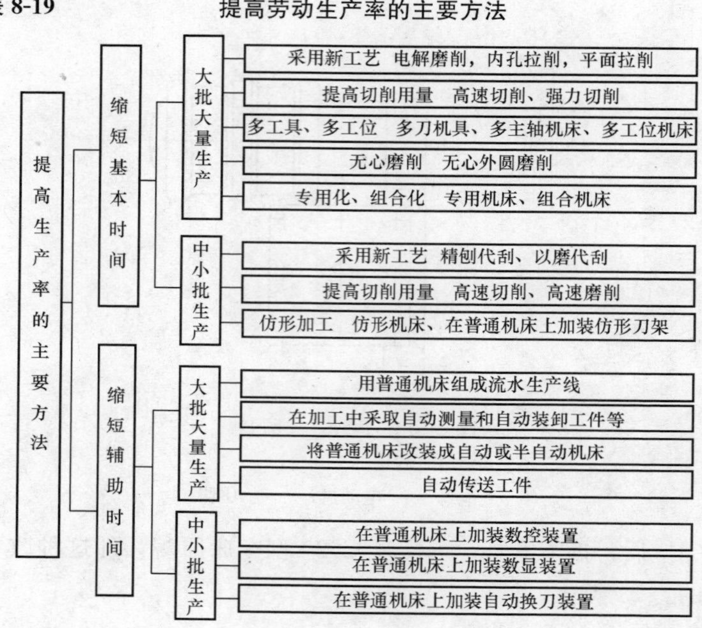

2. 机床的使用要求

满足使用要求既是机床改装的重要依据，又是衡量改装效果的重要标准。一般从以下两方面考虑：

（1）一般使用要求改装后，为了便于操作者卸装工件、调整刀具、观察加工情况和测量工件尺寸等，操作者与工件间要有合适的相对位置。图 8-58（a）给出了视距 A、视角 θ_1、θ_2、主轴中心离地面高度 H 的合适值。图 8-58（b）给出了水平面设置操纵手柄的一般范围和优先范围。而手柄离地面的高度以 600～1100mm 为宜。操纵力小时，采用大值；操纵力大时，采用小值。

满足一般使用要求，还应包括厂内的维修能力、刃磨能力、车间的环境、温度以及设备条件等。

另外，刀具的切削刃或被加工表面离地面过高时，可设置操作者站台，或将工件安于地坑内。对特大型机床，可设视频进行监控。

（2）特殊使用要求。这是为了满足特殊需要而提出的。下面列

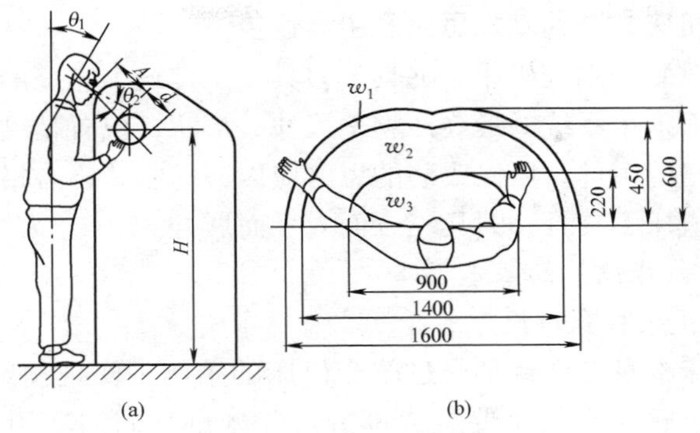

视距 $A\approx250\sim350$mm；视角 θ_1（30°）、$\theta_2\approx10°\sim15°$

工件（或刀具）中心线离地面高度 $H=1000\sim1200$mm

图 8-58 人体尺寸与操纵手柄位置的关系

d—典型工件的直径；w_1—双手所及的极限范围；w_2—设备手柄的一般范围；w_3—设备手柄的优先范围（水平面内）

举两种情况。

1）改装后，列入自动线或流水线，即列入工序进行使用。此时应考虑装料高度、节拍、夹具和输送装置，要与全线吻合。

2）当改装是临时进行批量生产用时，改装中应尽可能不破坏或少破坏原机床的结构，以利于恢复原貌。即改装应有可逆性。

3. 制造条件

制造条件就是制造过程的工艺可行性。能够厂内制造的，不厂外制造；能采取低成本加工的，不采取高成本加工。这就要求改装设计者应掌握厂内的生产能力和加工技术水平。只有考虑制造条件，才能使改装顺利地得以实施。制造条件包括：

（1）机械加工能力。一般是指对难以加工的精密零件、大件、箱体等的加工能力和工艺水平。

（2）热加工能力。通常指铸造、锻造、焊接及热处理的加工能力和工艺水平。

（3）装配能力。指对产品的装配能力和技术水平。

（4）材料及外协情况。指材料、通用零部件和液压、电气元件的供应及外协的可能性。

四、机床改装的基本思路及主要途径

机床改装是围绕机床—夹具—刀具—工件这个完整的工艺系统展开的。而这个系统的最终产物是尺寸、形状、位置精度及表面粗糙度都合格的工件。所以改装的思路应以如何制造出合格的工件为核心，从机床、夹具、刀具三方面入手而展开。

（一）机床改装的基本思路

1. 从机床本身考虑

从机床本身考虑就是通过改变机床的结构来实现预定的目的。为此必须了解机床的主要组成部分，并分析它们的功用及基本要求，为做好改装工作提供依据。

（1）主轴部件。由主轴、主轴支承和安装在主轴上的传动件等组成。

1）功用：①机床工作时，传递运动和动力；②支承工件或刀具，承受切削力，保证与其他部件的相对位置精确；③使工件或刀具获得正确的运动轨迹。

由此可见，主轴部件非常重要。因为加工零件质量的好坏，很大程度上由主轴来决定。所以，对主轴的要求也高一些。

2）基本要求。

a. 结构上的要求：①主轴部件应有可靠的径向和轴向定位，保持良好的位置度；②保证长期可靠的运转，为此应对有关零件的材料和热处理条件严加控制，还应合理选择前后轴承和支承结构，并设置轴承间隙调整装置；③主轴端部的结构合理，应保证卡盘和顶尖定位可靠；④工艺性要好，便于制造、装配、调整和维修。

b. 工艺性能上的要求：

（a）旋转精度。是指机床空载低速旋转时，在主轴前端等部位的径向圆跳动误差、端面圆跳动误差和轴向窜动量的大小。它直接影响工件的加工精度和表面粗糙度。影响旋转精度的主要因素有主轴及其轴承、支承座和轴上零件的制造、装配质量。

（b）刚度。是指在外载作用下抵抗变形的能力。刚度越大，主轴端部变形越小。影响它的主要因素有主轴的结构尺寸、轴承的类型、配置和间隙的大小、传动件的布置方式、主轴部件的制造与装配质量等。

（c）抗振性。是指机床进行切削时，抵抗振动保持平稳运转的工作能力。它不仅影响工件的表面质量、刀具寿命和主轴部件的寿命，而且产生噪声。影响这一性能的主要因素有主轴部件的阻尼、刚度和固有频率，主轴的传动方式、轴承类型、主轴部件的质量分布及齿轮与轴承等的制造、装配质量。

（d）耐磨性。是指长期保持原始制造精度的能力。为此，主轴的端部和内锥孔必须有一定硬度。滑动和移动轴颈的表面必须耐磨。影响该性能的主要因素有主轴、轴承的材料与热处理，轴承（衬套）类型及润滑方式等。

（2）常用的操纵机构。由图 8-59 可知，操纵机构一般由操纵件（手柄、手把、按钮等）、传动装置（机械、液压、气动和电力

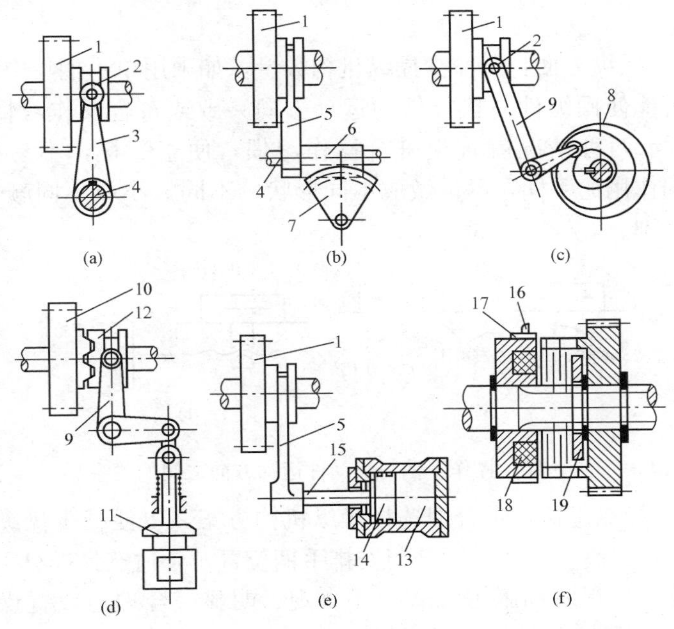

图 8-59　常用操纵机构

1—滑移齿轮；2—滑块；3—摆杆；4—轴；5—拨叉；6—轴套；7—齿扇；8—凸轮；9—杠杆；10—齿轮；11—电磁铁；12—离合器；13—液压缸；14—活塞；15—活塞杆；16—电刷；17—集电环；18—线圈；19—衔铁

等传动装置)、控制元件(孔盘、凸轮、液压预选阀等)、执行件(拨叉、拨块、滑块、卡块、顶杆、拉杆等)四部分组成，其功用是控制机床的基本运动和辅助运动。操纵机构不仅能影响机床的生产率、加工质量、使用寿命、执行件和传动件性能的发挥，更能影响操作者的劳动强度和工作安全。因此要求操纵机构要有良好的使用性能，要满足下述基本要求：

1）操纵安全：①操作手柄或手轮应与机床壁保持一定距离，操纵手柄间也应保持一定距离，以免伤人或造成设备事故；②机床快速运动链接通时，应脱开其与手轮的联系；③操纵机构定位必须可靠，不得自动松开；④凡是机构中相互干涉的运动必须互锁；⑤所有断开手柄必须安在非常便于操作的地方，以便发生意外需立即停车时，操作既准又快；⑥应设有过载保险装置和极限行程安全装置。

2）操纵方便：①减少操纵机构数量，如采用单手柄集中操纵；②尽可能使操纵件与执行件的运动方向一致或符合操作习惯，图8-60所示两种情况就直观符合操作习惯，便于记忆，不易搞错；③不同作用的手柄，尽量做成不同形状，不同大小或不同颜色的，便于区别。

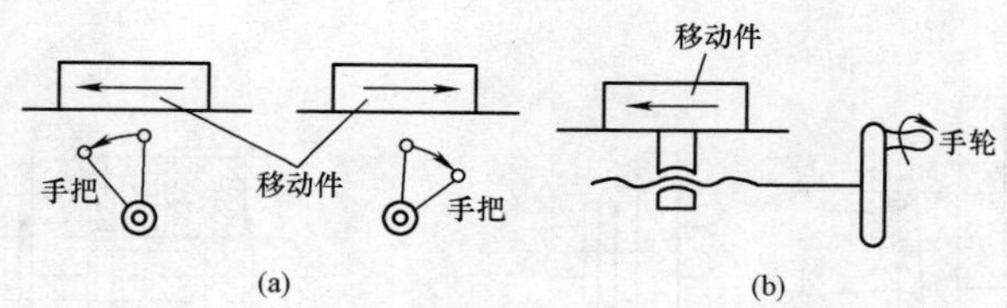

图8-60　操作手柄与移动件运动方向之间的关系

3）操纵迅速：①合理选择操纵机构方案，以便减少操纵的辅助时间，提高生产率；②恰当安排手柄位置，合适选择操纵手柄的形式、用力程度和施力方式；③直观、明显、合理地设置操纵标牌。尤其是表示转速和进给量的标牌。

4）操纵省力：①操纵手柄高度适当［见图8-58（a)］；②操纵力适宜。通常允许的操纵力（见表8-20)，若操纵频次高，应将表中允许值减少20%～40%。减轻操纵力，还要采取下列措施：

表 8-20　　通常允许的操纵力　　N

操纵手柄距地面的高度（mm）	操纵力的施力方向					
	左手操纵时			右手操纵时		
	向侧面	向下面	向上面	向侧面	向下面	向上面
1400～1800	25	100	50	30	110	60
1050～1400	30	50	50	50	60	60
650～1050	30	80	80	50	100	100
300～650	25	50	100	30	60	110

a. 合理选择操纵系统的传动比，以减少操纵力，如加大手轮直径等。

b. 合理布置操纵手柄的位置，如放在右手一侧。

c. 采用液压驱动、电动或气动的控制方式。

5）操纵准确。为提高操纵的准确性，可采用增大操纵机构的降速比的方法，如采用行星减速机构或蜗轮、蜗杆副降速。还可采用提高传动精度的方法，如采用精密丝杠和大直径精密刻度盘等。

（3）支承件。是指床身、立柱、横梁、底座等大件，是机床的基础件。其结构和布局的合理性，对于提高机床—夹具—刀具—工件这一工艺系统的刚度和长期持久地保持机床精度具有重大意义，为此必须满足以下基本要求：

1）足够的刚度。支承件在切削力、部件重量、工件重量和惯性等各种载荷作用下，其自身及其接触面都会变形。为了保证各部件的位置精度，其受力后的变形量必须限制在允许的范围内。这就要求支承件有足够的刚度。

2）足够的抗振性。振动可以影响工件的加工质量、刀具的寿命和机床的工作。为了提高机床的抗振性，可从以下两方面考虑：

a. 合理选择支承件的材料。无论是从理论分析还是实践证明，铸铁都是最适用的材料，这是由于它良好的抗振性和耐磨性所决定的。

b. 选择合理的支承件结构形式。这样既可增强支承件刚度，又可增加抗振能力。如支承件上有超过 400mm×400mm 的薄壁时，应增加肋板。

3）较小的热变形。支承件受热变形，就会丧失原始的几何精度，从而造成位置精度的下降，影响机床的加工精度。所以要力求减少支承件的热变形。减少热变形的主要途径：①减少发热量；②加强散热；③使热量少传给对加工精度影响较大的零部件；④使机床各部温度平衡。

4）满足铸造、加工、装配的工艺要求，保证排屑顺畅、搬运安全。并尽可能采取节省材料的结构。

（4）导轨。它的功用是支承、导向、承载，其质量直接决定机床的加工精度、工作能力和使用寿命。因此导轨应满足下列要求：

1）导向精度是指导轨运动轨迹的准确度，它是保证导轨工作质量的前提。其主要影响因素有：①导轨的类型、组合形式与尺寸；②导轨的几何精度和接触精度；③导轨和基础件的刚度；④导轨的油膜厚度与其刚度；⑤导轨与基础件的热变形等。

2）精度保持性。导轨的耐磨性是精度保持性的关键。而导轨的耐磨性与导轨的摩擦性质、材料、工艺方法及受力情况等有关。

3）低速运动的平稳性。是指导轨在低速运动或微量位移时，出现爬行现象的程度。它与导轨的结构、润滑和动静摩擦因数的差值以及传动系统的刚度等条件有关。

4）导轨的刚度。导轨的刚度若低，变形就大，不仅会破坏导向精度，而且会加剧导轨磨损。为了平衡或减轻外力的影响，应增强导轨的刚度。导轨的刚度主要取决于导轨的类型、型式、尺寸、导轨与基础件的连接方式及受力情况等。

5）结构的工艺性。是指从工艺上考虑容易制造、维修方便、刮研量小；若镶装导轨，应作到易于更换。

综上所述，可以得出以下结论：

1）机床的各组成部分均有其各自的功能，为了实现这些功能，又有一定的基本要求。所以在改装机床结构时，要把改装需要与原结构的功能和基本要求统筹考虑。

2）机床是使零件加工得以实现的物质保障。而机床结构则是使零件加工表面得以实现的成形方法的保证。改装结构是为成形方法服务的，因此，要千方百计使改装后的结构适应成形方法。

2. 从夹具来考虑

夹具是工艺装备的重要组成部分之一，与机床密切相关。而这种关系正是改装夹具的切入点。

（1）夹具在切削加工中的作用：①提高机床的性能，保证加工精度稳定；②提高工作效率；③实现在加工中对工件的测量；④减轻劳动强度；⑤创造新的夹具原理和夹具。

（2）夹具与机床的关系。

1）夹具应与机床相适应。机床不同，所用的夹具也应有差异。如铣床夹具，为适应铣削力大，加工中工件易变形的特点，所以夹紧机构要有足够的夹紧力，夹具体刚性要好。另外，夹具安装在机床上，所以要解决夹具在机床上的定位、安装、夹紧机构布置等问题。

2）机床自动化对夹具的要求。机床的自动化分为两种：一种是提高机床生产能力的自动化；另一种是把手动变机动的自动化。对于提高生产能力的自动化来说，通常是几个夹具对工件同时夹紧，或顺次地对几处自动夹紧，也可以使夹具与加工循环对应地实行联动。对于手动变机动的自动化来说，可利用夹具把平时操作者人工监视、检查、手动作业等有效地转为机械化。如在钻孔加工中，装上送料器，使夹具自动进给、定位，可大大缩短辅助时间，提高生产率。

3）阻碍夹具自动化的因素。从现今技术水平而论，什么自动化都能实现。但从经济性角度考虑，确实有些困难要克服。

a. 清除切屑，尤其是清除夹具定位面上的切屑。虽采取了特种装置或设置压缩空气喷嘴来清理切屑，但经济性都不好。

b. 复杂形状工件的加工夹具经常只能半自动。要想全自动，就不得不提高设计和制造成本。

c. 由于对高精度定位夹具的可靠性进行重复检查很困难，所以大多数高精度加工的夹具是手动或半自动的。

综上所述，要改进夹具，必须从分析夹具在加工中的作用入手；然后研究怎样使机床与夹具相适应；再针对具体情况进行改进。这就是从夹具方面考虑改装工作的重要思路。

3. 从刀具来考虑

在切削加工时，刀具和工件以机床为载体，并在其相应机构的带动下按一定规律作相对运动，通过刀具的切削刃去掉毛坯上多余的金属，使零件的加工表面成形。因此，应从零件表面的形成原理来考虑刀具改装。而零件表面质量的好坏，很大程度上是由刀具决定的。所以从分析工件表面质量入手改装刀具是另一条重要思路。

（1）从零件表面的形成来考虑刀具的改造。

1）零件表面的形成。零件上的每个表面都是母线沿导线运动而生成的轨迹，因此母线和导线又称为形成表面的生线。在切削加工过程中，这两条生线是以刀具的切削刃与工件的相对运动而体现的。如图 8-61 所示，轴的外圆柱面是由母线 1（直线）沿导线 2（圆）运动而形成的。可见，零件表面是由生线形成的。

2）零件表面的形成方法及所需运动。成形表面是通过刀具切削刃和工件的相对运动得到它的两条生线，依据形成生线的方法不同，零件表面的形成方法可分为以下四种：

a. 轨迹法。如图 8-62 所示，刀具的切削刃为切削点 1，它按轨迹 3 运动，形成生线 2，这就是轨迹法。

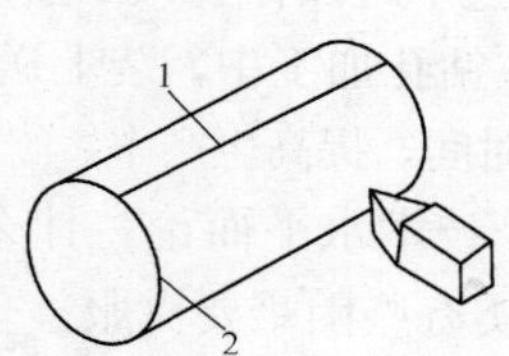

图 8-61　车削外圆柱面时的成形

1—直线；2—圆

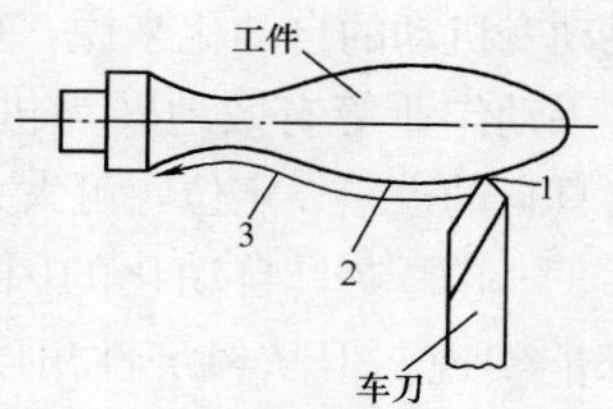

图 8-62　轨迹法

1—切削点；2—生线；3—轨迹运动

b. 成形法。如图 8-63 所示，被加工工件的廓形 2 是用刀具的刃形 1 复印形成的。这就是成形法。

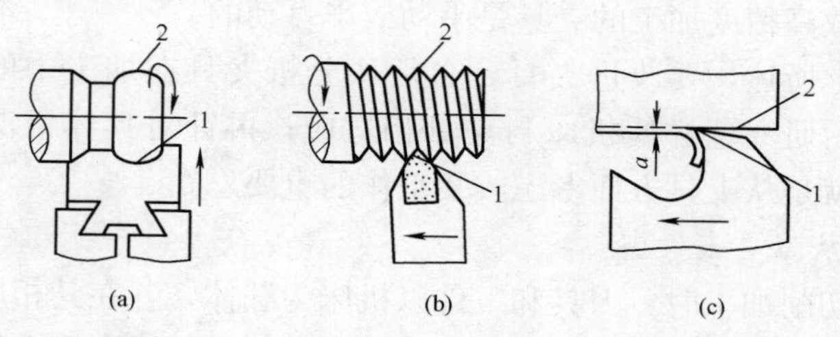

图 8-63　成形法

（a）成形车刀；（b）螺纹车刀；（c）拉刀

c. 相切法。如图 8-64 所示，切削时，刀具的旋转中心按轨迹 3 运动，则切削点 1 运动轨迹的包络线就形成了生线 2。这就是相切法。

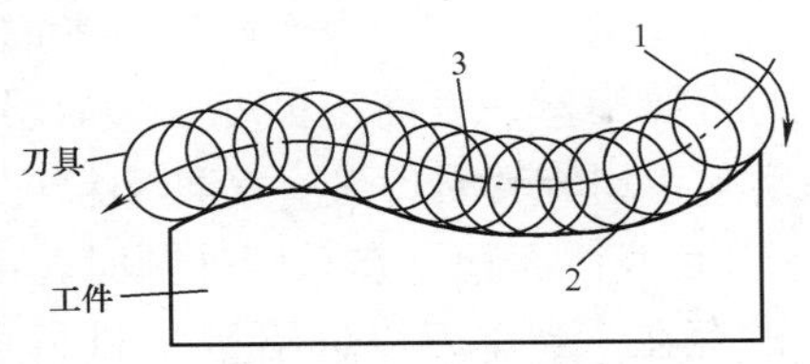

图 8-64　相切法
1—切点；2—生线；3—轨迹运动

d. 范成法。如图 8-65 所示，范成运动 3 使切削刃 1 与工件相切，并逐点接触而形成与它共轭的生线 2，即生线 2 是切削线 1 的包络线。这就是范成法。

综上所述，刀具切削刃相对工件的运动过程就是零件表面的形成过程。这个过程的两个要素是切削刃和运动。不同的刀具和不同运动的组合即可形成各种零件刀具表面。改造刀具就应以此为线索进行考虑。例如切断刀的改进，就是从切削刃上想办法。切削时，切屑在长度上变短、在宽度上略变宽。这样切屑易挤在切口的两侧面上，引起打刀。因为打刀的原因是切屑变宽挤压侧面，所以解决问题的关键是使切屑有横向收缩，变窄。因为切屑均有垂直于刃口流出的倾向，所以可把切断刀改成图 8-66 所示的尖顶宝剑式刃口。由于切屑的中间凸起，其宽度比切口略窄，因此切屑就不能挤压切口两侧，从而使切屑顺畅流出，避免了打刀现象的发生。

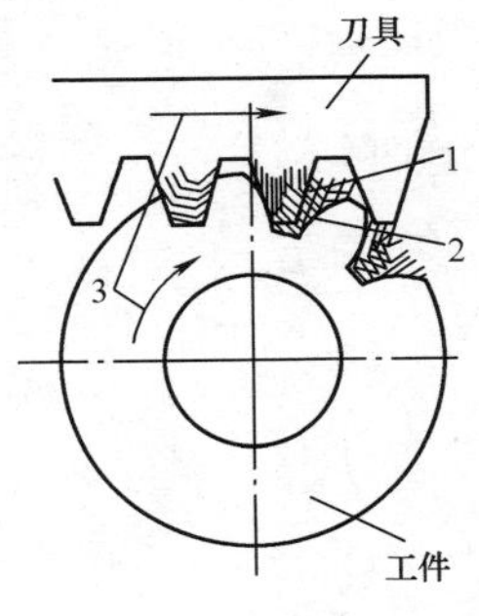

图 8-65　范成法
1—切削刃；2—生线；
3—范成运动

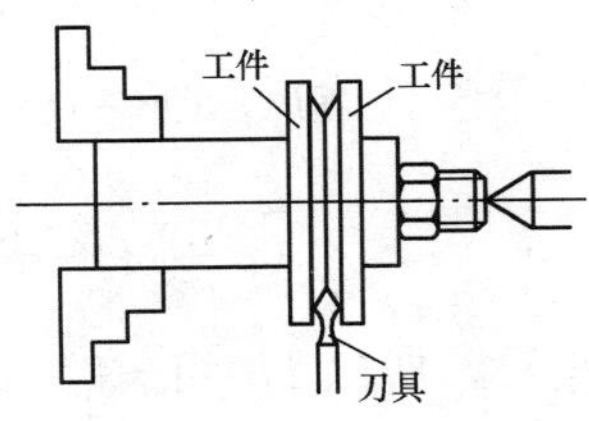

图 8-66　尖顶宝剑式切断刀
切削两个并在一起的零件

（2）从分析零件表面质量来考虑刀具改装。衡量已加工表面质量的重要指标是表面粗糙度和表面层的物理力学性能。现从表面粗糙度入手研究刀具改装。表面粗糙度由以下因素造成：

1）残留面积。在车削外圆时，由于车刀的主偏角 κ_r 和副偏角 κ'_r 的存在，当车刀以进给量 f 进行切削时，必然会在工件表面上残留未切削的面积，如图 8-67（a）中的 A_1OA，从整个表面看相当于浅的螺距微小的螺纹。由图 8-67（a）可知，残留面积为

$$A_0 = \Delta A_1OA = \frac{1}{2}fH$$

$$f = A_1O_1 + O_1A = H(\cot\kappa'_r + \cot\kappa_r)$$

$$H = \frac{f}{\cot\kappa'_r + \cot\kappa_r}$$

$$A_0 = \frac{1}{2}\frac{f^2}{\cot\kappa'_r + \cot\kappa_r}$$

但事实上刀具的刀尖都有圆弧，其半径 r 越大，A_0 就越小，表面粗糙度值也越小［见图 8-67（b）］，则

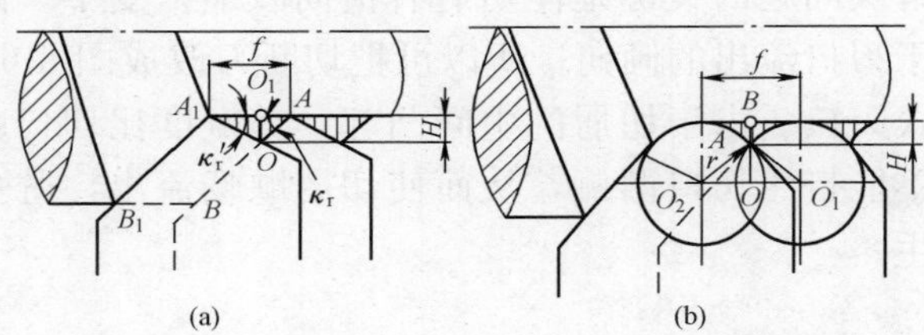

图 8-67　残留面积示意图

$$H = OB - OA = r - \sqrt{r^2 - \frac{f^2}{4}}$$

$$(r - H)^2 = \left(\sqrt{r^2 - \frac{f^2}{4}}\right)^2$$

H 很小，所以 H^2 可省略，则有

$$H = \frac{f^2}{8r}$$

可见，若选用较小的 f 或较大的 r，减小 κ'_r 和 κ_r 均可减小表面粗糙度值。但这样会降低生产率，并受到机床—刀具—夹具—工

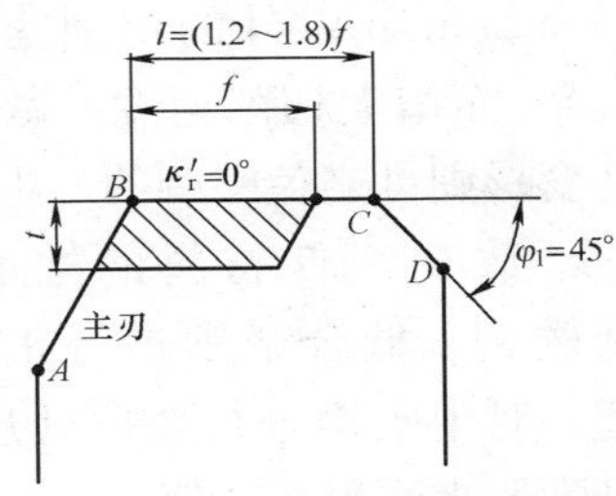

图 8-68 强力切削刀具的切削刃

件这一工艺系统刚度的限制。

为了既降低表面粗糙度值又不影响生产率，可从刀具角度上想办法。改造刀具的几何形状，如图 8-68，就是采用了一个带有修光刃的强力切削刀具。修光刃的偏角 $\kappa'_r=0°$，长度 l 是进给量 f 的 1.2～1.8 倍。它在大进给量、高切削速度下，表面粗糙度 Ra 可达 6.3～0.8μm。

2）刀瘤（积屑瘤）和鳞刺。积屑瘤通常在切削速度在 4～80m/min 范围内时产生；而鳞刺是在拉削圆孔或用高速钢刀低速车削塑性大的工件时产生。这两种现象均使表面粗糙度值上升。消除它们的措施如下：

a. 合理选用刀具的切削角度。采用大前角刀具时，切屑变形小，切削温度低、切削力和外摩擦力都小，积屑瘤（刀瘤）不易形成。如用 YG8 硬质合金螺纹刀车 3Crl3 不锈耐酸钢时，前角为 0°时，表面粗糙度值较大；当前角为 18°～20°时（图 8-69），无刀瘤，切削平稳，生产率提高十几倍，表面粗糙度 Ra 减小为 0.8μm。

同样，加大刀具的前角和后角，使摩擦和塑性变形减小，可减少或避免鳞刺的产生。

b. 合理选用切削用量。切削速度对积屑瘤影响明显，其关系如图 8-70 所示。H_M 是积屑瘤高度。

加工时选用较低或较高的切削速度和较小的进给量，可避免积屑瘤的产生

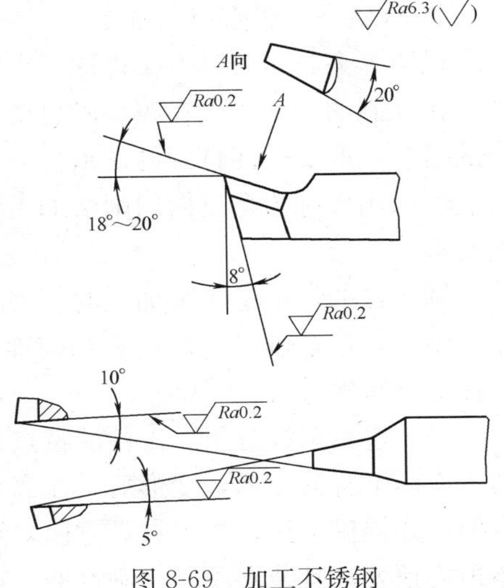

图 8-69 加工不锈钢的梯形螺纹精车刀

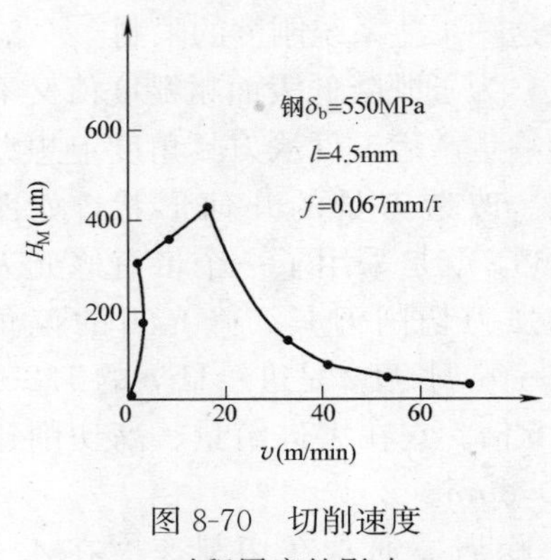

图 8-70　切削速度对积屑瘤的影响

(4～80m/min 以外的切削速度为宜)。而增大切削速度，减少塑性变形则可避免鳞刺的产生。

c. 改变工件材料的性能。对低碳钢、低合金钢进行正火处理、对中碳钢进行调质处理，均可降低表面粗糙度值。

d. 冷却润滑。在切削中，进行有效的冷却润滑可减小表面粗糙度值。

3）振动。径向切削力的变化，会引起机床—工件—刀具这一工艺系统的振动，使加工表面产生振纹，增大表面粗糙度值，因此必须采取适当的消振措施。

综上所述，增加工艺系统的刚度、合理选择刀具的几何参数、恰当选用切削用量、进行有效冷却润滑、采取有力的消振措施和改善工件材料性能等，均可为研究刀具改造、提高工件表面质量提供有益的线索。

4. 从整个工艺系统来考虑

机床—夹具—刀具—工件这个工艺系统的各组成部分是相互联系、相互制约的，所以在改装时也要从整个系统考虑，以便采取综合的措施，取得全面良好的效果。

例如用大进给量反向切削法加工细长轴，满足精度和表面粗糙度要求。

细长杆的加工是车削加工的一大难点，即使采用了跟刀架并用小切削量，还是难以达到精度和表面质量的要求。解决这个难题，应按以下步骤进行：

(1) 进行系统分析。工件的特点是又细又长，刚度很差，在切削力作用下容易变形，变形后，在离心力作用下，又加剧了零件的变形，并提供了振动源；夹具方面，细长杆是夹在卡盘上，并用尾座顶尖顶死，其装夹段属于刚性的，这样由于切削热造成的工件伸长量无处释放，会加剧细长杆的弯度；刀具方面，刀具的进给力

F_f（图 8-71）也会加剧工件的变形；机床方面，背向力 F_P 的作用会加剧工件弯度并产生振动，为了减小切削力，必须减小切削用量，所以机床的影响因素主要是切削用量。

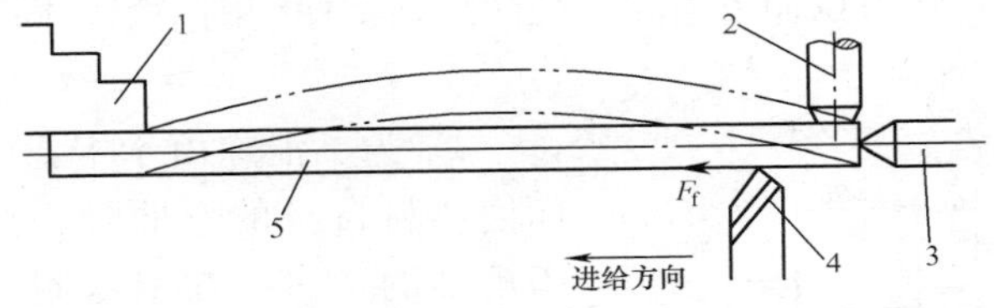

图 8-71　顺向进给车削时进给力 F_f 对工件起压缩作用

1—卡盘；2—跟刀架；3—死顶尖；4—车刀；5—工件

根据上述对工艺系统各因素的分析，可采取如下技术措施：

1）采用跟刀架，增强工件的刚性，并用以平衡掉背向力。

2）采用可伸缩的活顶尖并进行反向切削，即按床头到床尾的方向进给。这样可使热伸长量和切削分力 F_f 得以释放，如图 8-72 所示。

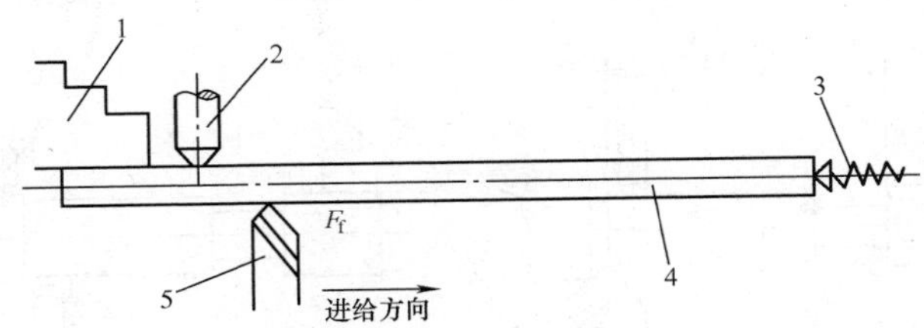

图 8-72　反向进给车削时 F_f 对轴起拉伸作用

1—卡盘；2—跟刀架；3—活顶尖；4—工件；5—车刀

3）选用大切削进给量，因为前两项措施已为加大进给量提供了工艺上的保障，这样可提高生产率。

4）从刀具上看，可选用适于反向切削法的精车刀和粗车反偏刀。

（2）问题解决效果。

1）由于反向切削，使 F_f 对工件的作用由压缩变为拉伸（见图 8-72），加之采用了可伸缩式的活顶尖，使切削点到尾座顶尖一段距离为柔性可调，拉力和热胀产生的变形均可释放掉，不至使工件变弯。

2）由于采用了大进给量和较大的主偏角车刀，增大了进给力 F_f，工件在强力拉伸下消除了径向颤动，使切削平稳，同时提高了生产率。

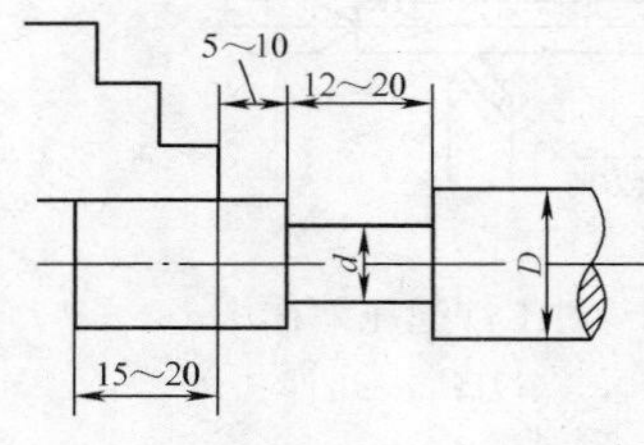

图 8-73　缩颈法

3）为了消除由于卡盘强制夹紧而使坯料自身的弯曲轴心线影响加工精度的危害，在卡盘附近的一端将工件车出一缩颈（见图8-73),使它起万向接头的作用。

4）先用粗车刀车出 50～80mm 长的跟刀架的架口［见图 8-74（a)］，跟刀架支承块装在刀尖后面 1～2mm 处，用以增加刚性，减轻振动。然后在全长上粗车。精车时，跟刀架支承块装在刀尖前面［见图 8-74（b)］，用粗车后的表面作支承基面，以免支承块在精车完的表面上划出伤痕。

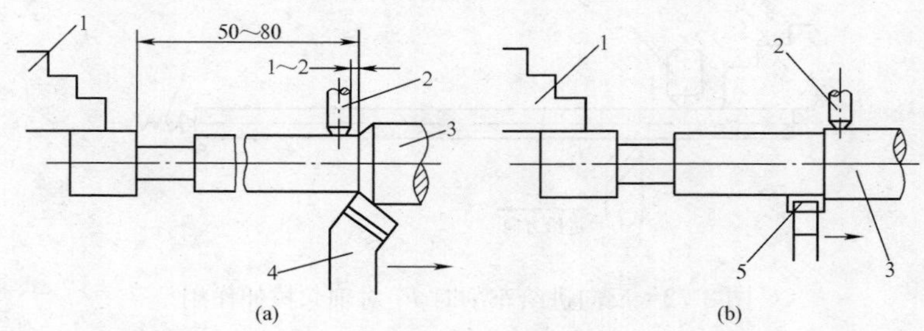

图 8-74　跟刀架的安装

1—卡盘；2—跟刀架；3—工件；4—粗车刀；5—精车刀

（二）机床改装的主要途径

（1）对整个工艺系统进行全面分析，然后采取综合措施，以达到预期的目标。

（2）改造机床结构，见表 8-21。

（3）改进机床的使用工艺及装备，见表 8-22。

表 8-21　改造机床结构

途　径	表　现　方　面
提高生产率	高速化、多刀化、工序重合、数控、数字显示、改变检测工件方法等
改变工艺范围	大型机床复合化、单工序机床专用化、改变基本工艺用途等
扩大工艺范围	增加辅具、一机多用等
提高加工精度	采用静压技术、增加辅助导轨、改变主轴支承结构等
提高自动化程度	变手动为机动、增加上下料装置等
改善工作条件	增设安全联锁装置、指示灯、限位制动器、防护罩等

表 8-22　改进机床的使用工艺及装备

途　径	表现方面
采用适宜（或先进）的工艺	成组加工、多刀组合加工等
配备适宜（或先进）的附件	液压仿形刀架、对刀装置、辅具等
革新夹具	成组夹具、组合夹具、自动化夹具等
改革刀具	精密镗刀杆、组合刀具、机夹可转位刀具等
将机床群联成生产线	按工艺组成流水线、用输送装置将普通机床联成生产线、用机械手将机床联成可调自动线等

五、机床改装实例

1. 革新机床夹具，充分发挥机床的基本性能

【例 8-1】　回转式滑动镗套，其外形尺寸比较小，可用于较小孔距的多孔镗削加工中，如图 8-75 所示。如果采用的滑动轴承设计良好，可长期地保持较高的回转精度。又由于滑动轴承减振性好，所以镗孔的表面粗糙度值也较小。应注意的是，这种镗套必须保证润滑良好，使之形成稳定的油膜才能正常工作。采用了滑动镗套，镗模的精度得以保证。同时由于镗模的运用，使镗孔的精度不受机床精度的影响。

2. 改革刀具

刀具越好用，机床的作用越能更好地发挥。而且，改革刀具成本低。所以刀具改革应作为机床—夹具—刀具—工件这个工艺系统改装的一个重要组成部分。

【例 8-2】 30°大刃倾角不重磨车刀。

(1) 刀具特点。刀具角度如图 8-76 所示。刃倾角为 30°。由于刃倾角大，耐冲击，适于断续切削，并且刀具结构简单、易于制造。

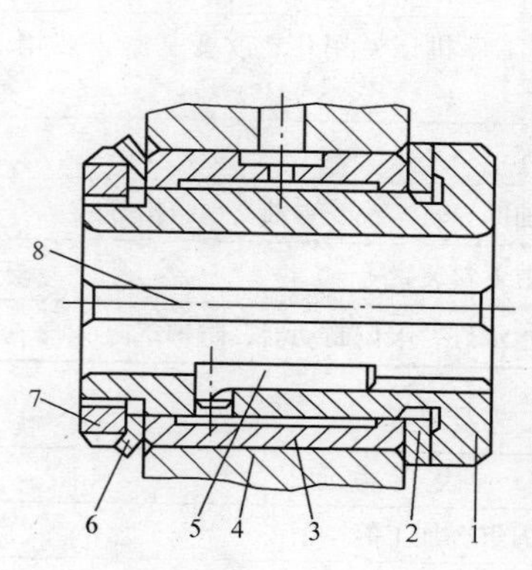

图 8-75 滑动镗套

1—镗套；2—垫片；3—滑动轴承；4—镗模支架；5—键；6—止退垫圈；7—圆螺母；8—让刀槽

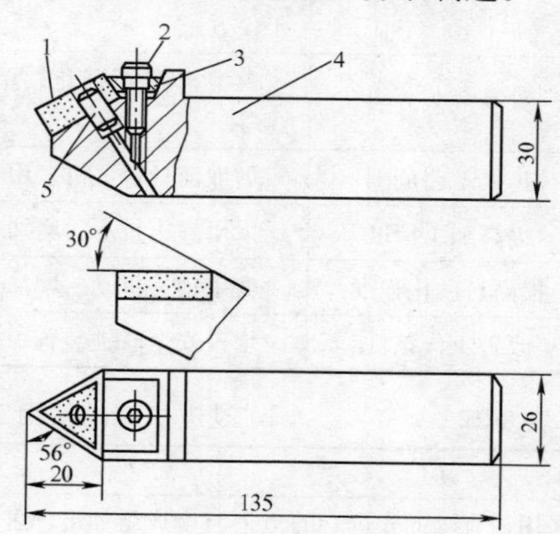

图 8-76 大刃倾角不重磨车刀

1—刀片；2—内六角螺钉；3—压紧块；4—刀体；5—定位销

(2) 刀具材料。刀片的材料为 YT5；刀杆的材料为 45 号钢，热处理淬火硬度为 40～45HRC。

(3) 使用条件。工件材料为 40Cr 锻件；切削速度 v=90m/min；进给量 f=0.21mm/r，背吃刀量 a_p=56mm。

(4) 使用效果。可节省大量刀杆，减少换刀、刃磨等辅助时间。

3. 给机床配备适宜（或先进）的附件

【例 8-3】 自动进给钻孔工具在车床上的应用。

为实现在车床上钻孔自动进给需设计一个钻头座，其结构如图 8-77 所示。

钻头座由钻头座体 1、套筒 2、螺母 3 和键 4 组成，其中套筒 2 内孔的锥度与钻头柄相适应，钻头就安装在该套筒内。钻孔时，钻头座装在方刀架上，经调整使套筒 2 轴心线与主轴轴心线重合。然后，利用床鞍带动作自动进给。应注意的是，由于进给机构的限制，

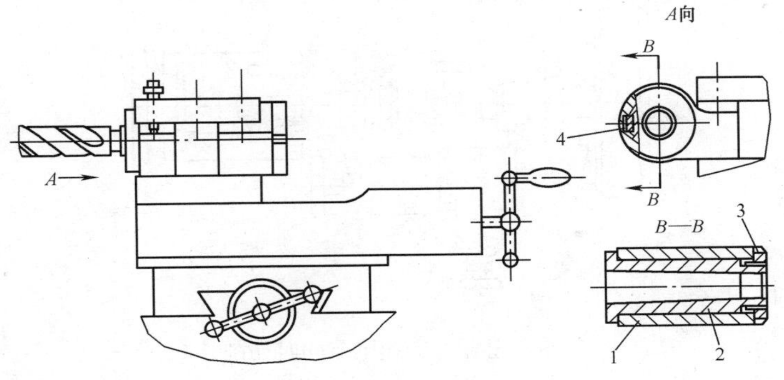

图 8-77　钻头座

1—钻头座体；2—套筒；3—螺母；4—键

进给量不宜选择过大。工件的孔径不宜太大。主轴转速可高一些。

4. 提高劳动生产率的改造

【例 8-4】　加工带四个环形槽的轴（见图 8-78）。

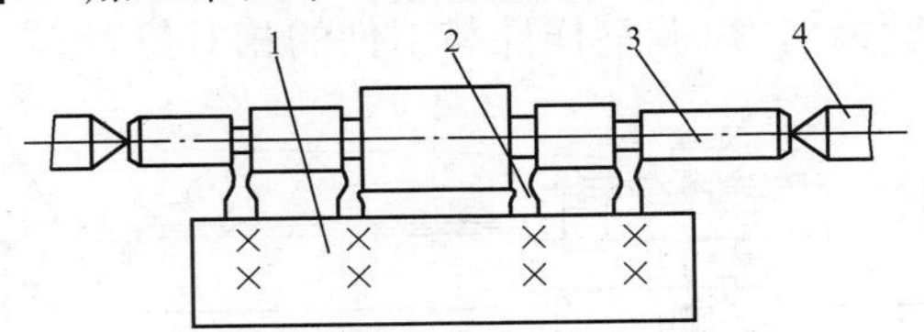

图 8-78　多刀加工环形槽

1—刀夹；2—刀；3—工件；4—顶尖

可用特制刀夹装夹四把刀，同时对工件进行切削。这种刀排式切削比单刀加工好，直接工效提高将近 4 倍。

【例 8-5】　用车床尾座和方刀架装夹刀具，对工件外圆同时进行加工（见图 8-79）。对批量生产，生产率可大大提高。

【例 8-6】　车床加装液压仿形刀架。

在普通卧式车床上加工批量较大的阶梯轴或具有曲线轮廓的轴时，工人劳动强度大，生产效率低。为此，现场往往在车床上加装仿形装置，进行仿形切削。这样，不仅减轻了劳动强度，提高了机床的加工效率，而且还可使加工精度保持稳定。车床上常用的仿形装置有液压仿形刀架和机械靠模装置。以下介绍一种用于批量加工刀具的液压仿形刀架。

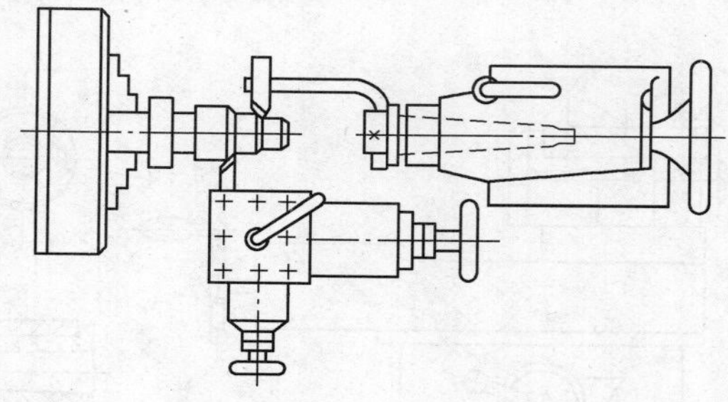

图 8-79　用方刀架和尾座同时切削外圆

图 8-80 所示为该液压仿形装置的布局图。在车床纵向溜板 6 后端固定有液压缸 4 及随动阀 3。液压缸上部有导轨，一方面用以支承安装仿形样件 2 的样件架 5，另一方面在仿形加工时，液压缸通过此导轨在样件架下部滑动。样件架 5 右端装有拉杆 7，通过支架 9 固定在床身 11 上。松开紧固螺钉 8，移动纵向溜板可带动样件架 5 作纵向移动，以调整样件与工件的相对位置。

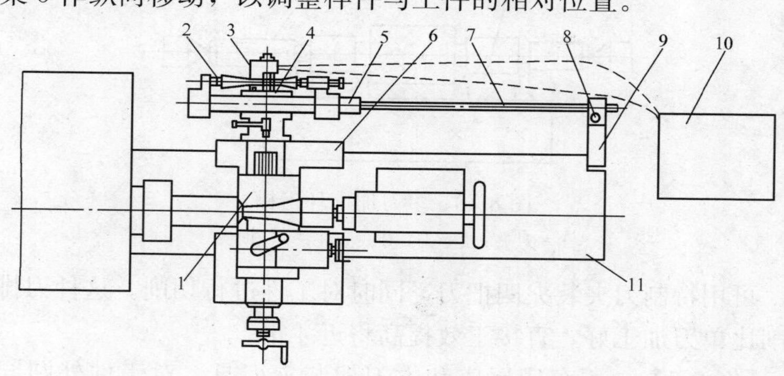

图 8-80　液压仿形装置布局图

1—横向溜板；2—样件；3—随动阀；4—液压缸；5—样件架；6—纵向溜板；7—拉杆；8—紧固螺钉；9—支架；10—油箱；11—床身

液压仿形刀架的结构及工作原理如图 8-81 所示。液压缸 6 的活塞杆 5 左端通过短轴 4 及联轴器 3 与横向丝杠 1 连接，因而活塞杆移动时，便可带动刀架 15 作横向进给或退刀。活塞杆右端与随动阀体 7 相连。可绕销旋转的触头杠杆 11 下端插入固定在阀芯 8 上的拉杆 10 的槽内，并在弹簧 9 的作用下，使上端触头贴紧在样件 12 上。

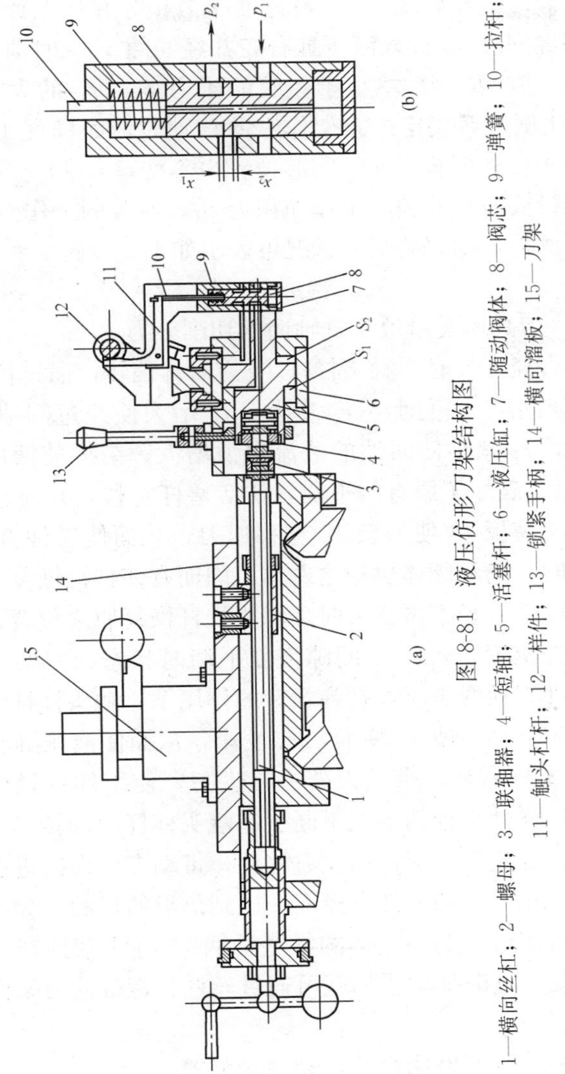

图 8-81　液压仿形刀架结构图

1—横向丝杠；2—螺母；3—联轴器；4—短轴；5—活塞杆；6—液压缸；7—随动阀体；8—阀芯；9—弹簧；10—拉杆；11—触头杠杆；12—样件；13—锁紧手柄；14—横向溜板；15—刀架

随动阀采用双边控制式，阀芯 8 的阀体 7 空槽间有两个通流间隙 x_1 和 x_2［见图 8-81（b)］。压力油经随动阀进油口进入液压缸 6 左腔，因此液压缸左腔压力 p_1 与进油压力相等并且保持不变。同时，压力油经间隙 x_2 进入液压缸右腔并经间隙 x_1、回油口流向油箱。因此，右腔的压力 p_2 小于左腔的压力 p_1，p_2 的大小由间隙 x_1 和 x_2 的比例关系决定。刀架作纵向移动时，如样件 12 直径无变化，则触头杠杆位置不变，阀芯位置也不变，x_1 和 x_2 的间隙量保持稳定。设液压缸左腔的工作面积为 S_1，右腔的工作面积为 S_2。如不考虑摩擦力，则刀架受力状况可表示如下

$$p_1S_1 = p_2S_2 + F$$

式中　F——刀具所受沿液压缸轴向的切削分力。

当样件直径变大时，触头杠杆 11 逆时针偏转，通过拉杆 10 提起阀芯 8，使间隙 x_1 变小，x_2 变大，x_2 增大使经过间隙 x_2 的液流阻力减小，x_1 减小使回油的液流阻力增大。结果使液压缸右腔压力 p_2 升高，破坏了原有的平衡，使活塞杆左移，并通过丝杠 1、螺母 2 及横向溜板 14 使刀架 15 左移退刀，从而使工件直径增大。活塞杆左移时，随动阀体也随之左移，因而有使杠杆恢复原来位置的趋势。当样件直径不再变大时，触头杠杆恢复原来位置，此时阀芯也处于原先位置，x_1、x_2 间隙恢复平衡时状态，刀架不再横向退刀。当样件直径变小时，在弹簧 9 的作用下，触头杠杆顺时针偏转，同时阀芯下移，使 x_1 变大，x_2 变小，从而使液压缸右腔压力 p_2 减小，活塞杆右移，带动刀架右移进刀，使工件直径变小。在实际加工中，样件直径的变化不断引起触头杠杆的偏转，并通过阀芯的轴向位置变化和活塞杆的左右移动，带动刀架横向进退，从而将样件直径变化反映到工件直径上，达到仿形的目的。如不需要仿形加工时，可用带有偏心结构的锁紧手柄 13 将活塞杆锁住，使之不能轴向移动。这时摇动手柄就可通过丝杠、螺母使刀架作普通的横向进给。

【例 8-7】　外圆磨床加装自动测量装置。

在外圆磨床上加装自动测量装置，可以在不停车的情况下进行测量，当工件达到尺寸要求时机床自动停车，从而缩短了辅助时

间，提高了生产率。

图 8-82 所示为在外圆磨床上安装自动测量装置的示意图。该装置由测量头、浮标式气动量仪、光电控制器和控制电磁铁组成。

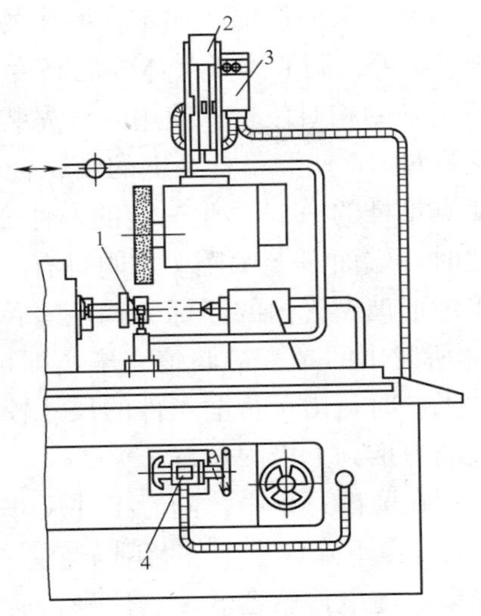

图 8-82　外圆磨床上安装自动测量装置示意图

1—测量头；2—浮标式气动量仪；3—光电控制器；4—控制电磁铁

图 8-83 所示为测量装置的结构原理图。气动量仪 12 的气动喷嘴 7 与测量杆 2 的端面 B 之间有一测量间隙 z。当压力稳定的压缩空气经气动量仪并由喷嘴喷出时，其流量与间隙大小成一定的函数关系。间隙增大，流量随之增大，锥形玻璃管内的浮标 9 所受浮力也增大，浮标位置上升，反之，浮标位置下降。通过浮标位置的上下移动，可以在标尺 14 上反映出工件尺寸的变化。

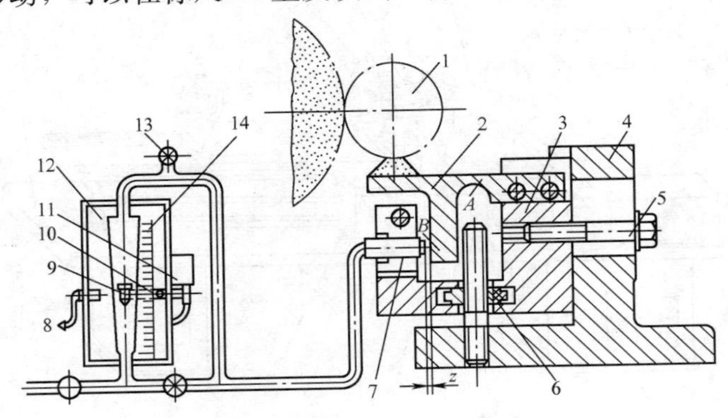

图 8-83　测量装置的结构原理图

1—工件；2—测量杆；3—测量头体；4—底座；5—螺钉；6—螺母；7—气动喷嘴；8—传感器；9—浮标；10—灯泡；11—光源控制器；12—气动量仪；13—调位螺杆；14—刻度尺

测量头的底座4固定在磨床的工作台上，松开螺钉5，旋转螺母6，可以调节测量头体3的高度，从而使测量头与工件1始终保持正确的相对位置。使用时，先装上已加工成公差中值的样件，调整螺母6，使测量杆2上的硬质合金测头与样件的下母线接触，并使测量杆的A部产生一定的弹性变形，保证测头始终与工件接触。此时，端面B与喷嘴7之间具有一定的间隙z。接着用调位螺杆13将锥形玻璃管内的浮标9调至零位，遮住光源控制器11上的灯泡10所射出的光束。调整完毕，即可对工件进行磨削加工。装上待磨工件时，由于待磨工件的尺寸较大，因而间隙z增大，浮标9被气动力推到上极限位置。

在磨削过程中，随着工件尺寸的减小，间隙z逐渐减小，浮标9也慢慢下降。当工件磨削至公差中值时，浮标下降至零位，遮住光束，光电传感器8发出信号，通过电磁铁4控制磨床砂轮架横向快速退出，磨床自动停车，等待操作者装卸工件。

5. 扩大机床工艺范围的改装

【例8-8】 把车床改为双面铣。

图8-84是车床改装为双面铣的外观图。这种以车代铣的改装，

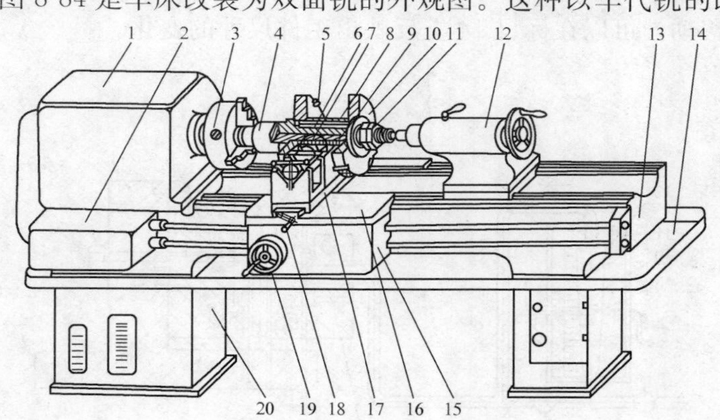

图8-84 车床改装为双面铣

1—主轴箱；2—进给箱；3—卡盘；4—刀杆；5—铣刀块；6—键；7—工件；8—隔套；9—夹具；10—铣刀盘；11—螺母；12—尾座；13—床身；14—容屑槽；15—溜板箱；16—床鞍；17—中滑板；18—横向进给手柄；19—纵向进给手柄；20—床脚

扩大了车床的工艺范围。它适于小批生产，但加工尺寸不能太大。

（1）改装方法。将方刀架、小滑板和转盘拆掉，夹具 9 用螺钉固定在中滑板 17 上，工件 7 装在夹具 9 中。刀杆应根据实际设计制造，铣刀盘 10 装在刀杆 4 上，用隔套 8 分开。隔套 8 的长度是由被加工工件长度决定的。铣刀盘 10 以键 6 和刀杆 4 连接，刀块 5 装在刀盘 10 上。刀杆 4 的左端夹在卡盘上，右端由尾座顶尖顶住，车床主轴带动刀杆旋转。工件的进给由车床来实现，即由中滑板 17 带动。可手动，也可自动。

（2）注意事项。铣削时，床鞍的位置要固定死。否则，床鞍窜动将影响加工质量。

（3）改装特点。结构简单、操作方便、适应面广，属于可逆性改装。

6. 改变机床工艺范围的改装

【例 8-9】 车床改装后，进行正多棱台、正多棱柱的侧面加工。

以正棱台为例：车床进行改装后，可完成铣削加工，改变了其工艺范围，且提高了生产率。不足的是，以车代铣加工，加工表面的平面度误差较大。

（1）改装部分的组成。图 8-85 所示为车床改装后，切削正四棱台的外观图。改装时，将尾座拆下，再拆下方刀架、小滑板和转

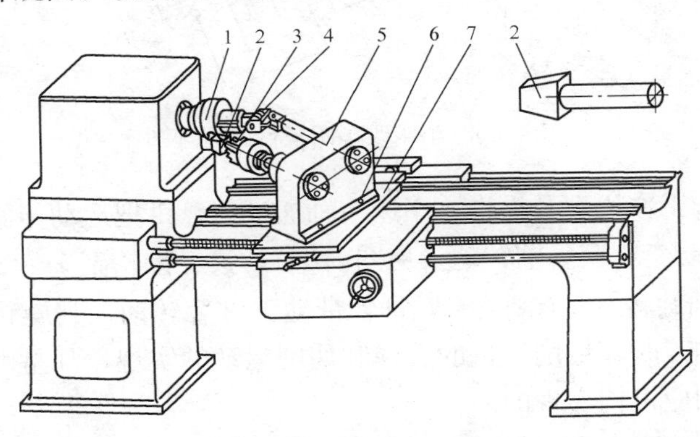

图 8-85 车床改装车正四棱台

1—刀盘；2—工件；3—刀具；4—万向节；5—变速箱；6—螺钉；7—底板

盘，然后装上根据加工需要设计、制造的装置。改装装置的结构组成是：两把刀对称地装在刀盘1上，刀盘固定在车床主轴上，万向节4左端轴上有一条长键槽，与刀盘用滑键连接，这样使万向节左端轴既能传递转矩，又能在主轴轴心线方向上滑动（在一定范围内）。万向节4右端轴与变速箱5的第Ⅰ轴铰接。使车床主轴与变速箱5的第Ⅰ轴可以偏离一个角度。变速箱5用螺钉6固定在底板7上。底板7又固定在中滑板上。使变速箱的Ⅲ轴（与Ⅰ轴平行）与车床主轴在水平面内的夹角$\beta=\frac{1}{2}\alpha$，如图8-86所示。α角是正四棱台的锥顶角。因此，变速箱Ⅰ可随床作纵向移动，随中滑板做横向移动。工件2由三爪自定心卡盘夹持，三爪自定心卡盘安装在变速箱的Ⅲ轴上。

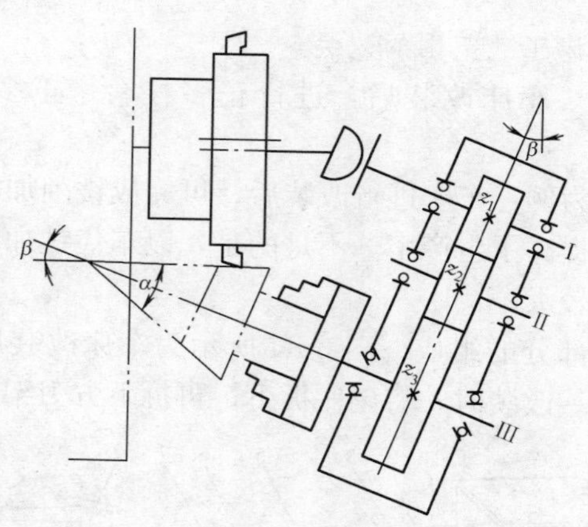

图8-86　车床改车四棱台的原理图

（2）工作原理及操作。车床主轴通过刀盘1把运动传给万向节4，并带动变速箱Ⅰ轴转动（见图8-85），又经齿轮副z_1、z_2和z_2、z_3使Ⅲ轴旋转（见图8-86）。Ⅲ轴带动工件2转动，其旋转方向同刀盘。加工时，切削用量的选择和切削运动的实现，都是由车床上原来的相应机构实现的。

（3）注意事项。变速箱中，齿轮$z_1=z_2=18$；$z_3=36$，所以，刀具转速等于2乘以工件转速。通常刀轴转速选为300～500r/min，则工件转速=150～250r/min。这样刀具转过180°，工件转过90°，两把刀转两圈，恰好对四个面进行一次加工。

（4）本改装的扩展用途。本改装还可用于正多棱台和正多棱柱的各侧面的加工。

1）加工正多棱台各侧面时机床和刀具的调整方法。首先使变速箱的轴向方向与车床主轴轴向方向在水平面内的夹角$\beta=\frac{1}{2}\alpha$，α是正多棱台的锥顶角。然后确定刀盘应装的刀块数x为

$$x=\frac{n}{2}$$

式中　x——刀块数；

n——正多棱台的侧面数。

若侧面数为奇数，则应从变速箱的变速比和装刀数两个方面进行综合考虑；若侧面数为偶数，则变速箱的减速比保持2∶1即可。

2）加工正多棱柱各侧面时，机床及刀具的调整方法与正多棱台的不同之处是β应取为0°，即车床主轴轴向方向与变速箱的轴向平行。另外，应根据工件的具体情况调整装刀的长度。刀块数的选择和变速箱变速比的选定方法与加工正多棱台相同。

【例8-10】　卧式车床改装成简易拉床。

图8-87所示为一台由卧式车床改装成的简易拉床布局图。它只保留了原车床的床身和底座，在原主轴箱的位置上安装了一个动力箱1，在床身导轨上安装了可沿导轨滑动的滑座3，在床身的尾部固定一个安装工件6的夹具5。动力箱内装有蜗杆蜗轮减速机[见图8-87（b）]。蜗轮9的内孔加工有方牙螺纹，与丝杠2相啮合，丝杠的另一端用销轴固定在滑座3上。拉刀7通过连接件4锁在滑座3上。蜗杆10的两个伸出端分别安装有V带轮11和12，经V带分别与快速电动机和主电动机轴上的V带轮（图中未显示）相连接。机床工作时，主电动机经V带及减速机构驱动蜗轮9转动，由于丝杠不转动，蜗轮9的内螺纹驱动丝杠2轴向左移，带动滑座3并通过连接件4使拉刀7拉削工件。拉削加工结束后，先松开连接件4卸下拉刀7，然后启动快速电动机，驱动减速机构内的蜗轮9快速反转而使丝杠2快速退回，以准备对下一个工件的加

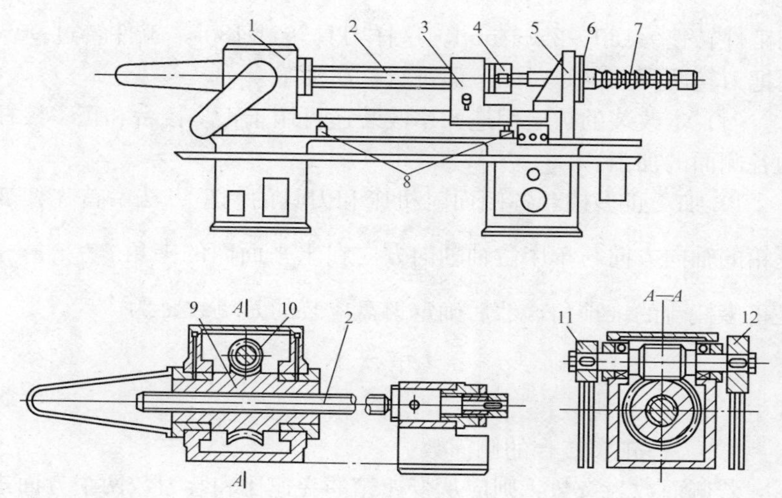

图 8-87　卧式车床改装成简易拉床示意图

1—动力源；2—方形丝杠；3—滑座；4—连接件；5—夹具；6—工件；7—拉刀；8—限位开关；9—蜗轮；10—蜗杆；11、12—V 带轮

工。床身上安装有限位开关 8，用以限制滑座 3 的行程。

【例 8-11】　龙门刨床的改装。

没有龙门铣床而具有龙门刨床的厂家，为了解决加工大长轴上键槽的困难，可以对龙门刨床进行改装。改装后的机床既保持了龙门刨床的加工性能，又能进行铣削。改装的关键是使工作台既能有刨削加工时的较快进给速度，又能有铣削加工时所需的较慢进给速度。其方法是；设计一种行星齿轮减速器，安装在原机床传动工作台的带轮内，再在原机床的横梁上安装一带有动力源的立铣头，就可使原机床兼作龙门铣床使用，可收到良好的效果。

(1) 行星齿轮减速器的结构及工作原理。行星齿轮减速器的结构如图 8-88 所示。其 V 带轮直径与原 V 带轮直径相同，但其内部安装着行星轮系。其中，齿轮 z_1 空套在传动轴 1 上并与爪形离合器 3 通过键连接在一起；齿轮 z_4 通过键与主轴 1 连接在一起；齿轮 z_1 与齿轮 z_2 相啮合，齿轮 z_3 与齿轮 z_4 相啮合。

当离合器 3 左移时，其左端面齿与变速箱端盖 4 上的端面齿相

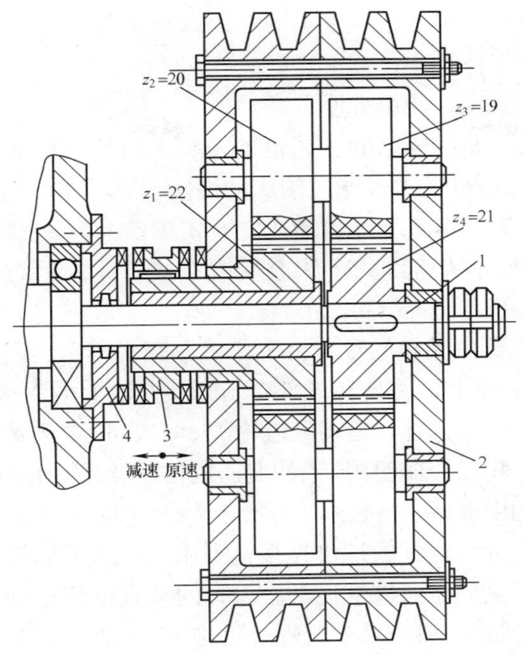

图 8-88　行星齿轮减速器结构图

1—主轴；2—V 带轮；3—爪形离合器；4—变速箱端盖

啮合，离合器 3 固定不动，齿轮 z_1 也随之固定不动。起动电动机带动 V 带轮转动后，迫使齿轮 z_2 在绕齿轮 z_1 公转的同时绕自身轴线自转，带动与其同轴的齿轮 z_3 同步转动，齿轮 z_3 便带动齿轮 z_4 转动。由于齿轮 z_2 与齿轮 z_3 的齿数不同，因而使齿轮 z_4 带动主轴 1 作慢速旋转。经变速箱使龙门刨床工作台做慢速进给运动，与铣削主轴箱配套，具备了龙门铣床的功能，满足铣削工作的要求。行星轮系的传动比为

$$i = 1 - \frac{z_1 z_2}{z_3 z_4} = 1 - \frac{22 \times 19}{20 \times 21} = 1 - \frac{418}{420} = \frac{1}{210}$$

当离合器 3 右移时，其右端面齿与 V 带轮的端面齿相啮合，齿轮 z_1 通过离合器 3 与 V 带轮体连接成一体。起动电动机后，各行星轮无自转，传动轴与带轮等速转动，工作台进给速度还原，可与刨刀架配合对工件进行刨削加工，恢复龙门刨床的功能。

(2) 特点。

1) 改装工作量小，成本较低。

2) 结构紧凑，使用方便可靠。

3) 扩大了龙门刨床的工艺范围，装上附件可以完成龙门铣床的工作，拆除附件还原成龙门刨床的性能。

【例 8-12】 卧式车床改装成立式铣床。

图 8-89 所示为将卧式车床改装成立式铣床的示意图，其改装内容如下：

将卧式车床主轴箱的顶盖拆下，将立铣头座 1 连同立铣头 2 固定在主轴箱顶面上，并使齿轮 16 与车床主轴上的大齿轮 15 啮合[见图 8-89 (b)]，这样，运动经齿轮 16、15、6、7 和 8 传给立铣头主轴 9。通过车床主轴箱中原来的变速机构，可调整主轴的转速。拆掉车床刀架的中滑板，将铣削工作台 3 装上[见图 8-89 (a)]，并与车床刀架横向进给丝杠的螺母连接，利用原车床上的纵向和横向进给机构可实现纵、横向进给运动。刀具的垂直进给运动是利用手轮 11，通过锥齿轮 12 和 13，丝杠螺母机构 10 带动套筒 14，使主轴随同套筒在铣头体壳的孔内移动来实现的[见图 8-89 (b)]。

当需要车加工时，可转动手柄 4，通过轴 17 使齿轮 16 与车床主轴上的齿轮 15 脱开啮合，然后松开连接铣头及其底座的螺钉。将铣头绕水平轴线转过一定角度并紧定，再取下铣削工作台，装上原车床的中滑板即可。

7. 提高机床加工精度的改装

【例 8-13】 对 M131W 型万能外圆磨床的主轴轴承进行静压轴承改造。

(1) 问题的存在。该机床原磨头主轴轴承采用“短三瓦”或“长三瓦”式液体动压滑动轴承，这种轴承承载能力较低，用于调整间隙的螺钉易松动，从而使轴承间隙发生变化。这就决定了其精度保持性差。在精密加工中，需频繁调整间隙。

(2) 改造方案。将其主轴轴承改为静压轴承，采用可调式缝隙节流静压轴承。前后轴承的压力比可分别由两个调整环调整，其结构如图 8-90 所示。

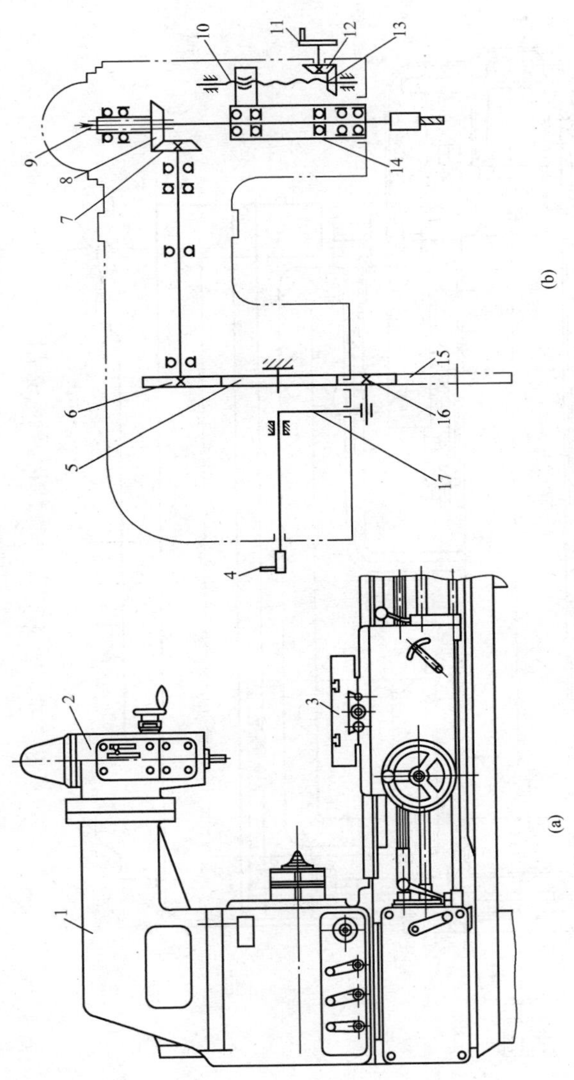

图 8-89　卧式车床改装成立铣床示意图

(a) 改装示意图；(b) 立铣头的传动系统图

1—立铣头座；2—立铣头；3—工作台；4—手柄；5、6、7、8、15、16—齿轮；9—立铣头主轴；10—丝杠螺母机构；11—手轮；12、13—锥齿轮；14—套筒；17—轴

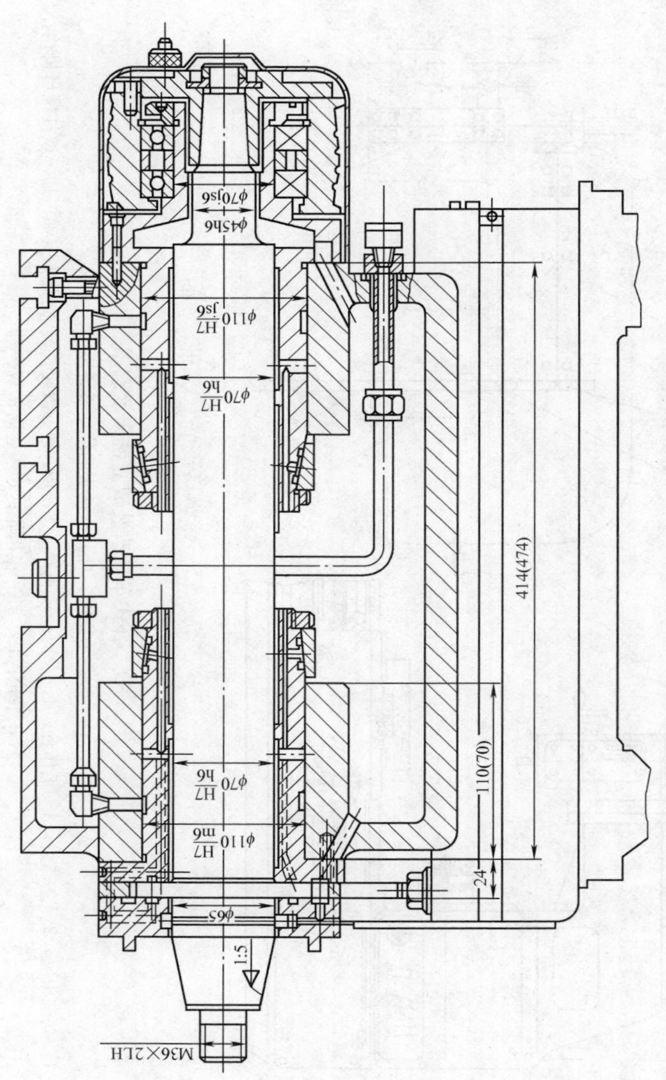

图 8-90　M131W 型外圆磨床主轴系统结构

（3）主要参数。主轴转速 $n=1670\text{r/min}$，轴承径向半径间隙 $h_0=0.016\text{mm}$，止推轴承单面间隙 $h_{0t}=0.015\text{mm}$，节流缝隙 $h_j=0.05\text{mm}$，径向轴承压力比 $\overline{p}_0=0.59\sim0.67$，止推轴承压力比 $\overline{p}_{0t}=0.67$，供油压力 $p_s=1.2\sim1.5\text{MPa}$，采用黏度为 $3\times10^{-6}\text{m}^2/\text{s}$ 的混合油，流量 $Q=3.4\text{L/min}$，液压泵功率 $P=0.6\text{kW}$。

（4）使用效果。改装后进行磨削，进给后无火花光磨 3～5 次，所得工件精度与改装前的对比见表 8-23。

表 8-23　　改装前后的加工精度对比

主要参数	改装前	改装后	改装前	改装后
工序	粗　磨		精　磨	
选用砂轮	氧化铝 H46		PAH80	
工件名称	心杆		心杆	
工件材料	T8A 淬硬至 58～62HRC			
背吃刀量（mm）	0.08	0.15	0.002	0.002
工作台速度（m/min）	1.7		1.0	
砂轮修整速度（mm/min）	80		1.0	
表面粗糙度 Ra（μm）	≤2.50	≤1.25	≤0.63	≤0.080
圆度误差（mm）			0.002	0.0007

8. 改善工作条件的改造

【例 8-14】　X51 型铣床制动的改进。

（1）存在的问题。X51 型铣床的制动过程如下：当主电动机和牵引电磁铁 3 断电后，拉簧 1 拉动拉杆 2，收紧制动带 4，使主轴慢慢停止运转。这种装置制动效果较差，存在着安全隐患。另外，当主电动机和牵引电磁铁 3 通电，电磁铁 3 吸动拉杆 2，松开制动带 4，铣床主轴才可运转，见图 8-91。这样牵引时间长，将引起牵引电磁铁发热，甚至烧坏。

（2）改装方案一。将机床原有拉杆 2 头部的两个 $\phi10\text{mm}$ 孔沿轴向平移到它的后端（见图 8-92），在拉杆底部距头部中心线 55mm 处，加一个 M8×80mm 螺钉 6（见图 8-91），作定位和制动间隙调整用，角度与拉杆中心线成 70°～72°。

（3）改进方案二。将接在主轴电动机上的牵引电磁铁起动电源，改接到停机开关上，再增加一个接触器。

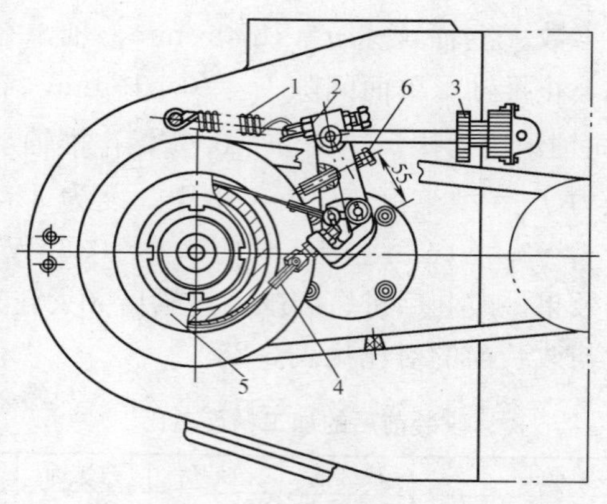

图 8-91　X51 铣床制动装置

1—拉簧；2—拉杆；3—牵引电磁铁；4—制动带；
5—制动盘；6—定位调整螺钉（改进后所加）

当主电动机运转时，牵引电磁铁不工作；停机时，按停机开关，主电动机断电停止转动。同时牵引电磁铁 3 通电，吸动拉杆 2，使制动带 4 收紧制动盘 5，主轴制动。当松开停止开关时，牵引电磁铁断电，拉簧 1 拉回拉杆 2，制动带松开制动盘 5。

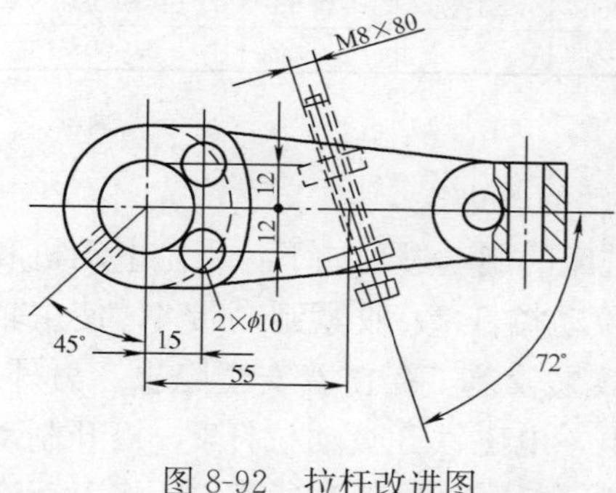

图 8-92　拉杆改进图

（4）改进效果。制动效果明显，能在 1～2s 内迅速制动。同时提高了牵引电磁铁的使用寿命，降低了耗电量。

【例 8-15】　应用微电子技术改装机床。

将微电子技术用于机床的监控系统中，不仅能实现机床的自动化，而且能提高机床的加工精确度，利用微电子技术改造旧设备已成为我国推广全功能数控机床的过渡手段。

在通用机床上加装数显装置，可以大大减少机床传动系统和人为因素引起的误差，明显地提高机床的加工精度。图 8-93 所示的是在一台镗床上安装数显装置以提高机床加工精度的实例。在镗床上以径向进给的方式切槽或镗孔，进给量的控制和孔径测量都不太容易，且需要多次进刀和伸缩刀杆。如果在镗床平旋盘上安装数显装置来检测径向溜板的进刀量，就可以方便地控制锥孔的加工尺寸，提高加工精度，减少辅助时间。

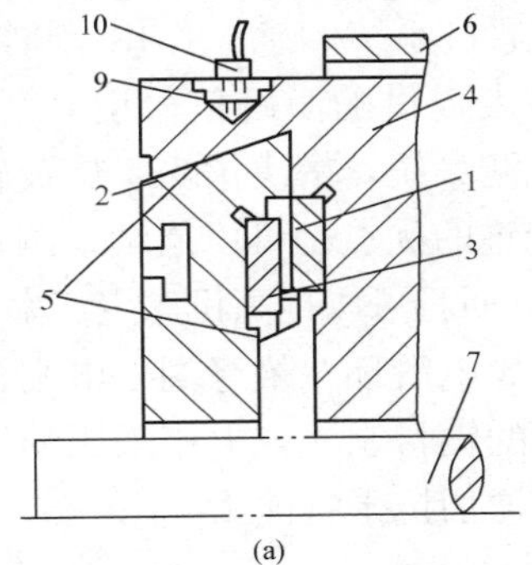

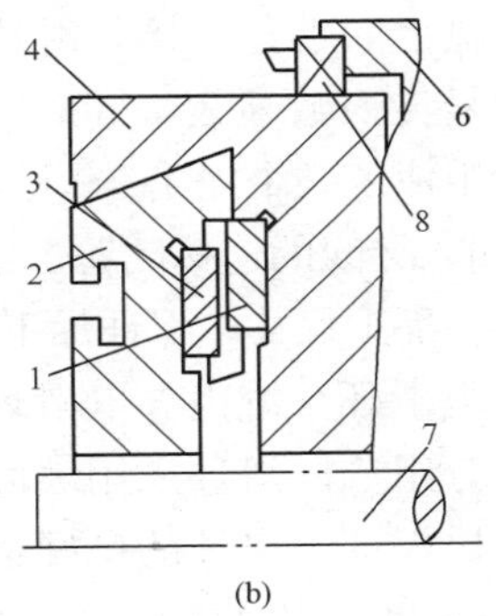

图 8-93　直线感应同步器在平旋盘上的安装示意图

（a）插口式；（b）滑环式

1—定尺；2—径向刀具溜板；3—滑尺；4—平旋盘体；5—沟槽连接线；6—主轴箱体；7—镗杆；8—滑环系统；9—六脚插座；10—六脚插头

如图 8-93 所示，按直线感应同步器的定、滑尺尺寸，在径向溜板和盘体之间加工出安装基准面，并分别装好定、滑尺。从而使径向溜板相对于盘体的位移量（即进给量）由定、滑尺感应并在数显表上显示出来。由于镗床平旋盘的工作运动是旋转运动，故将直线感应同步器所获得的信号输送到数显表的装置有如下两种形式：

（1）插口式。如图 8-93（a）所示，在平旋盘体上加工出小孔并将六脚插座 9 装上，而六脚插头 10 则与安装在主轴箱上的数显表相连接，在径向刀具溜板 2 与盘体之间铣一条小沟槽将定、滑尺的引线接到六脚插座上。这样在开机前及停机后只需把六脚插头插入插座中，就可使数显表显示径向刀具溜板在开机前、后的移动量，即镗刀进给量，从而达到检测、控制尺寸精度的作用。但这种装置的缺点是机床只能在停机时进行检测，开机时必须拔下插头。为了防止平旋盘起动前忘记拔下插头就开机工作，应在镗床的电控线路中增加电气互锁装置，只有在插头拔出并放入特制的夹头盒内，压合其中的动断触点时才允许平旋盘起动。

（2）滑环式。插口式检测装置的优点是结构简单，但不能进行动态检测，而滑环式则可以动态连续检测。如图 8-93（b）所示，在平旋盘体 4 与主轴箱体 6 之间安装上滑环系统 8。定、滑尺的引线通过平旋盘上的小孔连接到滑环上，通过系统的感应作用，将定尺的输出信号传入数显表，同时将数显表提供的激励信号引到滑尺上。这样就组成了一个输出/输入连续检测系统，解决了当平旋盘转动时输出/输入导线的连接问题。这种装置的优点是可以连续检测，不仅易于控制加工尺寸，保证加工精度，而且可以提高机床生产率。

导电滑环系统由导电滑环架、导电滑环、绝缘圈、电刷及电刷架几部分组成。滑环采用表面镀铑的钢材制成，电刷采用弹性镍合金丝，以保证与滑环的良好接触，增加抗干扰能力。

9. 采用适宜（或先进）的工艺方法

【例 8-16】 加工椭圆孔的方法。

加工图 8-94 所示零件上的椭圆孔，在普通铣床上加工一般是难以实现的。但若采取以下工艺方法，就容易加工了。

（1）将工件安装在立铣的工作台上，使孔的轴心线与工作台面垂直。

（2）将键杆安在立铣头锥孔里，并使刀尖的回转直径等于椭圆长轴 a。

（3）将立铣头转过一个角度 α，其轴心线与工件孔的轴心线成 α 角，如图 8-95 所示。α 的计算式为

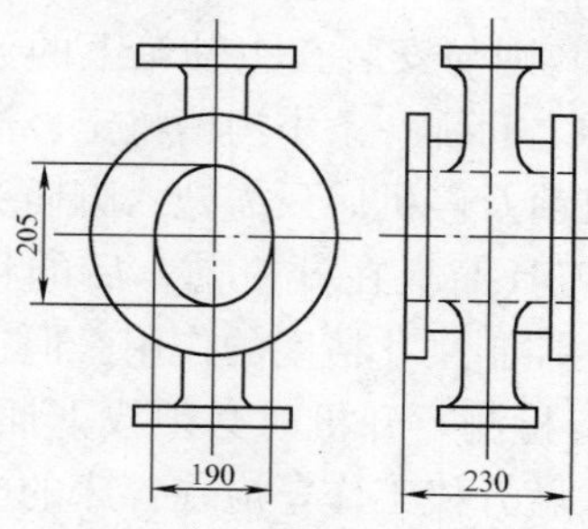

图 8-94　带椭圆孔的零件

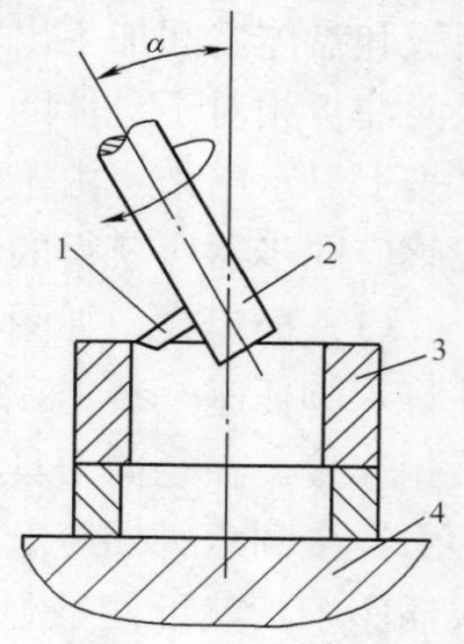

图 8-95　在立铣上加工椭圆孔

1—镗刀；2—镗刀杆；3—工件；4—工作台

$$\cos\alpha = \frac{b}{a}$$

式中　a——椭圆长轴长（mm）；

　　　b——椭圆短轴长（mm）。

图 8-94 的椭圆 $a=205\text{mm}$，$b=190\text{mm}$。

则
$$\cos\alpha = \frac{190\text{mm}}{205\text{mm}} = 0.927$$

$\alpha=21°58'$即立铣头转动 $21°58'$。

（4）垂直进给进行镗削。

10. 提高机床自动化程度的改装

【例 8-17】　C620-1 型车床改装自动停机装置。

（1）存在问题和采取的措施。C620-1 型车床在电动机起动后，主轴的正反转和停车由操纵手柄控制传动机构。由于间断使用机床（在机修车间较普遍），所以操作者不习惯在进行其他工作或离开机床时关掉电动机，造成电动机长期空运转，浪费能源。为了提高操作的自动化程度，减少浪费，可利用开关杆操纵机构。在机床电器箱内的立轴上配置凸轮和时间继电器。其安装位置见图 8-96。当操作者把开关杠放在停机位置时，凸轮松开限位开关 S，在延时后，切断主电动机控制回路，使电动机停转。其线路控制原理见图8-97。

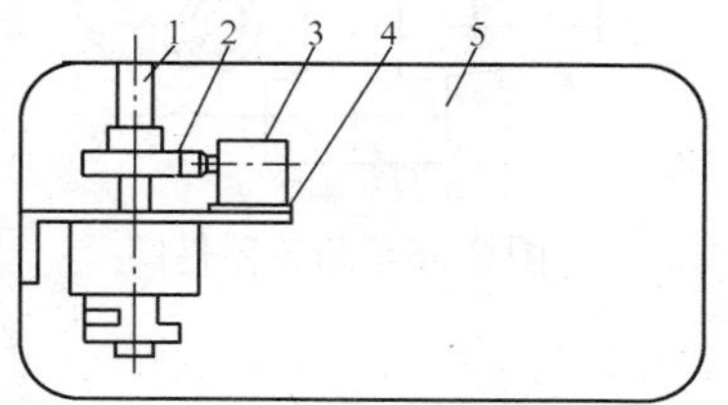

图 8-96　自动停机装置安装图

1—开关杠；2—凸轮；3—时间继电器；4—支座；5—电器箱

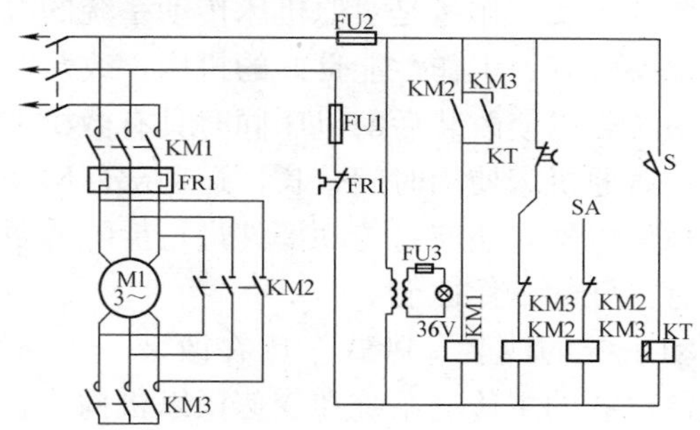

图 8-97　线路控制原理图

(2) 该装置凸轮零件图。如图 8-98 所示，其材料可选 45 号优质碳素钢或 40Cr 合金结构钢。

(3) 时间继电器的调整。可根据操作者的工件安装、测量等所需时间而调整。一般在 1min 左右。如太短，不够适当的辅助时间，则会造成电动机的频繁起动。

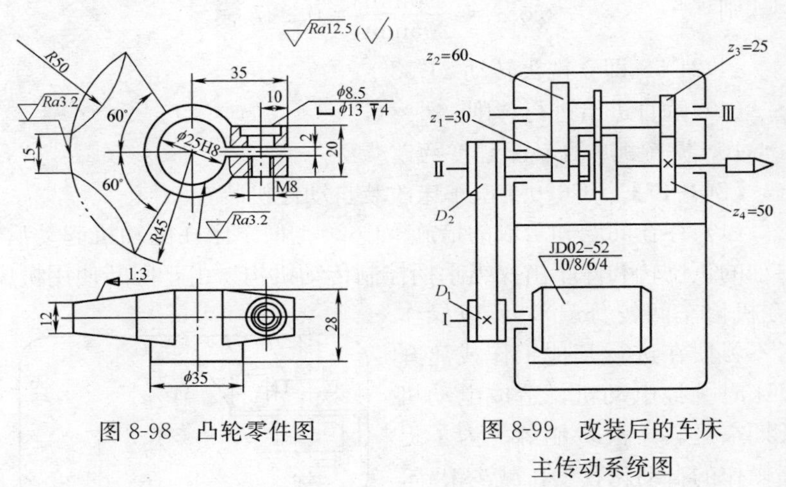

图 8-98 凸轮零件图

图 8-99 改装后的车床主传动系统图

【例 8-18】 应用微机改装机床。

应用微机改造旧设备是提高产品质量、生产效率和经济效益的一个重要手段。图 8-99 和图 8-100 所示是利用微机对卧式车床进行改装的一个实例。在这个实例中，改装所使用的微机及其控制系统、步进电动机、滚珠丝杠螺母副、自动转位刀架等，一般可以外购。因此，改装的主要工作量是对原机床传动系统的改造。一般来说，对于精度保持较好、工作性能良好的机床，改装时应尽量保留原机床的传动系统，以使改装后的机床同时具有微机控制和手动操作的双重功能；若原机床使用时间较长，运动部件磨损严重，除了应对导轨进行精修以外，还应将传动部件进行拆除或更换，以保证机床改装后具有良好的工作性能。

(1) 主传动系统的改装。卧式车床在改装成经济型数控车床时，一般可保留原有的主传动系统和变速操纵机构。若要提高机床的自动化程度，或者所加工工件的直径相差较大，需要在加工过程中自动变速，则可将主电动机更换为双速或四速电动机，并由微机控制主电动机自动变换转速。

图 8-99 所示为一台 C616 型卧式车床改装后的主传动系统图。它保留了主轴箱内的齿轮机构，但改变了齿数，拆除了原来的变速箱并将驱动电动机换成四速电动机。主轴所获得的 8 级转速（高挡 4 级，低挡 4 级），是通过微机及手动来控制变速的。其中高、低挡之间的转换用手动控制，而高挡或低挡中的转速变换由微机控制实现自动变速。

（2）进给传动系统的改装。图 8-100 所示为 C616 型卧式车床改装后的进给传动系统。它将原机床的进给箱、溜板箱、丝杠、光杠等拆除，换装上滚珠丝杠螺母副 1 和 2。纵、横向进给运动分别由两台步进电动机 3、6 通过减速齿轮副 5、4 驱动滚珠丝杠而实现。

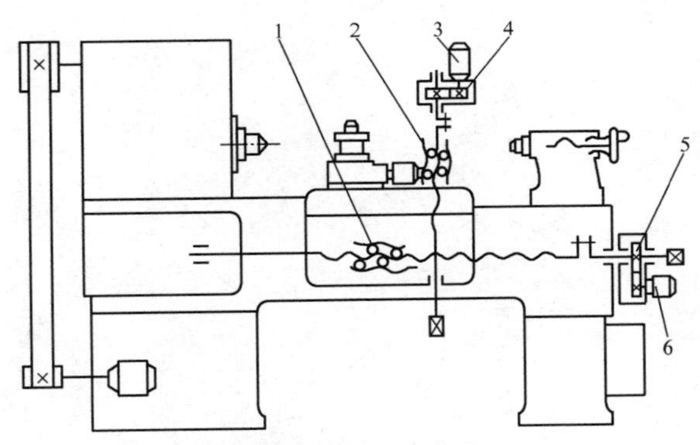

图 8-100　改装后的车床进给传动系统图

1—纵向进给滚珠丝杠；2—横向进给滚珠丝杠；

3、6—步进电动机；4、5—减速齿轮副

步进电动机传动丝杠的方法有两种。

1）通过联轴器直接带动丝杠，其优点是结构简单紧凑，改装方便。但这不仅要求步进电动机必须有足够的驱动力矩，而且步进当量数值不能成为 5 的整数倍，不便于操纵者的编程计算。例如，若步进电动机的步距角为 0.75°、丝杠导程为 4mm 时，步进当量为 0.008 8mm，编程计算不方便。

2）通过一对降速齿轮来传动丝杠，这样不仅可以圆整步进当量数值，而且可以增大电动机的输出扭矩。本例采用后一种方法。

第九章

机械装配自动化、装配线和装配机

第一节 装 配 工 艺 概 述

一、装配概述

机械产品一般是由许多零件和部件组成。零件是机器制造的最小单元，如一根轴、一个螺钉等。部件是两个或两个以上零件结合成为机器的一部分。按技术要求，将若干零件结合成部件或若干个零件和部件结合成机器的过程称为装配。装配分为部件装配和总装配。部件是个通称，部件的划分是多层次的，直接进入产品总装的部件称为组件；直接进入组件装配的部件称为第一级分组件；直接进入第一级分组件装配的部件称为第二级分组件，其余类推。产品越复杂，分组件的级数越多。组件与分组件的划分如图 9-1 所示。

装配就是把经过修复的零件以及其他全部合格的零件按照一定

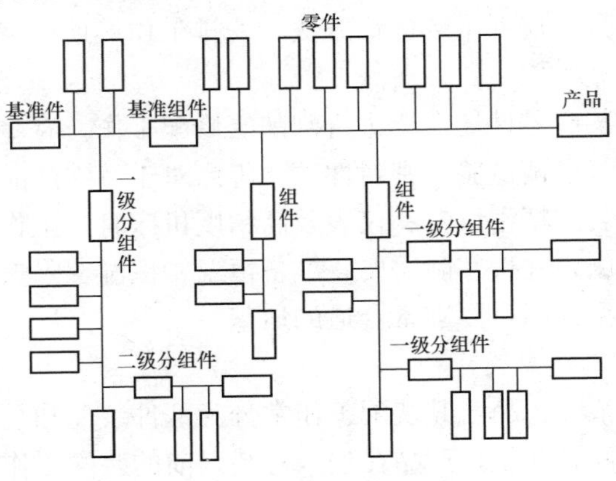

图 9-1　组件与分组件划分

的装配关系、一定的技术要求顺序地装配起来，并达到规定精度和使用性能的整个工艺过程。

装配质量的好坏，直接影响着设备的精度、性能和使用寿命，它是全部修理过程中很重要的一道工序。

二、装配工艺过程

产品的装配工艺包括以下四个过程：

1. 装配前的准备工作

（1）研究产品图样和装配时应满足的技术要求。

（2）分析产品结构与装配精度有关的装配尺寸链，合理分配各环节的精度。

（3）对装配的零件进行清洗，去掉零件上的毛刺、铁锈、切屑、油污。将产品分解为可以独立进行装配的部件，便于组织装配工作的实施。

（4）根据工厂条件，制订合理的装配程序，选定装配基准件或部件，以保证装配质量，并避免不必要的重复拆装。

（5）选择合理的装配工艺。如过盈连接采用压入配合法还是热胀（或冷缩）配合法；校正时采用哪种标准方法，如何调整等。

（6）编制装配工艺卡片，说明工艺技术要求，并根据需要绘制装配示意图或装配工艺系统图。

（7）确定装配方法、顺序和准备所需要的工具。设计制造专用工、夹、量具，规划吊装运输方法，安排工作场地、劳动组织及安全措施。

（8）对某些零件还需要进行刮削等修配工作，有些特殊要求的零件还要进行平衡试验、密封性试验等。对于特殊产品，要考虑特殊措施，如装配精密仪器、仪表及高精度机床时，工作场地应离开切削加工机床，并按实际需要，准备恒温、恒湿、隔振、防尘等措施；对于重型机床，要准备合适的地基。

2. 装配工作分类

结构复杂的产品，其装配工作常分为部件装配和总装配。

（1）部件装配是指产品在进入总装以前的装配工作。凡是将两个以上的零件组合在一起或零件与几个组件结合在一起，成为一个装配单元的工作，均称为部件装配。

（2）总装配是指将零件和部件结合成一台完整产品的过程。

3. 调整、检验和试车阶段

（1）调整工作。是指调节零件或机构的相互位置、配合间隙、结合程度等，目的是使机构或机器工作协调，如轴承间隙、镶条位置、蜗轮轴向位置的调整。

（2）精度检验。包括几何精度检验和工作精度检验等。如车床总装后要检验主轴中心线和床身导轨的平行度、中滑板导轨和主轴中心线的垂直度以及前后顶尖的等高。工作精度一般指切削试验，如车床进行车圆柱或车端面试验。

（3）试车。是试验机构或机器运转的灵活性、振动、工作温升、噪声、转速、功率等性能是否符合要求过程。

4. 喷漆、涂油、装箱

指按要求的标准对装饰表面进行喷漆、用防锈油对指定部位加以保护和准备发运等工作。

三、装配工艺方法

产品的装配过程不是简单地将有关零件连接起来的过程，而是每一步装配工作都应满足预定的装配要求，应达到一定的装配精度。通过尺寸链分析，可知由于封闭环公差等于组成环公差之和。装配精度取决于零件制造公差，但零件制造精度过高，生产将不经济。为了正确处理装配精度与零件制造精度二者的关系，妥善处理生产的经济性与使用要求的矛盾，形成了一些不同的装配方法。

（一）装配工作的组织形式

1. 装配的生产类型

机器装配的生产类型可分大批大量生产、成批生产和单件小批生产三种。生产类型决定着装配的组织形式、装配方法和工艺设备等。

三种生产类型装配工艺特点见表 9-1。

2. 装配工作的组织形式

装配工作组织的好坏，随着生产类型和产品复杂程度而不同，对装配效率和装配周期均有较大的影响。根据产品结构的特点和批量大小的不同，装配工作应采取不同的组织形式。装配的组织形式一般分为固定式装配和移动式装配两种。

（1）固定式装配。固定式装配是将产品或部件的全部装配工作，安排在固定的工作地点进行。在装配过程中产品的位置不变，装配所需要的零件和部件都汇集在工作地附近，主要应用于单件生产或小批量生产中。

单件生产时（如新产品试制、模具和夹具制造等），产品的全部装配工作均在某一固定地点，由一个工人或一组工人去完成。这样的组织形式装配周期长、占地面积大，并要求工人具有较高的综合技能。

成批生产时，为提高装配效率，装配工作通常分为部件装配和总装配。每个部件由一个工人或一组工人来完成，然后进行总装配，一般应用于较复杂的产品。例如成批生产的车床装配，可分为主轴箱、进给箱、刀架、溜板箱和尾座等部件装配和车床总装配。

在单件小批生产中，对那些不便移动的重型机械，或因机体刚度较差，装配时移动会影响装配精度的产品，都宜采用固定式装配的组织形式。

（2）移动式装配。移动式装配是指工作对象（部件或组件）在装配过程中，有顺序地由一个工人转移到另一个工人。这种转移可以是装配对象的移动，也可以是工人自身的移动。通常把这种装配组织形式称为流水装配法。移动装配时，常利用传送带、滚道或轨道上行走的小车来运送装配对象。每个工作地点重复地完成固定的工作内容，并且广泛地使用专用设备和专用工具，因而装配质量好，生产效率高，生产成本低，适用于大量生产，如汽车、拖拉机的装配。批量很大的定型产品，还可采用装配机或自动装配线进行装配。

表 9-1　　各生产类型装配工艺特点

	单件小批生产	成批生产	大批大量生产
基本特征	产品经常变换，不定期重复生产，生产周期一般较长	产品在系列化范围内变动，分批交替投产，或多品种同时投产，生产活动在一定时期内重复	产品固定，生产活动长期重复

续表

	单件小批生产	成批生产	大批大量生产
组织形式	多采用固定装配，也采用固定流水装配	笨重且批量不大的产品，多采用固定流水装配，多品种可变节奏流水装配	多采用流水装配线；有连续、间歇、可变节奏等移动方式，还可采用自动装配机或自动装配线
工艺方法	以修配法及调整法为主，互换件比例较小	主要采用互换法，同时也灵活采用调整法、修配法、合并法等以节约装配费用	完全互换法装配，允许有少量简单调整
工艺过程	一般不制订详细工艺文件，工序与工艺可灵活调度与掌握	工艺过程划分须适合批量的大小，尽量使生产均衡	工艺过程划分较细，力求达到高度均衡性
工艺装备	采用通用设备及通用工、夹、量具，夹具多采用组合夹具	通用设备较多，但也采用一定数量的专用工、夹、量具，目前多采用组合夹具和通用可调夹具	专业化程度高，宜采用专用高效工艺装备，易于实现机械化、自动化
手工要求	手工操作比重大，要求工人有高的技术水平和多方面的工艺知识	手工操作占一定比重，技术水平要求较高	手工操作比重小，熟练程度易于提高，便于培养新工人
应用实例	重型机床、机器、汽轮机、大型内燃机、模具、大型锅炉等	机床、机车车辆、中小型锅炉、矿山采掘机械等	汽车、拖拉机、滚动轴承、手表、自行车等

(二）装配方法

为了使相配零件得到要求的配合精度，按不同情况可采用以下四种装配方法。

(1）完全互换装配法。在同类零件中，任取一个装配零件，不经修配即可装入部件中，并能达到规定的装配要求，这种装配方法称为完全互换装配法。完全互换装配法的特点是：

1）装配操作简便，生产效率高。

2）容易确定装配时间，便于组织流水装配线。

3）零件磨损后，便于更换。

4）零件加工精度要求高，制造费用随之增加，因此适用于组成环数少、精度要求不高的场合或大批量生产采用。

（2）选择装配法。选择装配法有直接选配法和分组选配法两种。

1）直接选配法是由装配工人直接从一批零件中选择“合适”的零件进行装配。这种方法比较简单，其装配质量凭工人的经验和感觉来确定，但装配效率不高。

2）分组选配法是将一批零件逐一测量后，按实际尺寸的大小分成若干组，然后将尺寸大的包容件（如孔）与尺寸大的被包容件（如轴）相配，将尺寸小的包容件与尺寸小的被包容件相配。这种装配方法的配合精度决定于分组数，即分组数越多，装配精度越高。

分组选配法的特点是：①经分组选配后零件的配合精度高；②因零件制造公差放大，所以加工成本降低；③增加了对零件的测量分组工作量，并需要加强对零件的储存和运输管理，可能造成半成品和零件的积压。

分组选配法常用于大批量生产中装配精度要求很高、组成环数较少的场合。

（3）修配装配法。装配时，修去指定零件上预留修配量以达到装配精度的装配方法称为修配装配法。

修配装配法的特点是：①通过修配得到装配精度，可降低零件制造精度；②装配周期长，生产效率低，对工人技术水平要求较高。

修配法适用于单件和小批量生产及装配精度要求高的场合。

（4）调整装配法。指装配时调整某一零件的位置或尺寸以达到装配精度的装配方法。一般采用斜面、锥面、螺纹等移动可调整件的位置；采用调换垫片、垫圈、套筒等控制调整件的尺寸。

调整修配法的特点是：①零件可按经济精度确定加工公差，装配时通过调整达到装配精度；②使用中还可定期进行调整，以保证配合精度，便于维护与修理；③生产率低，对工人技术水平要求较高。除必须采用分组装配的精密配件外，调整法一般可用于各种装配场合。

（三）装配方法的选择

在产品设计和装配过程中，会遇到装配方法的选择问题。配合方法的确定往往是制定装配工艺过程、选定工具设备等的先决条件。

在选择保证装配精度的方法时，首先要了解各种装配方法的特点及应用范围。目前采用的几种配合方法及其工艺特点、适用范围、应用实例等见表9-2。

四、机械产品的装配精度

1. 装配精度的范围

一般产品装配精度包括零部件的距离精度、相互位置精度和相对运动精度以及接触精度等。

（1）距离精度。指相关零件间的距离尺寸精度和装配中应保证的间隙，如卧式车床车头主轴与尾座中心线不等高度的误差、齿轮的侧隙等。

（2）相互位置精度。包括相关零部件间的平行度误差、垂直度误差及各种圆跳动误差等，如机床主轴锥孔轴心线径向圆跳动误差，以及它和机床工作面的平行度误差等。

（3）相对运动精度。产品有相对运动的零部件间在运动方向和相对速度上的精度。运动方向精度表现为部件间相对运动的平行度误差和垂直度误差，如铣床工作台移动对轴线的平行度误差。相对速度精度即传动精度，如滚齿机主轴与工作台的相对速度运动等。

（4）接触精度。其精度通常以接触面大小及接触点多少、分布均匀性来衡量精确程度，如机床工作台与床身导轨的接触、主轴与轴承的接触等。

2. 装配精度与零件精度间的关系

零件的精度，特别是关键零件的加工精度对装配精度有很大的影响，因此产品在装配过程中往往需要进行必要的检测和调整，有时尚需进行修配。每个零件的精度有一定的公差范围，包括尺寸公差和形位公差，不必要也不可能使零件精度无限制地提高，这不仅不经济，技术上也不合理。如一组用滚动轴承支承的主轴，因主轴及轴承均有一定的径向跳动公差，如果装配过程中能掌握它们各自径向跳动的方向，则可抵消装配后主轴的径向误差，即小于各自的误差。由此可知，装配精度的合理保证，应从产品结构、机械加工和装配等方面进行综合考虑。而装配尺寸链分析，则是进行综合分析的有效手段。

表 9-2　　装配工艺的配合方法比较

配合方法	工艺内容	工艺特点	适用范围	应用实例	注意事项
完全互换法	配合零件公差之和小于或等于规定的装配允差，零件完全互换。装配时对零件不需选择、修配或调整就能达到装配精度要求	(1) 装配操作简单，易于掌握，生产率高 (2) 便于组织流水作业 (3) 零件加工精度要求较高	适用于零件数较小、批量很大，零件可用经济加工精度制造时	汽车、拖拉机、中小型柴油机、缝纫机及小型电动机的部分零部件	需及时抽检，剔除不合格零件
不完全互换法	配合零件公差平方和的平方根小于或等于规定的装配允差。可不加选择进行装配，零件可互换	具有上述(1)、(2)条的特点，但零件加工公差较完全互换法放宽。较为经济合理，但可能有极少数超差产品	适用于零件略多、批量大、零件加工精度需适当放宽时	汽车、拖拉机、中小型柴油机、缝纫机及小型电动机的部分零部件	装配时要注意检查，对个别不合格的成品须退修或更换能补偿偏差的零件
分组选配法	配合副中各零件的加工公差按装配精度要求的允差放大若干倍，对加工好的零件逐件测量，按尺寸分为若干组，对应的组进行装配。同组内的零件可以互换	(1) 配合精度很高，零件加工公差放大数倍，能按经济加工精度制造 (2) 增加了对零件的测量分组工作，并需加强对零件储存和运输的管理 (3) 各组配合零件数不可能相同，为避免库存积压，应在加工时采取适当的调整措施	成批或大量生产中，装配精度较高，零件数很少，又不便于采用调整装置时	中小型柴油机的活塞与缸套、活塞与活塞销、滚动轴承的内外圈及滚子	(1) 各零件的公差应相等，放大方向应相同 (2) 分组数即为公差放大的倍数。一般情况下，分组数不宜太多，以 2 ～ 4 组为宜 (3) 应严格组织对零件的精密测量分组、识别、储存和运输工作

续表

配合方法	工艺内容	工艺特点	适用范围	应用实例	注意事项
调整法	（1）选用一个合适的定尺寸调整件，如垫片、垫圈、套筒等 （2）采用可调调整件，在装配时移动调整件，利用其斜面、锥面、螺纹等改变有关零件的相对位置 （3）用改变零件之间的相互位置，使各零件在装配中相互抵消其加工误差所产生的影响，以获得最小的装配累积误差，又称误差抵消法	（1）零件可按经济精度确定加工公差，能获得较高或很高的装配精度 （2）采用定尺寸调整件时，操作较方便，可在流水作业中应用 （3）增加调整件或调整机构，且易使配合副的刚性受到一定影响 （4）装配质量在一定程度上依赖工人技术水平，尤其是误差抵消法	除必须采用分组选配法的精密配件外，调整法可用于各种装配场合	（1）滚动轴承调整间隙的间隔套、垫圈、锥齿轮调整啮合间隙的垫片 （2）机床导轨的楔形镶条，内燃机汽门间隙的调节螺钉 （3）机床主轴的径向跳动和齿轮副的齿距累积误差的调整	（1）定尺寸调整件制造公差需用尺寸链计算，应具备几组不同的规格，分组数视精度要求而定 （2）采用可调调整件应考虑防松措施 （3）用误差抵消法调整时，须先测出各零件的误差相位，使处于最有利的相对相角
修配法	（1）在修配件上预留修配量，在装配过程中修去该件的多余部分 （2）将装配尺寸链较长和精度要求较高的配合副，在组装后作为一个整体，再进行一次精加工，综合消除其累积误差	（1）零件按经济精度加工，通过修配可获得很高的装配精度 （2）增加装配过程中的手工修配或机械加工，工时不易预定，不便于组织流水作业 （3）手工装配质量在很大程度上依赖工人技术水平 （4）用综合消除法时，不论在装配中，将配合副进行一次精加工，或在总装配后，利用本身机构进行精加工，都容易保证质量	单件小批生产中，装配精度要求高的场合下采用	（1）车床尾架垫板，汽轮机叶轮装上主轴时用的调节环 （2）分度蜗轮与工作台装配后精加工齿形 （3）六角车床主轴对刀架刀具孔进行“自镗”，平面磨床砂轮架对工作台面进行“自磨”	（1）一般应选择易于拆装且修配面较小的零件作为修配件 （2）应运用尺寸链计算修配件的公称尺寸及公差带，使修配量大小适宜，减少修配工作量 （3）尽量利用精车、精磨、精刨等机械加工方法代替手工操作

第二节　装配工艺规程及其制定

一、装配工作的注意事项

（1）一切零件必须在加工后检验合格，才能进入装配。过盈配合或单配、选配的零件，在装配前对有关尺寸应严格进行复验，并打好配套标记。

（2）注意倒角和清除毛刺，防止表面受到损伤。

（3）选好清洗液及清洗方法，将零件清洗洁净，精密零件尤应彻底清洗，并注意干燥和防锈。

（4）注意机座的就位水平及刚度，防止因重力或紧固变形而影响总装精度。

（5）零部件装配的程序是在处理好装配基准件后，一般是先下后上，先内后外，先难后易，先重大后轻小，先精密后一般，视具体情况考虑先后顺序，以有利于保证装配精度、装配及校正工作能顺利进行为原则。

（6）注意运动部分的接触情况，如机床导轨要配刮好。变速和变向机构要操纵灵活，旋转运动配合面，尤其是大型旋转机械须有合适的配合间隙。防止运转时，特别是热态工作时“咬死”。

（7）选定合适的调整环节，以便调整修配达到较好的精度。

（8）应争取最大精度储备，以延长机器的使用寿命。

（9）重而庞大的产品，往往在制造厂预先总装，试验和试运转后再拆成部件运出厂，然后在使用场地安装成为整机。为保证现场装配的顺利进行，对部件装配的质量要求、检验项目及精度标准等应予严格控制。

（10）其他注意事项，如旋转体经平衡使运动平稳；装好密封，防止漏气、漏水、漏油；紧固件连接牢固；运动件的接触面加润滑脂，为产品试验准备好条件。

二、装配中的调整

装配中的调整就是按照规定的技术规范调节零件或机构的相互

间位置，配合间隙与松紧程度，以使设备工作协调可靠。

1. 调整程序

（1）确定调整基准面。即找出用来确定零件或部件在机器中位置的基准表面。

（2）校正基准件的准确性。调整基准件上的基准面，在调整之前，应首先对其进行检查、校核，以保证基准面具备应有的精度。若基准面本身的精度超差，则必须对其进行修复，使其精度合格，才能作为基准来调整其他零件。

（3）测量实际位置偏差。就是以基准件的基准面为基准，实际测量出调整件间各项位置偏差，供调整参考。

（4）分析。根据实际测量的位置偏差，综合考虑各种调整方法，确定最佳调整方案。

（5）补偿。在调整工作中，只有通过增加尺寸链中某一环节的尺寸，才能达到调整的目的，称为补偿。

（6）调整。指以基准面为基准，调节相关零件或机构，使其位置偏差、配合间隙及结合松紧在技术规范允差范围之内。

（7）复校。以基准件的基准面为基准，重新按技术文件规定的技术规范检查、校核各项位置偏差。

（8）紧固。对调整合格的零件或机构的位置进行固定。

2. 调整基准的选择

调整基准可根据如下原则进行选择：

（1）选择有关零、部件几个装配尺寸链的公共环，如卧式车床的床身导轨面。

（2）选择精度要求高的面作调整基准。如卧式铣床，以床身主轴安装孔中心为基准来修复床身，调整其他各部件的相互位置精度。

（3）选择适于作测量基准的水平面或铅垂面。

（4）选择装配调整时修刮量最大的表面。

3. 调整方法

（1）自动调整。即利用液压、气压、弹簧、弹性胀圈和重锤等，随时补偿零件间的间隙或因变形引起的偏差。改变装配位置，如利用螺钉孔空隙调整零件装配位置使误差减小，也属自动调整。

(2) 修配调整。即在尺寸链的组成环中选定一环，预留适当的修配量作为修配件，而其他组成环零件的加工精度则可适当降低。例如调整前将调整垫圈的厚度预留适当的量，在装配调整时修配垫圈的厚度，以达到调整的目的。

(3) 自身加工。机器总装后，加工及装配中的综合误差可利用机器自身进行精加工达到调整的目的。如牛头刨床工作台上面的调整，可在总装后利用自身精刨加工的方法，恢复其位置精度与几何精度。

(4) 误差集中到一个零件上，进行综合加工。自镗卧式铣床主轴前支架轴承孔，使其达到与主轴中心同轴度要求的方法，就属于这种方法。

三、装配工艺规程的内容

装配工艺规程是装配工作的指导性文件，是工人进行装配工作的依据。装配工艺规程必须具备下列内容：

(1) 规定所有的零件和部件的装配顺序。

(2) 对所有的装配单元和零件规定出既保证装配精度，又是生产率最高和最经济的装配方法。

(3) 划分工序，决定工序内容。

(4) 决定工人技术等级和工时定额。

(5) 选择完成装配工作所必需的工夹具及装配用的设备。

(6) 确定验收方法和装配技术要求。

四、装配工艺规程的制定

1. 制定装配工艺规程的基本原则

(1) 保证产品装配质量，全面、准确地达到设计要求的各项参数与技术条件，并力求提高精度储备量。

(2) 合理安排装配工序，钳工装配工作量尽可能小，机械、半机械装配程度尽可能高，必要时可采用装配机或装配线，提高装配效率。

(3) 装配周期尽可能短，占用面积尽可能小，提高单位面积上的生产率。

（4）保证工人安全，尽力减轻工人体力劳动。

2. 制定装配工艺规程所需的原始资料

产品的装配工艺规程是在一定的生产条件下，用来指导产品的装配工作。因而装配工艺规程的编制，也必须依照产品的特点和要求及工厂生产规模来制定。编制装配工艺规程时，需要下列原始资料：

（1）产品的总装配图和部件装配图及主要零件的工作图。产品的结构，在很大程度上决定了产品的装配顺序和方法。分析总装配图、部件装配图及零件工作图，可以深入了解产品的结构特点和工作性能，了解产品中各零件的工作条件以及相互间配合要求。还可以发现产品结构的装配工艺性是否合理，从而给设计者提出改进的意见。

（2）零件明细表。零件明细表中列有零件名称、件数、材料等，可以帮助分析产品结构，同时也是制定工艺文件的重要原始资料。

（3）产品验收技术条件，包括试验工作的内容及方法。产品的验收技术条件是产品的质量标准和验收依据，也是编制装配工艺规程的主要依据。为了达到验收条件规定的技术要求，还必须对较小的装配单元提出一定的技术要求，才能达到整个产品的技术要求。

（4）产品的生产规模。生产规模基本上决定了装配的组织形式，在很大程度上决定了所需的装配工具和合理的装配方法。

（5）现有的工艺装备、车间面积、工人技术水平以及工时定额标准等。

3. 制定装配工艺规程的方法与步骤

（1）研究产品装配图和验收技术条件。制定装配工艺规程时，要仔细研究产品的装配图及验收技术条件，并深入了解产品及其各部分的具体结构、产品及各部件的装配技术要求、设计确定保证产品装配精度的方法，以及产品试验内容、方法等。

（2）确定装配的组织形式。装配组织形式的选择，主要取决于产品结构特点（尺寸和重量）和生产批量。

（3）对产品进行分解，划分装配单元，确定装配顺序。装配单元的划分，是从工艺角度出发，将产品分解成可以独立装配的组件及各级分组件。它是装配工艺制定中极重要的一项工作。

装配单元包括零件和部件，零件是组成产品的最基本单元，将若干零件结合成产品的一部分称为部件。

产品装配单元的划分可采用图解的办法，图 9-2 所示为图解法之一。

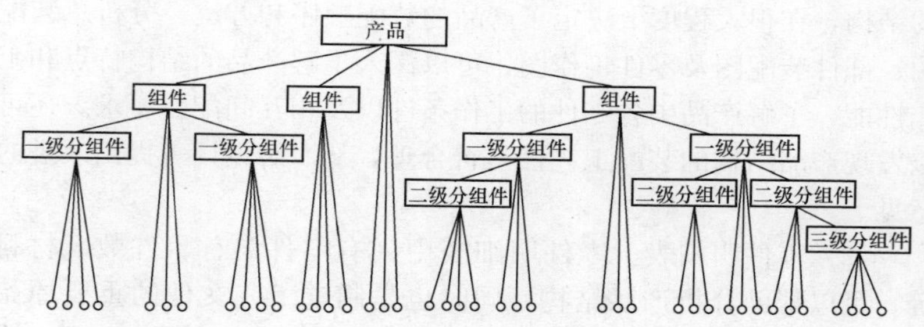

图 9-2　装配单元划分图解

装配单元划分级，可确定各级分组件、组件和产品的装配顺序。在确定产品和各级装配单元的装配顺序时，首先要选择装配的基准件。基准件可以选一个零件，可以选低一级的装配单元。基准件首先进入装配，然后根据装配结构的具体情况，按照先下后上，先内后外，先难后易，先精密后一般，先重大后轻小的规律去确定其他零件或装配单元的装配顺序。合理的装配顺序是在不断的实践中逐步形成的。

产品装配单元的划分及其装配顺序，可通过装配单元系统图（见图 9-3）表示出。

当产品构造较复杂时，按上述方法绘制的装配单元系统图将过分复杂，故常分别绘制产品总装及各级部装的装配单元系统图，如图 9-4 所示。图 9-4（a）为产品总装系统图，图 9-4（b）、（c）、（d）为基准组件及其各级分组件的装配单元系统图。组件结构不太复杂时，不必逐级绘制分图。

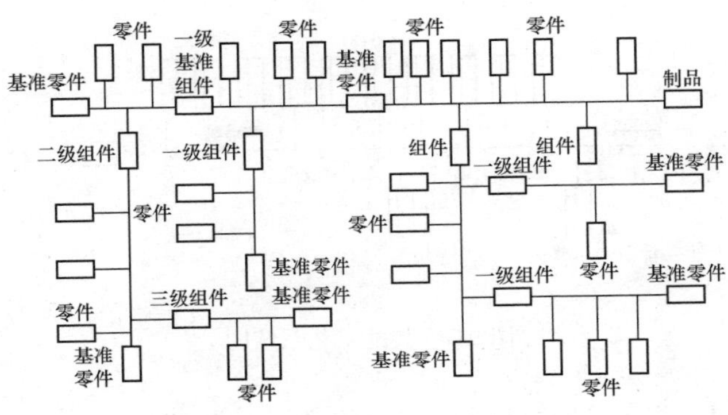

图 9-3　装配单元系统图

在装配单元系统图上，需注必要的工艺说明（如焊接、配钻、攻螺纹、铰孔及检验等），则成为装配工艺系统图，如图 9-5 所示。此图较全面地反映了装配单元的划分、装配的顺序及方法，是装配工艺中的主要文件之一。

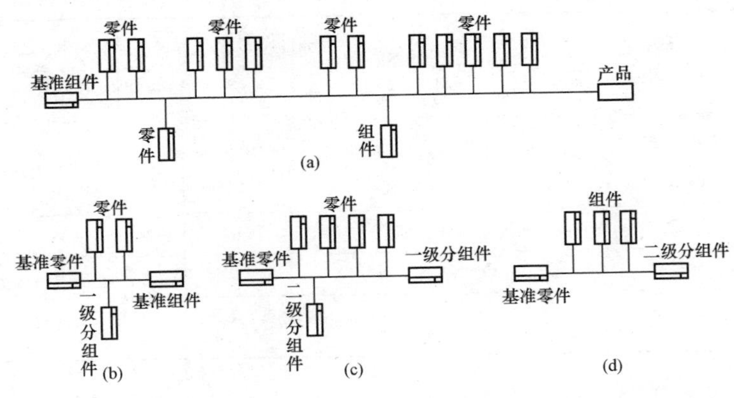

图 9-4　装配单元系统分图

（4）划分装配工序。装配顺序确定后，还要将装配工艺过程划分为若干工序，并确定各个工序的工作内容，所需的设备和工、夹具及工时定额等。装配工序应包括检查和试验工序。

（5）制定装配工艺卡片。在单件小批生产时，通常还制定工艺卡片。工人按装配图和装配工艺系统图进行装配，成批生产时，应

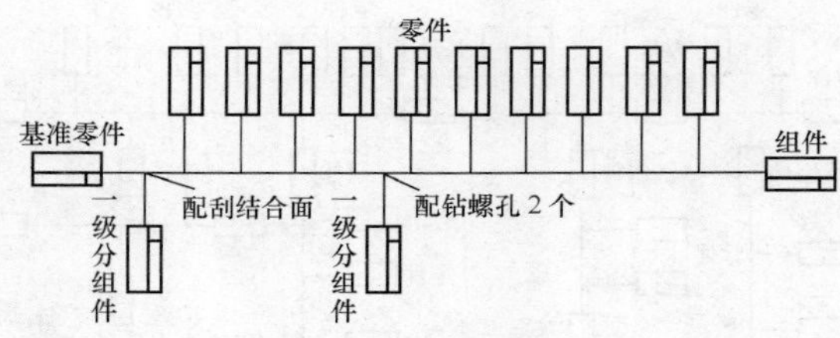

图 9-5　装配工艺系统图

根据装配工艺系统图分别制定总装和部装的装配工艺卡片。卡片的每一工序内应简要说明工序的工作内容，所需设备和工、夹具的名称及编号，工人技术等级，时间定额等。大批大量生产时，应为每一工序单独制定工序卡片，详细说明该工序的工艺内容。工序卡片能直接指导工人进行装配。

表 9-3　　　　装配工艺过程卡片

装配工艺过程卡片		产品型号		部件图号		共　页
		产品名称		部件名称		第　页
工序号	工序名称	工序内容	装配部门	设备及工艺装备	辅助材料	工时定额（min）
（1）	（2）	（3）	（4）	（5）	（6）	（7）

装配工艺文件的格式见表 9-3 和表 9-4，这是两种常见的工艺文件。过程卡片（见表 9-3）以工序为单位，简要说明组件或零件进入装配时的流转路线。工序卡片（见表 9-4）是以工序为单元，详细说明组件在某一工艺阶段中的工序号、工序名称、工序内容、工艺要点以及采用的工艺装备、辅助材料等。工序卡片一般带有工艺简图。图 9-6 所示为 CA6140 型车床主轴箱中Ⅱ轴组件的装配，现以该组件为例，详细说明编制装配单元系统图和工序卡片内容。

表 9-4　　装配工序卡片

<table>
<tr><td colspan="6" rowspan="2">装配工序卡片</td><td colspan="2">产品型号</td><td></td><td colspan="2">部件图号</td><td></td><td>共　页</td></tr>
<tr><td colspan="2">产品名称</td><td></td><td colspan="2">部件名称</td><td></td><td>第　页</td></tr>
<tr><td>工序号</td><td>(1)</td><td>工序名称</td><td>(2)</td><td>车间</td><td>(3)</td><td>工段</td><td colspan="2">(4)</td><td>设备</td><td>(5)</td><td>工序工时</td><td>(6)</td></tr>
<tr><td colspan="13">简图（7）</td></tr>
</table>

工序号	工步内容	工艺装备	辅助材料	工时定额(min)
(8)	(9)	(10)	(11)	(12)

[按格式 1]

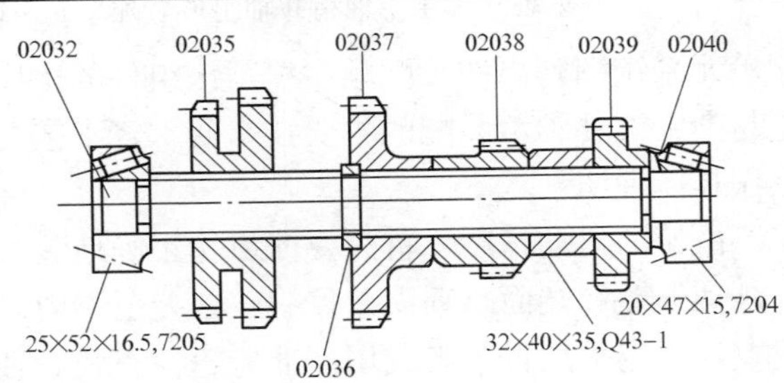

图 9-6　CA6140 型卧式车床主轴箱Ⅱ轴组件结构图

装配前要做好准备工作。首先将构成组件的全部零件集中，并清洗干净。

这一传动组件的装配过程可以用图解的方法表示，即绘制装配单元系统图，作图方法如下：

1）先画一条横线。

2）横线的左端画一个小长方格，代表基准件。在长方格中要注明装配单元的编号、名称和数量。

3）横线的右端画一个小长方格，代表装配的成品。

4）横线自左到右表示装配的顺序，直接进入装配的零件画在横线的上面，直接进入装配的组件画在横线的下面。

按此法绘制的Ⅱ轴组件装配单元系统图如图 9-7 所示。由图 9-7可知，装配单元系统图可以一目了然地表示出成品的装配过程，装配所需的零件名称、编号和数量，并可根据它划分装配工序，填写装配工艺过程卡片和装配工序卡片。因此，它可起到指导组织装配工艺的作用。同理，也可以画出部件和机器的装配单元系统图。

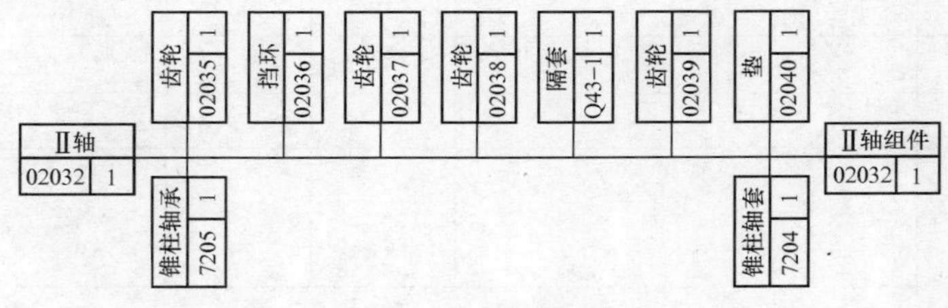

图 9-7　CA6140 型卧式车床主轴箱Ⅱ轴组件装配单元系统

按装配单元系统图列出的装配顺序填写该组件的工序卡片，并将传动齿轮与圆锥滚柱轴承装配的主要技术要求、工艺要点、使用的工装量具作具体说明。

为了保证齿轮的运动精度，首先要使齿轮正确地装到轴上，使齿圈的径向跳动误差和端面跳动误差控制在公差范围内。根据该组件的生产规模，规定采用百分表或用标准齿轮检查装到轴上齿轮的运动精度。若发现不合规定时，可将齿轮取下，相对于轴转过一定的角度，再装到轴上，或进行选配。

组件两端安装圆锥滚柱轴承，安装前应把轴承、轴清洗干净。圆锥滚柱轴承是分开安装的，内架与保持架一起装在轴上，外圈单独装在箱体中。装配工序卡应根据轴承内圈与轴颈的配合过盈量，应用油温加热后，将内圈正确装到轴上。装配后的轴承间隙用于在下道工序将传动轴组件装进箱体时，控制内、外圈轴向移动量和径向间隙量关系。

五、装配工艺实例

1. 锥齿轮轴组件装配工艺

在编制装配工艺时，为了便于分析研究，首先要把产品分解，划分为若干装配单元，绘制产品装配系统图，再划分出装配工序和工步，制定装配工艺。

（1）产品装配系统图的绘制。图 9-8 所示为某锥齿轮轴组件的装配图，经分解，其装配顺序可按图 9-9 所示来进行，而图 9-10 则为该组件的装配系统图。

产品装配系统图能反映装配的基本过程和顺序，以及各部件、组件、分组件和零件的从属关系，从中可看出各工序之间的关系和采用的装配工艺等。

（2）装配工序及装配工步的划

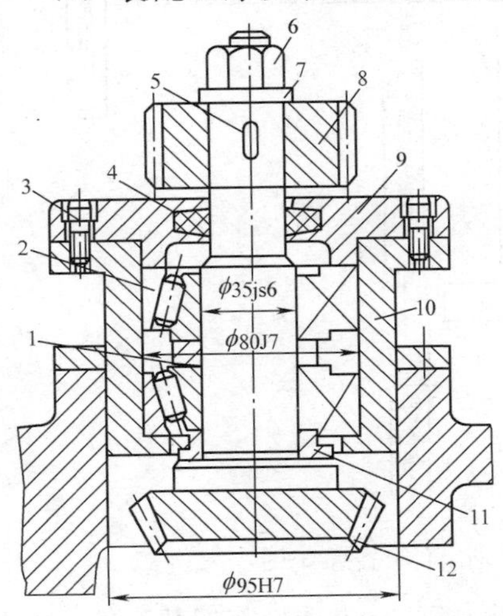

图 9-8　锥齿轮轴组件

1—隔圈；2—轴承；3—螺钉；4—毛毡圈；5—键；6—螺母；7—垫圈；8—圆柱齿轮；9—轴承盖；10—轴承套；11—衬垫；12—锥齿轮轴

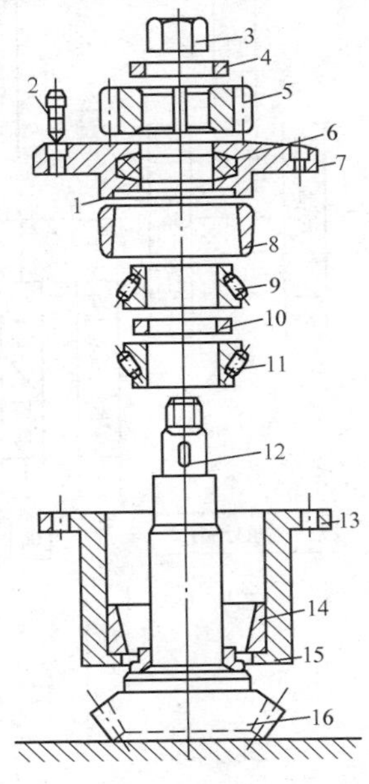

图 9-9　锥齿轮轴组件装配顺序

1—调整面；2—螺钉；3—螺母；4—垫圈；5—圆柱齿轮；6—毛毡；7—轴承盖；8、9、11、14—轴承外圈；10—隔圈；12—键；13—轴承套；15—衬垫；16—锥齿轮

分。通常将整台机器或部件的装配工作，分成装配工序和装配工步顺序进行。由一个工人或一组工人在不更换设备或地点的情况下完成的装配工作，称为装配工序。用同一工具，不改变工作方法，并在固定的位置上连续完成的装配工作，称为装配工步。部件装配和总装配都是由若干个装配工序组成，一个装配工序中可包括一个或几个装配工步。

由图 9-10 可看出，锥齿轮轴组件装配可分成锥齿轮分组件（201）装配、轴承套分组件（202）装配、轴承盖分组件（203）装配和锥齿轮轴组件总成装配四个工序进行。

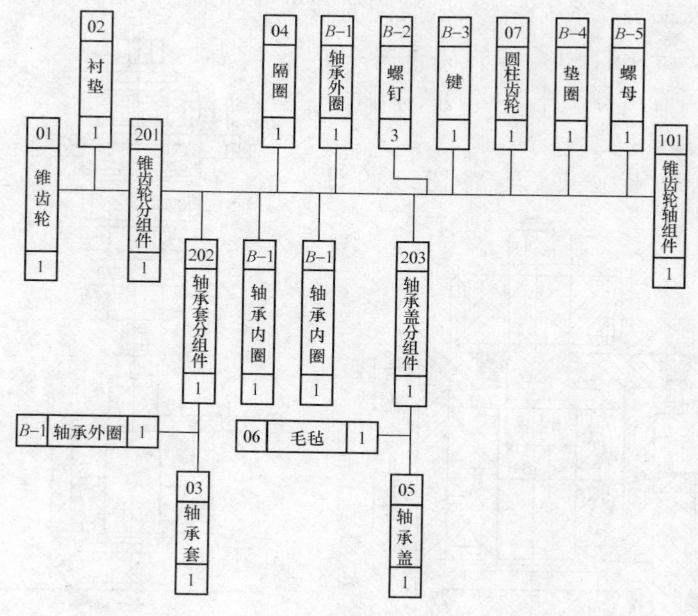

图 9-10　锥齿轮轴组件装配系统图

（3）根据装配单元确定装配顺序。首先选择装配基准件，见图 9-10，锥齿轮轴组件装配以锥齿轮分组件为基准。然后根据装配结构的具体情况，按先下后上，先内后外，先难后易，先精密后一般，先重后轻的规律去确定其他零件或分组件的装配顺序。

（4）划分装配工序。装配顺序确定后，还要将装配工艺过程划分为若干个工序，并确定各个工序的工作内容、所需的设备、工（夹）具及工时定额等。

（5）制定装配工艺卡片。单件小批量生产，不需制定工艺卡，工人按装配图和装配单元系统图进行装配。成批生产，应根据装配系统图分别制定总装和部装的装配工艺卡片。表 9-5 为锥齿轮轴组件装配工艺卡片，它简要说明了每一工序的工作内容、所需设备和工夹具、工人技术等级、时间定额等。大批量生产则需一序一卡。

表 9-5　　　　锥齿轮轴组件装配工艺卡

<table>
<tr><td colspan="5" rowspan="2">（锥齿轮轴组件装配图）</td><td colspan="3">装配技术要求</td></tr>
<tr><td colspan="3">(1)组装时,各装入零件应符合图样要求
(2)组装后圆锥齿轮应转动灵活,无轴向窜动</td></tr>
<tr><td colspan="2" rowspan="2">厂　名</td><td colspan="2" rowspan="2">装配工艺卡</td><td>产品型号</td><td colspan="2">部件名称</td><td>装配图号</td></tr>
<tr><td></td><td colspan="2">轴承套</td><td></td></tr>
<tr><td colspan="2">车间名称</td><td>工　段</td><td>班　组</td><td>工序数量</td><td colspan="2">部件数</td><td>净　重</td></tr>
<tr><td colspan="2">装配车间</td><td></td><td></td><td>4</td><td colspan="2">1</td><td></td></tr>
<tr><td rowspan="2">（工序号）</td><td rowspan="2">（工步号）</td><td rowspan="2">装配内容</td><td rowspan="2">设备</td><td colspan="2">工艺装备</td><td rowspan="2">工人等级</td><td rowspan="2">工序时间</td></tr>
<tr><td>名称</td><td>编号</td></tr>
<tr><td>Ⅰ</td><td>1</td><td>分组件装配:锥齿轮与衬垫的装配
以锥齿轮轴为基准,将衬垫套装在轴上</td><td></td><td></td><td></td><td></td><td></td></tr>
<tr><td>Ⅱ</td><td>1</td><td>分组件装配:轴承盖与毛毡的装配
将已剪好的毛毡塞入轴承盖槽内</td><td></td><td></td><td></td><td></td><td></td></tr>
<tr><td>Ⅲ</td><td>
1

2
3</td><td>分组件装配:轴承套与轴承外圈的装配
用专用量具分别检查轴承套孔及轴承外圈尺寸
在配合面上涂上机油
以轴承套为基准,将轴承外圈压入孔内至底面</td><td>压力机</td><td>塞规卡板</td><td></td><td></td><td></td></tr>
</table>

续表

(工序号)	(工步号)	装配内容	设备	工艺装备		工人等级	工序时间
				名称	编号		
Ⅳ		锥齿轮轴组件装配:	压力机				
	1	以锥齿轮组件为基准,将轴承套分组件套装在轴上					
	2	在配合面上加油,将轴承内圈压装在轴上并紧贴衬垫					
	3	套上隔圈,将另一轴承内圈压装在轴上,直至与隔圈接触					
	4	将另一轴承外圈涂上油,轻压至轴承套内					
	5	装入轴承盖分组件,调整端面的高度,使轴承间隙符合要求后,拧紧三个螺钉					
	6	安装平键,套装齿轮、垫圈,拧紧螺母,注意配合面加油					
	7	检查锥齿轮转动的灵活性及轴向窜动					

									共 张
编号	日期	签章	编号	日期	签章	编制	移 交	批准	第 张

2. 行星减速器的装配

如图 9-11 所示的两级行星减速器，其装配方法与其他机床设备的装配具有一般共性，可以先分几个组件装配，然后再将组件进行部件装配，其步骤如下：

(1) 装配前的准备。

1) 准备好图样及工艺文件。看清图样和熟悉工艺，并按工艺要求准备好装配用的工具，并以零件配套表为准领齐装配零件。

2) 零件清洗。把减速箱体内的未加工零件表面，包括减速箱体、端盖、行星架等，均涂上耐油防锈漆。将各零件内外的防锈油、切屑、灰尘等污物清洗干净，对各油孔应重点清洗，用压缩空气吹净，确保油路畅通。

3) 零件整形。将零件毛刺及工序转运中产生的碰撞印迹修整，按组件装配顺序使零件分开放置，以免混错。

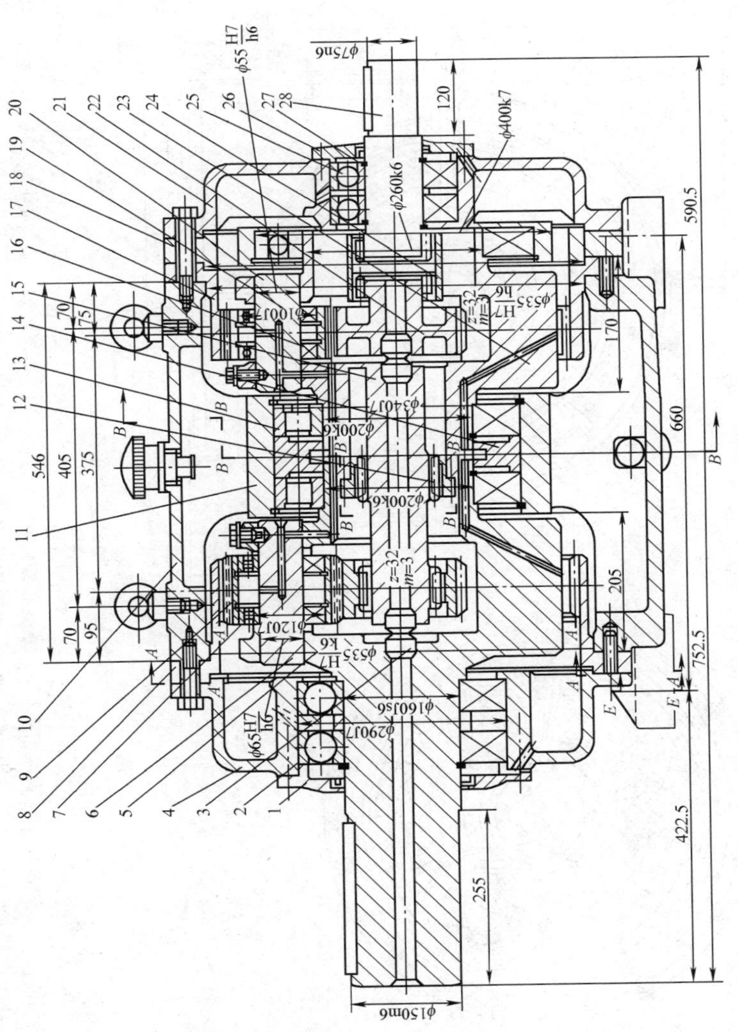

图 9-11　行星减速器装配图（一）

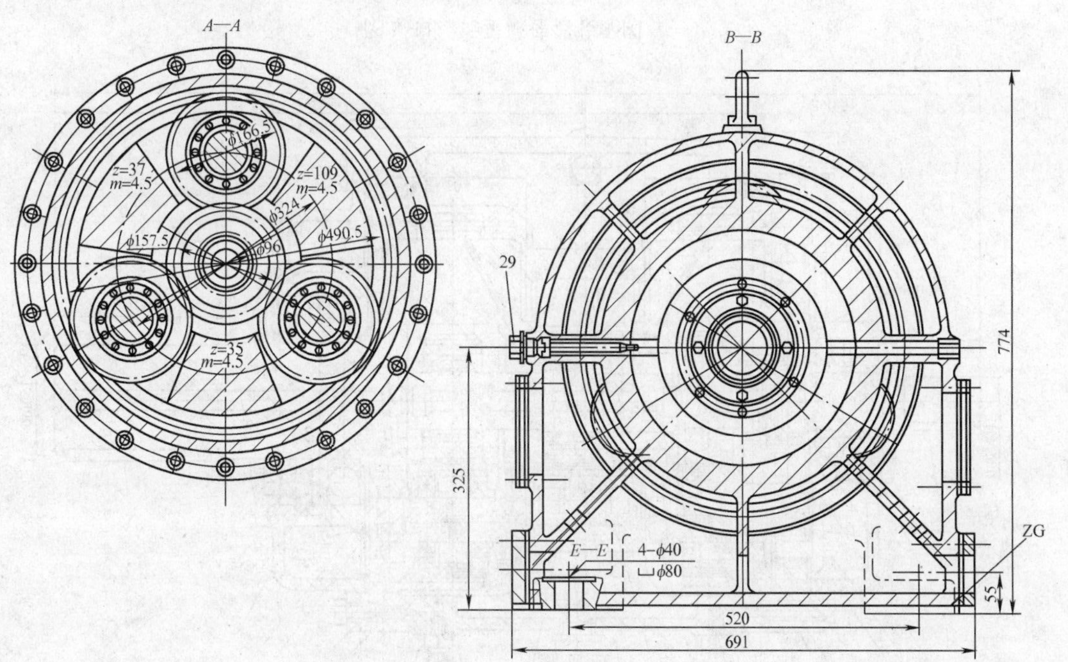

图 9-11　行星减速器装配图（二）

1—两轴承盖；2、7、13、16、25、27—轴承；3—止柱；4—端盖；5—两级行星架；6—柱销；8—两级齿圈；9—两级行星轮；10—减速器体；11—迷宫环；12—两级齿系杆；14—定位螺钉；15—齿杆；17—一级齿圈；18—承座圈；19—一级行星轮；20—柱销；21—轴盖；22—一级中心轮；23—一级行星架；24—一级齿系杆；26—轴承盖；28—高速轴；29—定向杆

（2）零件预装。

1）将序号6、20两种共6根柱销在做好油孔清洁工作后，及时把NPTl/8内六角螺栓堵将其工艺孔堵塞，使螺孔口固定，以防松动。

2）将止柱3分别装入齿杆15、两级行星架5、一级中心轮22。

3）将阻油塞堵塞两级行星架的油路工艺孔，并使螺孔口固定，以防松动。

（3）划分组件。根据两级行星减速器的装配图，可以将其分为以下几个组件装配：

1）高速段轴盖组件装配。

a. 先将ϕ85mm挡圈装在高速轴28的近齿部的槽内，然后分别把滚动轴承25、隔环、挡圈装上高速轴。滚动轴承内圈装配采用热装工艺，将轴承置于体积分数为7%～10%的乳化液水中加热至100℃，并保温一定时间后，迅速装上高速轴，待冷却后再次清洗。

b. 将轴承盖26装在轴盖21上，其间隙为0.20～0.25mm。调整间隙时，应保证两轴承的原始游隙，不得有损轴承滚道。

2）轴承座圈组件装配。将滚动轴承27及挡圈用打入法装进轴承座圈16内。

3）高速段一级行星架组件装配。这一部分共有三个相同的行星齿轮，必须先进行小组件装配。

a. 将挡圈及滚动轴承7装入一级行星轮19内腔（共三组）。

b. 将一级行星架23的ϕ200mm端向上放稳，然后分别把三个一级行星轮、垫环、柱销等装在行星架中，其垫环与轴承的间隙为0.15mm（垫环应打上钢印标记，因单配间隙，以防调错）。

c. 用定位螺钉、垫圈对准柱销上的定位孔固定柱销（因定向装配不能装错）。

d. 将滚动轴承13用热装工艺装入行星架ϕ200mm孔内，并用挡圈定位。

e. 将一级齿系杆24、压环及ϕ16mm、ϕ10mm两弹性柱销装入行星架（两弹性柱销装入时应将柱销槽口向受力方向装入，第二根柱销装入应与第一根柱销成180°对称方向，柱销不得高出平面）。

4）低速段二级行星架组件装配。

a. 将滚动轴承2、隔环装入端盖4的ϕ290mm孔内。

b. 将轴承盖1装进端盖4，其间隙应调整至0.20～0.25mm。间隙调整好后，须拆下轴承盖，待两级行星架装好后再装轴承盖。

c. 分别将挡圈、滚动轴承7、垫环装进两级行星齿轮9的孔中，使垫环与滚动轴承的间隙调整至0.15mm（共三个行星齿轮）。该垫环须打上钢印标记，以防调错。

d. 将三个已组装好的行星齿轮分别装上行星架。装入时，柱销定位孔应与行星架定位螺孔对准，不得有错，然后紧固螺钉，并使垫圈固定。

e. 将滚动轴承用热装工艺装入两级行星架，并用挡圈固定（同一级行星架热装工艺）。

f. 将行星架调向180°，使轴端向上，然后把端盖连同轴承一起置于乳化液中，用热装工艺装上行星架ϕ160mm外圆，并用挡圈固定轴承位置。

g. 将已调整好间隙的轴承盖装上油封后一起装上端盖。

5）减速器体组件装配。

a. 分别将两级齿圈8、一级齿圈17按图装在减速器体10两端。装配时，应将两端面对准钻、铰加工用的定位标记（因配钻、铰加工），不能装错位置。然后装入弹性柱销，柱销槽口向受力方向装入。

b. 将迷宫环11、滚动轴承13的外圈装入减速器体ϕ340mm孔内，用挡圈定位轴承，然后用定向杆29固定减速器体。定向杆与进油口成180°对称方向。

c. 将减速器体两侧有机玻璃油窗及底部两侧的法兰盘全部装好，同时把顶部的透气帽和吊环一起装好。

6）行星减速器总装配。

a. 将组装好的减速器体一级行星轮向上，拨正三个行星轮，然后装上一级中心轮22和一级齿系杆24。

b. 分别将已组装好的轴承座圈、轴承盖装上一级行星架与齿轮连接。轴承内圈用打入法而不用热装工艺。

c. 先把油封装进轴承盖，后将轴承盖装上轴承座圈。

d. 至此，高速段一级行星减速器部已装配完毕。将减速器体调向 180°，使高速段向下，这时应将整体垫平放稳。

e. 将已组装好的两级行星架，用夹具夹紧 ϕ150mm 轴颈，然后装进减速器体。这一次装配是为了测定中心齿杆端部的止柱与两级行星架端部的止柱间隙的预装，所以两级行星轮暂时不安装。两止柱的间隙为 0.5mm，这一间隙较难精确测定，主要是由于多级轴承原始游隙的累积和各轴承挡圈间隙的累积影响，在卧式静态下的测量是不够精确的。因此，较理想的间隙测量，应该将减速器箱体竖直，使高速轴端向上，并转动高速轴，使各部轴承向下游动。然后在下部低速端拧紧端盖螺钉，这样两止柱用压物测量间隙相对要正确。但这种操作方法要注意安全，需有防范措施。两止柱间的测量垫料宜用橡皮泥。实践证明，如两止柱间隙过小，易因速比不同而烧坏。

f. 在两止柱的间隙确定并调整好后，即可将减速器体转向 180°，使高速端向下，然后装上行星轮和行星架。

g. 拆下轴承盖后装好油封，这时可将轴承盖装上端盖，行星减速器装配至此结束。

（4）空运转试车及负载试车。

1）润滑油采用 L-N10 全损耗系统用油。

2）空载或重载试车不得有冲击性的噪声。

3）负载运转后，检查各齿啮合面，沿齿高不少于 45%，沿齿长不少于 60%。

第三节　装配作业自动化

装配作业自动化的主要内容，一般包括给料自动化，传送自动化，装入、连接自动化，检测自动化等。

适合于自动化装配作业的基本条件是要有一定的生产批量。产品和零部件结构须具有良好的自动装配工艺性，即：①装配零件能互换，零件易实现自动定向，便于零件的抓取、安装和装配工作头的引进、调节，可使装配夹具简单；②便于选择工艺基准面，保证装配定位精度可靠，结构简单并容易组合。

一、自动给料

1. 自动给料装置的选用

自动给料一般包括储料、定向、隔料、上料等内容。其中的定向和上料是可靠地实现自动给料的关键。

设计自动给料装置时，要根据零部件的结构、装配要求和给料装置的类型来决定自动给料各项内容的区分、联系形式和取舍。图 9-12 所示为料斗式和料仓式两大类给料装置的主要组成内容和各自存在形式的相互关系，重叠部分说明有关作用可以在给料装置中结合起来实现。

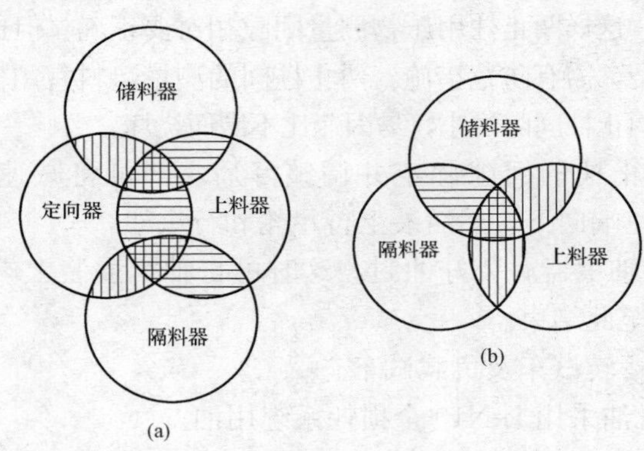

图 9-12　给料装置的类型和组成

（a）料斗式给料；（b）料仓式给料

在选用和设计自动给料装置时，有以下注意事项：

（1）进入装配的零件，均须经检验合格。尤其对一些精密零件，应注意其材料、表面粗糙度和硬度等条件，避免擦伤、碰毛或损坏。振动式料斗尤须注意选用适当的振动频率和振幅。

（2）整个给料过程都应防止油污、杂质接触混入零件。如使用压缩空气，要将压缩空气进行油水分离处理，以免零件锈蚀。部件给料应防止在给料过程中发生部件松散现象。

（3）选择或设计料斗给料装置时，需注意避免静电、剩磁等的影响。

(4) 对形状不利于定向、定位的零件，要注意妥善处理好定向、定位。同时要考虑到料斗堵塞、料道流动不畅、隔料器卡住、零件在夹具中装入不良等故障的可能，慎重选用适当装置或进行多次定向。

表 9-6 是料斗式给料和料仓式给料的特点比较。

表 9-6　　两类给料装置的比较

给料装置类型	适用零件		装料容量	定向功能	剔除功能	定向检测功能	给料可靠性	效率	再生使用	日常费用
	尺寸	形状								
料斗式	小、中	较简单	较大	一般有	可以设置	可以设置	料仓式比料斗式可靠	高	困难	一般料斗式比料仓式低
料仓式	中、大	可以复杂	中等	无（定向装入）	无需设置	一般不设置		中等	有可能	

(1) 料斗。在料斗中，散乱堆放的零件由料斗使其产生各种不同方式的运动，以实现逐个分离给料。零件的定向可根据条件设置在料斗中或单独设立。选择或设计料斗时，应考虑：

1) 在不影响工件质量的前提下，料斗容量应尽可能大些，以减少加料次数。

2) 零件定向应尽可能设在料斗中，或在由料斗向料道输送过程中解决，避免设置专门的定向装置而导致装配机构庞大、复杂。

3) 应使料斗工作的噪声最小。

(2) 料仓。形状复杂、尺寸较大或精密、脆性的零件，宜采用料仓给料方式，由人工定向装入，或利用就近前道工序定向。料仓内储存的定向排列的零件，常用重力、弹簧、压缩空气和机械方式推送给料。常用料仓给料装置的形式见表 9-7。

2. 零件的定向

零件定向是使料斗中散放的零件以要求的方式进入装配工作头。大多数类型的零件都能利用料斗本身的结构特征完成定向要求。凡一次定向仍不能满足装配要求的零件，常需在料斗外单独设立定向装置，进行二次或多次定向。

零件自动定向的基本方法有：概率法、极化法和测定法三种。

这三种方法的定向性质、特征和应用见表 9-8。

表 9-7　　常用料仓给料装置的形式

型式	示意图	使用说明	备注
立式	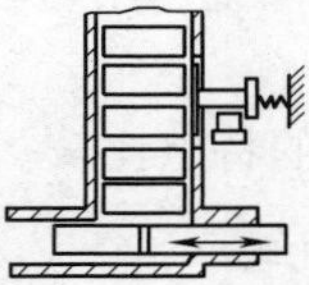	用以储存柱、轴、套、环、片、块类零件	亦可为斜式
卧式	重锤型；弹簧型 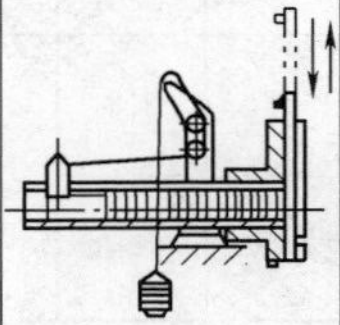 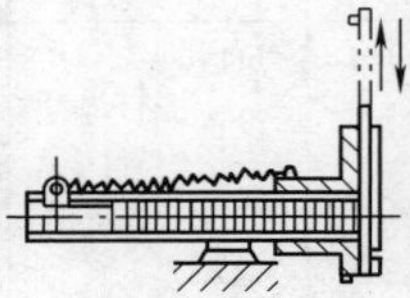	重锤型推力为常数，储存量较大；弹簧推送随零件减少而推力变小，储存量不宜过多	另有机动型，可按工作节拍送料
多层式	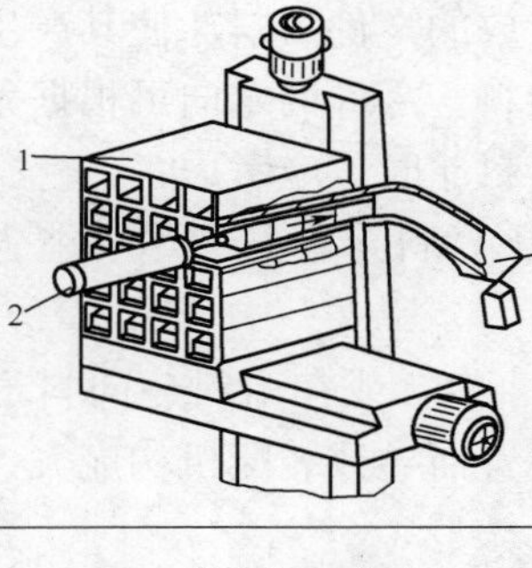	料仓 1 能在水平方向和垂直方向移动，当送料气缸 2 与送料槽 3 对准时，零件被推送进入待装工位，这样每格零件都可用去	储存量较大
曲线式	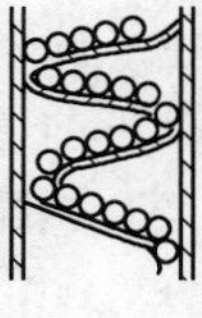	适用于球、环、柱、轴、套等回转体零件	曲线式夹板料仓适用于带头零件
斗式	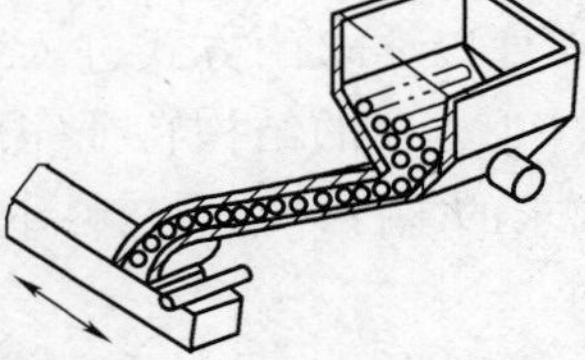	适用于细长的柱、轴、管、套类零件	另有扁平型斗式料斗，适用于扁平的盖、环、片类零件

续表

型式	示意图	使用说明	备注
轮式	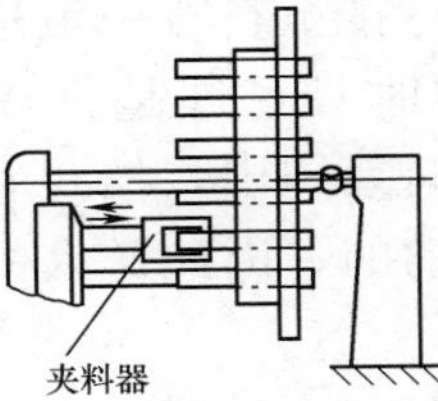	间歇或连续转动，适用于较大、较复杂的轴类零件	另有用垂直轴的轮式，适用于较大的盘类零件
链式	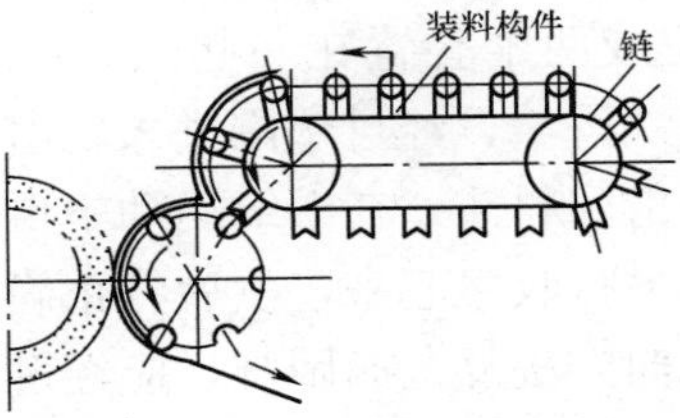	可连续式间歇传动，适用于大、中型较复杂的轴、箱体等零件 装料构件须根据零件外形设计	占地较多

表 9-8　　自动定向基本方法

方法	主要特征	定向性质	应用范围
概率法	料斗结构以不同方式使零件产生各种运动。由于零件的外形、重心特征、运动中的姿态概率不同，使其连续或间断地在运动中排列定向，通过特定的定向装置，把排列好的零件送出，排列不合格的零件则返回原处，使其重新加入排列、定向	被动定向	这种方法通常在振动式料斗中采用，适用于中、小零件，形状较简单，一般只需一次定向 在振动式料斗中，定向装置一般复合在储料器中
极化法	利用零件本身形状或两端重量的明显差异，通过特定的定向装置使其排列、定向	自然定向	这种方法较适用于具有轴对称、两端差异又易于识别的零件 用这种方法，通常单独设定向装置，有时可与概率法并用作为零件的二次定向
控制法	利用零件形状特征，以一定措施控制其运动方向，或用测定来识别其在给料装置中的位置，并设置各种机构主动改变零件的方向，达到定向的目的	主动定向	这种方法适合于形状复杂的零件，多为特设装置，有时可与概率法并用，作零件多次定向

下面为一些零件定向的应用实例简介。

图 9-13 所示为振动料斗中的螺钉定向。图中挡片下面的间隙可以调整，使竖立的或叠起的螺钉排至料斗中被迫成为单个平置。通过强制断路，到达轨道沟时只允许是排成单行的螺钉，任何一端向前均可。在这个定向系统中，挡片和强制断路是被动设施，最后的定向沟则是主动的，因此送入的螺钉都可得到正确定向。

图 9-14 所示的简单设计为平垫圈所常用，但如果为开口的弹簧垫圈定向，就必须把相互错位或两个叠置在一起运动的垫圈分开，先使各个垫圈以垂直姿式依次进给，经过垫圈进入轨道的垂直沟，平置的和大部分钩住的垫圈滑回料斗，在继续运动中再剔除又经挑选而仍钩住的垫圈，把它们另行收集起来，然后将正确定向的开口垫圈进给至送料槽。这种定向方法复杂而困难，应经过试验抉择，或须改变零件的结构形状，或改由料仓给料为好。

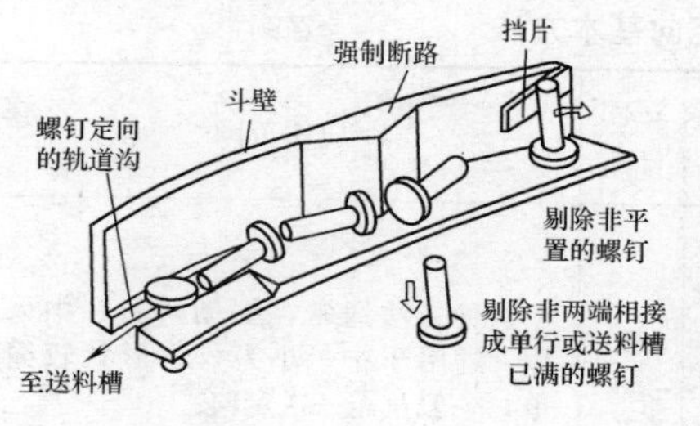

图 9-13　振动料斗中的螺钉定向

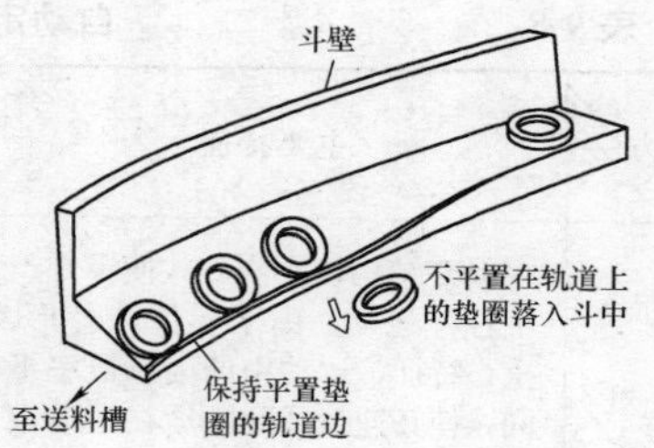

图 9-14　振动料斗中的平垫圈定向

图 9-15 所示为 U 形件用轨导支持的定向进给，部分零件爬上轨条而送出，其余的回入料斗中。

在料斗外进行的定向多是第二次定向。不剔除进给中不符合要求的零件，因为一经剔除就不易回入料斗，而常以自然定向并使零件获得正确姿式。图 9-16 所示即为这种装置，其中图（a）是当杯形件自料斗送出，若是鼻端先下降，则途径虽被偏斜而仍能保持原有姿式；若先以开端进给，则碰到钉子就会重新定向，使鼻端向下。图（b）是同一杯形件的再定向，当杯形件推下横梁时，不论姿式如何，通过重心位置的作用，都先以鼻端下降，进入送料槽。

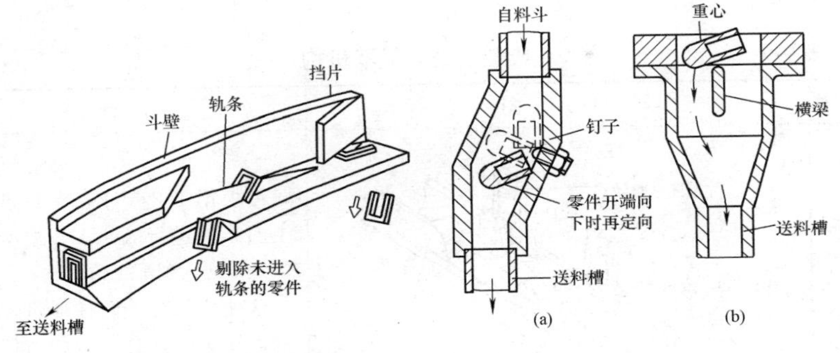

图 9-15　振动料斗中的U形件定向

图 9-16　杯形件的两种再定向方式

(a) 方式一；(b) 方式二

双头螺柱由于两端螺纹的长度不同，装配时需要控制方向。图9-17所示为一种电感式的自动检测方法。两端的螺纹长度不同，测量产生的感应电压也不同，即能检测出螺柱的正反方向。输出信号经放大、整形后驱动执行机构，即能使螺柱按要求的方向进入装配工位。

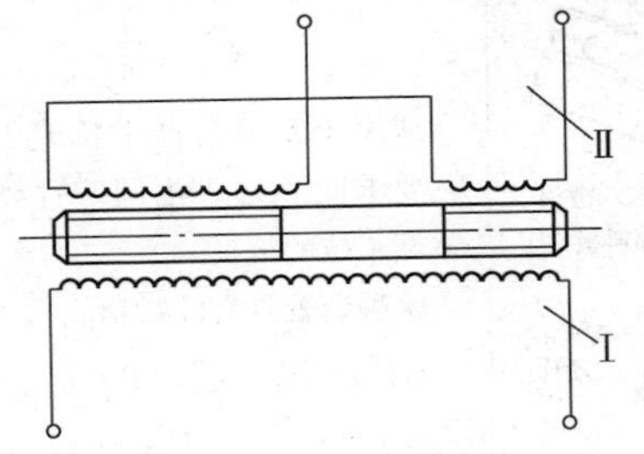

图 9-17　电感式自动检测双头螺柱方向

Ⅰ—一次线圈；Ⅱ—二次线圈

3. 零件的送进和抓取

在料道中的已定向零件，常需按要求进行汇合、分配、隔离、有节奏地送入抓取机构或工作头或装配夹具中。在相当多的情况下，送进、抓取和定向可以复合在一起。典型的零件送进、抓取机构见表9-9。

二、装配工序自动化

装入和螺纹连接是自动装配中常用的重要工序。

1. 自动装入

零件经定向送至装入位置后，通过装入机构在装配基件上就位对准、装入。常用装入方式有重力装入、机械推入、机动夹入三种，见表 9-10。

表 9-9　　　典型送进、抓取机构

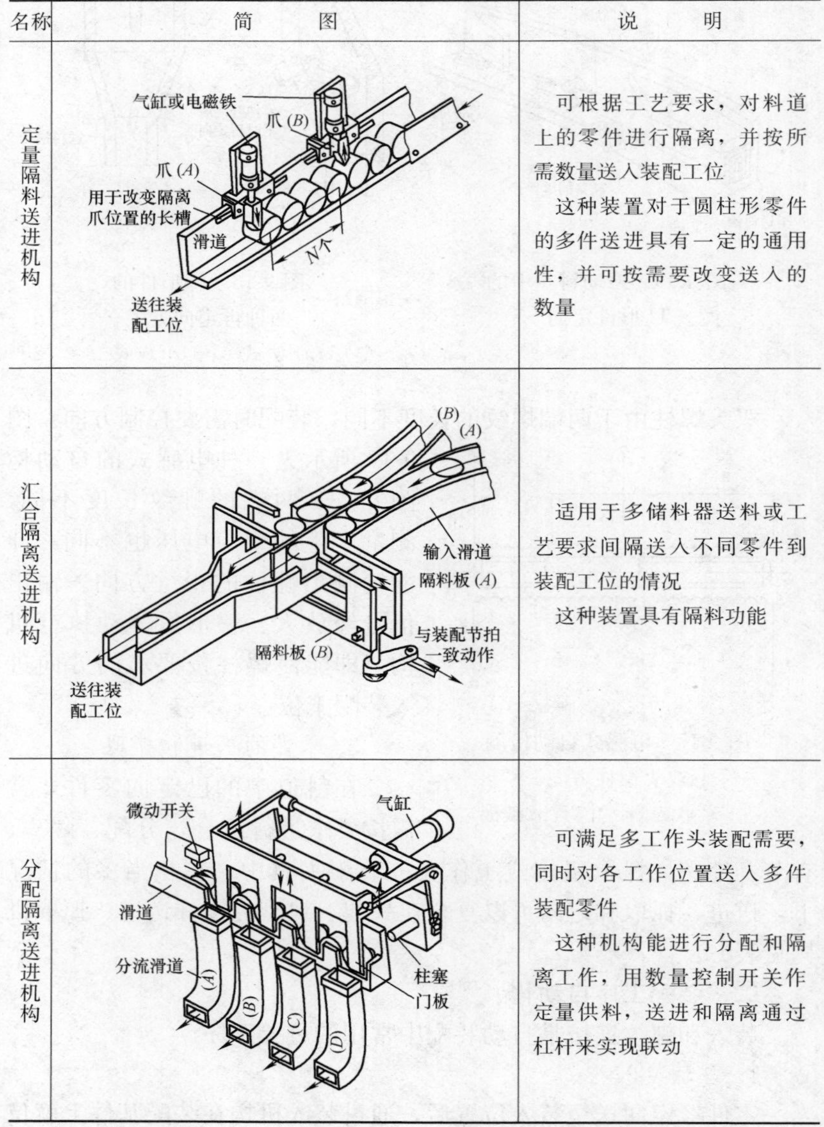

名称	简图	说明
定量隔料送进机构		可根据工艺要求，对料道上的零件进行隔离，并按所需数量送入装配工位 这种装置对于圆柱形零件的多件送进具有一定的通用性，并可按需要改变送入的数量
汇合隔离送进机构		适用于多储料器送料或工艺要求间隔送入不同零件到装配工位的情况 这种装置具有隔料功能
分配隔离送进机构		可满足多工作头装配需要，同时对各工作位置送入多件装配零件 这种机构能进行分配和隔离工作，用数量控制开关作定量供料，送进和隔离通过杠杆来实现联动

续表

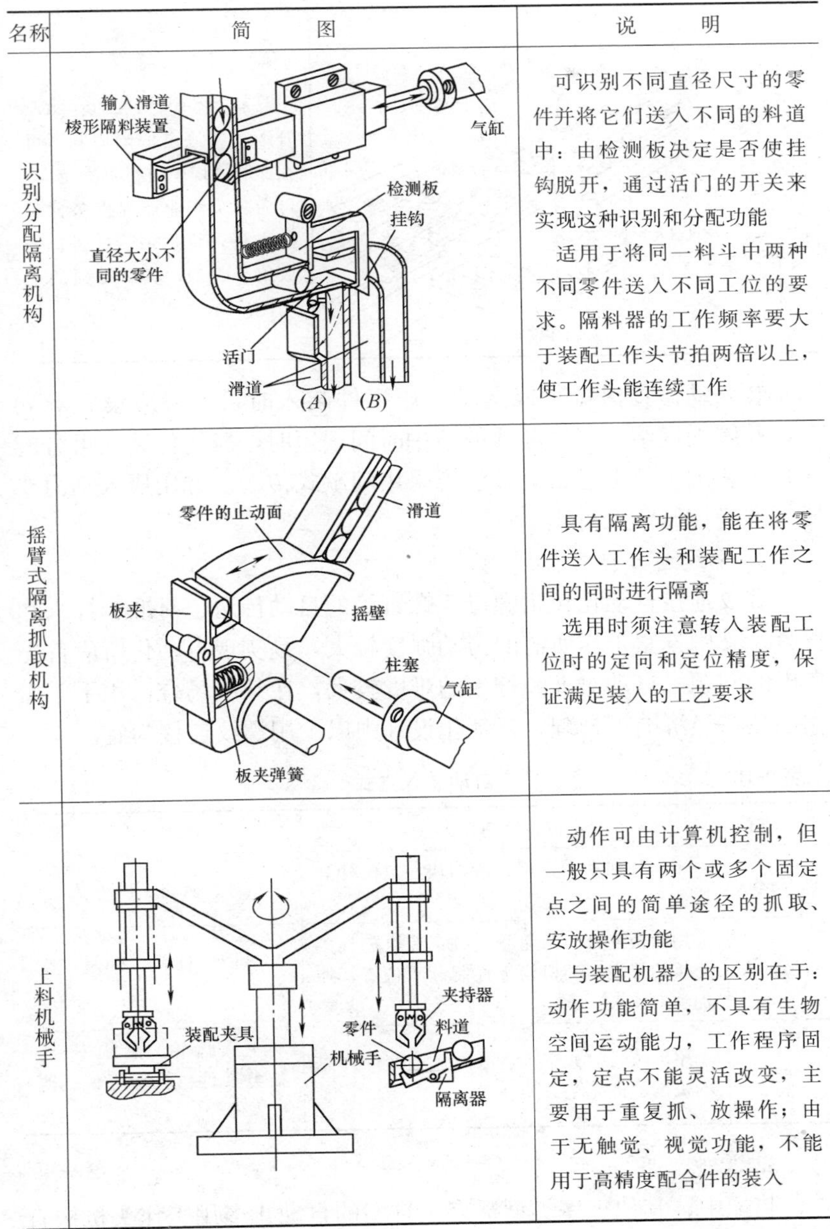

名称	简图	说明
识别分配隔离机构		可识别不同直径尺寸的零件并将它们送入不同的料道中：由检测板决定是否使挂钩脱开，通过活门的开关来实现这种识别和分配功能 适用于将同一料斗中两种不同零件送入不同工位的要求。隔料器的工作频率要大于装配工作头节拍两倍以上，使工作头能连续工作
摇臂式隔离抓取机构		具有隔离功能，能在将零件送入工作头和装配工作之间的同时进行隔离 选用时须注意转入装配工位时的定向和定位精度，保证满足装入的工艺要求
上料机械手		动作可由计算机控制，但一般只具有两个或多个固定点之间的简单途径的抓取、安放操作功能 与装配机器人的区别在于：动作功能简单，不具有生物空间运动能力，工作程序固定，定点不能灵活改变，主要用于重复抓、放操作；由于无触觉、视觉功能，不能用于高精度配合件的装入

续表

名称	简图	说明
抓放用的机器人	装配夹具 零件库 输送装置 机器人 零件库	具有零件识别能力，能避开运动轨迹上的障碍物。可在抓取过程中进行再次定向。可为多个作业点提供多种装配零件，将抓取、送进、安放集于一身，具有很强的通用性

装入动作宜保持直线运动。压配件装入时，一般应设置导向套，并缓慢进给。当装配线的节拍时间很短时，压配件装入可分配在几个装配工位上进行，并注意采用间歇式传送。选用压入动力要便于准确控制装入行程。

2. 螺纹连接自动化

螺纹连接自动化包括螺母、螺钉等的自动传送、对准、拧入和拧紧。其中拧紧工作所需的劳动强度较大，是实现自动化所应首先考虑的问题。自动对准和拧入的难度较大，在某些场合，用手工操作往往在经济上更合理。自动化设计中以少用螺纹连接为宜。

表 9-10　　自动装入方式

装入方式	定位、控制方法	适用零件
重力装入	不需外加动力，用一般挡块、定位杆等定位	钢球、套圈、弹簧等
机械推入	用曲柄连杆、凸轮和气缸、液压缸直接连接的往复运动机构等控制装入位置，外加动力装入	垫圈、柱销、轴承、端盖等
机动夹入	用机械式、真空式、电磁式等夹持机构的机械手将零件装入	手表齿轮、盘状零件、轴类零件、轻型板件、薄壁零件等

3. 其他工序

装配中，其他工序类型甚多，它们的自动化多用工作头机构直接操作以完成各种不同工作。下面介绍若干实例。

（1）球轴承装入。如图 9-18 所示，将球轴承装入机座。机座先置入转台上的一个装配夹具内，当转入装配位置后，用手放上一个轴承。旋转工作台，用工作头装配杆垂直校准机座与轴承外圈位置。

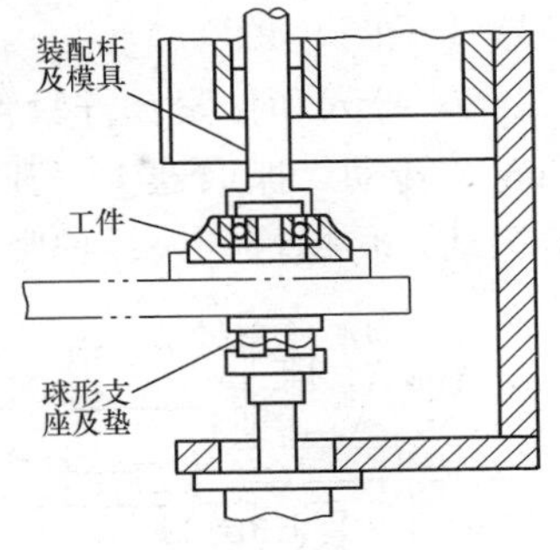

图 9-18　球轴承装入机座

装配杆由液压缸操纵下压时，支座垫抬起。装配杆压到轴承上时，支座垫接触转台底面，可减缓冲击力。装配杆的运动与转台驱动机构运动联锁，以保证分度和装配正常配合。工作速度为 1000 次/h。

（2）螺钉自动装配。图 9-19 所示的工作头能实现螺钉的自动送进、抓取、对准和拧紧。

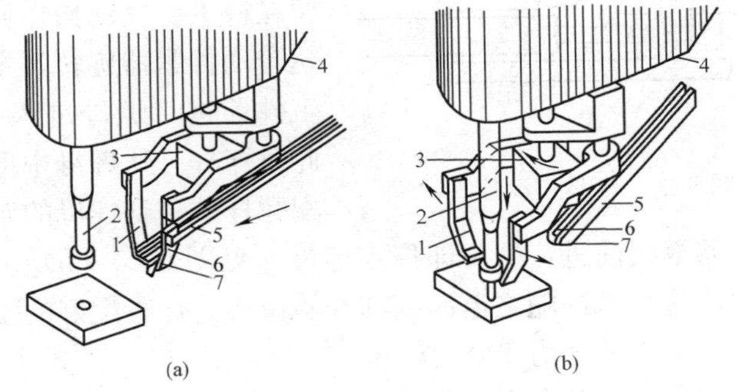

图 9-19　螺钉自动装配

（a）抓取和对准；（b）拧入和拧紧

1—抓取器；2—拧紧轴；3—凸轮；4—控制箱；

5—料槽；6—待装螺钉；7—弹性限位片

1）螺钉送进：螺钉 6 沿料槽 5 滑下，受弹性片 7 的限制而停留在料槽端部。

2）抓取和对准：在控制箱 4 的作用下，抓取器 1 在料槽 5 上后退，直至螺钉 6 的上方，凸轮 3 转动使抓取器 1 张开抓住一个待装螺钉。然后凸轮复位，抓取器向前移动至拧紧轴 2 下端对准螺孔位置［见图 9-19（a）］。

3）拧入和拧紧：拧紧轴 2 下降直至端部的起子嵌入螺钉头部。凸轮 3 转动，抓取器 1 张开，于是电动机起动，拧紧轴作旋转和进给运动，将螺钉拧入、拧紧［见图 9-19（b）］。

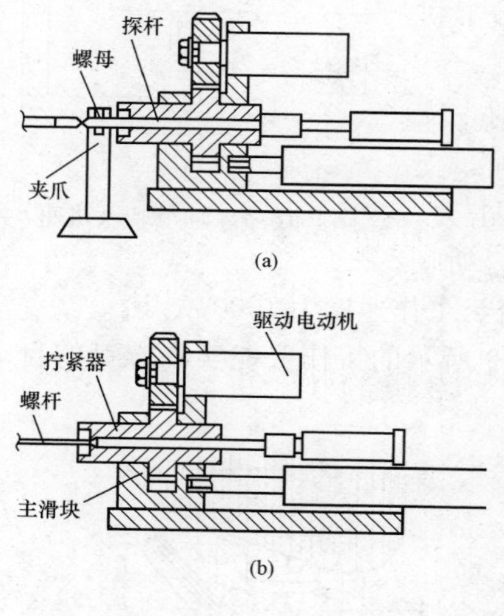

图 9-20　螺母自动拧入

（3）螺母拧入。图 9-20 表示供料并在螺杆上拧上六角螺母。螺母从振动料斗以径向定位形式进入垂直供料槽，排头的螺母掉入槽内，夹爪内的螺母被带到拧紧器前，螺孔对准气缸的探杆。气缸伸出，将探杆插入螺母［见图 9-20（a）］。夹爪向左移动，把螺母留在杆上。气动操作使驱动马达带动拧紧器旋转，主滑块朝工件前进，螺母进入拧紧器。此时探杆已从螺母中退出，相配螺杆被送到螺母的对面并对中。拧紧器继续前进，螺杆即拧入螺母［见图 9-20（b）］。螺母完全拧紧时，这个机构随之退回到其开始位置，让装配好的工件移往下一工位。工作速度为 1200 次/h。

（4）螺钉定向及合套。其装置如图 9-21 所示，螺钉 3 与垫圈 2 分别沿振动圆筒的螺旋槽 4 和 1 前进，在前进过程中，先使螺钉杆部嵌入开口槽 5 中以完成定向，垫圈则成单片整齐排列，沿槽底行进。合套时，垫圈先进入合套装置下部，再转到螺钉下面，此时螺钉正好落入合套装置，两者随即一起前进合套后送出。

（5）密封胶涂敷。图 9-22 所示的工作头用于在金属圆盘周围涂敷一层密封胶。工件首先进入架垫之上，然后上升至自由旋转的夹板轴处，将工件夹紧。架垫的上升与被电磁铁操纵的阀杆上移动作同步，即将针阀打开，定压将胶液输送到旋转着的圆盘上。工件

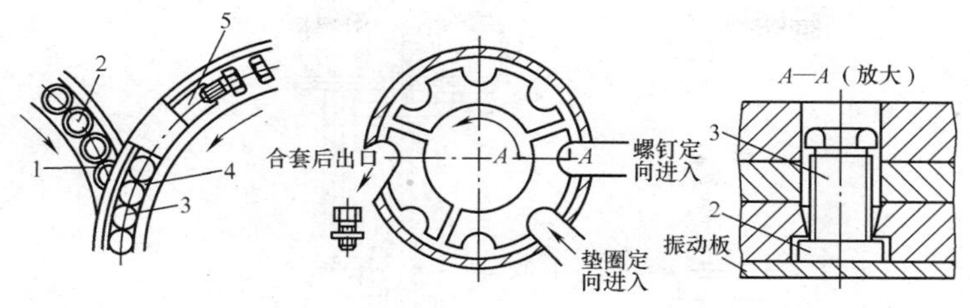

图 9-21　振动定向及合套装置

1、4—振动螺旋槽；2—垫圈；3—螺钉；5—开口槽

完成一周的涂胶后，电磁铁控制针阀阀杆下降，关闭出液口，然后架垫下降，卸去工件。此装置的生产率为 120 个/min。

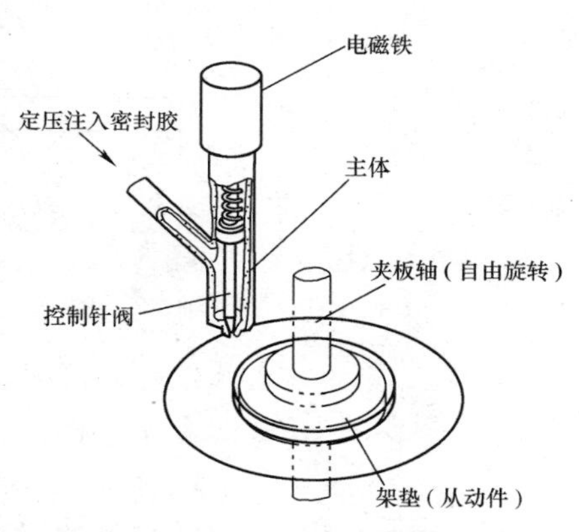

图 9-22　密封胶涂敷装置

（6）装气门。图 9-23 所示为气门装配工作头，附设有机械手。当气门到达料道 1 末端待装后，机构依次完成下列动作：

1）机械手 2 抓放气门转到工作头 9 下方，此时工作头、气门与气门导管三者对中。

2）液压缸 6 操纵工作头 9 下降到图示位置，滚轮 8 与气门边缘接触，电动机 5 通过齿轮组 4 使主轴 7 带着滚轮以一定转速旋转。

3）由于机械手是通过弹性衬圈 10 抓住气门，因此在滚轮沿气门边缘滚动时，气门即围绕自身中心线摇摆，在工作头继续下降中，气门杆与导管接触，弹簧 3 起缓冲作用。气门进入导管，机械手随即松开，气门自行落下装入。

（7）调整位置误差的装入。正确抓放待装入的工件，必须在不改变零件定向状态下符合装入时的位置精度要求。图 9-24 所示的工具，能在装配时自动调整装配位置的误差，常为机器人所采用。当由于工件尺寸变化、臂位误差或夹具公差而发生两种配合件的中

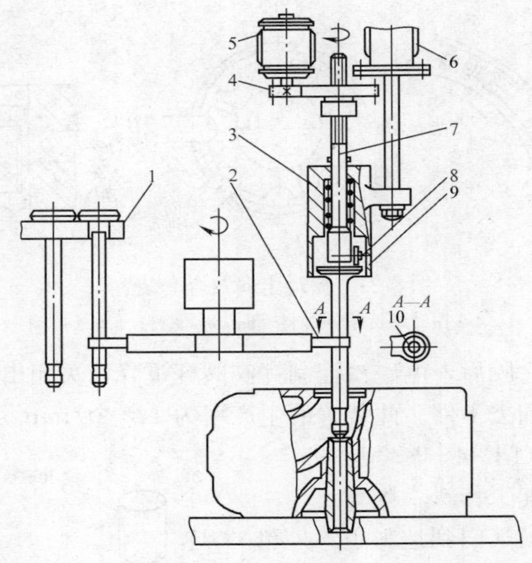

图 9-23 装气门机构

1—料道；2—机械手；3—弹簧；4—齿轮组；5—电动机；6—液压缸；7—主轴；8—滚轮；9—工作头；10—弹性衬圈

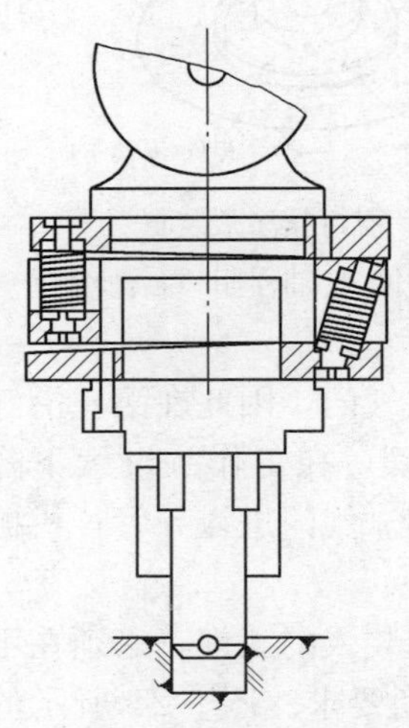

图 9-24 调整位置误差的机器人装入工具

线不对准时，可得到调整，并减小装入力和工件损伤。工具周围装有 6 个剪力垫片的弹性体，受压时是坚硬的，受剪力时则相当柔软。垫片因受剪力而偏斜，使零件移动或转动，以消除中线互不对准现象。

三、检测自动化

1. 工艺要求

（1）自动检测项目。与手工操作机械装配不同，自动装配中主要的装配作业属于互换性配合副的装配，各个配合面间的位置检测和装配件的尺寸检测明显减少，而代之以零件供给（即是否缺件）、方向和位置、装入件配合间隙、螺纹连接件装配质量等的检测。

装配中自动检测的项目，与所装配的产品或部件的结构和主要技术要求有关，常用的自动检测项目可以归纳为如下 10 项：

1）装配过程的缺件。

2）零件的方向。

3）零件的位置。

4）装配过程的夹持误差。

5）零件的分选质量。

6）装配过程的异物混入。

7）装配后密封件的误差。

8）螺柱的装入高度、螺纹连接的扭矩。

9）装配零件间的配合间隙。

10）运动部件的灵活性。

自动装配中，零件越多，检测工作量就相应增加很多，故需根据情况确定应设的检测项目，并注意不使自动检测设备过分复杂。有时采用手工检测，往往在技术上和经济上较为合理。

（2）自动检测类型。装配过程中的自动检测，按作用分，有主动检测和被动检测两类。主动检测是参与装配工艺过程、影响装配质量和效率的自动检测，能预防生成废品；被动检测则是仅供判断和确定装配质量的自动检测。

主动检测通常应用于成批生产，特别应用在装配生产线上，且往往在线上占据一个或几个工位，布置工作头，通过测量信号的反馈能力实现控制，这是在线检测。如应用自动分选机，多半为不在生产线上的离线检测。

（3）可靠性。自动装配件一般为强制性节奏，装配节拍短，所以配置的检测自动化的可靠性是首要的。自动检测还要在装配线中占据工位，故检测作业时间有严格限制，必须与装配节奏一致。

为了保证多个装配位置的严格同步和装配线工作过程的连续性，自动检测装置的输出信号必须有一定的能量，通过放大环节可以驱动执行机构对不合格装配件及时进行处理。

（4）不合格装配件的处理。对不合格零件和装配误动作的处理方式有以下四种，要通过控制系统实现：

1）紧急停止。经自动检测不合格，输出信号经控制回路使执行机构停止下一个动作，装配工位的工作紧急停止。

2）不合格零件直接排出。一般只需在装配工位设置附加排出器，将不合格零件直接排出。也可将自动测量结果送入记忆装置，使不合格装配件在规定的下料装置处自动排出。

3）重复动作。经自动检测发现装配动作失误，未能发出完成动作信号，可用重复动作处理方式发出指令，使原来失误的动作重复进行。同时将此次失误信号送入记忆装置，指令失误动作以后的装配工序终止进行，直至重复动作按规定完成后，才使下一个零件进入工作。

4）修正动作。以装配夹持为例，当零件的夹持未能达到规定的位置要求时，自动检测装置发出信号指令，在下一个装配工位通过执行机构一面使夹具振动、一面使用夹钳再作一次修正夹持，使零件夹持达到规定位置；然后重新自动检测，发出合格信号。

修正动作的处理方式多半用于关键性工序。即只有当关键工序失误所造成的装配调整工作量大、将招致装配工作头等设备损坏时，才不得不采用修正动作处理方式。

(5) 设备选用。自动检测工作头为主动检测的主要装置，按测量项目区分，具有各种作用。在检测项目相同和作用相同的条件下，常有不同类型的传感器，形成不同的系统结构和动作，可供选用。

传感器的种类很多，用于装配中自动检测的主要为电触式、电感式、光电式、气动式、液压式等。选择时一般应考虑：

1）符合自动检测精度要求；

2）工作稳定可靠，使用维修方便；

3）有一定的抗干扰能力。

2. 自动检测装置

(1) 机械式装配位置自动检测工作头。这类工作头的最简单结构是限位开关，如图 9-25 所示。

在图 9-25(a)中，限位开关 3 必须触及零件，才能发出零件就位信号，可用于检测送料器终端有无零件存在。如零件位置翻转 90°，即如图 9-25(b)所示时，限位开关 3 未能触及零件，仍不能发出零件就位信号。

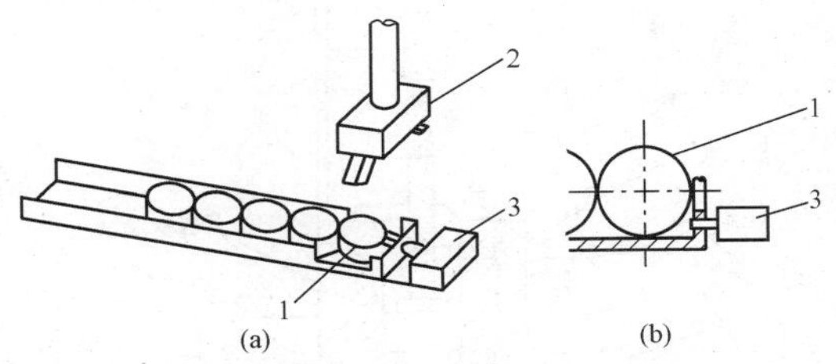

图 9-25　用限位开关自动测量零件位置

(a) 能发出信号；(b) 不能发出信号

1—零件；2—送料器；3—限位开关

(2) 液压阀检漏工作头。图 9-26 所示的工作头为真空状态下减压阀装配检漏用。带分度的转台将工件夹好，垂直安装的气缸动作，使真空测试头下降至工作位置。真空测试设备包括壳体与装有传感杆的调节活塞，传感杆与下面气缸的封闭活塞腔连接，调节活塞上下面均有气孔。由 1 号气孔进气降低上活塞，使密封环接触壳体内凸缘。从 2 号气孔内加压使传感杆上移，形成测试腔真空。当密封良好时，由于真空，传感杆到一定位置即不能再动，当密封不良时，传感杆继续上移，触动微开关，发出信号。

工作速度：1200 个/h。

(3) 零件方向自动检测工作头。凡属几何形状不对称的零件，在自动装配中都有方向的检测要求。图 9-27 所示为气动式的零件方向自动检测工作头，用于自动检测装入的轴承。

在自动装配中，采用料仓供料时，须注意将轴承有防尘盖的一面朝下。为防止正反面弄错，一般宜在料仓出口设置轴承方向起动检测工作头。如图 9-27(a)所示，轴承由旋转式五工位料仓供料，自料仓出口落下的轴承 3 落在挡板 2 上。送料器 4 旋臂的两端都有弹性夹爪，旋臂每转一次夹取一个轴承送到装配工位。同时另一端的夹爪就张开在出口下面，等待下一个轴承落到挡板 2 上。

轴承方向由测量喷嘴 1 与轴承 3 正反面间的间隙不同来识别。喷嘴 1 的位置固定，因与轴承有防尘盖的一面或无防尘盖的一面形成不同间隙而引起压力变化，通过压差式继电器 8 发出信号。喷

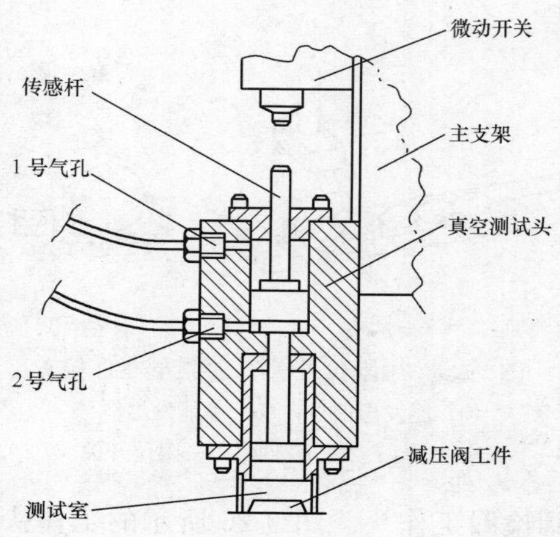

图 9-26　减压阀检漏

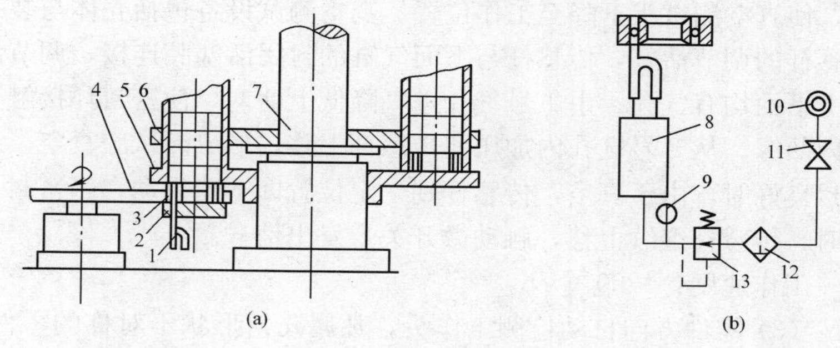

图 9-27　气动式轴承方向自动检测

(a) 旋转式五工位料仓供料；(b) 喷嘴和继电器的气路图

1—测量喷嘴；2—挡板；3—轴承；4—旋臂式送料器；5—支承板；6—驱动板；7—旋转式料仓；8—压盖式继电器；9—压力计；10—气阀；11—阀门；12—过滤器；13—稳压器

嘴和继电器的气路见图 9-27(b)。

(4) 交流接触器铁心片的厚度和形位误差自动检测工作头。图 9-28(a)所示为检测前铁心片的状态。铁心片 1 由定位爪 2 定位。液压缸活塞 5 下降，动块 12 由弹簧 11 下压，将原来松散的铁心片预压紧。此时，6 根探杆 7 开始插入铁心片的 6 个铆钉孔内。接着，液压缸活塞继续下降，压块 9 与动块 12 接触并压向铁心片。盖板 6

与光学量表 3 的测头开始触及。这样，铁心片被压紧，如图 9-28(b)所示。然后，开始进行铁心片的厚度测量。

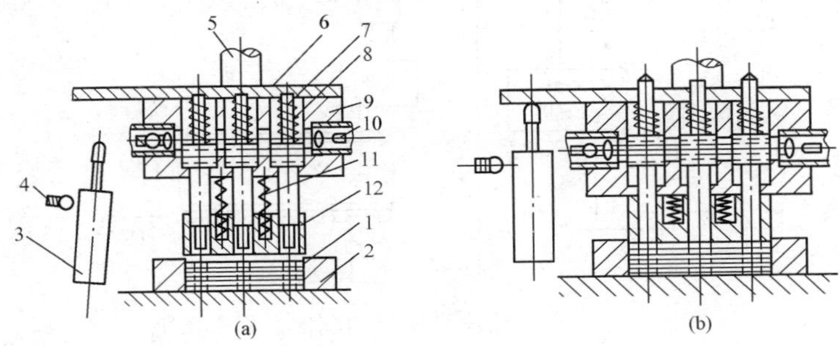

图 9-28　交流接触器铁心片的厚度和形位误差自动测量工作头

(a) 测前铁芯片状态；(b) 铁芯片被压紧

1—铁芯片；2—定位爪；3—光学量表；4—光源；5—液压缸活塞；6—盖板；7—探杆；8、11—弹簧；9—压块；10—光敏晶体管；12—动块

芯片厚度的测量结果，取决于盖板触及光学量表测头后的实际移动量。这种表是特制的，测头带动其中隔光盘，小孔发射出的光线信号数量由控制箱数码管显示。

如果芯片形位误差在允许范围内，则全部探杆插入铆钉孔，此时光源 4 的平行光线通过探杆上的小孔发射到光电三极管 10 上，由控制系统发出合格信号。

如果厚度或芯片间形位误差超差，在下一个装配工位上将被剔除；剔除下来的芯片和夹板经手工整理后仍可重复利用。

(5) 气门弹簧座键的自动检测系统。由于小型计算机的发展和光学传感器的改进，现在已可自动检测零件的位置和尺寸。如汽车发动机的阀门弹簧座键，其检测系统见图 9-29。缸头的各个气门装置移动经过阵列照相机，形成图像的狭细边缘和纵横向对称轴，从其亮度分析，先找正装置的中心，探测这周围区域的亮度特征，以检查几个座键的存在和位置。光学信号数字化后，以小型计算机进行数据处理，决定取舍。这个设施的产量为 400 缸头/h，有效、可靠而又经济。

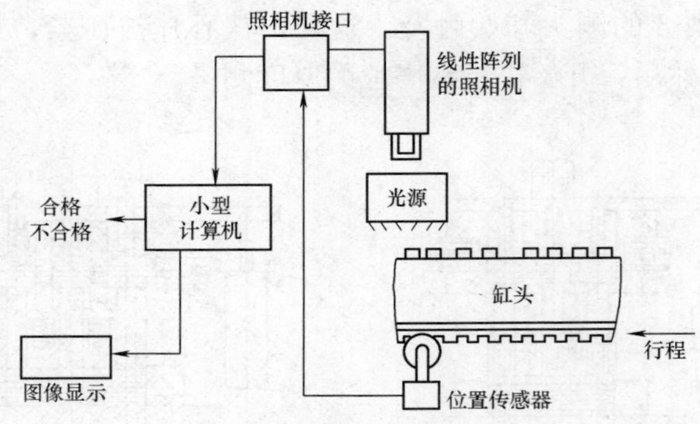

图 9-29　气门弹簧座键检测的图像计算机系统

第四节　装配线和装配机简介

一、装配工位间传送装置

装配工位间传送装置是装配线（机）的本体部分。它使随行夹具连同装配基体一起从上一个工位自动地传送到下一个工位，为装配线（机）按节拍工作提供基本条件。

(1) 选择装配工位间传送装置的步骤如下：

1）确定工位间传送方式；

2）确定装配操作和装配工作头的工作方向；

3）确定传送装置的基本形式；

4）确定传送装置的结构形式。

(2) 在确定上述各项时，应综合地考虑下列各项因素：

1）生产纲领和生产率；

2）产品的结构和尺寸特性；

3）装配过程所需的工位数；

4）传送装置应有的工作速度；

5）装置的可靠性和定位精度；

6）增减速引起的惯性负荷；

7）工位上工作方向和操作作用力；

8）对多品种或产品变型的通用性；

9）动力源（机械、液压、电力、气动）；

10）厂房条件和具体的工艺布置。

1. 工位间传送方式

按装配基件在工位间传送的方式，装配机（线）有连续传送和间歇传送两类。

图 9-30 所示为带往复式装配工作头的连续传送装配方式。装配基件连续传送，工位上装配工作头也随之同步移动。对直进式传送装置，工作头须作往复移动；对回转式传送装置，工作头须作往复回转。当一个装配工序可能要由几个工位连续完成时，进行同一动作的工作头需配置在几个工位上。

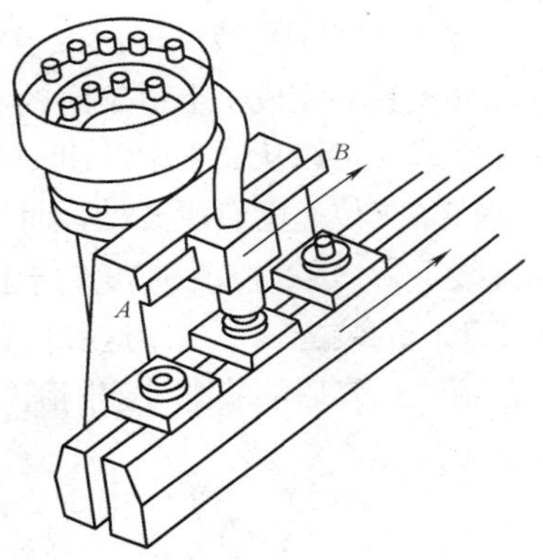

图 9-30　带往复式装配工作头的连续传送装配方式

机械产品较为复杂，目前使用连续传送方式多有困难，除小型简单工件装配中有所采用外，一般都使用间歇式传送方式。

间歇传送中，装配基件由传送装置按节拍时间进行传送，装配对象停在工位上进行装配，作业一完成即传送至下一工位。按照节拍时间的特征，间歇传送的装配方式又可分为同步传送和非同步传送两种。

间歇传送多数是同步传送，即各工位上的装配对象，每隔一定节拍时间都同时向下一工位移动，如图 9-31 所示。对小型工件来说，一般装配作业的时间（即停留在工位上的时间），慢的为 2～3s，快的可达 0.2s。而由于装配夹具比较轻小，传送时间可以取得很短，因此实用上对小型工件和节拍小于十几秒的大部分制品的

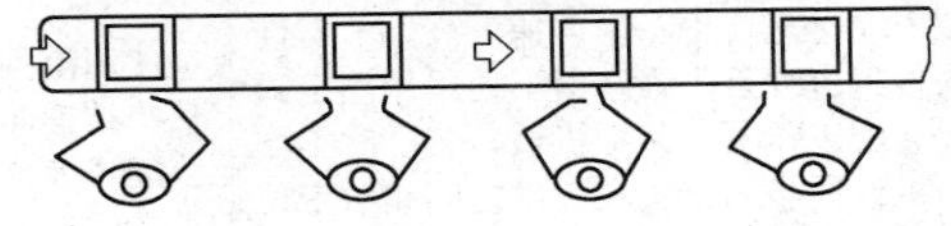

图 9-31　同步传送示意图

装配，可以采取这种固定节拍的同步传送方式。

同步传送的工作节拍是最长的工序时间与工位间传送时间之和。这样，在工序时间较短的其他工位上都有一定的等工浪费，并且当一个工位发生故障时，全线会受到停车影响。为此，发展趋势是采用非同步传送方式。

图 9-32 所示为非同步传送方式。工位间允许有 3～5 个可积放的缓冲夹具，完成了上道工序的夹具可以积储在下道工序前面，下道工序完成时可以从储备中放出一个进入空出的装配工位。这种方式不但允许各工位速度有所波动，而且可以把不同节拍的工序组织在一条装配线上，使平均装配速度趋于提高，适用于操作比较复杂而又包括手工工位的装配线。采用这种传送方式的装配线还可以在线旁设置返修岔道，返修后的装配件连同随行夹具仍可重新返回装配线。

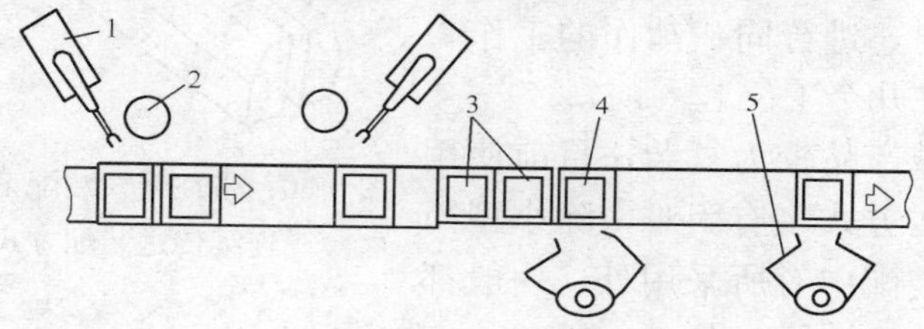

图 9-32　非同步传送装置示意图

1—机械手；2—料斗；3—缓冲储存；4—随行夹具；5—操作者

在实际使用的装配线上，各工位完全自动化经常是不必要的。由于技术上和经济上的原因，多数以采用一些手工工位为合理，因而非同步传送采用得越来越多。

各种传送方式的比较见表 9-11。

表 9-11　　传送方式的比较

传送方式	特　征	优　缺　点	适　用　范　围
连续传送	工件连续恒速传送，装配作业与传送过程重合，工位上装配工作头需连续地与工件同步回转或直线往复	生产速度高，节奏性强，但不便采用固定式装配机械，装配时工作头和工件之间相对定位有一定困难	使用范围有限，仅适用于某些结构简单的轻小件自动装配或大型产品的机械化流水装配

续表

传送方式	特　征	优　缺　点	适　用　范　围
间歇传送	工件间歇地从一个工位移至下一个工位，装配作业在工件处于固定状态下进行	便于采用固定式装配机械和装配时的相对定位，可避免装配作业受传送平稳性的影响	是回转型和直进型装配线（机）中使用最普遍的一种传送方式
同步传送	每隔一段时间，全部工件同时向下一工位移动，多数情况下间隔时间是一定的（即固定节拍传送），少数场合需待装配持续时间最长的工位完成装配后才能传送（称非固定节拍传送）	生产速度较高，节奏性较强，但某个工位出现故障往往导致全线停车，固定节拍同步传送的各工位节拍必须平衡，非固定节拍同步传送效率较低	固定节拍传送适用于产量大、零件少、节拍短的场合，非固定节拍传送仅适用于操作速度波动较大的场合
非同步传送	全线各工位同随行夹具的传送不受最长工序时间的限制，完成上道工序的工件连同夹具自连续运行的传送链带向下一工位或积存在下一工位前面，待下道工序完成即可从上面积存中放出一个进入空出的装配工位	由于各工位间“柔性”连接，各工位的操作速度不受节拍的严格限制，允许波动，平均装配速度提高，夹具传送时间缩短，而且个别工位出现短时间可以修复的故障时不会影响全线工作，设备利用率也因之提高	节拍有波动或装配工序复杂的手工装配工位与自动装配工位组合在一条装配线上

2. 传送装置的基本型式

传送装置的基本型式有水平型和垂直型两类。采用水平型还是垂直型，主要取决于装配工作头对装配对象的工作方向，有时也取决于工艺布置。

水平型有回转式（包括转台式、中央立柱式、立轴式）、直进式和环行式三种布置方式；垂直型有回转式、直进式两种布置方式。传送装置的基本型式见表 9-12。

表 9-12　　传送装置的基本型式

类　型		名称	夹具连接	图　例
回转式	水平型	转台式	夹具固定连接	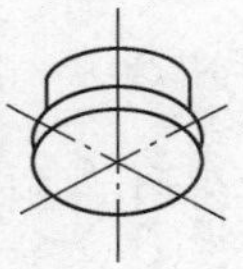
		中央立柱式		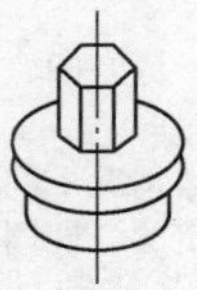
		立轴式		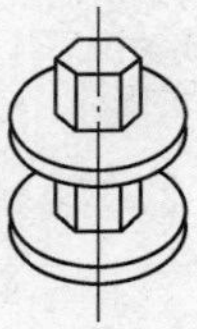
	垂直型	卧轴式		
直进式	水平型	椭圆侧面轨道		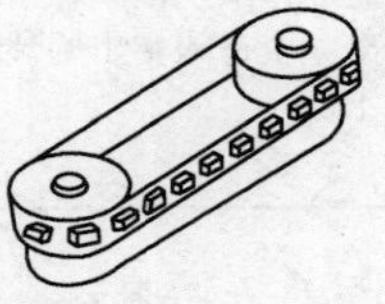
		椭圆平面轨道		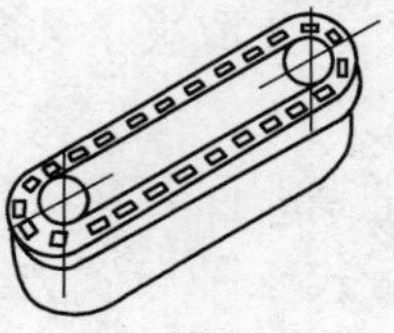

续表

类型		名称	夹具连接	图例
直进式	水平型	矩形平面	夹具浮动连接	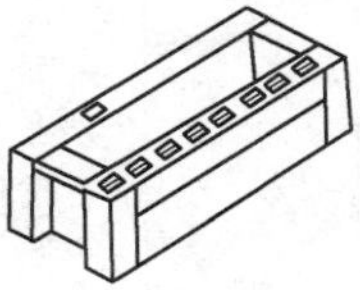
		狭轨式		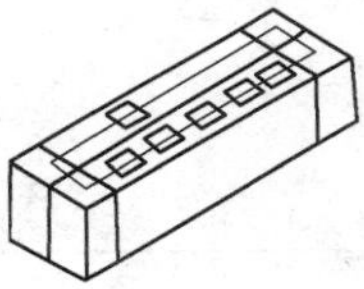
		直接传送	无夹具	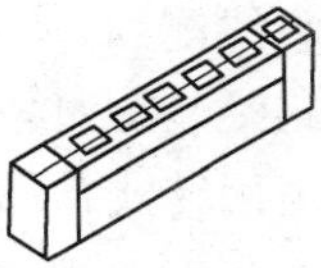
	垂直型	上部返回型	夹具浮动连接	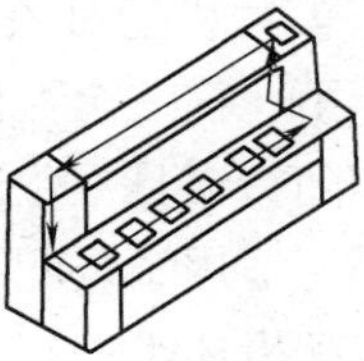
		下部返回型		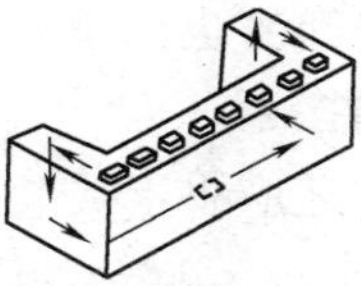
		上、下轨道	夹具固定连接	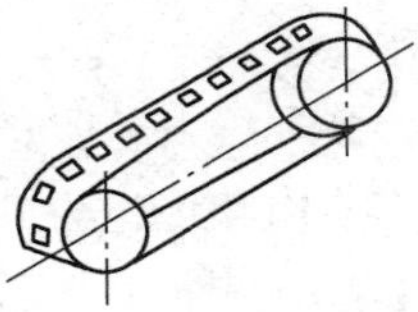

续表

类型		名称	夹具连接	图例
环行式	水平型	椭圆平面轨道	夹具固定连接	
		矩形平面轨道		

垂直型常用于直线配置的装配线。装配对象沿直线轨道移动，各工位沿直线配列。

环行式是装配对象沿水平环形配列。其特点是没有大量空夹具返回，近似回转式；如环形轨道一边布置工位，另一边作为空夹具返回，则成为直进式。

工作头对装配对象的工作方向大致有三种，即横、直两个方向，上、下、横三个方向，直、左、右三个方向。工作头方向、传送装置和随行夹具方位三者关系综合起来，可用图 9-33 表示。

水平型适用于装配起点和终点相互靠近以及宽而不长的车间，当产品装配后还需进行诸如试验、喷漆、烘干等其他生产过程时，采用这种布置也比较方便。但这种方式占地面积大，易影响车间其他的物料搬运。

为了适应手工或装配工作头的工作方向，装配线的运载工具（如夹具小车、随行夹具）可以是回转式的。对于由几段组成的装配线，有时可通过设置在段与段之间的专用翻转装置来改变工件的装配位置。

二、装配线（机）的类型

按照结构和传送方式，装配线（机）可作如图 9-34 所示分类。

按照节拍特性，装配线（机）还可以分为刚性装配和柔性装配。

刚性装配都是按一定的产品类型进行设计的，适合于大批量生

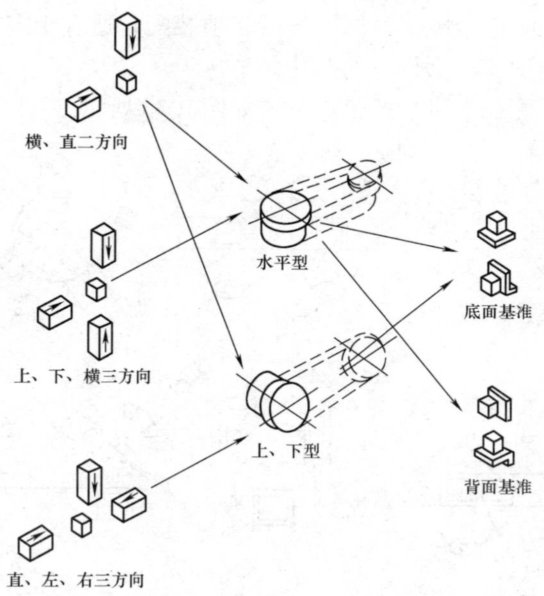

图 9-33　工作头工作方向、传送装置和随行夹具方位三者关系

产，能实现高速装配，节拍稳定，生产率趋于恒定，但缺乏灵活性。

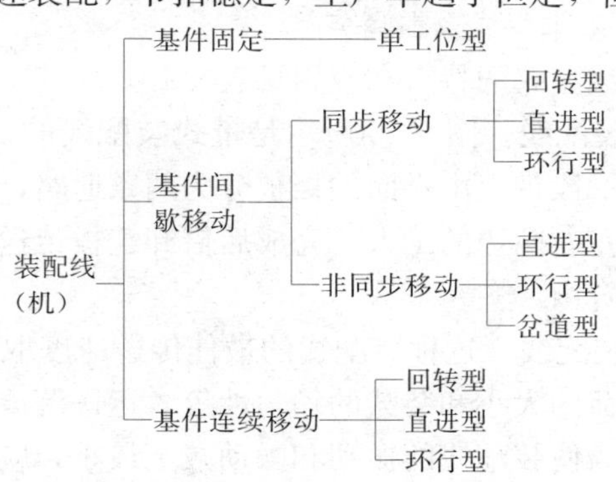

图 9-34　装配线（机）的类型

柔性装配也称可编程序的装配，其既有人工装配的灵活性，也有刚性装配的高速和准确性。柔性装配是在非同步刚性装配的基础上，采用可编程装配工作头，程序编制比较简单，适用性、灵活性

增大，可在一个装配工位同时进行多项装配，适合于多品种中小批生产，也能适应产品设计的变化。

各种装配线（机）的工作方式如图 9-35 所示。

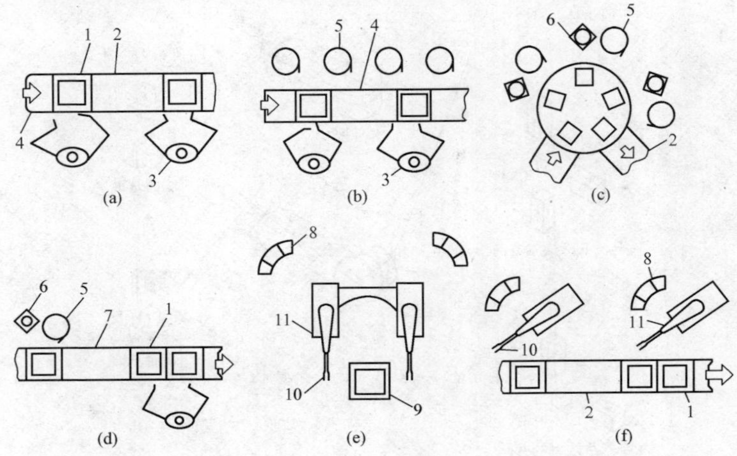

图 9-35　装配线（机）的工作方式

1—随行夹具；2—缓冲段；3—操作者；4—自由传送装置；
5—供料装置；6—装配工作头；7—传送装置；8—料仓；
9—装配工位；10—夹爪；11—机械手

1. 装配线基本型式及其特点

各种装配线型式的特点和应用见表 9-13。

(1) 带式装配线。图 9-36 所示是带式装配线的一种布置形式。在传送装置的一段带上由纵向的挡板分为两条通路，工件沿着通路送给传送装置左右两边的工人，完成后借卸载板传送到第二台传送装置或接收装置内。

(2) 板式装配线。这种装配线的最佳传送速度取决于具体的运行条件，如载荷的大小和装载的均匀性等。运送沉重载荷时，速度通常相当低。为使装配线的振动和颤动减至最小，应采用精密滚子链条和机械加工的链轮。采用双排或多排链条时，为了防止部件产生过度应力和传送装置发生扭曲，应装设对偶的链条。

图 9-37 所示为轮式拖拉机的板式装配线，板面上设有安装拖拉机底盘和轮轴的支架。

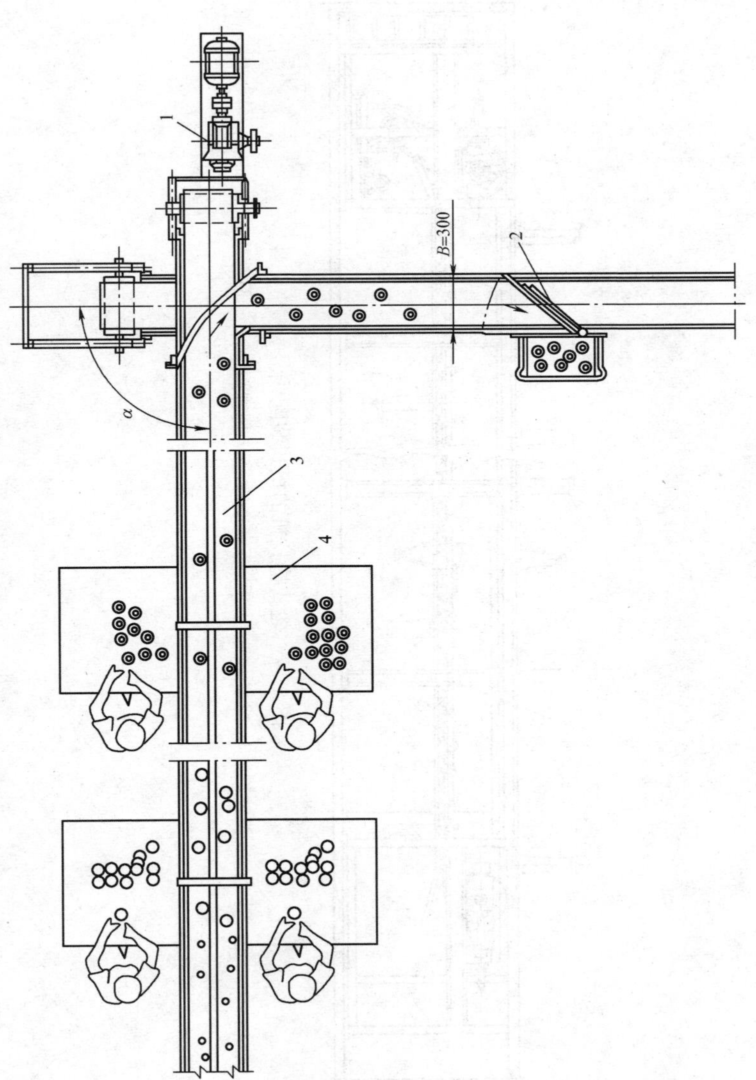

图 9-36　带式装配线

1—传动装置；2—卸载板；3—传送带；4—工作台

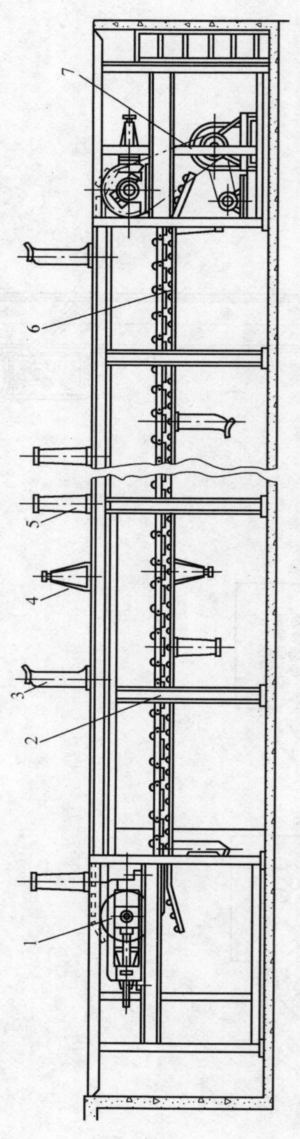

图 9-37 轮式拖拉机的板式装配线

1—张紧装置；2—机架；3、4、5—安装支架；6—回程滚道；7—驱动装置

表 9-13　　常用装配线类型及其特点

装配线	布置形式	示图	特点	应用场合
辊道装配线	直进型、环行型及其他组合	1—自动停止器；2—辊子；3—工件托盘；4—手动停止手柄	有自由辊道和动力辊道两类。动力辊道适用于上料时有冲击的场合并能保持一定的传送速度。辊道常用宽度为0.3～1m，辊子可双列布置，可设置升降、翻转和转位等机构。常用速度为1.5～30m/min	底面平整或带托盘的装配基件在辊道上进行流水装配作业
带式装配线	直进型或其他型组合	1—工作台；2—卸料器；3—工件托盘；4—传送带	由带式传送装置和两侧工作台组成，工件或托盘由卸料器分配到两侧工作台，工位间可有中间储存，结构简单，传送平稳，但速度较低，常用速度为1.2～18m/min，对重量大或有油污的工件可采用钢带，常用带宽为0.5～1m	仪器仪表和电器制造中组织轻型流水装配

续表

装配线	布置形式	示图	特点	应用场合
板式装配线	直进型上、下轨道及其他型	1—驱动链轮；2—板条；3—汽车车身	有地面型和高架型两种，铺板可用钢板、木板或其他材料，板带宽度一般在0.5～3m之间，板上可设置装配支架，平整宽敞，承载能力大，但自重也较大，速度低，常用速度为0.35～2.5m/min	在低速、重载荷和有冲击条件下工作，如汽车、拖拉机、工程机械、内燃机制造业中部装和总装线，可用于连续传送装配线中
车式装配线	直进型上、下轨道	1—牵引链；2—小车；3—导轨	有地面型和高架型两种，小车与牵引链连接，承载能力大，但运行平稳性和精确性较差，因而不便采用自动装配机械，工作速度较低，常用速度为0.3～1m/min	广泛用于机械制造的装配中，如拖拉机、内燃机、齿轮箱等较大、较重和其他一般大中型制品的装配线
步伐式装配线	直进型上、下轨道和环行型水平轨道	1—导轨；2—随行夹具；3—定位销；4—推杆	推杆推动夹具和工件作步伐式间歇传送，夹具支承良好，能承受较大载荷，传送平稳，便于夹具定位和采用固定式装配机械，传送速度可以提高	适用于汽车、内燃机、电机及轻工业中自动化程度较高的间歇传送装配线中

续表

装配线	布置形式	示　　图	特　　点	应用场合
拨杆式装配线	环行型平面轨道	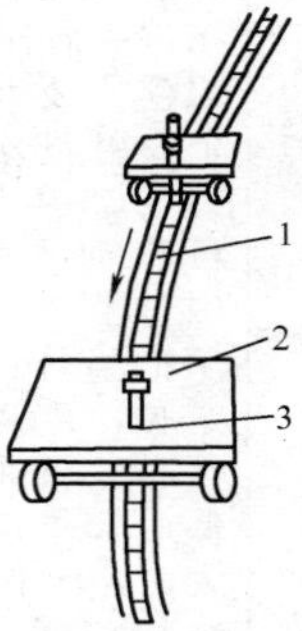 1—牵引链； 2—小车；3—拨杆	工位环行布置，牵引链设在地下，操作者可在装配线中任意走动，极易接近装配对象，操作空间大，装配过程中装配对象可连同小车任意从线上推出推入，通过插入或拔出小车拨杆可使小车传送或停止，还可根据生产条件使装配线调整为间歇的或连续的，并可作为非同步的自由节奏装配线使用。常用速度为2～10m/min	如发动机、变压器等装配及向总装、喷漆、烘干等场地运送
推式悬链装配线	悬挂立体轨道	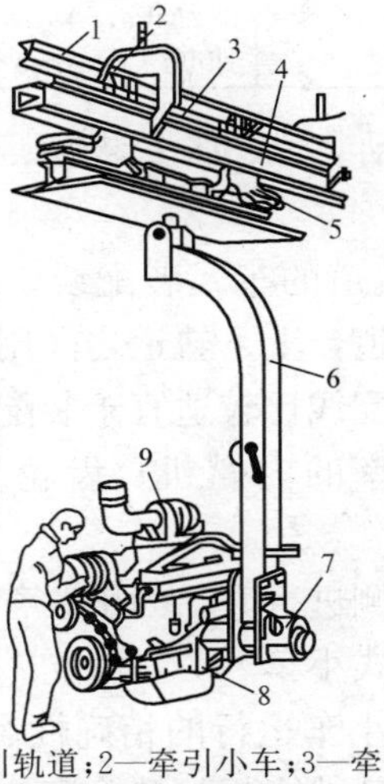 1—牵引轨道；2—牵引小车；3—牵引链； 4—承载轨道；5—可积放小车；6—吊臂； 7—减速箱；8—装配支架； 9—发动机（工件）	承载小车与安装支架的吊臂相连，通过链推块与牵引小车的接合或脱开，使小车传送或停止。由自动转移机构实现线之间的转移。直接作装配线使用，操作接近性极好，调整、改装装配线方便，有灵活性。传送速度通常为3～20m/min	汽车、发动机及家用电器产品装配中不同节拍的分装线和供料线与总装线同步运行的自动化生产系统

续表

装配线	布置形式	示　　图	特　　点	应用场合
气垫装配线	直进型及其他	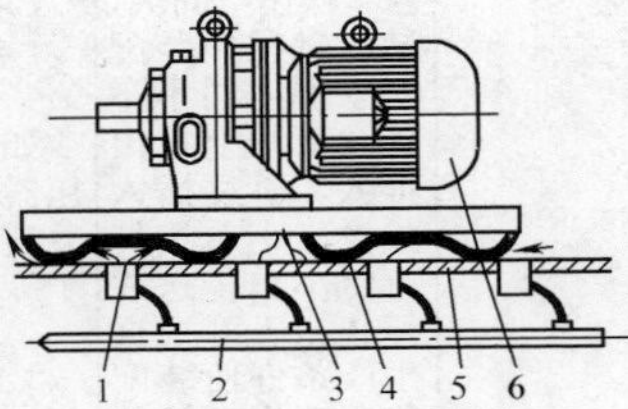 1—气孔；2—空气管； 3—托盘；4—气垫单元； 5—空气台；6—工件	利用压缩空气形成的气膜，把装置连同其工件一同托起，飘浮在支承面上，用很小推力或牵引力就可移动，摩擦因数很小，便于推移转向和定位，传送工件时装置重心低，承载能力大，运行平稳，结构简单，维护方便，但要求支承面平整光滑，致密无缝，所需空气压力为 0.3～0.7MPa，移动速度约 15m/min	适用于大件、重件的装配，如飞机、工程机械、重型变压器

(3) 车式装配线。通常由传动装置、张紧装置、运行部分（包括运载小车)、机架等部分组成。

图 9-38 所示为另一种上下轨道的车式装配线。绕传动链轮轴线小车可以从上轨道翻转到下轨道，上下轨道之间用铁板隔开，以免工具或零件落入下层。这种装配线比较适宜于装配重量和尺寸都比较大的机械产品，如中小功率的内燃机、齿轮箱、机床主轴箱等。

当装配作业安排在装配线一侧进行时，为了改善装配的接近性和适应工作方向，普遍采用回转式小车。

由于链条伸长和轨道误差，小车运行的精确性和平稳性较差，要使装配工作头和小车上的装配基件能相互精确定位，常需附设导向装置。为提高小车运行和从上轨道翻转到下轨道时的平稳性，可采用平行的牵引链分装在靠近两边车轮处。

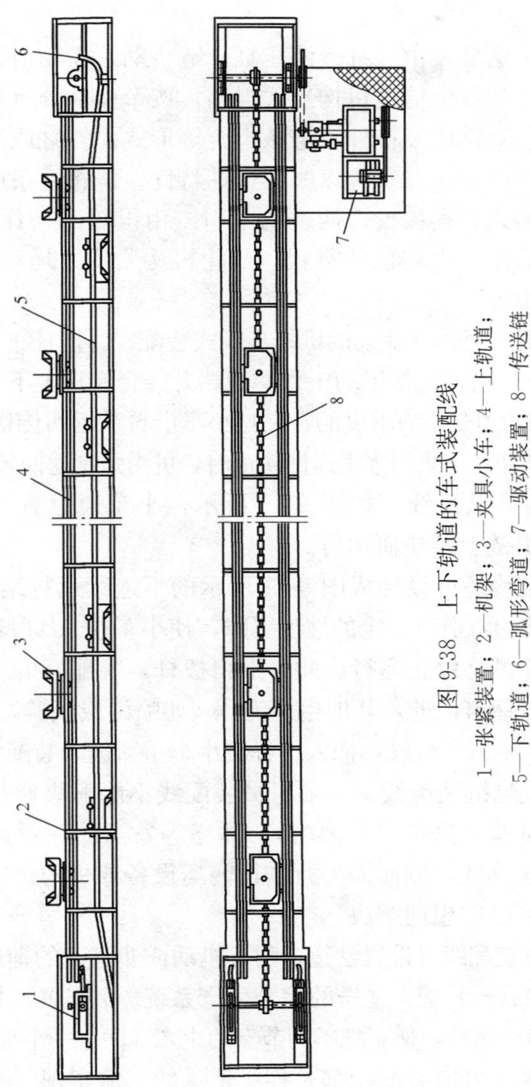

图 9-38　上下轨道的车式装配线

1—张紧装置；2—机架；3—夹具小车；4—上轨道；
5—下轨道；6—弧形弯道；7—驱动装置；8—传送链

(4) 步伐式装配线。这种装配线对机械化自动化装配的适应性要比连续移动的装配线为好，并便于在装配工位上采用各种固定式装配机械。

步伐式传送装置由气缸、液压缸、链传动、齿轮齿条、凸轮机构等驱动。装配线的传送机构形式很多，按牵引件分有单推杆、双推杆、单链、双链以及推杆—链条组合等形式。气缸或液压缸驱动时，通常设有终点缓冲机构以改善运动特性。链轮链条应用于推杆—链条组合形式，连接推杆两端的牵引链由链轮驱动作往复运动。齿轮齿条较适用于大转位的行程，凸轮机构紧凑，运动特性较好，但转位行程不大。

图 9-39 是一种液压驱动的推杆步伐式装配线。推杆布置在传送装置轨道的侧面，通过棘爪推动工件。两端升降台实现上下轨道间的自动循环。返回轨道是带有坡度的，夹具小车借自重返回传送装置起点。有阻尼装置缓冲。当采用水平返回轨道时，可由强制返回装置返回。

(5) 拨杆式装配线。如图 9-40 所示，小车通过置于其前端的拨杆插入牵引链上推块而运行。

这种装配线还可设计成图 9-41 所示的不连续运行结构。在 AB 和 CD 段链条的轨道以一定的坡度下降，使小车在 AB 段逐渐自动脱离链条推块并最终停止运行。此时退出拨杆，装配好的工件连同小车即可自线上移出，进入其他生产流程（如喷漆或试验）。其后，空小车再由人工推入 DC 段，插入拨杆使小车重新进入装配线循环。

(6) 推式悬链装配线。一般机械装配线不能解决像与装配以后紧密联系的试验、修理（必要时）、油漆等发送的一系列转运过程的封闭性和连续性，因而需另行增设转运设备或机构。这个问题在推式悬链上可以理想地解决。

推式悬链装配线可设置岔道，附有机动或非机动的辅助线，组成一个输送、储放、装配、发送的综合生产系统。小车可按相同的或不同的间歇或速度运行，便于把不同节奏的生产线联成一个整体。

目前，推式悬链装配线都是连续传送的。从实现装配工艺自动化的可靠与方便来看，这种装配线不宜采用固定式的自动装配设备，这是它的缺点。但它具有下列优点，所以发展很快：

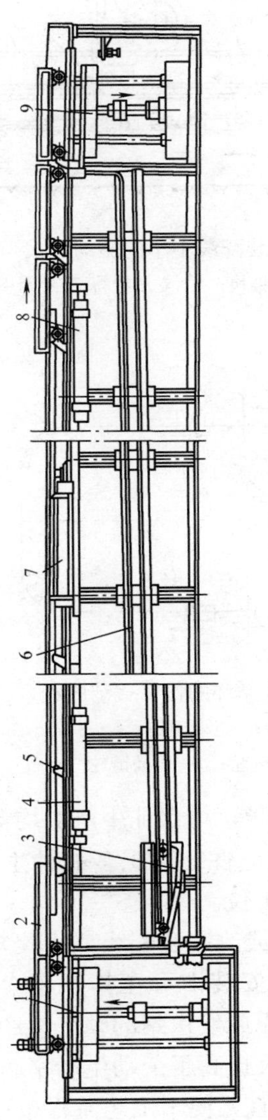

图 9-39　推杆步伐式装配线

1—升台；2—随行小车；3—工作轨道；4—拉入液压缸；5—棘爪；
6—返回轨道；7—主传动液压缸；8—推出液压缸；9—降台

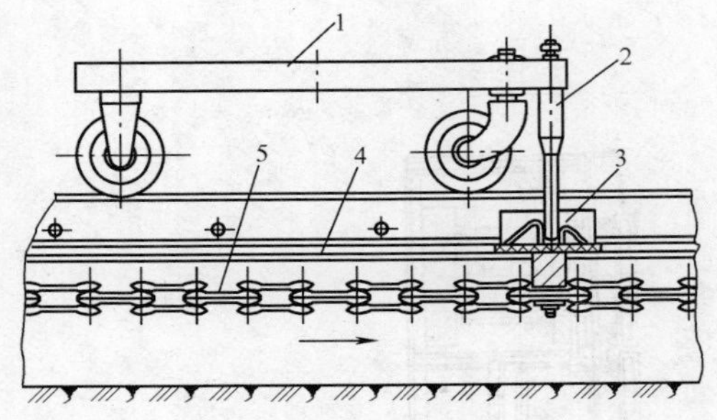

图 9-40 拨杆式装配线小车的驱动方式

1—小车；2—拨杆；3—推块；4—支承导轨；5—牵引链

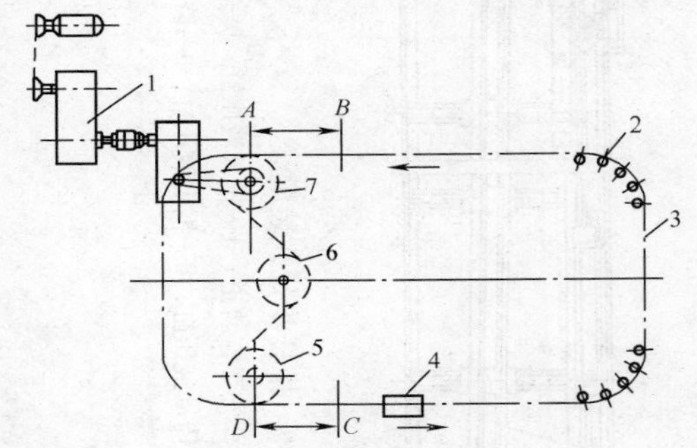

图 9-41 不连续循环的拨杆式装配线

1—驱动装置；2—导轮；3—牵引链；4—承载小车；
5、6— 张紧链轮；7—驱动链轮

1）结构简单，不易发生故障，可保证生产的均衡和稳定。

2）对多品种生产有较好适应性，组织多品种生产时无需过多地调整安装夹具，可灵活布置工位。

3）生产发展时，调整工位或改装装配线都比较方便。

4）装配对象只要经过一次安装即可在其上连续完成装配、试验、修理、油漆，直至到达仓库或发送站的整个生产过程。将生产过程与输送过程高度结合，大大提高了劳动生产率。

5）这种装配线可以因地制宜，便于工艺流程布置。

图 9-42 是推式悬链装配线的系统平面布置。装配完外围件的发动机进入汽车总装线，通过升降段直至装入汽车，多余的发动机

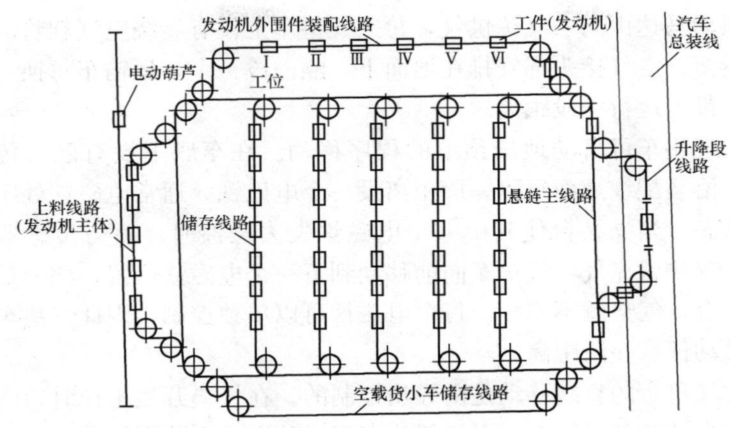

图 9-42　发动机推式悬链装配—输送封闭系统

可以在储存线路上储存。

(7) 气垫装配线。一般有气垫托盘和气垫运输车两类。

1) 气垫托盘的应用形式很多，可以单独或成组地使用。空气台也可由多节组成。

2) 气垫运输车的主要部分，是均布在小车钢架下面的气垫单元。可采用车间一般的供气系统或自身安装的空压机供气。

图 9-43 所示为装配工程机械的气垫运输车装配线。气垫单元

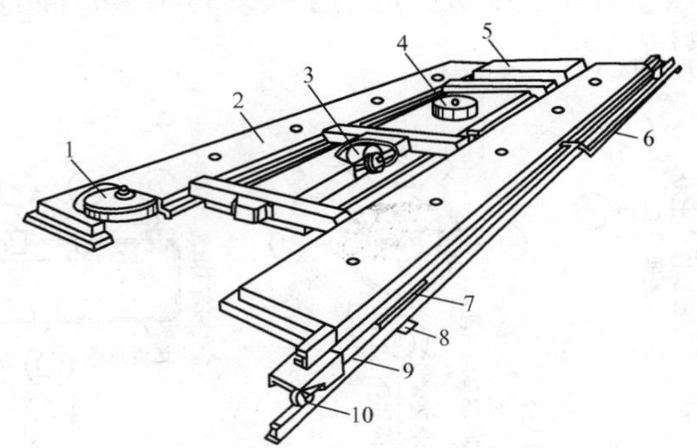

图 9-43　装配工程机械的气垫运输车装配线

1—气垫单元；2—本体；3—风动马达；4—软管伸缩卷筒；5—控制箱；6—空气软管；7—磁力传感器；8—地面电磁铁；9—导轨；10—导轮

和风动马达由同一气源供气，每一气垫车上设有卷绕空气软管的伸缩卷筒，空气接头都安排在地面下，隔一段一个，运输车每换一次接头都能运行一段距离。

气垫车可自动地按预编的程序移动。在车底下设有磁力传感器，沿装配线地面每隔一段距离设一个电磁铁。通常电磁铁处于励磁状态，当操纵台使其中一个电磁铁失去磁性时，磁力传感器松开，气垫就充气，气垫车向前移动到下一个电磁铁位置，磁力传感器闭合，气垫就不充气。每个电磁铁可以单独控制，因此气垫车就能移动任意一段距离。

气垫车的直线移动是由导轨控制的。在气垫开始工作时，两个导轮自动落到导轨上，引导气垫车直线移动，到装配线终点后，导轮缩回，气垫车就可向任意方向移动或转动。

2. 装配机基本型式及其特点

（1）单工位装配机。零件相当少的成品，有时由一个操作者进行整个装配是合适的，而且也容易适应产量的变化。图 9-44 所示为固定的供料装置将零件送进装配机构，然后各种零件依次送到装配基件上进行装配。这种单工位装配的机械化程度变化很大，而以人工上下料和无送进装置的简单装配用得较多。

（2）回转型自动装配机。适用于很多轻小型零件的装配。为适

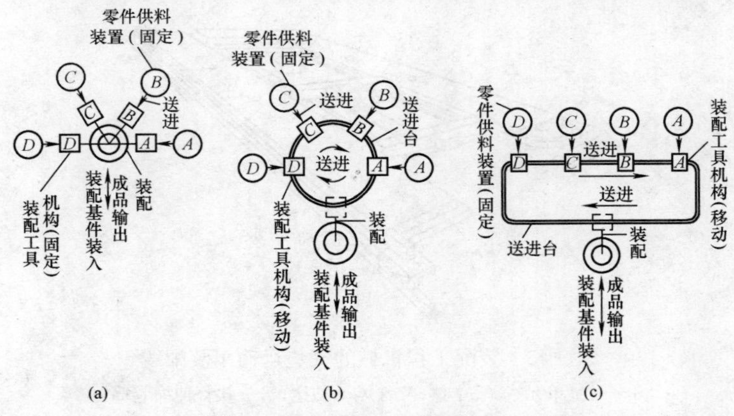

图 9-44 单工位装配机

（a）装配工具机构固定；（b）、（c）装配工具机构移动

应供料和装配机构的不同，有几种结构型式，都只需在上料工位将工件进行一次定位夹紧，结构紧凑，节拍短，定位精度高。但供料和装配机构的布置受地位和空间的限制，可安排的工位数目也较少。

(3) 直进型自动装配机。是装配基件或随行夹具在链式或推杆步伐式传送装置上边行直线或环行传送的装配机，装配工位沿直线排列。图 9-45 和图 9-46 分别为垂直型夹具升降台返回的和水平型夹具水平面返回的直进型自动装配机。

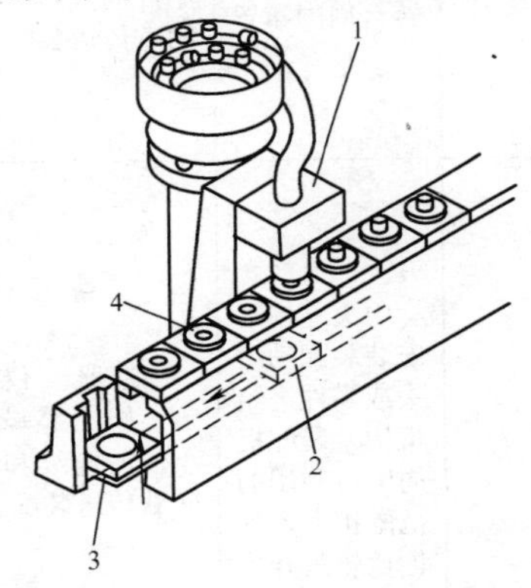

图 9-45　夹具升降台返回的直进型装配机

1—工作头；2—返回空夹具；3—夹具返回起始位置；4—装配基件

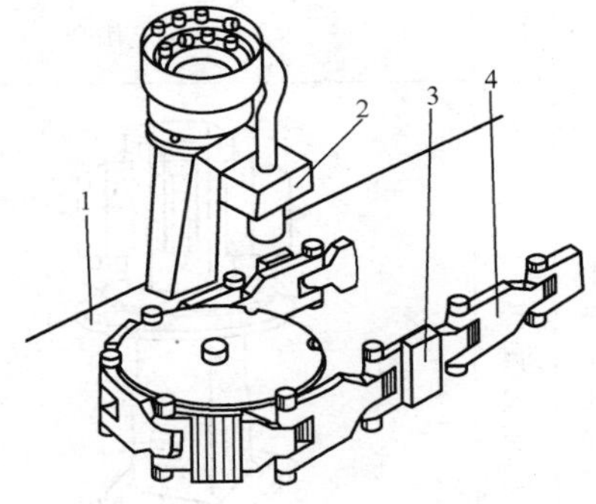

图 9-46　夹具水平返回的直进型装配机

1—工作头安装台面；2—工作头；3—夹具安装板；4—链板

(4) 环行型自动装配机。装配对象沿水平环行传送，各工位环行配列，具有无大量空夹具返回的特点。常见的有矩形平面轨道环行型自动装配机，如图 9-47 所示。

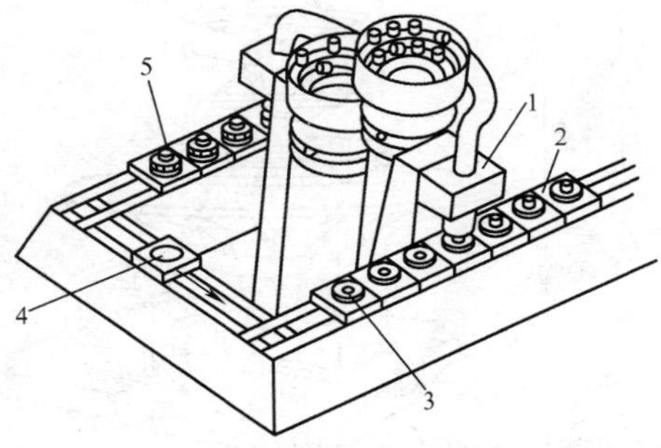

图 9-47　矩形平面轨道环行型自动装配机

1—工作头；2—随行夹具；3—基件；4—空夹具返回；5—装配成品

除了上述自动装配机型式之外，还有很多其他型式可以满足不同装配对象的需要。具有代表性的自动装配机型式见表 9-14。

表 9-14　　自动装配机基本型式

型式	布置	示图	特点	应用场合
回转工作台	转台式	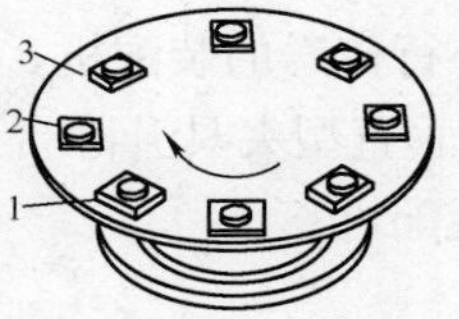 1—夹具；2—工件；3—回转工作台	给料装置和装配动力头沿转台周围布置	仪器、仪表、轻工等轻小件的连续和间歇传送装配
中央立柱式	转台式	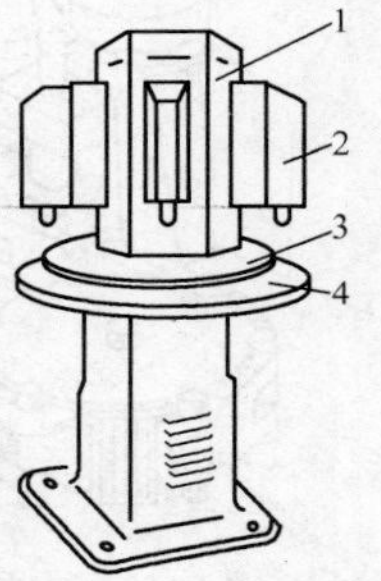 1—立柱；2—工作头；3—转台；4—固定工作台	中央立柱可安装装配动力头或零件进给机构，装配机周围可利用的范围扩大，外侧比较敞开	仪器、仪表、轻工等轻小件的连续和间歇传送装配
立轴式	转台式	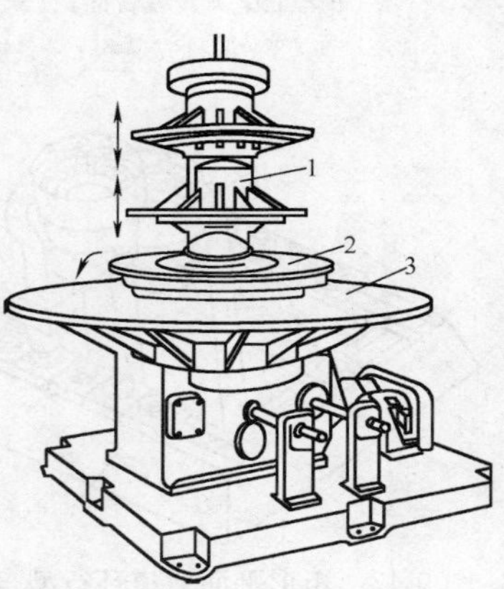 1—立轴；2—转台；3—固定工作台	可使工作头布置在上、下、横三个方向工作，立轴平台和固定工作台上可安装装配工作头和零件供料机构	仪器、仪表、轻工等轻小件的连续和间歇传送装配

续表

型式	布置	示　　图	特　　点	应用场合
链牵引随行夹具传送	直进型侧面轨道	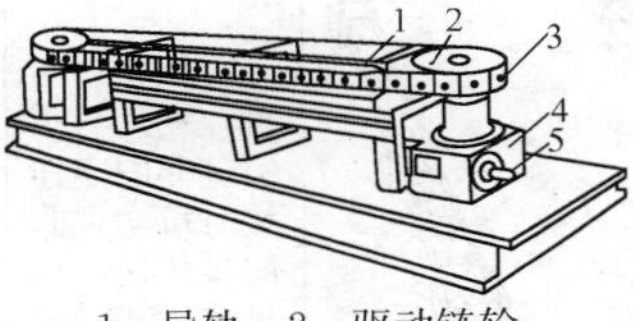 1—导轨；2—驱动链轮；3—夹具；4—转位机构；5—动力输入轴	工位沿两侧布置，夹具直立安装，可从上、下、横方向进行装配作业，可配置机加工工位，切屑容易清除，当夹具与牵引链非固定连接时，可实现非同步传送	如开关板和汽车减震器、活塞等装配
	直进型平面轨道	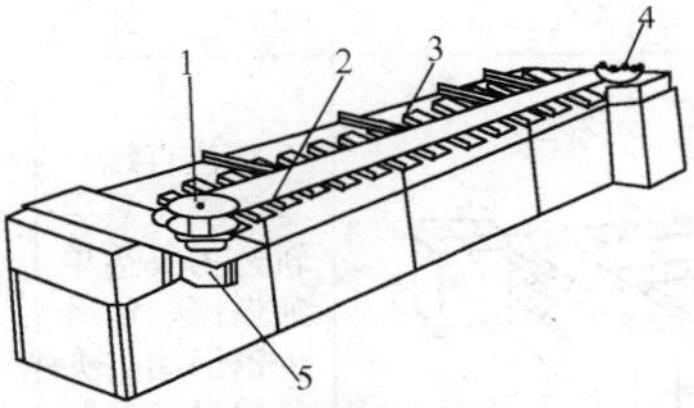 1—驱动链轮；2—夹具；3—装配机械安装面；4—从动链轮；5—转位机构	工位直线或环行布置，直线布置时轨道另一边作空夹具返回，环行布置时内侧可作为自动工位，外侧接近性好，可配置手工工位	如电工、机械产品等装配
	直进型上下轨道	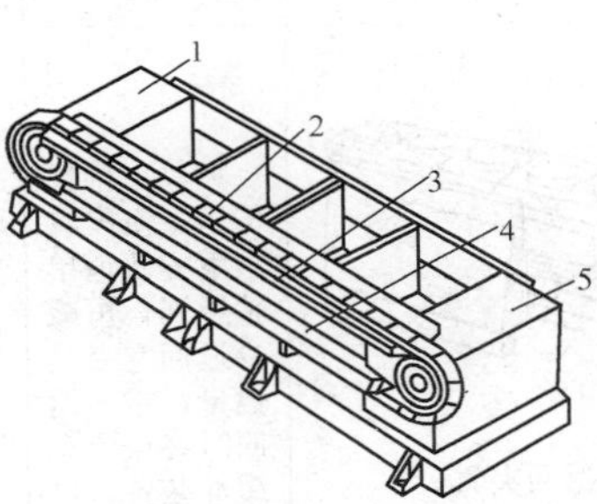 1—驱动端；2—夹具；3—上轨道；4—下轨道；5—从动端	夹具支承良好，能承受较大载荷，可从上面和横面进行装配，但增加1倍返回用空夹具，切屑落入传送装置下部不易清除，故不宜配置机加工工位	如发动机、电容器等自动装配

续表

型式	布置	示图	特点	应用场合
链牵引随行夹具传送	环行型平面轨道	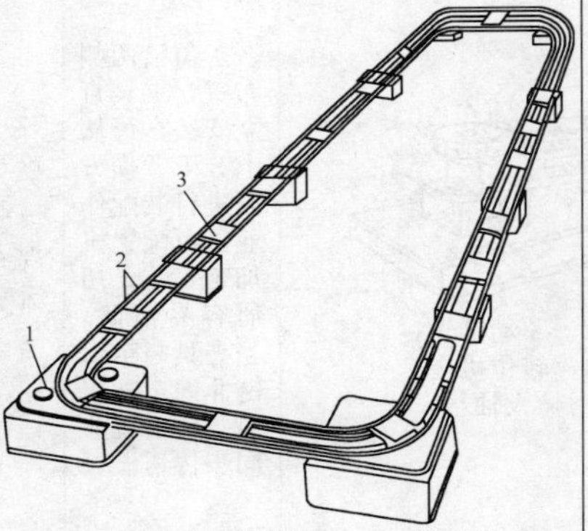 1—驱动和转位机构；2—牵引链；3—随行夹具	工位环行布置，夹具与牵引链非固定连接时可实现非同步传送，夹具支承良好，能承受较大载荷，可配置机加工工位，但占地面积大	如汽车后桥、变速箱等中型部件装配或总装配
推杆步伐式	直进型平面狭轨式	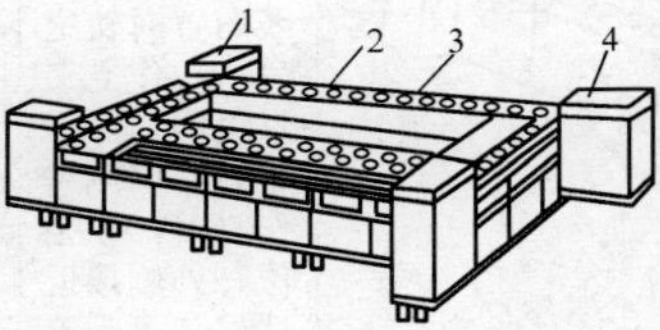 1—主传动液压缸；2—转向液压缸；3—导轨；4—夹具	工位直线布置，空夹具由轨道另一边单独返回，可减少返回用空夹具数量，可配置机加工工位，夹具非固定连接时可实现非同步传送	如汽车的起动电机装配
	直进型上下轨道升降台返回	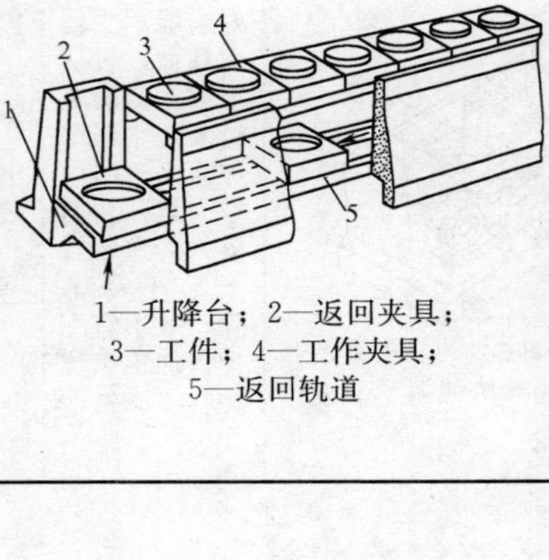 1—升降台；2—返回夹具；3—工件；4—工作夹具；5—返回轨道	夹具由推杆传送，空夹具由下方轨道单独返回，可减少返回空夹具数量，重力返回时终点应有缓冲装置，可非同步传送	中小型内燃机、变速箱、小型电机等产品装配

续表

型式	布置	示图	特点	应用场合
推杆步伐式	环行型矩形平面轨道	1—转向机构；2—夹具；3—定位机构；4—主传动机构	工位环行布置，夹具支承良好，能承受较大载荷，夹具前后串联，由推杆驱动，传送平稳性好	如汽车差速器、自行车踏脚等自动装配

自动装配机三种基本型式的比较见表 9-15。

表 9-15　回转型、直进型、环行型三种结构型式的比较

序号	比较项目	回转型	直进型	环行型
1	装配基件的大小	轻小型装配基件	中小型装配基件	大中型装配基件
2	装配方向	上面或侧面	上面、侧面、下面	
3	传送方式	连续、间歇同步传送	间歇同步和非同步传送	
4	装配工位数	一般不大于12个	一般在 30 个以下	在 10～30 个之间或更多
5	工位数的调整	除预留工位外，不能增加工位数	采用分段化设计，调整增加工位方便	
6	手工操作工位的混合	难以混合	可以混合手工工位	
7	夹具数量	与工位数相同	等于、大于工位数或工位数的 2 倍	等于或大于工位数
8	夹具浮动连接	不宜	可以	
9	定位精度	取决于分度机构精度	采用定位机构，精度容易提高	
10	工作速度	较高	有一定限制	
11	对装配机械的布置	装配机械和工作头受空间限制不能太大	装配工作头可以较大，也可独立安装装配机械	可独立安装装配机械，工作头大小不受限制

续表

序号	比较项目	回转型	直进型	环行型
12	对零件供料机构的布置	可布置在工作台四周或中央立柱上，受空间限制	可布置在工位后侧，比较简单容易	前后侧均可布置，简单容易
13	传送装置结构	较简单、紧凑	较复杂，有空夹具返回	复杂，有随行夹具循环
14	维修、操作	接近性差，特别对多工位工作台，维修比较困难	接近性好，维修、操作均比较方便	
15	占地面积	较小	较大	
16	与前后生产流程的连接	较困难	方便	较方便

3. 非同步装配线（机）

非同步装配线（机）是由连续运转的传送链来传送浮动连接的随行夹具，实现装配工位间的柔性连接。

(1) 直进型上下轨道的非同步装配线。其示意图如图 9-48 所示。这种装配线工位的定位方式见图 9-49。夹具 4 由链条传送至工位，被自动停止机构的挡块制动。然后顶杆 2 和定位销 3 由气缸顶出，使夹具在工位定位基面 1 上定位夹紧。

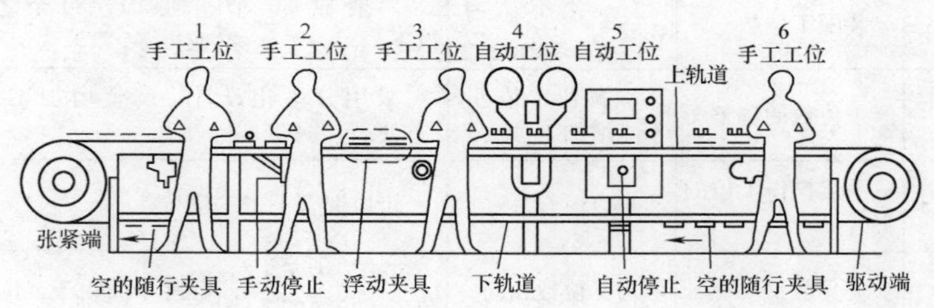

图 9-48　直进型非同步装配线

图 9-50 所示为这种装配线的随行夹具。离合器钢带 2 在弹簧作用下处于张紧状态时，随行夹具就随着链条一起移动，当凸块 7 在停止机构作用下被向上推起时，则离合器钢带被放松，链轮空转，随行夹具就停了下来。若停止机构松开，则弹簧又将凸块压下，离合器钢带重新张紧，又进行传送。

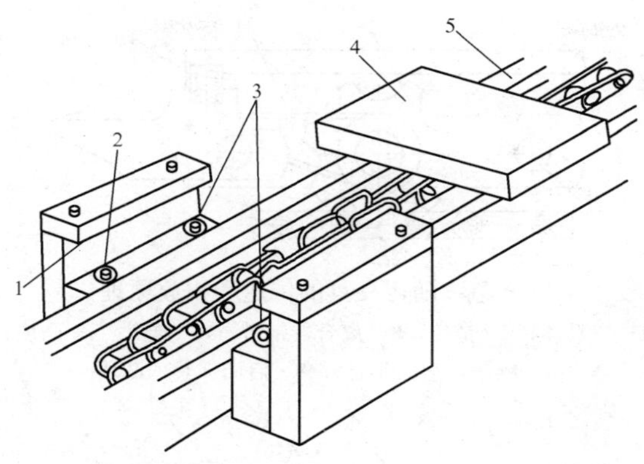

图 9-49　工位上的定位装置

1—定位基面；2—顶杆；3—定位销；4—夹具；5—导轨面

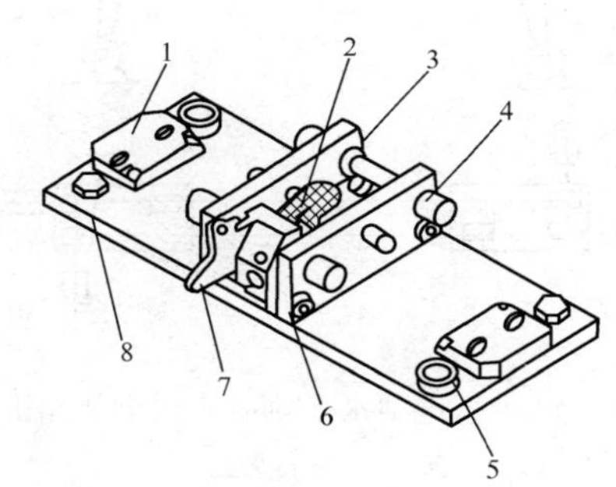

图 9-50　随行夹具结构

1—定位块；2—离合器钢带；3—滚轮；4—制动杆；
5—定位孔；6—侧板；7—凸块；8—支座

随行夹具的传送和积放原理如图 9-51 所示。凸块除了由装在各工位上的停止机构操纵之外，后面的夹具如果碰到停在工位上的夹具，则它的凸块会被前面夹具上的制动杆抬起，也跟着停止并积存在工位之间。

(2) 直进型水平轨道的非同步装配机。其循环过程如图 9-52 所示。气缸 1 把升台 12 上的随行夹具 2 推入上轨道 4，并由传送链 5 传送至降台 11。气缸 10 横向推进，使其从传送链 5 移至回送链 7。气缸 9 下降，再将其从上导轨 4 送至下导轨 6，气缸 8 则将其推入下

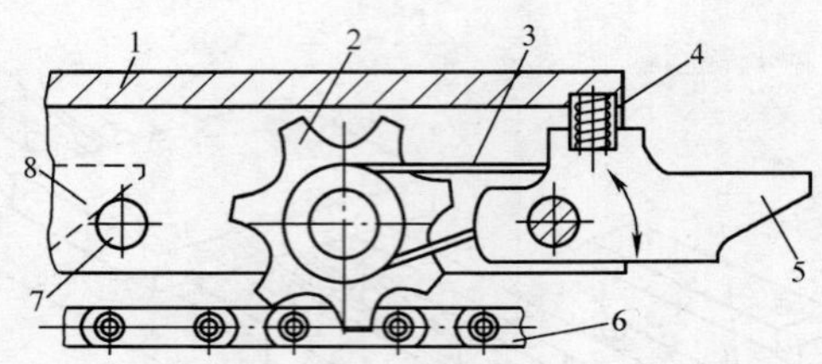

图 9-51　随行夹具的传送和积放原理

1—夹具体；2—链轮；3—离合器销带；4—弹簧；5—凸块；6—链条；7—制动杆；8—后面夹具的凸块

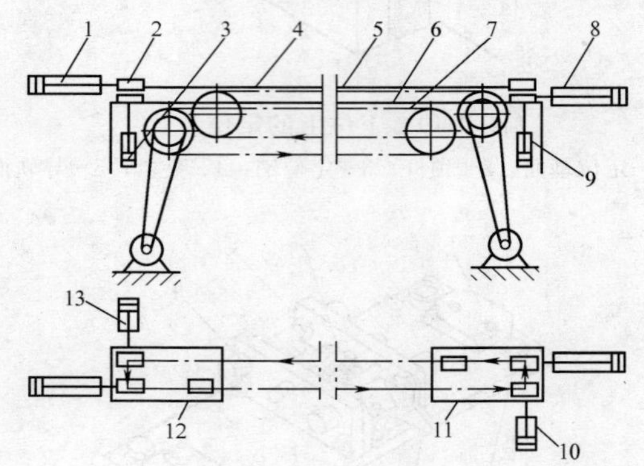

图 9-52　直进型水平轨道非同步装配机

1、3、8、9、10、13—气缸；2—随行夹具；4—上导轨；5—传送链；6—下导轨；7—回送链；11—降台；12—升台

导轨，由回送链 7 送回升台。气缸 3 升起，使夹具 2 从下导轨 6 升至上导轨 4，气缸 13 再从横向推进，使其从回送链 7 移至传送链 5，等待进入下一个循环。各个气缸动作均由行程开关控制联锁。

(3) 环形轨道的双链非同步传送装配线 。如图 9-53 所示，两条平行链条分别在两条 U 形槽钢中运转，链条底面链板在槽钢中滑动。上面链板稍高出轨道平面，随行夹具就浮在链板上，靠摩擦力带动夹具前进。当夹具 6 向前移动时，夹具底板下的销子 8 碰上行程开关 7[见图 9-53(a)]，使液压缸 2 的活塞杆上升，抬起联动杆 4，摇臂 5 即竖起挡住销子 8，使随行夹具 6 制动[见图 9-53(b)]。与此同时，随行夹具 6 的另一销子 10 也碰上了行程开关

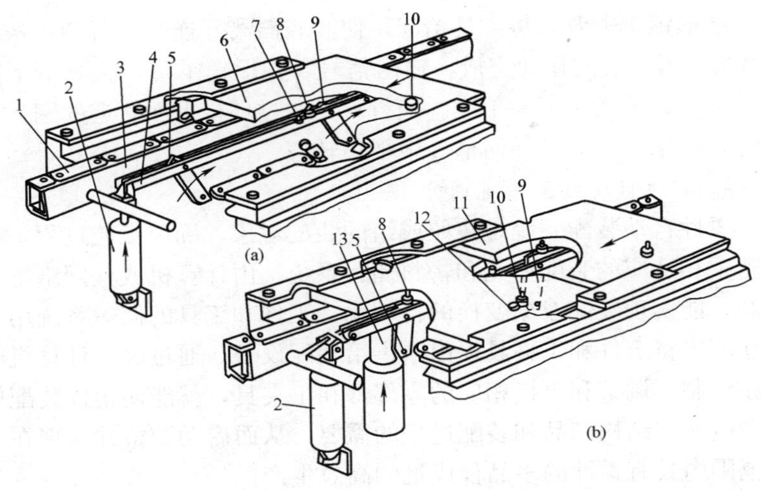

图 9-53　环行轨道双链非同步传送装配线

1—传送链；2—制动液压缸；3—槽钢；4—联动杆；5—摇臂；6、11—随行夹具；7、12—行程开关；8、10—销子；9—摇臂；13—菱形销

12，使定位夹紧液压缸推动菱形销 13 向上将夹具定位夹紧。

由于摇臂 5 和 9 是联动的，因此在摇臂 5 挡住销子 8 以后，摇臂 9 也能把后面过来的随行夹具 11 挡住，使它积存在工位之间。

随行夹具的定位夹紧如图 9-54 所示。当夹具进入工位被制动

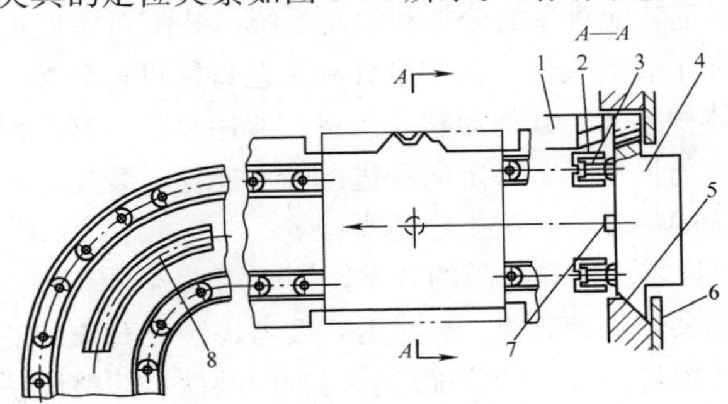

图 9-54　随行夹具的定位夹紧

1—菱形销；2—槽钢；3—传送链；4—随行夹具；5—导轨；6—定位板；7—销子；8—导向槽

后，菱形销1上升，将夹具抬起，使其底面离开连续运行的传送链3而被夹紧。装配作业完成，输出信号，菱形销下降，夹具落下到传送链上，被送向下一工位。随行夹具通过环行平面轨道的圆弧弯段时，其销子7嵌在导向槽8中平稳转弯。

4. 柔性自动装配系统简介

柔性自动装配系统是按照成组的装配对象，确定工艺过程，选择若干相适应的装配单元和物料储运系统，由计算机或其网络统一控制，能实现装配对象变换的自动化。工件和工具的储运系统用于从仓库中将工件和工夹具提出，供给装配设备。通过改变计算机的程序编制、调整和更换相应的零部件和工夹具，就能使柔性装配单元适应不同结构产品和装配过程的需要，从而启动调整并实现在一定范围内具有柔性的多品种成批的高效生产。

柔性装配系统能用于自动化和无人化生产，也可用于仅具有柔性装配系统的基本特征，但自动化程度不很高的经济型生产系统。

柔性装配系统常配备有装配过程中的检验和故障诊断装置。

设计柔性装配系统，必先确定系统自动化和柔性的最优化水平。柔性是指改变装配产品时，通过调整系统能改变其工艺的性能。柔性必须适合工艺系统所组成的结构，使其最经济。

设计步骤如下：

(1) 分析被装配的零部件和产品的品种以及生产条件和企业能力。

(2) 制定装配对象的分类和编码系统。装配对象应根据采用的工艺设备和工装的共性，按照设计和工艺特征进行分类，即考虑装配对象的体积尺寸、几何形状和质量、所用材料、基准面和配合面的几何形状与尺寸、零件定向和进给的可能性、装配对象在装配位上相对定位的精度、装配工序的类型等。

(3) 根据零部件和产品的分类，按所用设备、工装、调整件和装配工艺的共性将其分组。分组时，要考虑装配对象的各种特征的共性，如装配传送方式和装配工艺过程的共性、调整设备的共性和产品批量等。

(4) 根据对装配对象的分析和分组，对它们进行通用化和结构的工艺性处理，并考虑在使用柔性自动化装配系统的条件下对成组零件的工艺要求。

（5）制定和标定成组（通用化的）装配工艺，计算工艺设备、工装和劳动力的需要量，确定装配过程的组织和柔性自动化装配系统的自动化水平。

（6）计算投入批量的大小和重复频率以及间隔时间（每班、昼夜、每月、每季）的重调次数，确定重调的性质（更换装配工具、夹具、控制程序等），计算装配对象、成套件、装配工具和工装的供应数和进度。

（7）制定工夹具系统的储运组织，确定工艺设备和工装，工件传送方法，上下料和检验方法，管理工作的组织，制定和设计柔性装配系统的总体结构，编制自动控制系统和全部装配功能的技术任务书（包括软件）。

柔性装配系统主要工艺设备用的是模块化结构的可调装配机、可编程的通用装配机、装配中心、装配机器人和机械手。模块化结构的装配机是依靠调整其某些机构和装置，或者应用组合化原理更换其少数元件而实现重新调整。对可编程的装配中心，可通过输入新的控制程序，必要时调整和更换工夹元件，改变自动化装配设备的工艺可能性来实现。

（1）装配中心。装配中心是以现代结构的通用和可编程的装配装置、自动化输送—存储系统、工夹具库以及计算机控制的装配编程手段为基础建立起来的一种柔性装配系统。其既可作为一个独立的系统使用，也可作为柔性装配系统中一个或几个独立的装配设备使用，广泛用于小批或成批生产中结构不同的产品。

如图 9-55 所示的装配中心，装配零件是装在零件盒 4 中用传送带送至装配中心的，操作器 20 以规定的方式将其配套后转送至零件盒 3。为抓取形状不同的各种零件，操作器备有卡爪自动更换系统，配好套的零件盒向传送带 1、6、12 运往第一和第二工位的抓取处。在第一工位，零件从盒 15 和 18 中抓出，用抓料定向装置 17 相对装配夹具 5 定向，零件由装置 16 定位和压合，此装置可沿 x、y、z 坐标移动。装置 16 和 17 备有自动换夹爪系统和装配工具系统。

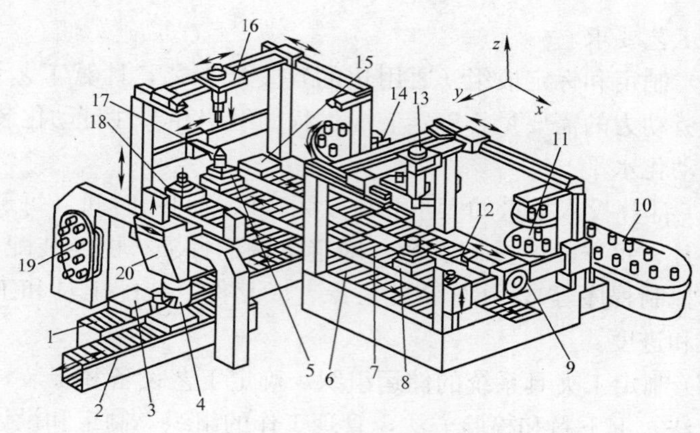

图 9-55　装配中心

1、2、6、7、12—传送带；3、4、15、18—零件盒；5、8—装配夹具；9—上螺纹装置；10、11—装配工具库；13—拧螺钉工具；14—装配工具库；16—零件定位和压合装置；17—抓料定向装置；19—夹爪库；20—操作器

完成第一工位装配后，工件与夹具一起由传送带 7 运往第二工位，这里有上螺纹装置 9 和拧螺钉工具 13，也可沿 x、y、z 坐标移动。

这些装置都装有装配工具自动更换系统。完成了第二工位工序的工件，由传送带 7 送出装配中心。

图 9-56 所示为装有 6 个不同装配装置 1 和两坐标工作台 3 的

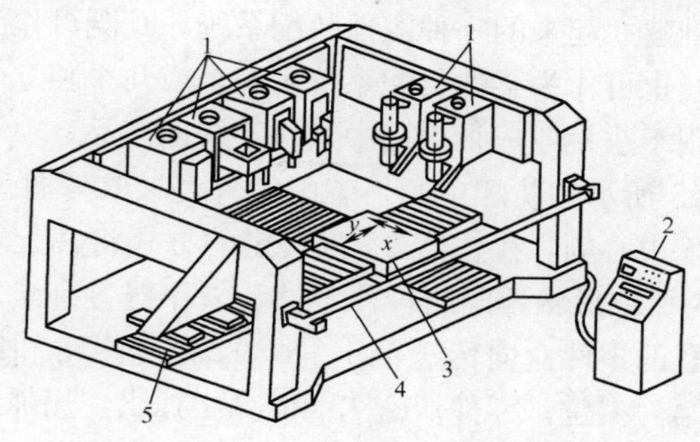

图 9-56　带二坐标工作台的装配中心

1—装配装置；2—控制系统；3—两坐标工作台；4—防护杠；5—传送装置

装配中心。装配装置能提供适合被装配工件的工作头，并按控制系统规定的程序工作。在两坐标工作台上，装有底板和4个组件，见图9-57(a)。组件包括装配夹具和一套被装配工件，见图9-57(b)。4个组件装在一块底板上，这样可同时进行4个工件的装配。

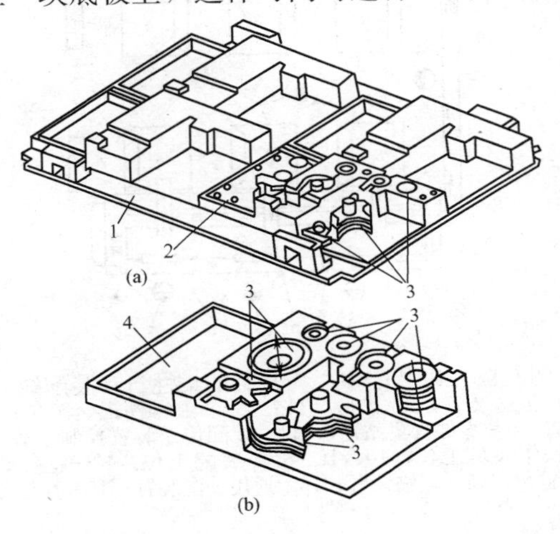

图9-57　底板和组件

(a) 底板；(b) 组件

1—底板；2—基件；3—被装配零件；4—夹具放置区

(2) 柔性装配线。图9-58是以若干台装配中心为基础组织起来的复杂结构产品的柔性自动化装配线。工位3把送向装配传送装置1的零件放在底板4上，装有配套零件的底板通过装置1和5在装配中心8区域内移动，在装配中心完成相应的装配工序，然后底板和工件一起从装置1转向存储传送装置19，再转向装配传送装置12，底板由此再依次通过装配中心8的区域，以完成最后的装配工序。装好的产品转向运输装置15，在工位10装入夹具中，在工位17消除缺陷和不合格品，在工位16进行检验，然后输出。

图9-59所示的柔性装配线由可编程的装配机、机器人和非同步传送装置组成，在小型计算机控制下，把装配、送料、传输以至自动检测等统一管理起来，按照编制的程序进行工作。根据产品类型、批量、节拍、装配工位数量、装配工作性质等，可以进行各种

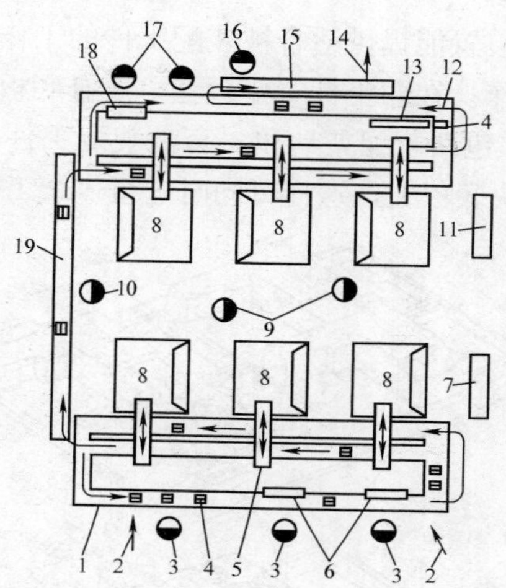

图 9-58　以装配中心为基础的柔性自动装配线

1、12—装配传送装置；2—供应零件；3—装配零件配套工位；4—底板；5—运输装置；6—零件收集站；7、11—装配传送装置控制系统；8—装配中心；9—操作人员工位；10、16、17—装配工位；13—特殊装配装置；14—成品输出；15—运输装置；18—通用装配装置；19—存储传送装置

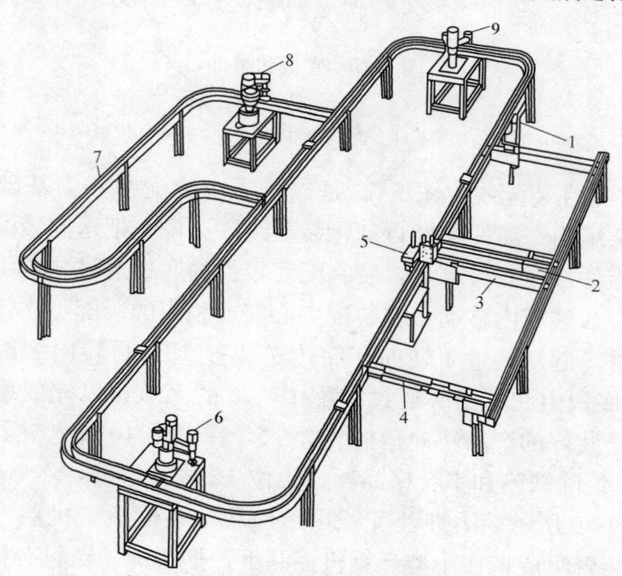

图 9-59　可编程综合自动化装配线

1—环形线驱动站；2—直线驱动；3—横向运输段；4—提升段；5—自动装配工位；6、8、9—机器人；7—修理回路

不同的组合，更换产品时也可重新调整，具有很大的灵活性。在这种装配线内还可以划定人工装配区，用人工来修整在自动装配工作中出现装配缺陷的产品或用于装配较为复杂、自动装配难以胜任的工作。

（3）装配机器人（机械手）。用机器人代替普通抓放机构并进行多种比较简单的装配工作，可用计算机来控制。装配中心常备有单臂或双臂的机器人。如用双臂机器人，一臂从料仓或给料器选取零件并输送至装配位置，另一臂则进行前一个零件的装配，互不干扰，可节省装配工时。手臂配有通用夹爪，零件由可编程的装置供给。

装配机器人是实现柔性自动装配系统的有效手段，它的柔性大，长时间内程序动作快。但必须正确地选定操作运动和工作范围。

根据所选定机器人的运动，零件可在直角坐标（平面空间）和曲线坐标（圆柱坐标、球坐标和关节型）系中移动。坐标系决定了机器人工作区域的形状。

直角和圆柱坐标系的装配机器人能保证较高的定位精度和广阔的工作空间，缺点是在垂直方向内不能保证高速度时的装配力，容易磨损手臂的伸出部件，从而降低定位精度。

现代高效装配机器人已越来越多地应用圆柱和球坐标系。这类机器人有较高的结构刚度、定位精度和较大的工作空间，可以较高的装配速度完成空间的复杂运动。计算机控制的智能机器人更具有人工视觉、触觉、学习、记忆和一定的逻辑判断功能。在装配操作需要对零件的位置和方向进行识别或鉴定时，机械手通过人工视觉对零件进行探测和摸索，通过具有高的空间分辨率的触觉传感器对零件加以辨别和确定其位置与方向，并且用计算机控制的“手”将零件选出，进行装配。即使产品变型或工艺过程改变，只要改变程序编制，就能实现工艺过程的重新调整。

装配机器人手腕部分的柔性，对自动装配的作用至关重要。手腕系统大致有以下三种方式：

1）主动柔性手腕。如图 9-60 所示，这是一种带有力反馈机构

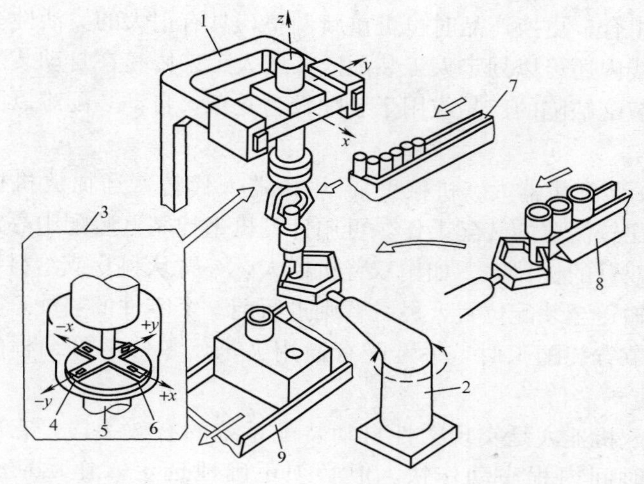

图 9-60　带有力反馈机构的机器人装配作业

1、2—机器人；3—柔性手腕；4—应变片；5—弹性腕部；6—板簧；7、8—供料装置；9—传送装置

的机器人装配作业。柔性手腕 3 的 x、y 方向装有应变片 4 和板簧 6，z 方向则装有接触力传感器，通过应变片 4 板簧 6 作为力控制器来测出装入零件的位置偏差，并发出信号自动加以找正。自动装入过程的控制方法见图 9-61，它是一种主动柔性控制程序，缺点是速度较慢。

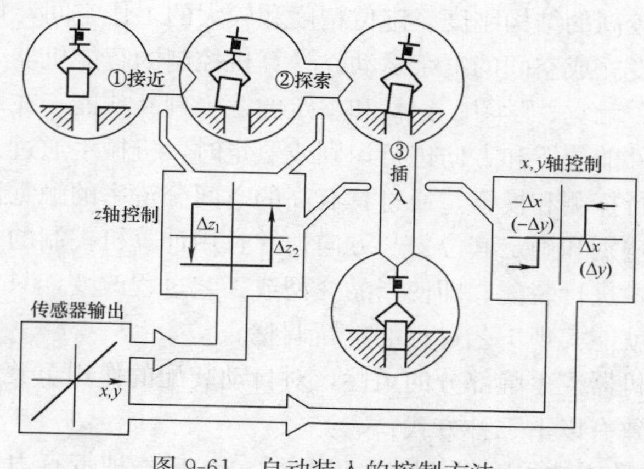

图 9-61　自动装入的控制方法

2）被动柔性手腕。一种多关节球坐标型装配机器人，如图 9-62 所示，其所占据的空间约与一个操作工人相等，能举重 2.5kg，定位重复精度可达 ±0.1mm，使用静装配力为 60N。

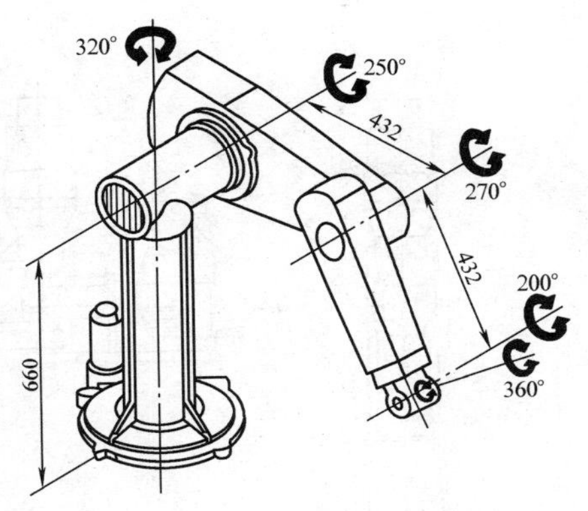

图 9-62　多关节球坐标型机器人

图 9-63 所示为被动柔性手腕的工作原理。利用零件装入过程中位置误差引起的接触反作用力，使连接于连杆机构上的手腕位置产生水平位移和陀螺一样的回转，来消除定位误差。这种机构可消除的误差范围一般为：水平位置误差 1～2mm，角度误差 1°～2°，重复定位精度在±0.1mm 左右。

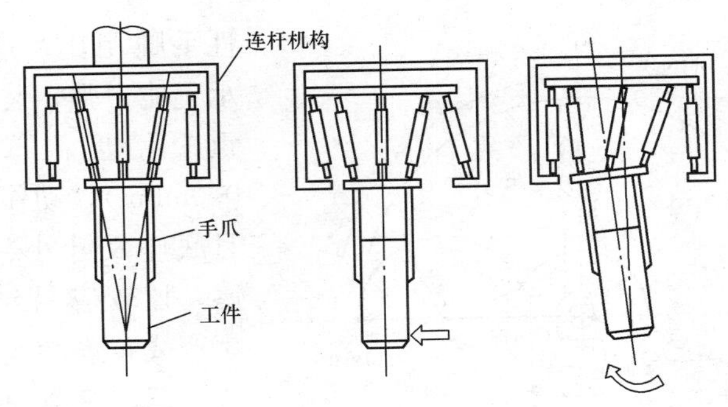

图 9-63　柔性手腕工作原理

3）可选择柔性手腕。是指机构在不同的坐标方向具有不同的柔性。对装配作业来说，理想的状况是装配工具或零件在水平方向有较大的柔性，以便进行误差补偿运动，而沿轴线方向则只要很小的柔性，但需要有较大的装配力。图 9-64 所示即为这种在水平方向有较大工作区域和柔性的机器人，图 9-65 所示为其工作区域。机器人在水平方向的柔性，与电机的扭矩特性、伺服放大系统的特性、两臂所构成的角度以及各机构运动副的阻尼等有关。与被动柔

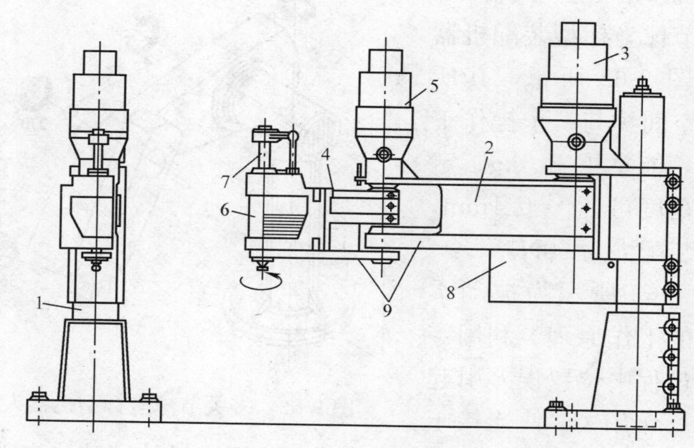

图 9-64　圆柱坐标型装配机器人

1—立柱；2—第一臂；3、5—伺服电动机；4—第二臂；6—可换手部（工作头）；7—气缸；8—步进电动机；9—同步传送带

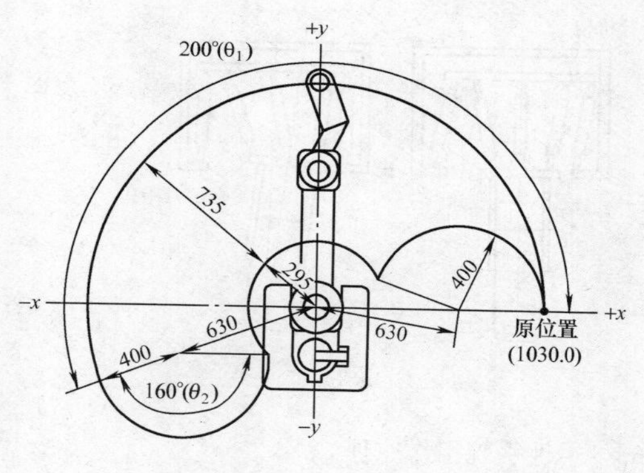

图 9-65　机器人的工作区域

性手腕相比，这种手腕承重能力强，装配力大，重复精度高（可达 ±0.05mm），动作速度快，且底座尺寸小、结构紧凑，比较容易纳入装配生产线布置。

三、装配线和装配机应用实例

1. 向心球轴承装配自动线

向心球轴承装配自动线全线共有 9 台自动机（包括检验、清洗、包装在内），一台钢球料仓，共 21 个工位。

(1) 装配工艺过程。如图 9-66 所示，内、外环在检测工位分别进行外径、内径检验后，送入选配合套工位，同时检测内、外环沟道，找出配合间隙。然后送到装球机，按间隙装入相应组别的钢

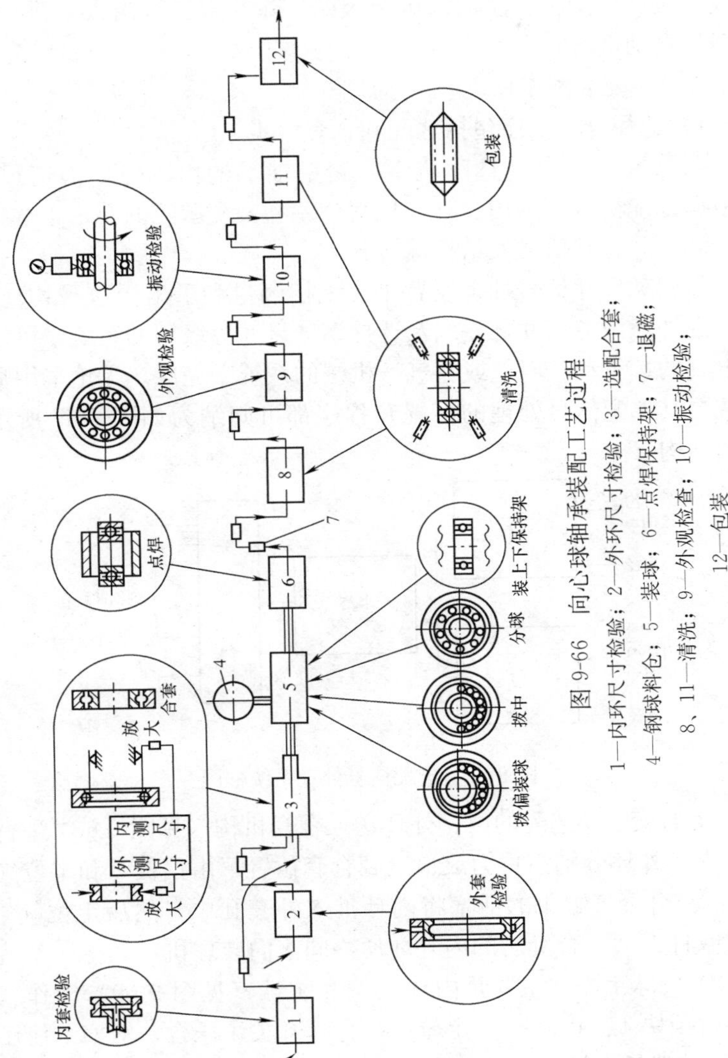

图 9-66　向心球轴承装配工艺过程

1—内环尺寸检验；2—外环尺寸检验；3—选配合套；
4—钢球料仓；5—装球；6—点焊保持架；7—退磁；
8、11—清洗；9—外观检查；10—振动检验；
12—包装

球（包括拨偏、装球、拨中、分球、装上下保持架），经点焊工位把保持架焊好。装配好的轴承再通过退磁、清洗、外观检查和振动检验，最后再清洗、涂油、包装入库。除外观检查由人工进行外，其余均自动进行。

（2）主要装配工序。

1）选配合套工序包括选配和合套两步。

a. 选配：在自动选配机上，测量轴承的内、外环沟道尺寸，并根据选配机测出的内、外环尺寸公差和装配游隙的要求，选择钢球尺寸，并将其信号发给钢球料仓。

在钢球尺寸信号处理装置中，承担测量和求出沟道平均尺寸、计算内外环沟道尺寸之差以及选择钢球尺寸等级用的系统，可以采用电气的、气动—电气或电气—机械的系统来完成。无论采用哪种系统，其选配信号处理的系统和程序都可归纳为如图 9-67 所示的框图结构。

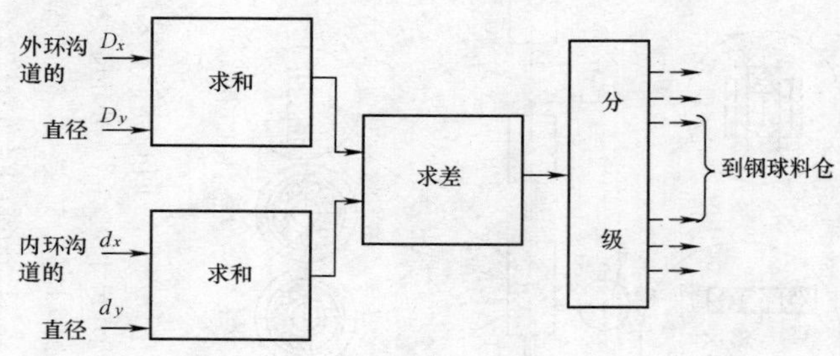

图 9-67　选配信号处理系统框图

b. 合套：经选配的内、外环送入合套机构（见图 9-68）进行合套，内、外环分别沿重力滚道滚到合套位置，由挡板 2 和定位气缸 3 定位。合套气缸 1 的活塞将内环推入外套孔中，然后定位气缸 3 的活塞杆退回，合套后的内外环便一同滚向装球机。

2）装球工序。主要是内环拨偏和装球（见图 9-69）动作。当外环由挡块 14 和压块 15 定位后，行程开关 1 压合，活塞 7 使压头 6 下降，拨爪 2 插入内环孔中。在拨爪 2 下降过程中，其上端的滚轮 5 由于弹簧 3 的作用而沿斜面（靠板 10）摆动，拨爪 2 绕销轴 4 向左将内套拨偏。

当压头6的进球口与料道9的出球口对准时，销轴12正好把活门11推开，钢球靠自重落下，经弧形板13进入套圈沟槽。最后一个钢球用活塞8压入，然后各机构复位。

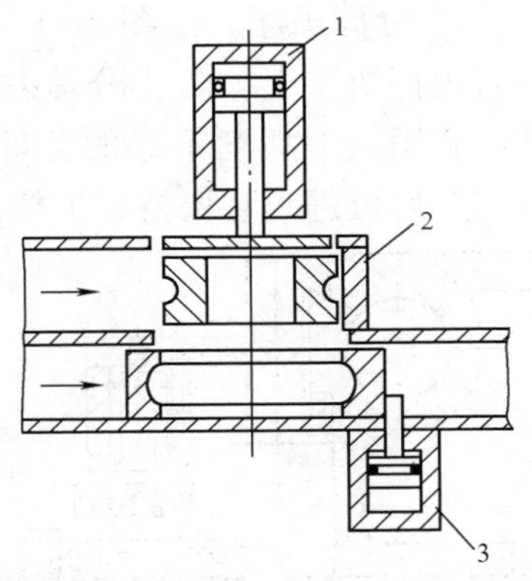

图9-68　合套机构示意图
1—合套气缸；2—挡板；3—定位气缸

3）内环拨正工序。如图9-70所示，活塞1上升，杠杆3压外环使其产生0.2～0.3mm的弹性变形。以后活塞2上升，其上的弧形托板5把钢球托起到沟道中心，同时杠杆8被螺钉挡住产生摆动，即可将内环向右拨正。从此工位送到下一工位进行分球前，传送机构的卡爪4可以分别卡住内、外环，利用爪的弧形槽使钢球位置相对固定。

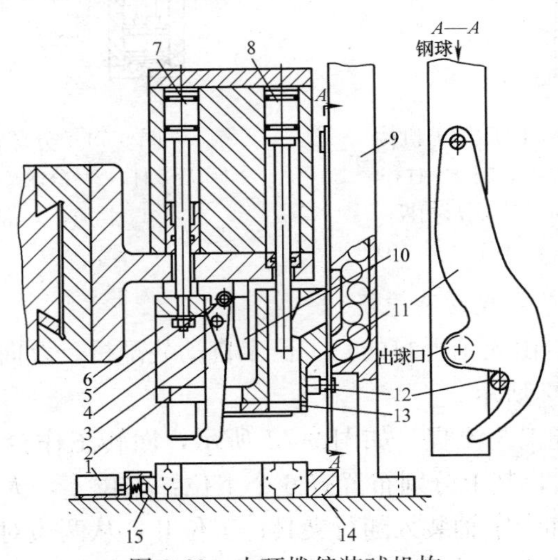

图9-69　内环拨偏装球机构
1—行程开关；2—拨爪；3—弹簧；4、12—销轴；5—滚轮；6—压头；7、8—活塞；9—料道；10—靠板；11—活门；13—弧形板；14—定位挡块；15—弹簧压块

4）分球工序。如图 9-71 所示，活塞 5 推动杠杆 3，把内环压向右边挡块 4 上，防止分球时轴承抬起。活塞杆 1 使分球叉 2 上升，利用叉上高度不等的分球齿使钢球逐渐分开，并均布在沟道内，然后可进入装保持架工位。

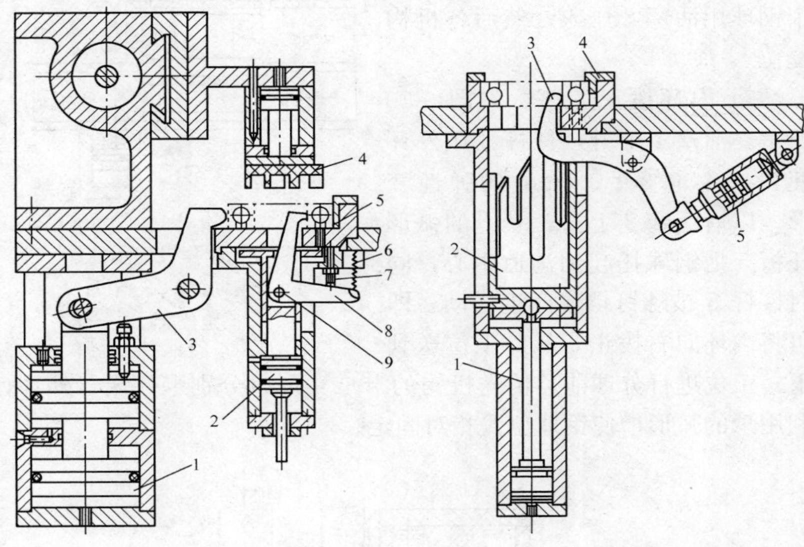

图 9-70　内环拨中机构

1、2—活塞；3、8—杠杆；4—卡爪；5—弧形托板；6—拉簧；7—螺钉；9—销轴

图 9-71　分球机构

1—活塞杆；2—分球叉；3—杠杆；4—挡块；5—活塞

2. 万向节半自动装配机

它是一台由人工上料的六工位半自动装配机。万向节的零件分解图如图 9-72 所示。

(1) 装配工艺流程。如图 9-73 所示，回转工作台 2 的外圆是固定工作台 1，其上分别布置有 6 个工位：工位Ⅰ，人工上料，把待装的叉耳和十字轴装入随行夹具；工位Ⅱ，从两边对叉耳定向和夹紧，同时将十字轴定向；工位Ⅲ，自动送进轴承并压入叉耳孔内；工位Ⅳ，装入卡环；工位Ⅴ，将轴承和卡环推至叉耳孔环槽外端；工位Ⅵ，卸料。

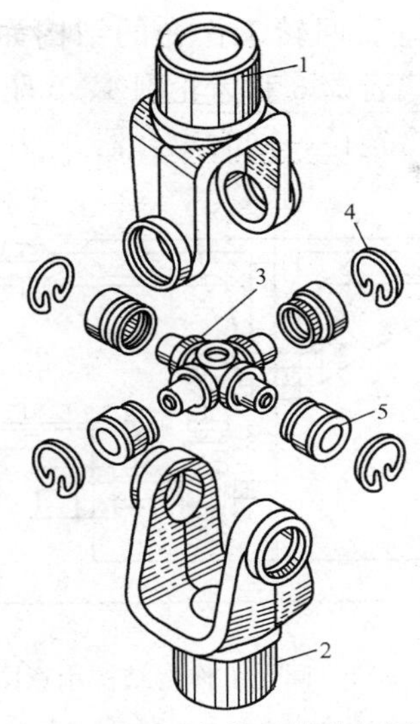

图 9-72　万向节零件分解图
1、2—叉耳；3—十字轴；4—卡环；5—滚针轴承

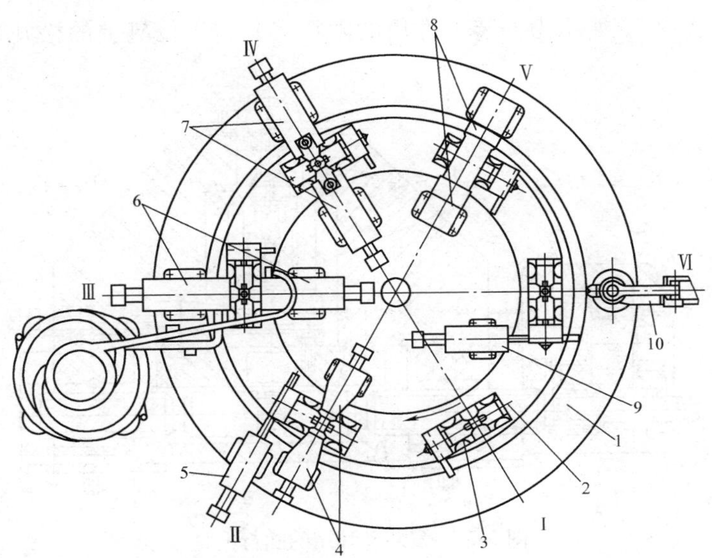

图 9-73　万向节半自动装配机的工位布置
1—固定工作台；2—回转工作台；3—随行夹具；4—定心夹具；
5—夹紧机构；6—压轴承工作头；7—装卡环工作头；
8—分叉机构；9—松开机构；10—卸料机构

(2) 机构工作原理。回转工作台的结构如图 9-74 所示，液压缸通过齿轮齿条 2、离合器 3 和齿轮副 4、5 驱动工作台 1，液压缸 7 通过杠杆 8 将工作台定位，同时离合器 3 脱开。

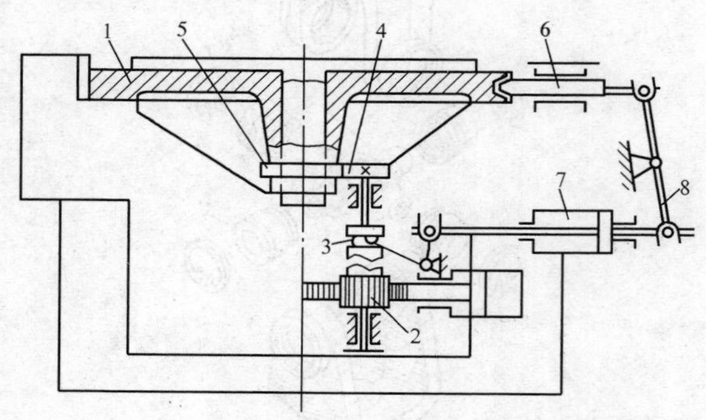

图 9-74 回转工作台结构示意图

1—工作台；2—齿轮齿条；3—离合器；4、5—齿轮副；6—定位销；7—液压缸；8—杠杆

图 9-75 所示为安装工件用的随行夹具。工位Ⅵ上的松开机构

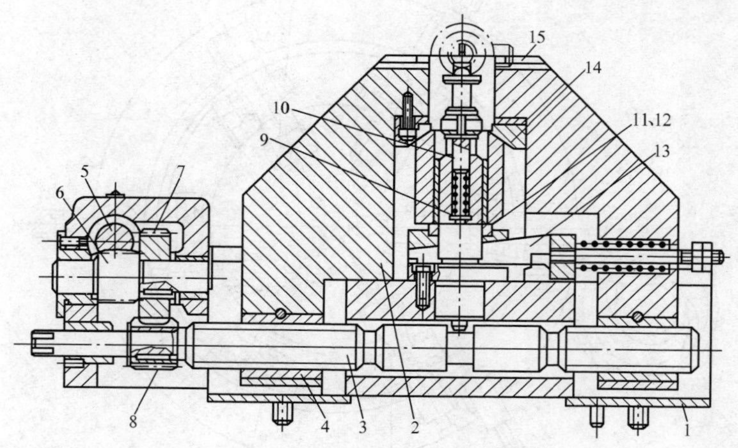

图 9-75 安装叉耳用的随行夹具

1—夹具座；2—滑块；3—丝杆；4—螺母；5—齿条活塞杆；6、7、8—齿轮副；9—定心杆；10—浮动心轴；11、12—支承座；13—楔块；14—挡块；15—V 形槽

液压缸通过随行夹具上的齿条活塞杆 5 带动齿轮副 6、7、8，使带有左右螺纹的丝杆 3 转动，滑块 2 松开，接着在工位 Ⅰ上由人工分别将叉耳装在夹具定心杆 9 上、将十字轴装在浮动心轴 10 上。

图 9-76 所示为工位Ⅱ上的定心夹具，安装在随行夹具两边。当工件转到工位Ⅱ后，定心杆 2 在液压缸 6 和活塞杆 5 推动下前伸，对叉耳两个轴承孔和十字轴的两个轴颈定心，然后随行夹具的楔块 13（见图 9-75）将叉耳端与支承座之间的间隙消除，工位Ⅱ上夹紧机构的液压缸通过随行夹具上齿条、齿轮带动丝杆反向旋转，滑块 2 遂向中心移动，使挡块 14 把叉耳压向支承座 12，并把位置固定下来。滑块顶面的 V 形槽 15 则对十字轴颈起到支承和定位的作用。

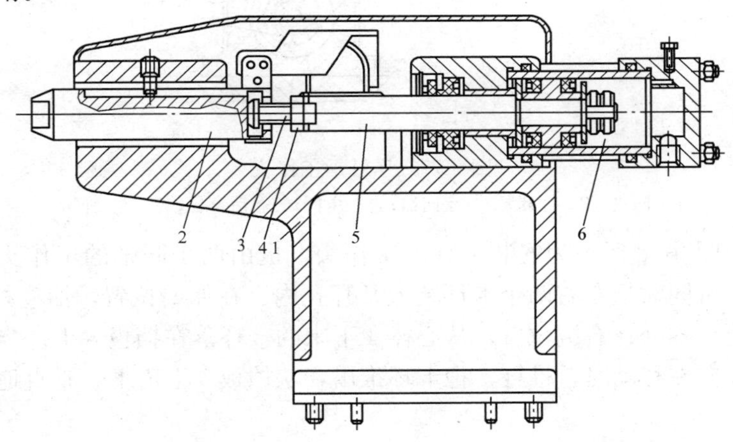

图 9-76　定心夹具

1—支座；2—定心杆；3—连接螺栓；4—螺母；5—活塞杆；6—液压缸

图 9-77 所示为压轴承的工作头。在工位Ⅲ上，两个工作头同时把两个轴承压入到叉耳孔内。在原始位置，带挡块 1 和探捧 2 的压杆 4 处于装料窗孔的右边，弹簧 7 把定向器 3 推到右边，在液压缸活塞杆 5 连同压杆 4 一起移动时，探棒 2 就把轴承往左引入定向器 3 的内腔。定向器在弹簧 6 推动下，趋近至叉耳孔有倒角的孔口，同时其锥部进入叉耳孔口，从而使轴承滑出定向器进入叉耳孔。

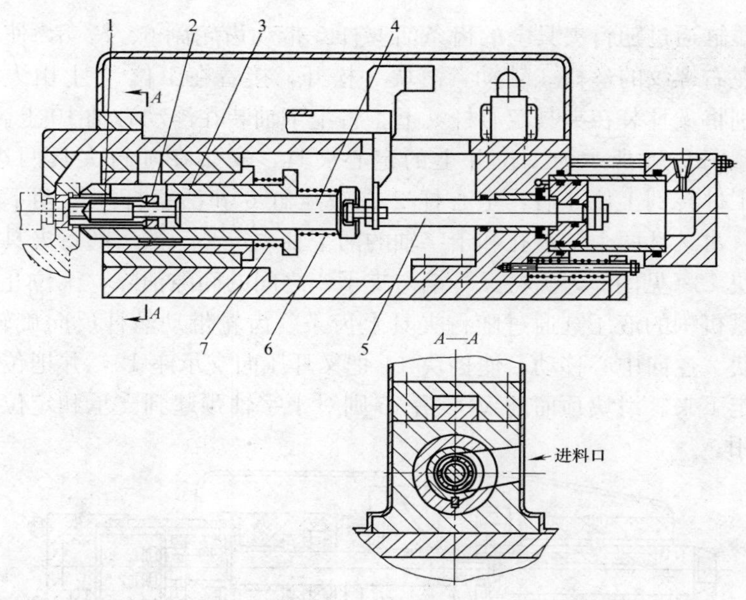

图 9-77　压轴承工作头

1—挡块；2—探棒；3—定向器；4—压杆；5—活塞杆；6、7—弹簧

图 9-78 所示为安装卡环的工作头，也由两个同轴的工作头构成，可同时把左右两个卡环装入叉耳孔内。在原始位置，活塞杆 5 与压杆 6 处在右端位置，从心棒 4 下来的卡环落在挡板 8 上。当活塞杆向左移动时，推杆 7 把卡环推出，从挡板 8 上落下，垂直地挂

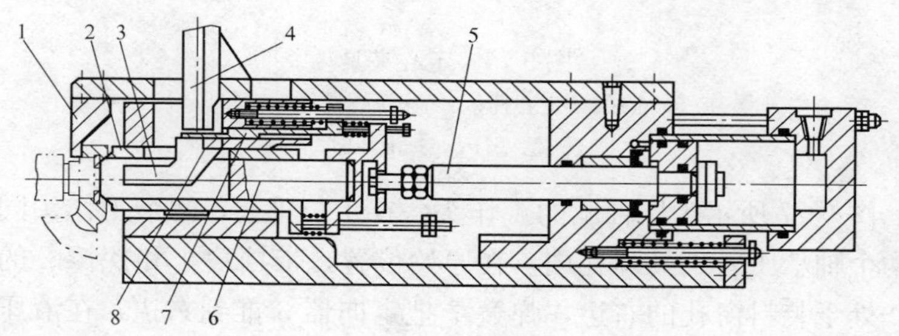

图 9-78　安装卡环的工作头

1—挡块；2—环规；3—板；4—心棒；5—活塞杆；
6—压杆；7—推杆；8—挡板

在板 3 上面。在压杆 6 继续向左移动时，卡环通过环规 2 的锥孔并被收缩，同时环规 2 的锥形前端进入叉耳的锥形孔口，压杆 6 即把卡环推入叉耳孔的环槽内。挡块 1 的作用是防止卡环压入叉耳孔时的轴向力使叉耳弯曲变形。

第十章

精密加工和超精密加工

第一节　精密加工和超精密加工简介

一、精密加工和超精密加工的特点和方法

（一）精密加工和超精密加工的概念

机械制造工艺技术是随着人类社会生产力和科学技术的不断发展而发展的。保证和提高加工质量是机械制造工艺要解决的关键问题。所谓精密加工，是指在一定发展时期中，加工精度和表面质量达到较高程度的加工工艺。在当前则是指被加工零件的加工精度在1～0.1μm、表面粗糙度 Ra 为 0.1μm 以下的加工方法，如金刚车、金刚镗、研磨、珩磨、超精加工、镜面磨削等。多用于精密机床、精密测量仪器等制造业中关键零件加工。而超精密加工，则是指加工精度和表面质量达到最高程度的精密加工工艺，在当前是指加工精度在 0.1～0.01μm，表面粗糙度值 Ra 为 0.001μm 的加工方法，如金刚石精密切削、超精密磨料加工、机械化学加工、电子束、离子束加工等。多用于精密元件加工、超大规模集成电路制造和计量标准元件制造等。精密加工和超精密加工目前达到的水平见表 10-1。

表 10-1　　精密加工和超精密加工目前达到的水平　　μm

项目＼加工类别	精密加工	超精密加工
尺寸精度	2.5～0.75	0.3～0.25
圆度	0.7～0.2	0.12～0.06
圆柱度	1.25～0.38	0.25～0.13
平面度	1.25～0.38	0.25～0.13
表面粗糙度 Ra 值	0.1～0.025	≤0.025

目前，随着宇航、计算机、激光技术以及自动控制系统等尖端科学技术的迅速发展，综合应用近代的先进技术和工艺方法，超精密加工正从微米、亚微米级（$1\sim10^{-2}\mu m$）的加工技术向纳米级（$10^{-2}\sim10^{-3}\mu m$，$1nm=10^{-3}\mu m$）的加工技术发展。纳米加工技术是当今最精密的制造工艺。从物质加工精度的理论来分析，纳米工艺的加工方法（如离子溅射去除镀膜和注入等）可以达到去除、附着或结合以原子或分子为单位的物质层。因此已经深入到物质内部结构，这是单纯用常规加工方法所难以达到的。

精密加工和超精密加工的划分主要是根据加工精度和表面质量这两类指标，这种划分只是相对的，因为生产技术在不断发展，划分的进程将随着历史的进程逐渐向前推进，过去的精密加工对今天来说就是一般加工。随着科学技术的不断发展，加工精度将会越来越高，图10-1 所示为 20～21 世纪以来，一般加工、精密加工和超精密加工的发展历程。

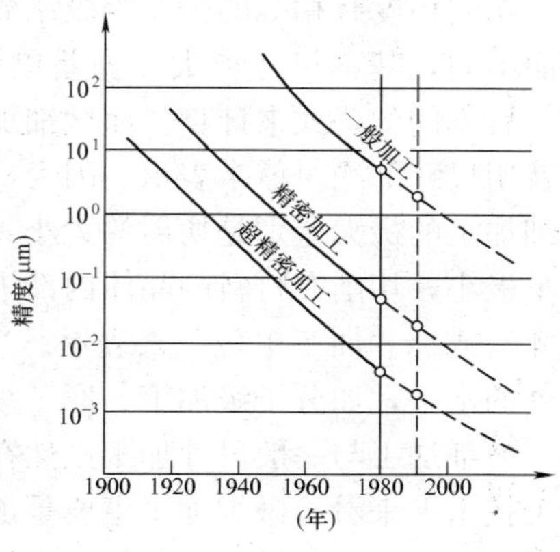

图 10-1　加工精度的发展历程

当前，微细加工和超微细加工常常和精密加工、超精密加工并列提及。微细加工和超微细加工是指制造微小尺寸零件和超微小尺寸零件的生产加工技术。微细加工和超微细加工的出现和发展与集成电路密切相关，集成电路要求在微小面积的半导体材料芯片上制造出更多的元件，形成各种复杂功能的电路。因此，单元芯片上的单元逻辑门电路数、电子元件数和最小线条宽度是集成电路集成度的标志，同时也表示了其制造难度和水平，见表 10-2。表中列出了小、中、大、超大规模集成电路的参数与性能。大规模集成电路的制造要采用微细加工技术，而超大规模集成电路的制造要采用超微细加工技术。

微细加工与一般尺寸加工在概念和机理上是不同的。一般尺寸

表 10-2　　集成电路集成度的标志

分类 \ 参数性能	单元芯片上的单元逻辑门电路数（个）	单元芯片上的电子元件数（个）	最小线条宽度（μm）
小规模集成电路	$10<n<12$	$n<100$	$n\leqslant 8$
中规模集成电路	$12<n\leqslant 100$	$100<n<1000$	$n\leqslant 6$
大规模集成电路	$100<n<10^4$	$1000<n<10^5$	6～3
超大规模集成电路	$n\geqslant 10^4$	$n\geqslant 10^5$	2.5～0.1

加工时，精度是用公差单位来表示，公差＝公差等级系数×公差单位。相同精度有相等的公差等级系数，但公差单位随基本尺寸的大小而不同，基本尺寸愈大，公差单位愈大。按基本尺寸的分段范围，有不同的公式来计算。而微细加工时，由于加工尺寸很小，精度就用尺寸的绝对值来表示。因为从工件的角度来看，一般加工和微细加工的最大差别是切屑的大小（厚度）不同。微细加工时背吃刀量极小，切削在材料的晶体内部进行，切削去除量用“加工单位尺寸”或称“加工单位”来表示。“加工单位”的大小代表了加工精度的水平，如分子级加工、原子级加工。

微细加工与一般尺寸加工虽然在概念和机理上有所不同，但从加工技术上来看，微细加工主要是加工微小尺寸，而精密加工和超精密加工既加工大尺寸，也加工小尺寸，因此，微细加工属于精密加工和超精密加工范畴。实际上，两者的许多加工方法都是相同的，只是加工对象有所不同。

（二）精密加工和超精密加工的方法

根据加工方法的机理和特点不同，精密加工和超精密加工的方法可以分为以下四类。其所用工具、所能达到的精度和表面粗糙度以及应用见表 10-3。

1. 金刚石刀具超精密切削

金刚石刀具超精密切削主要是应用天然单晶金刚石车刀对铝、铜和其他软金属进行切削（车或铣）加工，可以得到极高的精度和极低的表面粗糙度参数值，所以称之为镜面切削。在金刚石车削的基础上，又发展了金刚石刀具超精密铣削和镗削，分别用来加工平面、型面和内孔。金刚石刀具超精密切削是当前软金属材料最主要

表 10-3　常用精密加工和超精密加工的方法

分类		加工方法	加工工具	精度（μm）	表面粗糙度 Ra（μm）	被加工材料	应用
刀具切削加工	切削	精密、超精密车削	天然单晶金刚石刀具、人造聚晶金刚石刀具、立方氮化硼刀具、陶瓷刀具、硬质合金刀具	1～0.1	0.05～0.008	金刚石刀具：有色金属及其合金等软材料 其他材料刀具：各种材料	球、磁盘、反射镜
		精密、超精密铣削					多面棱体
		精密、超精密镗削					活塞销孔
		微孔钻削	硬质合金钻头、高速钢钻头	20～10	0.2	低碳钢、铜、铝、石墨、塑料	印制电路板、石墨模具、喷嘴
磨料加工	磨削	精密、超精密砂轮磨削	氧化铝、碳化硅、立方氮化硼、金刚石等磨料　砂轮	5～0.5	0.05～0.008	黑色金属、硬脆材料、非金属材料	外圆、孔、平面
		精密、超精密砂带磨削	砂带				平面、外圆磁盘、磁头
	研磨	精密、超精密研磨	铸铁、硬木、塑料等研具 氧化铝、碳化硅、金刚石等磨料	1～0.1	0.025～0.008	黑色金属、硬脆材料、非金属材料	外圆、孔、平面
		磨石研磨	氧化铝磨石、玛瑙磨石、电铸金刚石磨石				平面
		磁性研磨	磁性磨料	10～1	0.01	黑色金属	外圆 去毛刺
		滚动研磨	固结磨料、游离磨料、化学或电解作用液体			黑色金属等	型腔

续表

分类		加工方法	加工工具	精度(μm)	表面粗糙度 Ra (μm)	被加工材料	应用
磨料加工	抛光	精密、超精密抛光	抛光器 氧化铝、氧化铬等磨料	1～0.1	0.025～0.008	黑色金属、铝合金	外圆、孔、平面
		弹性发射加工	聚氯酯球抛光器、高压抛光液	0.1～0.001	0.025～0.008	黑色金属、非金属材料	平面、型面
		液体动力抛光	带有楔槽工作表面的抛光器 抛光液	0.1～0.01	0.025～0.008	黑色金属、非金属材料、有色金属	平面、圆柱面
		液中研抛	聚氨酯抛光器 抛光液	1～0.1	0.01	黑色金属、非金属材料	平面
		磁流体抛光	非磁性磨料 磁流体	1～0.1	0.01	黑色金属、非金属材料、有色金属	平面
		挤压研抛	黏弹性物质 磨料	5	0.01	黑色金属等	型面、型腔去毛刺、倒棱
		喷射加工	磨料 液体	5	0.01～0.02	黑色金属等	孔、型腔
		砂带研抛	砂带 接触轮	1～0.1	0.01～0.008	黑色金属、非金属材料、有色金属	外圆、孔、平面、型面
		超精研抛	研具（脱脂木材，细毛毡）、磨料、纯水	1～0.1	0.01～0.008	黑色金属、非金属材料、有色金属	平面

续表

分类		加工方法	加工工具	精度（μm）	表面粗糙度 Ra（μm）	被加工材料	应用
磨料加工	超精加工	精密超精加工	磨条 磨削液	1～0.1	0.025～0.01	黑色金属等	外圆
	珩磨	精密珩磨	磨条 磨削液	1～0.1	0.025～0.01	黑色金属等	孔
特种加工	电火花加工	电火花成形加工	成形电极、脉冲电源、煤油、去离子水	50～1	2.5～0.02	导电金属	型腔模
		电火花线切割加工	钼丝、铜丝、脉冲电源、煤油、去离子水	20～3	2.5～0.16		冲模、样板（切断、开槽）
	电化学加工	电解加工	工具极（铜、不锈钢） 电解液	100～3	1.25～0.06	导电金属	型孔、型面、型腔
		电铸	导电原模 电铸溶液	1	0.02～0.012	金属	成形小零件

续表

分类		加工方法	加工工具	精　度（μm）	表面粗糙度 Ra（μm）	被加工材料	应　用
特种加工	化学加工	蚀刻	掩模板、光敏抗蚀剂、离子束装置、电子束装置	0.1	2.5～0.2	金属、非金属、半导体	刻线、图形
		化学铣削	刻形、光学腐蚀溶液、耐腐蚀涂料	20～10	2.5～0.2	黑色金属、有色金属等	下料、成形加工（如印制电路板）
	超声加工		超声波发生器、换能器、变幅杆、工具	30～5	2.5～0.04	任何硬脆金属和非金属	型孔、型腔
	微波加工		针状电极（钢丝、铱丝）、波导管	10	6.3～0.12	绝缘材料、半导体	打孔
	红外光加工		红外光发生器	10	6.3～0.12	任何材料	打孔、切割
	电子束加工		电子枪、真空系统、加工装置（工作台）	10～1	6.3～12	任何材料	微孔、镀膜、焊接、蚀刻
	离子束加工	离子束去除加工	离子枪、真空系统、加工装置（工作台）	0.01～0.001	0.02～0.01	任何材料	成形表面、刃磨、蚀刻
		离子束附着加工		1～0.1	0.02～0.01		镀膜
		离子束结合加工					注入、掺杂
	激光束加工		激光器、加工装置（工作台）	10～1	6.3～0.12	任何材料	打孔、切割、焊接、热处理

续表

分类		加工方法	加工工具	精　度（μm）	表面粗糙度 Ra（μm）	被加工材料	应　用
复合加工	电解	精密电解磨削	工具极、电解液、砂轮	20～1	0.08～0.01	导电黑色金属、硬质合金	轧辊、刀具刃磨
		精密电解研磨	工具极、电解液、磨料	1～0.1	0.025～0.008		平面、外圆、孔
		精密电解抛光	工具极、电解液、磨料	10～1	0.05～0.008	导电金属	平面、外圆、孔、型面
	超声	精密超声车削	超声波发生器、换能器、变幅杆、车刀	5～1	0.1～0.01	难加工材料	外圆、孔、端面、型面
		精密超声磨削	超声波发生器、换能器、变幅杆、砂轮	3～1	0.1～0.01		外圆、孔、端面
		精密超声研磨	超声波发生器、换能器、变幅杆、研磨剂、研具	1～0.1	0.025～0.008	黑色金属等硬脆材料	外圆、孔、平面
	化学	机械化学研磨	研具、磨料、化学活化研磨剂	0.1～0.01	0.025～0.008	黑色金属、非金属材料	外圆、孔、平面、型面
		机械化学抛光	抛光器、增压活化抛光液	0.01	0.01	各种材料	外圆、孔、平面、型面
		化学机械抛光	抛光器、化学活化抛光液	0.01	0.01		外圆、孔、平面、型面

的超精密加工方法。

在刀具方面，除了金刚石材料外，还发展了立方氮化硼、复方氮化硅和复合陶瓷等超硬刀具材料。

2. 精密和超精密磨料加工

精密和超精密磨料加工是利用细粒度的磨粒和微粉对黑色金属、硬脆材料等进行加工，以得到高的加工精度和较低的表面粗糙度值。精密和超精密磨料加工方法可分为固结磨料和游离磨料两大类。

（1）固结磨料加工。指将磨粒或微粉与结合剂粘合在一起，形成一定的形状并具有一定强度（有时尚需进行烧结），如砂轮、砂条、磨石等，也可将磨粒和微粉与结合剂涂敷在带基上形成砂带。

1）精密和超精密砂轮磨削。精密砂轮磨削是利用精细修整的粒度为60～80号的砂轮进行磨削，可以达到加工精度为1μm、表面粗糙度 Ra 为0.025μm。超精密砂轮磨削是利用精细修整的粒度为W40～W5的砂轮进行磨削，可以获得加工精度为0.1μm、表面粗糙度 Ra 为0.025μm以下的加工表面。目前已应用金刚石、立方氮化硼等高硬度磨料的砂轮来进行超精密磨削。

2）精密和超精密砂带磨削。利用粒度为W28～W2.5的砂带进行磨削，分为开式和闭式（环带）两种磨削方式，是近年发展起来的新方法。

3）其他加工方法还有精密砂带研抛、精密磨石研磨、精密珩磨和超精加工。

（2）游离磨料加工。游离磨料加工时，磨粒或微粉成游离状态，如研磨时的研磨剂、抛光时的抛光液，其中的磨粒或微粉在加工时不是固结在一起的。游离磨料加工的典型方法有精密研磨和精密抛光等。近年来，在这些传统工艺的基础上，出现了许多新的工艺方法，如喷射磨料加工（液体抛光、喷砂）、弹性发射加工、液体动力抛光、磁流体抛光等。

传统的研磨、抛光加工方法虽然古老，但仍然是重要的和主要的精密加工和超精密加工手段。例如：空气静压轴承、精密滑动导轨和精密丝杠等精密元件的制造，其最终工序仍靠研磨等方法来保证其精度。

3. 精密特种加工

特种加工是指非传统性加工，它是相对于常规加工而言的，主要有物理化学加工和电加工。当前，许多特种加工向精密方向发展，出现了精密电火花加工、精密电解加工、精密超声波加工、分子束加工、电子束加工、离子束加工、原子束加工、激光加工、微波加工、等离子体加工、光刻、电铸及变形加工等。特种加工不是依靠刀具和磨料来切削，而是利用电能、光能、声能、热能和化学能等来去除材料，在加工机理上与切削加工截然不同。在特种加工中，有些加工方法不仅可以进行去除加工，还可以进行附着加工（沉积加工）和结合加工。

附着加工可在被加工表面上覆盖一层不同材料，即镀膜；也可在局部地区沉积一块相同材料，如离子沉积（离子镀）。结合加工是使两种材料结合在一起，如将某些金属离子注入到工件表层，以改变工件表面层材料的化学成分和组织，达到要求的物理机械性质；也可以是使两个工件或两种材料焊接或粘接在一起，如激光焊接、化学粘接等。

特种加工中，工具的硬度和强度可以低于工件的硬度和强度，有些工具甚至无损耗，如激光加工、离子束加工等，因此扩大了被加工材料的范围。

4. 精密复合加工

复合加工是将几种加工方法叠合在一起，发挥各个加工方法的长处，达到高质量高效率的效果。复合加工有以下三种方式：

（1）传统加工和特种加工的复合。这种复合加工是将传统的切削加工和特种加工叠加在一起，有两种作用叠加、三种作用叠加，甚至四种作用叠加。如电解抛光是在机械抛光过程中加上电解作用，如图 10-2 所示，其中图 10-2(a)为外圆电解抛光，图 10-2(b)为内圆电解抛光。机械化学研磨是研磨和化学加工的复合，即在研磨剂中放入酸、碱、盐等活性物质，与被加工表面发生化学反应，使金属腐蚀溶解，在研磨时受磨料的机械作用而被去除，从而提高加工效率及质量。超声电解磨削是在磨削过程中加上电解作用，同

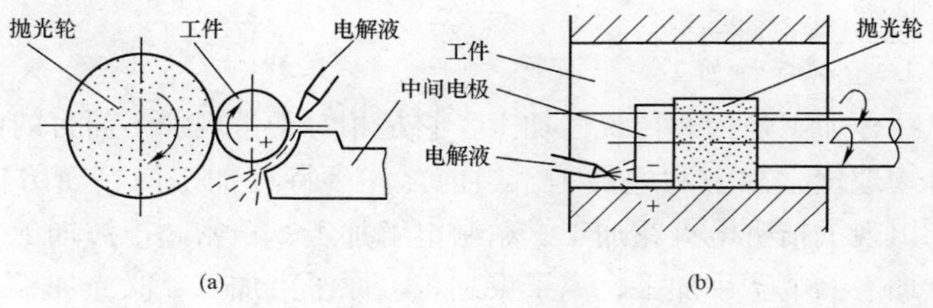

图 10-2　电解抛光加工

(a) 外圆电解抛光；(b) 内圆电解抛光

时使工件产生超声振动，这是三种作用的复合。此外，尚有超声电火花电解磨削，这是四种作用的复合。

(2) 特种加工和特种加工的复合。例如：电火花电解加工是电物理和电化学两种特种加工的复合；超声电解加工是力学和电化学两种特种加工的复合。还有超声电火花加工等，这些都是特种加工的复合加工。

(3) 传统加工与传统加工的复合。近年来，出现了传统加工与传统加工的复合加工，如研抛加工就是研磨与抛光的复合。传统的研磨加工是用铸铁、硬木等硬质研具和研磨剂来进行加工的，可获得很高的尺寸精度、几何形状精度和很低的表面粗糙度参数值，但效率较低；传统的抛光加工是用软（布）轮和抛光剂（液）来进行加工的，可获得很低的表面粗糙度参数值和高效率，但精度不一定高。把研磨和抛光两者结合起来，将铸铁研具改为自硬橡胶、塑料等半硬半软的研具，即可取得研抛加工的效果。例如，砂带研抛就是适当选择接触轮的材料和硬度（如选用邵氏 55°硬橡胶），以达到同时发挥研磨与抛光的作用。

二、影响精密加工和超精密加工质量的因素

精密加工和超精密加工发展到今天，已不再是一种孤立的加工方法和单纯的工艺过程，而是形成了内容极其广泛的制造系统工程。它涉及超微量切除技术、高稳定性和高净化的加工环境、计算技术、工况监控及质量控制等。由此可归纳出影响精密加工和超精密加工的因素有加工原理和机理、被加工材料、加工工具、加工设备及其基础元部件、工件的定位与夹紧、检测及误差补偿、工作环境和人的技艺等，如图10-3所示。

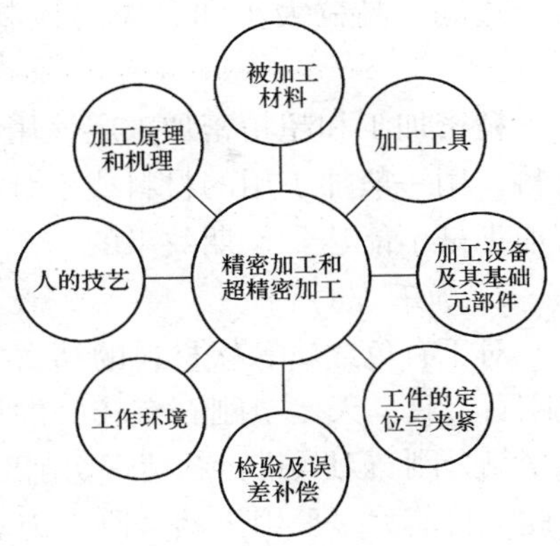

图10-3　影响精密加工和超精密加工质量的因素

1. 加工原理与加工机理

一般加工时，“工作母机”的精度总是要比被加工零件的精度高，这一规律称为“母性”原则。对于精密和超精密加工，由于被加工零件的精度要求很高，用更高精度的“工作母机”来加工有时已不可能，这时可利用精度低于工件精度要求的机床设备，借助于工艺手段和特殊工具来加工，这是创造性加工原则，而且是一种直接式创造性原则。另外，用较低精度的机床设备和工具，制造出加工精度比被加工零件精度更高的机床设备和工具，即第二代“工作母机”和工具，再用此设备加工高精度工件，为间接式创造性加工。进行创造性加工多采用各种误差补偿方法来提高加工精度。

精密加工和超精密加工的关键是在最后一道工序能够从被加工表面微量去除表面层。微量去除表面层越薄，则加工精度越高。因此，微量去除是精密加工和超精密加工的又一条重要原则。金刚石刀具超精密切削是当前最成功的微量切除加工工艺，其切削机理与一般切削加工是有差别的。

2. 被加工材料

精密加工和超精密加工的被加工材料，在化学成分、物理机械性能和制造工艺上都有严格的要求，即应该质地均匀，性能一致、稳定，无外部及内部微观缺陷。

超精密加工用的材料，其化学成分的误差应在10^{-2}～10^{-3}数量级，且不能含有杂质；其物理机械性能（拉伸强度、硬度、延伸率、弹性模量、热导率、膨胀系数等）应达10^{-5}～10^{-6}数量级。冶炼、铸造、轧辗、热处理等工艺过程均应严格控制，如温度控制、熔渣过滤、晶粒大小和方向的控制，这些都对材料的性能有很大影响。

精密加工和超精密加工应该用相应的精密加工和超精密加工用材料，用一般加工用的材料或不合要求的材料进行精密加工和超精密加工是不能达到预期效果的。

3. 加工工具

对于有色金属等软材料的精密加工和超精密加工，一般都采用金刚石刀具。天然金刚石有较好的切削性能，其价格昂贵。但用人造聚晶金刚石刀具进行超精密切削时，其加工质量不如天然金刚石，因此，目前大多采用天然金刚石刀具进行超精密切削。金刚石刀具的角度选择和刃磨是一个关键问题，其中有晶体定向、切削刃钝圆半径的刃磨等，它们对刀具寿命和加工表面粗糙度有直接影响。

由于金刚石是由碳原子组成的，与铁原子有较大的亲和力，故不用金刚石刀具切削黑色金属。除金刚石刀具外，还可以采用立方氮化硼、陶瓷、涂层硬质合金及细粒度硬质合金等刀具进行精密和超精密切削。这些刀具材料的切削效果不如金刚石，但它们能加工黑色金属。

对黑色金属等硬脆材料的精密加工和超精密加工，一般多采用磨削、研磨、抛光等方法。精密和超精密磨削时，通常采用粒度为F240号～W7或更细的白钢玉（WA）或铬钢玉（PA）磨料和树脂结合剂制成的紧密组织砂轮，经金刚石精细修整后进行加工。在精密和超精密研磨、抛光中，除采用铸铁做研具、呢毡等做抛光器外，还采用锡、聚酯等做研具或抛光器，并在研磨、抛光前进行精细修整，能获得低表面粗糙度参数值的表面。至于磨粒和微粉，除采用粒度为W40～W0.5的氧化铝、碳化硅外，已大量采用金刚石和立方氮化硼等超硬磨料或一些如锆刚玉、铬刚玉等软质磨料。超硬微粉可以高效率地得到高质量的加工表面。而软质磨料则不易划伤加工表面，这对加工一些软质材料时是很关键的。磨料要求颗粒均匀，粒度合适。细粒度磨料虽然可以达到极低的表面粗糙度参数值，但生产率很低。现在，最细的微粉，其磨粒基本尺寸可小于0.5μm，甚至可达7nm。

4. 加工设备及其基础元部件

精密加工和超精密加工所用的加工设备主要指精密切削机床、超精密切削机床、各种研磨机和抛光机等。以超精密车床为代表，用来加工轴、盘、球和各种带曲面的零件等；而超精密铣床，配有精密转台，用来加工多面体；研磨机和抛光机，过去都认为要求不高，实际上用于超精密加工时，必须有很高的精度。因此，对于精密加工和超精密加工所用的加工设备，有以下一些要求：

(1) 高精度。要达到高的几何精度、定位精度和分辨率，加工设备必须具有高精度的主轴系统、进给系统（包括微位移装置）。现在的超精密车床，其主轴回转精度可达 0.02μm，导轨直线度可达 1 000 000∶0.025，定位精度 0.013μm，进给分辨率 0.005μm。其回转零件应进行精密的动平衡。

(2) 高刚度。包括静刚度和动刚度。不仅要注意零件本身的刚度，而且要考虑接触刚度，从而使机床受力后的变形极小。

(3) 高稳定性。整个设备应长时间保持精度，不受温度等影响。在使用和运输过程中，应有很高的抗振性。因此，运动零件的材料应有较好的耐磨性，运动件的结构形式可采用气动、液动或滚动以减少摩擦磨损；基础件（床身、底座）应选用抗振性较好的材料；设备应配置温控系统等。并且设备应在恒温、净化、防振的环境中工作。

(4) 高度自动化。现代化的精密加工和超精密加工设备多有计算机数字控制，以实现自动化、扩大技术性能和减少人为因素的影响。

精密加工和超精密加工设备中的主要基础元部件有主轴及轴承、导轨、微位移装置、分度转台等。

(5) 若要保证工件无变形，则装夹所用的夹具是加工设备中的一个关键部分，必须给予关注。

5. 工件的定位与夹紧

在精密加工和超精密加工时，除一般定位原则外，可考虑以下原则：

(1) 可采用过定位结构以提高工件刚度。

(2) 要解决工件的无变形安装。由于超精密加工时是微量去除，可能产生安装变形大于切削余量的情况。对于薄片状零件（如磁盘等），极易变形，可用真空吸盘来装夹。对于一些小零件，可采用液状橡胶、沥青及低温蜡等将工件粘于夹具上进行加工。

(3) 尽量减少装夹次数，在一次装夹下加工较多的表面，以保证加工余量要求和相对位置精度。

(4) 可采用以加工表面本身来定位的方法得到均匀的加工余量，保证微量去除。

6. 检测及误差补偿

精密加工和超精密加工必须具备相应的检测技术和手段，这不仅要进行加工零件的精度和表面粗糙度的检验，而且要测量加工设备的精度和基础元部件的精度。

高精度的尺寸和几何形状可采用分辨率为0.1～0.01μm的电子测微计、分辨率为0.01～0.001μm的电感测微仪或电容测微仪来测量。圆度还可以用精度为0.01μm的圆度仪来测量。

轴系回转精度的测量是一个比较复杂的问题。低速时的静态检测可用电感或电容测微仪与基准球来测量，精度可达0.1～0.005μm；高速时的动态检测可利用电容测微仪和同步示波器测量定点降值变动的方法，精度可达0.01μm。

导轨直线度可采用电子水平仪、自准直仪和激光干涉仪等角度检测方法来测量，精度为1 000 000 ：（0.5～0.02）。此外，也可用基准平尺与电子测微计分离平尺误差的方法来测量，精度可达1 000 000∶0.10。

表面粗糙度的测量可分为接触式和非接触式两种。

接触式测量多用触针式的表面轮廓仪或表面形貌仪来检测，其传感器多为电感式和压电晶体式。这种测量表面粗糙度方法的最大不足是易划伤已加工表面，因此出现了许多非接触测量方法。非接触式测量方法很多，有气动法、电容法、超声微波法和光学法等。

表面应力与表面变质层深度可采用 X 光衍射法和激光干涉法等来测量。

精密检测和自动化检测是检测技术的两个重要发展方向。在自动化检测领域内，非接触在线测量和误差分离、补偿技术是两个主要发展方面。误差分离与误差补偿有密切关系。误差分离技术是用多个传感器在多个方位上同时对工件的形位误差和机床运动部件的运动误差进行检测，利用微机处理分离各自的误差成分，以便分析造成误差的原因。误差补偿又可分为静态误差补偿和动态误差补偿两类。静态误差补偿是事先测出误差值，按需要的误差补偿值设计制造出补偿装置（如校正尺等），加工时进行误差补偿，在数控机床上，可利用微机建模软件补偿来代替硬件补偿。动态误差补偿是在在线检测的基础上，通过计算机建模和反馈控制系统进行实时补偿，因此，需要形成一个闭环的自适应误差补偿系统。

误差预防和误差补偿是提高超精密加工精度的两大策略。误差预防策略是通过提高机床制造精度、保证加工环境的条件等来减少误差源或减少误差的影响。误差补偿策略是消除误差本身的影响。

7. 工作环境

精密加工和超精密加工的工作环境主要有温度、湿度、洁净和隔振等方面的要求。保证一定条件的工作环境是必要的，它和加工效果有密切关系。

（1）恒温。根据不同要求，环境温度可控制在±1～±0.1℃。在要求更高的地方，可采用多层小环境恒温的办法。如将超精密机床放在大恒温间的小恒温室中，再用恒温罩罩上，罩内用恒温液喷淋机床，恒温精度可达±0.021～±0.000 5℃。

（2）恒湿。在恒温室内，一般湿度保持在55％～60％，主要是为了防止锈蚀、花岗石膨胀和激光干涉仪漂移等。

（3）净化。净化主要是为了避免尘埃的影响。超精密加工时，空气中的尘埃可能会划伤低表面粗糙度参数值的加工表面。超精密研磨或抛光时，尘埃的颗粒可能比微粉磨料的颗粒大，从而破坏了加工表面的粗糙度。一般洁净度要求10 000～100级（100级指每立方英尺含大于0.5μm的尘埃不超过100个，以此类推）。由于大面积的超净间造价很高，且不易达到高洁净度，因此出现了超净工作台、超净工作腔等小面积的超净环境，可在其内通入正压洁净空气，以达到要求的洁净度。

（4）防振与隔振。精密加工和超精密加工设备多安放在带防振沟和隔振器的防振地基上，但对低频振动的隔离效果较差。使用空气弹簧（垫）对低频振动的隔离效果较好，且灵活方便，因此应用十分广泛。

8. 人的技艺

操作者的技术水平、知识面和操作熟练程度，往往是影响超精密加工质量和效率的重要因素。当前，精密加工和超精密加工的加工质量在一定程度上靠操作工人的技艺来保证。机床设备的精度、检测仪器的精度和操作者的技艺水平三者决定了工件的加工精度。从事精密加工和超精密加工的操作者，不仅要有高超的技艺和专业知识，而且要有进取攻坚的思想素质。以金刚石刀具的刃磨为例，其刃磨质量与刃磨操作者的技艺水平关系十分密切，操作者要熟悉金刚石的构造和性能、各种研磨磨料的特性，具有固体物理学、化学、机械学等方面的知识和高超的研磨技艺，同时还要了解新型检测仪器的性能和操作，才能在相应设备、检测装置等支持环境下，刃磨出高质量的金刚石刀具。又如在空气静压轴承制造中，内外环的配合间隙仍靠技术工人的高超研磨技艺来保证，达到回转精度和刚度的要求。可见，要重视人的技艺的培养。

三、精密加工和超精密加工的一般原则

精密加工和超精密加工的方法很多。它们一般应遵循以下原则：

（1）创造性加工原则。在精密加工和超精密加工中，往往采用“以粗干精”的加工原则，即用低精度的设备和工具，借助于工艺手段加工出高精度的工件的创造性加工原则。精密平板加工为一个典型例子。研磨、刮研等是最古老最原始的加工方法，既简单又可靠，现在仍然是重要的精密加工和超精密加工方法。

（2）微量切除原则。要获得高精度，一定要实现与此精度相适应的微量切除。为此，机床应具备低速进给机构和微量进刀机构，如采用滚动导轨的微动工作台、利用弹性变形的进给刀架、利用电致伸缩、磁致伸缩的微位移机构等。

（3）稳定加工原则。要实现精密加工和超精密加工，必须排除来自工艺系统及其他外界因素的干扰，才能稳定进行加工。例如，采用液体静压轴承、液体静压导轨、空气静压导轨等。同时还要有相应的高净化的工作环境，如恒温室、净化间、防振地基等。

（4）测量精度应高于加工精度。精密测量是实现精密加工、超精密加工的前提。一定精度的加工必须有相应更高的测量技术和装置，如精密光栅、激光干涉仪等。

四、精密加工和超精密加工的特点

精密加工和超精密加工有如下几个特点：

（1）综合技术。精密加工和超精密加工是一门多学科的综合高级技术。精密加工和超精密加工要达到高精度和高表面质量，不仅要考虑加工方法本身，而且要考虑整个制造工艺系统和综合技术，因此涉及面较广。如果没有这些综合技术和条件的支持，孤立的加工方法是不能得到满意的效果的。在研究超精密切削理论和表面形成机理、建立数学公式和模型的同时，还要研究各相关技术。

（2）与微细加工密切相关。精密加工和超精密加工与微细加工和超微细加工密切相关。精密加工和微细加工有共同的基础和相同的加工方法。这些加工方法除切削加工、磨削加工、特种加工外，还包括涂层加工、蚀刻、切片、焊接和变形加工等。精密加工比微细加工的范围更广阔，内容也更丰富。

（3）新工艺和复合加工技术。精密加工和超精密加工出现了许多新工艺和复合加工技术。精密加工和超精密加工打破了传统加工工艺的范围，出现了激光加工、离子束加工等许多特种加工新工艺。特种加工方法的出现，开辟了精密加工的新途径，不仅可以加工一些高硬度、高脆性的难加工材料，如硬质合金、淬火钢、金刚石、陶瓷、石英等；同时可以加工刚度很差的精密零件，如薄壁零件、弹性零件等。

当前，传统加工方法仍然占有较大的比例，而且是主要加工手段，经过长时期的发展，有了很深厚的基础。由于特种加工的发展，出现了各种复合加工技术，可以提高精度、降低表面粗糙度值、提高效率，而且扩大了加工应用范围。

（4）加工检测一体化。超精密加工的在线检测和在位检测（工件加工完毕不卸下，在机床上直接进行检测）极为重要，因为加工精度很高，表面粗糙度参数值很小，如果工件加工完毕卸下后检测，发现问题就难以再进行加工。因此要进行在线检测和在位检测的可能性和精度的研究。

（5）与自动化技术联系紧密。精密加工和超精密加工与自动化技术联系紧密，采用微机控制、误差补偿、适应控制和工艺过程优化等技术，可以进一步提高加工精度和表面质量，避免人为手工操作引起的误差，保证加工质量及其稳定性。

第二节　金刚石的超精密加工

金刚石是世界上最硬的物质，因而加工金刚石比加工其他宝石困难得多。但只要对金刚石的性质有正确的理解，根据它的物理力学特性，正确地使用适当的机械和工具，完全可以把它加工成任何所希望的形状。

一、金刚石的特性

1. 金刚石的种类和成分

金刚石是由元素碳（C）组成的，因其中含有杂质而具有不同的颜色和硬度。金刚石中所含的杂质有氮（N）、铝（Al）、氢（H）、硼（B）、氧（O）、钠（Na）、镁（Mg）、磷（P）、钙（Ca）、钪（Sc）、钛（Ti）、铬（Cr）、锰（Mn）、铁（Fe）、钴（Co）、铜（Cu）、锶（Sr）、钡（Ba）、锆（Zr）、镧（La）、镥（Lu）、铂（Pt）、金（Au）、银（Ag）、铅（Pb）25种元素，其中对金刚石特性影响最大的是N元素。金刚石的物理力学性能见表10-4。按质量不同，天然金刚石可分为Ⅰa、Ⅰb、Ⅱa、Ⅱb四种类型。

表10-4　　金刚石的物理力学性能

性　能	实测值	备　注
密度（kg/m^3）	3.52×10^3	
压入硬度（kg/mm^2）	6000～10 000	因晶体方位、温度而异
杨氏模量（N/m^2）	10.5×10^{11}	各向

续表

性　能		实测值	备　注
抗拉强度（N/m^2）		$>3\times10^9$	显著的尺寸效果，加热时变坏
开始氧化温度（K）		900～1000	
开始石墨化温度（K）		1800	在铁粉中 900K
比热容（常温）[J/(kg·K)]		0.516×10^3	
热导率（Ⅰ型常温）[W/(mK)]		600～1000	
导热率（Ⅱ型常温）[W/(mK)]		2000～2100	
线胀系数	（常温）	0.8×10^{-6}	
	（400～1200K）	$(1.5\sim4.8)\times10^{-6}$	
表面能(111 面)(J/m^2)		5.3	
化学活性物质		KNO_3（约 700K）、各种氧化剂(1300K 以下)、W、Ta、Ti、Zr、Fe、Co、Mn、Ni、Cr	

Ⅰ型中 N 的含量为 0.1％量级，Ⅱ型几乎不含有 N。由于含有 N，其物理性能将发生变化，而且颜色也不同。理想、无杂质的金刚石为无色透明的，含 N 的金刚石也多为无色的。98％的天然金刚石为Ⅰ型的，多为 N 置换了 C。人造金刚石全是Ⅰ型的。Ⅱ型的多为宝石级的，它以可见光为中心的广幅光线的透射率很高，对热的传导系数也最高。因而用它来做微波振子、激光半导体的散热器，性能特别引人注目。蓝色的金刚石数量也不少，它具有半导体的性质，比硅材料要耐高温。金刚石因颜色不同，硬度有很大的差异，以茶色为最硬，其次为无色和淡黄色的。

2. 金刚石的结晶

金刚石最基础的结晶是正八面体。在金刚石生成时，因其中有不完全结晶或晶格等而含有各种结晶（见图 10-4），形成了各种形状的金刚石原石。

图 10-5 所示为金刚石的晶体结构及其主要晶面，从图中可以看出晶面的面网密度和原子分布情况，其中立方体晶面用（100）表示，菱形十二面体晶面用（110）表示，八面体晶面用（111）表

示。由于各晶面的面网密度 ρ 不同，因此各晶面的硬度不同。其面网密度比值为

$$\rho_{(111)}:\rho_{(110)}:\rho_{(100)}=2.808:1.414:1$$

可知八面体（111）晶面的硬度最大。

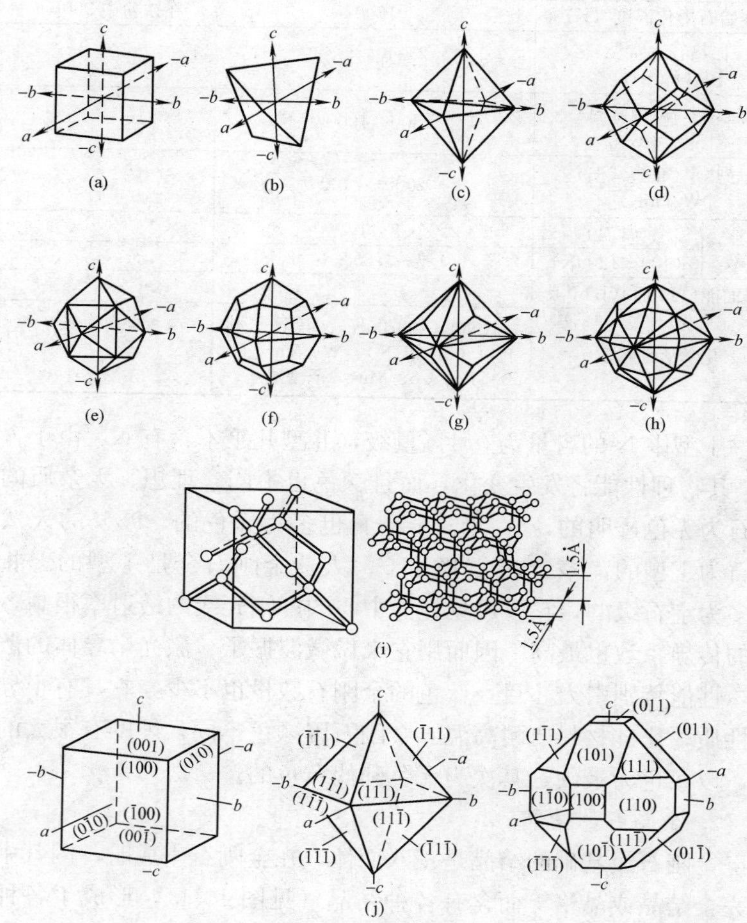

图 10-4　金刚石的结晶

（a）立方体；（b）正四面体；（c）正八面体；（d）十二面体；（e）二十四面体（4×6）；（f）偏方二十四面体；（g）二十四面体（3×8）；（h）四十八面体（6×8）；（i）金刚石结晶的原子排列；（j）金刚石的结晶面

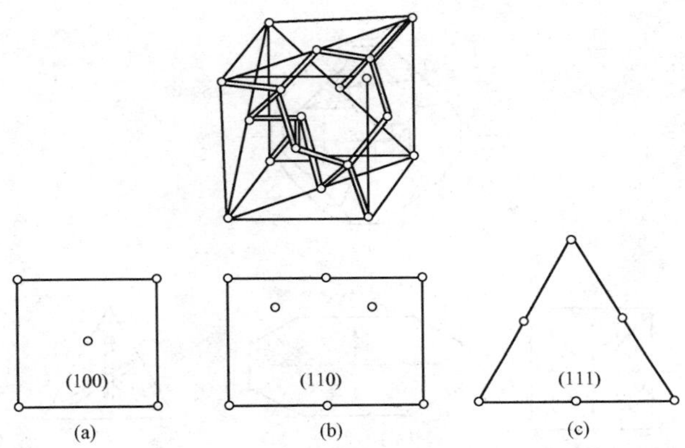

图 10-5　金刚石结构中的主要晶面
（a）立方体晶面；（b）菱形十二面体晶面；（c）八面体晶面

金刚石晶体内的解理面在绝大多数情况下与八面体（111）晶面相平行，其强度很低，当外载荷在解理面上的分力达到一定数值时，就会产生断裂，劈开成两块，如图 10-6 所示。因此，应避免在解理面方向受力或有振动。

3. 金刚石的硬度及耐磨损性

金刚石晶体的晶面上，不同方向上具有不同的硬度，其耐磨性也各异。在图 10-7 中，用虚线（含箭头）表示几个主要晶面的耐磨方向，而实线（含箭头）表示易磨方向。如在八面体（111）晶面上，从三角形底边向角顶的方向为耐磨方向，反之为易磨方向。

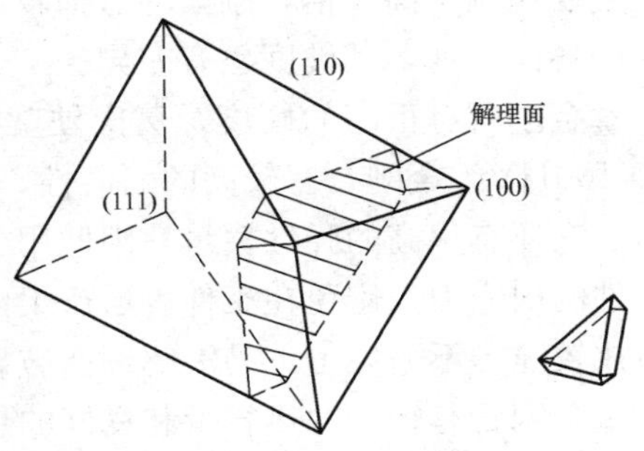

图 10-6　金刚石八面体的解理面

金刚石分为天然的和人造的两大类。天然金刚石有透明、半透明和不透明的，以透明的为最贵重。颜色有无色、浅绿、浅黄、褐及其他颜色，一般褐色的硬度最高，无色次之。天然金刚石常呈浑圆状，无明晰晶棱，晶面也不平整。人造金刚石分单晶体和聚晶烧

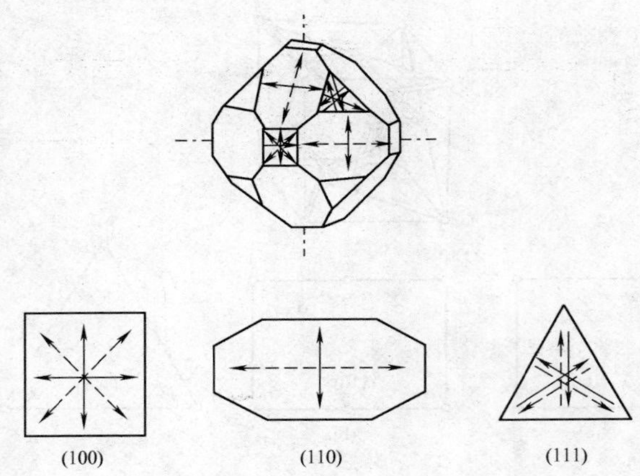

图 10-7　金刚石各晶面耐磨方向

结体两类，前者多用来做磨具磨料，后者多用来做刀具。

莫氏硬度主要是靠各种材料之间互相划擦比较来确定的，因而有较大的差异。用努普显微硬度表示，则更接近于实际。在莫氏硬度中，金刚石为 10，刚玉为 9。若用努普显微硬度表示，金刚石的硬度要比刚玉高 4 倍，刚玉的磨损较金刚石大 5 倍。由于金刚石晶体的各向异性，其硬度也有差异。

金刚石有很高的硬度，莫氏硬度为 10，显微硬度达 10 000～10 100HV。金刚石有较高的耐磨性，其相对耐磨性约为钢的 9000 倍。它还有很高的弹性模量，因此用金刚石刀具加工时，可以减少工件的内应力，避免在工件表层产生内部裂隙和其他缺陷。但金刚石比较脆，不耐冲击，易沿解理面破裂，这是一个最大弱点。

金刚石有较大的热容量和良好的热导性，线膨胀系数很小，熔点高于 3550℃。它不溶于酸和碱，但能溶于硝酸钠、硝酸钾和碳酸钠等盐溶液。在 800℃ 以上的高温下，能与铁或铁合金起反应和溶解。

金刚石的上述特性，对实现精密加工和超精密加工，达到高精度和高表面质量是极其重要的。

金刚石本身不同的结晶方位，易磨损方向与不易磨损方向相比，磨损率为 100∶1。也就是说，沿最不易磨损的方向进行加工，将比沿最易磨损方向加工多费 100 倍的时间。因各向异性，结晶的（111）面最硬，也最难加工。形象地讲（见图 10-8），因原子结构不同，一块金刚石就像有许多肋，顺着肋加工则很难，而垂直于肋或避开肋加工则比较容易。

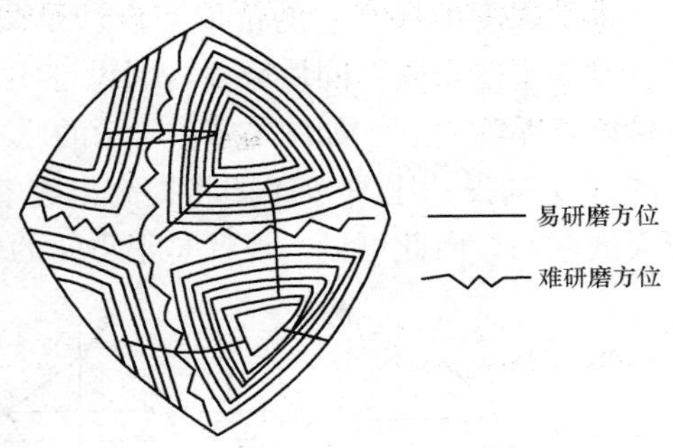

图 10-8 十二面体金刚石结晶方位与可研磨性的关系

金刚石的导热性能良好，约为良导体的 6 倍。而热胀系数很低，因而不会因加热而破损。其热稳定性在 700℃以下时很好，若在大气中加热至 788℃，将开始石墨化。在氧气中 800℃、空气中 875℃开始燃烧。在真空中的熔点为 3700℃。金刚石在受到高温时，其颜色将改变。

二、金刚石戒面（钻石戒面）的加工

因金刚石是最硬且耐磨的物质，其加工方法与加工水晶、红宝石、蓝宝石有所不同。对金刚石的加工是把它制成宝石，从加工金刚石戒面开始，随着金刚石用途的扩大，而转向对工业用产品如金刚石刀具、硬度计压子、拉丝模等的加工。尽管工业用品和戒指的用途不同，但加工方法是相同的，而且所用的加工设备和工具也相同。故下面以金刚石戒面加工为例，介绍金刚石的加工。金刚石戒面的加工顺序如图 10-9 所示。

1. 设计、划线

金刚石是最珍贵的宝石，在加工前要精心地设计，通过精心加

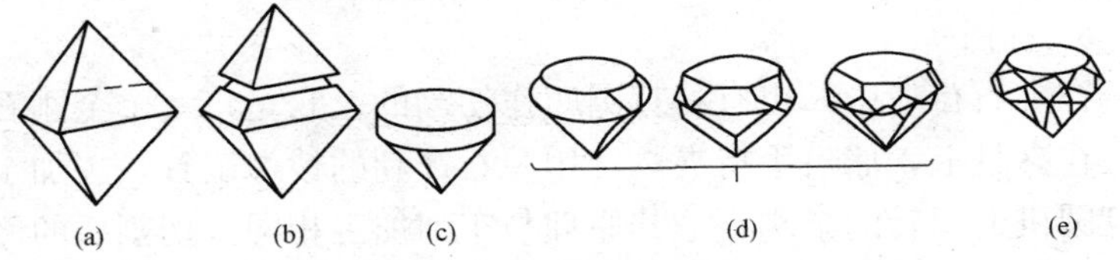

图 10-9 金刚石戒面的加工顺序

（a）划线；（b）切割；（c）打圆；（d）粗锻或粗研磨；（e）抛光

工，最大限度地提高它的价值。设计是要决定原石的取舍去留，故需要有丰富的经验。同块原石，因设计不同，出成果将有很大差异，其价格相差就更远。如图10-10所示的原石，有三种不同的设计，其中图（c）的设计比图（a）的将提高出成率10%，而且还可得到一颗较大的钻石。由此可见，设计是很重要的。设计好后即可划线。

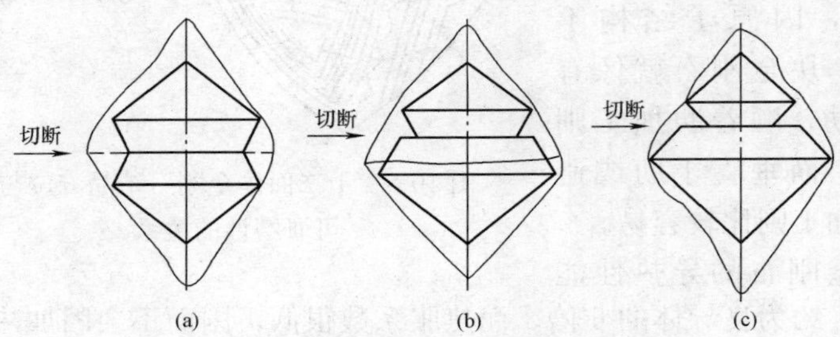

图10-10　设计不同的比较

（a）损失最多约50%；（b）损失中等，约45%；（c）损失最小，约40%

2. 切割

划线后进行切割。金刚石的切割有以下两种方法：

（1）利用金刚石本身的解理面，用特制的刀具切开；用另一金刚石原石的锋利的棱，按所划的线在要切割的金刚石上切出一切口，然后将特制的刀具放在金刚石的切口上，用木槌敲击切开原石。

这种切割方法一定要利用金刚石的解理特性，沿解理切割，否则是切不开的。

（2）用切割机切割。使用厚0.04～0.15mm、ϕ60mm～ϕ90mm的磷青铜圆锯片，以5000～10 000r/min的速度回转，在旋转的磷青铜锯片的外圆周涂上用橄榄油调成糊状的金刚石研磨剂，在被切割的金刚石上靠重力压在旋转的锯片上切割。

3. 打圆

在宝石行业中，也有将打圆叫作切割的。它是将一个金刚石原石夹在夹具上，然后手持夹具，用原石锋利的棱做工具，去加工夹在打圆机上回转的金刚石，其原理与车削加工相同。切割后的原石加工成包括台面在内基本成型的戒面，而被当做工具进行切割的金刚石原石，也在切削当中被加工成大致的戒面形状，以后它再作为被加工的原石，用其他的原石对它进行加工。

4. 研磨、抛光

金刚石加工的最后一道工序，也是最重要的工序，就是研磨、抛光。将切割好的原石粘接在料杆上，再将料杆夹紧在机械手中，手持机械手将原石在高速回转并涂有金刚石研磨剂的铸铁盘上研磨。铸铁盘应耐磨，通常采用高磷铸铁制造。金刚石磨料通常用橄榄油将金刚石粉调成糊状，然后涂在研磨盘上使用。粗加工时所用磨料的粒度为 9～20μm。精研时用 2～6μm 的磨料，最后用 1μm 左右的磨料抛光。尺寸小的金刚石，可以将精研和抛光同时进行。

金刚石研磨机有以下两种类型：

第一种结构较简单，研磨盘固定在上下有两个顶尖的主轴上，以顶尖为基准修正研磨盘。这种结构虽简单，但符合精密传递的原理，可以保证主轴和研磨盘有很高的回转精度。研磨盘的端面跳动可控制在 0.02mm 之内，故至今仍广泛应用。顶尖座（轴承）一般用坚硬红木制造，并经油浸泡，可调整以保证较高的精度。但此种轴承易磨损，精度下降后很难恢复。

第二种研磨机的轴承为各种机械轴承，可以是滚动轴承，也可以是滑动轴承。无论是哪种机械轴承，均要求必须转动平稳，回转精度高。为扩大使用范围，目前也有用液体静压轴承或空气静压轴承的高级研磨机。这种机械主轴上各种工具安装、夹紧较方便，也容易实现自动化。研磨盘磨损时，可以将其卸下修正，若修正得好，便可以保证较高的回转精度。

研磨盘应耐磨，一般用耐磨铸铁或高磷铸铁制造。研磨盘的尺寸一般在 φ250mm～φ330mm，厚 17～25mm。工作时研磨盘的转速为 2500～3000r/min。因研磨盘的转速较高，故要进行很好的动平衡，转动时不能有振动。无论是哪种形式的轴承，研磨盘经动平衡后的端面跳动均应小于 0.02mm，否则加工不出高质量的产品。

为了使金刚石研磨剂能很好地保持在研磨盘上，可用 F60～F100 号的碳化硅磨石或带有磨石的专用工具，将盘面划成浅而细的小沟，金刚石研磨剂便可以埋在沟内，可提高加工效率，节省金刚石粉。研磨盘若使用不当或磨损时，要及时用车床或特制的修正装置加以修正。修正后要重做动平衡，合格后方能再用。

为保证金刚石研磨机工作稳定，在整机安装在地面时应进行水平调整，用水平仪找正，要求研磨盘在转动 360°时在 1000mm 长度上找正到 0.05mm 以内。

研磨金刚石时会产生高温，故不能像普通宝石那样用粘接剂将原石粘接在料棒上，而要将铅或锡加热熔化后将金刚石原石按要求埋在料棒中，或用特制的机械夹头将原石夹紧后进行研磨。所用的低熔点金属为 70％铅与 30％锡的合金。

5. 刻面的研磨（钻石标准型刻面）

金刚石折射率高，如果能准确地按计算出的刻面角度加工，则入射光将被全部反射到表面上，看起来就会闪闪发光。若设计或加工的角度不对，则光泽会大受影响。图 10-11 所示为金刚石和水晶折光率的比较，虽磨成角度一样，光的入射角相同，但由于折射率不同，金刚石能全反射而水晶不能全部反射，故水晶远不如金刚石那样绚丽夺目。

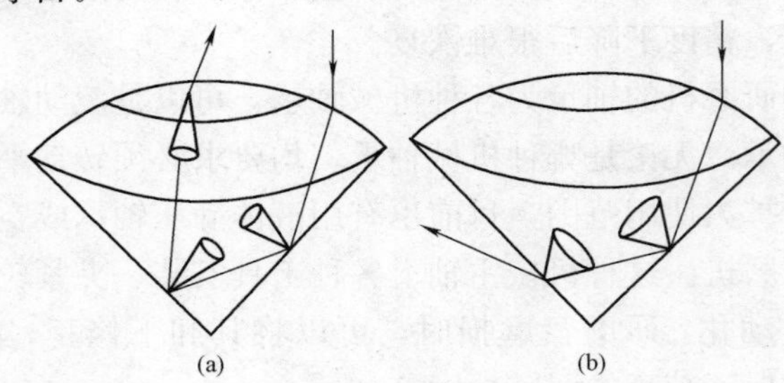

图 10-11　折光率比较

（a）金刚石；（b）水晶

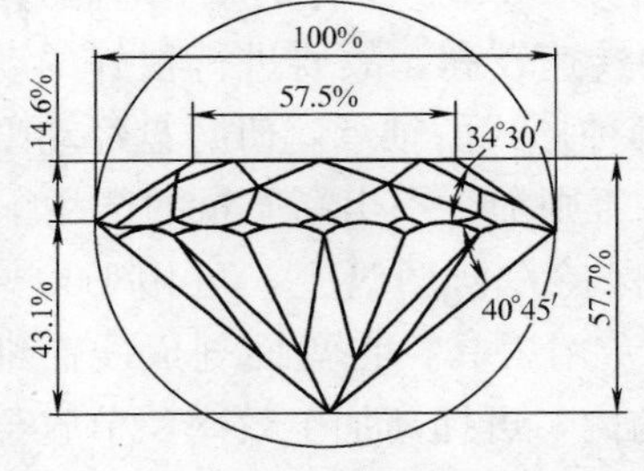

图 10-12　钻石的标准款式

目前最受欢迎的金刚石戒面款式如图 10-12 所示，经打圆的金刚石原石见图 10-13。将原石装在料棒或机械夹头中，用机械手进行研磨。首先研磨台面，然后研磨冠部各番面。各番面的加工顺序见图 10-14，从左上角一直到右

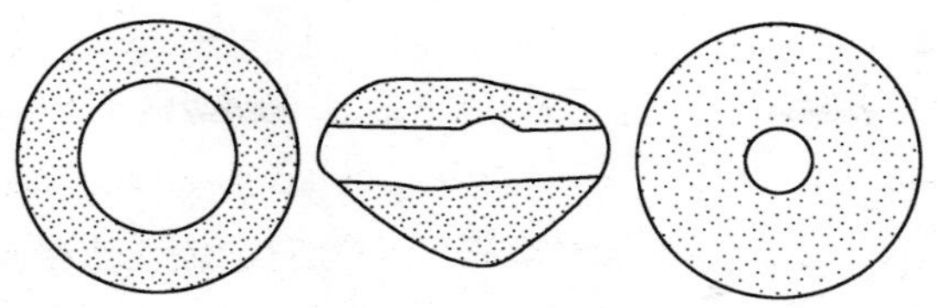

图 10-13　刻面前的原石

下角，冠部加工完毕后调头，再对亭部依次从左上角到右下角。

在番面的实际研磨中，要根据结晶的方位决定研磨方向，沿着最易研磨的方向进行研磨，见图 10-15。如果按不同的结晶方向进行研磨，不但效率高，还可研磨出质量很高的产品。

目前小颗粒金刚石的需求量很大。小颗粒金刚石戒面的粗加工可用半自动加工机研磨。方法是将大小基本相同的原石固定在半自动加工机的夹头上，依次加工各番面。除上料外，其他程序均由加工机自动完成。加工各面的次序见图 10-16。粗加工后用手工精加工和抛光成成品。番面全部加工完毕后，最后一道工序是加工腰部。在打圆时虽已加工过腰部，但加工粗糙，也不光洁，故需最后精研一次。通常是用手持料杆加工腰部；在批量生产时可用金刚石砂轮在加工机床上精密加工腰部。

三、金刚石刀具的加工

（一）金刚石刀具的特性

超精密切削加工，通常均使用单晶金刚石刀具。随着科技的发展，它不仅用于有色金属的超精密切削加工，也在对塑料、复合材料及玻璃、陶瓷的加工中得到更多的应用。用金刚石刀具进行超精密切削加工，要采用空气静压主轴或液体静压主轴的高精度机床，金刚石刀具本身的精度也要与其相匹配。考虑到切削中引起误差的各种因素，对刀具本身的精度要求约为 10nm。对切削刀具，要求其在受热或受力的情况下变形小，切削时背吃刀量要尽可能小，所加工出的表面应光整平滑，加工变质层要小，刀具应耐磨，使用寿命应尽可能地长。

制造金刚石刀具的金刚石要用 0.5～1ct（克拉）的原石，除要求体积有一定的大小外，还要求具有可做刀具的必要几何形状。

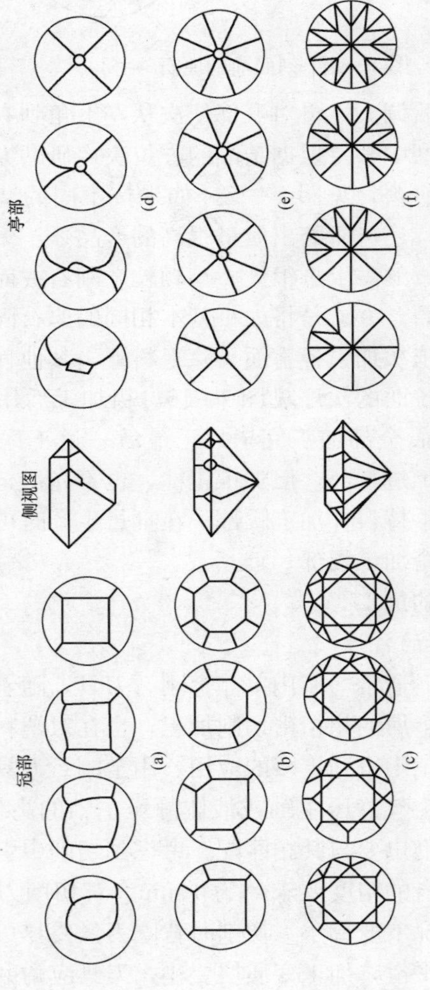

图 10-14　磨各番面的顺序

(a) 先磨 4 个冠部番面；(b) 在它们中间磨另外 4 个冠部番面；(c) 磨全面的星芒面和腰面；
(d) 先磨 4 个亭部番面；(e) 在它们中间磨另外 4 个亭部番面；(f) 磨全面的腰面

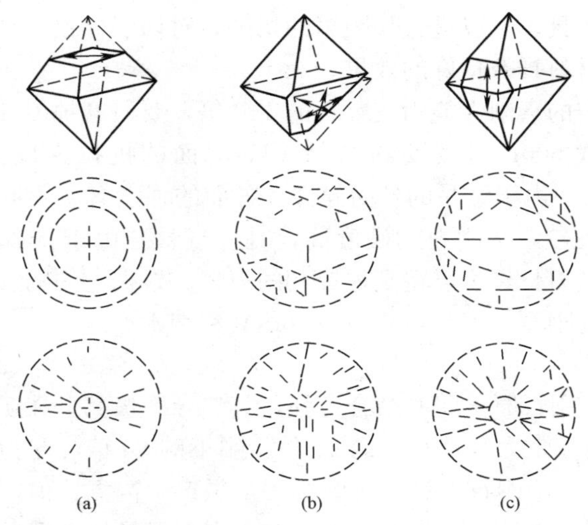

图 10-15　番面的研磨方向（箭头所指是容易切割的方向）

（a）4 点面；（b）3 点面；（c）2 点面

一把金刚石刀具的质量好坏，除金刚石原石本身外，在很大程度上取决于它的加工。关于金刚石的性质已在前面介绍。金刚石刀具的性能与原石的物理性能直接相关，对原石的选择有严格的要求。

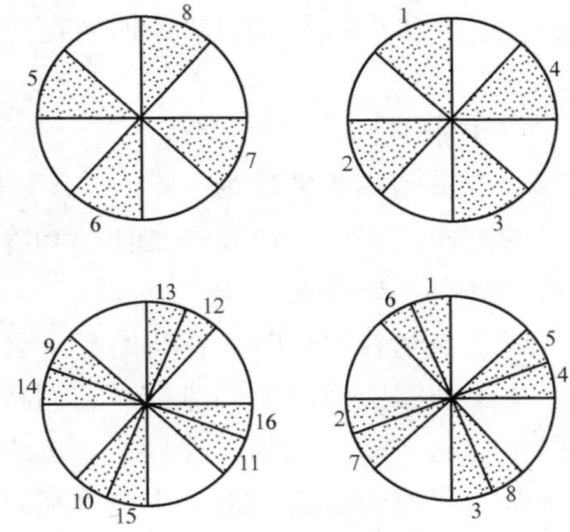

图 10-16　手工精加工次序

1. 硬度

金刚石的颜色不同，硬度有很大差异，这点对于专门从事研磨加工的操作者来说，要知道得很清楚。茶色的最硬，其次是无色，再次是黄色的。黄色的金刚石具有优异的黏性、韧性，用于制造刀具不易崩刃，但硬度低、耐磨性差。茶色的会因冲击产生崩刃或解理，若切削刃具有 0.2μm 左右的磨损之后就不易发生破损。所以用茶色的金刚石做刀具，可以进行长距离的切削，对切削导致刀具急剧磨损的难切削材料具有良好的效果。

金刚石的磨削性能为蓝宝石的140倍，要研磨掉0.1ct的金刚石，在加载500g时需要约结晶（111）面的抗拉强度为4000～10 000MPa。由于结晶的各向异性，各面的强度有所不同。与其他结晶体相比较，金刚石的硬度高，且有韧性。由于具有这两个特点，用它做刀具，可以得到最锋利的刃口。根据它的物理力学性能推算，用金刚石做刀具，其刃口可达到数纳米。

2. 热传导

由于金刚石原子间的结合力强，其热导率极高。在矿物中，金刚石的热导率最大，是石英的20倍，刚玉的60倍，约为各种陶瓷的110倍。在金刚石刀具的研磨过程中虽产生高温，但因其热导率高，对刀具也不致产生大的影响。在金刚石刀具的立刃及终精研磨中或在刀具的使用中，所产生的热量也可以迅速地传给夹具，刀尖也不会产生高温。同时，因金刚石刀具的刃口半径极小及金刚石本身的稳定性和小的摩擦因数，切屑在前刀面上流动性好，热量产生也就更少。

3. 热胀性

金刚石的热胀系数为1×10^{-6}，是刚玉或石英的1/8左右。在刀具的制作过程中，需要经常加热和冷却，因而低热胀系数在刀具制造中具有重要意义。

研磨金刚石刀具时，在研磨盘上要涂上橄榄油调和的金刚石微粉，由于加工中所产生的热量，它们将牢固地粘合在刀具上。为了去除粘合的金刚石微粉，要将刀具加热至200～300℃后再浸泡在酸或碱的溶液中清洗。将刀头银焊在刀体上后或在刀具的使用过程中，也要重复上述清洗。由于金刚石的热胀系数小，热导率高及抗压强度高，故可在温度急剧变化时不破损。

4. 解理特性

金刚石解理面的解理特性，对刀具的加工或对原石的加工都极有利。但在使用中则恰恰相反，一定要注意不要发生因解理而使刀具破损。图10-6是正八面体金刚石的解理面，（111）面强度最高，几乎不能进行加工，与（111）面平行的面（图 10-6 中画斜线的面）就是解理面，有 4 个。如果在平行于金刚石的解理面上加一足够大的瞬间突发力，便可以分割成两块金刚石。这点在金刚石的加工技术中有重要的意义，在刀具的使用中也会因突发力而产生破坏。例如在切削过程中，因工件固定不牢，被加工材料的材质不均、内部有硬度差、断续切削或振动等，都有可能使金刚石刀具沿解理面破坏。因此在制造金刚石刀具时，必须注意使刀具的受力方向避开解理面。金刚石内部的微小缺陷，一般不会使刀具破损，这是因为金刚石刀具的切削力通常只有零点几牛顿，大者也只有 2～3N。刀面的研磨也必须考虑研磨方向。为了使主切削刃刃口锋利，研磨时前刀面和后刀面必须逆着刃口方向研磨，否则将得不到锋利的切削刃。

5. 原石的形状

金刚石标准的结晶形状为八面体，但天然的原石多为十二面体或斜方十二面体，而且形状各异，因而给加工带来许多困难。对结晶方位的选择也不能完全相同。因天然原石的形状不同，即使是同样重（克拉数相同）的原石，加工出来的刀具的大小和形状都将不同。这些都和刀具加工者的技能相关，即研磨刀具的技术将在很大程度上左右金刚石刀具的质量。

金刚石刀具的原石（毛坯）为各种结晶形状的复合体，轴长既不相等也不正交。实际上几乎没有形状完全相同的原石，故要想在金刚石刀具的加工中采用机械化，是很困难的。与其他宝石不同的是，金刚石加工时如果加工者不能事先选择好加工面或随意加工，将不能加工出合格的刀具，甚至加工不动。

（二）金刚石刀具的形状

衡量金刚石刀具的好坏，一看用它能否加工出表面粗糙度 Ra 达 0.01～0.02μm 的镜面，二看能否长时间保持刀具切削刃的锋利性。一般要求在数百千米切削距离内被切削表面状态不能有明显改变。

因用途不同，金刚石刀具的形状也不同。金刚石刀具一般不采用主切削刃和副切削刃相交为一点的尖刀。因为金刚石为硬脆材料，相交为一点不仅容易使尖端崩碎，而且加工表面粗糙度也很大，因而金刚石刀具的主切削刃和副切削刃之间要有过渡刃，以对被加工表面有修光作用。

为了获得表面粗糙度值低的镜面，金刚石刀具多有直线修光刃或圆弧修光刃。因用途不同，刀具角度也各不相同，常用的金刚石刀具角度见图 10-17。

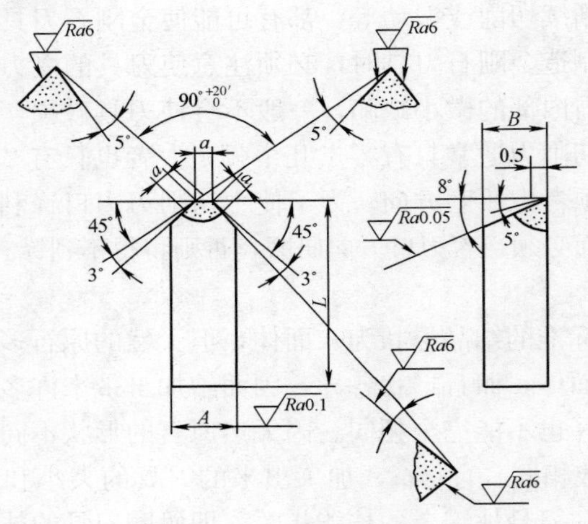

图 10-17　金刚石刀具的角度

a=0.15～0.2mm；b=0.006mm

切削铝合金、铜、黄铜等有色金属通用的金刚石刀具，其主偏角为 45°，前角为 0°，后角为 5°，采用直线修光刃，修光刃长度为 0.15mm。用这种刀具加工，可稳定加工出 $Ra<0.05\mu m$ 的表面。在加工圆柱面、锥面、端面时，多采用有直线修光刃的刀具，修光刃的长度一般取 0.1～0.2mm。过长，会因与表面的过分摩擦而使表面粗糙度值增加，同时也会引起径向力增大而影响加工精度。因金刚石的脆性大，为保证刀具的强度，应使刀具的楔角大些，故刀具的前角、后角均较小。一般后角取 5°～8°。前角则因被加工材质不同而异，通常加工塑料时，γ_0 = 2.5°～5°；加工铝合金、铜、黄铜、青铜、玻璃钢等时，γ_0 =0°～−5°；加工陶瓷、玻璃、硫化锌、硒酸锌、硅、锗等时，γ_0 =−15°～−25°；加工磷酸二氢钾晶体时，γ_0 =−45°。图 10-18 所示为各种刀具的形状。

（三）金刚石的晶体定向

金刚石具有各向异性，其晶体走向对提高金刚石刀具寿命和加工质量有密切关系。定向就是根据晶体的各向异性确定刀具刀面和刀刃的位置，使刃口设计在最能承受切削力的方向上，即与解理面垂直的方向。同时使主切削力的方向与解理面垂直，以免受力方向与解理面平行使金刚石破坏。另外，还应使主切削刃选择在较易研磨的平面上，并注意选择在此平面容易研磨的方向，使金刚石的研磨加工能顺利进行，保证刃口平整，不易崩裂，使用寿命长。

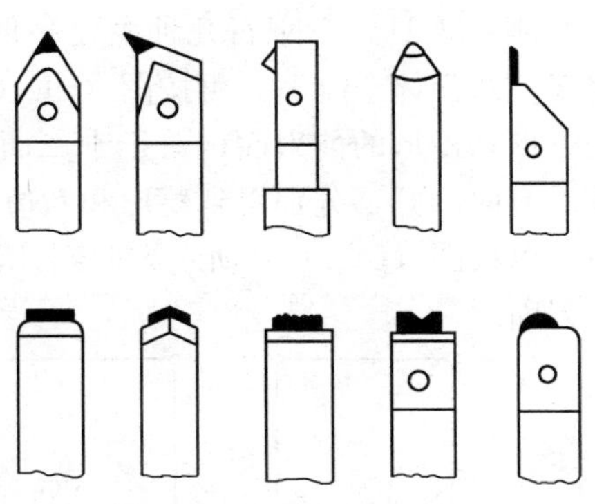
图 10-18　刀具形状

在制作车刀时，若以（111）晶面为切削刃，能获得极高的强度和耐磨性，使车刀的寿命大大提高。但由于（111）晶面非常强韧，很难研磨，故多选用相对于（111）晶面倾斜 3°～5°的面，这样既有较高的强度和耐磨性，同时又有较高的研磨质量。有时也可以选用相对于（110）晶面向（111）晶面方向倾斜 3°～5°的面做切削刃。

金刚石的晶体定向方法有目测定向、X 射线衍射定向、扫描电子显微镜定向和激光定向等方法。目测定向是用十倍放大镜作目察。X 射线衍射定向是利用 X 射线照到晶面时所得到的衍射图形，准确判别金刚石的晶体定向。扫描电子显微定向是用电子束照射金刚石，得到电子通道图样。它是一系列规则的亮带，用电子通道图样可以测定晶体的结构及定向。激光定向是近几年发展起来的新技术，将激光射在不同晶面上，可得到不同衍射图形，如（100）晶面为四叶形，（110）晶面为双叶形，（111）晶面为三叶形，如图 10-19所示。

（四）金刚石的剖开

为了节约金刚石，可将金刚石剖开成两瓣使用，这样便可做两把金刚石刀具。金刚石几种主要晶形的剖开方向如图 10-20 所示。对于正八面体金刚石，可按图（a)、(b）所示方向剖开，分别得到正方形和菱形的前刀面；对于十二面体金刚石，可按图（c)、(d）所示方向剖开，分别得到菱形和六边形前刀面；对于正六面体金刚石，可按图（e)、(f）所示方向剖开，分别得到长方形和正方形的前刀面。

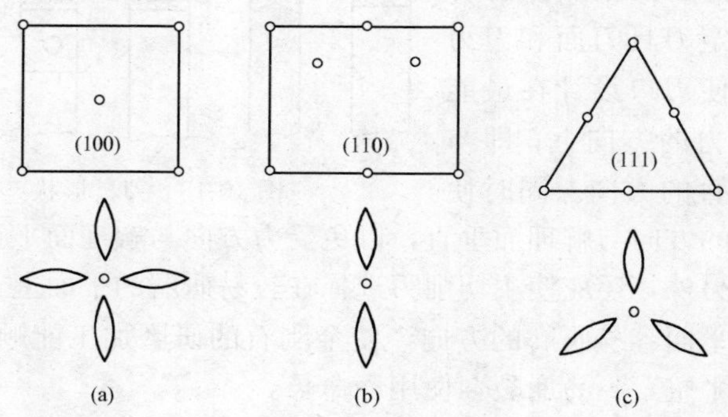

图 10-19　激光定向的衍射图形

(a)(100）晶面；(b)(110）晶面；(c)(111）晶面

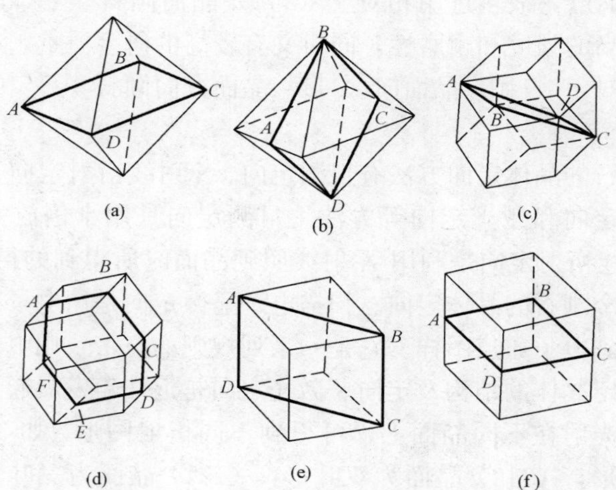

图 10-20　金刚石主要晶形的剖开方向

(a)、(b）正八面体金刚石剖开方向；(c)、(d）十二面体金刚石剖开方向；(e)、(f）正六面体金刚石剖开方向

剖开金刚石前，用粘接剂先将金刚石粘在心轴上，用 0.04～0.15mm 厚的嵌金刚石粉的锡青铜盘来切割。另外，还可以用超声波法来剖开金刚石。

（五）金刚石刀具的结构和切削参数

超精密切削所用金刚石刀具一般多为十二面体或八面体的天然金刚石，质量 0.75～1.5 ct（1ct＝0.2g），颜色为透明或半透明的无色、浅绿或浅黄色等。

1. 金刚石车刀的结构和几何参数

金刚石车刀有焊接式、机械夹固式、粘接式和粉末冶金式等。

焊接式车刀是用铜焊将金刚石直接焊在刀杆上，焊接前在刀杆的刀头处先铣一个与金刚石大小形状相应的凹槽，焊接时将金刚石放在凹槽中。

机械夹固式车刀是在刀体上加工出一个能容纳刀头体积 2/3 以上的凹槽，用压板压住金刚石，为避免压坏刀头，可在刀头上下各垫一层 0.1mm 厚的退火纯铜皮。

粘接式车刀多采用 502 胶或环氧树脂作粘接剂，多用于机械夹固有困难的情况。

粉末冶金式是当前最好的结构，它是将金刚石和铜粉等在真空中加热加压，使金刚石固装在刀杆的相应凹槽中。

金刚石刀具的切削刃有四种基本几何形状，如图 10-21 所示。

(1) 尖刃。刃磨和对刀都比较方便，应用最为广泛，但磨损后要立即重磨。

(2) 直刃。修光刃要与工件表面平行，因

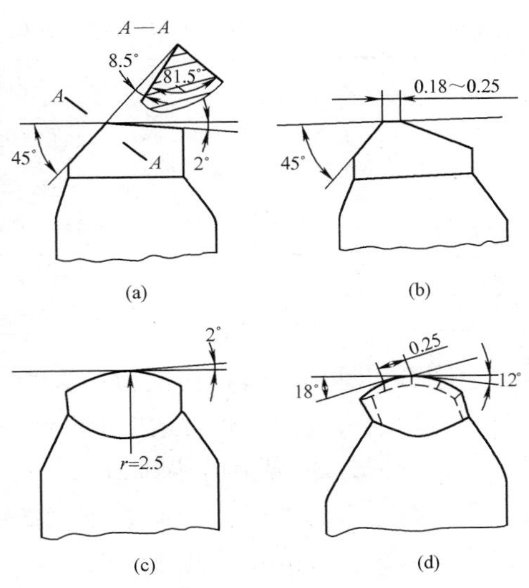

图 10-21　金刚石刀具切削刃几何形状

(a) 尖刃；(b) 直刃；(c) 圆弧刃；(d) 多棱刃

此对刀和刃磨都比较困难，但加工表面粗糙度参数值较小，多用于加工表面质量要求较高的表面。

(3) 圆弧刃。主刀刃对刀调整方便，但刃磨最困难，多用于对刀调整比较困难的场合。这种刀刃的刀具在切削时切削区变形较大，表面粗糙度参数值较大。

(4) 多棱刃。一个刀刃磨损后，可换另一刀刃，几个刀刃磨钝后再一起重磨。用这种刀刃的刀具切削时，残留面高度的实际值和理论值比较接近，切削区变形较小，表面质量好，但刃磨工作量较大，因此应用并不广泛。

对于尖刃金刚石车刀，其主切削刃和副切刃之间有圆角，刀尖圆弧半径 r_ε 一般为 1.0～1.8mm。图 10-22 所示为两种焊接式尖刀金刚石车刀，图 (a) 是上弯 45°左偏刀，由于刀杆上弯，可借助切削力使刀具靠近工件，从而能够使背吃刀量极小，可达 0.1μm 左右；图 (b) 是直头左偏刀。

带有直线修光刃的直刃金刚石车刀（见图 10-21）有主刀刃、副刀刃和修光刃，各刀刃之间有圆角，其几何参数见表 10-5。

表 10-5　直刃金刚石车刀几何参数

工件情况	刀具几何参数					
	前　角 γ (°)	后　角 α (°)	主偏角 K_r (°)	副偏角 K'_r (°)	修光刃长　度 b_ε (mm)	刀尖圆弧半径 r_ε (mm)
铜、铝及其合金有色金属材料	0～1	5～6	30～45		0.18～0.25	1.0
非金属材料、薄壁零件	6	12				

金刚石刀具切削时，切削刃钝圆半径 r_n 是关键参数。从理论上分析，切削刃钝圆半径可达 2～4 nm，实际上目前一般刃磨时为 0.01～0.02μm，世界上已达到 2nm。

金刚石车刀的前刀面应研磨到表面粗糙度 $Ra0.008\mu m$，后刀面也应为 $Ra0.012\ \mu m$ 或更细一些。

2. 金刚石刀具的切削用量

金刚石车刀的车削用量见表 10-6。

表 10-6　　金刚石车刀的车削用量

加工材料	背吃刀量 α_p（mm）	进给量 f（mm/r）	车削速度 v（m/min）
铜、铝等有色金属材料	0.002～0.005	0.01～0.04	150～4000
非金属材料	0.1～0.5	0.05～0.2	30～1500

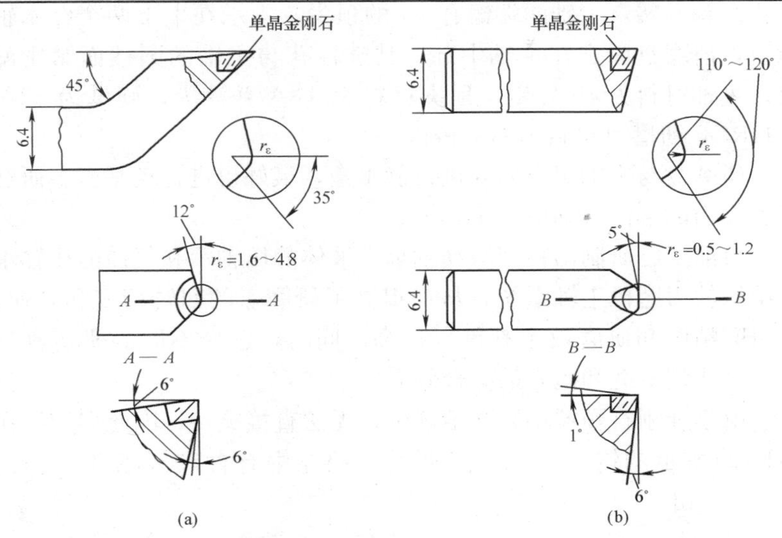

图 10-22　两种焊接式尖刃金刚石车刀

（a）上弯 45°左偏刀；（b）直头左偏刀

（六）金刚石刀具的刃磨

金刚石刀具加工与金刚石戒面的加工完全不同，对金刚石刀具的精度要求更高，因此需要采取下列措施：

（1）所用的研磨机精度要比加工金刚石戒面的研磨机精度更高。

（2）所用的工具必须符合金刚石工具所需要的各种角度，而且在研磨时又可根据金刚石的结晶方位，在研磨盘上自由地改变研磨方向。

（3）研磨的压力和速度在一定范围内可以控制。金刚石刀具各刀面要求有精确的几何角度，同时要有最锋利的切削刃，这就需要采用特制的工具及回转精度高的研磨机床。在最后的刀具刃口的研磨中，要求高速旋转的研磨盘转动必须平稳，不能有振动。故目前多采用液体静压主轴或空气静压主轴的研磨机。研磨盘的直径通常为 250～310mm，主轴的转速为 1000～6000r/min。研磨盘的端面振摆要求低于 0.8μm，要求更高时要低于 0.3μm。

金刚石刀具的刃磨主要靠研磨加工，它是最常用的传统工艺方法。所用研磨机的原理如图 10-23 所示，电动机经传动带带动空心阶梯主轴回转，主轴两端镶有 70°的顶尖，支承在上下两个红木轴承上，研磨盘固定在主轴中部，其圆柱孔与主轴的圆柱面紧密配合。主轴材料为 45 号钢，顶尖材料为 T8A 并淬火，硬度为 58～63HRC，研磨盘材料为高磷铸铁。

研磨盘与主轴组合后要进行静平衡，最好也进行动平衡。研磨盘工作面的端面跳动应小于 5μm。

目前，已研制出精密滚动轴承、液体静压轴承和气体静压轴承等结构的刃磨机主轴系统，从而提高了研磨盘的回转精度和转速，使研磨精度和研磨效率都得以提高。同时，选择不同的研磨盘材料，可达到研磨和抛光的综合效果。

由于金刚石颗粒小、又不规则，无法直接夹持，因此多熔接在图10-24所示的锡斗中来进行研磨。锡斗中有含70％锡和30％铅

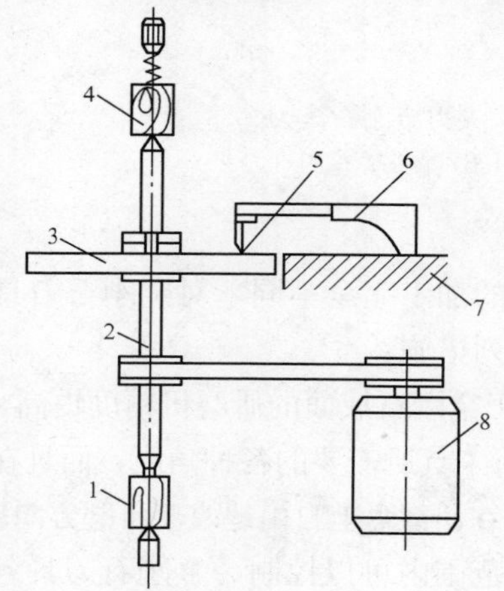

图 10-23　金刚石刀具刃磨机原理

1—下红木轴承；2—主轴；3—研磨盘；4—上红木轴承；5—金刚石；6—装夹金刚石的夹具；7—工作台；8—电动机

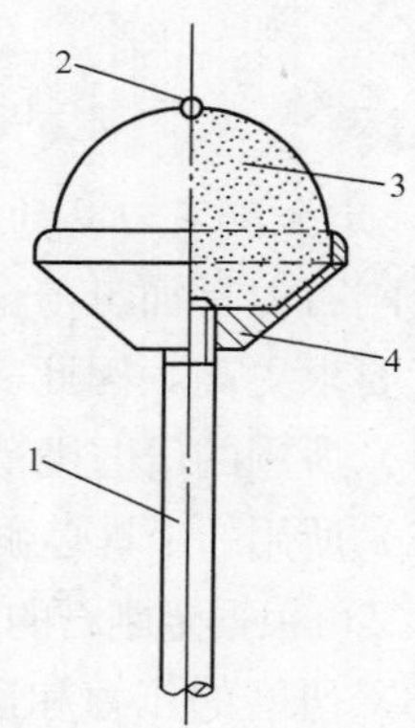

图 10-24　研磨金刚石用的锡斗

1—锡斗柄（纯铜）；2—金刚石；3—熔剂；4—锡斗体

混合而成的熔剂。用煤气或酒精灯先将锡斗中的熔剂加热熔化，放入金刚石颗粒，露出所需刃磨的部分，熔剂冷却后即可将金刚石颗粒固定。将锡斗柄装夹在研磨夹中，便可进行研磨。

当金刚石在锡斗中已经研磨出一个基准面后，就可将金刚石从锡斗取出，直接装在研磨夹具中进行其他面的研磨。取出金刚石的方法是将熔剂熔化。图 10-25 所示为一个四足研磨夹具，它由四足

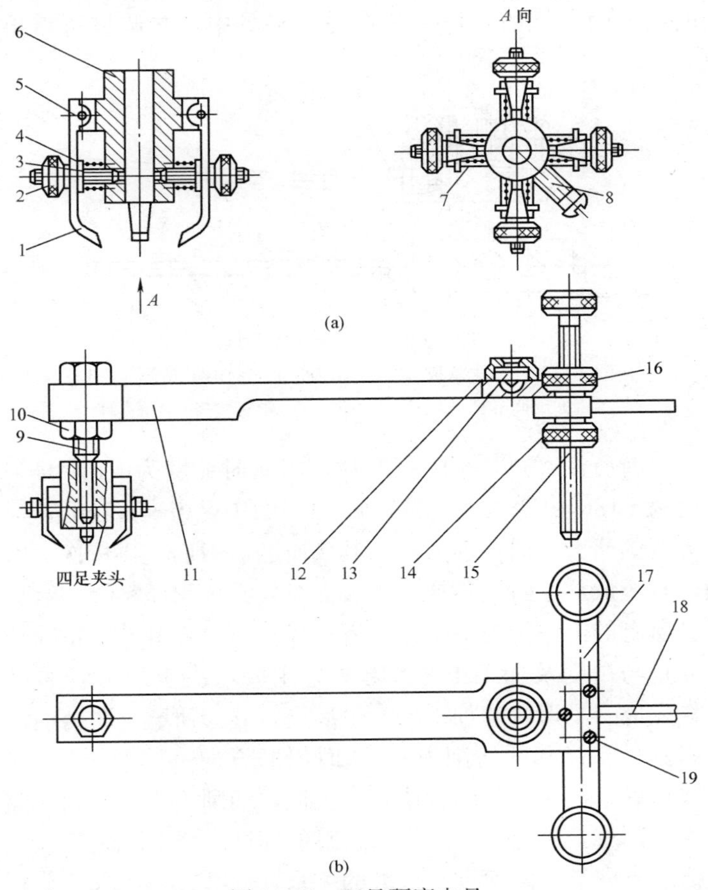

图 10-25 四足研磨夹具

(a) 四足夹头；(b) 夹具体

1—夹爪；2—夹紧螺母；3—垫圈；4—螺栓；5—销子；6—夹头体；7—弹簧；8—紧固螺钉；9—导柱；10—螺母；11—夹具体；12—水平仪外罩；13—水平仪；14、16—调节螺母；15—螺杆；17—支承板；18—夹杆；19—螺钉

夹头和夹具体两部分组成。先将金刚石装于四足夹头中，再将四足夹头装于导柱 9 中便可进行研磨。金刚石在四足夹头中由已研磨出的基准面定位，用 4 个可以分别移动的夹爪夹紧，研磨出与基准面相平行的面。

当金刚石已经有两个相互平行的面后，就可以将金刚石装在如图 10-26 所示的平面研磨夹具中，用上压板 3 压紧，研磨其他面。研磨时将平面夹具的夹杆 9 装在另一夹具中，并调整所需角度和位置。

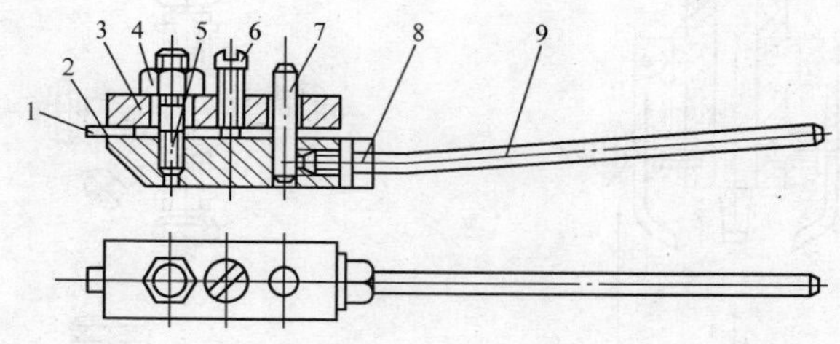

图 10-26　平面研磨夹具

1—金刚石；2—支承板；3—上压板；4—紧固螺母；5—螺栓；6—支承调节螺钉；7—止转销；8—锁紧螺母；9—夹杆

研磨时所用磨料是金刚石磨粒，粗研时粒度为 F180 号，精研时粒度为 F180～F280 号，最后抛光时可用 W40～W7 微粉。

刀具的研磨先研磨前刀面，其次研磨后刀面，再依次研磨其他各面，直至成形。每次更换加工表面时，必须重新粘接或装夹，一把刀具所有的工序均由一个操作者完成。所以刀具的质量除加工设备的质量与精度及加工工艺参数外，主要取决于加工者的操作技术。在完成刀具形状的加工后，最后进行立刃研磨（研磨前、后刀面使刀具具有锋利的切削刃），这时研磨方向一定要逆着切削刃，而且要正确掌握研磨盘的转速，速度低，切削刃不会锋利；速度过高，立刃困难，故要适当选择研磨盘的速度。

研磨方向与去除速度有很大的关系，研磨方向应选三个相交的结晶轴中最长的结晶轴方向。实际上沿着最长轴仍然有两个方向，即从上到下与从下到上。这两个方向中只有一个方向适于研磨。又如结晶轴最长者是（100）面时，则不可能研磨。现以金刚石最基本的八面体为例说明。图10-27（a）为（110）面研磨方向与研磨速度的关系，箭头表示研磨方向，箭头的长短表示去除速度。对（111）面磨料几乎不能加工，但自（111）面偏离30′（有三个方向）则可以研磨，随着偏斜方向增大，去除速度也随之增加。沿着趋向图面的横向研磨，则去除速度下降，直到横向时去除速度为原来的一半。从图10-27（b）可见，（110）面的纵轴最长，但沿图面的横向研磨时则不能去除，当沿此面倾斜30′之后则开始可以研磨。随着倾斜角度的增大，去除速度增加，当倾斜到13°时去除速度最快；继续倾斜，去除速度又开始下降。当倾斜至约30°时，研磨方向从（100）面移到了（110）面，一直到90°。一般情况下，利用这两个结晶面的可研磨范围，可使原石研磨成任意形状。结晶方向可用激光或X射线定向，但熟练的加工者可根据原石的表面形态正确地确定刀具的加工面，并制成质量高、寿命长的金刚石刀具。图10-28所示为刀具各面在原石结晶面中的选取方法。

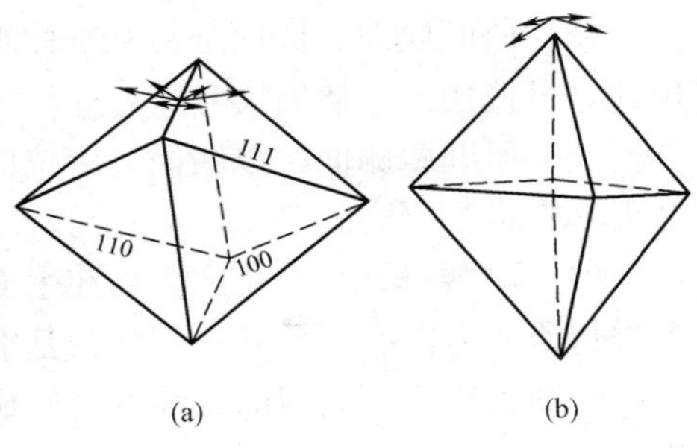

图10-27 金刚石的研磨方向

金刚石刀具的具体刃磨过程可分为以下4个步骤：

（1）研磨基准面。一般基准面就是车刀的前刀面（见图10-29），可根据晶体定向来选择。研磨时用锡斗。

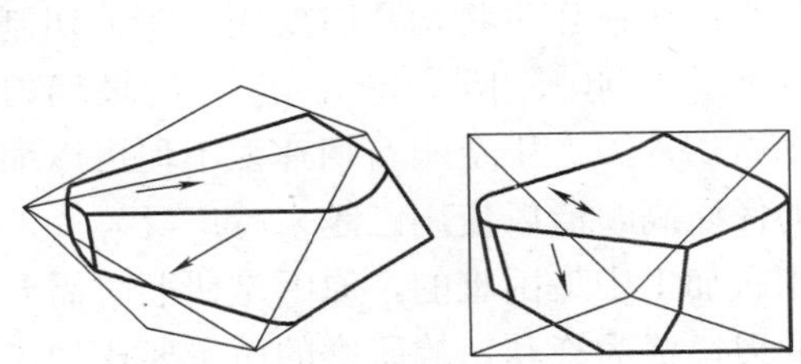
图10-28 车刀的两种结晶位置

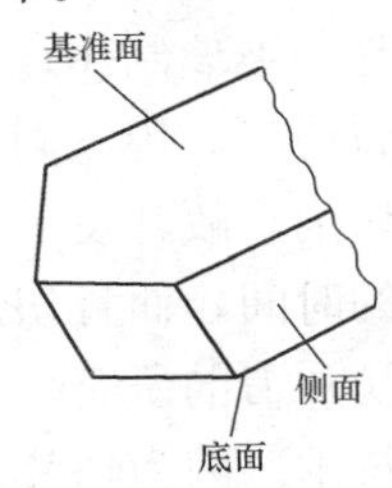

图10-29 金刚石车刀刃磨面

(2) 研磨底面。底面是与基准面平行的，研磨时以基准面为定位面，可使用四足研磨夹具。

(3) 研磨两侧面。以底面为定位面，将金刚石直接装于平面研磨夹具中进行研磨。

(4) 研磨刀具几何角度。可在平面研磨夹具上或其他研磨夹具上进行研磨，以底面及某一侧面为基准。

刃磨完毕后，刀刃的直线度可用显微镜检查，其几何角度可在投影仪上检查。

用传统研磨方法刃磨金刚石刀具效率较低，研磨质量与工人技术水平关系密切。目前已有采用超声波振动抛光来提高加工质量和效率，还有用离子束作为最终工序，可以达到非常小的切削刃钝圆半径。

(七) 金刚石刀具的磨损

金刚石刀具的磨损有机械磨损、碳化磨损和破坏等形式。在切削铜、铝等有色金属时，其寿命一般为 100km 切削行程。切削铜合金磨损快些；切削铝合金磨损慢些，其寿命可达 300～400km 切削行程。

金刚石刀具磨损限度根据加工尺寸精度和表面粗糙度的要求而定。一般新刀切削刃的直线度应在 0.1～0.2μm，当刀具磨损使切削刃的直线度达到 1.2μm 时，应及时修磨。否则不仅不能保证加工质量，而且使以后的修磨量增加，造成更大损失，反而不能经济地使用。

四、生物显微组织切片刀的加工

用显微镜观察生物的组织要将其切成极薄的薄片。以前切片用的刀是用玻璃制作，近年来由于制作生物切片时要用树脂或切制骨或金属切片，用不同角度（35°、40°、45°、50°、55°）的玻璃刀已不能切削，故开发了金刚石切片刀。用金刚石切片刀不但可以缩短切片的时间，而且切片的像质高，所以使用已越来越广泛。

切片刀的研磨是金刚石加工中最困难的，原因是研磨时需要特殊的技术。因为切片刀的刃口极为锋利，故研磨的质量要比加工戒面高得多，用 500 000 倍的电子显微镜观察，也不能看到裂纹或纹路。在刀片的加工中必须注意：

（1）研磨盘的回转精度要高，ϕ300mm 的研磨盘的端面振摆应小于 1μm。转动部件要进行精确的动平衡，回转时不能有振动。研磨盘转数应在 600～6000r/min 内无级调速。

（2）对金刚石粉要严格分级，各级不能混有大颗粒磨料，还要考虑在研磨剂中加入化学添加剂。在刀片的终精研磨中，可用玛瑙粉研磨。以硝酸钾做添加剂，可促使其氧化，研磨效率较好。

（3）研磨盘应为高级耐磨铸铁，或用其他金属盘。

五、硬度计用金刚石压头的加工

硬度计结构中直接和被测件接触的是金刚石制的压头（或称压子），检测的硬度值要通过观察压痕的大小来确定，所以金刚石压头的精度具有非常重要的意义。因测试的对象不同，硬度有洛氏硬度、维氏硬度、显微硬度计等许多种，所用压头的形状也各不相同。图 10-30（a）所示为洛氏硬度计的压头，其圆锥角为 120°±30′，尖端圆弧半径为 0.2mm±0.12mm。要求较高的压头，角度误差为±5′，圆弧半径误差为±0.005mm。图 10-30（b）所示为维氏硬度计压头；图 10-30（c）所示为努普硬度计压头（端部）。从图中可看出，它们的角度误差和尺寸误差都在角分级和微米级。尽管各种类型硬度计压头的形状不同，但它们在制作中都有如下共同点：

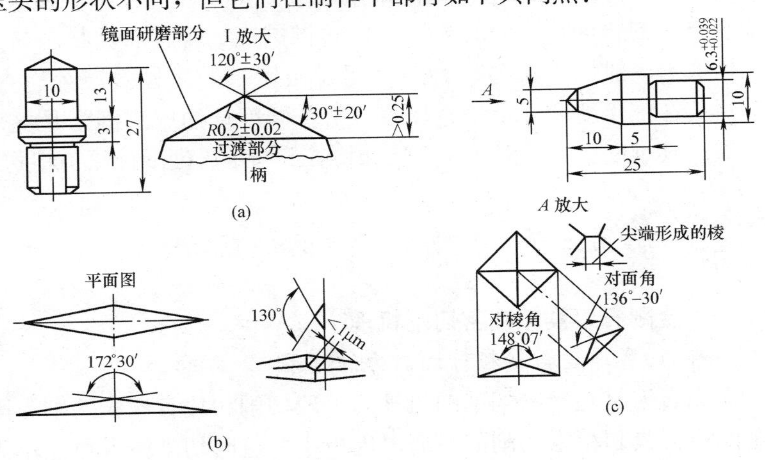

图 10-30　硬度计压头

（a）洛氏硬度计压头；（b）维氏硬度计压头端部；（c）努普硬度计压头端部

(1) 各种压头必须根据产品的规格选择相应尺寸的优质金刚石原石，其中包括结晶形状、伤痕、包裹体、杂质、结晶扭曲等。为了能选出最合适的原石，要求操作者必须有特别强的鉴别能力。

(2) 至今仍采用烧结的方法将金刚石压头固定在压头杆上。在烧结中，金刚石结晶轴不能倾斜或错位，加热要充分，金刚石压在压头杆上绝对不能有松动。

(3) 洛氏、维氏、努普硬度计等各种的压头，如果按给定的允许精度标准制造，势必使测试的硬度出现较大的分散值，所以实际的精度要求极高，允差必须限定在很小的范围。

(4) 在金刚石的研磨面上特别是尖端附近，不能有伤痕等缺陷。

(5) 除金刚石压头外，压头杆的材质和加工精度也都要有严格的要求。用于制造压头的金刚石一般采用十二面体结晶的原石，重量通常为1/6～1/4ct。加工洛氏硬度计压头选结晶 (111) 面做中心，不要偏斜，以粗粒径的金刚石砂轮进行磨削，再研磨锥面和圆弧面。圆锥角和压头半径的测量通常使用工具显微镜，也可以用专用测量装置进行测量。将压头装在标准硬度计上进行实测，将测得的值与标准压头的相比较确定。维氏硬度计的压头除为四角锥外，其他与洛氏的相同。研磨时要注意四角锥的点、棱、面的状态与角度。研磨后一般用工具显微镜、金属显微镜、干涉显微镜等检查，然后再装在维氏硬度计上检查压痕。努普硬度计的压头因为是菱形角锥，故其难度更大，但研磨方法和检查等与维氏硬度计压头相同。

第三节 金刚石刀具的超精密切削

一、金刚石刀具超精密切削机理

(一) 切屑厚度与材料剪切应力的关系

金刚石刀具超精密切削的机理与一般切削相比有较大差别，因为金刚石刀具超精密切削的切屑厚度极小，这时切削深度可能小于晶粒的大小，切削就在晶粒内进行，因此，切削力一定要超过晶体内部非常大的原子、分子结合力，刀刃上所承受的剪切应力就急速地增加并变得非常大。在切削低碳钢的情况下，这个应力值接近材料（低碳钢）的剪切强度极限。切屑厚度与剪切应力的关系见图10-31。图中被加工材料为Y12易切削钢，其切变模量$G=8.2\times10^4$MPa，剪切应变$\gamma\approx3$，理论剪切应力$\tau_{lh}=G/2\pi\approx1.3\times10^4$MPa，临界剪切能量密度$\delta=\frac{\tau_{lh}^2}{2G}=3.26\times10^3 J/cm^3$。从图10-31中可以看出，当切屑厚度在1$\mu$m以下时，被切材料的剪切应力可达13 000MPa。这时刀刃将会受到很大的应力，同时产生很大的热量，刀刃切削处的温度将极高。因此要求刀具应有很高的高温强度和高温硬度，金刚石刀具能够胜任。金刚石刀具不但有很高的高温强度和高温硬度，而且由于金刚石材料本身质地细密，经过精细研磨，切削刃钝圆半径可达0.01～0.002μm，并且切削刃的几何形状极好，表面极光滑，因此能够进行Ra达0.05～0.008μm的镜面切削，这是其他刀具材料所无法比拟的。

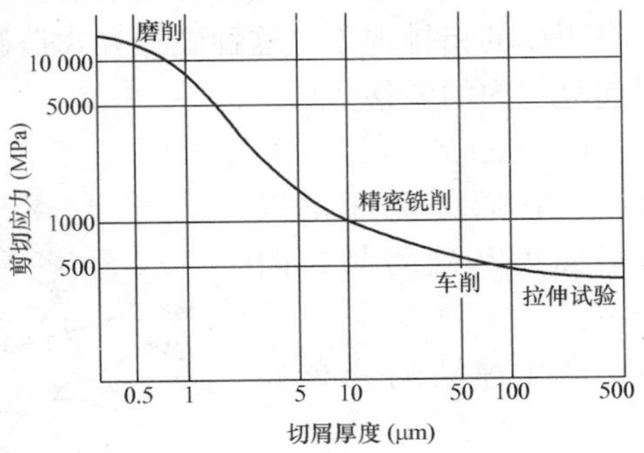

图10-31　切屑厚度与剪切应力的关系

（二）材料缺陷及其对超精密切削的影响

金刚石刀具超精密切削是一种原子、分子级加工单位的去除（分离）加工方法，要从工件上去除材料，需要相当大的能量，这种能量可用临界加工能量密度δ（J/cm^3）和单位体积切削能量ω（J/cm^3）来表示。临界加工能量密度δ就是当应力超过材料弹性极限时，在切削相应的空间内，由于材料缺陷而产生破坏时的加工能量密度；单位体积切削能量ω则是指在产生该加工单位切屑时，消耗在单位体积上的加工能量。从工件上要去除的一块材料的大小（切削应力所作用的区域）就是加工单位，加工单位的大小和材料缺陷分布的尺寸大小不同时，被加工材料的破坏方式就不同。

材料微观缺陷分布或材质不均匀性，可以分为以下几种情况：

（1）晶格原子、分子。它的破坏就是把原子、分子一个一个地去除。

（2）点缺陷。点缺陷就是在晶体中存在空位和填隙原子。点缺陷的破坏是以原子缺陷（包括空位和填隙原子）为起点来增加晶格缺陷的破坏。晶体中存在的杂质原子也是一种点缺陷。

（3）位错缺陷和微裂纹。位错缺陷就是晶格位移，它在晶体中呈连续的线状分布，故又称为线缺陷，即有一列或若干列原子发生了有规律的错排现象。这种破坏方式是通过位错线的滑移或微裂纹引起晶体内的滑移变形。

（4）晶界、空隙和裂纹。它们的破坏是以缺陷面为基础的晶粒间破坏。

这几种缺陷分布如图 10-32 所示。

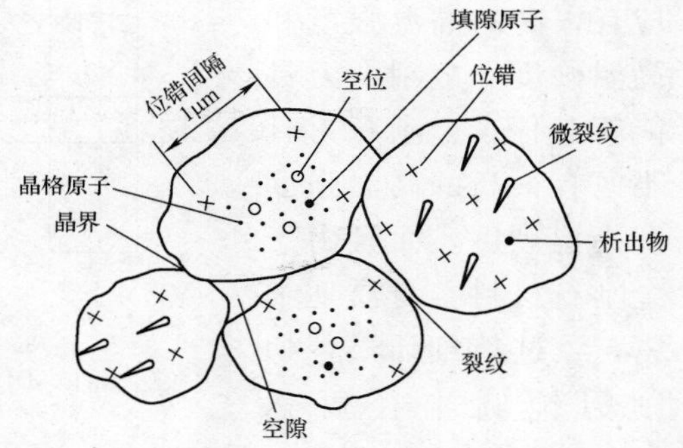

图 10-32　材料微观缺陷分布

当应力作用的区域仅仅限制在上述各种缺陷空间的狭窄范围内，则会以加工应力作用区域相应的破坏方式而破坏；如果加工应力作用的范围更广，则会以更容易破坏的方式而破坏。如在由微细的晶粒（数微米到数百微米）所组成的金属材料中，在晶粒内部，一般在大约 1μm 的间隔内就有一个位错缺陷，即 10^8 个/cm^2。当加工应力作用在比位错缺陷平均分布间隔 1μm 还要狭窄的区域时，在此狭窄区域内不会发生由于位错线移动而产生材料滑移变形，因此，实际的剪切强度接近于理论值。当加工应力作用在比位错缺陷平均分布间隔还要宽的范围内时，则位错线就会在位错缺陷的基础上发生滑移，同时在比剪切应力理论值低得多的加工应力作用下，晶体产生滑移变形或塑性变形。

当加工应力作用在比晶粒大小更宽的范围时，则多数情况易发生由晶界缺陷所引起的破坏。实际上，在比位错缺陷平均分布间隔还要小的范围内，还存在着空位、填隙原子等缺陷，会演变成位错并发生局部塑性滑移。因此，实际剪切强度总比理论值低，实际的临界加工能量密度 δ 和单位体积切削能量 ω 比理论值也要低得多。

表 10-7 列出了常用的几种去除（分离）加工在材料微观结构的各种缺陷情况下的临界加工能量密度 δ。从表中可知，加工单位不同会引起临界加工能量密度的变化。应该指出，随着材料加工单位尺寸的不同，其加工机理也会变化。例如，对于玻璃等脆性破坏去除加工，由于微裂纹（一般微裂纹分布间隔约 10μm 左右）所引起的应力集中而导致材料产生分离和断裂，其临界加工能量密度很低，几乎不存在发热现象。如果加工应力的作用在比微裂纹的分布间隔更狭窄的区域（如 1μm 左右），则玻璃将会发生黏性流动式的滑移，从而产生主热现象，且需要极大的临界加工能量密度。

表 10-7　　临界加工能量密度 δ（J/cm³）

加工单位（cm）	10^{-8}　　10^{-7}　　10^{-5}　　10^{-3}　　10^{-1}			
材料微观缺陷 / 加工机理	晶格原子	点缺陷	位错缺陷微裂纹	晶界、空隙、裂纹
化学分解、电解	$10^5 \sim 10^4$	$10^4 \sim 10^3$		
脆性破坏			$10^3 \sim 10^2$	
塑性变形（微量切削、抛光）		$10^4 \sim 10^3$	$10^3 \sim 10$	
熔化去除	$10^5 \sim 10^4$	$10^4 \sim 10^3$		
蒸发去除	$10^6 \sim 10^4$	$10^4 \sim 10^3$		
晶格原子去除（离子溅射、电子蚀刻）	$10^6 \sim 10^4$	$10^4 \sim 10^3$		

（三）加工表面的形成与质量

1. 金刚石刀具超精密切削表面的形成

用金刚石刀具超精密切削形成表面的主要影响因素有几何原因、塑性变形和机械加工振动等。

（1）几何原因主要是指刀具的形状、几何角度、刀刃的表面粗糙度和进给量等。它主要影响与切削运动方向相垂直的横向表面粗糙度，图 10-33（a）表示了在切削时，主偏角 K_r、副偏角 K'_r 和进给量 f 对残留面积高度的影响。图中 a_p 为背吃刀量，Rz 为表面粗糙度的轮廓最大高度，由几何关系可知

$$Rz=f/(\cot\kappa_r+\cot\kappa'_r)$$

图 10-33（b）所示为在切削时，刀尖圆弧半径 r_ε 和进给量 f 对残留面积高度的影响。其几何关系为

$$Rz=f^2/8r_\varepsilon$$

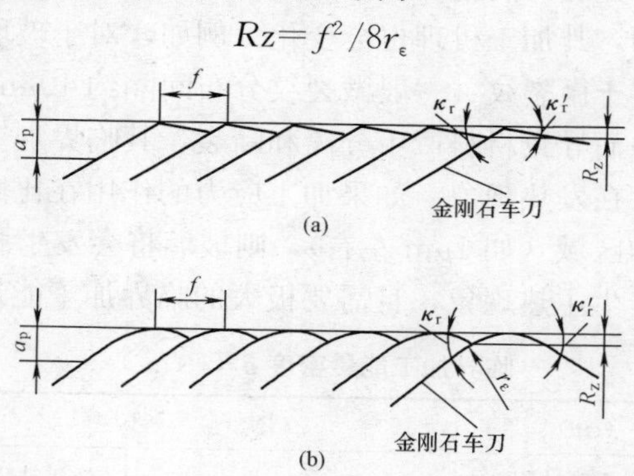

图 10-33 金刚石刀具切削表面的形成

（a）主偏角 κ_r、副偏角 κ'_r 和进给量 f 的影响；

（b）刀尖圆弧半径 r_ε 和进给量 f 的影响

（2）塑性变形不仅影响横向表面粗糙度，还影响与切削运动方向相平行的纵向表面粗糙度。

（3）加工中的振动对纵向表面粗糙度有影响，因此，在超精密切削中，振动是不允许的。

2. 金刚石刀具超精密切削的切屑形成

金刚石刀具超精密切削能够切除金属层的厚度标志了其加工水平，当前，最小背吃刀量可达 0.1μm 以下，其最主要的影响因素是刀具的锋利程度，一般以刀具的切削刃钝圆半径 r_ε 来表示。超精密车削所用的金刚石车刀，其切削刃钝圆半径一般小于 0.5μm，而切削时的背吃刀量 a_p 和进给量 f 都很小，因此，在一定的切削刃钝圆半径下，如果背吃刀量太小，则可能不能形成切屑。切屑能

否形成主要决定于切削刃钝圆圆弧处每个质点的受力情况，在自由切削条件下，切削刃钝圆圆弧上某一质点 A 的受力情况见图10-34，该点有切向分力 F_z 和法向分力 F_y，合力为 $F_{y、z}$。切向分力使质点向前移动，形成切屑，法向分力使质点压向被加工表面，形成挤压而无切屑。所以，切屑的形成决定于 F_z 和 F_y 的比值，当 $F_z>F_y$ 时，有切削过程，形成切屑；当 $F_z<F_y$ 时，有挤压过程，无切屑形成。

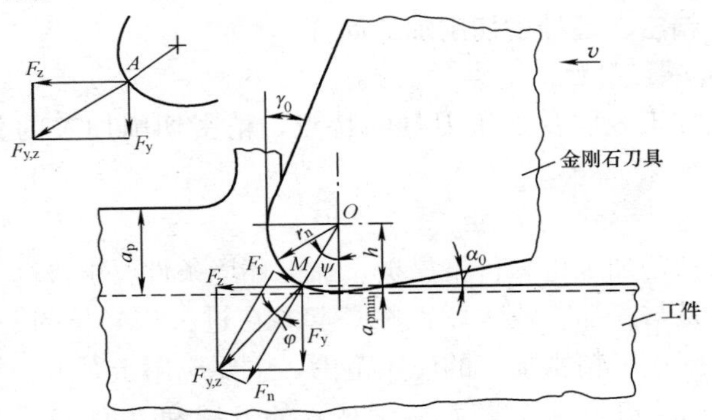

图 10-34　金刚石车刀切削刃钝圆圆弧受力分析

由此，可找出 $F_z=F_y$ 的分界质点 M。M 点以上的金属可切离为切屑；M 点以下的金属则被压入工件而不能切离。这样便可求得在一定的切削刃钝圆半径下的最小背吃刀量 a_{pmin} 为

$$a_{pmin}=r_n-h=r_n\ (1-\cos\psi)$$

$$\psi=45°-\varphi=45°-\arctan\frac{F_f}{F_n}$$

式中　φ——金刚石车刀切削时的摩擦角；

F_f——金刚石车刀切削时的摩擦力；

F_n——金刚石车刀切削时的正压力。

可见，切削刃钝圆半径 r_n 是决定切屑形成的关键参数。

金刚石刀具作超精密切削时，刀具切削刃钝圆半径小，切薄能力强，形成流动切屑，因此切削作用是主要的。但由于实际切削刃钝圆半径不可能为零，以及修光刃等的作用，因此还伴随着挤压作用。所以金刚石刀具超精密切削表面由微切削和微挤压而形成，并

以微切削为主。

金刚石刀具超精密切削时，一方面，工件表层产生塑性变形，内层产生弹性变形，切削后，内层弹性恢复，受到表层阻碍，从而使表层产生残余压应力；另一方面，由于微挤压作用，也使得工件表层有残余压应力。

应该指出，有关金刚石刀具精密切削和超精密切削的机理，尚有许多问题不够清楚，有待于进一步研究。

二、精密、超精密切削加工简介

1. 精密切削加工分类

根据加工表面及加工刀具的特点，精密切削加工的分类见表10-3。

2. 精密加工与经济性

由于精密加工机床价格昂贵，加工环境条件要求极高，因此精密加工总是与高加工成本联系在一起。在过去相当长的一段时期，这种观点限制了精密加工的应用范围，主要应用于军事、航空航天等部门。近十几年来，随着科学技术的发展和人们生活水平的提高，精密加工的产品已进入了国民经济和人民生活的各个领域，其生产方式也从过去的单件小批量生产走向大批量生产。在机械制造行业，精密加工机床不再是仅用于后方车间加工工具、卡具、量具，工业发达国家已将精密加工机床直接用于产品零件的精密加工，产生了显著的经济效益。

例如，加工一块直径为100mm的离轴抛物面反射镜，用金刚石精密车削工艺成本只有用研磨—抛光手工修琢的传统工艺成本的十几分之一，而且精度更高。加工周期也由12个月缩短为3周。

三、金刚石刀具超精密切削机床

（一）超精密切削机床的结构特点

超精密切削机床的结构、精度、稳定性等均对加工质量有直接影响。因此，它应有如下的结构特点：

（1）高精度。精密切削机床和超精密切削机床应具有高的几何精度、运动精度和分辨率，主要表现在主轴回转精度、进给运动直线度、定位精度、重复精度等。现代的精密切削机床和超精密切削机床大多采用液体静压轴承或空气静压轴承的主轴和导轨，并可以进一步采用误差补偿方法来提高其精度。这些结构可以使主轴在高转速下有高精度和高稳定性，使进给运动在低速时无爬行，高速时加速性能好，运动精度高。机床的工作台和刀架大多采用精密滑动丝杠或精密滚珠丝杠传动，并有消除丝杠螺母副间隙的机构，以消除反向死区，提高定位精度。为了能进行微细切削，有些机床配有微动工作台，采用电致伸缩、磁致伸缩、弹性元件等微位移机构，实现微递给。

对于数控精密和超精密切削机床，通常采用高精度步进电机—滚珠丝杠组成的开环系统，或宽调速直流或交流伺服电机—光栅位置检测闭环系统，以便于加工带有型面或孔系的高精度零件。采用激光干涉位置检测系统，可以获得极高的定位精度。

（2）高刚度。精密加工和超精密加工时，背吃刀量和进给量很小，切削力非常小，但仍应该有足够的刚度。例如超精密磁盘车床加工铝合金基片的端面时，其主轴轴向刚度可达 490N/μm，刚度是很高的。

（3）高稳定性。在机床结构上，现在多采用热导率低、热膨胀系数小、内阻尼大的天然花岗石来制作床身、工作台等，也可采用花岗石粉与环氧树脂浇注的人造花岗石来制作。花岗石材料具有耐磨、耐腐蚀、不导电、不导磁等特点，有极好的稳定性，越来越受到广泛的采用。

为了防止热变形对加工精度的影响，超精密切削机床除必须放在恒温室中使用外，有些机床设计了控制温度的密封罩，用液体淋浴或空气淋浴来消除来自外部和内部的热源影响，如室温变化、运动件的摩擦热、切削热等。液体淋浴靠对流和传导带走热量，可使温度保持在 20℃±0.006℃，比空气淋浴好，但成本很高。淋浴式超精密半球金刚石车床如图 10-35 所示。目前，温控精度最高可达 20℃±0.000 5℃。

当然，在结构上应采用热稳定性对称结构，避免在精度敏感方向上产生变形。工艺上应进行消除内应力的热处理等，以保证机床有高稳定性。

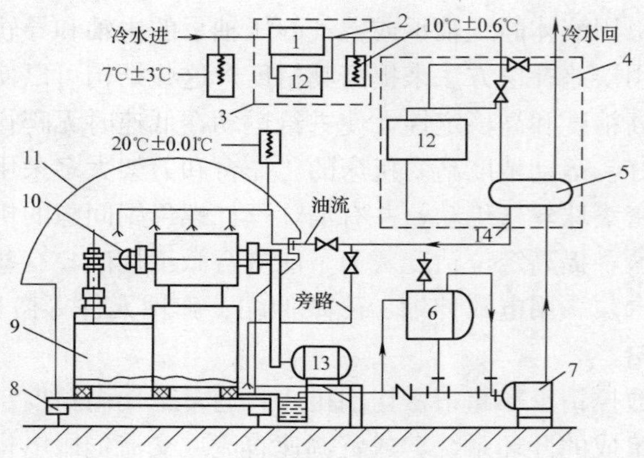

图 10-35　淋浴式超精密半球金刚石车床

1—加热器；2—传感器；3—冷水温度控制系统；4—油流温度控制系统；5—热交换器；6—过滤器；7—液压泵；8—气垫支承；9—金刚石车床；10—工件；11—透明塑料罩；12—开关控制；13—电动机；14—传感器

(4) 抗振性好。超精密切削时的振动会破坏加工表面粗糙度，影响加工质量。在机床结构上，应尽量采用短传动链和柔性连接，以减少传动元件和动力元件的影响。如采用无接头的带传动、电动机与主轴做成一体的机内电机以缩短主运动传动链、或电动机与传动元件间采用非接触磁性联轴器、弹性元件（波纹管）联轴器等以减少电动机安装和运转不平稳等的影响。电动机等动力元件和机床的回转零件应进行严格的动平衡，以使本身振动最小。

为了隔离动力元件等振源的影响，有些超精密机床采用了分离结构形式，即将电动机、液压泵、真空泵等与机床本体分离，单独成为一个部件，放在机床旁边，再用带传动方式连接起来，获得了很好的效果。此外，对于大件或基础件，还应选用抗振性强的材料。

(5) 控制性能好。目前，不少精密和超精密切削机床采用了微机数字控制。在选择数控系统时，不仅要考虑所需完成的功能，而且应有良好的控制性能，如插补、进给速度控制、刀具尺寸补偿、主轴转速控制等，要求插补速度快、插补精度高、进给速度稳定。

同时还应有编程简便、操作使用方便、伴有跟踪显示等特点。

对于数控机床，除应具有一般机床的静态和动态精度外，还应有良好的随动精度。随动精度是指程序上给定的轨迹（即指令位置）和机床实际运动轨迹之间的相近程度。随动精度在稳态、动态和反向时分别表现为速度误差、加速度误差和位置误差。以上都涉及控制性能的好坏。

（二）超精密切削机床的类型及其加工质量

金刚石刀具超精密切削机床一个很主要的加工对象是镜面加工，镜面的典型形状有平面镜、多面镜、球面镜、二次曲线面镜等，其加工原理如图 10-36 所示。

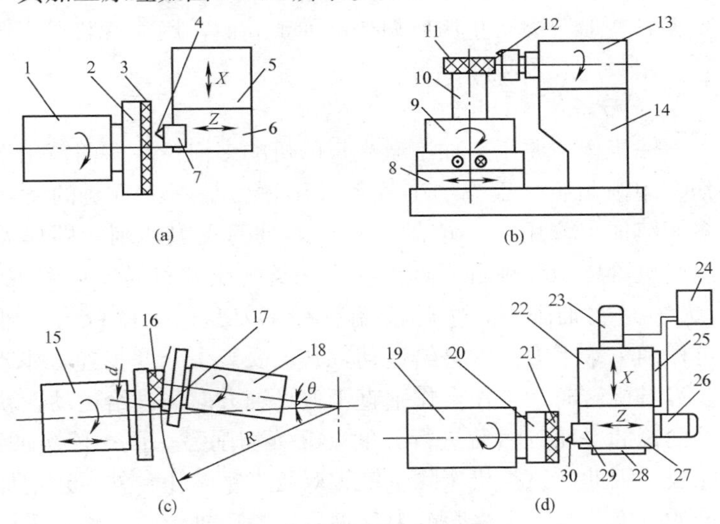

图 10-36　超精密镜面切削机床

（a）平面镜车床；（b）多面镜机床；（c）球面镜机床；（d）二次曲线镜面车床
1、15、19—工件主轴；2、10、20—夹具；3、11、16、21—工件；4、30—金刚石刀具；5、22—X 向工作台；6、27—Z 向工作台；7、29—刀架；8—工作台；9—转台；12、17—金刚石刀具刀盘；13、18—刀具轴；14—立柱；23—X 向直流伺服电动机；24—数控装置；25—X 向位移检测装置；26—Z 向直流伺服电动机；28—Z 向位移检测装置

1. 平面镜车床

平面镜车床主要用来加工平面镜和磁盘基片，在结构上将工作

台和主轴相互垂直安装，金刚石刀具以一定进给速度作垂直于主轴的直线运动，工件作回转运动，就能车削出平面零件，见图 10-36 (a)。这种车床出现最早，已有相当成功的产品。

这类机床的主轴，大多采用回转精度高、刚度好的液体静压轴承或空气静压轴承，如 V 平型、双圆柱型或双 V 型液体静压导轨或空气静压导轨，以保证零件的镜面平面度。主轴通过与主机分离安装的直流电动机经带传动进行无级变速回转，以避免电动机振动的影响。多数进给运动由液压缸驱动，低速应有很好的速度稳定性，防止产生爬行。刀具的微细调整由差动精密丝杆机构实现。

对于磁盘等大而薄的平面零件，采用真空吸盘夹紧，以避免工件产生夹紧变形。为防止切屑划伤已加工表面，用喷气装置将切屑吹走，并用吸尘装置吸除。

2. 多面镜机床

多面镜机床主要用来加工激光打印机的多面镜。多面镜用于钢板探伤、印刷制版、激光加工等各种用途，是一个重要的镜面零件。多面镜加工多用一个单晶金刚石刀具的飞刀切削，即单刀铣削，因此也可称为金刚石刀具铣削。该类机床的布局［见图 10-36 (b)］大多是主轴卧置，主轴前端装有飞刀盘；工作台为立轴布局，可作两个水平方向的进给运动，其上安装了分度装置，并装有刀具。刀具旋转时，工作台作垂直于刀具轴方向的进给运动，就能切出多面镜的一面；然后进行分度，继续切削另一面；依次加工，直至完成。因此，该类机床除主轴、双层十字工作台外，还增加了高精度的分度装置。大多数的刀具轴采用静压轴承，工作台采用丝杠螺母，分度装置采用端齿盘等结构形式。

由于刀具轴上装有飞刀盘，且作高速回转，因此必须进行严格的动平衡。当然，工件装夹时不得产生夹紧变形。

3. 球面镜机床

球面镜的加工是按展成原理进行的，飞刀盘装在刀具轴上作高速回转，工件装于工件主轴上作低速回转，刀具轴与工件主轴安装在同一水平面上，并相交成一角度。图 10-36 (c) 所示为加工凹球面镜的结构原理。

加工球面的半径 R 由式（10-1）决定

$$R=d/2\sin\theta$$

式中　d——金刚石刀具回转半径；

θ——刀具轴与工件主轴的交角。

用展成法加工球面，生产率高，工件中心不会出现残留面积。利用这一原理，还可以加工凸球面镜。

4. 二次曲线镜面车床

该类车床主要用来加工抛物面、双曲面、椭圆面等二次曲线面，多用两坐标联动数控机床，如图 10-36（d）所示，刀架安装在十字工作台上，由直流伺服电动机驱动，采用滚珠丝杠螺母副和激光干涉仪等检测装置组成闭环系统，脉冲当量可达 0.2μm。

数控超精密加工机床不但要有极高的精度，而且要有极小的脉冲当量。这是由于数控加工所获得的表面是台阶式的近似表面，脉冲当量越小，加工表面上的台阶越小，表面粗糙度参数值也越低，加工精度也越高。

除了上述几种超精密切削机床外，还有利用不同的超精密零部件作为模块，组成各种形式的模块化超精密机床，可以缩短生产周期。如采用空气静压轴承组件、空气静压导轨组件、进给装置、花岗石底座、隔振气垫等 8 种模块可组成加工磁盘、活塞、转子、振动筒、红外抛物面反射镜、多面棱体、蓝宝石等零件的超精密加工设备。

国内外超精密切削机床的结构特点和加工质量见表 10-8，表中只列出几个国家有代表性的公司、厂家所研制或生产的产品。从表中可知，当前精密切削机床和超精密切削机床大多采用空气静压轴承和液体静压轴承的主轴系统，并有向液体静压轴承方面发展的趋势。同时大多采用空气静压导轨和液体静压导轨，也有相同的趋向。在精度上，目前的水平是：主轴回转精度为 0.02μm，导轨直线度为 1 000 000：0.025，定位精度为 0.013μm/1000mm，进给分辨率为 0.005μm，温控精度为 200°C±0.000 5℃，加工表面粗糙度 Ra 为 0.003μm。

表 10-8　国内外超精密切削机床的结构特点和加工质量

机床名称 生产厂家	结构特点		加工质量	
	主轴系统	进给系统	尺寸形状精度	表面粗糙度 Ra
超精密车床 美国 Pneumo Preclsion	空气静压轴承 回转精度 0.1μm	空气静压导轨 导轨直线度 200 000∶0.5（水平） 200 000∶1.7（垂直）	平面度 0.13μm	0.01μm（平面） 0.02μm（成形面）
三轴数控超精密车床 美国 Mocra Spocial Tool Co	空气静压轴承 回转精度 0.025μm	导轨直线度 400 000∶0.05	平面度 500∶0.000 3～0.001 2 曲面度 0.45～1.9μm	0.007 5～0.02μm（平面） 0.02～0.06μm（成形面）
超精密车床 美国 Lawrence Livamnra Laboralory	液体静压轴承 回转精度 0.025μm 恒温浴淋浴	液体静压导轨 导轨直线度 1 000 000∶0.025 定位误差 0.013μm/1000mm	0.025μm	0.002～0.004μm
超精密磁盘车床 英国 Bryant Symour	空气静压轴承 回转精度 0.12μm（径向） 0.1μm（轴向）	转臂结构，驱动精度 0.025μm	平面度<1μm 圆度 0.125μm	0.008～0.01μm
超精密车床 日本 丰田工机 AHP	液体静压轴承 回转精度 0.025μm	液体静压导轨 导轨直线度 300 000∶0.15	平面度 0.5μm 圆度 0.2μm 圆柱度 0.1μm	0.01～0.04μm

续表

机床名称 生产厂家	结构特点		加工质量	
	主轴系统	进给系统	尺寸形状精度	表面粗糙度 Ra
超精密车床 日本 日立精工 DPL	空气静压轴承 回转精度 0.05μm（径向） 0.08μm（轴向）	空气静压导轨 微位移精度 0.075 Pm/50mm	平面度 400∶0.000 2	0.000 3μm
超精密磁盘车床 荷兰 Hembrmg Mictoiurn	液体静压轴承 0.1μm（轴向）	液体静压导轨 导轨直线度 200 000∶0.3（垂直）	平面度 200∶0.000 13	0.015～0.04μm
超精密磁盘车床 中国 沈阳第一机床厂	液体静压轴承 回转精度 <1μm（径向） 0.1～0.3μm（轴向）	液体静压导轨 导轨直线度 200 000∶0.3（水平） 200 000∶0.3（垂直）	平面度 75∶0.000 3	0.015～0.04μm
超精密球面车床 超精密铣床 中国 北京机床研究所	空气静压轴承 回转精度 0.025μm（径向） 0.02μm（轴向） 静圆度 500N/μm	空气静压导轨 导轨直线度 400 000∶0.13	圆度 0.2μm	<0.01μm

（三）主轴部件

1. 轴承

主轴轴系是机床加工精度的关键部件之一。要提高主轴轴系的静态、动态回转精度，减少高速回转时产生的热变形影响，轴承是一个关键部件。精密机床和超精密机床主轴回转轴系中所用的轴承，主要有滚动轴承、空气滑动轴承、液体滑动轴承和磁浮轴承等，可根据机床的类型、用途和特征来选用。目前正在研制复合轴承。

（1）滚动轴承。多用于小型超精密机床或精密机床上。通常多用高精度的止推球轴承，获得圆度 0.3μm 的加工精度。对于既要求高精度，又要求高刚度的机床主轴，多采用高精度的双列圆柱滚动轴承。现在很多滚动轴承的径向跳动已达到 1μm，其高精度化和高速化的研究工作正在积极进行。

（2）空气滑动轴承。空气滑动轴承是通过在轴与轴承间的微小间隙中形成空气膜，以非接触形式支承载荷。它具有回转精度高、摩擦小、发热少、驱动功率小、音频振动小和洁净度好等优点，但也存在着刚度低、承载能力小等缺点，因此一般多用于中小型超精密机床上。

根据空气膜的形成方法，空气滑动轴承可分为空气静压轴承和空气动压轴承两类。

1）空气静压轴承是将压缩空气经节流元件通入轴与轴承的间隙中，得到非接触状态和载荷能力。其节流形式对其性能影响很大，通常有环形孔节流、小孔节流、多孔质节流、缝隙节流和表面节流等。

环形孔节流和小孔节流最普遍，但刚度较差、稳定性差，且易产生振动。多孔质节流采用多孔质材料制成轴承，这种材料的透气率为 1/100～1/50，具有较高的刚度、承载能力和稳定性，但制造工艺复杂，要求严格的空气净化。缝隙节流对气体的扩散影响小，稳定性好。表面节流利用轴承表面的沟槽形成，间隙小，刚度高，可采用花岗石、陶瓷等材料制成，甚至可用树脂型塑料浇注、开槽而制成。

空气静压轴承的结构形式有球形轴承、圆柱形轴承和止推轴承，其组合形式见图10-37。

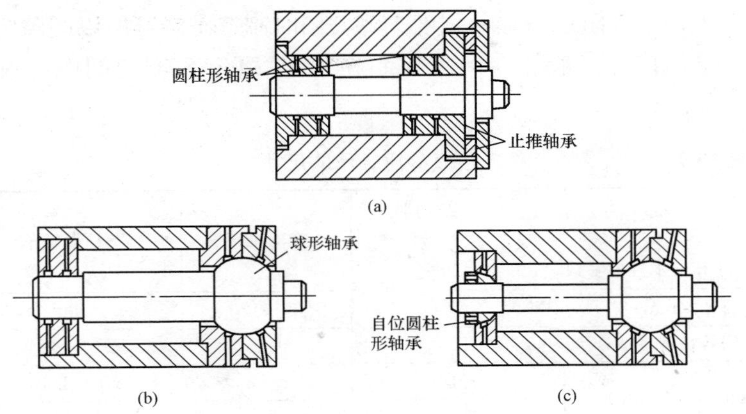

图10-37　空气静压轴承的组合形式

（a）圆柱形轴承与止推轴承组合；（b）球形轴承与圆柱形轴承组合；（c）球形轴承与带有自位作用的圆柱形轴承组合

a. 圆柱形轴承与止推轴承组合［见图10-37（a）］。前轴承由一个圆柱形轴承和止推轴承组成，后轴承是一个圆柱形轴承。这种组合形式结构简单、刚度好、制造方便，但要求前后轴承有较高的同轴度，应用十分广泛。

b. 球形轴承与圆柱形轴承组合［见图10-37（b）］。前轴承采用由两片合成的球形轴承，后轴承为圆柱形轴承，轴向力由球形轴承承受。这种结构易保证前后轴承的同轴度，精度高，但结构复杂，制造上有一定难度，目前采用比较普遍。

c. 球形轴承与带有自位作用的圆柱形轴承组合［见图10-37（c）］。这种结构比较合理，易保证前后轴承的同轴度，精度高，但结构复杂，制造难度大。球形轴承的承载有效面积不及圆柱形轴承大，因此刚度低些。这种结构形式采用较少。

超精密车削或铣削机床所用的球形轴承和圆柱形轴承，其尺寸和技术性能参数见表10-9。

空气静压轴承的刚度取决于轴径、轴与轴承之间的间隙、轴与轴承的表面粗糙度、节流形式和压缩空气压力。轴与轴承之间的间隙对轴承刚度有直接影响，一般来说，间隙越大，刚度越差。但间隙过小，空气阻尼增加，刚度下降，同时制造困难。所以间隙应有一个最佳值，一般径向间隙控制在 30～50μm，轴向间隙控制在 50～60μm。

表 10-9　　空气静压轴承的尺寸

尺寸和技术性能参数 \ 结构形式		球形轴承	圆柱形轴承
直径（mm）		60～120	100
回转精度（μm）		0.05	0.05～0.1
刚度（N/μm）	径向	15～60	80～200
	轴向	30～70	80～250
载荷（N）	径向	90～350	600～1200
	轴向	180～400	600～3000
最大转速（r/min）		10 000	3600

注　技术性能参数值与轴承尺寸有关。

目前，空气静压轴承多用于磁盘驱动器、光盘加工机、超精密测量机和超精密机床上。

2）空气动压轴承不需要压缩空气，它是通过轴与轴承的相对运动而产生的楔作用来形成空气膜。因此，在静止和低速状态下，不能产生足够的空气膜而出现轴与轴承的接触，可能会降低轴承精度，影响正常工作。

空气动压轴承多用于激光打印机和数字复印机的多面体反射镜扫描器轴系中，以及唱机的回转轴中。由于不需要压缩空气，应用范围越来越广。

（3）液体滑动轴承。液体滑动轴承是以黏度高的油膜来支承载荷，可分为液体静压轴承与液体动压轴承。液体滑动轴承回转精度高，承载能力和刚度比空气滑动轴承大，因而被广泛采用。

液体静压轴承由于压力油的作用，可使轴与轴承在静止状态下处于非接触状态。它有多种节流形式，如毛细管节流、小孔节流、缝隙节流、表面节流、滑阀反馈节流（可变节流）和薄膜反馈节流（可变节流）等。其中滑阀反馈节流和各种固定节流由于动态特性和稳定性较差，在超精密机床上已渐渐不采用。采用较多的是薄膜反馈节流。液体静压轴承与空气静压轴承一样也有球形、圆柱形和圆环面形（止推）等结构，并有各种组合形式。

液体静压轴承和空气轴承都能达到0.02～0.03μm的高回转精度，但液体静压轴承刚度较高，承载能力较强。在超精密机床中采用液体静压轴承已成为新趋势。但需要进一步解决油压波动和油温控制问题，才能达到更高的回转精度。

液体动压轴承已广泛应用于各种磨床的砂轮主轴上，但在超精密机床上基本上不用。

（4）磁浮轴承。磁浮轴承是借助于磁铁的引力或斥力来支承的，其特点是非接触、无磨损、高速性能好、动力损失小、不需润滑，可在真空或低温等特殊环境下使用。但由于发热较大，回转精度不及空气或液体静压轴承。目前已有使用磁浮轴承实现超高速切削飞机零件，进一步研究后将会在超精密机床上使用。它是一种很有前途的轴承。

2. 主轴驱动

在超精密机床中，主轴驱动方式也是一个关键问题。一般有以下三种驱动方案：

（1）皮带卸荷驱动。超精密车床可采用厚度为0.4μm、均匀度为0.01μm的无缝聚酯带来驱动，电动机与床身分离安装，带轮采用卸荷结构。这种形式应用比较广泛。

（2）浮动联轴器驱动。浮动联轴器驱动可以有效地消除原动机外力的干扰，降低连接件间同轴度的要求。其结构形式有弹性元件联轴器（波纹管）、磁性联轴器和绸布联轴器等。磁性联轴器在超精密机床的应用已越来越多，其结构稍显复杂，但效果很好，日本东芝机械生产的ABS型超精密金刚石车床就采用了这一结构。

（3）直接驱动。这种驱动方案是将主轴和电动机的转子轴做成一体，其特点是精度高，运转平稳，在精密加工和超精密加工的设备中已有采用。但必须防止电动机发热对主轴精度的影响，并考虑动平衡、冷却与温度控制等问题。这种结构多用于小型主轴上。

(四) 导轨及进给驱动装置

1. 导轨

导轨是精密机床和超精密机床一个重要的零部件，并作为直线度的测量基准。常用的导轨主要有滑动导轨、滚动导轨、液体静压导轨和空气静压导轨等，每种导轨又有许多不同的结构形式。

(1) 滑动导轨。其主要特点是刚度好、精度高、制造方便，但摩擦力大，低速时易产生爬行而不稳定。在精密机床中，滑动导轨受到广泛采用；在超精密机床中，由于要求有很高的移动灵敏度和分辨率，因此很少采用。

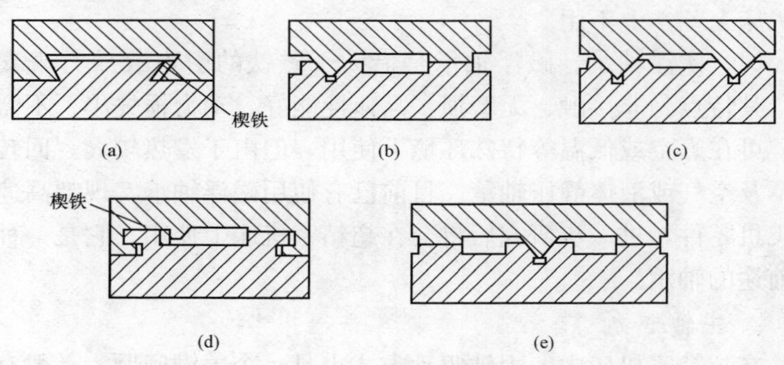

图 10-38　滑动导轨的结构形式

(a) 燕尾型；(b) V 平型；(c) 双 V 型；(d) 矩形型；(e) 双平 V 型

图 10-38 所示为滑动导轨的形式，有燕尾型、V 平型、双 V 型、矩形型和双平 V 型等。在精密机床和超精密机床中，采用 V 平型和双 V 型较多，这两种结构形式精度高、刚度好，但工艺性较差。特别是双 V 型结构，虽制造困难，但由于可保持很高的精度，因此受到广泛采用。燕尾导轨和矩形导轨由于楔铁不易精确调整，在精密机床中采用较少。双平 V 型多用于大型机床中，是一种较理想的结构形式。

(2) 滚动导轨。其主要特点是摩擦力小、灵敏轻巧、低速及高速运动性能都好，但刚度低，精度不如滑动导轨。采用预紧的滚动导轨，刚度可大大提高。

滚动导轨的结构形式很多。从滚动体的种类来分，有滚珠、滚柱和滚针等；从滚动体是否循环来分，有循环式和不循环式。滚动体循环式滚动导轨又称为滚动导轨支承，多用于行程较大的机床中。图 10-39 所示为一种滚柱式滚动导轨支承。

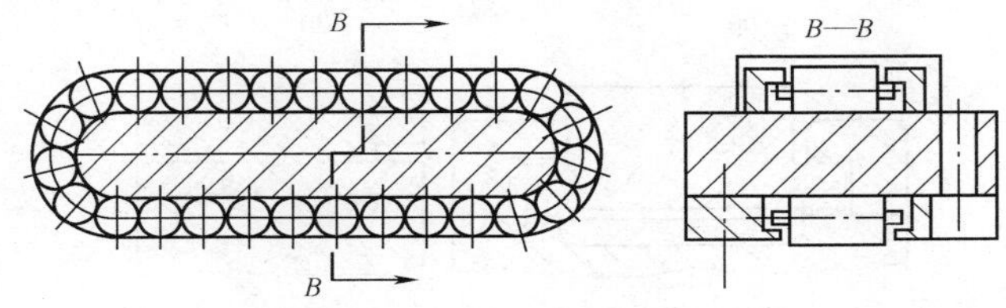

图 10-39　滚柱式滚动导轨支承

图 10-40 所示为常用的滚动导轨结构组合形式，其中图（a）、（b）、（c）为平—V 滚动导轨；图（d）为矩形滚动导轨；图（e）、（f）、（g）为双 V 滚动导轨，这种导轨的刚度较好。

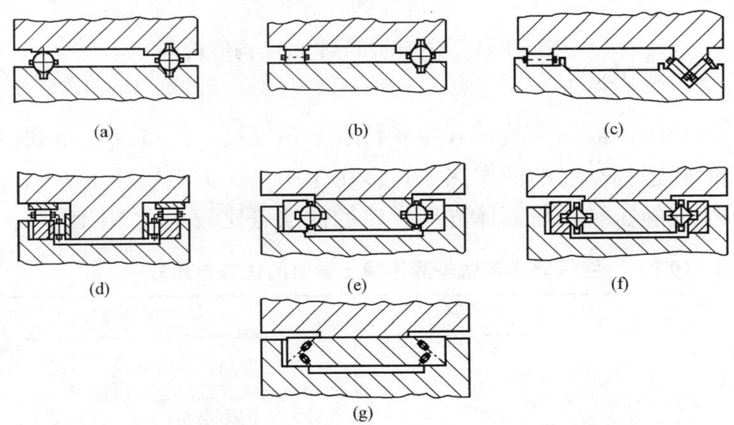

图 10-40　滚动导轨的结构组合形式

（a）滚珠平—V 导轨；（b）滚珠滚柱平—V 导轨；（c）滚柱平—V 导轨；（d）滚柱矩形导轨；（e）滚珠双 V 导轨；（f）十字交叉滚柱双 V 导轨；（g）滚针双 V 导轨

（3）空气静压导轨。其主要特点是移动精度高、摩擦力小、超高速运动时发热少，但其刚度低，承载能力低，支持条件要求高，又因使用压缩空气，所以抗振能力低，多用于小型机床和设备中。

图 10-41 所示为常用空气静压导轨结构形式。

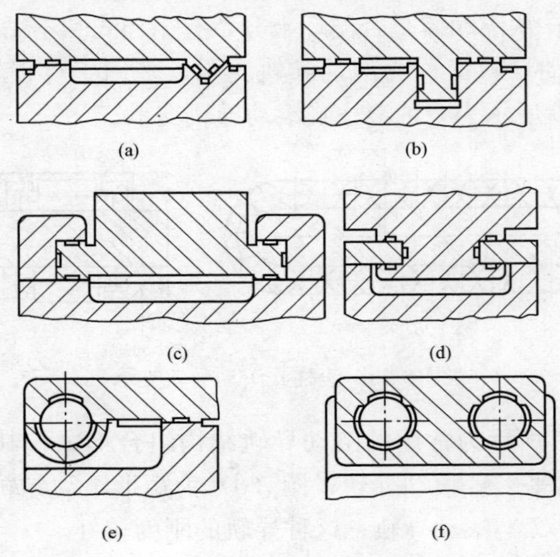

图 10-41　空气静压导轨的结构形式

（a）平 V 型；（b）矩平型；（c）、（d）矩形型；（e）平圆型；（f）双圆型

（4）液体静压导轨。其主要特点是精度高、刚度高、承载能力大，但高速移动时油液发热大，多用于中型、大型机床上。

空气静压导轨与液体静压导轨的优缺点比较见表 10-10。

表 10-10　　空气静压导轨与液体静压导轨的优缺点比较

	空气静压导轨	液体静压导轨
优点	（1）由于气体黏性小，摩擦力极小 （2）发热小，温升小 （3）周围环境污染小 （4）使用温度范围广 （5）气体不回收，价格低	（1）刚度高，动刚度高，承载能力大 （2）油液有减振、吸振作用 （3）摩擦力小而均匀 （4）液体润滑功能异常时零件损伤少 （5）制造工艺要求不及空气静压导轨高
缺点	（1）由于压力限制，刚度较低 （2）由于气体的可压缩性，抗振能力低 （3）要求较高的加工精度 （4）空气要滤清、除湿，支持环境要求高 （5）过负载时易损坏零件	（1）要有油液回收装置 （2）油液温度上升会影响精度和性能 （3）使用温度范围窄 （4）切削液要与油液严格分离

精密机床和超精密机床常用直线运动导轨的综合性能比较见表10-11，供选用时参考。在超精密机床中多用空气静压导轨和液体静压导轨；而精密机床中，用滑动导轨和液体静压导轨较多，大型精密机床用滚动导轨或液体静压导轨比较普遍。

表 10-11　　精密机床和超精密机床常用导轨的性能比较

性能＼导轨	滑动导轨	滚动导轨	空气静压导轨	液体静压导轨
直线运动精度	100 000：0.05 随油膜状态而改变，不稳定	100 000：0.1 由于滚动体尺寸不一而运动不均匀 导轨精度会直接反映到工件上	100 000：0.02（利用激光干涉校正时可达1 000 000：0.025） 导轨误差有均化作用	100 000：0.02 导轨误差有均化作用
承载能力	压强 0.05MPa	受寿命限制，载荷不能过大	受空气压力限制，承载能力较小	大
摩擦力	较大	较小 摩擦系数小于0.01	非常小	小
静刚度	高	一般较低 加预载时较高	较低 间隙越小，刚度越高	高 吸振能力强
速度范围	低速、中速 超低速、高速不行	低速到高速均可	超低速到超高速均可 超高速发热少	低速、中速 高速因油黏性发热大
运动平稳	超低速、低速易爬行	低速载荷大时易爬行，易产生运动不平稳	运动平稳无爬行	运动平稳无爬行
行程长度	任意	不宜太长	任意	任意
导轨间隙	部分有接触（无油膜处）	接触	一般为5～20μm	一般为10～30μm

续表

性能＼导轨	滑动导轨	滚动导轨	空气静压导轨	液体静压导轨
定位精度 灵敏度	与移动重量、速度、机构刚度有关 一般为2～20μm	与刚度有关 一般为0.1～4μm	一般可达0.2～0.3μm/1000mm	一般可达0.2～0.3μm/1000mm
寿　命 可靠性	易磨损丧失精度	较好，与载荷有关	寿命长，可靠性好 有故障时损坏大	寿命长，可靠性好 有故障时损坏小
抗振性	有吸振能力	吸振能力低	由于空气的可压缩性，吸振能力低	吸振能力强 动刚度好
支持装置	简单润滑装置	简单润滑装置	压缩空气装置 高净化等级空气滤清	回油装置 滤清装置
结　构	简单	复杂	简单	较复杂
制造难易	容易	高精度较难	难（一定程度上靠手工）	难（一定程度上靠手工）
维护保养	定期保养（润滑油）	定期保养（润滑油）	定期保养（空气滤清）	定期保养（油液）
外围环境	恒温，局部防护	恒温，局部防护	恒温、净化 压缩空气排放有污染	恒温 油液易污染环境
成　本	低	较高，导轨尺寸越大成本越高	高	高

2. 进给驱动装置

精密机床和超精密机床的进给驱动有钢丝驱动、液压缸驱动、丝杠驱动、摩擦驱动、直线电动机驱动等方式。其总的要求是：①运动平稳，除产生驱动方向的力以外无附加干扰力；②刚度高，移动灵敏度高，以获得较高的进给分辨率，同时传动应无间隙，反向死区小；③为了适应不同加工的需要，要求调速范围宽。

钢丝驱动装置结构简单，但传动刚度差，多用于小型机床中。

液压缸驱动应用较普遍，采用脉冲液压缸，属数控开环系统，有较高的定位精度。脉冲液压缸驱动装置由液压缸、随动阀和步进电动机组成，随动阀和液压缸之间通过丝杠螺母形成位置反馈，如图 10-42 所示。

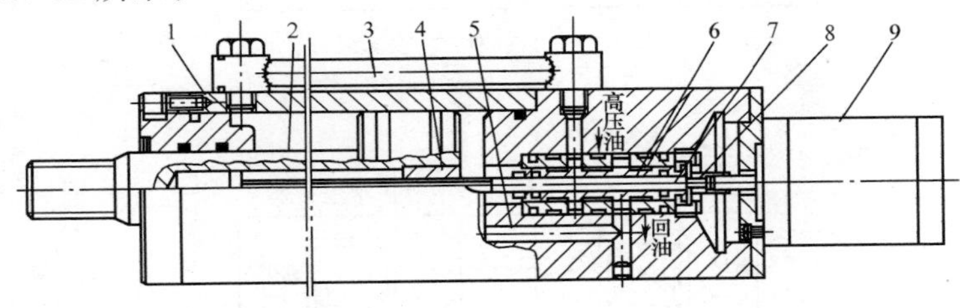

图 10-42　脉冲液压缸驱动装置

1—液压缸；2—活塞；3—油管；4—螺母；5—油路；6—阀杆；7—丝杠；8—联轴器；9—步进电动机

丝杠驱动装置的应用最为广泛，可配置直流伺服电动机、交流伺服电动机、步进电动机、步液机（步进电动机—液动机）等驱动元件，而丝杠螺母副可采用滑动丝杠、滚珠丝杠、空气静压丝杠和液体静压丝杠等结构。

静压支承的摩擦驱动刚度高、运动平稳、无间隙、移动灵敏度高，在超精密加工机床上应用越来越多。

直线电动机的直接驱动装置结构简单、精度高、频响高，是一个颇有前途的方案。图 10-43（a）所示为永磁式动圈型直流直线电动机的原理，当线圈通以直流电时，线圈便可在圆筒形导磁体和管形磁铁之间的气隙中顺着电动机的轴向自由地移动，改变直流电的方向，就可以改变线圈运动的方向。图 10-43（b）所示为直线步进电动机原理，采用圆筒形结构，有较好的推力对动子重量的比值，多用于数字控制系统中。

四、金刚石刀具超精密切削的应用

金刚石刀具超精密切削主要用于加工软金属材料，如铜、铝等有色金属及其合金，以及一些非金属材料，在实际应用中取得了很

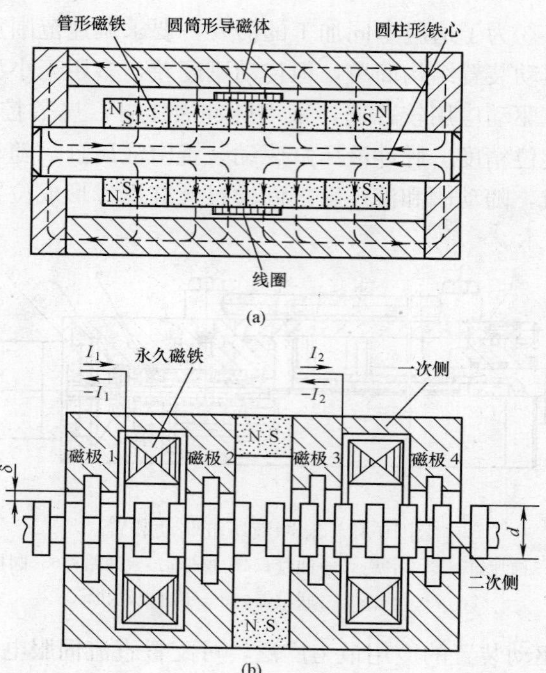

图 10-43　直线电动机

（a）永磁式动圈型直流直线电动机；（b）直线步进电动机

好的效果。金刚石刀具适用的被加工材料见表 10-12。

表 10-12　　金刚石刀具适用的被加工材料

材料分类	材　料　举　例
金　属	铝、铜、锡、铅、锌、铂、银、金、镁等金属及其合金
聚合物	聚丙烯、聚碳酸酯、聚苯乙烯、乙缩醛、氟塑料
结晶体	锗、硒化锌、硫化锌、铌酸锂、碘化铯、二氢磷化铟、硅、溴化钾

表 10-13 列举了超精密金刚石切削的零件，从表中可以看出，主要加工对象是各种镜面零件。镜面的反射率与表面粗糙度有密切关系，如图 10-44 所示，可见降低表面粗糙度参数值意义很大。金刚石刀具超精密切削的几个应用实例见表 10-14。

表 10-13 超精密金刚石刀具切削的零件

名称	形状	用途	名称	形状	用途
圆筒	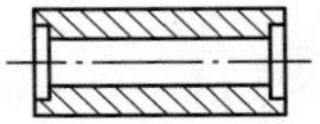	复印机	凹球面镜	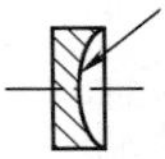	光学仪器 激光共振器
内面镜	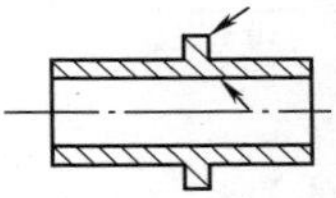	波导管	凸球面镜	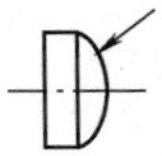	光学仪器 激光共振器
盘		磁盘 录像盘	多面镜	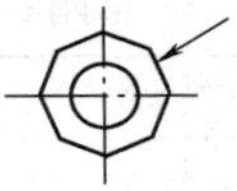	扫描器
平面镜		光学仪器	波纹镜	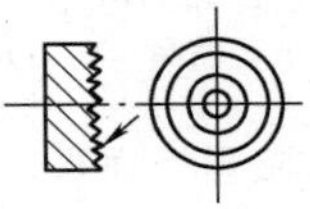	投影机 聚光机
抛物面镜	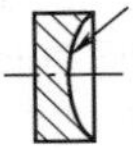	光学仪器 聚光机	内三棱镜	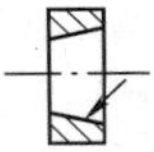	激光加工机
偏轴抛物面镜	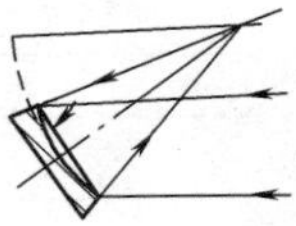	光学仪器 激光核融合	复合棱镜	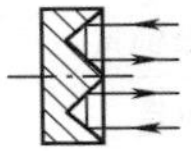	激光加工机 计测器
椭圆镜	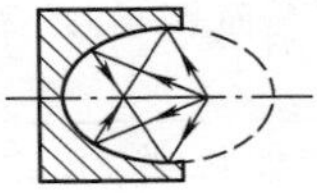	聚光镜	高斯棱镜	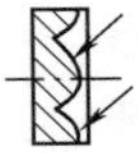	光学仪器
外三棱镜	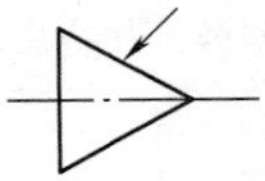	激光加工机	圆弧棱镜	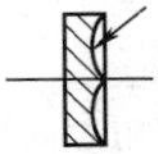	光学仪器

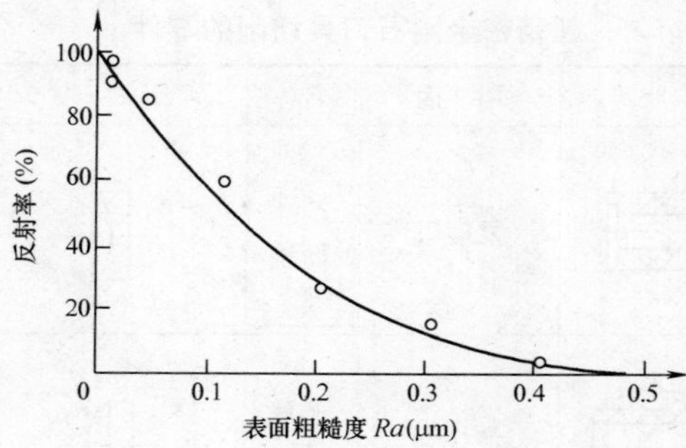

图 10-44　表面粗糙度与镜面反射率的关系

表 10-14　　金刚石刀具超精密车削的应用举例

领域	加工零件	可达到的精度
航空及航天	高精度陀螺仪浮球	球度 0.2～0.6μm，表面粗糙度值 Ra0.1μm
	气浮陀螺和静电陀螺的内外支承面	球度 0.5～0.05μm，尺寸精度 0.6μm，表面粗糙度 Ra0.025～0.012μm
	激光陀螺平面反射镜	平面度 0.05μm，反射率 99%，表面粗糙度 Ra0.012μm
	液压泵、液压马达转子及分油盘	转子柱塞孔圆柱度 0.5～1μm，尺寸精度 1～2μm，分油盘平面度 1～0.5μm，表面粗糙度 Ra0.1～0.05μm
	雷达波导管	内腔表面粗糙度 Ra0.01～0.02μm，平面度和垂直度 0.1～0.21μm
	航空仪表轴承	孔轴的表面粗糙度 Ra<0.001μm
光学	红外反射镜	表面粗糙度 Ra0.01～0.02μm
	其他光学元件	表面粗糙度 Ra<0.01μm
民用	计算机磁盘	平面度 0.1～0.5μm，表面粗糙度 Ra0.03～0.051μm
	磁头	平面度 0.04μm，表面粗糙度 Ra<0.1μm，尺寸精度±2.5μm
	非球面塑料镜成形模	形状精度 1～0.3μm，表面粗糙度 Ra0.05μm
	激光印字用多面反射镜	平面度 0.08μm，表面粗糙度 Ra0.016μm

五、金刚石刀具切削加工误差的影响因素

以数控超精密车削加工为例，加工误差产生的诸因素如图10-45所示。

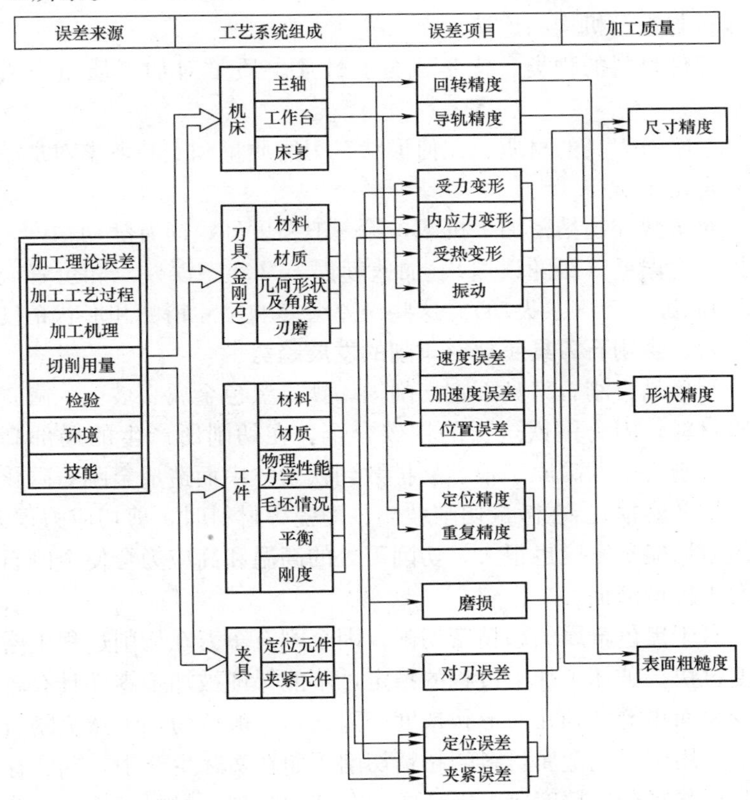

图 10-45 数控超精密金刚石车削加工误差因素分析

由图10-45得知，对表面粗糙度影响最大的是主轴回转精度。因此，主轴应采用液体静压轴承或空气静压轴承，以取其流体薄膜均匀的优点，且使回转精度在 0.05μm 以下。

振动对表面粗糙度极其有害，工件与刀具切削刃之间不允许有振动，因此工艺系统应有较大的动刚度，同时电动机和外界的振源应严格隔离。

热变形对形状误差影响很大，特别是主轴热变形影响更大，因

此应设置冷却系统来控制温度，并应在恒温室中工作。

工作台和床身导轨的几何精度、位置精度和进给传动系统的结构对尺寸误差和形状误差有较大影响，应有较高的系统刚度。注意工作台与进给机构的连接。

工件材料的种类、化学成分、性质、质量对加工质量有直接影响。

金刚石刀具的材质、几何形状、刃磨质量和安装调整对加工质量有直接影响。

对于数控超精密加工机床，除一般精度外，尚有随动精度，它包括速度误差（跟随误差）、加速度误差（动态误差）和位置误差（反向间隙、死区、失动）。这些误差会影响尺寸精度和形状精度。

六、金刚石刀具超精密车削的发展趋势

用单晶金刚石刀具不宜切削钢、铁等黑色金属、玻璃、陶瓷等硬脆材料，因为钢铁这样的铁碳合金，在切削所产生的局部高温下，金刚石中的碳原子很容易扩散到铁素体中而造成金刚石碳化磨损（扩散磨损）。在微量切削玻璃、陶瓷等材料时，剪切应力很大，临界剪切能量密度也很大，切削刃处的高温和高应力会使金刚石很快发生机械磨损。

对于黑色金属的超精密切削，因金刚石车刀在切削过程中磨损速度过快，破坏了加工过程的稳定，不能保证被加工零件具有较理想的表面粗糙度和几何形状精度。因此，一般认为，天然金刚石车刀不宜用于黑色金属材料的超精切削。而在实际生产中，确实存在一些形状复杂，精度要求极高的钢及其他难加工材料零件，如非球面金属零件等，因而近年来人们开始进行黑色金属的金刚石超精密车削方面的研究，目前主要采用以下两种方法：

(1) 气体保护法。保护气体一般为二氧化碳（CO_2）、一氧化碳（CO）、甲烷（CH_4）、乙炔（C_2H_2）、氩气（Ar_2）及真空环境等，其中以富碳气体（CH_4、C_2H_2）保护效果较好。其机理基于“优先扩散”理论，即和固体金刚石相比，保护气体中的碳原子更活泼一些，会首先和被切削表面中的铁发生反应，从而减缓金刚石的扩散速度，达到保护金刚石刀具的目的。但是，由于在切削过程

中切削层和刀具表面在切削区接触紧密，保护气体不能完全和金刚石刀具刃口接触，因而也就不能完全起到保护的作用，还是会造成金刚石刀具的磨损，因而金刚石气体保护法切削钢还没有达到实用阶段。

（2）低温切削法。造成金刚石刀磨损的两个重要因素是温度和压力。其中，由于切削过程中刀具需做功，难以改变其受力状态，因此只能对切削温度加以控制，即在低温条件下进行切削。一般采用低温流体作为切削过程中的切削液，用以冷却刀具或工件，降低切削温度，达到控制刀具磨损的目的。采用低温切削技术可以有效地减缓金刚石刀具的磨损，大幅度地提高金刚石刀具的寿命，从而使得用金刚石车刀切削钢成为可能。但是，这种技术尚未用于生产实际。

金刚石刀具超精密车削的发展趋势见表 10-15。

表 10-15　　　金刚石刀具超精密车削的发展趋势

发展趋势	说　明
向更高精度、高效率和大型化发展	在激光和聚变、同步加速器放射光技术及大型天文望远镜的研究、开发等各个技术领域中，大型光学镜片是必不可少的，故要求超精密车削的工件大型化，且对加工精度要求也日益提高。随着超精密加工质量稳定和要求超精密加工零件的数量剧增，国外超精密车削机床向高效率方面发展，提高生产率一般从提高主轴转速和进给速度，缩短主轴起动和停止时间两方面着手
采用计算机补偿技术，以提高加工精度	预先测出导致加工精度下降的各类有关参数，通过计算及处理，并进行补偿，从而获得高于机床所能达到的精度，这一发展趋势现在越来越受到重视。因单靠提高基准元件精度来提高加工精度是有限的，例如有些超精密车床的导轨直线度已达 0.025/1 000 000，再要提高其精度已很难达到，须采用计算机补偿的办法来解决
加工、计量一体化	超精密加工机床的元、部件都具有较高精度，如配置一些适当的仪器或采取一定的措施，即可作计量装置使用。这样可加上计量结合，做到边加工、边测量，在监控条件下加工，以实现加工、计量一体化，提高经济效益
发展模块化超精密车床	利用不同的超精密机床元、部件，组成各种类型的超精密机床，有利于降低成本，缩短制造周期，用户可根据需要提出要求，以较低的价格、较短的时间获得所需机床

第四节　超精密磨料加工

一、精密磨削与超精密磨削机理

精密磨削是依靠砂轮的精细修整，使磨粒在具有微刃的状态下进行加工，从而得到低的表面粗糙度参数值。微刃的数量很多且有很好的等高性，因此被加工表面留下的磨削痕迹极细，残留高度极小。随着磨削时间的增加，微刃逐渐被磨钝，微刃的等高性进一步得到改善，切削作用减弱，微刃的微切削、滑移、抛光、摩擦使工件表面凸峰被碾平。工件因此得到高精度和极细的表面粗糙度。磨粒上大量的等高微刃是用金刚石修整工具精细修整而得到，磨粒微刃如图 10-46 所示。

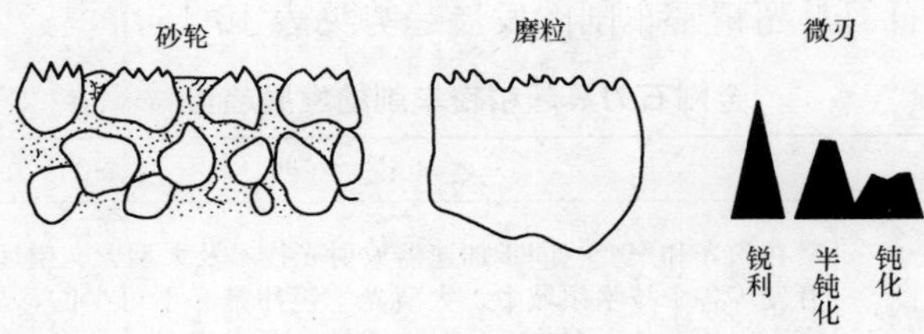

图 10-46　磨粒微刃示意图

超精密磨削的机理主要是背吃刀量极小，是超微量切除。除微刃切削作用外，还有塑性流动和弹性破坏等作用。

各种方式精密、超精密和镜面磨削的工艺参数见表 10-16～表 10-18。

表 10-16　　内孔精密、超精密及镜面磨削工艺参数

工　艺　参　数	精密磨削	超精密磨削	镜面磨削
砂轮转速（r/s）	167～333	167～250	167～250
修整时纵向进给速度（m/min）	30～50	10～20	10～20
修整时横向进给次数（单程）	2～3	2～3	2～6
修整时横向进给量（mm/r）	≤0.005	≤0.005	0.002～0.003
光修次数（单程）	1	1	1
工件速度（m/min）	7～9	7～9	7～9

续表

工　艺　参　数	精密磨削	超精密磨削	镜面磨削
磨削时纵向进给速度（m/min）	120～200	60～100	60～100
磨削时横向进给量（mm/r）	0.005～0.01	0.002～0.003	0.003～0.005
磨削时横向进给次数（单程）	1～4	1～2	1
光磨次数（单程）	4～8	10～20	20
磨前零件表面粗糙度 *Ra*（μm）	0.4	0.20～0.10	0.05～0.025

注　1. 表中采用 WA60K 或 PA60K 砂轮磨削。

2. 修磨砂轮工具采用锋利的金刚石。

表 10-17　　外圆精密、超精密及镜面磨削工艺参数

工　艺　参　数	工　序			
	精密磨削	超精密磨削		镜面磨削
砂轮粒度	F60～F80 号	F60～F320 号	W20～W10	＜W14
修整工具	单颗粒金刚石，金刚石片状修整器			锋利单颗粒金刚石
砂轮速度（m/s）	17～35	15～20	15～20	15～20
修整时纵向进给速度（m/min）	15～50	10～15	10～25	6～10
修整时横向进给量（mm/r）	≤0.005	0.002～0.003	0.002～0.003	0.002～0.003
修整时横向进给次数	2～4	2～4	2～4	2～4
光修次数（单行程）	—	1	1	1
工件速度（m/min）	10～15	10～15	10～15	＜10
磨削时纵向进给速度（m/min）	80～200	50～150	50～200	50～100
磨削时横向进给量（mm/r）	0.002～0.005	＜0.002 5	＜0.002 5	＜0.002 5
磨削时横向进给次数（单程）	1～3	1～3	1～3	1～3①
光磨次数（单程）	1～3	4～6	5～15	22～30
磨前零件表面粗糙度 *Ra*（μm）	0.4	0.2	0.1	0.025

① 一次进给后，如压力稳定，可不再进给。

表 10-18　　平面精密、超精密及镜面磨削工艺参数

工艺参数	工序		
	精密磨削	超精密磨削	镜面磨削
砂轮粒度	F60～F80 号	F60～F320 号	W10～W5
修整工具	单颗粒金刚石 片状金刚石	锋利金刚石	锋利金刚石
砂轮速度（m/s）	17～35	15～20	15～30
修整时磨头移动速度(mm/min)	20～50	10～20	6～10
修整时垂直进给量（mm/r）	0.003～0.005	0.002～0.003	0.002～0.003
修整时垂直进给次数	2～3	2～3	2～3
光修次数（单程）	1	1	1
纵向进给速度（m/min）	15～20	15～20	12～14
磨削时垂直进给量（mm/r）	0.003～0.005	0.002～0.003	0.005～0.007
磨削时垂直进给次数	2～3	2～3	1
光磨次数（单程）	1～2	2	3～4
磨前零件粗糙度 Ra（μm）	0.4	0.2	0.025
磨头周期进给量（mm/次）	0.2～0.25	0.1～0.2	0.05～0.1

二、精密磨削与超精密磨削砂轮的选择

（1）磨料选择。

1）精密磨削的磨料：磨钢件、铸铁件选用刚玉类；磨有色金属用碳化硅。

2）超精密磨削的磨料：一般采用金刚石、立方氮化硼等高硬度磨料。

（2）粒度选择。精密磨削选 F60～F80 号以下，超精密磨削选用 240 号～W20。

（3）硬度选择。要求磨粒不能整颗脱落和有较好的弹性，一般选择 J、K、L 级较适合。对砂轮硬度的均匀性也应严格要求。

（4）结合剂选择。一般用陶瓷结合剂和树脂结合剂砂轮均能达到要求。

（5）组织选择。要求有均匀而紧密的组织，尽量使磨粒数和微刃数多些。一般精密磨削砂轮的选择见表 10-19，超精密磨削和镜

面磨削砂轮的选择见表 10-20。

表 10-19　　精密磨削的砂轮选择

<table>
<tr><th colspan="6">砂　轮</th><th rowspan="2">被加工材料</th></tr>
<tr><th>磨粒材料</th><th colspan="2">粒　度</th><th>结合剂</th><th>组织</th><th>硬度</th></tr>
<tr><td>白刚玉（WA）</td><td rowspan="3">粗
F46
～
F80</td><td rowspan="3">细
F240
～
W7</td><td rowspan="3">石墨填料
环氧树脂
酚醛树脂</td><td rowspan="3">密
分布均匀
气孔率小</td><td rowspan="3">中软
（K、L）</td><td>淬火钢、铸铁 15Cr，40Cr，9Mn2V</td></tr>
<tr><td>铬刚玉（PA）</td><td>工具钢 38CrMoAl</td></tr>
<tr><td>绿碳化硅（GC）</td><td>有色金属</td></tr>
</table>

表 10-20　　超精密磨削、镜面磨削砂轮的选择

<table>
<tr><th></th><th>磨　料</th><th>粒　度</th><th>结合剂</th><th>硬度</th><th>组织</th><th>达到的表面粗糙度 Ra（μm）</th><th>特　点</th></tr>
<tr><td rowspan="2">超精磨削</td><td>WA
PA</td><td>F60～F80</td><td>V</td><td>K、L</td><td>高密度</td><td>0.08～0.025</td><td>生产率高，砂轮易供应，容易推广，易拉毛</td></tr>
<tr><td>A
WA</td><td>F120～F240
W28～W14</td><td>B
R</td><td>H、J</td><td>高密度</td><td><0.025</td><td>质量较上栏粗，粒度稳定，拉毛现象少，砂轮寿命较高</td></tr>
<tr><td>镜面磨削</td><td>WA
WA+GC
石墨填料</td><td>W14 以下
微粉</td><td>B 或聚
丙乙烯</td><td>E、F</td><td>高密度</td><td>0.01</td><td>可达到低表面粗糙度值，镜面磨削</td></tr>
</table>

注　用于磨削碳钢、合金钢、工具钢和铸铁。

三、精密和超精密研磨

精密和超精密研磨与一般研磨有所不同，一般研磨会产生裂纹、磨粒嵌入、麻坑、附作物等缺陷，而精密和超精密研磨是一种原子、分子加工单位的加工方法，可以使这些缺陷达到最小程度。其加工机理主要为磨粒的挤压使被加工表面产生塑性变形以及化学作用时，工件表面生成的氧化膜被反复去除。

1. 磨石研磨

磨石研磨的机理是微切削作用。由加工压力来控制微切削作用的强弱，压力增加，参加微切削作用的磨粒数增多，效率提高，但压力太大会使被加工表面产生划痕和微裂纹。磨石与被加工表面之间还可以加上抛光液，加工效果更好。

磨石研磨可采用各种不同结构的磨石，主要有下列三种：

（1）氨基甲酸酯磨石。是利用低发泡氨基甲酸乙酯和磨料混合制成的磨石。

（2）金刚石电铸磨石。指利用电铸技术使金刚石磨粒的切刃位于同一切削面上，使磨粒具有等高性，平整而又均匀，从而可以获得极细的表面粗糙度加工表面。金刚石电铸磨石的制作过程如图10-47所示。电铸磨石的铸模是一块有极细表面粗糙度的平板，经过电铸、剥离、反电镀和粘结等工序，即成电镀磨石。反电镀的作用是使金刚石工作刃外露。磨石可根据要求做成各种形状。

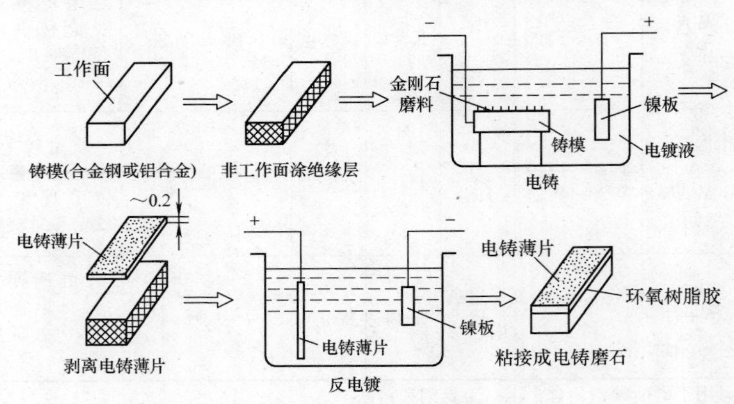

图10-47　金刚石电铸磨石的制作过程

（3）金刚石粉末冶金磨石。是将金刚石或立方氮化硼等微粉与铸铁粉混合起来，用粉末冶金的方法烧结成块。烧结块为双层结构，只在表层1.5mm厚度内含有磨料。将双层结构的烧结块用环氧树脂粘结在铸铁板上，即成磨石。这种磨石研磨精度高，表面质量好，效率高。

2. 磁性研磨

工件放在两磁极之间，工件和磁极间放入含铁的刚玉等磁性磨料，在磁场的作用下，磁性材料沿磁力线方向整齐排列，如同刷子一般对被加工表面施加压力，并保持加工间隙。研磨压力的大小随磁场中磁通密度及磁性材料填充量的增大而增大，可以调节。研磨时，工件一面旋转，一面沿轴线方向振动，使磁性材料和被加工表面之间产生相对运动。此种方法可用来加工轴类工件的内外表面，也可用来去毛刺。由于磁性研磨是柔性的，加工间隙有几毫米，因此可以研磨形状复杂的不规则工件。磁性研磨的加工精度达 1μm，表面粗糙度 Ra 可达 0.01μm。对于钛合金有较好的效果。磁性研磨的原理如图 10-48 所示。

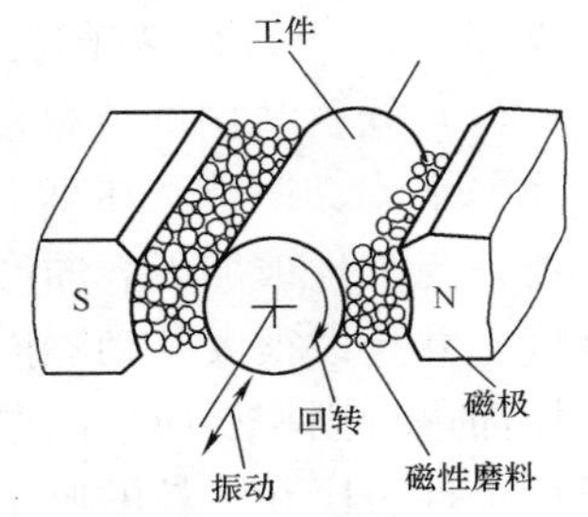

图 10-48 磁性研磨原理

3. 滚动研磨

把需要研磨的工件型腔作为铸型，将磨料作为填料加在塑料中浇注而成为研具。研磨时，工件带动研具振动、旋转或摆动，从而使研具和工件型腔间产生相对运动。也可以在研具和被加工型腔表面之间加入游离磨料，或能起化学作用、电解作用的液体，这样能加快研磨过程和提高研磨质量。滚动研磨主要用来加工复杂型腔。

4. 电解研磨

电解研磨是电解和研磨的复合加工。研具既起研磨作用，又是电解加工的阴极，工件接阳极，用硝酸钠水溶液为主配制成的电解液通过研具的出口流经工件表面，在工件表面生成阳极钝化薄膜并被磨料刮除。在这种机械和化学的反复双重作用下，获得极细的表面粗糙度，并提高了加工效率。

除电解研磨外，尚有机械化学研磨、超声研磨等复合研磨方法。机械化学研磨，是在研磨的机械作用下，加上研磨剂中的活性化学物质的化学反应，从而提高了研磨的质量和效率。超声研磨是在研磨中使用研具附加超声振动，从而提高效率，适宜难加工材料的研磨。

四、几种新型精密和超精密抛光方法

1. 软质磨粒抛光

软质磨粒抛光的特点是可以用较软的磨粒，甚至比工件材料还要软的磨粒（如 SiO_2、ZrO_2）来抛光。它不产生机械损伤，可大大减少一般抛光中所产生的微裂纹、磨粒嵌入、洼坑、麻点、附着物、污染等缺陷，获得极好的表面质量。软质磨粒抛光有以下三种方法：

（1）软质磨粒机械抛光。这是一种无接触的抛光方法，利用空气流、水流、振动及在真空中静电加速带电等方法，使微小的磨粒加速，与工件被加工表面产生很大的相对运动，磨粒得到很大的加速度，并且以很大的动能撞击工件表面，在接触点处产生瞬时高温高压而进行固相反应。高温使工件表层原子晶格中的空位增加；高压使工件表层和磨粒的原子互相扩散，即工件表层的原子扩散到磨粒材料中去，磨粒的原子扩散到工件表层的原子空位上，成为杂质原子。这些杂质原子与工件表层的相邻原子建立了原子键，从而使这几个相邻原子与其他原子的联系减弱，形成杂质点缺陷。当有磨粒再撞击到这些杂质点缺陷时，就会将杂质原子与相邻的这几个原子一起移出工件表层（见图 10-49）。

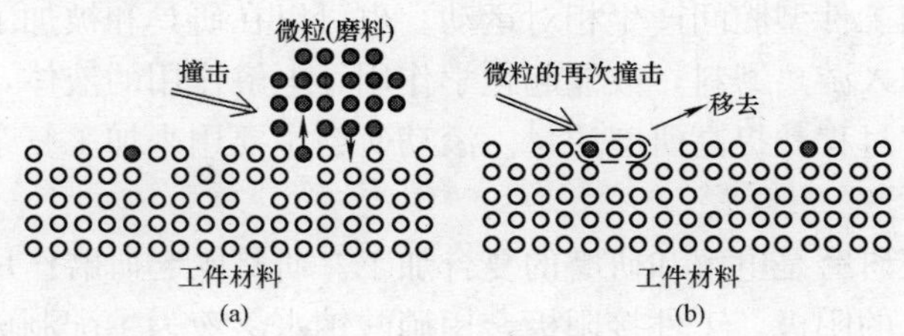

图 10-49　软质磨粒机械抛光过程

（a）扩散过程；（b）移去过程

另一方面，也有不经过扩散过程的机械移去作用。加速了的微小磨粒弹性撞击被加工表面的原子晶格，使表层不平处的原子晶格受到很大的剪切力，使这些原子被移去。

典型的软质磨粒机械抛光是弹性发射加工（Elastic Emisslon Machining，EEM）。其原理如图 10-50 所示，它是利用水流加速微小磨粒，要求磨粒尽可能在工件表面的水平方向上作用，即与水平面的夹角（入射角）要尽量小，这样加速微粒使工件表层凸出的原子受到的剪切力最大，同时表层也不易产生晶格缺陷。抛光器是聚氨酯球，抛光时与工件被加工表面不接触。

数控弹性发射加工的试验装置如图 10-51 所示，用数控方法控制聚氨酯球的位置，以获得最佳的几何形状精度，同时使超细微粒加速，对工件进行原子级的弹性破坏。整个装置是一个三坐标数控系统，聚氨酯球 7 装在数控主轴上，由变速电动机 3 带动旋转，其负载为 2N。在加工硅片表面时，用直径为 0.1μm 的氧化锆微粉，以 100m/s 的速度和与水平面成 20°的入射角向工件表面发射，其加工精度可达±0.1μm，表面粗糙度为 0.000 5μm 以下。

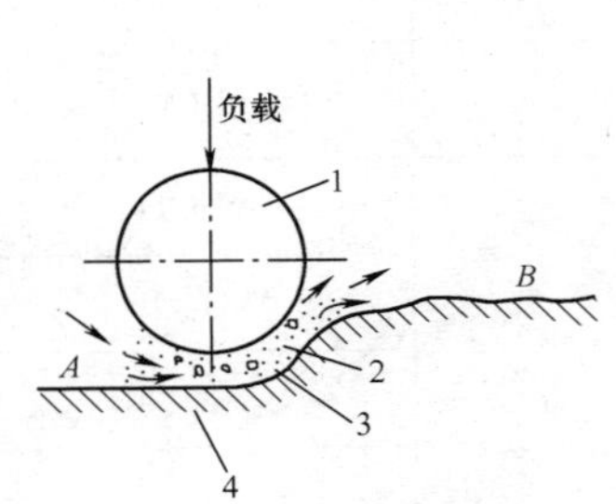

图 10-50　弹性发射加工原理图

1—聚氨酯球；2—磨粒；3—抛光液；4—工件

A—已加工面；B—待加工面

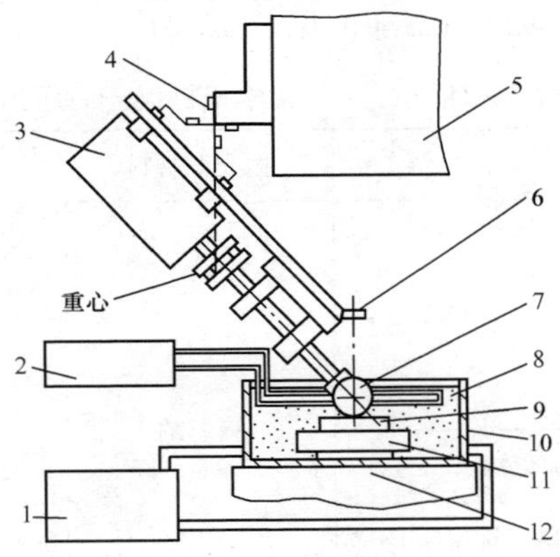

图 10-51　数控弹性发射加工装置

1—循环膜片泵；2—恒温系统；3—变速电动机；4—十字弹簧；5—数控主轴箱；6—加载杆；7—聚氨酯球；8—抛光液和磨料；9—工件；10—容器；11—夹具；12—数控工作台

（2）机械化学抛光。这也是一种无接触抛光方法，即抛光器与被加工表面之间有小间隙。抛光时，磨粒与工件之间有局部接触，有些接触点由于高速摩擦和工作压力产生高温高压，使磨粒和抛光液在这些接触点与被加工表面产生固相反应，形成异质结构生成物，这种作用称为抛光液的增压活化作用。这些异质结构生成物呈

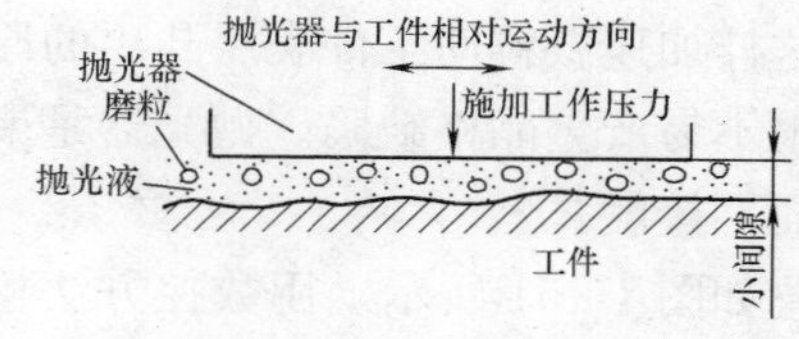

图 10-52 机械化学抛光

薄层状态，被磨粒的机械作用去除（见图10-52）。这种抛光是以机械作用为主，其活化作用是靠工作压力和高速摩擦由抛光液而产生，因此称为机械化学抛光。

(3) 化学机械抛光。化学机械抛光强调化学作用，靠活性抛光液（在抛光液中加入添加剂）的化学活化作用，在被加工表面上生成一种化学反应生成物，由磨粒的机械摩擦作用去除，由此可以得到无机械损伤的加工表面，而且提高了效率。化学机械抛光时所用的磨料和添加剂见表 10-21。

表 10-21 化学机械抛光时所用的磨料和添加剂

工件材料	抛光器材料	磨料	抛光添加剂
硅（Si）	聚氨酯	氧化锆（ZrO_2）	NaOCl
		硅石（SiO_2）	NaOH
			NH_4OH
砷化镓（GaAs）			NaOCl
磷化镓（GaP）			Na_2O_3
铌酸锂（$LiNbO_3$）			NaOH

化学机械抛光原理可参考图 10-52，它也是一种非接触式抛光。

用单纯的机械抛光方法对单晶体或非晶体进行抛光可以获得很好的效果，但对多晶体（如大部分金属、陶瓷等）进行抛光时，由于在同一抛光条件下，不同晶面上的切除速度各不相同，即单晶表面切除速度的各向异性，就会在被加工表面上出现台阶。这些台阶的高度取决于加工方法和相邻晶粒的晶向。化学机械抛光能很好地改善这种状况，不仅能获得极低的表面粗糙度参数值，而且在晶界处台阶很小，同时又极好地保留了边棱的几何形状，满足工件的功能性质要求。例如，用 Fe_2O_3 微粉和 HCl 添加剂的抛光液在抛光多晶 Mn-Zn 铁氧体时，就可以得到满意的效果。

化学机械抛光是一种精密复合加工方法，在加工过程中，化学作用不仅可以提高加工效率，而且可以提高加工精度和降低表面粗糙度参数值。化学作用所占比重较大，甚至可能是主要的。其关键是根据被加工材料选用适当的添加剂及其成分的含量。类似的加工方法有化学机械研磨、化学机械珩磨等。

2. 浮动抛光

浮动抛光是一种无接触的抛光法，是利用流体动力学原理使抛光器与工件浮离接触。其原理如图 10-53 所示，在抛光器的工作表面上做出了若干楔槽，当抛光器高速回转时，由于油楔的动压作用使工件或抛光器浮起，其间的磨粒就对工件的表面进行抛光。抛光质量与浮起的间隙大小及其稳定性有关。浮起间隙的稳定性与装夹工件的夹具上的负重和抛光器的材料等有关，抛光器为非渗水材料如聚氨酯、聚四氟乙烯等时可获得稳定不变的浮起间隙。但由于工件与这些材料的抛光器之间有粘附作用，只能提供少量的磨粒，因而不能迅速产生工件和磨粒之间的相对运动速度，以致切除率较低，影响抛光效率。而渗水性好的材料能提高磨粒与工件之间的相对运动速度，抛光效率高，但浮动间隙不稳定，会降低表面质量。如果夹具上的负重增加，会减弱运动跟随性，使浮动间隙产生波动。浮动抛光可达到 0.3mm : 75 000mm的直线度误差，表面粗糙度 Ra 可达 0.008μm。

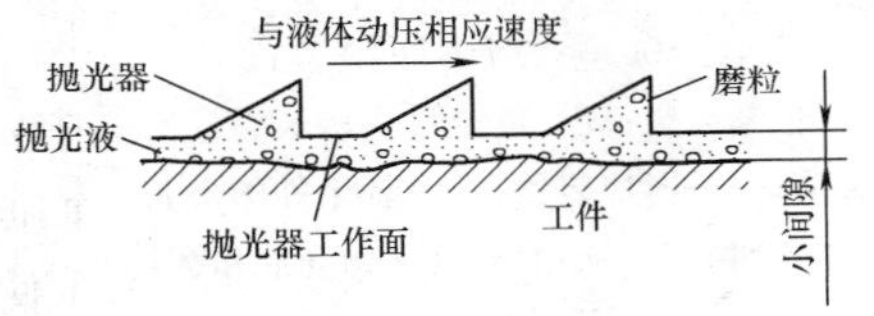

图 10-53　液体动力浮动抛光原理

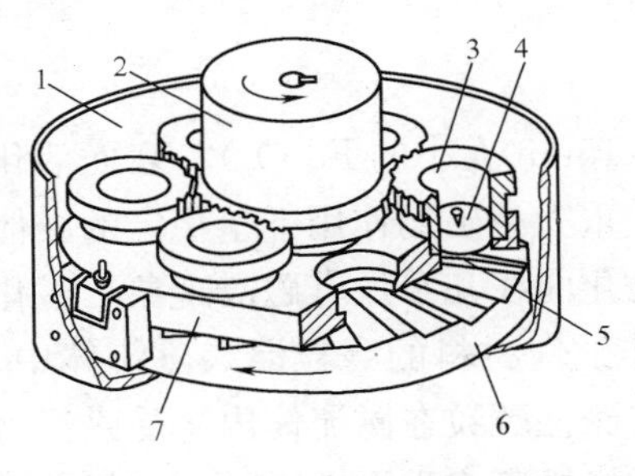

图 10-54　液体动力浮动抛光装置

1—抛光液槽；2—驱动齿轮；3—环（其作用是使工件转动）；4—装工件的夹具；5—工件（硅片）；6—抛光器；7—载环盘

液体动力浮动抛光的实例之一是加工硅片，如图 10-54 所示，这时硅片就是图中的工件 5，它们的浮起是靠抛光器 6（圆盘工具）高速回转的油楔动压及带有磨粒的抛光液流的双重作用而产生的。浮动抛光可大大减少一般抛光的缺陷，获得极好的表面质量。

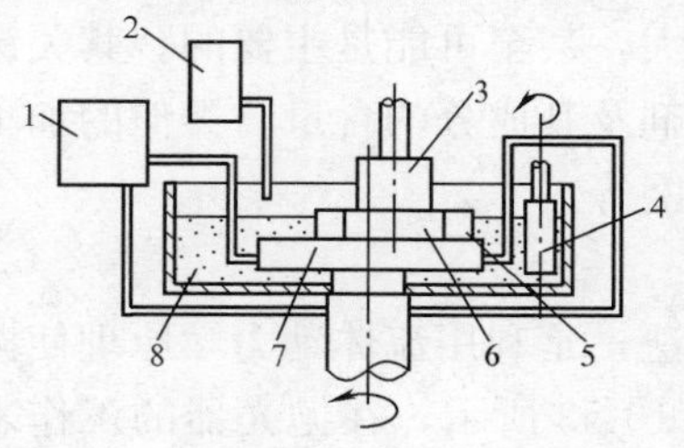

图 10-55　液中研抛装置

1—恒温装置；2—定流量供水装置；3—载荷；4—搅拌装置；5—装工件的夹具；6—工件；7—研抛器；8—抛光液和磨料

3. 液中研抛

液中研抛是在恒温液体中进行研抛，图 10-55 所示为研抛工件平面的装置，研抛器 7 材料为聚氨酯，由主轴带动旋转，工件 6 由夹具 5 来进行定位夹紧，被加工表面要全部浸泡在抛光液中，载荷使磨粒与工件被加工表面间产生一定的压力。恒温装置 1 使抛光液恒温，其中的恒温油经过螺旋管道并不断循环流动于抛光液中，使研抛区的抛光液保持一定的温度。搅拌装置 4 使磨料和抛光液 8（此处用水）均匀混合。这种方法可以防止空气中的尘埃混入研抛区，并抑制了工件、夹具和抛光器的变形，因此可以获得较高的精度和表面质量。显然，这种方法可以进行研磨或抛光，如果采用硬质材料制成的研具，则为研磨；如果采用软质材料制成的抛光器，则为抛光；当采用中硬橡胶或聚氨酯等材料制成的抛光器，则兼有研磨和抛光的作用。

4. 磁流体抛光

磁流体是由强磁性微粉（10～15nm 大小的 Fe_3O_4）、表面活化剂和运载液体所构成的悬浮液，在重力或磁场作用下呈稳定的胶体分散状态，具有很强的磁性。其磁化曲线几乎没有磁滞现象，磁化强度随磁场强度增加而增加。将非磁性材料的磨粒混入磁流体中，置于有磁场梯度的环境之内，则非磁性磨粒在磁流体内将受磁浮力作用向低磁力方向移动。例如当磁场梯度为重力方向时，如将电磁铁或永久磁铁置于磁流体的下方，则非磁性磨粒将漂浮在磁流体的上表面（如将磁铁置于磁流体的上方，则非磁性磨料将下沉在磁流体的下表面）。将工件置于磁流体的上面并与磁流体在水平面产生相对运动，则上浮的磨粒将对工件的下表面产生抛光加工。抛光压力由磁场强度控制。

图 10-56 所示为一比较简单的磁流体抛光装置，工件 3 放在一个充满非磁性磨粒和磁流体的容器 4 中，能回转的抛光器 2 置于工件上方，两者之间的间隙可由调节螺钉 1 来调节。容器置于电磁铁 7 的铁芯 6 上。电磁铁通电后，在磁场作用下，磨粒上浮，在抛光器作用下，磨粒抛光工件上表面。电磁铁由循环水冷却，以防止升温带来的影响。

图 10-57 所示为由三块永久磁铁构成的磁流体抛光装置，磁铁排列时使其相邻极性互不相同，从而使得磨粒集中于磁流体的中央部分，以便于进行有效的抛光。装置中配有调温水槽来控制工作温度。

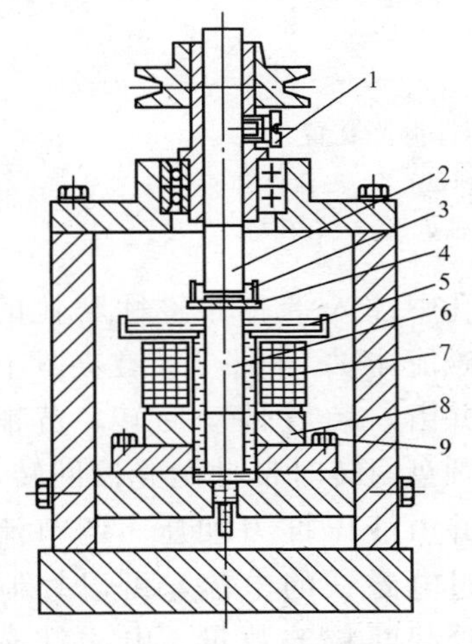

图 10-56　磁流体抛光装置

1—调节螺钉；2—抛光器；3—工件；4—容器；5—冷却水；6—铁芯；7—电磁铁；8—非磁性体；9—紧固螺钉

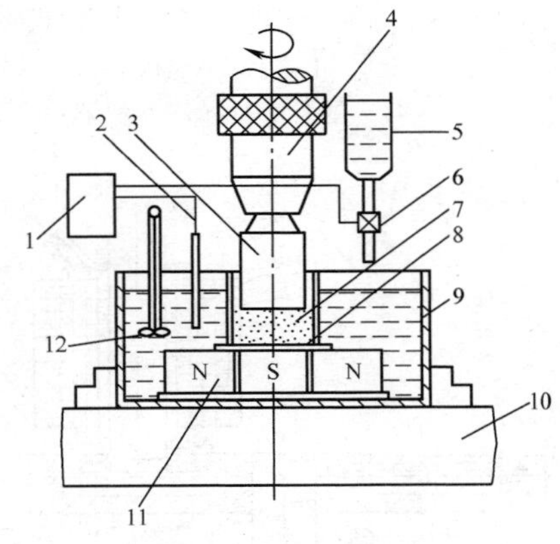

图 10-57　永久磁铁构成的磁流体抛光装置

1—控制开关；2—热电偶测温计；3—工件；4—夹具；5—冷却水；6—电磁阀；7—磁流体和非磁性磨粒；8—容器；9—水槽；10—工作台；11—永久磁铁；12—搅拌器

图 10-58 所示为在黄铜圆盘 3 上的环形槽中置入 3mm 厚的发泡聚氨酯抛光器 5，其上每间隔 7mm 开有一个直径为 5mm 的孔，

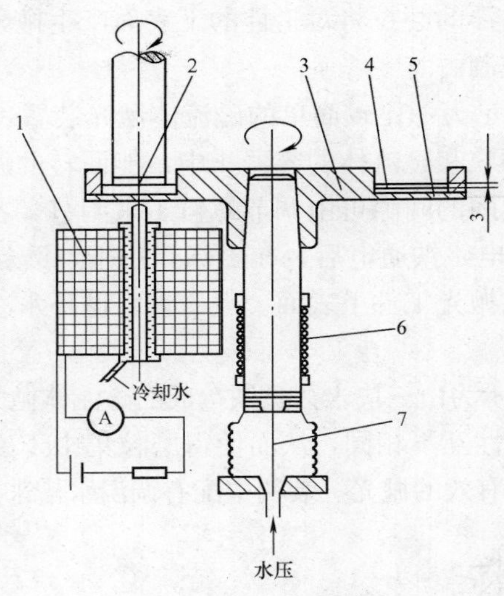

图 10-58　回转式磁流体抛光装置

1—电磁铁；2—工件；3—黄铜圆盘；4—磁流体和非磁性磨粒；5—抛光器；6—球轴承；7—波纹膜盒

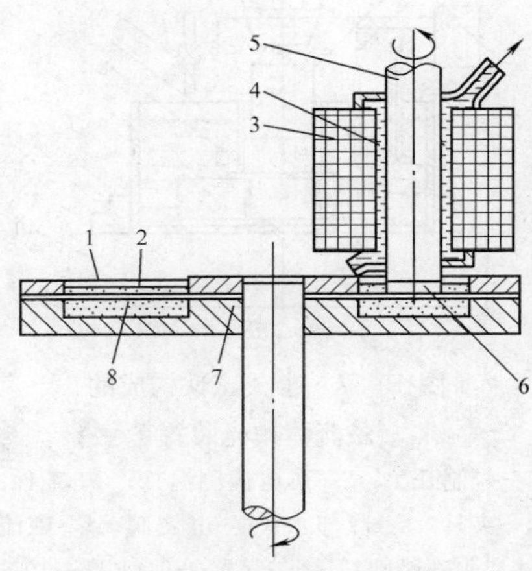

图 10-59　磁流体与磨粒分隔的抛光装置

1—磨粒和抛光液；2—抛光器（橡胶板）；3—电磁铁；4—冷却水；5—铁芯；6—工件；7—黄铜圆盘；8—磁流体

孔中注入带有非磁性磨粒的磁流体 4，工件 2 装在夹具上并由一装置带动回转。黄铜圆盘回转时带动抛光器回转，并由液压推力加压。调节流过电磁铁的电流，可以控制浮起磨粒的数量。电磁铁有冷却水系统。如装上多个电磁铁和夹具，这种装置可进行多件加工。

图 10-59 所示为将磁流体 8 与磨粒 1 分隔的抛光方式，在黄铜圆盘 7 的环槽中置入磁流体，盖上抛光器（橡胶板）2，其上放上磨粒和抛光液 1。

工件 6 装在上电磁铁 3 的铁芯 5 上。当电磁铁通电后，由于磁流体的作用使橡胶板上凸而加压，工件下表面与抛光器间的磨粒和抛光液产生抛光作用。压力可由通入电磁铁的电流大小来调节。这种抛光方式不必将磨粒加入磁流体中，使磁流体可以长期使用，可进行湿式抛光和干式抛光。

磁流体抛光中，由于磁流体的作用，磨粒的刮削作用多，滚动作用少，加工质量和效率均较高。磁流体抛光不仅可加工平面，还可以加工自由曲面。加工材料范围较广，黑色金属、有色金属和非金属材料均可加工。加工过程控制比较方便。这种方法又称为磁悬浮抛光。

5．挤压研抛

挤压研抛又称挤压研磨、挤压珩磨、磨料流动加工等，主要用来研抛各种型面和型腔，去除毛刺或棱边倒圆等。

挤压研抛是利用黏弹性物质作介质，混以磨粒而形成半流体磨料流反复挤压被加工表面的一种精密加工方法。挤压研抛已有专门机床，工件装于夹具上，由上下磨料缸推动磨料形成挤压作用，如图 10-60 所示。图 10-60（a）所示为加工内孔；图 10-60（b）所示为加工外圆表面。

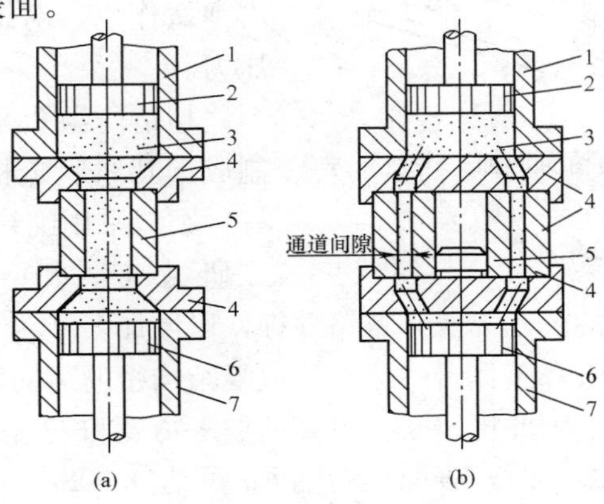

图 10-60　挤压研抛

（a）挤压抛光内表面；（b）挤压抛光外表面

1—上磨料缸；2—上磨料缸活塞；3—磨料流；4—夹具；
5—工件；6—下磨料缸活塞；7—下磨料缸

磨料流的介质应是高黏度的半流体，具有足够的弹性，无粘附性，有自润滑性，并容易清洗。通常多用高分子复合材料，如乙烯基硅橡胶，有较好的耐高、低温性能。磨料多用氧化铝、碳化硅、碳化硼和金刚砂等。清洗工件多用聚乙烯、氟利昂、酒精等非水基溶液。

要正确选择磨料通道的大小、压力和流动速度，它们对挤压研抛的质量有显著的影响。对于挤压研抛外表面，要正确选择通道间隙。磨料通道太小，磨料流动可能不流畅，一般孔最小可达 0.35mm。

6. 超精研抛

超精研抛是一种具有均匀复杂轨迹的精密加工方法，它同时具有研磨、抛光和超精加工的特点。超精研抛时，研抛头为圆环状，装于机床的主轴上，由分离传动和采取隔振措施的电动机带动作高速旋转。工件装于工作台上，工作台由两个作同向同步旋转运动的立式偏心轴带动作纵向直线往复运动，工作台的这两种运动合成为旋摆运动（见图10-61）。研抛时，工件浸泡在超精研抛液池中，主轴受主轴箱内的压力弹簧作用，对工件施加研抛压力。

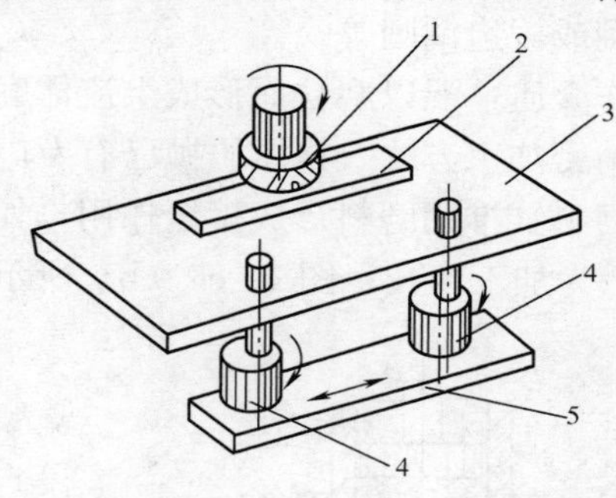

图 10-61　超精研抛加工运动原理

1—研抛头；2—工件；3—工作台；4—双偏心轴；5—移动溜板

超精研抛头采用脱脂木材制成，其组织疏松，研抛性能好。磨料采用细粒度的 $CrZO_3$，在研抛液（水）中成游离状态，加入适量的聚乙烯醇和重铬酸钾，以增加 $CrZO_3$ 的分散程度。

由于研抛头和工作台的运动造成复杂均密的运动轨迹，又有液中研抛的特性，因此可以获得极高的加工精度和表面质量。当用它来研抛精密线纹尺时，表面粗糙度 Ra 可达 0.008μm，效率也有较大的提高。

五、超硬磨料磨具磨削

1. 金刚石砂轮磨削

（1）金刚石砂轮磨削特点如下：

1）可加工各种高硬度、高脆性材料，如硬质合金、陶瓷、玛瑙、光学玻璃、半导体材料等。

2）金刚石砂轮磨削能力强，磨削力小，仅为绿色碳化硅砂轮的1/4～1/5，有利于提高工件的精度和降低表面粗糙度。

3）磨削温度低，可避免工件烧伤、开裂、组织变化等缺陷。

4）金刚石砂轮寿命长、磨耗小，节约工时，使用经济。

（2）金刚石砂轮磨削用量选择。

1）磨削速度。人造金刚石砂轮一般都采用较低的速度。国产金刚石砂轮推荐采用的速度见表10-22。不同磨削形式的磨削速度见表10-23。

表10-22　　金刚石砂轮磨削速度

砂轮结合剂	冷却情况	砂轮速度 v_s (m/s)
青铜	干磨	12～18
	湿磨	15～22
树脂	干磨	15～20
	湿磨	18～25

表10-23　　不同磨削形式推荐的金刚石砂轮速度

磨削形式	砂轮速度 v_s (m/s)
平面磨削	25～30
外圆磨削	20～25
工具磨削	12～20
内圆磨削	12～15

通常，干磨时砂轮速度要低些；金属结合剂比树脂结合剂砂轮的速度要低些；深槽和切断磨削也应使用较低的速度。

2）背吃刀量。背吃刀量增大时，磨削力和磨削热均增大，一般可按表10-24和表10-25选择。

表 10-24　　按粒度及结合剂选择背吃刀量

金刚石粒度	背吃刀量（mm）	
	树脂结合剂	青铜结合剂
F70/F80～F120/F140	0.01～0.015	0.01～0.025
F140/F170～F230/F270	0.005～0.01	0.01～0.015
F270/F325 及以细	0.002～0.005	0.002～0.003

表 10-25　　按磨削方式选择背吃刀量　　mm

磨削方式	平面磨削	外圆磨削	内圆磨削	刃　磨
背吃刀量	0.005～0.015	0.005～0.015	0.002～0.01	0.01～0.03

3）工件速度。工件速度一般在 10～20m/min 范围选取。内圆磨削和细粒度砂轮磨削时，可适当提高工件转速。但也不宜过高，否则砂轮的磨损将增大，磨削振动也大，并出现噪声。

4）进给速度。进给速度增大，砂轮磨耗增大，表面粗糙度增大，特别是树脂结合剂砂轮更严重。一般选用范围见表 10-26。

表 10-26　　进给速度的选择

磨削方式	进给运动方向	进给速度（m/min）
内、外圆磨削	纵向	0.5～1
平面磨削	纵向	10～15
	横向	0.5～1.5（mm/行程）
刃磨	纵向	1～2

2. 立方氮化硼（CBN）砂轮磨削

（1）立方氮化硼砂轮磨削特点如下：

1）热稳定性好。其耐热性（1250～1350℃）比金刚石（800℃）高。

2）化学惰性强。不易和铁族元素产生化学反应，故适于加工硬而韧的金属材料及高温硬度高、热传导率低的材料。

3）耐磨性好。对于合金钢磨削，其磨耗仅是金刚石砂轮的 1/3～1/5，是普通砂轮的 1%。CBN 砂轮寿命长，有利于实现加工自动化。

4）磨削效率高。在加工硬质合金及非金属硬材料时，金刚石砂轮优于CBN砂轮；但加工高速钢、耐热钢、模具钢等合金钢时，CBN砂轮特别适合，其金属切除率是金刚石砂轮的10倍。

5）加工表面质量高，无烧伤和裂纹。

6）加工成本低。虽然CBN砂轮价格昂贵，但加工效率高，表面质量好，寿命长，容易控制尺寸精度，所以综合成本低。

（2）立方氮化硼砂轮磨削用量。

1）砂轮速度。CBN砂轮可比金刚石砂轮磨削速度高一些，以充分发挥CBN砂轮的切削能力。国产CBN砂轮推荐速度见表10-27。

表10-27　国产CBN砂轮磨削速度

磨削形式	磨削速度 v_s（m/s）		结合剂	备　注
	湿　磨	干　磨		
平面磨削	28～33	20～28	树脂	通常用湿式
外圆磨削	30～35	20～28	树脂	通常用湿式
工具磨削	22～28	15～25	树脂、陶瓷	通常用干式
内圆磨削	17～25	15～22	树脂	通常用湿式

随着砂轮的速度提高，砂轮的磨耗降低，磨削比增大，加工表面粗糙度降低。所以，在机床、砂轮等加工条件许可的前提下，CBN砂轮有采用高速磨削的趋势。例如青铜结合剂砂轮，速度可达45～60m/s，切断砂轮（宽度>8mm）磨削速度达80m/s。

2）背吃刀量。背吃刀量可参考表10-24与表10-25选择。CBN砂轮磨粒比较锋利，砂轮自锐性较好，所以背吃刀量可略大于金刚石砂轮。

3）工件速度和进给速度。工件速度对磨削效果影响较小，一般在10～20m/min范围选择。采用细粒度砂轮精磨时，可适当提高工件速度。轴向进给速度或轴向进给量一般在0.45～1.8m/min范围，粗磨时选大值，精磨时选小值。

3. 使用超硬磨料砂轮对机床的要求

使用超硬磨料砂轮与普通磨料砂轮相比，要求加工稳定性高，振动小。因此要求机床具备如下条件：

（1）砂轮主轴回转精度高，一般要求轴向窜动小于0.005mm，径向振摆小于 0.01mm。

（2）磨床必须有足够的刚度，要求比普通磨床刚度提高 50%左右。若机床静刚度提高 20%，则超硬磨料寿命可提高 50%以上。

（3）磨床密封必须优良可靠，尤其是头架主轴轴承部分。

（4）磨床进给机构的精度要高，应保证均匀准确送进，有精度 0.005mm/次以下的进给机构。

（5）磨床应有防振措施。

4. 切削液的选择

金刚石砂轮常用的切削液有煤油、轻柴油或低号全损耗系统用油和煤油的混合油、苏打水、各种水溶性切削液（如硼砂、三乙醇胺、亚硝酸钠、聚乙二醇的混合水溶液）及弱碱性乳化液等。例如磨硬质合金，普遍采用煤油，若磨削时烟雾较大，可用混合水溶液，但不宜使用乳化液。树脂结合剂砂轮不宜用苏打水。

CBN 砂轮一般不用水溶性切削液，而采用轻质矿物油（煤油、柴油等）。因 CBN 磨粒在高温下会和水起化学反应，即水解作用，会加剧磨料的磨损。当必须用水溶液时，应添加极压添加剂以减弱水解作用。

5. 超硬磨料砂轮使用实例

金刚石砂轮使用实例见表 10-28；CBN 砂轮使用实例见表 10-29。

表 10-28　　金刚石砂轮使用实例

工　序	ϕ30H7 硬质合金铰刀刃磨前刀面	陶瓷片平面磨削	花岗石切割
工件材料	YG6X	高铝陶瓷片	花岗石（900mm×600mm×20mm）
机　床	M6025 万能工具磨床	M7120A 平面磨床	自动液压切割机床
砂　轮	12A2/20 125×13×32 D[①] 170/200 B75	粗磨 1A1/T2 250×15×75 D[①] 100/120 M100 精磨 1A1/T2 250×15×75 D[①] 12～22 B50	1A1/T1 480×1.9×50 D[①] 60/70 M25

续表

工　序	ϕ30H7 硬质合金铰刀刃磨前刀面	陶瓷片平面磨削	花岗石切割
磨削用量 v_s(m/s)	粗磨 15，精磨 20	38	40
轴向进给速度 v_f(m/min) 工件速度(m/min)	粗磨 0.5， 精磨 0.01	轴向进给量 0.5～1mm/st[3] 12	0.6～0.7
背吃刀量(mm)	粗磨 0.01， 精磨 0.002	粗磨 0.03， 精磨 0.005～0.01	
切削液	干磨	“401”切削油， 5%浓度	水
磨削效果： 效率	比 GC 砂轮 提高 5～10 倍		比 GC 砂轮 提高 4～7 倍
表面粗糙度 Ra(μm)	0.4～0.2	0.4	光亮整洁，质量提高
工具费用/年[2]	节约 25%～50%		节约 60%～75%
砂轮寿命	增加 50 倍以上		

① D 为金刚石品种代号 RVD。
② 与应用普通磨料磨具相比。
③ st 表示工作行程。

表 10-29　　CBN 砂轮使用实例

工　序	精磨拉刀底平面	轴承套圈外滚道磨削	精密滚珠丝杠
工件材料	W10Mo4Cr4V3Al 66～67HRC	2916Q1N1/01 Cr4Mo4V 62HRC	GQ60×8 GCr15 58～62HRC
机　床	M7120A 平面磨床	M228	S7432 丝杠磨床
砂轮	1A1/T 2250×10×75×10×3 CBN 100/120 B100	1A1/T2 90×50×25 CBN 100/120 B100[1]	1DD1 450×14×305×10×10 CBN 120/140 V150

续表

工　序	精磨拉刀底平面	轴承套圈外滚道磨削	精密滚珠丝杠
磨削用量	$v_s=18.3m/s$ $v_w=12\sim14m/min$ $f_a=2mm/s$ $f_r=0.005mm/s$	$v_s=35m/s$ $v_w=20m/min$ $v_f=0.40m/min$ $v_f=0.08mm/min$	$v_s=30m/s$ $v_w=1.5m/min$ $f_r=0.05\sim0.1mm$
切削液	极压乳化液	碳酸钠、 亚硝酸钠等水溶液	特种切削液， 流量 50～70L/min
效果	表面粗糙度 $Ra=0.4\sim0.2\mu m$ 直线度 500∶0.002	$Ra=0.4\sim0.2\mu m$ 无烧伤 金属磨除率 $Z=512mm^3/min$ 磨削比 $G=1000$ 砂轮寿命 $T=347min$	$Ra=0.4\mu m$ 精度 D4 无烧伤 加工总长 360m，比 金刚石砂轮寿命 提高 16 倍以上

① CBN 磨料电镀 Ni 衣。

第五节　超精密特种加工

一、超精密加工的工作环境

(一) 恒温

在精密加工和超精密加工时，室温的变化对加工精度的影响很大，由热变形而产生的误差占总加工误差的比例可高达 50%。精密加工和超精密加工的恒温应从恒温室、局部恒温、机床设备的恒温等方面来解决。

1. 恒温室

对恒温的要求，可用温度基数和温度变动范围来控制。对于精密测量，温度基数是 20℃；对于精密加工和装配，温度基数可以和测量时相同；也可以随季节而变化，在春、秋天取 20℃，夏天取 23℃，冬天取 17℃，这种方案不会影响加工精度，又能节省恒温费用，已经得到普遍采用。温度变动范围决定了恒温等级，见表 10-30。

表 10-30 恒温等级

<table>
<tr><th>等 级</th><th>标准温度（℃）</th><th>允许温度差别（℃）</th><th>湿 度</th><th>应用场合</th></tr>
<tr><td>0.01级</td><td>20</td><td>±0.01</td><td rowspan="6">55%～60%</td><td rowspan="2">计量标准
超精密加工</td></tr>
<tr><td>0.1级</td><td>20</td><td>±0.1</td></tr>
<tr><td>0.2级</td><td>20</td><td>±0.2</td><td rowspan="2">精密测量，超精密加工
精密刻线</td></tr>
<tr><td>0.5级</td><td>20</td><td>±0.5</td></tr>
<tr><td>1级</td><td>20</td><td>±1</td><td rowspan="2">普通精密加工</td></tr>
<tr><td>2级</td><td>20</td><td>±2</td></tr>
</table>

恒温控制所能达到的精度与恒温室的设计和控制有密切关系。

（1）送风方式。清洁恒温的空气进入恒温室有上送、下送、侧送等方式。上送下排方式容易造成恒温室上下温度不均匀，由于热空气会上升而留于室内，因此送风的温度要低于20℃时，才能使工作层的温度达到20℃。侧送侧排方式易造成恒温室水平方向温度不均匀。下送上排的方式较好。

（2）地面温度控制。精密恒温应在地面下装置恒温水管，以控制地面温度。

（3）恒温控制系统。要求有高灵敏度的温度传感器和精密的恒温调节系统。

2. 局部恒温

要在大面积范围进行恒温是很困难的，高精度的恒温往往只能在小范围内实现。采用大恒温室内套小恒温室，其空心墙内通入恒温空气。再在设备外建造恒温罩，以保证高精度的局部恒温，是行之有效的方案。有些小恒温室建造在大恒温的地下，也是一种有效的布局。

3. 机床设备的恒温

要得到精密恒温，不仅要控制恒温室和局部恒温，而且机床设备本身要恒温。机床设备的恒温可以采用淋浴式和热管式等方法。

热管是将金属圆筒容器抽成真空后注入少量丙酮等易挥发的液体，将它密封起来。圆筒的内壁有镍丝或玻璃丝编织的纤维，形成具有毛细管作用的材料，见图 10-62。当热管的一端受热时，内部的工作液汽化并由于压力差向冷端移动，在冷端冷凝为液体，被毛细管材料吸收送回热端，从而很快达到温度均化，因此具有极高的热传导率。将热管装在机床上，形成冷却系统，能迅速传热，保持机床各部分温度均匀，减小热变形，既高效又经济。

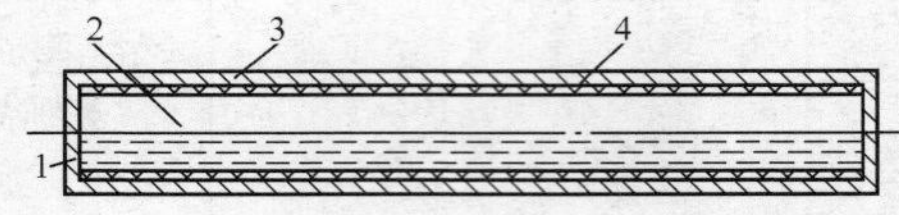

图 10-62　热管

1—易挥发液体；2—真空；3—金属容器；4—毛细管材料

（二）净化

尘埃对精密加工和超精密加工有很大危害，空气中分布了各种尘埃，越接近地面尘埃越多，城市中的尘埃数多于农村。尘埃来自大自然和人类的各种活动，如人的动作、生产过程（如切屑）等。尘埃分布情况见表 10-31。

表 10-31　尘埃分布情况

尘埃直径（μm）	尘埃浓度（个数/m^3）		
	农　村	城　市	机械工厂
0.7～1.4	1.25×10^6	48.00×10^6	75.00×10^6
1.4～2.8	0.48×10^6	4.30×10^6	4.00×10^6
2.8～5.6	0.16×10^6	1.40×10^6	0.18×10^6
5.6～11.2	0.04×10^6	0.12×10^6	0.06×10^6

进行空气净化的方法主要是滤清，进行净化的房间称净化室或超净室。进入净化室工作的人员应洗澡、更衣，以控制人员活动时产生的尘埃，也可采取风淋、更衣等措施，甚至穿特制的无尘服。

由于直径大于 0.5μm 的尘埃对精密加工和超精密加工的危害很大，故通常以每立方英尺体积中直径大于 0.5μm 的尘埃数来表示空气净化的等级。空气净化的标准等级见表 10-32。

表 10-32　　空气净化标准等级

净化等级	100 级	1000 级	10 000 级	100 000 级	普通净化车间
每立方英尺空气中直径＞0.5μm 的尘埃数不超过	10^2	10^3	10^4	10^5	5×10^7
每立方米空气中直径＞0.5μm 的尘埃数不超过	$\approx35\times10^2$	$\approx35\times10^3$	$\approx35\times10^4$	$\approx35\times10^5$	$\approx176.57\times10^7$

净化也可以进行局部净化，如净化工作台、净化腔等。在净化腔内通入正压洁净空气，可防止外界空气进入，以保持净化等级。

（三）防振与隔振

1. 隔振原理与隔振类别

在精密加工和超精密加工时，振动对加工质量的影响来自于两方面：①机床内部的振动，如回转零件的不平衡，零件或部件刚度不足等；②来自机床外部，由地基传入的振动，这就必须用适当的地基和防振装置来隔离，即隔振问题。

隔振原理可用单自由度振动的力学模型来说明。

隔振系统可以分为两大类：

（1）积极隔振。这种隔振是防止机器发出的振动传给地基。

（2）消极隔振。这种隔振是防止由地基传来的振动传给机器。精密和超精密加工中的隔振系统都属于这种，防止精密和超精密加工设备受外来的影响。

2. 精密机床和超精密机床的隔振措施

常用的隔振方法有以下两种类型：

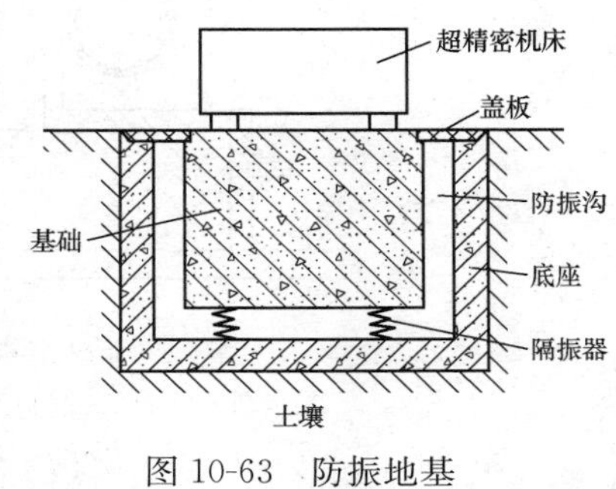

图 10-63　防振地基

（1）防振地基。图 10-63 所示为一超精密机床或精密仪器的防振地基，它由基础、防振沟、隔振器等组成，隔振器一般为金属弹簧。在防振要求不高的情况下，可将基础直接放在土壤上。防振沟主要防止从水平方向传入振动。

(2) 隔振器。主要有空气弹簧（垫）、金属弹簧、橡胶、塑料等。空气弹簧由胶囊和气室两部分组成。气室又有主气室和辅助气室，两者之间由可调阻尼孔相连。一定压力的压缩氮气储于气罐中，经减压阀、开关通入辅助气室，再经可调阻尼孔入主气室到气囊。改变充气压力，可得到不同的刚度值。改变可调阻尼孔的大小，可得到不同的阻尼值，一般为 0.15～0.5。主气室的气体压强，一般为 200～500kPa。空气弹簧的气路系统见图 10-64，主气室为钢制容器，气压作用在顶盖 2 的下端面上，将被隔振对象向上浮起，从而起到隔振作用。其结构原理如图 10-65 所示。

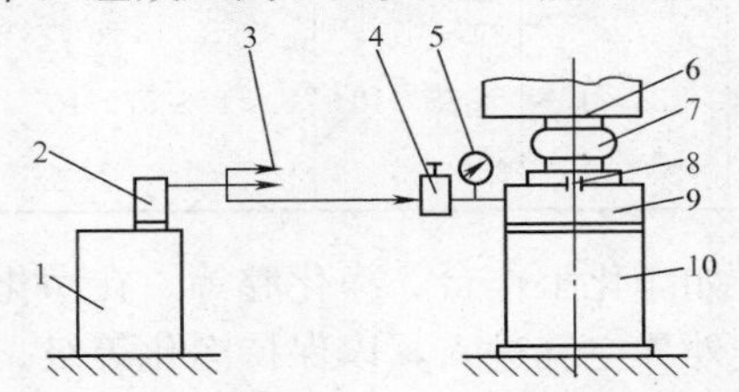

图 10-64　空气弹簧气路系统图

1—储气罐；2—减压阀；3—气路管道；4—开关；5—压力表；6—主气室；7—气囊（橡胶）；8—可调阻尼孔；9—辅助气室；10—支承基座

胶囊内充入压力气体后，在垂直方向和水平方向均有一定刚度。当被隔振对象振动时，压力气体就在主气室和辅助气室之间经阻尼孔往复流动，因阻尼而减振。因此，空气弹簧是在柔性密封容

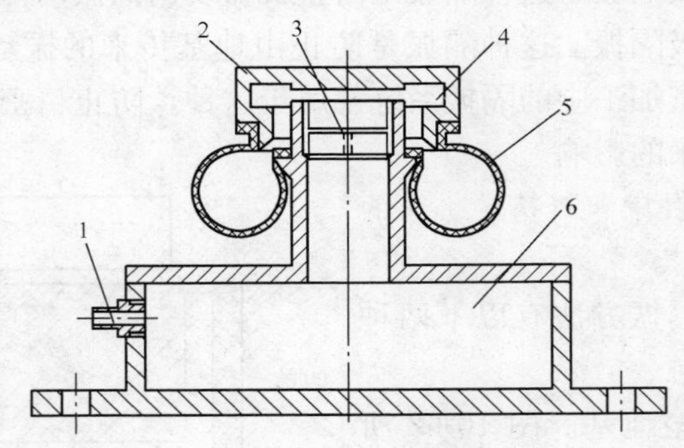

图 10-65　空气弹簧结构原理

1—管接头；2—钢制顶盖；3—可调阻尼孔；
4—主气室；5—气囊；6—辅助气室

器中接入压力气体的一种弹性阻尼元件，是利用空气内能的减振器。

空气弹簧作为一种弹性支承，一般用于金属平台的隔振。用三个相互等距离放置的空气弹簧支承一块平台，并使平台的重心与三支承等距，即可构成精密工作平台或精密仪器基座。

空气弹簧的刚度很低，有相当的承载能力，可使隔振系统的固有频率降低，获得很好的隔振效果。

二、超精密特种加工简介

1. 超精密特种加工方法

超精密特种加工的方法很多，多是分子、原子单位加工方法，可以分为去除（分离）、附着（沉积）和结合、变形三大类。

去除（分离）就是从工件上分离原子或分子，如电解加工、电子束加工和离子束溅射加工等。

附着（沉积）是在工件表面上覆盖一层物质，如化学镀、电镀、电铸、离子镀、分子束外延、离子束外延等。结合是在工件表面上渗入或注入一些物质，如氧化、氮化、渗碳、离子注入等。

变形是利用气体火焰、高频电流、热射线、电子束、激光、液流、气流和微粒子束等使工件被加工部分产生变形，改变尺寸和形状。

有关超精密特种加工方法的分类、加工机理及加工方法见表10-33。

表 10-33 超精密特种加工方法的分类、加工机理及加工方法

分类	加工机理	加工方法
去除（分离）加工	化学分解（液体、气体、固体）	蚀刻（电子束曝光）、机械化学抛光、化学机械抛光
	电解（液体、固体）	电解加工、电解抛光、电解研磨
	蒸发（热式）（真空、气体）	电子束加工、激光加工、热射线加工
	扩散（热式）（固体、液体、气体、真空）	扩散去除加工、离子扩散、脱碳处理
	熔解（热式）（液体、气体、固体）	熔化去除加工
	溅射（力学式）（真空）	离子溅射加工（等离子体、离子束）

续表

分类	加工机理	加工方法
附着和结合加工①	化学沉积、化学结合（气体、固体、液体）	化学镀、气相镀、氧化、氮化、活性化学反应
	电化学沉积、电化学结合（气体、固体、液体）	电镀、电铸、阳极氧化
	热沉积热结合（气体、固体、液体）	蒸镀（真空）、晶体生长、分子束外延
	扩散结合（热式）	烧结、掺杂、渗碳
	熔化结合（热式）	浸镀、熔化镀
	物理沉积、物理结合（力学式）	溅射沉积、离子镀（离子沉积），离子束外延
	注入（力学式）	离子注入加工
变形加工	表面热流动	热流动加工（气体火焰、高频电流、热射线、电子束、激光）
	黏滞性流动（力学式）	液体流动加工、气体流动加工
	摩擦流动（力学式）	微粒子流动加工
	分子定向	液晶定向

① 附着（deposition）：指范德瓦尔斯结合的弱结合。结合（bonding）：指共价键或离子键、金属键的强结合。

2．电子束加工

电子束加工一般是利用电子束的高能量密度进行打孔、切槽等工作。电子是一个非常小的粒子，其半径为 2.8×10^{-12} mm，质量也很小，为 9×10^{-20} g，但其能量很高，可达几百万电子伏（eV）。电子束可以聚焦到直径为 1～2μm，因此有很高的能量密度，并能高速精确定位（0.01μm）。但是高能量的电子束具有很强的穿透能力，穿透深度为几微米甚至几十微米，如工作电压为 50kV 时，加工铝的穿透深度为 10μm，而且以热的形式传输到相当大的区域，如图10-66所示。这就给电子束在超精密加工中的应用带来了

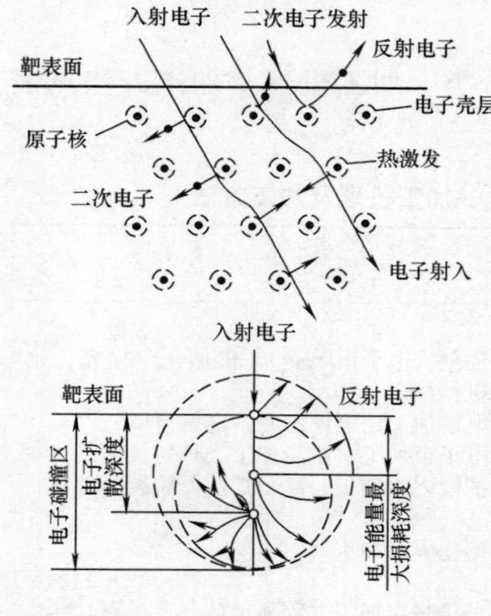

图 10-66 电子束加工过程模型

一些困难和问题。

电子束加工装置主要可分为电子枪系统、真空系统、控制系统等几个部分。电子枪系统发射高速电子流。真空系统的作用是抽真空，因为只有在真空（$1.3322\times10^{-11}\sim1.3322\times10^{-13}$ Pa）中，电子才能高速运动。发射阴极不会在高温下被氧化，同时也防止被加工表面和金属蒸气氧化。控制系统由聚焦装置、偏转装置和工作台位移装置等组成，控制电子束的大小、方向和工件位移。电源系统提供稳压电源，控制各种电压及加速电压。

在实际应用中，电子束用来光刻获得很大成功，它是利用电子束透射掩模（其上有所需集成电路图形）照射到涂有光敏抗蚀剂的半导体基片上。由于化学反应，经显影后，在光敏抗蚀剂涂层上就形成与掩模相同的所需线路图形，如图 10-67 所示。以后有两种处理方法，一种是用离子束溅射去除，或称离子束刻蚀，再在刻蚀出的沟槽内进行离子束沉积，填入所需金属。经过剥离和整理，便可在基片上得到凹形所需电路。另一种是用金属蒸镀方法，即可在基片上形成凸形电路。光刻工艺的图形密度、线宽是很重要的指标，由于电子束波长比可见光要短得多，其光刻线宽可达 0.1μm。

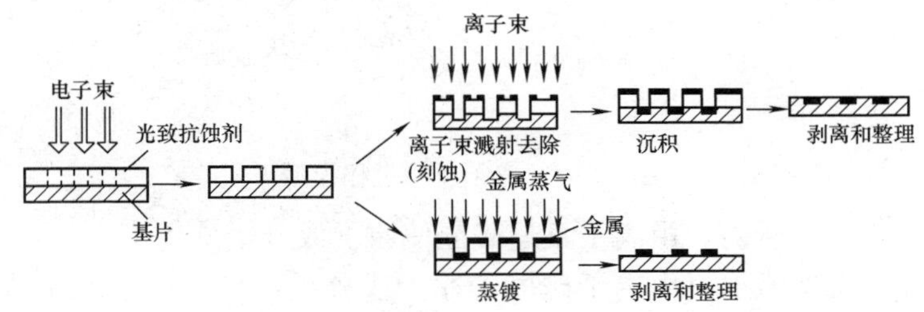

图 10-67　电子束光刻加工过程

电子束可用来在不锈钢、耐热钢、合金钢、陶瓷、玻璃和宝石等材料上加工圆孔、异形孔和切槽等，最小孔径或缝宽可达0.02～0.03mm。电子束还可以用来焊接难熔金属、化学性能活泼的金属，以及碳钢、不锈钢、铝合金、钛合金等。

3. 离子束加工

离子束加工是在真空条件下，将氩（Ar）、氪（kr）、氙（Xe）

等惰性气体，通过离子源产生离子束，经加速、集束、聚焦后，射到被加工表面上。由于这些惰性气体离子质量较大，带有 10keV 数量级动能，因此比电子有更大的能量。当冲击工件时，会从被加工表面打出原子和分子，这种方法称之为“溅射”。离子束加工用惰性气体离子，是为了避免这些离子与被加工材料起化学作用。离子束加工时，离子质量远比电子质量大，但速度较低，因此主要通过力效应进行加工，不会引起机械应力、变形和损伤。但可能会有一些离子保留下来，取代置换工件表面的原子。电子束加工时，电子质量小、速度高，动能几乎全转化为热能，使工件材料局部熔化、气化，因此主要通过热效应进行加工。离子束溅射可以分为去除、镀膜和注入加工。

（1）离子束溅射去除加工。离子束溅射去除加工可用离子碰撞过程模型来说明，如图 10-68 所示，有四种情况：

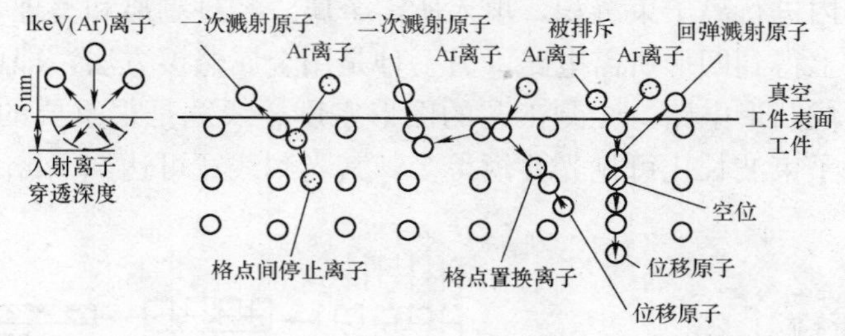

图 10-68　离子碰撞过程模型

1）一次溅射：由离子直追碰撞使原子或分子分离出来。

2）二次溅射：由离子碰撞了原子或分子，再由这个原子或分子碰撞使别的原子或分子分离出来。

3）回弹溅射：有些受到离子碰撞的原子或分子，又去碰撞别的原子或分子，但自己却被反弹出工件表面外。

4）被排斥的离子：有些离子在碰撞原子或分子时，自己反被弹出工件表面外，成为被排斥的离子。这种情况没有溅射作用。

离子束溅射去除加工可用于加工消除球差的透镜、刃磨金刚石刀具和显微硬度计金刚石压头。蚀刻大规模集成电路图形和光学衍射光栅等。

（2）离子束溅射镀膜加工。这种加工是用被加速了的离子从靶材上打出原子或分子，并将它们附着到工件表面上形成镀膜。这种镀膜比蒸镀有较高的附着力，因为离子溅射出来的中性原子或分子有相当大的动能，比蒸镀高 10～20eV，所以效率也比较高。它又是一种干式镀，因此使用比较方便。

（3）离子束溅射注入加工。这种加工是用数百万电子伏的高能离子轰击工件表面。离子打入工件表层内，其电荷被中和，成为置换原子或填隙原子（晶格间原子），留于工件表层中，从而改变了工件表面的成分和性质。目前，离子束溅射注入可用于半导体材料掺杂，即将磷或硼等的离子注入单晶硅中。另外，在高速钢或硬质合金刀具的切削刃上注入某些金属离子，就能提高其切削性能。

离子束加工的应用范围很广，可根据加工的要求选择离子束斑直径和功率密度。如去除加工时，离子束斑直径较小而功率密度较大；注入加工时，离子束斑直径较大而功率密度较小。离子束用于精密加工和超精密加工，关键在于控制束径精度和工作台的微位移精度。将离子束与精密机械、微机数控结合起来，其在精密加工和超精密加工中的应用将日益广泛。

第六节 宝 石 的 加 工

一、宝石概述

在矿物中，既硬又美且稀少的东西人们称其为宝石。有些不是矿物又不硬但极美丽而珍贵，如珍珠、珊瑚等也被纳入宝石类，统称为珠宝。它们集装饰和保值于一身，既有观赏价值，又有经济价值。因此，宝石的加工质量具有很大的意义。

宝石的物理性质见表 10-34。宝石学家根据不同种类宝石的光学性能和折射率，设计了各种宝石的特色款式，如有 58 个刻面的圆钻石型、长方祖母绿型、两头尖的橄榄型、方型、泪滴型、素面型，等等。每种款式的上、下刻面均有一定的比例，棱面之间有固定角度的交角，相对的面要对称，几个面相交要成一点。被加工后宝石表面要光洁成镜面，用 10 倍放大镜观察，不能看到划痕。

表 10-34　宝石的物理性质

矿物	宝石	透明度	颜色	折光率	莫氏硬度	密度（g/cm³）	加工款式
电气石	各色碧玺	半透明～透明	粉红、红、紫红～紫罗兰 蓝、绿、蓝绿—黄绿 无色、褐黄等	1.619～1.661	7～7.5	3.02～3.26	翻型及其他
锆石	蓝锆石 绿锆石 红锆石/黄锆石 白锆石	透明 透明 透明 透明	蓝、浅绿蓝、浅黄蓝—褐蓝 绿 黄、桔黄、红、紫罗兰、褐 无	1.92～1.98	7～7.5	3.90～4.71	翻型
石榴石	铁铝榴石 镁铝榴石 镁铁榴石 桂榴石	透明 半透明 透明 透明	红—紫 棕红—紫 蔷薇红—紫 橙黄—橙褐	1.730～1.760	6.5～7.5	3.65～3.80	翻型
	翠榴石 黑榴石	透明 半透明	黄—绿 黑			3.82～3.85	
锂辉石	翠绿锂辉石 紫锂辉石 锂辉石	透明 透明 透明	绿 粉红—浅紫 黄—五色	1.653～1.669	6.5～7.5	3.16～3.20	翻型
水晶	紫晶 黄晶 绿晶 水晶 芙蓉石 烟晶	透明 透明 透明 透明 透/半透明 透/半透明	红—紫、紫罗兰、紫 黄、桔黄 绿 五色 蔷微—粉红 茶—黑	1.544～1.553	7	2.58～2.65	翻型及其他

续表

矿物	宝石	透明度	颜　色	折光率	莫氏硬度	密度（g/cm³）	加工款式
橄榄石	贵橄榄石 橄榄石	透明 透明	黄绿 浅黄绿、绿黄、黄绿	1.654～1.660	6.5～7	3.34	翻型
玉类矿物	翡翠	半透明—微透明	绿、黄绿、紫、褐紫、白、红棕	1.640～1.652	6.5～7	3.30～3.36	其他
	软玉	半透明—微透明	黄绿	1.600～1.655	6～6.5	2.90～3.02	其他
长石	月光石 天河石 日光石 透明种属	半透明 半透明 半透明 透明	蓝白闪光 绿，蓝绿 橙，红，闪灼红或金黄闪光 无色—黄	1.542～1.549	6～6.5	2.54～2.63	其他 翻型
贵蛋白石	黑欧泊 白欧泊 火欧泊	半/微透明 半/微透明 半/微透明	深暗灰或蓝—黑 浅色 黄桔红或红	1.435～1.455	5.5～6.5	1.98～2.20	蛋元宝型或其他
绿松石	松石	微/不透明	蓝、绿—绿蓝、黄绿—绿灰	1.61～1.65	5～6	2.60～2.80	蛋元宝型

宝石加工属于超精密加工范畴。它除采用超精密研磨、抛光外，还要用高精度的加工装置。因为宝石尤其稀有，高档的宝石极为珍贵，它们的质量也是以克拉为单位计算。

二、宝石加工用的磨料、磨具

1. 磨料

(1) 碳化硅(SiC)。分为白色和绿色两种，其硬度较高，磨料易破碎，故切削刃较锋利，广泛用于粗加工。

(2) 氧化铝(Al_2O_3)。其硬度较高，磨料没有碳化硅那样锋利，在宝石的半精加工中用得较多。通常用粒度 W15 的磨料做抛光前的研磨磨料。细粒度的可用于各种宝石的抛光。

(3) 氧化铁(Fe_2O_3)。为红色微粉，硬度较低，研磨、抛光特性较好。但因其加工效率较低及难于清洗，现已极少采用。

(4) 氧化铬(Cr_2O_3)。为绿色的微粉，粒径为 0.5～2μm。它对水晶、玛瑙等的抛光效果较好。加工时要注意磨料的粒径均匀，否则易产生划伤。

(5) 氧化铈(CeO_2)。为淡黄色的微粉，硬度不高，抛光效果较好。它比氧化铬、氧化铁磨料对工件的污染少，故应用较广泛。

(6) 氧化锡(SnO_2)、氧化锶(SrO_2)、氧化镁(Mg_2O)、二氧化硅(SiO_2)也是好的抛光用磨料，但目前在宝石加工中用得不多。

(7) 金刚石微粉(C)。金刚石微粉是现有物质中最硬的。作为磨料，其具有良好的研磨、抛光特性，可加工各种宝石，也是加工金刚石用的唯一磨料。金刚石微粉有天然的和人造的两种，使用效果大致相同。

2. 砂轮

(1) 氧化铝砂轮及碳化硅砂轮。分为白色和绿色两种。粗加工常用的粒度为 F40～F120 号，半精加工用 F150～F280，精加工 W40～W20。选择砂轮时应注意：对硬度高的宝石，应选组织软、粒度细、磨粒容易破碎的砂轮；对软宝石，应选用组织硬、粒度粗、磨料不易破碎的砂轮；对加工怕热的宝石，应选择组织软、磨料易破碎的砂轮。

(2) 金刚石砂轮。在宝石加工中，目前用得最多的是金刚石砂轮。其形状、种类繁多，应根据被加工宝石的种类和要求选择砂轮。砂轮主要的参数有种类、形状、结合剂（金属、树脂、陶瓷、橡胶等）、粒度、浓度等。金刚石砂轮的浓度（单位体积内含有金刚石的重量）见表10-35。

表10-35　金刚石砂轮的浓度

金刚石粉含量	ct①/cm³	8.8	6.6	4.4	3.3	2.2	1.1
	ct/in³	144	108	72	54	36	18
浓度		200	150	100	75	50	25

① ct（克拉）为非法定计量单位。1ct≈0.2g

3. 其他磨具

（1）磨石、砂布、砂纸。砂布的磨料有碳化硅、氧化铝、金刚石等，它对加工物质不硬、易切削的宝石有较好的效果。比起使用游离磨料，它的污染少，加工面的质量也较好。只要使用清洁的水，加工中不会产生大的划伤。

（2）切割锯。分为圆锯、带锯、丝锯等几种。它们利用固定在工具上或加在液体介质中的游离磨料对宝石进行切割，可根据需要选择。

（3）金刚石钻。金刚石钻头用于对宝石钻孔或加工片状圆环。

（4）金刚石锉。用于修正或打磨宝石，金刚石带和金刚石磨石等属于此类。

三、宝石的切割

宝石的切割可分两类：一类是对尺寸较大的原石如玛瑙、翡翠、水晶等切成所需要的小块，称为分割切割；另一类是将小块的宝石切成薄片或更小的块，或为减少加工量切去多余的部分，称为小块切割。根据所使用的切割工具不同，可分为丝锯切割、带锯切割、圆锯切割等方法。这几种方法均可使用游离磨料，或像金刚石锯片那样将磨料固定于工具上切割。

1. 分割切割

将大块的宝石切成一定厚度的板状或块状，除用丝锯、带锯之外，多采用圆锯。采用游离磨料时，可将粒度为F100～F240号的碳化硅或氧化铝加在水中，调成切割剂。使钢丝、带或薄片钢盘运

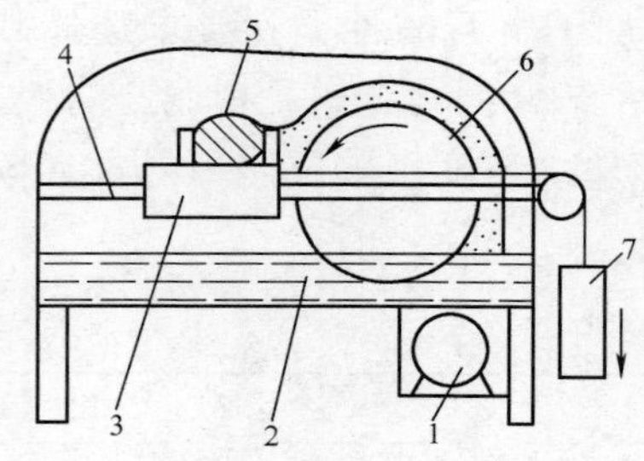

图 10-69　切割原理图
1—电动机；2—切削液；3—滑板；4—导杆；5—宝石原石；6—金刚石刀片；7—重锤

动，将切割剂浇在工具上，即可对宝石进行切割。用游离磨料切割的效率较低，且对环境有污染，目前多采用外圆金刚石锯片进行切割。为提高切割效率，可将锯片做成带有沟槽的带齿锯片。在锯齿的外表面及外圆周上烧结或电镀上金刚石磨料。切割的原理如图 10-69 所示，采用重锤带动原石进给，可避免切割中因过大的切割力而使锯片损坏。切割时要加切削液，切削液一般用水，将锯片浸在水中，利用锯片的旋转将水带入切割区。也可用单独的泵向切割区浇注切削液。若使用丝杠，应采用平带驱动，当切割过载时带轮打滑，以免损坏锯片。

2. 小块切割

小块切割通常采用 ϕ100mm～ϕ200mm 的金刚石锯片。

因宝石极为珍贵，故切口厚度应尽可能小，所使用的锯片厚度可薄至 0.1mm。对切掉多余部分所用锯片的厚度可厚一些。金刚石锯片的生产厂家很多，锯片种类齐全，可根据需要选择。

四、素面宝石加工

素面是宝石的一种款式。不透明或半透明的宝石如玛瑙、翡翠等，主要磨成如图 10-70 所示的款式。根据需要，透明的宝石也可磨成这些款式。

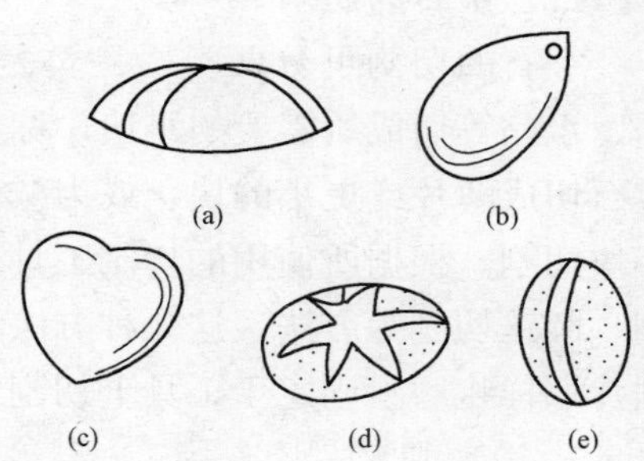

图 10-70　素面宝石
(a) 半球；(b) 水滴；(c) 心状；(d) 星光宝石；(e) 猫眼

在动手加工以前，必须考虑选取和确定合适的加工面。其目的是根据原石的性质、形状、色泽、方向性等把它磨成最美的素面宝石。例如对玛瑙的纹路、蓝宝石的星光效应及海蓝宝石的猫眼效应等具有特殊光效应的原石，必须在加工前仔细确定其加工方位，仔细琢磨才能磨出绚丽多彩的宝石。否则它们的特殊效应会被影响或因加工不当而消失，致使宝石价值一落千丈。

素面宝石的加工工序因原石的形状、加工者的习惯而略有差异，但基本工序是：切割→粗磨→粘接在料杆上→精磨→抛光→清洗。

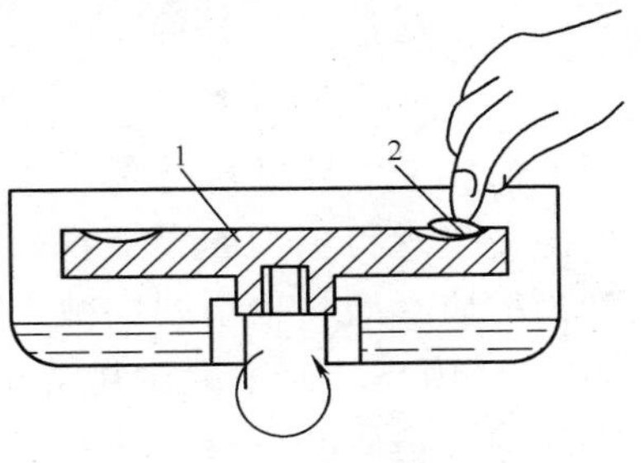

图 10-71　素面的研磨
1—铸铁盘（ϕ250mm～ϕ300mm）；2—宝石

首先将原石按需要切成适当的小块。较大者可直接用于粗磨，小者应粘在料杆上再磨。磨素面可以用平砂轮磨，但多用图 10-71 所示带有圆弧沟槽的铸铁盘（以 500～700r/min 旋转）加上 F60～F100 号的氧化铝或碳化硅的研磨剂进行研磨。研磨剂为 50％水加 50％磨料。为提高效率，也可用带特别沟槽的金刚石砂轮粗磨，或将一般砂轮修成沟槽进行粗磨。

表 10-36 列出了粗磨水晶、玛瑙、翡翠等用的砂轮。为了加工方便，要将宝石粘在料杆上。粘接剂可用松香、漆片、火漆配制，也可每一成分单独使用。粘接方法如图 10-72 所示。粘好后即可手持料杆进行素面的半精加工。

表 10-36　　水晶、玛瑙、翡翠粗加工用砂轮

砂　轮	磨　料	粒　度	结合度	组织	浓度	结合剂
砂轮 金刚石砂轮	T1 JR	F60～F120 F100	ZR1～Z2 Z2	5	～50	A J

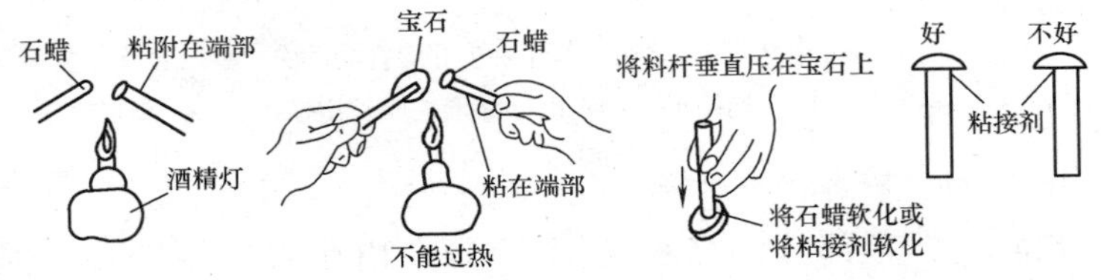

图 10-72　宝石粘接方法

宝石半精加工是将研磨剂涂在木制研磨盘或软金属、皮革、无纺布、橡胶等制成的研磨盘上，再对宝石进行研磨。研磨剂通常用 W40～W20 的碳化硅或 W28～W14 的氧化铝加水混合制成。将它涂在上述具有弹性的研磨盘上进行研磨，通常效果令人满意。也可将磨料混在沥青、虫胶或橡胶中，制成研磨盘后进行半精加工。

半精加工之后进行抛光，这是最关键的工序，宝石的光泽完全靠抛光呈现得更绚丽。宝石因材质、硬度的不同，抛光所用的抛光盘材质、磨料也不同。抛光时抛光盘的速度应比半精加工时低 30%～40%。为了减少抛光时间和提高宝石的表面质量，对抛光前的半精研磨有较高的要求，即抛光前的宝石表面不能有明显的表面缺陷或较大、较深的划痕，即使是只有少量的数条也是不允许的。在此基础上进行抛光，不仅省时间，且会得到较满意的结果。

五、刻面宝石加工

宝石上研磨成的一个个小平面称为刻面，或称番面。由许多刻面所组成的特定的宝石形状称为刻面宝石。通常主要是对透明的宝石加工成刻面。刻面宝石不仅具有美丽光亮的外观，而且可利用光的反射、折射将宝石内部的美充分展现出来，使之更为绚丽夺目。

刻面宝石形状繁多，但最基本的只有图 10-73 所示的 5 种，其他形状（见图 10-74）均是由它们派生出来的。

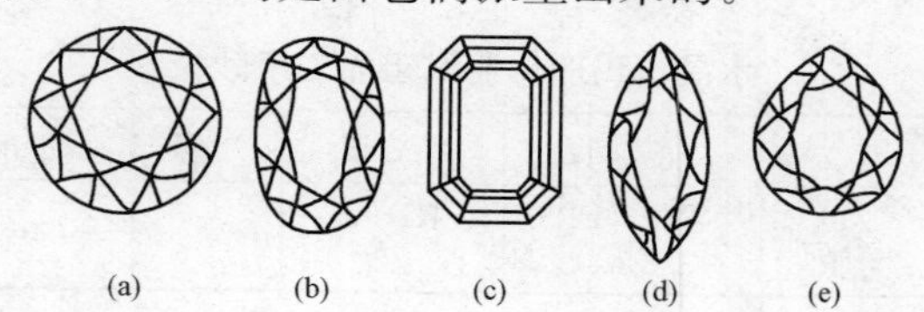

图 10-73　刻面宝石主要的刻面形状

（a）钻石形；（b）椭圆形；（c）祖母绿形；（d）橄榄形；（e）梨形

1. 刻面宝石各部分名称

刻面宝石各部分的名称见图 10-75。由于地区不同，习惯不同，宝石各部的名称也有所不同。

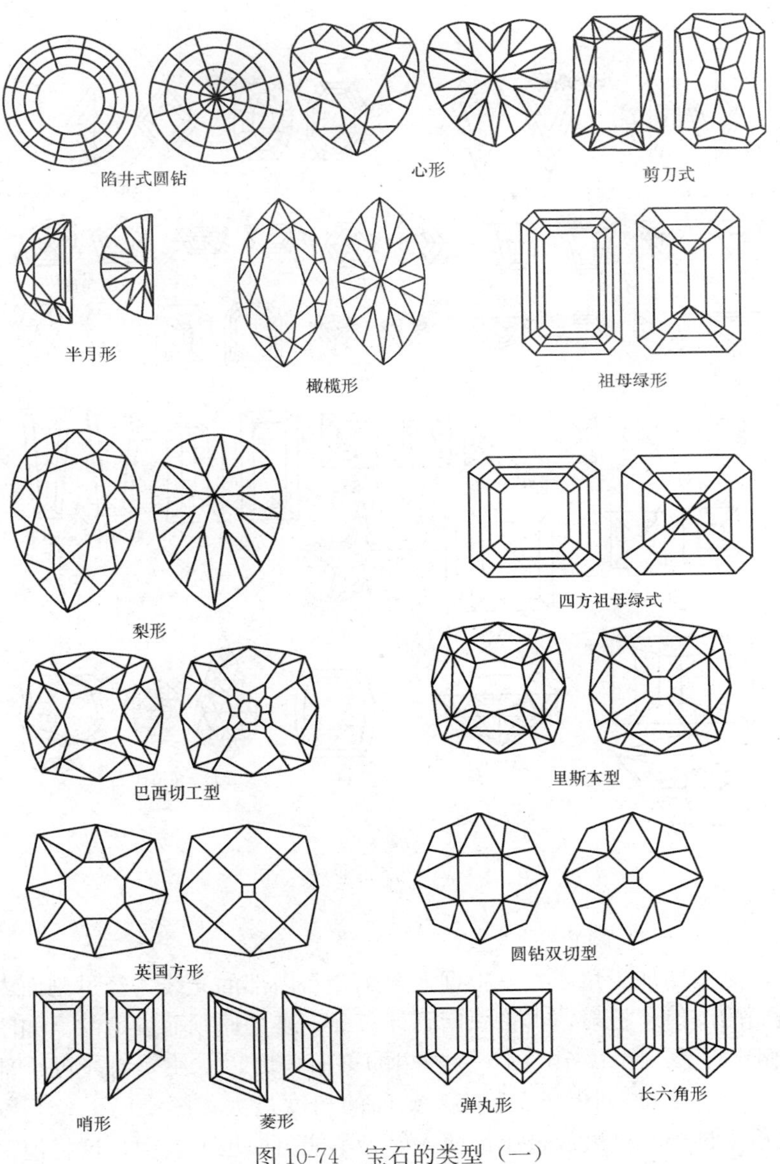

图 10-74　宝石的类型（一）

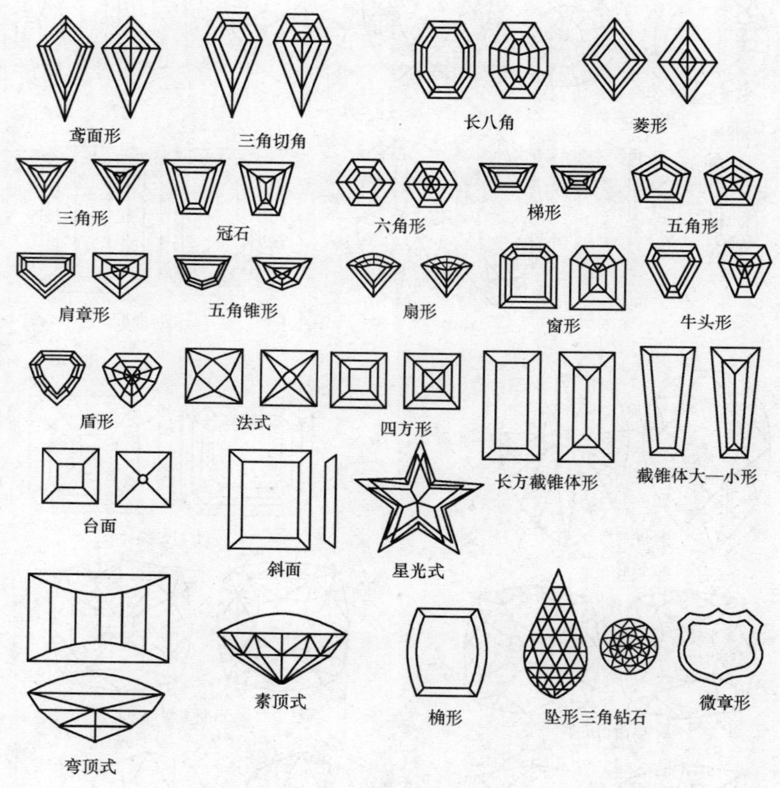

图 10-74　宝石的类型（二）

2. 宝石刻面角度的确定

刻面的加工角度，是根据入射到宝石内部的光线，经过刻面内表面的反射、折射，再重新回到外表面上来的原则而设定的。如图 10-76 所示：图 10-76（a）为理想的刻面角度，它使入射光可全部反射至上表面；图 10-76（b）刻面的角度过大；图 10-76（c）刻面角度过小。过大或过小都使入射光不能再回至上表面，这将使宝石不能发出绚丽的光泽。

图 10-77 所示是根据各种宝石的折光率推荐的刻面角度绘出的

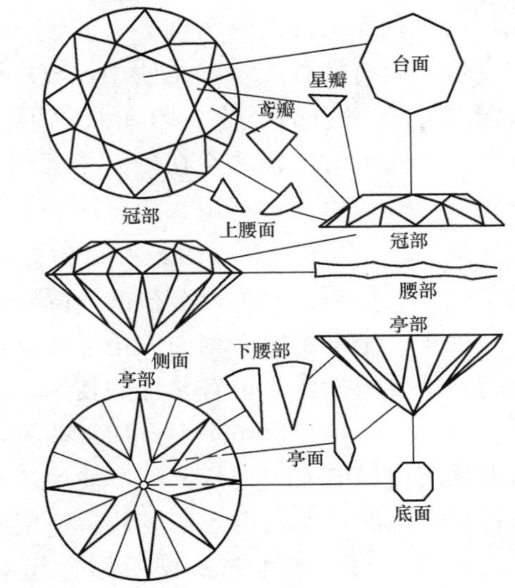

图 10-75　刻面的各部名称

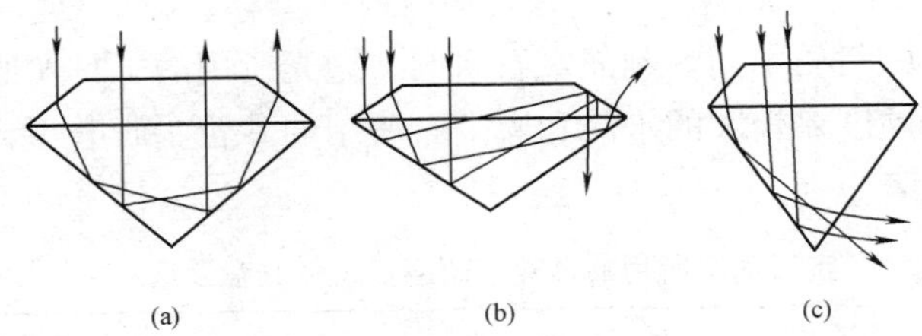

图 10-76　刻面角度比较

(a) 理想角度；(b) 角度过大；(c) 角度过小

曲线。由图可知，随着宝石折光率的增大，刻面角度也增大。

3. 刻面的加工

刻面加工的程序是：切割→确定加工面并粘接在料棒上→打型（磨腰部）→磨台面→磨冠部刻面→抛光台面→抛光冠部刻面→调头粘接→磨亭部刻面→抛光

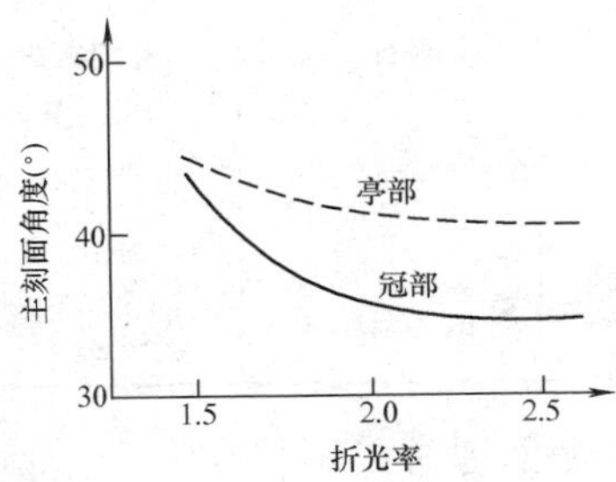

图 10-77　折光率与刻面角度的关系

亭部刻面→抛光腰部（根据需要）→清洗。

刻面加工的设备主要有两种。一种是使用比较广泛的八角手宝石研磨机，研磨时将粘有宝石的料棒夹紧在八角手夹具上进行研磨。八角手夹具有一八角形分度盘，它在刻面角度调节板上利用八角形的直棱，可等分成8等份，再利用八角分度盘上的细分孔，又可将其中每等份分成0.5、0.25、0.2的各种等份角度，以实现每种刻面所要求的角度。利用刻面角度调节板的升降，可改变八角手与研磨盘平面间的夹角，来确定宝石刻面的角度。这种加工设备操作简单，效率较高，但要求操作人员有熟练的技术，才有可能加工出高质量的宝石。另一种设备是机械手宝石加工装置，它的种类繁多，但其共同特点是用机械的方式进行分度。使用这种加工机进行研磨，要求操作者有熟练的技术，但效率较低，适用于单个高档宝石的加工。目前已开发了将八角手与机械手结合起来的宝石加工机，它兼具上述两类设备的优点。

4. 砂轮、研磨盘、抛光盘及磨料的选择

宝石的材质不同，刻面宝石研磨、抛光所用的工具及磨料也不同。加工硬度差较大的水晶和蓝宝石所用的砂轮、研磨盘、抛光盘及磨料见表10-37。

表10-37　宝石加工所用的砂轮、研磨盘、抛光盘及磨料

宝石	粗　磨	粗　研	精　研	抛　光
水晶	砂轮TL或TH F80～F180 金刚石磨盘 F80～F180	铸铁盘＋碳化硅 F100～F240 金刚石盘 F180～W28	铸铁盘＋氧化铝 W20～W14 金刚石盘 W14～W10	木或胶木 氧化铈或 氧化锆
刚玉	砂轮TL或TH 金刚石磨盘 F80～F180	金刚石盘 F180～W28	金刚石盘　金刚石粉 W14→9～15μm W10　铜盘	金刚石粉1μm 锡盘或铜盘

粗磨通常采用粒度为8～3μm的金刚石磨料，半精磨和抛光则多用铜或铝合金、锡、铅等材料制成的研磨、抛光盘。为了提高加工效率和节省磨料，通常要对研磨盘进行修整。方法是将用橄榄油

等植物油调和的金刚石粉均匀地涂在铜盘的表面上，然后用小钢辊或玛瑙块将其压在盘面上，这样不但可提高加工效率，还可节省磨料。或用小刀或特殊的滚轮在较软的锡盘或铅盘上划制或压制出浅沟。在这种带沟的盘面上涂上调和好的磨料，再用小滚轮或玛瑙块压一遍，可使磨料埋入浅沟。这样不但节省磨料，提高效率，还可增加研磨盘的使用寿命。

根据宝石的材质不同，可选用不同材质的抛光盘。常用的抛光盘有铸铁、铜、锡、铝、青铜、铅合金、电木、木、石蜡、沥青等材质。近年来由于人造金刚石的普及，用粒径 1μm 以下的金刚石粉进行抛光，效果也很好。

下面以钻石型圆刻面的水晶（括号内为蓝宝石）为例，介绍刻面宝石的加工顺序，见表 10-38、表 10-39。

表 10-38　　刻面宝石的加工顺序

加工顺序	宝石刻面图
冠部加工顺序 1. 台面 2. 弯面 3. 冠部基面 4. 上腰面 将宝石加热从料杆上卸下，掉头，利用夹具对心，粘接在料杆上 亭部磨刻面顺序 1. 磨亭部基面 43°（41°） 分度 64-8-16-24-32-40-48-56 2. 下腰面 45°（43°） 分度 2-6-10-14-18-22-26-30-34-38-42-46-50-54-58-62 亭部抛光顺序 1. 亭部基面 2. 下腰面	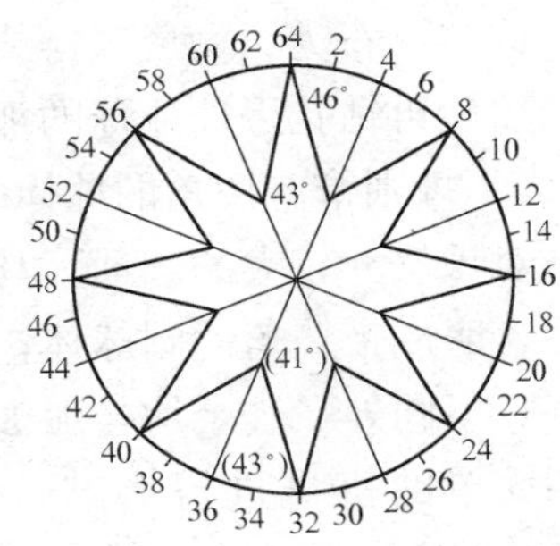

表 10-39　　刻面宝石的加工顺序

加 工 顺 序	宝 石 刻 面 图
冠部磨刻面顺序 1. 磨腰部 90° 2. 磨台面 0° 3. 磨冠部基面 42°（38°） 分度 64-8-16-24-32-40-48-56 4. 磨弯面 27°（22°） 分度 4-12-20-28-36-44-52-60 5.. 磨上腰面 49°（46°） 分度 2-6-10-14-18-22-26-30-34-38-42-46-50-54-58-62 由于台面大小的不同，上腰面的角度（49°或 46°）可以改变：台面越大，角度可大些	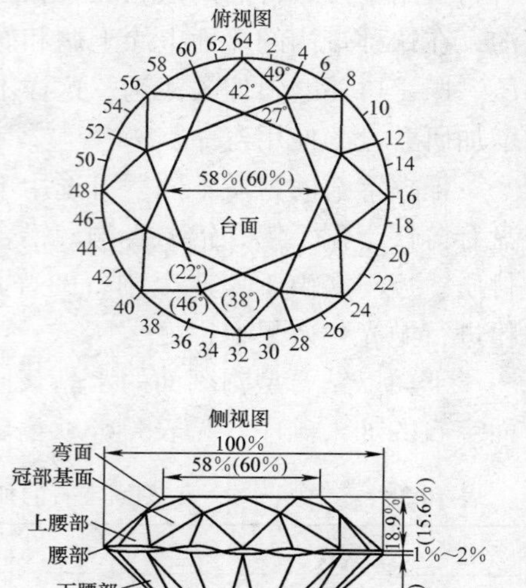

六、圆珠及圆球的加工

许多宝石为了做成项链或手链等，往往要将其加工成圆珠或圆球，然后再钻孔。珠或球的加工顺序为：切割原石成小块→粗加工（磨成不规则带有棱角的球体）→成圆→抛光。

对于尺寸较大的圆球，其加工顺序为：切割原石为所需要的毛坯后，磨成带棱角的圆球体，再用铸铁圆球研具进行研磨。除使用的工具不同外，其余均与加工圆珠的顺序相同。为了提高效率，也可用简单的机械进行磨球（球的外径在 150mm 以内）。宝石珠（球）可用振动式抛光机、滚筒式抛光机进行抛光，不但效果好，且抛光数量大，可进行批量加工。

七、宝石孔的加工

加工小孔时，可用电镀有金刚石磨料的金刚石钻头钻孔。加工较大的孔时，可用镀有金刚石磨料的套钻钻孔。最简单的加工孔的方法为截取一段钢丝，将一端加热砸扁，然后以它做工具开孔。开孔时用力不要过猛，以免宝石破损。利用反复冲击开孔的原理，已有专用打孔机械问世，如金刚石拉丝模就是用此法钻孔的。超声波打孔也是利用这一原理，可以加工任意形状的孔。目前超声波打孔应用较广泛，效率也较高。